Technologie
der
Textilveredelung

Von

Prof. Dr. Paul Heermann
Früher Abteilungsvorsteher der Textilabteilung am
Staatl. Materialprüfungsamt in Berlin-Dahlem

Zweite, erweiterte Auflage

Mit 204 Textabbildungen
und einer Farbentafel

Berlin
Verlag von Julius Springer
1926

ISBN-13: 978-3-642-98595-9 e-ISBN-13: 978-3-642-99410-4
DOI: 10.1007/978-3-642-99410-4

Softcover reprint of the hardcover 2nd edition 1921

Vorwort zur ersten Auflage.

Bis auf mehrbändige und Lieferungswerke weist die deutsche Literatur kein technologisches Werk über Textilveredelung oder die chemische Textilbearbeitung auf, das sowohl alle Zweige der Textilveredelung, als auch ihre Grenzgebiete — die Gespinstfaser-, die Material-, die Farbstoffkunde und die Wasserfrage — systematisch in einem handlichen Bande abhandelt. Diesen Anforderungen entsprach (bis auf die Umfassung des ganzen Veredelungsgebietes) bis zu einem gewissen Grade das alte s. Z. gut eingeführte, inzwischen aber längst eingegangene Lehrbuch von Hummel-Knecht, „Das Färben und Bleichen der Gespinstfasern". Die vorliegende Arbeit verdankt denn auch ihre Entstehung einer vor längerer Zeit an mich gerichteten Anregung seitens der Verlagsbuchhandlung Julius Springer, Ersatz für dieses eingegangene Werk zu schaffen. Wenn ich dieser Anregung Folge geleistet habe, so glaubte ich — in Abweichung vom alten Hummel-Knecht — auch das Gebiet der Merzerisation, des Zeugdrucks, der Appretur und anhangsweise auch der Reinigerei in die Arbeit kurz einbeziehen zu müssen, um den Kreis der Betriebszweige der Veredelungsindustrie zu schließen und die Grundanforderung eines Umrisses der gesamten Textilveredelung und ihrer Grenzgebiete folgerichtig zu erfüllen. Die chemische Technologie der Veredelung steht auch hier im Mittelpunkt der Arbeit. Da der alte Hummel-Knecht, seit dessen letztem Erscheinen etwa 30 Jahre verflossen sind, naturgemäß sehr veraltet ist und auch nicht als Unterlage für eine Neubearbeitung dienen konnte, ist vorliegende Arbeit als Neu-Auflage desselben nicht anzusehen und als solche nicht bezeichnet.

Bei dem stofflich sehr großen Umfange des in dem vorliegenden Werke verarbeiteten Materials mußte ich mir äußerste Beschränkung auferlegen. Ich habe mich indessen bemüht, das technisch und wissenschaftlich Grundsätzliche und Wichtigste jeweils herauszuheben, die Arbeitsmethodik mit Beispielen zu belegen und die Arbeitsmechanik z. T. durch Abbildungen zu erläutern. Die Überhäufung der Arbeit hiermit ist vermieden worden. Auf Einzelheiten konnte vielfach nicht eingegangen werden. In vielen Fällen war es auch nicht erforderlich, z. B. mit Rücksicht 1. auf die mustergültige Spezialliteratur der deutschen Farbenfabriken, 2. auf die Propagandaliteratur der Textilmaschinenfabriken und die guten Sonderwerke auf diesem Gebiete.

Hier konnte ich mich deshalb stellenweise auf die wichtigsten Umrißlinien beschränken. In bezug auf das Figurenmaterial lag mir überhaupt zunächst nur daran, die Grundsätze und die einfacheren Typen der Arbeitsmaschinen kurz zu skizzieren und alles Nähere der Sonderliteratur und den Rat erteilenden Maschinenfabriken zu überlassen, von denen die bekanntesten am Schluß des Buches noch besonders zusammengestellt sind. Wenn mir nicht überall die richtige Auswahl gelungen sein sollte, so möge das durch die Ungunst der Zeitverhältnisse und die hohen Herstellungskosten für Druckstöcke usw. entschuldigt werden.

Im Gegensatz zu den erwähnten Streichungen und Kürzungen glaubte ich anderseits einem Bedürfnis der Zeit nachzukommen, wenn ich das Buch mit statistischen, wirtschaftlichen und geschichtlichen Notizen ausrüstete, wichtige Gesetze (z. B. das preußische Wassergesetz) anführte, neuere theoretische Betrachtungen (z. B. Ostwalds Farbenlehre und Farbentafel) einfügte und bestimmte Industriezweige (z. B. die Seidenerschwerung) berücksichtigte, die in der technischen Literatur bisher nur ganz vereinzelt nähere Beachtung gefunden haben.

Eine nicht zu unterschätzende Entlastung hat die Arbeit durch die Ausschaltung des gesamten Prüfungs- und Untersuchungswesens erfahren. Diejenigen Benutzer des Buches, die diesen Teil vermissen sollten, seien auch an dieser Stelle auf meine zwei Arbeiten hingewiesen, die sich speziell dem gesamten textil-technischen Prüfungswesen widmen: 1. Färberei- und textil-chemische Untersuchungen und 2. Mechanisch- und physikalisch-technische Textil-Untersuchungen.

Die jeweils zugehörige Fachliteratur habe ich am Kopf der einzelnen Kapitel in ausreichendem Maße nachgewiesen, allerdings fast ausschließlich die deutsche Buchliteratur und wenige ausländische Standardwerke. Von einer ausgiebigen Aufführung der Zeitschriften- und Patentliteratur, die eine allgemeine Technologie m. E. mehr belasten als fördern, habe ich abgesehen.

Bei der Zusammenstellung der Farbstoffe habe ich mich im wesentlichen der eingeführten Nomenklatur, Abkürzungen und Anordnung bedient, die in der Fachliteratur (G. Schultz, A. Lehne, Witt-Lehmann, Veröffentlichungen der Farbenfabriken usw.) verankert sind. Dadurch wird den Benutzern jener Bücher der Gebrauch des vorliegenden erleichtert.

Auf die Kriegs- und Ersatzindustrie bin ich nur vereinzelt eingegangen. Ein tieferes Eingehen auf diese erschien mir sachlich nicht genug begründet, weil der weitaus größte Teil derselben als vorübergehende Erscheinung aufzufassen ist, und weil das Buch vor allem die auf dem Weltmarkt herrschenden Arbeitsverfahren widerspiegeln soll und nicht allein für die Übergangszeit und das Inland geschrieben ist.

Im übrigen ist das Buch vorzugsweise als Lehrbuch für die Studierenden der Hoch- und Fachschulen, sowie als Hilfs- und Nachschlagebuch für die Praxis und das Laboratorium bestimmt. In dieser Beziehung soll es auch die bereits vorhandene Fachliteratur angemessen ergänzen.

Den Fachgenossen und Firmen, die mich durch Überlassung von Druckstöcken, Zeichnungen, Privatmitteilungen usw. unterstützt haben, spreche ich auch an dieser Stelle meinen besten Dank aus.

Berlin-Lichterfelde, im Oktober 1920.

Paul Heermann.

Vorwort zur zweiten Auflage.

Plan und Aufbau der ersten, seit etwa Jahresfrist vergriffenen Auflage, insbesondere auch der Charakter als einer vorzugsweise chemischen Technologie der Textilveredelung, sind unverändert geblieben. Dies sei besonders betont mit dem Hinweis auf vereinzelt geäußerte Wünsche, das abgehandelte Gebiet auch nach der mechanischen Bearbeitung der Textilerzeugnisse hin mehr zu vertiefen, und ergibt sich zwangsläufig aus meiner Begriffsbestimmung der „Veredelung" der Textilerzeugnisse, der die mechanische „Herstellung" gegenübersteht. Die Grenzgebiete zwischen Veredelung und Herstellung, wie z. B. einige Bearbeitungsvorgänge der Appretur, konnten deshalb nach wie vor nur kurz umrissen werden, soweit dies zum Verständnis der Zusammenhänge erforderlich schien.

Zur Ausfüllung von Lücken in der ersten Auflage, dann aber auch zwecks einheitlicherer perspektivischer Gesamtgestaltung, sind zahlreiche neue technologische, entwicklungstechnische, wirtschaftliche usw. Notizen und einige kleinere, neue Kapitel aufgenommen: so das Kotonisieren der Bastfasern, das Transparentieren, das Philanieren, das Gummieren oder Kautschukieren. Das letztgenannte Kapitel ist durch wertvolle Mitteilungen des Herrn Dr. Weil, Hannover, wesentlich gefördert worden, und ich spreche Herrn Dr. Weil auch an dieser Stelle meinen besten Dank für seine Unterstützung aus.

Auf solche Weise konnte nicht vermieden werden, daß der Umfang des Buches trotz weitgehender Beschränkung und stark bevorzugten Kleindrucks um mehrere Druckbogen angewachsen ist. Zum Teil schuld daran ist auch, daß das Abbildungsmaterial vervollkommnet und eine Reihe neuer Bilder mit Schnittzeichnungen aufgenommen wurde. So ist auch die Zahl der Abbildungen von 178 auf 204 angestiegen, obwohl eine Reihe der alten, entbehrlichen Abbildungen gestrichen werden konnte. Von einer genauen Beschreibung der Maschinenkonstruktionen und Arbeitswerkzeuge ist, wie bisher, abgesehen worden, zumal hierüber vorzügliche Spezialwerke existieren. Wenn bei Durchsicht des Abbildungsmaterials dem Leser auffallen sollte, daß einige Firmen durch Wiedergabe ihrer Typen besonders bevorzugt scheinen, andere wieder weniger oder zum Teil überhaupt nicht im Bilde zu Worte kommen, so sei hierzu erläuternd gesagt, daß dies lediglich eine Frage der Bereitschaft von geeigneten Druckstöcken ist und daß zum Ausgleich dafür am Schluß des Buches eine Liste der bekanntesten in Frage kommenden deutschen Firmen angebracht ist, welche dem Interessenten als Führerin dienen möge.

Die zugehörige Buchliteratur habe ich wieder am Kopf der einzelnen Kapitel angeführt und von der Anführung der Zeitschriftenliteratur im allgemeinen abgesehen; nur ausnahmsweise habe ich letztere angezogen, und zwar vor allem dort, wo die betreffenden Gebiete in der Literatur bisher nur vereinzelt zur Darstellung gekommen sind. Im übrigen habe ich die wichtigste, mir zugängliche Fachliteratur bis Ende 1925 berücksichtigt. Auf mehrfachen Wunsch habe ich dem Sachverzeichnis noch ein Autorenverzeichnis angeschlossen.

Allen Fachgenossen, Firmen und Schriftleitungen, die mich durch Übermittlung von Mitteilungen und durch Überlassung von Druckstöcken unterstützt haben, spreche ich noch meinen besten Dank aus.

Berlin-Lichterfelde-W., im Mai 1926.

Paul Heermann.

Inhaltsverzeichnis.

Die Bleicherei.

Die Färberei.

Abkürzungen und Hinweise.

L. h. W.	bedeutet:	Löslichkeit in heißem Wasser.
L. k. W.	„	Löslichkeit in kaltem Wasser.
Soda	„	kalzinierte (wasserfreie) Soda.
T.	„	Gewichtsteile.
v. G. d. W.	„	vom Gewicht der Ware.
° d. H.	„	Grade deutscher Härte.
°	„	(bei Temperaturangaben) Grade Celsius (° C).
%	„	Gewichtsprozente.

Die übrigen Abkürzungen sind die allgemein üblichen, wie: at = Atmosphäre, ccm = Kubikzentimeter, g = Gramm, l oder Ltr. = Liter, lb. = englisches Pfund (0,453 kg), m = Meter, mg = Milligramm, mm = Millimeter, rd. = rund, t oder to. = englische Tonne (1016,05 kg), μ = Mikromillimeter oder $^{1}/_{1000}$ Millimeter usw.

Die Abkürzungen für die wichtigsten:

1. Farbenfabriken befinden sich in eckigen Klammern und sind auf S. 226 alphabetisch zusammengestellt. Außerdem bedeuten:
   B. A. S. F. = Badische Anilin- und Sodafabrik,
   Agfa = Aktiengesellschaft für Anilinfabrikation.
2. Färbeverfahren befinden sich in runden Klammern auf S. 226 und 227 zusammengestellt.
3. Faserstoffe befinden sich auf S. 226 zusammengestellt.

Die bekanntesten deutschen:

1. Maschinen- und Apparatebauanstalten für die Textilveredelungsindustrie befinden sich am Schluß des Buches auf S. 631 und 632 zusammengestellt.
2. Bauanstalten für Wasserreinigungsapparate und Filterpressen befinden sich in der Fußnote auf S. 95 zusammengestellt.
3. Kunstseidenfabriken befinden sich auf S. 78 zusammengestellt.
4. Fachwerke befinden sich am Kopfe der zugehörigen Haupt- und Unterkapitel zusammengestellt.

Einleitung.

Produktionswerte und -mengen der Textilindustrie. Stellung der Textilveredelungsindustrie zur Textilindustrie. Gliederung und Aufgaben der Textilveredelungsindustrie.

Die Textilindustrie ist in den meisten Industriestaaten die bedeutendste Industrie des Landes. Die große Bedeutung derselben zeigt am besten ihr außerordentlich hoher Produktionswert. Maßgebend hierfür sind heute noch im allgemeinen die Vorkriegszahlen, die im Laufe der Jahrzehnte eine gewisse Stetigkeit der Entwickelung gewonnen haben. Nach dem Kriege hat sich noch keine, auch nur annähernde Stetigkeit im Kreislauf der Textilwirtschaft ergeben; die Neuentwickelung ist vielmehr zu sprunghaft, was immer noch als Folge der weltwirtschaftlichen Umschachtelungen mit ihren Verkehrs- und Kreditstockungen und der dadurch erzeugten widernatürlichen Anhäufung und Überproduktion von Rohstoffen auf der einen Seite und der Rohstoffnot und dem Produktionsstillstand auf der anderen Seite anzusehen ist. Bis auf die Kunstseide sind in der Welt-Rohstofferzeugung im übrigen keine großen Änderungen zu verzeichnen; wohl haben aber große Verschiebungen in bezug auf die erzeugenden und weiterverarbeitenden Länder stattgefunden. — Der Produktionswert der Textilindustrie beträgt nach der Statistik der letzten Jahre vor dem Weltkrieg über 44 Milliarden Mark und setzt sich für die wichtigsten Rohstoffe etwa wie folgt zusammen[1]).

Jahres-Welt-Produktionswert in Milliarden Goldmark (1913):

der Baumwollindustrie	25,00	(davon Rohfaser:	6,62)
„ Wollindustrie	10,31	(„ Rohfaser:	2,34)
„ Seiden- und Kunstseidenindustrie	3,92	(„ Rohseide:	1,25)
„ Leinenindustrie	1,92	(„ Flachs:	0,42)
„ Juteindustrie	1,39	(„ Jute:	0,76)
„ Konfektionsindustrie	1,80		
	44,34 Milliarden Mk.		11,39 M.Mk.

Jahres-Welt-Produktionsmengen von Textilrohstoffen in 1000 t:

von Baumwolle	5583	(annäh. Preissteigerung in d. letzt. 20 Jahren, 1893/1913:	47%)
„ Wolle	1429	(dasselbe	43%)
„ Rohseide	41	(dasselbe	2%)
„ Flachsfaser	577	(dasselbe	30%)
„ Jute	1815	(dasselbe	120%)

[1]) Nach den Angaben des grundlegenden Werkes von A. Kertesz: Die Textilindustrie sämtlicher Staaten, 1917, Vieweg & Sohn (vgl. auch A. Kertesz: Die Textilindustrie Deutschlands im Welthandel, 1915, Vieweg & Sohn). Sämtliche Zahlen sind hier abgerundet wiedergegeben, weil sie hier nur ein Gesamtbild ergeben sollen und weil sie innerhalb verschiedener Wirtschaftsperioden schwanken. Einzelangaben finden sich noch unter Baumwolle, Wolle, Seide usw. in den betreffenden Kapiteln.

Gesamtproduktion an Textilwaren (1913) in Milliarden Goldmark:

in England . . .	6,36	(davon Inlandsverbrauch:	49,6%, Ausfuhr:	50,4%)
„ Deutschland. .	5,31	(„ „	77,5%, „	22,5%)
„ Frankreich . .	3,97	(„ „	68,2%, „	31,8%)

Deutschlands Jahres-Einfuhr[1]) von Textilrohstoffen in Millionen Goldmark:

	1890	1913	1913 zu Rohstoffpreisen von 1890
von Baumwolle . . .	255,2	578,8	393,7
„ Wolle.	216,4	336,5	235,3
„ Seide	87,6	155,6	152,5
„ Leinen	26,6	50,0	38,4
„ Jute	18,8	89,9	40,8
Millionen Mark	603,6	1210,8	860,7

Deutschlands Ein- und Ausfuhr von Halbfabrikaten und Fertigwaren in Millionen Goldmark:

Einfuhr		Ausfuhr	
1890	1913	1890	1913
323,0	565,7	865,8	1335,3

Deutschlands Einfuhr und Eigenproduktion von Textilrohstoffen:
Einfuhr: 98% Eigenproduktion: 2%

Deutschlands Spindeln und Webstühle vor dem Weltkrieg:
Etwa 16 Millionen Spindeln; etwa 1/2 Million Webstühle

Charakteristisch für die Rohstoffwirtschaft nach dem Kriege ist der recht erhebliche Rückgang in der Baumwoll- und Wollproduktion (s. u. Baumwolle bzw. Wolle), die recht erhebliche Steigerung der Naturseidengewinnung und das riesenhafte Aufblühen der Kunstseidenindustrie (s. u. Seide bzw. Kunstseide). Der Gesamtwert der deutschen Ein- und Ausfuhr im Jahre 1913 betrug rund 22,53 Milliarden Mark. Hieran war die Textilindustrie mit rund 15% beteiligt. Sie ist mit dieser Zahl nach den geschaffenen Ein- und Ausfuhrwerten die bedeutendste Industrie Deutschlands vor dem Weltkrieg gewesen.

Von im Jahre 1912 in sämtlichen deutschen Industriebetrieben beschäftigten 7,27 Millionen Arbeitern waren in der Textilindustrie etwa 950 000 (= 13% sämtlicher Arbeiter) beschäftigt. In bezug auf die Zahl der beschäftigten Arbeiter stand die Textilindustrie Deutschlands mit dieser Beteiligung an dritter Stelle (1. Stelle: Bergbau, Hütten- und Salinenwesen mit 1 174 000 Arbeitern; 2. Stelle: Maschinen-, Werkzeug- und Apparate-Industrie mit 1 022 000 Arbeitern).

Auf dem Weltmarkt nahm die deutsche Textilindustrie vor dem Weltkrieg die dritte Stelle ein. Deutschland war überragt: von England und den Vereinigten Staaten von Nordamerika in der Baumwollindustrie, von England und Frankreich in der Wollindustrie, von Frankreich, den Vereinigten Staaten von Nordamerika und Italien in der Seidenindustrie und von England allein in der Juteindustrie.

Das Gesamtgebiet der Fasergewinnung und -bearbeitung kann man zweckmäßig in drei große Gruppen teilen: 1. die Gewinnung und Aufbereitung der Fasern, 2. die mechanische Verarbeitung der Fasern und Fasererzeugnisse, 3. die Veredelung der Fasern und Fasererzeugnisse.

[1]) Wenngleich diese Zahlen heute als historische zu betrachten sind, so bleiben sie dennoch von verschiedenen Gesichtspunkten aus von dauerndem Wert.

1. **Bei der Gewinnung der Fasern** unterscheiden wir diejenige der natürlichen und diejenige der künstlichen Faserstoffe. Erstere zerfallen wieder in tierische (Wolle und Seide), pflanzliche (Baumwolle, Flachs Jute, Hanf usw.) und in mineralische Fasern (Asbest). Zu den künstlichen Fasern sind in erster Linie die verschiedenen Kunstseidenarten zu rechnen. Kunstwolle, ebenso Papiergarne und ähnliche Erzeugnisse sind nicht im engeren Sinne als künstliche Fasern, sondern nur als Kunstfasern im weiteren Sinne zu betrachten.

Die Gewinnung der Fasern kann auch nur bedingungsweise und im beschränkten Umfange zu der eigentlichen Textilindustrie gerechnet werden; sie gehört zu einem großen Teil der Landwirtschaft, Viehzucht und chemischen Industrie (Kunstseide) an.

2. **Die Faserverarbeitung** bildet die Grundlage der Textilindustrie. Sie besteht aus einer Reihe von mechanischen Prozessen, von denen die Spinnerei und die Weberei die weitaus wichtigsten sind. Die Konfektionsindustrie kann nur bedingungsweise der eigentlichen Textilindustrie zugerechnet werden. Sie erzeugt dieselben Artikel wie das Bekleidungsgewerbe, stellt sie aber fabrikmäßig oder verlagsweise her.

3. **Die Veredelung der Fasern** und Fasererzeugnisse bildet die Aufgabe der Textilveredelungsindustrie. Die sich bei ihr abspielenden Prozesse sind zum Teil rein mechanischer, zum Teil chemisch-physikalischer Natur. Besondere Arbeitsgruppen dieser Industrie sind z. B.: Die Merzerisation, die Bleicherei, die Färberei, die Druckerei und die Appretur. Die Wäscherei, Abkocherei, Walkerei, Karbonisation, Erschwerung usw. umfassen in der Regel Nebenoperationen oder Hilfsarbeiten und werden zweckmäßig dem einen oder dem anderen Hauptbetriebszweig zugezählt.

Während die Spinnerei den Zweck hat, die Rohfasern (mitunter auch veredelte Fasern) in Gespinste bzw. in Fäden mit zuvor bestimmten Eigenschaften zu verwandeln und die Weberei die Gespinste weiter zu Webwaren oder Stoffen verarbeitet, fällt der Veredelungsindustrie die Aufgabe zu, aller Art Textilien in bezug auf Farbe, Glanz, Griff, Schwere usw. endgültig und marktfähig auszurüsten. Die Merzerisation hat im besonderen die Aufgabe, den natürlichen Faserglanz der Baumwollfaser (und teilweise auch die ursprüngliche Festigkeit) auf dem Wege eines bestimmten chemischen Prozesses seidenartig zu gestalten. Die Bleicherei hat die Gespinstfasern und deren Erzeugnisse von den natürlichen und im Laufe der Fabrikation hineingeratenen Beimengungen und Farbstoffen zu befreien und für die weitere Veredelung vorzubereiten. Die Färberei vermittelt die verlangte Farbgebung auf dem Wege des Tauchverfahrens. Die Druckerei vermittelt die lokale Farbgebung auf dem Wege des Bedruckens und Ätzens der Gewebe, seltener der Garne. Die Appretur schließlich besteht aus einer Reihe sehr verschiedenartiger, meist mechanischer und physikalischer Prozesse und gibt der Ware das endgültige, äußere, marktfähige Aussehen.

Fertig erzeugte Waren werden in der Konfektionsindustrie fabrikmäßig oder verlagsweise, in dem Bekleidungsgewerbe durch Handarbeit zu Kleidungs- und sonstigen Gebrauchsgegenständen verarbeitet. Nachträglich an getragenen oder sonstwie gebrauchten Textilerzeugnissen vorzunehmende Auffrischungs- oder Renovierungsarbeiten gehören nicht mehr zu der Textilindustrie. Diese Gewerbe, wie die Chemisch- und Naßwäscherei, die Kleiderfärberei, die Fleckenputzerei usw., gehören nach dem amtlichen Gewerbeverzeichnis des Deutschen Reiches seit dem Jahre 1907 zu der „Reinigerei".

Unter den genannten Einzelzweigen der Textilveredelungsindustrie steht die Färberei gewissermaßen im Mittelpunkt, um den sich die übrigen Sonderzweige gleichsam wie um einen Kristallisationspunkt gruppieren. Dementsprechend wird vielfach von der „Färberei"industrie von „Färberei"schulen usw. gesprochen, auch wenn in Wirklichkeit nicht nur die eigentliche Färberei, sondern auch die ihr annexen Schwesterzweige, Bleicherei, Druckerei, Appretur usw. mit einbegriffen sind[1]).

Was die Vereinigung der einzelnen Zweige der Textilveredelung in Wirtschaftsbetrieben betrifft, so ist hierüber nichts allgemein Gültiges zu sagen. Es kommt ebensooft vor, daß die Betriebe eine Anzahl der Zweige der Veredelungsindustrie in sich vereinigen (Sammelbetriebe), wie auch, daß sie nur den einen oder den anderen Zweig der Veredelung vertreten (Spezialbetriebe).

Die Textilveredelungsindustrie unterscheidet sich von der Spinnerei und der Weberei u. a. wesentlich dadurch, daß sie keine neuen Güter erzeugt, sondern bereits erzeugte Güter nur veredelt. Sind die Veredelungsbetriebe selbständige Wirtschaftsbetriebe, d. h. nicht Bestandteile einer erzeugenden Textilfabrik (Spinnerei oder Weberei), so arbeiten sie meist in Lohn, sind Lohnbetriebe oder Lohnfabriken. In besonderen Fällen veredeln sie als kaufmännische Eigenbetriebe auf eigene Rechnung, d. h. kaufen die Rohware und vertreiben die veredelte Ware auf eigene Rechnung. Man hat die Veredelungsindustrie auch als „Hilfsindustrie" der Textilindustrie bezeichnet. Diese Hilfsindustrie hat sich aber immer mehr zu einer wirtschaftlich lebenswichtigen, selbständigen und starken Industrie entwickelt und sollte deshalb nicht mehr als solche bezeichnet werden.

Mit der Entwicklung der Veredelungsindustrie zu bedeutenden Großbetrieben sind auch ihre Bedürfnisse und Ansprüche schnell gewachsen, so daß auch die „Färberei"industrie ihrerseits eine Reihe von weiteren Hilfsindustrien ins Leben gerufen hat und selbst Arbeitgeberin im großen Stil geworden ist. Diese Bedürfnisse der Veredelungsindustrie bezogen sich einerseits auf maschinelle, andererseits auf chemische Hilfsmittel, und so entstand auf der einen Seite die heute zum Teil recht bedeutende Textilmaschinen-Industrie, auf der anderen Seite eine Reihe von chemischen Betriebszweigen. Letzteren fiel die Aufgabe zu, die erforderlichen, mit den jeweiligen Fortschritten der Technik Hand in Hand gehenden Materialien, wie Säuren, Beizen, Gerbstoffe, Öle, Seifen, Appreturmittel und vor allem die Farbstoffe, zu beschaffen. Dadurch nahm einerseits Handel und Einfuhr, andererseits die Erzeugungstechnik dieser Hilfsmittel eine neue Entwicklung und zum Teil einen hervorragenden Aufschwung.

[1]) In diesem Sinne ist auch in vorliegender Arbeit vielfach von der „Färberei" die Rede, wenn auch noch andere Zweige der Textilveredelung mit gemeint sind.

Auch diese Industrie ging in der Regel nach dem Grundsatz der Arbeitsteilung ihre eigenen, selbständigen Wege, indem sie in eigenen Betriebsstätten und auf eigene Rechnung arbeitete. Nur in selteneren Fällen und in geringerem Umfange wurden den Veredelungsbetrieben eigene chemische Hilfsbetriebe angegliedert. So gingen manche Großbetriebe dazu über, ihren eigenen Bedarf an Seifen, Beizen, Farbstoffextrakten und sonstigen Chemikalien (zum Teil in Genossenschafts- oder Verbandsfabriken) herzustellen; sowie ferner Fette, Laugen, Metalle u. ä. aus den Betriebsbädern oder Abwässern wiederzugewinnen (sogenannte Regenerationsbetriebe).

Technisch und wissenschaftlich auf der Höhe stehende Betriebe der Hilfsindustrie der Veredelungstechnik gingen vielfach erfinderisch vor, indem sie der Veredelungstechnik neue Hilfsmittel und neue Arbeitsverfahren schenkten, die in den Veredelungsbetrieben selbst niemals ersonnen worden wären, da zu ihrer Durcharbeitung die kompliziertesten Apparate und die geschultesten und erfahrensten Sonderfachmänner und Wissenschaftler erforderlich waren. Hierher ist vor allem die deutsche Teerfarbenindustrie zu zählen, deren größter Produktionsteil von der Textilveredelungsindustrie in Anspruch genommen wird, die einen besonders hervorragenden Aufschwung erlebt und bei Ausbruch des Weltkrieges eine herrschende Stellung auf dem Weltmarkt einnahm.

Bei der Verschiedenartigkeit der in der Veredelungsindustrie bearbeiteten Faserstoffe und Arbeitsprozesse, sowie der zu Gebote stehenden maschinellen und chemischen Hilfsmittel, vor allem auch der Teerfarbstoffe, stellt die moderne Textilveredelungsindustrie ein weitverzweigtes Wissensgebiet dar, das nur unter Berücksichtigung aller in Frage kommenden Faktoren einigermaßen beherrscht werden kann.

Aber auch bei bestmöglicher Beherrschung des bekannten Tatsachenmaterials auf diesem Gebiete ist unsere Kenntnis über die Gesetzmäßigkeit der zahlreichen und verschiedenartigen Einzelheiten der Arbeitsvorgänge und -möglichkeiten noch voller Lücken. Es hat sich deshalb schon seit Jahren das Bedürfnis herausgestellt, durch besondere Textilforschungsinstitute die ungeklärten Fragen der Lösung systematisch näher zu bringen und pfadfinderisch neue Möglichkeiten zu erschließen, um die Wirtschaftlichkeit dieser so wichtigen, aber dennoch so schwer um ihr Dasein ringenden Industrie zu heben. Und gerade hier ist es wieder die bewegliche Veredelungsindustrie, die mit ihren schnell wechselnden Elementen und Aufgaben das weitaus größere Bedürfnis nach diesen Forschungsinstituten aufweist, als die mechanische Textilindustrie, die Spinnerei und die Weberei, die ihren mehr gleichmäßigen und ruhigen Gang innerhalb festgefügter, wenig verrückbarer Grenzen geht.

Die Gespinstfasern.

Bolley, P.: Die chemische Technologie der Spinnfasern (1862). — Fiedler, K.: Die Materialien der Textilindustrie. — v. Georgievics - Erban, G.: Chemische Technologie der Gespinstfasern, II. Teil. — Glafey, H.: Die Rohstoffe der Textilindustrie. — Grothe: Technologie der Gespinstfasern. — Haußner, A.: Vorlesungen über mechanische Technologie der Faserstoffe. — Heermann, P.: Mechanisch- und physikalisch-technische Textiluntersuchungen. — v. Höhnel, F.: Die Mikroskopie der technisch verwendeten Faserstoffe. — Johannsen, O.: Die Faserstoffe. — Knecht, Rawson, Löwenthal: Handbuch der Färberei der Spinnfasern. — Müller, E.: Handbuch der Spinnerei. — Richard, H.: Die Gewinnung der Gespinstfasern. — Stirm, K.: Chemische Technologie der Gespinstfasern. — Weiß, A.: Textil-Technik und Textil-Handel. — Witt, O. N.: Chemische Technologie der Gespinstfasern, I. Teil. — Zipser, J.: Die textilen Rohmaterialien. (Spezialwerke siehe unter den einzelnen Faserarten.)

Allgemeines. Die in der Textilindustrie verwendeten Gespinstfasern (im weiteren Sinne) sind entweder natürlichen oder künstlichen Ursprungs. Erstere zerfallen in pflanzliche, tierische und mineralische Fasern; zu den Kunstfasern gehören vor allem die Kunstseiden; die Kunstwolle kann nur in beschränktem Sinne zu diesen gerechnet werden.

Von all diesen Fasern kommt den pflanzlichen und tierischen Fasern, sowie der Kunstseide die größte Bedeutung zu. Die Mineralfasern, Asbest[1]), Glas und Metall, spielen eine nur ganz untergeordnete Rolle in der Textilindustrie, in der Veredelungsindustrie überhaupt keine; sie scheiden deshalb aus dem Rahmen der vorliegenden Arbeit aus.

Die Kunstseide, die auch pflanzlicher Herkunft ist, sowie die natürlichen pflanzlichen Fasern unterscheiden sich von den tierischen Faserstoffen in bezug auf ihre chemische Zusammensetzung grundlegend. Alle Pflanzenfasern haben zum Grundbestandteil die Zellulose oder Stoffe, die der Zellulose nahe verwandt sind und gehören dadurch zu der Klasse der Kohlenhydrate (Polyosen). Ihre konstituierenden Bestandteile sind: Kohlenstoff, Wasserstoff und Sauerstoff. Alle Tierfasern sind dagegen stickstoffhaltig (die Wollen außerdem schwefelhaltig) und werden zu den Eiweißkörpern gerechnet. Diese Verschiedenheit in der chemischen Zusammensetzung bedingt auch eine große Verschiedenheit im Verhalten dieser beiden Gruppen bei der chemischen Bearbeitung und gegenüber Farbstoffen. Als wesentlichster Unterschied gegenüber che-

---

[1]) Unter den Asbesten unterscheidet man den Hornblenden - Asbest, der für die Textilindustrie nicht in Frage kommt, und den Serpentin - Asbest. Von letzterem sind die wichtigsten Sorten der kanadische und der sibirische Asbest. Diese Asbeste werden als Packungen, Isolationsmassen, feuerfeste Gewebe u. ä. in beschränktem Maße für die Zwecke der Textilindustrie, meist in Mischung mit Baumwolle u. a., gebraucht. In der Veredelung spielen die Asbeste keine Rolle.

mischen Einwirkungen ist der zu erwähnen, daß alle Tierfasern gegenüber Säuren verhältnismäßig unempfindlich, gegenüber Alkalien mehr oder weniger empfindlich (alkaliphob) sind, während alle pflanzlichen Fasern umgekehrt gegen Alkalien weniger empfindlich und gegen Säuren relativ empfindlich (azidophob) sind. Auch Farbstoffen gegenüber zeigen die beiden Fasergruppen vielfach ein entgegengesetztes Verhalten, wodurch es möglich wird, gemischte Gewebe in einem Bade zweifarbig zu färben. Ferner äußert sich die Verschiedenheit der beiden Gruppen gegenüber Beizen, sowohl mineralischen als auch vegetabilischen.

Die Anzahl der natürlichen Fasern ist eine überaus große: Allein an pflanzlichen Fasern werden über 400 gezählt. Außerdem ist die Zahl der bekannten tierischen Fasern eine recht große. Trotzdem stimmt das Verhalten vieler Faserarten im wesentlichen miteinander überein; auch sind nur verhältnismäßig wenige Fasern von wirtschaftlich großer Bedeutung. Schon aus diesen Gründen erscheint es angebracht, in der vorliegenden Arbeit nur die allerwichtigsten Fasern gesondert zu besprechen. Dahingegen erscheint es zweckmäßig, die Zellulose, den Grundstoff aller pflanzlichen Fasern, etwas ausführlicher zu betrachten, als es sonst in ähnlichen Arbeiten üblich ist, da die Kenntnis des Charakters der Zellulose für viele Prozesse der Veredelungsindustrie wichtig ist.

Die Einteilung der Gespinstfasern wird zweckmäßig in folgender Weise vorgenommen.

I. Pflanzliche oder vegetabilische Fasern.

A. Samenfasern (Samenhaare, aus dem Samen bzw. der Samen haut gewisser Pflanzen gewonnen): Baumwolle und einige untergeordnete Arten (Bombaxwolle oder Kapok, Asklepiaswolle oder „vegetabilische Seide").

B. Bast- oder Stengelfasern (aus dem Bast dikotyler Pflanzen durch besondere Vorbereitung gewonnen): Flachs, Hanf, Jute, Nesselfasern (Chinagras, Ramie).

C. Blattfasern (aus den Blättern monokotyler Pflanzen gewonnen): Manilahanf, Neuseelandflachs, Domingo-, Aloehanf u. a. m.

D. Fruchtfasern: Kokosfaser.

E. Kunstfasern pflanzlichen Ursprungs: Kunstseide.

II. Tierische oder animalische Fasern.

A. Schafwolle oder kurzweg Wolle.

B. Haare von Ziege, Kamel, Rind usw.

C. Die natürlichen Seiden (edle und wilde Seiden).

III. Mineralische Fasern.

Asbest, Glas-, Metallfäden (die beiden letzteren sind nicht als Fasern im engeren Sinne anzusehen).

Die Pflanzenfasern.

Herzog, A.: Mikrophotographischer Atlas der technisch wichtigen Faserstoffe (I. Teil, Pflanzliche Rohstoffe). — Wiesner, J.: Die Rohstoffe des Pflanzenreiches.

Die Zellulose.

Cross und Bevan: Researches on Cellulose. — Heuser, E.: Lehrbuch der Zellulosechemie. — Piest, C.: Die Zellulose, ihre Verarbeitung und ihre chemischen Eigenschaften. — Schwalbe, C.: Die Chemie der Zellulose.

Allgemeines. Die Zellulose ist einer der wichtigsten Stoffe im Haushalt der Natur und insbesondere einer der wichtigsten Baustoffe des Pflanzenreiches. Auch die wichtigsten pflanzlichen Fasern (Baumwolle, Flachs, Hanf, Jute usw.) sind als Zellulosefasern charakterisiert, weil Zellulose ihr Hauptbestandteil ist. Infolge der mannigfaltigsten mechanischen und chemischen Bearbeitung dieser Fasern ist die Kenntnis des Verhaltens der Zellulose in physikalischer und chemischer Beziehung von Wert.

So indifferent im allgemeinen die Zellulose ist, so ist sie andererseits doch bis zu einem gewissen Grade reaktionsfähig. Diese Reaktionen verlaufen fast immer im festen Aggregatzustande; deshalb ist die Erforschung derselben außerordentlich schwierig, und dieser Umstand erklärt es auch, daß sich trotz eifrigen Studiums und erheblicher Fortschritte auf diesem Gebiete viele Widersprüche in der Literatur zeigen. Bisher wird gebleichte Baumwolle, Baumwollwatte und schwedisches Filtrierpapier als reinste Form der Zellulose angesehen, was jedoch nicht immer zutrifft. Zur Reindarstellung werden Zelluloseträger (in erster Linie Baumwolle) verwendet, in denen die Beimengungen zerstört oder sonstwie entfernt werden, ohne hierbei die Zellulose selbst in Mitleidenschaft zu ziehen. Je weniger Beimengungen vorhanden sind und je leichter diese Beimengungen in Reaktion treten, desto vollkommener ist die Reindarstellung. Die Zerstörung geschieht auf dem Wege der Lösung oder der Oxydation (Wasser, Natronlauge, Chlor, Schweflige Säure, Flußsäure, Salzsäure, Alkohol, Äther usw.). Schwalbe befreit sehr gute Makobaumwolle durch Kochen mit schwachem Ätznatron und Harzseifenlösung von den Inkrusten (ohne Druckkochung) und bleicht vorsichtig. Die auf solche Weise rein dargestellte Zellulose hat die empirische Formel $C_6H_{10}O_5$, bzw. ein Mehrfaches davon, $(C_6H_{10}O_5)x$, mit 44,44% Kohlenstoff- und 6,17% Wasserstoffgehalt; die Asche beträgt in der Regel dann immer noch 0,05—0,1%. Die reine Zellulose ist farblos, nicht kristallisierbar und hat das spezifische Gewicht von rund 1,5.

Chemische Reaktionen der Zellulose. Die wichtigsten chemischen Reaktionen, die für die Zellulose typisch sind, sind: 1. die Alkoholatbildung, 2. die Esterbildung, 3. die Ätherbildung, 4. die Oxydation, die zum Aldehyd und zur Säure führt.

1. Das Alkoholat der Zellulose entsteht nur unter bestimmten Bedingungen durch Einwirkung von starker kalter Natronlauge auf Zellulose, wobei merkliche Wärmeentwicklung und starke Quellung der Zellu-

lose auftritt (Merzerisation). Das Alkoholat der Zellulose ist unbeständig und zerfällt beim Behandeln mit Wasser; bei der Bildung des Zellulosexanthogenates (Viskose) entsteht es voraussichtlich intermediär und bildet mit Schwefelkohlenstoff das Endprodukt. Andere Forscher erblicken in der Einwirkung der Natronlauge auf Zellulose lediglich eine Additionsverbindung, und zwar werden folgende Verhältnisse von Zellulose zu Natron aufgestellt:

$(C_6H_{10}O_5)_2 \cdot 2\,NaOH$ (von Mercer, Thiele, Cross und Bevan),

$(C_6H_{10}O_5)_2 \cdot NaOH$ (von Gladstone und Vieweg).

Über die Veränderung der Baumwollfaser durch Merzerisation s. w. u. Merzerisation.

2. Durch Säureeinwirkung können Ester der Zellulose gebildet werden. So entstehen z. B. durch Salpetersäure (außer sonstigen Nebenprodukten s. w. u.) Mono-, Di- und Trinitrate oder Salpetersäureester der Zellulose, indem je eine OH-Gruppe der Zellulose durch den ONO_2-Rest ersetzt wird. Über ein einheitliches Trinitrat ist man nicht hinausgekommen, woraus geschlossen worden ist, daß das Zellulosemolekül nur drei Hydroxylgruppen enthalten kann. Von den Nitraten der Zellulose haben vor allem technische Bedeutung

a) die Kollodiumwolle oder das Zelloxylin,

b) die Schießbaumwolle oder das Pyroxylin.

Die Kollodiumwolle ist ein Gemisch der Nitrate (Mono-, Di-, Trinitrat) mit einem Stickstoffgehalt von 11,3—12,5%; sie ist löslich in Ätheralkohol (gleiche Volumina von Äther und Alkohol); diese Lösung heißt Kollodium. Mit Kampfer entsteht ein plastisches Gemisch: das Zellhorn oder Zelluloid. Ferner dient die Kollodiumwolle als Ausgangsprodukt für die Chardonnet-Kunstseide (Nitroseide s. w. u.). — Die Schießbaumwolle ist ein Gemisch von Trinitrat und Tetranitrat sowie noch höherer Nitrate mit einem Stickstoffgehalt von über 12,5%. Sie ist in Äther-Alkohol unlöslich. Beide Formen der Zellulosenitrate verbrennen, an der Flamme entzündet, blitzartig schnell und ohne Explosion; durch Schlag wird aber die Schießbaumwolle explosionsartig zur Entzündung gebracht.

Durch Verseifung der Zellulosenitrate mit kalter oder erwärmter Natronlauge wird ein weitgehend abgebauter Zelluloserest wiedererhalten, da er vollständig in Lösung geht und durch Säuren nicht mehr fällbar ist. Mit starker Schwefelsäure erhält man dagegen eine glatte Verseifung der Zellulosenitrate. Die geringste Einwirkung auf den Zelluloserest des Nitrates aber dürften die für die Denitrierung von Nitroseide dienenden Reaktionsmittel, die Sulfhydrate, z. B. das Kaliumsulfhydrat, KSH haben.

Von anderen Estern der Zellulose sind vor allem die Azetate der Zellulose oder die Zellulose-Essigester von technischer Bedeutung und deshalb auch eingehend studiert worden. Wie bei den Nitraten, so ist auch hier nur der Tri-Ester, der Tri-Azetatester von einheitlicher Natur (62,5% Essigsäuregehalt). Er wird erhalten, indem man zu 100 g gereinigter Baumwolle (mit 5—6% Feuchtigkeit) eine Lösung von 100 g

Chlorzink in 400 g Eisessig, dem man unter Kühlung nach und nach 400 g. Essigsäureanhydrid zugibt und die Masse jedesmal gut durchknetet. Man erhält auf diese Weise einen Sirup; diesen gießt man in Wasser und behandelt die abgeschiedene Masse so lange mit Wasser, bis sie säure- und zinkfrei ist (Ost). Das Zellulosetriazetat ist in Chloroform, noch besser in alkoholhaltigem Chloroform löslich, unlöslich dagegen in Azeton; gegen kochendes Wasser ist es beständig, ebenso gegen Temperaturen von 125° C und darüber. Die Chloroformlösung dreht die Polarisationsebene links; erst wenn der Zelluloseabbau fortgeschriten ist, tritt Rechtsdrehung ein. Der Ester kann alkalisch (Knövenagel) oder sauer (Ost, Schwalbe) verseift werden; die regenerierte Zellulose (bei noch so vorsichtiger Veresterung) verhält sich wie eine mit Säuren schwach abgebaute Zellulose. Der Gesamtvorgang der Veresterung kann als Azetolyse bezeichnet werden, wobei neben Veresterung (bei Gegenwart von Schwefelsäure entstehen gemischte Sulfoazetate), Abbau und Veresterung der Abbauprodukte eintritt. Obwohl man ohne Schwefelsäure reinere Zelluloseazetate erhält, werden die für die Technik wichtigen Erzeugnisse mit Hilfe von Schwefelsäure gewonnen. In der letzten Zeit haben die verschiedenen Zelluloseazetate nicht nur zur Herstellung von Fäden (Azetatseide), sondern vor allem auch für die Filmerzeugung usw. große Bedeutung erlangt. Neuerdings treten auch die Formiate technisch mehr hervor.

Von den übrigen aus Zellulose gewonnenen Estern ist von besonderem theoretischen und praktischen Interesse der Xanthogensäureester der Zellulose. Die Verbindung entsteht, wenn Zellulosealkoholat (Alkalizellulose) mit Schwefelkohlenstoff behandelt wird (s. a. u. Viskoseseide). Die regenerierte Zellulose besitzt die chemische Zusammensetzung der reinen Zellulose, ihre Reaktionsfähigkeit (insbesondere ihre Hydrolysierbarkeit) ist jedoch etwas gestiegen; auch die Azetylierbarkeit und Anfärbbarkeit sind gestiegen. Wir finden in ihr also die für die merzerisierte Zellulose wesentlichen Reaktionen wieder.

3. Die Äther der Zellulose entstehen dadurch, daß ein Hydroxylwasserstoff durch Alkyl ersetzt wird. Auf solche Weise lassen sich Mono-, Di- und Trimethyl- oder -äthylzellulosen denken. Die Chemie der Zelluloseäther ist verhältnismäßig neu und noch nicht ausreichend bearbeitet worden. Man kann aber annehmen, daß auch hier technisch wichtige Zelluloseabkömmlinge erhalten werden.

4. Durch Oxydation der Alkoholgruppe in der Zellulose entsteht die Oxyzellulose. Es ist noch nicht festgestellt, ob es verschiedene Stufen und Arten von Oxyzellulosen gibt und ob die Oxyzellulose überhaupt ein fest definierbarer Begriff ist. Verschiedene Beobachtungen sprechen dafür, daß wir es nicht mit einem einheitlichen Produkt zu tun haben, daß vielmehr die zahllosen Präparate von Oxyzellulose, die nach den verschiedenen Methoden gewonnen worden sind, in ihren Eigenschaften und in der Zusammensetzung voneinander abweichen, wenn auch bis zu einem gewissen Grade Übereinstimmung vorhanden ist. Charakteristisch für die Oxyzellulose ist ihr Reduktionsvermögen, das zahlenmäßig durch die Kupferzahl zum Ausdruck gelangt, d. i. durch die

Menge Kupfer, welche durch 100 g Oxyzellulose aus Fehlingscher Lösung abgeschieden wird. Die eigentliche Oxyzellulose ist ferner in verdünnten Alkalien mit gelber Farbe löslich. Als charakteristische allgemeine Eigenschaft der Oxyzellulose ist noch ihr Verhalten gegenüber Farbstoffen zu erwähnen; es gilt ganz allgemein, daß saure Farbstoffe von ihr abgestoßen, basische dagegen lebhaft angezogen werden. Besonders zum Nachweis von Oxyzellulose geeignet ist das Methylenblau, das von genannter Faser in viel höherem Grade aufgenommen wird als von reiner Zellulose. Auch die Azetylierung von Oxyzellulose ist in neuerer Zeit durchgeführt worden. Das erhaltene Azetat hat weniger als 62,5% Essigsäuregehalt, dies spricht dafür, daß die Oxyzellulose weniger Hydroxylgruppen enthält als die Zellulose. Die weiter fortgesetzte Oxydation der Oxyzellulose führt schließlich zu Oxalsäure (Cross und Bevan). Äußerlich und in bezug auf mechanische Eigenschaften ist der Übergang der Zellulose in Oxyzellulose mit einer Zermürbung der Faser und schließlich mit einem völligen Verlust der Faserstruktur der Zellulose verbunden. Aus diesem Grunde spielt die Oxyzellulose in der Technik der Bleicherei und bei anderen Vorgängen praktisch eine so wichtige Rolle.

Außer durch Oxydation findet ein Abbau der Zellulose noch statt durch: alkalische Hydrolyse der Zellulose, saure Hydrolyse der Zellulose (Sulfolyse, Azetolyse), durch trockene Destillation unter gewöhnlichem oder vermindertem Druck, durch Bakterien. Zwecks näheren Studiums der hierbei verlaufenden Reaktionen sei auf die Spezialliteratur verwiesen.

Sonstige Eigenschaften der Zellulose.

Luft und Licht (besonders die ultravioletten Strahlen) wirken auf Zellulose unter Mitwirkung von Feuchtigkeit unter Bildung von Oxyzellulose ein; die Gegenwart von Schwermetallen befördert diese Reaktion. In trockener Form ist Zellulose dem elektrischen Strom gegenüber ein gutes Isoliermittel; in feuchtem Zustande leitet sie den Strom dreimal besser als Wasser. Sie ist hydroskopisch und enthält im Mittel 6,66% Wasser, in mit Wasserdampf gesättigter Luft bis zu 21% Wasser. In der Konditionierung der Baumwollgarne wird einheitlich $8^1/_2$ Feuchtigkeit zum Trockengewicht zugerechnet (Reprise, gesetzlicher Wassergehalt). Art, Herkunft, Zustand der Faser sowie die relative Luftfeuchtigkeit sind bei der Wasseraufnahme von großem Einfluß. Mit dem Feuchtigkeitsgehalt ändern sich auch die physikalischen Eigenschaften der Zellulose, so z. B. die Festigkeit. — Auch die wässerigen Auszüge der Zelluloseträger, z. B. der Baumwolle, sind hydroskopisch; je unreiner eine Baumwolle ist, desto hydroskopischer ist sie in der Regel. Bei getrockneter Zellulose soll eine Abnahme der Hydroskopizität stattfinden, während mit einer höheren, natürlichen Feuchtigkeitsaufnahme ein gesteigertes Aufnahmevermögen für Farbstoffe Hand in Hand gehen soll.

Durch Wasseraufnahme tritt Erwärmung der Zellulose ein. Im übrigen ist reine Zellulose gegenüber Wasser durchaus beständig. Durch gefrierendes Wasser wird die Zellulose eigenartig aufgelockert, ohne daß die Festigkeit der Garne hierbei beeinträchtigt werden soll. Dagegen vermindert Kristallbildung von Salzen innerhalb der Faser die Festigkeit. Kochendes Wasser verändert Zellulose nicht oder kaum (Spuren von Oxyzellulosebildung). Beim Erhitzen über 100 °C, z. B. auf 150 °C, im zugeschmolzenen Rohr erhält die Faser eine gewisse Formbarkeit. Die Festigkeit der Faser nimmt bei 6stündigem Kochen in Wasser etwas zu. Wasserdampf von 100 °C verändert die Baumwolle, was als Übergang der Faser in eine Art von Gelzustand gedeutet worden ist; außerdem schwächt das Dämpfen die Faser und vermindert die Farbstoffaufnahmefähigkeit (Favre).

Scheurer fand nach 60stündigem Dämpfen gebleichten Baumwollgewebes einen Festigkeitsverlust von 20%, nach 360 Stunden einen solchen von 80%. Unter Druck findet teilweise Lösung bzw. Abbau der Zellulose statt. Bei 20 Atmosphären Druck wird eine vollständig gallertartige Masse erhalten, die nach dem Trocknen gepulvert werden kann. Demgegenüber konstatierte Schwalbe an seiner Normalzellulose bei Erhitzung auf 200° C sehr geringe Veränderung; überbleichte Baumwolle wurde dagegen recht deutlich angegriffen. Durch Erwärmen mit Natriumazetat auf 35° C, besser bei der Destillation, spaltet Zellulose nach Huebner aldehydartige Körper ab. Gegen kurze, auch wesentlich höhere Erhitzung ist Zellulose relativ unempfindlich. Als kritische Temperaturen werden die Wärmegrade von 140, 150—160° C angegeben (nach Schwalbe 135° C). — Durch kurzes Eintauchen in geschmolzenes Zinn (228° C) und sogar Blei (325° C) sind keine nennenswerten Veränderungen beobachtet worden. Dagegen ist bei mehrmonatiger Erhitzung auf 120° C deutliche Verkohlung festgestellt worden. Nach Knecht treten bei lang andauernder Erwärmung der Baumwolle huminartige Körper auf. Als Maßstab der Veränderung reiner Zellulose sieht Schwalbe das Reduktionsvermögen (Kupferzahl) an. Offenbar wirkt trockene Hitze intensiver infolge der Sauerstoffmitwirkung. Bei 260—270° C beginnt die Gasentwicklung; bei 275—350° C sind die Gase bereits sehr kohlensäurereich.

Der Aschengehalt roher Baumwollen beträgt im Mittel meist über 1%, derjenige gebleichter Baumwollen etwa 0,5%; durch Reindarstellung der Zellulose kann der Aschengehalt auf 0,05—0,1% herabgedrückt werden. Die sogenannten aschefreien Filter enthalten z. B. nur noch 0,03—0,05 und Ramiezellulose für Glühstrümpfe bis zu 0,015% Asche. Der Stickstoffgehalt roher Baumwollen beträgt etwa 0,03% (reine Zellulose ist stickstofffrei).

Kaltes, verdünntes Alkali verändert nicht das Aussehen der Zellulose und löst wenig (bis zu 1 proz. Ätznatron unter 1%, 1,54% bei 12 proz. Natron, dann wieder unter 1% sinkend); die Aufnahmefähigkeit von substantiven Farbstoffen wird hierbei merklich erhöht, wahrscheinlich infolge des Hydratisierungs- oder Quellungsvorganges. Dieses Quellvermögen steigt mit der Konzentration bis zu 24 proz. Lauge. Durch konzentriertes Alkali wird die Zellulose in der Kälte unter Schrumpfung eigenartig verändert. In der Technik der Merzerisation (s. d.) werden diese Vorgänge ausgenützt. Durch kochende 1 proz. Natronlauge unter Luftabschluß werden in 1 Stunde bereits 5—6% Zellulose gelöst, mit der Zeit mehr. 4 proz. Lauge soll in 3 Stunden 12%, 8 proz. Lauge in 3 Stunden 22% Zellulose lösen (Tauss). Bei Luftzutritt tritt gleichzeitig Oxyzellulose auf. Unter Druck wird naturgemäß die Löslichkeit der Zellulose in Natronlauge bei der Kochung erhöht, wobei die Temperatur von etwa 135° C gewissermaßen eine Grenztemperatur zu sein scheint. So sollen beim Kochen von Zellulose mit 4 proz. Natronlauge gelöst werden:

bei 5 at = 15%,
„ 10 „ = 20%.

Mit der Konzentration der Lauge wächst auch die Löslichkeit: So werden gelöst mit 8 proz. Lauge bei 5 at etwa 40%, bei mehrmaligem Kochen sogar 58%, mit 14,4 proz. Lauge bei 5 at etwa 77% Zellulose.

Die Wirkung der Säuren auf Zellulose ist eine äußerst komplizierte. Je nach Art der Säure, Konzentration, Temperatur, Einwirkungsdauer können Produkte der Veresterung, der Hydrolyse, der Oxydation und der Verseifung entstehen (teils unter Lösung, teils im festen Zustande). Hierbei tritt fast immer eine Schwächung der Faser ein, besonders wenn letztere mit den Säuren (Mineralsäuren) getrocknet wird oder längere Zeit, selbst bei sehr kleinen Säurespuren, trocken lagert (Bildung von Hydrozellulose). Letzteres gilt naturgemäß in erster Linie von nichtflüchtigen Säuren. Nach Schwalbe beginnt die Hydrolyse der Zellulose schon nach kurzer Einwirkung ($^1/_2$ Stunde) verdünnter kalter Säuren. Auch die Auswaschbarkeit der Säuren aus Baumwolle ist eine sehr verschiedene. Schwefelsäure soll sich aus ihr z. B. nach Vignon (im Gegensatz zu Wolle und Seide) gut auswaschen lassen, während sich die letzten Spuren der Schwefelsäure durch destilliertes Wasser überhaupt nicht entfernen lassen (Zänker); nach Koechlin bleiben flüchtige Säuren (Salpeter-, Salz, Schweflig-, Essigsäure) auf der Faser kondensiert. Nach Knecht und Thompson behält Baumwolle, die mit verdünnter Schwefelsäure behandelt und vorsichtig getrocknet wurde, auch noch nach dem Auskochen mit sehr verdünntem Alkali Schwefelsäure zurück. In Konzentrationen von mehr als 44% wirkt Schwefelsäure auf Zellulose schrumpfend ein (ähnlich der Natronlauge). Noch stärkere Schwefelsäure (von 62% an auch quellend) wirkt esterbildend, lösend, karbonisierend (verkohlend). — Auch Salpetersäure wirkt sehr verschieden: Oxydierend, merzerisierend, pergamentierend, esterbildend. Eine der charakteristischsten Eigenschaften der mit konzentrierter Salpetersäure behandelten Zellulose bzw. Baumwolle ist die erhöhte Affinität für alle Arten Farbstoffe mit Ausnahme des Methylenblaus. Nach Willstätter ist Zellulose in hochkonzentrierter Salzsäure schnell löslich und bei schnellem Arbeiten ziemlich unzersetzt wieder ausfällbar. — Gerbstoffe werden von Zellulose bis zu 7—10% lose festgehalten, aber bei anhaltendem Waschen entfernt.

Neutralsalze werden von der Zellulose teils adsorbiert, teils gespalten und fixiert. Konzentrierte Salzlösungen wirken nebenbei quellend bis lösend (z. B. Chlorzink). Eine quellende Wirkung der Salze im verdünnten, z. B. Färbebade, ist bislang noch nicht nachgewiesen worden. Saure Salze und Salze, die beim Erhitzen freie Säure abspalten, können die Faser unter geeigneten Bedingungen schädigen (Magnesiumchlorid). Besonders intensiv wirkt Aluminiumchlorid. Die meisten Sulfate (Kupfer-, Mangan-, Eisen-, Kalzium-, Magnesium-, Natrium-, Kalium-, Ammoniumsulfat) sind unschädlich, wenn die Faser in deren Lösungen von 5° Bé getränkt und auf 140° C erhitzt wird. Zinksulfat äußert eine schwache, Tonerdesulfat eine starke zersetzende Wirkung. Oxyde von Eisen, Kupfer, Tonerde usw. wirken als Sauerstoffüberträger allmählich schwächend (Khakifarben). Basische Salze werden zum Beizen von Zellulosefasern angewandt, indem letztere in den Lösungen getränkt und dann getrocknet (verhängt) oder neutralisiert werden. Hierbei scheint die Faser die Zersetzung der basischen Salze zu befördern (Fibrolyse). Solche Salze haben Beizencharakter. Nach Cross und Bevan müssen sich Beizen von 2- und 3wertigen Elementen ableiten, kolloide oder gelatinöse Hydrate bilden, sich in wässeriger Lösung in Säure und basisches Salz spalten; ferner müssen sich die Basen entweder direkt oder in Gegenwart organischer Hydroxylverbindungen lösen. Diesen Anforderungen entsprechen die Salze von Blei, Zink, Kupfer, Zinn, Tonerde, Eisen und Chrom.

Schwefelnatrium, kalt und konzentriert (30° Bé), wirkt, ähnlich wie Ätznatron, quellend auf Zellulose und bewirkt keine Faserschwächung, eher eine Faserfestigung.

Fehlingsche Lösung wirkt auf reine Zellulose und normal gebleichte Baumwolle nicht ein; nur wenn vorher stärkere Chlorkalklaugen als 0,5° Bé zum Bleichen angewandt worden sind (Schwalbe), wobei Oxyzellulose entsteht. Kupferoxydammoniak (Cuoxam) wirkt quellend und lösend (wasserdichte Imprägnierungen). Die Lösung dreht polarisiertes Licht.

Reduktionsmittel (z. B. Zinnsalz und Salzsäure) führen Zellulose in der Hitze in Hydrozellulose über. Auch Hydrosulfit soll beim Dämpfen unter Reduktion die Baumwollfaser angreifen und mürbe machen.

Oxydationsmittel liefern aus Zellulose Oxyzellulose (feuchtes Chlor, unterchlorige Säure, Ozon, Wasserstoffsuperoxyd unter Mitwirkung von Licht, Salpetersäure, Chromsäure usw.).

Wahre oder echte Lösungen von Zellulose gibt es nicht. Die Lösung derselben geschieht immer mit gleichzeitiger chemischer oder physikalischer Veränderung des Moleküls und seiner ursprünglichen Eigenschaften. Es bilden sich dabei Hydrozellulose, Ester, Abbauprodukte. Die bekanntesten Lösungsmittel sind: 1. Kupferoxydammoniak (Schweizers Reagens), 2. Chlorzink, 3. Natronlauge mit Schwefelkohlenstoff (Xanthogensäureesterbildung), ferner 4. konzentrierte Säuren. Mehr oder weniger löslich ist die Faser außerdem in sauren, konzentrierten Lösungen von Schwermetallsalzen (Antimontrichlorid, Zinnchlorür, Zinnchlorid, Quecksilberchlorid usw.).

Hydratzellulosen sind gewissermaßen gequollene oder quellbare Zellulosen ohne Reduktionsvermögen und mit größerer Hydroskopizität als Zellulose. Sie zeigen auch größere Verwandtschaft zu Tannin, Jod und Farbstoffen und werden oft mit Hydrozellulose identifiziert. Hydrozellulose besitzt ein charakteristisches

Reduktionsvermögen und geringere Feuchtigkeitsaufnahme als die Stammsubstanz. Sie entsteht insbesondere durch Einwirkung von starken Säuren auf Zellulose. Auch Oxyzellulose, die in den Reaktionen ziemlich mit Hydrozellulose übereinstimmt, reduziert stark Kupferlösungen (Kupferzahl Schwalbes). Sie färbt sich in der Regel durch Methylenblau intensiv an, zieht stark Beizen an und stößt substantive und saure Farbstoffe ab. Eine besondere Art der Oxyzellulose ist auch die Hydralzellulose, die gleichfalls stark reduzierend wirkt (Bumcke und Wolffenstein).

Durch zwei Arten von Bakteriengärungen kann die Zellulose bzw. Baumwolle zersetzt werden: Die Wasserstoff- und die Methangärung. Im ersteren Falle bildet sich Kohlensäure und Wasserstoff, im zweiten Falle Kohlensäure und Methan; außerdem in beiden Fällen mehr oder weniger Essigsäure, Buttersäure usw. Beide Bakterien sind anaerob und einander sehr ähnlich. Am bekanntesten ist die Spirochaeta cytophaga. Außerdem kann Zellulose durch Schwammgewächse zerstört werden, zu denen der Mehltau gehört, deren Sporen sich beständig in der Luft vorfinden.

Konstitution und Feinbau der Zellulose. Aus den Reaktionen, besonders den Estern sowie den Abbauprodukten der Zellulose, sind von verschiedenen Forschern Konstitutionsformeln aufgestellt worden. Durch den Abbau findet eine Verkleinerung, Spaltung des Moleküls statt. Es entstehen hierbei z. B. u. a.: Dextrin, Glukose, Cellobiose, Amyloid, Oxalsäure, Zuckersäure, Schleimsäure, Ameisensäure, Protokatechusäure, Brenzkatechin, Traubenzucker, Furfurol. Isosacharinsäure, Dioxybuttersäure usw. — Die meisten Forscher nahmen bisher in der Zellulose einen größeren Molekularkomplex an, Tollens $(C_6H_{10}O_5)_{30}$, Skraup $(C_6H_{10}O_5)_{34}$; heute nimmt man an, daß das Zellulosemolekül ganz erheblich kleiner ist (s. w. u.). Ferner nahm man drei, Cross und Bevan sogar vier Hydroxylgruppen als bewiesen an.

Tollens stellte 1895 die Zellulose als eine Reihe azetalartig verketteter Glykosemoleküle dar, wobei die beiden Sauerstoffatome der ursprünglichen Aldehydgruppe der Glykose mit dem ersten Kohlenstoffatom der nächsten Molekel vereinigt werden. Die so erhaltene Kette unbestimmter Länge wird schließlich durch Vereinigung mit der ersten Molekel zyklisch geschlossen gedacht. Mit der so zustande kommenden doppelten Sauerstoffbindung erklärt Tollens die Festigkeit des Zellulosemoleküls. Gegen diese Art von Verkettung haben sich starke Bedenken geltend gemacht.

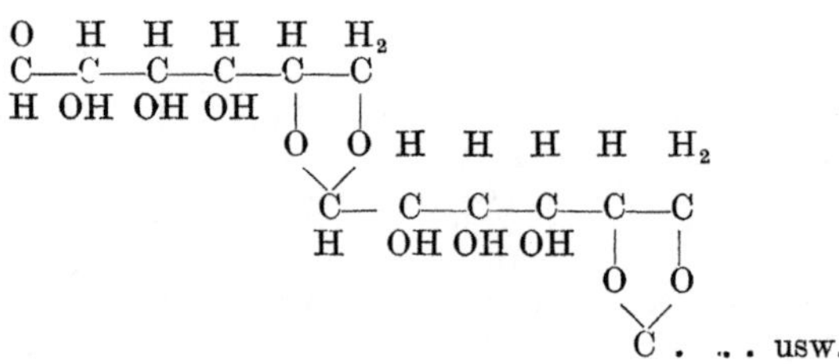

Bernadou gibt eine Formel mit einfachen Sauerstoffbrücken:

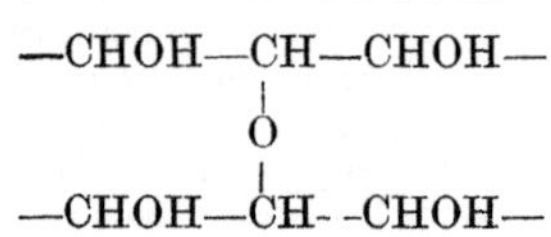

Vignon (1899) nimmt eine Azetalbindung an, wobei der Rest der Hexosekomponenten zyklisch geschlossen gedacht ist.

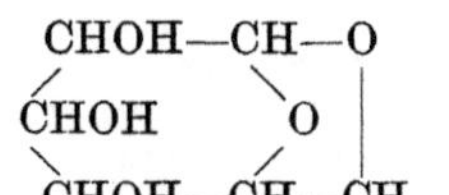

Cross und Bevan schlagen eine zyklische Formel vor, die vor allem imstande wäre, der Bildung eines Tetraazetates zu genügen (1901). Diese Formel enthält vier Hydroxyl- und eine Ketongruppe. 1918 lassen die Forscher diese Formel fallen.

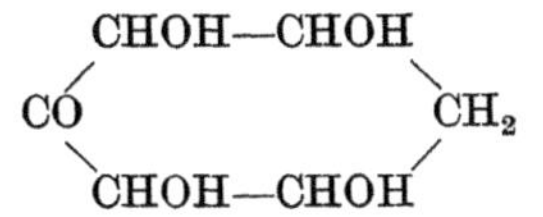

Green konnte indessen die Existenz des Tetraazetates nicht bestätigen (1904); er stellt das Zellulosemolekül als ein zyklisches, sogar bizyklisches Anhydrid eines einfachen Zuckermoleküls dar. Er übersieht aber die Existenz der Zellobiose, dieses interessanten, von Skraup und König (1901) entdeckten Disaccharids.

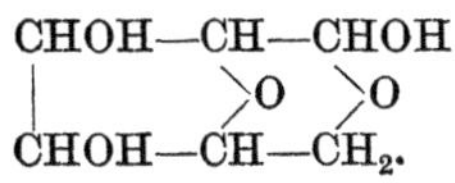

K. Gebhard[1]) verteidigt endlich eine der Greenschen ähnliche Formel, eine Art intramolekularer, zyklischer Anhydridbildung aus Glykose, welche zugleich einen Siebenring und einen Dreiring entstehen ließe (a). Die Merzerisation wäre als Enolbildung zu erklären, indem das Alkali eine Umlagerung bewirke, zuerst in das Keton (b) und dann in das Enol:

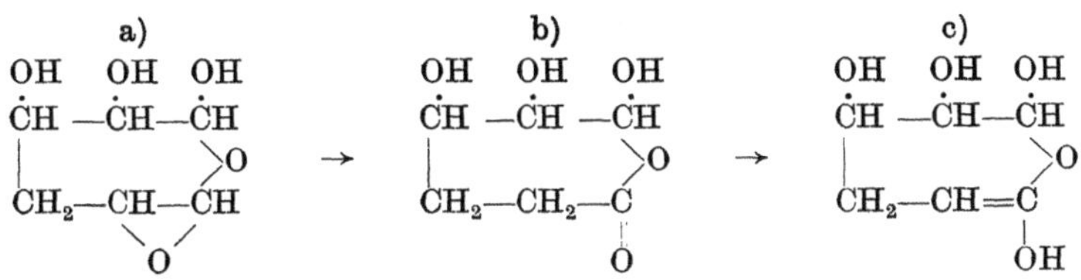

In den späteren Jahren wurde vielfach in der Zellobiose ($C_{12}H_{22}O_{11}$) ein Elementarkörper des Zellulosemoleküls erblickt. So nahm z. B. K. Hess vorübergehend eine „Gerbstoffstruktur" der Zellulose an (1921), und zwar stützte er sich hierbei vor allem auf die beim Abbau der Zellulose auftretende Zellobiose. Hess vermutete in der Zellulose eine Zellobiose mit vier Glykoseresten, so daß wir in der Zellulose eine Tetraglykosidyl-Zellobiose hätten. Die Zellobiose selbst ist als eine Monoglykosidyl-Glykose anzusprechen, für die die Formel wahrscheinlich ist:

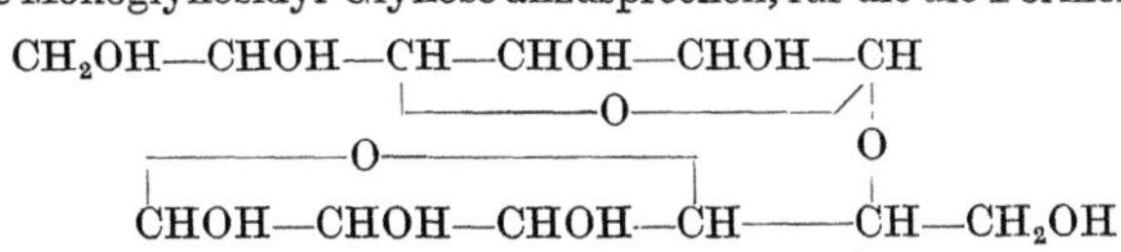

(Zellobiose)

Seine weiteren Arbeiten mit seinen Mitarbeitern Messmer, Weltzien u. a. veranlaßten Heß aber, diese Annahme wieder fallen zu lassen (1924) und die beim Abbau der Zellulose auftretende Zellobiose als ein sekundär auftretendes Aufbauprodukt und das Zellulosemolekül als ein kleinmolekulares Gebilde anzusprechen, das zu der unlöslichen Zellulose in besonderer Weise „assoziiert" ist. Für die von ihm zuletzt angenommene monomolekulare Zellulose ($C_6H_{10}O_5$) sprachen die Molekulargewichtsbestimmungen der Zelluloselösungen in Kupferoxydammoniak.

Auch die Ergebnisse einer Reihe von Untersuchungen, die von anderen Forschern ausgeführt worden sind, z. B. von Freudenberg, R. O. Herzog mit Polanyi und mit Jancke, Karrer, Pringsheim u. a., sprachen zum Teil dafür, daß das Molekulargewicht bei weitem nicht so groß sein könne, wie früher angenommen wurde. Auf Grund der Untersuchungen über die Verbrennungs-

[1]) Gebhard, K.: Chem.-Zg. 1913, S. 601ff.

wärme der Stärke schloß z. B. Karrer, daß der Polymerisationsexponent der Stärke und der Zellulose nicht größer als 2—3 sein könne, wahrscheinlich $(C_{12}H_{20}O_{10})_2$. Nach Auffassung der Röntgenologie dürfte das Zellulosemolekül aus höchstens vier Hexoseresten bestehen. Diese Auffassung steht also mit der Auffassung von Hess nicht im Widerspruch. Umgekehrt vertritt Heuser den Standpunkt, daß das Zellulosemolekül ein recht hohes ist; er berechnet das Molekulargewicht auf etwa 6—8000, so daß das Molekül aus etwa 30—40 $C_6H_{10}O_5$-Einheiten aufgebaut sein dürfte.

So konnte bisher der lebhafte Meinungsaustausch in bezug auf diesen Punkt zu keinem befriedigenden Schluß führen. Während nach der „Assoziationstheorie" die Zellulose als Glykoseanhydrid, $C_6H_{10}O_5$, angesprochen wird, wobei die Einzelmoleküle zwar strukturchemisch selbständig, aber doch ohne Änderung ihrer chemischen und strukturchemischen Eigenschaften zu der unlöslichen Zellulose „assoziiert" sein sollen, nimmt die „Polymerisationstheorie" eine größere Zahl von Saccharidanhydriden an, die auf eine noch nicht bekannte Weise durch Nebenvalenzen „polymerisiert" (und dann noch assoziiert) sein sollen.

Zu interessanten Vorstellungen über die Zellulose gelangten auf ganz anderem Wege R. O. Herzog und Jancke sowie Herzog und Polanyi. Durch letztgenannte Forscher ist u. a. auch die röntgenspektrographische Erforschung der Zellulose und anderer Fasern ausgebaut worden, nachdem die Methode von v. Laue begründet und von Debye und Scherrer auf Zellulose übertragen worden war. Läßt man Röntgenstrahlen auf einen Kristall fallen, so tritt eine Beugung der Lichtstrahlen ein, es entstehen Interferenzen, die mit Hilfe der photographischen Platte reproduziert werden können. Diese Interferenzen entstehen durch eine ganz bestimmte, den Symmetrieverhältnissen des betreffenden Versuchsmaterials entsprechende Anordnung der Moleküle im Kristall, und diese Anordnung reproduziert demnach ein regelmäßig gebautes Gebilde, ein Kristallgitter (Raumgitter). Die Interferenzen charakterisieren demnach diese röntgenspektrographisch untersuchten Körper als kristallinisch und lassen ferner bis zu einem gewissen Grade die Anordnung der Moleküle in den Kristallen erkennen. Die Untersuchungen von R. O. Herzog und seinen Mitarbeitern bestätigten diese Kristallnatur der Zellulose[1]), und zwar offenbarte sich diese kristallinische Natur bei Zellulose der verschiedensten Herkunft; überall wurde dasselbe Kristallsystem und dasselbe Achsenverhältnis festgestellt.

Durch die Auswertung des Röntgendiagrammes der Zellulose läßt sich berechnen, daß sich die Gruppe $(C_6H_{10}O_5)_4$ regelmäßig innerhalb des Zellulosekristalls wiederholt, d. h. vier Glykosereste würden den Elementarkörper der Zellulose aufbauen. Der Polymerisationsexponent der Zellulose wäre damit mit der Formel $(C_{12}H_{20}O_{10})_2$ zu zwei bestimmt und die Zellulose eine zweifach polymere Anhydrozellobiose von der Formel:

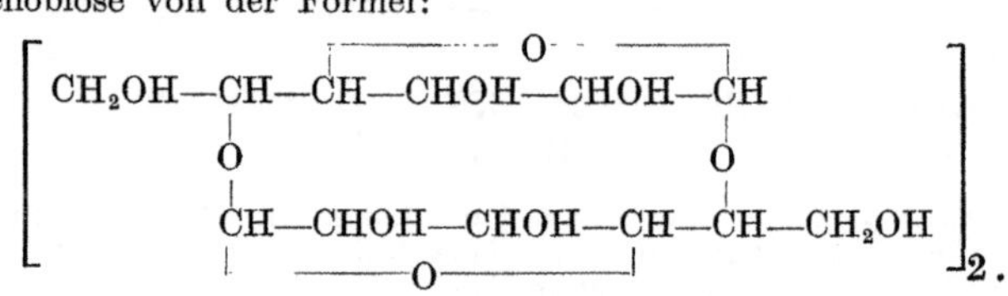

(Zellulose)

Die Zellulosefaser selbst kann im Sinne dieser Forschung als ein Komplex dieser Anhydrozellobiosen aufgefaßt werden. Betrachtet man diese Faser als einen Kristall, so können wir uns nach Karrer vorstellen, daß die Kristallgitterpunkte des Faserkristalls durch die zweifach polymere Anhydrozellobiosemoleküle besetzt sind und durch sehr starke Valenzkräfte — „die Kristallvalenzen" — zusammengehalten werden. Nach R. O. Herzog ist die Kristallitanordnung in der Faser (Faserstruktur) höchstwahrscheinlich eine Wachstumsstruktur, die unter

[1]) In gleicher Weise wurden auch die Naturseide, die Wolle sowie sämtliche tierischen Haare, dann aber auch Muskeln, Sehnen usw. als kristallinisch erkannt.

dem Einfluß der Spannung entstanden ist (1925). Wird nun diese „kristallisierte Zellulosefaser“ zur Lösung gebracht (z. B. durch starke Säuren, Kupferoxydammoniak u. a.), so kann die Zellulose als amorphe Zellulose wieder ausgefällt werden; meist wird aber bei der Azetolyse bzw. Sulfolyse der Zellulose gleichzeitig Hydrolyse mit Zellobiosebildung und noch weiter gehendem Abbau der Zellulose auftreten.

Oxyzellulose, Hydrozellulose. Nach Heuser[1]) wird die letztentwickelte Formel für die Zellulose nicht nur allen Reaktionen der Zellulose selbst, sondern auch denjenigen der Oxy- und Hydrozellulose gerecht. Im übrigen ist der Chemismus der Oxy- und Hydrozellulose noch umstritten. Nach Pringsheim tritt bei der Oxyzellulosebildung stets Hydrolyse ein, die der eigentlichen Oxydation vorangeht. Durch die Hydrolyse sollen reaktionsfähige Aldehydgruppen auftreten, die durch die Oxydation z. B. in Karboxylgruppen übergeführt werden. Durch Oxydation einer endständigen CH_2OH-Gruppe könnte andererseits die Bildung einer isomeren Oxyzellulose gedacht werden. Für diese Auffassung spricht das verschiedene Verhalten der Oxyzellulosen (je nach Art der Oxydation) gegenüber Alkali, Reduktionsmitteln (Kupferlösungen), Methylenblau usw.

Zusammengesetzte Zellulosen. In der Natur kommt die Zellulose nicht rein, sondern mit Fremdkörpern, inkrustierender Substanz, vereinigt vor. Je nachdem, welcher Art diese Fremdkörper sind, bezeichnen Cross und Bevan die natürlichen Gruppen als: 1. Lignozellulosen (oder verholzte Zellulosen). Zu diesen gehören die Hölzer, verholzte Fasern vom Typus der Jute und die Stroharten; 2. Pekto- und Mukozellulosen (mit Pektinstoffen und Pflanzenschleim). Zu diesen sind Hanf, Flachs, Ramie, Baumwolle usw. zu zählen; 3. Adipo- und Kutozellulosen (fett- und wachshaltige Zellulosen). Hierher gehört Kork und die Schalen und Häute pflanzlicher Organe. Auch gibt es Übergänge und Mischungen der verschiedenen zusammengesetzten Zellulosen.

Der **Zellulosegehalt** der wichtigsten Zellulosefasern wird in der Literatur sehr verschieden angegeben. Man findet etwa folgende Angaben:

Baumwolle	Leinfaser	Hanf	Jute	
91—95%	82—86%	75—78%	62—65%	Zellulose

Abgesehen von der Herkunft der Fasern kommt es bei Ermittelung des Zellulosegehaltes besonders auf die Arbeitsmethoden an, die untereinander stark abweichende Ergebnisse liefern.

Verhalten zu Farbstoffen (siehe a. u. Färberei der Baumwolle). Zu einer großen Klasse von Farbstoffen, den sogenannten „substantiven“ oder „Salzfarben“, hat Zellulose eine ausgesprochene Primäraffinität. In der Natur sind solche Farbstoffe durch Curcuma, Safflor und Orléans vertreten; künstlich werden Salzfarbstoffe seit dem ersten Vertreter, dem Kongorot, 1887, in Hunderten von Marken erzeugt. Sowohl in neutralen, als auch in alkalischen Bädern ziehen diese Farbstoffe auf die Zellulose auf. Die meisten anderen Farbstoffe bedürfen zum Färben der Zellulose bestimmter Hilfsmittel, einer Brücke: die basischen Farbstoffe der Tanninbeizung, die Beizenfarbstoffe — einer metallischen Beize, die Mineral- und Pigmentfarbstoffe eines Klebemittels oder einer in der Faser sich abspielenden Reaktion. Küpenfarbstoffe werden in Form der Leukoverbindung, die substantive Eigenschaften hat, auf die Zellulose gebracht und dann durch Oxydation entwickelt. Ingrain- oder Entwicklungsfarbstoffe werden durch Auftragung einer Farbstoffkomponente auf die Faser und darauffolgende Kuppelung zu einem Azofarbstoff auf der Faser erzeugt.

[1]) Heuser: Lehrbuch der Zellulosechemie, 2. Aufl., S. 197.

Die Baumwolle.

Bowman, F. H.: The structure of the Cotton Fibre. — Burkett und Hamilton: Die Baumwolle, ihre Kultur, Ernte, Verarbeitung und der internationale Baumwollhandel. — Elbers, W.: 100 Jahre Baumwolltextilindustrie. — Haller, R.: Mikroskopische Diagnostik der Baumwollarten. — Heizmann, H.: Die Baumwolle, insbesondere deren Kulturgeschichte und Handel. — Kuhn: Die Baumwolle, ihre Kultur, Struktur und Verbreitung. — Oppel: Die Baumwolle nach Geschichte, Anbau und Verarbeitung. — Passon, M.: Die Kultur der Baumwollstaude. — Steuckart, C.: Die Baumwolle, ihre Herkunft, Verwendung, Geschichte und Bedeutung. — Vom Reichskolonialamt herausgegebene Schrift: Der Baumwollbau in den deutschen Schutzgebieten (1914).

Vorkommen und Gewinnung. Baumwolle nennt man die Samenhaare verschiedener, meist einjähriger Gossypium-Arten (aus der Familie der Malvazeen usw.[1]). Bei deren Reife quillt aus den 3—5fächerigen, walnußgroßen Kapseln die Baumwolle, die an den Samen angewachsen ist. Die Befreiung der Wolle von den Kapseln geschieht mit der Hand, die Absonderung der Samenkörner durch die Egreniermaschine. Aus den zurückbleibenden Samenkörnern wird u. a. die Linterbaumwolle[2]) (Linters), die in der Abfallspinnerei, Papier-, Nitrozellulosefabrikation usw. Verwendung findet, erzeugt. Die zurückbleibenden Samen dienen als Baumwollsaat, zur Ölbereitung, zum Verfüttern und Düngen (s. Abb. 1, 2, 3).

Unter den Arten der Baumwollstaude ist diejenige des Gossypium Barbadense die wichtigste ($1^1/_2$—3 m hohe Stauden), die auf Barbados und den westindischen Inseln zu Hause ist. Von dieser Art stammen die feinsten und längsten Baumwollsorten (z. B. die Sea-Island-Baumwolle). Diese Art wird heute hauptsächlich in Nordamerika gebaut. Danach kommt Gossypium herbaceum (krautartige Baumwolle, $^1/_2$—2 m hoch), in Indien heimisch. Ihr Anbau erstreckt sich über das ganze südliche und östliche Asien, über Ägypten, Mittel- und Südamerika. Untergeordnetere Bedeutung haben der Baumwollbaum (G. arboreum, Indien, 6 m hoch und 5 Jahre alt werdend), G. religiosum (China, „Nanking"-Baumwolle), G. hirsutum (Südamerika, zottige Baumwolle) u. a. m. — Die Baumwolle gedeiht in tropischen, feuchten Gegenden (30—40° n. Breite) und braucht viel Sonnenlicht. Die mittlere Jahrestemperatur der Kulturgegenden ist etwa 20—30° C. Der Anbau geschieht meist auf großen Plantagen (Farmen). Die Aussaat beginnt Ende März bis Mitte April, das Wachstum dauert 5—6 Monate, die Blüte kommt in 7—8 Wochen nach der Aussaat; bis zur Öffnung der Kapseln vergehen weitere 6 Wochen, während welcher Zeit die Pflanze einer Reihe von Erkrankungen unterliegen kann (gelber und roter Blattrost, Blattfleck, Blattbrand, Wurzelfäule usw.).

Nach vollendeter Reife werden die Samenhaare mitsamt den Samenkörnern vorsichtig aus den Kapseln herausgerissen, sortiert und getrocknet. Das Entkörnen oder Egrenieren, die Trennung von Samenhaar und Korn geschieht mit Maschinen, 1. indem z. B. die Haare mittels Kreissägeblättern durch einen Rost gezogen werden, dessen Stäbe so eng sind, daß nur die Haare, nicht aber auch die Körner hindurch können, 2. indem die Baumwollsamen auf einen Tisch aufgelegt,

---

[1]) Abteilung: Phanerogamen (oder Spermaphyten); Gruppe: Angiospermen; Klasse: Dikotylen; Unterklasse: Choripetalae; Ordnung: Columniferae; Familie: Malvazeen; Gattung: Gossypium.

[2]) Die kürzeren Fäserchen, die die Samenschale wie mit einem Vlies überziehen, auch „Nepo" genannt, hat man in jüngerer Zeit durch einen sinnreichen mechanischen Prozeß abzuscheiden gelernt. Diese Fäserchen scheinen mit der Baumwollfaser identisch zu sein; in Deutschland nennt man sie auch „Virgofasern".

hin und her geschoben und gegen einen Schlitz gedrückt werden, der nur die Samenhaare hindurchläßt, die jenseits des Schlitzes von einer rauh bekleideten, rotierenden Walze erfaßt und gesammelt werden.

Die geerntete und sortierte Baumwolle ($^1/_3$—$^1/_4$ des Samenkapselgewichtes) wird alsdann mittels hydraulischer oder Dampfpressen in Jutesäcke oder Baumwollsacktuch zu vierseitigen oder zylindrischen Ballen geformt, die mit Eisen- oder Stabbändern, auch Stricken gebunden werden. Die amerikanischen Baumwollballen haben ein Gewicht von meist 230 kg; bei Jutepackung werden 24, bei Baumwollsacktuch 16 engl. Pfund für Tara gerechnet. Ostindische Ballen wiegen 140 bis 200 kg, ägyptische meist 300—340 kg.

Abb. 1. *a* Zweig des Baumwollenstrauches; *b* aufgesprungene Kapsel, vom Kelch umschlossen; *c* dieselbe frei, ohne Kelch; *d* Staubgefäße der Malve.

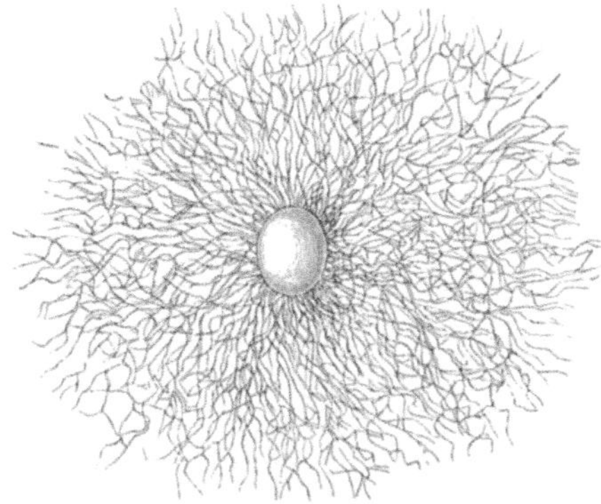

Abb. 2. Baumwollsamenkorn mit Samenhaaren.

Abb. 3. Aufgesprungene Baumwollsamenkapsel.

Geschichtliches. Die Baumwolle ist nachweislich seit 2700 Jahren der Menschheit als Nutzpflanze bekannt und wird, historisch erwiesen, zum ersten Male in den Gesetzbüchern des Manu erwähnt.

Indien gilt als Vaterland des Baumwollbaues und der Baumwollverarbeitung. Im 8. Jahrhundert v. Chr. wird die Baumwolle zuerst in den Gesetzbüchern des Manu erwähnt (als „Karpasi"). Überlieferungen, daß China bereits 3000 v. Chr. Baumwollanbau betrieben hat, sind historisch nicht einwandfrei. Die genauen Untersuchungen der alten ägyptischen Mumiengewänder und der hieroglyphischen Literatur haben auch keine Anhaltspunkte dafür ergeben, daß in Ägypten vor der angegebenen Zeit in Indien die Baumwolle bekannt war. Erst nach fünf Jahrhunderten wird die Baumwolle von den Geschichtsschreibern Alexander des Großen erwähnt, z. B. von Theophrastus, welch letzterer auf dem Zuge durch Vorderindien,

Zentralasien und Indien mit der Baumwolle bekannt wurde. Herodots Nachrichten lassen andere Deutungen zu und beruhen auf Hörensagen. Griechische Schriftsteller sprechen im 4. und 3. Jahrhundert von dem Anbau, der Verarbeitung und dem Handel der Baumwolle, die in den letzten Jahrhunderten v. Chr. an die Gestade des Mittelmeeres gelangte. Griechenland gilt als erste Baumwolle bauende und verarbeitende Nation Europas („Byssos"). Die Römer wurden wahrscheinlich in den letzten vorchristlichen Jahrhunderten mit der Baumwolle bekannt (Carbasum, Opus byssinum), trieben aber keinen Anbau, nur geringe Einfuhr, so daß die Baumwolle hier eine Kostbarkeit bildete. Das Verdienst, die Baumwolle weiter verbreitet zu haben, gebührt den Arabern (in Arabien waren bereits zu Mohammeds Zeiten baumwollene Kleider üblich), die die Baumwolle zuerst nach Sizilien und Spanien brachten. Barcelona ist seit Mitte des 13. Jahrhunderts n. Chr. Sitz großer Baumwollindustrie. Die Ausbreitung der Baumwolle nach Nord- und Westeuropa ist durch Italien (Genua, Venedig) erfolgt. In Deutschland datiert die Baumwollverarbeitung vom Anfang des 14. Jahrhunderts (in Ulm wurde 1320 gesponnen und gewebt). Im 16. Jahrhundert tritt die Verarbeitung der Baumwolle in Augsburg (1520), Chemnitz (1532) und Köln auf. Bei der Entdeckung Amerikas war die Baumwolle bei den Eingeborenen allgemein bekannt; auch bei den Inkas war, wie Peruausgrabungen erwiesen, diese Faser bekannt. Nach China, Korea, Japan wurde die Baumwolle erst um 800 n. Chr. verpflanzt; fand in Japan aber bis 1600 keine besondere Beachtung.

Farbe und Struktur. Die natürliche Baumwollfaser ist meist gelblich oder graulich, oder aber rein weiß, gelbbraun, rostfarben, oft ins Bläuliche und Grünliche spielend. Durch besondere Weiße zeichnet sich die bessere nordamerikanische Baumwolle (Louisiana) aus; die ägyptische ist cremefarbig, die chinesische gelbbraun (gelbgrünlich, gelbrötlich usw.).

Die Faser besteht aus einzelligen Haaren, die an einem Ende zugespitzt, am anderen Ende offen sind (wo die Faser am Samen gesessen hat) und eine Länge von 1—5 cm haben. Im Handel wird die Länge als Stapel bezeichnet, und man unterscheidet langstapelige, mittelstapelige und kurzstapelige Baumwolle.

Die Stapelklassen sind nicht einheitlich durchgeführt. Man findet z. B. folgende Einteilungen: Kurzstapelig 1—2,5 cm, 1—2 cm, 1—1,7 cm; mittelstapelig 2,5—3,5 cm, 2—3 cm, 1,7—2,6 cm; langstapelig über 3,5 cm, über 3 cm, über 2,6 cm. Die Breite der Fasern beträgt bei den feinsten Sorten 14—25 μ ($\mu = {}^1/_{1000}$ Millimeter), bei indischer Baumwolle 20—30 μ, bei Nanking-Baumwolle bis zu 40 μ.

Unter dem **Mikroskop** zeigt die Baumwolle meist Bandform mit schrauben- oder korkzieherartigen Drehungen und stumpf auslaufender Spitze. Die Zellwand ist meist ziemlich dick, das Lumen ist breit. Unreife und „tote" Haare[1]) haben sehr dünne Wände, wenig Schraubendrehungen und Lumen, eine geringere Festigkeit und den reifen Fasern gegenüber verschiedenes Anfärbevermögen. Der Querschnitt der Baumwollfaser ist rundlich oder eiförmig, oft halbmondförmig. Die Zellwände zeigen oberflächlich feine Körnchen und Streifen, welche von der Kutikula, einem zarten verkorkten Häutchen, herrühren. Nach Haller ist die Kutikula als eine Adsorptionsverbindung der äußersten Schicht der

[1]) Unreife und tote Baumwolle wurden früher als identisch betrachtet. Nach A. Herzog sind diese Haare im optischen und technischen Verhalten zwar sehr ähnlich, aber nicht identisch. Die toten Haare stellen entartete Haare dar und unterscheiden sich beispielsweise durch Schrägstreifungen, die bei unreifer Baumwolle nicht vorkommen. Infolge des hohen Eiweißgehaltes färbt sich die unreife Baumwolle durch substantive Farbstoffe stärker an als die reife. Die Wandungen der unreifen und toten Haare sind, wie aus dem mikroskopischen Bilde hervorgeht, fast völlig ungefärbt.

Zellulose mit Kutin aufzufassen. Ihre Beschaffenheit hat Einfluß auf den Glanz der Faser (siehe Merzerisation). Mit Kupferoxydammoniak („Cuoxam“) behandelt, treten charakteristische Tonnenquellungen und dann Lösung der Faser auf (s. Abb. 5).

Physikalische und chemische Eigenschaften der Baumwolle. Da die Baumwolle zum weitaus größten Teil aus Zellulose besteht, so kommen bei ihr nach Maßgabe des Zellulosegehaltes die Eigenschaften der letzteren zur Geltung (s. Zellulose). Bowman gibt folgende mittlere Zusammensetzung dreier Baumwollsorten an:

	Amerikanische Baumwolle	Ägyptische Baumwolle	Indische Baumwolle
Gehalt an Zellulose	91,00%	90,80%	91,35%
„ „ Wachs, Öl, Fett	0,35%	0,42%	0,40%
„ „ Protoplasma und Pektosen	0,53%	0,68%	0,53%
„ „ Mineralbestandteilen (Asche)	0,12%	0,25%	0,22%
„ „ Wasser	8,00%	7,85%	7,50%

In geringem Grade schwankt die Zusammensetzung mit der Art, Reife, dem Jahrgang der Pflanzen. Erheblich geringeren Zellulosegehalt geben die amerikanischen landwirtschaftlichen Versuchsstationen an: 83—87%. Dieser Unterschied ist wahrscheinlich auf die verschiedenen Untersuchungsverfahren zurückzuführen. — Der Wassergehalt der Rohfaser ist durchweg etwas höher als der der reinen Zellulose, weil die Fremdkörper in höherem Grade hydroskopisch sind als reine Zellulose. Durch Auskochen mit Wasser verliert die Baumwolle im Mittel 1,7 bis 2,1%. Der trockene Extrakt weist etwa 40% Asche auf. — Vor dem Auskochen mit Wasser hatte eine Baumwolle z. B. 0,82%, nach dem Auskochen nur 0,21% Asche. Es werden also vorzugsweise die Salze der Rohfaser von Wasser herausgelöst (besonders K_2CO_3); nebenbei gehen auch fettartige Bestandteile in Wasser über. Der Aschegehalt schwankt zwischen 0,8 und 1,8% und beträgt im Mittel 1,3—1,4% (Bowmans Angaben sind erheblich niedriger und decken sich nicht mit den sonst allgemein ermittelten Werten). Indische Baumwollen (Surate) haben oft 4—6% Asche. Außer kohlensaurem Kali enthält die Asche: Phosphorsäure, Kalk, Magnesia. Von der Asche sind etwa 60—65% wasserlöslich, der Rest unlöslich. Als wasserlösliche Salze sind ermittelt worden: Kohlensaures Kali, Chlorkalium, schwefelsaures Kalium; als unlösliche: Kohlensaurer Kalk, Kalziumphosphat, Magnesiumphosphat, Eisen- und Tonerdeoxyd. Auch geringe Mengen kohlensaures Natron sind aufgefunden worden. An Stickstoff enthält die Rohfaser im Mittel 0,3—0,4% (aus dem Protoplasma stammend, vielleicht auch Nitratstickstoff aus dem Boden darstellend).

Durch Alkalien, besonders unter Druck, werden die Wachs- und Fettbestandteile, auch Pektinstoffe und Eiweißstoffe entfernt. An Fetten und Wachsen enthalten die Rohfasern im Mittel etwa 0,5%. Das Wachs vom Schmelzpunkt 86° C ist sehr schwer verseifbar. Ferner sind zwei braungelbe Farbstoffe isoliert worden; die Nanking-Baumwolle enthält am meisten Farbstoff, der aber mit demjenigen der amerikanischen Baumwolle identisch zu sein scheint. Durch Dämpfen wird die rohe Faser dunkler und kann das Aussehen der ägyptischen Baumwolle erhalten.

Nach Piest[1]) enthält die Baumwolle außer Zellulose: Kutikularsubstanz, Holzgummi, wachsartige Körper, Fett, braune harzartige Farbstoffe und Pektinsäure. Wenn man Baumwolle 24 Stunden kalt mit 5 proz. Natronlauge stehen läßt, filtriert, mit der doppelten Menge Alkohol und überschüssiger Salzsäure versetzt, so fällt das Holzgummi aus. Dasselbe ist wahrscheinlich ein Pentosan, und zwar Xylan ($C_5H_8O_4$), und geht durch Wasseraufnahme in Pentose über. Mit heißer, verdünnter Schwefelsäure gibt es Xylose ($C_5H_{10}O_5$) oder den nicht vergärbaren Holzzucker. Neben Holzgummi werden aus der alkalischen Lösung noch niedergeschlagen: Baumwollwachs, Fett und natronlösliche β-Oxyzellulose. Knecht und Allan trennten das Wachs vom Schmelzpunkt 76° C in zwei Anteile von 66 und 86° C Schmelzpunkt. Der erstere Anteil enthält Phytosterin, ungesättigte Fettsäuren, Kerotinsäure, Stearinsäure und Palmitinsäure; der zweite Kohlenhydrate, Phytosterin und Melissensäure. Piest erhielt durch Extraktion mit Äther, Petroleumäther, Benzol und Alkohol aus einer Rohbaumwolle: 0,74, 0,5, 0,87 und 1,23% wachsartige Stoffe und durch Fällung der alkalischen Lösung 1,32% Holzgummi. Der Alkoholauszug zeigte die Jodzahl 22,1. Das Baumwollwachs kommt in Schmelzpunkt, Verseifungszahl und Jodzahl dem Japanwachs sehr nahe. Wachs und Holzgummi haben Reduktionseigenschaften und erhöhen die Kupferzahl.

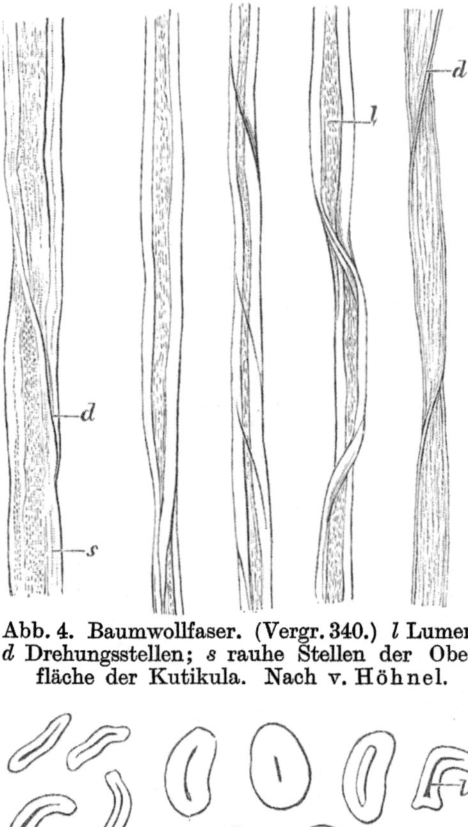

Abb. 4. Baumwollfaser. (Vergr. 340.) *l* Lumen; *d* Drehungsstellen; *s* rauhe Stellen der Oberfläche der Kutikula. Nach v. Höhnel.

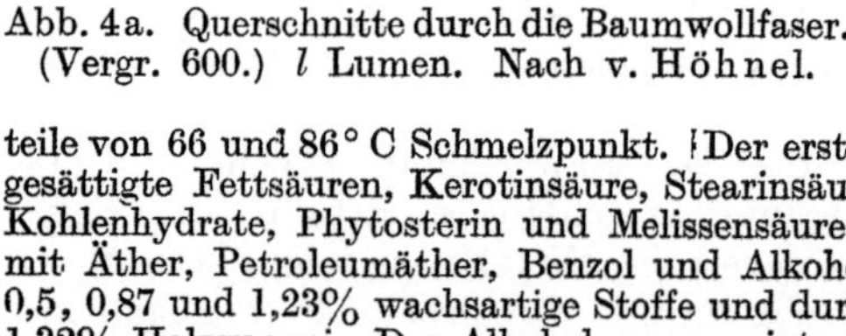

Abb. 4a. Querschnitte durch die Baumwollfaser. (Vergr. 600.) *l* Lumen. Nach v. Höhnel.

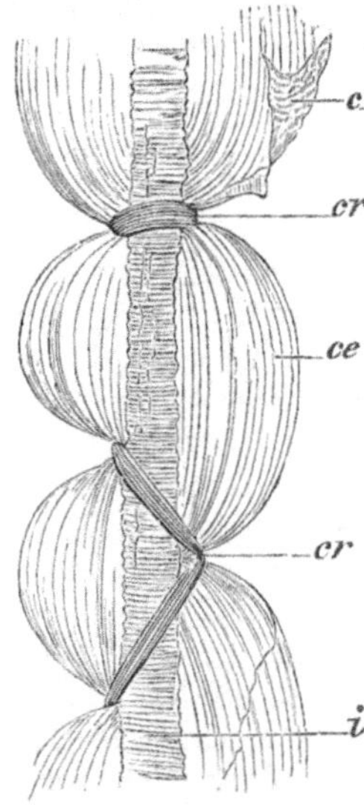

Abb. 5. Baumwolle, in Kupferoxydammoniak gequollen. (Vergr. 340.) *cf* Kutikularfetzen; *cr* Kutikularring; *ce* Zellulosebauch; *i* trockene, protoplasmatische Auskleidung des bandförmigen Lumens. Nach v. Höhnel.

[1]) Z. angew. Chem. 1912, S. 396; 1913, S. 24ff.

Das spezifische Gewicht der Baumwolle beträgt rund 1,4—1,5, der durchschnittliche Feuchtigkeitsgehalt der Baumwolle 7—8%. Bei der Konditionierung der Baumwollgarne werden $8^1/_2$% zulässige Feuchtigkeit zum ermittelten Trockengewicht zugerechnet (die „Reprise", „Regain", auf 100 Teile Trockengewicht = $8^1/_2$ Teile Wasser). Die spezifische Festigkeit (auf 1 qmm Durchmesser) beträgt etwa 11—12 kg; bei 18 μ Durchmesser zeigt die einzelne Faser eine Festigkeit (Bruchlast) von etwa 9 g. Doch sind diese Werte sehr schwankend und von der Feuchtigkeit abhängig.

Handel und Handelssorten. Die Baumwollsorten werden zunächst nach ihrer Herkunft (Provenienz) unterschieden und gehandelt, und zwar waren bisher an allen europäischen Handelsplätzen (außer den französischen) die von der „Liverpool Cotton Association" aufgestellten Bezeichnungen maßgebend. Neuyork und London sind die Hauptaus- und -einfuhrplätze. Für den europäischen Kontinent gewannen vor dem Weltkrieg stetig an Bedeutung: Bremen, Hamburg, Antwerpen, Havre, Marseille, Triest. Die Notierungen erfolgen in London in d (pence) für 1 engl. Pfund, in Bremen in Pfennigen für $^1/_2$ kg.

Die Qualitätsbezeichnungen werden nach zum Teil voneinander abweichenden Klassifikationen vorgenommen. Die Hauptverbreitung hat die Bezeichnung der erwähnten „Liverpool Cotton Association", nach der u. a. die nordamerikanische Baumwolle zensiert wird. In bezug auf allgemeine Güte und Festigkeit sind sieben Klassen aufgestellt: ordinary, good ordinary, low middling, middling, good, middling fair und fair. Jede dieser Klassen ist weiter in halbe und viertel Klassen geteilt, so daß im ganzen 25 Qualitätsbezeichnungen entstehen. In bezug auf Farbe der Ware unterscheidet man: good color (weiß), tinged (gelblichweiß), high color (stark gelblich bis rötlich), stained (rostgelbe Flecke enthaltend). Der Stapel wird entweder in Millimetern oder in den allgemein gefaßten Kennzeichnungen angegeben: good staple, very good staple, strong good staple und silky good staple.

Nach der Provenienz unterscheidet man: 1. Nordamerikanische Baumwolle. Sie zeichnet sich durch Länge, Feinheit der Fasern, große Festigkeit, Reinheit und Widerstandsfähigkeit aus. Die beste Sorte ist die Sea-Island (Lowland Georgia), dann folgen Upland (Upland Georgia), Orleans (Louisiana), Texas, Alabama usw. 2. Ägyptische Baumwolle mit der vorzüglichen Mako- (Jumel-) Baumwolle und die geringere Alexandriner. Diese sind meist rötlichgelb, glänzend, fest, aber ungleich lang und haben besonders für die Technik der Merzerisation große Bedeutung gewonnen. 3. Ostindische Baumwolle ist im allgemeinen mittel- oder kurzstapelig, häufig rauh und unrein (20—30% Spinnabfall). Hierher gehören die Bengal- und die Madrasbaumwolle. Die besten Sorten werden unter dem Namen „Surate" über Bombay gehandelt. 4. Westindische Baumwolle kommt der nordamerikanischen nahe, ist aber meist unrein. 5. Brasilianische Baumwolle ist fein und glänzend, aber ungleich und unrein. Unbedeutend auf dem Weltmarkt sind: Perubaumwolle, levantinische, italienische, kaukasische, algerische, bucharische, chinesische Baumwolle.

Lose Baumwolle wird nur wenig gefärbt oder sonstwie veredelt. Hauptsächlich kommen Garne und Gewebe zur Veredelung. Die Feinheit der Garne wird durch die Nummer angegeben, und zwar sind bei Baumwollgarnen ausschließlich die Längennumerierungen üblich. Diese verlangen bestimmte Längen in der Gewichtseinheit. Die wichtigsten Numerierungssysteme bei Baumwollgarnen sind 1. das metrische System oder die metrische Nummer, die die Anzahl der Meter in einem Gramm oder die Anzahl Kilometer in einem Kilogramm angibt, und 2. das englische System oder die englische Nummer, die die Anzahl von 840 Yardeinheiten (1 Yard = 0,9144 m; 840 Yard = 768 m) in einem englischen Pfund (453,6 g) angibt. Die metrische Nummer, mit 0,59 multipliziert, ergibt die am meisten eingeführte englische Nummer.

Je nach Drehung, Zwirnung und Anzahl der Fäden unterscheidet man bei Baumwollgarnen a) einfache Fäden: Mule (lose Drehung, Schußgarn), Medio (mittlere Drehung), Water (feste Drehung, Kettgarn), b) zweifach zusammengezwirnte Fäden: Soft, Soft-Soft (lose Drehung), Sewing (feste Drehung), Usual, Double, Zwirn, Perlgarn, c) mehrfach zusammengezwirnte Fäden: Biese (6 oder 9 Fäden), d) zusammengezwirnte Zwirnfäden: Kordonnet usw. Je nach Haspelart unterscheidet man den gewöhnlichen und den Kreuzhaspel sowie die bei Eisengarnen übliche Fitzenhaspelung (in besonderen Fitzen zu zwei leas gehaspelt).

Wirtschaftliches und Statistisches. Ihren schätzenswerten Eigenschaften als Spinn- und Gebrauchsmaterial hat es die Baumwolle zu verdanken, daß sie die anderen Fasern vielfach verdrängt und einen Großhandel sowie eine neue Großindustrie ins Leben gerufen hat: Die Baumwolle ist heute fraglos der wichtigste Rohstoff der Textilindustrie und übt auf die wirtschaftlichen und Arbeiterverhältnisse eines Landes einen einschneidenden Einfluß aus.

Die Baumwollernte der Welt betrug 1912/13 rund 5 583 000 t oder 24 bis 25 Millionen Ballen mit einem Gewichtsmittel von etwa 230—235 kg (amerikanische Ballen 230 kg, ostindische Ballen 180 kg, ägyptische Ballen 340 kg, übrige Sorten bis 135 kg) im Werte von 6,62 Milliarden Mark. Hiervon führte Deutschland (einschließlich der Halbfabrikate) etwa 12% ein.

Die deutsche Einfuhr von Rohbaumwolle belief sich 1913 auf 664 Millionen, von Halbfabrikaten auf 140 und von Fertigwaren auf etwa 47 Millionen Mark. Die Gesamteinfuhr von Baumwolle und Baumwollwaren betrug also rund 850 Millionen Mark gegen 280 Millionen Mark im Jahre 1893. Die deutsche Ausfuhr von Baumwollerzeugnissen stieg in den zwei Jahrzehnten 1893—1913 von 200 auf rund 586 Millionen Mark. Die gesamte Baumwollwarenproduktion Deutschlands wurde 1913 auf etwa $2^1/_3$ Milliarden geschätzt. Der Baumwollverbrauch pro Kopf der Bevölkerung betrug in Deutschland in den Jahren 1836—40 = 0,34 kg, 1864 = 1 kg, 1871—75 = 2,84 kg, 1891—95 = 4,95 kg und 1912 = 7,56 kg. Die Großhandelspreise für 100 kg Rohbaumwolle (Hamburg) schwankten in dem Jahrzehnt 1904—13 zwischen 97,5 und 134 M. und betrugen im Mittel 123 M.

Die Gesamtbaumwollspindelzahl der Welt betrug 1914 etwa 145 Millionen, von denen auf Großbritannien rund 56, auf die Vereinigten Staaten von Nordamerika 31,5, auf Deutschland 11,5 Millionen entfielen.

Deutschland deckte seinen Bedarf an Baumwolle bis zum Kriege zu 70—80% aus Nordamerika, zu 13—17% aus Britisch-Indien und zu 6—8% aus Ägypten.

Die Abhängigkeit von Amerika wird in Jahren schlechter Ernten dortselbst zur Notlage. In der Tat zeigt die Produktionskurve eine starke Zickzacklinie, und mit den schlechten Ernten kommen naturgemäß hohe Preise, die eine „Baumwollnot" zur Folge haben. So waren beispielsweise die schlechtesten Ernten in Amerika während des amerikanischen Bürgerkrieges (1861—1865) zu verzeichnen. Die Ernten sanken damals bis unter 200 Millionen engl. Pfund (gegenüber 2000 bis 2200 Millionen Pfund in den Jahren 1860 und 1872 und gegen etwa 8000 Millionen Pfund im Jahre 1911—12). Gleichzeitig stiegen in dieser Zeit die Preise ins Ungemessene (1864 bis zu 101,5 Cents pro engl. Pfund gegen 12 Cents im Jahre 1860, 28—12 Cents in den Jahren 1868—1876 und 6—12 Cents in den Jahren 1876—1910). Was eine solche Preissteigerung bedeutet, ist daraus zu ermessen, daß die Erhöhung des Baumwollpreises um 1 Cent pro Pfund für Europa eine Mehrausgabe von etwa 200 Millionen Mark ausmacht.

Nach dem Weltkriege stellte sich zunächst bei verringerten Ernten ein allgemeiner Baumwollhunger ein, der die Baumwollvorräte der Welt zum Schmelzen brachte. Die Ernten gingen zeitweise um rund 30% zurück, was hauptsächlich auf die Verheerungen durch den Bollwurm in Amerika zurückzuführen ist. Allein im Jahre 1923 belief sich der Verlust in der amerikanischen Ernte auf rund 6 Millionen Ballen. Hinzukommt der Ausfall Rußlands und der teilweise Rückgang der ägyptischen Ernten. Die steigende Baumwollerzeugung Brasiliens und anderer

Outsiderländer kommt demgegenüber kaum in Betracht, da Amerika immer noch das Manometer darstellt, das den Weltbaumwolldruck reguliert. Im letzten Berichtsjahr 1924/25 hat sich die amerikanische Ernte wieder fast auf die normale Höhe gehoben. Nach den Aufstellungen der „Commercial and Financial Chronicle" betrug die Baumwollerzeugung der Länder in den verschiedenen Jahren:

	Baumwollerzeugung in Millionen Ballen je 500 amerik. Pfd. (lbs).						
	1914/15	1919/20	1920/21	1921/22	1922/23	1923/24	1924/25
V. St. v. Nordamerika	16,700	11,900	11,174	11,153	10,960	10,964	14,392
Übrige Länder . . .	11,000	10,800	6,680	8,650	9,000	8,710	8,250
Gesamt	27,700	22,700	17,854	19,783	19,960	19,674	22,642

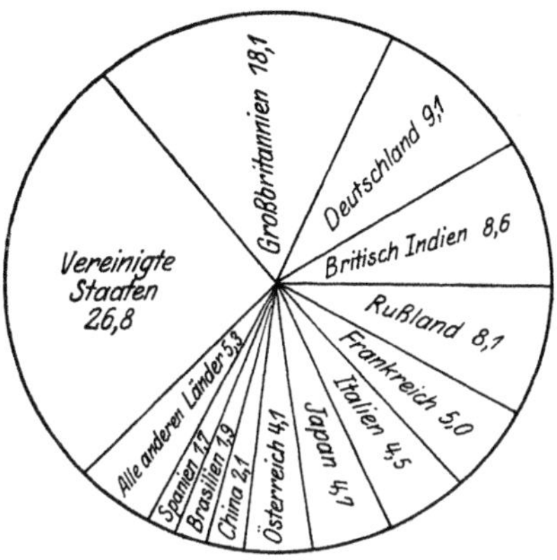

Abb. 6. Baumwollverbrauch der einzelnen Staaten in Prozenten der Weltproduktion (1913). Nach Baum.

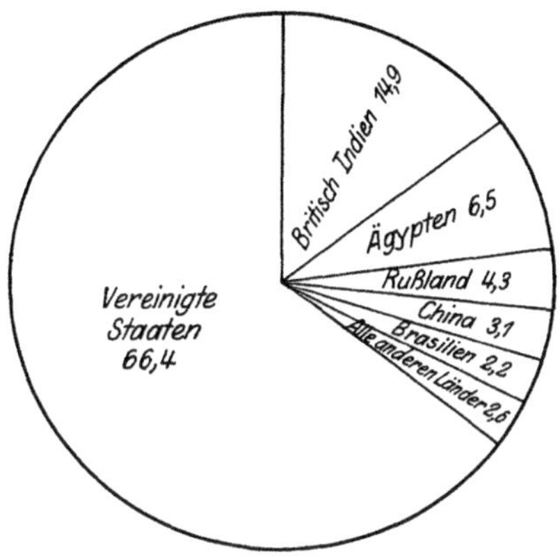

Abb. 7. Baumwollerzeugung der einzelnen Staaten in Prozenten der Welterzeugung (1913). Nach Baum.

Die Preise für Rohbaumwolle und Baumwollerzeugnisse sind entsprechend der Nachfrage und geringerem Angebot gestiegen, wobei betont werden muß, daß seit dem amerikanischen Bürgerkriege der Stand der Preise und der Ernten noch nie so schwankend war wie heute.

	1914/15	1919/20	1921/22	1922/23	
Rohbaumwolle, Neuyork, für middl. amer. pro 1 lb.	5,22	25,31	11,37	15,02	Cents

	1913	1923	
Rohbaumwolle, Bremen, pro 1 kg .	1,29	2,67	M.
Garn Wat.-Kettg. Nr. 12, München-Gladbach, pro 1 kg.	1,74	3,94	M.
Cretonnes 16/16 à 20/20, Augsburg, pro 1 m	0,30	0,35	M.

Die Spindelzahl in Europa hat sich bei vielfachem Stillstand der Betriebe wenig verändert; dagegen haben Amerika, Japan, Indien und China ihre Spinnereien vergrößert und die Baumwolle benötigt, so daß die Weltspindelzahl von 145 Millionen vor dem Kriege auf rund 156,6 Millionen angewachsen ist.

	1912/13 Millionen	1922/23 Millionen	Zuwachs Millionen
Ver. Staaten v. Nordamerika	31,5	37,4	5,9
Japan[1])	2,3	4,9	2,6
Indien	6,1	7,3	1,2
China	0,75	2,65	1,9
			11,6

[1]) Japan hat durch die Erdbebenkatastrophe einen furchtbaren Rückschlag erlebt, indem fast 1 Million Spindeln durch das Erdbeben außer Betrieb gesetzt worden ist.

Charakteristisch ist übrigens auch der Baumwollverbrauch pro Spindel in den verschiedenen Ländern: Infolge längerer Arbeitszeiten und gröberer Spinnummern verbrauchen Japan, China, Indien usw. weit größere Baumwollmengen pro Spindel; so stellt sich z. B. in den wichtigsten Baumwolle verarbeitenden Ländern der Verbrauch in Ballen pro 1000 Spindeln wie folgt: Japan 614,4, China 505, Indien 341,8, Italien 183,8, Ver. Staaten von Nordamerika 180, Deutschland 131,7, Frankreich 115,2, England 60,9 Ballen.

Trotz des Verlustes der so bedeutenden elsässischen Industrie bleibt Deutschland in Europa nach dem International Cotton Bulletin von 1923 mit 9,6 Millionen Spindeln hinter England (56,6 Millionen) mit Frankreich (9,6 Millionen) an zweiter Stelle.

Andererseits muß der deutsche Markt die rückläufige Aufnahmefähigkeit für Baumwolle zunächst noch fortsetzen. Denn während der Baumwollverbrauch Deutschlands im Jahre 1913/14 etwas über 2 Millionen Ballen betrug, ist er in den Jahren 1922 und 1923 auf rund 450 000 bzw. 600 000 Ballen gesunken, wobei zu bemerken ist, daß diese Schätzungen nicht ganz einwandfrei sind, da die zollpolitische Einheit des Reichsgebietes in den besetzten Gebieten noch nicht hergestellt war.

Der Kapok.

Die Pflanzenhaare gewisser perennierender Bombazeen (meist des Eriodendron anfractuosum), den Malvazeen verwandt, liefern ein Fasermaterial, das für Europa nur geringe Bedeutung hat. Im Handel kommt diese Bombaxwolle oder Wolle der Wollbäume unter verschiedenen Namen vor: Kapok, Pflanzendunen, Akon, Ouatte végétale, Ededron végétal, Patte de lièvre usw. Die Fasern sind an der Innenseite der Fruchtschale befestigt, weich, glänzend und weiß bis gelblichbraun.

Morphologisch stehen diese Fasern der Baumwolle sehr nahe. Spiralförmige Drehungen fehlen, die Zellwand ist dünn und weist netzartige Verdickungen, die Zelle große Luftkanäle auf; die Faser ist teils verholzt (Lignozellulose) und von geringerer Festigkeit als Baumwolle. Sie ist nach Tobler technisch unverspinnbar und wird hauptsächlich als Watte und Polstermaterial verwendet; teilweise wird sie auch, mit Baumwolle vermischt, versponnen. Ihr Zellulosegehalt beträgt etwa 64%, der natürliche braune Farbstoff ist sehr widerstandsfähig und gleicht demjenigen der Nanking-Baumwolle. Die Faser wird als Hohlfaser schwer von Wasser durchnäßt (Folge des Luftinhaltes), wodurch sie sich für Rettungsgürtel eignet.

Chemisch unterscheidet sich die Kapokfaser von der Baumwolle u. a. durch die positive Phlorogluzinreaktion (Kapok rotviolett, Baumwolle mattviolett), ferner durch Reaktionen mit Chlorzinkjod (Kapok gelb, Baumwolle rötlichblau), Jodschwefelsäure usw. Eine alkoholische Lösung von Fuchsin (0,01 g Fuchsin in 30 ccm Alkohol und 30 ccm Wasser) färbt beim Einlegen einer Probe während 1 Stunde die Baumwolle fast gar nicht, die Kapokwolle dagegen lebhaft rot an.

Vegetabilische Seiden.

Die Samenhaare meist tropischer Apocyneen und Asklepiadeen kommen als „Vegetabilische Seide“ oder „Asklepiaswolle“ in sehr geringem Maße zur Verwendung. Die Faser ist seidenglänzend, aber brüchig und deshalb schlecht verspinnbar; sie ist verholzt, wodurch sie sich von Baumwolle unterscheidet, ferner ist sie von Verdickungsleisten in den Zellwänden durchsetzt, wodurch sie sich von Kapok unterscheidet.

Der Flachs oder das Lein.

Hassack, K.: Der Flachs und seine Bereitung. — Hehn - Schrader: Kulturpflanzen und Haustiere. — Herzog, A.: Die Flachsfaser in mikroskopischer und chemischer Beziehung. — Kodolányi, A.: Die Kultur und Zubereitung des Flachses. — Kuhnow: Flachsanbau und Aufbereitung. — Pfuhl, E.: Fortschritte in der Flachsgewinnung. — Renouard: Etudes sur le travail des Lins. — Sison, R.: Leinbau und Flachsbereitung.

Vorkommen und Gewinnung. Der Flachs oder das Lein stammt vom Linum usitatissimum[1]) (andere Linumabarten kommen praktisch nicht in Betracht). Die Leinpflanze ist ein einjähriges, zartgebautes Gewächs, 0,6—1 m hoch und gedeiht in mittleren Klimaten; sie wird sowohl als Faser- wie auch als Samenpflanze (Leinöl) geschätzt, ersteres in gemäßigten, letzteres mehr in heißen Zonen. Der Anbau der Pflanze hat sich demnach entweder auf die Faser- oder die Samengewinnung einzurichten; im ersteren Falle wird der Samen möglichst dicht gesät, und es entsteht ein gerader, hoher Stengel; im letzteren Falle wird möglichst weitläufig gesät, und es entwickelt sich ein verzweigter, weniger hoher Stengel mit zahlreichen blauen Blüten (s. Abb. 8 und 9). Große Länderstrecken in Deutschland, Irland, Belgien, Holland, Dänemark, Nordfrankreich und besonders Rußland sind für den Anbau von Faserlein geeignet.

Die Flachspflanze wird bei der Ernte völlig aus der Erde gezogen („gerauft"), getrocknet und durch Riffeln von den Samenkapseln und Seitenästen befreit. Das so erhaltene Flachsstroh hat den üblichen Bau der Faserpflanzen: einen Markkern, darum eine Holzschicht, diese umgeben von dem faserhaltigen Bast, welch letzterer endlich von der Rinde umkleidet ist. Die Trennung von Holz und Faser, die Lockerung der Faserbündel geschieht durch die sogenannte Röste oder Rotte. Durch Einleitung von Gärungsprozessen wird die Interzellularsubstanz zerstört, derart, daß durch die mechanischen Prozesse des Klopfens, Brechens, Schwingens, Hechelns usw. eine ziemlich weitgehende Abtrennung der Fasern erfolgt. Die Flachskultur ist eine schwierige: Herkunft und Art der Saat, Boden und Bodenbearbeitung, Düngung, Saatdichte, Pflege, Krankheitsverhinderung und der Kampf gegen vielerlei Feinde der Faser üben goßen Einfluß auf die Güte der Faser und des Samens aus. Im allgemeinen ist die Kultur des Flachses noch primitiv.

Nachdem der Flachs bei gewisser Reife „gerauft" (aus der Erde gezogen) und dann nach Sichtung „geriffelt" (von Seitenästen, Blättern, Kapseln durch eiserne Kämme befreit) worden ist, wird er zu „Flachsstroh" getrocknet. Der geriffelte Flachs soll eigentlich ein volles Jahr in Ställen oder ähnlich (unter Dach, gut lüftbar) lagern; bisweilen lagert der Flachs in Rußland sogar 2—3 Jahre. Solche abgelagerte Ware gibt reichlichere und bessere Faser als frische Ware. Das Flachsstroh enthält nun etwa 73—80% Holz, Mark, Rinde sowie 20—27% Bastfasern. Die Isolierung der Fasern kann entweder auf chemischem Wege (durch Behandlung mit alkalischen Lösungen, verdünnten Säuren usw.) oder auf biologischem Wege durch Einleiten der Fäulnis oder eines Gärungsprozesses geschehen. Letzterer Weg ist der bewährteste, man nennt dieses Verfahren die „Röste" oder „Rotte".

Man unterscheidet: 1. Die „Tau"- oder „Rasen"-Röste, die im Ausbreiten der Flachsstengel auf dem Rasen und dem Einwirkenlassen von Tau, Regen und Luft besteht. Dies ist die müheloseste Art, doch mit Gewichts- und Zeitverlust verbunden. Der Prozeß dauert 4—8 Wochen, während welcher alle 10 Tage gewendet wird. In Rußland hat sich dieses Verfahren auf empirischem Wege zur höchsten Blüte entwickelt. 2. Die Wasser- oder Kaltwasserröste besteht in der Einwirkung

[1]) Wie Baumwolle (s. d.) bis zur Unterklasse: Choripetalae; dann Ordnung: Gruinales; Familie: Linazeen; Gattung: Linum; Art: Linum usitatissimum.

kalten, stehenden oder langsam fließenden Wassers (in mit Ton, Holz oder Ziegeln ausgelegten Senkgruben, in kleinen Flüssen mit Flechtwerk, in Lattenkasten mit Steingewicht, als Bindeflöße usw.). Hierbei findet zuerst eine stürmische saure, dann eine ruhige alkalische Gärung statt, unter Entwickelung von verschiedenen, im ganzen übelriechenden Gasen (Ammoniak, Methan, Schwefelwasserstoff, Kohlensäure, Stickstoff usw.). Die Gase verursachen Auftrieb der Faser. Falls der Flachs überrottet ist, ist er in Festigkeit und Haltbarkeit minderwertig. Die Beschaffenheit des Wassers ist von großer Bedeutung; am besten ist weiches Wasser (Regenwasser); Wasser mit einer Härte von 15° d. H. ist unbrauchbar. Schädlich ist ferner ein eisen- und tonerdehaltiges, trübes und schlammiges Wasser. Manche Gegenden haben besonders geeignete Wasserverhältnisse, so Belgien in dem Fluß Lys. Die beste Jahreszeit ist der Sommer. Die Kaltwasserröste dauert etwa 8—14 Tage in stehendem oder bis zu 3 Wochen in fließendem Wasser. Sobald schließlich Ammoniak auftritt, ist der Röstprozeß als beendet anzusehen. 2a. Gemischte Röste (erst Wasser-, dann Tauröste). 3. Warmwasserröste (Anwärmung des Wassers auf etwa 24—25° bzw. 27—28 bzw. 37° C). 4. Heißwasserröste. 5. Blaue- oder Schlammröste Belgiens (der Flachs wird, mit eisenfreiem Schlamm und Erlenlaub bedeckt, der Röste unterworfen). 6. Chemische Röste (z. B. Baur-Röste, die unter Zuhilfenahme von verdünnter, etwa $^1/_2$ proz. Schwefelsäure, einige Stunden bei etwa 100° C ausgeführt wird). Die wichtigsten Röstarten sind die unter 1., 2. und 3. genannten.

Abb. 8. Hoher Flachsstengel.

Abb. 9. Verzweigter Flachsstengel.

In den letzten Jahrzehnten hat man immer mehr versucht, die Flachsröste auf eine wissenschaftliche Grundlage zu bringen und die von der Witterung abhängige Art der Tau- und Wasserröste einerseits zu beschleunigen, andererseits gleichmäßiger, dann auch unabhängiger von Personal- und sonstigen Verhältnissen zu gestalten. Es wurde hier nach drei Richtungen hin gearbeitet: 1. die Übertragung der Wasserröste aus den natürlichen Gewässern in Bassins; 2. künstliche Begünstigung der biologischen Vorgänge; 3. Förderung oder Ersatz der dabei tätigen Organismen durch Chemikalien[1]).

1. Aus der nordeuropäischen Wasserröste erwuchs zunächst die neuzeitliche Bassinröste bei erhöhter, gleichmäßiger Temperatur, wobei die Überleitung

[1]) Vgl. auch Tobler: Faserforschung Bd. 4, Heft 3. 1924; Leipz. Monatschr. f. Textilind. 1925, S. 3.

der landwirtschaftlichen Handhabung in eine Industrie gegeben wurde. Die wirtschaftlichen Vorteile der biologischen Bassinröste sind augenscheinlich. Man ging erst zu einer Temperatur von 25—28° C über. Großes Aufsehen erregte dann gegen Ende des Krieges das Kanalröstverfahren von H. Schneider, das schnell große Mengen mit wenig Arbeitskräften bewältigt. Wie sich aber später herausstellte, nimmt dieses Verfahren keine Rücksicht auf die Ungleichmäßigkeiten des zu verarbeitenden Flachsstrohs; es kann deshalb qualitativ nicht das erreichen, was eine gute Freiwasserröste, eine erprobte russische Tauröste oder eine neuzeitliche Warmwasserröste bieten kann: Die erreichte Qualität war immer nur eine Mittelqualität, so daß die Kanalröste allmählich auch in Deutschland wieder verschwand. Auch bezüglich der optimalen Temperatur hat man wiederholt umgelernt. Eine Zeitlang schien diese bei etwa 28° C eindeutig festgelegt; in neuerer Zeit ist man wieder stellenweise zu höheren Temperaturen von 30—35° C übergegangen, wobei wieder andere röstende Organismengruppen besser zur Geltung kommen. Ferner hat man erst in letzter Zeit gelernt, daß die Gefahr der Verschmutzung der Erzeugnisse am besten durch eine am Schluß vorzunehmende Spülung behoben wird.

2. Auch die Frage der Förderung der beim Röstprozeß tätigen Organismen (Bakterien), etwa durch künstlichen Zusatz von Keimen, wurde vielfach bearbeitet. Doch ist dieses Problem sehr schwierig, da es sich bei der Röste um das Nebeneinanderarbeiten einer Reihe von Bakteriengruppen handelt, zumal auch noch bei und aus der Freilegung der Fasern entstehende Stoffe weiter zu zersetzen sind. Die Möglichkeit solcher Zusätze von Keimen zeigte deshalb nur dort Erfolg, wo besonders einseitig zugespitzte Bedingungen für diese Organismen geboten werden konnten. Das war z. B. der Fall bei der Röste von Rossi, bei der im Gegensatz zu den meisten anderen Wasserrösten Sauerstoff liebende Rösterreger die Aufgabe erfüllen sollten, und es ist ähnlich der Fall bei der Röste von Carbone, bei der ein einer verhältnismäßig hohen Temperatur angepaßter Röstbazillus in Wirksamkeit tritt. Bei der Röste von Rossi sind die Ansprüche (Luftzufuhr) so groß und die Vorteile des Erzeugnisses verhältnismäßig so gering gewesen, daß sich das Verfahren in der Praxis nicht erheblich eingeführt hat. Bei dem Carbone-Prozeß sind die Temperaturhaltung (37° C) und der Zusatz der vorzubereitenden Keime beträchtliche Anforderungen, aber es scheint bei schwer röstenden Flachsen ein besseres Ergebnis erreicht zu werden, besonders auch der große Vorteil der Geruchlosigkeit der Röste vorzuliegen. Die Carbone-Zusätze haben ferner den Vorteil, daß sie bei Neuanlagen schnell eine richtige Einstellung, d. h. Anreicherung des Beckens mit gut arbeitenden Organismen zu bewirken vermögen.

3. Chemische Zusätze bezwecken die Zufuhr von förderlichen Nährstoffen für bestimmte, in der Röste arbeitende Organismengruppen; es braucht nicht unbedingt der Rösterreger selbst zu sein, es können auch die neben der Röste einherlaufenden Zersetzungsvorgänge eine solche Förderung erfahren. Zu erwähnen ist hier in bezug auf solche chemische Zusätze die Bikarbonatröste (Krais) und die neue Harnstoffröste. Erstere bewirkt wohl zunächst eine Abstumpfung der bei der Röste entstehenden, ungünstig wirkenden Säuremengen, daneben gibt sie vielleicht auch einen Nährboden für einen Teil der Organismen im Röstbecken ab und wirkt so beschleunigend auf den gesamten Ablauf. Bei der Harnstoffröste ist die Wirkung wohl ähnlich und scheint auf die nicht selbst röstenden Organismen einen günstigen Einfluß zu haben. Abzutrennen von diesen ins biochemische Gebiet gehörigen Verfahren chemischer Zusätze sind die seit Jahrzehnten bekannten Verfahren, auf rein chemischem Wege das gleiche Ziel wie in der biologischen Röste zu erreichen (Baur - Röste u. a., s. o.). Als biologische Verfahren sind auch sämtliche Vorschläge anzusprechen, wo durch gärungsbefördernde Zusätze, wie Kasein u. ä., der Vorgang des Röstens beschleunigt werden soll.

Man ist heute bestrebt, gleichzeitig a) durch möglichst optimale Temperatur die Rösterreger zu intensiver Tätigkeit anzuspornen, b) die entstehenden Säuren möglichst zu unterdrücken oder aber ihre Entstehung durch Auslaugung des Rohstoffes bei Beginn der Röste, durch Wasserwechsel zu verhindern. Man sucht ferner c) auf die größte Sauberkeit des Erzeugnisses, namentlich am Schluß des Verfahrens, hinzuarbeiten (ausgiebiges Spülen, aber nicht mit kaltem Wasser).

Auf diese Weise wird im ganzen der höchste Erfolg sowohl in bezug auf gute Beschaffenheit der Faser als auch in bezug auf beste Ausbeute erstrebt. Dabei ist tunlichste Anpassung an die örtlichen und wirtschaftlichen Verhältnisse notwendig. Kein Verfahren kann heute als schlechthin bestes bezeichnet werden, da für jeden Ort und jede Wirtschaftslage die jeweils besten Bedingungen gesucht werden müssen. Der Einfluß des Klimas ist heute noch unerforscht und die Frage des tropischen Klimas gänzlich unbekannt. Alle Erfahrungen und Forschungen beziehen sich auf das gemäßigte Klima.

Nach dem Rösten unterwirft man mitunter die Faserstoffe nach dem Roteprozeß einer Sterilisation (z. B. der Behandlung in einer Kupfervitriollösung 1 : 1000); dann folgen rein mechanische Prozesse, die die Trennung der Fasern von den Holzbestandteilen bezwecken. Diese zerfallen wieder in das Botten oder Klopfen, das Brechen, Schwingen und Hecheln. Das Botten geschieht mit Hämmern oder mechanischen Stampfen; hierbei werden die Holzteile geknickt und zerteilt. Das Brechen (Handbreche, Brechmaschine, Stechmaschine) bezweckt, die Holzteilchen, „Schäben" genannt, noch weiter zu zerkleinern und teils zu entfernen. Dies wird vermittels stumpfer Holzmesser oder Maschinen erreicht, und hierbei werden die Stengel vielfach geknickt, die Bastschicht platzt an vielen Stellen und wird der Länge nach gespalten. Durch das Schwingen (Hausbetrieb: Schwingstock, Fabrikbetrieb: Schwingmaschine) wird die Schäbe entfernt, und es resultiert der Rein- oder Schwingflachs, der schon Handelsartikel ist. Um ganz schäbefreien Flachs zu erhalten, wird häufig zweimal geschwungen. Die vom Vorschwingen resultierende Heede wird auf Schwingwerg bearbeitet. Der Prozeß des Hechelns entfernt weiter die kleinsten Schäbeteilchen; es ist dies eine Art von Kämmen, das die Faser weiter verfeinert (Handbetrieb und Hechelmaschinen). Hiervon fällt das Hechelwerg ab. Schwing- und Hechelwerg werden zu Werggarnen (Towgarnen) verarbeitet.

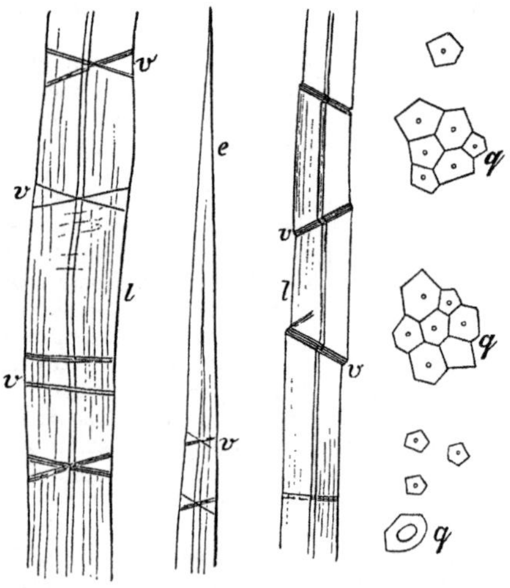

Abb. 10. Leinenfaser. (Vergr. 200 und 400.) *l* Längsansichten, *v* Verschiebungen, *q* Querschnitte, *e* Spitze. Nach v. Höhnel.

Erst im gehechelten Zustande ist der Flachs richtig verspinnbar. Will man die allerfeinsten Gespinste verarbeiten, so tritt nach dem ersten Hecheln noch die sogenannte „Flachsveredelung" hinzu (Klopfen mit hölzernen Schlegeln, kräftiges Bürsten und Laugenabkochung).

Die Angaben über die Ausbeute an Reinflachs aus frischem Flachs schwanken sehr nach Art des Flachses und der Gewinnungsart. Hodges gibt an, daß 100 Teile irischer Flachsstengel 33 Teile Samenkapseln und 67 Teile Flachsstroh liefern. Letztere ergeben bei der Röste 39,5 Teile Röstflachs, die nach dem Brechen und Schwingen 5,9 Teile Flachsfaser und 1,5 Teile Werg liefern. Aus lufttrockenem Rohflachs sollen im Handbetrieb 10,5% Hechelflachs und 8,4% Hechelheede (= 18,9% Fasern), im Maschinenbetrieb 17% Hechelflachs und 5,6% Hechelheede (= 22,6% Fasern) erhalten werden.

Die Einzelbearbeitungen werden noch vielfach durch Handarbeit ausgeführt; aus diesem Grunde können Länder mit höheren Arbeitslöhnen und sozialen Gesetzgebungen nur schwer gegen solche mit niedrigen Löhnen usw. in Wettbewerb treten. Deutschland hat deshalb auch den Flachsbau immer mehr eingehen lassen. Um an teurer Handarbeit zu sparen, sind zahlreiche Maschinen ersonnen worden, die nicht nur die einzelnen Operationen ausführen, sondern auch die verschiedenen

Operationen selbsttätig im kontinuierlichen Betriebe hintereinander verrichten. Nach Angaben der Firma Etrich (in Oberaltstadt bei Trautenau in Böhmen) ist die Leistungsfähigkeit ihrer Maschine so groß, daß eine solche Maschine mit zwei ungelernten Personen bis 25 geschulte Handarbeiter zu ersetzen vermag. Sie reinigt in einer Stunde über 200 kg Stengelflachs, was bei 20% Ausbeute rund 40 kg Schwingflachs ergibt.

Geschichtliches. Der Flachs wurde ursprünglich wohl als Öl- und dann erst als Faserpflanze kultiviert. Seine Kenntnis reicht bis ins höchste Altertum hinauf, sein Ursprungsland ist wahrscheinlich Vorderasien, von wo er seinen Weg nach Ägypten fand. In alten ägyptischen und altchaldäischen Gräbern hat man Reste von Flachsgeweben und Mumienbinden aus Flachs gefunden. Altägyptische Wandmalereien (2400—2200 v. Chr.) zeigen uns bereits den ganzen Prozeß der Flachsbearbeitung, das Rösten, Bläuen, Kämmen. In Ägypten stand der Flachs in höchstem Ansehen (Symbol des Lichtes und der Reinheit): Er war die übliche Tracht der Könige und Satrapen, die vorschriftsmäßige Tracht der Priester. Damals wurden schon kunstreiche Luxusgewebe aus Leinen gefertigt (eingewebte Tierbilder u. ä.). Aber auch in Europa war der Flachs schon zur Steinzeit kultiviert (nach Untersuchungen der Pfahlbauten der Schweiz, Oberösterreichs, Oberitaliens), jedoch nicht die altägyptische und heute allgemein übliche, einjährige Varietät L. usitatissimum, sondern die später in Europa verdrängte, perennierende Art L. angustifolium (O. Heer, de Candolle). In der homerischen Zeit war das Leinengewerbe in Griechenland bekannt, der Flachsbau wohl erst später. Von hier kam er nach Italien. Wenigstens im 1. Jahrhundert n. Chr. ist der Flachsbau nördlich der Alpen zu den Germanen und den Niederländern gedrungen (belgischer Flachs, flämische Leinwand). Die westlichen Slawen wurden im frühen Mittelalter mit ihm bekannt (Anfang des 12. Jahrhunderts diente auf Rügen Leinwand statt gemünzten Geldes als Tauschwert). Mit dem geregelten Ackerbau drang die Flachskultur in das Innere des großen europäischen Flachlandes; ganze Gegenden Rußlands widmeten sich dem Flachsbau und der Flachsverarbeitung, die gegen Ende des 18. Jahrhunderts ihren Höhepunkt erreichte. So wurde der Flachs erst im Norden Europas ein Welthandelsprodukt (wie die Baumwolle erst durch Verpflanzung nach Amerika), bis die Baumwollfabrikation auftrat und die alteinheimische Flachsindustrie tötete (Näheres s. Hehn - Schrader).

Struktur. Die technischen Fasern bilden Faserbündel aus zahlreichen nebeneinandergelagerten Faserzellen (Elementarzellen). Die Faserbündel sind 30—100 cm lang, die Bastfaserzellen gewöhnlich 20—40 mm lang und 12—30 μ breit.

Mikroskopie. Die Flachsfaser ist glatt und zylindrisch langgestreckt; sie zeigt stellenweise knotige Anschwellungen und Quetschfalten (Verschiebungen), besitzt dicke Wandungen, läuft in eine feine zarte Spitze aus, hat auffallend enges Lumen und charakteristischen Querschnitt (unregelmäßig geformte Fünf- und Sechsecke mit punktförmigem Luftschlauch, s. Abb. 10).

Physikalische und chemische Eigenschaften der Flachsfaser. Die Flachsfaser ist weniger elastisch und ein besserer Wärmeleiter als Baumwolle. Ihr spezifisches Gewicht beträgt etwa 1,4—1,5; der normale Wassergehalt 5,7—7,3%, in mit Wasserdampf gesättigter Luft vermag Flachs 14—24% Feuchtigkeit aufzunehmen (je nach Art der Röste). Die Konditionierungsreprise beträgt für Flachsgarn 12%. — Die Farbe der gut vorbereiteten Faser liegt zwischen lichtblond und weiß; doch gibt es auch Gewinnungsarten, die stahlgraue (Flandern) und rötlichgraue Sorten (Ägypten) liefern. Die Festigkeit des Flachses wird mit 35 kg auf 1 qmm angegeben; Fasern von 17 μ Durchmesser haben im Mittel eine Bruchfestigkeit von 28 g.

Die Flachsfaser ist keine reine Zellulose, sie verliert z. B. beim Bleichen etwa 20%, zuweilen 30—40% an Gewicht. Durch verdünntes Alkali werden reichliche Mengen von Pektinstoffen ausgezogen, wodurch der Glanz der Faser vermindert und die Faser rauh wird. Soda wirkt milder als Ätznatron. Gegen Schwefelsäure und Salzsäure ist Lein weniger empfindlich als Baumwolle (Kindtsche Probe auf Lein bzw. Baumwolle), dagegen empfindlicher gegen Chlor und Hypochlorite (nach Cross und Bevan bilden sich kleine Mengen von Chloraminen, die durch kochendes Wasser und Antichlorpräparate nicht entfernt werden und wodurch die Faser geschwächt wird). Gegenüber Farbstoffen zeigt Flachs geringere Affinität als Baumwolle und färbt sich schlechter durch; auch ist die Färbung in der Regel weniger echt. In Cuoxam ist die Faser bis auf grauen Farbstoff löslich, Jod und Schwefelsäure färben blau, Phlorogluzin färbt nicht oder nur bei schlechter Röste etwas. Der Alkoholauszug enthält nach Cross und Bevan Cerylalkohol, Fettsäuren und ölige Ketone. Das Flachswachs ist in Benzin löslich. Die Aschenmenge der Faser schwankt in weiten Grenzen zwischen 1 und 6%.

Nach Tassel hat die Flachsfaser folgende Gesamtzusammensetzung: Reine Zellulose = 65—70%, Pektinstoffe = 20—25%, Holz- und Oberhautreste = 4—5%, Kalk und Kieselsäure (Asche) = 1%.

Handel und Handelssorten. Man unterscheidet im Handel Dreschsaat und Klangsaat (je nachdem ob aus der Leinsaat der Schließ- bzw. Dreschlein mit hohem, wenig verästeltem Stengel oder der Spring- bzw. Klanglein mit kürzerem, verästeltem Stengel entsprießt). Besonders beliebt ist Dreschlein aus Rußland und Holland. Gekauft wird seltener vom Bauer selbst, häufiger vom Flachshändler bzw. einer Export- oder Importfirma, und zwar entweder nach Gewicht oder am Felde selbst. Die richtige Beurteilung und Abschätzung des gebündelten Flachses setzt große Erfahrung und Sachkenntnis voraus. Die Qualität wird nach dem Ursprungsland (russischer, deutscher, französischer, holländischer, belgischer, irischer, schlesischer, böhmischer, tiroler, mährischer Flachs), der angewendeten Röstungsart (Kalt-, Warm-, Heißwasserröste, Tauröste, gemischte, künstliche Röste) und dem sonstigen Bearbeitungsgrade (Stengel- oder Strohflachs, Röstflachs, Brech-, Schwing-, Hechelflachs, Flachswerg) bezeichnet. Standardbezeichnungen wie bei Baumwolle sind nicht allgemein üblich; die russischen Flachse werden zum Teil nach bestimmten Marken gehandelt[1]) (z. B. SDW I = Slanetz-Dreiband-Wrack I usw.).

Die Preise in Deutschland werden meist in Mark pro 100 oder 50 kg notiert, diejenigen der russischen Flachse oft auch in Rubeln pro Berkowetz (= 163,8 kg) oder pro Pud (16,38 kg), der englischen Flachse in Schilling pro „stone" (= 6,35 kg) usw. Die belgischen Notierungen sind nicht einheitlich und verwickelt. Der Flachs wird umwickelt oder häufiger in hüllenlosen, mit Stricken umschnürten Ballen versandt.

Statistisches. Die Weltflachsernte lieferte 1913 etwa 577 Millionen Kilogramm Flachs im Betrage von rund 415 Millionen Mark. Hiervon erzeugte Rußland allein rund 80%. Deutschland verbrauchte etwa 15% der Weltproduktion. Die deutsche Einfuhr von Flachs, Flachswerg und Flachserzeugnissen stieg von 1893—1913 von rund 73 auf rund 116 Millionen, die entsprechende Ausfuhr von 35 auf 53 Millionen Mark. Die Gesamtproduktion der deutschen Leinenindustrie, die ihre Hauptsitze in Schlesien und Westfalen hat, belief sich bei rund 275 000 Flachsspindeln auf rund 331 Millionen Mark. Der Flachsbau ist in Deutschland sehr erheblich zurückgegangen: Während 1878 noch etwa 134 000 ha mit Flachs bebaut wurden, waren es 1910 nur etwa 10—20 000 ha. Die Großhandelspreise für 100 kg Flachs schwankten in dem Jahrzehnt 1904—1913 zwischen 60 und 85 M. (russischer Flachs) bzw. 104 und 146 M. (irischer Flachs) und betrugen im Mittel 71,5 bzw. 124,7 M.

---

[1]) Näheres s. A. Weiss: Textiltechnik und Textilhandel.

Der Hanf.

Brinckmeier: Der Hanf. — Marquard: Hanfbau.

Vorkommen und Gewinnung. Den Hanf bilden die Bastfaserbündel der Hanfpflanze [Cannabis sativa[1])], einer einjährigen, etwa 1—3 m hohen Faser- und Samenpflanze. Hanf stellt das wichtigste Seilermaterial dar.

Die Aussaat beginnt im Mai, 3—4 Monate später erfolgt die Ernte, wobei zuerst der kürzere männliche „Staubhanf" und 2—3 Wochen später auch der bedeutend längere weibliche „Samenhanf" aus dem Boden gezogen, in Garben gebunden, 2 Wochen am Felde belassen und schließlich gedroschen wird.

Die Gewinnung der Hanffaser unterscheidet sich nur wenig von derjenigen des Flachses. Der Rohhanf wird zuerst dem Röstprozeß (fast stets reine Wasser-

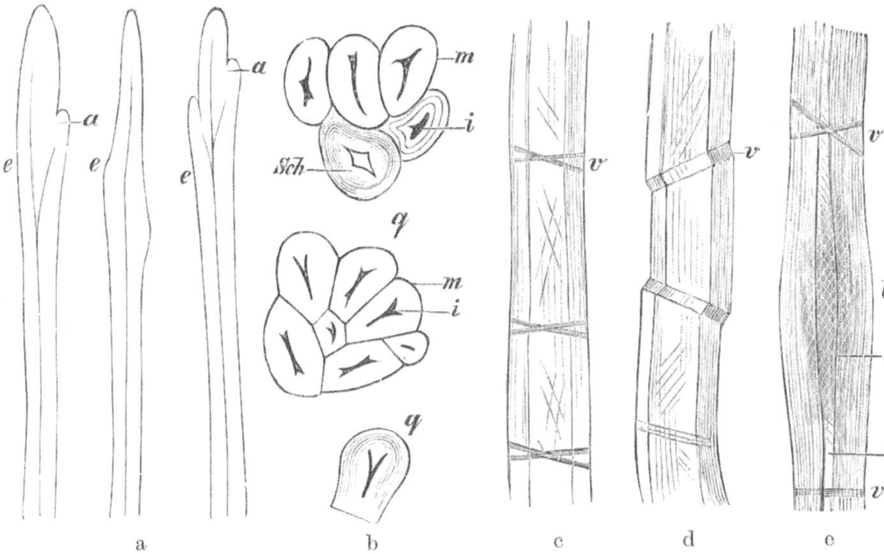

Abb. 11. Hanffaser. (Vergr. 290 und 325.) *e* Spitzen mit Abzweigungen *a*. *q* Querschnitte mit Mittellamellen *m*. *Sch* Wandschichtung. *i* Lumina. *v* Verschiebungen. *s* Streifungen. *l* Mittelteile der Fasern. Nach v. Höhnel.

röste, manchmal kombinierte Röste) unterworfen; dann folgt das Brechen, das die Entfernung des Holzkernes und die Spaltung des Bastschlauches (Hand- oder Maschinenbrechen) bezweckt. Der so bearbeitete Hanf heißt Basthanf. Das nun folgende Boken macht die Faser durch die Hanfstampfe oder die Hanfreibe milde und geschmeidig. Das Schneiden erzielt die Zerkleinerung der 1—1³/₄ m langen Bastfasern (Hanfzerreißmaschine). Schließlich erfolgt, wie beim Flachs, das Hecheln, das indes nicht bis zu der Feinheit des Flachses durchgeführt wird. Das hierbei abfallende Hanfwerg wird teils zu Seilerwaren, teils als Dichtungsmaterial verwendet. Schleißhanf wird erhalten, wenn der Bast gleich nach dem Rösten mit den Fingern vom Stengel gewonnen wird. Aus 100 kg gerauften Hanfstengeln werden etwa 11—15 kg Hechelhanf gewonnen.

Der Hanf verlangt zum Gedeihen ein wärmeres Klima als der Flachs.

[1]) Wie Baumwolle bis zur Klasse: Dikotylen; dann Unterklasse: Apetalae; Ordnung: Urticinae; Familie: Urtikazeen; Gattung: Cannabis; Art: Cannabis sativa.

Struktur und Mikroskopie. Die 1—2 m langen Faserbündel bestehen aus Hanfzellen von 15—20 mm Länge. Unter dem Mikroskop erscheint der Zellkanal breiter als beim Flachs, die Faserenden sind unregelmäßig abgestumpft. Die Querschnitte haben linienförmiges Lumen und sind rundlich oder seitlich zusammengedrückt (s. Abb.11).

Physikalische und chemische Eigenschaften. Das spezifische Gewicht der Hanffaser beträgt 1,48—1,50. Beim Auskochen mit Wasser verliert die Rohfaser 6—8% vom Gewicht, widersteht aber sonst gut der Feuchtigkeit. Die Fasern sind schwach verholzt, in Cuoxam blasenförmig aufquellend bis löslich. Mit Jod und Schwefelsäure werden die feinsten Sorten blau, die geringeren grünblau. Lufttrockenes Hanfstroh enthält 22—26% Bastfasern; der Zellulosegehalt des Hanfes beträgt 75—80%. Nach Farbe und Aussehen ist er dem Flachs sehr ähnlich.

Geschichtliches. Der Hanf hat sich viel später über die Welt verbreitet als sein Zwillingsbruder, der Flachs. Er war im ganzen mittleren und westlichen Europa zur jüngeren Stein- und Bronzezeit und auch wohl noch zur Eisenzeit unbekannt. Die Ägypter und Griechen (zu Herodots Zeiten) kannten ihn noch nicht. Die Skythen bauten aber Hanf an und berauschten sich an seiner Saat. Als seine Heimat gelten die kaspischen und Aralgegenden sowie der Kaukasus. Nach Humboldt ist der Hanf aus Persien nach Europa gekommen. In Italien wird er erstmalig um 100 v. Chr. von Lucilius erwähnt; Cato war er noch unbekannt. Jetzt ist der Hanf durch ganz Europa ausgebreitet. Mit Kanton- und Manillahanf, die keine wirklichen Hanfe sind, ist er nicht zu verwechseln.

Handel und Handelssorten. Über die Weltproduktion liegen verschiedene Angaben vor, sie dürfte 500—600 Millionen Kilogramm betragen. Im Handel haben sich keine festen Normen eingebürgert. Der handelsübliche Wassergehalt ist auf 12% (Zuschlag zum Trockengewicht oder Reprise) bemessen. Als feinste Sorte gilt der italienische, hellblonde Bologneser Hanf; an Umsatz bedeutender ist der russische. In neuerer Zeit erlangt der nordamerikanische Hanf zunehmende Bedeutung.

Statistisches. 1912 wurde in Deutschland für rund 40 Millionen Mark an Rohhanf und Hanfwerg und für rund 10 Millionen Mark an Hanfgarn eingeführt. Die Gesamterzeugung an Hanfwaren in Deutschland dürfte etwa 100 Millionen Mark betragen. Die Großhandelspreise für 100 kg Hanf (Lübeck) schwankten in dem Jahrzehnt 1904—1913 zwischen 60 und 88,5 M. und betrugen im Mittel 71,5 M.

Kotonisierter Flachs und Hanf.

Bei der Gewinnung der Flachs- und Hanflangfaser entstehen auch bei gutem Ausgangsmaterial und zweckmäßiger Behandlung Faserabfälle, schätzungsweise in Höhe von etwa 50% der Fasermengen und mehr. Diese Abfälle entstehen: bei der Ernte als Wirrstroh, bei den weiteren Aufbereitungsprozessen als Knick- und Schwingwerg, bei dem Spinnprozeß und diesem vorhergehenden Vorbereitungsarbeiten als Hechel-, Spinn- und Kardenabfall, und schließlich fällt noch in ungeheuren Mengen das Samenflachsstroh an den Erzeugungsstellen des Flachses und des Hanfes selbst an. Alle diese wertvollen Abfälle sind bis vor kurzem in nur unerheblichem Maße der Wergspinnerei, ferner der Papierfabrikation zugeführt worden, während der weitaus größte Teil als Polster-, Stopf- und Streumaterial verwendet oder einfach verbrannt wurde. Dagegen wurden diese Abfälle nicht in hochwertige Textil- bzw. Spinnstoffe übergeführt, welche den Bedarf an den wertvollen Baumwollerzeugnissen ergänzen sollten.

Infolge der immer steigenden Nachfrage des Weltmarktes nach solchen hochwertigen Spinnstoffen wurden schon Mitte des vorigen Jahrhunderts in Schweden und England Verfahren angeregt, die genannten Abfälle auf hochwertige Spinnfasern zu verarbeiten; sie waren aber sehr umständlich und haben sich nicht eingeführt. Vor kurzem ist ein weiterer Anlauf genommen, dieses wichtige Problem in zufriedenstellender Weise praktisch zu lösen. Diese sogenannte Kotonisierung oder Verbaumwollung von Bastfasern aller Art läuft auf die Freilegung der Einzelfasern hinaus; sie ist bei allen wollähnlichen Fasern, wie Flachs, Hanf, Jute, Typha usw., durchführbar, aber nur bei der Flachs- und Hanffaser von praktischer Bedeutung.

Je nach der Art der Rohstoffe bereitet die Kotonisierung verschieden große Schwierigkeiten; sie zerfällt von selbst 1. in die Trennung der Bastfasern vom Holzkörper, 2. in die Angleichung der Bastfasern an das Baumwollhaar. Da die weitgehende mechanische Behandlung der Faserabfälle wegen der Verletzung der Einzelfasern nicht unbedenklich ist und die verlängerte Röste (Überröste) die Faser spinntechnisch minderwertiger macht, mußten geeignete chemische Verfahren ersonnen werden, die die Bastfasern bzw. Faserbündel in Bastzellen zerlegen und die Inkrusten des Bastzelleninneren entfernen. Nach der chemischen Bearbeitung kommen folgende grundsätzlich verschiedene Kotonisierungsverfahren vor.

1. Behandlung mit Alkalien oder Erdalkalien, mit oder ohne Druck- und Temperaturerhöhung, mit oder ohne organische Lösungsmittel.
2. Behandlung mit Sulfitlaugen.
3. Abwechselnde sauer-alkalische Behandlung.
4. Behandlung mit elementarem Chlor.

Nach Angaben in der Literatur zeichnet sich das letztgenannte Verfahren des Deutschen Forschungsinstitutes für Textilindustrie in Dresden, das sogenannte „Dresdner Verfahren" (D.R.P. 328 034), von den vorgenannten sehr vorteilhaft dadurch aus, daß es a) ganz ohne mechanische Behandlung auskommt, b) ohne die Anwendung hoher Drucke und Temperaturen arbeitet, c) unter Ersparnis der teuren Alkalien und Bleichlaugen, in der Hauptsache unter Anwendung von elementarem Chlor arbeitet, das als ein Nebenprodukt der chemischen Industrie leicht erhältlich ist, d) stark verunkrautetes Wirrstroh ebenso gut wie reine Wergsorten aufarbeitet, e) die Bastfasern der Baumwolle weitgehend ähnlich macht und vollständig in Einzelfasern zerlegt, die selbst einem Kämmprozeß unterworfen werden können, f) die Faserfestigkeit nicht schädigt (die Faserfestigkeit der kotonisierten Faser entspricht mindestens derjenigen der Fasern in gebleichten Leinengarnen), g) die Fasern vollständig entholzt und deshalb auch gute Anfärbbarkeit und die Verwendung für Wirkwaren gestattet.

Die völlig reine und klare Weiße der Fasern, die ganz frei von Fremdkörpern, wie Holzstoff, ist, ihr seidiger Glanz, ihre Geschmeidigkeit, ihre leichte Verspinnbarkeit und gute Haltbarkeit sollen ferner gemeinsames Verspinnen mit Baumwolle, Wolle, Seide, Nessel, Kunstseide, Kunstwolle usw. gestatten, ohne nachträgliches Bleichen des entstandenen Gespinstes zu erfordern. Nach A. Herzog ist die Kotonisierung von Hanf noch leichter durchführbar als von Flachs, da ersterer mehr Neigung zeigt, sich in Einzelfibrillen aufzulösen; spinntechnisch sind aber beide als gleichwertig anzusehen. Es bleibt indessen abzuwarten, ob und inwieweit sich das eine oder das andere Kotonisierungsverfahren dauernd in die Praxis einbürgert.

Der Gestehungspreis des kotonisierten Flachses soll sich auf etwa den halben Preis der mittelguten amerikanischen Baumwolle stellen. Er läßt sich auf Baumwollspinnmaschinen gut verspinnen, und zwar zu gröberen Garnen bis etwa Nr. 12 engl. ohne Zusatz anderer Fasern, zu feineren Garnen bis zur Nr. 20 engl. mit einem hälftigen Zusatz von amerikanischer Baumwolle oder von Baumwollabfällen. Die so hergestellten Garne sind für Web- und Wirkwaren gut verwendbar. Der ungleiche Stapel der Leinenfaser und ihre steife Beschaffenheit erschweren dagegen die Herstellung feiner Garnnummern. Man kann nach dem heutigen Stande der Technik also nicht damit rechnen, aus kotonisiertem Flachs oder Hanf allein, ohne Zusatz von Baumwolle, mit Einrichtungen der Baumwollverarbeitung einen dem Baumwollgespinst völlig ebenbürtigen Stoff zu erzeugen, da die Baumwollfaser dank ihrem bandförmigen Querschnitt und der eigenartigen Drehung ihrer Längsachse spinntechnisch vorteilhafter ist.

Die Jute.

Pfuhl, E.: Die Jute und ihre Verarbeitung. — Wolff, R.: Die Jute, ihre Industrie und volkswirtschaftliche Bedeutung.

Vorkommen und Gewinnung. Die Jute ist die Bastfaser der in Indien heimischen, 3—4 m hohen, einjährigen Gemüselinde [Corchorus capsularis und C. olitorius[1])].

Die Jutestengel werden, nachdem in 5—6 Monaten völlige Samenreife eingetreten ist, knapp über dem Boden abgemäht, einem 3—4tägigen Welkprozeß unterworfen, von den Blättern und Verästelungen befreit und geröstet. Hierbei werden die Bastfasern von den holzigen Teilen des Stengels befreit, gewaschen und getrocknet. Für das Hecheln und Verspinnen werden sie durch Besprengen mit Wasser, Öl-, Seifenemulsionen, Petroleum usw. (das sogenannte Batschen) und durch darauf folgendes Quetschen vorbereitet. Durch das Batschen wird das Lösen des Pflanzenleimes befördert, das Quetschen geschieht auf Jutequetschmaschinen mit 20—40 Walzenpaaren, wodurch erhöhte Geschmeidigkeit und Biegsamkeit der Faser erzielt wird.

Indien beherrscht den Weltmarkt in Jute; geringe Mengen werden auch noch in Brasilien, Nordamerika, Algier und Australien gebaut.

Während des Krimkrieges (1853—1856) machte sich ein Mangel in russischem Hanf fühlbar. Damals begann der Import der in Ostindien kultivierten Gemüsepflanze, der Jute, die als Ersatz des Hanfes eingeführt wurde (daher der Name „Kalkuttahanf"). Hieraus entstand die bedeutende Juteindustrie, die sich in Deutschland, Schottland, Frankreich, Österreich (erst seit 1882) entwickelt hat.

Struktur und Mikroskopie. Die Faserbündel sind $1^1/_2$—$2^1/_2$ m lang, die Faserzellen haben eine Länge von 0,8—4 mm. Die Dicke der letzteren ist 15—35 μ.

Unter dem Mikroskop ist ein breiter, sich stellenweise verengender Zellkanal sichtbar; dicke Wandungen; die Fasern laufen in eine feine Spitze aus. Die Querschnitte bilden Gruppen von 5—6eckigen Figuren mit verschieden großem Lumen (s. Abb. 12).

[1]) Wie Baumwolle (s. d.) bis zur Ordnung: Columniferae; dann Familie: Tiliazeen; Gattung: Corchorus; Art: Corchorus capsularis und C. olitorius.

Physikalische und chemische Eigenschaften. Die Faser ist stark verholzt (Phlorogluzin-Reaktion), gehört also zu den Lignozellulosen. Dem Flachs und Hanf steht sie in Festigkeit und Geschmeidigkeit nach. Dafür hat sie lebhafteren Glanz und erhöhte Farbaufnahmefähigkeit. Mit der Zeit dunkelt die Jutefaser nach (rottet nach) und wird unter der Einwirkung von Luft, Licht und Feuchtigkeit brüchig. Sie ist leicht entflammbar, also bis zu einem gewissen Grade feuergefährlich. Die Farbe ist silbergrau bis dunkelbraun. Die Wasseraufnahmefähigkeit ist eine erhebliche (Konditionierungsreprise: $13^3/_4$%), in feuchter Luft nimmt sie bis zu 24%, nach Pfuhl sogar bis zu 35% Wasser auf. Das spezifische Gewicht beträgt je nach dem Grade der Reinigung 1,4—1,6. Kochendes Wasser löst 2—3% der Fasermasse auf; unter Druck wird die Faser stark angegriffen, Wasser von 140° C hydrolysiert bereits 22% der Faser. Der Aschengehalt beträgt 1—2%. Alkalien wirken noch intensiver ein als Wasser und Dampf; durch Merzerisation erfolgt Schrumpfung um 15 bis 20% der Faserlänge. Durch Säurelösungen werden erhebliche Mengen Fasersubstanz aufgenommen, z. B. durch Normalsalzsäure 0,85—1,1% vom Gewicht der Fasersubstanz. Bei 60—80° C geht in verdünnter Säure ein erheblicher Teil der Faser in Lösung; kochende Säuren spalten 8—9% Furfurol ab, außerdem Essigsäure. Durch konzentrierte Schwefelsäure wird Jute purpurbraun. Basische Farbstoffe werden wie von tanningebeizter Faser stark aufgenommen, desgleichen ziehen substantive und selbst saure Farbstoffe gut auf. Die von Cross und Bevan für Jute als charakteristisch gefundene Blauschwarzfärbung beim Eintauchen in ein Gemisch von gleichen Teilen $^n/_{10}$-Ferrichlorid- und Ferrizyankaliumlösung ist nach Haller nicht für Jute charakteristisch, sondern auch gewissen Baumwollarten eigen.

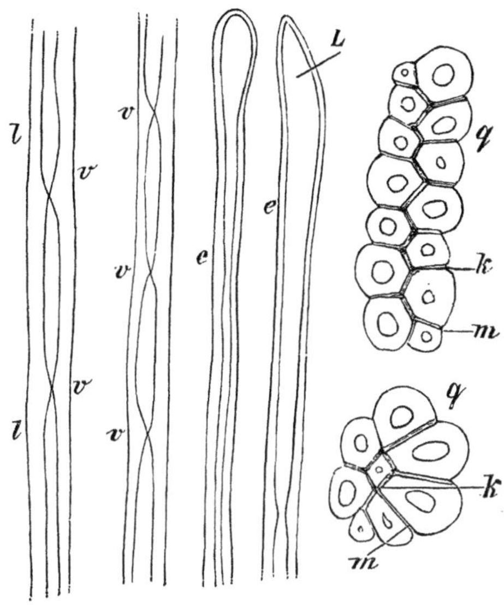

Abb. 12. Jutefaser. (Vergr. 325.) *e* Spitzen mit weitem Lumen *L*. *l* Längsschnitte mit Verengerungen *v*. *q* Querschnitte mit Lamellen *m* und Verdickungen *k*. Nach v. Höhnel.

Oxydationsmittel greifen erst die Nichtzellulose an. Hypochlorite oxydieren die Jute in alkalischer Lösung; in saurer Lösung werden die Ligninbestandteile chloriert, wobei Bleichwirkung stattfindet. Halogene werden addiert. In den üblichen Lösungsmitteln wird Jute mehr oder weniger leicht gelöst (Chlorzink, Cuoxam). Ihr Zellulosegehalt beträgt etwa 60—75%.

Handel. Die „Jute-Association" hat feste Qualitätsmarken eingeführt und gibt alljährlich Markenlisten heraus. In Kalkutta wird die Jute zuerst nach Provenienz bezeichnet; dann kommen die näheren Markenbezeichnungen („good first" usw.), z. B. „Serajgunge good first". Ferner kommen Zahlen und Buchstabenbezeichnungen vor (1—5, A—D usw.). Dabei wird für die Qualität keine Garantie geleistet. Die Haupthandelsplätze sind: Kalkutta, London, Dundee, Hamburg. Der Preis wird in Pfund Sterling pro englische Tonne notiert.

In den Kriegsjahren kam nach den Patenten von Claviez, Adorf, 1910, als Ersatz für Jute ein Produkt, „Textilose" genannt, in den Handel. Es ist dies eine Art Papiergarn, das durch Aufdrucken eines Netzes von Baumwolle auf Holzstoffpapier, Zerschneiden in schmale Streifen und Zusammendrehen der Streifen zu Garn verarbeitet wurde (für Säcke statt Jutesäcke verwendet).

Statistisches. Die Jahreswelternte an Jute wurde vor dem Kriege auf 0,76 Milliarden Mark geschätzt. Der weitaus größte Teil der Rohjute wurde in Indien selbst, etwa 12% der Welternte in Deutschland verarbeitet (bei 160 000 Jutespinnspindeln in Deutschland). Die Gesamterzeugung von Jutewaren in Deutschland wurde 1913 auf 142 Millionen Mark geschätzt. Die Einfuhr von Jute wächst außerordentlich: von rund 19 Millionen Mark im Jahre 1890 auf rund 90 Millionen Mark im Jahre 1913; die Ausfuhr stieg in dieser Zeit von 2 auf 7 Millionen Mark. Die Preise sind fortgesetzt gestiegen: 1 Doppelzentner Rohjute kostete 1904 noch 38 M., im Jahre 1913 durchschnittlich 78 M. (im Mittel des Jahrzehntes 61 M.). Der Juteverbrauch pro Kopf der Bevölkerung in Deutschland betrug 1866—70 = 0,06 kg, 1886—90 = 1,21 kg, 1913 = 2,29 kg.

Während und nach dem Weltkriege ging die Juteproduktion Britisch-Indiens bei zeitweise stark steigenden Preisen und merklichem Rückgang der Anbaufläche zunächst sehr erheblich zurück:

Jahre	Anbaufläche in Millionen acres	Annähernde Produktion in Millionen Ballen
1913/14	3,36	10,44
1920/21	2,5	6,00
1921/22	1,54	5,5

Die Preise stiegen von 26—28 Pfund Sterling pro engl. Tonne (1016,05 kg) in den Jahren 1914/15 auf 44—46 Pfund Sterling in den Jahren 1918/19 und schließlich bis auf 66 Pfund Sterling im Jahre 1920. Im Jahre 1922 wurde der alte Vorkriegspreis wieder erreicht. Infolge Erstarkung der indischen Juteindustrie geht Britisch-Indien immer mehr dazu über, die Rohjute selbst zu verarbeiten, so daß z. B. der Eigenverbrauch Indiens von 4,4 Millionen Ballen im Jahre 1914 auf 5,6 Millionen Ballen im Jahre 1920 stieg, gegenüber einer Ausfuhr im letztgenannten Jahre von nur 3,3 Millionen Ballen (wobei der Mehrverbrauch gegenüber dem Ernteertrag aus den Beständen der Vorjahre gedeckt werden mußte). Als Abnehmer in der Nachkriegszeit traten besonders Belgien, Japan und Brasilien neu auf den Plan, während die Ver. Staaten von Nordamerika ihre Jutefabriken vielfach nach Indien verlegt haben.

Die Ramie.

Grothe, H.: Ramie, Rhea, Chinagras und Nesselfaser. — Michotte: La Ramie.

Die Ramiefaser stammt von der in China heimischen Nesselart Böhmeria nivea (Urtizeen), die eine Höhe von $2^1/_2$ m erreicht, perennierend ist und 3—4 Ernten liefert. Sie wird auch als Rhea- oder Chinagras gehandelt.

Der strauchartige reife Stengel wird dicht über der Wurzel abgeschnitten, der Bast mitsamt der Rinde von Hand abgespleißt und die Rinde vom Bast mit hölzernen Messern abgeschabt.

Die Bastfaser enthält etwa $^1/_3$ Pflanzengummi und ist als Pektozellulose mit geringer Verholzung zu betrachten. Reine Ramie besteht aus reiner Zellulose. Zu diesem Zwecke muß die Rohfaser einen Gärungsprozeß durchmachen, dann unter Druck abgekocht, gebleicht und getrocknet werden. Schließlich wird sortiert, gelockert, gekämmt und (zu Vor- und Feingespinst der metrischen Nummern von 1—100) versponnen.

Die Faser ist alkali- und chlorempfindlich; scheinbar wird die Interzellularsubstanz zu leicht gelöst. In der Praxis scheint deshalb mildes Alkali im Verein mit Öl das meistgebrauchte Aufschließungsmittel zu sein. Trockene Stengel sollen etwa 12% reine Bastfasern liefern; der Bleichverlust wird zu 25—40% angegeben.

Unter dem Mikroskop zeigt die Ramie ein der Baumwolle ähnliches Bild. Der Zellkanal, linienförmig sich verengend, ist auffallend breit. Die Querschnitte erscheinen länglich und flach zusammengedrückt. Konzentrierte Schwefelsäure quillt langsam auf; Cuoxam löst die Faser

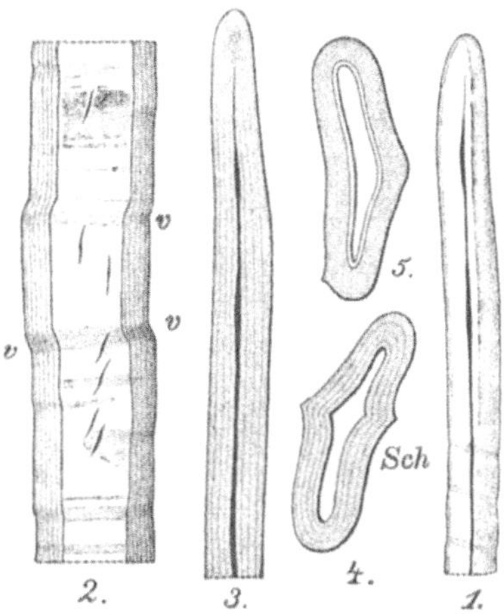

Abb. 13. Ramie- oder Chinagrasbastfaser. (Vergr. 270.) *2* Längsansicht, *v* Verschiebungen, *4* und *5* Querschnitte mit Lumen und Innenschicht, *Sch* Schichtung, *1* und *3* Spitzen von Fasern. Nach v. Höhnel.

Der Export aus China geschieht in gepreßten Ballen von 3—400 kg. Die Faser findet in der einheimischen Industrie Verwendung für Plüschwaren, Möbelstoffe, Spitzen, Litzen, Wirk- und Posamentierwaren, Netze, Filter, Glühstrümpfe. In China spielt die Ramie die Rolle, die in Europa dem Flachs zukommt (Leinwand, Tischzeug). Seit 1869 sind auch Versuche im Gange, die gewöhnliche Brennnessel (Urtica dioica und U. urens) nutzbar zu machen, und seit 1877 sind rationelle Gewinnungsverfahren bekannt geworden (Nesselkommission in Berlin).

Erwähnt seien noch die in der Veredelungsindustrie nur unwichtigen Fasern: Der Sunn- oder Madrashanf, die Torffaser, die Kosmoswolle u. a. m. Ferner von Blattfasern: Der Neuseeländische Flachs (Phormium tenax), der Manilahanf (Musa textilis), der Domingo-, Pite- oder Sisalhanf (Pite- und Agavearten), der Ananashanf (Bromelia), der Aloehanf (Aloe perfoliata), die Waldwolle (aus der Fichte oder Föhre hergestellt, „Gesundheitsflanell" für Gichtleidende). Als wichtigste Fruchtfaser sei erwähnt: die Kokosfaser (Cocos nucifera), die aus dem Fruchtfleisch der Kokosnuß als dicht gelagerte, rotbraune, sehr feste Faser gewonnen und für Matten, Besen, Schnüre, Stricke usw. verwendet wird.

Die tierischen Fasern.

Die Wollen und Tierhaare.

Bohm: Die Schafzucht. — Bowman, F. H.: The structure of the wool fibre. — Herzog, R. O. und Mark, H.: Beiträge zur Kenntnis der Wolle und ihrer Bearbeitung. — Heyne, J.: Die Wollkunde. — Kronacher, C.: Neues über Haar und Wolle (Z. f. Tierzüchtung u. Züchtungsbiologie, 1924, Heft 1 und 2. Berlin: Paul Parey). — Löbner: Studien und Forschungen über Wolle und andere Gespinstfasern. — v. Nathusius-Königsborn: Das Wollhaar des Schafes in histologischer und technischer Beziehung. — Waldeyer: Atlas der menschlichen und tierischen Haare sowie der ähnlichen Fasergebilde.

Wachstum des Haares. Sämtliche tierischen Fasern kann man in zwei Hauptgruppen einteilen, die Haare und die Seiden. Erstere sind Wachstumsprodukte der tierischen Haut und bilden organisierte Fasern, letztere sind im allgemeinen strukturlose, in einen Faden umgeformte Ausscheidungen einer Anzahl von Schmetterlingspuppen. Die Haare bilden dreierlei Bestandteile: das innere Mark, die Innenzellen und die Schuppen. Durch die Verschiedenheit der Formen und der Mengenverhältnisse dieser drei Bestandteile ist auch die Verschiedenheit der Haare bedingt. Der Bau der Schuppen bewirkt z. B. bei den „Wollen" das „Kräuseln", während die übrigen Haare gerade fortwachsen. Die Haare wachsen aus dem Haarbalg oder den Haartaschen hervor, in deren unterem Teile sich die Haarzwiebel mit der Haarpapille befindet. Der obere Teil des Haares heißt auch Haarschaft.

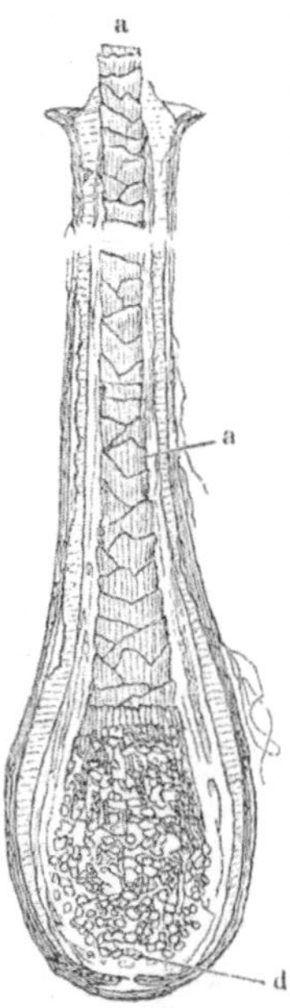

Abb. 14. Haarbalg mit Haarwurzel. *a* Haar, *d* Haarbalgpapille.

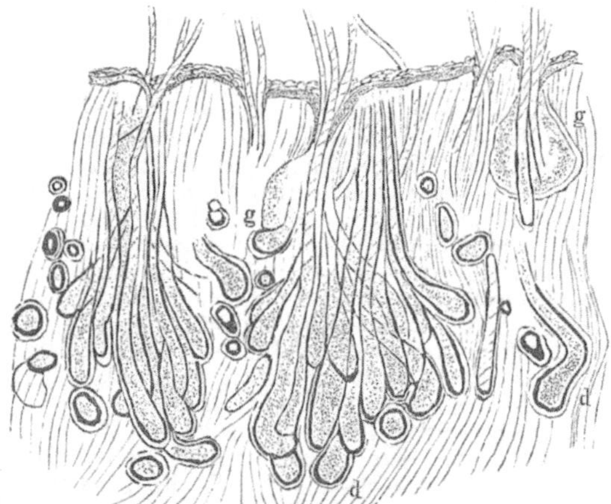

Abb. 15. Talgdrüsen, *d* Haarzwiebeln, *g* Talgdrüsen, die den Talg unter die Oberhaut des Haarbalges führen.

Das Haar des Schafes *a*, und zwar im besonderen das Wollhaar, entwickelt sich, wie Abb. 14 zeigt, in dem unteren Teil des Haarbalges auf der Papille *d*, folgt alsdann dem Laufe des Haarbalges, sich diesem entsprechend windend, und tritt in verhärtetem, verhorntem Zustande aus der Haut hervor. Vor ungünstigen Einflüssen der Atmosphäre schützt es der sogenannte Fett- oder Wollschweiß; derselbe bildet sich in besonderen, neben dem Haar dicht unter der Oberhaut gelagerten Talgdrüsen *g* (Abb. 15), welche den Talg durch entsprechende Kanäle unter die Oberhaut des Haarbalges führen, und wird bei der Bildung der Hornzellen in der Haarwurzel der Haarsubstanz eingelagert.

Die Haarzwiebeln liegen entweder in Gruppen (Nestern) zusammen, wie dies aus Abb. 15 ersichtlich ist, oder sind gleichmäßig verteilt; erstere Anordnung kann bei Wolle als die gewöhnliche angesehen werden. Die Folge davon ist, daß, wenn die einzelnen Haare aus der Oberfläche heraustreten, die Spitzen der aus dem Neste herauswachsenden Haare durch Zutreten von Staub u. dgl. zum Fettschweiß zusammenkleben und, einzelne Strähne bildend, gemeinschaftlich weiterwachsen. Es kann dann das einzelne Haar nicht mehr frei wachsen, sondern muß sich mehr oder weniger dem Wachstum der übrigen anschließen. Die Vereinigung einer größeren Anzahl solcher Strähnchen nennt man einen Stapel, die Vereinigung aller Wollhaare auf dem Körper des Schafes das Vlies desselben.

Die Pelzdecke der Tiere enthält im allgemeinen zweierlei Haararten: Die längeren Ober- oder Grannenhaare (Borsten-, Stichelhaare) und die kürzeren Grund- oder Flaumhaare (Pelz-, Wollhaare).

Während die Grannenhaare beim Sommerkleid im Übergewicht sind, entwickelt sich das Flaumhaar in beträchtlicher Menge zum Winter, um im Sommer wieder abgestoßen zu werden. Bei einer Reihe von Tieren (Schafen, Kamelen) ist das Wollhaar fast ausschließlich entwickelt. Es steht sehr dicht, ist fein, aber fest, stark gekräuselt und sehr elastisch. Die Kräuselung, in Verbindung mit dem Wollschweiß, vereinigt die benachbarten Haare zu „Stapeln", und auch diese hängen untereinander so fest zusammen, daß beim Scheren des Tieres die abgeschnittene Wolle als gemeinsame Masse, das „Vlies", vereinigt bleibt.

Die weitaus größte Bedeutung unter allen Wollen und Tierhaaren kommt im Handel und in der Textilindustrie der Schafwolle oder schlechtweg der „Wolle" zu. In chemischer und färberischer Beziehung stehen die anderen Wollen und Tierhaare der Schafwolle außerordentlich nahe; der Hauptunterschied liegt in dem anatomischen Bau und der Struktur der verschiedensten Haare, die durch das Mikroskop voneinander unterschieden werden können. Das meiste in diesem Buche über Schafwolle in bezug auf Veredelung Gesagte trifft deshalb auch für die anderen in der Textilindustrie verwendeten Tierhaare zu.

Die Schafwolle oder Wolle.

Herkunft und Gewinnung. Das die Wolle liefernde Schaf[1]) ist schon in prähistorischen Zeiten als Haustier gepflegt und gezüchtet worden (Wollschafe, Fleischschafe, Schaffelle als Kälteschutzmittel); heute ist es in der ganzen Welt verbreitet. Man unterscheidet einheimische und Kulturschafe; die letzteren sind für die Gewinnung der Wolle wichtiger, die Grenzen sind jedoch durch vielfache Kreuzung verwischt. Hochentwickelt sind beispielsweise die englischen und die Merinoschafe, das Elektoralschaf, das Negrettischaf. Die von den Schafen gewonnene Wolle wird nach vielerlei Gesichtspunkten bewertet; in erster Linie nach deren Spinnfähigkeit sowie Filz- oder Krimpfähigkeit.

Das Scheren der Schafe geschieht entweder von Hand mit der gewöhnlichen Schafschere oder in größeren Züchtereien mit automatischen Schervorrichtungen, ohne oder mit voraufgehender Reinigung. Mitunter wird am lebenden Tier vorher die „Rücken-" oder „Pelzwäsche" ausgeführt (rückengewaschene Wolle). Die Schafe werden zu diesem Zweck entweder im großen Bottich oder im Freien gewaschen (Handwäsche), oder sie werden durch einen Fluß oder Teich hindurchgetrieben (Schwemme), durch eine Bebrausung (Spritzwäsche) oder einen Wasserstrahl (Sturzwäsche) gereinigt. Diese Wäsche ist meist sehr oberflächlich und hinterläßt noch 20—50% des Wollschweißes. Zum Trocknen werden die Schafe zusammengepfercht und 2—3 Tage später geschoren. Darauf folgt das sehr wichtige Sortieren in etwa 6—10 Qualitäten nach den Körperteilen, von denen die Wolle stammt (das Vlies des Schwanzes, der Stirn, der Backen, des Rückens, Bauches usw.). Je nach Rasse, Geschlecht, Alter, klimatischen und Nahrungsverhältnissen,

[1]) Kreis: Wirbeltiere; Klasse: Säugetiere; Ordnung: Artiodaktyla; Unterordnung: Artiodaktyla ruminantia (Wiederkäuer); Familie: Cavicornia (Horntiere); Unterfamilie: Ovina (Schafe und Ziegen); Gattung: Ovis (Schaf).

Gesundheit des Tieres usw. wiegt das Vlies eines Tieres mehr oder weniger. Hochgezüchtete Kreuzungen in Neuseeland ergeben bei der Schur bis zu $13^1/_2$ kg Wolle, während die sogenannten Landschafe nur ein Vlies von 1—$1^1/_2$ kg besitzen. Das „Rendement“, d. h. der Ertrag an tatsächlicher Spinnfaser, beträgt bei feinsten Merinos im Schweiß etwa 50%, bei Rückenwäsche für grobe Wollen etwa 60—70%, für feine etwa 70—80%, bei groben Kreuzzuchten im Schweiß etwa 30—50%. Das Vlies enthält außer Fett und Schweiß auch noch Futterreste und sonstige Schmutzbestandteile. Solche Wollen heißen deshalb auch „Schmutz-“ oder „Schweißwollen“. Nachträglich in der Fabrik gewaschene Wollen heißen „fabrikgewaschene“ Wollen. Der Wassergehalt der gewaschenen Wolle soll nicht mehr als 16% betragen.

Bei der Unzahl von Handelssorten der Wolle hat sich eine große Menge von Bezeichnungen und Benennungen herausgebildet, teils auf Grund ihrer Abstammung, teils nach dem Zweck ihrer Verarbeitung, nach ihrem Produktionslande, nach ihrem Versandhafen, ihren Eigenschaften usw. Nachstehend seien die allerwichtigsten solcher Bezeichnungen wiedergegeben.

Man unterscheidet Einschur- und Zweischurwollen, je nachdem ob die Schafe ein- oder zweimal im Jahre geschoren werden. Die Zweischurwollen sind wieder in Winter- und Sommerwolle unterschieden. Die Einschurwollen sind länger und eignen sich mehr für Kammgarne, die Zweischurwollen sind kürzer. Die von Lämmern stammende erste Wolle heißt „Lammwolle“. Dem Geschlechte nach trennt man „Mutter-“ und „Widder-“ oder „Hammelwolle“ voneinander. Mehr als ein Jahr alte Schafe, die noch nicht als Lämmer geschoren sind, liefern die „Erstlingswolle“ oder „Jährlingswolle“.

Am geschätztesten ist die vom lebenden, gesunden Schaf stammende Schur- oder Naturalwolle; die vom Fell gesunder, doch geschlachteter Tiere durch Scheren oder Absengen gewonnene Wolle heißt Hautwolle; aus den eingeweichten und gedämpften Fellen durch Ausraufen gewonnene Wolle heißt Raufwolle. Minderwertig sind: futterige Wolle (mit Futterresten verunreinigt und von der Brust der Tiere herrührend), Gerberwolle (von den Fellen getöteter Schafe abgeschabte oder durch Enthaarungsmittel, Kalk, Schwefelalkali u. dgl. gewonnen; die Haare sind bei dieser Gerberwolle vielfach mit Haarzwiebeln versehen), Sterblingswolle (von krepierten Tieren herrührend und am geringsten eingeschätzt), hungerfeine Wolle (von kümmerlich ernährtem Vieh stammend), zweiwüchsige Haare (von kranken Tieren stammend).

Güteeigenschaften. Die Güte der Wolle wird durch eine Reihe von geschätzten Eigenschaften bedingt: Festigkeit, Dehnbarkeit, Elastizität, Länge, Feinheit, Kräuselung, Krumpkraft, Gleichmäßigkeit, Weichheit (Milde, Sanftheit), Glanz und Farbe[1]). Die Schulterblätter tragen die feinste und regelmäßigste Wolle; dann folgen: die Flanken, Seiten, der Hals, die Keule. Ein gutes Wollhaar soll im Mittel eine Festigkeit von 45—50 g haben, doch variiert diese sehr je nach Dicke des Haares; die Dehnbarkeit soll 30—40% betragen. Die Länge wird in Stapellänge (ohne Ausreckung der Kräuselungen) und Länge des ausgestreckten Haares unterschieden. In bezug auf die Länge zerfallen die Wollen in kurze (Streich- oder Tuchwollen) und lange Wollen (Kammwollen). Erstere sind 30—90 mm, letztere bis zu 500 mm lang. Je feiner das Haar ist, desto mehr Kräuselungen weist es auf (Merinowolle hat auf 25 mm Haarlänge bis 36 Bögen, Cheviotwollen — weniger, Zackelwollen — fast keine). Auf das Kräuselungsvermögen ist die „Milde“ der Wolle (zartes, weiches Anfühlen) zurückzuführen. Die „Feinheit“ kommt im Durchmesser des Haares zum Ausdruck; je feiner die Wolle, desto wertvoller ist sie im allgemeinen. In der Praxis wird die Feinheit entweder nach dem Auge oder mit Hilfe von besonderen Vorrichtungen (Wollklassifikator von Sorge, Mikroskop) ermittelt und in die Feinheitsgrade klassifiziert: Super-Elekta, Elekta, Prima, Sekunda, Tertia, Quarta usw. oder ähnlich. Auch die Gleichmäßigkeit der Wolle, auch „Treue“ genannt (Ungleichmäßigkeit = Untreue), ist

[1]) Nach diesen Eigenschaften bezeichnet man auch als Merinowollen die kürzeren und stärker gekräuselten Wollen, als Cheviotwollen die längeren, ungekräuselten, glänzenden und weichen Wollen. Letztere kommen den Kreuzungs- oder Crossbredwollen nahe (s. weiter unten).

eine hochgeschätzte und für bessere Wollen unentbehrliche Eigenschaft (s. Abb. 16). Die Farbe ist nur bedingungsweise von Bedeutung. Doch macht Gelbfärbung der Wolle durch Urin die Wolle stets minderwertiger. Die natürliche Farbe der Wolle ist die weiße; doch kommen auch graue, rötliche und schwarze Färbungen vor. Kapwollen sind meist von schneeweißer Farbe, La-Plata-Wollen sind weiß oder gelblich, ebenso Buenos Aires und Montevideo. Australische Wollen vom Upper, Lachlan sind rötlich, bläulich und schokoladefarbig.

Die „Feinheit“ des Wollhaares hängt von dem Durchmesser des Haares ab; je kleiner der Durchmesser, desto größer ist die Feinheit. Diese Feinheit des Wollhaares schwankt im allgemeinen zwischen 10—80 μ. Die Kaschmirwolle ist im Mittel 13—20 μ, die Vigognewolle 14—18 μ, die Alpakawolle 17—30 μ, Kamelwolle 16—23 μ, Angorawolle 12—44 μ, Ziegenhaare 50—100 μ dick. Im Gegensatz zu den feinen Haaren stehen die „groben“. Die Messung der Haardicke oder -feinheit geschieht mit Hilfe der sogenannten Wollmesser oder des Mikroskopes. Die bekanntesten Wollmesser sind diejenigen von Dolland, Pilgram, Grawert, Köhler u. a. m. Die genauesten Ergebnisse werden mit Hilfe des Mikroskopes und Okularmikrometers erhalten. Die Feinheiten werden hier in Tausendstel eines Millimeters bzw. in Mikromillimetern oder μ angegeben. Die älteren Feinheitsbezeichnungen Super-Super-Elekta, Super-Elekta, Elekta, Prima I, Prima II, Sekunda, Tertia und Quarta sind heute mehr durch die Buchstabenbezeichnungen ersetzt: 5 A (Dicke 18 μ und weniger), 4 A (18—20 μ), 3 A (20—22 μ), 2 A (22 bis 24 μ), A I (24—25 μ), A II (25—26 μ), B I (26—28 μ), B II (28—30 μ), C (30—37 μ), D (37—45 μ), E (45—60 μ), F (über 60 μ). Die Feinheit der Wolle hängt in erster

Abb. 16. Untreues Haar. Nach Richard.

Linie von der Rasse ab; das Merinoschaf hat z. B. feinere Wolle als das Landschaf. Aber auch Alter des Schafes, Fütterung, Körperteil usw. haben Einfluß auf die Feinheit des Haares; so zeigen im allgemeinen Schulterblätter und Bauch des Schafes das feinste Haar, während Hinterteil und Hals gröberes Haar zeigen.

Die Kräuselung oder Wellung des Wollhaares bedingen die „Markierung“ oder den „Charakter“ der Wolle. Die Form der Kräuselung wird durch Spannung und Höhe des Bogens, dann die Form des eigentlichen Bogens und der Seitenwände gekennzeichnet. Man unterscheidet danach 1. die flachbogige Wellung (schlichte und gedehnte) vor allem bei Wollen der Landschafe, 2. die normalbogige Wellung, 3. die hochbogige Wellung. — Von größter Wichtigkeit ist die Elastizität und Krimpkraft der Wolle. Elastisch ist ein Wollhaar, wenn es die Fähigkeit besitzt, nach seiner Ausreckung möglichst seine ursprüngliche Form und Länge wiederzuerlangen. Andernfalls bleibt es nach seiner Entspannung im ausgereckten Zustande. Dieser Nachteil macht sich durch auftretende Beulen in den Knien, Ellenbogen usw. unserer Kleidungsstücke unliebsam bemerkbar. Man spricht auch von einer Elastizität der Kräuselung, d. h. der Eigenschaft eines gekräuselten Haares, nach erfolgter Streckung seine ursprüngliche Kräuselung wieder anzunehmen. Unter Krimpkraft oder -fähigkeit versteht man diejenige Eigenschaft des Wollhaares und der daraus gefertigten Garne und Gewebe, unter dem Einfluß der Feuchtigkeit „einzulaufen“ oder „einzugehen“. Diese Forderung wird besonders von der Streichgarnspinnerei gestellt.

Die Haarlängen schwanken innerhalb sehr weiter Grenzen. Als durchschnittliche Längen gibt Worm folgende an:

Leicesterwolle	335 mm	Dänische Wolle	130 mm
Zackelwolle	320 „	Nordamerikanische Wolle	130 „
Heidwolle	260 „	Ostindische Wolle	130 „
Kapländische Wolle	140 „	Französische ordin. Wolle	105 „
Deutsche Schafwolle	135 „	Peruanische Wolle	100 „

Triester Wolle	80 mm	Kalifornische Wolle	55 mm
Zungel Southown Wolle	80 „	Schlesische Super-Elekta	50 „
Rambouillet-Wolle	65 „	Elekta-Wolle	50 „
Türkische Wolle	60 „	Negretti-Wolle	50 „
Holländische Wolle	60 „	Merinowolle vom Kap	50 „

Der Glanz ist eine oft geschätzte Eigenschaft der Wollen, der jedoch nicht von der Feinheit der Wolle abhängt. Man unterscheidet: „Silber- oder Edelglanz", „Seiden- und Glasglanz" und eine „trübe" (glanzlose) Wolle.

Festigkeit und Dehnung der Wollhaare sind bei den verschiedenen Haardicken naturgemäß sehr schwankend. Kronacher (a. a. O.) gibt auf Grund tausendfacher Versuche für die verschiedenen Wollklassen oder Sortimente folgende durchschnittliche Festigkeiten in Gramm und Dehnungen in Prozent an: 5 A = 5,3 g Festigkeit und 29,4% Dehnung; 4 A = 5,4 g und 34,3%; 3 A = 8,2 g und 36,7%; 2 A = 9,4 g und 37,7%; A = 10,7 g und 36,2%; B = 13,8 g und 37,0%; C = 19,4 g und 40,4%; D = 30,9 g und 51,4%; E = 40,5 g und 48,4%; F = 54,3 g Festigkeit und 52,0% Dehnung. Die größte Festigkeit eines Einzelhaares des Sortimentes F ist zu 77,1 g, die größte Dehnung des gleichen Sortimentes F zu 70,0% ermittelt worden.

Struktur und Mikroskopie. Der Bau der Schafwolle ist ein so charakteristischer, daß sie leicht von anderen Spinnfasern unterschieden werden kann. Das Haar besteht aus der Epidermis (Kutikula), der Rindensubstanz (Faserschicht) und der Marksubstanz. Die Markzellen sind verschieden entwickelt, meist rundlich, parenchymatisch, auch faserig. Der Querschnitt des Wollhaares ist schwach elliptisch bis nahezu kreisrund[1]). Der Inhalt ist häufig Luft oder Farbstoff und dann den Querwänden angelagert. Resorbieren die Zellwände, dann entsteht auch ein offener Markkanal. An der Spitze und an der Basis fertig gebildeter Haare fehlt das Mark. Feine Haare haben meist nur Markinseln oder sind markfrei. Die Faserschicht ist meist feinstreifig; die Ränder der dünnen Epidermisschuppen (Kutikularschuppen) verlaufen als gebogene Linien quer über das Haar. Die Schuppen liegen dachziegelartig übereinander, und die Begrenzungslinien erscheinen gezackt. Man nahm früher an, daß das Vorhandensein der Schuppen den Wollen die Eigenschaft, sich zu verfilzen (s. Abb. 75) verleiht.

Physikalische und chemische Eigenschaften der Wolle. Das spezifische Gewicht der reinen Wollhaare beträgt im Mittel 1,3. Das Wollhaar hat eine geringere Festigkeit als die meisten Pflanzenfasern (10 kg auf 1 qmm) und eine größere Dehnbarkeit (bis 30—40%). Die Hydroskopizität ist eine erhebliche; noch bei einem Wassergehalt von 30% fühlt sich die Wolle nicht feucht an. Im Konditionierwesen ist ein Feuchtigkeitszuschlag zu 100 Teilen der getrockneten Faser (Reprise) von 17% bei Tuch- und von $18^1/_4$% bei Kammwollen handelsüblich. Bei heißem Trocknen verliert die Faser leicht ihre guten Eigenschaften; sie wird deshalb in der Regel bei mäßiger Wärme getrocknet. In feuchter Hitze über 100° C wird das Wollhaar plastisch und erhält eine gewisse Formbarkeit (Heißausrüstung, Pressung, Bügeln). Durch noch weiteres Erhitzen in Wasser unter Druck geht Wolle in einen Gelzustand über und löst sich teilweise auf.

[1]) Nach neueren Messungen im Kaiser-Wilhelm-Institut für Faserstoffchemie (s. R. O. Herzog und H. Mark: l. c.) beträgt das mittlere Verhältnis im Mittel von 9 Messungen (Kammwolle, Nauensand [Schulter]) der großen Achse der Ellipse (19,1 μ) zu der kleinen Achse (16,3 μ) = 1: 0,85. Relativ dünne Wollhaare besitzen eine annähernd kreisförmige Querschnittsform.

Durch Alkalien wird jedes Tierhaar mehr oder weniger angegriffen bis aufgelöst; unter dem Mikroskop findet man in Sodaflecken oft hufeisenförmige Bruchstücke. Gleichzeitig wird durch Alkali der Wolle ein Teil des Schwefelgehaltes entzogen. Ohne vollständige Zerstörung des Haares gelingt es, der Wolle durch Alkali einen Teil des Schwefels zu entziehen. Auch Ätzkalk macht Wolle brüchig. Dagegen verträgt die Wolle neutrale Seifen, Ammoniak, kohlensaures Ammon in beschränktem Maße recht gut; diese eignen sich deshalb als Waschmittel für Wolle. Gegen Säuren ist die Faser im allgemeinen unempfindlich (s. Karbonisation, Wollfärberei), obwohl auch ganz konzentrierte Säuren oder andauerndes Kochen in verdünnteren Säuren das Wollhaar hydrolysieren und auflösen können

Abb. 17. Feinste Merinoauszugwolle. (Vergr. 340.) Nach v. Höhnel.

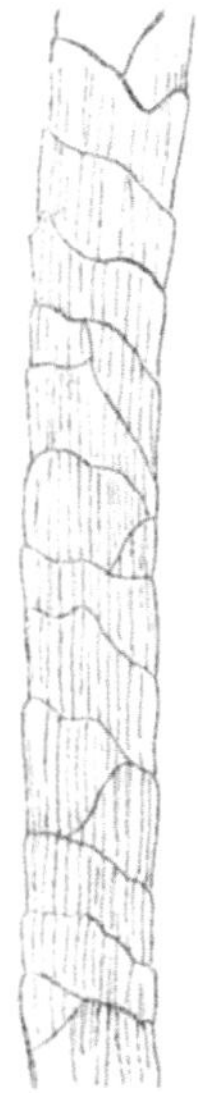

Abb. 18. Rambouillet-Wolle.

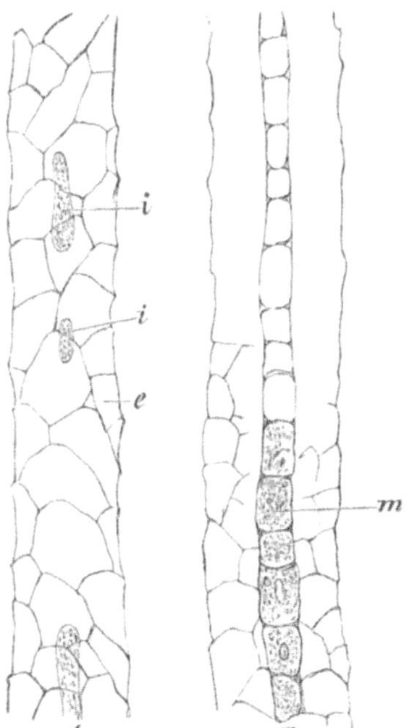

Abb. 19. Englische Leicester-Schafwolle. (Vergr. 340.) *A* Fadenstück mit Markinseln *i*, *B* Fadenstück mit Markzylinder *m*. Nach v. Höhnel.

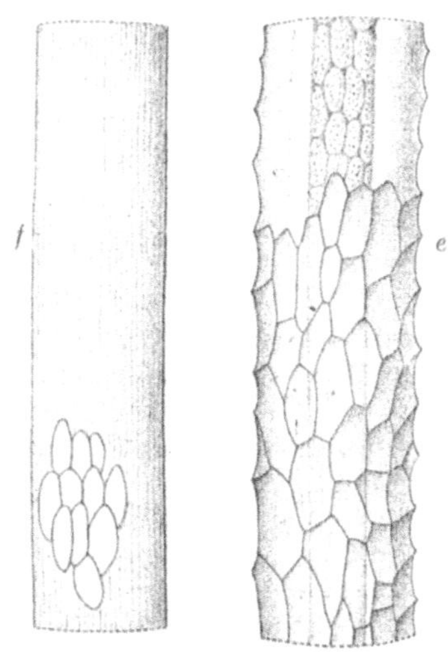

Abb. 20. Ungarische Landwolle. Grannenhaare. (Vergr. 260.) *1* Nahe der Spitze, unten Andeutung der Epidermis, *f* Faserstreifung, *2* Mitte des Haares, mit mehrreihigem Markzylinder, *e* muschelige, plattenförmig aneinanderstoßende Epidermiszellen. Nach v. Höhnel.

(Säureflecke, wo die Faser in Fibrillen aufgelöst ist, wie zerhackt aussieht). Konzentrierte Salpetersäure wirkt zerstörend, verdünnte gelb färbend (Xanthoproteïnreaktion). Schweflige Säure wirkt nur bleichend; Chromsäure bildet unter bestimmten Bedingungen Chromoxyd, das als Beize auf der Wolle fixiert bleibt (siehe Wollbeizen). Ebenso wirken Bichromate und andere Metallsalze. Diese reduzierende Eigenschaft der Wolle wird in der Wollfärberei vielfach zu Beizzwecken ausgenutzt. Durch Kochen mit Tannin kann man die Aufnahmefähigkeit der Wolle für saure Farbstoffe herabsetzen. Durch Kochen mit mineralsaurer Ferrizyankaliumlösung wird Turnbulls Blau auf der Faser fixiert. Durch freies Chlor wird Wolle angegriffen (s. a. weiter unten Allwördensche Reaktion) und allmählich zerstört. In angesäuerter Chlorkalklösung erfährt sie charakteristischen Seidengriff und -glanz („Seidenwolle"). Kalte Cuoxamlösung löst nicht; in der Hitze erfolgt allmählich Lösung. Bei trockener Erhitzung auf 130° C beginnt unter Bildung von Ammoniakdämpfen Zersetzung des Wollhaares. Angezündet brennt es nur langsam unter Verbreitung eines charakteristischen (wie beim Brennen von Federn) Geruches und unter Hinterlassung zusammenbackender, grauschwarzer Kohlenasche, die bei weiterem Glühen unter Luftzutritt zu einem kleinen Aschenrest (1—2%) verbrennt[1]).

Die reine Wollsubstanz ist chemisch der Horn- und Federsubstanz sehr ähnlich und besteht aus etwa 50% Kohlenstoff, 7% Wasserstoff, 18% Stickstoff, 4% Schwefel und 21% Sauerstoff. Die Grundsubstanz der Wolle heißt „Keratin", dem die verwickelte empirische Formel $C_{39}H_{65}N_{11}SO_3$ zugeschrieben wird. Durch Spaltung des Keratins hat man versucht, die Konstitutionsformel zu ermitteln, doch bis heute ohne vollen Erfolg. U. a. ist die Rolle des Schwefels im Keratin noch nicht genügend aufgeklärt und der Umstand erschwerend, daß man der Wolle einen Teil des Schwefels durch kochendes Wasser entziehen kann, ohne die Struktur der Faser und das gesamte chemische Verhalten zu ändern. Zu den genau charakterisierten Abbauprodukten der Wollsubstanz gehören u. a.: Lanuginsäure (durch Zersetzung mit Barythydrat erhalten), Tyrosin, Leucin, Asparaginsäure, Glutaminsäure usw. Auch der Wollschweiß bzw. das Wollfett ist chemisch genau untersucht worden; seine wichtigsten Bestandteile[2]) sind: Cholesterin ($C_{27}H_{46}O$), Isocholesterin, Lanolin, Palmitinsäure, Stearinsäure, verschiedene Olein-Äther und Kalisalze von Fettsäuren (beginnend mit der Ameisensäure und endigend mit der Oleinsäure und Cerotinsäure). Die Asche des Wollschweißes enthält etwa 87% kohlensaures Kali, etwas Chlorkalium, schwefelsaures Kalium u. dgl.

[1]) Man hat vorgeschlagen, die Wollen auch nach dem Aschengehalt zu beurteilen und einen Höchstaschengehalt von 3,5% für gute Schurwollen u. dgl. anzunehmen. Höherer Mineralgehalt läßt auf Vorhandensein von mit Chemikalien gewonnenen Gerberwollen usw. schließen.

[2]) In Lohnwollwäschereien werden die Waschwässer vielfach auf Lanolin usw. verarbeitet. Die Tuchfabriken, die ihre Wolle selbst waschen, lassen die fetthaltigen Waschwässer fast immer unausgenutzt laufen. Gewaschene Wollen sind nicht ganz fettfrei, sondern enthalten vielfach noch erhebliche Fettmengen. Kapwollen, die sich schlecht waschen und entfetten lassen, enthalten meist noch 1—2% und mehr Fett.

Das Wollhaar im rohen, natürlichen Zustande besteht a) aus der Wollgrundsubstanz, dem Wollkeratin und b) dem Wollfett mit dem Wollschweiß. Das Fett ist bei der Rohwolle an der gesamten Haaroberfläche lokalisiert, das Haar erscheint wie mit Firnis von einer Fettschicht wechselnder Dicke überzogen. Die kompakteren Anhäufungen von Fett (Klumpen, Krusten) widerstehen der flüchtigen Entfettung (mit Äther u. ä.) und der fabrikmäßigen Wollwäsche. Diese Fettlokalisierung läßt sich z. B. am Haarquerschnitt mit dem Sudanreagens nachweisen. Im Haarquerschnitt selbst läßt sich Fett zunächst mikrochemisch nicht nachweisen. Trotzdem enthält hier das Haar den am schwersten löslichen Fettanteil, der etwa 3% vom Gewicht der Wolle ausmacht. Bei völliger Heißextraktion der Wolle mit Äther oder ähnlichem zeigen sich im Wollhaar unter dem Mikroskop charakteristische Hohlräume, „Löcher“. Eine solche totale Entfettung des Haares bedeutet eine schwere Schädigung der mechanischen Eigenschaften der Wolle (Elastizität, Festigkeit). Das Wollfett enthält beträchtliche Mengen Cholesterin (und Cholesterinester), das selbst bei einem Gesamtfettgehalt der Wolle von 1% mikrochemisch leicht nachweisbar ist. Ölsäure fehlt in dem Wollfett fast vollständig (s. a. R. O. Herzog und H. Mark: a. a. O.).

Die Eiweißsubstanz des die tierischen Haare aufbauenden Wollkeratins gehört zu den Proteiden. Nach Unna und Golodetz hat man zwei Arten von Keratin zu unterscheiden: Keratin A mit negativer Xanthoproteïnreaktion und Keratin C mit positiver Reaktion. Ihrem Chemismus entsprechend liefert die Wollsubstanz die bekannten Eiweiß- und andere Reaktionen, wie z. B. die Biuretreaktion, die Raspailsche Probe (Zucker, konz. Schwefelsäure), die Xanthoproteïnreaktion, die Millonsche Probe, die Reaktion von Voisenet - Kretz, ferner die Schwefelbleireaktion und unter bestimmten Umständen die Diazoreaktion.

Bringt man einige Wollhaare in frisch bereitetes Chlorwasser zwischen Objektträger und Deckglas, so tritt die sogenannte Allwördensche oder Elastikumreaktion ein (v. Allwörden, nachgeprüft von Krais und Waentig, Naumann u. a.), indem sich nach kurzer Zeit eine eigenartige Quellungserscheinung unter Bildung von Bläschen, Perlen oder ganzen Perlenschnüren zeigt. Bis zu einem gewissen Grade alkalisch behandelte Wolle, alkaligeschädigte Wolle zeigt diese Reaktion nicht mehr. v. Allwörden führte diese Reaktion auf einen „Elastikum“ genannten Anteil der Wollsubstanz zurück; nach der heutigen Auffassung ist die Reaktion auf das Keratin C zurückzuführen, das chlorempfindlich ist, während das Keratin A verhältnismäßig chlorfest ist. Die chlorfeste Schuppenschicht der Wolle (aus Keratin A) liegt der Faserzellmasse wie ein Panzer an. Das bei der Chloreinwirkung im Inneren der Faser aus dem Keratin C sich bildende Chlorkeratin ist auch in wässeriger Lösung stark quellungsfähig und durchbricht, wenn die Schuppenschicht noch intakt ist, mit dem Quellungsdruck diese Zellage am Orte des geringsten Widerstandes, an den Kittungen, in Form der bläschenförmigen Ausstülpungen. Ist durch Alkalieinwirkung die Kittsubstanz (das Elastikum) bereits gelöst oder gelockert, so erfolgt eine allseitige, gleichmäßige, nahezu unmerkliche Verquellung des gebildeten Chlorkeratins, da in keiner Richtung mehr Widerstand vorhanden ist, und die Allwördensche Reaktion bleibt aus (Krais und Waentig, R. O. Herzog und Mark).

Waentig hat gefunden, daß Wolle und Seide mit starker Schwefel- oder Salzsäure, insbesondere bei Gegenwart geringer Mengen von Kohlenhydraten, stark rote bis rotviolette Färbungen ergeben, die in gewisser Weise zur Unterscheidung nützlich sein können.

Ähnlich wie Zellulose durch Hydrolyse in Stärke, Dextrin, Maltose bis zu den einfachsten Zuckern vom Typus des Traubenzuckers abgebaut oder hydrolysiert wird, unterliegt die Wollsubstanz, das Keratin, einer stufenweisen Hydrolyse, wobei sie durch Wasseraufnahme in Körper von geringerer Molekulargröße, bis zu den niedrigsten Stufen, den Amino- oder Amidosäuren übergeht. Diese Hydrolyse geht durch Fermente, Säuren und Alkalien vor sich. Man unterscheidet heute mit E. Fischer vier Abbaustufen: Zunächst gehen die Proteine oder Proteide (zu denen Wolle gehört) in Albumosen, dann in Peptone, in Polypeptide und schließlich in Aminosäuren über. Die wichtigsten aus Eiweißkörpern gewonnenen Aminosäuren sind: Glykokoll, Alanin, Valin, Leucin, Phenylalanin, Tyrosin, Asparaginsäure, Glutaminsäure, Prolin, Oxyprolin, Serin, Lysin, Arginin,

Histidin, Cystin, Tryptophan. Je nach Art des Eiweißkörpers entstehen verschiedene Produkte und verschiedene Mengen von Abbauprodukten. Die von Abderhalden und Voitinovici durchgeführte vollständige Hydrolyse der Wolle ergab etwa 50% faßbarer Produkte, die Hydrolyse des Seidenfibroins 70%. Folgende Tabelle gibt die Mengenverhältnisse der einzelnen Endprodukte von Wolle und Seide wieder.

	Wollfaser %	Seidenfibroin %
Glykokoll	0,58	36
Alanin	4,4	21
Valin	2,8	—
Leucin	11,5	1—1,5
Prolin	4,4	0,3
Serin	0,1	—
Asparaginsäure	2,3	—
Glutaminsäure	12,9	—
Tyrosin	2,9	10
Cystin	7,3	—
Phenylalanin	—	1—1,5
Sa.	49,18 %	70 %

Richard hat aus der vermeintlichen Diazotierbarkeit der Wolle auf freie Amidogruppen geschlossen. Prud'homme leugnet letztere und nimmt nur Imidogruppen an, die durch salpetrige Säure nitrosiert werden und sich mit Phenolen umsetzen. Lidow fand, daß mit salpetriger Säure behandelte Wolle an Gewicht verliert und stickstoffärmer wird.

Schon Chevreul stellte die Eliminierbarkeit des größten Teiles des Schwefels aus der Wollsubstanz fest; nach Matthews gelingt es durch längere alkalische Behandlung der Wolle etwa 84,5% des Schwefels zu entfernen, ohne die Faser vollständig zu zerstören. Offenbar enthält die Wolle verschieden fest gebundenen Schwefel. Nach Raikow ist ein Teil des letzteren an Sauerstoff gebunden. Das schwefelhaltige hydrolytische Produkt der Wolle ist das Cystin (Diamido-dithiodimilchsäure). Der durchschnittliche Schwefelgehalt der Wolle ist 2,4%. Nach Abderhaldens Cystinausbeute berechnet sich in einem Falle 1,8%, im anderen Falle 3,1% Schwefel. Andere Abbauprodukte mit Schwefelgehalt (Cystein, α-Thiomilchsäure, Methylmerkaptan) sind wahrscheinlich sekundär aus dem Cystin entstanden. R. O. Herzog und H. Mark weisen auf eine neue Erklärungsmöglichkeit des wechselnden Schwefelgehaltes der Wolle hin: Zur Bekämpfung mancher Krankheiten wird der Pelz der Schafe mit Schwefelblume behandelt. Ein Teil des Schwefels kann dabei umgesetzt (Reduktion), von der Wolle adsorbiert werden und selbst nach der Wäsche auf der Faser zurückbleiben.

Suida hat auch die partielle Hydrolyse der Wolle studiert (z. B. mit Trypsin). Der durch Trypsin angreifbare Wollanteil heißt nach Kühne die Hemigruppe und ergibt bei völligem Abbau mit Säuren insbesondere Tyrosin und Tryptophan. Der trypsinbeständige Rest heißt Antigruppe; er liefert bei der Säurehydrolyse insbesondere Glykokoll und Phenylalanin. Nach Suida sind die in der Hemigruppe an die Polypeptide gebundenen Komplexe die Träger der Färbeeigenschaften. Pauly und Binz schreiben dem Vorhandensein von Tyrosinresten die Fähigkeit der Wolle zu, mit Diazoniumverbindungen zu „kuppeln" und sich dabei anzufärben. Außer Tyrosin und Histidin, die beide Phenolcharakter haben, sind keine Eiweißspaltungsprodukte zur Azofarbstoffbildung befähigt. K. Gebhard ist zu der Ansicht gelangt, daß in der Wolle eine Amidocarbonsäure, speziell Anthranilsäure oder Anthranoyl-Anthranilsäure vorliegt. Letztere Annahme wird besonders dadurch gestützt, daß der Anthranoyl-Anthranilsäure die ohne Analogie dastehende charakteristische Eigenschaft zukommt, die auch die Wolle besitzt: beim Diazotieren entsteht ein Triazon, das in verdünnter, salzsaurer Lösung mit Betanaphthol kuppelt. Für die Annahme sprechen ferner: das Verhalten der Wolle bei der Azetylierung, die Reaktion mit Aldehyden und die Oxydation; ferner die Einwirkung von Bisulfit, die Salzbildung, die Esterifizierung sowie die Kondensation mit Brenztraubensäure und Harnstoff. — Mit Formaldehyd behandelte

Wolle (es genügen mitunter Mengen von 0,1—0,25%) wird gegen den Angriff von Alkalien, salpetriger Säure und gegen die Wirkungen des Dämpfens (schrumpft um 80% weniger als unbehandelte Wolle) geschützt.

Verhalten zu Farbstoffen. Farbstoffen gegenüber zeigt die Wolle eine ausgesprochene Affinität, und zwar gegenüber basischen, sauren und substantiven, wobei sie je nach Art des Farbstoffes, in neutralem, saurem und alkalischem Bade angefärbt werden kann. Die Faser hat amphoteren Charakter, vorzugsweise aber basischen (Näheres s. u. Färberei der Wolle).

Handel und Handelssorten. Im Handel kommen hauptsächlich Merinowollen (Streichwollen), von spanischen Merinoschafen stammend, und die durch Kreuzung der englischen Böcke mit Merinomutterschafen erzielten Crossbredwollen (Kammwollen) vor. Erstere werden im allgemeinen mehr zur Herstellung von Streichgarn und zur Anfertigung von tuchartigen Stoffen, letztere für Kammgarne und Kammgarnstoffe verwendet.

Streichwollen sind Wollen von 36—250 mm Länge, bald gröber, bald feiner, mehr oder weniger gekräuselt. Sie stammen von Höhen- und Landschafen. Zu diesen gehören: das deutsche Landschaf, das spanische oder Merinoschaf und die durch Kreuzung dieser zwei Rassen entstandenen veredelten Schafe. Beim spanischen Schafe unterscheidet man zwei Rassen: die Elektoralrasse und die Infanto- oder Negrettirasse. Kammwollen sind glatte, langgewachsene Wollen von 170—550 mm Länge. Sie sind mehr oder weniger weich, zum Teil dick und werden vom Niederungsschaf geliefert. Zu dieser Gattung gehören: das englische, langwollige Schaf (Leicester- oder Dishley-, Lincoln-, Teeswater- und Romney-Marsch-Rasse), das Marschschaf an der unteren Weser und Elbe (bekannt unter dem Namen Weserwolle, Rheinwolle usw.), das Heidschaf (die Heidschnucke im Lüneburgischen, in Ostfriesland usw., bekannt unter dem Namen Heidwolle), das Zackelschaf in Ungarn (Zackel- oder Zigayawolle) u. a. m.

Je nach Herkunft unterscheidet man: Kolonialwollen (die von Australien, Neuseeland und dem Kap geliefert werden), La-Plata-Wollen (aus Argentinien und Uruguay), europäische Wollen (deutsche, österreichische, ungarische, französische, spanische, russische, portugiesische usw.), Mittelmeerwollen (aus der Türkei, Syrien, Marokko), ostindische, chinesische, tibetanische Wollen.

Jede der obigen Sorten wird wieder in Untersorten geteilt. London ist der bedeutendste Wollmarkt der Welt, demnächst folgt Liverpool. Die Kolonialwollen (z. B. Kapwollen) werden in Ballen von 380—400 engl. Pfund, meist als Schweißwolle, selten gewaschen, gehandelt. Die Produktion der deutschen Wollen ist in den letzten 50 Jahren auf etwa $^1/_4$ zurückgegangen. Als gut werden die pommerschen, brandenburgischen, hannoverschen, sächsischen, schlesischen, bayerischen, Mecklenburger usw. Wollen geschätzt. Die besseren Herrschaftswollen werden in landwirtschaftlichen Großbetrieben, die geringeren Bauernwollen von kleineren Bauern gewonnen. Die wichtigsten deutschen Wollhandelsplätze sind Leipzig, Bremen, Berlin, Breslau. Die Preise werden in Mark pro 50 kg notiert. Um den Wollgehalt der Rohwollen zu ermitteln, läßt man in der Regel die Schweißwolle auf Kammzug probeweise verarbeiten.

Statistisches. Die gesamte Wollernte oder Wollerzeugung der Welt wurde 1913 auf etwa 1,4 Millionen Tonnen im Werte von rund $2^1/_3$ Milliarden Mark geschätzt. Hiervon verbrauchte Deutschland im Jahre 1913 etwa 18%. Die Gesamtproduktion der deutschen Wollindustrie betrug vor dem europäischen Krieg rund 1,7 Milliarden Mark. Die Einfuhr von Wolle und Wollerzeugnissen nach Deutschland stieg in den Jahren 1893—1913 von rund 400 auf rund 650 Millionen Mark. Die Ausfuhr aus Deutschland stieg in den Jahren 1893—1913 von rund 300 auf rund 500 Millionen Mark. Die Zahl der Schafe im Deutschen Reich ist von 25 Millionen im Jahre 1873 auf 5,8 Millionen im Jahre 1912 mit einer Gewinnung von rund 20 000 t Wolle zurückgegangen (s. Abb. 21).

Die Großhandelspreise für 100 kg Wolle betrugen im Jahrzehnt 1904—1913 zwischen 297 und 370 (deutsche Zuchtwolle, Berlin) bzw. 377 und 446 M. (argentinische Zuchtwolle, Bremen) und im Mittel des Jahrzehntes 335 bzw. 410 M.

War die Rohwollerzeugung schon vor dem Kriege fast in keinem Lande genau festzustellen, so noch mehr nach dem Kriege. Die Gesamtzahl der in der Welt vorhandenen Schafe wurde vor dem Weltkriege auf 600 Millionen Stück, nach dem Kriege auf 530—550 Millionen Stück geschätzt; der Schafbestand hat sich also um rund 10% verringert. Nach wie vor liegt das Schwergewicht der Schafhaltung und somit der Weltwollerzeugung auf der südlichen Halbkugel der Erde, in den Weideflächen Australiens, einigen dazugehörigen Inselgruppen, in Britisch-Südafrika und in Südamerika (La-Plata-Staaten). In Europa wurden nach dem Kriege rund 36 Millionen Stück Schafe weniger gezählt als vor dem Kriege; besonders abgenommen hat die Zahl im europäischen Rußland und in Frankreich (von 16,5 auf 9,4 Millionen Stück), am meisten zugenommen in Spanien (von 16,4 auf 19,4 Millionen Stück) und Rumänien (von 5,3 auf 8,7 Millionen Stück). — Die Weltwollerzeugung, die sich in drei Hauptgruppen (Merinowollen, Kreuzzuchtwollen, geringerwertige Wollen für die Teppichfabrikation) gliedert, wird für die Vorkriegszeit (1909—13) auf 1,4—1,6 Millionen Tonnen, für die Jahre 1921 und 1922 auf etwa 1,1, für 1923 auf 0,9 und für 1924 auf 1,4 Millionen Tonnen geschätzt. Vor dem Kriege entfiel auf Merinowollen (hauptsächlich aus Australien und Südafrika, wo sie $^3/_4$ der Gesamtschur ausmachten) rund $^1/_4$ der Gesamterzeugung. 60% der Welt-Merinowollschur und etwa 40% der Kreuzzuchtwollschur liefert das britische Imperium, 32% der Welt-Kreuzzuchtwollerzeugung entfallen auf Südamerika, während die geringeren (Teppich-) Wollen größtenteils aus Asien stammen. Während der Schafbestand der Welt gegenüber der Vorkriegszeit um etwa 10% zurückgegangen ist, hat sich die Wollerzeugung um etwa 15% gegenüber der vor dem Kriege produzierten Menge verringert (Fleischschafe, Gefrierfleischindustrie). Der Wollbestand und die Wollerzeugung in Deutschland stellen sich in der Vor- und der Nachkriegszeit etwa wie folgt: 1913 = 5,521 Millionen Schafe, 1922 = 5,566 Millionen Schafe. 1909/13 = 12 000 t Wolle im Schweiß, 1921 und 1922 = 25 bzw. 24 000 t Wolle im Schweiß. Die Wollerzeugung in Deutschland hat sich also in der Zeit verdoppelt (Wahl der Schafrassen, Zuchtfortschritte).

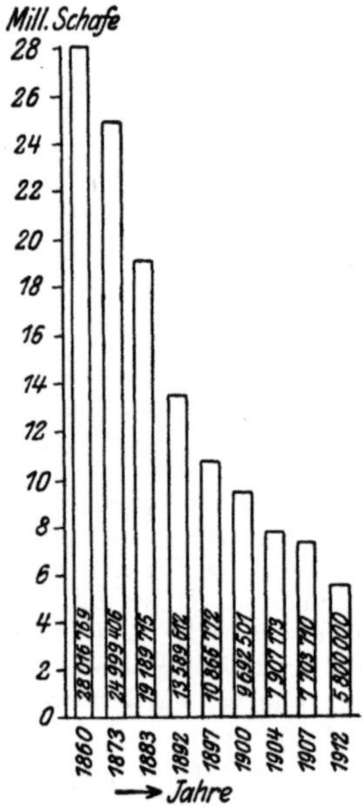

Abb. 21. Zahl der Schafe in Deutschland. Nach Baum.

Die Kunstwolle.

Geschichtliches. Die Kunstwollfabrikation nahm ihren Anfang im Jahre 1811 in England (Grafschaft Yorkshire), wo sie gleich fabrikmäßig betrieben wurde und sich schnell aus einzelnen „Kunstwollmühlen“ zu einer eigenen Spezialindustrie, „Shoddy Trade“, entwickelte. Die aus Lumpen maschinell hergestellte Kunstwolle diente anfangs als Streckmittel für die Wollspinnerei, dann wurden besondere Kunstwollgarne hergestellt, die zum Füllen billiger Tuche dienten. Frankreich und Deutschland lieferten auch ihre Lumpen nach England. Im Jahre 1860 wurden in England etwa 22 000 t Lumpen im Werte von 43—44 M. pro Zentner verarbeitet. Erst um 1850 herum entwickelte sich auch auf dem europäischen Festlande die Kunstwollgewinnung. Doch lehnten in Deutschland anfangs die

Spinner und Tuchmacher die Kunstwolle ab, so daß diese größtenteils nach England auswanderte. Erst allmählich befreundete sich auch die deutsche Tuchindustrie mit dieser neuen Faser.

Die Kunstwolle ist kein selbständiger Rohstoff, da sie durch Zerreißen alter und neuer Gewebestücke und Lumpen (getragener Textilien) sowie durch Verarbeitung von Spinnerei- und Webereiabfällen erzeugt wird. Anstatt der Bezeichnung „Kunstwolle" wäre deshalb vielleicht die von Rohn vorgeschlagene Bezeichnung „Rückfasern" für Kunstfasern als Regeneratfasern vorzuziehen.

Kunstwollarten. Man unterscheidet im wesentlichen dreierlei Kunstwollarten. Shoddy oder Thybet (Thibet)[1]) ist dasjenige Kunstwollerzeugnis von größerer Länge (über 2 cm), das aus reinwollenen Wirkwaren, alten Strümpfen, ungewalkten Kammgarngeweben so-

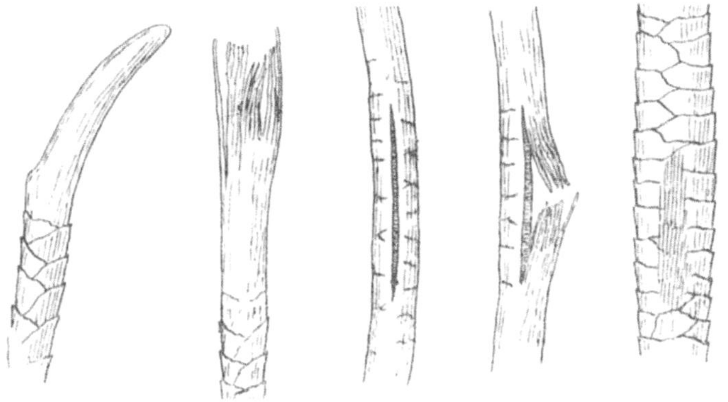

Abb. 22. Beschädigte und zerstörte Wollfasern. Nach Marschik.

wie aus ganz leicht gewalkten und nicht gescherten Stoffen (Flanellen) wiedergewonnen und für sich allein zu Shoddygarn versponnen wird.

Mungo ist kurzfaseriges Material (0,5—2 cm lange Fasern) aus gewalkten Stoffen, namentlich Tuchresten, das nur unter Zusatz von längerer Wolle oder auch von Baumwolle zu Garn versponnen wird. Auch Tuchscherwolle kommt in schlechtem Mungo vor.

Extraktwolle oder Alpakka nennt man diejenige Kunstwolle, die aus Abfallgeweben mit gemischten Fasern (Wolle und pflanzlichen Fasern) durch Karbonisierung (s. d.) mit Salzsäure, Schwefelsäure, Chloraluminium u. dgl. erzeugt wird. Die Faser ist meist kurzfaserig und stark angegriffen.

[1]) Die Kunstwollart Thybet oder Thibet ist nicht zu verwechseln mit dem gleichlautenden „Tibet". Unter „Tibet" wird ein wollener, weicher Stoff ohne glänzende Appretur verstanden; desgleichen bedeutet Tibet weißlockige tibetanische Lammfelle. Tibetwolle oder Tibetgarne sind Haare bzw. daraus hergestellte Garne aus der in Tibet (chinesische Hochebene) heimischen Tibetziege. Tibetwolle wird auch als Tibetziegenhaar bezeichnet (s. a. unter Ziegen- und Kamelhaar).

Unter dem Mikroskop zeigen Kunstwollen vielfach verschieden gefärbte Haare von ungleicher Länge und ungleichem Durchmesser. Außerdem weisen die Haare vielfach Brüche, aufgepinselte Spitzen und Quetschungen auf (s. Abb. 22). Schließlich kommen bei Kunstwolle vielfach heterogene Faserarten vor.

Die Erzeugung von Shoddy und Mungo. Das roh sortierte Gut wird zunächst mit Hilfe eines Klopfwolfes oder Lumpenwolfes von Staub und anhängenden Schmutzteilen befreit und dann 1. gründlich sortiert, und zwar a) in Lumpen aus pflanzlichen, b) aus tierischen, c) aus gemischtfaserigen Gespinsten. Die ersteren wandern meist in die Papierfabrikation; heute wird aus ihnen auch Kunst- oder Abfallbaumwolle hergestellt. Die tierischen Lumpen trennt man weiter in wollene und seidene Lumpen, und erstere weiter in gewalkte und ungewalkte Lumpen. Reinwollene, ungewalkte oder ganz leicht gewalkte Lumpen heißen Shoddylumpen; reinwollene, gewalkte Lumpen heißen Mungolumpen, und solche aus gemischtfaserigen Gespinsten heißen Extrakt- oder Alpakkalumpen. Ferner wird 2. nach der Farbe sortiert (weiße, schwarze, einfarbige, bunte usw. Lumpen). Die weißen und einfarbigen hellen Lumpen sind die wertvollsten, die bunten am wenigsten geschätzt. 3. sortiert man nach der Güte des Materials, wobei man gute, mittelgute und schlechte bzw. feine, mittelfeine und grobe Lumpen unterscheidet. Schließlich sortiert man noch 4. nach dem Grade der Reinheit und 5. nach dem Grade der Abnutzung, wobei man ganz abgenutzte völlig ausscheidet. Nunmehr folgt die Zurichtung der Lumpen, wobei man alle nicht verwendbaren und störenden Teile (wie Knöpfe, Haken, Schnallen, Besätze usw.) entfernt und die Futterstoffe austrennt. Es folgt dann eine sehr vorsichtige Naßreinigung, meist mit schwacher Sodalösung, und schließlich das Reißen der Lumpen auf dem Lumpenreißwolf (Shoddywolf, Mungowolf), naß oder trocken. Die gerissenen und evtl. wieder getrockneten Fadenstücke werden nun geölt und zur weiteren Auflösung in die Einzelhaare mit besonderen Krempeln gekratzt, um endlich von neuem versponnen zu werden.

Die Erzeugung von Extraktwolle oder Alpakka. Die obenerwähnten Extraktlumpen werden entstaubt, gewaschen, karbonisiert und gerissen. Bis auf die Karbonisation spielen sich hier die einzelnen Arbeitsprozesse ganz ähnlich ab wie bei Mungo bzw. Shoddy. Die Karbonisation bezweckt die Zerstörung und Ausscheidung der Pflanzenfasern (der Baumwolle, der Leinenfaser u. dgl.) durch die Einwirkung solcher chemischer Substanzen, welche auch bei der Karbonisation von klettenhaltiger Wolle in Anwendung stehen (s. S. 319).

Schafwollabfälle.

Hennig: Die Behandlung und Verwertung der Spinnereiabfälle.

Die Abfälle in den Spinn- und Krempelsälen werden (in geringerem Maße) an Abfallhändler verkauft oder (meistens) von den Wollspinnereien selbst weiter aufgearbeitet. Hierher gehören außer den Streichgarn- auch die Kunstwollfabriken. Die Abfälle in der Wollspinnerei werden eingeteilt in: Wollflug (auch „guter Flug“ genannt), Ausputz, schlechten unreinen Flug, offene lose Vorgarnenden, festgedrehte Spinn- und Kettenenden. „Ausputz“ sind diejenigen schmierigen Materialien, die sich während des Krempelprozesses an der Oberfläche der Kratzen und zwischen denselben festsetzen und mittels einer Putzbürste zu entfernen sind. Sie werden auf einem Reiß- oder Klopfwolfe gereinigt und dann in bestimmten Prozentsätzen zugesetzt. „Unreiner schlechter Flug“ lagert sich zwischen Trommel und Abnehmerwaze ab, enthält also viel Unreinigkeiten (Stroh, Kletten, Sand usw.) und findet als Düngemittel Verwendung. Der „gute Wollflug“, der bereits den Krempelprozeß durchgemacht hat, wird gesammelt und nochmals verarbeitet. Zu den „festgedrehten Spinn- und Kettenenden“ rechnet man jene Garnkörper, welche spitze Fäden, schwache Stellen oder starke dicke Anhäufungen enthalten; sie werden weiter zu Garn verarbeitet.

Ziegen- und Kamelhaare.

Die Ziegen- und Kamelhaare schließen sich chemisch und morphologisch eng den Schafwollen an.

Die Ziegenhaare weisen größere Faserlänge, höheren Glanz und größere Glätte als Schafwolle auf. Das Haar ist fast ungekräuselt, schlicht und gerade gestreckt; deshalb wird es meist zu harten Kammgarnen verarbeitet. Besonderen Spinnwert haben die in Asien lebenden **Angora**- und **Kaschmir**ziegen. Die **Angora**- oder **Mohairwolle** der Angoraziege ist fein, weiß, 150—200 mm lang, leicht gekräuselt. Neuerdings ist auch vom Kap stammende Mohairwolle am Markt (Plüschgewebe, feine Tücher).

Die Kaschmirwolle besteht aus grauweißen Haaren, zeigt schwache Kräuselung, hohen Seidenglanz, große Feinheit. Berühmt sind die indischen Kaschmirschals.

Die Tibetwolle wird von der Tibetziege geliefert. Sie ist der Kaschmirwolle ähnlich, nur gröber und von matterem Glanz (Winter- und Pelzdecken).

Das Kamelhaar ist grau bis rötlichbraun, fein und gut verspinnbar (Teppiche, Decken, Treibriemen, Schlafrockstoffe).

Das Lama oder Wollkamel liefert grobe, weiße Haare. Seine Wolle hat geringe Bedeutung. Verschiedene Gattungen sind: Lama, Guanako, Pako, Vikuña in Südamerika. Gezüchtet werden nur das Lama und Pako, die anderen werden wild gejagt. Vikuña liefert besonders weiche glänzende Wolle (Vigognewolle, nicht zu verwechseln mit Vigognegarn, einem Mischgarn aus Wolle und Baumwolle oder auch Baumwolle allein nach Streichgarnart erzeugt). Pako liefert die **Alpakawolle** (nicht zu verwechseln mit Kunstwoll-Alpakka).

Die Haare anderer Tiere spielen in der Textilveredelungsindustrie eine nur sehr geringe Rolle, eine größere in der Fellfärberei.

Das Pferdehaar (Langhaar des Pferdes) wird nicht versponnen, sondern geflochten.

Hasen-, Kaninchen-, Kuh-, Hundehaare usw. werden der Wolle mitunter beigemengt und zusammen versponnen. Sie sind im allgemeinen von untergeordneter Bedeutung.

Die Seiden.

Dahl, Fr.: Seidenspinne und Spinnenseide. — Dumont, M.: Die Seide und ihre Veredelung. — Fischer, E.: Über Spinnenseide, Akadem. Wiss. Berlin, 1907. XXIV. S. 440—450. — Herzog, A.: Die mikroskopische Untersuchung der Seide und der Kunstseide. — Persoz, J.: Essai sur le conditionnement de la Soie. — Seitz, A.: Die Seidenzucht in Deutschland. — Silbermann, H.: Die Seide, ihre Geschichte, Gewinnung und Verarbeitung. — Wardle, Th.: The Wild Silks of India.

Allgemeine Einteilung. Während die Tierhaare durch Zellhäufung aus der Haut hervorwachsen, also organisierte Fasern bilden, sind die Seiden im allgemeinen erhärtete, strukturlose, in einen Faden umgeformte Ausscheidungen einer Anzahl von Nachtschmetterlingen, die die Seide zur Verpuppungszeit absondern und als Puppenhülle benutzen. Technisch ohne nennenswerte Bedeutung ist die Spinnenseide, das Sekret der Spinnen, von denen das Erzeugnis der Nephila madagascariensis noch vor einigen Jahren auf Madagaskar behufs Gewinnung von Fäden in Kultur gezogen wurde (A. Herzog). Eine besondere Art Seide bildet die unbedeutende „Muschelseide“, die den einem Faden gleichenden Muschelbart der Steckmuschel bildet (Seeseide oder Byssus). Sie gehört nicht zu der Klasse der Kokonseiden oder Raupenseiden. Unter „Seide“ schlechtweg versteht man stets „natürliche Seide“ im

Gegensatz zu den „künstlichen Seiden“ oder den „Kunstseiden“, die durch chemische Prozesse meist aus Zellulose oder deren Derivaten erzeugt werden (s. u. Kunstseide). Die natürlichen Seiden teilen sich wiederum in die „edlen“ und die „wilden“ Seiden. Die für „edle“ Seide vielfach vorkommende Bezeichnung „echte“ Seide ist wenig glücklich, weil auch die wilden Seiden „echt“ (ein Naturprodukt) sind. Die edle Seide ist das Erzeugnis der vom gezüchteten Maulbeerspinner (Bombyx mori) stammenden Seidenraupe, die wilden Seiden werden von einer großen Anzahl wild lebender Seidenraupen erzeugt oder gesponnen.

Die edle Seide.

Herkunft. Die edle Seide ist das Produkt der vom Maulbeerspinner, Bombyx mori, stammenden Seidenraupe. Diese wird seit uralten Zeiten in China gezüchtet; heute wird sie vorzugsweise in Japan, China, Italien und in untergeordnetem Maße in Südfrankreich, Rußland, in der Levante und anderen Gegenden mit warmem Klima kultiviert. Der Maulbeerspinner nährt sich ausschließlich von den Blättern des weißen Maulbeerbaumes, Morus alba. Das Ei des Maulbeerspinners bildet einen Handelsartikel; es ist grauweiß, durchscheinend, rundlich, mit Abplattungen versehen. Der größte Teil der in Europa ausgebrüteten Eier wurde früher aus Ostasien importiert, weil dieses Land am meisten von den Krankheiten verschont war, die unter den europäischen Seidenspinnern grassierten. In den letzten Jahrzehnten haben die italienischen Seidenzüchter gelernt, die verheerenden Krankheiten erheblich einzuschränken.

Geschichtliches. China ist als Heimatland der edlen, weißen Maulbeerseide und der mit Kunst betriebenen Seidenzucht und -industrie anzusehen. In den ältesten chinesischen Mythen wird die Seide erwähnt, der Maulbeerbaum und die Seidenraupe erscheinen in den allerältesten Denkmälern der chinesischen Nationalliteratur. Nach dem geschichtlichen Werk Tschu-king ist diese Faser bereits 3000 v. Chr. kultiviert worden (für Angelschnüre u. ä. verwendet); um das Jahr 2700 v. Chr. haben die Chinesen gelernt, den abgehaspelten Kokonfaden nutzbar zu machen, und von da an ist die Seidenzucht und -gewinnung zu einem regelmäßigen Gewerbe geworden, das in der politischen und wirtschaftlichen Geschichte Chinas eine unverkennbare Rolle gespielt hat. Um das Jahr 2250 werden die ersten chinesischen Seidenstoffe und um 2200 wird die erste Seidenfärberei erwähnt (Provinz Schantung). Während der nächsten 20 Jahrhunderte ist die Seidenzucht kaum über die Grenzen der Provinz Schantung bekanntgeworden, denn bis zum 3. Jahrhundert v. Chr. bestanden zwischen China und den übrigen Kulturvölkern Asiens keinerlei Beziehungen. Der Besitz und die Kenntnis der Seide ist auf solche Weise fast drei Jahrtausende das Vorrecht eines einzigen Volkes gewesen. In den späteren Epochen ist die Monopolstellung Chinas noch weiter durch das Gesetz der Geheimhaltung der Seidenzucht und die für das Übertreten des Gesetzes angedrohte Todesstrafe gehalten worden. Während der politischen Umgestaltung Chinas und den damit im Zusammenhang stehenden vielfachen Auswanderungen kam der Seidenbau um 200 v. Chr. nach Korea und von hier um 2—300 n. Chr. nach Japan. Dieses Volk nahm sich der Seidenzucht dermaßen lebhaft an, daß hier darin bereits im 5. Jahrhundert ein mächtiger Aufschwung zu beobachten (Steuer in Seide zu entrichten) und im 6. Jahrhundert die Seidenzucht ein allgemeines, nationales Gewerbe war.

Einige Unklarheit besteht noch über die Verbreitung der Seidenzucht im Westen von China. Es scheint festzustehen, daß auch in Persien, weniger in Indien und

Syrien, die gelben Kokons der Maulbeerraupe seit den allerältesten Zeiten verwertet wurden. Die Fasern wurden aber nach dem Ausschlüpfen der Schmetterlinge zerzupft und wie Flachs versponnen (also eine Art Florettseide gewonnen); die Kunst des Abhaspelns der Kokons war hier noch nicht bekannt. Erst im 6. Jahrhundert v. Chr. sind die weißen Seidenwürmer aus China nach Westasien verpflanzt und ist das Abhaspeln der Kokons bekanntgeworden; damit hat auch hier die eigentliche Seidengewinnung ihren Anfang genommen.

Nach Europa ist die Kenntnis der Seidengewebe über Indien gelangt (Alexander des Großen Kriegsbeute in den persischen Feldzügen, Aristoteles, Plinius, Tacitus). Unter den römischen Kaisern ist die Seide zu einer Luxusmode geworden und wurde zu sehr hohen Preisen gehandelt (etwa 4000 M. für 1 kg). Erst im 4. Jahrhundert, nach Anbahnung direkter Beziehungen zu China, sinken die Preise; die Seide gelangt aber immer noch verwebt, dann allmählich auch entschält und meist gefärbt nach Europa. Schließlich gelangt auch die Kenntnis der Seidenraupenzucht auf ungesetzlichen Wegen des Schmuggels und Verrats auf römischen Boden. Im 7.—11. Jahrhundert ist Byzanz mit Konstantinopel die Zentrale des europäischen Seidenbaues. Hier gelangte die alte Seiden-Purpurfärberei der Phönizier zur neuen, weltberühmten Blüte. Sie war aber, ebenso wie die ganze Seidenindustrie, verstaatlicht und größtes Geheimnis und verkümmerte deshalb allmählich. In dieser Zeitepoche übernahmen die Araber die weitere Verbreitung und Verpflanzung der Seidenkultur. — Die ersten Nachrichten über die Bekanntschaft der Deutschen mit der Seide reichen in das 5. Jahrhundert unserer Zeitrechnung zurück. Der Begründer der deutschen Seidenindustrie in Crefeld ist von der Leyen, und 1742 wurde die erste Seidenfärberei in Crefeld begründet. Bekannt sind die Anstrengungen Friedrichs des Großen, die Seidenzucht in Deutschland einzubürgern. Am Anfang des 7 jährigen Krieges wurden etwa 100 000 ertragsfähige Maulbeerbäume in Deutschland (Potsdam usw.) gezählt und eine Seidenausbeute von 2637 Pfund erreicht. Nachher schwand die Kultur allmählich wieder wegen ungeeigneten Klimas. Die Hauptsitze der Seidenindustrie sind heute Lyon, Zürich, Crefeld, Como, Neuyork.

Zucht und Gewinnung. Die edle Seide ist das Produkt des Bombyx mori[1]), der Maulbeerraupe oder des Maulbeerspinners. Die wilden Seiden gehören derselben Ordnung der Lepidoptera, aber einer anderen Familie an, den Saturniden, die in der Natur sehr zahlreich vertreten sind (das britische Museum weist etwa 300 verschiedene Spezies auf). Aus dem Ei des Bombyx mori entwickelt sich, bereits als geschlechtliche Form des Tieres, die Seidenraupe, die unter großer Nahrungsaufnahme sehr schnell wächst. In ihrer Reife verwandelt sie sich in die Puppe, die Übergangsform zum Schmetterling, wobei sie sich mit dem Kokon umspinnt. Schließlich kriecht der Schmetterling aus, dessen kurze Lebensdauer ausschließlich der Fortpflanzung gewidmet ist. Als Nahrung dienen der Seidenraupe die Blätter des Maulbeerbaumes, Morus alba (s. a. Abb. 23 bis 29).

Sobald das Weibchen des gelblichweißen Maulbeerspinners seine ovalen, hirsekorngroßen, gelblichen Eier gelegt hat (400—500 Stück), sterben beide Geschlechter ab. Das Gewicht jeden Eies beträgt etwa $^3/_4$ mg. Die Eier können künstlich überwintert und zu beliebiger Zeit zur Ausbrütung gebracht werden. Zu diesem Zweck werden sie in gut ventilierte, schwach feuchte (70% rel. Feuchtigkeit) Kammern gebracht und die Temperatur der Bruträume allmählich auf 20—26° C erhöht. Nach 10 Tagen beginnt das Auskriechen, das in 13—14 Tagen den Höhe-

[1]) Kreis: Arthropoden oder Gliederfüßler; Klasse: Hexapoden oder Insekten; Ordnung: Lepidoptera oder Schuppenflügler; Unterordnung 1. Grades: Heterocera oder Nachtschmetterlinge; Unterordnung 2. Grades: Nocturna; Familie: Bombyciden; Gattung: Bombyx; Art oder Spezies: Bombyx mori (mit verschiedenen Rassen, Unterarten oder Varietäten).

punkt erreicht hat. Die frisch ausgekrochenen Raupen sind 2—3 mm lang, etwa 0,5 mg schwer, schwärzlich behaart und sehr lebhaft. Sie werden sofort auf mit weißem Papier bedeckte Hürden gebracht, woselbst man ihnen die frisch geschnittenen trockenen Blätter des weißen Maulbeerbaumes verabreicht. Die sehr gefräßige Raupe nimmt rasch zu, so daß sie während ihrer Lebensdauer von 30 Tagen 8 bis

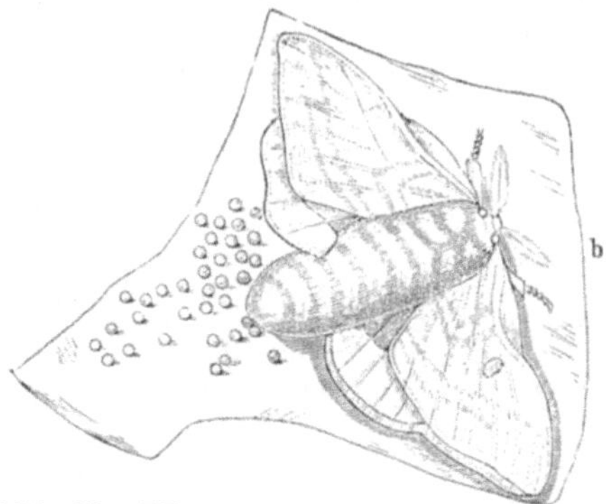

Abb. 23. Weibchen des Bombyx mori mit frisch gelegten Eiern (nat. Gr.).

Abb. 24. Herausschlüpfende Seidenräupchen.

Abb. 25. 5 Tage alte Seidenraupe.

Abb. 26. 10 Tage alte Seidenraupe.

Abb. 27. 16 Tage alte Seidenraupe.

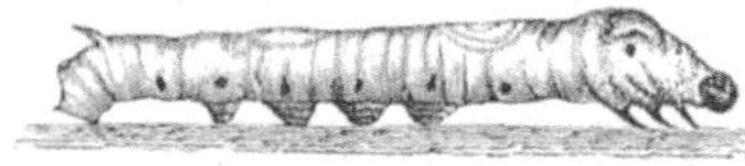

Abb. 28. 22 Tage alte Seidenraupe.

10 cm lang und etwa 5 g schwer wird. Infolge dieses großen Nahrungsbedürfnisses der Raupe ist die Zucht der Maulbeerbäume von allergrößter Wichtigkeit. Dieser Baum wächst im Mittel 60 Jahre und liefert vom 20. bis zum 40. Jahr das beste und ausgiebigste Futter, im Mittel etwa 100—125 kg Blätter pro Jahr und Baum. 36 000 Seidenwürmer (entsprechend einer Unze Raupeneier) brauchen etwa 700 kg Blätter. Hierzu sind 1000 11jährige oder 350 13jährige oder 120 15jährige oder 90 17jährige oder 20 20jährige oder 16 30- bis 40jährige Maulbeerbäume erforderlich. Die mittlere Ausbeute dieser 36 000 jungen Raupen beträgt etwa 18—19 000 Kokons mit einem Gewicht von 35 kg. Eine Ausbeute von 60—70% der theoretischen gilt schon als sehr befriedigend. — Die ausgewachsene 1 Monat alte Raupe ist milchweiß und besteht aus 10—12 Leibesringen. Der vorderste, stark verdickte Ring trägt neben dem Kopfe auch drei Paar Vorderfüße, deren Farbe mit jener des später abgesonderten Seidenfadens übereinstimmt (weiß, gelb, grünlich). Die Seidensubstanz wird von der Raupe in zwei längs der Unterseite ihres Körpers

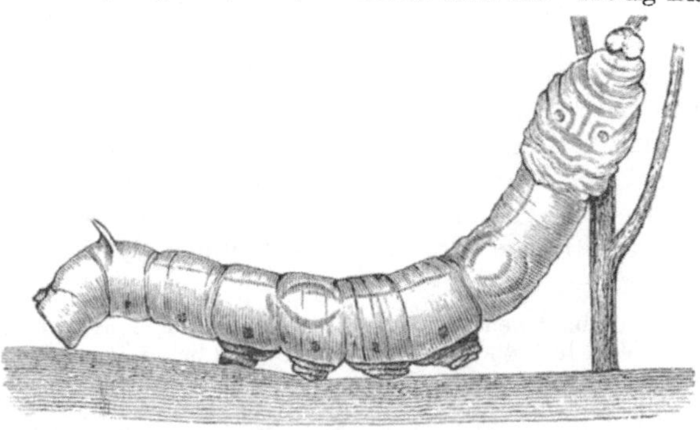

Abb. 29. Ausgewachsene, etwa 30 Tage alte Seidenraupe vor dem Einspinnen.

gelegenen Drüsen erzeugt, welche die Gestalt eines vielfach gewundenen runden Fadens besitzen und in der ausgewachsenen Raupe einen beträchtlichen Raum einnehmen. Das für die Seidenentstehung wichtige Organ der Raupe, die Spinndrüse, liegt in der Mitte der inneren Lippe. Die Raupe häutet sich viermal; nach

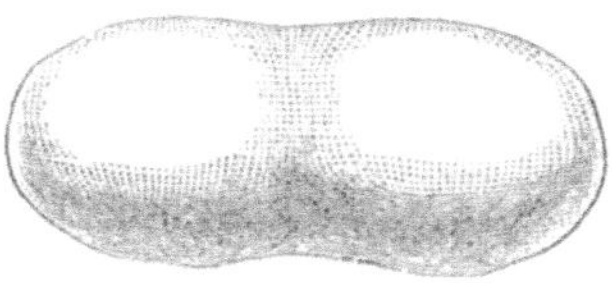

Abb. 30. Männlicher Kokon.

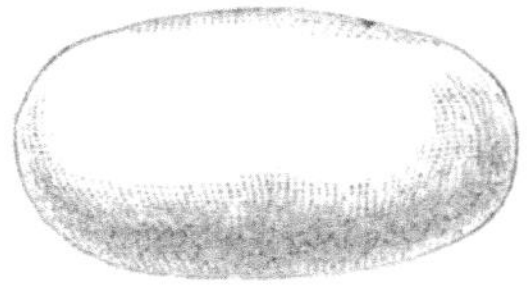

Abb. 31. Weiblicher Kokon.

der letzten Häutung lebt sie noch etwa 10 Tage, dann verweigert sie die weitere Nahrungsaufnahme, wird auf dünne Maulbeerreiser oder in künstliche Gehäuse gebracht, worauf sie sofort mit dem Spinnen beginnt. Hierbei stößt sie den, während ihrer Lebenszeit in zwei Unterleibsdrüsen (Serikterien) angesammelten, klaren, durchsichtigen Saft aus ihrer Spinndrüse in Gestalt eines Doppelfadens aus. Die beiden Serikterien münden im Kopfe des Tieres in eine gemeinschaftliche Röhre zusammen, die nur einige Millimeter lang ist, und die an der Spitze des schnabelartigen Vorsprungs an der Unterlippe nach außen endigt. Aus dem Gespinst bildet sich die Raupe zunächst eine netzartige Unterlage und dann erst den eigentlichen Kokon, indem sie den hervorquellenden Seidenfaden in äußerst regelmäßigen Achterwindungen so lange um sich schlingt, bis sie vollständig eingeschlossen erscheint. Die Erzeugung des Kokons nimmt etwa 4 Tage in Anspruch. Die inzwischen stark abgemagerte Raupe streift zum letztenmal ihre Haut ab, um sich sodann in die ruhende Übergangsform zum Schmetterling, in die Puppe zu verwandeln. Die männlichen Kokons haben nierenförmige, die weiblichen eirunde Gestalt (s. Abb. 30 und 31). Die Farbe der Kokons und der Kokonrohfäden ist weiß bis hochgelb. Etwa 8—10 Tage nach vollendetem Spinnprozeß werden die Kokons gesammelt und sortiert. Die untauglichen, angefressenen, angestochenen, angefaulten Kokons und die Doppelkokons werden abgesondert und für die Abfallseidenerzeugung zurückgestellt, außerdem eine größere Zahl der zur Fortzucht bestimmten, auserlesenen schönen Kokons beiderlei Geschlechtes. Diese Zuchtkokons werden warmfeucht gelagert. Nach 3 Wochen verläßt der Schmetterling die Hülle, indem er das Kokonende mit seinem ausgespritzten Speichelsaft erweicht, die Fäden auseinanderschiebt und aus der Öffnung hinausschlüpft. Alsdann findet die Paarung der Geschlechter statt. In den für die Seidengewinnung aus-

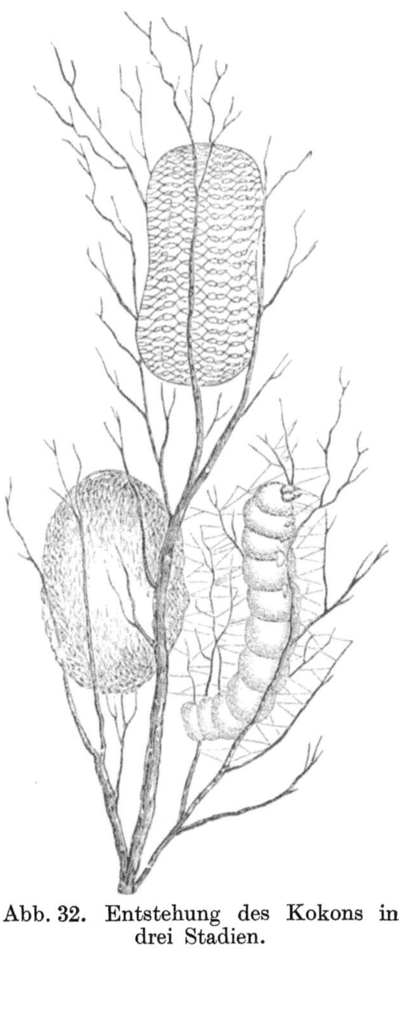

Abb. 32. Entstehung des Kokons in drei Stadien.

gesuchten Kokons werden die Puppen jedoch vor dem Auskriechen durch Dampf oder trockene Hitze getötet, weil sonst der Kokon durch das Ausschlüpfen des Schmetterlings zum Abhaspeln unbrauchbar würde. Unter günstigen Bedingungen (Schutz vor Nässe, Sauberkeit und gute Pflege) können im Jahr etwa 2 Zuchten erzielt werden. — Die Seidenzucht geschieht teils als Nebenindustrie, teils als Hausindustrie oder in großem Maßstabe in eigenen Zuchtanstalten.

Krankheiten. Es gibt hauptsächlich zweierlei ansteckende und erbliche Krankheiten unter den Raupen, die seit den sechziger Jahren des vorigen Jahrhunderts große Verheerungen in den europäischen Seidenzüchtereien angerichtet haben: die Fleckkrankheit und die Schlafsucht. Nach Pasteurs Forschungen sind beide Erkrankungen auf Pilzwucherungen zurückzuführen, die sich im Inneren der Raupen entwickeln. Weniger gefährlich und gefürchtet sind noch die Kalksucht oder Verkalkung und die Fettsucht, die bei sachgemäßer Pflege vermieden werden können, aber auch nie so große Opfer fordern wie die beiden ersten. Die Seidenzucht Chinas und Japans ist von der Fleck- und Schlafsucht nahezu verschont, weil die Raupen in jenen Klimaten widerstandsfähiger sind. Dafür kommen dort andere Erkrankungen vor, deren Ursachen meist Schmarotzerstiche sind. So ist beispielsweise eine Art Wespe, Oestrus bombycis, sehr gefürchtet; sie bohrt die jungen Seidenraupen an und legt Eier in ihr Inneres. In den letzten Jahrzehnten hat man gelernt, Epidemien und Krankheiten unter den Seidenraupen wesentlich einzuschränken.

Gewinnung des Seidenfadens. Bevor die Schmetterlinge aus den Kokons[1]) ausschlüpfen, werden sie zwecks Erhaltung der guten Seidenbeschaffenheit mit Wasserdampf oder durch trockene Hitze (im Backofen bei 60—70° C) getötet. Alsdann findet die Sortierung (s. oben) statt; die besten Kokons, von denen 3—4 kg 1 kg Seide ergeben, werden auf Organzin (für Kettseide), die geringeren auf Trame (für Schußseide) verarbeitet. Der Ausschuß findet für die Florett- oder Schappespinnerei Verwendung. Zu diesem Zwecke findet eine Abkochung mit Seife und Soda statt, worauf die Seide gekämmt und versponnen wird.

Von großer Wichtigkeit ist das sich im Freien oder in luftigen Gebäuden abspielende Abhaspeln der 350—3000 m langen Kokonfasern. Zu diesem Zweck werden die Kokons zunächst in heißes Wasser gebracht und der den Faden umgebende Leim aufgelöst; dann bringt die Hasplerin 6—12 aufgeweichte Kokons in ein zweites Becken mit lauwarmem Wasser. Durch Quirlen mit kleinen Reisigbesen werden die Enden gelockert, mehrere Enden zu einem Faden vereinigt und zwei derart vereinigte Fäden von gleicher Stärke getrennt durch zwei durchbohrte Achatführer gezogen. Nachdem sich dieselben an einem Punkt gekreuzt haben, werden sie wieder geschieden, durch ein zweites Paar Führer gezogen und von da auf einen Haspel gebracht, welcher 8—900 Umdrehungen in der Minute macht. Da die Kokonfäden in ihrer Länge nicht gleich stark sind, sich vielmehr am Anfang und Ende eines Kokons um einige Deniers unterscheiden, so haspelt man die Fäden nicht gleichzeitig vom Kokonanfang ab. Die noch feuchten, aber durch das geheizte Glasgehäuse schnell trocknenden Fäden haften durch den sie überziehenden Seidenleim aneinander und bilden so den einfachsten Rohseidenfaden, die Grège (meist aus 6—12, mitunter auch noch mehr Rohdoppelfäden bestehend). Die Rohgrège findet nur beschränkte Anwendung (Phantasieartikel, Posamenten). Um die Seide technisch brauchbar zu machen, wird sie entweder als einzelner Faden gedreht, wodurch sie an Festigkeit, Rundung und Schluß gewinnt und sich nicht wieder leicht aufspaltet („Filieren“ der Grège), oder es werden mehrere Grègefäden vereinigt und gezwirnt („mouliniert“).

Das „Mulinieren“ (moulinage) zerfällt in vier Sonderoperationen: 1. das Spulen oder Putzen der Grège (beim Aufspulen auf Bobinen oder Spulen wird die Grège gleichzeitig geputzt und von Fehlern wie Flocken, Knoten usw. befreit); 2. die erste Drehung (das Filieren, filage, 1. apprêt) der unverzwirnten Grège;

---

[1]) Die Kokons (κοκκέον = Knäuel) sind im Mittel 3—3,5 cm lang und 1,75 bis 2,5 cm breit und von sehr schwankendem Gewicht. Von italienischen und japanischen Kokons gehen 1400—2000 auf 1 kg. Im übrigen gehen von 240 (Bengalen) bis zu 7000 Stück (China, Indien) auf 1 kg. Die Kokons enthalten etwa 14,3% Seide, 85% Puppe und Wasser und 0,7% äußeres Fadengewirr.

3. das Dublieren (das Zusammenlegen von einigen filierten Grègefäden); 4. die zweite Drehung oder die Zwirnung (organsinage, 2. apprêt). Das eigentliche Mulinieren bedeutet das Zusammendrehen mehrerer Fäden. Art und Grad der Drehung sowie die Anzahl der Fäden wechseln je nach Bestimmung des Gespinstes.

Die Trame besteht aus einem, zwei, drei oder manchmal vier unfilierten, je 3—12 Kokonfäden enthaltenden Grègefäden, welche leicht nach rechts gezwirnt werden, so daß die Windungen wie die Gänge einer linken Schraube gehen. Die geringe Drehung von 90—110 Touren pro Meter trägt dazu bei, daß die Trame von allen Seidengespinsten am meisten Glanz besitzt, weicher und glatter als Organzin ist und befähigt ist, viel Decke zu geben. Man unterscheidet ein-, zwei- und dreifädige Trame.

Handelssorten. Die Organzin oder Organsin besteht aus zwei, manchmal aus drei, je 3—8 Kokonfäden enthaltenden Grègefäden, welche einzeln stark nach links filiert, dann dubliert und zusammen nach rechts gezwirnt werden. Je nach Art der Vor- (Filato) und Nachdrehung (Torto) unterscheidet man u. a. besonders: 1. Strafilato (Satinzwirnung) mit 600 Vordrehungen (Filierung) und 400 Nachdrehungen (Zwirnung), 2. Stratorto (Sammetzwirnung) mit 400 Vordrehungen und 600 Nachdrehungen, 3. Grenadinzwirnung mit 1000—2500 Touren der ersten und ebensoviel der zweiten Drehung, 4. Mittelzwirnung mit meist 450 bis 500, zuweilen nur 300—400 Touren der Filierung und 300—350 der Zwirnung, alles auf 1 m gerechnet.

Außerdem kommt noch eine große Zahl anderer Drehungskombinationen auf den Markt, von denen beispielsweise nur erwähnt seien: China-Organzin (380 bis 400 Tortotouren, Nachdrehungen), Salvadori (360—380 Torto), Bengal (340 bis 360 Torto), Japan (320—360), Turin (260—280), Tors sans filé (zwei Grègefäden ohne Filierung stark verzwirnt), Maraboutseide, mi-grenade, Crêpe, Crêpe de Chine, soie ondée, Pelseide, Plattseide, floches, mi-perlées u. a.; ferner: Nähseide, Strickseide, Kordonnets, Berlinseide usw. Je nach Reinheit der Seide unterscheidet man in Deutschland und in der Schweiz extra klassische, klassische, Sublime und Corrente Seide. Außerdem unterscheidet man die Rohseiden des Handels vor allem nach ihrer Herkunft (s. oben) und sonstigen Eigenschaften (Farbe, Reinheit, Festigkeit usw.).

Titer der Seide. Der Titer der Seide entspricht der Nummer bei anderen Fasergespinsten. Der internationale oder legale Titer gibt an, wieviel Deniers oder den. (1 den. = 0,05 g) eine Länge von 450 m wiegt oder die Anzahl Gramme in einer Länge von 9000 m. Grègen werden hauptsächlich in Titern von $^{9}/_{11}$[1]) und $^{11}/_{13}$, bis 30 den., Organzins von $^{17}/_{19}$, $^{20}/_{22}$, $^{24}/_{26}$, $^{30}/_{32}$ den., Tramen von $^{20}/_{22}$, $^{36}/_{38}$ und bis 68 den., Trame duppion von 78—108 den., Tussahs von 98 bis 285 den. usw. hergestellt. Die Titers der einfachen Kokonfäden sind außerordentlich schwankend und die Angaben hierüber vielfach widersprechend. Nach Silbermann bewegen sich die Titers von Kokonfäden verschiedener Provenienz innerhalb folgender Grenzen (doppelter Rohkokonfäden): Japan weiß 2,1—3,5 den., italienische Seiden 2—2,4—2,7 den., Chinaseiden 1,7—2,5 den., indische Seiden 2—2,6 den. usw. Selbst innerhalb der nämlichen Kokons sind meist sehr erhebliche Schwankungen beobachtet worden; im Inneren des Kokons ist der Faden erheblich feiner, außen erheblich dicker (35—19, 21—13, 37—21, 21—14). Das spezifische Gewicht der inneren Fäden ist geringer als dasjenige der äußeren (z. B. 1,32 gegen 1,44 u. ä.).

Struktur und Mikroskopie. Die von der Raupe gesponnene Rohseide besteht aus zwei heterogenen Substanzen, der äußeren Hülle, dem sog. Seidenbast oder dem Serizin und dem inneren Faden, der eigentlichen Seidensubstanz, dem Fibroin. Das Serizin wird in der Seidenveredelung meist durch Abkochen entfernt, d. h. es wird in der Regel nur der innere Fibroinfaden (die entschälte Seide) verwertet. Unter dem Mikroskop erscheint die Rohseide als ein zylindrischer, glasheller Doppelfaden, von trüber Hülle umgeben. Beide Fäden trennen sich zeitweise. Im ab-

---

1) Die Bezeichnungen $^{9}/_{11}$, $^{11}/_{13}$ oder 9/11, 11/13 usw. besagen, daß der Faden zwischen 9 und 11 bzw. 11 und 13 den. usw. schwankt, geben also die zulässigen Grenzwerte an.

gekochten Zustande sind zwei selbständige Einzelfäden sichtbar, die scheinbar eine homogene Masse bilden. In Wirklichkeit ist der Faden aber aus Elementarorganen, feinen Fädchen oder Fibrillen, zusammengesetzt, die nur bei Verletzungen des Fadens in die Erscheinung treten (außer bisweilen sichtbaren schwachen Streifungen der Seide). So kann der Seidenfaden durch Chromsäure, verdünnte Schwefelsäure (nach dem Austrocknen erhitzt) und andere Chemikalien zur Aufspleißung und Aufpinselung gebracht werden. Die Dicke des entschälten Seidenfadens beträgt etwa 8—12—15 μ (China- und Kantonseide etwa 8—10, Japan- und Italienseide etwa 12—15 μ), s. Abb. 33.

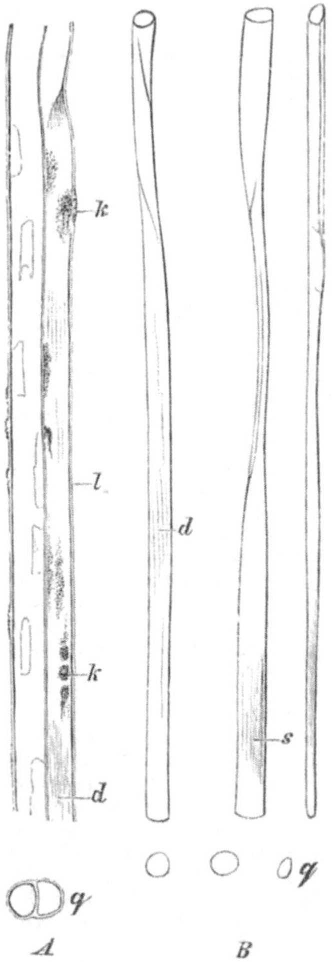

Abb. 33. Edle Seide. (Vergr. 340.) *A* roh, *B* abgekocht; *k* Körnerhäufchen auf der Serizinschicht *l*, *d* Fibroinfaden, *s* Längsstreifen, *q* Querschnitte. Nach v. Höhnel.

Physikalische und chemische Eigenschaften. Die reine Seidenfaser, das Fibroin, ist weiß, durchsichtig und glänzend; der sie umgebende Bast, das Serizin, ist mehr oder weniger mit natürlichem Pigment behaftet und schwankt in der Farbe von weiß und hellgelb bis orangegelb und grünlich. Der Glanz der reinen Seide ist auf das sehr starke Abstrahlungs- und das sehr geringe Absorptions- und Brechungsvermögen der Faser zurückzuführen. Über das spezifische Gewicht der Seide variieren die Angaben. Vignon gibt für Rohseide und entschälte Seide das spezifische Gewicht 1,34, Robinet 1,367, Persoz 1,357 an. Von anderer Seite wird für erstere 1,3—1,37, für zweitere 1,25—1,3 angegeben. In Wirklichkeit wird das spezifische Gewicht variieren, auch innerhalb eines und desselben Kokons (s. w. u.). Als schlechter Elektrizitäts- und Wärmeleiter eignet sich Seide für Isolationszwecke. Einmal gerieben, bleibt sie längere Zeit elektrisch, positiv oder negativ. Seide nimmt etwa 10% Wasser aus gewöhnlicher Atmosphäre[1]) auf. Die Konditionierungs-

[1]) In Anbetracht des schwankenden Feuchtigkeitsgehaltes der Seide und ihres hohen Preises wird die meiste in den Handel gebrachte Seide in besonderen Anstalten, den sogenannten „Konditionierungsanstalten", auf Feuchtigkeit untersucht, „konditioniert" und danach berechnet. Als zulässig gilt ein Feuchtigkeitszuschlag von 11% zu 100 Teilen absolut trockener Seide. Der hierüber hinausgehende Wassergehalt kommt nicht zur Bezahlung (Näheres s. Heermann: Mechanisch- und physikalisch-technische Textiluntersuchungen. Berlin: Julius Springer 1923).

feuchtigkeit ist auf 11% festgesetzt (Reprise, 11 Teile Wasser auf 100 Teile trockene Seide). Sehr günstige Eigenschaften hat Seide in bezug auf Festigkeit und Dehnbarkeit. Sie weißt eine Reißlänge von 30 bis 35 000 m, also eine weit größere als Schmiedeeisen und Gußstahldraht (5500 und 13—15 000 m) auf. Eine spezifische Eigenschaft dieser Faser ist auch das ihr eigentümliche Krachen oder der Seidengriff („le craquant", „le cri") nach saurer Behandlung, der auch bei anderen Fasern künstlich erzeugt wird, dort aber nicht den Grad der Vollkommenheit erreicht. Je nach der Behandlung kann die Seide aber auch daunenartigweich, elastisch-fest, schwellend usw. hergerichtet werden.

Der Seidenbast (etwa 20—25% des Rohseidengewichtes) ist in Wasser zum Teil, in Seifenlauge ganz löslich; dagegen löst sich das Seidenfibroin (75—80% des Rohseidengewichtes) weder in Wasser noch in Seifenlaugen auf. Der Bast oder das Serizin stellt chemisch eine andere Substanz dar als das Fibroin und ist dem gewöhnlichen Leim ähnlich; er besteht aus Eiweißstoffen, Fett, Wachs und Farbstoff, während das Fibroin ein Polypeptid darstellt und aus Kohlenstoff, Wasserstoff, Stickstoff (18,33%) und Sauerstoff besteht und die charakteristischen Eiweißreaktionen liefert. Nach der empirischen Zusammensetzung könnte das Serizin aus dem Fibroin durch Sauerstoff- und Wasseraufnahme entstanden sein: (Fibroin) $C_{15}H_{23}N_5O_6 + O + H_2O =$ (Serizin) $C_{15}H_{25}N_5O_8$. Von der Wollsubstanz unterscheidet sich das Fibroin u. a. durch das Fehlen von Schwefel und durch seine Abbauprodukte, von denen Glykokoll, Alanin, Tyrosin, Leucin, Phenylalanin die wichtigsten sind (s. a. Tabelle S. 48). Abderhalden hat aus dem Seidenfibroin zehn verschiedene Mono- und Diaminosäuren isoliert. Nach Ansicht R. O. Herzogs ist das Fibroin jedoch wahrscheinlich ziemlich einfach zusammengesetzt.

Beim Erhitzen auf 100° C tritt keine Veränderung des Fibroins ein; im Konditionierungswesen wird die Seide sogar ohne erhebliche Schädigung bis auf 140° C erhitzt. Bei 170° C tritt rasche Zersetzung ein. In der Flamme verbrennt Seide unter der Erscheinung scheinbaren Schmelzens und unter Verbreitung des charakteristischen Geruches brennender Wolle, hinterläßt zuerst schwarze Kohlenkügelchen und schließlich etwa 0,5—1% weiße Asche.

Gegen Fäulnis ist die Faser äußerst widerstandsfähig. Heiße, selbst verdünnte Ätzalkalien lösen Seide auf; kohlensaure Alkalien greifen die Faser merklich an, Ammoniak in gewissen Grenzen und neutrale Seifen beschädigen die Faser nicht. Warme, verdünnte Säuren lösen den Seidenleim, das Fibroin nicht. Konzentrierte Mineralsäuren zerstören bzw. lösen Serizin und Fibroin, auch Essigsäure bei höheren Temperaturen unter Druck. Salpetersäure (salpetrigsäurehaltige) liefert unter Gelbfärbung Xanthoproteïnsäure. Basisches und saures Chlorzink sowie Cuoxam wirken lösend. Ersteres wird auch für die quantitative Seidenbestimmung verwendet. Der Seidenanteil von Textilien kann sehr gut auch nach dem Stickstoffgehalt beurteilt werden, da alle Seiden einheitlich 18,33% Stickstoff enthalten (Verfahren zur Bestimmung der Seidenerschwerung).

Schwermetallsalzen (Beizen) und Gerbstoffen gegenüber zeigt Seide eine besondere, bei anderen Fasern nicht vorhandene, Primäraffinität worauf die moderne Erschwerungstechnik (s. d.) beruht. Merkwürdigerweise sollen kochende 5 proz. Lösungen von Glaubersalz das Seidenfibroin merklich angreifen. Kochsalz in geringen Mengen liefert beim Lagern der Seide unter Umständen die bekannten roten Seidenflecke unter Morschwerden der Seide. Auch gegenüber Farbstoffen zeigt die Faser eine große Verwandtschaft, so daß sie ohne Vorbeize mit basischen, substantiven und sauren Farbstoffen gefärbt werden kann (s. Färberei der Seide).

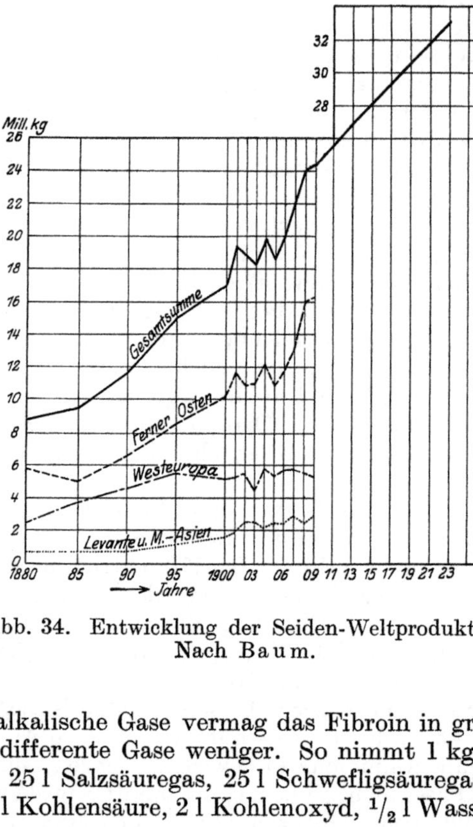

Abb. 34. Entwicklung der Seiden-Weltproduktion. Nach Baum.

Saure und alkalische Gase vermag das Fibroin in großen Mengen zu absorbieren, indifferente Gase weniger. So nimmt 1 kg Seide etwa 30 l Ammoniakgas, 25 l Salzsäuregas, 25 l Schwefligsäuregas, 15 l Schwefelwasserstoff, 10 l Kohlensäure, 2 l Kohlenoxyd, $^1/_2$ l Wasserstoff usw. auf.

Statistisches. Die Seidenerzeugung der Welt nimmt dauernd zu. Seit dem Jahre 1880 mit etwa 8—9 Millionen Kilogramm Welternte ist die letztere im Jahre 1913 auf rund 27 Millionen Kilogramm im Werte von rund $1^1/_4$ Milliarde Mark gestiegen (s. Abb. 34). Die Haupterzeugungsländer sind: Japan, China, Italien, Levante, Syrien, Frankreich, Mittelasien. Japan und China führten früher schon rund 55%, im Jahre 1914 rund 76%, 1919 rund 95% der gesamten Welterzeugung aus.

Die Preise für Rohseide sind sehr schwankend; in den Jahren 1904—1910 hat der Preis für klassische Organzin 18/20 den. zwischen rund 42 und 78 Frank pro Kilogramm betragen (im Mittel des Jahrzehntes 1904—1913: 47,7 M.). Die deutsche Industrie verbrauchte vor dem Weltkrieg rund 17% der Weltseidenernte, und zwar führte Deutschland im Jahre 1913 für rund 160 Millionen Mark gehaspelte Rohseide, für rund 40 Millionen Mark gesponnene Seiden und für 40 Millionen Mark fertige Seiden- und Halbseidenerzeugnisse ein; an wilden Seiden, Tussah u. dgl., wurde für rund 4 Millionen Mark eingeführt. Die Gesamteinfuhr von Seide und Seidenwaren wuchs von 1893—1913 von 160 auf 240 Millionen Mark. In der gleichen Zeit wuchs die Ausfuhr von Seiden, besonders fertigen Seidenerzeugnissen, von 180 auf 235 Millionen Mark. Die deutsche Gesamtseidenwarenproduktion kann für das Jahr 1913 auf rund 450 Millionen Mark geschätzt werden.

In den letzten Jahren zeigt die gesamte Rohseidenerzeugung eine starke Vermehrung; die Mehrerzeugung wird hauptsächlich von den Vereinigten Staaten aufgenommen, obwohl auch dort die Kunstseidenindustrie einen riesigen Aufschwung genommen hat.

Rohseidenerzeugung der Welt in Millionen Kilogramm:

1901/05: rund 19; 1913: rund 27; 1922: rund 31,8; 1923: rund 33.

Hiervon führte Japan 1922/23 rund 19, China rund 8 Millionen Kilogramm aus, während Italien mit einer Ausfuhr von $4^1/_2$—5 Millionen Kilogramm unter den europäischen Staaten an der Spitze steht. An der amerikanischen Einfuhr war Japan 1909 mit 55%, 1913 mit 70% und 1922 mit 79% beteiligt. (Durch die Erdbeben in Japan ist dort eine Unterbrechung der Rohseidenwirtschaft eingetreten.) Nach obigen Zahlen liegt heute der Schwerpunkt der Seidenzucht in Japan, derjenige der Seidenverarbeitung und des Seidenverbrauchs heute mehr denn je in Amerika.

Die wilden Seiden.

Herkunft und Gewinnung. Die wilden Seiden werden von Spinnern der Familie der Saturniden (Ordnung: Lepidoptera usw. wie edle Seide) erzeugt, von denen viele Hunderte von Arten bekannt sind, aber bei weitem die wenigsten technisch verwendet werden. Die Saturniden erleben im Gegensatz zu den Bombyziden 2—8 Geschlechter im Jahr und leben in naturwildem, ungezüchtetem Zustande; zum Teil werden sie vor Unbilden der Witterung und ihren natürlichen Feinden (Nässe, Vögeln usw.) geschützt. Wardle war der erste, der die praktische Brauchbarkeit der wilden Seiden im vollen Maße erkannte und sich besonders um deren Einführung in die moderne Industrie verdient machte, nachdem die wilden Seiden Jahrtausende vorher nur in untergeordnetem Maße von den Naturvölkern Indiens verwendet worden waren.

Die Kokons der wilden Seiden sind nicht so regelmäßig wie diejenigen des Bombyx mori; außerdem sind sie schwer oder gar nicht haspelbar und meist dunkel gefärbt sowie schwer bleichbar. Dennoch haben sie heute eine große Bedeutung erlangt, weil sie die Vorzüge der Dauerhaftigkeit, Festigkeit, Billigkeit und teilweise der großen Ausgiebigkeit (infolge der Größe der Kokons) aufweisen. Hauptsächlich fanden sie erst Verwendung für Plüsche und Fellimitationen, später für eine Reihe anderer Artikel.

Eigenschaften. Der Faden enthält keinen eigentlichen Bast und besitzt einen eigenartigen, glitzernden Glanz, was auf die Reflexion des Lichtes unter verschiedenen Winkeln und die bandartige Beschaffenheit der etwas gedrehten Faser zurückzuführen ist. Gegenüber Beizen und Farbstoffen ist die wilde Seide weniger aufnahmefähig als die edle Seide;

deshalb ist es beispielsweise schwer, ein volles, sattes Schwarz auf wilder Seide zu erzielen; die Färbungen bleiben, wie man es nennt, wenig gedeckt oder „leer“. Dadurch können anderseits unter Umständen eigenartige Effekte erzielt werden.

Unter dem Mikroskop erscheint die wilde Seide ungleichmäßig dick und nicht strukturlos, sondern aus Fäserchen (Fibrillen) bestehend, die Parallelstreifung aufweisen. Die Querschnitte dieser Seiden sind nicht rundlich (wie bei edler Seide), sondern mehr viereckig und kantig.

In ihren physikalischen und chemischen Eigenschaften verhält sich die Saturnidenseide der edlen Seide ganz analog; nur ist sie im allgemeinen erheblich widerstandsfähiger gegen Alkalien und Säuren. Auf Grund dieses Verhaltens gegen Chemikalien ist sogar eine ungefähre Trennung beider Seidenarten durchgeführt worden. Als Vertreterin der wilden Seiden wird meist die echte Tussahseide (von Antheraea mylitta) betrachtet, die mit Natronlauge keine völlige Lösung, sondern nur eine Aufteilung in Elementarfibrillen liefert. Der Aschegehalt der wilden Seiden ist erheblich größer als derjenige der edlen, bei Tussah bis zu 5—7% Asche.

Systematik. Eine genaue Systematik der wilden Seidenspinner aufzustellen, ist fast unmöglich; die gegenwärtige ist ziemlich verworren und unzureichend. Silbermann teilt die wilden Spinner in drei Hauptgruppen, deren Seiden nach ihrer Haspelbarkeit unterschieden werden. Zu der I. Gruppe gehören die Seidenraupen mit geschlossenem, relativ regelmäßigem, wenn auch manchmal schwer abhaspelbarem Kokon. Hierher fallen 1. die unwichtigen wilden Maulbeerraupen, die in naturwildem Zustande leben und deren Gespinst im großen und ganzen demjenigen der edlen Maulbeerspinner gleicht und nur ungleichmäßigere Kokons und Fasern darstellt. 2. Antheraea Yamamai. In Japan seit 1487 bekannt; auch japanischer Eichelspinner genannt. Das Gespinst gleicht von allen wilden Seiden am meisten der edlen Seide (glatt, glänzend, blaßgrün, Faserdurchmesser 50 μ, spezifisches Gewicht 1,43). 3. Tusserfamilie mit Antheraea mylitta als Hauptvertreterin. Von diesem Spinner stammt die indische Tussah oder schlechtweg Tussah, Tusser, Tussur u. ä. („tusurn“ bedeutet im Indischen Weberschiffchen) genannte, in Europa am meisten bekannte und verbreitete wilde Seide. Große, braune Kokons; Faserdurchmesser 45—50 μ, spezifisches Gewicht 1,46. Von großer Bedeutung ist ferner Antheraea Pernyi, von der die sogenannte „chinesische Tussah“ in großen Mengen auf den Markt kommt („chinesischer Eichelspinner“); Faserdurchmesser etwa 70 μ, spezifisches Gewicht 1,40. 4. Der wichtigste Spinner der Moongafamilie oder der Mugaspinner ist Antheraea assama. 5. Der Hauptrepräsentant der Actiasfamilie ist Actias Selene.

Zur II. Gruppe gehören die Seidenwürmer mit offenem, nicht oder äußerst unvollkommen haspelbarem Kokon. 1. Attacusfamilie mit dem Attacus Atlas, dem Atlasspinner als Hauptvertreter, dem zweitgrößten aller bekannten Schmetterlinge (Flügelweite 200 mm). Er liefert hellbraune, tussahähnliche Seide, die als „Fagaraseide“ in den Handel kommt. (Doppelt so groß ist der Attacus Caesar, größte Saturnide.) Von größter Bedeutung ist ferner der Attacus Ricini, der Eriaspinner Indiens, von dem die Eriaseide stammt; Faserdurchmesser 38 μ. Hierher gehört auch der Aylanthus, Faserdurchmesser 40 μ. 2. Gemischte Untergruppe.

Zur III. Gruppe gehören verschiedene Spezies der Saturniden, die vorläufig keine besondere technische Bedeutung haben. Nach Menge der erzeugten Seide ist von diesen die in China und Indien verbreitete Saturnia pyretorum die wichtigste Spezies.

Alle diese wilden Spinner sind in Indien, China und Japan heimisch; in Afrika wird wilde Seide nur wenig und auf sehr primitive Weise gewonnen. Von europäischen Seidenraupen spinnen zwar viele Kokons, sind aber ohne technische Bedeutung. Unter ihnen ist Bombyx Otus, der Seidenspinner der Alten, die wichtigste Seidenraupe.

Produktion. Aus der Menge der im Jahr erzeugten Seide erhält man ein annäherndes Bild über die relative Bedeutung der einzelnen Spinner. Silbermann gibt hierfür folgende Zahlen: Chinesische Tussah (Antheraea Pernyi) = 24 Millionen Kilogramm; Indische Tussah (Antheraea mylitta) = 12 Millionen Kilogramm; Mugaseide (u. a. von Antheraea assama) = 1,7 Millionen Kilogramm; Eriaseide (Attacus Ricini) = 1,6 Millionen Kilogramm; Aylanthus = 0,64 Millionen Kilogramm; Wilde Maulbeerseide = 0,52 Millionen Kilogramm; Antheraea Yamamai = 0,35 Millionen Kilogramm; Saturnia pyretorum = 0,35 Millionen Kilogramm; alle übrigen zusammen = 1,4 Millionen Kilogramm.

Die Muschelseide (Byssus, Seeseide).

Die Muschelseide stammt von der im Mittelländischen Meer verbreiteten Steckmuschel (Pinna nobilis, Pinna rudis), die ziemliche Größe erreicht; die schuppige Steckmuschel (Pinna squamosa) wird bis zu 60 cm lang. Der Mollusk hat die Fähigkeit, eine feste Faser, die der Seide ähnlich ist, zu spinnen, doch nicht nach Art der Raupen, denen die Seide als Schutz dienen soll und die dieselbe nur während einer bestimmten Lebensperiode erzeugen. Die Pinna macht einen ständigen Gebrauch von ihrem Spinnmaterial, das aus einer teigartigen Masse, welche sich in einer Spalte des Mundes (Byssusdrüse) befindet, entsteht. Der Faserbart besteht aus Büscheln von mehr oder weniger zahlreichen und feinen Fäden und umschließt in der Regel eine ganze Reihe von Muscheln. Mit Hilfe derselben klammert sich die Pinna an Felsen usw. fest. Der Faserdurchmesser beträgt 13—55 μ, die Faser hat elliptischen Querschnitt und ist unter dem Mikroskop glatt oder fein längsgestreift, der Stickstoffgehalt beträgt 12—13%. In Säuren, Kupferoxydammoniak und Alkalien quillt die Faser nur, löst sich aber nicht. Durch Chlor wird der Faden gebleicht, durch Kalilauge hinterher wieder gebräunt.

Die Gewinnung soll im Mittelalter recht ausgedehnt gewesen sein; heute wird sie nur noch in geringen Mengen in Sizilien, Korsika und Sardinien betrieben. Nach Silbermann soll die Gesamterzeugung nicht über 100 kg im Jahr betragen. Der deutsche Zolltarif erwähnt diese Faser trotz der minimalen Produktion. Die mechanischen Eigenschaften der Faser sind sehr hochwertig.

Die Bezeichnung Byssus für die Steckmuschelseide ist unglücklich, weil durch sie Irrtümer entstehen können, insofern im Altertum unter „Byssus" (Gossypium oder Xylon) Baumwolle verstanden wurde. Man bezeichnete mit „Byssus" auch außerordentlich feine Gewebe, wie sie sich in den Mumien Ägyptens aus der Pharaonenzeit gefunden haben. Die feinste Art der Byssusgewebe, die im Werte dem königlichen Purpur gleichkamen, bestand aus Fäden von einer Feinheit, wie sie heute nicht gesponnen werden. Diese Stoffe fanden Verwendung zur Umhüllung des Hauptes hoher Verstorbener; auch von hochstehenden Frauen und Mädchen wurden sie als Kopfhüllen und als leichte Obergewänder in Gebrauch genommen. Man nannte diese Gewebe wegen ihrer außerordentlichen Zartheit auch „gewebten Nebel" oder „gewebten Wind", da sie sich fast wie Spinngewebe darstellten. Die Sitte verbot es im Altertume, nur in Byssus zu erscheinen; es blieb dieses den Damen der römischen Kaiserzeit vorbehalten. Der Hauptmarkt für Byssusgewebe war im Altertum Alexandrien, Antiochien, Damaskus und Palmyra. Wahrscheinlich ist im Altertum auch die Steckmuschelseide verarbeitet und sind dann beide Fasern später identifiziert worden.

Die Kunstseiden.

Becker, F.: Die Kunstseide. — Chaplet et Rousset: Les soies artificielles. — Herzog, R. O.: Kunstseide (Kapitel in R. O. Herzog: Chemische Technologie der organischen Verbindungen). — Hölken, M. jr.: Die Kunstseide auf dem Weltmarkt. — Hottenroth, V.: Die Kunstseide. — Rheinthaler, F.: Die Kunstseide und andere künstliche Textilstoffe. — Süvern, K.: Die künstliche Seide.

Allgemeines. Im Gegensatz zu den Naturseiden bilden die Kunstseiden oder künstlichen Seiden, wie der Name bereits zum Ausdruck bringt, künstliche Erzeugnisse, die der natürlichen Seide sehr ähnlich sind. Diese Kunstfaser ist aber nicht dazu berufen, die natürlichen Seiden zu ersetzen oder zurückzudrängen. Die Hauptähnlichkeit zwischen Kunst- und Naturseide besteht in dem hohen Faserglanz und der Struktur. In chemischer Beziehung haben beide Fasern nichts Gemeinsames miteinander, da die Naturseiden Eiweißkörper, die Kunstseiden Zellulose bzw. Zelluloseabkömmlinge sind. Als Ausgangsmaterial kommt heute für die Kunstseiden kein anderer Stoff in Frage als Zellulose, da Gelatineseiden (Vanduraseide) überhaupt nie über das Versuchsstadium hinausgekommen sind. Auch die fertigen Kunstseiden bestehen fast ausschließlich aus Zellulose bzw. Zellulosehydrat und -azetat, wenn auch auf Umwegen erhalten. Die Überführung der kurzen Zellulosefasern in Kunstseide von unbegrenzter Länge geschieht durch Lösen der Zellulose zu einer viskosen, fadenziehenden Flüssigkeit und Wiedererstarrenlassen oder Fällen der letzteren zu einem festen, fadenförmigen Gebilde.

Man unterscheidet heute viererlei Haupttypen von Kunstseiden, „Rayons", wie es im heute führenden Land der Kunstseidenindustrie, in den Vereinigten Staaten von Nordamerika (U. S. A.), heißt, entsprechend den vier Grundverfahren der Kunstseidenfabrikation. In bezug auf Feinheit des Einzelfadens unterscheidet man zahlreiche Varietäten, in bezug auf Feinheit des fertig gesponnenen Garnes etwa 13 verschiedene Stärken oder Nummern, ausgedrückt in Deniers oder „den." bzw. „d.", wobei die Anzahl Gramme, die eine Fadenlänge von 9000 m wiegt, die Denierstärke angibt.

1. Die Nitrozellulose- oder Nitrokunstseiden, Nitroseiden, (Rayon N), die nach dem Nitrozelluloseverfahren (von Chardonnet) gewonnen werden, indem die Zellulose in Salpetersäureester übergeführt und weiter zu Fäden verarbeitet wird (s. w. u.).

2. Die Kupferoxydammoniak- oder Kupferkunstseiden, Kupferseiden (Rayon K), auch Zelluloseseiden genannt, die nach dem von Pauly begründeten und später vielfach weitergebildeten Verfahren hergestellt werden, indem die Zellulose in Kupferoxydammoniak (Schweizers Reagens, Cuoxam) gelöst und weiter zu Fäden verarbeitet wird (s. w. u.).

a) Außer Fäden normaler, durchschnittlicher Dicke werden nach diesem Verfahren auch erzeugt:

b) die der Naturseide zur Zeit am nächsten kommende, von Thiele erfundene, nach dem sog. Streckspinnverfahren hergestellte feinfaserige Kupferseide (J. P. Bemberg-Barmen, Hölkenseide-Barmen, Küttner-Pirna, Brysilka in England u. a. m.),

c) die ebenfalls nach dem Thieleschen Streckverfahren hergestellte dicke Kupferseide (sog. künstliches Roßhaar).

3. Die Viskosekunstseiden oder Viskoseseiden (Rayon V), die nach dem Viskoseverfahren von Cross und Bevan über den Xanthogensäureester der Zellulose erzeugt werden. Etwa 80—85% sämtlicher Kunstseiden werden heute nach diesem Verfahren hergestellt.

a) Die Vistra-Seiden oder -Kunstseiden (der Köln-Rottweiler Fabriken) und die Lanofil-Kunstseiden (ähnliches Erzeugnis der Schülke-Sudenburger Maschinenfabrik) sind ähnliche Erzeugnisse, die auf dem Viskoseverfahren beruhen.

4. Neuerdings hinzugekommen sind die von Dreyfus u. a. jetzt im großen hergestellten Azetatseiden (Celanese), die durch Azetylieren der Zellulose erzeugt werden. In Deutschland wird die Azetatseide noch nicht im großen hergestellt.

Die Überführung der Lösungen in Fadenform ist bei allen vier Verfahren im Grundsatz die gleiche und geschieht ganz allgemein durch Austretenlassen der Lösungen durch feine Öffnungen („Düsen") in ein Fällbad, das den Lösungen das Lösungsmedium entzieht oder die Zellulose bzw. deren Ester oder Hydrat als unlösliche Verbindungen niederschlägt. Der Faden wird unmittelbar nach dem Abscheiden in noch halbweichem Zustande durch den Zug einer Aufwickelspule gestreckt und so in Form eines zylindrischen Fadens von unbegrenzter Länge erhalten. Dieses „Spinnen" des Fadens wird bei den verschiedenen Kunstseidenarten verschieden gehandhabt. Mehrere Jahre fabrizierte man neben dieser Kunstseide von unbegrenzter Länge auch noch die sogenannte Stapelfaser, d. i. Kunstseidengarn, das aus zu Stücken oder Stapeln geschnittener Kunstseide gesponnen wird (s. auch am Schluß des Kapitels). Im Mittel hat der Einzelfaden etwa 30 μ Dicke[1]) und ist natürlich von nur geringer Festigkeit. Deshalb werden beim Spinnen viele solcher Einzelfäden zu einem Garnfaden vereinigt und aufgewickelt. Dann folgt die etwaige chemische Nachbehandlung und schließlich die mechanische Weiterbearbeitung (Zwirnen usw.) und die Ausrüstung (Bleichen, Färben usw.). Die Feinheit der Kunstseidengarne wird in etwa 12—13 Sorten hergestellt, und zwar in den Feinheitsnummern von 60, 70, 75, 80, 90, 100, 120, 130, 140, 150, 200, 300 und 450 Deniers. Ein Strang hat gewöhnlich die Länge von 9000 m oder das Mehrfache davon; das Gewicht von 9000 m in Grammen ist die Anzahl Deniers. Wenn also 9000 m = 150 g oder 2700 m = 45 g wiegen, so hat das Garn die Feinheit von 150 den. Gewöhnlich wird ein Faden von 150 den. aus einer Düse mit 20 Löchern gesponnen, so daß jedes Fädchen (Einzelfaden) nur $7^1/_2$ den. entspricht.

Geschichtliches. Die erste Anregung für die Gewinnung von künstlicher Seide finden wir bereits 1734 bei Réaumur[2]), wo es u. a. heißt: „Könnten wir nicht, angesichts des Umstandes, daß die Seide eine erhärtete Gummiflüssigkeit ist, mit unserem Gummi oder dessen Zubereitungen eine ebensolche Seide erzeugen? Es wird zwar schwer fallen, Fäden von so außerordentlicher Dünne und Feinheit herzustellen, indessen ist dies nichts Unmögliches, wenn man bedenkt, wie weit die menschliche Kunst gehen kann." Die 1855 von Audemars und 1883 von Swan angestellten Versuche gingen, was die Erzeugung künstlicher Seide betrifft, auch nicht über Kleinversuche hinaus. Von technischer Bedeutung war dagegen Swans Methode zur Darstellung elektrischer Glühlampen (bzw. Glühfäden für diese). Er führte das Verfahren ein, durch Ausfließenlassen von Eisessiglösungen

[1]) Bei feinstem Glanzstoff (Kupferoxydammoniakseide nach dem Streckspinnverfahren hergestellt) ist von A. Herzog und Massot als geringste Dicke 9,5 bzw. 9,9 μ und noch weniger beobachtet worden.

[2]) Mém. pour servir à l'histoire des insectes, I, S. 154.

von Nitrozellulose (durch runde, unter Wasser befindliche Öffnungen) Fäden von etwa 1 mm Dicke herzustellen, durch Reduktion mit Schwefelammonium zu denitrieren und dann zu verkohlen. Kurz darauf (1885) übertrug Chardonnet diesen Gedanken auf die Erzeugung feiner, seidenähnlicher Textilfäden, zeigte 1889 auf der Pariser Weltausstellung zum ersten Male das Kunstgespinst und entwickelte diese Idee in 10jähriger unermüdlicher Arbeit zu einer Großindustrie. Chardonnet gebührt also das Verdienst, der erste gewesen zu sein, der technisch verwendbare Kunstseide herstellte, der Zellulose als Grundstoff der Kunstseide erkannte und zu seinen Versuchen gekrempelte Baumwolle verwendete.

Nitrozelluloseseide (Nitroseide).

Die Nitrozelluloseseide oder Kollodiumseide (auch Nitroseide, Pyroxylinseide, Soie française, Chardonnetseide, Soie artificielle, Soie de France, du Vivierskunstseide, Lehners Kunstseide, Artiseta, Cadorets Kunstseide, Besançonkunstseide, alte Frankfurter Kunstseide[1]) genannt) ist der älteste Typ der Kunstseiden. Als Ausgangsmaterial dient lediglich Baumwolle, die möglichst rein und frei von Pektin- und Fettstoffen, sowie von Oxyzellulose sein soll; die mit Zellstoff und Holzstoff angestellten Versuche haben bisher zu keinem befriedigenden Ergebnis geführt. Durch Nitrierung mit Mischsäuren (Salpeterschwefelsäure) wird zunächst das Zellulosenitrat oder die Nitrozellulose hergestellt, in Ätheralkohol gelöst und die filtrierte, reine Lösung durch Düsen unter teilweise recht hohem Druck „versponnen", koagulieren gelassen oder „gefällt" und schließlich denitriert. In Deutschland wird diese Kunstseidengattung in Großbetrieben z. Z. seit einigen Jahren nicht mehr erzeugt. Bei ihrer historischen Bedeutung wird sie nachstehend aber dennoch etwas ausführlicher abgehandelt.

Die Nitrozellulose[2]) (Salpetersäureester der Zellulose) wurde zuerst 1832 von Braconnot und dann 1846 von Schönbein hergestellt und studiert. Die so hergestellten Pyroxyline, Kollodiumwollen (12% Stickstoff) und Schießbaumwollen (13% Stickstoff) haben allmählich eine immer größere Bedeutung erlangt. Je nach Ausgangsmaterial, Säuremenge, Benetzungsgeschwindigkeit, Konzentration und Mischungsverhältnis, Temperatur, Einwirkungsdauer, Nachbehandlung, Arbeitsmenge, Trocknungsart usw. werden die verschiedensten Körper mit verschiedenem Stickstoffgehalt und Lösungsvermögen in Äther, Alkohol usw. erzeugt. Die stark explosiven Nitrozellulosen sind in Wasser unlöslich und beim Lagern, wenn ausreichend gereinigt, gut haltbar. Die Zersetzungsgeschwindigkeit ist nach Will eine Funktion des Stickstoffgehaltes. Bei der Explosion entsteht nach Berthelot Kohlenoxyd, Kohlensäure, Wasserstoff, Wasser und Stickstoff.

Das erste Patent (Nr. 38 368) des Grafen Hilaire de Chardonnet datiert vom 20. Dezember 1885; auf der Pariser Weltausstellung 1889 wurde die Chardonnetseide dem großen Publikum vorgeführt; 1890 meldete Chardonnet sein Denitrierungspatent mit Sulfhydraten an, und 1893 wurde der Grund zum Trockenspinnverfahren gelegt (bei dem ungetrocknetes, nur abgeschleudertes, 25—30% Wasser haltendes Kollodium verwendbar ist).

Die Einzelvorgänge der Fabrikation, soweit sie überhaupt noch besteht, sind etwa folgende. 1. Durch die Nitrierung der Baumwolle (Kämmlinge, Linters od. ä.) soll vollkommen lösliches Tetranitrat mit etwa 12% Stickstoff (Kollodiumwolle)

---

[1]) Früher auch nach sonstigen Herstellungssorten benannt: Bobingen, Kelsterbach, Tubize, Spreitenbach, Glattbrugg, Wolston, Sarvar, Obourg, Pilnickau, Beaulieu, Pavia, Tomaschow, Jülich.

[2]) Näheres s. C. Haeussermann: Die Nitrozellulosen, ihre Bildungsweisen, Eigenschaften und Zusammensetzung.

erhalten werden, von dem eine noch etwa 20—25 proz. Lösung ohne zu große Zähigkeit herstellbar ist. Die Baumwolle wird erst mit Soda abgekocht und nicht zu stark gebleicht. Die Nitrierung geschieht in Steinzeugtöpfen od. ä., z. B. mit Mischsäure von 44% Schwefelsäure[1]), 38% Salpetersäure und 18% Wasser bei höchstens 40° C. Die „Reife" des Nitrierungsproduktes wird an Stichproben durch das Polarisationsmikroskop festgestellt. Nach beendeter Nitrierung wird abgepreßt oder geschleudert und in hölzernen Holländern zerkleinert und gut, kalt und heiß gewaschen (entsäuert); schließlich wird bei 45° C durch Einblasen von warmer Luft in besonderen Trockenhäusern (wegen der Explosionsgefahr) mit äußerster Vorsicht getrocknet. 2. Die Herstellung der Spinnlösung geschieht durch Lösen von 20—25 Teilen der trockenen Kollodiumwolle in mit Rühr- und Knetvorrichtungen versehenen Kesseln in 100 Teilen Ätheralkohol (etwa 60:40). Nach erfolgter Lösung (in etwa 24 Stunden) wird durch Baumwolle und 10 mm starke Watteschicht filtriert (Filterpressen), was eine sehr peinliche Operation darstellt, da jedes kleinste Partikelchen die Düsen verstopfen oder Fehler in der Kunstseide erzeugen kann. Alsdann wird die Spinnlösung durch mehrtägiges Stehenlassen in Behältern „entlüftet", da jedes Luftbläschen beim Spinnen Fadenbruch verursachen kann. 3. Das „Verspinnen" der Lösung besteht in der Überführung derselben in Fadenform, und zwar a) nach dem Naßspinnverfahren (Lehner) durch Einfließenlassen der weniger konzentrierten, also dünnflüssigeren Spinnlösung durch weitere Düsen in Wasser. Der koagulierte Faden wird unter Wasser durch Zug einer Aufwickelvorrichtung auf die endgültige Feinheit gestreckt; b) nach dem besseren Trockenspinnverfahren (Chardonnet) wird hochkonzentrierte, etwa 18—25 proz., äußerst zähflüssige Spinnlösung durch sehr feine Öffnungen (0,08—0,1 mm Durchmesser) in einen langsam strömenden, warmen Luftstrom gepreßt, wobei die Lösungsmittel verdunsten. Sowohl hier beim Spinnen als auch beim Filtrieren werden sehr hohe Drucke von 30—40 at, bis zu etwa 60 at, angewandt. 4. Bei der nachfolgenden mechanischen Verarbeitung wird die auf Holzspulen oder Bobinen befindliche Kunstseide umgespult und hierbei von den Ätheralkoholresten befreit; dann wird dem Faden Drehung gegeben und so ein geschlossener und technisch brauchbarer Faden gewonnen. Schließlich wird noch auf Haspelmaschinen zu Strängen umgewickelt. In dieser Form brachte anfangs Chardonnet seine „Artiseta" heraus. Wegen der Feuergefährlichkeit konnte sie keinen Anklang finden. 5. Seit 1893 wurde auch die Denitrierung eingeführt, die die Nitroseide ihrer Feuergefährlichkeit beraubt. Natriumsulfhydrat (zuerst wurde Ammonium- und Kalziumsulfhydrat verwendet) entzieht der Nitrozellulose den gesamten Stickstoffgehalt, ohne daß das Fasergebilde verändert wird. Die Nitrate gehen dabei in Hydrate über, und die Entzünd- und Brennbarkeit wird auf diejenige der gewöhnlichen Baumwolle herabgedrückt. Allerdings leidet dabei die Festigkeit des Fadens, besonders im nassen Zustande. Die Ausführung geschieht derart, daß die von der Haspelmaschine kommenden Stränge in Tonwannen mit etwa 10 proz. Sulfhydratlösung von 35° C behandelt und alsdann gewaschen werden. Als Reaktionsprodukte entstehen dabei Nitrit und Schwefel, welch letzterer in überschüssigem Sulfid gelöst wird. Falls sich hierbei freier Schwefel auf der Faser ausscheidet, so ist dies der Seide sehr nachteilig. Während der Denitrierung verliert die Kunstseide etwa 40% ihres vorherigen Gewichtes und seinen gesamten Stickstoff bis auf einen kleinen Rest von etwa 0,05%. Dann folgt ein schwaches Salzsäurebad, hierauf die Bleiche mit Hypochloritlauge, das Waschen, Absäuern, Schleudern und das Trocknen unter geringer Spannung in geheizten Trockenräumen. Die Stränge werden später noch nach dem Gewicht der gleich langen Stränge sortiert.

Die Gestehungskosten hängen wesentlich vom Spritpreis (der mit dem Äther nur zu etwa 70% wiedergewonnen wird, während die teure Salpetersäure gänzlich verlorengeht) ab und betrugen vor dem Kriege etwa 10—11 M. pro Kilogramm. In Belgien, Frankreich und Ländern mit billigem Spiritus stellt sich

[1]) Infolge unzweckmäßiger Nitrierung oder Nachbehandlung der Faser kann nach Heermann Schwefelsäure in der Kunstseide latent gebunden bleiben und zu späteren Zersetzungen und dem Zerfall, dem sogenannten „Säurefraß", der Nitroseide Anlaß geben.

die Fabrikation der Nitroseiden günstiger. In Deutschland ist die Nitroseide zur Zeit nicht mehr Erzeugnis der Großindustrie; sie ist den beiden anderen Sorten, der Viskoseseide und der Zelluloseseide, unterlegen. Dagegen wird sie im Auslande noch hergestellt.

Kupferoxydammoniakseide (Kupferseide, Zelluloseseide).

Die Kupferoxydammoniakseide wird auch als Kupferseide, Glanzstoff, Siriusseide, Zelluloseseide bezeichnet oder nach den Erfindern und Verbesserern derselben, Pauly, Bronnert, Fremery, Urban, Langhans, Thiele, Linkmeyer, Dreaper, Tompkins u. a. m. genannt[1]). Diese Kunstseide wird hergestellt, indem Baumwolle von hoher Reinheit, meist schwach vormerzerisiert, in Kupferoxydammoniak (Cuoxam) gelöst wird und die luftempfindlichen, kühl gehaltenen Lösungen von bestimmter Viskosität durch Spinndüsen durchgepreßt werden. Durch Luft findet hierbei keine Koagulation statt; vielmehr wird hierzu Schwefelsäure, neuerdings werden auch Alkalibäder angewendet. Mittels nachträglicher Säurebäder wird der Faden noch entkupfert.

In dieser Kupferseide war der Nitroseide ein sehr gefährlicher Nebenbuhler entstanden, um so mehr, als die Gestehungskosten für Kupferseide erheblich geringer sind als für Nitrokunstseide.

Die erste Beobachtung der Löslichkeit von Zellulose in Kupferoxydammoniak rührt 1857 von Schweizer her. Der erste Gedanke, aus diesen Lösungen geformte Gebilde zu schaffen, ist 1890 in dem französischen Patent 203 741 von Despaissies niedergelegt worden; technisch war dieses Patent aber nicht auszubeuten. Erst 1897 gelang es Pauly (D. R. P. 98 642), eine technisch brauchbare Methode auszuarbeiten, die dann später von Bronnert, Fremery und Urban betriebsmäßig ausgebaut wurde und mit der Begründung der Glanzstoff-Fabriken A.-G. in Elberfeld zu hoher wirtschaftlicher Bedeutung führte.

Die Hauptschwierigkeit der Fabrikation bestand ursprünglich in der Bereitung genügend konzentrierter Zelluloselösungen. Diese gingen anfangs nicht über einen Gehalt von 5% hinaus, während für das Spinnen der Kupferseide etwa 6—8 proz. Lösungen erforderlich sind. Man arbeitet heute in der Weise, daß man in mit Kühlmantel versehene, geschlossene und mit Kupferdrehspänen und Ammoniak beschickte Kessel kalte Preßluft einbläst und die Temperatur auf 0—4° C hält. Der Luftsauerstoff wirkt bei Gegenwart von Ammoniak oxydierend auf das Kupfer ein, und das Kupferoxyd löst sich in der Kälte in solchem Maße in Ammoniak auf, daß Lösungen mit 45 g Kupfer im Liter erhalten werden können, die 80 bis 100 g Zellulose im Liter lösen können. Die Auflösung der Zellulose wird in gußeisernen Mischmaschinen bei niedriger Temperatur und unter Vermeidung von Luftzutritt vorgenommen. Die Baumwolle wird zuvor durch kräftiges Bleichen und Behandlung mit Natronlauge von 20° Bé vorbereitet. Die Filtration der Spinnlösung geschieht, da die meisten pflanzlichen Filterstoffe angegriffen werden, durch Metallgewebe (bis 4 at Druck) und zuletzt durch Asbestfilz. Nach längerem Stehenlassen bei tiefer Temperatur wird die Lösung, die Honigkonsistenz haben muß, entlüftet und erhält so die „Spinnreife". Das Verspinnen findet in Spinnmaschinen mit Glasdüsen von 0,16—0,2 mm lichter Weite und 1—4 mm Kapillarenlänge bei einem Druck von $1^1/_2$—$2^1/_2$ at statt und gleicht dem Naßspinnverfahren der Nitroseide, nur daß hier der Spinnfaden (früher in 30—60 proz. warme Schwefelsäure, heute) in 30 proz. warme Natronlauge mit verschiedenen Zusätzen eintritt. Thiele hat es später ermöglicht, durch geeignetes „Streckspinnen" einen dickeren Faden nachträglich zu einem dünneren auszurecken und

[1]) Früher wurde sie auch nach den Herstellungsorten benannt: Elberfeld, Oberbruch, Aachen, Niedermorschweiler, Givet, Izieux, St. Pölten, Petersdorf i. R., Flint (Wales), Celluio Silk (Great Yarmouth).

die Feinheit der Naturseide zu erreichen und zu überholen (Bemberg- oder Adlerseide von einer Feinheit von 10 μ). Der stark kupferhaltige Faden wird dann durch Säurebäder entkupfert, die besponnenen Spulen werden sorgfältig mit Wasser gewaschen und dann vorsichtig bei etwa 40° C und unter gelinder Streckung getrocknet. Höhere Temperaturen sollen den Glanz gefährden. Schließlich folgt die mechanische Weiterverarbeitung wie bei Nitroseiden. Die Wiedergewinnung von Ammoniak und Kupfer ist eine vollkommenere als diejenige des Ätheralkohols bei Nitroseide. Der Gestehungspreis der Kupferseide wurde vor dem Krieg mit etwa 8 M. pro Kilogramm angegeben.

Viskoseseide.

Die Viskoseseide (auch Xanthogenatseide genannt)[1]) wird aus Viskose, einem in Wasser löslichen Ester der Zellulose, dem Zellulosexanthogenat, hergestellt. Die Darstellung erfolgt durch Einwirkung von Schwefelkohlenstoff auf Natronzellulose. Das Produkt ist nach 15jährigen Fabrikationsschwierigkeiten zu hoher wirtschaftlicher Bedeutung gelangt. Der Gestehungspreis der Viskoseseide wurde vor dem Weltkrieg zu etwa 6—7 M. pro Kilogramm angegeben, so daß sie berufen erschien, nicht nur mit der Nitroseide, sondern auch mit der Kupferseide in ernstlichen Wettbewerb zu treten. Durch Formaldehyd wasserunempfindlich gemachte Viskoseseide, die sog. „Sthenose"-seide, ist bisher noch nicht in größeren Mengen auf den Markt gekommen. Außer als Spinnlösung wurde die Viskose versuchsweise auch für Appreturzwecke u. ä. benutzt; ihre relativ geringe Haltbarkeit legt in dieser Beziehung jedoch eine weitgehende Beschränkung auf.

Die Erstdarstellung des Viskoids oder der Viskose erfolgte durch Cross, Bevan und Beadle (engl. Patent 8700, 1892; D. R. P. 70 999, 1893). Die Benutzung derselben für künstliche Seide ist dann im wesentlichen durch die Arbeiten von Stearn (D. R. P. 108 511, 1898) gefördert worden.

Ein großer Vorteil der Viskoseseide besteht darin, daß zu ihrer Herstellung nicht nur Baumwolle und deren Abfälle, sondern auch guter Holzzellstoff (z. B. gute Sorten gebleichten Sulfitzellstoffes) verwendbar sind, der erheblich billiger als Baumwolle ist.

Der Gang der Fabrikation ist etwa folgender. 1. Herstellung der Natronzellulose. Die Zellstofftafeln werden gelinde gebleicht, ausgewaschen und bis zur Konstanz getrocknet. Dann taucht man sie in überschüssige Natronlauge von 20° Bé, läßt gut durchweichen und arbeitet sie in einem Zerfaserer zu einem Brei durch. Nun wird die Masse bis auf das Dreifache des ursprünglichen Zellstoffgewichtes abgeschleudert, zerkleinert und noch einige Tage unter Luftabschluß in einem eisernen Kasten aufbewahrt. 2. Die Darstellung des Xanthogenats wird in geschlossenen, gekühlten, mit Nickel ausgekleideten Knetmaschinen bewerkstelligt, indem man Schwefelkohlenstoff unter gutem Mischen in die Natronzellulose einträgt. Hierbei entsteht unter Selbsterwärmung allmählich die Verbindung von der Formel $S = C\langle{}^{SNa}_{OR}$, wo R den Zelluloserest bedeutet. Die Zelluloseverbindung ist also das Natriumsalz der Zellulose-Xanthogensäure, $S = C\langle{}^{SH}_{OR}$. Nach einigen Stunden ist der Prozeß beendet, und die zuvor faserige Zellulose ist in eine wasserlösliche, strukturlose, orangegelbe Masse übergegangen. Nach Cross und Bevan stehen die drei Komponenten in dem konstanten stöchio-

[1]) Früher auch nach den Herstellungsorten benannt: Sydowsaue, Pirna a. E., Emmenbrügge, Arques-la-Bataille, Ruysbroeck, Alost, Coventry; zu erwähnen sind noch die italienische Fabrik bei Mailand, die spanische bei Barcelona und die nordamerikanischen in Lansdowne und Chester.

metrischen Verhältnis von 100 Zellulose : 40 Na_2O : 40 CS_2 zueinander. Das Produkt ist nicht haltbar und hält sich bei Temperaturen unter 15° C etwa 10, bei 20 bis 30° C nur 2—3 Tage unverändert. 3. Die Auflösung des Xanthogenats findet unmittelbar nach seiner Darstellung statt, und zwar in eisernen Rührwerken in Wasser unter Zusatz von etwas Natronlauge und in der Konzentration von etwa 6—8% Zellulose. Die braune, eigenartig riechende Viskoselösung (dünnflüssiger als die Kupferseidenlösung) bildet auf Zusatz von Säuren einen Niederschlag von Zellulosehydrat. Hierbei wird jedoch kein Schwefelkohlenstoff zurückgebildet, vielmehr entsteht ein Gasgemisch von Kohlensäure und Schwefelwasserstoff. Desgleichen bildet Ammoniak mit Viskoselösung augenblicklich Zersetzungsprodukte. Bei 80° C koaguliert die Viskose zu fester gelatineartiger Masse. 4. Das Verspinnen der spinnreifen 6—8 proz. Lösung geschieht bei einem Druck von $1^1/_2$—$2^1/_2$ at aus brauseartigen Platinspinnköpfen mit je 15—25 Löchern von nur 0,10 mm Öffnung, so daß jede Brause einen zusammengesetzten Faden von 15—25 Einzelfäden liefert, die schon im Fällbade oder unmittelbar darüber zusammenlaufen und dann über Führungsgabeln zur ziehenden Walze gelangen. Die Koagulation beruht auf der Wechselzersetzung mit konzentrierter Ammonsalzlösung. Man erhält zuerst unter Freiwerden von Ammoniak einen Faden von noch löslicher Zellulose-Xanthogensäure. Dieser wird auf Spulen aufgewickelt, mit Salzlösung gewaschen und nach dem Umwickeln in Strangform mit Säure zu Zellulosehydrat zersetzt. Dann wird gründlich gewaschen, mit Schwefelnatrium oder Soda entschwefelt und schließlich gebleicht. In neuerer Zeit wird statt der Ammonsalzlösungen auch die Müllersche Spinnflüssigkeit (D. R. P. 187 947) angewandt, die aus Natriumbisulfat mit überschüssiger Schwefelsäure, evtl. mit Zusätzen von etwas Zinksulfat, Glukose usw., besteht. Diese Müllersche Erfindung datiert vom Jahre 1905.

Azetatseide.

Die Azetatseide stellt die neueste Form der Kunstseide dar. Sie wird heute bereits in ziemlich nennenswerten Mengen in Amerika und England erzeugt („Celanese“) und findet auch als Einfuhrartikel in Deutschland immer größere und wachsende Bedeutung. Sie wird dargestellt durch Azetylierung von Zellulose zu Triazetylzellulose und Verspinnung der viskosen Lösung zu feinen, hochglänzenden Fäden von guter Festigkeit und besserer Wasserbeständigkeit als die vorgenannten drei Kunstseiden. In Deutschland befindet sich die Fabrikation der Azetatseide noch im Versuchsstadium. Ihre Verbreitung war ursprünglich wesentlich durch ihre Eigenschaft gehemmt, sich in wässerigen Lösungen mit den üblichen Farbstoffen nicht färben zu lassen. Nachdem, vor allem durch die Bemühungen der deutschen Farbenfabriken, diese Schwierigkeiten zum großen Teil überwunden worden sind, gewinnt die Azetatseide jährlich an Bedeutung.

Der Essigsäureester der Zellulose ist zuerst von Schützenberger im Jahre 1869 dargestellt worden; nach ihm schufen Franchimont und Girard die Grundlagen für die industrielle Erforschung, indem sie wasserentziehende Mittel, wie Chlorzink und Schwefelsäure nebst Hydrozellulose, anwandten und die Veresterung mit Essigsäure bei Gegenwart von Essigsäureanhydrid vornahmen. 1894 nahmen sich Cross und Bevan des Problems an und verwendeten für die Esterherstellung eine aus Viskose abgeschiedene Hydratzellulose. Die ersten Patente in Deutschland datieren aus den Jahren 1898 (Henkel von Donnersmarck), 1899 (Lederer) u. a. m. 1908 brachten die Farbenfabriken vorm. Friedr. Bayer & Co. in Elberfeld (jetzt Leverkusen bei Köln a. Rh.) große Mengen von Zelluloseazetat unter dem Namen „Cellit“ auf den Markt. — Die Azetylierung der Zellulose beruht auf der Gegenwart der Hydroxylgruppen im Zellulosemolekül. Als Azetylierungsmittel verwendet man meist Essigsäureanhydrid, also wasserentziehende Mittel, Zink-, Aluminiumchlorid, Schwefelsäure usw. Außerdem sind viele Katalysatoren als Reaktionsbeschleuniger im Gebrauch und zum Patent angemeldet. — Beim Azetylieren von Hydrozellulose erhält man Lösungen von geringerer Viskosität, Filme und Kunstseiden von geringerer Festigkeit als bei Verwendung von Zellulose. Die als Katalysatoren angewandten Säuren, wie z. B. Schwefelsäure, bewirken im Verlaufe der Azetylierung eine Hydrolyse der Zellulose selbst und des gebildeten Azetates. Bei der technischen Darstellung spielen solche Nebenreaktionen eine große Rolle und führen z. B. bei Anwendung von Schwefelsäure als Katalysator zur Bildung von gemischten Zelluloseestern, wie der Sulfazetate der Zellulose. Bei Nitroseiden führen solche Nebenreaktionen mitunter zu großen Schädigungen der Faser (s. unter Nitroseide, Säurefraß. S. Fußnote S. 69).

Die Zellulose kann man nach dem „Lösungsverfahren" (homogenes Gleichgewicht) und nach dem „Nichtlösungsverfahren" (heterogenes Gleichgewicht) azetylieren. Im ersteren Falle tritt homogene Lösung ein, im anderen Falle wird die Zellulose im festen Zustande azetyliert, ohne daß sich ihre Struktur ändert. Das Lösungsverfahren ist das weitaus wichtigere für die Praxis. Man azetyliert entweder mit Azetylchlorid oder mit Essigsäureanhydrid. Im zugeschmolzenen Rohre läßt sich Zellulose in letzterer Flüssigkeit bei 180° C, Hydrozellulose schon bei 110—120° C azetylieren. Zwecks Vermeidung starker Depolymerisation der Zellulose arbeitet man bei möglichst niedriger Temperatur bei Gegenwart eines geeigneten Katalysators, so daß die Esterbildung schon bei 50—70° C vor sich geht. Nach einem Patent von Lederer erhitzt man Hydrozellulose mit Essigsäureanhydrid und Schwefelsäure auf 60—70° C. Außer Schwefelsäure ist noch eine sehr große Zahl von organischen und anorganischen Stoffen als Katalysatoren im Gebrauch oder wenigstens in der Patentliteratur genannt. Phosphorsäure, Phosphoroxychlorid, -pentachlorid, Phenol-, Naphtholsulfosäuren, Sulfoessigsäure, Chloressigsäuren, Sulfinsäuren, Salz-, Salpeter-, Schwefelsäure, Eisenchlorid, Zinkchlorid, Hydrazinsulfat, Hydroxylaminsulfat usw.

Die so erhaltenen Zelluloseazetate sind meist Triazetate von verschiedenem Depolymerisationsgrade. Man unterscheidet die Azetate in solche, die 1. nur in Chloroform, Tetrachloräthan, Methylformiat, und solche, die 2. außerdem noch in Azeton, Methyl- und Äthylazetat löslich sind. Erstere enthalten 59,4—52,6%, letztere 52,6—48,7% Essigsäure. Die meisten Zelluloseazetate des Handels, wie Cellit, sind azetonlöslich.

Die Azetylzellulose ist ein für Wasser ziemlich undurchlässiger Körper, nicht netzbar, und zwar um so undurchlässiger, je höher der Azetylierungsgrad ist, d. h. je mehr Hydroxylgruppen verestert sind. Diese Nichtnetzbarkeit war ein großes Hindernis für die Einführung der Azetatseide, da sie sich in üblichen Bädern und mit üblichen Farbstoffen nicht färben ließ. Man kann dies umgehen, indem man dem Färbebade Quellungsmittel, wie Azetin, Azeton, Essigsäure, Methylalkohol u. a. m., zusetzt. In letzter Zeit hat das Färben der Azetatseide weitere Fortschritte gemacht, so daß die Einführung dieser Kunstfaser dadurch wesentlich erleichtert ist.

Durch verdünnte Säuren und Alkalien wird Azetatzellulose nicht angegriffen; durch Erhöhung der Konzentration und Temperatur tritt allmählich Verseifung und weiterhin Lösung ein; mit alkoholischem Kali erhält man aus Azetatzellulose Zellobiose. Azetatzellulose ist nicht immer stabil, sie kann eine allmähliche Selbstzersetzung erleiden. An der Flamme brennt sie mit kleiner, schwacher Flamme; durch Zusatz von Phosphorsäureestern des Phenols und seiner Homologen (Triphenyl-, Trikresylphosphat) kann man sie mehr oder weniger unverbrennlich machen.

Technische Herstellung. Bestimmte Hydrozellulosen aus Baumwolle oder Linters werden mit Essigsäure-Essigsäureanhydrid und geringen Mengen von Katalysatoren (Schwefelsäure, Sulfosäuren, Brom u. a.) azetyliert. Das in Lösung befindliche Azetat wird durch Wasser gefällt und hat in diesem Zustande einen Essigsäuregehalt von 62,5%, ist also in Azeton unlöslich (s. oben). Um es azetonlöslich zu machen, muß es bis auf einen Essigsäuregehalt von 52,6% partiell entazetyliert werden. Zum Azetylieren bedient man sich einer Knet- und Mischmaschine aus säurebeständigen Bronzen; im gleichen Apparat wird auch die partielle Entazetylierung vorgenommen. Die Kunstseidenfäden aus Azetatzellulose gewinnt man durch direktes „Verspinnen“ ihrer Lösungen, wobei zweierlei Verfahren grundsätzlich in Betracht kommen: 1. Verspinnen der Lösung an der Luft unter Rückgewinnung des Lösungsmittels, 2. Koagulation des Spinnfadens in Benzin oder einer Mischung nichtlösender Stoffe.

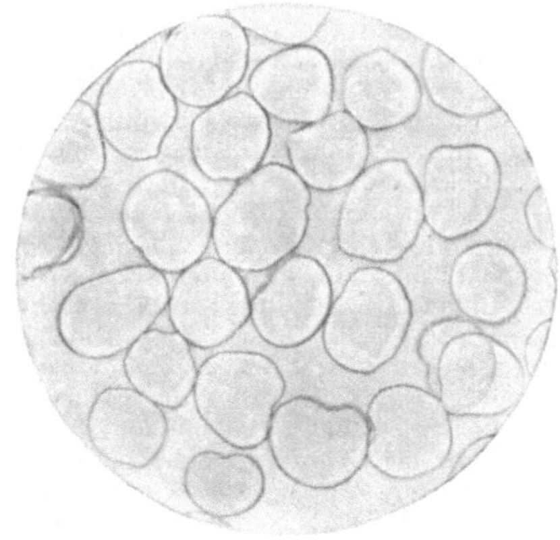

Abb. 35. Querschnitte von Kupferseide (in konz. Natronlauge mit Zuckerzusatz gesponnen). Nach Süvern[1]).

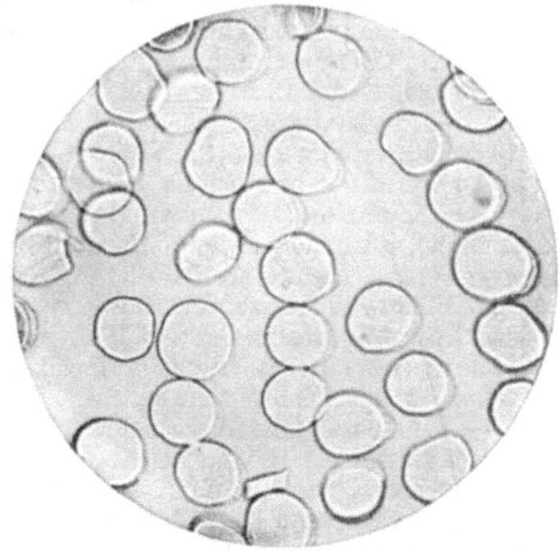

Abb. 36. Querschnitte von Viskoseseide (in Mineralsäure gesponnen). Nach Süvern.

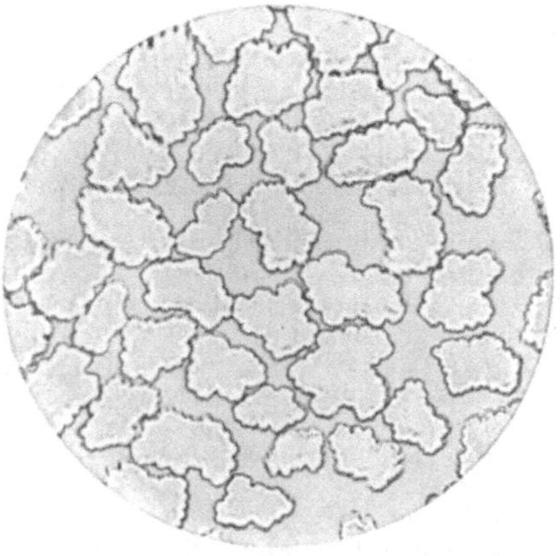

Abb. 37. Querschnitte von Viskoseseide (in Mineralsäure und Salz gesponnen). Nach Süvern.

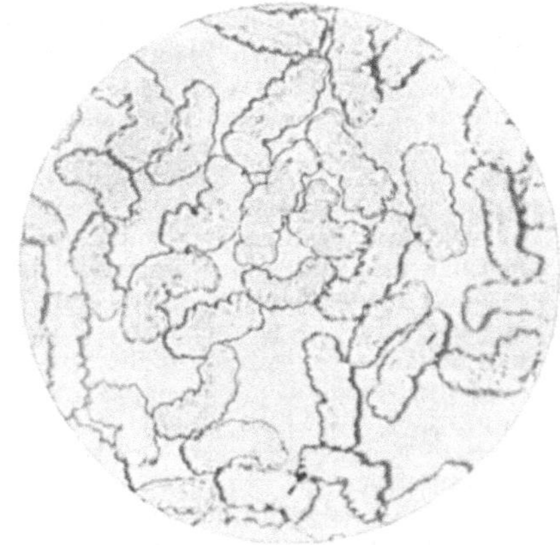

Abb. 38. Querschnitte von Viskoseseide (in Mineralsäure, Salz und Glykose gesponnen). Nach Süvern.

Nachdem 1908 die erste Azetatzellulose („Cellit“ von Bayer) in den Handel gekommen war, brachten die „Agfa“, die Firma Heyden und der Verein für chemische Industrie ähnliche brauchbare Azetate in den Handel. 1913 nahmen zwei französische Firmen den Artikel auf, und man schätzte die Weltproduktion am Ende dieses Jahres auf rund 200 Tonnen. In dieser Zeit führte die „Agfa“ auch ihre unentflammbaren Filme aus Azetatzellulose ein; dieser Firma folgte bald Pathé, Paris. Diese Filme haben aber schließlich die Erwartungen nicht erfüllt, die man bei ihrer Einführung hegte, weil dem Vorteil der Unentflammbarkeit die Nachteile des höheren Preises, der geringeren Qualität und Haltbarkeit gegen-

[1]) Süvern, K.: Die künstliche Seide. 4. Aufl. Berlin: Julius Springer. 1921.

überstanden, zumal auf der anderen Seite die Sicherheitsmaßnahmen für den Zelluloidfilm von Jahr zu Jahr vervollkommnet wurden. Um so mehr scheint der Azetatseide eine große Zukunft beschieden zu sein, obwohl sie bisher noch nicht in Deutschland über das Versuchsstadium hinausgekommen ist. In England und Amerika spielt sie aber schon heute eine wichtige Rolle („Celanese").

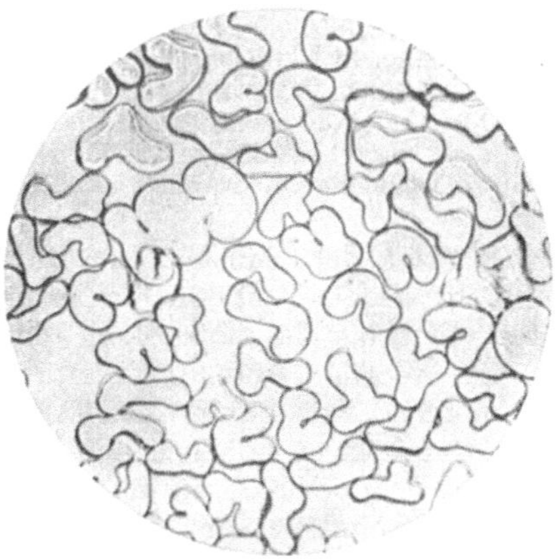

Abb. 39. Querschnitte von Nitrokunstseide. Nach Süvern.

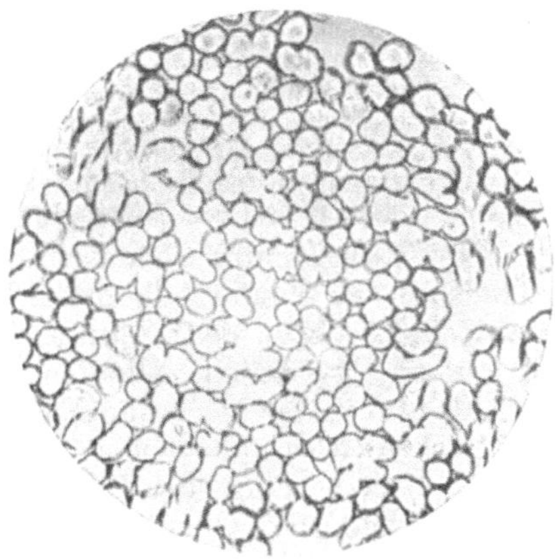

Abb. 40. Querschnitte von feinster Kupferseide von 1 den., nach dem Streckspinnverfahren erzeugt. Nach Süvern.

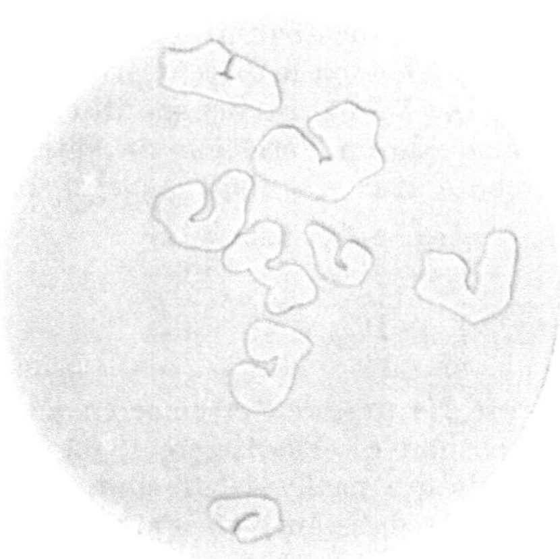

Abb. 41. Querschnitte von Azetatseide. Nach A. Herzog[1]).

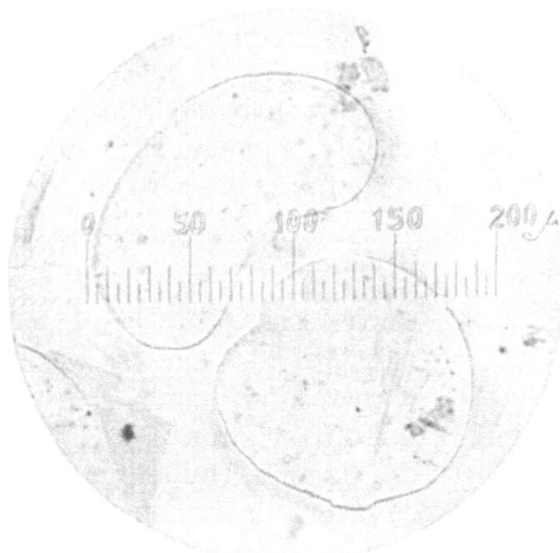

Abb. 42. Querschnitte von Azetatroßhaar. Nach A. Herzog.

Struktur und Mikroskopie der Kunstseiden. Seiner Entstehung gemäß ist die Kunstseide eine strukturlose, mehr oder weniger zylindrisch oder schlauchartig geformte Masse, durchsichtig, doppelbrechend. Die Einzelfäden sind in der Regel dicker (30—40 μ) als natürliche Seidenkokonfäden; doch gibt es auch Kunstseidenfäden von 9—10 μ Dicke

[1]) Herzog, A.: Die mikroskopische Untersuchung der Seide und der Kunstseide. Berlin: Julius Springer. 1924.

(s. u. Kupferseide). Charakteristisch sind u. a. die Querschnitte der Kunstseiden, die es aber heute nur dem in der Fabrikation Stehenden gestatten, die einzelnen Sorten voneinander sicher zu unterscheiden.

Je nach Art und Zusammensetzung der Fällbäder sowie nach dem Mechanismus des Spinnverfahrens werden, sowohl was Form als auch Umrandung der Querschnitte betrifft, ganz verschiedene Querschnittsbilder erhalten. Bei Viskoseseide werden z. B. 1. runde, fast kreisförmige, 2. bändchenartige (ovale), 3. stark und 4. schwach geschrumpfte oder gefurchte sowie 5. gezähnelte (gezackte) Ränder und Formen der Querschnitte beobachtet. Da die Fabrikation der Viskoseseide heute noch voll im Fluß ist, kann noch nicht gesagt werden, welchen Sorten die Zukunft gehört. Die Abb. 35—42 zeigen verschiedene Querschnitte usw. von Viskoseseide und anderen Kunstseiden[1]).

Physikalische und chemische Eigenschaften der Kunstseiden. Physikalisch und chemisch kommen die Kunstseiden in ihrem Verhalten der Zellulose bzw. dem Zellulosehydrat vielfach nahe, so z. B. in dem Verhalten zu Säuren, Alkalien, Cuoxam, Wärme- und Elektrizitätsleitung und in den Verbrennungserscheinungen. Von Baumwollzellulose unterscheiden sich die Kunstseiden u. a. durch ihren hohen Glanz, ihre langen Fasern (Folge der Entstehung), ihre Doppelbrechung im polarisierten Licht, die Quellbarkeit in Wasser (Zunahme um $^1/_3$—$^1/_4$ der Dicke), Hydroskopizität (etwa 10% Wasseraufnahme), Festigkeitsabnahme in nassem Zustande. Im Konditionierwesen ist eine Reprise von 11% (11 Teile Wasser auf 100 Teile absolut trockene Faser) als gesetzlich festgelegt worden. Äußerst charakteristisch ist die Festigkeitsabnahme aller Kunstseiden (außer der nicht netzbaren Azetatseide) in nassem Zustande. In letzter Zeit sind jedoch auch in dieser Beziehung erhebliche Fortschritte gemacht worden. Das Verhältnis der spezifischen Festigkeit in trockenem und nassem Zustande im Vergleich zu Naturseide und Baumwolle wird in der Fachliteratur wie folgt angegeben.

Naturseide:	Festigkeit	pro	qmm,	trocken:	44 kg,	naß:	40 kg
Baumwolle:	,,	,,	,,	,,	11 ,,	,,	18 ,,
Nitroseide:	,,	,,	,,	,,	16 ,,	,,	3 ,,
Kupferseide:	,,	,,	,,	,,	19 ,,	,,	3 ,,
Viskoseseide:	,,	,,	,,	,,	16 ,,	,,	3 ,,

Die Kunstseiden lassen sich nicht wie Naturseiden erschweren und sind stickstofffrei; nur die Nitroseide enthält Stickstoffreste (0,05 bis 0,15% N), die mit Diphenylaminschwefelsäure nachweisbar sind. Die Nitroseide zeigt basischen, die Kupferseide substantiven Farbstoffen gegenüber besondere Affinität. Die Viskoseseide steht in der Mitte.

Verwendung. Die Kunstseiden, die rohweiß, gebleicht oder gefärbt in den Handel kommen, finden (besonders wegen ihrer geringen Festigkeit in nassem Zustande) zu Bekleidungsstoffen, die eine erhebliche Festigkeit voraussetzen, nur geringe Verwendung. Dagegen werden sie, vor allem wegen ihres hohen Glanzes, in der Band-, Litzen, Posamenten-, Spitzen-, Stickerei-, Besatz-, Dekorationsstoff-, Krawattenbranche, dann auch als Isolationsmaterial und in der Glühstrumpffabrikation stark gebraucht. Durch Spinnen dickerer Fäden erzeugt man aus Kunstseiden auch „künstliches Menschenhaar“, „künstliches Roßhaar“ und

[1]) Nach Süvern und A. Herzog.

ähnliche Surrogate. Unter dem Namen „Meteor" ist Chardonnetseide, als „Sirius" Paulyseide, als „Helios" Viskoseseide in Form von künstlichem Roßhaar auf den Markt gekommen. Als „Stapelfaser" mußte während des Krieges und in der Nachkriegszeit ein Kunstseidengespinst hergestellt werden, zu dessen Herstellung die endlosen Kunstseidenfäden, je nach der gewünschten Stapellänge, vorher in 3—6 cm lange Stücke zerschnitten und dann zu Fäden versponnen wurden.

Die Feinheitsnummer der Kunstseiden wird wie bei Naturseide in Deniers (den. oder ds. = Anzahl Gramme in 9000 m Länge) oder auch versuchsweise nach dem Dezimaltiter (Anzahl Gramme in 10 000 m Länge) angegeben. Die metrische Feinheitsnummer (Anzahl Meter in 1 g) wird nicht benutzt. Die Feinheit beginnt beim Titer 60 und steigt bis zu 450. Nr. oder Titer 60 bedeutet also, daß 9000 m 60 g wiegen, oder daß 1 kg die Länge von 150 000 m hat. Ein einzelner Kunstseidenfaden von 0,03 mm Durchmesser und 10 000 m Länge hat 7,07 ccm Inhalt und wiegt rund 10 g; für 200 g sind demnach 20 solcher Einzelfäden erforderlich. Nach diesen Anforderungen des Handels werden Feinheit des Einzelfadens und Fadenzahl des zusammengesetzten Fadens bemessen.

Erzeugerkosten. Die Materialkosten von Nitroseide, Kupferseide und Viskoseseide verhielten sich vor dem Kriege nach Literaturangaben wie 12 : 9,6 : 7. Doch sind diese Schätzungen nur annähernd und ändern sich mit der Warenmarktlage und den Produktionsländern[1]) sehr erheblich. Witt hat eine sehr interessante Berechnung der Wertsteigerung von Holz durch Verarbeitung zu Kunstseide gebracht. Danach kostete 1 cbm Holz im Walde 3 M., dasselbe als Brennholz an der Verbrauchsstelle 6 M., hieraus hergestellte 150 kg Zellstoff bereits 30 M., daraus erzeugtes Papier 40—50 M., zu Garn versponnen 56—100 M., als künstliches Roßhaar (grobe Kunstseide) 1500 M., als Viskoseseide 3000 M. und als Azetatseide 5000 M.

Statistisches und Wirtschaftliches. Kunstseide wird heute in etwa 100 Fabriken erzeugt. Die Produktion steigt von Jahr zu Jahr zusehends. Einschließlich einiger außereuropäischer Fabriken konnte die Weltproduktion vor dem Krieg auf etwa 9 Millionen Kilogramm im Gesamtwert von etwa 100 Millionen Mark geschätzt werden. Die Erzeugung Deutschlands betrug vor dem Weltkrieg rund $2^1/_2$ Millionen Kilogramm. Hierbei drängte die Viskosekunstseide die beiden Konkurrenzprodukte von Jahr zu Jahr zurück. Trotz dieser großen Erzeugung scheint die Aufnahmefähigkeit des Marktes noch nicht erschöpft zu sein. — Deutschland führte 1912 für 27 Millionen Mark Kunstseide ein (davon allein aus Belgien für 19,3 Millionen Mark); 1913 sank die Einfuhr auf 18,8 Millionen Mark (aus Belgien für 13,3 Millionen Mark). Die Preise schwanken erheblich je nach Marktlage und waren von den Anfangspreisen von etwa 25 M. zeitweise auf 10 M., im Durchschnitt auf etwa 12 M. für ein Kilogramm gesunken. 1 kg gehaspelte, edle Naturseide kostete dagegen im Durchschnitt etwa 40 M. Während des Krieges sind die Preise für Kunstseide zeitweise bis auf das Zehnfache der früheren gestiegen.

Im Laufe der letzten Jahre hat die Technik und Preisgestaltung der Kunstseiden grundlegende Änderungen erfahren. Zum Teil sind die einzelnen Arbeitsverfahren erheblich abgeändert und verbessert worden, zum Teil sind einige Kunstseidenarten auf dem inländischen Markte fast ganz verschwunden und im Zusammenhange damit alte Fabriken umgestellt worden, neue erstanden. Besonders sei erwähnt, daß die alte Nitrokunstseide (Lehner - Seide) in Deutschland zur Zeit gar nicht mehr erzeugt wird und die Zelluloseseide (die Kupferseide) zu einem großen Teil durch Viskosekunstseide verdrängt worden ist. Durch die veränderte

---

[1]) So betrugen nach Literaturangaben vor dem Kriege die Kosten für 100 l Alkohol in Deutschland 48 M., in Belgien und Österreich 25—26 M., für Äther in Deutschland 85 M., in Belgien und Österreich 52—55 M.

Lage des Chemikalien- und Arbeitsmarktes sind auch die heutigen Preise für Kunstseide höher als früher. Gleichzeitig hatte die Kunstseide als Textilfaser, besonders während der durch den Krieg eingetretenen Absperrung Deutschlands vom Weltmarkt, gegen früher stark erhöhte Bedeutung erlangt. In dieser Beziehung ist hervorzuheben, daß neben der früheren, endlosen Kunstseide in den letzten Jahren die Stapelfaser aufgetreten ist und als Ersatz für edle, spinnbare Fasern eine Zeitlang eine Rolle gespielt hat. Diese Stapelfaser stellt im letzten Sinne nichts anderes dar als in kürzere oder längere Stücke geschnittene Kunstseide, die nach üblichen Spinnverfahren zu beliebigen Garnen versponnen ist. Die so aus Kunstseidestapeln versponnenen Garne und Garnerzeugnisse unterscheiden sich von der endlosen Kunstseide vor allem dadurch, daß sie den üblichen Garnen äußerlich ähnlicher sind (besonders den Wollgarnen), weniger Glanz aufweisen als die Kunstseide sowie größere Elastizität und Tragfähigkeit besitzen. In bezug auf ihre Veredelungsfähigkeit verhält sich die Stapelfaser ebenso wie die Kunstseide selbst. Mit Einzug normaler Wirtschaftszeiten hat die Stapelfaser ihre Bedeutung aber wieder ganz verloren.

Nach dem Weltkriege hat sich die Kunstseidenproduktion im In- und Auslande immer mehr ausgebreitet. Die meisten Haupterzeuger sind international eingestellt: 1. Die Vereinigten Glanzstoffabriken Elberfeld (mit ihren diversen Werken, auch in Österreich, der Tschechoslowakei, Japan usw.), 2. die Courtaulds Ltd. in England mit ihrer Viscose Company of America, 3. die Snia in Italien, 4. die Tubize Co. (mit ihren drei verschiedenen Rayons V, N und A in Belgien, Frankreich, England und Amerika) kontrollieren heute zusammen etwa 70 bis 80% der Weltproduktion an Kunstseide und sind äußerst kapitalkräftig. Gegen diese Macht können die kleinen Werke kaum etwas ausrichten.

Außer diesen größten vier Konzernen bestehen noch im In- und Auslande zahlreiche andere, zum Teil recht bedeutende Kunstseidenfabriken. Im ganzen dürften heute etwa 100 Fabriken Kunstseide herstellen. Von deutschen Fabriken seien z. B. erwähnt: Agfa, Wolfen (Rayon V), Baumwollspinnerei, Bayreuth (Rayon V), J. P. Bemberg, Barmen (Rayon K), Giesches Erben, Glanzfäden-A.-G. in Petersdorf im Riesengebirge, Köln-Rottweiler Nobelkonzern, Küttner in Pirna, Mez Vater und Söhne in Freiburg i. B. Von ausländischen Fabriken seien noch erwähnt: Glattbrugg und Spreitenbach (Rayon N) sowie Emmenbrügge (Rayon K) in der Schweiz; Besançon und Beaulieu (Rayon N), Givet, Isieux (Rayon K), Arques-la-Bataille (Rayon V) in Frankreich; Obourg (Rayon N), Ruysbroek und Alost (Rayon V) in Belgien; Flint und Celluio Silk (Rayon K) in England; Sarvar (Rayon N) in Ungarn; Barcelona (Rayon V) in Spanien. Diese Angaben sind aber unvollständig, weil häufiger neue Fabriken begründet[1]) und alte Fabriken fusioniert werden, da nur eine Mindesterzeugung von 2000 kg pro Tag wirklich lohnend und international konkurrenzfähig sein soll[2]).

Der Elberfelder Konzern erzeugt nur Rohstoff, andere deutsche und ausländische Fabriken besitzen gleichzeitig Webereien. Die amerikanischen Kunstseidenfabriken haben beispielsweise im Jahre 1923 rund 1,1 Millionen Dutzend Paar kunstseidene Strümpfe im Werte von rund 5 Millionen Dollar exportiert. England, Amerika und teilweise auch Italien arbeiten mit modernen Zentrifugen-Spinnmaschinen, die den Kunstseidenfaden sofort nach seiner Bildung zwirnen. In Deutschland ist dies nur in vereinzelten Betrieben der Fall. Nach amerikanischer Auffassung wird Viskoseseide in Italien heute schon am billigsten hergestellt (Spezialisierung auf bestimmte Sorten, Qualitätsverbesserung mit mehr Prima- und weniger Sekunda- und Tertiaware). „Treu und Glaube" erfordert, daß die

[1]) So wird z. B. unlängst die Neugründung einer amerikanischen Kunstseidenfabrik „Klis Rayon Corporation of America" mit einer Tagesanfangsproduktion von 2200 lbs gemeldet.

[2]) Vgl. auch W. A. Dyes: Chem.-Zg. 1925, S. 401.

Verbraucher wahrheitsgemäß wissen, ob sie Naturseide oder Kunstseide in den Stoffen kaufen. In Amerika werden dementsprechend regelmäßig Berichte hierüber herausgegeben mit Angaben, ob Naturseide, Rayon V, K, N oder A vorliegt; ebenso werden die Fabriken angegeben, während in Deutschland in dieser Beziehung vielfach Geheimniskrämerei getrieben wird und die gewünschten Angaben nur schwer zu erlangen sind.

Vor dem Kriege stand die deutsche Kunstseidenfabrikation (trotz namhafter Einfuhr, s. oben) neben England an erster Stelle. Im Weltkriege mußte Stapelfaser erzeugt, im Jahre 1919 die Umstellung vorgenommen werden, wodurch Zeit verlorenging. Inzwischen sind in England, Amerika u. a. Ländern schon während des Krieges neue Fabriken entstanden und Vergrößerungen vorgenommen, wodurch die Führung an Amerika und England überging. Die deutsche Produktion betrug 1913 etwa 1800 t, 1921 etwa 3000 t, 1922 etwa 5—6000 t, 1923 etwa 6500 t. Seit 1923 beginnt in der deutschen Handelsbilanz das Überwiegen der Ausfuhr gegenüber der Einfuhr von Kunstseide. Dyes[1]) schätzt die Weltproduktion für das Jahr 1926, wenn alle 100 Fabriken ihre Produktionsmöglichkeit ausnützen, wie folgt: Deutschland: 10—12 000 t, Vereinigte Staaten von Amerika: 25 000 t, Italien: 20 000 t, Frankreich: 10 000 t, England: 8—12 000 t, die anderen Länder zusammen (Japan, Schweiz, Belgien, Tschechoslowakei, Indien, China): 10—15 000 t, so daß im ganzen mit einer Produktion von etwa 90 000 t gerechnet werden kann (gegenüber der Weltseidenproduktion von rund 33 000 t), wovon Deutschland einen Anteil von etwa 12% hätte. Im verflossenen Jahrzehnt wuchs die Weltkunstseidenproduktion etwa wie folgt: 1913: 9—10 000 t, 1922: 35 000 t, 1923: 44 000 t, 1924: 60 000 t. Die Kunstseidenindustrie muß das Bestreben haben, nicht ein Luxusfabrikat, sondern ein dauerndes Massenfabrikat zu liefern. Sobald sich die Mode ändert, kommt alles auf die Haltbarkeit, Qualität und Verwendbarkeit der Kunstseide in Massenartikeln der Textilindustrie an. Die Verwendungsmöglichkeiten sind aber bei weitem noch nicht erschöpft.

Ersatzfasern.

Die Absperrung Deutschlands während des Weltkrieges hat die deutsche Textilwirtschaft in die Zwangslage versetzt, sich nach Ersatzfasern und Faserersatz umzusehen und die vorhandenen Faservorräte durch geeignete Maßnahmen und entsprechenden Gebrauch nach Möglichkeit zu strecken, zu schonen und deren Lebensdauer zu verlängern. Die große Schwierigkeit der Durchführung dieser Probleme erhellt von selbst aus dem ungeheuren Bedarf des Deutschen Reiches an Textilrohstoffen einerseits und andererseits aus dem Umstand, daß die Inlanderzeugung an Textilfasern nur etwa 2% des Gesamtverbrauchs betrug (s. u. Einleitung).

Die Maßnahmen, die die Schonung und Verlängerung der Lebensdauer der Textilstoffe betreffen, bestehen vor allem in der Ausscheidung faserschädigender Arbeitsvorgänge (Bleichen, Färben, Waschen usw.) und in der Wiedergewinnung von Textilfasern aus verbrauchten Stoffen (Kunstwolle, Kunstbaumwolle usw.). Während früher die baumwollenen und leinenen Lumpen in die Papierfabrikation wanderten, wurde der größte Teil nun wieder zum Spinnen verwendet. Hierbei ist aber leider mit dem Umstand zu rechnen, daß dieser Rundgang nicht endlos fortgesetzt werden kann und sich nicht öfters als ein- bis zweimal wiederholen läßt.

Neben diesen Sparmaßnahmen mußte aber unbedingt auch die Schaffung neuen Materials in großen Mengen einhergehen. In dieser Beziehung

[1]) Chem.-Zg. 1925, S. 401.

ist während des Krieges das Menschenmögliche geleistet worden. Wenn wir uns trotzdem nicht von der ausländischen Faser unabhängig machen konnten, so liegt das an der Unerreichbarkeit eines solchen Problems.

Für die Schaffung neuen Textilmaterials standen zwei Wege offen:

1. Die vermehrte landwirtschaftliche Erzeugung, das Sammeln wild wachsender Pflanzen und die technische Gewinnung neuer und bekannter Faserstoffe und Fasermaterialien.

2. Die technische Erzeugung neuer Textilien.

Von unzähligen einheimischen Faserpflanzen und Faserträgern, die zwecks Fasergewinnung untersucht worden sind, hat sich nur ein kleiner Teil als technisch brauchbar erwiesen. Praktische Bedeutung hatten seinerzeit vorübergehend erlangt: 1. die Brennessel, 2. die Torffaser, 3. die Typhafaser (der Kolbenschilf), 4. die Strohfaser, 5. der Weidenbast, 6. der Ginster, 7. die Baumrinde (von Linde und Pappel) und 8. die Holzfaser. Während ein Teil dieser Faserträger auch für feinere Gespinste geeignet schien, konnte der übrige Teil nur für rohere Zwecke (Stricke, Taue usw.) verwendet werden. Von genannten Fasern kam der Typha-, Nessel- und Holzfaser die größte Bedeutung zu. Als wahrer Retter in der Not ist während des Weltkrieges das Papiergarn aufgetreten.

Obwohl Papiergarne und -gewebe seit mehr als 20 Jahren bei uns hergestellt worden waren, hat sich eine eigentliche Papiergarnindustrie erst während des Krieges entwickelt. Das Papiergarn diente zuerst vorwiegend der technischen Verwendung (also nicht eigentlichen Bekleidungszwecken). Allmählich wurden diese Erzeugnisse aber auch für den allgemeinen Hausgebrauch und teils für Wäscheersatz und Bekleidungsstücke empfohlen, besonders seitdem man Verfahren gefunden hatte, die Stoffe weich und geschmeidig zu machen und sie vollständig durchzufärben.

Ursprünglich wurde das Papiergarn unmittelbar aus fertig erzeugtem Papier (Spinnpapier) „gesponnen", indem das Spinnpapier in Streifen geschnitten und dann durch geeignete Maschinen zu Papiergarn gedreht wurde. Nach diesem Verfahren stellten die Adorfer Textilwerke von Claviez ihr „Textilose" u. ä. genanntes Papiergarn her. Einen neuen Weg schlug das sog. Türkverfahren zur Herstellung des „Zellulongarns" ein. Hiernach wurden aus dem Papierbrei (also mit Umgehung der Papierherstellung) direkt Bändchen geformt, die man darauf nitschelt und drelliert bzw. drillt. Eine wirtschaftliche Verbesserung stellte eine Fabrikationsmodifikation dar, durch die das Nitscheln erspart wurde. Ein anderes, diesem verwandtes Verfahren erzeugte die Bändchen durch eine Spritzvorrichtung auf der Langsiebpapiermaschine. Auf solche Weise kam eine große Anzahl von Zellstoffgarnen unter verschiedenen Markennamen, wie Textilose, Textilit, Zellulon, Silvalin, Xylolin usw., in den Handel. Zum Teil wurden auch Textilfasern in verschiedener Weise mit dem Papier zusammen verarbeitet (Florbelag, Mitverspinnung u. ä.). Hieraus resultierten die sog. Mischgarne (Textilose, Textilit). Diese Erzeugnisse hatten uns zunächst vorübergehend von der Jute unabhängig gemacht (Papiersäcke).

Die Stapelfaser ist nichts anderes als Kunstseide (s. a. u. Kunstseide), die in bestimmter Weise mechanisch verändert ist. Um aus Kunstseide Stapelfaser herzustellen, werden die aus endlosen Fasern bestehenden Stränge je nach der gewünschten Stapellänge zerschnitten, also für Baumwollstapel in 3—4 cm lange Fasern, für Wollstapel (Kammgarn) 5—6 cm lang. Dann gehen sie durch eine Krempelmaschine, in der sie hauptsächlich in der Längsrichtung gezogen und gezerrt werden. Dadurch verändert sich der Habitus der Faser, sie kräuselt sich, und ihre vorher glatte Oberfläche wird durch allerlei Einbuchtungen und Biegungen uneben, so daß sie statt des Glasglanzes der Kunstseide einen matten, dem Auge gefälligeren Mattglanz erhält, der etwa dem von Mohair oder Alpakawolle vergleichbar ist. Durch diese Formveränderung, die unter dem Mikroskop sehr deutlich erkennbar ist, hat die Faser die Fähigkeit gewonnen, sich zu festen Fäden verspinnen zu lassen, die brauchbare Kleiderstoffe ergeben. Nach den bisherigen Erfahrungen scheint es, daß die Viskoseseide sich hauptsächlich für die Spinnerei auf Kammgarnsystem, die Kupferseide sich mehr für das Baumwollspinnsystem eignet. Der Hauptfehler der Kunstseide, daß sie in nassem Zustande eine erheblich verringerte Reißfestigkeit aufweist, scheint bei der Stapelfaser weniger stark hervorzutreten. Ähnliche Gespinste und Gewebe sind übrigens auch schon früher gelegentlich aus Kunstseidenabfällen hergestellt worden. Es handelt sich also eigentlich weniger um etwas grundsätzlich Neues, als um eine im großen Umfange durchgeführte Verallgemeinerung, durch die der Kunstseide zeitweise ein großes, neues Absatzgebiet eröffnet wurde.

Dort, wo die Ersatzfasern für sich allein nicht verspinnbar oder die Erzeugnisse aus denselben nicht zweckdienlich waren, bediente man sich vielfach der Ersatzfasern zum Strecken der Edelfaser oder der Kunstfaser (Kunstwolle, Kunstbaumwolle). Später hatte man auch gelernt, den ganz kurzfaserigen Holzzellstoff von 2—4 mm Länge, der für sich allein nicht verspinnbar ist, mit Baumwolle und Kunstbaumwolle zu verspinnen und hatte so Garne erzeugt, die 30—50% Zellstoff enthalten. Das waren die sog. Zellstoffgarne im engeren Sinne. Auch hatte man dem Papiergarn einen mehr faserigen Charakter dadurch gegeben, daß man auf die Papierbahn einen Flaum von Spinnfasern aufgetragen und dieses Gemisch alsdann „versponnen“ hat (die ursprüngliche Textilose). Alle diese Ersatzfasern haben ihre Bedeutung wieder verloren, nachdem der Weltmarkt wieder geöffnet worden ist.

Das Wasser.

Adam, G.: Der gegenwärtige Stand der Abwässerfrage (unter besonderer Berücksichtigung der Textilindustrie). — Fischer, F.: Das Wasser, seine Gewinnung, Verwendung und Beseitigung (mit besonderer Berücksichtigung der Flußverunreinigung). — Gärtner-Tiemann: Handbuch der Untersuchung und Beurteilung der Wässer. — Haselhoff, E.: Wasser und Abwässer, ihre Zusammensetzung, Beurteilung, Untersuchung. — Klut: Untersuchung des Wassers an Ort und Stelle. — König, J.: Die Verunreinigungen der Gewässer, deren schädliche Folgen usw. —

Mez: Mikroskopische Wasseranalyse. — Ohlmüller: Die Untersuchung des Wassers. — Ristenpart, E.: Das Wasser in der Textilindustrie. — Tillmanns, J.: Wasserreinigung und Abwasserbeseitigung. — Prospekte von Spezialmaschinenfabriken und Bauanstalten von Wasserreinigungsanlagen.

Allgemeines. Als eines der unentbehrlichsten Hilfsmittel spielt das Wasser in der Färberei eine außerordentlich wichtige Rolle. Es kommt sowohl in Dampfform als auch in flüssigem Zustande in weitestem Umfange mit den Textilien jeder Bearbeitungsstufe in Berührung, und zwar vielfach in mehrtausendfachem Überschuß der Faser gegenüber. Dadurch erklärt es sich auch, daß scheinbar ganz geringe Verunreinigungen des Wassers von durchschlagender Wirkung sein können. In Dampfform wird es hauptsächlich zum Erwärmen der Bäder und zum Lösen von Hilfsstoffen verwendet, in flüssigem Zustande zum Lösen von Chemikalien und Farbstoffen, zum Ansetzen der verschiedensten Bäder und vor allem zum Waschen. Ein Wasser, das für alle Betriebe und Zwecke in gleichem Maße geeignet ist, gibt es nicht; wenn es oft für die einen Zwecke paßt, ist es für andere oft ganz ungeeignet und umgekehrt. Der Unternehmer ist deshalb darauf angewiesen, sich ein für seine Zwecke jeweils geeignetes Wasser zu wählen bzw. das einmal gegebene Wasser unter Umständen einzustellen oder zu reinigen. Immerhin kann man eine Reihe von Eigenschaften aufstellen, die im allgemeinen oder in der größten Mehrzahl der Fälle von einem guten Wasser gefordert werden und die das Wasser charakterisieren. Von einem Kesselspeisewasser wird zunächst verlangt, daß es möglichst frei von Härtebildnern und Schwebestoffen ist; diese erzeugen Kesselstein. Das Wasser soll also „weich“ sein. Die Härtebildner bestehen einerseits aus Bikarbonaten des Kalks und der Magnesia, anderseits aus dem noch viel gefährlicheren schwefelsauren Kalk oder Gips, der sich nicht in Form eines Pulvers abscheidet, sondern die Wandungen mit festen Kristallkrusten überzieht. Hierdurch entsteht Wärmeverlust (nach den Verdampfungsversuchen von Brekingridge und Lewes bei jedem Millimeter Kesselsteinansatz ein Wärmeverlust von 10%), schnellere Abnutzung der Kesselbleche und Explosionsgefahr. Das Kesselspeisewasser darf ferner keine korrodierenden Bestandteile enthalten, d. h. Stoffe, die bei dem jeweilig herrschenden Druck und der Temperatur das Kesselblech direkt anfressen oder das Kesselblech angreifende Zersetzungsprodukte liefern. Hierher gehören jeder Art Säuren, wie Schwefelwasserstoff und Fettsäuren sowie Sulfide, Fette, Ammonsalze und vor allem Nitrate.

Die höchsten Anforderungen werden an ein Betriebswasser gestellt, das für die Zwecke der Bleicherei oder Färberei bestimmt ist. Die erste allgemeine Bedingung für solches Betriebswasser ist möglichst vollkommene Klarheit. Als zweite Bedingung ist in den weitaus meisten Fällen möglichst weitgehende Weichheit zu nennen; vor allem dort, wo die Härtebildner, Kalk und Magnesia, sich mit den zu lösenden Stoffen umsetzen. Durch solche Wechselumsetzung entsteht nicht nur erheblicher Materialverlust, sondern auch schlechter Warenausfall (Flecke, Ungleichmäßigkeit, mürbe Stellen usw.). Materialverlust entsteht beispielsweise bei allen Stoffen, die mit den Härtebildnern unlösliche (dadurch unwirksam werdende) Verbindungen eingehen, also bei Seife, Soda, Natronphosphat, Wasserglas, Ammoniak usw., dann aber auch bei Stoffen, die durch die Bikarbonate neutralisiert werden, also bei Essigsäure, Ameisensäure usw. Es läßt sich berechnen, daß 1 Härtegrad etwa 150 mg gute Kernseife pro Liter Wasser und 1 kg Kalk, je nach dem Fettsäuregehalt der Seife, etwa 15—16 kg Seife zersetzt, ferner daß der jährliche Verlust an Seife in London (entstanden durch den Gebrauch des Themsewassers, bei einem jährlichen Seifenkonsum von 30 Millionen Kilogramm) etwa 7 Millionen Kilogramm oder 700 Doppelwaggons Seife beträgt. Außer dem unmittelbaren Verlust ist die unlösliche Kalk- und Magnesiaseife (die sich in die Fasern als sogenannte „Seifenknisten" oder „-läuse" festsetzt) eine der gefürchtetsten Erscheinungen für den Wäscher, Bleicher und Färber, weil ihre unschädliche Entfernung vom Fasergut (besonders aus Rauhartikeln) eine der schwierigsten Aufgaben bildet. Ferner vertragen viele Farbstoffe kein hartes Wasser; namentlich erleiden die basischen und in geringerem Maße viele substantive Farbstoffe eine Zersetzung. Aber auch Ausnahmen von dieser Forderung sind zu erwähnen; beim Färben von Blauholzschwarz, Türkischrot, bei der Seidenerschwerung, beim Spülen säurehaltiger Waren, zur Erzielung harten Griffes u. ä. ist ein gewisser Kalkgehalt des Wassers erwünscht. Die dritte allgemeine Anforderung an ein Betriebswasser ist die Abwesenheit von Eisen und Mangan. Ersteres soll im allgemeinen höchstens bis zu 1 mg im Liter, letzteres überhaupt nicht im Wasser vorhanden sein. Beide bewirken eine Gelbfärbung oder Trübung der Ware und sind besonders nachteilig beim Bleichen und in der Türkischrotfärberei, ferner beim Färben mit basischen Farbstoffen (bei Anwendung von Tanninbeize). Eisen- und manganhaltige Wässer haben weiter die unangenehme Eigenschaft, für gewisse Algenarten[1]) einen günstigen Nährboden abzugeben, was wiederum zu Verstopfungen von Wasserleitungsrohren führen kann. Als vierte allgemeine Anforderung ist die Abwesenheit von Nitriten aufzustellen. Die salpetrige Säure greift nicht nur viele Farbstoffe unter Veränderung der Farbtöne an, sondern unter Gelbfärbung auch die tierischen Spinnfasern, Wolle und Seide. Salpetersäure und Ammoniak als Entstehungsprodukte der salpetrigen Säure erscheinen immerhin verdächtig, weil sie unter Umständen zur Entstehung von salpetriger Säure führen können. Außer diesen allgemeinen Anforderungen läßt sich die Zusammensetzung eines Normalwassers nicht genau vorschreiben. Es treten hier oft so feine Unterschiede auf, daß es häufig schwer fällt, festzustellen, warum das eine Wasser bessere Ergebnisse liefert als das andere. Hier kann nur von Fall zu Fall geurteilt werden.

Ein Großbetrieb soll im übrigen, wenn eben möglich, nicht nur auf eine Quelle der Wasserversorgung angewiesen sein, damit bei Störungen

[1]) Die Algen und damit Fäulnisprodukte entwickeln sich ferner besonders gut in offenen (licht- und sonnenbestrahlten) Wasserbehältern. Letztere sind deshalb möglichst lichtdicht abzudecken. Fäulnisprodukte reduzieren unter Umständen Farbstoffe (Azofarbstoffe u. a.) und verursachen das sogenannte „Verkochen" der Farbstoffe.

derselben der Betrieb nicht unterbrochen zu werden braucht. Wo eine Ortswasserleitung vorhanden ist, empfiehlt es sich daher, die Färberei an diese anzuschließen, um im Notfalle eine Aushilfe zu haben.

Von untergeordneterer Bedeutung sind der Gehalt des Wassers an gelöstem Sauerstoff, an Kohlensäure usw. Der Sauerstoff kann immerhin stark oxydierende Wirkung ausüben (Rolle in der Küpenfärberei und -zeugdruckerei). Die Kohlensäure verursacht ihrerseits mitunter sehr störende chemische Wirkungen. Die Anrostungen, die in Wasserleitungen auftreten, sind neben dem Luftsauerstoff in erster Linie auf Kohlensäure zurückzuführen. Es ist deshalb in vielen Fällen die Entfernung der Kohlensäure dringend erforderlich. Man läßt z. B. das Wasser über Marmorstücke laufen, die die Kohlensäure unter Bildung von doppeltkohlensaurem Kalk binden. Hier besteht allerdings die Gefahr der Rückbildung von Kohlensäure bei Zerfall des Bikarbonates. Neuerdings wird das Wasser auch durch das Vakuumverfahren von der Kohlensäure befreit.

Der Wassergehalt der Luft ist oft sehr lästig beim Lagern von hydroskopischen Stoffen und bei bestimmten Fabrikationsprozessen (hydroskopischer Ätzfarbe u. a. m.), besonders wenn es als tropfendes Kondenswasser oder Schwitzwasser von Wasserleitungen in den Trockenstühlen oder -räumen usw. auf die Waren gelangt und diese schädigt (imprägnierte Waren, Anilinschwarz). — Chemisch wirkt das Wasser bei der Textilveredelung bisweilen durch hydrolytische Spaltung von Beizen, z. B. beim Waschen metallgebeizter Waren od. ä.

Vorkommen in der Natur. Das Wasser kommt in der Natur vor als: Meteorwasser (Regenwasser, Schnee, Hagel), Oberflächenwasser (Fluß-, Bach-, Teichwasser), Grundwasser (Quell- und Brunnenwasser) und Meerwasser. Der Kreislauf des Wassers in der Natur vollzieht sich infolge der Verdunstung des Oberflächenwassers (auch sonstiger Wasserdampfabgabe durch Pflanze und Tier), Ansammlung in der Atmosphäre in Form von Wolken und der zeitweisen Niederschläge. Da das Regenwasser gewissermaßen ein destilliertes Wasser darstellt, ist es in bezug auf Härtebildner am reinsten und nahezu vollkommen weich. Es enthält nur die aus der Atmosphäre aufgenommenen Stoffe, hauptsächlich Gase (Sauerstoff, Stickstoff, Kohlensäure), ferner Staub und organische Substanz; Gewitterregen enthält auch Salpetersäure und Ammoniak. Ferner enthält das Regenwasser unter Umständen noch schweflige Säure, Schwefelsäure, geringe Salzmengen usw. Es würde sich im allgemeinen für die Zwecke der Färberei und Bleicherei am besten von allen Wässern eignen. Die geringe Regenmenge, die den einzelnen Betrieben zur Verfügung steht (Deutschlands mittlere Regenhöhe beträgt 67 cm), macht es aber unmöglich, größere Betriebe auf das Regenwasser allein einzustellen. Gesammelt und filtriert kann es aber nebenher von großem Nutzen sein. Dem Regenwasser nahe steht das Kondenswasser, wie es aus den Kondenstöpfen der Trocken- und Heizanlagen vielfach gewonnen und nach dem Kessel zurückgeleitet wird. Es ist hauptsächlich durch Schmieröl und mechanisch beigemengten Rost verunreinigt und muß deshalb filtriert oder durch Absetzenlassen, Klären usw. gereinigt werden.

Das in bezug auf Härtebildner nächst reine Wasser ist das Oberflächenwasser, da es in seinem natürlichen Lauf nicht viel Gelegenheit hat, Fremdstoffe aufzulösen. Dafür ist es vielfach mit Schwebeteilchen beladen (z. B. mit leicht schwimmendem Ton) und dadurch trübe. Hierdurch wird es ohne voraufgehende Filtration oft ganz unbrauchbar. Besonders störend sind auch die schwankende Wasserbeschaffenheit kleinerer Flußläufe und die schwankenden Wassermengen der Flußläufe. Nach F. Fischer beträgt die sekundliche Wassermenge der Oder bei Breslau 32—138, des Rheins bei Emmerich 1500—9000, des Neckars bei Mannheim 33—5200, des Mains bei Koblenz 70—3000 cbm. Schon durch diese Schwankungen würde die Wasserversorgung eine unsichere werden. Das Meerwasser ist infolge seines hohen Salzgehaltes völlig unbrauchbar für die Veredelungsindustrie; außerdem ist es nur an der Meeresküste leicht erhältlich. Das Grundwasser (Quell- und Brunnenwasser) ist durch den Boden hindurchgesickert und hat je nach Länge und Beschaffenheit dieses Weges mehr oder weniger erdige Bestandteile aufgenommen, ist also mehr oder weniger hart geworden. Insbesondere sind es Sulfate und Bikarbonate des Kalks und der Magnesia, die das Grundwasser auf seinem Wege aufzunehmen pflegt. Auf der anderen Seite hat es beim Filtrieren durch die Erdschichten seine Schwebestoffe meist ganz verloren und tritt infolgedessen kristallklar zutage. Weitere Vorzüge des Grundwassers sind seine fast gleichbleibende Beschaffenheit und Menge, seine im Sommer und Winter ziemlich gleichbleibende Temperatur und der Umstand, daß es fast allerorten und in genügenden Mengen künstlich gehoben werden kann. Demnach ist das Grundwasser, im besonderen durch künstliche Brunnenanlagen gehoben, die zuverlässigste Quelle der Wasserversorgung für die Textilveredelungsindustrie. Immerhin zeigt das Brunnenwasser zuweilen auch eine etwas schwankende Zusammensetzung; es ist z. B. nach längeren Ruhepausen und nach längeren Regenperioden oft etwas weicher als bei ständigem, starkem Gebrauch und in trockenen Sommermonaten.

Chemische und physikalische Eigenschaften. Das Wasser stellt eine Verbindung von Wasserstoff und Sauerstoff von der Formel H_2O dar, ist also im Verhältnis von 1 Gewichtsteil Wasserstoff und 8 Gewichtsteilen Sauerstoff zusammengesetzt. In dünnen Schichten ist es farblos, in dicken hellblau. Es hat weder Geruch noch Geschmack. Innerhalb der Wärmegrade von 0—100° C und unter gewöhnlichem Atmosphärendruck ist es flüssig, gefriert bei 0° C zu Eis und geht bei 100° C in Dampfform über. Bei 4° C hat das Wasser seine größte Dichte (1 l Wasser von 4° C = 1,00013 l bei 0° C und 1,0432 l bei 100° C). Das Gewicht eines Kubikzentimeter Wasser von 4° C heißt 1 Gramm (g) und dient als Gewichtseinheit für die Dichtenangaben von festen und flüssigen Stoffen und für das spezifische Gewicht (Dichte und spezifisches Gewicht des Wassers = 1). Beim Gefrieren dehnt sich das Wasser um $^1/_{11}$ seines Volumens aus (Dichte des Eises = 0,92). Hierbei werden für jedes Kilogramm Wasser 79 Kalorien[1]) frei, die beim Schmelzen des Eises wieder verbraucht werden. Das Wasser ist flüchtig und verdunstet um so lebhafter, je höher die Temperatur und je niedriger der Luftdruck ist. Beim Verdunsten wird Wärme verbraucht, bzw. der Umgebung entzogen. Unter dem normalen Barometerdruck von 760 mm siedet das Wasser bei 100° C. Wird es im geschlossenen Gefäß (im Kessel, Druckgefäß, Autoklaven) erhitzt, so erhöht sich der Siedepunkt des Wassers je nach dem Atmosphärendruck wie folgt:

Druck in at	Siedepunkt	Druck in at	Siedepunkt
1	100° C	5	152,2° C
1,5	111,7° C	5,5	155,9° C
2	120,6° C	6	159,2° C
2,5	127,8° C	7	165,3° C
3	133,9° C	8	170,8° C
3,5	139,2° C	9	175,8° C
4	144,0° C	10	180,3° C
4,5	148,3° C		

Umgekehrt liegt der Siedepunkt des Wassers bei einem Druck unter einer Atmosphäre unter 100° C.

Zur Verwandlung von 1 kg Wasser von 100° C in Dampf von 100° C sind 536 Kalorien erforderlich. 1 l Wasser von 100° C gibt rund 1700 l Dampf. Beim Kondensieren gibt der Dampf dieselbe Wärmemenge wieder ab. Hierauf beruht die Anwendung des Dampfes als Heizmittel.

Die atmosphärische Luft vermag bei jeder Temperatur nur eine bestimmte Höchstmenge Wasserdampf aufzunehmen; ist diese Höchstmenge aufgenommen, so ist der sogenannte Sättigungsgrad oder der Taupunkt erreicht. Eine hierüber hinausgehende Wassermenge wird als Tau oder Nebel niedergeschlagen. Die Anzahl Gramme Wasserdampf in einem Kubikmeter Luft (g/cbm) nennt man die absolute Luftfeuchtigkeit. Das Verhältnis des jeweilig vorhandenen Wassergehaltes in 1 cbm Luft zu dem bei der betreffenden Temperatur möglichen Höchstgehalt in 1 cbm Luft nennt man die relative Luftfeuchtigkeit, die in Prozenten des möglichen Höchstgehaltes ausgedrückt wird. Die mittlere Jahresluftfeuchtigkeit für Berlin beträgt etwa 70%. Sie wird vermittels der sogenannten Hygrometer gemessen. Der höchsterreichbare Luftfeuchtigkeitsgehalt hängt von der

[1]) Eine Kalorie ist diejenige Wärmemenge, die zum Erwärmen von 1 kg Wasser um 1° C nötig ist.

jeweiligen Temperatur der Luft ab. 1 cbm Luft kann z. B. bis zu ihrer Sättigung folgende Höchstmengen Wasser aufnehmen:

bei 0° C	= 4,9 g	bei 40° C	= 50,8 g
„ 5° C	= 6,8 g	„ 50° C	= 82 g
„ 10° C	= 9,4 g	„ 60° C	= 130 g
„ 15° C	= 12,8 g	„ 80° C	= 294 g
„ 20° C	= 17,2 g	„ 100° C	= 589,6 g
„ 30° C	= 30,1 g		

Härte des Wassers.

Die Härte des Wassers wird durch gelöste Kalk- und Magnesiasalze, in geringem Maße auch durch Eisen- und Tonerdesalze, bedingt. Sie wird durch die sog. Härtegrade zum Ausdruck gebracht. Dabei unterscheidet man deutsche, französische und englische Härtegrade. Die deutschen Grade geben die Anzahl Gramm CaO in 100 000 Teilen Wasser (Zentigramme im Liter), die französischen Härtegrade die Anzahl Gramm $CaCO_3$ in 100 000 Teilen Wasser und die englischen Grade die Anzahl grains in 1 Gallone Wasser an. Das Verhältnis dieser Grade zueinander ist folgendes:

Deutsche Grade		Französische Grade		Englische Grade
1	=	1,79	=	1,25
0,56	=	1	=	0,7
0,8	=	1,43	=	1

Im nachfolgenden Text ist überall nur von deutschen Graden die Rede.

Die Härte des Wassers teilt man wieder ein 1. in **Gesamthärte** des Wassers (H), welche von dem gesamten Kalk- und Magnesiagehalt (bzw. allen Härtebildnern zusammen) herrührt; 2. in **temporäre,** vorübergehende oder transitorische Härte (Ht), die von den Bikarbonaten $Ca(HCO_3)_2$, $Mg(HCO_3)_2$ herrührt und heute fast allgemein auch Karbonathärte heißt (die also äquivalent der an Kalk und Magnesia gebundenen Kohlensäure ist), und 3. in **permanente** oder bleibende Härte (Hp), welche von den Nichtkarbonaten, also den übrigen Kalk- und Magnesiasalzen, $CaSO_4$, $Ca(NO_3)_2$, $MgCl_2$ usw. herrührt und heute auch Mineralsäure-, Gips-, Nichtkarbonat- oder Resthärte heißt. Die Gesamthärte = temporäre + permanente Härte (H = Ht + Hp). Früher wurde unter permanenter Härte eines Wassers diejenige Härte verstanden, die nach einem 10—15 Minuten langen Kochen und Filtrieren des Wassers zurückblieb, unter temporärer Härte die Differenz zwischen der Gesamthärte und dieser so ermittelten permanenten Härte (Ht = H — Hp). Heute wird die temporäre Härte meist direkt aus der gebundenen Kohlensäure durch Titration ermittelt.

Härtebestimmung. Die Ermittelung der Härte eines Wassers geschieht nach folgenden Verfahren[1]: 1. Gewichtsanalytisch: die Gesamthärte wird aus dem Gesamtgehalt des Kalkes und der Magnesia, gewichtsanalytisch bestimmt, berechnet; die permanente Härte aus dem

[1]) Die genaue Beschreibung der Verfahren liegt außerhalb des Rahmens dieser Arbeit. Näheres s. z. B. bei Heermann: Färberei- und textilchemische Untersuchungen.

Kalk- und Magnesiagehalt des 10—15 Minuten lang gekochten und filtrierten Wassers; die temporäre Härte aus der Differenz dieser beiden oder durch direkte Bestimmung der halbgebundenen Kohlensäure bzw. durch Abtitration der Bikarbonate. 2. Weniger genau wird die Härte durch die bekannte Seifentitration nach Faisst-Knauss-Clark ermittelt, wobei jeder Menge verbrauchter Seifenlösung eine bestimmte Wasserhärte entspricht. 3. Nach Wartha-Pfeifer wird der Verbrauch des Wassers an Soda und Ätznatron ermittelt und hieraus die Härte berechnet. 4. Nach Blachers Kalium-Palmitatverfahren.

Enthärtung. Je nach der gefundenen Wasserhärte und den sonstigen Eigenschaften des Wassers sowie den jeweiligen Anforderungen an das Wasser für bestimmte Zwecke wird gegebenenfalls eine mehr oder weniger weitgehende Enthärtung oder Reinigung des Wassers vorzunehmen sein. Wann und wieweit ein Wasser jedesmal zu reinigen oder zu enthärten ist, läßt sich nach dem im Eingange des Kapitels Ausgeführten nicht sagen. Vielleicht ist es auch eine Kostenfrage. Die Technik der Wasserreinigung hat in den letzten Jahrzehnten außerordentliche Fortschritte gemacht und die Erkenntnis der Wirtschaftlichkeit der Wasserreinigung allgemein Platz gegriffen.

Wasserreinigung.

Die Wasserreinigung kann 1. lediglich eine Klärung (mechanische Reinigung) oder 2. zugleich eine Enthärtung (chemische Reinigung) erfordern; ferner kann sie in der Art der Ausführung eine diskontinuierliche oder eine kontinuierliche sein.

Die Klärung oder mechanische Wasserreinigung.

Die Wasserklärung bezweckt die Befreiung des Wassers von ungelösten Schwebestoffen, die selbst durch Filtration oft schwer zu entfernen sind. Sie erfordert große Filterflächen und Kosten.

Die Filterpresse. Die Filtration geschieht am einfachsten durch eine sogenannte Filterpresse, wobei das Wasser entweder mit eigenem Gefälle aus einem etwa 5 m hoch stehenden Reservoir läuft oder mittels Pumpendruckes von 0,5 at durch die Presse in den Reinwasserbehälter gedrückt wird. Rührt die Wassertrübung von Sand, Lehm, Kalk und ähnlichen Stoffen her, die eine durchlässige Schlammschicht bilden, so genügt eine gewöhnliche mit geeigneten Tüchern ausgelegte Filterpresse. Besteht dagegen die trübende Substanz aus fettem Ton oder schleimigen Substanzen, so werden „Schwemmfilter" angebracht. Diese bestehen aus Filterpressen, deren Kammern mit Metalldrahtgeweben ausgelegt sind, auf welche eine Schicht von Zellulose- und Asbestfasern angeschwemmt ist, die infolge ihrer großen Oberfläche imstande sind, reichliche Mengen von schleimiger Substanz festzuhalten, ohne die Durchlässigkeit und Filtrationsgeschwindigkeit des Apparates zu beeinträchtigen. Sobald letztere nachläßt, wird die lose Filterschicht vom Metalltuch mittels Spritzschlauch abgespült und mit neuem Fasergemisch versehen. Diese Erneuerung geschieht je nach dem Schmutzgehalt des Wassers nach kürzerer oder längerer Beanspruchung.

Das Kies- und Sandfilter. Eine andere Filtrationsart ist das waschbare Kies- und Sandfilter. Das einströmende Wasser durchfließt das bis zu einer bestimmten Höhe mit gesiebtem Perlkies oder ähnlichem Material gefüllte zylindrische Gefäß von oben nach unten nach dem Reinwasserbehälter. Als Filtrationsmaterial wird auch Holzwolle oder werden Holzspäne verwendet, die jedoch für die Woll- und Seidenfärberei nicht ganz ohne Bedenken sein sollen. Holzkohle und Koks wirken gleichzeitig entfärbend. Das Filter ist nach Bedarf zu reinigen, was mechanisch durch Abheben der Schlammschicht oder durch Einblasen von Luft und dadurch bewirktes Aufrühren des Schlammes und nachfolgendes Durchspülen durch rücklaufendes Reinwasser bewirkt wird. Die Gefäße sind offen oder geschlossen. Frische Filter arbeiten erfahrungsgemäß unvollkommen und erhalten ihre volle Wirksamkeit erst durch beginnenden Schlammansatz. Aus diesem Grunde arbeiten Filter bei gleichzeitiger chemischer Reinigung infolge der sich bildenden reichlichen Niederschläge bei Inbetriebsetzung besser als rein mechanisch wirkende Filteranlagen.

Die Enthärtung oder chemische Wasserreinigung.

Die Enthärtung des Wassers bezweckt die Entfernung der schädlichen Härtebildner, der Kalk-, Magnesia-, Eisen-, Tonerdesalze u. a. m. Wie bereits erwähnt, bestehen die Härtebildner zum Teil aus Bikarbonaten (die die Karbonathärte, die vorübergehende oder temporäre Härte bedingen), zum Teil aus Gips und gleichwertigen Salzen (die die Nichtkarbonathärte, die dauernde oder permanente Härte bedingen). Erstere erfordern zu ihrer Ausfällung Zusätze von Ätzalkalien (Ätzkalk, Ätznatron), letztere von Soda.

Die wichtigsten, hier vor sich gehenden chemischen Prozesse werden durch folgende chemische Vorgänge veranschaulicht.

a) Einwirkung von Kalk:

1a. $2\,CO_2 + Ca(OH)_2 = Ca(HCO_3)_2$.
1b. $CO_2 + Ca(OH)_2 = CaCO_3 + H_2O$.
2. $2\,NaHCO_3 + Ca(OH)_2 = Na_2CO_3 + CaCO_3 + 2\,H_2O$.
3. $Ca(HCO_3)_2 + Ca(OH)_2 = 2\,CaCO_3 + 2\,H_2O$.
4. $Mg(HCO_3)_2 + 2\,Ca(OH)_2 = 2\,CaCO_3 + Mg(OH)_2 + 2\,H_2O$.
5. $MgCl_2 + Ca(OH)_2 = Mg(OH)_2 + CaCl_2$.
(Sulfate, Nitrate usw. des Magnesiums reagieren analog.)
6. $Fe(HCO_3)_2 + 4\,Ca(OH)_2 + O = 2\,Fe(OH)_3 + 4\,CaCO_3 + 3\,H_2O$.

b) Einwirkung von Soda:

7. $CO_2 + Na_2CO_3 + H_2O = 2\,NaHCO_3$.
8. $CaSO_4 + Na_2CO_3 = CaCO_3 + Na_2SO_4$.
(Chloride, Nitrate usw. des Kalziums reagieren analog.)
9. $MgCl_2 + Na_2CO_3 + H_2O = Mg(OH)_2 + 2\,NaCl + CO_2$.
(Sulfate, Nitrate usw. des Magnesiums reagieren analog.)

c) Einwirkung von Ätznatron:

10a. $CO_2 + NaOH = NaHCO_3$.
10b. $CO_2 + 2\,NaOH = Na_2CO_3 + H_2O$.
11. $NaHCO_3 + NaOH = Na_2CO_3 + H_2O$.
12. $Ca(HCO_3)_2 + 2\,NaOH = CaCO_3 + Na_2CO_3 + 2\,H_2O$.
13. $Mg(HCO_3)_2 + 4\,NaOH = Mg(OH)_2 + 2\,Na_2CO_3 + 2\,H_2O$.
14. $MgCl_2 + 2\,NaOH = Mg(OH)_2 + 2\,NaCl$.
(Sulfate, Nitrate usw. des Magnesiums reagieren analog.)
15. $2\,Fe(HCO_3)_2 + 8\,NaOH + O = 2\,Fe(OH)_3 + 4\,Na_2CO_3 + 3\,H_2O$.

Aus diesen Gleichungen ergeben sich durch Berechnung aus der Wasseranalyse die anzuwendenden Reinigungsmaterialien. Pfeifer berechnet die Zusätze aus einigen wenigen Daten, und zwar 1. aus der Menge der gebundenen Kohlensäure, 2. aus der permanenten Härte und 3. aus dem Gesamtmagnesiagehalt. Kalman und Wehrenpfennig benutzen zur Berechnung der erforderlichen Fällungsmittel 1. die gebundene Kohlensäure, 2. den Gesamtkalkgehalt und die Gesamthärte des Wassers. Nach Pfeifer stellen sich die Reinigungszusätze wie folgt: Auf je ein Molekül jeder doppeltkohlensauren Verbindung (ob Kalk oder Magnesia) kommt ein Molekül CaO, ferner auf jedes Molekül Magnesia (gleichgültig in welcher Verbindungsform vorhanden) noch ein weiteres Molekül CaO. Außerdem kommt auf jedes Molekül der die permanente Härte verursachenden Verbindungen je ein Molekül Na_2CO_3. Da nun die doppeltkohlensauren Salze die temporäre Härte bedingen, und zwar je einem deutschen Grade 10 mg CaO im Liter entsprechen, so müssen auf jeden Grad temporärer Härte (1° Ht) 10 mg CaO zugesetzt werden; außerdem kommt auf jedes Molekül MgO noch ein weiteres Molekül CaO. In einer Formel ausgedrückt, berechnet sich der erforderliche Kalkzusatz aus folgender Gleichung:

$$\text{Kalkzusatz als CaO} = 10 \times \text{Ht} + 1{,}4 \times \text{MgO}.$$

(Der Kalkzusatz bedeutet hier die notwendige Menge CaO in Milligrammen pro Liter Wasser; Ht = gefundene temporäre Härte, MgO = gefundene Anzahl Milligramm MgO im Liter Wasser.)

Der notwendige Sodazusatz ergibt sich aus der Formel:

$$\text{Sodazusatz als } Na_2CO_3 = 18{,}9 \times \text{Hp}.$$

(Der Sodazusatz bedeutet hier die erforderliche Menge Na_2CO_3, kalzinierte Soda, in Milligrammen pro Liter Wasser, Hp = gefundene permanente Härte in deutschen Graden.) Die Formel ergibt sich aus der Gleichung: 56 CaO : 106 Na_2CO_3 = 10 CaO (10 mg CaO im Liter = 1°): x; x = 18,9.

Schematische Darstellung des Enthärtungsvorganges.

	Bestandteile des Wassers		Fällungsmittel		Gefällt werden	Gelöst bleiben
Temporäre Härte	$Ca(HCO_3)_2$	+	CaO	=	$2\,CaCO_3$ +	Nicht gefällte Härtebildner, im Überschuß verwendete Fällungsmittel, geringe Mengen der gefällten Stoffe.
	$Mg(HCO_3)_2$	+	(CaO + CaO)	=	$Mg(OH)_2 + 2\,CaCO_3$ +	
Permanente Härte	$CaSO_4$	+	Na_2CO_3	=	$CaCO_3$	Wie oben, außerdem: Na_2SO_4 bzw. 2 NaCl.
	$MgCl_2$	+	(Na_2CO_3 + CaO)	=	$Mg(OH)_2 + CaCO_3$	

Ersatz der Kalksodamischung durch Ätznatron.

Wie aus den obenstehenden Gleichungen 12—15 hervorgeht, können Kalzium-, Magnesiumbikarbonat usw. auch durch Ätznatron als Kalziumkarbonat, Magnesiumhydroxyd usw. zum Teil unter Bildung von Soda zur Fällung gebracht werden. Die sich hierbei bildende Soda reagiert nach Gleichung 8 und 9 mit dem Gips oder anderen Salzen des Wassers. Man erzielt also damit eine doppelte Wirkung und vermindert gleichzeitig die Niederschläge gegenüber der Kalksodareinigung, bei welcher Kalk und Soda an sich schon nach folgender Gleichung miteinander in Reaktion treten:

$$Ca(OH)_2 + Na_2CO_3 = CaCO_3 + 2\,NaOH.$$

Außer diesen Vorzügen kommt noch der Vorteil der einfacheren Handhabung und besseren Regulierung im kontinuierlichen Reinigungsbetriebe hinzu; demgegenüber stellt sich die Ätznatronreinigung im Preise höher.

Je nach der Zusammensetzung des Wassers ist es mehr oder weniger möglich, die Ätznatronreinigung anzuwenden, und zwar entweder als reine Ätznatron-, als Ätznatron-Soda- oder als Ätznatron-Kalk-Reinigung. Da 106 Teile Soda + 56 Teile CaO in ihrer Wirkung genau derjenigen von 80 Teilen Ätznatron entsprechen, so erfolgt daraus, daß auf je 106 Teile Soda + 56 Teile CaO 80 Teile Ätznatron kommen können. Ein Überschuß von Soda (über das Verhältnis von 106 : 56 Soda hinaus), ebenso ein Überschuß von Kalk (über dieses Verhältnis hinaus) kann nicht weiter durch Ätznatron ersetzt werden. Hieraus folgt, daß bei vorwiegend temporärer Härte Ätznatron und Kalk, bei vorwiegend permanenter Härte Ätznatron und Soda angewandt werden müssen; nur wenn das Verhältnis des erforderlichen Sodazusatzes zu dem erforderlichen Kalkzusatz = 106 : 56 ist, wäre eine reine Ätznatronreinigung am Platze.

Die Äquivalente von Soda, Kalk und Ätznatron [alles 100proz. Ware[1]] berechnen sich auf die Einheiten von Soda, Kalk und Ätznatron rund wie folgt:

Na_2CO_3 (a)		CaO (b)		2 NaOH (c)
106	=	56	=	80
1	=	0,53	=	0,754
1,9	=	1	=	1,43
1,325	=	0,7	=	1

Nach oben Gesagtem sind drei Fälle zu unterscheiden. 1. Der erforderliche Sodazusatz (a) ist gleich dem 1,9fachen des erforderlichen Kalkzusatzes (b) d. h. $a = 1{,}9 \cdot b$ (oder, was dasselbe ist: $b = 0{,}53 \cdot a$). 2. Der erforderliche Sodazusatz (a) ist größer als der 1,9fache Kalkbedarf (b), d. h. $a > 1{,}9 \cdot b$. 3. Der Sodabedarf (a) ist kleiner als der 1,9fache Kalkbedarf (b), d. h. $a < 1{,}9 \cdot b$.

1. Im ersten Falle ($a = 1{,}9 \cdot b$) treten an Stelle von 1 Teil Soda (+ 0,53 Teile Kalk) = 0,754 Teile Ätznatron, oder (was dasselbe ist) an Stelle von 1 Teil Kalk (+ 1,9 Teile Soda) = 1,43 Teile Ätznatron. An Stelle der Soda-Kalk-Reinigung tritt die reine Natronenthärtung; es ist dann zu verwenden:

an Ätznatron: $0{,}754 \cdot a$
(oder $1{,}43 \cdot b$).

[1]) Für geringere, technische Ware sind nach dem jeweiligen Prozentsatz umgerechnete Werte einzusetzen.

Beispiel. Nach dem Soda-Kalk-Verfahren sind zur Enthärtung von 1 cbm Wasser erforderlich: 201,4 g Na_2CO_3 (a) und 106,7 g CaO (b). Nach dem Natronreinigungsverfahren sind statt dessen zu verwenden:

201,4 · 0,754 oder 106,7 · 1,43 = rund 152 g NaOH (= Natronreinigung).

2. Im zweiten Falle (a > 1,9 · b) vermindert sich der Sodazusatz um das 1,9fache des Kalkzusatzes; außerdem wird das 1,43fache des Kalkbedarfes an Ätznatron zugesetzt. Es ist also zu verwenden:

an Soda: a — 1,9 · b,
an Ätznatron: 1,43 · b.

Beispiel. Nach dem Soda-Kalk-Reinigungsverfahren wären für die Enthärtung eines Wassers zu verwenden: 201,4 g Soda + 80,5 g Kalk. Nach dem Natronverfahren sind statt dessen zu verwenden:

an Soda:	201,4 — 1,9 · 80,5	= rund 48 g Na_2CO_3	Natronsoda-
an Ätznatron:	1,43 · 80,5	= rund 115 g NaOH	reinigung.

3. Im dritten Falle (a < 1,9 · b) vermindert sich der Kalkzusatz um das 0,53fache des Sodazusatzes; außerdem wird das 0,754fache des Sodabedarfes zugesetzt:

an Kalk: b — 0,53 · a,
an Ätznatron: 0,754 · a.

Beispiel. Nach dem Soda-Kalk-Reinigungsverfahren wären für die Enthärtung von 1 cbm Wasser zu verwenden: 201,4 g Soda + 161,8 g Kalk. Nach dem Natronverfahren sind statt dessen pro Kubikmeter Wasser zuzusetzen:

an Kalk:	161,8 — 0,53 · 201,4	= rund 55 g CaO	Natronkalk-
an Ätznatron:	0,754 · 201,4	= rund 152 g NaOH	reinigung.

Permutitreinigung.

Auf ganz anderer chemischer Grundlage als die Kalk-Soda-Reinigung beruht die Permutitreinigung[1]) des Wassers. Nach der Entdeckung von Gans geht hier die Enthärtung durch Doppelumsetzung mit sogenannten künstlich hergestellten Zeolithen (basischen Aluminiumsilikaten) vor sich, für die der geschützte Name „Permutit" gewählt worden ist. Bei der Filtration des Wassers durch Natriumpermutit findet ein Austausch der härtebildenden Substanzen des Wassers, also des Kalks und der Magnesia, auch des Eisens, durch Natron statt, so daß nur die äquivalenten Mengen doppeltkohlensaures, schwefelsaures usw. Natron in das Wasser übergehen. Die in dem Natriumpermutit enthaltene Base, Natron, ist durch Vermittlung von Aluminium mit Kieselsäure verkettet und außerordentlich leicht austauschbar. Die Darstellung des künstlichen Natriumpermutits geschieht durch Zusammenschmelzen von Feldspat, Kaolin, Ton, Sand und Soda in bestimmten Verhältnissen. Nach dem Auslaugen der Schmelze mit heißem Wasser, wodurch die löslichen Silikate entfernt werden, bleibt das Permutit als körniges, poröses Material zurück, das, abgeschleudert, mit 30—50% Wasser in den Handel kommt. Wegen dieses Wassergehaltes muß es frostfrei gelagert werden.

Die Einwirkung der Härtebildner auf das Permutit ist folgende (Permutit = P.):

$$\text{I. P.} - Na_2 + Ca(HCO_3)_2 = \text{P.} - Ca + 2\,NaHCO_3.$$
$$\text{II. P.} - Na_2 + CaSO_4 = \text{P.} - Ca + Na_2SO_4\,^{2)}.$$

[1]) Permutit-Aktiengesellschaft, Berlin N 39.

[2]) Analog bildet Natriumpermutit mit Magnesiumsalzen Permutit-Magnesium: $P.\text{-}Na_2 + Mg(HCO_3)_2 = P.\text{-}Mg + 2\,NaHCO_3$ usw.

Beide Gleichungen (die als typisch für den Verlauf mit Karbonat- und Gipshärtebildnern anzusehen sind) verlaufen unter günstigen Verhältnissen quantitativ, d. h. sämtliche Härtebildner treten an Stelle des Natriums in das Permutitmolekül ein, und das Wasser wird auf nahezu 0° enthärtet. Hierbei entsteht allerdings lösliches doppeltkohlensaures Natron, und zwar etwa 30 mg pro 1° Karbonathärte und Liter Wasser, entsprechend etwa 10 mg Soda nach dem Kochen des Wassers.

Ist sämtliches Natrium des Permutits durch Kalzium und Magnesium ersetzt, so wird das Permutit wirkungslos; seine Wirksamkeit muß erneuert werden durch Einleitung der umgekehrten Reaktion, indem durch Behandlung mit einer Chlornatriumlösung das Kalzium und Magnesium aus ihm wieder entfernt und durch Natrium wiederersetzt wird. Dies geschieht gemäß der Gleichung:

$$P. - Ca + 2\,NaCl = P. - Na_2 + CaCl_2 .$$

Dieser Vorgang spielt sich schwieriger ab als der umgekehrte, und man braucht etwa das 6—8fache der theoretischen Menge Kochsalz. Die besten Bedingungen sind: 6—8 proz. NaCl-Lösungen und 40—50° C. Wenn deshalb ein Rohwasser kochsalzhaltig ist, eignet es sich nicht in dem Maße für die Permutitreinigung, weil der Kochsalzgehalt der Enthärtung im Sinne der Regenerierungsgleichung entgegenarbeitet. Ferner kann das Permutit in seiner Wirksamkeit geschwächt werden, wenn sich auf seiner Oberfläche Schwebestoffe, Eisen, Öl, Schlamm u. ä. aus dem Rohwasser niederschlagen; solches Wasser ist deshalb vorher zu filtrieren. Freie Kohlensäure verbraucht auch Permutit; bei der Regenerierung ist alsdann außer mit Chlornatrium auch noch mit Soda zu arbeiten.

Reinigungsversuche im kleinen.

Liegt einer beabsichtigten Wasserreinigung im Betriebe keine genügende Wasseranalyse zugrunde, so ist es dennoch möglich, die Reinigungszusätze durch Versuche im kleinen zu ermitteln. v. Cochenhausen benutzt zu diesen Versuchen die von Clark gemachte Beobachtung, daß bei Anwendung eines Überschusses der Fällungsmittel die Niederschläge in flockiger Form ausfallen und sich schnell absetzen, während bei einem Unterschuß des Fällungsmittels ein pulveriger Niederschlag entsteht.

Ristenpart (a. a. O. S. 82) versetzt zunächst je 1 l des Wassers mit verschiedenen Kalkzusätzen in wachsenden Mengen und prüft, welche Menge das weichste Wasser ergibt. Nun macht er eine zweite Reihe von Versuchen, indem er jedesmal 1 l Wasser mit dem als richtig ermittelten Kalkzusatz nimmt und verschiedene Mengen Soda mit stetiger Steigung zusetzt. Man wird auch hier an einen Punkt kommen, von dem aus das Wasser nicht mehr weicher, sondern infolge überschüssiger Soda nur noch alkalischer wird. Dieser Punkt, an dem durch den richtigen Kalkzusatz alle fällbaren Bikarbonate und durch den hinreichenden Zusatz an Soda alle fällbare Gipshärte ausgeschieden wurden, ist der gesuchte, und die gefundenen Chemikalienzusätze können ohne weiteres auf den Großbetrieb übertragen werden.

Bis zur völligen Enthärtung kann man (außer bei der Permutitreinigung) weder im großen noch im kleinen gelangen, da auch die Fällungsprodukte zu einem geringen Teil in Wasser löslich sind. v. Cochenhausen fand die Löslichkeit des Kalziumkarbonats zu 0,0102 g im Liter Wasser, entsprechend einer Härte von 1,02°, diejenige der Magnesia zu 0,0150 g im Liter. Ein Gemisch von beiden ergab dagegen nur eine Härte von 2,37°. Nach Pfeifers Versuchen ergibt Kalziumkarbonat eine Lösung von 1,7°, Gips eine solche von 2,8° und Magnesiumkarbonat im Optimum eine solche von 2,24° Härte. In mechanischen Apparaten mit genügender Verweilungsdauer innerhalb derselben und bei guten, eingearbeiteten Filtern dürfte man also in der Regel nicht unter 3—4° Härte kommen. Bei schnell arbeitenden Filtern wird auch diese Grenze häufig nicht erreicht. Es muß noch betont werden, daß die Wirkung der gut „eingearbeiteten", nicht zu frischen Filter von außerordentlichem Einfluß ist und daß hier einerseits die Reibung an den Filterflächen und anderseits der Kontakt mit den bereits ausgeschiedenen Salzen und Kristallen eine eigentümliche Wirkung ausübt.

Anforderungen an ein gereinigtes Wasser.

Die Anforderungen an ein gereinigtes Wasser können ebenso verschiedene sein wie diejenigen an ein Rohwasser. Im allgemeinen wird man größtmögliche Weichheit neben geringem Alkaliüberschuß verlangen. In bezug auf den letzten Punkt können die Ansprüche indessen sehr schwanken, und in der Baumwollfärberei wird man keine so hohen Ansprüche stellen wie in der Woll- und besonders in der Seidenfärberei. Für letztere wird fast neutrales oder kaum alkalisches Wasser verlangt; rotes Lackmuspapier darf sich erst nach $^1/_2$—1 Minute zu bläuen beginnen, und 100 ccm Wasser sollen bei Phenolphthalein als Indikator (mit dem das Wasser schwache Rosafärbung ergibt) durch wenige Tropfen $^n/_{10}$-Säure entfärbt werden. In Fällen, wo völlige Abwesenheit alkalischer Reaktion verlangt wird, kann durch etwas Essigsäure neutralisiert, wo völlige Abwesenheit von Ätznatron und Soda verlangt wird, mit Ammonsalz (Chlorammonium, schwefelsaures Ammonium) versetzt werden.

Für Kesselspeisezwecke ist ein Wasser geeignet, wenn es keine erheblichen Absätze liefert und weder im natürlichen noch im eingeengten Zustande das Kesselmaterial angreift. Die Kesselsteinablagerungen entstehen entweder nach dem teilweisen Entweichen der Kohlensäure als normale oder basische Karbonate oder aber mit zunehmender Konzentration des Wassers nach Überschreitung der Löslichkeit gewisser Salze. Als korrodierende Bestandteile gelten außer den im Wasser gelösten Gasen (Luftsauerstoff, Kohlensäure) vorzugsweise die Chlorverbindungen (besonders Chlormagnesia). Doch sind solche Wässer sehr selten, da sich nach heutiger Annahme die leicht löslichen Magnesiasalze unter Druck mit den schwer löslichen Kalksalzen in schwer lösliche Magnesium- und leicht lösliche Kalksalze umsetzen. Chloride, Sulfate und Nitrate der Alkalisalze begünstigen die Abrostung; dies kann aber durch Sodazusatz behoben werden. Somit läßt sich die Aufgabe der Wasserreinigung für Kesselspeisezwecke wie folgt zusammenfassen: Möglichst sämtliche Kohlensäure fix binden, Kalk- und Magnesiumsalze tunlichst vollkommen fällen[1]). Resultiert auf solche Weise ein schwach alkalisches Speisewasser, das keinen nennenswerten Überschuß an Zusätzen enthält, dessen Härte 3—4° niemals übersteigt, so sind alle im Wasser verbliebenen oder demselben zugeführten löslichen Bestandteile belanglos, vorausgesetzt, daß diese durch periodisches Abblasen des Kessels sich nicht derart anhäufen, daß das Wasser mehr als 2—3° Bé spindelt und Salzausscheidungen erfolgen, wodurch Nieten und Fugen gelockert werden.

Die sogenannten „Antikesselsteinmittel" bezwecken eine Umgehung der systematischen Wasserreinigung und suchen ihr Ziel zu erreichen durch a) ein Löslichmachen der kesselsteinbildenden Salze, b) ein Bröcklichmachen und dadurch eine leichtere Entfernbarkeit des Steines, c) größere Schonung des Kessels sowie Gefahrlosigkeit des Betriebes. Es sind zum Teil mechanisch, zum Teil chemisch wirkende Mittel, die unter den verschiedensten Phantasie- und Reklamenamen auf den Markt geworfen werden, die aber nur in den allerseltensten Fällen von einigem Wert sind. Am häufigsten enthalten diese Geheimmittel: Soda, Chlorammonium, Chlorbarium, Ätznatron, Kalk, Salzsäure, Gerbstoffe, Holzspäne, Schleimsubstanzen, Dextrin, Weizenmehl, Kleie, Harze, Pech, Pfeifenton, Paraffin, Koks, Petroleum, Bimsstein, Asbest und viele andere, teils schädliche, teils nur unwirksame Zusätze. Es muß vor dem unvorsichtigen Gebrauch dieser Geheimmittel immer wieder gewarnt werden.

Wasserkorrektur.

Unter Wasserkorrektur versteht man im Gegensatz zur Wasserreinigung vielfach die Neutralisation der Bikarbonathärte durch Essigsäure oder ähnliches, wodurch die temporäre Härte eliminiert und die permanente Härte um denselben Betrag erhöht wird. Zwecks Verbilligung dieser Operation kann bei größeren Wassermengen der Hauptteil der erforderlichen Säure in Form billigerer Säure (Salz- oder Schwefelsäure) und nur der Rest (etwa $^1/_4$ der Gesamtsäure) als Essig- oder Ameisensäure angewendet werden. Die erforderliche Säuremenge berechnet sich aus der Karbonathärte bzw. der Alkalinität des Wassers (Säuretitration mit Methylorange als Indikator). Je nach dem Verwendungszweck erscheint es geboten, einen Über- oder einen Unterschuß von Säure anzuwenden. Auf je 1° temporärer Härte (1 Teil CaO in 100 000 Teilen Wasser) berechnen sich 71,3 g 30 proz. Essigsäure pro Kubikmeter (1000 l) Wasser. Diese Wasserkorrektur schaltet lediglich die Wirkung der Karbonathärte aus, während die Gesamthärte unverändert bleibt, und wird z. B. beim Beizen mit Tannin vorgenommen.

[1]) Nach Ansicht mancher Technologen, z. B. von Ferd. Fischer, wirkt gelinder Kesselstein schützend auf das Kesselblech und sollte danach das Kesselspeisewasser im allgemeinen nicht unter 6° enthärtet werden.

Eine Wasserkorrektur in gewissem Sinne wird in Betrieben diskontinuierlich bisweilen auch in der Weise ausgeführt, daß bestimmte Quanten Wasser mit Seife und Soda aufgekocht und dann von den aufschwimmenden Kalksalzen mit Hilfe eines Siebes oder Koliertuches entschlammt werden. Diese Art unsystematischer Reinigung ist natürlich sehr kostspielig und kann nur als gelegentlicher Behelf empfohlen werden. Der Zusatz von Seife und Soda richtet sich nach der Art und dem Grade der Härte. Für ein weiches Wasser von 6° d. H. kommen z. B. auf 2000 l Wasser ungefähr 1 kg neutrale Seife und 1 kg Soda zur Anwendung. Bei harten Wässern verdienen nach Ristenpart[1]) übrigens scharfe Seifen (Seifen mit freiem Alkali) vor neutralen Seifen den Vorzug. Ristenpart fand, daß sich kohlensaurer und fettsaurer Kalk im Verhältnis von 2 : 3 bilden, wenn Kohlensäureanion (Soda) bzw. Hydroxylanion (Ätznatron) und Fettsäureanion in annähernd gleichmolarem Verhältnis mit Kalziumkation (hartes Wasser) zusammentreffen. Wenngleich die Bildung von kohlensaurem Kalk zurücktritt, so verhindert sie doch die Entstehung eines beträchtlichen Anteils von fettsaurem Kalk. Scharfe Seifen sind deshalb milden bei dieser Enthärtungsart vorzuziehen.

Apparatur der Wasserreinigung.

Die für die technische Wasserreinigung im großen erforderliche Apparatur wird von einer Reihe von Firmen[2]) auf Grund langjähriger Erfahrungen mit zum Teil patentamtlich geschützten Verfahren und Spezialvorrichtungen geliefert. Die Abweichungen der einzelnen Apparate voneinander sind nur zu einem geringen Teile von wesentlicher Bedeutung; im großen und ganzen decken sie sich in ihrer allgemeinen Arbeitsweise miteinander (bis auf das völlig abweichende Arbeitssystem der Permutitreinigung).

Die Wasserreinigung bedarf einer dauernden und sachverständigen Kontrolle. Handelt es sich lediglich um die Wasserklärung, so kann das geklärte Wasser von jedermann auf Klarheit geprüft werden. Viel schwieriger stellt sich dagegen die Beurteilung des enthärteten Wassers. Hierzu sind nicht nur allgemeine chemische Kenntnisse, sondern bis zu einem gewissen Grade auch Spezialerfahrungen[3]) erforderlich.

1. Offenes Filter. Abb. 43 stellt ein offenes Filter mit Eisenmantel dar.

In dem zylindrischen, oben offenen Behälter *a* befindet sich der mit einem Bronzedrahtgewebe bespannte Siebboden *b*, auf dem die filtrierende Kiesschicht *c* (z. B. rein gesiebter, scharfkantiger Quarzkies) lagert. Das trübe Wasser steigt

[1]) Ristenpart: Leipz. Monatschr. f. Textilind. 1924, S. 220.

[2]) Genannt seien z. B. von den bekanntesten Spezialfirmen: Halvor Breda, Berlin-Charlottenburg, A. L. G. Dehne, Halle a. S., Gebr. Koerting, Koertingsdorf bei Hannover, Maschinenfabrik P. Kyll, Köln a. Rh., Permutit-Akt.-Ges., Berlin N 39, Rob. Reichling & Co., Dortmund, H. Reisert, Köln-Braunsfeld, Wwe. Joh. Schumacher, Köln a. Rh., L. & C. Steinmüller, Gummersbach (Rheinld.). Näheres s. z. B. Ristenpart: Das Wasser in der Textilindustrie.

[3]) Näheres s. bei Ristenpart; a. a. O. und Heermann: Färberei- und textilchemische Untersuchungen.

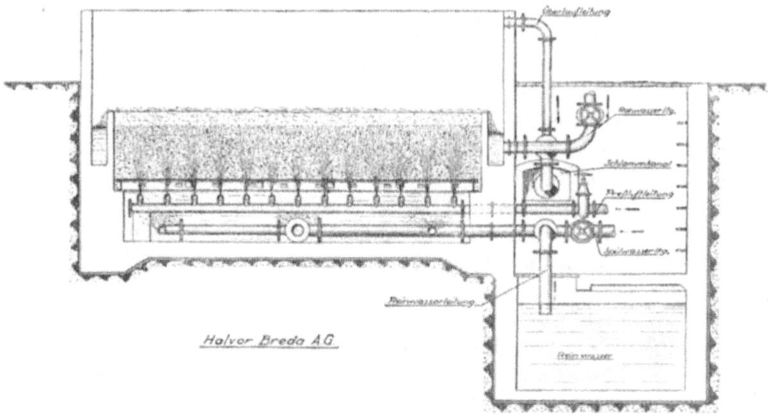

Abb. 43. Offenes Kiesfilter (Halvor Breda).

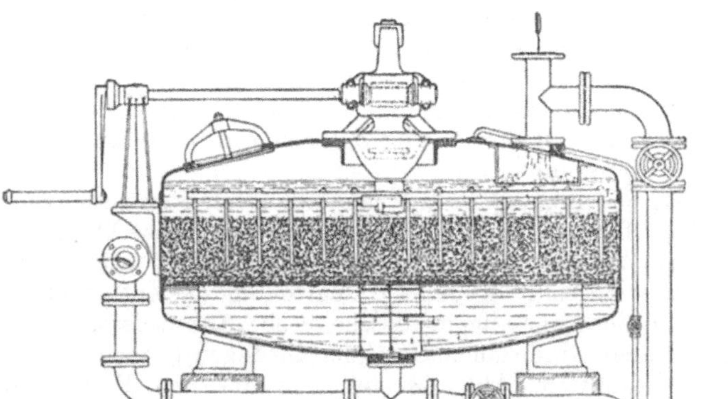

Abb. 44. Geschlossenes Kiesfilter. (Halvor Breda.)

Mit Kessel, Filterschicht, Rührwerk, Zuflußrohr des trüben Wassers, Siebboden, Abflußrohr des klaren Wassers, Abflußrohr des Spülwassers, Rührwerk für das Spülen der Kiesschicht, Handkurbel für Rührwerk, Rohr für das Ablaufenlassen des ersten, etwas trüben Wassers, Entleerungshahn für das Filter, Entlüftungsventil.

durch Ventil *f* und Rohr *k* in den oberen Teil des Filters, verbreitet sich über die Kiesschicht, durchdringt diese, die Unreinigkeiten zurücklassend, und fließt durch den Leistungsregler *e* ab. Zum Auswaschen des Filters wird Druckwasser durch das Rohr *g* unter die Kiesschicht geleitet, das das Filter reinigt und, mit Schlamm beladen, durch Rohr *k* und Schieber *h* abfließt. Gleichzeitig wird das Rührwerk durch Kurbel *i* in Umdrehung gesetzt. In ähnlicher Weise werden auch geschlossene Filter gebaut (s. Abb. 44).

2. **Filterpressenreiniger.** Für die Zwecke der Kesselspeisewasserreinigung haben sich besonders die Filterpressenheißreiniger (z. B. der Firma A. L. G. Dehne) eingeführt, weil beim Speisewasser vielfach keine so genaue Kontrolle der Alkalinität erforderlich ist[1]). Diese Reiniger unterscheiden sich von den Kaltreinigern hauptsächlich dadurch, daß das zu reinigende Wasser in der Hitze mit den Reinigungszusätzen in Verbindung gebracht wird und daß die zu fällenden Bestandteile schnell ausgefällt und sofort durch eine Filterpresse zurückgehalten werden. Man spart durch diese Reiniger an Raum und erheblichen Kosten. Der Nachteil dieses Systems ist, daß das Wasser für manche Zwecke nicht

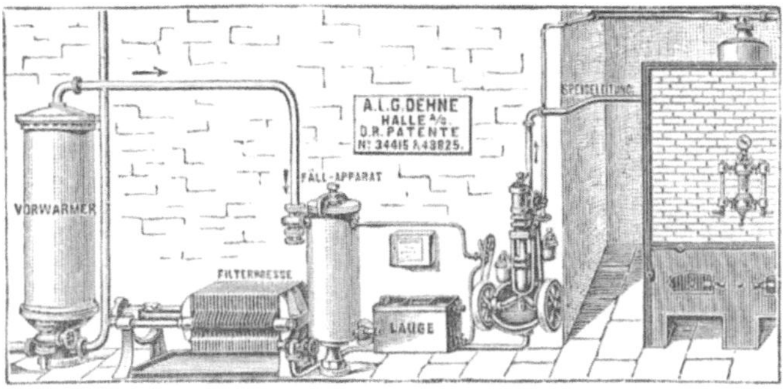

Abb. 45. Natron-Soda-Heißreiniger (Dehne).

genügend ausgereinigt wird, meist einen erheblichen Alkaliüberschuß zurückhält und nicht so genau eingestellt und kontrolliert werden kann wie bei den Kaltreinigern mit großen Behältern und langer Durchlaufzeit.

Abb. 45 veranschaulicht einen solchen Reinigungsapparat der Firma Dehne. Das Wasser kommt in geschlossener Leitung aus einem Hochreservoir und fließt weiter in geschlossener Leitung hintereinander durch Vorwärmer, Fällapparat und Filterpresse der Kesselspeisepumpe zu, die es gereinigt in den Kessel drückt. Von der Pumpenwelle wird eine kleine Laugenpumpe mit betätigt, die das zur Ausfällung der Kesselsteinbildner nötige Laugengemisch von Ätznatron und Soda dem heißen Wasser im Fällapparat zuführt, wo es sich mit dem Wasser mischt und die Kesselsteinbildner zur Ausfällung bringt, welche in der Filterpresse zurückgehalten werden.

Eine andere Type der Firma Dehne stellt Abb. 46 dar. Sie unterscheidet sich von vorstehender dadurch, daß sie für die Verwendung von Kalk und Soda (statt Ätznatron und Soda) eingerichtet und mit einem Kiesfilter (statt Filtertuch-

[1]) Immerhin liegt bei zu alkalischen Wässern die Gefahr vor, daß Alkali und sonstige im Überschuß vorhandene Fällungsmittel mit dem Dampf mitgerissen werden und bei mit direktem Dampf geheizten Färbeflotten u. ä. den Färbeprozeß sehr störend beeinflussen können. Auch kann unter Umständen die Faser selbst (z. B. feines Seidengarn) stark geschädigt werden.

presse) ausgestattet ist. Das Kiesfilter bedingt seinerseits zu seiner Entlastung einen größeren Fällapparat, in welchem der größte Teil der Kesselsteinbildner sich als Schlamm zu Boden setzen kann, wo er von Zeit zu Zeit abgelassen wird. Der größere Fällapparat hat nun auch den Vorteil der längeren Durchlaufzeit des Wassers, so daß das Wasser auch auf kaltem Wege gereinigt werden kann, wenn man nicht vorzieht, im Fällapparat selbst durch Einführung von Dampf eine Erwärmung vorzunehmen. Der Vorwärmer ist dabei in Wegfall gekommen. — Der Gang der Reinigung ist folgender. Das Wasser fließt aus dem Hochreservoir *r* dem Fällapparat bzw. Fällgefäß *f* zu und mischt sich bei Eintritt mit dem Gemisch von Kalkmilch und Sodalauge (das in einem besonderen Rührbottich angesetzt wird), welches die Laugenpumpe herbeischafft. Im Fällgefäß fließt das mit Lauge versetzte Wasser durch ein Einsatzrohr nach unten und steigt dann langsam in dem Gefäß aufwärts, um so im vorgeklärten Zustande nach dem geschlossenen Kiesfilter überzutreten, wo es sich vollständig klärt und dann der Wasserpumpe

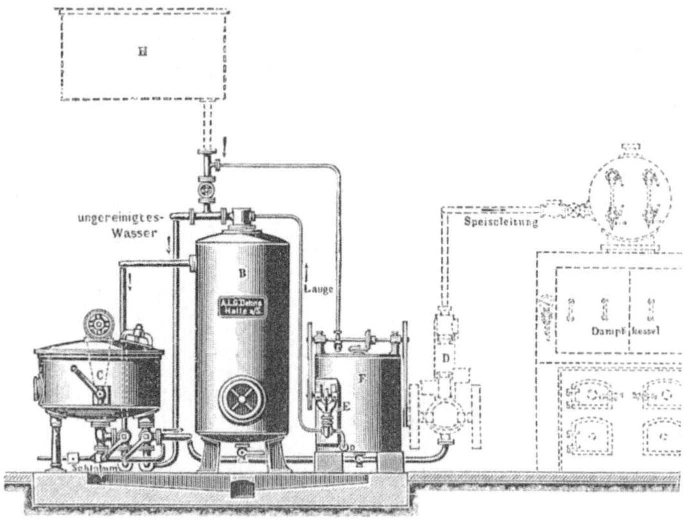

Abb. 46. Kalk-Soda-Schnellreiniger (Dehne).

zufließt, die es in den Kessel drückt. Da der Gang der Laugenpumpe vom Gange der Wasserpumpe abhängig ist, so bleibt das Verhältnis der zulaufenden Wassermenge und der eingeführten Laugenmenge konstant.

3. Klärfilterreiniger. Weit höhere Ansprüche in bezug auf neutrales, weiches und stets gleichmäßiges Reinwasser werden an die Klärfilterkaltreiniger gestellt. So ziemlich in allen Konstruktionen dieser Art liegt gemeinsam die Anordnung zugrunde, daß das Rohwasser mit den zur Reinigung erforderlichen Chemikalien ein Fällrohr von oben nach unten durchstreicht, dann in einem weiteren Zylinder langsam von unten nach oben aufsteigt, um zum Schluß das Filter zu passieren und als gereinigtes Wasser dem Vorratsbehälter zugeführt zu werden. Im allgemeinen soll sich das Wasser in dem Reiniger (vom Zeitpunkt des Zusammentritts mit den Chemikalien bis zum Austritt aus dem Filter) mindestens 3 Stunden aufhalten; erst nach Verlauf dieser Mindestzeit sind die zu fällenden Härtebildner fallreif geworden, so daß sie im Filter abgeschieden werden. Ein unfertiges Wasser setzt durch die sogenannte „Nachreaktion" seine Fällungsprodukte vielfach erst später im Reinwasserbehälter oder — was noch viel schlimmer ist — im Betriebe selbst auf die Textilstoffe ab. Man wähle deshalb reichliche Größenverhältnisse mit genügend langer Durchgangsdauer. Der untere Teil des Zylinders läuft unten trichterförmig zu; hier befindet sich ein Schlammhahn, durch den vor Inbetriebsetzung des Apparates der Schlamm täglich entfernt werden sollte.

Von größter Wichtigkeit ist die stets gleichmäßige, d. h. im Verhältnis zum Rohwasser einmal festgelegte Zuführung der Chemikalien; dieses wird durch viele sinnreiche Konstruktionen erreicht. Der Kalksättiger ist fast immer ähnlich gebaut wie ein kleiner Wasserreiniger. Ein Rohr führt in der Mitte bis fast auf den kegelförmig zugespitzten Boden. Durch dieses Rohr tritt das eingeführte Rohwasser nach unten

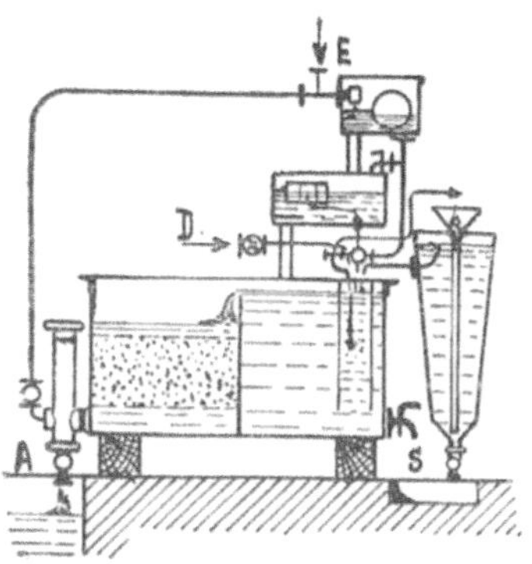

Abb. 47. Kleiner Kaltreiniger (Dehne).

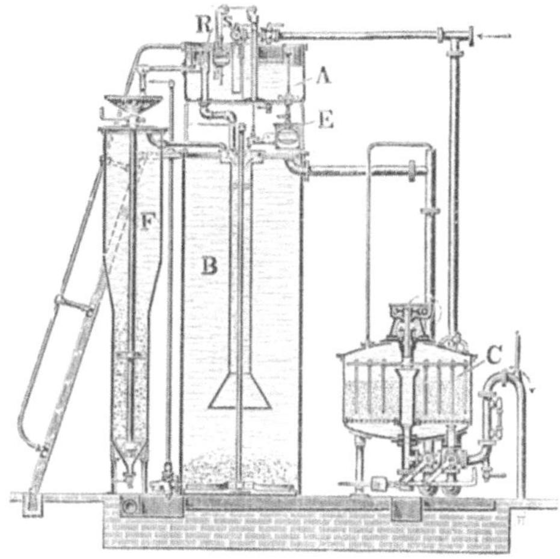

Abb. 48. Größerer Kaltreiniger (Dehne).

in den Kalkschlamm hinein und steigt, möglichst durch einen Rührer unterstützt, als gesättigtes Kalkwasser in dem äußeren Zylinder nach oben, um zu dem Reiniger in das Mischgefäß abzufließen. Wenn der Kalkschlamm erschöpft ist, wird er durch einen am Boden angebrachten Hahn abgelassen und frisch gelöschter Kalk nachgegeben. Bei der Schwerlöslichkeit des Kalkes ist es erheblich schwieriger, das Kalkwasser auf stets gleicher Konzentration zu halten und dessen Zufluß zu regulieren, als die Soda- und Ätznatronlösungen.

Ein kleiner Apparat dieser Art wird durch die obige Type der Firma Dehne (s. Abb. 47) veranschaulicht.

Das Wasser kommt von einer Druckleitung, fließt bei *E* in den kleinen Wasserkasten des Apparates ein und wird dort durch ein Schwimmfüllventil am Überlaufen verhindert. Öffnet man den Hauptabsperrhahn, so fließt Wasser und Lauge in den eingestellten Mengen nach dem Einsatzrohr des Apparatkastens ab. Ein Teil des Wassers zweigt sich ab nach dem Kalksättiger und fließt dann als gesättigtes Kalkwasser ebenfalls dem Einsatzrohr zu. Im Einsatzrohr mischt sich das Wasser mit Sodalauge und Kalkwasser und wird nach Bedarf mittels

Dampfmischdüse erwärmt. Darauf tritt das Wassergemisch unten aus dem Einsatzrohr in den Apparatkasten aus, steigt hier langsam nach oben, wobei es den größten Teil des Schlammes absetzt, und steigt dann über nach dem Kiesfilterabteil, wo es die Kiesschicht durchdringt und dann geklärt nach dem Reinwasserbassin abfließt. Der Apparat hat eine Leistungsfähigkeit von 4000 l pro Stunde. Für größere Leistungen werden entsprechend größere Apparate gebaut (s. Abb. 48). Das Fällgefäß besteht dann aus einem großen Klärzylinder. Das Kiesfilter ist geschlossen und separat angeordnet. Die Bedienung geschieht von einem durch eine Treppe erreichbaren Podest aus.

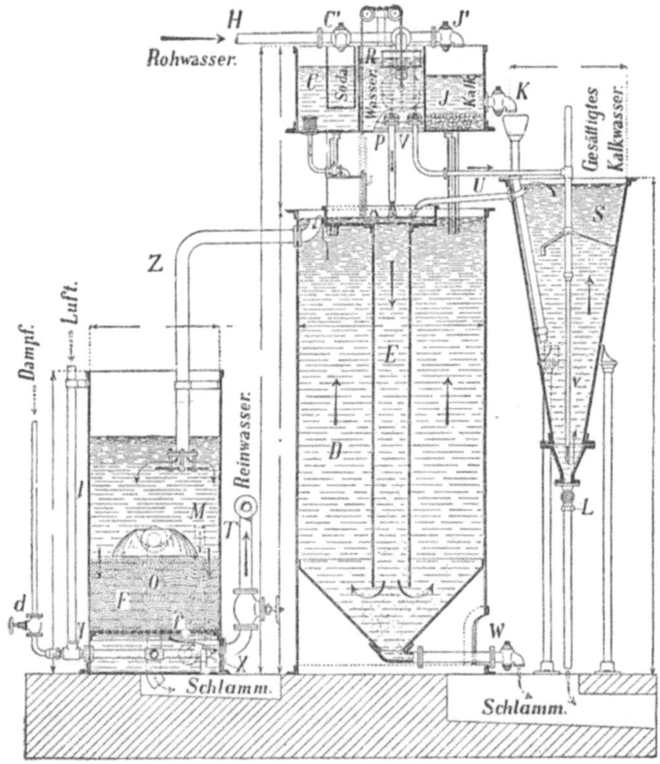

Abb. 49. Wasserreinigungsapparat, System Reisert - Dervaux.

Abb. 49 veranschaulicht eine der zahlreichen Typen von größeren automatischen Präzisionswasserreinigungsapparaten (Type Bsa, System Reisert - Dervaux).

Das zu reinigende Wasser fließt durch Rohr *H* in den Verteilungsbehälter. Dieser besteht aus dem Rohwasserabteil *R*, dem Kalklöschabteil *J*, dem Sodalösabteil *C* und dem etwas tiefer stehenden Sodareguliergefäß. In letzterem hält ein Schwimmer den Stand der durch ein Röhrchen aus dem Behälter *C* einfließenden Sodalösung auf stets gleicher Höhe. Durch ein Syphonröhrchen läuft die Sodalösung in das Mischrohr *E*, wo auch Kalkwasser und Rohwasser zusammenfließen. Die Regulierorgane *V* und *P* sind an dem Rohwasserabteil *R* in gleicher Höhe angebracht; das Syphonröhrchen hängt an einem Kettchen, das an dem Schwimmer desselben Abteils *R* befestigt ist. Sinkt nun der Wasserspiegel in diesem infolge geringeren Wasserzulaufes aus dem Rohr *H*, so sinkt auch der darin befindliche

Schwimmer und zieht das Syphonröhrchen in gleichem Maße höher, so daß die drei Zuläufe stets gleichmäßig arbeiten. Auch hören sie gleichzeitig auf zu laufen, wenn das Rohwasser in *H* gesperrt wird.

In dem Kalksättiger wird der im oberen Abteil *J* gelöschte Kalk zu gesättigtem Kalkwasser (1 Teil CaO auf 778 Teile Wasser) gelöst. Er besteht aus einem aufrechtstehenden konischen Gefäß *S*, dessen engster Querschnitt sich unten befindet. Durch Hahn *K* und das darunter befindliche Rohr mit Trichter wird die bereitete Kalkmilch nach dem unteren Teil des Kalksättigers eingeführt, wo auch die ausgelaugten Kalkreste durch Hahn *L* periodisch entfernt werden. Eine genau eingestellte Wassermenge fließt aus *R* durch Ventil *V* und Rohr *v* unter die vorher eingeführte Kalkmilch und wirbelt diese kontinuierlich auf. Das Wasser nimmt alsdann in seiner Aufwärtsströmung die feinen Kalkteilchen mit in die Höhe, sie inzwischen auslaugend, bis sie sich infolge der zunehmenden Querschnitts-

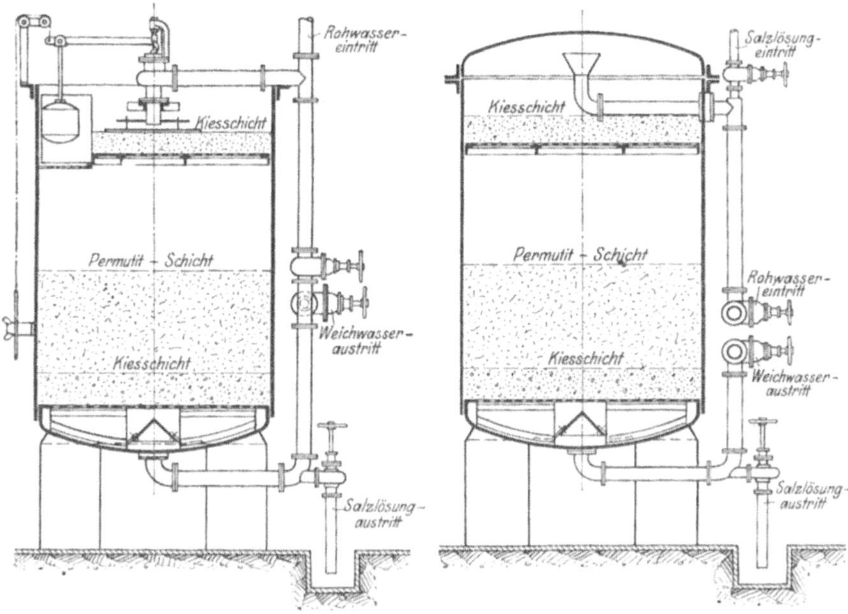

Abb. 50. Offener (links) und geschlossener (rechts) Permutit - Filterapparat (Permutit - A.-G.).

erweiterung und der damit verbundenen abnehmenden Wassergeschwindigkeit allmählich wieder absetzen. Das gesättigte Kalkwasser verläßt dann durch Rohr *U* den Sättiger und tritt in das Mischrohr *E*, wo es mit der Sodalösung aus Abteil *C* und dem Rohwasser zusammentritt. Der Kalkwasserzufluß wird hierbei durch Ventil *V* reguliert. Das Gemisch der drei Zuflüsse vermengt sich innig und fällt das Mischrohr *E* hinab zum Reaktionsraum *D*, wo es wiederum aufwärts strömt und wo sich ein Teil des Schlammes absetzt und von Zeit zu Zeit durch Hahn und Rohr *W* abgelassen wird. Im übrigen steigt das Wasser in Raum *D* allmählich in die Höhe und fließt von oben durch das Überfallrohr *Z* in das Kiesfilter *F*, um dann schließlich durch Rohr *T* den Reinigungsapparat völlig klar zu verlassen.

Eine Erneuerung des Filtermaterials findet im allgemeinen nicht statt; es muß bloß nach Bedarf gereinigt werden, was nur wenige Minuten beansprucht. Man verfährt dabei in der Weise, daß man zunächst Schlammhahn *O* öffnet und die Hähne so umstellt, daß das dem Apparat zufließende Wasser anstatt in den Verteilungsapparat unter das Filter gelangt. Alsdann setzt man den Luftapparat *y* durch Öffnen des Dampfventils *d* in Tätigkeit. Die in das Filtermaterial gedrückte Luft wühlt den Schlamm auf, und das rückwärts strömende Wasser führt ihn zum Schlammventil ab. Nach einigen Minuten wird der Luftdruckapparat *y* abgestellt und mit Wasser weiter nachgespült, bis das bei *O* abfließende Spülwasser klar und schlammfrei ist. Schließlich werden die Hähne wieder in die ursprüngliche Stellung gebracht und der Apparat von neuem zur Wasserreinigung in Betrieb gesetzt.

4. **Permutitwasserreiniger.** Die Apparatur der Permutitwasserreinigung zeichnet sich durch große Einfachheit aus, da der Reinigungsprozeß durch einfache Filtration vonstatten geht. Aus Abb. 50 ist die Wirkungsweise des Apparates (offene Konstruktion mit oberem Schwimmventil) direkt ersichtlich (s. auch S. 91). Außer offenen werden auch geschlossene Reiniger gebaut (Abb. 50 rechts).

Enteisenung und Entmanganung.

Bei der Enthärtung des Wassers fallen Eisen und Mangan im allgemeinen mit den übrigen Härtebildnern aus. Nur in solchen Fällen, wo keine Enthärtung stattfindet, ist eine besondere Enteisenung unter Umständen erforderlich. Ein Wasser, das über 1 mg Eisen im Liter enthält, scheidet sein Eisen meist bereits beim Stehen an der Luft aus, indem das gewöhnlich als kohlensaures und humussaures Eisenoxydul gebundene Eisen unter Oxydation und Bildung von Eisenoxydhydrat sowie Abspaltung von Kohlensäure ausfällt:

$$2\,FeO \cdot CO_2 + O + 3\,H_2O = 2\,Fe(OH)_3 + CO_2\,.$$

Ganz ähnlich geht die Manganausscheidung vor sich.

Die künstliche Enteisenung und Entmanganung wird in diesem Sinne durch innige Mischung des Wassers mit Luft und weitgehendste Berührung mit Sauerstoff abgebenden Körpern bewirkt. Zerstäubung durch Brauserohre, möglichst große Fallhöhen, Rieselflächen und Kontakt mit der Luft führen in den meisten Fällen zum Ziel. Als geeigneter Sauerstoffüberträger hat sich Eisenoxyd selbst bewährt, während die mit Zinnoxyd imprägnierten Holzspäne sich als unpraktisch und zu kostspielig erwiesen haben.

Die Firma Halvor Breda baut z. B. einen offenen Enteisenungsapparat folgender Wirkungsart. Innerhalb des hohen Behälters, in dem Siebbleche mehrfach übereinander angeordnet sind, zerteilt und mischt sich das Wasser unter inniger Belüftung. Das durch Ventil regulierte Rohwasser fließt zunächst auf die Verteilungsrinne, dann weiter auf die darunter liegenden Rinnen. Auf den Siebblechen befindet sich Koksfüllung, auf der sich der weiter katalytisch wirkende Eisenschlamm abscheidet. Alsdann fließt das Wasser in den gemauerten, innen mit Zement verputzten, wasserdichten Reaktionsraum. Es wird durch eine eiserne Trennungswand gesammelt und nach dem unteren Teil geführt. Von hier steigt es wieder nach oben und fließt nach dem Filter ab. Die Einsteigetür ist während des Betriebes wasserdicht verschlossen. Das Wasser durchdringt im Filter die Filterschicht von oben nach unten, tritt aus dem Kessel heraus und fließt durch das Ventil den Verbrauchsstellen zu. Ein Ventil wird geöffnet, wenn das Filter gewaschen werden soll. Das Rohwasser durchfließt das Filter von unten nach oben und spült den Schlamm durch ein zweites Ventil nach dem Kanal. Gleichzeitig wird das Wühlwerk betätigt. Sobald das Wasser klar abläuft, geht der Betrieb wieder normal weiter.

Wenn das gereinigte Wasser von einem Hochbehälter aus den Verbrauchsstellen zufließen soll, muß es nach der Enteisenung nochmals gehoben werden, so daß hierzu eine zweite Pumpanlage nötig ist. Um diesen Übelstand zu vermeiden, verwendet man neuerdings auch vielfach geschlossene Enteisenungsanlagen, von denen sich z. B. diejenige von Breda bewährt hat.

Die Entmanganung findet gleichzeitig mit der Enteisenung nach dem Lüftungssystem statt. Sie läßt sich aber auch ebenso wie die Enteisenung vermittels des Manganipermutits in sehr vollkommener Weise bewerkstelligen. Zu diesem Zwecke werden die Zeolithe erst mit Mangansalzlösungen umgesetzt und dann durch Oxydation mit Permanganat in höhere Manganoxyde verwandelt. Diese sind imstande, beim Hindurchfiltrieren des Wassers einen Teil ihres Sauerstoffes an das Manganoxydul (und Eisenoxydul) des Wassers abzugeben und dieses entweder als unlösliches Oxyd oder in Form eines Manganomanganites niederzuschlagen.

Entfetten des Kondenswassers.

Oft wird das Kondenswasser von Arbeitsmaschinen und geschlossenen Heizschlangen verwertet und dem Kessel neu zugeführt. In vielen Fällen ist es hierbei erforderlich, das Kondenswasser vorher zu entfetten. Hierzu dienen besondere Filterapparate. Abb. 51 veranschaulicht einen solchen der Firma Dehne.

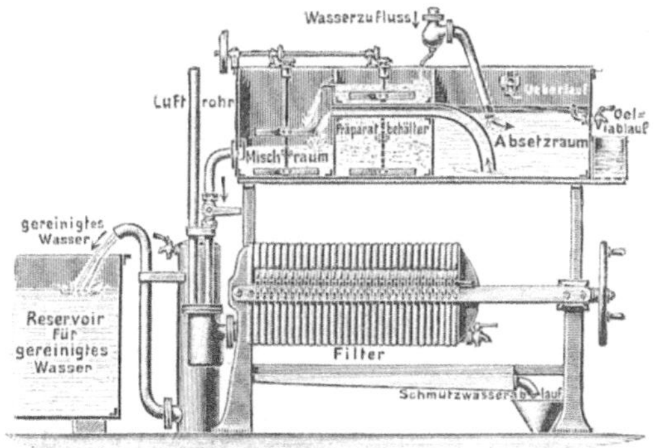

Abb. 51. Apparat zum Entfetten von Kondenswasser (Dehne).

Das Wasser fließt dem dreiteiligen Sammelkasten zu. Der größte Teil des Wassers sammelt sich im ersten Abteil, dem Absetzraum, wo sich die Hauptmenge des Öles durch Aufschwimmen abscheidet, und fließt dann, durch ein Rohr am Boden aufsteigend, das mittlere Abteil überspringend, nach dem dritten Abteil über. Der kleinere Teil des Wassers fließt nach dem mittleren Abteil, dem Präparatbehälter, wo es sich durch fortlaufendes Rühren mit der Entfettungserde mischt und dann als Milch nach dem dritten Abteil überfließt, um sich mit dem vorgeklärten Wasser aus Abteil I zu mischen. Die Entfettungserde übt eine große Adsorptionskraft auf das im Wasser als Emulsion erscheinende Schmieröl aus und saugt sich schwammartig damit voll. Vom Mischbehälter aus läuft das präparierte Wasser dem Filterapparat zu, wo die ölhaltige Entfettungserde als Rückstand bleibt, das Wasser aber vollständig rein und geklärt nach dem Speisekasten abfließt.

Die Abwässer der Textilveredelungsindustrie.

Diese unterscheiden sich von den Abwässern anderer Industrien vielfach dadurch günstig, daß sie allerlei fäulniswidrige Stoffe enthalten. Sie erscheinen ferner fast alle gefärbt; aus diesem Grunde genießen sie im allgemeinen einen schlechten Ruf, vielfach zu Unrecht, denn stark giftige Stoffe werden heute in der Färberei kaum noch gebraucht, nachdem beispielsweise Arsenikbeizen u. a. ganz aus dem Gebrauch geschwunden sind. Auch die Schlammengen in den Textil- und Färbereiabwässern können in der Regel nicht als besonders groß bezeichnet werden. Nur in Bleichereien und Wasserreinigungsanlagen können die Kalkmengen Verschlammungen herbeiführen. Infolge des großen Wasserverbrauches zum Spülen und Waschen der veredelten Fasern ist die Menge der erzeugten Abwässer bedeutend, dafür aber die Verdünnung der abgeleiteten Abfallstoffe meist eine ungeheure. Wenn man bedenkt, daß eine einzige moderne Waschmaschine sehr wohl 100 cbm Wasser in der Stunde verbrauchen kann, so läßt sich daraus berechnen, wieviel tausend Kubikmeter Wasser ein moderner Großbetrieb heute unter Umständen täglich an Wasser verbraucht. Erschwerend bei der Beurteilung des Abwassers ist allerdings der Umstand, daß die Zusammensetzung desselben im Laufe des Tages und während bestimmter Betriebsperioden großen Schwankungen unterworfen ist.

Im übrigen schwankt die Zusammensetzung der Abwässer je nachdem, ob es sich um Bleichereien, Färbereien, Druckereien, Appreturen usw. handelt und dann wieder je nach der Art der verarbeiteten Stoffe, wie Seide, Wolle, Baumwolle, Kunstseide, Hanf, Flachs usw. Auch hier gibt es wiederum eine Anzahl von Sondergruppen: Chlorbleichereien, Schwarzfärbereien, Türkischrot-, Indigo-, Anilinschwarzfärbereien, Kattundruckereien usw., von denen jeder Betrieb sein eigenes Spezialabwasser erzeugt. Doch kann an dieser Stelle nicht näher auf die typischen Zusammensetzungen der einzelnen Betriebsabwässer eingegangen werden.

Beseitigung und Reinigung der Abwässer.

Bei der Mannigfaltigkeit der Abwässer, ihrer Bestandteile und Zusammensetzung, der örtlichen Verhältnisse usw. kann nicht immer ein und dasselbe Beseitigungs- und Reinigungsverfahren angewandt werden, vielmehr ist jedes Wasser je nach örtlichen Verhältnissen besonders zu behandeln.

Für eine anstandslose Abwasserbeseitigung sind folgende Möglichkeiten gegeben.

1. Einfache Verdünnung in einem wasserreichen Vorfluter. Diese Beseitigungsart ist die einfachste und angenehmste. Wie weit die Verdünnung zu geschehen hat, hängt von den örtlichen und sonstigen Umständen ab. Die Verhältnisse in der Färberei-Industrie liegen insofern günstig, als meist schon eine sehr weitgehende Verdünnung der Abwässer vorliegt.

2. Einleitung in schon vorhandene fremde Abwasserkanäle z. B. in die städtischen Kanalisationsanlagen.

3. Versickern im Gelände. Hierfür sind allerdings größere Geländeflächen und sehr gut durchlässiger Boden (insbesondere Sandboden) erforderlich.

Meist wird es möglich sein, die Abwässer nach einem dieser drei Verfahren ohne besondere Vorreinigung zu beseitigen. Ist dies ausnahmsweise nicht der Fall, so ist dringend anzuraten, nicht planlos herumzuexperimentieren, sondern sich mit einem erfahrenen Abwasserfachmann zu beraten und den jeweils besten Weg der Reinigung zu wählen. Nachfolgend seien die wichtigsten Reinigungsmethoden kurz umrissen, von denen für Färbereiabwässer wohl nur die mechanische Reinigung in Frage kommt, weil die anderen Verfahren zu kostspielig sind und wohl nur ausnahmsweise für einen kleinen Bruchteil des anfallenden Abwassers angewandt werden dürften.

Dem Grundsatz nach unterscheidet man die mechanische, chemische und biologische Abwässerreinigung.

Die mechanische Reinigung bezweckt die Absonderung der gröberen, schwebenden Stoffe und geschieht durch feste oder bewegliche Rechen, Bürsten, Siebe u. dgl. Zur Abscheidung aller mechanischen Verunreinigungen läßt man das Wasser durch Absatzbehälter in wagerechter Richtung oder durch Brunnen bzw. Türme in senkrechter Richtung hindurchfließen (Kläranlagen und Klärbecken). Vermittels regulärer Filter kommt man nicht weit genug, weil sie zu schnell verschlammen und dann versagen.

Auch das Kohlebreiverfahren wird zu der mechanischen Reinigung gerechnet. Nach O. Schmidts Patenten wird Braunkohle naß aufs feinste gemahlen und der dünne Brei ununterbrochen zu den zu reinigenden Abwässern zufließen gelassen und innigst gemischt. Nachdem die Einwirkung eine kurze Zeit stattgefunden hat, wird eine zur raschen Fällung der noch suspendierten Humusstoffe genügende, nicht aber überschüssige Menge löslicher Salze des Eisens, Aluminiums und Magnesiums zutropfen gelassen. Der Schlamm wird brikettiert und zu Feuerungszwecken verwendet. Ähnlich dem Schmidtschen ist das Degenersche Verfahren.

Die chemische Reinigung bewirkt die Fällung der Verunreinigungen der Abwässer. Hierbei bilden die chemischen Zusätze teilweise Zersetzungen oder Vereinigungen mit den Bestandteilen der Abwässer, teilweise befördern sie nur das Absetzen der suspendierten Stoffe. Der Zusatz dieser Chemikalien geschieht meist ununterbrochen, indem die Lösung in gleichmäßigem Strome zufließt. Das am häufigsten angewandte Mittel ist Kalk, alsdann Chlormagnesium und Tonerdesulfat. Diese Mittel sind geeignet, Farbstoffe, Seifen, Metallsalze niederzuschlagen und freie Säuren abzusättigen. Außer diesen Stoffen ist eine große Zahl anderer Chemikalien für den Zweck empfohlen worden; zum Teil kommen auch Geheimmittel in den Handel.

Nach dem biologischen oder Oxydationsverfahren werden die Abwässer durch Oxydationsfilter geleitet, die aus einer gleichmäßigen grobkörnigen Schicht von Schlacke, Kies, Koks, Ziegelbrocken usw. besteht. Der Oxydationskörper braucht eine gewisse Zeit, um „eingearbeitet" zu sein und seine volle Wirksamkeit zu erlangen. In ihm entwickelt sich eine sehr reichhaltige Flora und Fauna von niederen und höheren Organismen. Seine Nahrungsstoffe nimmt das ganze organische Leben aus dem Abwasser, den nötigen Sauerstoff aus der Atmosphäre; anderseits wird Kohlensäure erzeugt. Die Wirkungsart dieses Verfahrens ist wissenschaftlich noch nicht genügend geklärt.

Kurz erwähnt sei auch noch das Ozonverfahren. Durch stille Entladung ozonisierte Luft strömt dem von oben über grobkörniges Material herabrieselnden Wasser entgegen, oder die ozonhaltige Luft streicht, am Boden einer Flüssigkeitssäule eingeführt, in Gestalt von Luftbläschen hindurch. Das Verfahren stellt sich in der Praxis zu kostspielig und ist nicht über das Versuchsstadium hinausgekommen.

Schließlich sei noch das Berieselungsverfahren erwähnt, das vor allem große Rieselflächen erfordert. Die bedeutendsten Rieselanlagen der Welt sind diejenigen Berlins.

Das Preußische Wassergesetz.

Bei der großen Bedeutung der Verunreinigung der natürlichen Flußläufe durch gewerbliche Abwässer in hygienischer Beziehung und in bezug auf Land- und Forstwirtschaft, Fisch- und Viehzucht usw. ist es seit langer Zeit Sorge der Behörden und Regierungen gewesen, alle Teile gerecht behandelnde Vorschriften und Gesetze hierüber zu erlassen. Wie groß die Schwierigkeiten hierbei sind, beweist u. a. der Umstand, daß es bis heute nicht gelungen ist, eine alle Teile befriedigende Lösung der Frage zu finden, und daß sich in dem einen Falle die eine, in dem anderen Falle die andere Seite schwer benachteiligt fühlt. Die einzelnen Gesetze und Verordnungen weichen dann auch vielfach voneinander wesentlich ab. Erwähnt seien nur u. a. die badische Verordnung vom 11. Oktober 1884 für den Rheinstrom, für andere Wasserläufe, Entwurf einer Polizeiverordnung für die Provinz Sachsen, das englische Gesetz von 1886, die Entwürfe von König, von F. Hulwa und C. Weigelt und etwa 50—60 preußische Gesetze. Für Preußen sind die Abwasservorschriften durch das preußische Wassergesetz vom 7. April 1913, seit dem 1. April 1914 in Kraft, nunmehr einheitlich geregelt. Wegen der Bedeutung dieses Gesetzes für die ganze Textilveredelungsindustrie Preußens seien nachstehend die wichtigsten technischen Punkte des Gesetzes im Auszuge wiedergegeben[1]).

§ 19. 1. Es ist verboten, Erde, Sand, Schlacken, Steine, Holz, feste und schlammige Stoffe sowie tote Tiere in einen Wasserlauf einzubringen. Ebenso ist verboten, solche Stoffe an Wasserläufen abzulagern, wenn die Gefahr besteht, daß diese Stoffe hineingeschwemmt werden. Ausnahmen kann die Wasserpolizei zulassen, wenn daraus nach ihrem Urteil eine für andere nachteilige Veränderung

[1]) Näheres s. J. Hermes: Das preußische Wassergesetz vom 7. April 1913 (mit Einleitung und Erläuterungen). Berlin 1913. — A. Kloess: Kommentar zum Wassergesetz für das Königreich Preußen vom 7. April 1913. Berlin 1913.

der Vorflut oder eine schädliche Verunreinigung des Wassers nicht zu erwarten ist. Wird die Unterhaltungslast erschwert, so darf die Wasserpolizeibehörde die Ausnahme nur mit Zustimmung des Unterhaltungspflichtigen zulassen.

2. Die Vorschriften des Absatzes 1 gelten nicht für das Einbringen von Fischnahrung, jedoch ist die Wasserpolizeibehörde befugt, das Einbringen zu untersagen, wenn dadurch das Wasser zum Nachteil anderer verunreinigt wird. Dasselbe gilt für die Düngung künstlicher teichartiger Erweiterungen von Wasserläufen, die der Fischzucht oder Fischhaltung dienen.

3. Die Entnahme von Pflanzen, Schlamm, Erde, Sand, Kies und Steinen aus einem Wasserlauf kann, wenn es das öffentliche Interesse erfordert, durch Anordnung der Wasserpolizei geregelt oder beschränkt werden.

§ 20. 1. Es ist verboten, Hanf und Flachs in einem Wasserlauf zu rösten.

2. Der Bezirksausschuß kann Ausnahmen widerruflich zulassen ... Die Zulassung ist jedoch ohne Einfluß auf die Haftung für den entstehenden Schaden.

§ 21. Die Wasserpolizeibehörde ist befugt, die Benutzung eines Wasserlaufes zu beschränken oder zu untersagen, soweit nicht ein Recht zur Benutzung besteht oder die Benutzung nach den Vorschriften über den Gemeingebrauch gestattet ist. Solche Verfügungen sind mit Gründen zu versehen.

§ 22. 1. Die Errichtung oder wesentliche Veränderung von Anlagen in Wasserläufen erster und zweiter Ordnung bedarf der Genehmigung der Wasserpolizeibehörde; das gleiche kann für natürliche Wasserläufe dritter Ordnung durch Polizeiverordnung bestimmt werden. Ausgenommen sind Anlagen, die auf Grund eines gesetzlich geordneten Verfahrens oder zur Erfüllung der gesetzlichen Unterhaltungspflicht ausgeführt werden.

§ 23. 1. Wer Wasser oder andere flüssige Stoffe über den Gemeingebrauch hinaus in einen Wasserlauf einleiten will, hat dies vorher der Wasserpolizeibehörde anzuzeigen. Ist diese der Ansicht, daß der beabsichtigten Einleitung polizeiliche Rücksichten oder die Beschränkungen des § 41 entgegenstehen, so hat sie die Einleitung unter Angabe der Gründe zu untersagen; andernfalls hat sie dem Anzeigenden mitzuteilen, daß von Polizei wegen keine Bedenken gegen die Einleitung zu erheben seien und dieses in ortsüblicher Weise bekanntzumachen. Sie kann Vorkehrungen angeben, durch die ihr Widerspruch beseitigt werden kann.

2. Die Wasserpolizeibehörde entscheidet, von dringlichen Fällen abgesehen, bei Wasserläufen zweites und drittes Ordnung nach Anhörung des Schauamtes.

3. Vor der Mitteilung (Abs. 1) ist die Einleitung nicht zulässig.

4. Diese Vorschriften sind nicht anzuwenden, wenn das Recht zur Einleitung durch Verleihung erworben ist oder beim Inkrafttreten dieses Gesetzes besteht und nach den §§ 379—381 aufrechterhalten bleibt, oder wenn die Einleitung von einer anderen zuständigen Polizeibehörde zugelassen oder nach den §§ 16—25 der Gewerbeordnung gestattet ist.

5. Der Oberpräsident — in den Hohenzollernschen Landen der Regierungspräsident — kann nach Anhörung der Schauämter und des Wasserbeirats (§ 367) für alle oder einzelne Wasserläufe festsetzen, daß es für die Einleitung bestimmter Arten oder Mengen von Flüssigkeiten keiner Anzeige bedarf, wenn sie gemeinüblich und unter den gegebenen Verhältnissen keine Schädigung von ihr zu befürchten ist.

§ 24. 1. Für den Schaden, der durch die unerlaubte Verunreinigung eines Wasserlaufes entsteht, haftet, selbst wenn eine solche nach § 23 nicht beanstandet ist, der Unternehmer der Anlage, von der die Verunreinigung herrührt. Die Haftung ist ausgeschlossen, wenn der Unternehmer zur Verhütung der Verunreinigung die im Verkehr erforderliche Sorgfalt beobachtet hat.

2. Rührt die Verunreinigung von mehreren Anlagen her, so haften die Unternehmer als Gesamtschuldner.

§ 25. 1. Die natürlichen Wasserläufe erster Ordnung darf jedermann zum Baden, Waschen, Schöpfen mit Handgefäßen, Viehtränken, Schwemmen, Kahnfahren, Eislaufen sowie zur Entnahme von Wasser und Eis für die eigene Haushaltung und Wirtschaft benutzen, wenn dadurch andere nicht benachteiligt werden. Mit derselben Beschränkung ist jedem gestattet, in die natürlichen Wasserläufe Wasser sowie die in der Haushaltung und Wirtschaft entstehenden Abwässer einzuleiten. Hierunter fällt jedoch nicht die Einleitung von Abwässern mittels gemeinsamer Anlagen.

2. Als Wirtschaft gelten der landwirtschaftliche Haus- und Hofbetrieb, mit Ausschluß der landwirtschaftlichen Nebenbetriebe, und kleingewerbliche Betriebe von geringem Umfange.

§ 40. 1. Das dem Eigentümer als solchem zustehende Recht, den Wasserlauf zu benutzen, unterliegt, unbeschadet der §§ 20—24, den in den §§ 41—45 vorgesehenen Beschränkungen.

2. Dies gilt insbesondere von dem Rechte:

1. das Wasser zu gebrauchen und zu verbrauchen, namentlich auch, es oberirdisch oder unterirdisch, unmittelbar oder mittelbar abzuleiten,

2. Wasser oder andere flüssige Stoffe oberirdisch oder unterirdisch, unmittelbar oder mittelbar einzuleiten,

3. den Wasserspiegel zu senken oder zu heben, namentlich durch Hemmung des Wasserablaufs eine dauernde Ansammlung von Wasser herbeizuführen.

§ 41. 1. Durch die Benutzung darf zum Nachteil anderer weder die Vorflut verändert, noch das Wasser verunreinigt,

2. der Wasserstand nicht derart verändert werden, daß andere in der Ausübung ihrer Rechte am Wasserlauf beeinträchtigt oder fremde Grundstücke beschädigt werden.

§ 46. 1. Durch Verleihung können an Wasserläufen folgende Rechte erworben werden: Den Wasserlauf in einer der im § 40 Abs. 2 bezeichneten Arten zu benutzen.

§ 47. 3. Ist von der beabsichtigten Benutzung eine Verunreinigung des Wasserlaufes zu erwarten, so darf die Verleihung nur unter Vorbehalt erhöhter Anforderungen in bezug auf Reinigung der Abwässer erteilt werden.

§ 50. 1. Sind von der beabsichtigten Benutzung des Wasserlaufes nachteilige Wirkungen zu erwarten, durch die das Recht eines anderen beeinträchtigt werden würde, und lassen sie sich durch Einrichtungen verhüten, die mit dem Unternehmen vereinbart und wirtschaftlich gerechtfertigt sind, so ist die Verleihung nur unter der Bedingung zu erteilen, daß der Unternehmer diese Einrichtungen trifft. Auch ist ihm deren Unterhaltung aufzuerlegen, soweit diese Unterhaltungslast über den Umfang einer bestehenden Verpflichtung zur Unterhaltung vorhandener, demselben Zwecke dienender Einrichtungen hinausgeht.

2. Sind solche Einrichtungen nicht möglich, so ist die Verleihung zu versagen, wenn derjenige, der von der nachteiligen Wirkung betroffen werden würde, der Verleihung widerspricht. Dies gilt jedoch nicht, wenn einerseits das Unternehmen anders nicht zweckmäßig oder doch nur mit erheblichen Mehrkosten durchgeführt werden kann, andererseits der daraus zu erwartende Nutzen den Schaden des Widersprechenden erheblich übersteigt und, wenn ein auf besonderem Titel beruhendes Recht zur Benutzung des Wasserlaufs zusteht, außerdem Gründe des öffentlichen Wohls vorliegen; ein nach dem 1. Januar 1912 durch Rechtsgeschäft mit dem Eigentümer begründetes Recht kommt hierbei nicht in Betracht.

§ 51. 1. Soweit je im § 50 bezeichneten nachteiligen Wirkungen nicht durch Einrichtungen verhütet werden, hat der Unternehmer den davon Betroffenen Entschädigung zu entrichten.

§ 57. Ist zu erwarten, daß die beabsichtigte Benutzung des Wasserlaufs den Gemeingebrauch unmöglich machen oder wesentlich erschweren würde, so ist, wenn diese Wirkung durch Einrichtungen (usw., s. § 50) verhütet werden kann, dem Unternehmer aufzuerlegen, solche Einrichtungen herzustellen und zu unterhalten (§ 50).

§ 65. 1. Dem Antrag auf Verleihung sind die erforderlichen Zeichnungen und Erläuterungen beizufügen.

2. Ist der Antrag offenbar unzulässig, so kann er ohne weiteres durch einen mit Gründen versehenen Beschluß zurückgewiesen werden.

3. Andernfalls ist die beabsichtigte Benutzung des Wasserlaufs in ortsüblicher Weise in allen Gemeinden (Gutsbezirken) öffentlich bekanntzumachen ...

§ 66. 1. Die Bekanntmachung muß angeben, wo die ausgelegten Zeichnungen usw. eingesehen und bei welcher Behörde Widersprüche sowie Ansprüche usw. erhoben werden können ...

§ 84. 1. Wegen überwiegender Nachteile oder Gefahren für das öffentliche Wohl kann die Verleihung auf Antrag des Staates, eines Kommunalverbandes oder einer anderen öffentlich-rechtlichen Körperschaft oder der Wasserpolizeibehörde gegen Entschädigung des Unternehmers durch Beschluß der Verleihungsbehörde jederzeit zurückgenommen oder beschränkt werden.

§ 85. 1. Ohne Entschädigung kann die Verleihung durch Beschluß der Verleihungsbehörde auf Antrag der Wasserpolizeibehörde zurückgenommen werden:

1. Wenn die Verleihung auf Grund von Nachweisungen, die in wesentlichen Punkten unrichtig sind, erteilt ist ...

2. wenn der Unternehmer die Ausübung des verliehenen Rechtes aufgibt ...

3. wenn das verliehene Recht für das Unternehmen unbrauchbar oder überflüssig geworden ist,

4. wenn der Unternehmer trotz Aufforderung der Wasserpolizeibehörde die ihm auferlegten Bedingungen in wesentlichen Punkten wiederholt nicht erfüllt ...

§ 196. Der Eigentümer eines Grundstücks kann über das auf oder unter der Oberfläche befindliche Wasser verfügen, soweit sich nicht aus diesem Gesetz, insbesondere aus den Vorschriften über die Wasserläufe und ihre Benutzung, ein anderes ergibt oder Rechte Dritter entgegenstehen.

1. Der Eigentümer eines Grundstücks darf das unterirdische Wasser zum Gebrauch oder Verbrauch nicht dauernd in weiterem Umfange als für die eigene Haushaltung und Wirtschaft (§ 25, Abs. 4) zutage fördern, wenn dadurch

1. der Wassergewinnungsanlage oder der benutzten Quelle eines anderen das Wasser entzogen oder wesentlich geschmälert oder

2. die bisherige Benutzung des Grundstücks eines anderen erheblich beeinträchtigt oder

3. der Wasserstand eines Wasserlaufs oder eines Sees (§ 199) derart verändert wird, daß andere in der Ausübung ihrer Rechte daran beeinträchtigt werden.

2. Den Geschädigten steht kein Anspruch auf Unterlassung zu, wenn der aus der Zutageförderung zu erwartende Nutzen den ihnen erwachsenden Schaden erheblich übersteigt, oder wenn das Unternehmen, für das die Zutageförderung erfolgt, dem öffentlichen Wohle dient. Sie können jedoch die Herstellung von Einrichtungen fordern, wenn solche Einrichtungen ... Unter Umständen ist insofern Schadenersatz zu leisten, als die Billigkeit ... erfordert.

§ 202. 1. Der Eigentümer eines Grundstücks ist nicht berechtigt, Stoffe in den Boden einzubringen oder einzuleiten, durch die das unterirdische Wasser, ein Wasserlauf oder ein See (§ 199) zum Nachteil anderer verunreinigt wird.

2. Auf die Düngung von Grundstücken ist die Vorschrift des Abs. 1 nicht anzuwenden.

§ 332. 1. Zugunsten eines Unternehmens, das die Entwässerung oder Bewässerung von Grundstücken, die Wasserbeschaffung zu häuslichen oder gewerblichen Zwecken oder die Beseitigung von Abwässern bezweckt, kann der Unternehmer unter den Voraussetzungen des § 331, Abs. 1 von den Eigentümern der dazu erforderlichen Grundstücke verlangen, daß sie die oberirdische oder unterirdische Durchleitung von Wasser und die Unterhaltung der Leitungen gegen Entschädigung dulden. Vorstehende Bestimmung ist auch gegen den Eigentümer eines Wasserlaufs anzuwenden.

2. Unreines Wasser darf jedoch nur mittels geschlossener, wasserdichter Leitungen durchgeleitet werden, wenn die Durchleitung sonst Nachteile oder Belästigungen für die Grundstückseigentümer zur Folge haben würde.

3. Ein auf Grund des Abs. 1 erhobener Anspruch kann zurückgewiesen werden, wenn durch das Unternehmen wichtige öffentliche Interessen geschädigt werden würden.

§ 342. 1. Wasserpolizeibehörde ist:

1. Für Wasserläufe erster Ordnung der Regierungspräsident;

2. für Wasserläufe zweiter Ordnung und die nicht zu den Wasserläufen gehörenden Gewässer der Landrat, in Stadtkreisen die Ortspolizeibehörde. Die Städte, deren Polizeiverwaltung der Aufsicht des Landrats nicht untersteht, stehen den Stadtkreisen gleich;

3. für Wasserläufe dritter Ordnung die Ortspolizeibehörde.

§ 356. 1. Für Wasserläufe zweiter und dritter Ordnung sind Schauämter durch Polizeiverordnung (Schauordnung) zu bilden.

§ 357. Die Schauämter haben die Wasserläufe ihrer Bezirke nach Bedarf zu schauen und festzustellen, ob die Wasserläufe und ihre Ufer ordnungsmäßig unterhalten werden, und ob eine unzulässige Verunreinigung stattgefunden hat. Vorgefundene Mängel haben sie der Wasserpolizeibehörde mitzuteilen.

§ 361. Regelt die Zusammensetzung des Schauamtes.

§ 367. Für jede Provinz wird ein Wasserbeirat gebildet . . .

§ 368. Regelt die Ernennung des Vorsitzenden des Wasserbeirats usw.

§ 374. 375. 376. Strafen für Zuwiderhandlungen.

§ 377. Betrifft die Sachverständigenpflichten und die Strafen für Verrat von Betriebsgeheimnissen, Nachahmung von Verfahren, die zu ihrer Kenntnis gelangt sind usw.

Das durch das Wassergesetz gegründete Landeswasseramt, das die höchste preußische Instanz für die Entscheidung wasserrechtlicher Fragen war, ist im Jahre 1924 aufgehoben worden und dafür ein Senat des Oberverwaltungsgerichtes bestellt worden, der die Bezeichnung „Wasserwirtschaftlicher Senat" führt.

Die chemischen Hilfsstoffe der Textilveredelungsindustrie.

(Chemikalien, Beizen, Bleichmittel usw.)[1].

Andés, L.: Wasch-, Bleich-, Blau-, Stärke- und Glanzmittel. — Dekker: Die Gerbstoffe. — Ebert und Nussbaum: Hypochlorite und elektrische Bleiche. — Erban, Fr.: Die Anwendung von Fettstoffen und daraus hergestellten Produkten der Textilindustrie. — Ganswindt, A.: Einführung in die moderne Färberei. — Grün, Ad.: Analyse der Fette und Wachse. — Heermann, P.: Färberei- und textilchemische Untersuchungen. — Hefter, G.: Technologie der Fette und Öle. — Herzfeld - Schneider: Die Bleichmittel, Beizen und Farbstoffe. — v. Hölbling: Die Fabrikation der Bleichmaterialien. — Holde: Untersuchung der Kohlenwasserstoffe und Fette. — Jellineck: Das Hydrosulfit. — Lewkowitsch, J.: Chemische Technologie und Analyse der Öle, Fette und Wachse. — Massot, W.: Anleitung zur qualitativen Appretur- und Schlichteanalyse. — Polleyn, F.: Die Appreturmittel und ihre Verwendung. — Ristenpart - Herzfeld: Die chemischen Hilfsmittel zur Veredlung der Gespinstfasern. — Ubbelohde und Goldschmidt: Handbuch der Chemie und Technologie der Öle und Fette. — Walland, H.: Kenntnis der Wasch-, Bleich- und Appreturmittel. — Ferner allgemeine Werke über Färberei, wie z. B. diejenigen von v. Georgievics, Knecht - Rawson - Löwenthal, Witt - Lehmann sowie zahlreiche Veröffentlichungen der Farbenfabriken.

Säuren.

Die wichtigsten in der Textilveredelungsindustrie verwendeten Säuren sind: Schwefelsäure, Salzsäure, Schwefligsäure, Essigsäure, Ameisensäure, Oxalsäure, Weinsäure, Milchsäure und Zitronensäure. Sie werden zu den verschiedensten Zwecken und für die verschiedensten Fasern verwendet, wobei die verwendete Säure vielfach auch durch andere Säuren

[1]) Die Einteilung des Stoffes ist eine rein chemische und nicht nach den Verwendungszwecken bzw. den einzelnen Zweigen der Industrie geordnet. Die Untersuchung und Prüfung der Chemikalien ist speziellen analytischen Werken vorbehalten (s. Heermann: Färberei- und textilchemische Untersuchungen).

ersetzt werden kann. In vielen Fällen kommt es nur auf den Preis des Materials an, die Frage ist dann eine rein ökonomische. In anderen Fällen ist eine Säure schwer oder gar nicht durch andere Säuren ersetzbar; dieses trifft zu, wenn es sich um die spezifischen und nicht nur um die azidischen Eigenschaften einer Säure handelt. Man muß somit den azidischen von dem spezifischen Nutzungseffekt unterscheiden. Der erste steht, abgesehen von der jeweiligen Konzentration, in direkter Abhängigkeit von der Molekulargröße bzw. dem Äquivalentgewicht, der zweite von den spezifischen Eigenschaften der chemischen Verbindung. In den weitaus meisten Fällen kommen beide Nutzungseffekte gleichzeitig zur Geltung, wenngleich der eine oder der andere meist im Vordergrunde steht. Handelt es sich lediglich um den azidischen Nutzungseffekt, z. B. beim Neutralisieren eines Alkalis, so ist die Preisfrage entscheidend. Tabelle 1 zeigt die azidischen Nutzungseffekte als Verhältniszahlen der wichtigsten fünf flüssigen Säuren, Tabelle 2 zeigt einige spezifische Eigenschaften dieser Säuren.

Tabelle 1. Verhältniszahlen der azidischen Nutzungseffekte.

Schwefelsäure 60° Bé		Schwefelsäure 66° Bé		Salzsäure 20° Bé		Essigsäure 30 proz.		Ameisensäure 85 proz.		Milchsäure 50 proz.
62,6 T.[1])	=	52,1 T.	=	121,5 T.	=	200 T.	=	54,1 T.	=	180 T.
100 T.	=	83,2 T.	=	194 T.	=	319,5 T.	=	86,4 T.	=	287,5 T.
120,1 T.	=	**100** T.	=	233,2 T.	=	383,9 T.	=	103,8 T.	=	345,5 T.
51,5 T.	=	42,9 T.	=	**100** T.	=	164,6 T.	=	44,5 T.	=	148,1 T.
31,3 T.	=	26,1 T.	=	60,7 T.	=	**100** T.	=	27 T.	=	90 T.
115,7 T.	=	96,3 T.	=	224,6 T.	=	369,7 T.	=	**100** T.	=	332,7 T.
34,8 T.	=	28 T.	=	67,5 T.	=	111 T.	=	30 T.	=	**100** T.

Die spezifischen Nutzungseigenschaften der Säuren lassen sich nicht zahlenförmig wiedergeben; die nachstehende Tabelle 2 kann deshalb auch nicht den Anspruch auf buchstäbliche Gültigkeit erheben. Manche als Nachteil oder Vorzug aufgeführten Eigenschaften sind als solche nur ganz allgemein anzusehen, bilden aber in besonderen Fällen Ausnahmen, so daß eine im allgemeinen als Nachteil gekennzeichnete Eigenschaft in besonderen Fällen einen Vorzug, ja selbst ein Erfordernis darstellen kann. So ist z. B. die Nichtflüchtigkeit der Schwefelsäure im allgemeinen als ein Nachteil anzusehen, sie kann aber in bestimmten Fällen einen Vorzug bilden; dieselbe Eigenschaft bei der Milch-, Wein- und Zitronensäure ist sogar angesichts deren Verwendungszwecke als ein Vorzug aufzufassen. Die Schärfe und korrodierenden, zerstörenden Eigenschaften der Schwefel- und Salzsäure sind in den meisten Fällen als ein Hinderungsgrund ihrer Verwendbarkeit, also als Nachteil, aufzufassen; bei der Karbonisation der Wolle (s. d.), wo die Zerstörung der pflanzlichen Fasern bezweckt wird, ist diese Eigenschaft dagegen Erfordernis und Vorbedingung der Verwendung, also auch ein Vorzug. Umgekehrt kann eine im allgemeinen als Vorzug gekennzeichnete Eigenschaft in besonderen Fällen einen Nachteil bedeuten.

[1]) T. bedeutet überall Gewichtsteile.

Tabelle 2. Spezifische Nutzungseigenschaften der Säuren.

Säure	Spezifische Nachteile (bei den meisten Verwendungsarten)	Spezifische Vorzüge (bei den meisten Verwendungsarten)
Schwefelsäure	Scharfe und ätzende Eigenschaften. Nichtflüchtigkeit. Schwerlöslichkeit des Kalksalzes. Wasseranziehung.	Wirksamkeit. Billigkeit.
Salzsäure	Scharfe und ätzende Eigenschaften. Schädlichkeit der Salzsäuregase.	Wirksamkeit. Flüchtigkeit. Billigkeit. Leichtes Lösen der Metalloxyde. Leichtlöslichkeit des Kalksalzes.
Essigsäure	Ziemlich hoher Preis. Vielfach zu geringe Wirksamkeit.	Milde. Leichtlöslichkeit des Kalksalzes. Flüchtigkeit.
Ameisensäure	Ziemlich hoher Preis. Stechende Gase.	Milde bei großer Wirksamkeit. Flüchtigkeit. Leichtlöslichkeit des Kalksalzes. Reduzierungsvermögen.
Milchsäure	Ziemlich hoher Preis. Vielfach zu geringe Wirksamkeit.	Milde. Nichtflüchtigkeit. Leichtlöslichkeit des Kalksalzes. Reduzierungsvermögen.
Weinsäure	Hoher Preis. Schwerlöslichkeit des Kalksalzes. Vielfach zu geringe Wirksamkeit.	Milde. Nichtflüchtigkeit. Reduzierungsvermögen.
Zitronensäure	Hoher Preis. Schwerlöslichkeit des Kalksalzes. Vielfach zu geringe Wirksamkeit.	Milde. Nichtflüchtigkeit. Griffverleihungsvermögen.

Schwefelsäure. $H_2SO_4 = 98{,}1$[1]; in jedem Verhältnis mit Wasser mischbar.

Schwere, stark ätzende Flüssigkeit, in reinem Zustande wasserhell, als technische Ware meist etwas gelblich bis bräunlich. Sie kommt in den Handel als Kammersäure von 50—53° Bé, als 60gradige, als 66gradige (93—95%), als extra konzentrierte Säure (96—98%), als technisches Monohydrat und als rauchende Schwefelsäure. Ihr Säuregehalt wird vermittels des Aräometers oder der Titration bestimmt; ersteres Verfahren versagt bei den höheren Konzentrationen (s. Tabelle), deshalb ist die Titration hier besonders, aber auch sonst, zuverlässiger.

Die häufigsten von der Fabrikation herrührenden Verunreinigungen sind: Salzsäure, Stickstoffoxyde, Sulfate des Natriums, Kalziums, Eisens, Bleis, schweflige Säure, Flußsäure, Arsen.

Die Darstellung der Schwefelsäure erfolgt a) nach dem altem Bleikammerverfahren. Schwefel, insbesondere in Form von Eisenkies, FeS_2, oder von Zinkblende, ZnS, wird in Röstöfen unter Luftzutritt erhitzt, wobei sich Schwefeldioxyd, SO_2, entwickelt. Mit Hilfe von Salpetersäure bzw. dessen Zersetzungsprodukt (Stickstoffdioxyd oder NO_2) wird die Oxydation der schwefligen Säure bewirkt: $H_2SO_3 + NO_2 = H_2SO_4 + NO$. Das dabei entstehende Stickstoffoxyd, NO, wirkt als Sauerstoffüberträger, indem es kontinuierlich Sauerstoff aufnimmt und wieder abgibt ($NO + O = NO_2$). In Wirklichkeit verläuft der

[1] Die Molekulargewichte sind in diesem Abschnitt, da nur für technische Zwecke angeführt, auf 0,1 abgerundet.

Volumgewicht der Schwefelsäure bei +15° (Kolb).

Grade Baumé	Vol.-Gew.	100 Gew.-Teile enthalten Prozent H_2SO_4	1 l enthält in kg H_2SO_4	Grade Baumé	Vol.-Gew.	100 Gew.-Teile enthalten Prozent H_2SO_4	1 l enthält in kg H_2SO_4
0	1,000	0,9	0,009	34	1,308	40,2	0,526
1	1,007	1,9	0,019	35	1,320	41,6	0,549
2	1,014	2,8	0,028	36	1,332	43,0	0,573
3	1,022	3,8	0,039	37	1,345	44,4	0,597
4	1,029	4,8	0,049	38	1,357	45,5	0,617
5	1,037	5,8	0,060	39	1,370	46,9	0,642
6	1,045	6,8	0,071	40	1,383	48,3	0,668
7	1,052	7,8	0,082	41	1,397	49,8	0,696
8	1,060	8,8	0,093	42	1,410	51,2	0,722
9	1,067	9,8	0,105	43	1,424	52,8	0,749
10	1,075	10,8	0,116	44	1,438	54,0	0,777
11	1,083	11,9	0,129	45	1,453	55,4	0,805
12	1,091	13,0	0,142	46	1,468	56,9	0,835
13	1,100	14,1	0,155	47	1,483	58,3	0,864
14	1,108	15,2	0,168	48	1,498	59,6	0,893
15	1,116	16,2	0,181	49	1,514	61,0	0,923
16	1,125	17,3	0,195	50	1,530	62,5	0,956
17	1,134	18,5	0,210	51	1,540	64,0	0,990
18	1,142	19,6	0,224	52	1,563	65,5	1,024
19	1,152	20,8	0,233	53	1,580	67,0	1,059
20	1,162	22,2	0,258	54	1,597	68,6	1,095
21	1,171	23,3	0,273	55	1,615	70,0	1,131
22	1,180	24,5	0,289	56	1,634	71,6	1,170
23	1,190	25,8	0,307	57	1,652	73,2	1,210
24	1,200	27,1	0,325	58	1,672	74,7	1,248
25	1,210	28,4	0,344	59	1,691	76,4	1,292
26	1,220	29,6	0,361	60	1,711	78,1	1,336
27	1,231	31,0	0,382	61	1,732	79,0	1,384
28	1,241	32,2	0,400	62	1,753	81,7	1,432
29	1,252	33,4	0,418	63	1,774	84,1	1,492
30	1,263	34,7	0,438	64	1,796	86,5	1,554
31	1,274	36,0	0,459	65	1,819	89,7	1,632
32	1,285	37,4	0,481	66	1,842	100,0	1,842
33	1,297	38,8	0,503				

Für Schwefelsäure mit mehr als 90% H_2SO_4 sind die Bestimmungen von Kolb unzuverlässig.

Prozeß viel komplizierter und ist bis zum heutigen Tage Gegenstand wissenschaftlicher Auseinandersetzungen. Als wichtige Teile der Apparatur sind der Glover- und der Gay-Lussac-Turm zu bezeichnen. Am Boden der Bleikammern sammelt sich die sogenannte Kammersäure, eine verdünnte, 50—65 proz. Schwefelsäure an. Diese wird zuerst in Bleipfannen und dann in Platingefäßen od. ä. durch Abdampfen des Wassers bis auf 95—98% konzentriert. Durch die Gaillard-Türme und die Schalenapparate wird Platin entbehrlich und durch Quarzschalen ersetzt. Chemisch reine Säure wird durch fraktionierte Destillation erhalten. b) Nach dem Kontaktverfahren wird direkt Schwefeltrioxyd oder Schwefelsäureanhydrid (SO_3) hergestellt, indem ein Gemisch von Schwefeldioxyd und Luft über erhitzten platinierten Asbest, der den Luftsauerstoff auf die Schwefligsäure überträgt, geleitet wird. Das so entstehende Schwefeltrioxyd bildet farblose Kristalle, die beim Aufbewahren die Form von weißen, glänzenden, asbestartig verfilzten Nadeln annehmen. Es zieht aus der Luft begierig Wasser an, indem es starke Rauchwolken bildet und liefert mit Wasser unter Zischen und starker Wärmeentwicklung die Schwefelsäure: $SO_3 + H_2O = H_2SO_4$.

Volumgewicht höchstkonzentrierter Schwefelsäure bei 15° (Lunge und Naef).

Proz. H_2SO_4	Vol.-Gew.	Grade Baumé	Proz. H_2SO_4	Vol.-Gew.	Grade Baumé
90	1,8185	65,1	*95,97	1,8406	
*90,20	1,8195		96	1,8406	66,0
91	1,8241	65,4	97	1,8410	
*91,48	1,8271		*97,70	1,8413	
92	1,8294	65,6	98	1,8412	
*92,83	1,8334		*98,39	1,8406	
93	1,8339	65,8	*98,66	1,8409	
94	1,8372	65,9	99	1,8403	
*94,84	1,8387		*99,47	1,8395	
95	1,8390	66,0	*100,00	1,8384	

Die mit * bezeichneten Werte sind direkt beobachtet, die anderen sind interpoliert. Die Werte beziehen sich auf chemisch reine Säure; bei Schwefelsäure des Handels sind die spezifischen Gewichte der höchsten Konzentrationen höher.

Eigenschaften der Schwefelsäure. Spezifisches Gewicht = 1,84; bei gewöhnlicher Temperatur nicht flüchtig; Siedepunkt = 338° C, hierbei findet teilweise Zersetzung statt. Verdrängt andere Säuren aus ihren Salzen, ist stark wasseranziehend und erwärmt sich bei Zusatz von Wasser fast explosionsartig. Beim Verdünnen ist die Säure in dünnem Strahl unter Rühren in das Wasser zu gießen, nicht umgekehrt. Organische Stoffe (Zucker, Stärke, Zellulose usw.) werden unter Umständen bis zur Verkohlung zersetzt (s. Karbonisation). Löst die meisten Metalle unter Wasserstoffentwicklung und Bildung von Sulfaten.

Verwendung. Gebräuchlichster Zusatz beim Färben von Wolle und Seide mit sauerziehenden Farbstoffen und den meisten Einbadchromierfarbstoffen (vielfach zusammen mit Glaubersalz, s. Natriumbisulfat); zusammen mit Chromkali u. a. zum Beizen der Wolle (s. Chromsud) und zum Abziehen der Kunstwolle. Beim Diazotierprozeß zum Zersetzen des Natriumnitrits; beim Säuern der chlorgebleichten Garne, zum Avivieren von Alkaliblau; beim Bleichen der Wolle zwecks Zersetzung des Natriumbisulfits; in der Säurewalke; beim Säuern der Küpengarne (zum Absättigen des Kalks); in der Karbonisation der Wolle; zum Neutralisieren der Natronlauge beim Pergamentieren der Baumwolle; in der Druckerei zur Entfernung des Schutzpapps; zum Avivieren der Seide; zur Darstellung von sulfurierten Ölen (Türkischrotöl), Ölemulsionen und von Indigokarmin (rauchende Schwefelsäure); zum Reinigen von Kupferkessseln, zur Ausfällung von Fettsäuren bei der Regenerierung von Seifenbrühen und in vielen Fällen zum Neutralisieren von alkalischen Bädern und Faserstoffen.

Rauchende Schwefelsäure (Oleum). $H_2S_2O_7 + x H_2SO_4$ bzw. $H_2SO_4 + x SO_3$.

Besteht aus einer Lösung von Schwefelsäureanhydrid in Schwefelsäuremonohydrat oder aus Pyroschwefelsäure ($H_2S_2O_7$) mit oder ohne Hydrat bzw. Anhydrid. Sie wird nach dem Prozentgehalt freier SO_3 gehandelt. Oleumsorten von 0—40% SO_3 (und 60—70%) sind ölige Flüssigkeiten, die übrigen (40—60 und über 70% SO_3) sind fest. Für die Textilindustrie kommen nur die flüssigen, schwach anhydridhaltigen Säuren (meist 5—10% SO_3-haltigen) in beschränktem Maße zur Bereitung von Indigokarmin, zur Herstellung von Türkischrotölen und Ölemulsionen in Betracht.

Die Eigenschaften des Oleums sind denjenigen der Schwefelsäure analog, nur daß ersteres noch weit stärker (sulfonierend, ätzend) wirkt und weit hydroskopischer ist als letztere.

Salzsäure oder Chlorwasserstoffsäure. HCl = 36,5, bei 15° bis 39,11% in Wasser löslich.

In hohen Konzentrationen rauchende, stark saure und ätzende, leicht bewegliche, in reinem Zustand wasserhelle Flüssigkeit. Kommt als technische Säure meist in der Konzentration von 19/21° Bé (etwa 30% HCl) in den Handel. Die Hauptverunreinigungen sind Schwefelsäure, Arsen und Eisensalze. Letztere verleihen der Säure einen Gelbstich. Der Säuregehalt wird, wie bei Schwefelsäure, aräometrisch oder besser titrimetrisch bestimmt.

Darstellung und Eigenschaften. Kochsalz wird in sogenannten Sulfatöfen mit konzentrierter Schwefelsäure versetzt: $2\,NaCl + H_2SO_4 = Na_2SO_4 + 2\,HCl$. Das entweichende Salzsäuregas wird in geeigneten Apparaten von Wasser absorbiert. Die Salzsäure ist flüchtig. Beim Erhitzen wässeriger Lösungen entweicht zuerst Chlorwasserstoffgas mit wenig Wasser bis zur Konzentration von 20%; alsdann destilliert die 20proz. Säure mit konstantem Säuregehalt. Eine Säure unter 20% HCl gibt beim Erhitzen so lange Wasser ab, bis der Gehalt von 20% erreicht ist. Analog der Schwefelsäure verdrängt die Salzsäure die schwächeren Säuren (z. B. alle organischen Säuren) aus ihren Salzen und löst die meisten Metalle unter Wasserstoffbildung zu Metallchloriden, die fast alle wasserlöslich sind (außer Silberchlorid, Quecksilberoxychlorid und dem schwer löslichen Bleichlorid).

Volumgewicht und Gehalt der Salzsäure (Kolb).

Grade Baumé	Vol.-Gew.	100 Teile enthalten bei 15° HCl	Grade Baumé	Vol.-Gew.	100 Teile enthalten bei 15° HCl
0	1,000	0,1	17	1,134	26,6
1	1,007	1,5	18	1,143	28,4
2	1,014	2,9	19	1,152	30,2
3	1,022	4,5	19,5	1,157	31,2
4	1,029	5,8	20	1,161	32,0
5	1,036	7,3	20,5	1,166	33,0
6	1,044	8,9	21	1,171	33,9
7	1,052	10,4	21,5	1,175	34,7
8	1,060	12,0	22	1,180	35,7
9	1,067	13,4	22,5	1,185	36,8
10	1,075	15,0	23	1,190	37,9
11	1,083	16,5	23,5	1,195	39,0
12	1,091	18,1	24	1,199	39,8
13	1,100	19,9	24,5	1,205	41,2
14	1,108	21,5	25	1,210	42,4
15	1,116	23,1	25,5	1,212	42,9
16	1,125	24,8			

Verwendung. Kann Schwefelsäure in vielen Fällen ersetzen (ist aber teurer), so beim Absäuern von Textilien, beim Diazotierungsprozeß, beim Karbonisieren von Kunstwolle (als Gas angewandt). Besser als Schwefelsäure eignet sie sich: beim Entfernen von Kalksalzen (wegen der Schwerlöslichkeit des schwefelsauren Kalkes oder des Gipses); beim Bleichen mit Bariumsuperoxyd. In großem Umfang in der Anilinschwarzfärberei zum Lösen des Anilinöls zu Anilinsalz; in der Seidenschwarzfärberei bei der

Erzeugung des Berlinerblaus auf der Faser; für die Darstellung von Zinnsalzen und Zinnbeizen. Weitere Verwendung findet sie zum Umlagern des Nitrosaminrots, zum Absäuern chlorgebleichter Ware, zum Unschädlichmachen eisenhaltigen Wassers beim Beizen und sonstiger Wasserkorrektur (s. d.), als Beigabe beim Übersetzen substantiv vorgefärbter Halbseide mit basischen Farbstoffen, zum Durchfärben dichter Ware (billiger Filze) mit gewissen basischen Produkten u. a. m.

Umrechnungstabelle für Salzsäure 20° Bé.

1 l Salzsäure 20° Bé enthält 377 g HCl. 1 l Salzsäure von 20° Bé entsprechen:

1,3 l	Salzsäure	16° Bé	0,95 l	Salzsäure	21° Bé
1,2 l	„	17° Bé	0,9 l	„	22° Bé
1,14 l	„	18° Bé	0,86 l	„	23° Bé
1,07 l	„	19° Bé	0,8 l	„	24° Bé
1,00 l	„	20° Bé			

Salpetersäure. $HNO_3 = 63$; bis 94/95 proz.

Salpetersäure stellt in reinem Zustande eine wasserhelle, die technische Säure eine gelblich gefärbte Flüssigkeit dar, die bei hoher Konzentration stark raucht. Je nach dem Gehalt an verschiedenen Stickoxyden u. dgl. ist sie auch mehr oder weniger rotbraun gefärbt. Die meist gehandelte Marke hat das spezifische Gewicht 1,32 mit einem Gehalt von 35—36% HNO_3. Die Hauptverunreinigungen sind: salpetrige Säure, Untersalpetersäure, Salzsäure, Eisensalze, Natriumsulfat. Die Darstellung erfolgt durch Zersetzung von Chilesalpeter (Natronsalpeter) mit Schwefelsäure und Kondensierung der überdestillierenden Salpetersäure. Ihre Anwendung in der Textilindustrie ist eine ganz untergeordnete und dient hier bisweilen zur Auflösung von Metallen, zu der Bereitung der Ferri- und Stannibeizen, zum Gravieren von Druckwalzen, seltener zum Abziehen von Kunstwolle.

Schweflige Säure (Schwefeldioxyd). $SO_2 = 64,1$; in kaltem Wasser bis zu 10,75% löslich; bei gewöhnlicher Temperatur und Druck ein Gas.

Die schweflige Säure (auch Schwefligsäure genannt) oder das Schwefeldioxyd ist ein farbloses, stechend riechendes Gas, das weder brennbar ist noch die Verbrennung unterhält. Sie kommt entweder als wässerige Lösung des Gases in Wasser („Schwefelwasser“) oder komprimiert als flüssiges, wasserfreies Schwefeldioxyd in den Handel, in diesem Fall in nahtlosen Stahlzylindern von 60—100 kg Inhalt mit einem Gehalt von 99,5—100% SO_2. 1 kg flüssiges Schwefeldioxyd entspricht bei 0° und 760 mm Druck einem Gasvolumen von 348 l. Der Siedepunkt bei 760 mm Druck liegt bei —10°, der Schmelzpunkt bei —79°, das spezifische Gewicht des Gases bei 0° ist 1,434. Die wässerige Lösung enthält meist nur 5—6% gasförmige schweflige Säure und eignet sich deshalb wegen des hohen Wassergehaltes nicht zum Versand; ihre Herstellung ist deshalb meist auf den Verbrauchsort beschränkt. Außerdem wird die Säure als Gas vom Verbraucher selbst durch Verbrennen von Schwefel erzeugt und verbraucht (Schwefelkammer, Schwefelkasten). Die wässerige Lösung unterliegt einer allmählichen Oxydation durch den atmosphärischen Sauerstoff, wobei Schwefelsäure entsteht. Außerdem nimmt der Gehalt bei längerem Aufbewahren infolge der Verflüchtigung der Säure konstant ab. Diesen Nachteilen ist durch guten Verschluß der Behälter, kühles und nicht zu langes Lagern zu steuern.

Verwendung. Zum Bleichen von Wolle, Seide und Stroh. Die bleichende Wirkung tritt nur bei Gegenwart von Wasser ein; die zu bleichende Ware muß daher, wenn man mit gasförmiger Schwefligsäure arbeitet, in feuchtem Zustande in die Schwefelkammer gelangen. Im Mittel sind zum Bleichen etwa 6% Schwefel vom Gewicht der Ware erforderlich. Mit schwefliger Säure gebleichte Wolle dunkelt beim Lagern oder Tragen oft nach. Man nimmt deshalb an, daß die bleichende Wirkung dieses Bleichmittels auf einer Reduktion des natürlichen Faserfarbstoffes und der darauf folgenden Bildung einer farblosen Verbindung zwischen dem reduzierten Farbstoff und der Schwefligsäure beruht; ferner, daß diese Verbindung nicht widerstandsfähig ist, sondern später wieder durch den Einfluß von Licht und Luft unter Reoxydation zerfällt. Im Vergleich zu der gasförmigen schwefligen Säure wirkt die wässerige Lösung weniger energisch. Eine weitere Verwendung ist diejenige als Ersatz des „Antichlors", zum Entfernen der letzten Chlorreste und zum Waschen von mit Kaliumpermanganat gebleichter Ware zwecks Entfernung des auf der Faser niedergeschlagenen Mangansuperoxydes. In der Druckerei wird Schwefligsäure als Lösungsmittel für gewisse Farbstoffe (Coerulein, Alizarinblau) verwendet; manche Farbstoffe kommen schon direkt als Natriumbisulfitdoppelverbindungen in den Handel.

Volumgewicht der wässerigen Lösung von schwefliger Säure und Gehalt an SO_2 bei +15°.

Vol.-Gew.	Proz. SO_2	Vol.-Gew.	Proz. SO_2	Vol.-Gew.	Proz. SO_2	Vol.-Gew.	Proz. SO_2
1,0028	0,5	1,0168	3,0	1,0302	5,5	1,0426	8,0
1,0056	1,0	1,0194	3,5	1,0328	6,0	1,0450	8,5
1,0085	1,5	1,0221	4,0	1,0353	6,5	1,0474	9,0
1,0113	2,0	1,0248	4,5	1,0377	7,0	1,0497	9,5
1,0141	2,5	1,0275	5,0	1,0401	7,5	1,0520	10,0

Essigsäure. $CH_3COOH = 60$; mit Wasser in jedem Verhältnis mischbar.

Die Essigsäure kommt in den verschiedensten Konzentrations- und Reinheitsgraden in den Handel: von chemisch reiner, 100proz. Ware (Eisessig) bis zum rohen Holzessig. Sie kann Oxydations-, Gärungs- und Holzessigsäure sein. In reinem Zustande stellt sie eine wasserhelle, leichtbewegliche, ätzende und stark riechende Flüssigkeit dar, die im wasserfreien Zustande bei 16° zu einer kristallinischen, eisartigen Masse erstarrt.

Darstellung. Durch Destillation von Laubhölzern wird der rohe Holzessig, gewöhnlich 4—5° Bé schwer und von 8—11% Säuregehalt (als Essigsäure berechnet), dargestellt. Dieses rohe Produkt enthält neben Essigsäure noch viele andere Stoffe, wie Ameisensäure, Propionsäure, Buttersäure, Holzgeist, Azeton, Allylalkohol, Ester, Ketone, Aldehyde, Azetale, Furfurol, Phenole und ihre Äther, Kreosot, Kohlenwasserstoffe und andere, zum Teil nicht näher bekannte flüchtige und nichtflüchtige Körper, die mit verschiedenen Namen, wie Empyreuma, Eupion, Piknamar, Pittakal usw., belegt sind. Destilliert man rohen Holzessig, so bleibt ein teeriger Rückstand zurück, zähflüssig oder fest, je nachdem wie weit die Destillation getrieben ist. Der rohe Holzessig wird meist holzgeistfrei in den Handel gebracht und weist dann einen etwas höheren Gehalt an organischen Säuren auf. Holzessig aus Nadelhölzern enthält weniger Essigsäure und Holzgeist, aber mehr teerige Produkte.

Der halbrektifizierte Holzessig ist teerarm, meist holzgeistfrei, etwa $1^1/_2$ bis 2° Bé schwer und enthält 6—9% Gesamtsäure (als Essigsäure berechnet); er hat noch einen starken brenzligen, empyreumatischen Geruch wie der rohe Holzessig.

Die technische Essigsäure (30—60% Säure) wird zum größten Teil durch Destillation des amerikanischen holzessigsauren Kalkes („Graukalkes") mit Schwefelsäure und darauffolgende mehr oder weniger weitgehende Rektifikation mit oder ohne Vakuum gewonnen. Die so hergestellte Essigsäure wird in den meisten Fällen in der Textilveredelungsindustrie verwendet.

Als Essigsprit und Essig kommt ferner eine meist 8—12 proz. Gärungsessigsäure in den Handel. Sie entsteht durch die Lebenstätigkeit von Essigsäurebakterien aus Sprit oder verdünntem Äthylalkohol: $CH_3 \cdot CH_2OH + O_2 = CH_3 \cdot COOH + H_2O$. Hierher gehört auch die technisch unwichtige Oxydationsessigsäure, die nicht mit Hilfe von Bakterien, sondern durch Oxydation auf chemischem Wege erzeugt wird.

Volumgewicht und Gehalt der Essigsäure bei +15°.

Vol.-Gew.	Proz.	Vol.-Gew.	Proz.	Vol.-Gew.	Proz.	Vol.-Gew.	Proz.
1,0000	0	1,0363	26	1,0631	52	1,0748	77
1,0007	1	1,0375	27	1,0638	53	1,0748	78
1,0022	2	1,0388	28	1,0646	54	1,0748	79
1,0037	3	1,0400	29	1,0653	55	1,0748	80
1,0052	4	1,0412	30	1,0660	56	1,0747	81
1,0067	5	1,0424	31	1,0666	57	1,0746	82
1,0083	6	1,0436	32	1,0673	58	1,0744	83
1,0098	7	1,0447	33	1,0679	59	1,0742	84
1,0113	8	1,0459	34	1,0685	60	1,0739	85
1,0127	9	1,0470	35	1,0691	61	1,0736	86
1,0142	10	1,0481	36	1,0697	62	1,0731	87
1,0157	11	1,0492	37	1,0702	63	1,0726	88
1,0171	12	1,0502	38	1,0707	64	1,0720	89
1,0185	13	1,0513	39	1,0712	65	1,0713	90
1,0200	14	1,0523	40	1,0717	66	1,0705	91
1,0214	15	1,0533	41	1,0721	67	1,0696	92
1,0228	16	1,0543	42	1,0725	68	1,0686	93
1,0242	17	1,0552	43	1,0729	69	1,0674	94
1,0256	18	1,0562	44	1,0733	70	1,0660	95
1,0270	19	1,0571	45	1,0737	71	1,0644	96
1,0284	20	1,0580	46	1,0740	72	1,0625	97
1,0298	21	1,0589	47	1,0742	73	1,0604	98
1,0311	22	1,0598	48	1,0744	74	1,0580	99
1,0324	23	1,0607	49	1,0746	75	1,0553	100
1,0337	24	1,0615	50	1,0747	76		
1,0350	25	1,0623	51				

Anmerkung. Die Volumgewichte über 1,0553 entsprechen zwei Lösungen von sehr verschiedenem Gehalt. Um zu erfahren, ob man eine Säure vor sich hat, deren Gehalt an $C_2H_4O_2$ das Dichtigkeitsmaximum (78%) übertrifft, braucht man nur etwas Wasser zuzusetzen. Nimmt das Volumgewicht zu, so war die Säure stärker als 78 proz., im entgegengesetzten Falle war sie schwächer.

Je nach dem Grade der Rektifikation und der Gewinnungsart werden an die Essigsäure sehr verschiedene Ansprüche gestellt, besonders in bezug auf Gehalt an Empyreuma und Mineralsäure. Letztere darf übrigens bei dem heutigen Stande der Fabrikation auch in guter technischer Essigsäure nicht enthalten sein. Eine weitere, häufig angetroffene Verunreinigung technischer Essigsäure sind Metalle, die im Abdampf- oder Glührückstand nachgewiesen werden; auch ist eine Verfälschung mit Ameisensäure bei ihrem billigeren Preise beobachtet worden.

Eigenschaften der Essigsäure. Sie ist flüchtig und schwächer als die vorbeschriebenen Mineralsäuren, läßt sich also durch letztere aus ihren Salzen vertreiben; dagegen ist sie stärker als Kohlensäure (zersetzt also Karbonate). Beim Verdünnen des Eisessigs mit Wasser findet eine Wärmeentwickelung und Volumenverminderung statt. Letztere ist am größten beim Mischen von 1 Molekül Essigsäure mit 1 Molekül Wasser. 43proz. Säure besitzt dasselbe spezifische Gewicht wie 100proz. Ware.

Verwendung. Ausgedehnte Verwendung in der Färberei und Druckerei; als Fixierungs- und Egalisierungsmittel beim Färben von Wolle, Baumwolle und Seide; zum Avivieren von Seidenfärbungen; zum Herstellen von esssigauren Beizen (essigsaurer Tonerde, essigsaurem Eisen, Chrom, Kupfer, Zinn, Blei) und Azetin (einem Gemenge von Essigsäure mit Mono-, Di- und Triessigsäureglyzerinestern); als Zusatz zur Druckfarbe im Woll-, Seiden- und Kattundruck, wo sie dem Ausfallen der in der Druckfarbe gebildeten Tanninlacke oder sonstiger Farblacke entgegenwirkt; zum Ansäuern der Nachbehandlungsbäder in der Baumwollfärberei (mit Metallsalzen); zum Krachendmachen merzerisierter Baumwolle; zum Lösen von Farbstoffen; zum Korrigieren des Wassers (s. Wasserkorrektur). In neuerer Zeit ist sie vielfach durch die billigere Ameisensäure ersetzt worden.

Ameisensäure. HCOOH = 46; mit Wasser in jedem Verhältnis mischbar.

Diese Säure ist eine farblose, stechend riechende, stark ätzende und flüchtige Flüssigkeit. Sie ist die stärkste organische Säure, die alle übrigen organischen Säuren aus ihren Salzen vertreibt. Von der Essigsäure unterscheidet sie sich vor allem durch ihr Reduktionsvermögen, wodurch sie sich zum Chromsud der Wolle eignet. Sie siedet bei 100° C, erstarrt unter 0° C und schmilzt bei 8,5° C; ihr spezifisches Gewicht = 1,225. Im Handel erscheint sie in verschiedenen Konzentrationen, meist zwischen 80 und 95%, und ist von vorzüglicher Reinheit. Die Hauptverunreinigungen sind: Salzsäure und Schwefelsäure bzw. deren Alkalisalze.

Darstellung. Nach dem alten Verfahren wurde sie durch Erhitzen von Oxalsäure mit Glyzerin bei 115—125° C hergestellt: COOH · COOH = H · COOH + CO_2. Die neueren Verfahren erzeugen sie durch Einwirkung von Kohlenoxyd (Generatorgas) auf gepulvertes Ätznatron in Druckgefäßen bei 120° C: NaOH + CO = H · COONa. Mit Hilfe von Schwefelsäure wird schließlich aus dem primär gebildeten ameisensauren Natron (Natriumformiat) die Ameisensäure freigemacht und in der Vorlage gesammelt.

Verwendung. Als Ersatz der milderen Essigsäure und der schärferen Schwefelsäure beim Färben von Halbwolle, Wolle und Seide mit sauerziehenden Farbstoffen; zum Avivieren der Seide und Krachendmachen der Baumwolle und merzerisierten Baumwolle; als Ansäuerungsmittel in der Kattundruckerei; zum Lösen von Farbstoffen; als Antiseptikum für Appreturmassen (5 : 1000); zur Erzeugung von Formiaten (ameisensauren Salzen); hauptsächlich aber als Reduktionsmittel beim Beizen der Wolle mit Bichromat. In letzterer Eigenschaft vermag sie das gesamte verfügbare Chrom des Bichromates auf die Wolle zu treiben; es genügen deshalb für die stärksten praktisch in Betracht kommenden Beizungen $1^1/_2$—2% Bichromat, entsprechend etwa dem Nutzungseffekt von 4% Bichromat mit Weinstein als Hilfsbeize. Auf $1^1/_2$% Bichromat kommen nur $1^1/_2$% 85proz. Säure. Nach v. Kapff ist die Ameisensäurebeizung der Weinsteinbeizung weit überlegen und der (bezüglich der Reduktion als besten anerkannten) Milchsäure-Schwefelsäurebeizung ebenbürtig. Nur reduziert letztere zu rasch und lagert das Chromoxyd leicht ungleichmäßig auf der Wolle ab, während die Ameisensäure langsam reduziert und gleichmäßig beizt. Das Ausziehen der Farbbäder, die Walk- und Reibechtheit von Färbungen auf Ameisensäurebeizung ist eine sehr gute, was bei der Weinsteinbeizung nicht immer der Fall ist. Nach v. Kapff spielt sich bei der Beizung folgender Vorgang ab: $K_2Cr_2O_7 + 5\,HCOOH = 2\,HCOOK + 2\,Cr(OH)_3 + 3\,CO_2 + H_2O$. Nach dieser Gleichung sind auf $1^1/_2$% Bichromat (100proz.) theoretisch 1,375% Ameisensäure (85proz.) erforderlich, während in der Praxis $1^1/_2$% Ameisensäure das beste Ergebnis liefern. Natrium- und Kaliumformiat, ebenso „Kaliumbiformiat" (1 Molekül Kaliumformiat + 1 Molekül Ameisensäure), sind weniger wirksam als freie Ameisensäure.

Volumgewicht und Gehalt der Ameisensäure
(Richardson und Allaire).

Vol.-Gew.	Proz.	Vol.-Gew.	Proz.	Vol.-Gew.	Proz.	Vol.-Gew.	Proz.
0,9983	0	1,0197	8	1,0964	40	1,1861	80
1,0020	1	1,0222	9	1,1086	45	1,1954	85
1,0045	2	1,0247	10	1,1208	50	1,2045	90
1,0071	3	1,0371	15	1,1321	55	1,2141	95
1,0094	4	1,0489	20	1,1425	60	1,2213	100
1,0116	5	1,0610	25	1,1544	65		
1,0142	6	1,0730	30	1,1656	70		
1,0171	7	1,0848	35	1,1770	75		

Milchsäure (Gärungs- oder Äthylidenmilchsäure). $CH_3CH(OH)COOH = 90$; in Wasser zerfließlich.

Sie kommt als gelblich gefärbte, sirupdicke Flüssigkeit meist mit einem Gehalt von 50 und 80 Gewichtsprozenten in den Handel. Die chemisch reine Säure bildet bei 18° C schmelzende, hydroskopische Kristalle. Als Verunreinigungen kommen in Betracht: Schwefelsäure, Salzsäure, Essigsäure, Oxalsäure, Eisen, Kupfer, Blei, Zink, Kalzium, Zucker, Glyzerin usw.

Verwendung. Beim Chromsud der Wolle; die Milchsäure tritt hier mit Weinstein, Ameisensäure, Lignorosin, Vegetalin u. a. in Wettbewerb. Neben freier Milchsäure wird auch das Laktolin (s. d.) für dieselben Zwecke verwendet. Nach v. Kapff ist die Milchsäure-Schwefelsäurebeizung bezüglich der Reduktion der Chromsäure neben der Ameisensäure die vollkommenste. Bei einem Verhältnis von 1,5%

Chromkali zu 3% Laktolin und 1% Schwefelsäure soll das beste Resultat erhalten und das Gesamtchrom als Chromoxyd auf der Faser wiedergefunden werden; bei Anwendung von Laktolin ohne Schwefelsäure werden hingegen nur 80% des Gesamtchroms fixiert. Weitere Verwendungen findet sie: zum Avivieren der Seide, die durch Milchsäure einen feinen, vornehmen Griff und eine Bauschigkeit bekommt; beim Diphenylschwarzdruck zum Lösen der Base; als Zusatz beim Einbadfärben von einigen Chromblaumarken zur Erhöhung der Walkechtheit. Als Ersatz der Salzsäure in der Anilinschwarzfärberei; zur Erzeugung von Chromoxydgrün (s. d.) auf der Faser nach Cassella: Man kocht die Wolle $^3/_4$ Stunden mit 3% Kaliumbichromat, 6% Milchsäure 50proz. und 1% Schwefelsäure (Grün der Melierwolle für Feldgrau) oder mit weiterem Zusatz von $^1/_2$% Kupfersulfat mit $^1/_2$stündiger kochender Nachbehandlung mit 2% Natriumthiosulfat (Drab). Außer den Alkalisalzen wird noch das Antimonsalz als „Antimonin“ und das milchsaure Zinnoxyd auf den Markt gebracht.

Oxalsäure. $COOH \cdot COOH + 2\,H_2O = 126$; L. k. W. = 10 : 100; h. W. = 40 : 100.

Die Oxalsäure, auch Zucker- oder Kleesäure genannt, kommt kristallisiert und meist recht rein in den Handel. Die Hauptverunreinigungen sind: Schwefelsäure, Alkalisalze, Kalksalze. Die Darstellung dieser giftigen Säure erfolgt durch Schmelzen von Sägemehl mit Kalium- und Natriumhydroxyd.

Verwendung. Heute beschränkt. Früher häufiger als Zusatz zum Chromsud der Wolle und in vereinzelten Fällen als Zusatz zu Wollfärbeflotten; zur Herstellung der Eisenbeize auf Wolle; zum Abziehen von Kunstwollfärbungen, allein oder neben Chromkali und Schwefelsäure; seltener als Lösungsmittel für Farbstoffe; als Bleichmittel für Jute. Spezifisch ist die Verwendung als Fleckmittel zum Entfernen von Rost- und Tintenflecken. Diese Wirkung beruht auf der Leichtlöslichkeit der Eisenverbindungen der Oxalsäure, und zwar sind sowoh freie Oxalsäure, als auch das primäre Salz ($COOK \cdot COOH$) und das sogenannte Kleesalz ($COOK \cdot COOH + COOH \cdot COOH + 2\,H_2O$) als Rostvertilgungsmittel geeignet. Weiter findet Oxalsäure beschränkte Verwendung zum Einbadfärben von Blauholz mit Anilinfarben (z. B. für das Kombinationsschwarz); im Zeugdruck zum Ätzen von Eisen- und Tonerdebeizen u. dgl; als Zusatz zum Direktschwarz (noir réduit); zur Darstellung von Oxalaten, zum Lösen von Berlinerblau im Kattundruck. Auch als Aufschließungsmitel für Stärke empfohlen.

Weinsäure (Rechtsweinsäure). $C_2H_2(OH)_2(COOH)_2 = 150$; L. k. W. = 135 : 100.

Die Weinsäure kommt in Kristallen oder gemahlen in den Handel. Kristallware ist meist reiner als die gemahlene Ware. Als Verunreinigungen kommen vor: Salzsäure, Schwefelsäure, Oxalsäure und Spuren von Metallen (Blei, Eisen, Kalk). Die Weinsäure kommt in den Weintrauben frei und als primäres Kaliumsalz (Weinstein) vor und wird aus dem rohen Weinstein, der sich beim Lagern des Weines in den Fässern krustenförmig absetzt, gewonnen. Die weinsauren Salze nennt man auch Tartrate.

Verwendung. Als Hilfsbeize beim Chromsud der Wolle geht ihre Verwendung immer mehr zurück und ist heute nur noch verschwindend; zum Griffig- oder Krachendmachen merzerisierter Baumwolle; zum Avivieren der Seide; im Seiden-, Woll- und Kattundruck als fixierender Zusatz zur Druckfarbe bei empfindlichen Nuancen. Die Weinsäure wirkt hier auf die Stärke dextrinierend ein und erleichtert das nachfolgende Reinigen der Faser. Im Ätzdruck wie Oxalsäure. Als Reservage unter Nitrosaminrot.

Zitronensäure (und Zitronensaft). $C_3H_4(OH)(COOH)_3 + H_2O = 210,1$; L. k. W. = 133 : 100; h. W. = 200 : 100.

Die kristallisierte Säure ist selten verunreinigt; in Frage kommen eventuell Spuren von: Kalk, Blei, Kupfer, Eisen, Schwefelsäure, Zucker, Weinsäure, Oxalsäure. Der italienische Zitronensaft gelangt als dickflüssige, dunkelbraune Lösung von meist 25—32% Kristallzitronensäuregehalt zur Ausfuhr. Er wird aus dem Saft der echten Zitrone, der Bergamotte und einiger anderer Citrusarten gewonnen. Der frisch gepreßte und durch eine Art Gärung von den Eiweißsubstanzen befreite und geklärte Saft enthält zunächst nur 45—75 g kristallisierter Säure im Liter und wird für Exportzwecke eingedampft.

Verwendung. Hauptsächlich zum Avivieren schwarz gefärbter Seide (als brauner Zitronensaft); in der Seiden- und Kattundruckerei, in letzterem Falle besonders als Zusatz zu Ätzpasten, wie Oxalsäure und Weinsäure; in der Appretur ganzseidener Waren (hier überall als kristallisierte Säure).

Seltener gebrauchte Säuren sind: Fluorwasserstoffsäure oder Flußsäure zum Entschweren erschwerter Seiden; Lävulinsäure als Lösungsmittel von Indulinen und Nigrosinen im Zeugdruck (an Stelle von Azetin); Salyzilsäure als Antiseptikum bei der Bereitung von Appreturmassen (s. d.). Über Gerbsäuren s. w. unten.

Natriumverbindungen.

Ätznatron (Natriumhydroxyd, Natronhydrat, kaustisches Natron, kaustische Soda, Seifenstein). NaOH = 40; leicht wasserlöslich (s. Tabelle).

Natronlauge (kaustische Lauge). $NaOH + xH_2O$ (s. Tabelle).

Das Ätznatron kommt in geschmolzenem Zustande als feste, weiße, kompakte Masse in eisernen Trommeln in den Handel (77—97% NaOH). Die Natronlauge ist eine wässerige Lösung des Ätznatrons und kommt meist als 38/40° Bé starke Lösung vor. Die Hauptverunreinigungen außer Wasser sind (Ätznatron zieht Wasser aus der Luft an): Soda, Kochsalz, Sulfat, Silikat und Aluminat, welche den Wert des Produktes oft sehr beeinträchtigen.

Die „Grädigkeit“ der kaustischen Soda und der gewöhnlichen Soda wird in verschiedenen Ländern verschieden ausgedrückt. In Deutschland bedeuten die Grade Prozente Natriumkarbonat (bzw. dem Ätznatron äquivalentes Natriumkarbonat), so daß z. B. chemisch reines Ätznatron 132,4°, die beste technische Ware 128° zeigen würde. Unter englischen Graden versteht man den Gehalt der Gesamtalkalität, berechnet auf Prozente Na_2O. Diese von Gay-Lussac eingeführte Bezeichnung nach Graden „nutzbaren Natrons" („available soda") umfaßt alles, was durch Säure titrierbar ist, also Hydrat, Karbonat, Silikat, Aluminat. Chemisch reines Ätznatron würde danach 77,5° Gay-Lussac, chemisch reine Soda 58,53° Gay-Lussac oder englische Grade zeigen. Praktisch werden in England indessen für Soda 54 (statt 53,05) und für Na_2O = 31,6 (statt 31,05) eingesetzt (die sogenannten Newcastler Grade). Für den „Liverpool test" läßt sich überhaupt keine Tabelle aufstellen, weil er ganz willkürlich gehandhabt wird[1]). In Frankreich und Belgien bezeichnet man Soda, Ätznatron (auch Pottasche, Baryt usw.) nach Graden Descroizilles. Diese bedeuten die Menge Schwefelsäuremonohydrat (H_2SO_4), welche von 100 Teilen des betreffenden Alkalis neutralisiert werden. Descroizilles-Schwefelsäure enthält genau 100 g H_2SO_4 im Liter.

Volumgewicht und Gehalt von Natronlaugen bei +15° C (Lunge).

Vol.-Gew.	Grade Baumé	Proz. NaOH	Vol.-Gew.	Grade Baumé	Proz. NaOH	Vol.-Gew.	Grade Baumé	Proz. NaOH
1,007	1	0,61	1,142	18	12,64	1,320	35	28,83
1,014	2	1,20	1,152	19	13,55	1,332	36	29,93
1,022	3	2,00	1,162	20	14,37	1,345	37	31,22
1,029	4	2,71	1,171	21	15,13	1,357	38	32,47
1,036	5	3,35	1,180	22	15,91	1,370	39	33,69
1,045	6	4,00	1,190	23	16,77	1,383	40	34,96
1,052	7	4,64	1,200	24	17,67	1,397	41	36,25
1,060	8	5,29	1,210	25	18,58	1,410	42	37,47
1,067	9	5,87	1,220	26	19,58	1,424	43	38,80
1,075	10	6,55	1,231	27	20,59	1,438	44	39,99
1,083	11	7,31	1,241	28	21,42	1,453	45	41,41
1,091	12	8,00	1,252	29	22,64	1,468	46	42,83
1,100	13	8,68	1,263	30	23,67	1,483	47	44,38
1,108	14	9,42	1,274	31	24,81	1,498	48	46,15
1,116	15	10,06	1,285	32	25,80	1,514	49	47,60
1,125	16	10,97	1,297	33	26,83	1,530	50	49,02
1,134	17	11,84	1,308	34	27,80			

Umrechnungstabelle für Natronlauge von 34° Bé.

1 l Natronlauge 34° Bé enthält 364 g NaOH. 1 l Natronlauge von 34° Bé entsprechen:

3,25 l	Natronlauge	15° Bé	1,04 l	Natronlauge	33° Bé
2,99 l	,,	16° Bé	1,00 l	,,	34° Bé
2,71 l	,,	17° Bé	0,95 l	,,	35° Bé
2,53 l	,,	18° Bé	0,91 l	,,	36° Bé
2,33 l	,,	19° Bé	0,85 l	,,	37° Bé
2,02 l	,,	20° Bé	0,82 l	,,	38° Bé
2,009 l	,,	21° Bé	0,78 l	,,	39° Bé
1,93 l	,,	22° Bé	0,75 l	,,	40° Bé
1,82 l	,,	23° Bé	0,71 l	,,	41° Bé
1,715 l	,,	24° Bé	0,69 l	,,	42° Bé
1,62 l	,,	25° Bé	0,65 l	,,	43° Bé
1,52 l	,,	26° Bé	0,63 l	,,	44° Bé
1,43 l	,,	27° Bé	0,60 l	,,	45° Bé
1,37 l	,,	28° Bé	0,57 l	,,	46° Bé
1,29 l	,,	29° Bé	0,55 l	,,	47° Bé
1,22 l	,,	30° Bé	0,52 l	,,	48° Bé
1,12 l	,,	31° Bé	0,50 l	,,	49° Bé
1,09 l	,,	32° Bé	0,48 l	,,	50° Bé

[1]) Näheres s. Lunge: Sodaindustrie.

Darstellung. Die Darstellung kann nach dem alten Verfahren des Kaustifizierens der Soda durch Ätzkalk erfolgen: $Na_2CO_3 + Ca(OH)_2 = CaCO_3 + 2\,NaOH$. In neuerer Zeit wird Ätznatron auf elektrolytischem Wege aus Kochsalz hergestellt.

Eigenschaften. Schmilzt bei Rotglut; zieht aus der Luft Wasser und Kohlensäure an, letzteres unter Bildung von Soda. Natronlauge übt auf tierische Stoffe eine starke Wirkung aus: Wolle, Seide, Haut, Horn, Federn usw. werden von ihr vollständig zerstört bzw. aufgelöst. Pflanzenfasern werden von ihr weniger angegriffen (s. u. Zellulose und Merzerisation). Sehr wichtig ist die Eigenschaft der Natronlauge, Fette zu „verseifen", d. h. unter Seifenbildung zu lösen. Auf Stärke wirkt Lauge bereits in der Kälte verkleisternd ein. Diese Eigenschaft wird bei der Bereitung von sogenannten Pflanzenleimen verwertet. Als sehr starke Base verdrängt das Ätznatron die meisten anderen Basen (außer Kalium) aus ihren Salzen (z. B. Ammoniak, Magnesium).

Verwendung. Zum Auskochen der Rohbaumwolle (Bäuchen); zum Merzerisieren der Baumwolle; als Zusatz beim Färben mit einigen Schwefelfarbstoffen; als Zusatz zu Indigoküpen; als Lösungsmittel für Betanaphthol- und die Naphthol-AS-Farben; als Reduktionsmittel mit Glykose zusammen; für Wäscherei- und Bleichereizwecke; als Zusatz zur Ferrizyankaliumoxydationsmasse; beim Färben und Drucken mit Indanthrenfarbstoffen; im Kattundruck zum Ätzen der Tanninbeize; für kreppartige Effekte auf vegetabilischen Geweben und in der Luftspitzenfabrikation (s. d.); zum Niederschlagen von Eisen- und Manganoxyden auf der Baumwollfaser. Ferner in den verschiedensten Fällen zur Neutralisation saurer Lösungen; zur Bereitung von Natriumstannat, -aluminat und anderen alkalischen Beizen. Zur Bereitung von Seifen und Pflanzenleimen (Löslichmachen der Stärke).

Natriumsuperoxyd. $Na_2O_2 = 78{,}1$; in Wasser nicht unzersetzt löslich. Kommt als weißes bis schwach gelbliches Pulver in starken Blechbüchsen mit luftdichtem Verschluß in den Handel. Das Produkt ist wegen Explosionsgefahr nach Gebrauch stets gut zu schließen und vor allem vor Berührung mit Stroh, Papier usw. zu schützen. Der mittlere Gehalt der Handelsware beträgt etwa 95% Na_2O_2; Hauptverunreinigungen sind: Ätznatron, Soda, Spuren Eisen und Tonerde, Sulfat, Chlorid und Phosphat. Den Wert der Ware bedingt vor allem sein Nutzungseffekt, d. i. der Gehalt an wirksamem Sauerstoff, der titrimetrisch mit Chamäleonlösung ermittelt wird; außerdem kommt noch die gasvolumetrische Methode in Betracht. Das Abwägen hat wegen der Zersetzlichkeit rasch und in möglichst trockener Luft zu geschehen. In Wasser löst sich das Superoxyd unter starker Erwärmung zu Wasserstoffsuperoxyd und Natronhydrat $Na_2O_2 + 2\,H_2O = 2\,NaOH + H_2O_2$. Letzteres übt seinerseits unter Abgabe von Sauerstoff die bleichende Wirkung aus. In gleicher Weise gibt Natriumsuperoxyd durch Säuren Wasserstoffsuperoxyd ab: $Na_2O_2 + H_2SO_4 = Na_2SO_4 + H_2O_2$. Die Darstellung des Natriumsuperoxydes erfolgt durch Überleiten trockener, kohlensäurefreier Luft über auf 300° C erhitztes metallisches Natrium.

Verwendung. Ist ein sehr geschätztes Bleichmittel für Seide, Halbseide, Tussah, feine Woll- und Strohsorten, Federn, Haare usw. Es hat gegenüber der handelsüblichen 3proz. Wasserstoffsuperoxydlösung etwa den 14fachen Wirkungswert. Die Herstellung des Bleichbades geschieht 1. durch Zersetzung mit Schwefelsäure (zu 1,3 kg

Schwefelsäure 66° Bé oder 1,6 kg Schwefelsäure 60° Bé und 100 l Wasser wird langsam 1 kg Superoxyd eingerührt) und eventuelle Neutralisation mit Ammoniak oder Borax bis zur schwach alkalischen Reaktion. Nach einem anderen Verfahren 2. bedient man sich eines Zusatzes von Magnesiumsulfat, wodurch sich zunächst Magnesiumsuperoxyd bilden soll, das bei etwa 60° C seinen Sauerstoff abgibt. Man unterscheidet hier wieder Schnellbleiche und langsame Bleiche; erstere ist in 2—3 Stunden, letztere in 8—24 Stunden beendet. Ein Nachgilben des erhaltenen Weiß wie bei der Schwefelbleiche findet nicht oder nur in untergeordnetem Maße statt.

Kochsalz, Chlornatrium. NaCl = 58,5.

% NaCl:	5	10	15	20	25	26,4 (gesätt. Lös. bei 15° C)
Vol.-Gew.:	1,0362	1,0733	1,1114	1,1510	1,1923	1,2043

Es wird seltener in reinem Zustande, meist als denaturiertes, steuerfreies „Gewerbesalz“ oder „Viehsalz“ gebraucht. Die für die Färberei geeignetsten Denaturierungsmittel sind Farbstoffe und Seife. Das Kochsalz ist ein hydroskopisches Neutralsalz, fast glühbeständig und leicht wasserlöslich.

Verwendung. Beim Färben der Baumwolle mit substantiven, Schwefel-, Eosin- und ähnlichen Farbstoffen, ähnlich wie das Glaubersalz. Die ausfällende (aussalzende) Wirkung des Kochsalzes ermöglicht eine bessere Ausnutzung der Farbstoffbäder. Wegen des häufig vorkommenden Kalkgehaltes des rohen Kochsalzes wird das reinere Glaubersalz vielfach vorgezogen. Zum Aussalzen von Seifen und Farbstoffen. Zum Einstellen und Strecken von Farbstoffen u. a.

Glaubersalz (Natriumsulfat, schwefelsaures Natron, Sulfat). $Na_2SO_4 + 10\,aq = 322{,}3$; Na_2SO_4 (wasserfrei) = 142,1.

100 Teile Wasser lösen:

bei	0	10	15	20	25	30	33	40	103° C
	5	9	13	19	28	40	50	49	42,6 Teile Na_2SO_4 (wasserfrei)

% Na_2SO_4:	1	2	3	4	6	8	10	11	12
Vol.-Gew.:	1,009	1,018	1,027	1,036	1,055	1,073	1,093	1,102	1,112

(Durch Multiplikation des Gewichtes des wasserfreien Sulfates mit $2^1/_4$ wird das annähernde Gewicht des kristallisierten Glaubersalzes erhalten.)

Das Sulfat kommt kristallisiert mit 10 Molekülen Wasser und kalziniert (wasserfrei) in den Handel; letzteres wird auch kurzweg „Sulfat“ genannt. Die meist recht reine Kristallware enthält 44,1% wasserfreies Sulfat und 55,9% Wasser; sie verwittert schnell an der Luft und verändert dadurch ihren Wirkungswert. Das „Sulfat“ ist in der Regel erheblich unreiner als die Kristallware. Seine Hauptverunreinigungen sind freie Säure bzw. Bisulfat und Eisen.

Verwendung. In größtem Maßstabe in der Woll-, Baumwoll- und Halbwollfärberei (beim Färben mit sauren, substantiven, Indanthren- und Schwefelfarbstoffen); bei Wolle meist unter Zusatz von Schwefelsäure, bei Baumwolle von Soda und bei Halbwolle ohne Zusatz. Im sauren Bade wirkt das Salz egalisierend, im alkalischen Bade aussalzend wie Kochsalz. Beim Abziehen der Kunstwolle mit Hydrosulfit oder Dekrolin. Als Füll- und Streckmittel bei Seifen- und Waschpulvern, Appreturmitteln usw.

Natriumbisulfat (Weinsteinpräparat, Präparat). $NaHSO_4 = 138{,}1$; leicht wasserlöslich.

Weiße Brocken bis grobkörniges Pulver von saurer Reaktion. Besteht aus einem Molekül Glaubersalz und einem Molekül Schwefelsäure (saures schwefelsaures Natrium, doppelschwefelsaures Natrium). 10 Teile Präparat entsprechen im Wirkungswert etwa 4 Teilen Schwefelsäure 66° Bé und 10 Teilen kristallisiertem Glaubersalz.

Verwendung. Im großen Maßstabe als egalisierender und fixierender Zusatz in der Färberei der Wolle mit sauerziehenden Farbstoffen und mit Einbadchromierfarbstoffen. Der Färber ersetzt das Präparat vielfach durch einen Zusatz von Schwefelsäure zu Glaubersalz (z. B. in dem oben angegebenen Verhältnis oder aus 8 Teilen kristallisiertem Glaubersalz und 3 Teilen Schwefelsäure 60° Bé hergestellt).

Soda (Natriumkarbonat, kohlensaures Natron). Kalzinierte Soda, $Na_2CO_3 = 106{,}1$. Kristallsoda, $Na_2CO_3 + 10\,H_2O = 286{,}2$.

100 Teile Wasser lösen

bei:	0	5	10	15	20	30	32,5	34	79	100° C
Teile kalz. Soda:	7,1	9,5	12,6	16,5	21,4	38,1	59	46,2	46,2	45,1

Die kalzinierte Handelssoda (auch Solvaysoda oder Ammoniaksoda genannt) ist ein schneeweißes Pulver, die Kristallsoda (auch Leblancsoda oder Kristallkarbonat genannt) stellt große farblose Kristalle dar. Erstere ist wasserfrei, luftbeständig, letztere enthält etwa 63% Kristallwasser, verwittert an der Luft unter Wasserabgabe und zerfällt dabei allmählich zu Pulver. Nur in feuchter Luft ballt sich die kalzinierte Soda ohne wesentliche Wasseraufnahme zu harten Klumpen zusammen.

Die Grädigkeit wird wie bei Ätznatron (s. d.) bezeichnet, wobei die deutschen Grade die Prozente Natriumkarbonat angeben (kalzinierte Soda z. B. = 98°, Kristallsoda = 36—37°). 100 Teile kalzinierter Soda entsprechen rund 270 Teilen Kristallsoda. Beide Produkte sind für die Praxis hinreichend rein; die Solvaysoda ist vielfach fast chemisch rein (Hauptverunreinigungen: Bikarbonat und Chlorid), die Kristallsoda enthält am ehesten etwas Ätznatron, Sulfat und Schwefelnatrium. Wegen des billigeren Preises der Solvaysoda wird Kristallsoda bisweilen von Kleinbetrieben aus der kalzinierten durch Umkristallisieren erzeugt; in diesem Falle wird die Kristallsoda die Verunreinigungen der Solvaysoda enthalten. Bei der Beurteilung kommt es neben den Verunreinigungen hauptsächlich auf den Gehalt an Soda, also auf die Grädigkeit der Ware an. Gute Solvaysoda enthält bis zu 99—99½% Natriumkarbonat.

Darstellung. In der Natur kommt Soda wenig vor. Nach dem älteren Leblanc-Verfahren wird zuerst durch Einwirkung von Schwefelsäure auf Kochsalz im sogenannten Sulfatofen Natriumsulfat hergestellt und gleichzeitig Salzsäure gewonnen. Das Natriumsulfat wird, mit Kohle und Kalkstein gemischt, im Sodaofen geglüht. Durch die reduzierende Wirkung der Kohle entsteht Natriumsulfid, das sich mit Kalziumkarbonat zu Soda und Kalziumsulfid umsetzt:

$$Na_2SO_4 + C_4 = 4\,CO + Na_2S\,.$$
$$Na_2S + CaCO_3 = Na_2CO_3 + CaS\,.$$

Nach dem Solvay Verfahren wird in eine konzentrierte Kochsalzlösung Ammoniak bis zur Sättigung und dann unter Druck Kohlensäure eingeleitet. Dabei bildet sich erst primäres Ammoniumkarbonat, das sich mit Kochsalz zu primärem Natriumkarbonat und Ammoniumchlorid umsetzt. Das in der Ammoniumchloridlösung schwer lösliche doppeltkohlensaure Natron (primäre Karbonat) scheidet sich aus; es wird von der Flüssigkeit getrennt und durch Erhitzen in wasserfreies normales Natriumkarbonat übergeführt:

$$NH_4OH + CO_2 = NH_4HCO_3,$$
$$NH_4HCO_3 + NaCl = NaHCO_3 + NH_4Cl,$$
$$2\,NaHCO_3 = Na_2CO_3 + H_2O + CO_2.$$

Auf elektrolytischem Wege kann Soda gewonnen werden, indem zuerst durch Elektrolyse von Kochsalz Ätznatron erzeugt wird, das durch Kohlensäure in Soda übergeführt wird.

Außer in den zwei erwähnten wichtigsten Hydratformen (kristallisierte Soda und wasserfreie Soda) kann Soda noch mit 7 Mol. H_2O und mit 1 Mol. Wasser kristallisieren. Infolge der elektrolytischen Spaltung und der hierbei auftretenden OH-Ionen reagieren Sodalösungen je nach Konzentration und Temperatur mehr oder weniger alkalisch, immer aber weniger stark alkalisch als Natronlauge. Wolle und Seide werden in Sodalösungen deshalb nicht gelöst, sondern nur gequollen.

Verwendung. Die Soda ist das verbreitetste und billigste Neutralisierungs- und Alkalisierungsmittel. Sie wird deshalb zu diesem und ähnlichen Zwecken in außerordentlich großem Umfange gebraucht, im besonderen: zum Einweichen, Waschen und Kochen der Baumwolle und Baumwollerzeugnisse; zum Entfetten der Wolle (ätznatronfreie Soda); als Zusatz beim Färben mit substantiven und Schwefelfarbstoffen. Ferner beim Bleichen der Baumwolle und des Leinens (eisenfreie Soda); zur Herstellung der Javelleschen Lauge (s. d.); zur Neutralisation bzw. Basifizierung des Alauns und der schwefelsauren Tonerde (abgestumpfter Alaun); zum Ansetzen der Indigoküpe; zur Fixation von Eisen-, Tonerde-, Chromoxyd-, Zinnoxydbeizen auf der Faser; als Ausgangsmaterial zur Herstellung einer großen Zahl anderer Natriumverbindungen; zum Enthärten des Wassers; zur Neutralisation saurer Fasern (z. B. nach dem Karbonisieren); zur Darstellung von Seifen aus freien Fettsäuren. Soda ist auch eines der Hauptbestandteile der meisten „Waschpulver".

Natriumbikarbonat (doppeltkohlensaures Natron). $NaHCO_3 = 84$; L. k. W. = 11 : 100.

Weißes, wasserlösliches Pulver oder harte, weiße, poröse Krusten von fast neutraler Reaktion. Beim Lagern an der Luft, beim Erhitzen der trockenen Ware und beim Kochen wässeriger Lösungen entweicht Kohlensäure unter Zurücklassung von Soda. Hauptverunreinigungen sind: Soda, Ammoniak, Spuren Chlorid und Sulfat. Über Herstellung s. unter Soda, Solvay-Verfahren.

Verwendung. Sehr beschränkt. Zur Neutralisation saurer Lösungen bei Vermeidung eines Alkaliüberschusses; beim Fixieren von Tonerde-, Chrom- und anderen Beizen.

Natriumbisulfit (doppeltschwefligsaures Natron). $NaHSO_3 = 104,1$; L. k. W. = 25 : 100.

Fest und flüssig im Handel, mit geringerem oder größerem Überschuß an freier Schwefligsäure. Die feste Ware bildet weiße Kristalle, die nicht luftbeständig sind (auch Meta- oder Pyrosulfit genannt). Die wässerige Lösung ist eine farblose oder gelbliche (durch Eisen gefärbte), nach Schwefligsäure riechende Flüssigkeit mit einem SO_2-Gehalt von meist 24—25% und von 38—40° Bé.

Die B. A. & S. F. [B] bringt zwei Lösungen A und B auf den Markt, die an mäßig warmem Ort aufzubewahren sind. Erstere enthält etwas freie schweflige Säure und wird in Holzfässern verschickt. Die B-Marke wird in eisernen Fässern geliefert und enthält in der Regel noch 0,5—1% neutrales Sulfit. Ferner liefert diese Firma noch Natriumbisulfit in Pulverform; diese Marke zersetzt sich an feuchter Luft und sollte stets in trockenen Räumen, wo sie unbegrenzt haltbar ist, aufbewahrt werden

Das Stärkeverhältnis von Bisulfitpulver zu Lösung 38/40° ist etwa 260 : 100, d. h. aus 100 kg Pulverware können etwa 260 kg Lösung 38/40° hergestellt werden. Als Hauptverunreinigungen kommen Eisen und Schwefelsäure vor; letztere reichert sich besonders in älterer Ware durch Oxydation der schwefligen Säure an. Deshalb ist möglichst frische Fabrikware zu verwenden.

Verwendung. Zum Bleichen der Wolle in großen Mengen gebraucht. Das damit erhaltene Weiß ist ebenso wie das in der Schwefelkammer erzeugte nicht haltbar, sondern geht leicht zurück. Zur Herstellung von Hydrosulfit (s. d.); als Beigabe ins Spülbad bei der Permanganatbleiche zwecks Entfernung des Mangansuperoxydes von der Faser; als Antichlorersatz zur Entfernung der letzten Reste aktiven Chlors von der Faser; als Zusatz zu Zinkstaubätzpasten im Woll- und Seidedruck; zum Löslichmachen verschiedener Alizarinfarben (Coerulein, Alizarinblau u. a. m.); für verschiedene Reduktionszwecke (Chromsäure zu Chromoxyd); zum Assouplieren der Seide; zum Dekorieren von Gerbstoffextrakten (Sumach-, Gallusextrakt); zur Darstellung anderer Sulfite durch Doppelumsetzung. Das normale Sulfit (Na_2SO_3) wird seltener, z. B. als Reserve für Anilinschwarz, als Zusatz zu Natriumthiosulfat benutzt. Eine sulfithaltige Verbindung ist auch das Lignorosin, das als Hilfsmittel bei dem Chromsud der Wolle (3% Lignorosin, $1^1/_4$% Kaliumbichromat, 1% Schwefelsäure 66° Bé) zeitweise viel verwendet wurde und sämtliche Chromsäure nach $1^1/_4$stündigem Kochen zu Chromoxyd reduziert.

Natriumthiosulfat (unterschwefligsaures Natron, Antichlor). $Na_2S_2O_3 + 5\,H_2O = 248{,}3$; L. k.W. = 102 : 100.

Kommt meist recht rein in farblosen Kristallen in den Handel. Die Anwendung desselben ist eine beschränkte: als Antichlormittel in der Baumwoll- und Leinenbleicherei zwecks Zerstörung der Chlorreste, daher der Name „Antichlor". Ein billigerer Ersatz für diesen Zweck ist das Bisulfit. Eine weitere Verwendung findet das Salz zur Niederschlagung von Schwefel in Wolle; in der Kattundruckerei zum Fixieren von Metalloxyden; zum Reservieren des Anilinschwarz; zum Beizen der Seide zusammen mit Alaun (6—8% Alaun, 4% Thiosulfat); beim Färben der Wolle mit Eosin; zum Echtermachen von substantiven Baumwollfärbungen.

Hydrosulfit (Natriumhydrosulfit, Natriumsulfoxylat). $Na_2S_2O_4 + H_2O$; $NaHSO_2 + NaHSO_3$. **Hydrosulfit-Formaldehyd (Formaldehyd-Natriumsulfoxylat).** $Na_2S_2O_4 + 2\,CH_2O + H_2O$; $(NaHSO_2 + CH_2O) + (NaHSO_3 + CH_2O)$.

Die Konstitution des Hydrosulfits ist noch strittig. Nach Bernthsen entsteht es aus Zink und Bisulfit:

$$4\,NaHSO_3 + Zn = Na_2S_2O_4 + ZnSO_3 + Na_2S_2O_3 + 2\,H_2O.$$

Nach Schützenberger:

$$3\,NaHSO_3 + Zn = NaHSO_2 + ZnSO_3 + Na_2SO_3 + H_2O.$$

Nach Baumann und Frossard in drei Phasen:

1. $Zn + 2\,NaHSO_3 + H_2SO_4 = ZnS_2O_4 + 2\,H_2O + Na_2SO_4;$
2. $ZnS_2O_4 + 2\,H_2O + Na_2CO_3 = Na_2S_2O_4 + 2\,H_2O + ZnCO_3;$
3. $Na_2S_2O_4 + 2\,H_2O + 2\,CH_2O + 2\,H_2O = (NaHSO_2 + CH_2O + 2\,H_2O) + (NaHSO_3 + CH_2O + H_2O).$

Die besten Ausbeuten werden erhalten, wenn das Verhältnis der Ausgangsmaterialien so gewählt wird, daß es zu der Verbindung ZnS_2O_4 führt.

Heute wird das Hydrosulfit im großen von einigen Farbenfabriken hergestellt, und zwar meist in der haltbaren Form als Doppelverbindung mit Formaldehyd. Als reines Salz ist es nicht lange haltbar, als freie hydroschweflige Säure überhaupt nicht existenzfähig. Das wirksame Agens der Hydrosulfit- und Hydrosulfit-Formaldehydverbindungen ist augenscheinlich $NaHSO_2$, bzw. $NaHSO_2 \cdot CH_2O$. Die Anwesenheit einiger aromatischer Amidobasen (Anilin, o-Tuloidin, Xylidin, o-Anisidin usw.) erhöhen noch die Wirkung des Sulfoxylates.

Handelsmarken. Das Präparat kommt in einer großen Zahl von Handelsmarken und unter verschiedenen Namen in den Handel; außer dem Natriumsalz kommt ferner noch das Zinksalz auf den Markt. Der Wert dieser Handelsprodukte wird nach ihrem Gehalt an Sulfoxylat und ihrer Haltbarkeit beurteilt. Die Hauptverunreinigungen sind: Wasser, Bisulfit, Sulfit und Sulfat. Die Produkte sind an trockenem Ort aufzubewahren und unter gutem Verschluß vor Feuchtigkeit zu schützen. Auch dürfen sie nur mit trockenen Geräten entnommen werden.

Die Haupthandelsmarken sind in der Tabelle S. 130 zusammengestellt.

Verwendung. Die einfachen Hydrosulfite (Nr. 1) sind besonders für die Küpenfärberei (Indigo, Indanthrenfarbstoffe) von großer Bedeutung geworden. Auf 1 kg Indigo kommt bei Wolle etwa 1 kg Hydrosulfit konz. Pulver, bei Baumwolle 0,8 kg. Die Formaldehyd-Doppelverbindungen (Nr. 2) besitzen besonderen Wert in der Zeugdruckerei als Ätzmittel (im Ätz- und Buntätzdruck) für alle Fasern, besonders Baumwolle. Die Verbindungen mit Zinkoxydzusatz (Nr. 3) dienen zum Ätzen von Wolle. Zur Verstärkung der Ätzwirkung werden noch verschiedene Zusätze gemacht, so z. B. Zusätze von Leukotropen (Nr. 4). Diese Präparate werden zum Ätzen des Indigos verwendet. Früher kamen noch Hydrosulfite auf den Markt, die verschiedene Katalysatoren (z. B. Indulinscharlach) enthielten und die Ätzwirkung beschleunigten. Die Marke Nr. 7, eine Azetaldehyd-Doppelverbindung, ist ohne Zusatz von Katalysatoren besonders reaktionsfähig; die Reduktionswirkung tritt hier schon bei 80° C ein, und das Präparat ätzt das schwer ätzbare Naphthylaminbordeaux. Die basischen Zinkhydrosulfite (Nr. 5 und 6) sind besonders für das Abziehen von Färbungen geeignet.

Außerdem dienen die Hydrosulfite als Bleich- und Nachbleichmittel, als Zusätze zur Bäuchflotte für rohe Baumwollstückware zur Verhütung der Oxyzellulosebildung. Blankit I [B] wird auch zum Bleichen von

Bettfedern, Wolle, Stroh, Leder, Holzbast usw. empfohlen. Auch zum Nachbleichen der Baumwolle nach der Hypochloritbleiche und zum Nachbleichen der Wolle nach der Superoxydbleiche wird Blankit I mit Erfolg angewandt. Nähere Angaben über die Arbeitsweisen mit Hydrosulfit finden sich unter Küpenfärberei, Ätzdruck, Abziehen von Färbungen und Dekrolin (s. d.).

Laufende Nr.	Handelsmarke	Fabrikfirma[1])	Hauptbestandteil
1.	Hydrosulfit konz. Pulver	[B]	Natriumhydrosulfit
	Hydrosulfit konz. Pulver	[C]	
	Hydrosulfit konz. Pulver	[M]	
2.	Hydrosulfit NF konz.	[M]	Natrium-Sulfoxylat-Formaldehyd
	Hyraldit C extra	[C]	
	Rongalit C	[B]	
	Blankit I	[B]	
	Deflavit G	[B]	
	Palatinit	[B]	
	Burmol	[B]	
3.	Hydrosulfit NFW konz.	[M]	Natrium-Sulfoxylat-Formaldehyd mit Zinkoxydzusatz
	Hyraldit CW extra	[C]	
	Rongalit CW	[B]	
4.	Hydrosulfit CL	[M]	Natrium-Sulfoxylat-Formaldehyd mit Leukotropzusatz
	Hyraldit CL	[C]	
	Rongalit CL	[B]	
5.	Hydrosulfit AZ	[M]	Wasserunlösliches Zink-Sulfoxylat-Formaldehyd (in Essig- und Ameisensäure löslich)
	Hydrosulfit AZA	[M]	
	Hyraldit Z zum Abziehen	[C]	
	Hyraldit ZA zum Abziehen	[C]	
	Dekrolin	[B]	
6.	Hydrosulfit AZ lösl. konz.	[M]	Wasserlösliches Zink-Sulfoxylat-Formaldehyd
	Hyraldit Z lösl. konz.	[C]	
	Dekrolin lösl. konz.	[B]	
7.	Hydrosulfit NFA	[M]	Natriumhydrosulfit-Azetaldehyd
8.	Dekrolin A	[B]	Schwer wasserlösliches Zink-Sulfoxylat-Azetaldehyd

Schwefelnatrium (Natriumsulfid). $Na_2S + 9\,H_2O = 240{,}2$, leicht wasserlöslich und Na_2S (wasserfrei, kalziniert) $= 78{,}1$.

Es kommt a) meist als kristallisiertes, wasserhaltiges, gelbbraunes Produkt, bisweilen auch b) als kalzinierte Ware in Form von grauen bis grauschwarzen, unregelmäßigen Stücken oder c) in geschmolzenem Zustande in Blechtrommeln als „Schwefelnatrium konzentriert" (doppelte Stärke der Kristallware) in den Handel. Ist hydroskopisch und zieht Kohlensäure sowie Sauerstoff aus der Luft an, wobei es unter Bildung von Karbonat und Sulfat zerfließt. Es ist also gut verschlossen und trocken aufzubewahren. Die Hauptverunreinigungen sind freies

[1]) Abkürzungen der Farbenfabriken s. S. 226.

Alkali und Thiosulfat. Bei der Beurteilung der Qualität spielt der Sulfidgehalt, möglichst vollkommene Wasserlöslichkeit (Fehlen von Eisen) und möglichst Fehlen von größeren Mengen freien Alkalis die Hauptrolle.

Verwendung. Als Zusatz zum Lösen und beim Färben mit Schwefelfarbstoffen und Küpenrot (bzw. „Thiogen"-, „Thiophenol"-, „Katigen"-, „Immedial"-, „Pyrogen"-, „Kryogen"farbstoffen usw.). Das Verhältnis von Farbstoff zu Schwefelnatrium ist je nach Konzentration und Art des Farbstoffes verschieden (1 : 1 bzw. mehr oder weniger). Zum Enthaaren der Häute in der Gerberei.

Chlorsaures Natrium, Natriumchlorat. $NaClO_3 = 106{,}5$; L. k. W. = 100 : 100.

Farblose Kristalle mit Verunreinigungen von Alkalichlorid, Kalziumchlorid, eventuell auch von Eisensalzen. Ausgezeichnet durch seine oxydierende, Sauerstoff abgebende Wirkung.

Verwendung. Als Oxydationsmittel bei Anilinschwarz, als Ätzmittel bei Alizarinfarben, als Zusatz zu manchen Druckfarben in der Wolldruckerei. Wegen der Billigkeit und größeren Wasserlöslichkeit wird das Natriumsalz dem Kaliumsalz (s. d.) manchmal vorgezogen.

Unterchlorigsaures Natron (Natriumhypochlorit, Chlorsoda, Eau de Javelle). $NaOCl = 74{,}5$; nur in Lösung begrenzt haltbar.

Diese Lösung, auch als „Bleichlauge" bezeichnet, wurde ursprünglich Eau de Labarraque genannt, während die Kaliumverbindung ursprünglich Eau de Javelle hieß. Heute nennt man auch die Natriumverbindung meist Eau de Javelle. Das trockene Salz ist nicht isolierbar, die wässerige Lösung nicht lange haltbar. Beim Erhitzen zerfällt das Hypochlorit in Chlorid und Chlorat. Die Bleichlauge wurde früher meist von den Verbrauchern selbst hergestellt. 1 kg Chlorkalk wird mit $2^1/_2$ l Wasser angeteigt und gut zerrieben, dann wird unter fortwährendem Rühren konzentrierte Sodalösung (enthaltend 700 g kalzinierte Soda) zugegeben. Der Brei wird mit 3 l Wasser versetzt, gut verrührt und vom Niederschlag absitzen gelassen oder filtriert. Die klare Brühe wird z. B. auf 1° Bé eingestellt. Heute lohnt die Selbstbereitung kaum noch; man kauft die fertige Ware mit einem garantierten Mindestchlorgehalt. In jüngerer Zeit bringt die chemische Fabrik Griesheim-Elektron in Frankfurt a. M. unter dem Namen „Natronbleichlauge" eine konzentrierte und gut haltbare Lösung in den Handel, die 25° Bé schwer ist und 150—160 g wirksames Chlor im Liter enthält.

Verwendung. Als Bleichmittel für feinere pflanzliche Fasern und Gewebe an Stelle von Chlorkalk; zum Chloren der Wolle, bisweilen auch der Kunstwolle. Die Bleichlauge hat gegenüber dem Chlorkalk den Vorzug besserer Auswaschbarkeit und gestattet ein nachfolgendes Schwefelsäurebad (mit Chlorkalk wird schwerlöslicher Gips gebildet). In den meisten Fällen dürfte die Chlorsoda energischer wirken, doch gehen die Erfahrungen hierüber auseinander. Die Anwendung erfolgt kalt; meist genügt eine Konzentration von 1° Bé. Stellt sich teurer als Chlorkalk. Auch wird Chlorkalk mit partieller Umsetzung zu Chlorsoda verwendet (z. B. das früher bekannte Bleichmittel „Chlorozon"). Die Wirksamkeit hängt vor allem von dem Gehalt an „wirksamem Chlor" ab.

Bleichflüssigkeiten und elektrolytische Laugen. Die „Bleichflüssigkeiten" bestehen im wesentlichen aus Gemengen von Hypochloriten und Chloriden, in vielen Fällen mit freier unterchloriger Säure. Die Basis kann Kalk, Kali, Natron, auch Magnesia, Zink u. a. m. sein. Gleichviel ob sie durch Doppelumsetzung von Chlorkalk mit anderen Salzen oder durch Einleiten von Chlor in Kalkmilch, Soda u. dgl. oder durch Elektrolyse von Chloriden dargestellt worden sind, werden als Hauptbestandteile darin vorhanden sein: Hypochlorit, Chlorid, freie unterchlorige Säure, Chlorat mit Alkalien oder Kalk als Basen sowie Karbonate und Ätzkalkalien als Nebenbestandteile. Den Hauptwert der Lösungen bedingt der Gehalt an wirksamem Chlor.

Verwendung ähnlich wie bei Chlorsoda und Chlorkalk als Bleichmittel (s. u. Bleicherei).

Nitrit, Natriumnitrit (Salpetrigsaures Natrium). $NaNO_2 = 69$; leicht wasserlöslich.

Kleine, gelbliche, bis fast schneeweiße Kristalle. Der Gehalt an Nitrit in guter technischer Ware beträgt 96—98%; die Hauptverunreinigungen sind: Nitrat, Chlorid, Sulfat und Wasser. Den Wert des Produktes bedingt vor allem der Nitritgehalt, das weiße Aussehen und die Klarlöslichkeit in Wasser.

Verwendung. Bei der Entwickelung von Farbstoffen auf der Faser zur Herstellung der sogenannten Diazotierbäder (Diazotier-, Ingrain-, Eis-, Entwickelungsfarbstoffe, z. B. Paranitranilinrot). Seine Wirkung beruht auf dem Freiwerden von salpetriger Säure durch Mineralsäuren (nicht Essigsäure). Die diazotierbaren Amidogruppen werden in die Diazogruppe umgewandelt, welche mit den „Entwicklern" kuppelungsfähig sind. Diese Diazotierung findet unter Eiskühlung oder bei gewöhnlicher Temperatur statt. Die durch Diazotierung und Kuppelung erzielten Vorzüge gegenüber direkten Färbungen liegen in der meist sehr bedeutenden Erhöhung der Waschechtheit, speziell der Waschechtheit in bezug auf Ausbluten auf Weiß. Auf $^1/_2$% angewandten Farbstoff kommen in der Regel 1% Nitrit, 2% Schwefelsäure 66° Bé (oder 3—4% Salzsäure 20° Bé) sowie $^1/_2$% Entwickler. In geringem Maßstabe wird Nitrit bei der Fermentation des Blauholzfarbstoffes angewandt, wobei es leicht oxydierend wirkt und die Überführung des Hämatoxylins in Hämatein durch den Luftsauerstoff beschleunigt (eventuell auch im Hämatoxylinfärbebade selbst angewandt). Beim Monopolschwarzverfahren der Seide zum Abschwärzen des rotstichigen Blauholz-Zinnlackes.

Natriumphosphat, Phosphorsaures Natron. $Na_2HPO_4 + 12\ H_2O = 358{,}3$; L. k. W. = 3 : 100; h. W. = 96 : 100.

Ist das sekundäre oder einfachsaure phosphorsaure Natron oder Dinatriumphosphat (früher von dem Färber auch Kuhkotsalz genannt). Das normale, tertiäre oder Trinatriumphosphat (Na_3PO_4) findet kaum, das zweifachsaure oder Mononatriumphosphat findet keine nennenswerte Verwendung.

Kleinere bis größere, leicht verwitternde Kristalle von verschiedener, meist hinreichender Reinheit (98% $Na_2HPO_4 + 12\ H_2O$ bzw. 19,4 bis

19,5% P_2O_5; theoretischer Gehalt = 19,81% P_2O_5). Schwach alkalische Reaktion gegen Phenolphthalein.

Verwendung. Als Zusatz beim Färben und Drucken mit empfindlichen substantiven Farbstoffen (Kochsalz und Glaubersalz wirken bisweilen etwas trübend); zum Fixieren der Tonerdebeize beim Färben mit Alizarinfarbstoffen (an Stelle des früher benutzten alten Kuhkotbades oder Schafmistes); als mildes Neutralisationsmittel. In weitgehendstem Maßstabe als Erschwerungshilfsmittel in der Seidenfärberei; es dient hier als Fixations- und Erschwerungsmittel von bzw. in Gemeinschaft mit Zinnoxyd (s. u. Seidenerschwerung).

Das Natriumpyrophosphat ($Na_4P_2O_7 + 10\,H_2O = 446$, in 20 Teilen k. W. und in 1 Teile h. W. löslich) wird vereinzelt als Zusatz beim Ätzen von Alphanaphthylaminbordeaux mit Hydrosulfitformaldehyd benutzt.

Wasserglas (Natronwasserglas, Natriumsilikat). Wechselnde Gemische von $Na_2Si_3O_7$ und $Na_2Si_4O_9$.

Das feste Wasserglas kommt, weil nicht unmittelbar löslich, für die Färberei nicht in Betracht, sondern nur die sirupöse, wässerige, stark alkalisch reagierende Lösung von meist 37—40°, seltener von 30—33° Bé. Die Lösungen sind möglichst unter Luft- bzw. Kohlensäureabschluß aufzuheben, da sich unter dem Einfluß der Kohlensäure gallertartige Kieselsäure abscheidet.

Bei der Billigkeit des Produktes kommt es weniger auf Gehalt als auf geeignete, dem jeweiligen Zweck angepaßte Zusammensetzung, Basizität u. ä. an. Die gewöhnlichen Verunreinigungen sind: Chloride, Ätzalkali, Soda, Aluminat, Wasserunlösliches (sowie Spuren Phosphorsäure und Alkalisulfat).

Verwendung. Als Fixierungsmittel von Tonerde- und Chrombeizen in der Seidenfärberei; als abstumpfender Zusatz und Stabilisator zu den Wasserstoff- und Natriumsuperoxydbleichflotten; als leichtes Alkali beim Ansieden von Alkaliblau (statt Borax); als Beigabe zu den Abkochflotten von Baumwollgarn (das zum Färben von Türkischrosa bestimmt ist) und -geweben und in größtem Maßstabe in der Seidenerschwerung nach dem Zinnphosphatsilikatverfahren. Als Zusatz zu Seifen und Waschpulvern; zum Schlichten von Baumwollketten; vereinzelt im Kattundruck als Albuminersatz; als Glanz-, Griff- und Wasserundurchlässigkeitsmittel; für feuerfeste Gewebe als Anstrich- oder Imprägnierungsmittel; als Appretur- und Beschwerungsmittel für baumwollene und leinene Garne und Gewebe.

Das Kaliwasserglas findet in der Färberei keine Verwendung.

Borax (Natriumbiborat). $Na_2B_4O_7 + 10\,H_2O = 382{,}3$; L. k. W. $= 6 : 100$; h. W. $= 200 : 100$.

Weiße, wasserhaltige Kristalle oder weißes, wasserfreies Pulver, der sogenannte „gebrannte Borax" ($Na_2B_4O_7 = 202{,}1$). Der in der Färberei angewandte raffinierte Borax ist meist von guter Beschaffenheit.

Verwendung. Beschränkt. Als mildes Alkali beim Ansieden der Wolle mit Alkaliblau; zum Auflösen von Alizarinfarbstoffen beim Klotzen; selten beim Färben der Baumwolle mit substantiven Farbstoffen; als

Zusatz bei den Verfahren zur Erhöhung der Aufnahmefähigkeit der tierischen Faser für Farbstoffe; vereinzelt im Kattundruck (Indophor); in der Appretur als Lösungsmittel des Kaseins; als Fermentationsmittel des Blauholzes (statt Soda); bei der Herstellung feuersicherer Gewebe; als Seifenzusatz; als Ausgangsmaterial für Perborat; beim Glanzbügeln zusammen mit Stärke; zur Herstellung der Schellackboraxlösung.

Perborat, Natriumperborat. $NaBO_3 + 4\,H_2O = 154{,}1$; L. k. W. = 2,5 : 100; 10% akt. Sauerstoff.

Weißes Pulver oder farblose Kristalle, in trockenem Zustande von guter Haltbarkeit (je gröber die Kristalle, desto haltbarer), auch als Enka IV im Handel. Durch vorsichtiges Trocknen entsteht $NaBO_3 + H_2O$, das luftbeständiger ist. In feuchter Luft und besonders bei Berührung mit feuchten organischen Substanzen wird Sauerstoff abgegeben und Natriummetaborat gebildet. Letzteres bildet sich auch nach und nach in wässeriger Lösung unter Freiwerden von Wasserstoffsuperoxyd (besonders bei Gegenwart von Säuren):

$$NaBO_3 + H_2O = NaBO_2 + H_2O_2.$$

Die Darstellung erfolgt durch Oxydation von Metaborat durch Wasserstoffsuperoxyd (oder von Borax unter Zusatz von Ätznatron). Letzteres kann auch in geeigneter Weise durch Natriumsuperoxyd ersetzt werden.

$$Na_2B_4O_7\ (\text{Borax}) + 2\,NaOH = 4\,NaBO_2 + H_2O.$$
$$4\,NaBO_2 + 4\,H_2O_2 = 4\,NaBO_3 + 4\,H_2O.$$

Außerdem kann es auch auf elektrolytischem Wege gewonnen werden.

In späterer Zeit ist als Ersatz für das Perborat vorübergehend das Perkarbonat technisch dargestellt worden, das ähnlich wirkt wie das Perborat und entsprechend verwendet wird, nur sehr viel leichter zersetzlich ist.

Verwendung. Als bleichender Zusatz zu Waschpulvern und Seifenpräparaten (z. B. „Persil" u. a.). Der Verwendung in Großbetrieben der Bleicherei steht der recht hohe Preis hindernd im Wege. Perborat greift die Faser bei einmaliger Behandlung nicht nachweisbar an; bei häufig wiederholter Behandlung ist von verschiedenen Beobachtern ein gewisser Festigkeitsrückgang der Pflanzenfaser festgestellt, von anderen Beobachtern jedoch bestritten worden. Es wird auch zum Bleichen von Wolle und Seide benutzt; da es aber gegenüber dem billigeren Wasserstoffsuperoxyd keine nennenswerten Vorteile bietet, findet seine Verwendung hier nur ausnahmsweise statt. Bei Küpen- und Indanthrenfärbungen zur vollen und schnellen Entwickelung der Nuancen. Als mildes Nachoxydationsmittel wird es gerne zum Nachoxydieren von Anilindruckschwarz auf Weißfond benutzt ($^1/_2$—1 g pro Liter Wasser bei 40—50° C). In der Stückbleicherei kann es an Stelle von Thiosulfat als Antichlormittel benutzt werden, wobei lagerechte Ware erhalten wird, bei der die so gefürchteten gelben Leisten auch bei längerem Lagern nicht auftreten. Schließlich hat sich das Perborat als Aufschließungsmittel für Stärke (lösliche Stärke) bewährt, wo es neben dem neueren Aktivin und der Diastase (s. d.) gute Dienste leistet (s. a. unter Stärke).

Essigsaures Natrium (Natriumazetat, Rotsalz). $CH_3COONa + 3\,H_2O = 136{,}1$; L. k. W. = 33 : 100.

Farblose oder schwach gelbliche, nadelförmige Kristalle, die nur wenig verwittern. Verwendung zum Abstumpfen freier Mineralsäuren bzw. zur Substituierung der letzteren durch Essigsäure; zur Imprägnierung gefärbter Waren zwecks Verhinderung von Bildung freier Mineralsäuren (Schwefelschwarz); als Zusatz zu Druckpasten (Zinnsalzätzpasten; als Reservage unter Anilinschwarz (Prud'hommesches Verfahren).

Ameisensaures Natrium, Natriumformiat wird in neuerer Zeit als Ersatz für das Azetat empfohlen.

Kaliumverbindungen.

Pottasche (Kohlensaures Kali, Kaliumkarbonat). $K_2CO_3 = 138{,}3$; $K_2CO_3 + 2\,H_2O = 174{,}3$.

Stark alkalisches, hydroskopisches Salz, das als Pulver oder Stückware gehandelt wird. Verwendung beschränkt als Zusatz zur Pottascheküpe und zum Färben mit manchen substantiven Farbstoffen. Beim Druck von Schwefel-, Indanthren- u. a. Farbstoffen. In den meisten Fällen durch Soda ersetzbar. Als Ausgangsmaterial für andere Kaliumsalze.

Chlorsaures Kali (Kaliumchlorat). $KClO_3 = 122{,}6$; L. k. W. = 6,5: 100; h. W. = 50 : 100.

Harte, farblose, glänzende Kristalle oder Pulver. Luftbeständig, auf Schlag explosiv. Hat stark oxydierende Wirkung. Kommt fast chemisch rein in den Handel. Verwendung als Oxydationsmittel in der Anilinschwarzfärberei; zur Bereitung von Oxydbeizen aus Oxydulsalzen; zum Ätzen gewisser Färbungen im Zeugdruck. Wegen der Schwerlöslichkeit nicht in beliebigen Konzentrationen zu verwenden (Auskristallisieren aus Druckpasten!); in dieser Beziehung ist das entsprechende Natriumsalz vorteilhafter.

Übermangansaures Kali (Kaliumpermanganat, Chamäleon). $KMnO_4 = 158{,}1$; L. k. W. = 6,5 : 100; h. W. = 33 : 100.

Tiefviolettrote, nadelförmige, luftbeständige Kristalle von starker Oxydationswirkung. Die wässerige Lösung ist tiefpurpurviolett. Kommt recht rein in den Handel.

Verwendung. Als Manganträger (für Manganbistererzeugung auf der Faser) oder als Oxydationsmittel. Für ersteren Zweck wird es vielfach durch das billigere, leichter lösliche und gefahrlosere Manganchlorid ersetzt. Als Oxydations- und Bleichmittel kommt dem Salz keine wichtige Bedeutung zu. Man tränkt die Ware mit $^1/_{10}$—$^1/_4$proz. Lösung, läßt eine halbe Stunde an der Luft hängen, spült gut in einem Bisulfit- oder Schwefligsäurebad und wäscht. In letzter Zeit ist es wieder von verschiedenen Seiten (Ristenpart) als Bleichmittel gut beurteilt worden.

Ferrozyankalium, Gelbes Blutlaugensalz (Gelbkali, Blaukali, Gelbes Blausaures Kali). $K_4FeC_6N_6 + 3\,H_2O = 422{,}6$; L. k. W. = 28 : 100; h. W. = 50 : 100.

Ferrozyannatrium. $Na_4FeC_6N_6 + 10\,H_2O = 484{,}3$; leicht wasserlöslich.

Das Kaliumsalz bildet luftbeständige Prismen von bernstein- oder zitronengelber Farbe und meist sehr großer Reinheit. Die angesäuerte wässerige Lösung gibt mit Eisenoxydsalzlösungen die bekannte und sehr empfindliche Berlinerblaureaktion.

Verwendung. Zur Erzeugung von Berlinerblau (besonders auf Seide, s. d.); als Oxydationsmittel beim Anilinschwarzdruck (Prud'hommesches Verfahren); als Eisenbeize im Kattundruck mit Alizarinfarben auf Seide (Dampfalizarinviolett); bei der Herstellung von Nitratbeize zur Ausfällung des Eisens (eisenfreie Beize). Bei der Zinnsalzätze von Azofarbstoffen zum Schutz der Baumwolle gegen Zermürbung durch Salzsäure. Das Natriumsalz wird dem Kaliumsalz wegen seiner größeren Billigkeit bei der Erzeugung von Berlinerblau auf Seide u. a. stellenweise vorgezogen.

Ferrizyankalium, Rotes Blutlaugensalz (Rotkali, Rotes blausaures Kali). $K_6Fe_2C_{12}N_{12} = 658{,}8$; L. k. W. = 40 : 100; h. W. = 66 : 100.

Braunrote Prismen. Die Lösungen färben sich am Licht dunkler und scheiden einen blauen Niederschlag aus. Mit Eisenoxydulsalzen wird Turnbulls Blau gefällt. Verwendung sehr beschränkt, hauptsächlich als Sauerstoffüberträger bei der Chlorätze und als Oxydationsmittel im Zeugdruck zu Ätzzwecken (Anilinschwarz, Alizarinfarbstoffe, Anilinfarbstoffe, Indigo).

Laktolin (Saures milchsaures Kali). $CH_3CH(OH)COOK + CH_3CH(OH)COOH = 218{,}2$. (Bestimmte Laktolinmarken enthalten auch die entsprechenden Natrium- und Ammoniumsalze.)

Bräunlichgelbe, dicke Flüssigkeit mit einem Gehalt von z. B. 50% Laktolin. Verwendung als Ersatz von Weinstein beim Chrombeizen der Wolle. Nach v. Kapff übertrifft es bezüglich Chromsäurereduktion sämtliche anderen Hilfsbeizen außer Ameisensäure, wenn 3% Laktolin mit 1% Schwefelsäure angewendet werden. Das gesamte Chrom wird dabei auf der Faser fixiert. Ohne Mitverwendung von Schwefelsäure wird nur 80% des Gesamtchroms nutzbar gemacht.

Weinstein (Kaliumbitartrat, Saures weinsaures Kali, Cremor Tartari). $C_2H_2(OH)_2COOHCOOK = 188{,}2$; L. k. W. = 0,5: 100; h. W. = 5: 100.

Kommt in sehr verschiedenen Reinheitsgraden in den Handel, als roher Weinstein, „Halbkristall" und als raffinierter Weinstein. Letzterer wird in der Färberei meist benutzt und bildet harte Kristalle oder ein Pulver (gemahlener Weinstein).

Verwendung. In der Wollfärberei zum Chrombeizen der Wolle unter Mithilfe von Kaliumbichromat (seltener zum Beizen mit Ton-, Eisen- und Zinnsalzen). Je nach der gewünschten Tiefe wendet man 1—4% Bichromat mit gleichen Mengen Weinstein an. An Stelle von Weinstein werden auch die billigere Ameisensäure, das Laktolin usw. benutzt (s. u. Chromkali). „Weinsteinpräparat" ist saures schwefelsaures Natron (s. d.) und darf nicht mit Weinstein verwechselt werden.

Ammoniak und Ammoniakverbindungen.

Ammoniak, Salmiakgeist (Ammoniakwasser, Kaustisches Ammoniak, Ätzammoniak). $NH_3 = 17$; 1 l Wasser absorbiert bei 0° C 1050 l NH_3-Gas. $(NH_4)OH$ ist die wässerige Lösung des Gases; bei 15° C bis zu 35% NH_3 enthaltend.

Kommt als wässerige Lösung (s. Tabelle) von verschiedenem Gehalt und als komprimiertes Gas in Stahlbomben in den Handel. Letzteres wird in Färbereien kaum verwendet. Der meist gebrauchte Salmiakgeist hat das spezifische Gewicht 0,91, entsprechend 25% NH_3. Der Preis richtet sich nach der Grädigkeit; bei weiten Entfernungen vom Herstellungsort spielen die Frachtkosten eine bedeutende Rolle wegen des hohen Wassergehaltes. Das Ammoniak ist eine stark alkalische, ätzende und charakteristisch riechende sowie leicht flüchtige Verbindung. Die Vorratsflaschen sind deshalb stets gut verschlossen und kühl aufzubewahren. Greift pflanzliche Fasern nicht, tierische Fasern nur in konzentriertem Zustande, doch wesentlich weniger an als Ätznatron und Ätzkali, ja selbst als Soda und Pottasche. Mit Säuren bildet es die nicht glühbeständigen Ammoniumsalze. Salzsäure- und Ammoniakgas bilden den bekannten Salmiaknebel.

Darstellung. Das Ammoniak wird im großen aus Gaswasser, dem wässerigen Destillationsprodukt der Steinkohle (Nebenprodukt der Gasfabriken) gewonnen, indem das Gaswasser, das das Ammoniak größtenteils an Kohlensäure gebunden enthält, mit Kalk versetzt und destilliert wird. Nach dem Haberschen Verfahren wird es auch direkt aus den Komponenten (Stickstoff und Wasserstoff) unter Mitwirkung bestimmter Katalysatoren, sowie von Hitze, Druck und elektrischem Strom synthetisch erzeugt.

Volumgewicht und Gehalt wässeriger Ammoniaklösungen bei +15° C.

Vol.-Gew.	Proz. NH_3	Vol.-Gew.	Proz. NH_3	Vol.-Gew.	Proz. NH_3	Vol.-Gew.	Proz. NH_3
0,996	0,91	0,968	7,82	0,952	12,17	0,924	20.49
0,992	1,84	0,964	8,84	0,950	12,74	0,920	21,75
0,988	2,80	0,962	9,35	0,946	13,88	0,916	23,03
0,984	3,80	0,960	9,91	0,942	15,04	0,910	24,99
0,980	4,80	0,958	10,47	0,938	16,22	0,900	28,33
0,976	5,80	0,956	11,03	0,934	17,42	0,890	31,75
0,972	6,80	0,954	11,60	0,930	18,64	0,882	34,95

Verwendung. Als mildes Alkali zum Reinigen und Waschen der Wolle und Seide; zum Entfernen von Fetten und Schmiere aus Geweben; zum Neutralisieren sauer gewordener Arbeitsbäder; zum Abstumpfen von Wasserstoff- und Natriumsuperoxydbleichbädern; zum Fixieren einzelner Metalloxyde auf der Faser; als Zusatz zu Farbbädern bei Herstellung bestimmter Nuancen auf Halbwolle nach dem Einbadverfahren; zum Klären bzw. Neutralisieren saurer Türkischrotbeizbäder; zum Lösen von Cochenille und Orseille (Cochenille ammoniacale); zur Darstellung von Ammoniaksalzen und -salzlösungen; zum Schönen einiger Färbungen; als Fleckenreinigungsmittel; zum Entfernen von Kupferflecken aus Geweben; zum Ausfällen von Kalk- und Magnesiasalzen (eventuell zusammen mit Soda), wo die Anwendung von Natronlauge und die Gegenwart überschüssiger Soda nicht zulässig ist; als Beigabe zur Hydrosulfitammoniakküpe für Indigo. In der Fabrikation der Soda nach dem Solvayverfahren. Zu beachten ist, daß Ammoniak metallisches Kupfer angreift und Kupferflecke erzeugen kann, die als Katalyte wirken können.

Ammoniumsulfat (Schwefelsaures Ammonium). $(NH_4)_2SO_4 = 132{,}1$; leicht wasserlöslich (50 : 100).

Kommt meist feucht in den Handel, vielfach etwas sauer und schwach gefärbt. Reines Salz ist farblos, neutral und enthält 25,81% NH_3.

Verwendung beschränkt. Als Ausgangsmaterial für einige Ammonsalze; als Zusatz in der Wollfärberei zwecks besseren Egalisierens und Durchfärbens und beim Chromsud der Wolle (Milchsäuresud); als Zusatz zu Appreturmassen; zur Bindung von Ätznatron in Bädern bzw. Substituierung des letzteren durch Ammoniak; als fixierender Zusatz beim Färben mit Alizarinschwarz und anderen Farbstoffen auf Apparaten für Kammzug. Vorzügliches Flammenschutzmittel (Tränkung in 10proz. Lösung).

Ammoniumchlorid, Chlorammonium, Salmiak. $NH_4Cl = 53{,}5$; leicht wasserlöslich (26 : 100).

Weißes Kristallpulver oder weiße Kuchen. Das feste Salz ist hydroskopisch und enthält in technisch reinem Zustande etwa 94—95% Salmiak. Die Lösung reagiert neutral; die Hauptverunreinigungen sind Sulfat, Eisen und Wasser.

Verwendung als Fixierungsmittel beim Färben von Türkischrot auf Tonerdenatronbeize; als hydroskopischer Zusatz zu Appreturmassen; als Zusatz zu Druckmassen; als Feuchtigkeitsüberträger in der Anilinschwarzfärberei; als Bindemittel fixer Alkalien (zur Bindung von Ätznatron), als Flammenschutzmittel wie das Sulfat.

Kohlensaures Ammoniak (Flüchtiges Laugensalz, Hirschhornsalz). Man unterscheidet je nach dem Sättigungsgrade neutrales Salz, $(NH_4)_2CO_3 + H_2O$, halbsaures Salz, $(NH_4)_4H_2(CO_3)_3 + H_2O$, saures Salz, $(NH_4)H(CO_3)$, und karbaminsaures Salz, $(NH_4)CO_2(NH_2)$. Das gewöhnliche käufliche Produkt ist das Hirschhornsalz des Handels und steht in der Mitte zwischen den beiden letztgenannten. Es enthält etwa 31% Ammoniak und setzt sich in heißem Wasser zu Ammoniumkarbonat (alkalische Reaktion) um. Weiße, durchscheinende, harte Masse, die an der Luft Ammoniak abscheidet. Ist leicht wasserlöslich, etwa 45:100.

Verwendung beschränkt als mildestes Alkali für Wasch- und Reinigungszwecke, besonders Wolle und Federn. Von Liechti zum Fixieren von Tonerdebeizen empfohlen.

Essigsaures Ammoniak (Ammoniumazetat). Durch Neutralisieren von technischer Essigsäure mit Ammoniak meist vom Verbraucher selbst bereitet; stellt eine ammoniakalisch riechende Flüssigkeit dar. 1000 Gewichtsteile Essigsäure 30proz. (6° Bé) und 380 Gewichtsteile Ammoniak (24proz.) geben eine auf Lackmuspapier neutral reagierende Lösung. Verwendung als Egalisierungsmittel beim Färben von Wollgarnen und Tuchen (2—5% vom Gewicht der Ware); als unschädliches Abziehmittel für gefärbte Wolle, Kunstwolle und Seide. An seiner Stelle wird heute mehr das ameisensaure Ammonium (Ammoniumformiat) gebraucht.

Untergeordnete Bedeutung haben das oxalsaure Ammoniak (Zusatz beim Färben von Einbadchromierfarbstoffen, zum Lösen von Indulinen und Nigrosinen, in beschränktem Maße im Zeugdruck). Zum Weichmachen von Wasser beim Färben mit kalkempfindlichen Farbstoffen verwendet man pro 1° d. H. auf 1 l Wasser = 25 mg einer Lösung, die man durch Neutralisieren von 8,8 l 10proz. kristallisierter Oxalsäure mit 1,05 l 25proz. Ammoniak erhalten hat (Ristenpart). Das Rhodanammonium (als Zusatz beim Färben und Beizen in Kupferkesseln zur Verhütung einer trübenden Wirkung des Kupfers (0,2 g pro Liter Bad); als Zusatz zu Zinnsalzätzpasten, als Reserve unter Anilinschwarz, als Ausgangsmaterial für Rhodanaluminium, zur Schutzbehandlung erschwerter Seide nach Meister; das vanadinsaure Ammoniak (als Sauerstoffüberträger bei Anilinschwarz sowie als sonstiges Oxydationsmittel) u. a. m.

Magnesiumsalze.

Schwefelsaure Magnesia (Magnesiumsulfat, Bittersalz). $MgSO_4 + 7\,H_2O = 246{,}5$; L. k. W. = 26 : 100; h. W. = 71,5 : 100.

Farblose Kristalle, die vielfach durch Chloride und Alkalisulfat verunreinigt sind. Verwendung. Als Beschwerungsmittel für Baumwolle und Wolle (greift im Gegensatz zu Chlormagnesium die Faser nicht an); beim Bleichen der Seide u. a. mit Natriumsuperoxyd; als Zusatz zur Appretur der Baumwollgewebe; als Zusatz zum Farbbade bei einigen basischen Farbstoffen und den Chromatfarben [C] in der Wollfärberei empfohlen.

Chlormagnesium (Magnesiumchlorid). $MgCl_2 + 6\,H_2O = 203{,}3$; L. k. W. = 166 : 100; h. W. = 333 : 100.

Zerfließliche, farblose Kristalle oder Kristallmasse. Die wässerige Lösung reagiert neutral. Verwendung. Als Beschwerungsmittel für Baumwolle und Wolle. So beschwert z. B. eine 10° Bé schwere Lösung Baumwollwaren um etwa 25%. Die so beschwerte Ware ist weich und fühlt sich „kalt“ an. Wegen der Zersetzung des Magnesiumchlorids bei höheren Temperaturen unter Abspaltung von freier Salzsäure darf die beschwerte oder appretierte Ware nur leicht mit ungespanntem Dampfe gedämpft, aber nicht stark bei erhöhtem Druck gedämpft und nicht heiß kalandert oder gebügelt werden. Nach Ristenpart liegt der kritische Punkt, bei dem sich Chlormagnesium zersetzt, bei 106° C. In der Appretur, Zusatz zu Stärkeleimen (Pflanzenleimen). Zum Karbonisieren der Wolle heute nur selten. Zum Feuersichermachen. In der Schlichterei.

Kalziumverbindungen.

Ätzkalk (Kalk, Gebrannter Kalk, Ungelöschter Kalk). $CaO = 56{,}1$; L. k. W. = 1 : 788; h. W. = 1 : 1270. Gelöschter oder abgelöschter Kalk, $Ca(OH)_2 = 74{,}16$.

Gut gebrannter Kalk bildet harte, staubig trockene, graulich- oder gelblichweiße Stücke, welche in der Hauptsache aus Ätzkalk bestehen, aber je nach dem Ursprung des zum Brennen verwendeten Kalksteines mit wechselnden Mengen Magnesia, Tonerde und Eisenoxyd verunreinigt sind. Beim Liegen an feuchter Luft wird der Ätzkalk allmählich bröckelig und zerfällt zu einem weißen Pulver, welches zum Teil aus Kalkhydrat, zum Teil aus kohlensaurem Kalk besteht. Beim Übergießen mit wenig Wasser erhitzt sich der gebrannte Kalk stark und zerfällt unter Ausstoßung reichlicher Wasserdämpfe und Verbreitung eines laugenartigen Geruches unter Wasseraufnahme zu Kalkhydrat oder gelöschtem Kalk; bei weiterem Wasserzusatz bildet der Kalk einen zarten weißen Brei, den Kalkbrei, und bei weiterer Verdünnung die sogenannte Kalkmilch. Der in Wasser klar gelöste Kalk liefert schließlich das alkalisch reagierende sogenannte Kalkwasser, welches bei einem Gehalt von etwa 1,28 g CaO in 1 l Wasser gesättigtes Kalkwasser darstellt.

Verwendung. In größtem Maßstabe bei der Wasserreinigung oder Enthärtung des Wassers (s. d.). In geringerem Grade zur Darstellung von Kalksalzen (essigsaurem Kalk); als Zusatz bei zu weichem Wasser bei Gegenwart von Essigsäure (z. B. in der Türkischrotfärberei); als Zusatz zu den sogenannten Kalkküpen (Gärungs-, Vitriol-, Zink-Kalkküpen); in der Baumwollfärberei für das Blauholzkalkschwarz; beim Bäuchen und Bleichen der Baumwolle; zum Fixieren von Metalloxyden; zum Kaustifizieren der Soda und Pottasche; zur Darstellung des Chlorkalks; zur Reinigung der Abwässer.

Kohlensaurer Kalk, Kreide (Kalziumkarbonat, Schlämmkreide). $CaCO_3 = 100{,}1$; L. k. W. = 1 : 10 600; h. W. = 1 : 8834.

Meist in geschlämmtem Zustande als weiches, in Wasser fast unlösliches, sehr fein verteiltes Pulver; ziemlich rein, vielfach durch etwas kohlensaure Magnesia verunreinigt.

Verwendung besonders in Form von Kreidebädern zum Abkreiden bzw. Neutralisieren von Säuren auf der Faser; zur Herstellung anderer Kalksalze; beim Türkischrotfärben und -drucken mit Alizarin zur Fixation der Tonerde (das „Abkreiden"); als Zusatz zu den Brechweinsteinbädern in der Druckerei; als weißes Pigment zum „Weißfärben" durch Verdecken der unreinen Grundfarbe.

Chlorkalk (Bleichkalk). $Ca(OCl)_2 + CaCl_2$ bzw. $CaOCl_2$; schwer wasserlöslich.

Der technische Chlorkalk ist ein wechselndes Gemenge von unterchlorigsaurem Kalk, Chlorkalzium, Kalziumhydroxyd und Wasser. Seine Zusammensetzung wird am besten durch die Formel $CaOCl_2$ wiedergegeben. Maßgebend bei der Beurteilung des Produktes ist der Gehalt an wirksamem (oder an bleichendem) Chlor. Man drückt diesen Wert in England und Amerika allgemein, in Deutschland und den meisten übrigen Ländern vorherrschend durch die Gewichtsprozente aktiven oder wirksamen Chlors aus. In Frankreich sind dagegen die Gay-Lussac-Grade gebräuchlich, welche die von 1 kg Chlorkalk erzeugte Anzahl Liter Chlorgas, auf 0° und 760 mm Barometerdruck reduziert, angeben. Da 1 l Chlorgas bei 0° und 760 mm Druck = 3,17763 g wiegt, ergeben sich die Gewichtsprozente Chlor durch Multiplikation der französischen Gay-Lussac-Grade mit 0,317763; umgekehrt die französischen Grade durch Division der Gewichtsprozente durch diese Zahl.

Eine gute technische Ware enthält in der Regel etwa 38—39%, selten über 40% aktives Chlor. Oft werden schlechte Erzeugnisse mit 30% und noch weniger angetroffen. Beim Lagern verliert der Chlorkalk langsam sein wirksames Chlor; am besten hält er sich noch in einem kühlen, trockenen und dunklen Raum. Zieht er aus der Luft Wasser an, so wird er beim Anfühlen schlüpfrig-glatt. Außer dem gewöhnlichen technischen Chlorkalk kommt seit einiger Zeit ein reiner unterchlorigsaurer Kalk (Kalziumhypochlorit) in den Handel, der von der chemischen Fabrik Griesheim-Elektron in Frankfurt a. M. unter dem Namen Elektron-Bleichpulver angeboten wird und 70—80% wirksames Chlor enthält. Es zeichnet sich durch seine trockene, pulverige Beschaffenheit, gute Haltbarkeit und fast völlige Wasserlöslichkeit vor dem gewöhnlichen technischen Chlorkalk aus.

Die Darstellung des Chlorkalkes erfolgt durch Einwirkung von Chlorgas auf gelöschten Kalk in Kammern aus Stein- oder Bleiplatten:

$$2\,Ca(OH)_2 + 4\,Cl = Ca(OCl)_2 + CaCl_2 + H_2O.$$

Verwendung. Ist das verbreitetste Bleichmittel für pflanzliche Faserstoffe, besonders Baumwolle; weitere Verwendung findet das Produkt zum Chloren von Wolle zwecks Erzielung von Seidengriff und Seidenglanz („Seidenwolle"). Zum Bleichen verwendet man meist Lösungen von 0,5—1° Bé, die sowohl kalt bereitet als auch kalt (neuerdings auch blutwarm) verwendet werden. Beispielsweise wird 1 kg Chlorkalk mit $2^1/_2$ l Wasser gut zerrieben, mit weiteren 3 l Wasser versetzt, weiter gut gerührt und absitzen gelassen; die klare Lösung wird abgegossen und mit Wasser auf die gewünschten Grade gebracht. Zur Bewältigung größerer Mengen bedient man sich auch spezieller Apparate, der sogenannten „Chlorkalkauflöser" und der „Chlorkalkrührer". Durch Umsetzung mit Soda oder Pottasche werden die unterchlorigsauren Alkalien gewonnen (s. d.). Zur Einleitung der bleichenden Wirkung wurde früher dem Bleichbade bisweilen etwas Salz- oder Essigsäure zugesetzt; indessen genügt bereits die Kohlensäure der Luft. Beim Erwärmen oder Erhitzen der Chlorkalkbäder entstehen Zersetzungsprodukte (Chlorid und Chlorat), und die Bäder werden schnell unwirksam.

Baumwolle und andere pflanzliche Fasern werden je nach Konzentration und Dauer der Behandlung durch Chlorkalkbäder, gegebenenfalls unter Bildung von Oxyzellulose (s. d.) angegriffen; kalte Bäder unterhalb 0,5° Bé bewirken anscheinend keine oder nur unerhebliche Oxyzellulosebildung. Animalische Fasern werden durch Chlorkalklösungen leicht gelb, mürbe und in der Struktur verändert. Man bedient sich deshalb zu deren Bleichung anderer Bleichmittel.

Die Bleichwirkung der unterchlorigsauren Salze dürfte letzten Endes auf indirekter Sauerstoffbleichung beruhen, indem sich unterchlorige Säure zu Salzsäure und Sauerstoff umsetzt, welch letzterer im Entstehungszustande die bleichende Wirkung ausübt:

$$2\,HClO = 2\,HCl + O_2.$$

Auch ist versucht worden, die Wirkung des freien Chlors in ähnlicher Weise zu deuten; jedoch ist wohl von dieser sekundären Sauerstoffbleichung ($2\,Cl_2 + 2\,H_2O = 4\,HCl + O_2$)[1]) eine spezifische Chlorwirkung scharf zu unterscheiden.

Volumgewicht und Gehalt an bleichendem Chlor in frischen Chlorkalklösungen aus bester Ware (Lunge und Backofen).

Spez. Gew. 15° C	Grade Bé	Wirks. Chlor in g pro l	Spez. Gew. 15° C	Grade Bé	Wirks. Chlor in g pro l
1,002	0,3	1,0	1,022	3,0	12
1,0025	0,35	1,4	1,023	3,2	13
1,004	0,5	2	1,024	3,4	14
1,005	0,8	3	1,029	4	17
1,007	1,0	4	1,036	5	21
1,009	1,3	5	1,045	6	27,6
1,010	1,4	5,6	1,052	7	30
1,011	1,5	6	1,060	8	36
1,013	1,8	7	1,067	9	41
1,014	2,0	8	1,075	10	46
1,015	2,1	8,5	1,083	11	51
1,016	2,3	9	1,091	12	55
1,018	2,5	10	1,100	13	61
1,019	2,7	11	1,108	14	66
1,020	2,8	11,4			

Essigsaurer Kalk (Kalziumazetat). $Ca(C_2H_3O_2)_2 + 2\,H_2O = 194{,}2$, $Ca(C_2H_3O_2)_2 = 158{,}1$; wasserlöslich.

Der rohe essigsaure oder holzessigsaure Kalk, auch „Graukalk“ genannt, kommt als grauweiße, körnige Masse in den Handel und ist mehr oder weniger mit Karbonat, Eisen, empyreumatischen und zersetzten organischen Substanzen verunreinigt. Er ist das Hauptausgangsprodukt der Essigsäurefabrikation; in der Färberei dürfte er in dieser Form überhaupt nicht unmittelbare Anwendung finden. Der reine, eisenfreie essigsaure Kalk wird meist von dem Verbraucher selbst durch Lösen von Kreide oder Ätzkalk in Essigsäure erzeugt und als Lösung verwendet. Die Darstellung desselben erfolgt beispielsweise wie folgt: 3 kg gebrannter Kalk werden mit 14 l Wasser gut gelöscht, mit 21 kg Essigsäure 6° Bé (= 30%) und 14 l Wasser versetzt und auf 10° Bé eingestellt. Bedient man sich des festen essigsauren Kalkes, so werden etwa 1,9 kg desselben direkt in 10 l Wasser gelöst.

Verwendung. Zur Darstellung von Nitratbeize für Alizarinfärbungen auf Seide (soll möglichst eisenfrei sein); beim Druck von Alizarinfarben auf Wolle, Baumwolle und Seide sowie beim Färben von Alizarinrot und Tonerdebeize auf Wolle und mit Chrombeize auf Baumwolle; beim Färben mit Coerulein, Gallein, Galloflavin, Holzfarben u. a.; zur Erhöhung der Wasserhärte. Soll für die meisten Verwendungszwecke eisenfrei sein.

---

[1]) Nach Higgins verläuft dieser Prozeß in zwei Phasen über unterchlorige Säure wie folgt:

$$Cl_2 + H_2O = HCl + HOCl,$$
$$2\,HOCl = 2\,HCl + O_2.$$

Bariumverbindungen werden in der Textilveredelung nur wenig gebraucht. Bariumchlorid, $BaCl_2 + 2\,H_2O = 244{,}3$, wird bisweilen zum Niederschlagen von Bariumsulfat in der Faser verwendet. Man stellt auf Bariumchloridlösung, schleudert und geht, ohne zu waschen, auf das Sulfatbad. Bariumsulfat (Schwerspat, Blancfixe); $BaSO_4 = 233{,}5$; weißes, amorphes Pulver vom spezifischen Gewicht 4,53, in Wasser fast unlöslich (1 l löst 2,3 mg). Zum Füllen geschlichteter Baumwoll- und Leinengewebe als Zusatz zu der Stärkemasse. Als Beschwerungsmittel in der Appretur. Als Anstrichfarbe, in der Lackfarbenherstellung aus Teerfarben.

Aluminium- oder Tonerdeverbindungen.

Schwefelsaure Tonerde (Tonerdesulfat, Aluminiumsulfat). $Al_2(SO_4)_3 + 18\,H_2O = 666{,}7$; L. k. W. = 85 : 100; h. W. = 1130 : 100; enthält 15,33% Al_2O_3 bzw. 23,44% $Al(OH)_3$ und 48,64% H_2O. $Al_2(SO_4)_3 + 12\,H_2O = 558{,}6$, 18,3% Al_2O_3 und 37% H_2O.

Formlose, weiße Massen, Brocken und Körner, seltener in deutlich erkennbarer kristallinischer Form. Die wässerige Lösung reagiert stark sauer und greift Metalle, wie Eisen, Zink u. a., unter Bildung basischer Tonsalze an.

100 Teile Wasser lösen bei:

0	10	20	30	40	50	60	70	80	90	100° C
31,3	33,5	36,2	40,4	45,7	52,1	59,1	66,2	73,1	80,8	89,1 Teile $Al_2(SO_4)_3$

Verwendung. Zur Herstellung von Azetat und Sulfazetat, als Beize für Türkischrot; als egalisierender oder auch fixierender Zusatz bei manchen in der Baumwollfärberei benutzten Anilinfarben (Indoinblau u. a); zur Erzeugung von Tonerdehydrat für Lackzwecke; zur Darstellung von Nitratbeize; zum Ansieden der Wolle in Verbindung mit Weinstein (verdünnte, etwa 1 proz. Tonerdesulfatbäder mit $^1/_2$ bis $^3/_4$ Teilen Weinstein auf 4 Teile Tonerdesulfat); als Beize in der Seidenfärberei mit Beizenfarbstoffen; im großen Maßstabe bei der Zinnphosphattonerdesilikaterschwerung der Seide; zum Weichmachen von Schappe und Souple; als billigstes Ausgangsmaterial für die Herstellung von Tonerde en pâte; zum Wasserdichtmachen und als Flammenschutzmittel in der Baumwollausrüstung (hier ist das essigsaure Salz wegen der Fasergefährdung durch das Sulfat dem letzteren vorzuziehen); bei der Erzeugung der Plauener Luftspitzen.

Basische Sulfate. An Stelle des normalen Sulfates kommen vielfach verschiedengradig basische Sulfate zur Verwendung. Letztere haben den früher vorherrschend gebrauchten Alaun stark verdrängt und werden durch Zusatz von Alkali (z. B. von Soda) zum normalen Sulfat in Lösung gewonnen:

1. $Al_2(SO_4)_3 + Na_2CO_3 + H_2O = Al_2(SO_4)_2(OH)_2 + Na_2SO_4 + CO_2$.
2. $Al_2(SO_4)_3 + 2\,Na_2CO_3 + 2\,H_2O = Al_2(SO_4)(OH)_4 + 2\,Na_2SO_4 + 2\,CO_2$.

Durch Zusatz von 1 Molekül Soda auf 1 Molekül Sulfat wird also das einfachbasische Salz gewonnen; das zweifachbasische Salz (2) ergibt bereits keine klare Lösung mehr. Durch Zusatz von 3 Molekülen Soda wird die Tonerde als Hydrat ausgefällt:

3. $Al_2(SO_4)_3 + 3\,Na_2CO_3 + 3\,H_2O = 2\,Al(OH)_3 + 3\,Na_2SO_4 + 3\,CO_2$.

Zwischen diesen einzelnen Stufen sind unzählige Zwischenstufen möglich, die sich teilweise nur durch sehr komplizierte Formeln von großem Molekulargewicht ausdrücken lassen. Zur Präzisierung des Basizitätsbegriffes schlug Heermann den Begriff der „Basizitätszahl" vor. Danach versteht man unter Basizitätszahl den Quotienten aus Säuregehalt und Basengehalt oder, was dasselbe ist, den relativen Säuregehalt, bezogen auf die Einheit des Basengehaltes (Metallgehaltes), die Base als freies Metall, die Säure als freie Säure (Hydrat) gerechnet. Diese Zahl gestattet es, die Basizität einer Beize oder eines Salzes in präziser Form durch eine einzige Zahl zum Ausdruck zu bringen. Nur bei mehrsäurigen Beizen (z. B. Sulfazetaten) müßte die Basizitätszahl mit zwei, drei usw. Zahlen ausgedrückt werden, je nach der Anzahl der in der Beize vorhandenen Säurearten. Das normale schwefelsaure Aluminium, $Al_2(SO_4)_3 + 18\,H_2O$, würde demnach folgende Basizitätszahl haben: $3 \times 98{,}06 : 2 \times 27{,}1 = 5{,}43$. Das basische Tonerdesulfazetat der Formel $Al_2(SO_4)(C_2H_3O_2)_2(OH)_2$ = die Basizitätsdoppelzahl 1,81/2,22 (98,06 : 54,2, 120: 54,2) usw.

Volumgewicht und Gehalt der Tonerdesulfatlösungen.

Vol.-Gew.	Proz. $Al_2(SO_4)_3$	Vol.-Gew.	Proz. $Al_2(SO_4)_3$	Vol.-Gew.	Proz. $Al_2(SO_4)_3$
1,0170	1	1,1071	10	1,2074	20
1,0370	3	1,1270	12	1,2274	22
1,0569	5	1,1467	14	1,2375	23
1,0768	7	1,1668	16	1,2473	24
1,0968	9	1,1876	18	1,2573	25

$$Al_2(SO_4)_3 \times 1{,}947 = Al_2(SO_4)_3 + 18\,H_2O,$$
$$Al_2(SO_4)_3 \times 1{,}631 = Al_2(SO_4)_3 + 12\,H_2O.$$

Alaune.

Kalialaun, $K_2SO_4 + Al_2(SO_4)_3 + 24\,H_2O = 948{,}9$; L. k. W. = 9,5 : 100; h. W. = 357 : 100.

Natronalaun, $Na_2SO_4 + Al_2(SO_4)_3 + 24\,H_2O = 916{,}7$; L. k. W. = 110 : 100.

Ammoniakalaun, $(NH_4)_2SO_4 + Al_2(SO_4)_3 + 24\,H_2O = 906{,}6$; L. k. W. = 9 : 100; h. W. = 422 : 100.

Unter Alaun schlechtweg versteht man in der Regel den Kalialaun. Er kommt als weißes Pulver oder schön kristallisiert und recht rein in den Handel; insbesondere kann er fast vollständig eisenfrei hergestellt werden. Bei 61° C verliert er 18 Moleküle Kristallwasser, bei 110—120° C wird er nahezu wasserfrei. Diesen wasserfreien Alaun nennt man auch „gebrannten" Alaun. Alaunlösungen reagieren sauer; durch Zusatz von Soda wird der sogenannte abgestumpfte, basische oder neutrale Alaun erhalten: $Al_2(SO_4)_3 \cdot K_2SO_4 \cdot 2\,Al(OH)_3$.

Verwendung. Ähnlich wie schwefelsaure Tonerde; wegen des im Alaun enthaltenen Kaliumsulfates wird der reinen schwefelsauren Tonerde vielfach der Vorzug gegeben, zumal das Kaliumsulfat beizhindernd wirken kann. 10 Teile Kalialaun entsprechen 7 Teilen Tonerdesulfat. Zum Wasserdichtmachen von Baumwolle, Wolle und Seide; als egalisierender Zusatz beim Färben basischer und einiger sauerziehender (Wasserblau usw.) Farbstoffe auf Gerbstoffbeize.

Essigsaure Tonerde (Tonerdeazetat, Rotbeize, Rotmordant, essigschwefelsaure Tonerde, Tonerdesulfazetat). Kommen in Lösungen von verschiedener Zusammensetzung, Konzentration, Basizität und Reinheit in den Handel; werden vielfach auch von dem Verbraucher selbst hergestellt. Ihr Wert ist deshalb ein sehr verschiedener, und jede Sorte ist dem jeweiligen Verwendungszweck anzupassen.

Die reine essigsaure Tonerde $Al(C_2H_3O_2)_3$ wird durch Umsetzung von schwefelsaurer Tonerde und Bleizucker oder durch Lösen von Tonerdehydrat in Essigsäure dargestellt. Die Lösung zersetzt sich beim Stehen sehr schnell und scheidet Tonerdehydrat bzw. basische Azetate aus. Sie wird deshalb meist durch die essigschwefelsaure Tonerde, Aluminiumsulfazetat, ersetzt, die ebenfalls durch Umsetzung von Tonerdesulfat mit Bleizucker gewonnen werden kann. Je nach der Menge des verwendeten Bleizuckers entsteht eine Tonerdeverbindung, welche mehr oder weniger Essigsäure an Stelle von Schwefelsäure enthält. Die Verbindung $Al_2(SO_4)_2 \cdot (C_2H_3O_2)_2$ entsteht aus 68 g Bleizucker und 100 g Tonerdesulfat, die Verbindung $Al_2SO_4(C_2H_3O_2)_4$ aus 135,5 g Bleizucker und 100 g Tonerdesulfat usw. Die Herstellung erfolgt in der Weise, daß man die heißen Lösungen vermischt und die klare Flüssigkeit von dem weißen Niederschlag (Bleisulfat) abgießt. Letzteren wäscht man mit Wasser aus und verwendet die klare Waschbrühe zum Einstellen der essigsauren Tonerde auf Grade (z. B. auf 6 oder 10° Bé). Unklare Lösungen müssen noch filtriert werden.

Dieses Sulfazetat verwendet man in der Baumwollfärberei an Stelle von Antimonsalz zum Binden der Gerbsäure, wenn es sich um Erzeugung besonderer Farbeneffekte handelt. Die Lösung wird auch als Beize in Verbindung mit Türkischrotöl für Alizarinfarben benutzt.

Basisch-essigschwefelsaure und basisch-schwefelsaure Tonerde werden als Beize beim Färben von Türkischrot in Verbindung mit Rotöl gebraucht. Erstere findet hauptsächlich Verwendung für Neurot, letztere besonders für Altrot und für Türkischrot nach dem kombinierten Verfahren, in gewissen Fällen auch für Neurot. Beide Produkte kommen nicht oder kaum in den Handel.

Die B. A. & S. F. [B] gibt folgende Vorschriften für die Bereitung.

A. Darstellung von basisch-essigschwefelsaurer Tonerde:

1. 50 kg Tonerdesulfat (mit 18% Al_2O_3) werden ebenso wie 9,6 kg kalzinierte Soda mit der 5fachen Menge heißen Wassers gelöst. Man läßt die Sodalösung unter gutem Umrühren langsam in die Tonerdesulfatlösung einfließen, setzt 10 l Essigsäure 6° Bé (30 proz.) zu und stellt nach dem Erkalten auf 6° Bé ein.

2. Man löst 43 kg Tonerdesulfat in 300 l kochendem Wasser, gibt 50 l Essigsäure 8° Bé (50 proz.) zu und fügt langsam unter Umrühren 20 kg kohlensaures Alkalialuminat (eisenfrei) zu. Vor dem Gebrauch stellt man auf 6° Bé ein.

B. Darstellung von basisch-schwefelsaurer Tonerde:

40 kg Tonerdesulfat (18% Al_2O_3) werden ebenso wie 5 kg kalzinierte Soda mit der etwa 5fachen Menge kochend heißen Wassers gelöst. Man läßt die Sodalösung unter gutem Umrühren langsam in die Tonerdelösung einlaufen und stellt das Ganze auf 6° Bé ein.

Das gewöhnliche Rotmordant ist ein normales Sulfazetat der Formel $Al_4(C_2H_3O_2)_{10}SO_4$ und wird durch Lösen des basischen Sulfats, $Al_4(OH)_{10}SO_4$, in Essigsäure erhalten. Letzteres wird durch Fällung von Tonerdesulfat mit Natron- oder Kalilauge erhalten (1 Mol. Tonerdesulfat auf 5 Mol. NaOH oder KOH).

Zum Wasserdichtmachen von Geweben (Zeltstoffen u. dgl.) wird basisch-essigsaure oder basisch-ameisensaure Tonerdelösung verwendet. Die Herstellung der basisch-essigsauren Tonerde geschieht z. B. nach folgender Vorschrift:

{1000 Teile schwefelsaure Tonerde werden in
5000 Teilen Wasser gelöst und nach dem Erkalten mit
{150 Teilen kalzinierter Soda, gelöst in
500 Teilen Wasser, langsam verrührt. Zu dieser Lösung werden
{500 Teile essigsaurer Kalk, feste Ware, gelöst in
2000 Teilen Wasser, zugesetzt. Nach $^1/_2$stündigem Rühren und Absitzenlassen wird das Klare abgezapft und zum Gebrauch auf etwa 6° Bé gebracht.

Basisch-ameisensaure Tonerde wird z. B. nach folgender Vorschrift bereitet:

I. {900 Teile schwefelsaure Tonerde werden in
2000 Teilen Wasser gelöst. Alsdann werden

II. {200 Teile Ameisensäure 85 proz. mit
300 Teilen Wasser verdünnt und langsam zu
170 Teilen kohlensaurem Kalk, angerührt mit
100 Teilen Wasser, gegossen.}

Die Lösung II, ameisensaurer Kalk, wird schließlich mit Lösung I, schwefelsaure Tonerde, zusammengerührt und absitzen gelassen. Die klare Brühe wird abgezogen und noch mit 50—60 g kalzinierter Soda (in 500 ccm Wasser gelöst) versetzt, und zwar so lange, bis sich eben ein bleibender Niederschlag bildet. Zuletzt wird auf 6° Bé eingestellt. Die Lösungen sind nur kalt zu verwenden. Beim Erwärmen treten Zersetzungen ein.

Verwendung als Beize besonders in der Türkischrotfärberei und -druckerei und als Wasserdichtmachungsmittel zusammen mit Seifenlösungen usw. (s. auch u. Wasserdichtigkeit).

Das ameisensaure Aluminium (Aluminiumformiat) vermag das essigsaure Salz in den meisten Fällen vollwertig zu ersetzen.

Aluminiumchlorid, Chloraluminium. $AlCl_3 = 133,4$ und $AlCl_3 + 6\,H_2O = 241,5$.

In wasserfreiem Zustande harte, an der Luft rauchende, zerfließliche und leicht zersetzbare, gelbliche Körner. Im Handel meist als 30° Bé schwere Lösung. Verwendung zum Karbonisieren der Wolle bei säureempfindlicheren Farben. Bei erhöhter Temperatur und gesteigertem Druck wird die pflanzliche Faser durch die frei werdende Salzsäure zerstört, während die Wollfaser nicht angegriffen wird. Die Zersetzung ist bei 125° C eine vollständige. Für einzelne Ätzverfahren im Zeugdruck und im Anilinschwarzdruck vorgeschlagen.

Natriumaluminat, Tonerdenatron. $Al_2Na_2O_4 = 164,3$.

Weiße, wasserlösliche, kristallinische Masse. Verwendung beschränkt als Baumwollbeize in der Färberei und Druckerei für Alizarinrot, als Reserve eines Alizarinfärberots unter Anilinschwarz.

Kohlensaures Alkalialuminat. $Al_2O_3 \cdot K_2O \cdot 2\,CO_2 + 5\,H_2O$ mit 41,7% $Al(OH)_3$, bzw. 27,2% Al_2O_3.

Weiße, kreideartige Stücke, die sich leicht pulvern lassen. Verwendung als Ausgangsmaterial für essigsaure bzw. essigschwefelsaure Tonerde.

Nitratbeize. Man löst getrennt voneinander 2100 g Tonerdesulfat, 555 g essigsauren Kalk und 1350 g salpetersauren Kalk und gießt die klaren Lösungen zusammen. Zum Unschädlichmachen eventuell vorhandener Eisensalze versetzt man das Gemisch mit 3 g Ferrozyankalium (gut gelöst) und darauffolgend nach kurzem Stehenlassen mit 10 ccm Doppelchlorzinn 30° Bé. Das Ganze wird auf 10 l aufgefüllt, der Niederschlag abfiltriert und das Filtrat auf 5—10° Bé eingestellt. Verwendung beschränkt zum Beizen der Seide für das Färben mit Alizarinfarben (B. A. & S. F.); im Alizarinrotdampfdruck. **Aluminiumchlorat,** $Al(ClO_3)_3 = 555$, wird an Stelle von Natriumchlorat zum Ätzen tiefer Indigofärbungen und in der Färberei und Druckerei von Anilinschwarz empfohlen; früher auch für das Ausätzen der Luftspitzen benutzt. **Aluminiumrhodanid** (Aluminiumsulfozyanid, Rhodantonerde), wässerige Lösung von 12 oder 20° Bé. Als Ersatz für das essigsaure Salz im Alizarindruck empfohlen; zum Reservieren von Anilinschwarz.

Walkerde. Tonhaltige Erde von gelblicher bis gelblichgrüner oder auch rötlicher Farbe. Man verwendet sie beim Walken und Waschen echtfarbig (z. B. mit Alizarinfarben) gefärbter Wollstücke. Sie soll sandfrei sein.

Chromverbindungen.

Schwefelsaures Chrom, Chromsulfat. $Cr_2(SO_4)_3 + 15\,H_2O = 662{,}4$; L. k. W. = 100 : 100.

Violette Oktaeder; auch mit 18 Molekülen Wasser kristallisierend. Bildet ebenso wie Tonerdesulfat basische Salze, die größere Beizwirkung äußern als das normale Salz. Verwendung zum Beizen der Baumwolle, zum Ansieden der Wolle, als Mordant zum Aufdruck von Chromgrün, mit Ferrisulfat zusammen zur Erzeugung der sogenannten „Khakis“.

Chromalaun. $Cr_2(SO_4)_3 \cdot K_2SO_4 + 24\,H_2O = 998{,}9$; L. k. W. = 20 : 100; h. W. = 50 : 100; enthält 15,2% Cr_2O_3, 9,41% K_2O, 32,04% SO_3.

Violette große Kristalle; schwerer wasserlöslich als das Chromsulfat. Ist das am leichtesten zugängliche Chromisalz. Die kalte wässerige Lösung ist bläulichviolett und wird bei etwa 65° C grün. Die basischen Salze wirken als stärkere Beize (Liechti) und sind haltbarer als basische Chromsulfate. Als Verunreinigungen kommen dieselben Stoffe vor wie im Chromsulfat: Kalziumsalze, freie Schwefelsäure, teerige und andere organische Stoffe. Verwendung als Ausgangsmaterial für andere Chromsalze; sonst beschränkt. Für den Chromsud der Wolle wenig geeignet; zum Nachfixieren von Wollfarbstoffen; in der Baumwollfärberei zum Nachbehandeln von substantiven und Schwefelfarbstoffen auf der Faser zwecks Erzielung besonderer Nuancen; zum Klotzen von Geweben behufs späterer Ausfärbung mit Gallozyanin (Koechlin). Wo direkt als Beize benutzt, werden die basischen Salze meist vorgezogen.

Chromchlorid, Chlorchrom. $CrCl(OH)_2$; Lösung von meist 20 oder 30° Bé.

Grüne, von der B. A. & S. F. in den Handel gebrachte Lösung von basischem Chlorchrom. Vielfach auch Zwischenstufen, z. B. $CrCl_2(OH)$ bis $Cr_2Cl_3(OH)_3$ im Handel. Je basischer das Salz, desto wirksamer als Beize. Nach Heermann ist ein Salz der Basizitätszahl 1,05 als normalbasisches des Handels zu bezeichnen. Verunreinigungen: Alkalisalze, Sulfate, Eisen. Verwendung als Beize für Baumwolle und Seide; die Faser wird durch längeres Einlegen in die kalte, 10—20° Bé starke Lösung, Waschen und eventuelle Fixation mit Wasserglas od. ä. gebeizt, um dann mit Alizarinfarbstoffen (oder sonstigen Beizenfarbstoffen, z. B. Blauholz auf Seide) ausgefärbt zu werden. Ist die wirksamste Chrombeize für Seide.

Fluorchrom, Chromfluorid. $CrF_3 + 4\,H_2O = 181{,}1$; leicht wasserlöslich.

Grünes Pulver, in Wasser mit grüner Farbe löslich, mit etwa 42% Cr_2O_3. Die Lösungen wirken auf Glas und die meisten Metalle ätzend, deshalb ist das Produkt am besten in hölzernen (oder kupfernen) Gefäßen zu lösen und zu verwenden. Ein Eisengehalt ist oft störend. Verwendung beim Nachchromieren von mit Alizarin- und einzelnen substantiven Farbstoffen hergestellten Wollfärbungen (man kocht $^1/_2$ Std. mit 3—4% Fluorchrom und 2—3% Essigsäure); in der Baumwollfärberei zum Nachbehandeln substantiver Färbungen zwecks Verbesserung der Waschechtheit; im Wolldruck, speziell im Vigoureuxdruck. Für das Ansieden der Wolle an Stelle von Chromkali vorübergehend benutzt worden. Wegen der genügend leichten Dissoziation des normalen Salzes kommen die basischen Salze kaum in Betracht.

Chrombisulfit. Grüne Lösung von 21°, 28° und 40° Bé. Wird durch Lösen von frischgefälltem Chromoxydhydrat in wässeriger schwefliger Säure oder durch Umsetzung von Chromsulfat mit Natriumbisulfit gewonnen (letzterenfalls enthält die Lösung Glaubersalz als Verunreinigung, wodurch die Beizkraft des Präparates vermindert wird). Beim Erwärmen tritt leicht Zersetzung ein. Der Chromgehalt (Cr_2O_3) der drei Lösungen beträgt: 9% (21° Bé), 12% (28° Bé) und 18% (40° Bé). Verwendung als leicht ätzbare Beize in der Baumwollalizarinfärberei und im Kattundruck.

Chromazetat, essigsaures Chrom. $Cr(C_2H_3O_2)_3$; Lösung von 24° Bé.

Kommt in Lösung von 24° Bé als „grünes essigsaures Chrom“ in den Handel. Ein basisches Salz von der Formel $Cr(OH)(C_2H_3O_2)_2$ gelangt in festem Zustande als „essigsaures Chrom trocken“ und in violetter Lösung als „essigsaures Chrom“, 20 und 30° Bé stark, zum Verkauf (B. A. & S. F.). Durch Ersatz eines Teiles der Essigsäure durch Schwefelsäure entstehen die essigschwefelsauren Salze oder die Chromsulfazetate, die wiederum neutrale und basische Salze bilden können.

Verwendung als Beize beim Aufdruck von Alizarin- und vereinzelt auch von Anilinfarbstoffen (waschechte Fixierung von Eosin); in beschränktem Maße auch als Beize beim Färben von Baumwolle, Wolle und Seide; selten für Khakifärbungen. Das ameisensaure Salz, Chromformiat erfüllt meist die gleichen Dienste.

Chromkali, Kaliumbichromat (rotes oder doppeltchromsaures Kali). $K_2Cr_2O_7 = 294{,}5$; L. k. W. = 10 : 100; h. W. = 94 : 100; 68,1% CrO_3.

Luftbeständige, wasserfreie, orangefarbene Kristalle von meist großer Reinheit (67,5—68% CrO_3). Stark ätzend und giftig.

Verwendung. Ausgedehnt zum Beizen der Wolle für Alizarin (Holz-) und vereinzelt für Anilinfarbstoffe, ferner auch zum Nachchromieren der Einbadchromierfarbstoffe und einzelner substantiver Produkte sowie als fixierender Zusatz beim Chromatverfahren. Als Abziehmittel in der Kunstwollfärberei; zur Erzeugung von Chromgelb auf der Faser; als Oxydationsmittel in der Anilinschwarzerzeugung, beim Katechubraun, Blausteinschwarz; beim Nachbehandeln von substantiven und Schwefelfarbstoffen auf der Faser, meist in Verbindung mit Kupfervitriol, zur Erhöhung der Echtheit. Als Ätzmittel im Zeugdruck; in der Khakifärberei.

Die gebräuchlichsten Ansätze beim Chromsud der Wolle sind etwa folgende; sie schwanken je nach angewandtem Farbstoff, gewünschter Nuance und Gewohnheit.

1.	1½%	Chromkali	+	1½%	Ameisensäure (85 proz.).
2.	1½—2%	„	+	3—4%	Laktolin (evtl. + 0,5% H_2SO_4).
3.	2—3%	„	+	3—4%	Milchsäure.
4.	1½%	„	+	3%	Milchsäure + ½% H_2SO_4.
5.	1½—2%	„	+	3—4%	Lignorosin + 1% H_2SO_4.
6.	1½—2%	„	+	3—4%	Vegetalin + 3% Essigsäure.
7.	3—4%	„	+	2½—3%	Weinstein.
8.	3—4%	„	+	2—4%	Oxalsäure.
9.	3—4%	„	+	2—4%	Oxalsäure + 1% Schwefelsäure.
10.	1—3%	„	+	1%	Schwefelsäure.

Chromnatron, Natriumbichromat (saures oder doppeltchromsaures Natron). $Na_2Cr_2O_7 + 2\,H_2O = 298{,}3$; zerfließlich; 67,1% CrO_3.

Orangefarbene, kristallinische, leicht zerfließliche Masse. Bei 100° C geht das Kristallwasser verloren, und es bleibt das wasserfreie Salz mit 76,4% CrO_3 zurück (als solches auch mit etwa 73—74% CrO_3 im Handel). Durch Kaliumsalz verunreinigt. Verwendung wie Kaliumbichromat (hat etwa gleichen Wirkungswert wie dieses); wird wegen der größeren Wasserlöslichkeit bevorzugt, ist aber in der Regel weniger rein als Chromkali. Die neutralen Kalium- und Natriumsalze (K_2CrO_4 und $Na_2CrO_4 + 10\,H_2O$) finden in der Färberei kaum Verwendung.

Eisenverbindungen.

Eisenvitriol, schwefelsaures Eisenoxydul (Eisenoxydulsulfat, Ferrosulfat, grüner Vitriol, Kupferwasser, Vitril). $FeSO_4 + 7\,H_2O = 278{,}1$; L. k. W. = 60 : 100; h. W. = 333 : 100.

Blaßbläulichgrüne Kristalle, die in trockener Luft unter Verwitterung undurchsichtig weiß, in feuchter Luft unter Oxydation gelbbraun anlaufen. Die wässerigen Lösungen setzen an der Luft braunes Oxydhydrat bzw. basisches Oxydsulfat ab. Der Eisengehalt der reinen Ware beträgt 25,86% FeO.

Verwendung. In der Wollfärberei als Zusatz zum Färbebad beim Arbeiten mit Blauholz und Anilinfarben; in der Baumwollfärberei zum Fixieren der Gerbsäurebeize; beim Ansatz der Vitriolküpe als Reduktionsmittel und der Tauchküpe für Indanthrenfarbstoffe (1 Teil Indigo, $3^1/_2$—4 Teile Eisenvitriol, 4 Teile Kalk); zur Erzeugung des Blauholzeisenschwarz auf Wolle und Baumwolle; von Rostgelb (Eisenchamois) auf Baumwolle; beim Druck von Indanthrenfarbstoffen; zum „Abdunkeln" in der Baumwoll-, Seiden- und Souplefärberei. Ausgangsmaterial für andere Eisenpräparate, z. B. die sogenannte Eisenbeize oder das basisch-schwefelsaure Eisenoxyd.

Eisenbeize, salpetersaures Eisen (basisches Ferrisulfat, Eisenoxydsulfat, Schwarzbeize, Rostbeize, Rouille). $Fe_4(OH)_2(SO_4)_5$ bis $Fe_2(OH)_2(SO_4)_2$; Basizitätszahl[1]) = 2,19—1,75. Im Mittel etwa: $Fe_8(OH)_6(SO_4)_9$, Basizitätszahl = 2,00.

Unter dem fälschlichen Namen „salpetersaures Eisen" oder „Salpeterbeize" im Handel, weil zu ihrer Darstellung Salpetersäure verwendet wird (Oxydation von Ferrosulfat mit Salpeterschwefelsäure). Meist als 50° Bé schwere, sirupöse, braunrote Flüssigkeit im Handel. Der Grad der Basizität ist schwankend und gewissermaßen von der örtlichen Gewohnheit abhängig, da die Eisenbeize nicht auf weite Entfernungen versandt zu werden pflegt, vielmehr in der Verbrauchsgegend erzeugt wird. Je basischer die Beize, desto wirksamer ist sie. Nach Heermann läßt sich die Basizität bis auf 1,87 herabdrücken; solche Beize ist aber nicht haltbar und scheidet im Betriebe unlösliche, noch basischere Verbindungen ab, z. B. $Fe_5(OH)_7(SO_4)_4$ von der Basizitätszahl 1,41—1,42. Man sollte deshalb praktisch nicht unter die Basizitätszahl 2,00 hinausgehen. Eine solche Beize soll sich im Betriebe (als 30 und 50° Bé-Lösung) gut halten und nur wenig Bodensatz liefern. Oxydulsalz und Salpetersäure sollen in möglichst geringen Mengen vorhanden sein.

Verwendung als 30° Bé starke Lösung bei der Primärbeizung in der Seidenfärberei in großem Maßstabe (Seidenschwarz mit Blauholz); daselbst als Untergrund für Berlinerblau; zuweilen zur Nachbehandlung gerbsäuregebeizter Faser beim Färben mit basischen Farbstoffen (ganz verdünnte Lösungen); auf Baumwolle zur Herstellung von rostgelben Tönen; auch in Kombination mit Chromsalzen für die sogenannten „Khakifarben". In der Seidenerschwerung werden häufig mehrere Beizen nacheinander gegeben („repetierte" Beizung); hierbei lagert jede nächstfolgende Beizung weniger Eisenoxyd auf die Seidenfaser ab als die jeweils voraufgegangene.

Essigsaures, holzessigsaures Eisen (Schwarzbeize). Ist eine Oxydulbeize und kommt als schwarzgrüne, stark nach Holzteer riechende Lösung von meist 12—15° Bé in den Handel. Sie wird durch Absättigen von roher Holzessigsäure mit Eisenspänen gewonnen. Die bisweilen gehandelten 20—30° Bé starken Lösungen zeichnen sich durch höheren

[1]) s. S. 144.

Teergehalt aus als die verdünnteren, gebräuchlicheren von 12—15° Bé. Je länger die Beize verschlossen lagert, desto besser und teerfreier wird sie im allgemeinen (abgelagerte Ware gegenüber frisch bereiteter). Sie wird ebenso wie die Salpeterbeize auch „Schwarzbeize" genannt, was zu Mißverständnissen Anlaß geben kann.

Verwendung. Im großen Maßstabe in der Seidenschwarzfärberei zur Erzeugung blauschwarzer Töne, in der Souplefärberei; als Beize beim Färben und Drucken von Alizarinfarbstoffen und einigen basischen Farbstoffen; in Verbindung mit Gerbstoff zum Schwärzen oder Abschwärzen in der Baumwoll- (Sumachschwarz) und Halbwollfärberei. Das reine essigsaure Eisenoxydul kann durch Umsetzung von Ferrosulfat mit Bleizucker gewonnen werden und heißt „Chamoisbeize". Sie wird vereinzelt zur Erzeugung heller Chamoistöne benutzt.

Eisenchlorid, Eisenchlorürchlorid, Eisenalaun, Eisennitrat und andere Salze werden nur wenig verwendet, z. B. als Sauerstoffüberträger bei Oxydationsschwarz auf halbseidener Stückware; für violette Töne mittels Alizarin, bei Grünfärbungen mit Dinitrosoresorzin, bei Kombinationsfärbungen von Alizarin-Dinitrosoresorzin zur Erzeugung schwarzer Töne u. ä. Spezialzwecken.

Zinkverbindungen.

Zinkstaub. Zn = 65,4; wasserunlöslich.

Graues, schweres Pulver, das im wesentlichen aus metallischem Zink mit wenig Zinkoxyd besteht. Die übliche Handelsmarke enthält 90% metallisches Zink. Vom Gehalt an letzterem und der feinen Mahlung (beim Verreiben zwischen den Fingern sollen keine Körnchen fühlbar sein) hängt der Wert des Produktes in erster Linie ab.

Verwendung als Reduktionsmittel bei der Zinkküpe; zur Herstellung von Hydrosulfit für die Hydrosulfitküpe und sonstige Zwecke; als vorzügliches Ätzmittel in der Druckerei (Zinkstaubbisulfitätze).

Zinkweiß, Zinkoxyd. ZnO = 81,4; wasserunlöslich.

Weißes, voluminöses Pulver. Wird als Zusatz beim Färben der sogenannten Pastellfarben verwendet; ferner als Deckmittel zusammen mit Hydrosulfit in dem Zeugdruck.

Zinkvitriol, Zinksulfat (schwefelsaures Zink). $ZnSO_4 + 7\,H_2O$ = 287,6; L. k. W. = 140 : 100; h. W. = 650 : 100.

Farblose Kristalle, die an trockener Luft verwittern.

Verwendung als Beschwerungsmittel in der Baumwollindustrie; als konservierender Zusatz zu Schlichten und Appreturmassen; in beschränktem Maße als Ersatz des Brechweinsteins zum Fixieren des Tannins in der Färberei mit basischen Farbstoffen; als Beize für Alizarinblau S; zum Nachbehandeln von Schwefelfarbstoffärbungen; als Reserve unter Schwefelfarbstoffen im Zeugdruck; als Zusatz zu den Brechweinsteinreservagen im Kattundruck; zur Herstellung der Koechlinschen gemischten Beizen. Früher ist als Fixiersalz M [M] eine Mischung von Zinksulfat, Kaliumsulfat und Alaun zum Nachbehandeln von Melanogenblau empfohlen worden.

Chlorzink, Zinkchlorid. $ZnCl_2 = 136,3$; zerfließlich.

Kommt in Form einer weißlichen, durchscheinenden Masse vom spezifischen Gewicht 2,75 (Zinkbutter) oder als Lösung in den Handel. Hat stark ätzende Eigenschaften.

Verwendung als Zusatz zu Schlichten und Appreturmassen. Es verleiht der Ware den gewünschten Grad von Fülle, Feuchtigkeit, Weichheit und Schwere und wirkt zugleich konservierend (bakterizid); in einzelnen Fällen dient es als Beize (z. B. für Wasserblau) und wird auch als Doppelverbindung mit Methylenblau verwendet. Als konservierendes Mittel wird es in Mengen von etwa 5—10 g pro Kilogramm Masse zugesetzt.

Dekrolin [B], Hydrosulfit AZ [M], Hyraldit Z zum Abziehen [C] u. a. Marken (s. a. unter Hydrosulfit).

Sind wasserunlösliche, basische Zink-Sulfoxylat-Formaldehydverbindungen, die zum Abziehen gefärbter Materialien jeder Art, ferner zum Bleichen von Kokosfaser u. ä. dienen. Die reduzierende, farbstoffzerstörende bzw. -bleichende Wirkung findet nur in Gegenwart von Säuren (Essigsäure od. ä.) und beim Erwärmen statt. Ein ähnliches Präparat ist das Dekrolin lösl. konz. [B], sowie die entsprechenden Hydrosulfit- und Hyralditmarken, die sich durch ihre Wasserlöslichkeit auszeichnen. 1 Teil Dekrolin lösl. konz. entspricht im Wirkungswert $1^1/_2$ Teilen Dekrolin.

Praktische Ausführung des Abziehens von Farben. Nach den Vorschriften von Cassella [C] arbeitet man mit den drei Abziehmarken „Hyraldit Z zum Abziehen", „Hyraldit ZA zum Abziehen" und „Hyraldit Z lösl. konz." in folgender Weise, wobei die Marke „ZA zum Abziehen" weniger Säure und weniger langes Kochen verlangt als die ältere Marke „Z zum Abziehen". Die Marke „Z lösl. konz." zeichnet sich durch seine Wasserlöslichkeit aus. Wie die vorgenannten Hyralditmarken sind auch die entsprechenden Hydrosulfit- und Dekrolinmarken zu verwenden. Man arbeitet in allen Fällen am besten in Holzbottichen, deren Heizrohr mit Baumwollstoff umwickelt ist. Kupfergefäße beeinträchtigen zwar die Abziehwirkung nicht, werden aber angegriffen und verursachen leicht Flecke in der Ware. Die beste Abziehwirkung wird erzielt, wenn das Material vorher einer schwach alkalischen Behandlung unterzogen wird. Man behandelt die Ware mit 5—8% kalz. Soda oder 2—4% Ammoniak während 20—30 Minuten bei etwa 50° C, spült gut und zieht im frischen Bade ab.

1. Abziehen mit Hyraldit Z zum Abziehen. Man verwendet 2—4% Hyraldit Z zum Abziehen und 2—5% Ameisensäure, 85proz. (oder statt dessen $1^1/_4$—$2^1/_2$% Schwefelsäure). Das 40—50° C warme Abziehbad wird zunächst mit der erforderlichen Säuremenge besetzt, und dann wird unter gutem Umrühren Hyraldit Z zum Abziehen langsam eingetragen. Nun geht man mit dem abzuziehenden Material ein, treibt langsam zum Kochen und kocht 20—30 Minuten. Bei ungenügender Wirkung gibt man bei abgestelltem Dampf etwas Hyraldit und, wenn das Bad nicht deutlich sauer reagiert, auch etwas Säure nach und kocht noch kurze Zeit. Beim Arbeiten in mechanischen Apparaten wird das Hyraldit unmittelbar vor der Zugabe zum Apparat mit der Hälfte Schwefelsäure in einem besonderen Gefäß gelöst. Man verwendet mindestens die 10fache Wassermenge vom Hyralditgewicht, 30 bis höchstens 40° C warm, gibt die Lösung, welche jedesmal frisch bereitet wird, zum Abziehbad, treibt langsam zum Kochen und läßt $^3/_4$ Stunde bei Kochtemperatur gehen. Nach dem Abziehen wird am besten in einem frischen Bade mit 1—2% Schwefelsäure kurz nachgekocht, um alles Hyraldit zu entfernen, damit es beim nachfolgenden Färben nicht störend wirkt.

2. Abziehen mit Hyraldit ZA zum Abziehen und Abziehen mit Hyraldit Z lösl. konz. Man verwendet 2—4% Hyraldit ZA zum Abziehen oder

1½—3% Hyraldit Z lösl. konz. und 1—2% Ameisensäure 85 proz. oder ½—1% Schwefelsäure. Die Marke „Z lösl. konz." ist besonders für das Arbeiten in Apparaten sowie zum Abziehen dicker und dichter Stoffe geeignet. Es wird im übrigen in offenen Gefäßen gearbeitet, wie bereits unter 1 (Hyraldit Z zum Abziehen) angegeben. Beim Arbeiten mit mechanischen Apparaten wird Hyraldit ZA zum Abziehen vorher unter Zugabe der Hälfte seines Gewichtes an Ameisensäure gelöst und wie bei 1 verfahren. Hyraldit Z lösl. konz. wird zuerst in warmem Wasser gelöst und dem zirkulierenden, mit der erforderlichen Säuremenge besetzten, etwa 40° C warmen Abziehbade allmählich zugegeben. Im übrigen arbeitet man wie vorstehend angegeben.

Karbonisiertes Material wird vor dem Abziehen gut gespült und ohne Zugabe von Säure zunächst nur mit Hyraldit behandelt. Man bringt das Material in das Abziehbad und setzt Hyraldit langsam nach. Wird das Bad nicht deutlich sauer, so gibt man später etwas Säure zu.

Manganchlorür ist wohl das einzige Manganosalz, das beschränkte Anwendung in der Färberei findet. $MnCl_2 + 4\,H_2O = 197{,}9$. Hellrosa, zerfließliche Kristalle. Verwendung. Zur Erzeugung von Manganbister (s. d.); zur Herstellung von Braunsteinpaste [B]; zusammen mit Natriumbichromat in dem Manganbister-Reserveverfahren [B].

Kupferverbindungen.

Kupfervitriol (Kupfersulfat, Schwefelsaures Kupfer, Blaustein, Cyper). $CuSO_4 + 5\,H_2O = 249{,}7$; L. k. W. = 40 : 100; h. W. = 203 : 100.

Blaue, durchsichtige Kristalle, die ziemlich luftbeständig sind. Meist recht rein im Handel, oft durch wenig Eisen verunreinigt.

Verwendung. Hauptsächlich in der Anilinschwarzfärberei als Sauerstoffüberträger; beim Nachbehandeln (zum Teil zusammen mit Chromkali-Essigsäure) oder beim „Nachkupfern" substantiver (bzw. Schwefelfarbstoff-) Färbungen auf Baumwolle und Wolle zwecks Erhöhung der Echtheit; bei manchen Einbadfärbeverfahren mit Blauholz und Anilinfarben als Zusatz zur Färbeflotte; als Vor- oder Nachbeize bei Katechu- und Blauholzfärbungen (zum Abdunkeln und Nuancieren); in Verbindung mit Eisen- und Chrombeizen, oder auch allein, beim Schwarzfärben der Wolle und Baumwolle; zur Darstellung von Schwefelkupfer und anderen Kupferpräparaten, z. B. des Kupferoxydammoniaks (Cuoxams, s. Zellulose und Kunstseide); als Reserve unter Indigo und Indanthren. Mit Eisenvitriol zusammenkristallisiert, früher als „Adlervitriol" in Gebrauch gewesen.

Kupferchlorid, Kupfernitrat, essigsaures Kupfer, basisch essigsaures Kupfer (Grünspan), Schwefelkupfer werden in beschränkterem Maße verwendet, meist als Sauerstoffüberträger bei der Erzeugung von Anilinschwarz u. dgl.

Bleiverbindungen.

Essigsaures Blei, Bleizucker, Bleiazetat. $Pb(C_2H_3O_2)_2 + 3\,H_2O = 379$; L. k. W. = 60 : 100; h. W. = 200 : 100.

Farblose, wasserhelle, giftige Kristalle, die an trockener Luft unter Abgabe von Wasser und Essigsäure und Aufnahme von Kohlensäure verwittern. Frische, gute Ware soll sich in Wasser klar lösen. Holzessigsaures oder holzsaures Blei oder brauner Bleizucker wird aus rohem Holzessig und Bleiglätte hergestellt, ist schmutzig gelbbraun gefärbt und kommt in geschmolzenem Zustande mit einem brenzligen Geruch in den Handel.

Verwendung zur Erzeugung von Chromgelb und Chromorange; zur Herstellung von essigsauren Salzen (Tonerde-, Chromazetat) durch Doppelumsetzung mit Sulfaten. Versuchsweise für die Seidenerschwerung angewandt worden.

Auch das basisch-essigsaure Blei, der Bleiessig, wird für Chromgelb und -orange verwendet; er wird durch Lösen von 1 Teil Bleiglätte in 2—3 Teilen Bleizucker gewonnen und hat eine schwankende Zusammensetzung: $Pb(C_2H_3O_2)_2 + PbO$, $2\,Pb(C_2H_3O_2)_2 + PbO$ usw.

Andere Bleisalze, wie Bleinitrat (Drucken von Chromgelb), Bleisulfat (als Schutzpapp im Blaudruck) usw. werden nur in sehr beschränktem Maße verwendet.

Zinnverbindungen.

Zinnsalz, Zinnchlorür (Stannochlorid). $SnCl_2 + 2\,H_2O = 225{,}9$; L. k. W. = 271 : 100, heiß zersetzlich.

Farblose Kristalle, die an der Luft leicht Zinnoxychlorid, $SnOCl_2$, bilden. Bei starkem Verdünnen mit Wasser dissoziiert das Salz unter Bildung von Oxychlorür (SnOHCl) und weiter von Oxydulhydrat, das allmählich in Oxydhydrat übergeht. Die Hauptverunreinigungen sind: Freie Säure, überschüssiges Wasser, Eisen, Blei, Sulfate, Zinkvitriol.

Verwendung. Als Zusatz zum Cochenillesud; zum Avivieren von Türkischrot; in der Druckerei zur Herstellung von Ätzartikeln auf Baumwolle und Wolle (heute fast durch das Hydrosulfit ersetzt); in der Seidenschwarzfärberei zusammen mit Gerbstoffen auf Cuite und Souple; als Beize neben Tonerdebeizen zur Erzielung lebhafter Farblacke im Baumwolldruck und in der Wollfärberei (Cochenillescharlach); zum Nachbehandeln von Färbungen zwecks Erhöhung der Echtheit; als Ausgangsmaterial für andere Zinnsalze und die Zinnoxydulpaste.

Chlorzinn, Zinnchlorid (Doppelchlorzinn, Pinke). $SnCl_4$ bzw. $SnCl_4 + 5\,H_2O$ bzw. $SnCl_4 + xH_2O$; $SnCl_4 = 260{,}8$.

Kommt als „wasserfreies Chlorzinn", als „Chlorzinn fest" mit 5 Molekülen Wasser und als „Chlorzinn flüssig", 50—60° Bé stark, in den Handel. Das wasserfreie Chlorzinn ist eine bei 115° C siedende Flüssigkeit, die unter Ausstoßung weißer Rauchwolken begierig Wasser aus der Luft anzieht und etwa 45,4% metallisches Zinn enthält. Durch Aufnahme von Wasser entsteht zunächst das feste, mit 5 Molekülen Wasser kristallisierende Salz und durch weiteren Wasserzusatz das flüssige Chlorzinn, das Lösungen bis zu 65° Bé und mehr bilden kann. Bei dieser Konzentration ist es aber nur im Sommer versandfähig, weil es beim Abkühlen leicht auskristallisiert und die Transportflaschen mit festem Kristallkuchen durchsetzt, die die Flaschen gefährden und erst wieder geschmolzen bzw. gelöst werden müssen. Reinheit und Zinngehalt bedingen den Wert des Produktes. Als Hauptverunreinigungen kommen je nach der Gewinnungsart vor: überschüssige Säure, Eisen, Zinnchlorür, Salpetersäure, freies Chlor, Kochsalz, organische Substanz, Metazinnsäure usw. Bei den sehr stark schwankenden Zinnpreisen unterliegt auch das Chlorzinn sehr erheblichen Preisschwankungen.

Nach den älteren Methoden wurde das Chlorzinn durch Oxydation von Zinnchlorür mittels Chlorat, Salpetersäure od. ä. gewonnen. Neuerdings wird es nach dem Goldschmidtschen und anderen analogen Verfahren durch direkte Einwirkung von wasserfreiem Chlor auf metallisches Zinn in nahezu chemisch reinem Zustande als wasserfreies Chlorzinn erhalten.

Verwendung. Im größten Maßstabe zum Erschweren der Seide (Zinncharge). Man verwendet hierbei meist Lösungen von 28—32° Bé, die teils neutral, teils schwach sauer, teils schwach basisch sind. Letztere liefern die größten Erschwerungen (Chargen). In geringem Maße wird es auch noch als Beize in der Baumwollfärberei zwecks Erzielung lebhafter Blaunuancen verwendet; ferner in Verbindung mit Gerbstoffen für basische Farbstoffe; in der Wollfärberei mit oder ohne Alaun als Beize für Alizarinfarbstoffe; beim Färben mit Holzfarbstoffen.

Zinnsaures Natron (Zinnsoda, Natriumstannat, Präpariersalz). $Na_2SnO_3 + 3\,H_2O = 267{,}1$; leicht wasserlöslich; 44,54% Sn.

Farblose, leicht verwitternde Kristallmasse. Die wässerigen Lösungen werden durch die Luftkohlensäure zersetzt und scheiden Zinnoxydhydrat aus. Der Zinngehalt der Handelsware schwankt zwischen 30 und 44%, wobei Soda, Ätznatron, Kochsalz und Eisen die Hauptverunreinigungen bilden.

Verwendung. Als Beize in der Baumwollfärberei zwecks Erzielung lebhafter Blau- und Rotnuancen; im Kattun- und Wolldruck zum Präparieren. Die Zinnfixierung geschieht durch ein nachfolgendes Bad von Säure oder Tonerdesulfat.

Untergeordnete Bedeutung haben einige Zinnsolutionen und Zinnbeizen verschiedener Zusammensetzung (das alte „salpetersaure Zinn“, die „Zinnkomposition“, das „Physikbad“, die „Scharlachkomposition“, das „Rosiersalz“, die „Zinnkrätze“ usw.), die in der Regel vom Verbraucher selbst dargestellt werden und wechselnde Mengenverhältnisse von Zinnchlorür, Chlorzinn, Salz-, Salpeter-, Schwefelsäure usw. aufweisen. Von geringer Bedeutung ist ferner das essigsaure Zinnoxydul, das milchsaure Zinn, das Rhodanzinn u. a. m.

Antimonverbindungen.

Brechweinstein (Antimonylkaliumtartrat, Weinsaures Antimonoxydkali). $K(SbO)C_4H_4O_6 + {}^1/_2H_2O = 332{,}4$; L. k. W. = 7 : 100; h. W. = 53 : 100.

Weiße, große Kristallstücke, feine Kristalle oder Pulver mit etwa 43% Antimonoxydgehalt (chemisch reine Ware enthält 43,4%). Wie alle Antimonverbindungen giftig. Meist recht rein im Handel, etwaiger Eisengehalt wirkt störend.

Verwendung. Zur Fixierung der Gerbsäure beim Färben und Drucken der Baumwolle mit basischen Farbstoffen. Der Verbrauch ist seit Einführung der substantiven Farbstoffe dauernd zurückgegangen. Man verwendet auf 5 Teile guten Tannins etwa 2 Teile Brechweinstein. Auch beim „Nachtannieren“ von Baumwoll- und Seidenfärbungen wird er zum gleichen Zwecke benutzt. — Der Natriumbrechweinstein, das entsprechende Natriumsalz der Antimonylweinsäure, wird seltener gebraucht; sein Hauptvorzug besteht in der besseren Löslichkeit, und aus diesem Grunde wird er dort angewendet, wo konzentrierte Lösungen (z. B. Brechweinsteinreserven) erforderlich sind.

Antimonsalz (Antimonfluorid-Ammonsulfat). $SbF_3 + (NH_4)_2SO_4$; 47% Sb_2O_3. L. k. W. = 140 : 100.

Von de Haën als Brechweinsteinersatz in den Handel gebracht; luftbeständige Kristalle. Die haltbaren Lösungen sind stark sauer und greifen Metalle und Glas an. Verwendung wie bei Brechweinstein. Scheurer empfiehlt, einer Lösung von 400 g Antimonsalz in 100 l Wasser einen Zusatz von 200 g Kristallsoda zu geben und das Bad bei 50° C anzuwenden.

Antimonin (Natrium-Kalzium-Antimonyllaktat). Gelbliche, hydroskopische Masse, die als ein Brechweinsteinersatz von Boehringer in den Handel gebracht worden ist. Das Produkt enthält 15% Sb_2O_3 und soll in schwach saurer Lösung unter Zusatz von 2 l Essigsäure auf 1000 l Flotte gebraucht werden. Der Antimongehalt soll bei diesem Präparat recht gut ausgenutzt werden (bis zu 90%). Auf 5% Tannin kommen nur $2^1/_2$% des Präparates.

Patentsalz, Antimon-Natriumfluorid (Doppelantimonfluorid). $SbF_3 + NaF$; 66% Sb_2O_3; L. k. W. = 63 : 100; h. W. = 166 : 100.

Weiße Kristalle, schwach sauer reagierend, Metall und Glas angreifend. Von Koepp & Co. als ein weiterer Brechweinsteinersatz auf den Markt gebracht, dem vor dem Gebrauch etwa 25% Kristallsoda (vom Gewicht des Salzes) zugesetzt werden.

Antimonoxalat, Antimonkaliumoxalat, „Brechweinsteinersatz“. $K_3Sb(C_2O_4)_3 + 6\,H_2O$: leicht wasserlöslich; 23,7% Sb_2O_3.

Ist ein weiterer Ersatz für Brechweinstein. Die Lösungen dissoziieren schneller als bei letzterem und geben ihr Metall vollkommener an die Faser ab. Kalkhaltiges Wasser bereitet Schwierigkeiten. Bei längerem Gebrauch der Fixierbäder soll ein Teil dieses Präparates etwa einem Teile Antimonsalz entsprechen. Das Präparat hatte sich anfangs gut eingeführt, ist später aber von den Doppelfluoriden verdrängt worden.

Weitere Ersatzmittel des Brechweinsteins von untergeordneter Bedeutung sind noch: Antimonnatriumoxalat (25,4% Sb_2O_3); Antimontrichlorid ($SbCl_3$), hat sich nicht bewährt; Antimontrifluorid (SbF_3). Lösungen sind zu ätzend, dient zur Herstellung der Doppelfluoride; Antimonammoniumfluorid, $SbF_3 + NH_4F$, dem vorgenannten „Patentsalz“ analog, aber nicht so rein darstellbar, sein theoretischer Gehalt an Antimonoxyd ist 67,3%.

Wertverhältnis der Brechweinsteinersatzstoffe untereinander.

Das praktische Wertverhältnis entspricht nicht, wie man geneigt ist anzunehmen, dem Antimongehalt, weil noch andere Faktoren, wie Dissoziierungsgrad, Beizwirkung, Basizität usw. mitsprechen. So fand z. B. Noelting, daß Antimonoxalat mit 25% Sb_2O_3 dieselbe Wirksamkeit zeigte wie Brechweinstein mit 43% Sb_2O_3; Düring und andere stellten fest, daß auch Antimonin mit 15% Sb_2O_3 annähernd denselben Wirkungswert hat wie Brechweinstein. Nachstehend sind die praktischen und theoretischen Verhältnisse einiger Antimonpräparate wiedergegeben, wie sich erstere in der Technik ausgebildet, letztere nach dem Antimongehalt berechnet werden.

Es entsprechen	Nach dem Antimongehalt	Nach der praktischen Wirkung
100 Teile Brechweinstein	91 Teilen Antimonsalz	80 Teilen Antimonsalz
100 „ „	286 „ Antimonin	100 „ Antimonin
100 „ „	65 „ Patentsalz	55 „ Patentsalz
100 „ „	181 „ Antimonoxalat	100 „ Antimonoxalat

Verschiedenes.

Wasserstoffsuperoxyd (Hydroperoxyd, Perhydrol). $H_2O_2 = 34$; mit Wasser in jedem Verhältnis mischbar.

Wasserhelle, leichtbewegliche Flüssigkeit, meist 3 Gewichtsprozente Wasserstoffsuperoxyd enthaltend. Da 1 ccm 3 proz. Ware rund 10 Vol. Sauerstoff entwickelt, entsprechen 3 Gewichtsprozente = 10 Volumprozenten; diese Ware wird auch fälschlich als solche von 10 Volumprozenten bezeichnet.

Diese alte Bezeichnung „10 Vol.-Proz. Sauerstoff“ ist irreführend. Sie will besagen, daß 1 l der Ware = 10 l Sauerstoff enthält und sollte deshalb folgerichtig heißen: „Volumina Sauerstoff“ (statt „Vol.-Proz. Sauerstoff“). Unter „Volumenprozenten“ versteht man sonst gegenüber den Gewichtsprozenten etwas ganz anderes: So bedeutet die Bezeichnung „H_2O_2 konz. 30 Gew.-Proz.“ eine Wasserstoffsuperoxydlösung, die in 1 kg Ware 300 g H_2O_2 enthält. Unter „H_2O_2 konz. 30 Vol.-Proz.“ ist deshalb eindeutig eine Wasserstoffsuperoxydlösung zu verstehen, die in 1 l Ware 300 g H_2O_2 enthält. In diesem Sinne wird heute der Gehalt des Wasserstoffsuperoxydes für höhere Konzentrationen in Gewichtsprozenten oder Volumenprozenten angegeben. Nicht zu verwechseln hiermit ist also die alte, heute leider noch vielfach angetroffene Bezeichnung „Volumenprozent“ statt „Volumina“, die unter Umständen zu Mißverständnissen Anlaß geben kann. — Im übrigen entwickelt eine Ware mit 30 Gew.-Proz. H_2O_2 nicht 100, sondern rund 110 Volumina Sauerstoff (bei 0° und 760 mm gemessen); umgekehrt enthält eine Ware, die 100 Volumina Sauerstoff entwickelt nicht 30%, sondern nur rund 27,5 Gew.-Proz. H_2O_2.

Das Produkt ist am haltbarsten, wenn es möglichst rein und von saurer Reaktion ist; ferner, wenn es kühl und dunkel lagert. Unter der Einwirkung von Licht und Wärme, besonders bei alkalischer Reaktion, geht die Zersetzung schnell vonstatten. Zwecks besserer Haltbarkeit können verschiedene Konservierungsmittel zugesetzt werden, deren Verwendung zum Teil unter Patentschutz gestellt ist (Naphthalin, Alkohol, Äther, Borsäure, Phenol, Thymol, Menthol, Kampfer, Naphthol, Glyzerin, Formalin usw.). Als Verunreinigungen kommen vor: freie Salzsäure, Kochsalz, Magnesium-, Barium-, Tonerdeverbindungen u. ä.

Der Wert des Präparates wird durch die Reinheit, den Superoxydgehalt und die Haltbarkeit bedingt.

Für analytische und medizinische Zwecke kommt konzentriertere Ware unter dem Namen Perhydrol, z. B. von 30 Gewichtsprozenten, in den Handel (Merck). Die Deutsche Gold- und Silberscheideanstalt stellt eine technische Ware von 21% H_2O_2 her.

Verwendung. Vorzügliches, aber etwas teures Bleichmittel für Seide, Schappe, Tussah, ganz- und halbseidene Gewebe, Stroh. Das Bleichbad wird durch Zusatz von Wasserglas, Ammoniak, Borax u. a. alkalisch gemacht; gebleicht wird kalt bis kochend. Gebrauch und Wirkung sind ähnlich wie bei Natriumsuperoxyd, mit dem es im Preise annähernd gleichsteht. Zum Entwickeln von Immedialfarben auf der Faser; als Fleckenputzmittel.

Glyzerin. $C_3H_4(OH)_3 = 92,1$; mit Wasser in jedem Verhältnis mischbar.

Kommt in sehr verschiedenen Konzentrationen und Reinheitsgraden in den Handel. Das Rohglyzerin wird als Saponifikations-, Destillations- und Seifenrohglyzerin (Laugenrohglyzerin) unterschieden; die daraus durch Destillation gewonnene Ware heißt Destillations- oder Dynamitglyzerin und die absolut reine Ware chemisch reines Glyzerin. Die Farbe schwankt zwischen farblos, hellgelb, gelb, bräunlich und braun; ebenso wechseln Geruch und Geschmack. Die Färberei verwendet meist destillierte, farblose Ware. Glyzerin, auch Ölsüß genannt, schmeckt süß, ist sehr hydroskopisch, reagiert neutral und ist mit Wasser, Alkohol, Essigsäure in jedem Verhältnis mischbar. Es löst viele Farbstoffe, ferner wasserunlösliche Seifen (Magnesium- Kalkseife). Es erstarrt unter 0° kristallinisch. Der Siedepunkt liegt bei 290° C, wobei teilweise Zersetzung stattfindet (Akrolein); das spezifische Gewicht beträgt 1,262. Während des Krieges ist an Stelle des fehlenden Glyzerins vielfach Glykol und Glyezin [M] in Gebrauch gewesen. Hierher gehören auch das Natriumlaktat („Per-Glyzerin") und das Kalimlaktat („Perka-Glyzerin").

Verwendung. Als Appreturmittel zur Erzielung eines weichen, geschmeidigen und etwas feuchten Griffes sowie einer Gewichtsvermehrung (infolge des Festhaltens größerer Feuchtigkeitsmengen). Zur Bereitung der alkalischen Chrom- und Eisenbeize; im Wolldruck; in der Avivage seidener und halbseidener Fasererzeugnisse; zum Lösen einiger Farbstoffe; zum Netzen gewisser Gewebe.

Anilinöl und Anilinsalz. $C_6H_5NH_2 = 93,1$; $C_6H_5NH_2 \cdot HCl = 129,5$.

Die technischen Anilinöle werden in Blau- und Rotanilin unterschieden. Das Blauanilin ist ein nahezu chemisch reines Anilin und wird in der Färberei benutzt, während das Rotanilin meist aus annähernd gleichen Mengen Anilin, Ortho- und Paratoluidin zusammengesetzt ist und in der Anilinschwarzfärberei kaum verwendet wird. Im frisch destillierten Zustande (Siedepunkt 181—183° C) ist es nahezu farblos, bräunt sich aber allmählich durch Licht und Luft.

Verwendung. In ausgedehntem Maße zur Erzeugung von Anilinschwarz auf der Faser durch Färben und Drucken (Direkt-, Oxydations-, Dampfschwarz usw.).

Formaldehyd, Formalin, Formol. HCOH = 30.

Das technische Produkt stellt eine 35—40 proz. wässerige, farblose Lösung von stechendem Geruch dar. Als Verunreinigungen kommen vor: freie Säure (Ameisen-, Salz-, Schwefelsäure), Schwermetalle (Spuren Kupfer), anorganische Salze, Methylalkohol. Formaldehyd ist flüchtig, stark fäulniswidrig (bzw. konservierend oder bakterizid) und bringt Eiweiß zum Gerinnen. Verwendung beschränkt, zum Konservieren von Lösungen sowie stärke- und proteinhaltiger Appreturmasse (etwa 1—3 g auf 3 kg Masse); zum Unlöslichmachen von Eiweißstoffen und des Seidenbastes. Als Sulfoxylatdoppelverbindung. Zur Nachbehandlung erschwerter Seide zwecks Haltbarmachung derselben (Solidverfahren); zum Waschechtmachen gewisser Färbungen; als Zusatz zu den Naphthol-AS-Bädern; zur Präparation der Wolle (Unempfindlichmachen gegen Alkali).

Alkohol, Sprit, Weingeist. $C_2H_5OH = 46$; mit Wasser in jedem Verhältnis mischbar.

Farblose, spezifisch riechende, flüchtige und leicht brennende Flüssigkeit. Siedepunkt: 78,3° C. Gutes Lösungsmittel für Harze, ätherische Öle, Farbstoffe usw. Der zu gewerblichen Zwecken dienende Sprit wird denaturiert und dann steuerfrei abgegeben, während der reine Sprit hoch besteuert wird. Verwendung beschränkt zum Lösen einiger wasserunlöslicher Farbstoffe (spritlöslicher Induline, Nigrosine u. ä.); zur Beförderung der Fasernetzung in seltenen Ausnahmefällen.

Methylalkohol, Holzgeist, CH_3OH, kann gleichen Zwecken dienen wie Äthylalkohol; bei seiner Benutzung ist wegen der Giftigkeit (besonders auch der Dämpfe!) Vorsicht am Platze.

Protectol Agfa I und II. Die Firma [A] bringt heute an Stelle ihrer früheren flüssigen Marken Protectole in fester Form in den Handel, und zwar die Marken: Protectol I Pulver doppelt, Protectol I Pulver, Protectol II Pulver doppelt, Protectol II Pulver. Diese festen Marken haben in gleicher Weise wie die alten flüssigen die wertvolle Eigenschaft, tierische Fasern und Rohprodukte, wie Wolle, Seide, Pelzwaren usw., vor dem schädigenden Einfluß der Alkalien zu schützen; es sind also Schutzstoffe.

Die Marken I Pulver und I Pulver doppelt unterscheiden sich nur in bezug auf doppelte Konzentration voneinander und werden (wie die alte Marke Protectol Agfa I) hauptsächlich als Faserschutzmittel beim Merzerisieren von Halbseidengeweben, Entbasten von Seide bei Gegenwart von Ätznatron (z. B. mit scharfen Seifen), Färben der Wolle mit Küpenfarbstoffen (in der Ätznatron-Hydrosulfitküpe), beim Töten der Felle mit Natronlauge usw. verwendet. Die Marken II Pulver und II Pulver doppelt unterscheiden sich voneinander gleichfalls nur in bezug auf ihre Konzentration (II Pulver doppelt ist doppelt so stark wie II Pulver bzw. Protectol Agfa II); sie finden Verwendung beim Waschen von Wolle, Kunstwolle, Halbwolle usw., beim Färben von Halbwolle mit substantiven und Schwefelfarbstoffen, beim Färben von Halbseide mit Schwefelfarben, von Wolle mit Indozyaninfarbstoffen, beim Töten von Fellen mit Sodalösung, als Durchfärbemittel beim Färben von Jute, Kokos u. ä.

Die festen Marken lösen sich leicht in heißem Wasser. Man setzt den Farbbädern 2—5% vom Gewicht der Ware zu und ändert im übrigen nichts an dem Färbeverfahren. Von den Marken „doppelt", die auch doppelt so stark sind wie die einfachen Marken und die alten Marken Agfa I und Agfa II, wird die Hälfte genommen. Die günstige Wirkung des Protectols besteht in guter Netzung, Durchdringung, damit Durchfärbung des Materials und Egalisierung der Färbung; außerdem in Erhaltung oder Erhöhung der Weichheit des Materials, Verhinderung oder Minderung von Hitzfalten, Knittern sowie des Einrollens der Leisten; schließlich schützt das Protectol die tierische Faser auch unmittelbar vor einem Angriff durch Alkali.

Leonil S und N [M]. Leonil ist ein Emulgierungs-, Netz-, Anfärbe-, Schutz- und Egalisierungsmittel, das, ähnlich wie das Protectol, sehr vielseitiger Anwendung fähig ist. Die neuere Marke N ist in erster Linie auch für die Herstellung von Spinnschmälzen, sowie zum Anteigen schwer anteigbarer Farbstoffe zu empfehlen. Aber auch auf dem Gebiete der Wollwäscherei, der Karbonisation, der Färberei selbst usw. leistet Leonil N gute Dienste.

Leonil S ist gegen Kalkwasser weniger empfindlich als Leonil N; ersteres ist deshalb beim Waschen kalkhaltiger Gerberwollen vorzuziehen. In der Wollwäsche verwendet man $1^1/_2$ g Leonil S pro Liter Waschflotte; beim Weiterarbeiten auf alter Flotte setzt man entsprechend dem Badverlust an Leonil zu, z. B. bei Zugabe von 50 l frischem Wasser $50 \cdot 1{,}5 = 75$ g Leonil. Schlichten setzt man etwa 3—5 g Leonil N auf 1 l zu, wodurch die Schlichte eine vollständige Durchtränkung des Materials bewirkt. Beim Karbonisieren von Wollwaren gibt man etwa $1^1/_2$—$2^1/_2$ g Leonil S oder N auf 1 l Karbonisierbad zu. Dieser Leonilzusatz bewirkt, daß man mit einem Schwefelsäurebade von nur 2° Bé eine vollständige Zerstörung der Klette erzielt. In der Färberei der Wollwaren hat sich nach Angaben der Farbwerke [M] das Leonil S als Egalisierungs- und Durchfärbemittel etwas besser bewährt als die neue Marke N. In der Regel genügt ein Zusatz von 1% v. G. d. W., oft schon ein Zusatz von nur $^1/_2$% Leonil S. Für das Färben von Hüten empfiehlt es sich, 2—3% Leonil S zuzusetzen. Das hervorragende Netzvermögen von Leonil N sichert dem Präparat eine vielseitige Verwendungsfähigkeit in der Färberei, Bleicherei und Appretur von Baumwollwaren. Eine vorzügliche Spinnschmälze soll erhalten werden, wenn man folgendermaßen verfährt: 400 Teile Wasser, 1,25 Teile Ammoniak, 5 Teile Leonil N werden zusammen gelöst und gut vermischt. Unter fortwährendem Rühren läßt man in die Lösung 80 Teile Olein einlaufen und rührt bis zur gleichmäßigen Verteilung. Die so erhaltene Emulsion entmischt sich auch bei längerem Stehen kaum und durchtränkt das Spinngut gleichmäßig.

Eulan extra, Eulan F [By]. Die Farbenfabriken Bayer [By] bringen seit mehreren Jahren unter dem Namen Eulan ein Präparat zur mottenechten Ausrüstung von Wollwaren heraus. Nach den grundlegenden Versuchen von Meckbach stellt Eulan ein sicheres Mottenmittel dar, dessen sich die Wollindustrie bzw. die -färberei und -ausrüstung mehr annehmen sollte. Es unterscheidet sich von den üblichen Antimottenmitteln (wie Kampfer, Naphthalin usw.) grundlegend dadurch, daß eine einmalige Naßbehandlung der Wolle mit Eulan diese für alle Zeit mottenecht macht, weil die Wolle von dem Eulan bestimmte Mengen chemisch aufnimmt und festhält.

Anwendungsvorschrift für Eulan. Zur Erzielung von Mottenechtheit sind mindestens 4 g Eulan extra oder 8 g Eulan F im Liter Wasser erforderlich. Das Produkt wird zunächst etwas angeteigt und mit der entsprechenden Menge Wasser kurz aufgekocht. Dann werden 2 g konz. Schwefelsäure 66° Bé bei Eulan extra oder 4 g bei Eulan F, vorher verdünnt, der Eulanlösung zugegeben. Diese Vorschrift gilt für reine Wolle. Bei Halbwolle nimmt man statt der Schwefelsäure 90 proz. Ameisensäure, und zwar 4 g bei Eulan extra oder 8 g bei Eulan F. Die Marke extra kann auch ohne Säure verwandt werden, ein Säurezusatz erhöht jedoch die Wirkung noch und ist für die meisten Zwecke der Industrie zu empfehlen. Die Lösung läßt man zum Abklären und Erkalten am besten über Nacht stehen und verwendet nur die klare Lösung. Nun wird die zu behandelnde, möglichst trockene Wolle am Schlusse ihrer Bearbeitung (nach dem Färben usw.) bzw. vor der Appretur mit der Lösung durchtränkt, gut durchgearbeitet, herausgenommen, abtropfen gelassen oder ausgewunden oder ausgeschleudert und erst nach mehrstündiger Einwirkung gespült. Eulan- und Spülbad werden weiter benutzt und immer etwas aufgefrischt bzw. verstärkt, so daß die ursprüngliche Konzentration wiederhergestellt wird (pro Liter Warenfeuchtigkeit je 1 l Lösung Eulan extra 8 : 1000).

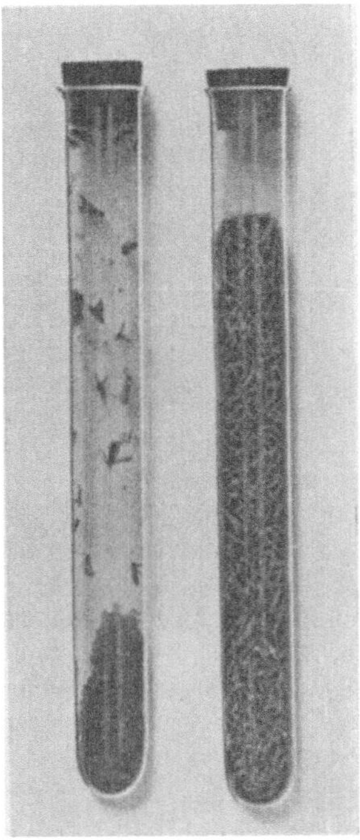

Abb. 52. Lose Wolle mit 50 Motteneiern besetzt, nach $^1/_2$ Jahr photographiert.

Links: unbehandelte Wolle, die ganze Wolle verschwunden. Rest: Raupenkot u. verlassene Puppenhüllen u. ä. Rechts: mit Eulan behandelt, die ganze Wolle erhalten geblieben, die ausgeschlüpften Räupchen sämtlich in wenigen Tagen gestorben. [By].

Das Eulan hat vor den bisherigen Mottenmitteln nicht nur den Vorzug, daß es die Wolle vollständig mottenecht macht, während die Mottenpulver nur unvollständig wirken, sondern auch, daß es absolut geruchlos ist und die Wolle in bezug auf Aussehen und Griff ganz unverändert läßt. Die bisherigen Erfahrungen beziehen sich auf einen Zeitraum von etwa 10 Jahren. Auch ernste Nachprüfungen (z. B. von Krais, A. Hase) haben eine hervorragend gute Mottenechtheit der eulanierten Wolle erwiesen. Alle eulanierten Stoffe hatten sich bei den Versuchen als mottenecht erwiesen, alle nichteulanierten Wollstoffe waren bei gleicher Aussetzung der Mottenbrut entweder durchfressen, angefressen oder sonst stark beschädigt (s. Abb. 52 und 53).

Die wirtschaftliche Bedeutung der Erfindung einer mottenechten Wollbehandlung ist eine außerordentliche. Bedenkt man, daß die Wollerzeugung der Welt vor dem Kriege etwa 1,4 Millionen Tonnen betrug und daß Deutschland für etwa 1,7 Milliarden Goldmark Wollerzeugnisse produzierte, so kann man sich den ungeheuren Schaden, den die Motte (Kleider- und Pelzmotte) verursacht, annähernd errechnen, wenn man annimmt, daß die Motte im Laufe der Lebensdauer der Wollstoffe nur 1% der Wolle zerfrißt. Hinzu kommt, daß durch den Mottenfraß an wertvollen Teppichen, Polstermöbeln, neuen Kleidern usw. gewaltige Wertminderungen entstehen, die gar nicht im Verhältnis zu der von der Motte gefressenen Menge Wolle stehen.

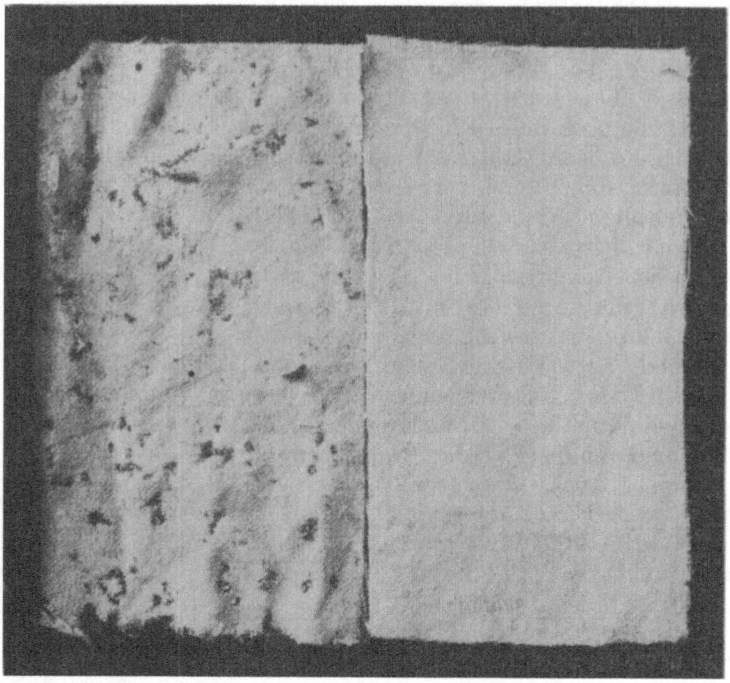

Abb. 53. Weißes Damentuch mit zahlreichen Mottenraupen besetzt, nach einigen Monaten photographiert.
Links: unbehandeltes Damentuch. Rechts: mit Eulan F behandelt. [By].

Aktivin[1]). $CH_3 \cdot C_6H_4 \cdot SO_2 \cdot N\langle^{Cl}_{Na}$ (Paratoluolsulfonchloramidnatrium) = 227,62. In Wasser ohne Zersetzung bis zu 10% löslich.

Aktivin ist ein weißes, beständiges Pulver, nicht hygroskopisch, nicht giftig und ätzend, stark desinfizierend. Es ist das einzige billige, neutrale, organische Oxydationsmittel. Besonders in Gegenwart von oxydierbaren Stoffen (Akzeptoren) spaltet es sein gesamtes (aktives) Chlor bzw. die äquivalente Menge aktiven Sauerstoffs ab und bildet dabei u. a. das Paratoluolsulfonamid nach der Gleichung:

$$CH_3 \cdot C_6H_4 \cdot SO_2 \cdot N\langle^{Cl}_{Na} + H_2O = CH_3 \cdot C_6H_4 \cdot SO_2 \cdot NH_2 + NaCl + O.$$

Im Gegensatz zu Hypochloriten, Superoxyden und dem Natriumperborat spaltet das Aktivin seinen Sauerstoff auch in der Hitze nur langsam und gleichmäßig ab; das disponible Chlor wird deshalb leicht quantitativ ausgenutzt, und zwar findet eine nur milde Oxydation, keine explosionsartige Zersetzung statt. Die Lösungen halten sich dem-

[1]) Näheres s. Heermann: Die Wasch- und Bleichmittel und ihre Einwirkung auf Gewebe und Garne. 1925. — Chem. Fabr. Pyrgos, Radebeul-Dresden, Aktivin in der Textilindustrie. 1925. Letztgenannte Firma stellt das Aktivin fabrikmäßig her. — Krais u. a.

gemäß auch lange ohne nennenswerte Zersetzung. Soda und Alkalien erhöhen noch die Haltbarkeit, während Säuren die Zersetzung des Aktivins einleiten und die Reaktionsgeschwindigkeit steigern. Kalkhaltiges Wasser wirkt auf die Aktivinlösungen nicht zersetzend ein.

Verwendung. Das Aktivin hat die Eigenschaft, Stärke aufzuschließen, es wirkt ferner als Oxydations- und Bleichmittel. Auf diesen drei Eigenschaften beruht die Verwendung des noch neuen Artikels. Als Stärkeaufschließungsmittel hat das Aktivin bereits gute Einführung gewonnen. Das Arbeitsverfahren dabei ist sehr einfach und kann auch vom ungelernten Personal sicher ausgeführt werden, ohne daß die Gefahr dabei besteht, daß die Stärke über das nötige Maß hinaus zu Dextrin, Maltose, Zucker usw. abgebaut wird. Die erhaltene Stärkelösung ist deshalb immer von gleichbleibender Qualität, was für die Zwecke der Praxis von allergrößter Wichtigkeit ist. Besondere Temperaturen brauchen nicht eingehalten zu werden, und doch wird stets eine neutrale, wasserhelle Flüssigkeit erhalten, die mit allen üblichen Zusätzen, wie Fetten, Ölen, Leim, Salzen usw., mischbar ist. Die Lösung besitzt auch große Klebkraft, so daß sie auch als Klebemittel den höchsten Anforderungen entspricht. Die Aktivinaufschließung bietet also gegenüber den alten Methoden mit Säuren und Alkalien wesentliche Fortschritte. Hinzu kommt noch, daß die Stärkelösung nicht leicht säuert und die Ware vor Schimmelbildung und Stockflecken bewahrt bleibt. Man arbeitet etwa wie folgt. Die Stärke wird mit Wasser im Stärkekocher zu einem Stärkebrei verrührt, dann mit 0,5—1,5% (im Mittel mit 1%) Aktivin vom Gewicht der Stärke und mit der erforderlichen Menge Wasser versetzt und unter Umrühren durch Einleiten von Dampf erhitzt. Zuerst tritt die gewöhnliche Verkleisterung ein; dann wird weiter zum Kochen erhitzt, bis sich in kurzer Zeit eine flüssige, glasige, klare, farblose, neutrale Stärkelösung ergibt. Je mehr Aktivin und Wasser verwendet wird, um so dünnflüssiger wird die Stärkelösung. Für dickflüssige Stärkelösungen nimmt man also z. B. 0,5% Aktivin usw. Beim Erkalten gelatiniert die Stärkelösung und wird beim Erwärmen wieder flüssig. Alle Stärkesorten sind verwendbar (s. u. Stärke). Solche Stärkelösungen bilden die Grundmasse für viele Schlichten und Appreturmassen. Letztere können für Weißwaren beliebig mit Ultramarin oder Teerfarben angefärbt werden. In ähnlicher Weise dient das Aktivin zum Entschlichten, Entappretieren roher Baumwollwaren (wie das Diastafor, Novo-Fermasol u. a.), zum Bereiten und Entfernen von Druckverdickungen u. ä. Prozessen.

Als Bleichmittel ist das Aktivin nur für milde Vor- und Nachbleiche geeignet; für die eigentliche Intensivbleiche (Bleichen der Rohbaumwolle z. B.) ist es zu schwach. Nach den Versuchen von Heermann sowie Krais greift es die pflanzliche Faser auch nach öfterem Gebrauch sehr wenig an, so daß es als Haushaltsbleichmittel ohne Gefährdung der Wäsche Verwendung finden kann.

Zum „Chloren“ der Wolle (s. d.) behandelt man den Wollstoff $^1/_2$ Stunde mit einer lauwarmen, sauren Aktivinlösung (1 g Aktivin, 5 ccm Salzsäure 21° Bé auf 1 l Wasser), spült dann, behandelt 10 Minuten mit 1 proz. Bisulfitlösung und spült wieder. Des weiteren soll Aktivin in der Kleiderfärberei zwecks gleichmäßigen Deckens verschossener Waren gute Dienste leisten können. Gut gereinigte Woll-, Halbwoll-, Seiden- und Halbseidenwaren werden mit einer Aktivinlösung (2 g Aktivin, $2^1/_2$ ccm Salzsäure 21° Bé pro Liter Wasser) etwa 20 Minuten kalt behandelt, gespült und mit Antichlor entchlort. Verschossene Baumwoll-, Leinen- u. ä. Waren werden in einer alkalischen Aktivinlösung (2 g Aktivin, 20 g Natronlauge 40° Bé und 5 g kalzin. Soda pro Liter Wasser) 30 Minuten gekocht, gespült, 30 Minuten lauwarm gesäuert (5 ccm Salzsäure 21° Bé pro Liter Wasser) und gründlich gespült. Kunstseide, die sich bekanntlich oft unegal färbt, wird in bezug auf diese Eigenschaft auch mit Aktivin verbessert, indem sie etwa 15—30 Minuten bei 60—70° C mit einer Lösung von 2—3 g Aktivin pro Liter Wasser behandelt wird (s. Aktivinbroschüre der Chem. Fabrik Pyrgos, Radebeul-Dresden). Das Aktivin ist aber noch zu neu, um übersehen zu können, wo es sich dauernde Verwendung sichern wird.

Katanol O [By]. Seit einer Reihe von Jahren bringen die Farbenfabriken von Bayer [By] ein Produkt unter dem Namen Katanol O in den Handel, das die Tannin-Brechweinsteinbeize für Baumwolle ersetzt. Das Produkt hat sich bereits sehr gut eingeführt und das Beizen mit Tannin und Brechweinstein zum großen Teil verdrängt.

Verwendung. Die Katanolbeizlösung wird durch Einstreuen und Umrühren von 1 Teil Katanol O in eine kochend heiße Lösung von $^1/_2$ Teil kalz. Soda und nachherigem Zusatz von 2 Teilen Kochsalz bereitet. Zum Färben von dunklen Farben verwendet man 6%, für mittlere Farben 4% vom Gewicht der Ware, für helle noch weniger Katanol. Man nimmt kurze Flotten von etwa 1:10—15 und färbt eventuell unter Zusatz von Kochsalz oder Glaubersalz aus. Die Ware wird in das Bad von 60 bis 70° C eingelegt und etwa 2 Stunden in dem Bade erkalten gelassen, dann wird abgewunden, gut gespült und bei gewöhnlicher Temperatur bis lauwarm, neutral oder unter Zusatz von etwas Essigsäure ausgefärbt. Das Katanolbad bleibt für weitere Beizungen stehen, indem es mit geringeren Mengen Katanol, Soda usw. nachgefüttert wird. So beizt und färbt man (z. B. mit Methylviolett, Brillantgrün, Methylenblau, Rhodulinrot u. a.) in folgenden Badansätzen:

	1.	2.	3. Bad
Katanol O	4%	2%	1,4%
Soda kalz..	2%	1%	0,68%
Kochsalz	8%	2%	1,2%

Phenoresin D flüssig [M] ist auch ein Präparat, das die Tannin-Antimonbeize zu ersetzen vermag.

Katanol W [By]. Im Gegensatz zum Katanol O ist die Marke W ein Reservierungsmittel: Es verhindert beim Färben von gemischten Geweben aus tierischen und pflanzlichen Fasern (Halbwolle, Halbseide) das Aufziehen gewisser Baumwollfarbstoffe auf die Wolle oder Seide. Um die Seide weiß zu erhalten, wurde bisher im alkalischen Seifenbade gefärbt; die so erzeugten Wirkungen genügten aber oft nicht. Färbt man dagegen mit Katanol W vorgebeizte Ware in neutralem Glaubersalzbade, so erhält man ein besseres Weiß und eine tiefere Baumwolldecke als nach der alten Färbemethode. Auf solche Weise lassen sich mit Katanol W Zweifarbeneffekte von einer Kontrastwirkung herstellen, wie sie früher nicht erreichbar war. Diese Eigenschaft von Katanol W hat für die Ausrüstung von Mischgeweben eine große Bedeutung. Wesentlich ist auch, daß das Katanol auch in sauren Bädern keine Ausfällung gibt.

Verwendung. Halbseide, Vorbeize zwecks Weißerhaltung der Seide. Man beizt die Halbseide mit 10% Katanol W und 4% Ameisensäure 1 Stunde bei 90° C, spült und färbt in einem zweiten Bade mit substantiven Farbstoffen unter Zusatz von 20—30% kristallisiertem Glaubersalz bei 50° C aus. Die Beizflotte kann man weiter benutzen, indem man sie durch einen Zusatz von 2% Katanol W vom Gewicht der Ware ergänzt. Für diese Effekte eignen sich zahlreiche Baumwollfarbstoffe, wie Direktgelb, Chloraminorange, Benzoechtscharlach, Brillantbenzoviolett, Benzoechtrosa, Benzolichtblau, Direktschwarz RC u. a. m.

Halbseide, Nachbeizung zwecks Anfärbung der Seide. Bei Zweifarbeneffekten färbt man die Seide mit sauren Farbstoffen unter Zusatz von Ameisensäure, spült und deckt dann die Baumwolle auf frischem Bade mit Baumwollfarbstoffen unter Zusatz von 20—30% Glaubersalz und 3% Katanol W bei 40—50° C. Man kann dieses Verfahren auch bei Weiß auf Seide anwenden, doch ist das Weiß dann nicht so rein wie auf Vorbeize.

Halbwolle. Man färbt zuerst die Wolle sauer vor und spült. Dann geht man unter Zusatz von 2—3% Katanol W, in kochendem Wasser gelöst, und Glaubersalz in das bestellte Färbebad mit dem Baumwollfarbstoff. Hierbei kann man bis zu 75° C gehen, damit der Farbstoff besser auszieht und die Färbung reibechter wird. Selbstverständlich eignen sich für dieses Verfahren am besten diejenigen Baumwollfarbstoffe, die ohnehin die Wolle nur wenig anfärben. In der Einbad-Halbwollfärberei im neutralen Glaubersalzbade, wo die Wolle zu viel und die Baumwolle zu wenig Farbstoff aufnimmt, dürfte das Katanol W wertvolle Dienste leisten.

Diastasepräparate

(Diastafor, Ferment, Fermasol, Novo-Fermasol u. a.).

Seit längeren Jahren haben sich bestimmte Diastasepräparate, Fermentpräparate, in der Textilbearbeitung einen dauernden Platz gesichert und immer größere Verbreitung gefunden. Unter diesen zahlreichen Präparaten seien als die bekanntesten erwähnt: die verschiedenen Diastafor-Marken der Deutschen Diamalt-Aktiengesellschaft in München, die Novo-Fermasole der gleichen Firma und der Schweizerischen Ferment-Aktiengesellschaft in Basel und die verschiedenen Marken Ferment und Fermasol der letztgenannten Firma sowie die Biolase [K]. Zahlreiche andere Produkte, wie z. B. Orzil, Maltine, Unomalt, Multomalt, Zellomaltoin, Backros liquefier, Glicorzo, Syrop de malt, Brimal, Polyval, Diastol, Polygen, die fälschlich sogenannte „Dextrose“ und die „reine

Diastase" seien hier nur der Vollständigkeit wegen erwähnt. Sie spielen keine führende Rolle, sind von wechselnder Zusammensetzung und zum Teil auch schon durch die führenden erstgenannten Marken verdrängt.

Alle diese Erzeugnisse enthalten das Ferment Diastase, das amylolytische oder stärkelösende bzw. -abbauende Ferment, das sich u. a. in der keimenden Gerste, im Malz, dann aber auch in der Pankreasdrüse, der Bauchspeicheldrüse des Schlachtviehes (und auch des Menschen) vorfindet. Die Präparate können also pflanzlichen oder tierischen Ursprungs sein. Ihre Wirkung und Haltbarkeit sind verschieden groß, zumal die Firmen verschiedene Marken in den Handel bringen und die Konzentrationen von Zeit zu Zeit ändern. Die amylolytische Wirkung derselben besteht darin, daß der aufgequollene Stärkekleister am besten bei 60—70° C zu leichtflüssiger, wenig verdickender Stärkelösung verwandelt wird und bei anhaltender Wirkung der Abbau über das Dextrin und die Maltose zu Glykose (Zuckerarten) weiterschreitet. Eine hervorragende Eigenschaft aller dieser Fermente ist, daß sie weder Faserstoffe noch Farben angreifen und Gewebe in ihrer Breite nahezu nicht verändern.

Diastafor extra stark und das doppelt so starke und wirksame „Diastafor doppelt konzentriert" werden von der erwähnten Diamalt-Aktiengesellschaft in München in den Handel gebracht. Es sind braungelbe, dickflüssige Malzprodukte von stark enzymatischer, Stärke verflüssigender Eigenschaft. Der Sirup ist in lauwarmem Wasser löslich und bietet vor dem alten Malzverfahren (Behandeln mit Malzauszügen) außer der größeren Billigkeit den Vorzug der bequemen Handhabung und der steten Gebrauchsbereitschaft. Die Produkte sind säure- und fettfrei und gegen Fasern und Farbstoffe indifferent. Ihre Hauptbestandteile sind reduzierende Zucker und Dextrin, dann lösliche Proteide, geringe Aschenbestandteile und gebundene organische Säuren.

Ferment D und A sind Erzeugnisse der erwähnten Schweizerischen Gesellschaft und verhalten sich nach Tagliani[1]) ungefähr wie Diastafor bzw. hochkonzentrierte Malzauszüge. Ferment D (flüssig) und Ferment A (fest) sind einander sehr ähnlich, nur quantitativ von verschiedener Wirkung. Diese Fermente und das Diastafor sind von langsamerer Wirkung als die nachfolgend beschriebenen tierischen Fermente.

Novo-Fermasol (Marken A und B) wird von beiden erwähnten Firmen hergestellt. Es ist ein hochkonzentriertes, haltbares, wasserlösliches Pulver tierischen Ursprungs (Pankreaspräparate verschiedener Konzentration) und hat gegenüber den Malzpräparaten eine 5—10mal höhere Stärkeverflüssigungs- und Verzuckerungskraft. Außerdem bewirkt das Novo-Fermasol die schnellsten Aufschließungen des Stärkekleisters. Voraussetzung für die vollständige Wirkung desselben ist die Gegenwart von geringen Mengen Alkali- oder Erdalkalichloriden im Medium (Kochsalz oder Chlorkalzium). Die Marke Fermasol DB konz. unterscheidet sich vom Novo-Fermasol nur in bezug auf Konzentration und wird durch Trocknen tierischer Diastase auf Holzmehl gewonnen.

[1]) Tagliani: Neue Diastasepräparate und ihre Bedeutung für die Textilindustrie. Z. angew. Chem. 1921, S. 69.

Verwendung. Die erwähnten pflanzlichen und tierischen Diastasepräparate dienen vor allem als hervorragendes Mittel zur raschen und vollständigen Entschlichtung und zur Herstellung von Schlichte-, Appretur- und Druckmassen unter Verwendung von Stärke. Die pflanzlichen Präparate arbeiten langsamer und bauen die Stärke deshalb in der gleichen Zeit nicht so weit ab wie die tierischen. Erstere sind deshalb geeigneter und beliebter bei Bereitung von löslichen Stärken, da hier ein zu weitgehender Abbau unerwünscht ist, während die tierischen Fermasole besonders für das schnelle und vollständige Entfernen von Schlichten und Druckverdickungen geeigneter sind, wo die Verflüssigung der Stärke bis zu der Glukose nur erwünscht sein kann, da dadurch eine um so vollkommenere Reinigung der Faser erreicht wird. Einige allgemeine Beispiele mögen die Arbeitsweise mit diesen wichtigen Hilfsstoffen der Faserbearbeitung erläutern.

Entschlichtung mit Diastafor extra stark. Je nach den zu entfernbaren Schlichtemengen und der Zeitdauer stellt man sich eine Flotte von $^1/_4$—1 kg Diastafor in 100 l Wasser her und entschlichtet die Ware (am besten in kurzer Flotte unter Verwendung von Breitwasch-, Padding-, Krapp- oder Jiggermaschinen, also im Breitzustande) bei 60—70° C. Temperaturen über 70° C müssen vermieden werden, weil sie die Diastase zerstören und die stärkeverflüssigende Wirkung aufheben; ebenso alkalische Flotten. Die Einwirkung soll im allgemeinen längere Zeit dauern, richtet sich aber im Einzelfalle nach dem Schlichtegehalt, der Temperatur und der maschinellen Bearbeitung. Im Bottich zu entschlichtende Ware läßt man am besten über Nacht in der Brühe liegen. Man rechnet hier zur Entfernung von 100 kg Schlichte mit 1—$1^1/_2$ kg Diastafor. Auch stark alkalisches Wasser beeinträchtigt die enzymatische Wirkung; man neutralisiert solches deshalb vorher; alkalisch reagierende Stückware wird am besten vorher heiß mit Wasser abgebrüht. Bei richtigem Arbeiten ist die Entschlichtung eine nahezu vollständige. Die Ware wird dabei weich und griffig. Besonders sollten Waren gut entschlichtet werden, die merzerisiert oder gebleicht werden sollen. Tagliani und Krostewitz haben berechnet, daß sich das Entschlichten im großen auf nur etwa 1 Pf. pro 10 kg Baumwollwaren stellte.

Entschlichtung mit Novo-Fermasol. Stark alkalisches und mit Säure korrigiertes Wasser sind zu vermeiden. Am besten wirkt gewöhnliches, mittelhartes Leitungswasser, dem pro Liter 3—4 g Kochsalz (oder Chlorkalzium) zugesetzt sind. Ein Zusatz von 1% Borsäure macht die fertigen Lösungen wochenlang haltbar. Die günstigste Temperatur ist hier 55° C; Wärmegrade über 60° C sind zu vermeiden. Wo notwendig, z. B. wo Gefahr des Blutens besteht, arbeitet man aber auch bei 20—30° C mit Erfolg, läßt dann natürlich länger einwirken. Vorheriges Passieren der Ware durch heißes Wasser ist erwünscht. Das gut mit Novo-Fermasol-Kochsalzlösung bei 55° C durchtränkte Gewebe kann warm aufgehäuft liegenbleiben, wenn keine Kontinuevorrichtung vorhanden ist. Zuletzt wird nur kalt und heiß ausgewaschen. Wird über Nacht entschlichtet, so genügt die Konzentration von 10—20 g Novo-

Fermasol auf 100 l Wasser; beim Arbeiten in Breitapparaten nimmt man wegen der geringeren Flottenmenge 40—50 g auf 100 l. Der Kochsalzgehalt von 3—4 g pro Liter bleibt immer derselbe. Auf das Gewicht der Ware berechnet, würde also bei normalem Stärkegehalt ein Zusatz von 0,5% Novo-Fermasol eine vollständige Entschlichtung herbeiführen. Für kontinuierliche Arbeit eignet sich das Tomannsche Rapid-Entschlichtungsverfahren, wobei das Gewebe in einer Minute tadellos entschlichtet wird (einschließlich der Vorbenetzung und Brühung der Ware in 2—3 Minuten).

Herstellung von Appretur- und Schlichtemassen mit Diastafor. Stärken, deren Verkleisterungstemperatur niedrig liegt (nicht zu nahe an 70° C), werden mit 0,5—1% Diastafor extra stark (also mit 5—10 g pro kg Stärke) und dem nötigen Wasser zusammen angerührt und unter Rühren und Dampfzufuhr auf 65—68° C bis zum Eintritt des glasigen Kleisters gebracht. Nach 5—30 Minuten wird die Erhitzung abgestellt und die Ware aufgekocht. Stärkesorten (s. u. Stärke), deren Verkleisterungstemperatur unweit von 70° C liegt, werden erst ohne Diastafor verkleistert und verkocht, dann auf 65° C abkühlen gelassen und nun erst mit Diastafor verrührt und 5—30 Minuten bei 65—68° C belassen. Schließlich wird aufgekocht, um die Diastaforwirkung zu unterbinden. Solange Diastafor wirksam sein soll, darf, wie erwähnt, nicht über 75° C erhitzt werden, da das Ferment sonst abstirbt. Auch Alkalien vernichten die Enzymwirkung; alkalische Zusätze sind deshalb nach der Diastaforierung zu machen. Durch mehr oder weniger Diastafor, durch kürzere oder längere Einwirkungsdauer desselben, ferner durch die verschiedensten Zusätze, die gleich beim Verkochen gemacht werden können, sind verschiedene Effekte in der Appretur- oder Schlichtemasse zu erzielen (weicher, härterer, elastischer, fetter Griff usw.). Nach Fertigkochen setzt man der Masse, die nicht sofort verbraucht werden soll, einige Gramm Chlorzink, Karbolsäure, Formalin od. ä. zu. Mit Hilfe von Diastafor ist man in der Lage, aus billiger Kartoffelstärke verschieden wirkende, hochwertige Schlichte- und Appreturmassen herzustellen, die in das Garn oder Gewebe gut eindringen, den Faden nicht verpappen und die Farben nicht trüben.

Herstellung von Appreturen und Schlichten mit Novo-Fermasol. Bei Appreturmassen nimmt man z. B. auf 10 kg Kartoffelstärke, 200 g Kochsalz und 20 g (= 0,2%) Novo-Fermasol; bei Schlichten wird meist nur die Hälfte, also nur 10 g auf 10 kg Stärke, genommen. Die Stärke wird mit etwa 80—90 l Wasser kalt angerührt, das Novo-Fermasol zugesetzt und direkter Dampf rasch bis zur beginnenden Verkleisterung eingeführt (55° C), dann wird der Dampf abgestellt und erst wieder Dampf gegeben, wenn der gewünschte Grad der Dünnflüssigkeit erreicht ist, was in der Regel nach etwa 5 Minuten der Fall ist. Dann werden auch die übrigen Zusätze gemacht, zum Schluß auf etwa 90° C erhitzt, um die Fermente abzutöten. Zuletzt wird noch auf 100 l aufgefüllt. Die im allgemeinen gebrauchten Mengen Novo-Fermasol betragen zwischen 0,05 und 0,2% vom Gewicht der Stärke, während an starkem Diastafor im Mittel etwa 0,5—1% benötigt werden.

In ähnlicher Weise werden diese Präparate auch für die Entfernung und Bereitung von Druckverdickungen, für das einbadige Entschlichten und Färben von nicht entschlichteter Ware u. a. m. verwendet.

Burnus (Degomma)[1]. Burnus ist ein Spezialpräparat der Reinigerei (s. d.) und dient als Einweich- und Reinigungsmittel in der Wäscherei. Es ist (ähnlich den Diastasepräparaten, Diastafor, Novo-Fermasol u. a.) ein Enzympräparat, d. h. sein wirksamer Bestandteil ist ein Ferment oder Enzym, und zwar das tryptische Enzym, die Tryptase der Bauchspeicheldrüse (Pankreasdrüse). Man unterscheidet dreierlei verschieden wirkende Fermente der Pankreasdrüse: 1. das tryptische Enzym, die Tryptase, das Eiweiß und Fett abbaut bzw. verdaut, 2. das diastatische oder amylolytische Ferment, die Diastase, das Stärke verflüssigt und verzuckert, 3. das lipolytische Ferment, die Lipase, das Fette spaltet und abbaut. Im Burnus ist das ersterwähnte tryptische Enzym enthalten. Der Erfindergedanke O. Röhms besteht darin, einen Teil der in der Wäsche enthaltenen Schmutzbestandteile auf dem Verdauungswege zu lockern und zu entfernen, d. h. nicht allein durch chemisch-physikalisch wirkende Waschmittel wie Seife, auch nicht durch Unterstützung mit Bleichmitteln, wie Hypochlorite, Peroxyde, Perborat, sondern bestimmte, festhaftende und die übrigen Schmutzstoffe einhüllenden Schmutzsubstrate zunächst einmal auf physiologisch-physikalischem Wege anzufassen und künstlich zu verdauen und zuletzt erst den Rest der Abbauprodukte und die unveränderten Schmutzteile auf üblichem Waschwege zu entfernen.

Heute gilt als gesicherter Besitz der systematischen Forschung, daß dieses tryptische Enzym bzw. das mit Hilfe desselben hergestellte Präparat „Burnus“ den beiden Anforderungen Heermanns[2]) an gute Wasch- und Reinigungsmittel in hohem Maße genügt: 1. minimale „organotrope“ Wirkung, d. h. minimale Fasersubstanzschädigung, 2. maximale „koprotrope“ Wirkung, d. h. hohe Reinigungs- und schmutzlösende Wirkung. Die Versuche haben erwiesen, daß das Präparat Burnus nicht nur Eiweißstoffe im engeren Sinne abbaut und von der Faser entfernt, sondern merkwürdigerweise auch indifferente Schmutzstoffe, wo ein eigentlicher physiologischer Abbau nicht in Frage kommt, lockert und entfernt. Das Burnus wirkt demnach nicht nur physiologisch (eiweißabbauend), sondern auch physikalisch, vielleicht auf Grund seiner spezifischen Adsorptionseigenschaften dem Schmutzsubstrat gegenüber oder auf Grund eines bestimmten, noch nicht definierten Quellungsvermögens der Faser gegenüber. Zu beachten ist, daß das tryptische Enzym, ebenso wie das diastatische, höhere Temperaturen nicht verträgt, durch diese vielmehr vernichtet wird und deshalb bei niedrigen Temperaturen, am besten bei 35—40° C, zur Einwirkung gelangen soll. Es läßt sich deshalb nicht mit der kochend heißen Seifen-

[1]) Nach patentiertem Verfahren hergestellt von den chemischen Fabriken: Röhm & Haas, Darmstadt, und August Jacobi, Darmstadt.

[2]) Heermann: Die Wasch- und Bleichmittel und ihre Einwirkung auf Gewebe und Garne. 1925.

wäsche kombinieren (Kombinationsverfahren), sondern muß in Einzelbehandlung, als lauwarmes Einweichmittel zur Einwirkung gebracht werden. Gegen schwache Alkalien ist es nicht so empfindlich wie die Diastase, kann deshalb in schwach alkalischem Bade arbeiten. Es ist besonders zur Behandlung von Pflanzenfasern (Baumwolle, Leinen) geeignet; Farbstoffe greift es nicht an.

Verwendung. 50 g Burnus werden in etwa 3 Eimer lauwarmen Wassers von 35—40° C eingerührt, so daß eine Lösung von 1,5—2 g pro Liter Wasser entsteht. Dann wird die Wäsche darin einige Stunden, am besten über Nacht, möglichst unter zeitweiser mechanischer Durcharbeitung, eingeweicht. Hierauf wird gründlich gespült und mit geringen Mengen Seife oder Seifenpulver in üblicher Weise zu Ende gewaschen. An Seifenmaterial kann im letzten Waschprozeß gegenüber der Behandlung ohne Burnuseinweichung gespart werden. Der Vorteil des Arbeitens mit Burnus besteht a) in der qualitativ besseren Reinigung bzw. dem erzielten höheren Reinheitsgrade, b) in der Ersparnis an Seifenmaterial, da zum endgültigen Waschen an Seife gespart werden kann, c) in der Arbeits- und Feuerungsersparnis. Bei Blutwäsche od. ä. kann der Burnuszusatz etwas höher dosiert werden. Ein Mehrverbrauch an Burnus verursacht keine Nachteile in bezug auf Faserschädigung od. ä.

Degomma. Unter dem Namen Degomma kommt ein Präparat der gleichen Firma und mit dem gleichen tryptischen Enzym in den Handel, das das Entbasten der Rohseide unter Ersparnis von Seife bezweckt und sich bei der Bearbeitung von asiatischen Seiden bewährt haben soll.

Seifen und Textilöle.

Erban: Anwendung von Fettstoffen und daraus hergestellter Produkte in der Textilindustrie. — Fahrion: Fette, Wachse, Glyzerin, Kerzen, Seifen (in Muspratts Chemie, Erg.-Bd.). — Fahrion: Die Härtung der Fette. — Grün: Analyse der Fette und Wachse. — Hefter: Technologie der Fette und Öle. — Herbig: Die Öle und Fette in der Textilindustrie. — Holde: Untersuchung der Kohlenwasserstoffe und Fette. — Lewkowitsch: Technologie und Analyse der Öle, Fette und Wachse. — Schrauth: Handbuch der Seifenfabrikation. — Ubbelohde-Goldschmidt: Handbuch der Chemie und Technologie der Öle und Fette.

Vorkommen und Chemismus der Fette und Öle. Die Fette und fetten Öle sind Erzeugnisse des Tier- und Pflanzenreiches und bilden Gemenge von Glyzeriden der Fettsäuren, hauptsächlich von festem Tristearin, festem Tripalmitin, flüssigem Triolein und gemischten Triglyzeriden der Stearinsäure, Palmitinsäure und Ölsäure. Die festen Fette sind meist reich an Stearin- und Palmitinsäure, die flüssigen reicher an Ölsäure. Andere Fettsäuren, wie Laurin-, Myristin-, Linolsäure usw., sind seltener vertreten. Die Fette und Öle bestehen meist aus Neutralfett mit Beimengungen von mehr oder weniger freien Fettsäuren („ranzige“ Fette und Öle). Zu den Fetten im weiteren Sinne gehören auch die Wachse, das sind Fettsäureester bestimmter einwertiger Alkohole, so das Bienenwachs, das statt Glyzerin den einwertigen Myrizylalkohol enthält, ferner Pflanzenwachse wie das Walrat, ferner das Wollfett. Allen natürlichen Fetten sind Spuren bis 1% Wachs beigemengt, den tierischen Fetten Ester des Cholesterins, den pflanzlichen Ester des isomeren Phytosterins. Nicht zu den Fetten zählen (trotz sehr ähnlicher physikalischer Eigenschaften) die Mineralöle und Paraffine; auch die „ätherischen Öle“ gehören nicht zu den Ölen im gewöhnlichen Sinne.

Gewinnung der Fette und Öle. Die wichtigsten pflanzlichen Öle stammen aus folgenden Ölsaaten und -früchten: Baumwollsamen, Erdnüsse, Kopra, Leinsaat (Leinsamen), Oliven, Palmkerne, Raps (Rübsen), Sesam, Sojabohnen. Die wichtigsten tierischen Fette sind: der Talg des Rindes und des Schafes, das Schweinefett. Die Pflanzenöle werden meist durch warmes Auspressen (unter z. B. 150 bis 300 at Druck) der Sämereien und Ölfrüchte gewonnen und nur ausnahmsweise nochmals nachextrahiert (Sulfuröl), da die beim Auspressen gewonnenen „Ölkuchen" mit einem Fettgehalt von 5—7% sehr gute Verwendung als Viehfutter haben. Kokosnüsse und Knochen, auch Palmkerne werden dagegen mit Lösungsmitteln entfettet (früher mit Schwefelkohlenstoff, dann mit Benzin, Benzol, Tetrachlorkohlenstoff u. ä. Fettlösern). Die tierischen Fette werden meist durch Ausschmelzen gewonnen; Knochenfett durch Extraktion, Abfallfette verschieden.

Eigenschaften der Fette und Öle. Die Fette sind fest, und dann kristallinisch, oder flüssig; sie sind „fettig" anzufühlen und erzeugen die bekannten Fettflecke. In Wasser sind sie ganz unlöslich, spezifisch immer leichter als Wasser (spez. Gew. = 0,90—0,95), in Alkohol sind sie (außer Rizinusöl) wenig löslich, leicht löslich dagegen in Äther, Schwefelkohlenstoff, Chloroform, Benzol, Benzin, Tetrachlorkohlenstoff („Tetra") und zahlreichen anderen „Fettlösern". Sie sind nicht unzersetzt destillierbar, auch mit gespanntem Wasserdampf nur unter teilweiser Zersetzung („Spaltung"). Reine Fette sind meist geruch- und geschmacklos; durch stickstoffhaltige Beimengungen zersetzen sie sich aber leicht in freie Fettsäuren und Glyzerin, sie werden „ranzig". Gleichzeitig wird mehr oder weniger Sauerstoff aufgenommen, der das Glyzerin zerstört und die Fettsäuren in Oxyfettsäuren und andere, teilweise harzartige Verbindungen überführt. Eine besondere Stellung nehmen die Trane ein, die, ebenso wie andere flüssige Öle, in wertvollere feste Fette übergeführt werden können. Diesen Vorgang nennt man „Fetthärtung"; er beruht auf der Wasserstoffaddition der ungesättigten Fettsäuren in Ölen bei Gegenwart von bestimmten Katalysatoren und gründet sich auf der Reaktion von Sabatier (1901), die von Bedford, Normann u. a. auf die Fettsäuren und Fette übertragen worden ist.

Eine Haupteigenschaft aller Fette und fetten Öle ist ihre Verseifbarkeit. Durch Erwärmen mit Alkalien, am leichtesten in alkoholischer Lösung, werden die Fette und Öle unter Aufnahme von Wasser „hydrolysiert", verseift, indem zuerst freie Fettsäuren und Glyzerin entstehen, von denen die ersteren sich mit dem Alkali zu fettsauren Alkalien, d. i. Seifen, verbinden. Diese Reaktion verläuft z. B. nach der Gleichung:

$$C_3H_5(OC_{17}H_{35}CO)_3 + 3\,NaOH = C_3H_5(OH)_3 + 3\,C_{17}H_{35}COONa.$$

Die so entstehenden „Seifen" sind im Gegensatz zu den Fetten und Ölen wasserlöslich. Auch mit Erdalkalien, Bleioxyd, konz. Schwefelsäure und bestimmten Fermenten (Lipase) können Fette und Öle verseift bzw. gespalten werden, wobei gegebenenfalls die entsprechenden Salze (Erdalkalien, Blei) gebildet werden. Beim Spalten mit Enzymen bleiben etwa 5—10% des Öles oder Fettes unverseift, und man kann dann aus den erhaltenen Fettsäuren und dem Glyzerin mit den Enzymen wieder die Mono-, Di- und Triglyzeride herstellen, d. h. die Fettspaltung mit Enzymen ist umkehrbar oder „reversibel". Die wichtigsten Fettpräparate für die Textilindustrie sind die verschiedensten Seifen, sulfurierten Fettsäuren bzw. deren Salze (Rotöle), Softenings usw. Die Fette und Öle in der Form, wie sie die Natur liefert, werden in der Textilveredelungsindustrie weniger angewandt.

Wirtschaftliches. Die Fette und Öle dienen in erster Linie als Nahrungsmittel, in zweiter Linie für technische Zwecke, vor allem für die Herstellung von Seifen, Lacken, Firnissen, Kerzen, Lederfetten, Schmiermitteln u. a. m. Der Fettverbrauch im Inlande war vor dem Kriege andauernd gestiegen. Als Nahrungsmittel verbrauchte Deutschland im Jahre 1913 etwa 1,5 Millionen Tonnen Fette und Öle, also täglich rund 60 g pro Kopf der Bevölkerung. Der Gesamtverbrauch Deutschlands (nach Abzug der Ausfuhrmengen) betrug im Jahre 1913 etwa 2 Millionen Tonnen, und zwar verteilte sich diese Menge wie folgt auf die Versorgung durch das In- und Ausland:

An ausländischen Ölen aus Ölsaaten	etwa	570 000 t
„ inländischen Ölen aus Ölsaaten	„	30 000 t
„ ausländischen tierischen Fetten	„	270 000 t
„ inländischen tierischen Fetten	„	700 000 t
„ sonstigen Erzeugnissen (Butter, Knochenfett usw.)	„	400 000 t

Deutschland verbrauchte also rund 57% an einheimischen und 43% an ausländischen Fettstoffen. Der Einfuhrüberschuß belief sich in dem erwähnten Jahre auf rund 367 Millionen Mark (Fette und fette Öle) bzw. 533 Millionen Mark (Ölfrüchte und -samen). Die Seifenerzeugung betrug in dem genannten Jahre rund 600 000 t oder rund 9 kg Seifenmaterial pro Kopf der Bevölkerung und Jahr. Hiervon waren rund 60 000 t Toiletten-, 270 000 t Kern- und 270 000 t Schmierseife und Seifenpulver (bei einem Ausfuhrüberschuß von nahezu 6 Millionen Mark). Während des Krieges sank Fetterzeugung, -einfuhr und -verbrauch sehr gewaltig. Die Freigabe von Fetten für die Seifenfabrikation ging zeitweise so weit herunter, daß pro Kopf und Jahr der Bevölkerung nur 120 g Fettsäure, also 200 g Kernseife 60proz., zur Verfügung standen, das bedeutet den 45. Teil der Friedenszeiten. Für heute lassen sich genaue Zahlen noch nicht aufstellen. Nach Schätzungen aus der Industrie belief sich der Seifenverbrauch im Jahre 1924 auf etwa 400 000 t, also auf etwa $^2/_3$ der normalen Wirtschaftszeiten, wovon etwa 30 000 t auf Toiletten-, 180—190 000 t auf Kern- und etwa 180—190 000 t auf Schmierseifen und Seifenpulver kamen.

Die Seifen.

Geschichtliches. Die Seife war schon zur Römerzeit bekannt (Plinius), wurde im Altertum aber mehr als Salbenmaterial verwendet; auch im Mittelalter wurde sie wenig zum Waschen gebraucht. Später wurde Marseille die Seifenzentrale; doch beginnt der Massenverbrauch erst mit Ende des 18. Jahrhunderts, und zwar seit dem Aufblühen der Baumwollfärberei und Bleicherei. Der Verbrauch der Seife wurde weiterhin sehr gefördert durch die billige Leblanc-Soda seit 1820 und durch die Einfuhr tropischer Palmfette seit 1850. In England und Frankreich war die Seifenherstellung schon längst Großindustrie, als in Deutschland noch zahllose Kleinbetriebe bestanden. So zählte man in Deutschland noch im Jahre 1911 etwa 1440 Betriebe, von denen die Hälfte handwerksmäßige Kleinbetriebe und nur 11 Großbetriebe gewesen sein sollen (s. a. Ost).

Herstellung der Seifen. Für die Herstellung der Seifen verwendet man die „technischen“ Fette und Öle tierischen oder pflanzlichen Ursprungs, und zwar für Toiletteseifen und bessere Kernseifen vorzugsweise feste Fette, Talge, Palmfett, gebleicht und ungebleicht; für technische Seifen werden mehr das Olein, das Palmkernfett, Kokosfett, Kottonöl, vielfach auch Abfallfette und Regeneratfette, Knochenfett und Walkfett, verwendet. Eine vorzügliche Textilseife liefert das Olivenöl, von dem die letzte Pressung zu der bekannten Marseiller Seife und die Auszüge der Oliventrester zu der bekannten „grünen Marseiller Seife“ oder der „Bariseife“ verarbeitet werden. Für geringere, dunklere Seifen wird geringeres Fett genommen. Für die harten Leimseifen eignet sich das Kokos- und Palmkernöl, für Schmierseifen das Leinöl, Erdnußöl, Sonnenblumenöl, Kottonöl, Sojabohnenöl und Trane, welche wegen ihres hohen Gehaltes an flüssigen Fettsäuren keine harten Seifen liefern. Die gehärteten Öle finden, zusammen mit Kokosöl verseift, steigende Verwendung. Für die meisten billigen Kernseifen wird Fichtenharz, Kolophonium, mitverwendet; reine Harzseifen sind fest nicht herstellbar, dienten aber früher in Lösung zum Bleichen. Während die Rohstoffe, aus denen die Seifen hergestellt worden sind, im allgemeinen nicht deklariert zu werden pflegen, verwendet die Textilveredelungsindustrie mit Vorliebe scharf präzisierte und genau deklarierte Seifen. Auch ist der Harzzusatz zu den Textilseifen nicht ohne weiteres zulässig, in vielen Fällen sogar direkt verpönt.

Zur Verseifung der Fette verwendet man Ätzalkalien; manche Fette verseifen sich leicht (Palmkernöl, Kokosöl), manche schwerer (Talg).

Reines Tristearin erfordert zur Verseifung theoretisch 13,5% NaOH oder 18,9% KOH, Palmitin 14,9% NaOH oder 20,6% KOH. Aus 100 kg Stearin entstehen 103,1 kg, aus 100 kg Palmitin 103,5 kg wasserfreie Seife. In der Praxis wird aber mit einem bestimmten, je nach Verhältnissen schwankenden Alkaliüberschuß gearbeitet. Die technische Seife enthält erhebliche Mengen Wasser (etwa 35—60%), so daß man aus 100 kg Fett 140—165 kg Kernseife gewinnen kann; diese Ausbeute nennt man auch das „Rendement". Bei stark „geschliffenen" Seifen (s. w. u.) und bei Leimseifen kann das Rendement sogar 200—400% betragen. Außer der alten Verseifungsart (Kochen mit Ätzalkalien) stellt man Seifen auch aus vorgebildeten Fettsäuren her (Karbonatverseifung). Die freien Fettsäuren werden entweder nach dem Autoklavenverfahren (Erhitzung mit Zinkoxyd und Zinkstaub als Fettspalter oder nach dem Twitchellschen Verfahren) oder aber nach dem Enzymspaltverfahren gewonnen.

Technische Darstellung von Natronkernseife. Das Fett oder das Fettgemisch wird in offenen Eisenkesseln mit verdünnter Natronlauge „vorgesotten", bis der „Verband" eingetreten ist, d. h. bis das Ätznatron chemisch gebunden und eine homogene Sudmasse vorhanden ist. Dann wird stärkere Lauge nachgefüllt und weitergekocht. Der entstandene zähe „Seifenleim" wird bis zum „Spinnen" eingekocht, d. h. bis der Leim zähe Fäden zieht und sich in Wasser klar löst; dann wird Kochsalz in fester Form zugegeben, worauf sich der Leim in einen halbflüssigen „Seifenkern" und die „Unterlauge" (enthaltend Glyzerin, Kochsalz, überschüssige Ätzlauge) scheidet. Durch „Klarsieden" wird der erst schaumige Kern gedichtet und dann ohne Unterlauge ausgeschöpft oder (nach dem Ablassen der Unterlauge) abgelassen. Die so gewonnene Kernseife läßt man in Formen erstarren, meist unter künstlicher Kühlung, schneidet die Seife nach dem Erstarren in Platten, Riegel usw. und bringt die so zugeschnittene Seife in den Handel.

Technische Darstellung von Kali-Schmierseife. Die Verseifung der Fette geschieht hier mit Kalilauge. Der Seifenleim wird ohne Aussalzung direkt und noch warm in Holzfässer gefüllt, in denen die Schmierseife gallertartig erstarrt.

Die Karbonatverseifung geschieht billiger mit Soda oder Pottasche, je nachdem, ob man Natron- oder Kaliseifen herzustellen beabsichtigt. Vielfach wird ein Teil des Alkalikarbonates durch Ätzalkali ersetzt, um die Verseifung zu beschleunigen und vollständig zu machen. Das Hauptausgangsmaterial für die Karbonatverseifung ist das Olein und die nach verschiedenen Spaltverfahren hergestellten freien Fettsäuren.

Eigenschaften der Seifen. Die Alkaliseifen sind in Wasser unter starkem Schäumen klar löslich. Unverseifte Fette liefern trübe Seifenlösungen, ebenso kalkhaltiges Wasser. Die Seifen sind ferner in Alkohol löslich, dagegen in Benzin und Fettlösern fast unlöslich. Alle anderen Metallseifen, z. B. diejenigen der Erdalkalien, sind in Wasser unlöslich; sie bilden in warmem Zustande meist zähe, klebrige Massen, die nach dem Erkalten vielfach pulverbar werden. Seifen besitzen eine ausgesprochene reinigende Wirkung. Diese reinigende Wirkung kommt durch drei

Eigenschaften der Seife zustande: dem Netzvermögen, dem Emulgierungs- oder Schaumvermögen und dem Adsorptionsvermögen. Die Fasern werden in der Seifenlösung schnell und vollständig genetzt und zum Quellen gebracht, die Oberflächenspannung wird verringert, die Schmutzsubstrate emulgiert, an die Faseroberfläche gebracht und schließlich vom Waschmittel derartig adsorbiert, daß das System Faser-Schmutzsubstrat gelöst und ein neues System Schmutzsubstrat-Waschmittel entsteht, wodurch beim Abspülen der Seifenlösung eine Wiedervereinigung von Schmutz und Faser verhindert wird. Die alkalische Reaktion der Seife ist eine milde und die Einwirkung auf alkaliempfindliche Fasern (Wolle, Seide) nur sehr gering, wenn nicht erhebliche Mengen überschüssiges Alkali in der Seife vorhanden sind. Durch Wasser wird die Seife hydrolysiert, wobei freies Alkali und saure Seife gebildet wird. Nach Mc. Bain entsteht dabei nicht das gewöhnliche Fettsäureanion, sondern ein komplexes Gebilde, zusammengesetzt aus vielen Fettsäureanionen unter gleichzeitiger Anlagerung nicht dissoziierter Seifemolekeln, eine „Ionmizelle". In wenig heißem Wasser sind Seifen klar löslich; viel kaltes Wasser scheidet saure Seife aus; besonders saure Stearate und Palmitate. Durch hartes Wasser werden fettsaurer Kalk und fettsaure Magnesia gefällt und ein entsprechender Teil der Seife wirkungslos (s. a. unter Wasser). Gute Textilseifen sollen möglichst neutral sein, wenig unverseiftes Fett enthalten und sonst möglichst wenig Fremdstoffe und Zusätze enthalten. Im übrigen sind die Anforderungen an die Seifen von den verschiedenen Betrieben sehr verschieden (s. w. u.).

Einteilung der Seifen. Man kann die Seifen nach verschiedenen Grundsätzen in verschiedene Gruppen teilen, z. B. nach der Alkalibase, die den Seifen zugrunde liegt. In diesem Sinne können wir unterscheiden:

1. Natronseifen, die in der Regel, aber nicht immer, fest oder hart sind. Wenn sie ausgekernt sind, nennt man sie Kernseifen. Sind sie aus dem Seifenleim durch Erstarren desselben entstanden, so heißen sie Leimseifen (Füllseifen sind meist auch Leimseifen). Enthalten sie künstlichen Wasserzusatz, so nennt man sie „geschliffene" Seifen. Die Kernseifen sind die reinsten, weil sie nicht die Bestandeile der Abfalllauge enthalten, die in die Unterlauge geht. Die Leimseifen enthalten alle Abfallstoffe, wie das Glyzerin, die überschüssige Lauge usw.

2. Kaliseifen enthalten an Stelle der Natriumbase der Natronseifen die Kaliumbase. Sie sind in der Regel weich und heißen dann auch „Schmierseifen". Sie dürfen nicht mit Kochsalz ausgesalzen werden, weil sie sich sonst mit demselben zu Natronseifen umsetzen würden. Da sie meist als Leimseifen hergestellt werden (theoretisch lassen sich Kaliseifen auch mit Chlorkalium aussalzen, was in der Technik aber kaum geschieht), so enthalten sie die Verunreinigungen der Abfallauge.

3. Als Mischseifen können sinngemäß Seifen bezeichnet werden, die sowohl Natron- als auch Kalibase enthalten.

Von anderer Seite, z. B. von Legradi, wird eine Klassifizierung der Seifen nach der Genese befürwortet. Danach hätte man zu unterscheiden:

1. Kernseifen, die durch Auskernen entstanden sind, gleichgültig, ob sie Natrium- oder Kalibase enthalten. Sie stellen Gele dar und können (aber brauchen nicht unbedingt) fest sein.

2. Leimseifen, die im Gegensatz zu vorstehenden Kernseifen erstarrte Seifenleime darstellen und in dauernd einphasigem System ohne Störung der Homogenität der räumlichen Verteilung entstehen. Auch sie können (brauchen aber nicht) fest sein, gleichgültig, ob sie nur Kali, nur Natron oder beide Alkalien als Basen enthalten.

3. Halbkernseifen entstehen durch Bildung zweier Phasen bei der Abkühlung und sind ein Gemisch beider koexistierender Phasen. Sie sind bisher nur mit Natron als Base hergestellt worden. Die Hauptvertreter dieser Gruppe sind die „Eschweger Seifen".

Die Begriffsbestimmungen und Handelsbräuche betr. den Verkehr mit Seifen waren im Laufe der Zeit vielfachen Schwankungen und Änderungen unterworfen. Im Jahre 1913 formulierte der Verband Deutscher Seifenfabrikanten die Begriffe „Kernseife" usw. Durch den Krieg, die Zwangswirtschaft und die Revolution wurden diese Errungenschaften hinweggefegt. Neuerdings ist eine Kommission des Wirtschaftsbundes der Seifenindustrie beauftragt, neue Begriffsbestimmungen aufzustellen, die nachfolgend mitgeteilt werden.

Normen vom Jahre 1913 betr. Begriffsbestimmungen usw.

Unter „Kernseife" dürfen nur in den Handel gebracht werden alle lediglich aus festen oder flüssigen Fetten oder Fettsäuren mit oder ohne Zusatz von Harz hergestellten technisch reinen Seifen, die im frischen Zustande einen Mindestgehalt von 60% seifebildenden Fettsäuren, einschließlich Harzsäuren, aufweisen. Zusätze von Salzen, Wasserglas, Mehl oder ähnlichen Füllmitteln sind nicht gestattet. Seifen, die dieser Kernseifendefinition nicht genügen, dürfen in ihrer Handelsbezeichnung das Wort „Kernseife" nicht tragen. Alle als „rein" bezeichneten harten Seifen müssen mindestens der vorstehenden Kernseifendefinition genügen. Unter „reinen" Schmierseifen werden nur solche verstanden, welche mindestens 38% Fettsäuren, einschließlich Harzsäuren, enthalten und technisch rein sind; insbesondere sind Zusätze von Wasserglas und Mehl unzulässig. Als „gemahlene Kernseife" dürfen nur solche Seifen in den Handel gebracht werden, die durch Zerkleinern von Kernseifen oder diesen gleichzuachtenden Seifen, ohne weiteren Zusatz, erhalten worden sind. Soweit nicht Harzfreiheit einer Seife gewährleistet ist, wird bei Festsetzung des Fettsäuregehaltes Harzsäure als Fettsäure gerechnet. Eine Umrechnung in Fettsäureanhydride findet nicht statt.

Vorschläge der Kommission 1925.

§ 1. Die Bezeichnung „Seife" oder eine das Wort „Seife" in einer Wortverbindung enthaltende Bezeichnung soll nur solchen Reinigungsmitteln zukommen, welche tatsächlich fettsaure einschließlich harzsaure Salze in einer für den Waschvorgang oder die technische Verwendung wirksam und in wirtschaftlicher Weise in Erscheinung tretenden Menge enthalten.

Die Bewertung von Seifen oder seifenhaltigen Waschmitteln erfolgt, unbeschadet der speziellen Angaben spezifischer Zusätze, handelsüblich nach Prozenten Fettsäurehydrat, auch kurz als Fettsäure bezeichnet. Wertangaben, wie die in Frankreich übliche, nach „Reinseifengehalt, Prozenten Öl und Alkali oder Prozenten „Fett"gehalt, sind als nicht handelsüblich und nicht maßgebend zu betrachten.

§ 2. Die Bezeichnung „Kernseife" oder eine das Wort „Kernseife" enthaltende Wortverbindung kommt nur solchen technisch reinen Seifen zu, welche mindestens 60% Fettsäurehydrat in frischem Zustand enthalten.

Ein Harzgehalt wird als mit dem Fettsäuregehalt gleichwertig betrachtet.

Zusätze, welche den Gehalt an Fettsäurehydrat nicht unter 60% herunterdrücken, sollen nicht als Verunreinigung betrachtet werden, sofern sie durch spezifische Wirkung zur Verstärkung oder Verbesserung der Waschwirkung beitragen (z. B. Boraxkernseife u. a.).

Seife in Riegeln und Stücken wird nach der Riegelzahl bzw. Stückzahl gehandelt, wobei ein bestimmtes Ursprungsgewicht der einzelnen Einheit garantiert wird. Da bei Kernseife in frischem Zustande ein Fettsäuregehalt von 60% garantiert ist, so müssen die gelieferten Riegel oder Stücke im Durchschnitt einen Fettsäurehydratinhalt aufweisen, welcher mindestens 60% des Ursprungsgewichts oder Frischgewichts der Riegel oder Stücke ausmacht.

§ 3. Die Bezeichnung „reine Schmierseife" dürfen nur solche Seifen führen, welche mindestens 38% Fettsäurehydrat enthalten und in denen der überwiegende Teil der darin enthaltenen verseiften Fettsäure an Kali gebunden ist.

Ein Harzgehalt wird als mit dem Fettsäuregehalt gleichwertig betrachtet.

Zusätze, welche den Gehalt an Fettsäurehydrat nicht unter 38% herunterdrücken, sollen nicht als Verunreinigung betrachtet werden, sofern sie durch spezifische Wirkung zur Verstärkung oder Verbesserung der Waschwirkung beitragen (z. B. kohlenwasserstoffhaltige Schmierseifen).

§ 4. a) Als „gemahlene Kernseife" oder als „Kernseifenpulver" darf nur ein Erzeugnis betrachtet werden, welches bei technischer Reinheit mindestens 60% Fettsäurehydrat enthält.

Zusätze, welche den Gehalt an Fettsäurehydrat nicht unter 60% herunterdrücken, sollen nicht als Verunreinigung betrachtet werden, sofern sie durch spezifische Wirkung zur Verstärkung oder Verbesserung der Waschwirkung beitragen. Zusätze von Soda und Wasserglas sollen bei diesen gemahlenen Kernseifen jedoch als unzulässig betrachtet werden.

b) Handelsübliche Seifenpulver dürfen als unterste Grenze 5% Fettsäurehydrat enthalten. Ein Harzgehalt wird als mit dem Fettsäuregehalt gleichwertig betrachtet. Sie sollen von anorganischen Verbindungen nur solche Stoffe enthalten, welche wasserlöslich sind und eine schwache Alkaliwirkung besitzen, z. B. Soda, Natriumbikarbonat, Persalze, Borax, Wasserglas, Ammoniaksalze u. a. m.; Kochsalz, Chlorkalium oder Natriumsulfat dürfen aber in Mengen, welche den üblichen Gehalt der verwendeten Materialien an technischen Verunreinigungen mit diesen Stoffen übersteigen, in Seifenpulvern handelsüblicher Art nicht enthalten sein. Fettlösemittel sind zulässig.

Bezeichnungen von Seifen im Handel. Außer den Bezeichnungen der Seifen, wie Kernseife, Schmierseife usw., werden die Seifen des Handels sehr häufig auch nach der Art des Öles oder Fettes, aus denen sie gesotten sind, näher gekennzeichnet, z. B. Olivenölseife oder Marseiller Seife, Bariseife, Oleinseife, Palmkernseife, Leinölseife usw. Außerdem kommen noch Phantasienamen vor, die auf irgendeine Eigenschaft der Seife oder auf den Ort ihrer Fabrikation (Fabrikationsherkunft) hindeuten. Diese Bezeichnungen haben technisch keine große Bedeutung. Zu erwähnen von solchen Bezeichnungen sind z. B. „Silberseife", d. i. eine Schmierseife mit hohem Natrongehalt und viel festen Fettsäuren, so daß die ganze Masse von kristallinischen Ausscheidungen durchwachsen ist, dem sogenannten „Silberfluß". Man bereitet sie z. B. aus 85 Teilen Baumwollsamenöl, 10 Teilen Talg und 5 Teilen Palmkernöl. Die „Naturkornseife" ist eine Schmierseife mit eingebetteten Körnern von auskristallisiertem Kaliumstearat und -palmitat. An Stelle reinen Leinöls werden zu ihrer Herstellung verwendet: 55 Teile Leinöl, 40 Teile Talg und 5 Teile Palmöl. Die „Ökonomieseife" ist eine „Sparseife" aus Abfallfetten, z. B. aus Walkfett, dann aber auch aus Knochenfetten u. a. „Oranienburger Seife" enthält einen Harzzusatz, etwa 10% des Fettes. Die „Eschweger Seife" ist eine zweiphasige Halbkernseife, die vielfach als „marmorierte" Seife erzeugt wird. Solche Bezeichnungen stammen noch vielfach aus der Zeit der handwerksmäßigen Seifenfabrikation.

Seifenpräparate. Außer reinen Seifen, fest oder halbfest, kommen vielfach Seifenpräparate in den Handel, d. s. Seifen mit besonderen Zusätzen. Hierher sind zunächst die sogenannten „Seifenpulver" zu rechnen, meist gemahlene Seifen mit Soda-, Wasserglas und sonstigen Zusätzen. Der Fettsäuregehalt ist sehr schwankend, von 5—30% und mehr. Ferner gehören hierher die „Füllseifen", d. s. Seifen, die beträchtliche Streckungsmittel enthalten, von denen die wichtigsten sind: Wasserglas, Harz, Kreide, Stärke, Zucker, Borax, Kieselgur, Glaubersalz, Ton, Barytweiß, Karragheenmoos und viele andere Surrogate. Eine andere Kategorie von Präparaten bilden die fälschlich sogenannten „selbsttätigen Seifen", das sind eigentlich keine selbsttätigen, sondern bleichende Seifen, also Bleichseifen oder Bleichwaschmittel. Die wichtigsten derselben enthalten einen Zusatz von 10% Natriumperborat und ferner Wasserglas als Stabilisator. Die führende Marke auf dem Inlandsmarkte ist das „Persil" der Firma Henkel & Co., Düsseldorf. Über all diese Seifenpräparate kann man im allgemeinen sagen, daß sie für die Veredelungsindustrie bedeutungslos sind und hier niemals eine Rolle zu spielen vermocht haben. Die Industrie setzt ihre Präparate natürlich am zweckmäßigsten und billigsten selbst zusammen und läßt sich auf fertige Präparationen seitens bestimmter Firmen selten ein. Ihr Wert und Unwert ist aber natürlich sehr verschieden, insbesondere was die Faserschädigung, auch was ihren Waschwert betrifft[1]).

Verwendung. Die Verwendung der Seifen in der Veredelungsindustrie ist äußerst verbreitet und mannigfaltig. Kaum ein Zweig der Veredelungsbetriebe ist in der Lage, ohne Seife zu arbeiten, wobei Seife als Reinigungs- (Wasch-), Entbastungs-, Netzungs-, Lösungs-, Weichmachungs-, Färbezusatz-, Walk-, Avivier- (Glanz- und Griff-), Egalisierungs-, Alkalisierungs-, Lockerungs-, Beschwerungs-, Wasserdichtungs-, Imprägnierungs-, Appreturmittel usw. in Betracht kommt. Es ist verständlich, daß bei so vielseitiger Verwendung auch die Ansprüche an Art, Qualität, Herkunft der Seife u. a. m. sehr verschieden sein müssen, und daß es bei der Vielseitigkeit der Textilindustrie gar nicht möglich ist, feste Normen für die Eigenschaften der Seife auf den verschiedenen Verwendungsgebieten aufzustellen. Im allgemeinen verwendet man sowohl Kern- als auch Schmierseifen, häufig überfettete oder auch saure Seifenleime. Die Seidenfärberei stellt sehr hohe Ansprüche an die Qualität der Seifen, sie müssen hier in der Regel möglichst neutral (oft nicht über 0,05% freies Alkali), frei von Harzen und Oxyfettsäuren sein, Fettsäure von nicht zu hohem Erstarrungspunkt haben, tiefen Trübungspunkt der Seifenlösung usw. Diesen Anforderungen genügen am meisten die erstklassigen Marseiller-, Bari- und Oleinseifen. Seifen mit Fettsäuren aus trocknenden Ölen werden vermieden, ebenso aus Tranen und Harzen. Die Seifen sollen leicht und klar löslich sein. Die Wollwäscherei bevorzugt Seifen aus flüssigen Fetten oder Olein, am besten Kaliseifen, dann Ammoniak-, zuletzt Natronseifen. Für schwere Walken eignen sich Seifen aus stearinreichen Fetten mit einer Beimengung von Olein, aber ohne Leinöl, als Kern- oder besser als Schmierseife; für schwächere Kammgarnwalken sind Oleinkaliseifen ohne Leinöl, Wollfett oder Harz mit geringem Alkaliüberschuß geeignet, auch Seifen aus Walkfett mit

[1]) Näheres hierüber s. Heermann: Die Wasch- und Bleichmittel und ihre Einwirkung auf Gewebe und Garne. 1925.

wenig Unverseifbarem; doch sind auch harzarme Kernseifen verwendbar. Zum Entgerbern geschmälzter Wolle dienende Seifen sollen kein Leinöl und nicht über 10% Harz enthalten; in Kaligerberseife sollen in der Regel unter 1% freies Kali und 2—8% Pottasche, in Natrongerberseife nur 0,5—1% Soda enthalten sein. Für das Auswaschen zusammengesetzter Schmälzen und Walköle eignen sich Kali- und Ammoniumseifen aus Olein- und Rizinusschwefelsäuren besonders gut (s. a. A. Grün). Die Baumwollfärberei ist nicht so anspruchsvoll wie die Seiden- und Wollbearbeitung, da die Baumwollfaser sehr widerstandsfähig ist. Man verwendet hier sowohl Kern- als auch Schmierseifen. Der Gehalt an freiem Alkali ist nicht wesentlich, dagegen stören größere Harzgehalte die Arbeitsvorgänge oft sehr empfindlich, besonders in der Färberei feiner Baumwollgarne.

Die richtige Wahl der Seife ist in Deutschland oft schwer, weil hier vielfach die verschiedensten Fette und Fettmischungen zur Fabrikation von Seifen verwendet werden. In Ländern mit großer Eigenerzeugung von pflanzlichen Ölen (Amerika, Rußland) werden nur wenige führende Marken erzeugt. In Sowjetrußland, wo die Fabrikation verstaatlicht ist, werden fast nur Cottonöl und Sonnenblumenöl, gehärtet und ungehärtet, für die Seifenherstellung verwendet. Aus diesen werden zwei große Marken erzeugt: eine Kernseife und eine Halbkernseife. Erstere aus 60% gehärtetem Cotton- oder Sonnenblumenöl und 40% ungehärteten gleichen Ölen. Sie enthält 60% Fettsäure und ist schön weiß und fest. Die Halbkernseife ist eine Leimseife und wird auch Eschweger oder Marmorseife (mit Ultramarin gefärbte Adern) genannt. Man stellt sie einheitlich aus 65% gehärtetem Cotton- oder Sonnenblumenöl und 35% ungehärteten gleichen Ölen her und gibt einen Zusatz von 5% Wasserglas. Der Fettgehalt beträgt bei ihr im Mittel 48%, wobei der Kern 60% und die gelatinösen Adern 40% Fettgehalt aufweisen. Schmierseifen werden fast gar nicht mehr in Rußland erzeugt.

Fette Öle.

Fette Öle und feste Fette werden in der Textilveredelung verhältnismäßig wenig direkt gebraucht. Einige größere Betriebe bereiten sich ihre Fettpräparate, wie Seifen, Rotöle usw., selbst und konsumieren dann größere Mengen der Fette und Öle als Rohstoffe. In größerem Maßstabe braucht die Wollspinnerei Fette und Öle.

Die eigentliche Veredelungsindustrie verwendet Öle und feste Fette hauptsächlich zum Fetten, Avivieren, Glänzen usw. von Garnen und Geweben nach vollendeter Veredelung, also nach dem Färben usw. Dann werden auch bestimmte Mengen Fette und Öle als Zusätze zu den Appreturen und Schlichten verwendet, um diese Verdickungen geschmeidiger zu gestalten und ihnen die Klebrigkeit oder Klebkraft zu nehmen. Die hauptsächlich vorkommenden Fette und Öle sind:

Olivenöl. Das Olivenöl wird auch in der Praxis Baumöl genannt. Es ist ein blaßgelbes bis gelbes, leicht wohlriechendes, in der Kälte leicht erstarrendes Öl, das zu den nichttrocknenden Ölen zählt und nicht schnell ranzig wird. Es findet ausgedehnte Verwendung zur Präparation der Baumwolle bei dem Türkischrotverfahren (Altrotverfahren) sowie zum Weichmachen der durch das Färben spröde gewordenen Baumwolle (Avivieren von Schwefelschwarz, Anilinschwarz u. ä.); zum Avivieren der Seidenfärbungen, in der Appretur usw. Als Ersatz für das Olivenöl können auch viele andere Öle, wie das Cottonöl, Rüböl usw., Verwendung finden. Im allgemeinen wird Wert darauf gelegt, daß das Öl nicht ranzig ist. Die Seidenfärberei verwendet z. B. erste Speiseolivenöle. Für andere Zwecke, z. B. beim Altrotprozeß, wird wieder stark ranziges Olivenöl, das sogenannte Tournantöl verwendet.

Zum Fetten von Baumwollgarn wird auch Schweineschmalz genommen. Auch in der Appretur verwendet man feste Fette.

Rizinusöl dient als Ausgangsmaterial für die Rotöle (s. d.).

Softenings sind im wesentlichen Emulsionen von Fetten in Seife, vielfach mit Glyzerin, Wasserglas und Stärke versetzt. Sie geben mit Wasser mehr oder weniger trübe Lösungen und finden als geschmeidig machende Zusätze, insbesondere in der Schlichterei und Appretur von Baumwollwaren Verwendung.

Olein (Ölsäure) ist eine gelblich-bräunliche Fettsäure, die zum Schmälzen der Wolle, zur Bereitung von Seifen und zum Lösen von Farbbasen (für öllösliche Farbstoffe) dient.

Als **Schmälzmittel** in der Wollspinnerei finden die verschiedenartigsten Fette und Fettgemische Anwendung, vom Olivenöl, dem Olein und dem Rotöl anfangend bis zu den undefinierbarsten Mischungen mit Mineralölen u. ä. Nach den Erfahrungen von v. Kapff sind auch Mineralölschmälzen unter der Voraussetzung gut verwendbar, daß hinterher sachgemäß gewaschen wird.

Sulfurierte Öle und Türkischrotöle (Rotöle).

Geschichtliches. Die erste Anregung zur Anwendung und die erste Beschreibung zur Darstellung von sulfoleinsaurem Kali gab im Jahre 1834 Runge. 1846 führte Mercer sulfuriertes Olivenöl in England ein, ohne daß diese Neueinführung indes viel Beachtung fand. 1860 und 1864 wurden im Elsaß die ersten Großversuche ausgeführt (Schützenberger, zum Fixieren von Anilinfarbstoffen), und es brachten alsdann einige Farbenfabriken für den Druck bestimmte Farbpasten (rote und rosafarbige) in den Handel, die Sulfoleinsäure als wesentlichen Bestandteil enthielten. Die Sulfoleinsäure als Präparation für Dampfalizarinfarben wurde im Elsaß im Jahre 1873 eingeführt. Horace Köchlin übertrug dann das Verfahren vom Druck auf die Färberei und schuf damit ein Verfahren, das später große Bedeutung erlangen sollte (bei ihm kam die Ölbeize noch nach der Tonbeizung auf den Stoff). Von hier wanderte das geheim gehaltene Verfahren nach England aus (1875) und kehrte von dort bald wieder nach dem Kontinent zurück, wobei es die wesentliche Wandlung erfahren hatte, daß an Stelle von Sulfoleat erstmalig das Sulforizinat zur Verwendung gelangte. (Die Engländer hatten im Rizinusöl nur einen billigeren Ersatz des Olivenöles zu verwenden beabsichtigt.) Gleichzeitig erschien im Jahre 1877 neben dem englischen Natrium-Sulforizinat das in Deutschland zuerst hergestellte Ammonium-Sulforizinat. Mit der Einführung des Sulforizinats waren manche Fabrikationsnachteile der Vorzeit (ockergelber Untergrund) bald beseitigt. Später wurden noch versuchsweise andere Öle (Palmkernöl, Kokosöl usw.) zur Darstellung von sulfofettsauren Salzen eingeführt, ohne daß sich diese eingeführt hätten. Da diese Öle ursprünglich vor allem für das Alizarinrot und -rosa verwendet wurden, nannte man sie auch ganz allgemein Türkischrotöle oder einfach Rotöle. Durch die Entwicklung der Eisfarben und vor allem das Auftreten des Pararots gewannen die sulfurierten Öle immer mehr an Bedeutung; dann fanden sie weiter auch Verwendung für die Färberei mit substantiven und basischen Farbstoffen, in der Bleicherei, Wäscherei, Appretur usw. Auch in der Apparatenfärberei (besonders zum Färben von Kopsen) wurden sie sehr geschätzt, weil sie hier ein besseres Durchfärben und Egalisieren der Farbstoffe bewirkten[1]).

[1]) Näheres s. Bull. Soc. ind. Mulhouse 1909, S. 255. — Erban: — a. a. O. Herbig: a. a. O.

Die sulfurierten Öle und Rotöle stellen keineswegs Körper von einheitlicher Zusammensetzung dar, sondern sind Gemische sehr verschiedener Art. Nach Grün sind es Gemenge der Alkali- oder Ammoniumsalze gewisser Oxyfettsäuren, besonders der Rizinolsäure, der Schwefelsäureester und inneren Ester (Polyrizinolsäuren), der Glyzeride (unverändertes neutrales Öl, Diglyzeride und Salze von Schwefelsäureestern der Glyzeride). Ferner enthalten alle Rotöle Neutralsalze (Alkali-, Ammoniumsulfat), geringe Mengen unverseifbarer organischer Stoffe und oft auch Glyzerin. Manche Rotöle aus Rizinusöl enthalten auch Dioxystearinsäuren bzw. deren Schwefelsäureester, während das Vorkommen des Rizinolsäureäthers (der sogenannten einbasischen Dirizinolsäure) und des Rizinolsäurelaktids nicht sichergestellt ist.

Die Rotöle und verwandten Produkte sind hellgelb bis höchstens braun gefärbt, dickflüssig, in Wasser klar löslich, oder auf Zusatz von etwas Lauge oder Ammoniak klar werdend. Monopolseife und Isoseife (s. w. u.) sind dagegen gelatinös, mehr oder weniger durchscheinend. Geringe Zusätze von Säuren und Alkalien sollen keine Ausscheidungen bewirken. Auch in Alkohol sollen die Rotöle klar löslich sein, andernfalls sind sie nicht aus Rizinusöl hergestellt und enthalten größere Anteile von unzersetztem Triglyzerid.

Herstellung der Rotöle und Chemismus. Die Darstellung der Rotöle geschieht im allgemeinen durch Einwirkung von Schwefelsäure auf die entsprechenden Öle. Dabei tritt einerseits Spaltung der Öle in freie Fettsäure, andererseits Bildung von Schwefelsäureestern statt. Gleichzeitig werden je nach Arbeitsbedingungen Oxyfettsäuren gebildet. Die Einzelphasen dieser Vorgänge sind sehr verwickelt und in mancher Beziehung noch nicht unbestritten. Im großen und ganzen verläuft der Prozeß in der Weise, daß das Öl zuerst verseift wird und dann die Schwefelsäure auf die Fettsäuren (des Rizinusöls, des Olivenöls usw.) nach folgender Gesamtgleichung einwirkt:

$$C_{17}H_{32}(OH)COOH + H_2SO_4 = \underset{\text{(Sulfomonorizinusölsäure)}}{C_{17}H_{32} \cdot OSO_3H \cdot COOH} + H_2O.$$

Bei Einwirkung von heißem Wasser, Salzsäure usw. auf diesen Schwefelsäureester erfolgt leicht totale oder partielle (je nach Arbeitsbedingungen) Abspaltung der Schwefelsäure und Rückbildung von Rizinusölsäure nach der Gleichung:

$$C_{17}H_{32} \cdot OSO_3H \cdot COOH + H_2O = C_{17}H_{32} \cdot OH \cdot COOH + H_2SO_4.$$

Nach Scheurer-Kestner entstehen auch noch die obenerwähnten Dirizinussulfosäuren von der Formel:

$$COOH \cdot C_{17}H_{32} \cdot O \cdot CO \cdot C_{17}H_{32} \cdot OSO_3H.$$

Durch Abspaltung von Schwefelsäure entstehen aus letzterer Verbindung leicht Dirizinussulfosäuren:

$$COOH \cdot C_{17}\,H_{32} \cdot COO \cdot C_{17}\,H_{32} \cdot OH.$$

Rotöle im weiteren Sinne, also keine eigentlichen Rotöle, nennt man auch ohne Schwefelsäureverseifung hergestellte, durch Natronverseifung erhaltene Rizinusseifen, also konzentrierte Lösungen von rizinusölsaurem Natrium bzw. Ammonium. Man unterschied diese Erzeugnisse früher durch besondere Markenbezeichnungen, so war z. B. das „Türkischrotöl F" das eigentliche durch Sulfurierung erhaltene Öl, das „Türkischrotöl D" das nur aus rizinusölsaurem Natron bestehende Präparat. Heute werden zum Teil auch andere Bezeichnungen gegeben, z. B. Marken „S", mit Schwefelsäure verseift, Marke „N", mit Natron verseift, Marke „A", mit Ammoniak hergestellt usw. Man kann sich aber auf bestimmte Markenzeichen nicht immer verlassen.

Technische Darstellung der gewöhnlichen Rotöle. Zur Darstellung des gewöhnlichen Türkischrotöls gibt es kein einheitliches Verfahren; man kann fast sagen, daß jeder Darsteller seine eigenen Verfahren ausübt und sogar geheimhütet. Man arbeitet vorteilhaft in einem mit Blei ausgekleideten Holzbottich mit Rührwerk (eventuell auch im emaillierten Kessel oder Steinzeuggefäß) und bleierner Kühlschlange. Über dem Bottich befindet sich ein Ton- oder Steingutgefäß zur Aufnahme der Schwefelsäure. Der Zufluß der Säure erfolgt äußerst langsam und in ganz dünnem Strahle (der Sulfurierungsprozeß dauert etwa 6—12 Stunden, je nach der Menge), wobei sich das Rührwerk dauernd in Tätigkeit befindet. Die Temperatur soll 24—25° C nicht überschreiten. Die Kühlung setzt man auch nach vollendeter Zugabe der Säure eine Zeitlang fort und läßt die Mischung noch 24—36 Stunden stehen. Zum Sulfurieren werden etwa 20—25% konzentrierte Schwefelsäure von 66° Bé vom Gewicht des Rizinusöls genommen. Nach dem Sulfurieren und Stehenlassen wird mit der gleichen Menge Wasser, möglichst wiederholt, eventuell mit Kochsalzzugabe, gewaschen. Schließlich wird, je nachdem, ob man neutrale oder saure Rotöle haben will, mit mehr oder weniger Soda, Natronlauge oder Ammoniak neutralisiert und auf bestimmtes Volumen (Grädigkeitseinstellung) gebracht. Erban neutralisiert mit Lauge von 36° Bé so weit, bis das Öl klar und durchsichtig wird und Schaumblasen wirft. Bei mehr Laugenzusatz wird das Öl dickflüssig und schwer wasserlöslich. Die benötigte Menge Lauge, berechnet auf wasserfreies NaOH, beträgt bei gewöhnlichen Rotölen etwa 2% des ausgewaschenen Oleates (auf 20 kg Rizinusöl und 5 kg Schwefelsäure etwa 1750 ccm Lauge von 36° Bé nach Erban).

Appreturöle. Auch die sogenannten „Appreturöle" sind dem Türkischrotöl sehr nahe verwandt. Sie werden auch nach sehr verschiedenen Spielarten hergestellt. Deshalb sind auch ihre Qualitäten, Wirkungswerte, dementsprechend auch der Fettgehalt, Schwefelsäureestergehalt, Oxyfettsäuregehalt, die Alkalität usw. sehr schwankend. Zur Herstellung von neutralem Appreturöl wird z. B. das sulfurierte Öl etwa 10 Minuten gekocht, das Wasser abgelassen und das Öl mit Alkali neutralisiert. Durch die Behandlung mit heißem Wasser wird ein Teil der Schwefelsäure wieder abgespalten und die Oxyfettsäure zurückgebildet.

Die Grädigkeit oder Prozentigkeit der Rotöle wird verschieden ausgedrückt. Neuerdings hat der Verband Deutscher Türkischrotölfabrikanten in Krefeld als Norm aufgestellt, daß in Angeboten der Fabriken und Händler der Prozentgehalt des fertigen Rotöls an „Sulfonat", d. i. an sulfuriertem und gewaschenem Rizinusöl (nicht aber an Fettsäuren) angegeben wird. Ein 50proz. handelsübliches Türkischrotöl oder Appreturöl ist also ein Produkt, zu dessen

Herstellung auf 100 kg fertigen Türkischrotöls 50 kg „Sulfonat" verwendet worden sind. Der Fettgehalt des Sulfonates seinerseits kann zwischen 72 und 78% schwanken und soll im Mittel etwa 75% betragen, so daß also ein 50proz. handelsübliches Türkischrotöl oder Appreturöl einen Fettsäuregehalt von 36—38% aufweisen würde.

Verwendung. Die Rot- und Appreturöle finden weiteste Verwendung in der Färberei und Druckerei, ferner in geringerem Maße in der Bleicherei, mehr in der Appretur, Schlichterei, Spinnerei usw. In der Färberei verwendet man sie zum Färben mit substantiven und basischen Farbstoffen, besonders auf Apparaten, zum Weichmachen (Avivieren) der Baumwolle und Wolle, zum Beschweren der Baumwolle, zum Färben mit Entwickelungsfarbstoffen (Pararot usw.). Die Appretur der Seiden-, Halbseiden- und Baumwollstoffe verwendet die Rotöle gerne als Griff- und Weichmachungsmittel. Die Rotöle sind weiterhin vorzügliche Netzmittel, ähnlich wie die Monopolseife. In der Schaumfärberei dienen die Rotöle als Egalisierungsmittel. Die Hauptverwendung finden die Türkischrotöle aber in der Türkischrotfärberei. Hier ist das Rotöl dazu berufen, sehr wichtige komplexe Verbindungen mit der Tonerdebeize einzugehen und ein sehr schönes, feuriges und beständiges Türkischrot oder -rosa zu liefern. Besonders das Altverfahren verbraucht große Mengen dieser wichtigen Hilfsstoffe. Die Baumwollzeuge, Gewebe oder Garne, werden mit den Rotöllösungen in der Klotzmaschine oder sonstwie imprägniert, dann z. B. in der Hotflue getrocknet, mit eisenfreier, essigsaurer Tonerde gebeizt, in der Lufthänge getrocknet usw. und schließlich mit Alizarin ausgefärbt (s. u. Türkischrotfärberei).

Monopolseife und verwandte Erzeugnisse.

Mit den Türkischrotölen sehr nahe verwandt sind bestimmte Produkte von qualitativ gleicher Zusammensetzung, aber ganz anderem Mischungsverhältnis der Bestandteile, insbesondere einem höheren Gehalt an Polyrizinolsäuren. Hierher gehört die Monopolseife, die Isoseife und viele Verwandte derselben.

Die Monopolseife, wie die „Monopolpräparate" überhaupt, sind Erzeugnisse der Firma Stockhausen & Co. in Krefeld. Die Monopolseife wird nach ursprünglich patentiertem Verfahren hergestellt und kommt unter geschütztem Namen in den Handel. Sie stellt ein eigenartiges Produkt von gelblich-bräunlichem Aussehen, schmierseifenartiger Konsistenz, neutraler bis schwach saurer Reaktion, vollkommener Klarlöslichkeit in Wasser und besonderer Wirkungsart dar. Ihr Fettgehalt beträgt, auf sulfurierte Fettsäuren berechnet, etwa 80%.

Die Monopolseife zeichnet sich u. a. durch folgende Eigenschaften von vielen anderen seifenähnlichen Erzeugnissen aus: 1. Ausgezeichnete Beständigkeit gegen Kalk- und Magnesiasalze (hartes Wasser gibt keine Fällungen). 2. Besondere Beständigkeit gegen verdünnte Säuren, auch Mineralsäuren. Fettsäure fällt erst nach größerem Säurezusatz endgültig aus, ohne daß die Lösung beim Erwärmen oder Schütteln wieder klar wird. 3. Große Beständigkeit gegen konzentrierte Salzlösungen, einschließlich Bittersalzlösungen.

Außerdem hat die Monopolseife ausgezeichnete Netzwirkung gegenüber dem Fasermaterial, große Egalisierungsfähigkeit und die Eigenschaft, Frische und Lebhaftigkeit der Farben zu erzeugen und zu heben, das Durchfärben zu fördern, den Glanz und den Griff des Materials zu erhöhen. Sie besitzt ferner ein großes Emulgierungsvermögen Fetten und Ölen gegenüber, einschließlich der Mineralöle, verhütet das Schäumen der Flotten und bis zu einem gewissen Grade auch die Schimmelbildung bei Appreturmassen.

Durch diese wertvollen Eigenschaften hat sich die Monopolseife schnell in der Praxis eingebürgert und ist ein unentbehrliches Hilfsmittel der Textilveredelung geworden.

Darstellung der Monopolseife. Die Herstellung der Monopolseife unterscheidet sich von derjenigen der gewöhnlichen Rotöle vor allem dadurch, daß beim Neutralisieren der Sulfosäuren erheblich größere Mengen Natronlauge zugesetzt werden (ca. 6% NaOH vom Gewicht des Sulfonats), so daß ein neues Produkt entsteht, das sich u. a. dadurch auszeichnet, daß beim Erhitzen eine Zersetzung des Sulforizinates nicht mehr eintritt (Polyrizinolsulfonate). Trotz der größeren Menge einverleibten Alkalis reagiert das Endprodukt sauer, löst sich aber dennoch klar in Wasser und ist gelatinös, während die Rotöle, auch in höchstkonzentrierter Form, flüssig sind. Nach den D. R. P. Nr. 113 433 und Nr. 126 541 der Firma Stockhausen & Co. werden 100 Teile Rizinusöl durch allmähliches Eintragen und kräftiges Einrühren von 29,65 Teilen Schwefelsäure 66° Bé von kalt bis 25° C sulfoniert und dann durch schnelles Einrühren von 75,5 Teilen Natronlauge 37° Bé verseift, wobei die Temperatur hoch ansteigt. Es wird längere Zeit weitergerührt, nach mehrtägigem Stehen das ausgeschiedene Glaubersalz von der Brühe getrennt und letztere schließlich im Vakuum eingedampft, bis eine Probe beim Erkalten auf Glas ausreichend gelatiniert.

Verwendung. Die Monopolseife wird sowohl in der eigentlichen Färberei als Zusatz zu Färbeflotten, als Egalisierungs-, Netz-, Griffmittel usw. verwendet, als auch bisweilen in der Bleicherei, im großen Maßstabe in der Appretur, Schlichterei, Bäucherei, auch beim Merzerisieren usw. Bei der Ergiebigkeit des Produktes arbeitet man mit ihm sehr sparsam, zumal auch die verdünnten Lösungen noch sehr wirksam sind. Zum Lösen der Monopolseife bringt man sie zunächst mit höchstens der gleichen Menge Wasser unter Zufuhr von direktem Dampf zum Schmelzen, setzt dann unter Rühren die 15—20fache Menge warmes Wasser zu und gibt dann diese verdünnte Lösung in das Färbebad oder die Appreturmasse.

Monopolseifen-Präparate und ähnliche Erzeugnisse.

Außer der Monopolseife selbst kommen verschiedene Präparate der Firma Stockhausen & Co. in den Handel, die Monopolseife enthalten und ähnliche Wirkung äußern, aber für bestimmte Spezialzwecke eingestellt sind; außerdem haben noch andere Firmen der Monopolseife ähnliche Erzeugnisse auf den Markt gebracht, von denen nur einzelne nachstehend aufgeführt werden können.

Monopolbrillantöl. Es ist dies eine flüssige Monopolseife der gleichen Firma Stockhausen & Co. und hat deshalb annähernd die gleichen Wirkungen wie die gelatinöse Monopolseife selbst. Insbesondere hat sich das Brillantöl in der Kunstseidenfärberei bewährt. Es ist hervorzuheben, daß einzelne basische Farbstoffe mit dem Brillantöl Ausscheidungen verursachen, so daß gegebenenfalls erst Vorversuche zu machen sind, bevor man das Öl im großen anwendet.

Das Monopol-Avivageöl der Firma Stockhausen & Co. ist speziell für die Avivage von Schwefelschwarzfärbungen bestimmt. Es ist gleichfalls ein Monopolseifenpräparat und soll das lästige Bronzieren der Schwefelfärbungen verhindern. Man aviviert in Flotten von 1—2 g Öl (Wollfärbungen) oder 2—4 g Öl (Baumwollfärbungen) im Liter, $^1/_4$ Stunde bei 20—30° C, quetscht ab, spült oder setzt auch dem letzten Spülbade von dem Öle, in heißem Wasser gelöst, zu. Die auf dem Markt vorhandenen Avivieröle sind vielfach einfache Rotöle, zum Teil auch Mischungen von Rotölen oder Seifenlösungen mit Mineralölen.

Monopolspinnöl ist identisch mit dem älteren **Monopolseifenöl.** Es wird von der gleichen Firma als eine dunkelbraune, klare Flüssigkeit mit einem Fettgehalt von etwa 85%, gleichfalls auf der Monopolseifengrundlage, herausgebracht und als Spinnschmälze empfohlen. Vor allem hat es den Vorzug, daß es im Gegensatz zu vielen anderen Spinnschmälzen leicht auswaschbar ist. Man verwendet 1 Teil Spinnöl auf 8—15 Teile Wasser. Auch läßt es sich mit anderen Ölen kombinieren (z. B. 1 Teil Monopolspinnöl mit 1—2 Teilen Olein oder mit 1—2 Teilen Mineralöl).

Isoseife der Firma Blumer in Zwickau ist auch eine gelatinöse Seife, mehr vom Aussehen einer Kernseife. Sie hat hohen Fettgehalt, reagiert neutral, ist klar löslich, säure- und kalkbeständig. Außer der festen Isoseife wird auch noch eine Isoseife flüssig von der gleichen Firma hergestellt, die in der Woll- und Halbwollbranche gerne zum Waschen und Avivieren verwendet wird. Die **Thionseife** der gleichen Firma ist eine saure Seife und für Tanninätzfarben geeignet. Die **Thionseife** MG ist eine Magnesiaseife, die wasserlöslich ist und als Füll- und Beschwerungsmittel empfohlen wird. Ähnliche Erzeugnisse sind das **Thionöl,** das **Isol S, Isol N** u. a. m. Das dem **Tetrapol** ähnliche **Tetraisol** enthält ein Fettlösungsmittel (s. w. u.).

Türkonöl der Firma Chem. Fabrik Stockhausen & Co., Buch & Landauer, Berlin, ist ein ähnliches, flüssiges Erzeugnis; **Türkonöl N** (schwach sauer, in Wasser klar löslich, 60% Fettgehalt), **Türkonöl A** (neutral reagierend, Ammoniaksalz, 60% Fettgehalt), **Türkonöl S** (saures Ammoniaksalz, mit Wasser weiße Emulsionen gebend, mit Ammoniak klar werdend, 70% Fettgehalt) sind weitere Spielarten des Türkonöls.

Avirole sind Erzeugnisse der Firma Th. Böhme, Chemnitz. Die Marke Avirol KM ist ein konzentriertes Produkt, der Monopolseife ähnlich, für die Färberei, als Netz- und Bäuchmittel, Farbzusatz, Aviviermittel empfohlen; die Marken KBR, BXS, CK sind zum Avivieren von Färbungen, die Marke DS für Oxydationsschwarz geeignet.

Universalöl, Diaminöl, Entbastungsöl sind Erzeugnisse der Firma A. Schmitz in Heerdt bei Düsseldorf, denen nach den Untersuchungen von Herbig gute Wirkung zukommt.

Diese Produkte sind alle durch Behandlung von Rizinusöl mit Schwefelsäure und nachheriges Verseifen hergestellt, und sie ähneln in ihren Eigenschaften mehr oder weniger den gewöhnlichen Rotölen bzw. der Monopolseife. Die Verwendung von Sulfofettsäuren aus Leinöl, Rüböl,

Kokosfett, Fischtran, Sesamöl, Cottonöl usw. ist auch vielfach aus Gründen der Ersparnis versucht worden. Nach Ansicht mancher Fachleute (z. B. Pomeranz) sind sie zum Teil geeignet, die eigentlichen Rizinusrotöle vollwertig zu ersetzen; die Praxis hat sich indessen noch nicht dazu entschließen können, die alten Rizinuspräparate zu verlassen.

Seifen und Sulfoleate mit Fettlösungsmitteln.

In letzter Zeit haben Präparate eine immer größere Bedeutung in der Textilbearbeitung gewonnen, die eine Kombination von seifenartigen Körpern mit organischem Fettlösungsmittel darstellen. Ihre Wirkung ist besonders stark reinigend, speziell entfettend und fasernetzend. Als Urvertreter dieser Präparate ist die alte Benzinseife und die Terpentinseife anzusprechen; diese sind aber in jüngerer Zeit immer mehr durch die neuen Kompositionen verdrängt worden, weil sich letztere in mancher Beziehung als wirkungsvoller erwiesen haben. Die wichtigsten der verwendeten Fettlöser sind nachfolgend mit den zugehörigen Siedepunkten und spezifischen Gewichten zusammengestellt.

	Siedepunkt	Spez. Gewicht
Tetrachlorkohlenstoff („Tetra")	78,5	1,582
Dichlorazetylen	52	1,278
Trichloräthylen („Tri")	85	1,471
Perchloräthylen	121	1,623
Tetrachlorazetylen[1])	147	1,614
Benzol	80	0,88
Toluol	111	0,87
Terpentinöl (techn.)	155—162	0,860—0,880
Benzin (hochsiedend, techn.)	100—180	0,734—0,803

In jüngster Zeit haben auch noch hydro-aromatische Kohlenwasserstoffe und hydrierte Phenole Verwendung für derartige Präparate gefunden, von denen die wichtigsten etwa sind:

	Siedepunkt	Spez. Gewicht
Tetralin (Tetrahydronaphthalin)	205—209	0,976—0,98
Dekalin (Dekahydronaphthalin)	185—195	0,90
Hexalin (Cyclohexanol) (hydriertes Phenol)	160	0,918—0,934
Methylhexalin (verschiedene isomere hydrierte Kresole)	166—175	0,918—0,934

Tetrapol. Das Tetrapol ist ein Erzeugnis der Firma Stockhausen & Co. und stellt eine Lösung von Monopolseife, früher in Tetrachlorkohlenstoff, jetzt in Perchloräthylen dar. Der Gehalt an Fettlösern beträgt etwa 12—16%. Die klare gelbe Lösung löst sich im Wasser fast klar, die Reaktion in stark konzentrierten Lösungen ist neutral, in verdünnten schwach alkalisch. Dieselbe Firma stellt auch noch Lösungen von Monopolseife mit anderen Fettlösern her. Der Zusatz hochsiedender Kohlenwasserstoffe hat den Vorteil, daß sie auch in kochender Flotte noch voll zur Wirkung kommen und daß eine vorzeitige Verflüchtigung derselben ausgeschlossen ist. Das Tetrapol wird als hervorragendes Wasch- und Entfettungsmittel in großem Umfange mit Erfolg verwendet.

[1]) Vulgäre Bezeichnung für Tetrachloräthan, $C_2H_2Cl_4$.

Tetralix der gleichen Firma ist dem Tetrapol ähnlich; es enthält nur erheblich mehr (etwa 90%) Fettlösungsmittel bzw. Kohlenwasserstoff. Infolgedessen löst es sich beim Verdünnen mit Wasser nicht mehr klar, sondern gibt eine Emulsion, die aber auch bei großer Verdünnung und bei längerem Stehen gut haltbar ist. Es wird hauptsächlich in der Detachur und Wollwäscherei als Entfettungs- und Reinigungsmittel angewendet. In Verbindung mit Seife kommt es für die Zwecke des Entgerberns und Auswaschens von Tuchen zur Anwendung.

Verapol der Firma Stockhausen & Co. wird nach patentiertem Verfahren hergestellt. Es unterscheidet sich von Tetrapol durch den Fettträger, der beim Verapol gewöhnliche Seife (beim Tetrapol aber Monopolseife) ist. Als Fettlösungsmittel dient Benzol. Das Verapol zeigt deshalb größeres Schaumvermögen (deshalb Walk- und Walkzusatzmittel), geringeres Netz- und Durchdringungsvermögen, geringere Kalkbeständigkeit als Tetrapol. Letzteres verleiht der Ware auch einen weicheren, geschmeidigeren Griff. Das Verapol dient auch zum Waschen, Entgerbern wie das Tetrapol, außerdem zum Walken, zum Bäuchen usw., wo es nach den Versuchen von Keiper mit großem Vorteil zu verwenden ist.

Ähnliche Erzeugnisse wie Tetrapol und Verapol sind u. a. Lanapol (Böhme), Universol, Usol, Esdeformextrakt (Simon & Dürkheim, Offenbach a. M.), Pertürkol (Chem. Fabrik Stockhausen & Co., Buch & Landauer, Berlin), Tetraisol (Blumer, Zwickau), Triol (Baumheier, Oschatz), Hexapol und Hexasol (Chemische Fabrik Milch, Oranienburg) u. a. m. Diese Wasch- und Entfettungsmittel sind nicht alle auf der Grundlage sulfonierter Öle und Fette hergestellt, sondern enthalten zum Teil einen mehr oder weniger hohen Prozentsatz an Fettlösungsmitteln und Seife. Zum Teil sind sie in Wasser klar löslich, teilweise geben sie Emulsionen. Gegen Tetrapol und Verapol werden auch die sogenannten Walköle angeboten. Das sind meist ammoniakalische Seifenlösungen mit einem verhältnismäßig niedrigen Fettgehalt. In einzelnen Fällen sind auch Zusätze von Spiritus in Walkölen gefunden worden.

Für Tetralix kommen u. a. in den Handel: Hexoran (Milch, Oranienburg), Lanadin (Böhme, Chemnitz), Nilin (Hansawerke in Hemelingen). Dies sind durchweg Präparate mit hohen Prozentsätzen an Kohlenwasserstoffen und mit Seife als Emulsionsbildner.

Von zahllosen weiteren Wasch-, Walk-, Bäuch-, Netz-, Fettlösungs-, Egalisierungs-, Anteigungsmitteln usw. des Handels, die zu einem großen Teil Geheimmittel der erzeugenden Fabriken darstellen, seien nur noch erwähnt: das Tetracarnit (Böhme) und das Neomerpin (Pott, Dresden). Das Tetracarnit ist eine fettfreie, in Wasser klar lösliche Flüssigkeit, die als Fettlösungs-, Egalisierungs- und Farbstoff-Anteigungslösung verwendet wird. Das Neomerpin ist ein ausgezeichnetes Netzmittel. Schließlich sei noch das Nekal A der B. A. & S. F. erwähnt, das nach Krais ein Netzmittel von bisher unerreichter Wirkung ist und für die Wollwäscherei, Karbonisation (1—2%), Stückwäscherei, Walkerei, Schlichterei, Färberei usw. empfohlen wird.

Gerbstoffe.

In den verschiedensten Teilen (Blättern, Stengeln, der Rinde, den Früchten, im Holz, in krankhaften Auswüchsen) bestimmter Pflanzen befindet sich in größeren oder geringeren Mengen Gerbstoff, die sogenannte Gallusgerbsäure, Digallussäure oder das Tannin. Außer der reinen Gallusgerbsäure befinden sich in den Gerbstoffträgern auch chemisch analog zusammengesetzte Verbindungen, die zum Teil gerbende Eigenschaften besitzen, zum Teil frei von diesen Eigenschaften sind. So enthalten z. B. der Sumach, die Myrobalanen, der Divi-Divi u. a. mehr oder weniger Ellagengerbsäure; ein weiterer Begleitkörper vieler Gerbstoffträger und isolierter Gerbstoffe ist auch die Gallussäure, die nur in geringem Grade gerbend oder schwellend wirkt. Sie wird als ein wertloses oder minderwertiges Nebenprodukt der Gallusgerbsäure betrachtet.

Die wichtigsten in der Färberei angewandten Gerbstoffträger und Gerbstoffe mit ihren durchschnittlichen Gehalten an wirksamer Gerbsäure sind etwa:

Tannin bis nahezu	100%	Gerbsäure
Chinesische und japanische Galläpfel	70—80%	„
Aleppo- und Levantegalläpfel	55—60%	„
(Ungarische, italienische, französische, deutsche Eichengalläpfel sind viel gerbstoffärmer.)		
Knoppern (österreichische Galläpfel)	25—30%	„
Sizilianischer Sumach	15—25%	„
(Sumach von Malaga 15%, von Virginia 10%, von Carolina 5%.)		
Sumachextrakt 30° Bé	25—30%	„
Myrobalanen gemahlen	30—40%	„
Wallonen, Valonien (Ackerdoppen)	25—35%	„
Divi-Divi, Libi-Divi	30—35%	„
Eichenrinde (jung)	15—20%	„
Quebrachoholz	15—20%	„
Katechu in Block (Blockgambier)	30—35%	„
Katechu in Würfeln (Würfelgambier)	45—50%	„

In der Praxis verwendet man als Ersatz für 5 kg Tannin technisch: 20 kg Blättersumach oder 9—10 kg besten Sumachextrakt oder 17 kg Myrobalanen oder 7 kg chinesische Galläpfel; doch sind diese Zahlen nur als annähernde mittlere Werte anzusehen.

Die verschiedenen Gerbstoffe sind nach Procter sämtlich Abkömmlinge des zweiwertigen Phenols Pyrokatechin oder des dreiwertigen Pyrogallols, während einige auch noch Phlorogluzin enthalten. Sie sind durch eine Reihe gemeinschaftlicher Reaktionen charakterisiert: z. B. fällen sie sämtlich Gelatine und verwandte Körper aus ihren Lösungen aus, ferner gerben sie tierische Haut, geben mit Eisenoxydsalzen dunkle bis schwarze Fällungen und mit anderen Metallen unlösliche Salze. Auf der anderen Seite unterscheiden sie sich durch gewisse Reaktionen, welche zum Nachweis der einzelnen Gerbstoffarten dienen. Procter stellte folgende Unterscheidungsreaktionen auf:

1. 1proz. Eisenalaunlösung liefert mit Pyrokatechin und Protokatechusäure dunkelgrüne Färbungen, während Pyrogallol und Gallussäure blauschwarze Färbungen erzeugen.

2. Bromwasser ist ein Reagens auf Pyrokatechingerbstoffe. Es fällt alle diejenigen Gerbstoffe, welche mit Eisenalaun grünschwarze Färbungen geben, aber auch viele, welche blau- oder violettschwarze Färbungen erzeugen (die auch Pyrokatechin enthalten). Es fällt dagegen nicht die ausgesprochenen Pyrogallolgerbstoffe, mit Ausnahme einiger, die Ellagsäure bilden (z. B. Eichenrinde).

Danach kann man die Gerbstoffe in drei große Gruppen einteilen:

I. Solche, die mit 2 einen Niederschlag und mit 1 eine grünschwarze Färbung geben: die Pyrokatechingerbstoffe.

II. Solche, die mit 2 einen Niederschlag, mit 1 eine blau- oder violettschwarze Färbung geben: die gemischten oder unbestimmten Gerbstoffe.

III. Solche, die mit 2 keinen Niederschlag, mit 1 blauschwarze Färbung geben: die Pyrogallolgerbstoffe.

Zur Gruppe I rechnet Procter: Katechu, Gambier, Gerberinde, Korkeichenrinde, Querzitronrinde, Hemlockrinde, Fichtenrinde, Weidenrinde, Quebracho; zur Gruppe II: Canaigre, Mimosarinde, Eichenrinde; zur Gruppe III: Aleppogallen, Sumach, Myrobalanen, Algarobilla, Divi-Divi, Valonea, reine Gallusgerbsäure (Tannin).

Der Gerbstoffgehalt, der bei der Beurteilung eines Gerbstoffes mit an erster Stelle steht, wird entweder nach der alten Löwenthalschen Chamäleontitrationsmethode oder nach der international eingeführten Hautpulvermethode bestimmt. Die analytischen Vereinbarungen sind bis ins einzelne von dem Internationalen Verein der Lederindustriechemiker festgelegt. Für die Beurteilung der Gerbstoffe kommen ferner als sehr wesentlich die spezifischen Eigenschaften der Gerbstoffe in Betracht, die durch technische Versuche ermittelt werden.

Die künstlich hergestellten Gerbstoffe (z. B. die Neradole der B. A. & S. F.) haben bisher keinen Eingang in die Färberei gefunden.

Tannin, Gerbsäure, Gallusgerbsäure, $C_{14}H_{10}O_9 + 2\,H_2O$, kommt in kristallähnlichen Nadeln (Nadeltannin), als voluminöses Pulver, in Schuppen, Körnern u. dgl., braun, gelb bis fast farblos und als nahezu chemisch reine Ware in Schaumform (Schaumtannin) in den Handel. Es ist leicht wasserlöslich. Die gewöhnlichen technischen Tannine enthalten etwa 65—70, die besseren technischen Tannine 75—80% Gerbsäure. Guter Tannin soll in Wasser und Alkohol klar löslich sein. Reine Gallusgerbsäure ist auch in Ätheralkohol (1:1) klar löslich. Ungelöst bleiben: Stärke, Milchzucker, Dextrin, Zucker, Extraktivstoffe, anorganische Salze, Gummistoffe. Der Aschengehalt soll möglichst gering sein.

Volumgewicht und Gehalt wässeriger Tanninlösungen bei +15°.

Vol.-Gew.	Proz. Tannin	Vol.-Gew.	Proz. Tannin	Vol.-Gew.	Proz. Tannin
1,004	1	1,0242	6	1,0572	14
1,008	2	1,0324	8	1,0656	16
1,012	3	1,0406	10	1,0740	18
1,016	4	1,0489	12	1,0824	20

Sumach. Gelbbräunliche, kräftig riechende Blätter. Gemahlener Sumach ist weniger empfehlenswert.

Sumachextrakt. Dickflüssige braune bis bräunliche (dekolorierte) Lösung von meist 28—30° Bé. Auch fester Sumachextrakt kommt im Handel vor. Ein großer Nachteil der flüssigen Extrakte ist, daß sie bei längerem Lagern leicht in Gärung übergehen und dabei an Gehalt einbüßen.

Myrobalanen. Harte Nüsse. Werden zwecks erschöpfender Extraktion am besten vorher gemahlen.

Galläpfel (Gallus), Knoppern. Runde, harte Auswüchse, die an den Blättern von Eichbäumen bestimmter Gattung durch Insektenstiche entstehen. Vor der Extraktion werden sie meist grob gemahlen.

Divi-Divi (Libi-Divi). Harte, den Myrobalanen ähnelnde Nüsse.

Quebracho. Brasilianische Holzart, aus der auch der Quebrachoextrakt gewonnen wird.

Katechu (Katechuextrakt), Gambier als Block- und Würfelgambier im Handel. Ersterer wird in etwa 100-kg-Ballen (in Stroh- oder Palmblättersäcken) als eine knetbare Paste (Näheres s. u. Seidenfärberei), letzterer in trockenen Würfeln gehandelt.

Verwendung der Gerbstoffe. In der Baumwollfärberei als Tannin-Antimonbeize beim Färben mit basischen Farbstoffen (s. d.). Desgleichen zum Tannieren der Baumwollstückwaren, der Halbwolle und Halbseide. Im Kattundruck zum Fixieren des Tannin-Antimon-Farblacks in meist essigsaurer Lösung (s. u. Kattundruck). Zum Reservieren von Wolle bei der Herstellung mehrfarbiger Effekte. Je heller bzw. farbloser ein Gerbstoff ist, desto teurer ist er und desto besser eignet er sich für helle Farbtöne; die dunklen Gerbstoffe (und die Anwendung von Eisensalzen zur Fixierung derselben) eignen sich nur für dunkle Töne, insbesondere für Schwarz. In der Seidenfärberei zum Echtmachen der Färbungen (Wasser- und Waschechtheit), zur vegetabilischen Erschwerung (Katechu, zusammen mit Blauholzextrakt für Schwarzfärbungen, Sumach- und Gallusextrakte für Couleurfärbungen). Zum Erschweren von Soupleseide (Divi-Divi, Kastanienextrakt) bei schwerem Souple und den sogenannten „Dons". Zur Erzeugung von Grau und Schwarz in der Baumwollfärberei in Verbindung mit Eisen- und Kalksalzen. Zur Erzeugung von Katechubraun auf Baumwolle (Katechu); heute durch die Schwefelfarbstoffe fast verdrängt.

Verdickungsmittel.

Stärke und Stärkepräparate.

Otto-Birnbaum: Fabrikation der Stärke, des Stärkezuckers, Dextrins. — Saare: Fabrikation der Kartoffelstärke.

Vorkommen der Stärke. Die Stärke, das Stärkemehl, Amylum, entsteht in den Palisadenzellen des grünen Blattes aus der durch die Spaltöffnungen von unten zutretenden Kohlensäure der Atmosphäre unter Mitwirkung des Tageslichtes. Nachts wird sie auf noch ungeklärte Weise als Dextrose gelöst, durch den Blattstiel fortgeschafft und dann wieder als Stärke in rundlichen Körnern in den Samen, Früchten und Wurzelknollen als Reservestoff abgelagert. Die Stärke dient vor allem als Nahrungsmittel (Getreide, Kartoffel u. a.), zur Bierbrauerei (Gerste), zur Spiritusgewinnung (Kartoffel, Roggen), in der Technik zur Bereitung von Klebstoffen, Verdickungen, Appreturen u. ä. In Deutschland ist der wichtigste Rohstoff der Stärke die Kartoffel, welche auch die billigste Stärke liefert, in geringerem Maße werden Weizen, Reis und Mais auf Stärke verarbeitet. Die Vereinigten Staaten von Amerika stellen große Mengen Stärke aus Mais her; aus den Tropen kommen vor allem die Mandiokstärke (Mand'okstrauch Brasiliens), Sagostärke (Sagopalme), Marantastärke oder das Arrowroot (indische Maranta). Kurkuma-, Bataten- Kannastärke u. a. sind untergeordneter Natur. Die in Deutschland unter dem Namen „Sago" gehenden Präparate sind meist aus Kartoffelstärke erzeugte, durchscheinende, sagoähnliche Stärkepräparate.

Gewinnung der Stärke. Die Kartoffel (Stärkegehalt 16—20%) wird zerrieben, der Brei in Siebzylindern mit rotierenden Bürsten ausgewaschen, die Stärke fortgeschwemmt und in Behältern absitzen gelassen. Die abgesetzte Stärke wird schließlich geschleudert und bis auf 20% Wassergehalt vorsichtig getrocknet. Die Pülpe (Zellreste) dient als Viehfutter. Die Bereitung der Weizenstärke ist schwieriger, weil hier der Kleber (eiweißhaltiger Stoff) die Stärkekörnchen fest umschließt. Der Weizen (Stärkegehalt 60%) muß deshalb zur Trennung von Stärke und Kleber auf Knetmaschinen behandelt werden. Die Gewinnung der Reisstärke aus Reis (Stärkegehalt 85%) ist noch umständlicher, weil hier die Stärkekörner verkittet sind. Mais (Stärkegehalt 55%) wird ähnlich behandelt wie Reis; er liefert u. a. die „Maizena" (amerikanische Maisstärke) und das „Mondamin" (schottische Maisstärke).

Produktion von Stärke und Stärkepräparaten. Deutschland verarbeitete im Jahre 1911 rund 1,33 Millionen t Kartoffeln, 23 000 t Weizenmehl, 25 000 t Mais, 34 000 t Reis und erzeugte daraus etwa 150 000 t Kartoffelstärke (Wert: 31,6 Millionen Mark), 10 000 t Weizenstärke (Wert: 4,4 Millionen Mark), 15 000 t Maisstärke (Wert: 4,3 Millionen Mark), 25 000 t Reisstärke (Wert: 11 Millionen Mark) im Werte von zusammen rund 51 Millionen Mark. Außerdem wurden im Inlande an Stärkepräparaten (festem Stärkezucker, Stärkesirup, Dextrin, Zuckercouleur u. ä.) für etwa 24,5 Millionen Mark erzeugt. Ausgeführt wurden 1911 für rund 20,5 Millionen Mark Stärke und Stärkepräparate; die Einfuhr überstieg die Ausfuhr um rund 6,6 Millionen Mark. Die Vereinigten Staaten von Amerika erzeugten 1912 rund 300 000 t Stärke, wovon 94% aus Mais, 4% aus Kartoffeln stammten, und 420 000 t Stärkesirup und -zucker (nach Ost).

Eigenschaften der Stärke und löslichen Stärke. Die Stärke besteht aus mikroskopisch kleinen, organisierten Stärkekörnchen von verschiedener Elementargröße. Die Kartoffelstärke hat einen Durchmesser von 50—90 Mikromillimeter (μ), vereinzelt bis zu 200 μ, und ist muschelartig um einen exzentrischen Punkt geschichtet, selten in Zwillingen. Weizenstärke hat einen Durchmesser von 20—30 μ, ist kreisrund und linsenartig abgeplattet; daneben kommen kleine kugelige Körner von 2—8 μ vor. Ihr ähnlich sind Roggen- und Gerstenstärke. Die Maisstärkekörner sind polyedrisch geformt, 15—20 μ breit; Reisstärkekörner sind 3—7 μ breit, scharfkantig, fast kristallartig. Ihr ähnlich ist die Haferstärke. Am kleinsten sind die Buchweizenstärkekörner.

Die Stärke ist geruch- und geschmacklos und hat ein spezifisches Gewicht von 1,53. Die Zusammensetzung der Stärke ist von der empirischen Formel $(C_6H_{10}O_5)_n$ von unbekannter Molekulargröße. Der Hauptmenge, „Granulose" genannt, sind kleine Mengen „Stärkezellulose", Amylopektin u. a. beigemengt, die sich untereinander vor allem in bezug auf ihre Löslichkeit unterscheiden.

Die unverletzten Stärkekörner werden von kaltem Wasser nicht verändert; in heißem Wasser quellen sie auf, platzen dann und zergehen schließlich zu einer nahezu homogenen, durchscheinenden, schleimig-klebrigen Masse, Stärkekleister genannt. Die Verkleisterungstemperatur der Kartoffelstärke liegt bei 60—65° C, diejenige der Getreidestärken bei 65—80° C. Der Stärkekleister liefert mit Jodlösung (Jod in Jodkali) in der Kälte tiefblaue Färbung, die in der Hitze verschwindet, um bei Abkühlung wiederzukehren. Die Kleister verschiedener Stärkesorten sind von verschieden hoher Klebrigkeit oder Klebkraft. So besitzen die Kleister der Mais- und Weizenstärke größere Klebkraft als derjenige der Kartoffelstärke. Die Klebkraft wird aber mitunter auch durch unrichtige Behandlung der Stärke (z. B. scharfes Trocknen) vermindert. Der Stärkekleister enthält die Stärke in kolloidaler Lösung, und nur durch weitporiges Filtrierpapier läßt sich aus dünnem Kleister etwa Lösung klar abfiltrieren; enge Membranen lassen nichts durch.

Erhitzt man Kleister auf 2—3 at, so entsteht eine stark rechtsdrehende Lösung, die durch Jodlösung rein blau gefärbt wird. Alkohol fällt daraus „lösliche Stärke" als amorphes, weißes Pulver, das sich aber nicht in kaltem Wasser klar löst. Erst durch längeres Erhitzen auf 4 at und darüber entstehen Produkte, welche in kaltem Wasser dauernd löslich sind. Hier beginnt die Hydrolyse, das Aufschließen der Stärke, d. h. der Zerfall oder Abbau des großen Moleküles in kleinere unter gleichzeitiger Wasserbindung. Solche Stärkelösungen dringen in die Fasern ein und verleihen ihnen die besonderen Eigenschaften des Griffes und der Steifheit.

Sehr rasch und leicht wird Stärkekleister durch verdünnte Säuren, milde Oxydationsmittel u. ä., vor allem durch besondere Enzyme (diastatische Enzyme, Diastase; Enzyme des Speichels oder das Ptyalin) hydrolysiert. Diastase ist bekanntlich in keimender Gerste (Malz) vorhanden (s. w. u.). Zunächst entstehen Dextrine von der Zusammensetzung $(C_6H_{10}O_5)_n \cdot H_2O$ mit chemisch gebundenem Wasser. Die Stärkekleister (Amylodextrine), auch lösliche Stärke, reagieren mit Jodlösung rein blau. Die ersten Dextrine (Erythrodextrine) werden durch Jodlösung schon nicht mehr rein blau, sondern rotviolett bis rot gefärbt; mit fortschreitender Hydrolyse schwindet die Jodfärbung immer mehr (Achroodextrine), die Löslichkeit in wässerigem Alkohol nimmt zu; zuletzt entsteht Maltose $(C_{12}H_{22}O_{11})$. Säuren zerlegen die Maltose weiter in zwei Moleküle Dextrose $(C_6H_{12}O_6)$.

Die Wasserbindung der Stärke ist eine erhebliche; sie nimmt normalerweise 10—12% Wasser auf. In feuchter Luft geht die Wasseraufnahme leicht bis zu 20% und mehr, ohne daß sie sich feucht anfühlt.

Bereitung des Stärkekleisters. Würde man Stärke unmittelbar mit Wasser kochen, so würde Klumpenbildung eintreten. Man verrührt und verknetet deshalb die Stärke erst mit etwa 2 Teilen Wasser zu einer Art Milch (Stärkemilch), die man je nach Erfordernis des gewünschten Kleisters mit weiteren 10—20 Teilen Wasser verdünnt und durchrührt, dann unter dauerndem Rühren verquellen läßt und kocht, indem man mit offenem Dampf oder in besonderen Apparaten (doppelwandigen Kochgefäßen) die verschiedenen Stärkesorten verschieden lange kochen läßt, und zwar Kartoffelstärke 10, Weizenstärke 15, Reis- und Maisstärke nur 2—5 Minuten lang. Etwaige Klümpchen werden später mittels Durchseihung durch Siebvorrichtungen zerkleinert. Längeres Kochen verringert (ähnlich wie bei Leim) die Klebkraft. Auch tritt leicht Gelbfärbung ein („Anbrennen"). Ferner ist darauf zu achten, daß der Kleister nicht nur während des Erhitzens und Kochens gerührt wird, sondern auch nach der Abstellung der Heizquelle, des Dampfes, „kalt gerührt" wird, da die beim Erkalten in Ruhe entstehende Gallerte unbrauchbar oder minderwertiger wird. Kartoffelstärkekleister ist am dicksten, nicht aber zugleich am klebkräftigsten; Weizen-, Reis- und Maisstärkekleister sind klebkräftiger. Kartoffelstärkekleister gibt einen volleren und härteren, die letzteren mehr einen steifen, papierartigen Appret; von diesen steifen wieder die Mais- und Reisstärke gleichmäßiger als die Weizenstärke.

In nachfolgender Tabelle bedeuten A das deutliche Aufquellen, B den Beginn der Verkleisterung und C die Verkleisterung bei verschiedenen Stärkesorten.

	A	B	C
Roggenstärke	45° C	50° C	55° C
Reisstärke	54° C	59° C	68° C
Gerstenstärke	38° C	58° C	68° C
Maisstärke	50° C	55° C	69° C
Kartoffelstärke	46° C	59° C	63° C
Weizenstärke	50° C	65° C	68° C

Bereitung von löslicher Stärke. Die älteren Verfahren zur Bereitung von löslichen Stärkesorten bzw. Lösungen von Stärke bestanden in der Verkochung des Kleisters mit Säuren. Man verkochte z. B. den Kleister mit wenig Schwefelsäure zu löslicher Stärke, neutralisierte die Hauptmenge der Säure mit Natronlauge und den Rest mit Soda und verwendete die so erhaltene Lösung. Auch verwendete man in Betrieben vielfach Alkalien zur Auflösung von Stärke. Schon in 2 proz. Natronlauge quillt Stärke in der Kälte allmählich auf. Mit stärkerer Lauge erhält man Stärkeleime (Apparatine, Pflanzengummi, Poliokolle, Kristallappretur, Universalleim u. a. Präparate). 12—40 Teile Stärke werden z. B. zu Milch angerührt, mit Wasser auf 100 Teile verdünnt und mit 14—40 Teilen Natronlauge von 12° Bé angerührt. Nach mehreren Stunden wird mit 12—40 Teilen Schwefelsäure von $8^1/_2$° Bé der Hauptteil der Lauge und dann der Rest mit Essig- oder Ameisensäure neutralisiert. Diese Stärkelösungen und Stärkeleime geben kernigeren, steiferen Appret als die einfachen Kleister und sind besonders für Linksappretur geeignet. Da sie auch sehr klebkräftig sind, dienen sie auch als Klebmittel in der Kartonnagenindustrie. Für Schlicht- und Appreturzwecke müssen sie vielfach mit Fettstoffen (Softenings, Talg, Türkischrotöl, Monopolpräparaten u. ä.) geschmeidig gemacht werden, damit die Kettfäden nicht verkleben. Die Stärkeleime sind auf dem Lager haltbarer als die einfachen Kleister und können beliebig verdünnt, eingestellt und mit anderen Verdickungsmitteln und Füllmitteln usw. versetzt werden.

Heute arbeitet man zweckmäßiger mit wirksameren Stärkeaufschließungsmitteln. Sehr geeignet sind verschiedene Fermentpräparate, z. B. diastatische Fermente, die sich in keimender Gerste (Grünmalz) vorfinden und als fertige Malzpräparate in den Handel kommen. Zu erwähnen ist hier vor allem das Diastafor (s. d.) der Deutschen Diamalt-Aktiengesellschaft in München. Man löst beispielsweise 0,5—1 Teil Diastafor in 100 Teilen Wasser und läßt die Lösung auf den Stärkekleister bei 65—70° C einwirken. Bei 55° C werden nur Bruchteile der Stärkesorten hydrolysiert (Kartoffelstärke bis zu 5%, Reisstärke bis zu 10%), bei 65° C wird schon der größte Teil aufgeschlossen

(Kartoffelstärke zu 90%, Reisstärke zu 31%, Weizenstärke zu 94%, Maisstärke zu 54%); bei weiterer Erhitzung auf 70° C wird auch Reis- und Maisstärke bis zu 93% hydrolysiert. Über 70° C stirbt die Diastase ab; ebenso vernichten Alkalien die Diastase, so daß man in neutraler Lösung arbeiten muß. Ähnliche Wirkung haben auch die neueren Fermente tierischen Ursprungs. Es sind dies die verschiedenen Marken „Fermasol" bzw. „Neu-Fermasol" (s. d.).

Auch Oxydationsmittel wurden schon seit längerer Zeit zum Aufschließen und Löslichmachen der Stärke benutzt. Bekannt sind hier die Hypochlorite (Chlorkalk, Chlorsoda u. ä.), das Natriumsuperoxyd und vor allem das Natriumperborat. Letzteres ist den beiden erstgenannten Oxydationsmitteln überlegen, da der Stärkekleister nicht zu weit abgebaut werden kann, wenn man z. B. ein bestimmtes Quantum Perborat, etwa 5%, verwendet. Man verkocht den Kleister mit 5% Natriumperborat, beginnend mit 60° bis zu 100° C. Bleibt man unterhalb der Verkleisterungstemperatur, so erhält man die verschiedenen „löslichen Stärkesorten" des Handels, z. B. die Oborstärke (Stolle & Kopke), die Ozonstärke u. a. m.

Neuerdings hat sich ein neues Hilfsmittel für das Aufschließen der Stärke eingeführt, das Aktivin der Chemischen Fabrik Pyrgos in Dresden. Das Aktivin ist eine organische Chlorverbindung von sehr eigenartigen Eigenschaften (s. d.), die ihr Chlor quantitativ abzugeben vermag, dabei aber keine zu weitgehende Oxydationsreaktion verursacht. Die mit Aktivin bereitete Stärkelösung ist neutral, wasserhell und mit allen gebräuchlichen Zusätzen wie Fetten, Ölen, Seifen, Leim, Salzen usw., mischbar. Sie besitzt außerdem gegenüber anderen Aufschließungsmitteln verschiedene Vorteile: 1. vermag das Aktivin die Stärke nicht zu verzuckern; es ist deshalb stets gleichmäßiger Ausfall, auch ohne besondere Aufsicht durch geschultes Personal, gewährleistet; 2. die Aufschließungsoperation ist besonders einfach; 3. die mit Aktivin hergestellten Stärkelösungen säuern nicht so leicht wie andere, sie schützen die Ware vor Schimmel und Stockflecken. Die Stärkelösung wird bereitet, indem auf 100 Teile trockener Stärke nur 0,5—1,5% Aktivin (je nach gewünschter Konsistenz der Lösung) verwendet werden. Erst tritt die übliche Verkleisterung bei der Erhitzung ein, nach kurzer Kochdauer entsteht eine mehr oder weniger flüssige, glasige, klare, absolut farblose, neutrale Stärkelösung. Zum Schluß gibt man zweckmäßig noch auf 5 Teile angewandten Aktivins 1 Teil kalzinierte Soda. Die Flotte ist frei von Klümpchen, die damit behandelte Ware staubt nicht.

Verwendung der Stärkesorten. Die Verwendung ist eine außerordentlich weitgehende, vor allem in der Schlichterei und Appretur als Verdickungs- und Steifungsmittel, insbesondere bei pflanzlichen Faserstoffen. Im Zeugdruck dienen Stärkekleister auch zur Bereitung von Druckpasten (Farb-, Beizpasten). Die Stärke dient auch als Ausgangsmaterial zur Herstellung von Dextrin, Stärkesirup, Stärkezucker u. a. m. In der Färberei wird sie weniger benutzt, wohl aber in der Behandlung der Garne als Zusatz zur Avivage und zum Appretieren von Garnen. Eine besondere Eigenschaft aller Stärken ist, daß sie sich gut miteinander mischen und mit anderen Zusätzen verschiedener Art versetzen lassen. Genügt also z. B. der Appret eines reinen Stärkekleisters für einen bestimmten Zweck nicht, so kann er nach Belieben variiert werden durch Fett-, Öl-, Salz-, Füllmittelzusatz usw. Der geschulte Praktiker ist somit in der Lage, aus billigen Stärkesorten (z. B. Kartoffelstärke) Kompositionen zu schaffen, die in ihren Eigenschaften denjenigen sehr hochwertiger und teurer Verdickungsmittel (z. B. Tragant gummi) ähneln, diese also ersetzen können. Zur Verhütung der Milchsäuregärung, der die Kleister leicht unterliegen, werden geeignete antiseptisch wirkende Konservierungsmittel zugesetzt (s. a. unter Appretur).

Mehle.

Die Mehle werden in erster Linie aus Getreidekörnern in Müllereibetrieben erzeugt, indem das Getreide nach dem Entschälen der Körner und einer mehr oder weniger vollständigen Entfernung der Kleie zu einem körnigen Pulver von rein weißer, gelblicher oder graustichiger Farbe vermahlen wird. Die Zusammensetzung der Mehle entspricht also direkt derjenigen des Mahlgutes. Stocks und White geben als Ergebnis aus 14 Mehlanalysen folgende Mittelwerte an: Stärke 70,5%; wasserlösliche, stickstoffhaltige Bestandteile 2,5%, wasserunlösliche 7,8%; Fett 1,4%, Dextrin und Zucker 1%; Zellulose 0,2%; Wasser 14,6%; mineralische Stoffe (Asche) 0,35%. Die stickstoffhaltigen Körper sind hauptsächlich Eiweißstoffe.

Mit wenig Wasser geknetet, bildet das Mehl einen Teig, mit mehr Wasser den Mehlpapp. Die Bereitung der Mehlappreturen geschieht ähnlich wie bei der Stärke, da sich die Mehle, gemäß dem hohen Stärkegehalt, der Stärke ganz ähnlich verhalten. Gärung tritt bei den Mehlappreturen meist schon in 12 Stunden ein.

Die Mehlabkochungen verleihen der Ware einen gut deckenden Appret und vollen Griff. Protamol ist ein Präparat aus Reismehl.

Verwendung. In der Schlichterei und Appretur (hauptsächlich Weizenmehl, weniger Roggenmehl und selten Reis- und Hafermehl).

Dextrin.

Dextrin ist ein Gemisch verschiedener Stoffe, die ihrer chemischen Natur nach zwischen Stärke und Zucker liegen. Die Herstellung erfolgt z. B. durch Erhitzen der Stärke auf 180—220° C in drehbaren Rösttrommeln. Die so erhaltenen Röstdextrine nennt man auch Röstgummi, Stärkegummi, künstlichen Gummi, Leiogomme, Gommelin usw.; das aus Weizenstärke hergestellte Produkt heißt auch gebrannte Stärke, das aus Maisstärke hergestellte britisches Gummi (British Gum). Nach anderem Verfahren wird die Stärke mit verdünnter Salpetersäure befeuchtet, getrocknet und auf 150° C erhitzt (Säuredextrin, Säuregummi). Ferner kann man Salzsäuregas, Schwefligsäure u. dgl. anwenden. Je nach Art des Ausgangsproduktes, der Dextrinierungsmittel und nach Dauer und Höhe der Erhitzung werden fast weiße, gelbe bis braune Dextrine erhalten.

Gutes Dextrin soll nicht hydroskopisch, sondern trocken, fast geruchlos, fade schmeckend, leicht zerreiblich, in einem gleichen Volumen Wasser löslich und in Alkohol unlöslich sein. Die wässerigen Lösungen sind stark klebend.

Verwendung. Als billiges Appreturmittel für Woll- und Baumwollstoffe; als Ersatz des arabischen Gummis im Zeugdruck; in der Schlichterei; als schützender Zusatz (Schutzstoff) beim Färben der Seide mit Schwefelfarbstoffen empfohlen.

Stärkezucker, Stärkesirup (Glykose, Glukose, Traubenzucker, Sirup).

Der Hauptbestandteil dieser Präparate, die als Endprodukt der hydrolytischen Spaltung der Stärke mit Säuren erhalten werden, ist Traubenzucker: $(C_6H_{10}O_5)_x + x\,H_2O = x\,C_6H_{12}O_6$. Kommt fest in gelblichen Brocken (mit Dextrose als Nebenprodukt) und flüssig (mit Dextrin als Nebenprodukt) in den Handel. Ist stark hydroskopisch, reduziert Fehlingsche Lösung und bildet einen guten Nährboden für Schimmelpilze.

Verwendung. Weniger als Verdickungsmittel, mehr als Hydroskopikum in der Schlichterei und Appretur. Als Reduktionsmittel in der Indigofärberei beschränkte Anwendung.

Gummiarten.

Die Gummis sind amorphe Pflanzenausscheidungen, die in Wasser quellbar oder löslich sind. Lösliche Produkte sind die den tropischen Akazien entstammenden: arabisches Gummi und Senegalgummi; schwer löslich oder nur quellbar sind: Kirschgummi und andere Sorten.

Arabisches Gummi, Gummi arabicum. Unregelmäßige, glänzende und spröde Stücke von weißer, weißgelber bis brauner Farbe, innen meist von Rissen durchzogen. Die Hauptbestandteile bilden Arabin und Arabinsäure als Kalzium-, Magnesium- und Kaliumverbindungen. Nicht hydroskopisch, in Wasser völlig löslich. Die Lösungen sind klar, schwerflüssig, nicht gallertartig, etwas fadenziehend, sehr gut klebend und von schwach saurer Reaktion. Verwendung als Appreturzusatz (macht Ware hart) und besonders im Zeugdruck (von Seide und Halbseide) sehr geschätztes Verdickungsmittel; seltener in der Färberei zur Avivage. Vor dem Lösen wird das Gummi etwa 12 Stunden in lauwarmem Wasser gequollen.

Senegalgummi. Dem arabischen Gummi ähnlich, löst sich schwerer in Wasser und gibt mehr gallertartige, weniger klebende Lösungen. Verwendung wie bei arabischem Gummi, doch geringwertiger als dieses.

Kirschgummi ist der Pflanzensaft der Kirschbäume und enthält außer Arabin noch Metaarabin oder Zerasin; deshalb ist es in Wasser nur partiell löslich; nach anhaltendem Kochen gelingt es erst, die gequollene Masse in Lösung zu bringen. Verwendung sehr beschränkt als Verdickungsmittel.

Pflanzenschleime.

Die Pflanzenschleime quellen in Wasser nur auf, geben aber keine filtrierbaren Lösungen. Die wichtigsten Arten sind: Agar-Agar, Karragheen- oder irländisches Moos, isländisches Moos, Salep, Leinsamen, Flohsamen, Funori (japanische Meeresalge), Bassoragummi, Tragasol (aus der Frucht des Johannisbrotbaumes gewonnen), Norgine, Algin und vor allem der wichtigste unter ihnen, der Traganth (oder Tragant).

Tragantgummi (Gummitragant). Geruch- und geschmacklose, durchscheinende, hornartige und zähe Stücke; stammt von den Astragalusarten. Sein Hauptbestandteil ist das Bassorin, auch Tragantin genannt, das in Wasser nicht löslich, nur quellbar ist und dessen Schleim keine klebende Kraft hat. Es wird in der Appretur von Seidenstoffen wegen der Verleihung guter Füllung, eines milden Glanzes und zarten Griffes hochgeschätzt und meist in Verbindung mit Stärke, Dextrin, Leim u. dgl. des hohen Preises wegen nur als Zusatz verwendet. Zur Bereitung des Tragantschleimes bleibt der Gummi meist eine bis einige Wochen in Wasser liegen und wird dann erst einige Stunden oder noch länger gekocht.

Leim und Gelatine.

Kißling: Leim und Gelatine (in Muspratt: Erg.-Bd. III). — Thiele: Die Fabrikation von Leim und Gelatine.

Allgemeines. Nach Herkunft unterscheidet man zwei Hauptsorten Leim, den Haut- oder Lederleim aus Hautabfällen und den Knochenleim aus Knochen. Außerdem kommt der weniger wichtige Fischleim vor, der aus Fischabfällen bereitet wird. Die Leime sind also immer tierischen Ursprungs, im Gegensatz zu den sogenannten „pflanzlichen Leimen", d. i. bestimmten Stärkepräparaten (s. d.). Stofflich sind die wirkenden Bestandteile, die Leimstoffe, aus den verschiedenen Rohstoffen bereitet, identisch. Der „Leimstoff" oder das Glutin ist ein Abbauprodukt der sogenannten „Kollagene" und hat eine eiweißähnliche Zusammensetzung mit 17—18,8% Stickstoffgehalt, ist also etwas stickstoffreicher als Eiweiß.

Das Glutin ist ein amorpher, geruch- und geschmackloser Körper, der in kaltem Wasser sehr stark aufquillt, sich aber erst beim Erwärmen in demselben löst, eine viskose Flüssigkeit bildet, besondere Klebkraft besitzt und beim Erkalten der Lösung (auch noch in 1 proz. Lösungen) zu einer elastischen Gallerte (Gelatine) erstarrt. Die „kolloidale" Lösung des Leimes hat einer großen Klasse von Körpern, den „Kolloiden", ihren Namen gegeben (collum = der Leim).

Durch Gerbsäure (Tannin) wird das Glutin (also Leimlösungen) noch in starker Verdünnung gefällt; Formaldehyd bildet eine unlösliche Leimverbindung. Alaun, Chromalaun machen den Leim dicker und bilden Niederschläge. Bichromat macht den Leim nach dem Aussetzen dem Lichte wasserunlöslich (Chromleime). Alkohol fällt den Leim aus seinen wässerigen Lösungen. Durch längeres Kochen mit Wasser verliert der Leim bzw. das Glutin seine Klebkraft und Gelatinierfähigkeit, indem das

Glutin durch Hydrolyse in peptonartige Produkte übergeführt wird. Durch Kochen mit Säuren und Alkalien wird es noch weiter abgebaut und zerfällt schließlich zu Aminosäuren, von denen das Glykokoll einen Hauptbestandteil bildet. Durch Säurezusatz zu Leimlösungen verliert der Leim auch seine Gelatinierfähigkeit, man erhält auf solche Weise die „flüssigen Leime" („Syndetikon" u. a. Erzeugnisse) von großer Klebkraft.

Gelatine ist farbloser, geruch- und geschmackloser Leim mit besonders großer Gelatinierbarkeit, aber geringerer Klebkraft als gewöhnlicher Leim. Durch Kochen der Gelatinelösungen bis zu einem bestimmten Punkte entsteht der Leim mit größerer Klebkraft, die bei weiterem Kochen geringer wird (s. o.).

Gewinnung von Leim. Die Leimsiederei war früher ein Nebenbetrieb der Lederindustrie und hat sich allmählich, besonders am Rhein („Kölner Leim"), zu einer Großindustrie entwickelt. Deutschland hatte 1913 einen Ausfuhrüberschuß von rund 5000 t Leim und Gelatine im Werte von 8,6 Millionen Mark.

Die Haut- oder Lederleimfabrikation verwendet Abfälle der Gerbereien, Hautlappen, Oberhäute, Abfälle der Abdeckereien und Schlächtereien, Hasen- und Kaninchenfelle. Loh- und chromgare Lederabfälle sind für die Leimgewinnung schlecht brauchbar, etwas besser die Abfälle von Alaun- und Glacéleder. Das Leimgut, „Leimleder" genannt, wird erst mehrere Wochen in zementierten Gruben in dünne Kalkmilch eingelegt, dann wird gewaschen, und nun folgt das „Versieden" mit Wasser in offenen verzinnten Kesseln mit Siebboden und Heizschlangen. Der Leim geht dabei in Lösung, die Fette, Kalkseifen u. ä. setzen sich oben ab und werden abgeschöpft, Haare und Fleischreste bleiben zurück und werden durch Filtration getrennt. Die filtrierten, verdünnten Brühen von 10—12% Leimgehalt werden in Vakuumapparaten auf 25—30% Gehalt eingedampft. Diese starke Leimbrühe wird erst geklärt, gegebenenfalls durch Einleiten von schwefliger Säure etwas gebleicht, in dünner Schicht von 10 mm auf gekühlte „Leimtische" gegossen, wo sie zu Gallerte erstarrt; dann werden die Platten zu Tafeln zerschnitten und diese rasch, aber vorsichtig auf Bindfadennetzen in warmem Luftstrom von 20 bis 25° C getrocknet. Auch werden die Leimbrühen zu größeren Blöcken gegossen und dann zu Tafeln von 10 mm zerschnitten. Der so hergestellte getrocknete Leim enthält noch etwa 15% Wasser und mehrere Prozent Asche. Außer der Tafelform wird Leim auch in Pulverform hergestellt, der in der Regel nicht so rein ist. Neuerdings wird der Leim auch in Form von leicht löslichen „Leimperlen" (Fattinger-Patent) hergestellt.

Knochenleim wird aus dem organischen Gewebe der Knochen, dem sogenannten „Knochenknorpel", erzeugt, nachdem die Mineralsubstanz evtl. mit Salzsäure ausgezogen worden ist. Der durch Salzsäureextraktion zurückbleibende Knochenknorpel, das „Ossein", liefert in der Regel die Gelatine. Für gewöhnlichen Knochenleim entfettet man die Knochen zunächst mit Benzin und zieht den Leim dann mehrmals mit überhitztem Wasser bei $2^1/_2$—3 at aus, die Knochen werden, wie man sagt, „gedämpft". Frische Knochen geben einen dem Hautleim gleichwertigen Leim; angefaulte Knochen einen minderwertigeren. Vorheriges Aufschließen mit schwefliger Säure erleichtert das Ausziehen erheblich. Die Leimbrühen werden dann wie bei Hautleim auf etwa 30% Gehalt im Vakuum konzentriert und wie bei Hautleim weiterverarbeitet. Die entleimten Knochen werden vermahlen und kommen als „Knochenmehl" zu Düngungszwecken in den Handel.

Fischleim wird aus Fischabfällen, Schuppen, Häuten, Köpfen und Gräten von Fischen ähnlich wie Knochen verarbeitet. Der meist noch nach Fisch riechende Leim ist ein geringer Tischler- und Appreturleim. — Die feinsten Sorten Gelatine werden aus den ersten Auszügen reiner Schafsblößen ohne Eindampfen gewonnen; gewöhnlichere aus reinem Knochenknorpel (s. o). Man gießt die wasserhellen, klaren und farblosen Gelatinebrühen zu ganz dünnen Tafeln aus und erhält papierdünne Blätter. Für bestimmte Zwecke wird die Gelatinebrühe erst durch Farbstoffe rot, grün, gelb usw. gefärbt.

Albumin, Eiweiß.

Man unterscheidet Eialbumin und Blutalbumin. Ersteres kommt als wasserlösliches, trockenes Eiweiß, letzteres in hornartigen, gelb bis braun gefärbten Blättchen in den Handel. Das Eiweiß koaguliert beim Erhitzen der Lösung über 70° C, ferner durch Einwirkung von bereits verdünnten Säuren, von Ton-, Zink-, Bleisalzen u. dgl.

Verwendung beschränkt, im Zeugdruck zur Fixierung unlöslicher Körperfarben, als Beize und für Gaufrageeffekte. Man löst es in Wasser von etwa 25° C, wobei es zuerst aufquillt und sich nach etwa 24 Stunden löst. Durch Zusatz von etwas Ammoniak oder Borax wird das Lösen beschleunigt.

Kasein (Laktarin, Käsestoff).

Das Kasein ist der an Kalium und Natrium gebundene Eiweißstoff der Milch, der bei der Molkenbereitung gewonnen wird. Trägt man „Lab" (das Enzymgemisch der inneren Magenschleimhaut der Kälber und Schweine) bei 30—40° C in die Milch ein, so scheidet sich das Kasein (als Kaseinkalk) aus. In ähnlicher Weise wird es durch Essigsäure und Mineralsäuren gefällt.

Die gewöhnliche Handelsware bildet ein gelbliches, krümeliges Pulver, das in Wasser unlöslich ist, sich dagegen in ätzenden Alkalien sowie besonders in Borax löst. Es enthält wie Albumin etwa 15% Stickstoff und wird durch Dämpfen koaguliert, jedoch nicht so fest fixiert wie Albumin.

Verwendung. Als billigeres Ersatzmittel für Albumin; vereinzelt als Zusatz zu alkalischen Appreturmassen. Kann das Albumin nicht voll ersetzen.

Die Farbstoffe und Pigmente.

Bernthsen, A.: Die Teerfarbstoffe (in R. O. Herzogs Chemische Technologie der organischen Verbindungen). — Bucherer, H.: Lehrbuch der Farbenchemie. — Bucherer, H.: Die Mineral-, Pflanzen- und Teerfarben. — Bülow, C.: Chemische Technologie der Azofarbstoffe. — Caro, H.: Entwicklung der Teerfarbenindustrie. — Fierz - David: Grundlegende Operationen der Farbenchemie. — Friedländer, P.: Fortschritte der Teerfarbenfabrikation. — Friedländer, P.: Die Anilinfarben und ihre Fabrikation. — v. Georgievics, G.: Lehrbuch der Farbenchemie. — Heumann, K.: Die Anilinfarben und ihre Fabrikation. — Lange, O.: Die Schwefelfarbstoffe, ihre Herstellung und Verwendung. — Lehne, A.: Tabellarische Übersicht über die künstlichen organischen Farbstoffe. — Mayer, F.: Chemie der organischen Farbstoffe. — Möhlau, R. und Bucherer H.: Farbenchemisches Praktikum. — Mühlhäuser, O.: Die Technik der Rosanilinfarbstoffe. — Nietzki, R.: Chemie der organischen Farbstoffe. — Rose, F.: Die Mineralfarben und die durch Mineralstoffe erzeugten Färbungen. — Ristenpart, E.: Chemische Technologie der organischen Farbstoffe. — Rupe, H.: Die Chemie der natürlichen Farbstoffe. — Schultz, G.: Die Chemie des Steinkohlenteers (mit besonderer Berücksichtigung der künstlichen organischen Farbstoffe). — Schultz, G.: Farbstofftabellen. — Staeble, R.: Die neueren Farbstoffe der Pigmentfarbenindustrie. — Walther, G.: Farben und Farbstoffe. — Wichelhaus, H.: Organische Farbstoffe. — Ferner die bereits auf S. 110 erwähnten Arbeiten von Knecht - Rawson - Löwenthal, Witt usw., sowie eine große Zahl von Veröffentlichungen der Farbenfabriken.

Die in der Textilindustrie angewandten Farbstoffe oder Farbmaterialien können nach verschiedenen Grundsätzen in Klassen eingeteilt werden, z. B. a) in mineralische, pflanzliche und tierische Farbstoffe, b) in Pigmente und eigentliche Farbstoffe, c) in künstliche und natürliche Farbstoffe usw. Das in nachfolgendem gewählte System der Einteilung in Mineralfarben, natürliche Farbstoffe und Teerfarbstoffe erscheint vom praktischen Standpunkte aus als das zweckmäßigste.

Mineralfarben.

Allgemeines. Die Mineralfarben sind fast sämtlich „Pigmente", d. h. Farbmaterialien, die bei ihrer Anwendung nicht in der Faser gelöst sind, sondern sich in fester Form, durch Ablagerung auf ihr oder in ihr, befinden. Die Pigmente werden entweder im fertig vorgebildeten Zustande in irgendeiner Weise mit der Faser verbunden, d. h. auf oder in ihr fixiert (indem man sie beispielsweise mit Eiweiß zusammen auf die Faser bringt und diese dann erwärmt, wobei das Eiweiß gerinnt und Faser und Pigment verbunden werden), oder man läßt die Pigmente erst im Innern der Faser entstehen, indem man sie durch chemische Wechselzersetzungen erzeugt und unlöslich niederschlägt. Letzterer Weg ist der in der Färberei übliche, während der erstere mehr im Zeugdruck Anwendung findet. Hierbei ist zu bemerken, daß nach der obigen Begriffsbestimmung von „Pigment" zu diesen nicht nur Mineralfarben gehören, sondern auch organische Farbpigmente (Anilinschwarz usw.) zählen können. Schließlich ist es schwer, eine scharfe Grenze zwischen eigentlicher Färbung und Pigmentierung zu ziehen, da viele Prozesse einen Übergang zur eigentlichen Färbung bilden (z. B. die adjektiven Färbungen von Beizenfarbstoffen).

Die Bedeutung der Mineralfarben in der Textilindustrie ist mit der Entwicklung der Teerfarbenindustrie dauernd zurückgegangen. Während des Krieges sind die Mineralfarben teilweise zum Zweck der „Camouflage" (Unsichtbarmachung vor dem Feinde) wieder etwas mehr aufgekommen. Aber auch hier haben die Teerfarben fast überall guten Ersatz geliefert. Nachstehend seien die wichtigsten derselben kurz besprochen. Mit Ausnahme des Berlinerblaus, das vorzugsweise auf Seide und auch etwas auf Wolle gefärbt wird, kommen alle übrigen Mineralfarben fast nur für Baumwolle in Frage. Das Färbeverfahren ist im Grundsatze fast überall dasselbe: Die Faser wird nacheinander mit zweierlei Lösungen behandelt, von denen die zweite Lösung das Pigment unlöslich auf der Faser niederschlägt.

Manganbister, Bisterbraun, Manganbraun. Das erzeugte Pigment besteht aus Mangansuperoxyd oder -dioxyd, MnO_2, sowie Mangansuperoxydhydrat, $MnO(OH)_2$, und den ihm nahestehenden Manganiten, d. i. salzartigen Verbindungen von Mangandioxyd mit Manganoxyd oder mit Oxyden anderer Metalle. Es wurde zuerst 1815 von Hartmann erzeugt und später mit anderen Pigmenten gemischt, geätzt und farbig substituiert, endlich auch als auf der Faser fixiertes Oxydationsmittel zur Bildung organischer Pigmente benutzt.

Die Herstellungsverfahren des Bisters auf der pflanzlichen Faser sind einfach und sicher. Je nach der gewünschten Tiefe des Brauns wird z. B. der Baumwollstoff mit einer (z. B. 20proz.) Manganchlorürlösung geklotzt (imprägniert und ausgequetscht oder ausgeschleudert) und dann mit einer, am besten ziemlich konzentrierten, Natronlauge (etwa 15—18° Bé) behandelt. Das hierbei entstehende Manganoxydulhydrat oxydiert sich allmählich an der Luft; zur vollständigen Oxydation zu Mangandioxyd wird es dann mit einer Chlorkalklösung oder mit Chromkali od. ä. behandelt.

$$MnCl_2 + 2\,NaOH = Mn(OH)_2 + 2\,NaCl.$$
$$2\,Mn(OH)_2 + Ca(OCl)_2 = 2\,MnO_2 + CaCl_2 + H_2O.$$

Das Manganbister ist von großer Billigkeit, Lichtechtheit und großer Widerstandsfähigkeit gegen verdünnte Säuren und Alkalien. Beim Bisterdruck ist ein rasches Auftrocknen des Drucks erforderlich, damit kein Auslaufen stattfindet; aus diesem Grunde druckt man Manganazetat auf. Auch kann Kaliumpermanganat für die Erzeugung des Bisterbrauns Verwendung finden. Durch Reduktionsmittel (Zinnchlorür usw.) läßt sich das Bisterbraun reduzieren und ätzen.

Eisen-Chamois (Chamois, Creme, Rostgelb, Nanking, Eisenoxyd) ist die dem Bisterbraun entsprechende Eisenverbindung (Eisenoxyd Fe_2O_3, und Hydrate desselben, $Fe_2O_2(OH)_2$ od. ä. Verbindungen). Die Anwendung ist eine sehr alte. Man tränkt die Baumwolle mit einer 0,5—1proz. Ferrosulfatlösung, quetscht aus oder schleudert und behandelt mit Sodalösung, Ammoniak, Kalkmilch, einem Kreidebad od. ä., wodurch eine Ausscheidung von Eisenoxydulhydrat in der Faser erzeugt wird. Unter dem Einfluß von Luftsauerstoff geht das Oxydul in Oxyd bzw. Oxydhydrat über. Durch Oxydationsmittel, z. B. eine schwache Chlorkalklösung, kann die Oxydation beschleunigt werden.

$$FeSO_4 + 2\,NaOH = Fe(OH)_2 + Na_2SO_4.$$
$$2\,Fe(OH)_2 + O = Fe_2O(OH)_4 = Fe_2O_2(OH)_2 + H_2O \quad \text{usw.}$$

Ein besseres Eisenchamois wird bei Anwendung von essigsaurem Eisenoxydul erhalten. Man setzt 1proz. Ferrosulfatlösung mit essigsaurem Blei um, stellt die Lösung auf Grade, zieht das Farbgut einige Zeit in der Lösung um, schleudert, trocknet, wäscht und fixiert mit Soda oder Seife. Hierbei bildet sich Eisenoxyd in sehr fester Form auf der Faser.

Geht man direkt von Ferrisalzlösungen, z. B. von 0,5—1proz. basischem Ferrisulfat, aus, so erhält man nach der Alkalibehandlung (2 bis 3% kalz. Soda vom Gewicht der Baumwolle) gleich das Rostgelb. Im Zeugdruck verwendet man Eisenchlorürchlorammonium. Mit Zinnchlorür und Salzsäure oder Zitronensäure kann das Chamois weiß geätzt (reduziert) werden. Das Rostgelb ist absolut licht- und alkaliecht, aber empfindlich gegen Säuren und starke Reduktionsmittel. Durch Betupfen mit Ferrozyankalium-Salzsäure wird das Rostgelb in Berlinerblau übergeführt.

Zu erwähnen ist noch das Schwarz auf Wolle nach Prud'homme (Eisennitrosulfat), das aber nur seltener angewandt worden ist (Krais).

Chromoxyd, Chromoxydgrün, Cr_2O_3, wird in ähnlicher Weise in der Faser niedergeschlagen wie das Rostgelb oder aber durch Reduktion von Kaliumbichromat mit Milchsäure od. ä. erzeugt. Es hat besonders seit 1900 bei der Einführung der sogenannten Khakifarben größere Bedeutung erlangt. Nach dem Gattyschen Patent werden Kombinationen von Eisen- mit Chromoxyd, zum Teil auch mit Kupferoxyd u. ä. Metalloxyden und Metalloxydhydraten je nach dem gewünschten Ton (grünlich, graugrün usw.) in der Faser niedergeschlagen. Diese Khakifarben, die besonders zur Bekleidung der Schutz- und Kolonialtruppen wertvoll geworden sind, zeichnen sich durch besondere Wetter- und Tragechtheit aus und haben den Vorzug der Anpassung der Truppen an das Gelände.

Berlinerblau, Preußischblau, Pariserblau. Es ist 1704 von dem Berliner Alchimisten Diesbach zuerst dargestellt und bildet das Eisenoxydsalz der Ferrozyanwasserstoffsäure, d. i. das Ferrozyan-Eisenoxyd oder das Ferri-Ferrozyanid, eine komplizierte organisch-mineralische Verbindung, die durch Einwirkung von Ferrisalz auf Ferrozyankalium entsteht:

$$3\,FeCy_6K_4 + 4\,FeCl_3 = (FeCy_6)_3(Fe_2)_2 + 12\,KCl.$$

Licht- und säureechtes, lebhaftes Blau von großer Alkaliempfindlichkeit. Durch Ätzkali oder Ätznatron wird Ferrozyanalkali und Eisenhydroxyd zurückgebildet.

Ein dem Berlinerblau sehr ähnliches Blau ist Turnbulls Blau, das das Eisenoxydulsalz der Ferrizyanwasserstoffsäure (Ferro-Ferrizyanid) darstellt und durch Zusammenwirken von Ferrosalz mit Ferrizyankalium (rotes Blutlaugensalz) entsteht:

$$2\,FeCy_6K_3 + 3\,FeCl_2 = (FeCy_6)_2Fe_3 + 6\,KCl.$$

Das Berlinerblau hat heute nur noch in der Seidenschwarzfärberei (s. d.) nennenswerte, praktische Bedeutung. Es wird erzeugt, indem die Faser erst mit einem Eisenoxydgrund versehen und die eisengebeizte Faser in mit Salzsäure angesäuerter Ferrozyankaliumlösung warm behandelt wird. Im Zeugdruck wird meist fertiges Blau auf die Faser aufgedruckt (eine besondere Modifikation des „löslichen“ Blaus), oder die Blaupaste wird mit Oxalsäure angerührt und verdickt aufgedruckt. Dieser Artikel ist aber dem Indigodruck fast auf der ganzen Linie gewichen.

Chromgelb, $PbCrO_4$, und **Chromorange,** Pb_2CrO_5 oder $PbCrO_4 + Pb(OH)_2$, neutrales und basisches Bleichromat, ist zum erstenmal 1819 von Lassaigne angewandt worden. Baumwollerzeugnisse werden z. B. mit einer konzentrierten Bleizuckerlösung imprägniert, abgequetscht und mit Chromkali entwickelt. Es entsteht hierbei das gelbe, normale Bleichromat, das Chromgelb. Die umgekehrte Reihenfolge (Imprägnation mit Chromkali und Fixation mit Bleisalz) ergibt schlechte und auswaschbare Färbung. Die Intensität des Gelbs hängt von der Menge des fixierten Bleis ab und reicht von Zitronengelb bis Orangegelb. Das Gelb ist lichtecht, seifen- und säureecht. Alkalien verwandeln es in Orange, indem sie das neutrale Chromgelb in das basische Chromorange überführen. Diese Erzeugung des Chromorange (das „Orangieren“) wird dementsprechend durch Behandlung des erst hergestellten Chromgelbs in einem kochenden Bade von Kalkwasser (1 g CaO in 1 l Wasser) bewirkt. Umgekehrt kann das Orange durch Säurebehandlung wieder in das Gelb verwandelt werden. Die Farben sind giftig und, weil bleihaltig, schwefelwasserstoffempfindlich. Im Kattundruck können Chromgelb und -orange vermittels Albumin fixiert werden.

Khakifarben (s. a. u. Chromoxyd). Außer den rein mineralischen Khakifarben werden auch Nachahmungen desselben, z. B. Kombinationen von Metalloxyden mit Gerbstoffen hergestellt. Nach dem ursprünglichen englischen Patent von Gatty wurde die Ware mit einer Lösung von Chromalaun, 7° Bé, und Ferrosulfat (150 g im Liter) getränkt, durch eine 65° C heiße Alkalilösung passiert, gespült und getrocknet. Auf 5 Teile Chromalaun kam 1 Teil Eisenvitriol. Später wurde die Ware mit Chromkali und Eisensalzen imprägniert, dann der Einwirkung schwefliger Säure ausgesetzt und schließlich durch ein alkalisches Bad passiert. Thorpe und Reid wenden eine Mischung aus essigsaurem Chrom und Eisen an, trocknen, dämpfen und passieren dann durch ein Soda- oder Seifenbad. Barnes und Garnside nehmen die Baumwolle zuerst durch ein Sumachbad, dann durch eine Mischung aus schwefelsaurem Eisenoxyd und essigsaurem Chrom, hierauf durch eine kochende Chromkalilösung und zuletzt durch kochende Sodalösung, worauf die Ware noch gedämpft wird. Mitchell verwendet neben Kupfer-, Zink- und Eisenvitriol noch Katechu und Myrobalanen-Extrakt. Beide letzteren Färbungen sind eigentlich keine reinen Khakifärbungen mehr. Die erhaltenen Töne schwanken zwischen Olivbraun und Grünolive; je mehr Eisen, desto brauner, je mehr Chrom, desto grüner sind die Töne. Die Wetter-, Wasch- und Tragechtheit der echten Mineral-Khakifärbung ist ausgezeichnet. Die wichtigste Verwendung finden diese Färbungen für die Tropenbekleidung.

Außer den erwähnten farbigen Pigmenten werden gelegentlich auch edle und unedle Blattmetalle zu Pigmentierungszwecken, und zwar meist auf dem Wege des Druckes, benutzt. So können echtes und unechtes Blattgold und Blattsilber auf Gewebe aufgedruckt, aufgeprägt, aufgeklebt usw. werden, ohne daß dadurch eine innige Verbindung zwischen Faser und Pigment entsteht (hierher gehören auch die Baykogarne der Farbenfabriken Bayer).

Ferner können in ähnlicher Weise Bronzen und Brokate (durch Zerstampfen und Zerreiben erhaltenes, aus feinen Schüppchen bestehendes Metallpulver) zur Pigmentierung und Metallglanzverleihung Verwendung finden. Bekannt ist z. B. das Argentin, das fein zerteiltes Aluminium und Zinn darstellt. Die Anwendung solcher Bronzen im Baumwolldruck ist alt und wird von Zeit zu Zeit wieder vorübergehend aufgenommen. Auch sind Verfahren bekanntgeworden, durch Anwendung von Metallsalzlösungen und nachträgliche Reduktion, Kalandern usw. fein verteiltes Metall in der Faser niederzuschlagen (Goldpurpur u. a.).

Zu der Klasse der Pigmente sind auch zu rechnen: Zinkweiß (Zinkoxyd, ZnO), Mennige (Bleioxyd mit Bleisuperoxyd), Zinnober (Quecksilbersulfid, HgS), Kadmiumgelb (Kadmiumsulfid, CdS), Mussivgold (Zinnbisulfid, SnS_2), Antimonsulfide (Sb_2S_3 und Sb_2S_5), Ruß (fein verteilter Kohlenstoff), Ultramarin (künstliche Nachbildung des Lazursteines, Lapis Lazuli, z. B. von der komplizierten Verbindung

$$Si_6Al_6Na_7S_2O_{24} = 3\,Na_2O \cdot 3\,Al_2O_3 \cdot 6\,SiO_2 \cdot NaS_2)\,.$$

Naturfarbstoffe.

Blauholz.

Das Blauholz (auch Campeche-Holz, Blutholz oder Logwood genannt) stammt vom Haematoxylon campechianum, einem Baume aus der Familie der Caesalpiniazeen.

Vorkommen. Das Holz ist in Europa seit dem 16. Jahrhundert bekannt, wohin es von den Spaniern nach der Entdeckung Amerikas aus Mexiko gebracht wurde. Es wächst teilweise wild, teilweise wird es in Mexiko, in dem übrigen Mittelamerika, auf den westindischen Inseln usw. kultiviert. Je nach Herkunft oder auch Charakter unterscheidet man im Handel gewöhnlich folgende Sorten: Yukatanholz (Yukatan ist eine Halbinsel auf Mexiko; Campeche ist eine Stadt auf Yukatan, nach der das Blauholz auch Campecheholz genannt wird), Hondurasholz (Staat in Mittelamerika), Jamaikaholz (Insel der Großen Antillen bzw. westindischen Inseln), Domingoholz (Insel der Großen Antillen), Lagunaholz (Stadt auf der Insel Teneriffa, zu den Kanarischen Inseln gehörend). Bisweilen soll der Name nicht die Herkunft, sondern nur die Qualität oder den Charakter bezeichnen.

Gewinnung. Das Blauholz wird vielfach noch im Raubbau gewonnen. Es kommt in Form von Blöcken oder Kloben auf den Markt und wird entweder direkt oder indirekt von den Extraktfabrikanten oder von den Verbrauchern selbst gekauft und auf Extrakt (sirupartig, fest, dünnflüssig) verarbeitet. In selteneren Fällen wird das fein geraspelte Holz direkt den Farbbädern zugegeben.

Vor der Extraktion wird das Holz zuerst zerkleinert bzw. „geraspelt", um den Farbstoff erschöpfender gewinnen zu können. Man unterscheidet zweierlei Raspelungen oder Schnitte, den sogenannten Längsschnitt und den Hirnschnitt. Der erstere ist mehr eine Zerfaserung in der Längsrichtung des Baumstammes, der letztere ist ein wirklicher scharfer Schnitt in der zu der Längsrichtung senkrechten Richtung und erfordert sehr scharfe Messer.

In dem wachsenden und dem frisch gefällten Blauholz befindet sich der Farbstoff liefernde Glykosidkörper, der erst unter dem Einfluß von Gärungsprozessen in einen zuckerartigen Körper und das Hämatoxylin gespalten wird; letzteres geht dann weiter durch Oxydation in das Hämatein über, das, falls der Oxydationsprozeß nicht rechtzeitig unterbrochen wird, in weitere humusartige Oxydationsprozesse verwandelt werden kann. Der Chemismus von Hämatoxylin und Hämatein ist in neuerer Zeit weitgehend geklärt worden, wonach dem Hämatoxylin die empirische Formel $C_{16}H_{14}O_6$, dem Hämatein die Formel $C_{16}H_{12}O_6$ zukommt.

Der Grad der Oxydation oder der Fermentation des Blauholzes, d. h. das Verhältnis des vorhandenen Hämatoxylins zu dem Hämatein, ist für die Technik von einer gewissen Bedeutung; deshalb richtet die Fabrikation je nach dem Verwendungszweck und dem verlangten Oxydationsgrad die Fermentation des Holzes entsprechend ein. Hierbei ist zu bemerken, daß die technische Darstellung von reinem Hämatoxylin nicht durchführbar ist, weil sich bereits beim Lagern und Transport sowie beim Extrahieren selbst des frisch gefällten Holzes ein Teil des ursprünglich im Holz enthaltenen Hämatoxylins unbeabsichtigt zu Hämatein oxydiert. Die hämateinärmsten Blauholzextrakte werden aus frisch gefälltem Holze an Ort und Stelle gewonnen. Die Bedeutung des Hämatoxylingehaltes ist übrigens zum Teil erst in neuerer Zeit erkannt worden (s. Seidenschwarz), und man hat erst seit kurzem begonnen, die Blauholzextrakte nach dem Oxydationsgrad zu klassifizieren. So kommen z. B. Extrakte mit 15, 25, 50, 75% usw. Hämateingehalt in den Handel.

Das Fermentieren, das der Extraktion meist voraufgeht, wird in der Regel derart ausgeführt, daß das geraspelte Holz in besonderen Fermentationskästen, d. h. in durch Bretterwände abgeteilten Partiehaufen, mit Wasser (bisweilen unter gewissen Zusätzen) befeuchtet und von Zeit zu Zeit umgeschaufelt wird. Bei der Oxydation steigt die Temperatur des Holzes. Mit fortschreitender Oxydation geht die anfangs orangegelbe Färbung des Saftes immer mehr in ein Blut- bis Purpurrot über. Je nach gewünschtem Fermentationsgrade, der Jahreszeit und Außentemperatur dauert diese Behandlung bis zu einigen Monaten. Dann wird das Holz, falls es als solches versandt werden soll, vorsichtig getrocknet oder aber meist ohne zu trocknen auf Extrakt verarbeitet.

Die Extraktion geschieht in sehr verschiedener Weise, in offenen oder geschlossenen Extraktoren, mit mehr oder weniger Wasser, unter geringerem oder höherem Druck. Höherer Druck verschlechtert im allgemeinen die Qualität (die Blume), erhöht dagegen die Ausbeute.

Die erhaltene Abkochung wird entweder (falls die Extrakte an Ort und Stelle verbraucht werden) in Behälter gepumpt bzw. gedrückt und unmittelbar verbraucht oder (falls die Extrakte auf weitere Entfernung versandt werden) im Vakuum auf beliebige Konzentration, 20, 25, 28, 30° Bé, eingedickt bzw. auf feste Extrakte verarbeitet. In letzter Zeit haben sich die sogenannten „Kristalle" allgemein eingeführt, die durch Eintrocknenlassen dünner Schichten, z. B. auf Netzen, und dann Zerschlagen der so erhaltenen Krusten in kristallähnlichen Gebilden erhalten werden. Die Qualität dieser Blauholzkristalle ist mit der Zeit eine immer bessere geworden; vor allem hat man gelernt, die dem Blauholzsafte eigene und hochgeschätzte Blume dem Enderzeugnis zu erhalten. Die Ausbeuten sind sehr schwankend und hängen von Herkunft, Alter des Baumes, Bereitung usw. ab.

Hämatoxylin und Hämatein sind adjektive oder beizenziehende Farbstoffe und gehen mit Metallsalzen intensiv gefärbte Lacke ein, so z. B. mit Tonerde, Chromoxyd, Kupferoxyd, Eisenoxyd, Zinnoxyd. Die wichtigsten hiervon sind die schwarzen Chrom- und Eisenlacke.

Verwendung. Der Blauholzfarbstoff gilt heute als wichtigster Naturfarbstoff; aber auch seine Verwendung ist erheblich zurückgegangen, und zwar am meisten in der Baumwollfärberei, weniger in der Woll- und fast gar nicht in der Seidenfärberei[1]). In der Baumwollfärberei wurde das Blauholz in Verbindung mit Eisen- und Chrombeizen vielfach für schwarze und graue Farben verwendet (Näheres s. u. Färberei). Durch das Anilinschwarz, die substantiven Farbstoffe und namentlich auch die Schwefelfarbstoffe sind ihm hier sehr ernste Konkurrenten erstanden. Für die Wollfärbungen mit Blauholz kommen heute in erster Linie Chrombeizungen in Betracht (s. u. Wollfärberei), für die Seidenfärbungen Eisenbeizen (s. u. Seidenfärberei). Im Zeugdruck werden außer

[1]) Durch die Absperrung vom Weltmarkt während des Weltkrieges hat sich die deutsche Industrie, wie in mancher anderer Beziehung, so auch hier zum Teil notgedrungen umstellen müssen.

den reinen Blauholzextrakten, in geringem Maße besondere Präparate des Blauholzfarbstoffes angewandt.

Als solche Blauholzpräparate, die heute ohne Bedeutung sind, sind zu nennen: 1. Direktschwarz, Noir impérial, Kaiserschwarz, Bonsors-Schwarz usw., die durch Kochen von Blauholz mit Kupfer-, Eisen- oder Chromsalzen und Oxalsäure gewonnen werden und ungebeizte Fasern direkt anfärben; 2. Noir réduit, Direktschwarz für Baumwolle, wird durch Oxydation von Blauholzextrakt mit Chromkali und Essigsäure und Zusatz von Bisulfit erzeugt; hauptsächlich für den Kattundruck verwendet; 3. Indigoersatz, Indigosubstitut, Noir réduit, durch Kochen von Blauholzextrakt mit essigsaurem Chrom erhalten; 4. Kaiserschwarz, Direktschwarz, Nigrosaline ist eine Mischung von Blauholzextrakt mit Eisen- und Kupfervitriol; 5. Direktschwarz für Baumwolle; 6. Neudruckschwarz usw.

Indigo.

Der Indigo[1]) oder das Indigotin ist das färbende Prinzip einiger tropischer Pflanzenarten der Gattung Indigofera (Familie Papilionazeen), deren Hauptrepräsentant die Art Indigofera tinctoria oder der gemeine bzw. der Färberindigo ist. Die 1 m hoch werdende Pflanze wurde früher viel in Ost- und Westindien, Java, Madagaskar, Mittel- und Südamerika angebaut und auf Indigo verarbeitet. Sie ist seit den ältesten Zeiten in den alten Kulturländern bekannt gewesen, aber erst um die Mitte des 16. Jahrhunderts nach Europa (zuerst nach den Niederlanden) eingeführt worden. Lange vorher hatte man aber in Europa Indigoblau mit Hilfe der Waidpflanze, Isatis tinctoria, gefärbt. Infolge der erheblich geringeren Ausbeute aus der letzteren (30 mal weniger als aus Indigofera tinctoria) wurde sie schnell zurückgedrängt und bald nur noch als Zusatz zu der Gärungsküpe verwendet. In neuerer Zeit hat der synthetische bzw. künstliche Indigo auch den tropischen Naturindigo, wenigstens in Europa, fast völlig verdrängt.

Gewinnung des natürlichen Indigos. Trotzdem die Indigopflanze perennierend ist, wird sie aus Zweckmäßigkeitsgründen jährlich neu gesät. Wenn die Blütenknospen anfangen aufzuspringen, werden die Pflanzen in der Nähe der Wurzel abgeschnitten (Ernten 2—3 mal jährlich), getrocknet und dann in den Indigoterien oder Indigofaktoreien einer nassen Gärung unterworfen. Das ursprünglich in der Pflanze, besonders in den Blättern als Glykosid enthaltene Indikan wird bei der Gärung in Indigotin und eine Zuckerart, das Indigluzin, gespalten und ersterer zu Indigweiß reduziert. Durch den Luftsauerstoff und unterstützt durch mechanische Prozesse (Schlagen mit Stäben, Schaufeln usw.) wird das Indigweiß wieder zu Indigblau oxydiert, in Form von Körnern oder Brocken absitzen gelassen, von der Brühe durch Abtropfenlassen getrennt, mit Wasser gewaschen, gekocht und schließlich getrocknet. 100 kg getrocknete Pflanzen liefern auf solche Weise im Mittel etwa $1^1/_2$—2 kg Indigo.

Eigenschaften des Indigotins und des Naturhandelsindigos, der in Kuchen, Stücken oder Brocken in den Handel kommt. Die Herkunft ist vielfach durch Stempelabdrucke (B, BB, S, JM usw.) angedeutet. Der natürliche Indigo des Handels enthält außer dem Indigotin mehr oder weniger Indirubin oder Indigorot, Indigbraun und Indigoleim, die bei der Verwendung des Indigos ziemlich indifferente Beimischungen darstellen. Die Zusammensetzung des Indigotins ist nach A. v. Baeyer (1883):

$$C_6H_4\left\langle\begin{matrix}CO\\NH\end{matrix}\right\rangle C = C\left\langle\begin{matrix}CO\\NH\end{matrix}\right\rangle C_6H_4\,.$$

[1]) Das „Indikum" (weil aus Indien kommend) der alten Römer.

Das Indigotin stellt einen einheitlichen Körper von charakteristischen Eigenschaften dar. Es kristallisiert leicht, bildet prachtvolle blauschwarze Nadeln und Prismen von starkem Kupferglanz und ist in den gewöhnlichen Lösungsmitteln unlöslich, dagegen löslich in siedendem Anilin, Nitrobenzol, Phenol, Eisessig u. a. Bei höherer Temperatur ist das Indigotin flüchtig und sublimierbar und liefert einen rotvioletten Dampf, der sich beim Abkühlen zu blauschwarzen Kristallen verdichtet. Fein gemahlen liefert es ein tiefblaues, zartes Pulver. Durch Reduktion in alkalischer Flüssigkeit entsteht (Zwischenstufe: rotes Dihydroindigotin) das farblose Indigweiß oder der Leukindigo von der Formel $C_{16}H_{12}N_2O_2$, das phenolartigen Charakter hat und demgemäß alkalilöslich ist. Solche Lösungen nennt man Küpen. Durch Oxydation des Indigweiß (schon durch den Luftsauerstoff) scheidet sich wieder Indigoblau unlöslich ab. Durch weitere kräftige Oxydation des Indigotins wird das Isatin gebildet:

$$C_6H_4\langle{}^{CO}_{N}\rangle COH.$$

Konzentrierte oder rauchende Schwefelsäure verwandelt das Indigotin in verschiedene Indigosulfosäuren (Indigokarmin), die sich wie die sauren Farbstoffe auf Wolle und Seide färben lassen.

Synthetischer oder künstlicher Indigo. Die erste künstliche Darstellung des Indigos rührt von Engler und Emmerling (1870) her, dann folgten die verschiedenen Synthesen v. Baeyers (von 1880 ab). Die historisch wichtigsten Methoden gingen 1. von der Orthonitrozimtsäure aus, über deren Dibromid Abkömmlinge, vor allem die Orthonitrophenylpropiolsäure (schlechtweg Propiolsäure genannt), erhalten werden, die leicht in Indigo übergehen; 2. eine andere Synthese geht von Orthonitrobenzaldehyd, Azeton und Ätzalkalien aus; 3. ferner wurde durch Verschmelzen von Phenylglykokoll und Phenylglyzin-o-karbonsäure mit Ätzalkalien Indigo erhalten. Diese Verfahren erwiesen sich aber für die Praxis als zu teuer und hatten praktisch nur vorübergehend (Propiolsäure im Zeugdruck) einiges Interesse erweckt. 4. Im Jahre 1897 gelang es der Badischen Anilin- und Sodafabrik [B] auf Grund der Heumannschen Erfindung ein technisch brauchbares Verfahren auszuarbeiten und ein „Indigo rein" auf den Markt zu bringen. Nach diesem Verfahren wird zunächst Naphthalin in Phthalsäureanhydrid, dieses in Phthalimid, dann in Anthranilsäure und diese in Phenylglyzinorthokarbonsäure übergeführt. Letztere wird durch Verschmelzen mit Ätznatron in das Natriumsalz der Indoxylkarbonsäure,

$$C_6H_4\langle{}^{C(OH)}_{NH}\rangle C\cdot CO_2H,$$

übergeführt, aus der sich der Indigo unter Abspaltung von Kohlensäure und Wasser (durch Einblasen von Luft in die Lösung der Schmelze) abscheidet. 5. Ein weiteres technisch wertvolles Verfahren (Verschmelzen von Phenylglyzin mit Natriumamid über das Indoxyl,

$$C_6H_4\langle{}^{C(OH)}_{NH}\rangle CH,$$

ist 1900 von den Höchster Farbwerken [M] in Betrieb genommen worden.

Indigomarken. Im Laufe der Jahre ist von [B] und [M] eine ganze Reihe von Indigomarken in den Handel gebracht worden, zum Teil als Paste, zum Teil als Pulver, Brocken, Tabletten und als fertige Küpe. Solche Marken sind z. B.: Indigo rein BASF, Indigo MLB in 20-, 30- und 40proz. Konzentration, Indigo rein BASF in Pulver L, desgleichen S, SB, SL; für die Gärungsküpe werden die Marken Indigo rein BASF in Teig und Pulver E und Indigo MLB/W hergestellt. Reduzierten Indigo enthalten die Marken: Indigolösung BASF 20proz., Indigoküpe BASF 60proz. und Indigo MLB Küpe 1 und 2 usw. Weiter sind auch noch chlorierte und bromierte Indigoprodukte, die sich durch lebhaftere, teils rotstichigere, teils grünstichigere Nuancen auszeichnen, hergestellt worden, z. B. Indigo rein BASF in Teig R, RR, RB, RBN, Indigo MLB/R und RR. Analoge Produkte sind auch: Cibablau B und BB [J] und Bromindigo FB in Teig [By], welch letztere ein Tetrabromindigo darstellen. Auch alkylierte Indigopräparate sind hergestellt, z. B. der Dimethylindigo, der als Indigo MLB/T [M] bzw. als Indigo rein BASF in Teig G gehandelt wird. Beide letzteren zeichnen sich durch einen grüneren Ton, durch besondere Waschechtheit und relativ große Chlorechtheit aus.

Die Wertbestimmung und Beurteilung geschieht bei dem Naturindigo nach dem äußeren Aussehen, dem Bruch, der Probefärbung und dem Indigotingehalt; die synthetischen Indigos werden fast ausschließlich nach dem Indigotingehalt bzw. dem Gehalt an Bromindigo usw. bewertet.

Statistisches. Die Einfuhr von Naturindigo in das deutsche Zollgebiet betrug von 1883—1896 im Mittel jährlich 19—20 Millionen Mark; 1897 (Einführungsjahr des synthetischen Indigos): 12,7, 1898: 8,3, 1912: 0,5 Millionen Mark. Die Ausfuhr von Indigo aus dem deutschen Zollgebiet betrug 1912 dagegen schon 45 Millionen Mark.

Verwendung. Im allergrößten Umfange in der „Küpen-" oder „Blaufärberei" der Baumwolle und Wolle. Der Indigo wird stets in reduziertem Zustande als Leukoindigo, der im alkalischen Bade eine besondere Affinität zu der pflanzlichen und tierischen Faser hat, verwendet und nachträglich zu Blau entwickelt. Man unterscheidet warme und kalte Küpen sowie Gärungs- und Nichtgärungsküpen. Zu den warmen Gärungsküpen, die nur in der Wollfärberei Anwendung finden, gehören die Waidküpe, die Soda-, Pottasche- und die alte Urinküpe. Nichtgärungsküpen sind die Zinkküpe oder Präparatküpe und die Vitriolküpe (für pflanzliche Fasern) sowie die Hydrosulfitküpe (warme Küpe für pflanzliche und tierische Fasern). In der Seidenfärberei wird bisher nur wenig auf der Küpe gefärbt.

Die wichtigste Gärungsküpe ist die Waidküpe, bei der als Gärungserreger Waid, Kleie und Sirup verwendet werden; als Alkali kommt vor allem Kalk und Soda in Betracht. Der erfahrene Färber kann aus dem Aussehen der Küpe, ihrem Geruch und ihrem Verhalten beim Färben jederzeit mit Sicherheit darauf schließen, ob der Küpe Alkali oder ein Gärungsmittel zuzusetzen ist. Das „Führen" der übrigen Küpen geschieht der Waidküpe analog. Die Hydrosulfitküpe wird auch warm und vorzugsweise für Wolle benutzt; sie spielt die größte Rolle in der Kammgarnfärberei bei der Erzeugung ganz heller Töne, die auf den Gärungsküpen nicht so schön gefärbt werden können. In der Baumwollfärberei spielt die Zinkküpe die Hauptrolle. Sie beruht auf der Eigenschaft des Zinkstaubes, bei Gegenwart von Alkali reduzierend zu wirken und das Indigoblau zu Indigweiß zu reduzieren. Als Alkali wird fast ausschließlich Kalk angewendet. Die alte Vitriolküpe wird mit Indigo, Eisenvitriol und Kalk angesetzt und gleicht im allgemeinen der Zinkküpe. Außer in der Färberei wird der Indigo auch im Zeugdruck in großem Umfange verwendet. Näheres über das Färben mit Indigo s. u. Färberei.

Indigopräparate. Außer dem reinen Indigo werden mannigfache Indigopräparate in den Handel gebracht, die aber im Laufe der Zeit ihre Bedeutung verloren haben. Diese Präparate sind oder waren meist Sulfosäuren des Indigos, wasserlösliche, sauer ziehende Produkte, die z. B. unter folgenden Namen gehandelt werden oder wurden: Indigokarmin, Indigotine, Indigoextrakt, Purpurblau, Penséelack, Sächsischblau, Blauer Karmin, Blaukarmin, Indigopurpur, Indigokomposition, Indigopräparat usw. Es sind meist die Natriumsalze der Di- und Tetrasulfosäuren des Indigos. Je reiner das Ausgangsprodukt (raffinierter oder synthetischer Indigo), desto reinere Farbtöne liefern diese Erzeugnisse. Sie zeichnen sich durch gutes Egalisierungsvermögen, gute Säure-, Schwefel- und Wasserechtheit aus; dagegen sind sie nur mäßig licht- und walkecht und werden hauptsächlich als Nuancierfarbstoffe beim Färben von Wolle und Seide angewandt. Die Produkte kommen entweder als Pasten fertig in den Handel oder werden von dem Verbraucher selbst hergestellt.

Orseille (Persio, Cudbear).

Gewisse Flechten, besonders der Art Rocella tinctoria, geben beim Behandeln mit ammoniakalischen Flüssigkeiten und Kalk einen roten Farbstoff, indem die in der Pflanze enthaltenen Flechtensäuren, z. B. die Orseillinsäure, zunächst als Endprodukt der Spaltung das Orcin und aus diesem den eigentlichen Farbstoff, das Orcein, ergeben. Orcin ist das symmetrische Dioxytoluol, die Orseillinsäure ist nach E. Fischer die Karbonsäure des Orcins; das Orcein ist stickstoffhaltig (durch Einwirkung des Ammoniaks) und in seiner Konstitution noch nicht aufgeklärt.

Der Orseilleextrakt kommt in Form eines dicken Teiges oder als trockenes Pulver auch unter dem Namen Orseille-Karmin, französischer Purpur, Persio, Cudbear u. ä. in den Handel. Der Farbstoff liefert in direkter Färbung, und zwar in schwach saurem, neutralem oder schwach alkalischem Bade, auf Wolle und Seide rote bis rotviolette Färbungen von voller und klarer Nuance. Sein Hauptvorzug ist seine vorzügliche Egalisierungsfähigkeit; die übrigen Echtheitseigenschaften, besonders die Lichtechtheit, sind sehr mäßig. Er wird deshalb vor allem als Egalisierungsfarbstoff zum Nachfärben oder Nachnuancieren für Wolle und Seide, aber nur noch in beschränktem Maße, verwendet.

Das Färben mit Orseille ist in Europa seit Anfang des 14. Jahrhunderts bekannt; seine Kenntnis gelangte zuerst aus der Levante nach Florenz.

Cochenille (Kermes, Lac-Dye).

Die Cochenille ist der Hauptvertreter der tierischen Naturfarbstoffe; der Farbstoff befindet sich in der weiblichen Schildlaus Coccus cacti, die auf der Opuntia lebt und in Mexiko und Mittelamerika heimisch ist. Mit der Entdeckung Amerikas kam sie nach Europa; 1830 wurde auch ihre Kultur nach Spanien, Algier u. dgl. verpflanzt.

Der Farbstoff kommt entweder in Form der getrockneten Laus selbst oder des Extraktes in verschiedenen Sorten in den Handel, besonders als Cochenille ammoniacale. Das färbende Prinzip der Cochenille beträgt etwa 10—14% der getrockneten Laus und heißt Karminsäure (Karmin). Die Karminsäure ist nach Liebermann als ein Indonfarbstoff, ein Derivat der Indengruppe, aufzufassen. Nach Witt ist der Farbstoff im besonderen als ein Oxyketonfarbstoff zu betrachten. Dimroth zeigte, daß die Karminsäure ein Abkömmling des Anthrachinons ist (ebenso wie die Laccainsäure des Lac-Dye). Der Farbstoff wurde früher außerordentlich geschätzt und war für das Färben scharlachroter Tuche von der allergrößten Bedeutung. Jedoch ist der Verbrauch dauernd zurückgegangen und neuerdings weiter durch das Thioindigoscharlach u. a. echte Küpenfarbstoffe zurückgedrängt. Cochenille wird auf Zinnoxyd- oder Tonerdebeizen sowie mit ersteren einbadig auf Wolle und Seide gefärbt und liefert als Zinnlack ein Scharlachrot, als Tonerdelack ein Karmoisin. Karmin oder Karminlack ist der Tonerdekalklack der Karminsäure.

Kermes, Coccus ilicis, ist eine der Cochenillelaus analoge Schildlaus, und zwar im Mittelalter als „venetianischer Scharlach" bekannt. Durch Cochenille verdrängt.

Lac-Dye, Lac-Lac sind Farbstoffe aus dem Gummilack (Stocklack), der durch den Stich der Lackschildlaus (Coccus laccae) auf verschiedenen Pflanzen entstandenen Ausschwitzungen. Der Farbstoff Laccainsäure ist der Karminsäure ähnlich, er gibt nur weniger lebhafte Nuancen.

Weniger wichtige Naturfarbstoffe.

Rotholz, Fernambukholz, Brasilienholz (Sappanholz, St.-Martha-Holz, Nicaraguaholz). Der Farbstoff des Rotholzes heißt Brasilin (unoxydiert) bzw. Brasileïn (oxydiert). Das Brasilin ist die Leukoverbindung des Brasileïns. Das Holz stammt von Caesalpiniazeen, besonders der Caesalpinia crista und brasiliensis. Rotholz färbt wie Blauholz auf Beizen, und zwar liefert es mit Tonerdebeize ein bläuliches Rot, mit Zinnbeize ein Orangerot, mit Eisenbeize ein graues Violett, mit Chrombeize ein Bordeaux. Die Färbungen sind unecht; die Verwendung des Holzes ist entsprechend außerordentlich zurückgegangen. In bezug auf seine chemische Zusammensetzung ist das Brasilin, das einen Diphenylmethan-Abkömmling darstellt, größtenteils aufgeklärt (s. a. u. Blauholz).

Sandelholz (Barwood, Camwood, Gabanholz, Caliaturholz). Der wirksame Farbstoff (in Pterocarpus santalinus enthalten) heißt Santalin oder Santalsäure und ist ein schwer wasserlösliches, rotes kristallinisches Pulver von schwach sauren Eigenschaften und noch nicht aufgeklärter Zusammensetzung (wahrscheinlich ein Anthrazen-Abkömmling). Er färbt sowohl gebeizte als auch ungebeizte Wolle. Gewöhnlich siedet man die Wolle mit Sandelholz an und behandelt im selben Bade mit Chromkali nach; die so erhaltenen Farbtöne sind gelbliche bis bläuliche Bordeauxtöne mit vollem, bräunlichem Scheine von geringer Lichtechtheit. Auf Zinnbeize entsteht ein lebhafteres, bläuliches Rot.

Krapp (Garance). Das färbende Prinzip ist das Alizarin (s. d.), das in verschiedenen Pflanzen, am reichlichsten in der Wurzel der Färberröte (Rubia tinctorum) vorkommt. Im grauen Altertum ist der Krapp von größter Bedeutung gewesen (Plinius, Herodot, Dioskorides gedenken desselben); heute ist der natürliche Krapp ohne jede praktische Bedeutung, nachdem Graebe und Liebermann (1868) das Alizarin als ein Dioxyanthrachinon erkannt, es 1869 synthetisch hergestellt haben (durch Erhitzen von Dibromanthrachinon mit Ätzkali) und es seitdem künstlich in großem Maßstabe erzeugt wird. Der Krapp ist ein ausgesprochener Beizenfarbstoff, der die schönsten Lacke mit Tonerde eingeht (s. u. Türkischrot).

Orlean stammt aus den Früchten des Rukubaumes, Bixa orellana, und kommt trocken und als Paste in den Handel. Der wirksame Farbstoff heißt Bixin und färbt Baumwolle, Wolle und Seide ohne Beize lachsrot bis orangerot (substantiv). Die Färbungen sind wenig lichtecht, aber gut wasch-, säure- und chlorecht. Orlean kann auch auf Tonerdebeize gefärbt werden. Heute ist der Farbstoff praktisch ohne Bedeutung. Die Konstitution des Bixins ist nicht aufgeklärt.

Safflor sind getrocknete Blumenblätter der Färberdistel, Carthamus tinctorius. Der wirksame, rote Farbstoff des Safflors (kleine, etwas feuchte Ballen von dunkelroter Farbe) heißt Carthamin, ist in Wasser schwer löslich und färbt Baumwolle und Seide am besten in schwach saurem Bade (substantiv) rosa bis kirschrot. Die Färbungen zeigen geringe Echtheit und werden kaum noch hergestellt (als Malerfarbe und Schminke noch verwendet). Safflorkarmin ist ein aus Safflor hergestelltes Präparat. Die Zusammensetzung des Carthamins ist noch nicht aufgeklärt. Außer dem roten Farbstoff enthält der Safflor noch einen sehr unechten, nicht weiter verwendeten gelblichen Farbstoff.

Gelbholz (alter Fustik, gelbes Brasilienholz, Cubaholz) ist das Holz des Färbermaulbeerbaumes, Morus tinctoria, das zwei verschiedene Farbstoffe enthält: 1. das Morin, ein Derivat des Flavons (ein Tetraoxyflavonol) und 2. das Maclurin, früher Moringerbsäure genannt, ein Benzophenonderivat (ein Pentaoxybenzophenon). Morin ist der technisch wichtigere Bestandteil und stellt einen Beizenfarbstoff dar, der auf Zinn- und Tonerdebeize wenig echte aber ziemlich lebhafte Gelbtöne, auf Chrombeize dagegen ziemlich licht- und walkechte, aber trübe, gelbliche Töne erzeugt. Der Farbstoff zeichnet sich durch gutes Egalisierungsvermögen aus und wird hauptsächlich in der Seidenschwarzfärberei in Form von Gelbholz- oder Cubaextrakt als Nuancierfarbstoff verwendet. Die Nachfrage nach ihm geht dauernd zugunsten der Teerfarbstoffe zurück.

Quercitron. Rinde von Quercus tinctoria mit dem Glykosid Quercitrin, das den eigentlichen Farbstoff Quercetin liefert und das mit dem Morin (s. Gelbholz) isomer, also auch ein Tetraoxyflavonol ist (von v. Kostanecki synthetisch hergestellt). Haupthandelsprodukte sind der Quercitronextrakt und ein besonders hergestelltes trockenes Präparat, das Flavin, das fast nur aus Quercetin und wenig Quercitrin besteht. Der Farbstoff ist beizenfärbend (auf Zinn- und Tonerdebeize) und wird vorzugsweise als Nuancierfarbstoff für andere Beizenfarbstoffe, besonders beim Seidenschwarz, benutzt. Der Zinnlack ist schön orange, der Tonerdelack bräunlichgelb, der Chromlack bräunlichorange, der Eisenlack schwärzlicholiv. Die Färbungen sind ziemlich echt.

Das Quercetin findet sich noch in einer Reihe anderer Pflanzen vor, z. B. in den Chinesischen Gelbbeeren, im Cap-Sumach, im Gambir-Catechu, im Akazien-Catechu und in den Gelbbeeren (s. w. u.).

Kreuzbeeren, Gelbbeeren (Persische Beeren, Avignonbeeren) sind die getrockneten Beeren von verschiedenen Rhamnusarten, z. B. von Rhamnus tinctoria. Die Kreuzbeeren enthalten verschiedene Farbstoffe, wenig Quercetin, dann besonders das Glykosid Xanthorhamnin, aus dem die Farbstoffe Rhamnetin (= Quercetinmonomethyläther) und Rhamnazin (= Quercetindimethyläther) entstehen. Die Gelbbeeren enthalten als Farbstoff Rutin. Die Extrakte der Gelbbeeren liefern mit Zinnbeize einen feurigen, grüngelben Lack von guter Licht-, Wasch- und Chlorechtheit; die Tonerde- und Chromlacke sind bräunlichgelb. Hauptanwendung in der Färberei, weniger im Kattundruck. Die Konstitution ist durch Liebermann, Perkin u. a. aufgeklärt worden.

Wau (Waude, Streichkraut, Färbergras, Gelbkraut) ist die getrocknete Pflanze Reseda luteola mit dem Farbstoff Luteolin, der auf Zinn- und Tonerdebeize ein klares aber farbschwaches Gelb liefert. Auf Seide liefert der Farbstoff als Tonerdelack eine schöne, gelbe Nuance von guter Licht- und Waschechtheit. Er ist fast vollständig durch bessere Teerfarbstoffe verdrängt. Luteolin ist von v. Kostanecki als ein Tetraoxyflavon erkannt und synthetisch hergestellt worden.

Fisetholz (junger Fustik) stammt vom Gerber- oder Perückenbaum, Rhus cotinus, und enthält den Farbstoff Fisetin als Glykosid des Fustins. Es ist ein beizenfärbender Farbstoff (ein Trioxyflavonol), der einen bräunlichgelben Tonerde-, einen orangeroten Zinn- und einen rötlichbraunen Chromlack liefert. Die Färbungen sind ziemlich wasch-, aber sehr lichtunecht. Fast völlig verdrängt.

Curcuma (Gelbwurz, Gelber Ingwer) ist das Rhizom von Curcuma tinctoria und anderen Curcumaarten. Der wirksame Farbstoff heißt Curcumin; er färbt Baumwolle und Seide substantiv (ohne Vorbeize) in lebhaften, gelben Tönen mäßig echt an. Das Handelsprodukt ist meist ein feines, trockenes, bräunlichgelbes Pulver. Seine Zusammensetzung ist in großen Zügen aufgeklärt und als ein Di-Guajakylacryl-methan erkannt. Heute auch nur noch wenig verwendet.

Katechu oder Catechu. Man unterscheidet 1. den echten oder den Block-Catechu von der Acacia catechu bzw. mimosa und 2. den Gambir- oder Würfel-Catechu aus den Blüten, Blättern und Zweigen von Uncaria Gambir. Ersterer kommt in verschieden großen, bis zu 100 kg schweren Blöcken, in Palmblätter od. ä. verpackt, letzterer in kleinen, braungelben Würfeln auf den Markt. Bezüglich der Bezeichnung „Gambir“ und „Gambir-Catechu“ herrscht keine Übereinstimmung, insofern als im überseeischen Handel unter Gambir und Gambir-Catechu auch Block-Catechu verstanden wird.

Die wichtigsten Bestandteile des Catechu sind 1. das Catechin (oder die Catechusäure) und 2. die Catechugerbsäure. Dem Catechin kommt die färbende, der Catechugerbsäure die gerbende und wohl auch die Seide erschwerende Wirkung zu. Zur Absonderung des Catechins wird Catechu mit kaltem Wasser behandelt, in dem sich die Catechugerbsäure löst, während das Catechin ungelöst bleibt und durch Umkristallisieren aus heißem Wasser in Form von feinen, weißen, seidenglänzenden Nadeln gewonnen werden kann, die sich in Alkalien lösen und beim Stehenlassen einen roten bis rotbraunen Ton annehmen. Die Konstitution des Catechins ist ziemlich aufgeklärt; bei seiner Spaltung entstehen Phloroglucin, Protocatechusäure und Brenzcatechin, woraus zu schließen ist, daß die Chromophore des Catechins Hydroxyle sind (Witt). Durch Oxydation der wässerigen Lösung an der Luft oder besser durch Bichromat od. ä. bilden sich braune Substanzen, die, direkt auf der Faser erzeugt, sehr wasch- und lichtechte rotbraune Färbungen (Catechubraun) liefern. Im übrigen bildet Catechu Metallacke, z. B. den besonders wertvollen Chromlack, so daß das Catechin als Beizenfarbstoff angesehen werden kann. Zum Braunfärben werden Baumwollerzeugnisse mit der Catechulösung imprägniert oder bedruckt und dann einer Lufthänge oder einem Dämpfprozeß und einer Behandlung mit Chromkali unterworfen. Hierbei bildet sich letzten Endes der Catechu-Chromlack.

In der Seidenschwarzfärberei spielt Catechu eine außerordentlich wichtige Rolle, und zwar mehr als Erschwerungs- als als Färbemittel (s. u. Seidenschwarz).

Zusammenstellung der wichtigsten Naturfarbstoffe nach ihrem färberischen Charakter.

Substantiv färbend	Sauer färbend	Basisch färbend	In der Küpe färbend	Auf Beize färbend
Curcuma, Safflor, Orlean, Chinesischgrün (oder Lo-Kao)	Orseille	Berberin (der Berberitze oder des Sauerdorns, Berberis vulgaris). Gelber, praktisch nicht weiter verwendeter Farbstoff, der einzige in der Natur mit ausgeprägt basischem Charakter.	Indigo, Alter Phönizischer Purpur (z. B. aus den Purpurschnekken Murex brandaris und M. trunculus; der Farbstoff ist ein Dibromindigo).	Blauholz, Rotholz, Gelbholz, Sandelholz, Fisettholz, Krapp, Cochenille, Quercitron, Wau, Catechu.

Teerfarbstoffe.

Ausgangsprodukte.

Durch trockene Destillation von Steinkohle unter Luftabschluß entsteht u. a. der Teer oder der Steinkohlenteer, der anfangs als lästiges Nebenprodukt der Leuchtgaserzeugung und der Kokereien wertlos war, später (in der Mitte des 19. Jahrhunderts) für die Farbenfabrikation (sowie Herstellung von Arzneimitteln) ausgenutzt wurde.

Durch fraktionierte Destillation des Rohteers werden verschiedene Anteile gewonnen, die nach dem spezifischen Gewicht bzw. den Siedepunkten unterschieden werden als 1. Leichtöle (spezifisches Gewicht 0,91—0,95; Siedepunkt 75—170° C, Ausbeute 2,5—6%), 2. Mittelöle (spezifisches Gewicht 1,0—1,01; Siedepunkt 170—230° C, Ausbeute 8—12%), 3. Schweröle (spezifisches Gewicht 1,04, Siedepunkt 200—300° C, Ausbeute 10—12%), 4. Anthrazenöle (spezifisches Gewicht 1,10, Siedepunkt 280—400° C, Ausbeute 12—20%). Den Rückstand bilden 5. etwa 50—60% Pech. Aus dem Teer sind bis heute über 100 verschiedene Stoffe isoliert worden, von denen in nahezu chemisch reinem Zustande dargestellt werden: Benzol, Toluol, Phenol und Naphthalin; in Mischung mit Isomeren werden hergestellt: Xylole, Kresole; in verschiedenen Reinheitsgraden werden erzeugt: Anthrazen, Phenanthren, Karbazol usw. Als Durchschnitt der sehr schwankenden Ausbeuten können nach Friedländer die Zahlen gelten: Benzol 0,6—0,8%, Toluol 0,2—0,3%, Xylole 0,1—0,2%, Solventnaphtha 0,5—0,7%, Phenol 0,3—0,7%, Kresole 0,5—0,8%, Naphthalin 1—8%, Anthrazen (rein) 0,2—0,4%.

Zwischenprodukte.

Als Zwischenprodukte für die Teerfarbenfabrikation dienen in erster Linie die Amino- und Hydroxylderivate der Kohlenwasserstoffe, ferner die davon abgeleiteten Nitro-, Sulfo- und Chlorderivate, sowie in selteneren Fällen Keto-, Aldehyd- und Karboxylverbindungen.

So leiten sich beispielsweise vom Benzol primär oder sekundär folgende für die Teerfarbenfabrikation wichtigen Zwischenprodukte ab; Nitrobenzol, und hiervon weiter das Anilin, die Sulfanilsäure, die Nitrobenzolsulfosäure, die Metanilsäure, das Paranitranilin, das Paraphenylendiamin, das Hydrazobenzol, das Benzidin, das Dinitrobenzol, das Metanitranilin, das Metaphenylendiamin; andererseits die Benzolsulfosäure und -disulfosäure mit den weiteren Derivaten Phenol, Salizylsäure und Resorzin; über das Chlorbenzol werden die Chlornitrobenzole, das Chlordinitrobenzol, das Nitrophenol erhalten. Weitere Benzolabkömmlinge sind die Phthalsäure, die Anthranilsäure u. a. m.

Vom Toluol leiten sich in ähnlicher Weise folgende wichtige Verbindungen ab: die Nitrotoluole (Ortho- und Para-) und daraus die entsprechenden Toluidine sowie anderszweigig die Nitrotoluolsulfosäure, das Orthonitrobenzaldehyd, das Ortho-Tolidin; das Dinitrotoluol und das Metatoluylendiamin. Auf anderem Wege werden Benzylchlorid, Benzalchlorid, Benzotrichlorid, Benzaldehyd, Benzoesäure, Metanitrobenzaldehyd usw. aus dem Toluol gewonnen.

Aus dem Naphthalin wird eine große Zahl von sehr wichtigen Naphthosulfosäuren, Naphthylaminsulfosäuren und Amidonaphtholsulfosäuren gewonnen, die besonders für die Fabrikation der Azo- bzw. Diazofarbstoffe eine große Bedeutung haben und die ein besonderes Studium erfordern. In der Praxis werden sie meist abgekürzt unter besonderen Trivialnamen bezeichnet, die vielfach nach dem Entdecker benannt werden, z. B. Brönnersche Säure, Schäffersche Säure, Piriasche Säure, Schöllkopfsche Säure, Deltasäure, F-Säure, R-Säure usw.[1]).

In ähnlicher Weise bilden auch das Anthrazen, das Phenanthren, das Chinolin, das Akridin usw. Zwischenprodukte, aus denen Farbstoffe synthetisch hergestellt werden.

Farbstoffe.

Die Teerfarbstoffe werden als solche nach ihrer Herkunft aus dem Steinkohlenteer bzw. dessen Inhaltsstoffen benannt; früher nannte man sie mit Vorliebe Anilinfarbstoffe, weil die ersten künstlichen Teerfarbstoffe Abkömmlinge des Anilins waren (Triphenylmethan-Farbstoffe usw.). Heute trifft diese Bezeichnung, wenngleich sie noch häufig gebraucht wird, nicht mehr zu und sollte deshalb, soweit es sich um Teerfarbstoffe ganz allgemein handelt, lieber vermieden werden.

Nach den bisherigen Erfahrungen enthalten alle gefärbten oder farbigen organischen Verbindungen eine oder mehrere Atomgruppierungen mit doppelter Bindung, auf die die Färbung zurückgeführt

---

[1]) Näheres s. F. Reverdin und H. Fulda: Tabellarische Übersicht der Naphthalinderivate, sowie die bereits erwähnten Werke von G. Schultz, Friedländer usw.

werden kann. Ein technisch verwertbarer Grad der Färbung tritt aber meist erst auf, wenn derartige Gruppierungen an Benzolkerne gebunden sind. Die in den Farbstoffen enthaltenen farbgebenden Gruppen werden nach Witt Chromophore oder chromophore Gruppen genannt, die (insbesondere mit aromatischen Resten) zu den sogenannten Chromogenen führen. Aber auch diese Chromogene reichen nicht in allen Fällen aus, den Verbindungen den Charakter eines Farbstoffes zu verleihen. Vielmehr werden sie meist erst durch bestimmte salzbildende Gruppen, die sogenannten Auxochrome, weiter unterstützt und in wahre Farbstoffe übergeführt. Bucherer schlägt folgende Begriffsbestimmung für Chromogen, Chromophor und Auxochrom vor: „Unter Chromogenen versteht man solche mehr oder minder gefärbte oder selbst auch farblose organische, in der Regel aromatische Verbindungen, die mindestens ein Chromophor enthalten und die erst durch die Einführung einer auxochromen Gruppe (Amino- oder Hydroxylgruppe) zu eigentlichen Farbstoffen werden, d. h. die Fähigkeit erlangen, die Faser anzufärben, womit gleichzeitig in der Regel auch eine erhebliche Vermehrung der Farbstärke verbunden ist"[1]).

Die Einteilung der Teerfarbstoffe kann einerseits nach den Chromophoren in chemische Klassen geschehen, andererseits kann man die Farbstoffe mit Rücksicht auf ihr färberisches Verhalten zu den Faserstoffen in bestimmte färberische Klassen einteilen.

Einteilung der Farbstoffe nach ihren chromophoren Gruppen[2]).

1. Nitrofarbstoffe mit einer oder mehreren chromphoren Nitrogruppen $-N\genfrac{}{}{0pt}{}{\nearrow O}{\searrow O}$. Da der Farbstoffcharakter bei Nitrokohlenwasserstoffen nicht auftritt, sondern erst durch bestimmte auxochrome Gruppen ($-OH$, $-NH_2$) in der Orthostellung in die Erscheinung tritt, muß es dahingestellt bleiben, ob nicht eine Atomverschiebung zu einem Ortho-Chinonderivat anzunehmen ist:

$$C_6H_4\genfrac{}{}{0pt}{}{\diagup OH}{\diagdown NO_2} \rightleftarrows C_6H_4\genfrac{}{}{0pt}{}{\diagup\!\!\diagup O}{\diagdown\!\!\diagdown N\genfrac{}{}{0pt}{}{\diagup\!\!\diagup O}{\diagdown OH}} .$$

2. Nitrosofarbstoffe. Hier liegen die Verhältnisse ähnlich wie bei 1. Obwohl die ungesättigte Nitrosogruppe $-N = O$ auch als solche schon ausreicht, aromatische Kohlenwasserstoffe zu färben, so sind die in Frage kommenden Farbstoffe ausschließlich Ortho-Oxynitrosoderivate, die sich in vielen Reaktionen wie Chinonoxime verhalten. Die etwa in Frage kommende Atomverschiebung wäre hier folgende:

$$C_6H_4\genfrac{}{}{0pt}{}{\diagup OH}{\diagdown NO} \rightleftarrows C_6H_4\genfrac{}{}{0pt}{}{\diagup\!\!\diagup O}{\diagdown\!\!\diagdown N-OH} .$$

---

[1]) Beispiel: Im Amidoazobenzol $C_6H_5 \cdot N = N \cdot C_6H_4NH_2$ sind 1. die chromophore Gruppe: $-N = N-$, 2. das Chromogen: $C_6H_5 \cdot N = N \cdot C_6H_5$ und 3. die auxochrome, salzbildende Gruppe: NH_2 enthalten.

[2]) Ich folge hier der Einteilung von P. Friedländer, G. Schultz und O. N. Witt.

3. **Azofarbstoffe** mit einer oder mehreren chromophoren Azogruppen $-N=N-$, gewöhnlich in Verbindung mit zwei Benzolresten. Beispiel: salzsaures Amidoazobenzol.

$$C_6H_5-N=N-C_6H_4-NH_2HCl \text{ (Spritgelb, Anilingelb).}$$

Die Azofarbstoffe bilden den größten Teil der künstlichen Farbstoffe und können in Mono-, Dis-, Tris-, Tetrakis-Azofarbstoffe sowie in primäre sekundäre, tertiäre Azofarbstoffe, ferner in Amido-Azofarbstoffe usw. eingeteilt werden.

4. **Azoxyfarbstoffe** haben die chromophore Azoxygruppe:

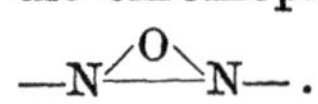

5. **Die Azinfarbstoffe** enthalten das Chromophor:

$=N-N=$ ist gleich: 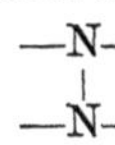 ist gleich: 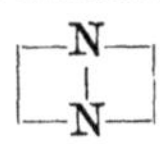 oder den Azinring 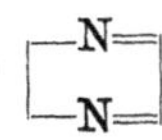 .

Dieser Azin- oder Phenazinring geht mit aromatischen Kernen eine „Verschmelzung" ein und bildet dann das Chromogen[1]).

6. Ist eines der Stickstoffatome fünfwertig, so nennt man die Gruppe auch speziell **Azoniumgruppe**:

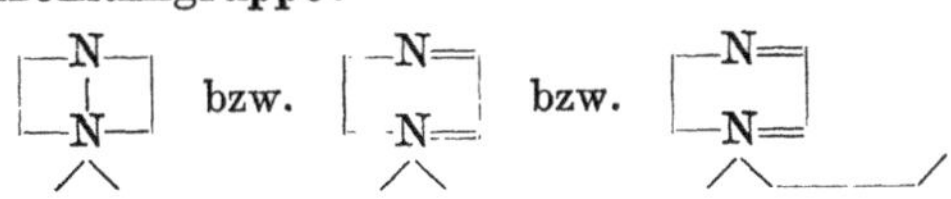

In die große Gruppe der Azinfarbstoffe gehören u. a. auch die Rosinduline, Safranine, Induline.

7. **Die Oxazine** unterscheiden sich von den Azinen dadurch, daß sie an Stelle eines Stickstoffatomes ein Sauerstoffatom enthalten:

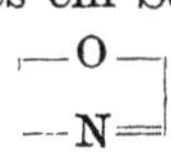

8. **Die Thiazine** enthalten wiederum an Stelle eines Stickstoffatomes ein Schwefelatom:

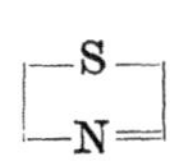

9. **Die Thiobenzenylfarbstoffe** enthalten Schwefel, das an ein Kohlenstoffatom eines Benzolringes gebunden ist. Die chromophore Gruppe ist folgende:

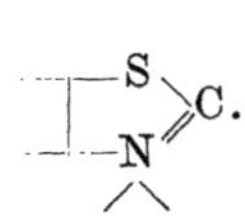

10. **Das Keto**-Chromophor hat die Gruppierung:

$$=C=O.$$

Hierher gehören die Ketofarbstoffe.

---

[1]) Bei der Bildung der Chromogene findet an den Bindungen und  die Verschmelzung mit aromatischen Kernen (Benzol-, Toluol-, Naphthalinkernen usw.) statt: 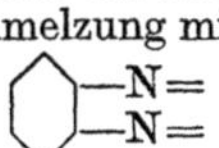 oder 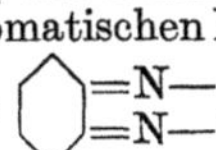, so daß dann die Chromogene beiderseitig von aromatischen Kernen umschlossen sind: 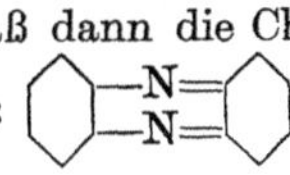 usw.

11. Wird das Sauerstoffatom durch die Imidgruppe ersetzt, so resultieren die **Ketimidfarbstoffe** mit dem Ketimidchromophor:

$$=C=NH$$

(auch Ketoniminfarbstoffe genannt).

12. **Die Anthrachinonfarbstoffe** sind auch Ketofarbstoffe im weiteren Sinne; sie enthalten das Anthrachinon- oder Chinoidchromophor mit Ringbildung:

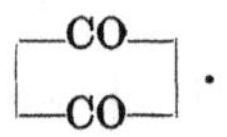

13. Eine andere Abart der Ketofarbstoffe enthält die durch das **Flavon-** oder **Pyronchromophor** charakterisierte Gruppe:

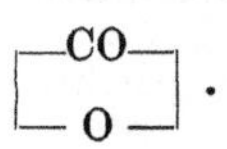

14. **Die Xanthonfarbstoffe** werden durch das Xanthon-Chromophor gekennzeichnet, bei denen die Ringbildung durch ein Kohlenstoff- und ein Sauerstoffatom bewerkstelligt wird, während die vierte Kohlenstoffvalenz sehr verschiedene Radikale enthalten kann:

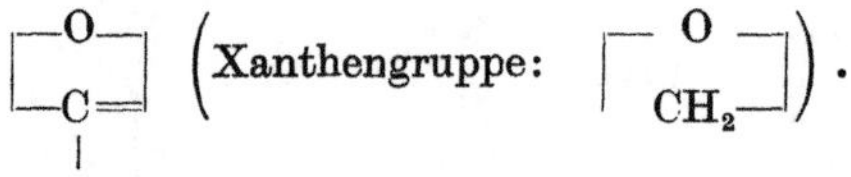

Hierher gehören die Pyronine, Succineine, Rhodamine usw.

15. **Die Chinonimidfarbstoffe** enthalten eine Keto- und eine Ketimidgruppe in Ringschließung:

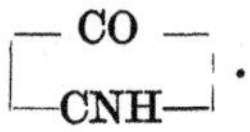

16. **Die Chinon-Diimid-** oder die **Diketimidgruppe** hat folgende Gruppierung:

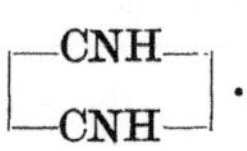

17. **Die Indigo-** oder **Indigoidfarbstoffe** sind durch die Indigoidgruppe charakterisiert.

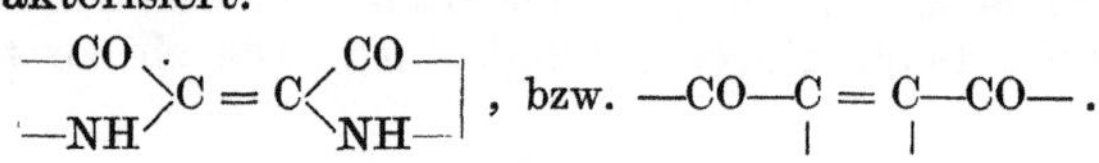

Durch Ersatz der NH-Gruppe durch S entstehen die sogenannten **Thio-Indigofarbstoffe**:

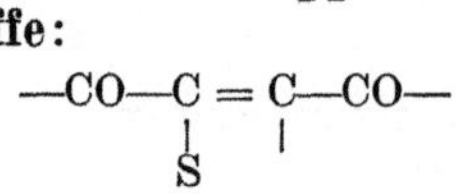 (Monothioindigofarbstoffe),

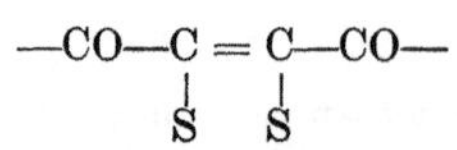 (Dithioindigofarbstoffe).

18. **Die Diphenylmethanfarbstoffe** enthalten das Chromophor

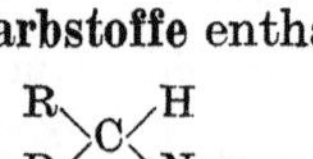

Die sich hiervon ableitenden **Auramine** (Amidodiphenylmethanabkömmlinge) können gleichzeitig als *Ketimidfarbstoffe* angesehen werden (s. 11).

$$\begin{matrix} R \searrow \\ R \nearrow \end{matrix} C = NH,$$

wobei R zwei aromatische Radikale bedeuten.

19. Die Triphenylmethan- und Diphenylnaphthylmethanfarbstoffe sind durch das Chromophor charakterisiert:

$$\begin{matrix} R \searrow \\ R \rightarrow \\ R \nearrow \end{matrix} C—x,$$

wobei x verschiedene Atomgruppierungen (— N =, — O —, —O—CO — usw.) darstellen kann.

20. Die Akridin- und Chinolinfarbstoffe leiten sich von den gleichnamigen ringförmigen Basen ab und haben zum Chromophor die Gruppe:

$$\begin{matrix} — N = \\ | \qquad | \\ —CH= \end{matrix} .$$

Außer den erwähnten Chromophoren und Farbstoffklassen können noch manche andere aufgestellt werden, die von geringerer Bedeutung sind, die aber unter Umständen auch unter den hier genannten Gruppen untergebracht werden können. Überhaupt entbehrt die Aufstellung von Gruppen und Klassen nicht einer gewissen Willkürlichkeit, insbesondere was die Aufstellung selbständiger Hauptklassen und abhängiger Unterklassen betrifft. Hinzu kommt, daß viele Farbstoffe außerdem gleichzeitig einigen Klassen zugeteilt werden können und die Einreihungen dieser Farbstoffe deshalb bis zu einem gewissen Grade willkürlich gehandhabt werden können.

Manche Klassifizierungen weichen aus rein praktischen Gründen von der Einteilung nach den Chromophoren ab und richten sich z. B. nach bestimmten Ausgangsrohstoffen; so z. B. die *Stilbenfarbstoffe*, die sich vom Stilben ableiten, nach ihren Chromophoren aber Azo-, Azoxy-, Nitrofarbstoffe usw. sind.

Zu den nicht besonders erwähnten Farbstoffgruppen, die G. *Schultz* in seinen Farbstofftabellen selbständig anführt, gehören u. a. die *Stilbenfarbstoffe* (vom Stilben abgeleitet), die *Pyrazolonfarbstoffe* (vom Pyrazolon abgeleitet), die *Indophenole*.

Als Beispiel dafür, daß ein Farbstoff durch seine chemische Struktur verschiedenen Farbstoffgruppen angehören kann, sei das *Azogrün* [By] erwähnt, das eine Amidotetramethyldiamidotriphenylmethan-azo-Salizylsäure darstellt und folgende Formel hat:

$$OH—C \begin{cases} C_6H_4N(CH_3)_2 \\ C_6H_4N(CH_3)_2 \\ C_6H_4N = N—C_6H_3(OH)COOH. \end{cases}$$

Gemäß seiner Zusammensetzung stellt der Farbstoff in der Tat gleichzeitig einen Triphenylmethan-, dann einen Azo- und drittens einen Karboxylfarbstoff dar; dank letzterer Gruppe hat er auch die Eigenschaften eines Beizenfarbstoffes und färbt beispielsweise chromgebeizte Wolle grün.

Einteilung der Teerfarbstoffe nach ihrem färberischen Verhalten.

Wenngleich letzten Endes der gesamte Chemismus eines Farbstoffes sein färberisches Verhalten bedingt, so geht diese Gesetzmäßigkeit doch nicht so weit, daß alle Farbstoffe einer und derselben Farbstoffgruppe oder Farbstoffe mit demselben Chromophor sich auch färberisch genau gleich verhalten. Mit anderen Worten: Durch gewisse Reaktionen und Umsetzungen, die mit einem Farbstoff ausgeführt werden, braucht das Chromophor nicht verändert zu werden, während der färberische Charakter grundlegend verändert werden kann. Bekannte Beispiele hierfür sind der Indigo und das Indigokarmin, das Fuchsin und das Säurefuchsin. Der Küpenfarbstoff Indigo und der basische Triphenylmethanfarbstoff Fuchsin werden durch Sulfonieren, ohne daß sie dadurch in eine andere Chromophorgruppe versetzt werden, in färberisch vollständig andere Farbstoffe, in saure Farbstoffe, verwandelt. Ferner kommt es vor, daß auxochrome Gruppen die Herrschaft über chromophore Gruppen gewinnen und gewissen Farbstoffen einen anderen färberischen Charakter verleihen, als die meisten Farbstoffe mit dem fraglichen Chromophor besitzen (Beizen-Farbstoffcharakter bei Azofarbstoffen). Schließlich können Farbstoffe zugleich verschiedene Chromophore enthalten (wie bei Azogrün ausgeführt), von denen das eine oder andere Chromophor oder auch die auxochromen Gruppen den Haupteinfluß auf das färberische Verhalten ausüben können. Als Beispiel hierfür sei das Tuchorange [By] erwähnt, das ein Benzidindisazosalizylsäureresorzin darstellt und die Zusammensetzung hat:

$$\begin{array}{l} C_6H_4\text{—}N = N\text{—}C_6H_3(OH)COONa \\ | \\ C_6H_4\text{—}N = N\text{—}C_6H_3(OH)_2. \end{array}$$

Dieser Farbstoff ist 1. ein von Benzidin sich ableitender Disazofarbstoff, der Baumwolle substantiv färbt; 2. ist er gleichzeitig durch die auxochrome Salizylsäuregruppe ein saurer Farbstoff, der Wolle in saurem Bade färbt, und 3. ist er durch seine zwei in Orthostellung zueinander befindlichen Hydroxylgruppen ein beizenfärbender Farbstoff, der mit chromgebeizter Wolle einen ausgesprochenen Chrom-Farblack bildet.

Diese zum Teil verwickelten Verhältnisse, die hier nur angedeutet werden können, haben das Bedürfnis geweckt, neben der wissenschaftlichen Klassifizierung der Teerfarbstoffe (nach Chromophoren) auch eine der praktischen Applikation angepaßte Klassifizierung der Farbstoffe aufzustellen.

Die ersten bekannten Versuche, eine solche systematische Einteilung vorzunehmen, stammen von Bancroft, der subjektive (bzw. substantive) und adjektive Farbstoffe unterschied. Die ersten färbten direkt, die letzteren mit Hilfe einer Beize. Hummel unterschied später monogenetische und polygenetische Farbstoffe, von denen die ersteren nur in einer Farbnuance, die letzteren in verschiedenen Farbtönen (mit verschiedenen Beizen) zu färben vermochten. Diesen mit der Zeit als unzureichend erkannten Systemen folgten andere, erweiterte; so dasjenige von Perger, Kertesz, v. Georgievics, Nietzki, Möhlau und Bucherer usw. Ein so großes grundsätzliches Interesse wie der wissenschaftlichen Einteilung kommt dieser Einteilung jedoch nicht zu. Von ihr ist aber vor allem eine Übersichtlichkeit für den Praktiker zu verlangen, der sich sofort einen klaren Begriff über die Art der Verwendung eines Farbstoffes machen muß. Zu diesem Zweck erscheint es empfehlenswert, die Unterklasseneinteilung zu vermeiden, wenngleich in Wirklichkeit nicht alle Klassen nebengeordnet sind. Durch ein einziges Stichwort ist der Hauptcharakter des färberischen Verhaltens wiederzugeben und vom Fachmann zu erkennen.

Einem solchen System entspricht etwa folgende Einteilung[1]):

1. Substantive Farbstoffe (Salzfarbstoffe, Benzidinfarbstoffe, direkte Baumwollfarbstoffe) sind solche Farbstoffe, die vor allem ungebeizte Baumwolle in neutralem oder alkalischem Bade anfärben; außerdem färben sie tierische Fasern direkt an, und zwar sowohl in neutralem und alkalischem als auch meist in schwach saurem Bade. Infolge lackbildender Gruppen ist ein Teil dieser Farbstoffe gleichzeitig beizenfärbend.

In diese Farbstoffklasse gehören vor allem die meisten von Para-Diaminen (Benzidin, Tolidin, Toluylendiamin usw.) sich ableitenden Dis-, Tris- und Tetrakisazofarbstoffe; ferner einige schwefelhaltige, von Primulin abgeleitete Monoazofarbstoffe (Thiazolgelb, Claytongelb, Nitrophenin u. a.) und die Thiobenzenylfarbstoffe (Primulin usw.); geringere Primäraffinität zu ungebeizter Baumwolle zeigt auch ein Teil der Janusfarbstoffe. Substantiv färben schließlich auch einige Naturfarbstoffe (Orlean, Safflor, Curcuma, s. d.).

Im Handel sind für die substantiv färbenden Farbstoffe die verschiedensten Marken- oder Gruppennamen im Gebrauch, deren wichtigste und am häufigsten wiederkehrende Präfixe folgende sind[2]):

Aminin- [Bra], Azidin- [CJ], Baumwoll- [B], Benzamin- [WDC], Benzo- [By], Benzoecht- [By], Benzoin- [BK], Benzolicht- [By], Brillantbenzo- [By], Brillantdianil- [M], Brillantecht- [By], Chicago- [A], Chloramin- [By] [S], Chlorantin- [J], Chlorazol- [Bri], Columbia- [A], Congo- [A], Cotton- [B] u. a., Diamin- [C], Dianil- [M], Dianilecht- [M], Dianol- [Lev], Diphenyl- [G], Direkt- [versch.], Eboli- [L], Erie- [Nat], Glycin- [Ki], Hessisch- [L], Mikado- [L], Naphthamin- [K], Niagara- [Nat], Osfamin- [OeV], Osfanil- [OeV], Oxamin- [B], Oxydiamin- [C], Paramin- [Hol], Paranol- [Uni], Phenol- [t. M], Pluto- [By], Polyphenyl- [G], Pontamin- [Du Pont], Pyramin- [B], Pyrazol- [S], Renol- [t. M], Rosanthren- [J], Solamin- [A], St. Denis [P], Stilben- [B] u. a., Sulfanil- [K], Sultan- [Bri], Thiazin- [B], Thiazol- [By], Titan- [Bri], Toluylen- [GrE], Triazol- [GrE], Trisulfon- [S], Triton- [GrE] u. a. m.

2. Saure Farbstoffe (Säurefarbstoffe, auch schlechtweg Wollfarbstoffe genannt) sind solche Farbstoffe, die vor allem tierische Fasern in saurem

---

[1]) Der von manchen Fachgenossen erhobene Einspruch gegen die Einführung wissenschaftlich nicht ausreichend begründeter Bezeichnungen erscheint mir nicht genügend berechtigt, da es sich nicht um eine wissenschaftliche, sondern praktisch-technische Einteilung handelt, die lediglich praktischen Zwecken dienen soll. Deshalb habe ich eingeführte Ausdrücke wie „substantive" Farbstoffe u. ä. beibehalten.

[2]) Unter Benutzung der Zusammenstellungen von W. Ernst: Färber-Zg. 1912, S. 420, und der vervollständigten Zusammenstellung von P. Krais: Z. f. angew. Chem. 1920, S. 195 und 220. Manche Gruppennamen kommen für verschiedene Farbstoffklassen vor, ebenso werden manche Gruppennamen von verschiedenen Fabriken verwendet. Die hauptsächlich in Frage kommenden Fabriken sind hinter den Gruppennamen in eckigen Klammern angeführt (Abkürzungen s. S. 226).

bis stark saurem Bade färben, pflanzliche Fasern dagegen direkt nicht anfärben oder nur anschmutzen. Zu diesen gehören die Nitrofarbstoffe, ein großer Teil von Sulfosäuren von Mono- und Polyazofarbstoffen, die Sulfosäuren der Triphenyl- und Diphenylnaphtylmethanfarbstoffe, die Sulfosäuren der Indigoidfarbstoffe, der Anthrachinon-, Chinolin-, Azoniumfarbstoffe, die Hydrazin- und Pyrazolonfarbstoffe, die Chromotrope usw. Von den natürlichen Farbstoffen ist die Orseille hierher zu zählen.

Die Säurefarbstoffe kommen auch vielfach unter bestimmten Gruppennamen mit sich wiederholenden Präfixen in den Handel, an denen sie als sauer färbende Farbstoffe erkannt werden. Es ist hierbei nicht zu übersehen, daß sie teilweise gleichzeitig als Nachchromierungsfarbstoffe Anwendung finden können; in solchem Falle erhalten sie vielfach zu dem ersten Präfix das Affix „Chrom-“, z. B. „Radio-“ und „Radiochrom“-Farbstoffe. Die am häufigsten vorkommenden Präfixe sind u. a.

Acidol- [t. M], Alphanol- [C], Anthracyanin- [By], Anthrachinon- [B], Azo- [versch.], Azosäure- [By] u. a., Benzyl- [J], Biebricher- [K], Buffalo- [Nat], Coomassie- [Lev], Crumpsall- [Lev], Cyananthrol- [B], Cyanol- [C], Domingo- [L], Echtlicht- [By], Echtsulfon- [S], Echtsäure- [By] [M] u. a., Erio- [G], Formyl- [C], Gallanil- [DH], Guinea- [A], Kaschmir- [By], Kiton- [J], Lana- [C], Lanacyl- [C], Lissamin- [Lev], Mercerol- [Hol], Milling- [versch.], Naphthol- [By] u. a., Naphthylamin- [By] u. a., Neptun- [B], Ortho- [A], Palatin- [B], Patent- [M], Polar- [G], Pontacyl- [Du Pont], Radio- [C], Salicin- [K] [OeV], Säure- [versch.], Seto- [G], Sulfamin- [WDC], Sulfon- [By], Sulfonsäure- [By], Supramin- [By], Tolan- [K], Tyemond- [Hol], Viktoria- [By] u. a., Wakefield- [Bra], Walk- [A], Woll- [versch.], Xylen- [S] u. a. m.

3. **Schwefelfarbstoffe** (Sulfinfarbstoffe) sind schwefelhaltige Farbstoffe, die eine Farbstoffgruppe von meist noch unaufgeklärter Konstitution bilden. Sie zeichnen sich besonders durch ihre Unlöslichkeit in Wasser, ihre Löslichkeit in Schwefelnatrium sowie die Bildung von Leukoverbindungen aus und färben ungebeizte Baumwolle in schwefelalkalischer Flotte an und sind für die Baumwollfärberei von großer Bedeutung.

Die wichtigsten Präfixe bzw. Gruppennamen sind hier:

Auronal- [t. M], Autogen- [P], Eklips- [G], Hydrosulfon- [Bra], Immedial- [C], Katigen- [By], Kryogen- [B], Melanogen- [M], Osfathion- [OeV], Pyrogen- [J], Pyrol- [L], Schwefel- [A], Sulfin- [NJ], Sulfogen- [J], Sulfurol- [WDC], Sulphur- [A], [Nat] Thiogen- [M], Thion- [K], Thional- [S] [Lev], Thionol- [Lev], Thionon- [Hol], Thiophor- [CJ], Thioxin- [GrE], Vidal- [P], Vulkan- [Lev] u. a. m.

Diese drei vorerwähnten Gruppen kann man auch in eine Hauptgruppe der direkt färbenden Farbstoffe zusammenfassen. Die nächste Gruppe enthält nur bedingungsweise direkt färbende, zum größten Teil indirekt, z. B. auf Beize färbende Farbstoffe.

4. **Basische Farbstoffe** sind solche Farbstoffe, die tierische Fasern in neutralem oder schwach saurem Bade direkt anfärben, auf Baumwolle und pflanzliche Fasern aber nur mit Hilfe von Tannin, Tanninantimonbeize u. ä. ziehen. Hierher gehören die Diphenyl-, Triphenyl- und Diphenylnaphthylmethanfarbstoffe, die basischen Azofarbstoffe, Azonium- (Janusfarben), Azin- (Safranine), Oxazin-, Thiazin-, Akridin-, Xanthenfarbstoffe (Rhodamine, Pyronine); ferner ein Teil der Keton- und Chinonimidfarbstoffe und als einziger natürlicher Farbstoff das heute nicht mehr verwendete Berberin (s. d.).

Die Farbstoffbezeichnung im Handel ist bei den basischen Farbstoffen wenig einheitlich. Zum großen Teil haben sich Einzelnamen der Triphenylmethanfarbstoffe u. ä. eingebürgert, weil sie zu den ersten künstlichen Farbstoffen gehören (Mauvein, Fuchsin, Violett, Malachitgrün usw.). Die am häufigsten wiederkehrenden Präfixe sind u. a.:

Acridin- [L] u. a., Basilen- [t. M], Brillant- [versch.], Brillantrhodulin- [By], Capri- [L], Cresyl- [L], Diazin- [K], Janus- [M], Methyl- [versch.], Methylen- [M] u. a., Rhodulin- [By], Tannat- [WDC], Tannin- [C].

5. **Beizenfarbstoffe** sind solche Farbstoffe, die tierische und pflanzliche Fasern mit Hilfe einer metallischen Beize anfärben (in neutralem oder saurem Bade). Unter dieser Klasse gibt es eine große Zahl von Vertretern, die auch ohne metallische Vor- oder Nachbeize — wenngleich nicht so echt — auf die Faser ziehen. Ausschlaggebend für den Beizenfarbstoff ist die Fähigkeit desselben, auf der Faser einen Metallack zu erzeugen sowie seine vorzugsweise praktische Verwendung mit Hilfe von Metallbeizen. Die Nachchromierungsfarbstoffe stehen in der Mitte zwischen den echten Beizenfarbstoffen und den sauren Farbstoffen und bilden eine besondere Unterklasse der Beizenfarbstoffe. Die Fähigkeit, mehr oder weniger leicht zersetzliche, unlösliche Lacke, d. h. komplexe Metallsalze zu bilden, ist eine konstitutive Eigenschaft des Farbstoffes, die fast stets an das Vorhandensein von zwei orthoständigen sauren Gruppen gebunden ist, in erster Linie an zwei Hydroxylgruppen (Alizarin-, Flavonfarbstoffe); doch zeigen auch Orthochinonoxime und Azofarbstoffe aus Orthoamidophenolen ein ähnliches Verhalten. Demgemäß gehören in diese Gruppe vor allem die Oxyketon-, Oxychinon-, Flavon-, Xanthonfarbstoffe, ferner einige Azofarbstoffe (Beizengelb), einige Chinonimid-, Thiazin- (Brillantalizarinblau), Oxazin- (Gallozyanine), Triphenylmethanfarbstoffe (Chromviolett), die Chinonoxime, einige Phthaleine und Rosolfarbstoffe sowie der größte Teil der Naturfarbstoffe (Blauholz, Rotholz, Gelbholz u. a. m.).

Die am häufigsten vorkommenden Gruppennamen bzw. Präfixe der Beizenfarbstoffe des Handels, wobei Chromierungs- und Chrombeizenfarbstoffe nicht immer scharf voneinander zu unterscheiden sind, sind u. a. folgende:

Acidolchrom- [t. M], Acidolchromat- [t. M], Alizarin- [versch.], Anachrom- [Bra], Anthracen- [C], Anthracenchrom- [C], Anthracenchromat- [C], Anthracensäure- [C], Anthrachrom- [L], Anthrachromat- [L], Anthracylchrom- [WDC], Anthranol- [WDC], Autochrom- [M], Azoalizarin- [DH], Beizen- [B], Brillantalizarin- [By], Chrom- [versch.], Chromanthren- [Lev], Chromecht- [A] [B] [J], Chromogen- [G], Chromotrop- [M], Chromoxan- [By], Diademchrom- [Hol], Diamant- [By], Domingoalizarin- [L], Domingochrom- [L], Erachrom- [Lev], Eriochrom- [G], Eriochromal- [G], Erwekoalizarin- [RWCo], Lanasol- [J], Lighthouse- [Ox], Metachrom- [A], Monochrom- [By], Omegachrom- [S], Osfachrom- [OeV], Oxychrom- [GrE], Palatinchrom- [B], Pontochrom- [Du Pont], Radiochrom- [C], Säurealizarin- [versch.], Säurechrom- [versch.], Serichrom- [Nat], Solochrom- [Lev], Superchrom- [Nat], Ultra- [S] u. a. m.

6. **Die Küpenfarbstoffe** haben als gemeinschaftliches Hauptcharakteristikum, daß sie unlöslich sind, in reduziertem Zustande (als Leukoverbindung) auf die Faser ziehen und gefärbt und dann erst zum Farbstoff oxydiert werden. Ihr Prototyp ist der Indigo mit dem charakteristischen Indigoidchromophor. Auch das alte Indophenolblau gehört in diese Gruppe. In neuerer Zeit ist eine große Zahl von Indigoidfarbstoffen auf den Markt gebracht worden, deren Bedeutung stetig

wächst. Sehr viele komplizierte Anthrachinon- und verwandte Farbstoffe haben sich färberisch auch als echte Küpenfarbstoffe erwiesen (Indanthren-, Helindon-, Algol-, Hydronfarbstoffe usw.).

Die hier am häufigsten vorkommenden Gruppennamen und Präfixe sind u. a.: Algol- [By], Anthra- [B], Chloranthen- [Bri], Ciba- [J], Cibanon- [J], Duranthren- [Lev], Durindon- [Lev], Helindon- [M], Hydranthren- [Hol], Hydron- [C], Indanthren- [B] [By] [M]. Indigo- [versch.], Küpen- [B], Leukol- [By], Thioindigo- [K] u. a. m.[1]).

7. **Die Oxydationsfarbstoffe** unterscheiden sich von den Küpenfarbstoffen dadurch, daß das farblose Ausgangsmaterial nicht auf die Faser zieht. Erstere werden vielmehr 1. im Bade selbst zur Oxydation gebracht und so von der Faser aufgenommen, oder 2. auf das Fasermaterial in Form der farblosen Ausgangsbase mechanisch aufgeklotzt oder aufgepflatscht. Die so durch Imprägnierung aufgebrachte Leukoverbindung wird nachträglich oxydiert. Hierher gehören nur wenige Farbstoffe: das Anilinschwarz aus der Anilinbase, das Diphenylschwarz aus der Diphenylschwarzbase P oder aus dem Diphenylschwarzöl DO [M], das Ursol, das Paraminbraun aus dem Paramin (Para-Phenylendiamin) und wenige andere.

Die am häufigsten vorkommenden Gruppennamen sind hier u. a.: Fantol- [t. M], Furrol- [C], Nako- [M], Ursol- [A].

8. **Die Diazotierfarbstoffe** (Entwicklungs-, Eis-, Ingrainfarbstoffe, werden durch Diazotierung von Amidoverbindungen und Kuppelung mit bestimmten Komponenten auf der Faser selbst erzeugt. Diese Amidoverbindungen können bereits selbst Amidoazofarbstoffe sein, die auf der Faser weiter diazotiert und gekuppelt werden; es können auch ungefärbte Komponenten sein, die erst durch Diazotierung und Kuppelung Farbstoffe ergeben. Hierher gehören z. B. Amidoazofarbstoffe aus Paradiaminen (z. B. Diaminschwarz), Paranitranilin (und das hieraus erzeugte Pararot), Alphanaphthylamin und die aus Naphthol AS erzeugten Farbstoffe.

Wichtige technische Färbungen sind außer einer großen Zahl von diazotierbaren Amidoazofarbstoffen und den erwähnten Paranitranilinrot und Naphthol AS-

---

[1]) In Abänderung der früheren Bezeichnungen gaben die Badische Anilin- und Soda-Fabrik [B], die Farbenfabriken Bayer [By] und die Farbwerke Höchst [M] durch Zirkular vom Oktober 1922 bekannt, daß ein Teil der früheren Algol- und Helindonfarbstoffe fortan als „Indanthren-Farben" in den Handel kommen würden, und zwar diejenigen früheren „Algol"-, „Helindon"- und „Indanthren"-Farbstoffe, die auf pflanzlichen Fasern (Baumwolle, Leinen, Kunstseide) eine hervorragende Waschechtheit mit einer hervorragenden Lichtechtheit verbinden. Diese Küpenfarbstoffe werden zu einem gemeinsamen „Indanthren-Sortiment" (I-Sortiment) vereinigt und von den genannten drei deutschen Farbenfabriken gemeinsam geliefert. Die nicht für die Aufnahme in das neue I-Sortiment ausgewählten Küpenfarben für Baumwolle usw. führen die drei Firmen künftighin weiter, und zwar Ludwigshafen als „Anthra"-Farben, Leverkusen als „Algol"-Farben und Höchst als „Helindon"-Farben. Auch diese Farbstoffe entsprechen für viele Verwendungsgebiete allen Anforderungen der Praxis durchaus und übertreffen die Marken anderer Farbstoffklassen (substantive, diazotierte und Schwefelfarbstoffe). Diese Abänderungen der Bezeichnungen sind, soweit bekannt geworden, in der weiter unten folgenden Zusammenstellung der wichtigsten Farbstoffe (s. S. 227—256) berücksichtigt.

Entwicklungsfarben u. a. noch: Azophorrosa, Dianisidinblau, Benzidinbraun, Metanitranilinorange, Paranitroorthoanisidinrot, Nitrosoblau, Chloranisidinorange u. a. m.

Den Diazotierfarben sind manche Mineralfarben (s. d.) insofern an die Seite zu stellen, als bei ihnen auch aus nichtfärbenden Komponenten unlösliche gefärbte Pigmente auf der Faser erzeugt werden.

Die Bezeichnung eines Farbstoffes als Entwicklungsfarbstoff ist außerordentlich dehnbar und sollte zur Charakterisierung einer bestimmten färberischen Gruppe lieber vermieden werden. Man könnte darunter sowohl Diazotierfarbstoffe, als auch Nachbehandlungsfarbstoffe (Nachchromierungsfarbstoffe, nachgekupferte substantive Farbstoffe, Schwefelfarbstoffe, die besonderer Nachentwickelung unterworfen werden, usw.), als auch Oxydations- (Anilinschwarz u. a.) und Küpenfarbstoffe verstehen.

Häufiger vorkommende Präfixe von Diazotierungs- und Entwicklungs- sowie sonstigen ausgesprochenen Nachbehandlungsfarbstoffen (außer Nachchromierungsfarbstoffen) sind u. a.:

Azogen- [B], Azophor- [M] [K], Benzochrom- [By], Benzoform- [By], Benzonitrol- [By], Cupramin- [K], Diamin-Nitrazol- [C], Diazanil- [M], Diazo- [By], Diazoecht- [By], Diazogen- [CJ], Diazolicht- [By], Formal- [G], Naphthamin-[OeV], Neoform- [J], Nitrazo- [CJ], Nitrazol- [C], Oxamin- [B], Para- [By], Paragen- [By], Paranil- [A], Paraphor- [M], Phenolamin- [t. M], Pluto- [By], Renolamin- [t. M], Renolazin- [t. M], Sambesi- [A], Zambesi- [A] u. a. m.

9. **Die Lackfarbstoffe** gehören ihrer Zusammensetzung und Verwendung nach nicht zu den eigentlichen Teerfarbstoffen, sondern zu einer besonderen Gruppe der Lacke, die als vorgebildete Präparate in der Textilveredelungsindustrie eine geringe Rolle spielen. Färberisch könnte man sie in die Klasse der Albumin- oder Pigmentfarbstoffe zusammen mit allen anderen Pigmenten rechnen, die mit Hilfe eines mechanisch fixierenden Hilfsmittels (Albumin, Kasein usw.) auf die Faser (meist auf dem Wege des Zeugdrucks) gebracht werden. Hierher würden neben Farbstofflacken alle organischen und anorganischen Pigmente (Metallfarbstoffe in vorgebildeter Form usw.) zu zählen sein.

Gruppennamen von Pigment- und Lackfarbstoffen sind u. a.:

Antol- [B], Ceres- [By], Graphitol- [GrE], Hansa- [M], Helio- [By], Lithol- [B], Permanent- [A], Pigment- [M], Primazin- [B], Radial- [B], Sirius- [B], Sitara- [t. M], Sitarol- [t. M], Sudan- [A], Tuscalin- [B] u. a. m.

10. Zu einer **Mischklasse** kann man schließlich alle Farbstoffe rechnen, die ausgesprochen verschiedenen färberischen Gruppen angehören, die also, wie eingangs am Tuchorange ausgeführt, z. B. gleichzeitig substantiv- und beizenfärbend, bzw. substantiv-, sauer- und beizenfärbend sind od. ä. Solcher Farbstoffe gibt es eine große Zahl; die meisten sind gleichzeitig sauer- und beizenfärbend, wie dies z. B. bei den Nachchromierungs- oder Monochromfarbstoffen der Fall ist. Die Frage, ob ein Farbstoff der Mischklasse zuzurechnen ist oder einer der Klassen, der er vorzugsweise angehört, wird oft schwer zu entscheiden sein, ist aber von grundsätzlich geringer Bedeutung.

Zur Mischklasse gehören färberisch vor allem auch ausgesprochene Halbwollfarbstoffe. In letzter Zeit hat man sich auch besonders bemüht, Farbstoffe zu

schaffen, die möglichst alle Fasern in gleicher Tiefe anfärben. Solche Farbstoffe sind besonders für die Kleiderfärberei und die Hausfärberei von großer Bedeutung. Von Gruppennamen seien hier u. a. erwähnt:
Duatol- [C], Halbwoll- [versch.], Triatol- [Dörr], Universal- [C].

Schließlich kann man noch die öl- und spritlöslichen Farbstoffe als eine besondere Gruppe von Farbstoffen bezeichnen, die aber für die Textilindustrie keine Rolle spielen. Bekanntere Gruppennamen sind hier u. a. Cerasin- [C], Cerotin- [CJ], Moti- [M], Öl- [versch.], Pyronal- [WDC], Sprit- [K].

Einzelne für den Zeugdruck besonders bestimmte Farbstoffe bilden gewissermaßen wieder eine kleine Untergruppe. Sie werden zum Teil auch durch bestimmte Präfixe kenntlich gemacht: Erganon- [B], Gallo- [By], Modern- [DH], Phenochrom [K]. Lediglich oder vorzugsweise für das Färben von Azetatseide bestimmt und geeignet sind die Farbstoffe mit den Präfixen: Azanil- [M], Azedronal- [B], Azetat- [A], Azol- [A], Azonin- [C], Azoninecht- [C], Cellitecht- [By], Jonamine, Silkone [GrE], Tanno- [M], Zellutyl- und Zellutylecht- usw. Auch für die Papier- und Zellstoffärberei sind besondere Gruppennamen im Gebrauch (Helio-, Helioecht- [By], Hansa- usw.)

Geschichtliche Daten der Teerfarbenindustrie-Entwicklung. Der erste künstliche Farbstoff, die Pikrinsäure, wurde 1771 von Woulfe erhalten. Mit der Entdeckung des Mauveins durch W. H. Perkin, 1856, und des Fuchsins durch Verguin, 1859, setzte eine fruchtbare Ära in der Erforschung und Erzeugung der Triphenylmethanfarbstoffe ein, die besonders durch A. W. Hofmanns (Hofmanns Violett, Lauths Methylviolett) Arbeiten intensiv gefördert wurde (1860—1866). Im Jahre 1863 wurde von Calvert, Wood und Wright das Anilinschwarz auf der Faser erzeugt; bald darauf, 1864, folgte das Lauthsche und das Lightfootsche Anilinschwarz (gemeinsame Verwendung von Chloraten und Kupfersalzen) und das Prussiatanilinschwarz von Cordillot, aus dem später das Prud'hommesche Schwarz entstand. 1863—64 wurde das Phenylenbraun (Bismarck-, Manchesterbraun) und das Martiussche Dinitronaphthol entdeckt. Im Jahre 1868 wurde von Graebe und Liebermann das künstliche Alizarin hergestellt und bald darauf in die Praxis eingeführt. 1871 folgten durch v. Baeyer die Phthaleine und Fluoreszeine; 1874 entdeckte Caro das Eosin, 1876 Witt das Chrysoidin, 1878 O. und E. Fischer das Pararosanilin. Im gleichen Jahre stellte O. Fischer das Malachitgrün, Caro das Methylenblau, das Echtrot und Naphtholgelb, Baum die ersten Ponceaux her. Der Indigo wurde von v. Baeyer zuerst im Jahre 1880 erzeugt, aber noch nicht technisch durchgeführt. Das Kristallviolett und das Auramin wurden 1883 von Kern und Caro erhalten. Einen neuen Markstein in der Geschichte der Teerfarben bildete 1884 die Entdeckung des ersten substantiven Farbstoffes, des Kongo, durch Böttiger. Dieser grundlegenden Entdeckung folgten 1885 die Benzopurpurine (Pfaff, Schultz, Duisberg), das Tartrazin (Ziegler), das Naphtholschwarz (Hoffmann und Weinberg). Die Ära der Ingrainfarben wurde 1887 durch die Entdeckung des Primulins durch Green eröffnet. Im selben Jahre erhielt Cérésole das erste Rhodamin, Bohn das Alizarinschwarz S. Letzterer Entdeckung schloß sich 1888 der Ausbau der Alizarinfarbstoffe durch Bohn und R. Schmidt an (Alizarinblau, -grün usw.). Das für die Wollfärberei so wichtige Diamantschwarz F wurde 1889 von Lauch und Krekeler erhalten. Anfang der 90er Jahre kamen die ersten brauchbaren Schwefelfarbstoffe auf den Markt: 1893 das Vidalschwarz von Vidal, 1897 das Immedialschwarz und -blau von Kalischer und das Schwefelschwarz der Agfa [A]. Diesen Farbstoffen schloß sich 1910 würdig der Küpenschwefelfarbstoff Hydronblau an (Haas und Herz). 1897 kam der synthetische Indigo der B. A. & S. F. (Indigo rein) auf den Markt (Heumann, Knietsch), 1901 trat mit ihm der synthetische Indigo der Farbwerke Höchst (Pfleger) in

Wettbewerb. Im gleichen Jahre kamen die komplizierten Indanthren- und Flavanthrenfarbstoffe in den Handel (besonders durch Bohn gefördert), denen sich bald die Algol, Helindon-, Cibafarbstoffe usw. anschlossen. Durch die Arbeiten von P. Friedländer lernte man 1905 die geschwefelten Indigofarbstoffe, das Thioindigorot und den Thioindigoscharlach kennen. Als letztes Glied der Kette sind die prachtvollen Naphthol-AS-Farben und die neuartig konstituierten Indigosole zu nennen.

„Überblickt man die Entwicklung der Teerfarbenindustrie," sagt E. Noelting[1]), „so lassen sich leicht verschiedene Perioden unterscheiden. In der ersten Periode herrscht ein rein empirisches, allerdings recht erfolgreiches Suchen nach neuen Farbstoffen. Dem empirischen Fund der Farbstoffe folgte ihre Strukturerkenntnis als Frucht der Kekuléschen Benzoltheorie. Aus dem Einblick in die Struktur entwickeln sich neue Synthesen, welchen die heutige Industrie ihre konstruktive Arbeitsleistung verdankt. Jedoch war auch in dieser zweiten Periode immer noch die Darstellung der Farbstoffe Selbstzweck, ohne besondere Rücksichtnahme auf die Färberei. Erst in der letzten Periode tritt als beeinflussendes Moment der Farbstoffsynthese die wichtige Wechselwirkung zwischen Herstellung und Anwendung der Farbstoffe in den Vordergrund, indem nicht nur eine Erhöhung der Echtheitseigenschaften, sondern auch eine Vereinfachung in der Anwendung der neuen Farbstoffe erstrebt wird."

Der Gesamtwert der künstlichen Teerfarbstoffe wurde vor dem Kriege auf etwa 400 Millionen Mark geschätzt, wovon auf Deutschland drei Viertel entfielen. 80% der deutschen Produktion ging ins Ausland. In letzter Zeit haben sich die größten deutschen Fabriken zu einer großen Interessengemeinschaft der „Deutschen Teerfarbenfabriken" zusammengeschlossen.

Zusammenstellung der technisch wichtigsten Teerfarbstoffe.

Im Rahmen der vorliegenden Arbeit ist es nicht möglich, sämtliche, heute weit über tausend zählende selbständige Farbstoffe mit ihren Handelsnamen aufzuzählen oder zu besprechen. Und doch ist eine kurze systematische Zusammenstellung der technisch wichtigsten Farbstoffe erforderlich. Diese Zusammenstellung der Farbstoffe nach dem zuletzt entwickelten System des färberischen Verhaltens zu geben, erscheint aus verschiedenen Gründen nicht so geeignet wie nach den chemischen Gruppen; und hier hat sich wiederum im Laufe der Jahre eine besondere Einteilung, diejenige von G. Schultz, als besonders zweckentsprechend und übersichtlich erwiesen.

Zwecks Raumersparnis sind die färberischen Eigenschaften der Farbstoffe und die Farbenfabriken ebenfalls mit den von Schultz eingeführten und heute allgemein gebrauchten Abkürzungen wiedergegeben. Alle weiteren Einzelheiten, wie Literatur, Patentangaben, Herstellungsverfahren, chemische Reaktionen usw. sind nur ausnahmsweise kurz erwähnt, im übrigen aus Spezialwerken zu entnehmen. Die heutige verwickelte Nomenklatur der Teerfarbstoffe erschwert sehr die Übersicht über dieses Gebiet. Die in England und Frankreich im Gange befindlichen Bestrebungen, diese Verhältnisse durch Herausgabe eines „Colour Index" übersichtlicher zu gestalten, sind deshalb sehr zu begrüßen.

[1]) F. Ullmann: Enzyklopädie der technischen Chemie.

Abkürzungen der Farbenfabriken[1]), Faserstoffe und Färbeverfahren.

Die Abkürzungen der Farbenfabriken befinden sich in eckigen Klammern:

[A] = Aktiengesellschaft für Anilinfabrikation, Berlin SO 36. [AAC] = The Albany Aniline Color Works, Albany, N.-J. [B][2]) = Badische Anilin- und Sodafabrik, Ludwigshafen a. Rh. [BACo] = The British Alizarine Company, Ltd., Silvertown Victoria Docks, London E. [BK] = Leipziger Anilinfabrik Beyer & Kegel, Fürstenberg a. O. [Bra] = Brassard & Crawford, Wakefield, Engl. [Bri] = British Dyestuffs Corporation, Ltd., Blackley near Manchester. [By] = Farbenfabriken vorm. Friedr. Bayer & Co., Leverkusen bei Köln. [C] = Leopold Cassella & Co., Frankfurt a. M. [ClCo] = The Clayton Aniline Company, Clayton bei Manchester. [CJ] = Carl Jäger G. m. b. H., Düsseldorf-Derendorf. [CR] = Claus & Rée, Aniline Colors Manufacturers, Clayton Manchester. [Daw] = John Dawson & Co., Ltd., Kirkheaton Color Works, Huddersfield. [DH] = Farbwerke vorm. L. Durand, Huguenin & Co., Basel. [FA] = Farbwerk Amersfoort, Amersfoort, Holland. [FTM] = Fabriques de Produits chimiques de Thann & de Mulhouse, Mülhausen i. E. [G] = Anilinfarben- und Extraktfabriken vorm. Joh. Rud. Geigy, Basel. [Gr] = Robert Grässer, Chemical Works bei Ruabon, North-Wales. [Gr-E] = Chemische Fabrik Griesheim-Elektron, Frankfurt a. M. [H] = Read Holliday & Sons Limited, Huddersfield. [HM] = The Heller & Merz Co., American Aniline Works, New-York. [Hol] = L. B. Holliday & Co., Ltd., Huddersfield, Engl. [HR] = Hudson River Aniline Color Works, Albany, N.-J. [J] = Gesellschaft für chemische Industrie, Basel. [K] = Kalle & Co., Biebrich a. Rh. [Ki] = Kinzlberger & Co., Prag. [L] = Farbwerk Mühlheim vorm. A. Leonhardt & Co., Mühlheim a. M. [LD] = Lepetit, Dollfuss & Gansser, Susa (Italien). [Lev] = Levinstein Limited, Blackley bei Manchester. [LM] = Leeds Manufacturing Company, Brooklyn. [Lo] = Charles Lowe & Co., Manchester. [M] = Farbwerke vorm. Meister Lucius & Brüning, Höchst a. M. [MLy] = Manufacture Lyonnaise de Matières colorantes, Lyon. [Nat] = National Aniline & Chemical Co., Buffallo, N.-Y. [NF] = Niederländische Farben- und Chemikalienfabrik, Delft (Holland). [NJ] = Chemikalienwerk Griesheim G. m. b. H., Griesheim a. M. [OeV] = Oesterreichischer Verein f. chem. & metallurg. Produktion, Hruschau. (Fabrikation der Teerfarben aufgegeben.) [Ox] = J. C. Oxley's Dyes & Chemicals Ltd., Dewsbury, Yorks. [P] = Société Anonyme des matières colorantes et produits chimiques de St. Denis, Paris (Rue Lafayette 105). [RD] = Roberts, Dale & Co., Manchester. [Rob] = James Robinson & Co. Ltd., Huddersfield. [RW & Co] = R. Wedekind & Co., Ürdingen a. Rh. [S] = Chemische Fabrik vorm. Sandoz & Co., Basel. [Sch] = Schoellkopf, Hartford & Hanna Co., Buffalo (Ver. St. v. N.-A.). [t. M.] = Chemische Fabriken vorm. Weiler-ter Meer, Ürdingen a. Rh. [Uni] = United States Color & Chemical Co. [W] = William Brothers & Co., Hounslow Middlesex. [WDC] = Wülfing, Dahl & Co., Barmen.

Für die Faserstoffe sind folgende, nicht eingeklammerte Abkürzungen gewählt:

Bw. = Baumwolle. **Wo.** = Wolle. **S.** = Seide. **HWo.** = Halbwolle (Wolle mit Baumwolle). **HS.** = Halbseide (Seide mit Baumwolle). **Gl.** = Gloria (Wolle mit Seide). Die für Baumwolle gegebenen Daten beziehen sich im allgemeinen auch für die anderen pflanzlichen Faserstoffe (Flachs, Hanf, Ramie usw.).

Für die Färbeverfahren sind folgende, in runden Klammern stehende Abkürzungen gewählt:

a) Beim Färben der **Baumwolle:**

(**TV**) = Tanninvorbeize. (**TN**) = direkte Färbung und Nachbehandlung mit Tanninbrechweinstein. (**D**) = direkte Färbung. (**DD**) = direkte Färbung,

---

[1]) Die führenden deutschen Teerfarbenfabriken haben sich in neuester Zeit zu der „I. G. Farbenindustrie, Aktiengesellschaft" mit Nachbenennung der einzelnen Werke zusammengeschlossen, z. B.: „I. G. Farbenindustrie, A.-G., Farbenfabriken vorm. Friedr. Bayer & Co., Leverkusen bei Köln a. Rh."

[2]) Vielfach findet sich auch die Abkürzung B. A. & S. F.

durch Dämpfen entwickelt. (**S**) = direkte Färbung, mit Solidogen entwickelt. (**Cr**) = direkte Färbung, mit Chromoxydsalz entwickelt. (**KCr**) = direkte Färbung, mit Kupfervitriol und Bichromat entwickelt. (**K**) = direkte Färbung, mit Kupfervitriol entwickelt. (**Cl**) = direkte Färbung, mit Chlorkalk entwickelt. (**Ph**) = direkte Färbung, auf der Faser diazotiert und mit Phenol entwickelt. (**Phd**) = direkte Färbung, auf der Faser diazotiert und mit Metaphenylendiamin entwickelt. (**N**) = direkte Färbung, auf der Faser diazotiert und mit Betanaphthol entwickelt. (**NG**) = auf Betanaphtholgrund. (**KP**) = geklotzt und in Paranitranilin ausgefärbt. (**NS**) = direkte Färbung, auf der Faser diazotiert, mit Betanaphthol entwickelt und mit Solidogen nachbehandelt. (**Sa**) = direkte Färbung, auf der Faser diazotiert und mit Soda entwickelt. (**Az**) = direkte Färbung, auf der Faser mit Azophorrot (oder diazotiertem Paranitranilin) entwickelt. (**AlV**) = Tonerdevorbeize. (**CrV**) = Chromvorbeize. (**FeV**) = Eisenvorbeize. (**HK**) = in der Hydrosulfitküpe gefärbt.

b) Beim Färben der **Wolle:**

(**N**) = in neutralem oder schwach mit Essigsäure angesäuertem Bade gefärbt. (**SE**) = in schwach essigsaurem Bade gefärbt. (**ES**) = in schwach essigsaurem Bade angefärbt, mit Schwefelsäure zu Ende gefärbt. (**E**) = in essigsaurem Bade gefärbt. (**S**) = in schwefelsaurem Bade gefärbt (gewöhnliche Färbemethode für Säurefarbstoffe). (**Alk**) = in alkalischem Bade gefärbt und mit Säure entwickelt. (**Cr**) = sauer aufgefärbt und mit Chromkali entwickelt. (**Fl**) = sauer aufgefärbt und mit Fluorchrom entwickelt. (**K**) = sauer aufgefärbt und mit Kupfervitriol entwickelt. (**CrK**) = sauer aufgefärbt und mit Kupfervitriol und Chromkali entwickelt. (**SB**) = auf Schwefelbeize gefärbt. (**CrV**) = auf Chrombeize gefärbt. (**AlV**) = auf Alaunbeize gefärbt. (**HK**) = auf der Hydrosulfitküpe gefärbt.

Die Verwendung der Farbstoffe für Färbung oder Druck bezieht sich immer, wenn keine besonderen Angaben gemacht sind, auf die Färbung (**Färb.**); andernfalls wird besonders „Druck" angegeben. Der erreichte Farbton ist ohne nennenswerte Abkürzung wiedergegeben; zu ergänzen ist hier überall „färbt" oder „färben".

Beispiel: „[A, B, M] Wo. rot (S)" bedeutet: „Der Farbstoff wird von der Aktiengesellschaft für Anilinfabrikation, der Badischen Anilin- und Sodafabrik und den Farbwerken Höchst hergestellt bzw. in den Handel gebracht; er färbt Wolle nach dem gewöhnlichen Säureverfahren rot."

Nitrofarbstoffe.

Nitro-azofarbstoffe u. a. gemischte Nitrofarbstoffe sind noch unter den Azofarbstoffen usw. zu finden.

Pikrinsäure, symmetrisches Trinitrophenol, ist der älteste künstliche Farbstoff (1771). Dient im beschränktem Maße zum Gelbfärben und Nuancieren von Wo. und besonders S. in saurem Bade. Bw. wird von ihr nicht angefärbt.

Martiusgelb, Naphthalingelb[1]), Dinitro-Alphanaphtholat färbt Wo. gelb (S), S. in saurem oder gebrochenem Bastseifenbade gelb.

Naphtholgelb S, Dinitro-Alphanaphtholsulfosaures Alkalisalz, Wo. und S. gelb (S).

---

[1]) Die in einem Absatz hintereinander aufgezählten Farbstoffe stellen meist einen und denselben Farbstoff unter verschiedenen Namen (Synonima) dar oder chemisch sehr nah verwandte Farbstoffe und Farbstoffmarken. Die Markenbezeichnungen B, G, R usw. deuten im allgemeinen den charakteristischen Stich oder Ton an (Blau, Grün, Rot) und den Grad dieser Tönung (BB, 6 G usw.). Die Bezeichnungen S, SS usw. bedeuten im allgemeinen die Sulfosäuren, also sauer färbende Farbstoffe. Sonstige Zeichen sind Fabrikationszeichen usw.

Nitrosofarbstoffe.

Bilden mit Eisensalzen dunkelgrüne komplexe Lacke. Die wenigen in Betracht kommenden Farbstoffe sind:

Dinitrosoresorzin, Solidgrün O in Teig [M], Dunkelgrün in Teig[1]) [C, B], Bw. grün (FeV) bzw. gelblichbraun (CrV).

Gambine Y [H], Viridon FF [M], Dampfgrün G [B], Soliddruckgrün [By]. Bw. grün (FeV) bzw. braun (CrV).

Dioxin [L], Gambine B [H], Bw. wie vorstehend.

Naphtholgrün B [C], Grün PL [B], Naphtholgrün [t. M]. Wo. grün (S), direkt und bei Gegenwart von Eisensalzen. Für Bw. ungeeignet.

Stilbenfarbstoffe.

Abkömmlinge des Stilbens oder Diphenyläthylens,

$$C_6H_5—CH=CH—C_6H_5,$$

insbesondere Azo-, Azoxy-, Nitroso-, Nitroverbindungen von Stilbenderivaten, Distilbensulfosäuren usw.

Direktgelb R [By, P, Gr-E] oder Diaminechtgelb A [C], weitere Bezeichnungen für den Farbstoff: Direktgelb G [J], Naphthamingelb G [K], Curcumin S [A, L], Sonnengelb [G] usw. Bw. goldgelb (D), Wo. und S. (S).

Mikadogelb [A] bzw. Mikadogelb G, G extra [L], Mikadogoldgelb 2 G, 4 G, 6 G, 8 G [L], Naphthamingelb 2 G, 3 G [K], Stilbengelb 2 G, 3 G, 4 G, 8 G [ClCo], Dianildirektgelb S [M], Stilbengelb 3 G [B] usw. Bw. grünlichgelb (D).

Mikadoorange G, R, 2 R, 3 R, 4 R, 5 R [L, A, By], Naphthylaminorange 2 R [K], Direktorange G [G], Chloraminorange G [By], Mikadobraun B, BB, G, 3 GO, M [L], Bw. orange bis braun (D).

Diphenylcitronin G [G], Bw. gelb (D).

Polychromin B [G], Baumwollbraun R [G], Direktbraun R [G], Diphenylorange RR [G], Echtbaumwollbraun R [G], Bw. rötlich bis bräunlichorange (D).

Diphenylchrysoin G [G], Bw. goldgelb (D).

Chicagoorange G (G), Bw. rötlich-orange (D).

Curcuphenine, Curcupheningelb [ClCo], Bw. orangegelb (D).

Chlorophenine, Orange GO, R, Y, RO, RR [ClCo], Bw. orange (D).

Diphenylechtgelb [G], Bw. gelb (D).

Pyrazolonfarbstoffe.

Leiten sich von dem fünfgliederigen, stickstoffhaltigen Pyrazolonring ab und sind zum größten Teil Azofarbstoffe.

Flavazin L [M], Echtlichtgelb G, 2 G, 3 G [By], Wo. und S. klargelb (S).

---

[1]) Die in einem Absatz hintereinander aufgezählten Farbstoffe stellen meist einen und denselben Farbstoff unter verschiedenen Namen (Synonima) dar oder chemisch sehr nah verwandte Farbstoffe und Farbstoffmarken. Die Markenbezeichnungen B, G, R usw. deuten im allgemeinen den charakteristischen Stich oder Ton an (Blau, Grün, Rot) und den Grad dieser Tönung (BB, 6 G usw.). Die Bezeichnungen S, SS usw. bedeuten im allgemeinen die Sulfosäuren, also sauer färbende Farbstoffe. Sonstige Zeichen sind Fabrikationszeichen usw.

Flavazin S [M], Hydrazingelb SO [Gr-E], Wo. etwas bräunlicher als Tartrazin (S).

Tartrazin [B, By, J, H, S], Tartrazin O [M], Hydrazingelb O, L [Gr-E], Echtwollgelb G [K], Säuregelb AT [C], Wo. und S. lichtecht gelb (S).

Dianilgelb 3 G [M], Bw. gelb (D) und (K).

Dianilgelb R [M], Bw. goldgelb (D), echter nach (KCr).

Dianilgelb 2 R [M], Bw. gelb (D), echter nach (KCr).

Eriochromrot B [G], Wo. rötlich braungelb [S).

Azofarbstoffe.

Weitaus größte Klasse der Farbstoffe. Für die Darstellung werden allein über 200 Amine verwendet, deren wichtigste Vertreter das Anilin und Naphthylamin mit ihren Homologen sind. Die Einteilung geschieht am übersichtlichsten in Monoazofarbstoffe, Disazofarbstoffe (primäre, sekundäre, tertiäre), Trisazofarbstoffe von besonderen Typen, Tetrakisazofarbstoffe. Von den mit den Synonymen nach tausenden zählenden Farbstoffen können nachstehend nur die wichtigsten aufgezählt werden.

a) Monoazofarbstoffe vom Typus R→K.

Amidoazobenzol [A, M] ist der einfachste Vertreter. Der Farbstoff wurde früher auch als Spritgelb [L, t. M] oder Anilingelb [DH] für die Textilfärberei verwendet; heute wird er nur noch zum Färben von Spritlacken, Fetten und Nahrungsmitteln gebraucht. Er stellt ein wichtiges Ausgangsmaterial für die Darstellung von Sulfosäuren, Paraphenylendiamin, Indulinen u. a. dar.

Chrysoidin [Anilin → m-Phenylendiamin][1]), alter basischer Azofarbstoff (1875), Wo. und S. orange (D), Bw. (TV). Die mäßige Echtheit der Färbungen wird durch (KCr) verbessert. Durch Ersetzung des m-Phenylendiamins durch m-Toluylendiamin entstehen Chrysoidin R, REE, RG usw. von gleichen färberischen Eigenschaften.

Ponceau 4 GB [A], Brillantorange G [M], Orange GR, X [B], Orange ENL [C], Croceinorange [By, K, P], alter Farbstoff (1878), Wo., S., HWo., HS. feurig orangerot (S).

Orange G [M, A, B, K, t. M], Echtlichtorange G [By], Orange GG [C], gleichfalls einer der ältesten Azofarbstoffe (1878), Wo., S., HS. orangegelb (S).

Ponceau G, 2 G [B, M], Brillant-Ponceau GG [C], Wo. und S. rötlichorange (S).

Chromotrop 2 R [M], Wo. fuchsinrot (S), durch Nachchromieren wird ein Pflaumenblau bis Violettschwarz erzeugt.

Echtsäurefuchsin B [By], Wo. und S. blaurot (S).

Amidonaphtholrot G [M], Azophloxin 2 G [By]. Wo. rot (S).

Metanitranilinorange [M] und Azophororange MN [M], Bw. orange (NG), besonders für Druck.

---

[1]) Das weiterhin häufiger vorkommende Pfeilzeichen → bedeutet die Vereinigung der Diazoverbindung des ersten Komponenten mit dem zweiten.

Alizaringelb GG [M], 3 G [By], 2 GT [B], Anthracengelb GG [C], kein eigentlicher Alizarin- oder Anthracenfarbstoff, m-Nitranilin → Salizylsäure, Wo. gelb (Cr), Ersatz für Gelbholz. Die Salizylsäuregruppe verleiht dem Farbstoff den Charakter eines Beizenfarbstoffes.

Thiazolgelb R [By], Nitrophenine [ClCo] ist ein Diazoamidofarbstoff und schwefelhaltig, p-Nitranilin → Dehydrothiotoluidinsulfosäure, Bw. grünlichgelb (D).

Paranitranilinrot [M], Pararot (auf der Faser) [M, B], Paranitranilin S [By], Azophorrot PN [M], Nitrazol C [C], Nitrosaminrot [B], Benzonitrol [By] sind verschiedene Verbindungen zur Erzeugung von Pararot auf der Faser, zum Teil haltbare Diazokörper aus p-Nitranilin, p-Nitranilin → Betanaphthol. Näheres über Herstellung s. u. Eisfarben.

Chromotrop 2 B [M], Wo. blaurot (S).

Alizaringelb R [M, By], RW [M], Beizengelb 3 R [B], Walkorange R [L], Anthracengelb RN [C], Metachromorange R [A] ist die dem Alizaringelb GG (s. o.) entsprechende Verbindung aus p-Nitranilin → Salizylsäure; Wo. rötlichgelb (Cr oder CrV). Ist kein eigentlicher Alizarinfarbstoff, wohl aber ein Beizenfarbstoff.

Wollviolett S [B], Wo. rotviolett (S).

Azophosphin GO [M], Bw. gelb (TV).

Viktoriaviolett 4 BS [M, By], Äthylsäureviolett S 4 B [B], Azowollblau [C] und die ähnlichen Viktoriaviolett 8 BS [M] und Viktoriaviolett 5 B [B], Wo. blauviolett (S).

Azosäureblau B, 3 B konz., 3 BO [M], 4 B, 6 B [By], Äthylsäureblau RR [B], Wo. und S. marineblau (S).

Azosäurerot B [M], Azogrenadin S [By], Lanafuchsin 6 B, BBS, SB, SG [C], Sorbinrot BB, G [B], Wollrot SB [Gr-E], Wo. und S. echt rot (S); dienen besonders auch für Mischfarben und zum Nuancieren.

Azogrenadin L [By], Wo. bräunlichrot (S).

Amidonaphtholrot 6 B [M], Brillantsäurekarmin 6 B [Gr-E], Wo. rot (S), durch Nachchromieren echter.

Chromotrop 6 B [M], Echtsäurerot EBB [L], Wo. violettrot (S).

Brillantorange O [M], Orange GT [By], RN [C], Croceinorange R [By, t. M], Wo. orangegelb (S).

Azofuchsin B [By], Wo. fuchsinrot (S).

Brillantorange R [M], Scharlach GR [A], R [By], Orange N [B, K], Ponceau 2 G [B], Wo. und S. gelblichrot (S).

Palatinscharlach A [B], Cochenillescharlach PS [By], Brillantwollscharlach [K], Brillantcochenille 2 R, 4 R [C], Wo. scharlachrot (S).

Ponceau R, 2 R [A, B, M, By], Ponceau G [M, A, B, C], Ponceau FR, FRR [C], Brillantponceau G [C], Ponceau GR [M], Wo. rot (S).

Ponceau 3 R, 4 R [A, B, M, By, K, L, Gr-E], Ponceau FRRR [C], Wo. rot (S).

Periwollblau B, BG, G [C], Wo. marine- bis grünlichblau (S).

Säureanthracenbraun R [By], Wo. braun (S).

Metachrombraun B [A]. Wo. unter Zusatz von Metachrombeize (Ammonsulfat und gelbes Kaliumchromat) satt dunkelbraun.

Metachrombordeaux R, B [A], Wo. mit Metachrombeize (s. o.) einbadig bordeauxrot.

Azoeosin G [By, K], Wo. schwefelecht rot (S).

Azocochenille [By], Wo. rot (S).

Chromechtgelb GG [A], Wo. und S. grünlichgelb (Cr).

Chloranisidinscharlach (auf der Faser erzeugt) [M], Chloranisidinsalz M [M], Chloranisidin P [B], auf mit Betanaphthol grundierter Faser erzeugt, scharlachrot (Chloranisidin → Betanaphthol).

Azorosa NT [M], Tuskalinrotbase [B], Nitrosaminrosa BX [B], Nitroanisidin A [A]. Bw. wie vorstehend lebhaft rosa (p-Nitro-o-anisidin → Betanaphthol).

Tuskalinorange G [B], Im Kattundruck auf der Faser erzeugt (entsprechende m-Nitroverbindung des vorstehenden Farbstoffes).

Eosamin BG [A], Wo. und S. bläulichrot (S).

Coccinin B, C [M], Wo. rot (S).

Diamantflavin G [By], Wo. gelb (CrV).

Beizengelb GRO [B], Wo. bräunlichgelb (CrV).

Doppelponceau R, 2 R, 3 R, 4 R [By], Wo. rot (S).

Palatinrot A [B], Naphthorubin O [M], Azorot N extra [L], Wo., S. und HS. blaurot (S).

Echtrot BT [By], Wo. rot (S).

Echtrot B [B, L], Echtrot P extra [By], Bordeaux B [A, M], Bordeaux BL [C], Bordeaux R extra [M], Wo. und S. bordeauxrot (S).

Kristallponceau [A, B, K, L], Kristallponceau 6 R [C, M, By], Wo. rot (S).

Chromotrop 10 B [M], Wo. rotviolett (S).

Erika 2 GN [A], Direktrosa G [S], Bw. bläulichrosa (D).

Geranin 2 B, G [By], Brillantgeranin B, 2 BN 3 B [By], Bw. bläulichrosa (D).

Diaminrosa R extra BD, BG, GD, GGN, FFB [C], Dianilrosa BD [M], Bw., HWo. und HS. rosa (D).

Salmrot A [A], Bw. lachsfarben (D).

Erika B extra, BN [A, L], Bw. rosa (D).

Erika G extra, GN, 4 GN [A], Bw. rosa (D).

Eminrot [A], Wo., S., HWo., HS. rot (S), durch (Cr) echter.

Diazingrün S [K], Janusgrün B, G [M], Halbwollgrün B [M], Bw. blaugrün (TV).

Diazinschwarz [K], Bw. schwarz (TV).

Indoinblau R, BB, BR, [B], Indonblau 2 B, 2 R [By], Janusblau G, R [M], Janusdunkelblau B, R [M], Diazinblau [K], Halbwollblau R [M], Indolblau B, R [A], Indolblau 4 B, F, L [L], Naphthindon BB, BR, T [C]. Verbindungen aus diazotiertem Safranin und Betanaphthol. Bw. indigoblau (TV).

Janusgrau B, BB [M]. Bw. und Kunstseide rotblau bis graublau (TV).

Metanilgelb, extra [A, B, C, G, K], PL, [B], Viktoriagelb O [M], Wo. und S. orangegelb (S); säureempfindlich.

Metanilgelb S, Säuregelb GG, Säuregelb MGS [Gr-E], durch Sulfurierung des vorstehenden erhalten. Wo. gelb (S); weniger rot und säureempfindlich als vorstehende Marke.

Echtgelb O [M], extra [B, By], G [B], S [C], Säuregelb AT [C], G, R [A], T, TD, CH, G, R [L], Wo. Neugelb L [K], Wo. und S. gelb (S).

Orange IV [B, K, C, G, By, L, M, t. M], N [B, J], GS [Gr-E], Neugelb extra [By], Säuregelb D extra [A], Tropäolin OO [C], Säuregelb krist. [C], Sulfanilsäure → Diphenylamin, alter Farbstoff (1876). Wo., S., HWo. HS. orangegelb (S).

Azoflavin RS [B], 3 R konz. [t. M]. Citronin [J, Gr-E, L], Indischgelb R [By, C, H], ein Nitroazofarbstoff. Wo. und S. goldgelb, ziemlich säureecht (S).

Azogelb [M, K, S, DH, J, t. M], Azoflavin S [B], Azosäuregelb [A], Indischgelb G [By, C], Citronin G [L], gleichfalls ein Nitroazofarbstoff, dem vorstehenden ähnlich; färbt wie vorstehende Wo. und S. gelb (S).

Brillantgelb S [B], Gelb WR [J], Curcumin [G], Wo. und S. gelb (S).

Chrysoin [B, J], G [M], Goldgelb [By], Resorzingelb [A, K, H], Tropäolin O [C], Wo. und S. rötlichgelb (S).

Orange I [t. M, K], Orange S [B], Orange B [L], Sulfanilsäure → Alphanaphthol. Wo. und S. orange (S).

Orange II [B, J, K], No. 2 [M], extra [C], A [L], Säureorange [G], Goldorange [By, t. M], Mandarin G [A, By], Orange II B [By], Sulfanilsäure → Betanaphthol. Wo. und S. orange (S). In der Seidenfärberei viel gebraucht.

Azofuchsin G [By], Wo. fuchsinrot (S).

Azofuchsin GN extra, S, 6 B [By], Wo. fuchsinrot (S).

Säurealizarinbraun B [M], Palatinchrombraun W [B], Anthracylchrombraun D [WDC], Wo. braun (Cr).

Säurealizaringranat R [M], Wo. braun und bordeaux (Cr).

Säurealizarinviolett N [M], Palatinchromviolett [B], Anthracenchromviolett B [C], Wo. violett (Cr).

Diamantschwarz PV [By], Wo. schwarz bis blauschwarz, pottingecht (CrV).

Säurealizarinschwarz R [M], Wo. tiefschwarz (Cr).

Naphthylaminbraun [B], Echtbraun N [B], Chrombraun RO [M], Wo. braunorange (S), durch (Cr) braun.

Echtrot A [A, By, L, K, t. M], AV [B], O [M], Roccellin [C, J, G], Wo. und S. rot (S).

Brillantechtrot G [B], Wo. und S. rot (S).

Azorubin [Gr-E], A [C], S [A], Azosäurerubin R [K], Echtrot C [B], Wo. rot (S), violettblau (Cr).

Echtrot VR [By], Wo. blaurot (S).

Chromotrop F4B [M], Azochromblau B [K], Diamantblau 3 B [By], Wo. blaurot, beim Nachchromieren marineblau (Cr.).

Echtrot E [B, By, K], S [M, DH], extra [A], Naphtholrot GR [B], Wo. rot (S).

Croceinscharlach 3 BX [By, K], Coccin 2 B [A]. Wolle rot (S).

Amarant [C, M, J], Naphtholrot O [M], S [B], C, EB [C], Naphthylaminrot G [By], Echtrot D [B, Gr-E], Echtrot NS [By], Bordeaux S, SF [A], Viktoriarubin O [M], Wollrot extra [K], Wo. und S. bläulichrot (S).

Cochenillerot A [B], Croceinscharlach 4 BX [K], Brillantponceau 4 R [C, By], 5 R [By], Neucoccin O [M], Wo. und S. scharlachrot (S).

Ponceau 6 R [M, B], Wo. rot (S).

Chromotrop 8 B [M], Wo. rotviolett (S).

Chromotrop FB [M], Wolle marineblau (Cr.).

Doppelbrillantscharlach G [A, K], Scharlach für Seide [M], Wo. und S. gelbrot (S).

Seidenponceau G [K], Ponceau S für Seide [J], Scharlach für Seide [B], Wo. und S. rot (S).

Doppelscharlach extra S [A], Brillantponceau 4 R [By], Doppelbrillantscharlach S [K], Brillantdoppelscharlach 3 R [By], Wo. scharlachrot (S).

Chromgelb D [By], Beizengelb O [M], Walkgelb G [L], Alizaringelb G [S], Anthracengelb BN [C], Chromechtgelb R [A], Salizingelb D [K], Beizengelb GD, GS, R [B]. Wo. gelb (Cr).

Palatinchromschwarz 6 B [B], Salizinschwarz UL, U [K], Eriochromblauschwarz R [G], Säurealizarinblauschwarz A [M], Diamantblauschwarz EB [By], Anthracenblauschwarz BE [C], Chromechtschwarz PW [J], Wo. rotbraun (S) oder schwarz (Cr); letzteres sehr gut wasch-, walk- und lichtecht.

Eriochromschwarz T [G], Wo. rötlich- (S) oder bläulichschwarz (Cr).

Eriochromschwarz A [G], Wo. rotbraun (S), oder tiefschwarz (Cr).

Anthracenchromschwarz F, FE, 5 B, P extra [C], Wo. lichecht schwarz (CrV).

Lanazylviolett B [C]. Wo. violett (S).

Lanazylblau BB, R [C], Lanazylmarineblau B, BB, 3 B [C]. Wo. dunkelblau (S).

Tolylblau SR [M], Sulfonsäureblau G, R [By]. Wo. mit Glaubersalz und Essigsäure unter späterem Zusatz von 1—2% Schwefelsäure licht- und alkaliecht blau.

Tolylblau SB [M], Sulfonsäureblau B [By], Brillanttuchblau 3 F [K]. Wo. in essigsaurem Bade lichtecht dunkelblau.

Benzobraun 5 R [By], Alkalibraun [WDC), Primulin → m-Phenylendiamin. Bw. rotbraun (D).

Pyramingelb R [B], Bw. und W. im Glaubersalzbade goldgelb.

Baumwollorange G [B], Bw. orangegelb (D).

Clayton Tuchrot [ClCo], Stanleyrot [ClCo], Titanscharlach D [H], Wo. und S. rot (S).

Rosophenine 10 B [ClCo], Thiazinrot R [B], Bw. rosa bis karmoisinrot (S), ist säureecht.

Rosophenine SG [ClCo], Bw. rosa bis karmoisinrot (D).

Titanrosa 3 B [H], Thiazinrot GN [B], Bw. im Salzbade oder HS. im Seifenbade waschecht rosa; Wo. scharlachrot.

Thiazinrot G [B], Bw. gelbrosa bis gelbrot [D], Wo. HWo., S. Mit Kupfervitriol nachbehandelt sehr lichtecht.

Clayton Gelb [ClCo], Thiazolgelb [A], G, R [By], Naphthaminreingelb G [K], Oxydiamingelb TZ [C], Titangelb G [H], Mimosa [G], Bw. und HS. gelb (D), ferner S. in schwach essigsaurem und HS. in schwach alkal. Bade. Alkaliempfindlich.

Oriolgelb [G], Baumwollgelb R [B], Alkaligelb [WDC], Bw. gelb (D), durch (K) lichtechter, aber röter. Kann auch als Ingrainfarbe auf der Faser erzeugt werden. Bildet mit Chromoxyd unlösliche Lacke. Im Kattundruck verwendet. Ist ein schwefelhaltiger Primulinfarbstoff (Primulin → Salizylsäure).

Säurealizarinrot B [M], Wo. rot (S) oder bordeauxrot (Cr).

Palatinchromrot B [B] als Entwickelungsfarbstoff verwendet.

Diamantgelb G [By], Wo. grünlichgelb (CrV).

Chromotropblau A, AGL [M], Wo. marineblau (Cr).

b) Disazofarbstoffe.

α) Primäre Disazofarbstoffe (aus Monaminen) vom Typus $\genfrac{}{}{0pt}{}{R}{R'}\rangle K$.

(R und R′ bedeuten gleiche oder verschiedene Diazoverbindungen, welche auf eine und dieselbe Komponente K einwirken.)

Baumwollorange R [B], Bw. orange (D), S. und HWo.

Resorzinbraun [A,K,J], Wo. braun (S).

Echtbraun G, GR [A], Wo. gelbbraun (S).

Echtbraun [By], Wo. braun (S).

Echtbraun O, NT [M], Wo. und S. braunrot (S).

Naphtholblauschwarz S [C], B [L], Blauschwarz NB [K], Amidoschwarz 10 BO [M], Amidosäureschwarz 10 B [A], Naphthylaminschwarz 10 B [By], Wo. grünschwarz (S).

Palatinschwarz A [B], Wollschwarz 4 B, 6 B [A], Wo. und S. alkali- und karbonisierecht schwarz (S).

Anthracensäurebraun G, GN, N, R [C], Wo. licht- und luftecht gelbbraun (Cr).

Janusgelb G, R [M], basischer Disazofarbstoff, Bw. gelb (TV) oder (TN).

β) Sekundäre Disazofarbstoffe (aus Monaminen) vom Typus R→K—K′.

(Die aus R→K erhaltene Diazoverbindung wirkt auf eine dritte Komponente K′ ein).

Tuchrot G [By], R [WDC], Seiderot R [B], Wo. und S. rot (S).

Brillantcrocein M [C], 3 B [By], bläulich [M], O [K], Baumwollscharlach [B], Ponceau BO extra [A], Wo. und S. rot (S).

Ponceau 5 R [M, K], Erythrin P [B], Wo. und S. bläulichrot (S).

Azosäureviolett A2B, AL, B extra, R extra, 4 R [By], Wo. rötlichviolett (S). Mit Zinnsalz und Zinkstaub ätzbar.

Tuchrot 3 G extra [By], 3 GA [A], 3 G [Gr-E], Wo. rot (Cr).

Tuchrot 3 B extra [By], Wo. und S. blaurot (S) oder (CrV).

Tuchrot B [By, WDC], Wo. rot (Cr).

Tuchrot G [Gr-E], G extra [By], GA [A], Wo. dunkelrot (CrV).

Tuchrot B [Gr-E, K], O [M], BA [A], BB [WDC], Wollrot B [C], Echtbordeaux O [M], Wo. braunrot (S).

Janusrot B [M], Bw. rot (TV).

Sulfonschwarz G, R [By], Wo. schwarz (schwachsauer).

Nyanzaschwarz B [A], Bw. schwarz (D), Wo. (N).

Doppelscharlach [K], Ponceau B extra [M], 3 RB [A], Echtponceau B, G [B], Scharlach EC [C], Wo. bläulichscharlach (S).

Croceinscharlach 3 B [By, K], Ponceau 4 RB [A], Erythrin 2 R [B], Wo. rot (sauer), Bw. mit Alaun.

Croceinscharlach 8 B [K, By], Ponceau 6 RB [A], Erythrin 7 B [B], Wo. und S. rot (S).

Sulfonschwarz 3 B, 4 BT [By], Wo. licht- und walkecht schwarz (S).

Sulfoncyanin G, GR extra, 3 R, 5 R extra [By], Tolylblau GR extra, 5 R extra [M], Wo., S., HWo. in neutralem Bade mit Ammonazetat blau.

Naphthalinsäureschwarz 4 B, S [By], Wo. und S. blauschwarz (S).

Viktoriaschwarz B [By] und die analogen: G, 5 G [By], Neuviktoriaschwarzblau [By], Viktoriaschwarzblau [By], Neuviktoriaschwarz B, 5 G [By], Phenolschwarz SG, SS [By], Phenolblauschwarz 3 B [By], Wo. blauschwarz (S). Licht-, alkali-, säure- und schwefelechte Färbungen.

Jetschwarz R [By], Wo. in neutralem oder essigsaurem Bade blauschwarz.

Sulfoncyaninschwarz B, 2 B [By], Tolylschwarz B, BB [M], Wo. blauschwarz (N).

Naphthylaminschwarz D [C, K], Wo., S., HWo. schwarz (N) oder (S).

Anthracitschwarz B, R (C), Wo. grau bis schwarz (essigsaures Bad).

Naphthylblauschwarz N, NV, FB, FBB [C], Alphylblauschwarz O [M], Wo. tief blauschwarz (in essigsaurem Bade mit K-Nachbehandlung).

Naphtholschwarz 6 B [C, K], Brillantschwarz BD [B], Wo. schwarz (S).

Diaminblau 6 G [C], Bw. blau (D).

Naphtholschwarz B [C], Karbonschwarz B, 3 B [M], Wo. blauschwarz (S).

Diaminogenblau BB [C], Diazanilblau BB [M]. Direkte Bw.-Färbung wertlos. Auf der Faser diazotiert und mit Betanaphthol gekuppelt, sattes Blau.

Diaminogen B, extra [C], Bw. dunkelblau (D), auf der Faser diazotiert + Betanaphthol = Indigoblau, + Diamin = Schwarz.

Diamantschwarz F [B, By, L], Salizinschwarz D [K], Echtbeizenschwarz B, T [M], Wo. blauschwarz (Cr).

Diamantgrün B, 3 G, SS [By], Wo. licht-, walk-, säure-, alkaliecht dunkelblaugrün (Cr).

Anthracensäureschwarz DSF, DSN, LW, ST, SW [C], Wo. lichtecht schwarz (Cr).

Biebricher Patentschwarz 4 AN, 6 AN, 4 BN, 6 BN [K], Wo. licht- und tragecht schwarz (S).

γ) Tertiäre Disazofarbstoffe (aus Monaminen) vom Typus $\begin{matrix} R\rightarrow K. \\ | \\ R'\rightarrow K. \end{matrix}$

Benzoechtscharlach GS, 4 BS, 5 BS, 8 BS, 4 BA, 8 BA, 8 BF, 8 BSN, 7 BS [By], Bw. gut säureecht blau- bis gelbrot (D).

δ) Disazofarbstoffe (aus Diaminen) vom Typus $R\genfrac{}{}{0pt}{}{\nearrow K}{\searrow K'}$.

Bismarckbraun, verschiedene Marken [A, By, L, K], Vevusin, verschiedene Marken [M, B], Lederbraun A, B (C), Tetrazotiertes m-Phenylendiamin + 2 Mol. m-Phenylendiamin, Wo., S., Leder braun (N), durch (Cr) oder (K) echter.

Vesuvin B [B], Manchesterbraun PS, EE [C], Bismarckbraun R [J, By, Gr-E], entsprechende Verbindung aus 3 Mol. m-Toluylendiamin, Wo., Leder (N) und Bw. (TV) braun.

Verschiedene „Toluylen“-Farbstoffe (Toluylenbraun G, -gelb, -orange RR) [Gr-E], Bw. direkt.

Säurealizarinschwarz SE [M], Palatinchromschwarz F, FN, FT [B], Wo. schwarz (Cr).

Säurealizarinschwarz SN [M], Palatinchromschwarz S [B], Wo. sehr echt blauschwarz (Cr); für Apparatefärberei geeignet.

Walkrot G [C]. Wo. rot (S).

Anthracengelb C [C, By], Echtbeizengelb GI [B], Säurealizaringelb RC [M], Wo. gelb (S) oder walk- und lichtecht (Cr).

Baumwollgelb G [B], Benzoechtgelb 5 GL [By], Diaminechtgelb 3 G [C], Bw. lichtecht gelb (D), mit Chrombeize gefärbt oder gedruckt waschecht.

Benzoechtrosa 2 BL [By], Bw. licht- und waschecht rosa (D).

Hessisch Purpur N [L, By], Bw. wenig echt bläulichrot (D).

Hessisch Brillantpurpur [L], Bw. blaurot (D).

Brillantgelb [L, By, Gr-E], Papiergelb 3 G [B], Renolbrillantgelb konz. [t. M], Bw. in saurem Bade gelb; lichtecht, alkaliempfindlich.

Chrysophenin G [L, A, By], Direktgelb CRG [L], Aurophenin O [M], Pyramingelb G [B], Triazolgelb G [Gr-E], Bw. neutral oder sauer gelb (D).

Hessisch Gelb [L], Bw. gelb (D).

Pyraminorange 3 G [B], Benzidinfarbstoff. Bw. gelborange (D).

Kongo [A], Kongorot [By, L], Dianilrot R [M], Baumwollrot B [K], C [J], 4 B [Gr-E]; aus 1 Mol. Benzidin und 2 Mol. Naphthionsäure. Erster Benzidinfarbstoff; 1884 von Böttiger entdeckt. Bw. (D) und Wo. (SE) rot. Wegen der geringen Echtheit heute ohne praktische Bedeutung.

Diazoschwarz B [By], Bw. (D), auf der Faser diazotiert und mit Betanaphthol entwickelt, schwarz.

Orange TA [A, By, L), Bw. rotorange (D). HWo.

Kongokorinth [A, By, L], Baumwollkorinth G [B, Gr-E], Dianilbordeaux G [M], Bw. bräunlichrot (D).

Kongorubin [A, By, L], B [K], Baumwollrubin [B], Bw. rot (D).

Pyraminorange 2 R [B], rotorange (D).

Kongoorange G [A, By, L], Bw. orange (D).

Brillantkongo G [A, L], Bw. feurigrot (D).

Diaminscharlach B [C], Dianilponceau G [M], Bw. rot (D).

Heliotrop 2 B [By, A, L], Bw. violett (D).

Dianilblau R [M], Bw. blau (D).

Chicagoblau 4 R [A], Benzoblau 4 R [By], Diaminblau C4R [C], Bw. blau (D).

Kolumbiablau R [A], Benzorotblau R [By], Diaminblau LR [C], Bw. blau (D).

Oxaminviolett [B], Dianilviolett BE [M], Naphthaminviolett BE [K], Oxydiaminviolett BF [C], Benzoviolett O [By], Bw. rotviolett (D).

Diaminviolett N [C], Dianilviolett H [M], Naphthaminviolett N [K], Benzoechtviolett NC [By], Bw. violett (D).

Diaminschwarz RO [C], Naphthaminschwarz BVE [K], Oxaminschwarz 2 R [B], Bw. grauviolett (D), auf der Faser diazotiert und entwickelt, echtes Schwarz.

Diaminbraun V [C], Dianilbraun BH [M], Oxaminbraun B [B], Bw. violettbraun (D).

Dianilgranat B [M], Benzoechtrot 9 BL [By], Bw. blaurot (D).

Diaminschwarz BH [C], Dianilschwarz ES [M], Naphthaminschwarz CE [K], Direktschwarz HB [L], Diazoschwarz BHN [By], Oxaminschwarz BHN [B], Bw. (D), auf der Faser diazotiert und mit Betanaphthol oder m-Phenylendiamin entwickelt schwarz.

Benzocyanin R [By], Diamincyanin R [C], Kongocyanin R [A], Bw. rötlichblau (D).

Diaminblau BB [C], Benzoblau BB [By], Kongoblau 2 BX [A], Dianilblau H2G [M], Naphthaminblau 2 BX [K], Benzaminblau 2 B [WDC], Bw. blau (D).

Chrysamin G [By, A, L], tetrazotiertes Benzidin + 2 Mol. Salizylsäure, Bw. gelb (D).

Diaminechtrot F [C], Dianilechtrot PH [M], Naphthaminrot H [K], Oxaminechtrot F [B], Benzoechtrot FC [By], Kolumbiaechtrot F [A], Triazolechtrot C [Gr-E], Diphenylechtrot [G], Hessisch Echtrot F [L], Benzaminechtrot F [WDC], Bw. mit Glaubersalz und 2 % Soda rot (D); Wo. im Salzbade und (Cr) gelbrot; S. im essigsauren Bade.

Diaminbraun M [C], Dianilbraun MH [M], Naphthaminbraun H [K], Renolbraun M B konz. [t. M], Direktdunkelbraun M [L], Direktbraun M [J], Oxaminbraun R [B], Bw. braun (D), durch (KCr) oder (Phd) oder (N) echter.

Anthracenrot [J, By], ist ein Nitrobenzidinfarbstoff. Wo. mit Glaubersalz und Essigsäure oder (CrV) rot; durch (Cr) blaustichig scharlachrot.

Oxaminrot [B], Bw. braun (D).

Diphenylbraun RN, BN [G], Bw. dunkelbraun (D).

Diaminbraun B [C], Bw. braun (D).

Dianilechtscharlach 8 BS [M], Toluylenrot [Gr-E], Chlorantinrot 8 B [J], Acetopurpurin 8 B [A], Diphenylrot 8 B [G], Oxaminscharlach B [B], Bw. blaurot (D).

Sulfonazurin D [By], Wo. und Bw. mit Glaubersalz blau (D).

Toluylenorange R [Gr-E, M, L], Alkaliorange RT [WDC], Direktorange R [J], Oxydiaminorange R [C], Plutoorange R [By], Bw. rötlichorange (D), durch (Az) waschecht rotbraun.

Benzopurpurin 4 B [By, A, L, Gr-E, t. M], Baumwollrot 4 B [B, J, K], Dianilrot 4 B [M], Diaminrot 4 B [C], Bw. rot (D). Tetrazotiertes Tolidin + 2 Mol. Naphthionsäure.

Benzopurpurin 6 B [A, By, L, t. M], Dianilrot 6 B [M], Baumwollrot 6 B [J], Diaminrot 6 B [C], Bw. rot (D).

Benzopurpurin B [By, A, L, Gr-E, t. M], Baumwollrot B [J], Bw. rot (D).

Deltapurpurin 5 B [By, A, L, M, K], Baumwollpurpur 5 B [B], Bw. rot (D).

Diaminrot 3 B [A], Deltapurpurin 7 B [Lev.], Bw. rot (D).

Brillantpurpurin 4 B [A, By], Bw. gelbrot (D).

Brillantpurpurin R [A, By, L], Bw. rot (D).

Brillantcongo R [A, By, L], Brillantdianilrot R [M], Bw. rot (D), HWo., HS.

Rosazurin G [By, A], Bw. bläulichrot (D).

Rosazurin B [By, A], Bw. bläulichrot (D).

Kongoorange R [A, By, L], Bw. orangegelb (D).

Kongo 4 R [A], Kongorot 4 R [By], Bw. rot (D).

Kongokorinth B [A, By, L], Dianilbordeaux B [M], Baumwollcorinth B [Gr-E], Bw. braunviolett (D).

Dianilblau 2 R [M], Naphthaminbrillantblau 2 R [K], Benzoneublau 2 B [By], Bw. blau (D).

Chicagoblau 2 R [A], Benzoblau 2 R [By], Diaminblau C2R [C], Bw. und Wo. blau (D).

Oxaminblau 4 R [B], Dianilazurin 3 R [M], Naphthaminblau 3 RE [K], Benzoazurin 3 R [By], Bw. violettblau (D); kann diazotiert und entwickelt werden.

Diaminblau BX [C], Benzoblau BX [By], Kongoblau BX [A], Dianilblau HG [M], Naphthaminblau BXR [K], Ebolineublau 2 B [L], Benzaminblau BX [WDC], Bw. blau (D).

Kolumbiablau G [A], Benzorotblau G [By], Diaminblau LG [C], Bw. blau (D).

Chicagoblau R [A, By], Diaminblau CR [C], Bw. blau (D).

Benzocyanin B [By], Diamincyanin B [C], Kongocyanin B [A], Bw. säureecht blau (D).

Diaminblau 3 B [C], Benzoblau 3 B [By], Kongoblau 3 B [A], Dianilblau H3G [M], Naphthaminblau 3 BX [K], Benzaminblau 3 B [WDC], Bw. blau (D).

Toluylenorange G [Gr-E, By, A, L], Dianilorange N [M], Direktorange G [J], Oxydiaminorange G [C], Plutoorange G [By], Bw. mit 2,5% Seife und 10% Natronphosphat orange bis gelb, durch (Az) rotbraun; HWo., HS., Wo., S.

Chrysamin R [By, A, L, t. M], tetrazotiertes Tolidin + 2 Mol. Salizylsäure, Bw. gelb (D).

Walkscharlach 4 R konz. [M], Säureanthracenrot 3 B [By], Floridarot R [L], Wo. direkt oder (CrV) feurig rot.

Diaminschwarz BO [C], Bw. blauschwarz (D) oder (N).

Diamingelb N [C], Bw. licht- und ziemlich waschecht gelb (D).

Benzopurpurin 10 B [By, L, A, Gr-E, K, t. M], Dianilrot 10 B [M], Baumwollrot 10 B [J], Diaminrot 10 B [C], Bw. karmoisinrot (D).

Dianisidinblau [M], Azophorblau D [M], Azophorschwarz S [M]. Tetrazotiertes Dianisidin + 2 Mol. Betanaphthol. Das Schwarz stellt ein Gemisch von Tetrazodianisol mit anderen Diazoverbindungen in haltbarer Form dar. Auf der Faser erzeugt, Bw. blau bzw. schwarz (NG).

Benzoazurin G [By, A, L, K, Gr-E], R [By ,A, L, Gr-E], Dianilazurin G [M], Baumwollblau 3 G [J], Oxaminblau A konz. [B], Bw. blau (D), durch (K) echter, aber grüner und stumpfer.

Benzoazurin 3 G [By, A, L, K], Bw. blau (D).

Brillantazurin 5 G [By, A, L], Bw. blau (D), durch (K) echter.

Kongoblau 2 B [By], Bw. blau (D), durch Nachkupfern licht- und waschecht.

Dianilblau G [M], Bw. grünlichblau (D).

Diaminbrillantblau G [C], Bw. blau (D).

Chlorazolblau B u. a. Marken [H], Chlorazolbrillantblau 8 B u. a. Marken [H], Bw. blau (D), durch (K) lichtecht.

Chicagoblau RW [A], Benzoblau RW [By], Diaminblau RW [C], Bw. blau (D).

Oxaminblau B [B], Bw. indigoblau (D), ziemlich echt.

Chicagoblau 4 B [A], Benzoreinblau 4 B [By], Diaminreinblau C 4 B [C], Bw. grünblau (D), durch (K) echter.

Chicagoblau B [A, By], Diaminblau CB [C], Bw. blau (D).

Chicagoblau 6 B [A], Diaminreinblau FF [C], Brillantbenzoblau 6 B [By], Oxaminreinblau 6 B [B], Bw. reinblau (D), durch (K) echter.

Benzocyanin 3 B [By], Diamincyanin 3 B [C] Kongocyanin 3 B [A], Bw. rein blau (D), durch (K) echter.

Diaminreinblau [C], Benzoreinblau konz. [By,] Kongoreinblau [A], Dianilblau H6G [M], Naphthaminblau 7 B [K], Oxaminreinblau 5 B [B], Direktblau RBA [L], Bw. reinblau (D); durch (K) matter, aber sehr lichtecht.

Diaminkatechu [C], Naphthylenviolett [C]. Letzterer färbt Bw. violett (D) und wird nach dem Diazotieren und Behandeln mit warmer Sodalösung oder mit Entwicklern (Phenol, Echtblauentwickler AD [C]) braun, indem sich hierbei das Diaminkatechu auf der Faser bildet.

Diamingoldgelb [C], Bw. mit 20% Kochsalz und 5% Soda (D) reingelb.

c) Trisazofarbstoffe.

α) Vom Typus: $\begin{matrix} R\to K \searrow \\ R' \nearrow \end{matrix} K'$ (aus Monaminen).

Janusbraun B, R [M], basischer Farbstoff. Bw. braun (TV) oder (T); HWo. in saurem Bade.

β) Vom Typus: $R\begin{matrix} \nearrow K \\ \searrow K' \to K^2 \end{matrix}$ (aus einem Diamin und einem Monamin).

Kolumbiaschwarz FB, FF extra [A], Patentdianilschwarz FF extra [M], Bw. schwarz (D).

Diaminbetaschwarz B, BB, BGH [C], Bw. dunkelblau (D); diazotiert und entwickelt, licht- und waschecht schwarz.

Direktindigoblau A [J], Bw. indigoblau (D).

Diazoblauschwarz RS [By], Bw. dunkelblau (D); auf der Faser diazotiert und mit Betanaphthol entwickelt, schwarz.

Benzograu S [By], Bw. grau (D).

Benzoolive [By], Bw. ziemlich echt oliv (D).

Diaminbronze G [C], Bw. gelblichbraun (D), durch (K) lichtechter.

Benzoschwarzblau R [By], Bw. schwarzblau (D).

Kongoechtblau R [A], Benzoechtblau R [By], Bw. blau (D).

Benzoindigoblau [By], Bw. indigoblau (D).

Kolumbiaschwarz R [A], Bw. schwarz (D).

Kolumbiaschwarz B [A], Direktblauschwarz B, 2 B [By], Bw. schwarz (D).

Kongoechtblau B [A], Benzoechtblau B [By], Bw. blau (D).

Benzoschwarzblau 5 G [By], Bw. grünlich-schwarz (D).

Karbonschwarz AW, CW, CDW [K], Naphthamindirektschwarz FF, BFG, CS [K], Bw. gut licht- und säureecht schwarz (D).

Benzoschwarzblau G [By], Bw. schwarzblau (D).

γ) Vom Typus: $\begin{matrix} & \nearrow K \\ R & \searrow K' \\ R' & \nearrow \end{matrix}$ (aus einem Diamin und einem Monamin).

Patentdianilschwarz EB konz. [M], Halbwollschwarz [By], Direkttiefschwarz EW extra [By], Baumwollschwarz RW extra [B], Bw. und HWo. direkt schwarz (D).

Patentdianilschwarz EBV extra konz. [M], Direkttiefschwarz RW extra [By], Baumwollschwarz E extra [B], Bw. und HWo. schwarz (D).

Kolumbiaschwarzgrün D [A], Bw. schwarzgrün (D).

Eboligrün CW, T, S, B, ST [L], Bw. grün (D), durch (Cr) echter.

Diphenylgrün G, 3 G [G], Bw. grün (D).

Diaminschwarz HW [C], Naphthaminschwarz H [K], Bw. grünlichschwarz, bügelecht (D).

Diamingrün B [C], Dianilgrün B [M], Alkaligrün [WDC], Oxamingrün B [B], Bw. grün (D).

Diamingrün G [C], Alkaligrün D [WDC], Dianilgrün BBN [M], Oxamingrün G [B], Bw. grün (D); empfindlich gegen Kupfersalze.

Kongobraun G [A], Naphthaminbraun 4 G [K], Bw. braun (D), durch (K) echter.

Kolumbiagrün [A], Direktgrün CO [L], Bw. grün (D).

Dianilschwarz R [M], Bw. schwarz (D), durch (Az) waschechter.

Kongobraun R [A], Bw. braun (D), durch (K) echter.

Azokorinth [Gr-E], Bw. corinthfarben (D).

δ) Vom Typus: $R \begin{matrix} \nearrow K \\ \rightarrow K \\ \searrow K \end{matrix}$ (aus Triaminen).

Alizaringelb FS [DH], Wo. ziemlich echtgelb (Cr).

ε) Vom Typus: 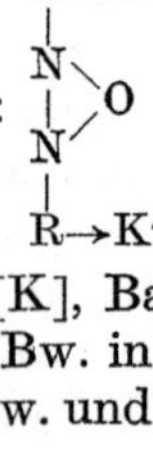 .

Rosophenin 4 B [ClCo], Rosanol 4 B [K], Baumwollrot S [B], Dianthinrot 4 B [H], Rouge de St. Denis [P]. Bw. in stark alkalischem Bade und mit viel Kochsalz rot; merzerisierte Bw. und Wo. rot.

d) Tetrakisazofarbstoffe.

α) Vom Typus: $\begin{matrix} R \searrow \\ R' \lessgtr \\ R \nearrow \end{matrix}\begin{matrix} K \\ K \end{matrix}$ (aus einem Diamin und zwei Monaminen).

Benzobraun G [By], Bw. im Kochsalzbade braun (D).
Direktbraun J, JP [J], Bw. braun (D).
Benzobraun B [By], Bw. braun (D).
Toluylenbraun R [Gr-E], Bw. braun (D).
Hessisch Braun BBN [L], braun (D).
Baumwollbraun A, N [C], Benzobraun BX, BR [By], Bw. kastanienbraun (D); durch (Az) und Entwickeln mit Betanaphthol waschecht.

β) Vom Typus: $R\begin{matrix} \nearrow K \rightarrow K' \\ \searrow K \rightarrow K^2 \end{matrix}$ (aus einem Diamin und zwei Monaminen).

Dianilschwarz PR [M], Bw. schwarz (D); durch (Az) echter.

γ) Vom Typus: $\begin{matrix} R \rightarrow K \searrow \\ R \rightarrow K \nearrow \end{matrix} K^2$ (aus vier Monaminen).

Anthracensäurebraun B [C], Wo. dunkelbraun (Cr).

Auramine (Diphenylmethanfarbstoffe, Ketonimine).

Auramin [B, J, G, M, By, A, L, t. M], das Chlorhydrat des Tetramethyldiamidobenzophenonimids oder des Tetramethyldiamidodiphenylketonimins oder des Imidotetramethyldiamidodiphenylmethans:

$$NH{=}C\begin{matrix} \diagup C_6H_4 \cdot N(CH_3)_2 \\ \diagdown C_6H_4 \cdot N(CH_3)_2 \end{matrix} \cdot HCl.$$

Von Kern und Caro 1883 entdeckt. Färbt Bw. bei 60—70° (in kochendem Wasser treten Zersetzungen des Auramins ein) gelb (TV); Wo. und S. direkt gelb (N). Farbstoff von geringer Echtheit; deshalb für den ausgiebigen Gebrauch im Druck ungeeignet. Die konzentrierten Marken kommen als Auramin O, OO, OO extra, die mit Dextrin abgeschwächten Marken als Auramin I, II, IIE, konz., III usw. in den Handel.

Auramin G [B, G, J], entsprechende Diamidoverbindung des Di-o-tolylmethans. Färbt wie vorstehendes Auramin O.

Triphenylmethan- und Diphenylnaphthylmethanfarbstoffe.

a) Triphenylmethanfarbstoffe.

1. Diamidoderivate.

Malachitgrün [A, K, C], Malachitgrün B [B] (Zinksalz), Malachitgrün krist. extra, superf. B, 4 B [M], Neuviktoriagrün extra O, I, II [B, t. M] (Oxalat), Benzalgrün OO [Gr-E], Diamantgrün B [B], Solidgrün O, J [J], Solidgrün verschiedene Marken [C, L], Neugrün verschiedene Marken [By], Chinagrün krist. [By], Lichtgrün N [L]. Kondensationsprodukt von Benzaldehyd mit Dimethylanilin: Tetramethyldi-p-amidotriphenylmethan, $C_6H_5 \cdot CH\begin{matrix} \diagup C_6H_4N(CH_3)_2 \\ \diagdown C_6H_4N(CH_3)_2 \end{matrix}$. Bw. bei 60—70° bläulichgrün (TV); geschwefelte Wo. grün (SB); Wo. und S. auch direkt in saurem Bade.

Setoglaucin O [G], Neusolidgrün 3 B [J], Bw. grünstichig blau (TV), S. direkt.

Türkisblau B, BB, G, GG, GL extra [By], Bw. grünlichblau bis blaugrün (TV); S. direkt in saurem Bade.

Brillantgrün extra, O, II [B], krist. extra [M, C], krist. [By, K, L, t. M], O [Gr-E], Malachitgrün G [B], Diamantgrün G [B], Äthylgrün [A], Smaragdgrün krist. [J, By, t. M], Solidgrün JJO [J]. Sulfat des Tetraäthyldi-p-amidotriphenylkarbinols[1]: $C_6H_5-C\begin{cases}C_6H_4N(C_2H_5)_2\\C_6H_4N(C_2H_5)_2\end{cases}$. Bw. grün mit gelberem Stich als Malachitgrün (TV), S., geschwefelte Wo., Jute, Leder direkt.

Setocyanin O [G], Bw. grünlichblau (TV), Seide direkt.

Firnblau [J], Bw. grünstichig blau (TV), S. und Wo. schwach sauer.

Guineagrün B [A], Neusäuregrün 3 BX [By], Säuregrün 2 BG extra konz. [t. M], Wo. und S. grün (S).

Nachtgrün A konz. [t. M], Patentgrün AGL [M], Walkgrün BW [L], Neptungrün SG [B], Brillantsäuregrün 6 B [By], Benzylgrün B [J], Brillantwalkgrün B [C], Echtwollgrün B [K], Echtsäuregrün 6 B [Gr-E], Erioviridin B [G], Wo. und S. gut walkecht blaugrün (S).

Lichtgrün SF bläulich [B], Säuregrün [L], GB [B], 2 B, 3 B, 6 B [By], M [M], O bläulich, B extra [J], extra konz. B [C], Nr. O [Gr-E], BB extra, BBN extra [By], 2 BG extra [t. M], Wo. und S. etwas blauer als „Lichtgrün SF gelblich" (s. nachst. F.) in saurem Bade.

Lichtgrün SF gelblich, S [B], 2 G extra konz., 2 GN extra konz. [t. M], Säuregrün D konz. [M], G [K], extra konz. 5 G, H [C], F extra, GB extra, GG extra [By], extra [WDC] O gelblich, G extra [J], OOO [L], OG [Gr-E], G, 2 G, 3 G, 4 G [t. M] usw., Wo. und S. grün (S).

Erioglaucin verschiedene Marken [G], Säureblau EG [L], Neptungrün BR [B], Wo. und S. alkaliecht grünblau (S).

2. Triamidoderivate.

Parafuchsin [K, M], salzsaures Salz des Diamidofuchsonimoniums (v. Baeyers Nomenklatur) oder das salzsaure Pararosanilin (bzw. Triparaamidotriphenylkarbidrid): $C\begin{cases}C_6H_4NH_2\\=C_6H_4NH\cdot HCl\\C_6H_4NH_2\end{cases}$. Nach Rosenstiehl hat es die Formel: $Cl-C\equiv(C_6H_4NH_2)_3$. Wo., S. und Leder rot direkt, Bw. rot (TV).

Fuchsin, verschiedene Marken [M, B, K, L, C, t. M], Diamantfuchsin verschiedene Marken [B, J, By], Brillantfuchsin [Gr-E] usw. Gemisch von vorstehendem salzsaurem Pararosanilin und salzsaurem Rosanilin (Di-

---

[1]) Unter der Karbinolgruppe versteht man die Gruppierung $C\begin{cases}R\\R\\R\\OH\end{cases}$; Karbinolanhydrid oder Karbidrid ist das Anhydrid derselben: $C\begin{cases}R\\R\\R\end{cases}$; welches aber auch vielfach als Karbinol bezeichnet wird.

amidomethylfuchsonimoniumchlorid oder Triparaamidodiphenyltolylkarbidrid: $C \begin{cases} C_6H_4NH_2 \\ C_6H_4NH \cdot HCl \\ C_6H_3 \cdot CH_3 \cdot NH_2 \end{cases}$.

Weitere Bezeichnungen für Fuchsin sind u. a.: Magenta, Rubin, Cerise, Grenadin, Marron, Kardinal, Kardinalrot, Geranium, Juchtenrot usw. 1858 von Verguin entdeckter Farbstoff. Färbt wie Parafuchsin Bw. rot (TV], Wo., S. und Leder direkt. Prototyp der basischen Farbstoffe. Im allgemeinen wenig echt.

Neufuchsin O [M], Neufuchsin [Gr-E, By, t. M], Isorubin [A]; ist das Triamidotritolylkabidridchlorhydrat. Färbt wie Fuchsin, nur in lebhafterem und blauerem Ton.

Rotviolett 5 R extra [B], Primula R [M], Violett 4 RN [J], Rotviolett [t. M]; ein Di- oder Triäthylrosanilin. Färbt wie Fuchsin.

Methylviolett verschiedene Marken [A, B, By, C, M, Gr-E, t. M usw.], Gemisch von Chloriden höher methylierter Pararosaniline, besonders von Penta- und Hexamethylverbindungen. Färbt (wie Fuchsin) violett.

Kristallviolett, verschiedene Marken [B, M, By, J, t. M]; ist ein Hexamethylviolett, das Hexamethyl-p-Rosanilin; Bw. violett (TV), Wo. und S. direkt.

Methylviolett 5 B, 6 B, 7 B, 10 B usw. verschiedener Firmen, Benzylviolett, verschiedene Marken [t. M] enthält benzyliertes Pararosanilin. Bw. violett (TV), Wo. und S. direkt.

Äthylviolett [B, J, G], Hexaäthyl-p-Rosanilinsalz, Bw. violett (TV), Wo. und S. (E).

Methylgrün [K, t. M], Doppelgrün SF [K], Methylgrün krist. [A, By], S. im Bastseifenbade grün.

Lichtblau superfein spritlöslich [M]; in reinem Sprit gelöst S. blau (S).

Spritblau verschiedene Marken [B, L, t. M, WDC, J, K], Blau II spritlöslich [M], Opalblau [C], Lichtblau [t. M], Gentianablau 6 B [A] usw. zum Färben von Spritlacken, blau.

Viktoriablau 4 R [B, J, M, A, t. M, S], Bw. blau (TV), Wo. und S. direkt.

Echtgrün extra u. a. Marken [By], Walkgrün 228 [WDC]. Es ist eine Sulfosäure. Wo. und S. grün (S).

Fuchsin S, SN, SS, ST usw. [B], Säurefuchsin, verschiedene Marken [M, K, L, A, C, By, t. M]. Durch Sulfurierung von Fuchsin erhaltene Di- und Trisulfosäure des p-Rosanilins und Rosanilins. S. rot in gebrochenem Bastseifenbade, Wo. (S).

Säureviolett 4 BN [B, J], 6 B [By], 7 B [L], N [M], Wo. und S. blauviolett (S).

Echtsäureviolett 10 B [By], Wo. violettblau (S).

Säureviolett 6 B [A, By], Wo. blauviolett (S).

Säureviolett 6 B [t. M], 4 BC [B], 5 B [By], 4 BS [L], Formylviolett S4B, 5 BN [C], Guineaviolett S4B [A], Wo. und S. blauviolett (S).

Alkaliviolett 6 B [B, J], O [M], R, LR [By], C, CA [C], A [t. M], Wo. in alkalischem Bade (Alk), auch saurem und neutralem Bade blauviolett.

Methylalkaliblau [B, M, G, Gr-E, K], Alkaliblau 6 B [J, C], D [A], Wo. blau (Alk).

Alkaliblau R bis 5 R, B bis 5 B usw. [A, B, By, C, G, L, K, M, t. M], Wo. blau (Alk).

Methylblau für Seide [M, Gr-E, K], Seidenblau [By], Marineblau B [J]. S. blau in gebrochenem Bastseifenbade.

Methylblau [A, C], Methylblau für Baumwolle [K, J, M. Gr-E], Methylwasserblau [B], Reinblau BSJ [J], Methylbaumwollblau [G], Helvetiablau [G], Brillantbaumwollblau N extra grünlich [By], Bw. blau (TV), S. direkt (S).

Wasserblau, verschiedene Marken [B, M, By, A, L, G, C, K, J, Gr-E], Chinablau [A, L], Baumwollblau extra [M], 3 B [G], Baumwollenblau [L], Seidenblau [M, Gr-E], Wo. und S. direkt (S); gebeizte Bw. oder Jute.

Brillantdianilblau 6 G [M], Betaminblau 8 B [Gr-E], Brillantchlorazolblau [H], Isaminblau 6 B [C], Direktblau 12 B [L], Brillantreinblau 5 G [By], Bw. mit Alaun und Schwefelsäure blau, S. in gebrochenem Bastseifenbade.

Agalmagrün B [B], Wo. und S. gelbgrün (S).

3. Amidooxyderivate.

Patentblau V, N, L, superfein, konz., extra [M], V [A], Neptunblau BG [B], Brillantsäureblau V [By], Säureblau G [t. M], Tetracyanol V, SF [C], Wo. grünlichblau (S).

Cyanin B [M], Wo. indigoblau (S).

Patentblau A [M, A], Neptunblau B [B], Brillantsäureblau A [By], Tetracyanol A [C]. Wo. grünlichblau (S).

Cyanol extra, FF, AB, GG, C, V, VN, BN, BB, BSB, extra H [C,MLy], Säureblau 6 G [C], Wo. reinblau (S), S. im gebrochenen Bastseifenbade.

Ketonblau 4 BN Lösung [M], Wo. und S. blau (S).

Säureviolett 6 BN [B, J, M], 6 BNO [J], 6 B [H], Wo. und S. blau (S).

Chromviolett in Teig [By], Wo. violett (CrV).

Chrombordeaux, verschiedene Marken [By], Wo. bordeauxrot (CrV).

Eriochromazurol B [G], Wo. bordeauxrot (S); durch (Cr) walk- und pottingecht blau.

Eriochromcyanin R [G], Wo. rot (S); durch (Cr) echt violettblau.

Chromazurol S [G], Wo. bordeauxrot (S); durch (Cr) alkaliecht blau.

Aurin (p-Rosolsäure), Gelbes Corallin (Natriumsalz des Aurins). Neben Pikrinsäure mit der älteste Farbstoff (Runge 1834). Dient heute nur zur Herstellung von Spritlacken, für photographische Zwecke usw.

Chromviolett [G], Chromrubin [By], Bw. seifenecht rötlichviolett (CrV).

b) Diphenylnaphthylmethanfarbstoffe.

Viktoriablau R [B, J, M, t. M, A], Neuviktoriablau B [By], Bw. blau (TV), S. und Wo. direkt blau.

Viktoriablau B [B, J, M, By, A, t. M], Bw. direkt, mit Alaun gebeizt oder tanniert, blau, Wo. und S. direkt (E).

Nachtblau [B, J], Bw. grünstichiger blau als vorstehendes (TV), Wo. und S. (E).

Säureviolett 5 BNS, 6 BNS, 7 BS [S], Wo. blauviolett (S).
Echtsäureblau B [By], Intensivblau [By], Wo. rötlichblau (S).
Neupatentblau B, 4 B [By], Wo. und S. reinblau (S).
Naphthalingrün V [M, J], Eriogrün extra [G], Wo. und S. grün (S).
Säureblau B [S], Wollblau G extra [A], Wo. blau (S).
Wollgrün S [B, J, S], BS, BS extra [By], Cyanolgrün B [C], Wo. und S. grün (S).
Chromblau in Teig [By], Wo. blau (CrV), Bw.-Druck.

Xanthonfarbstoffe.

a) Amidoverbindungen (Fluorinfarbstoffe).

1. Pyronine.

Pyronin G [L, By], Bw. karmoisinrot (TV), Wo. und S. direkt.
Akridinrot B, BB, 3 B [L], Bw. rosenrot (TV.), für Wo. und S. weniger gebraucht.

2. Succineïne.

Rhodamin S, S extra [B, J, By], Bw., HS. direkt rosa.

3. Rhodamine (Amidophthaleïne).

Rhodamin 6 G, 6 G extra [B, J, M], Brillantrosa 5 G [L], Bw. leuchtend rot (TV), S. direkt; gelber als nachstehende Marke.
Rhodamin G, G extra [B, J, M, K], Brillantrosa G [L], Wo. und S. rot mit Fluoreszenz (N), Bw. ohne Fluoreszenz (TV).
Rhodamin B, B extra [B, J, By, M, A, C, K], O [M], Brillantrosa B [L], Phthalein des Diäthylamidophenols. Wo. und S. bläulichrot mit starker Fluoreszenz (N); Bw. violettrot ohne Fluoreszenz (TV), geölte Bw. mit Fluoreszenz.
Rhodamin 3 B, 3 B extra [B, J], Wo. und S. (schöne, gelbrote Fluoreszenz) blauer rosa als vorstehende Marke; ungebeizte Bw. rotviolett.
Rhodin 12 GM [J], S. und tannierte Bw. gelbrot.
Rhodamin 3 G, 3 G extra [B], Irisamin G, G extra [C], Wo., S. und tannierte Bw. leuchtend rot.
Rhodin 2 G [J], Wo., S. und tannierte Bw. leuchtend rot.
Rhodamin 12 GF [J], S. und tannierte Bw. leuchtend gelbrot.
Sulforhodamin B [M], Brillantkitonrot B [J], Xylenrot B [S], Wo. reinrot (S).
Echtsäureviolett B [M], Violamin B [M], Wo. und S. violett (S).
Echtsäureeosin G [M], Echtsäurephloxin A [M], Wo. lachsrot (S).
Echtsäureviolett A2R [M], Violamin R [M], Wo. und S. rotviolett (S).
Säurerosamin A [M], Violamin G [M], Wo. und S. rosa (S).
Echtsäureblau R [M], Violamin 3 B [M], Wo. und S. blau (S).

b) Oxyverbindungen (Fluoronfarbstoffe).

1. Oxyphthaleïne.

Uranin [B, A, L, M, t. M], Fluoresceïn [C], Wo. und S. grünlich fluoreszierend gelb (S). Hat als Farbstoff keine Bedeutung.
Eosin, verschiedene Marken [B, M, A, K, C, L, t. M], Wo. und S. (mit gelbroter Fluoreszenz) rot (E).

Erythrosin, verschiedene Marken [B, J, L, C, M, t. M], Bw. in lauwarmem Kochsalzbade von 4—5° Bé oder (AlV), Wo. in essigsaurem oder essigsaurem Alaunbade, S. in gebrochenem Seifenbade gelblichrot mit gelblichroter Fluoreszenz.

Phloxin P [B], Phloxin [C, M], Erythrosin BB [A], Wo. ohne Fluoreszenz bläulichrot (E).

Rose bengale, verschiedene Marken [B, A, C, M, L, t. M], Wo. (E), Bw. im Kochsalzbade, S. in gebrochenem Seifenbade bläulichrot ohne Fluoreszenz.

Phloxin [M], Cyanosin [DH], Eosin 10 B [C], Wo. und S. in essigsaurem Bade, Bw. im Kochsalzbade, 4—5° Bé, rot.

Galleïn, verschiedene Marken [M, B, By], Bw., Wo. und S. violett (CrV).

2. Anthraoxyphthaleïne.

Coeruleïn, verschiedene Marken [M, B, By], Wo., S. und Bw. grün (CrV).

Akridinfarbstoffe.

Akridingelb G, R, T [L], Chlorhydrat des Diamidodimethylakridins. Bw. gelb (TV), S. direkt mit grünlichgelber Fluoreszenz.

Akridinorange NO [L], Euchrysin 3 R [B], Bw. orange (TV), S. direkt in gebrochenem Seifenbade (mit grüner Fluoreszenz).

Benzoflavin [Gr-E], Bw. direkt (D) oder (TV) gelb, Bw.-Druck.

Phosphin, verschiedene Marken [B, K, M, C, Gr-E, A usw.], Bw. gelb (D) oder (TV).

Rheonin A, AL, N [B], Bw. braungelb (TV), S. und Leder direkt.

Euchrysin 2 G, R, RR [B], Bw. grünstichig gelb (TV); für Leder benutzt.

Homophosphin G [L], Bw. braunstichig orange (TV); für Leder usw.

Chinolinfarbstoffe.

Chinolinrot [A], Bw. rot (TV), Wo. und S. direkt.

Chinolinblau [G], in der Photographie benutzt.

Chinolingelb, verschiedene Marken [A, B, By, M], Chinaldingelb [J], Wo. und S. in saurem Bade rein gelb (grünstichig). Auch Chinolingelb spritlöslich [A, B, By], kommt zum Gelbfärben von Wachs, Paraffin, Spritlacken usw. in den Handel.

Thiobenzenylfarbstoffe.

Thioflavin S [C, MLy], Dianilreingelb HS [M], Rhodulingelb S [By], Bw. in alkalischem oder neutralem Bade (D) kanariengelb, HWo., HS. und Kattundruck.

Primulin, verschiedene Marken [B, By, M, K, C, Gr-E, A], Polychromin [G], Karnotin [ClCo], Thiochromogen [WDC], Bw. gelb (D); auf der Faser diazotiert und entwickelt, rot, braun, orange usw. (Ingrainfarben). War erster auf der Faser diazotierter Farbstoff (Green, 1887).

Chloramingelb, verschiedene Marken [By], Oxyphenine [ClCo], Diaminechtgelb B, C, FF [C], Direktechtgelb BN [L], Benzaminechtgelb B [WDC], Kolumbiagelb [A], Chlorophosphin V [ClCo], Oxydianilgelb

G, O [M], Vigoureuxgelb [M], Naphthamingelb N [K], Triazolechtgelb G, 2 G [Gr-E], Bw. sehr echt gelb (D), desgleichen Wo. in saurem und S. in gebrochenem Bastseifenbade.

Thioflavin T [C], Methylengelb H [M], Rhodulingelb T [By], Bw. rein grüngelb (TV), S. in gebrochenem Seifenbade gelb mit grüner Fluoreszenz.

Indophenole.

Indophenol in Pulver oder Teig [DH], Alphanaphthochinondimethyl-p-amidophenylimidin: $(CH_3)_2N-C_6H_4-N = C_{10}H_6O$. Bw. in der Küpe indigoblau; wurde früher mit Indigo zusammen in der sogenannten Indigo-Indophenolküpe (cuve mixte [DH]) verwendet. Heute ohne Bedeutung mehr.

Oxazinfarbstoffe.

Capriblau GON [L, By], V [L], Bw. grünlichblau (TV).

Cresylblau 2 RN, 2 BS [L], Brillantcresylblau BB [L], Bw. licht- und waschecht blau (TV).

Delphinblau B [S, By], Wo. walk- und lichtecht indigoblau (CrV).

Gallocyanin, verschiedene Marken [DH, C, B, By, J] und Bisulfitverbindungen desselben, Wo. und Bw. blauviolett (CrV); Druck.

Gallaminblau in Teig [G, By], Wo. blau (CrV); Kattundruck mit Chromazetat.

Coelestinblau B [By], Wo. blauviolett (CrV).

Gallazin, verschiedene Marken [DH], Lanoglaucin W [M], Wo. indigoblau (CrV); Druck.

Nitrosoblau MR [M], Resorzinblau [M] (auf der Faser erzeugt), Bw. (TV), auf der Faser erzeugt, blau.

Irisblau [B], Fluoreszierendes Blau [J, S], S. blau mit bräunlicher Fluoreszenz.

Neublau R [C, G, J, By], Neubaumwollsolidblau [J], Naphtholblau R [t. M, C], Echtblau R für Baumwolle [A]. Baumwollblau R, RR [B, By], Echtmarineblau R [Gr-E], RM MM [K], Echtbaumwollblau R, RR [M], Metaminblau M [L], Meldolas Blau, Bw. indigoblau (TV).

Neublau B [C, J], G [t. M], Echtblau B, 2 B für Baumwolle [A, P, S], Metaminblau B, G [L], Echtbaumwollblau B [M], Echtmarineblau G [Gr-E], BM, GM [K], Baumwollblau B, BB [B], Bw. blau (TV).

Neumethylenblau GG [C], S. und Bw. (TV) grünlichblau.

Neuechtblau F, H [By], Neuindigblau F, R [By], Bw. indigoblau (TV).

Nilblau A [B], Bw. blau (TV).

Nilblau 2 B [B], Bw. grünblau (TV).

Alizaringrün G [WDC], Wo. echt grün (CrV) in schwach essigsaurem Bade.

Echtschwarz [L], Echtblauschwarz in Teig [L], Bw. ziemlich echt schwarz (TV).

Thiazinfarbstoffe.

Methylenblau, viele Marken [B, M, By, A, t. M], Äthylenblau [Gr-E]. Chlorhydrat oder Chlorzinkdoppelsalz des Tetramethyldiamidophenazthioniums oder des Tetramethyldiamidothiazins. Bw. blau (TV). Der zinkfreie Farbstoff dient auch für Bw.-Druck.

Methylengrün, verschiedene Marken [M, B, By, t. M]; ein Nitromethylenblau. Bw. blaugrün (TV), S. im Seifenbade als Nuancierfarbstoff bei Blauholzschwarz.

Thioninblau GO, O [M], B, R [By], Bw. blau (TV).

Neumethylenblau, verschiedene Marken [C], Methylenblau NN [B], Bw. (TV), voller und rötlicher blau als Methylenblau BB.

Brillantalizarinblau, verschiedene Marken [By], Bw., Wo., S. blau (CrV).

Azinfarbstoffe.

a) Chinoxalinfarbstoffe.

Flavindulin O, II [B], Bw. bräunlichgelb (TV), besser für Bw.-Druck mit Tannin.

b) Eurhodinfarbstoffe.

Neutralviolett extra [C], Bw. rotviolett (TV); gibt eine Küpe.

Neutralrot extra [C], Bw. bläulichrot (TV), für Wo. und S. ungeeignet.

c) Aposafraninfarbstoffe.

1. Rosinduline.

Indulinscharlach [B], Bw. scharlachrot (TV); besonders Ätzdruck. Diente zeitweise auch als Katalysator beim Ätzen des auf der Faser erzeugten Naphthylamingranats (Rongalit spezial [B] und Hydrosulfit spezial [M] enthielten Indulinscharlach).

Azokarmin G [B], Rosazin [P], Wo. opal und echt blaurot (S). Ersatz für Orseille.

Azokarmin B, BX [B], Rosindulin 2 B bläulich [K], Wo. rot (S).

Rosindulin, verschiedene Marken [K], Wo. und S. orange- bis scharlachrot (S).

2. Isorosinduline.

Neutralblau [C], Bw. blau, wenig echt (TV).

Basler Blau R [DH], Bw. blau (TV). Zum Küpenaufsatz.

d) Safraninfarbstoffe.

1. Benzosafranine.

Echtneutralviolett B [C], Bw. violett (TV).

Safranin, verschiedene Marken [G, L, C, B, A, J, By, M, K, t. M usw.], Bw. rot (TV).

Methylenviolett, verschiedene Marken [M], Fuchsia [J], Safranin extra bläulich [K], Bw. rotviolett (TV). Kattundruck.

Methylengrau, verschiedene Marken [M], Nigrisine [P], Neuechtgrau [By], Seidengrau O wasserecht [M], Echtgrau B, R [Gr-E], Bw. direkt oder (TV) silber- bis schwarzgrau.

Safranin MN [B], Clematin [G], Bw. rotviolett (TV). Druck.

Rhodulinviolett, verschiedene Marken [By], Bw. bläulichrot (TV).

Tanninheliotrop [C], Bw. waschecht rotviolett (TV).

Amethystviolett [K], Heliotrop B, 2 B [K], Irisviolett [B], S. violett mit roter Fluoreszenz.

Rosolan O, T, R, BO [M], Methylheliotrop O [M], S. im gebrochenen Seifenbade violettrosa; hauptsächlich zum Weißfärben von Seide benutzt.

Rosolane [P]. Alter Farbstoff, dessen Base Mauvein von W. H. Perkin 1856 entdeckt wurde und der als erster Anilinfarbstoff (außer Pikrinsäure, die nicht Anilinfarbstoff im strengen Sinne ist) den Hauptanstoß zur Entwickelung der Teerfarbenindustrie gegeben hat. Heute nur noch in sehr beschränktem Maße hergestellt. Färbt S. rötlichviolett.

Indazin, verschiedene Marken [C], Bw. wachecht blau (TV).

Diphenblau R [A], Metaphenylenblau R [C].

Methaphenylenblau B, BB usw. [C]. Bw. indigoblau (TV).

2. Naphthosafranine.

Walkblau [K], Naphthylblau [K], Wo. blau (CrV).

Magdalarot [DH], S. in gebrochenem Seifenbade rosa mit schwacher Fluoreszenz.

Paraphenylenviolett [WDC], Bw. violett (TV).

e) Indulinfarbstoffe.

Indaminblau [M], Bw. blauviolett (TV), durch (K) oder (Cr) echter.

Indulin spritlöslich [B, By, J], Spritindulin B [t. M], Echtblau R, B spritlöslich [A], Solidblau RR, B spritlöslich [G, Gr-E], Indigen D, F [By], Indophenin extra [By]. Hierher gehören auch Druckblau [A, C, M], Druckindulin R, B [M], Acetinblau R [B, Gr-E, M], Acetindulin R [M, C]. Dienen zur Herstellung der durch Sulfurierung erhaltenen wasserlöslichen Induline, Echtblaus, Solidblaus usw. In Acetin, Äthylweinsäure usw. gelöst, für Blaudruck und Indigoersatz.

Nigrosin spritlöslich, verschiedene Marken [A, B, G, M, C, K, L, t. M, Gr-E]. Dienen zur Herstellung der wasserlöslichen Nigrosine; in geringem Maße zum Färben von Seide. Für Spritlacke.

Indulin, viele Marken [B, By, J, K, C, t. M], Echtblau, verschiedene Marken [M, B, C, B, t. M], Solidblau, verschiedene Marken [G, Gr-E], Wo. und S. blau (S). Für Bw. Tanninbeize.

Nigrosin wasserlöslich, verschiedene Marken [B, A, G, K, Gr-E, C, M, t. M], Grau R, B, BB [J], Silbergrau N [A, C], Anilingrau [A, C], Stahlgrau [A], Echtblauschwarz O [M], Indulinschwarz [K]. Durch Sulfurieren von Spritnigrosinen erhalten. Wo. und S. grau (S).

Schwefelfarbstoffe.

Cachou de Laval [P]. Ältester Schwefelfarbstoff, 1873. Durch Schmelzen von organischen Substanzen wie Sägemehl, Kleie usw. mit Schwefel und Schwefelnatrium bei 100—350° erhalten. Bw. braun (D), ziemlich echt; durch (Cr) echter.

Sulfanilinbraun 4 B [K], Bw. braun, durch (Cr) echter.

Pyrogengrün B. u. a. Marken [J], Pyrogendunkelgrün B, 3 B [J], Bw. mit 10% Kochsalz echt grün.

Immedialgelb D [C], Bw. gelb (D).

Immedialorange N [C], Bw. orangebraun (D).

Kryogengelb G [B], Bw. mit Schwefelnatrium echt gelb.

Vidalschwarz I, Noir Vidal [P]. Ältester definierter schwarzer Schwefelfarbstoff (Vidal 1893). Bw. graublau bis schwarz. Durch Oxydationsmittel zu fixieren.

Kryogengelb R [B], Bw. mit Schwefelnatrium echtgelb.

Schwefelschwarz T extra [A], Thiogenschwarz [M], Immedialschwarz N [C], Immedialkarbon [C], Kryogenschwarz TGO TGS, [B], Katigenschwarz [By], Thiophenolschwarz T extra [J], Auronalschwarz [t. M]. Durch Verkochen von 1, 2, 4-Dinitrophenol mit Natriumpolysulfid erhalten. Bw. mit Schwefelnatrium schwarz.

Immedialschwarz FF extra, G extra, NB, V extra [C], Immedialblau C, CB, CR [C]. Bw. mit Schwefelnatrium und Salz echt tiefblauschwarz. Auf der Faser mit Wasserstoffsuperoxyd oxydiert, indigoblau (Immedialblau).

Immedialdunkelbraun A [C], Immedialbraun B [C], Bw. mit Kochsalz braun (D).

Pyrogendirektblau [J, C], Pyrogengrau G, B, R [J, C], Pyrogenblau [J, C]. Bw. mit Schwefelnatrium violettblau bis blauschwarz. Oxydation auf der Faser liefert lebhaftere und echtere Nuancen.

Immedialreinblau [C], Bw. mit Schwefelnatrium echt reinblau.

Kryogenreinblau R [B], Bw. mit Schwefelnatrium waschecht reinblau.

Pyrogenschwarz G, B [J], Bw. blaugrün bis schwarz, oxydiert blauer.

Immedialindon, verschiedene Marken [J], Pyrogenolive N [J], Bw. gelb bis olive.

Pyrogenindigo [J], Bw. indigoblau.

Thionblau B [K], Bw. mit Schwefelnatrium im Salzbade blaugrau.

Immedialbordeaux G [C], Immedialmarron B [C], Bw. violett bis bordeauxrot.

Echtschwarz B [B], Bw. in alkalischem Bade echt schwarz.

Kryogenbraun A [B], Bw. in kaltem Bade direkt braun.

Melanogenblau [M], Bw. wachecht graublau (D). Durch (K) echt schwarz.

Immedialgrün GG extra, BB extra [C], Thiogengrün, verschiedene Marken [M], Katigengrün, verschiedene Marken [By], Thionalgrün und Thionalbrillantgrün, verschiedene Marken [S], Pyrogengrün, verschiedene Marken [J], Bw. im Schwefelnatriumbade echt blau- bis rein gelbgrün.

Hydronblau R, G in Teig 20% und Pulver [C], Bw. in der Hydrosulfitküpe echt blau; auch mit Schwefelnatrium zu färben.

Anthrachinonschwarz [B], Bw. direkt tiefschwarz.

Kryogenbraun A, G [B], Bw. mit Schwefelnatrium echt braun.

Kryogendirektblau, verschiedene Marken [B]. Bw. mit Schwefelnatrium echt blau.

Kryogenschwarz BNX u. a. Marken [B], Bw. mit Schwefelnatrium und mit Metallsalz nachbehandelt echt schwarz.

Sulfogenbraun G, D [J], Bw. mit Schwefelnatrium echt rotbraun.

Anthrachinon- und verwandte Farbstoffe[1]).

a) Siriusgelb und verwandte Farbstoffe.

Siriusgelb G in Teig [B], ist ein Naphthanthrachinon. Liefert gelbe Lacke.

Anthraflavon G [B], Bw. in der Hydrosulfitküpe (HK) wasch- und chlorecht grünlichgelb.

Indanthrengoldorange G, R [B, By, M], Bw. wasch-, chlor-, lichtecht orange (HK). Küpe heiß fuchsinrot, kalt kirschrot.

Indanthrenscharlach G [B, By, M], bromiertes Pyranthron. Bw. scharlachrot (HK).

Indanthrendunkelblau BO [B, By, M], (früher Violanthren BS [B]), Bw. wasch-, chlor-, lichtecht blau (HK). Küpe rotviolett mit braunroter Fluoreszenz.

Indanthrenviolett RT [B, By, M], Bw. wasch-, licht-, chlorecht violett (HK).

Indanthrengrün B [B, By, M], (früher Viridanthren B [B]), Bw. gut wasch- und lichtecht grün (HK). Durch oxydierende Mittel wird auf der Faser das Grün in graue bis schwarze Töne (Indanthrenschwarz B) verwandelt.

Indanthrenviolett R extra [B, By, M], (früher Violanthren R extra), Bw. echt violett (HK). Ferner 2 R extra, B extra Teig usw.

b) Oxyketon- und verwandte Farbstoffe.

(Oxylakton-, Oxychinonfarbstoffe usw.)

Alizaringelb C in Teig [B], ist Gallazetophenon oder Trioxyazetophenon ($CH_3 \cdot \overset{\overset{O}{\|}}{C} \cdot C_6H_2(OH)_3$), Bw. gelb (AlV), braun (CrV) oder schwarz (FeV).

Alizaringelb A in Teig [B], Trioxybenzophenon. Mit Tonerde und Kalk gebeizte Bw. echt goldgelb, Kattundruck.

Resoflavin W [B], Wo. echt gelb (CrV) oder (AlV).

Galloflavin W [B], Wo. echt gelb (CrV); Bw. grünlichgelb (CrV).

Anthracengelb in Teig oder Pulver [By], Wo. grünlichgelb (Cr).

Alizarinschwarz und Alizarinblauschwarz und Brillantalizarinschwarz in Teig [B], verschiedene Marken. Wo. schwarz (CrV). Mit Chromoxyd auf Bw. gedruckt, schwarzer Lack.

Alizarindunkelgrün W [B], Wo. graugrün bis grünschwarz (CrV).

Chromogen I [M]. Wird von Wo. in saurem Bade (10% Na_2SO_4 + 4% H_2SO_4) farblos aufgenommen. Beim Nachchromieren entsteht echtes Braun.

Alizarin V_1 [B], Alizarin Ie [By], No. 1 [M], Alpha-Betadioxyanthrachinon, entsteht durch Schmelzen von anthrachionmonosulfosaurem Natrium mit Ätznatron. Von Graebe und Liebermann zuerst künstlich aus Anthracen hergestellt (1868). Bw. rot (AlV) in Gegenwart von

---

[1]) S. Fußnote zu S. 222 betreffend Indanthren-Farbstoffe bzw. das Indanthren-Sortiment (I-Sortiment).

Kalk. Auf Zinnbeize rosa, auf Eisenbeize violett, auf Chrombeize (CrV) bräunlich puce, türkischrot auf Tonerdebeize in Gegenwart von Kalk.

Alizarinorange, verschiedene Marken [B, M, By, DH], ist ein Nitroalizarin. Bw. orange (AlV) oder (CrV).

Alizarinrot S [By], IWS [M], Alizarin Pulver W, W extra [By], Wo. scharlachrot (AlV) oder bordeaux (CrV).

Anthracenbraun [B] und Alizarinbraun [M] viele Marken, Bw. echt braun (CrV). Wo. nach dem Zweibadverfahren.

Purpurin [B], Alizarinpurpurin [By], Alizarin No. 6 [M], Bw. scharlachrot (AlV), rotbraun (CrV).

Alizarin SX, GD [B], RX [M], RF, WR [By]. Bw. scharlachrot (AlV).

Alizarin G I, RG [B], SDG [M], VG, XG, XGG [By], Bw. rot (AlV), gelber als Isopurpurin; besonders für Druck.

Alizarinbordeaux B, BD [By], Alizarincyanin 3 R [By], Brillantalizarinbordeaux R [By], Bw. bläulich bordeaux (AlV) oder violettblau (CrV).

Alizarincyanin R, 2 R usw. [By], Wo. violett (AlV) oder blau (CrV).

Anthracenblau WR [B], Wo. violett (AlV) oder blau (CrV).

Säurealizarinblau BB [M], Alizarincyanin WRS, BBS, 3 RS [By], Anthracenblau SWX [B], Natriumsalz der Hexaoxyanthrachinondisulfosäure. Wo. rot (S); durch Nachbehandlung der Färbung mit Fluorchrom reinblau.

c) Schwefelderivate des Anthrachinons.

Indanthrenolive G Pulver [B, By, M], (früher Olivanthren). Durch Erhitzen von Anthracen mit Schwefel erhalten. Bw. echt olive (HK).

Cibanonorange R [J], Bw. echt orange (HK).

Cibanonblau 3 G [J], Bw. echt blau (HK).

Cibanonschwarz B [J], Bw. schwarz (HK].

Cibanongelb R Teig [J], Bw. echt gelb (HK). Für Apparatefärberei und auch Kunstseide geeignet.

Säurealizaringrün G [M], Wo. grünblau (S).

d) Amidoanthrachinon- und verwandte Farbstoffe.

Alizaringranat R Teig [M], ist ein Amidoalizarin. Bw. blaustichig rot (AlV). Dient für Kattundruck, für Bw.- und Wo.-Färberei.

Alizarinmarron W, Teig und Pulver [B], Bw. granatrot (AlV) oder braun (CrV).

Alizarincyanin G Teig [By], Wo. blau (AlV) oder blaugrün (CrV).

Anthracenblau WG, WD [B], Wo. rein blau (AlV) oder blaugrün (CrV).

Alizarinblau X, R, RR, C usw. [B], A, F, R usw. [M], GW, GG, R, G usw. [By], Wo., S., Bw. blau (CrV).

Alizarinblau S, SW [B, By], SR [B, By, M], SRW [B, M], Alizarindunkelblau SW [B], S [M], Wo., S., Bw., blau (CrV).

Alizaringrün S Teig [M], Bw. oder Wo. bläulichgrün (CrV).

Alizarinschwarz P [M], ist ein Flavopurpurinchinolin. Wo. violettgrau bis schwarz (Cr).

Alizarinschwarz S [M], Wo. und Bw. grau bis schwarz (CrV).

Alizaringrün X Teig, WX Teig und Pulver, S, SW Teig und Pulver [B]. Gechromte Wo. bläulichgrün.

Alizarinindigoblau S, SW, SMW [B], Wo. mit Chrombeize indigoblau.

Helindongelb 3 GN [M], Bw. gelb (HK).

Algolgelb 3 G Teig [By], Bw. und S. gelbrot (HK).

Indanthrenorange RT Teig [B, By, M], Bw. echt orange (HK).

Indanthrenkupfer R [B, By, M], Bw. echt kupferfarben (HK).

Algolgelb WG [By], Leukolgelb G [By], Bw. gelb (HK).

Algolscharlach G [By], Bw. scharlachrot (HK).

Indanthrenrot 5 GK [B, By, M], Bw. rot bis rosa (HK).

Indanthrengelb GK [B, By, M], Bw. und Wo. gelb (HK).

Algolrosa R [By], Bw. lichtecht rosa (HK).

Algolrot R extra [By], Algolbrillantrot 2 B [By], Algolrot FF [By], Bw. licht- und waschecht rot (HK).

Indanthrenbrillantviolett RK [B, By, M], Bw., Leinen und S. in kalter Küpe violett.

Indanthrenbrillantviolett BBK [B, By, M], Algolblau 3 R [By], Bw. (HK) violett.

Indanthrenorange RRK [B, By, M], Bw., S., Leinen in kalter Küpe orange.

Algolviolett B [By], Bw. violett (HK) kalt.

Indanthrenorange 6 RTK [B, By, M], Bw. echt rot (HK).

Algolrot B [By], Bw. rosa (HK).

Indanthrenrot G [B, By, M], Bw. sehr echt rot (HK).

Indanthrenbordeaux B und B extra [B, By, M], Bw. rot (HK).

Algolbordeaux 3 B [By], Bw., S., Leinen bordeauxrot (HK).

Indanthrenrot R, BN extra [B, By, M], Bw. sehr echt rot (HK).

Indanthrenviolett RN extra [B, By, M], Bw. violett (HK).

Indanthrenolive R [B, By, M], Bw. S., Leinen olive (HK) kalt.

Indanthrengrau K, GK [B, By, M], Bw. licht- und waschecht grau (HK).

Helindonorange GRN [M], Bw. orange (HK) kalt.

Helindonbraun 3 GN [M], Bw. braun (HK).

Indanthrenblau R [B, By, M], (früher Indanthren X [B]), Bw. blau (HK).

Indanthrenblau RS [B, By, M], Bw. in alkalischem Bade reinblau. Ist ein Reduktionsprodukt von Indanthrenblau R mit Hydrosulfitlösung.

Indanthrenblau RK [B, By, M], Bw. echt blau (HK).

Indanthrenblau 3 G [B, By, M], Bw. grünstichig blau (HK).

Indanthrenblau 2 GS, GCD, GC, [B, By, M], Bw. blau (HK).

Algolblau 3 G [By], Bw. blau (HK).

Indanthrenmarron R [B, By, M], Bw. braun (HK).

Indanthrendunkelblau BT [B, By, M], früher Cyananthren [B], Bw. sehr echt blau (HK).

Indanthrengrün BB [B, By, M], Bw. grünblau (HK).

Indanthrengrau B [B, By, M], Bw. sehr echt grau (HK).

Indanthrengelb G, R [B, By, M], Bw. über blau nach gelb (HK).

Indanthrenblau WB [B, By, M], Wolle grünlichblau (S).

Alizarindirektblau B [M], Alizarincyanol B [C].

Alizarinirisol D, R, Alizarincyanol B [C].

Alizarinirisol D, R, Alizarindirektviolett R [M], Alizarincyanolviolett R [C], Wo. und S. blauviolett (S), durch (Cr) grünlichblau.

Anthrachinonviolett [B], Wo. und S. violett (S), durch (Cr) walkechter.

Alizarinviridin DG, FF [By], Brillantalizarinviridin F [By], Bw. wasch- und lichtecht grün (CrV).

Alizarinreinblau B [By], Wo. blau (S), (Cr) walkechter.

Alizarinastrol B, G [By], Wo. grünlichblau (S), (Cr) walkechter.

Alizarin-Saphirol [By], Wo. rötlichblau (S), (Cr) grüner und stumpfer.

Cyananthrol R [B], Wo. und S. rötlichblau (S).

Cyananthrol G [B], Wo. und S. grünlichblau (S), (Cr) walkechter.

Anthrachinonblau SR extra [B], Wo. und S. grünblau (S), (Cr) walkecht.

Alizarinblauschwarz B, 3 B, G [By], Wo. und S. grau bis schwarz (CrV).

Anthrachinonblaugrün BXO [B], Wo. und S. blaugrün (S).

Anthrachinongrün GX, GXN [B], Wo. und S. gelbgrün (S), (Cr) walkechter.

Alizarincyaningrün E, G extra, K [By], Alizarindirektgrün G [M], Alizarinbrillantgrün G [C], Wo. grün (S), (Cr) walkechter.

Leukoldunkelgrün B [By], Bw. mattgrün (HK).

Indanthrenbraun B [B, By, M], Bw. braun (HK), verküpt sich auch mit Schwefelnatrium.

Cibanonbraun B, V [J], Bw. licht- und waschecht braun (HK).

Algolbraun B [By], Bw. gelbbraun (HK).

Indanthrencorinth RK [B, By, M], Bw., Leinen, Halbleinen, S. corinthfarben (HK).

Alizarindirektblau EB [M], Alizarincyanol EF [C].

Leukolbraun B [By], Bw. braun (HK).

Indanthrenbraun GR [B, By, M], Bw. braun (HK).

Indigofarbstoffe (Indigoide).

Indigo (Indigblau), natürlicher und künstlicher Indigo. Künstliche Indigomarken: Indigo rein BASF Pulver/L [B], Indigo rein BASF Teig 20% [B], Indigo rein BASF S Teig [B], Indigo MLB Pulver [M], Indigo MLB/OE [M], Indigo MLB Teig 20% [M]. Bw., Leinen, Wo., S. in der Küpe blau. Kontaktsubstanzen wie Oxyanthrachinon wirken günstig. Über Synthesen s. u. Naturfarbstoffen.

Indigosalz T [K]. In geringem Maße für Blaudruck.

Indigo MLB Küpe I 20% [M], Indigo MLB Küpe II 20% [M], Indigo MLB/W [M], Indigweiß BASF [B], Indigolösung BASF [B], Indigoküpe BASF [B]. Sind Indigweißverbindungen, die durch Reduktion von Indigo in alkalischer Lösung erhalten werden. Bw., Wo., S. in der Küpe unter Zusatz von geringen Mengen reduzierender Mittel blau.

Indigotine Ia in Pulver [B], Indigokarmin D Teig [B], Indigokarmin, Indigoextrakt, Sächsisch Blau usw. s. a. u. Indigopräparaten. Sind indigosulfosaures Natrium. Wo. blau (S).

Indigotine P [B]. Ist indigotetrasulfosaures Natrium. Wo. blauviolett (S).

Bromindigo Rathjen, Indigo MLB/R, MLB/RR [M], Indigo rein BASF/R, BASF/RR [B], Bw. und Wo. rotstichig blau, röter als Indigo, (HK).

Helindonblau BB [M], Indigo rein BASF/RB, RBN [B], Indigo MLB/2 B [M], Indigo 2 R Ciba [J], ein ähnlicher Farbstoff ist auch Cibablau B [J]. Mischung von Dibrom- mit etwas Tri- und Tetrabromindigo. Bw. und Wo. rötlichblau in der Küpe.

Dianthrenblau 2 B [J], Indigo MLB/4B [M], Indigo KB [K], Brillantindigo BASF/4 B [B], Bromindigo FB [By], Cibablau 2 BD, 2 B [J]; ist ein Tetrabromindigo. Alle Fasern werden in der Hydrosulfitküpe lebhaft blau gefärbt, reiner und echter als mit Indigo.

Indigo MLB/5 B [M], Indigo K2B [K], Cibablau G [J]. Mischung von Tetra- und Pentabromindigo. Färbt blau (HK); ist im künstlichen Licht grüner.

Indigo MLB/6 B [M], Indigo KG [K]; vorwiegend Hexabromindigo. Bw. grünstichig blau (HK). Kattundruck.

Brillantindigo BASF/2B [B], Dichlordibromindigo. Bw. blau (HK).

Brillantindigo BASF/B [B]. Tetrachlorindigo. Bw. blau (HK); Färbungen reiner und echter als mit gewöhnlichem Indigo. Auch Wo. und S.

Brillantindigo BASF/G [B], Bw. grünblau (HK). Kattundruck.

Brillantindigo BASF/4G [B], Bw. grünstichig blau (HK); ist die grünstichigste Indigomarke.

Indigo MLB/T [M], Indigo rein BASF/G [B], ein Dimethylindigo. Bw. und Wo. in der Küpe grünstichiger und chlorechter als Indigo.

Indigogelb 3 G, Ciba in Teig [J], Bw., Wo., S. echt gelb (HK).

Cibagelb G in Teig [J], Bw., Wo., S. reingelb (HK).

Cibagrün G in Teig [J], Bw. echt und lebhaft grün (HK).

Helindongrün G [M], Thioindongrün G [K], Bw. lebhaft grün (HK).

Alizarinindigo G [By], Bw. blau (HK).

Alizarinindigo B [By], Bw. blau (HK).

Alizarinindigo 3 R [By], Bw. blau (HK).

Helindonblau 3 GN [M], Thioindigoblau 2 G [K], Bw. blau (HK).

Cibaheliotrop B [J]. Färbt alle Fasern in der Küpe heliotrop.

Helindonviolett D in Teig [M]. Alle Fasern violett (HK).

Cibagrau G [J], Bw. echt grau (HK); auch Wo. und S., Kattundruck und Apparatefärberei.

Cibaviolett 3 B [J], Thioindigoviolett K [K], Bw., Wo., S. violett (HK).

Cibaviolett B [J], Bw., Wo., S. violett (HK).

Helindonbraun 2 R Teig [M], Thioindigobraun R [K], Bw. braun (HK).

Helindonbraun 5 R [M], Thioindigobraun 3 R [K], Bw. braun (HK).

Helindonbraun G [M], Thioindigobraun G Teig [K]. Alle Fasern echt braun (HK).

Thioindigoscharlach R Teig [K]. Färbt scharlachrot (J).

Thioindigoscharlach G [K], Cibarot G [J]. Färbt rot (HK).

Cibascharlach G [J], Thioindigoscharlach 2 G [K], Helindonechtscharlach C [M]. Färbt alle Fasern scharlachrot (HK) oder im Schwefelnatriumbade.

Cibarot R [J]. Alle Fasern trüb bordeauxrot (HK).

Cibarot B [J], Bw., Wo., S. echt rot (HK).

Helindonrosa BN [M], Thioindigorosa BN, AN [K], Bw. rosa (HK).

Cibaorange G [J], Bw., Wo., S. echt orange (HK).

Thioindigorot B [K], Küpenrot B [B, By,]. Färbt blaustichig rot (HK).

Helindonorange R [M], Thioindigoorange R [K], Bw., Wo., S. waschecht und chlorecht orange.

Helindonorange D [M]. Alle Fasern echt gelb; in der Apparatefärberei benutzt.

Helindonechtscharlach R [M]. Alle Fasern scharlachrot (HK).

Helindonscharlach S [M], Thioindigoscharlach S [K], Bw. scharlachrot (HK).

Helindonrot B [M], Thioindigorot BG [K], Bw., Wo. und S. rot (HK).

Helindonrot 3 B [M], Thioindigorot 3 B [K], Bw., Wo. und S. licht-, wasch- und chlorecht rot (HK).

Cibabordeaux B [J], Bw. bordeaux (HK).

Helindonviolett B, BB, R [M], Thioindigoviolett 2 B [K]. Alle Fasern violett (HK).

Helindongrau 2 B [M], Thioindigograu 2 B [K], Helindongrau BR [M] Alle Fasern grau (HK); Kattundruck und Apparatefärberei.

Anilinschwarzgruppe.

Anilinschwarz, Anilinschwarz in Teig [FTM]. Durch Oxydation von Anilin oder Anilinsalz auf der Faser erzeugtes Schwarz. Näheres s. u. Anilinschwarzfärberei. Tierische Fasern ungeeignet.

Diphenylschwarz. Aus der Diphenylschwarzbase P [M], einem Amidodiphenylamin oder aus dem Diphenylschwarzöl [M], einem Gemisch von $^1/_4$ Diphenylschwarzbase mit $^3/_4$ Anilin, auf der Faser erzeugt.

Ursol D [A], Paraphenylendiamin [WDC], Furrein D [J], Paramin (=p-Phenylendiamin); ähnliche Erzeugnisse sind Ursol P [A], Furrein P [J] (=salzsaures p-Amidophenol); ferner: Fuskamin (= m-Amidophenol), Ursol DD [A], Furrein DB [J] (=Diamidodiphenylamin); weiter: Furrole S, B, SB [C], Nakofarben [M]. Durch Oxydation von p-Phenylendiamin, p-Amidophenol, Diamidodiphenylamin und ähnlichen Verbindungen, die unter verschiedenen Namen auf den Markt kommen, mit Wasserstoffsuperoxyd, Kaliumbichromat usw. auf tierischen Haaren bzw. Pelzen entstehen braune, graue bis schwarze Farben von ziemlicher Echtheit.

Die Merzerisation.

Gardner, P.: Die Mercerisation der Baumwolle und die Appretur der mercerisierten Gewebe. — Herzinger, E.: Die Technik der Mercerisation. — Wegscheider: Mercerisation der Baumwolle. — Außerdem s. auch allgemeine Hand- und Lehrbücher über Färberei von O. N. Witt (a. a. O.), Knecht - Rawson-Loewenthal, v. Georgievics, Stirm u. a. m.

Allgemeines. Unter Merzerisation versteht man einen Baumwollveredelungsprozeß, der vor allem den Zweck verfolgt, der Baumwollfaser erhöhten Glanz zu verleihen (die Verseidung der Baumwolle). Als sekundäre Erscheinungen der Merzerisation werden Schrumpfungen, erhöhte Farbstoffaufnahme und Erhöhung der Zerreißfestigkeit beobachtet, die unter Umständen auch in den Vordergrund treten können. Merzerisiert oder merzeriert werden in der Praxis vor allem Baumwollgarne und -gewebe, und zwar lediglich vermittels konzentrierter Natronlauge[1]). Andere merzerisierend wirkende Lösungen (Salpetersäure, Schwefelsäure, Salzlösungen) haben sich zum Teil auch für ähnliche Prozesse eingeführt (s. u. Philanieren, Opalisieren usw.). Auch nicht alle Baumwollsorten eignen sich in gleicher Weise für die Merzerisation, sondern vor allem nur die langfaserige oder langstapelige Baumwolle, insbesondere die ägyptische Mako- und die nordamerikanische Sea-Island-Baumwolle. Lose Baumwolle ist für die Merzerisation ungeeignet, weil die für wirksame Merzerisation erforderliche Faserspannung an ihr nicht in genügendem Maße ausgeführt werden kann. Das Merzerisieren von Leinen ist auch durchführbar und wird gelegentlich ausgeführt, bleibt aber gegenüber der Baumwollmerzerisation ganz unbedeutend.

Man kann Glanz- und Schrumpfmerzerisation unterscheiden. Zur Erzielung der ersteren und viel wichtigeren ist eine erhebliche Streckung während oder unmittelbar nach der Natronbehandlung erforderlich. Trotzdem Mercer die Erscheinung des Glanzes übersehen hat, ist der Name „Merzerisation" bis heute beibehalten.

Merzerisiert wird meist nach dem Abkochen der Ware[2]) und vor dem Bleichen und Färben. Gleichzeitige Merzerisation und Färbung, sowie Merzerisation und Bleichung sind nicht ausführbar.

Geschichtliches. Im Jahre 1844 beobachtete John Mercer beim Filtrieren von Natronlauge durch Baumwollzeug 1. Abnahme des spezifischen Gewichtes im Filtrate, 2. erhöhte Dichte und Festigkeit des Baumwollzeuges. Nachträglich stellte er auch noch die vermehrte Farbstoffaufnahmefähigkeit des natronbehandelten Zeuges fest. Diese drei Punkte bilden den Inhalt des ersten Mercerschen Patentes vom Jahre 1850. Den Effekt des Glanzes bei Anwendung von Spannung kannte Mercer nicht. Auch Leykauf in Nürnberg (1847) erkannte nicht den Merzerisationsglanz. Industriell zunächst ausgenutzt wurde die Merzerisation für Kreppeffekte. Das Mercersche Patent fristete ein kümmerliches Dasein und fiel schließlich ganz der Vergessenheit anheim. 33 Jahre später (1877) nahmen die Franzosen Garnier und Depoully das Mercersche Patent nochmals,

[1]) Die Verwendung des teureren Ätzkalis ist auch möglich, doch unwirtschaftlich. Außerdem muß man nach Ristenpart bei Verwendung von Kalihydrat etwas mehr als die berechnete Menge nehmen, z. B. auf 40 Teile Ätznatron nicht 56 Teile, sondern etwa 60 Teile Ätzkali.

[2]) Über die Vorbereitungsprozesse wie das Abkochen usw. s. unter Bleicherei.

indem sie folgende Erfindungen für sich beanspruchten: Festigkeitserhöhung der Baumwollgewebe, Kreppeffekterzeugung, Erzeugung von Kringeleffekten bei mit Seide oder Wolle verzwirnten Baumwollgarnen.

Den Seidenglanz beobachteten erst später Lowe im Jahre 1890 und Thomas und Prevost in Crefeld (1895). Ihre Erfindung verdankten letztere einem Zufall, indem sie den früher gesuchten Effekt des Schrumpfens durch Spannung bzw. Wiederausrecken vermeiden wollten und die Halbseidenwaren zu diesem Zweck zeitweise auf einen Rahmen spannten. Hierbei beobachteten sie auf der Rückseite (Baumwolle) ungewöhnlichen Glanz. Nun erstreckten sie ihre Versuche auch auf Baumwollgarn und veranlaßten die Maschinenfabrik von Gebr. Wansleben in Crefeld zum Bau einer geeigneten Streckmaschine. Dann legten sie ihre Erfindungen in zwei Patenten nieder (1895, D. R. P. 85 564 und 97 664). Das erste dieser Patente läßt noch spannen, nur um Schrumpfung zu vermeiden; dagegen spricht das Zusatzpatent nur noch von der erhöhten Festigkeit und dem Seidenglanz der mit Natronlauge im gespannten Zustande behandelten Baumwolle. Das Verfahren erregte großes Aufsehen; es folgten Einsprüche und im Jahre 1898 kam das erste Patent der Firma Thomas und Prevost durch Entscheidung des Patentamtes zu Fall, weil es in den drei Hauptpunkten dem Mercerschen Patent vom Jahre 1850 zu sehr glich. Das zweite Thomas - Prevostsche Patent blieb aber vorläufig bestehen, bis schließlich das fallen gelassene und längst vergessene Patent des Manchester Chemikers Lowe aus dem Jahre 1890 (Engl. Patent 4452) ausgegraben wurde, das zwar die Verhinderung des Einschrumpfens durch Spannung während der Durchtränkung mit Lauge betonte, bei der so erhaltenen Ware aber auch als sekundäre Nebenerscheinungen größere Festigkeit, Feuchtigkeitsaufnahme, Dichte, glänzendes Aussehen („glossy appearence“) und tiefere Färbung feststellte. Der Umstand, daß Lowe den Glanz nur beiläufig erwähnte (und auch nicht technisch ausnutzte), während Thomas und Prevost den Glanz zum Hauptinhalt seiner Erfindung gestempelt hat, mag mit dem Rohmaterial zusammenhängen; wahrscheinlich hat Lowe kein langstapeliges Garn (Makogarn) zum Merzerisieren verwendet und so nicht den Effekt, wie ihn später Thomas und Prevost erhielten, erzielen können. Diese Annahme findet jedoch in der Loweschen Patentbesprechung keine Stütze. Tatsächlich hat Lowe die Bedeutung seiner Wahrnehmung übersehen; erst durch die späteren Arbeiten von Thomas und Prevost hatte man erkannt, welch große Erfindung Lowe in Händen hatte.

Für die Anfechtung des zweiten Thomas - Prevostschen Patentes boten die Beobachtungen Lowes aber eine unabweisbare Handhabe, der sich die technische Rechtsprechung nicht verschließen konnte. So kam es, daß das Patentamt das zweite Thomas - Prevostsche Patent für nichtig erklärte (1901) und das Reichsgericht die Nichtigkeitserklärung des Patentamtes bestätigte (1902).

Durch letztere Entscheidung war das Merzerisieren in gestrecktem Zustande völlig freigegeben. Wenn so der Firma Thomas und Prevost vom patentrechtlichen Standpunkte aus das Erfinderrecht auch nicht zugesprochen werden konnte, so ist es anderseits doch nicht fraglich, daß diese Firma als eigentliche und wirkliche Erfinderin der Herstellung der seidenglänzenden Baumwolle zu gelten hat. Ihr gebührt das Verdienst, eine wichtige, neue Industrie geschaffen zu haben. und ihre Erfindung kann zu den bedeutendsten der gesamten Textilindustrie gezählt werden. Wenn man heute von „Merzerisation“ spricht, so ist damit immer die Erzeugung von Seidenglanz gemeint; alles andere ist Nebensache. Von der Merzerisation im ursprünglichen Sinne Mercers ist nichts übriggeblieben als der Name.

Chemische und physikalische Vorgänge bei der Merzerisation. Kalte, verdünnte Natronlauge und andere Alkalien verändern das Aussehen der Zellulose und der Baumwolle an sich nicht. Wohl wird aber durch solche Behandlung das Aufnahmevermögen der Faser gegenüber substantiven Farbstoffen zum Teil recht erheblich gesteigert (Huebner und Pope); Schaposchnikoff stellte eine solche Farbstoffmehraufnahme bis zu 40% fest. Bei der Natronbehandlung der Zellulose wird ferner Alkali von der Faser aufgenommen. So nimmt beispielweise gebleichte Baumwolle aus 4° Bé starker Natronlauge etwa 10 Teile Natronhydrat auf, wobei nach Vignon Wärmeentwicklung stattfindet. Wirkt auf Baumwolle konzentriertere Natronlauge ein, so treten Schrumpfungen bzw. Verkürzungen der Faser ein, die 20—25% der ursprünglichen Faserlänge betragen können. Die ersten Beobachtungen über Schrumpfung der Faser stammen von Persoz, die erste größere Arbeit hierüber von Mercer (s. w. u.). Letzterer beobachtete gesteigerte Fabstoffaffinität, erhöhte Reißfestigkeit, erhöhte Hydroskopizität der natronbehandelten Faser, Schwellung und Schrumpfung. Von anderer Seite wurde später (bei gleichzeitiger Streckung der Baumwolle) erhöhter Glanz (Lowe, Thomas und Prevost) größere Reaktionsfähigkeit und Hydrolyse der Faser festgestellt.

Der Grad der erworbenen Eigenschaften der Baumwollfaser durch die Natronbehandlung ist abhängig von den gesamten Arbeitsbedingungen. Erst durch Klärung derselben hat sich die moderne Merzerisation entwickelt.

Kochsalzhaltige Laugen haben nicht denselben Merzerisationseffekt wie reine Alkalilaugen. Dagegen ersetzen niedere Temperaturen (— 10°) höhere Konzentrationsgrade (Thomas und Prevost).

Heiße, verdünnte Alkalilösungen bedingen keine vermehrte Farbstoffaufnahme (Huebner und Pope), ebenso wie letztere auch nicht bei gebäuchten Baumwollen beobachtet worden ist. Dafür findet hierbei Gewichtsverlust und teilweiser Faserabbau statt. Dreaper beobachtete beim Kochen in 1 proz. Lauge in einer halben Stunde 4,41%, in einer Stunde 5,71%, bei 2,5 proz. Lauge in einer halben Stunde 5,08, in einer Stunde 7,33% Gewichtsverlust. Unter Druck ist die Einwirkung noch wesentlich heftiger (4 proz. Lauge bei 5 at Druck: 15,36%, bei 10 at Druck: 20,3%; 8 proz. Lauge bei 5 at Druck nach 3 Kochungen: 58% Faserverlust usw.). Die Festigkeit geht hierbei relativ wenig zurück, wenn der Luftsauerstoff ausgeschaltet wird. Pokorny stellte fest, daß merzerisierte Baumwolle schwach basische Eigenschaften besitzt, ähnlich wie Wolle, so daß sie sich in sauren Bädern mit Wollfarbstoffen anfärben läßt.

Kalilauge wirkt der Natronlauge analog, wird aber des erheblich höheren Preises wegen in der Merzerisationspraxis nicht verwendet.

Die Frage, ob der Merzerisationsprozeß als ein chemischer oder physikalischer Vorgang anzusehen ist, ist bis heute noch nicht endgültig entschieden.

Mercer und Gladstone vertraten die Ansicht, daß bei der Einwirkung der Lauge auf Zellulose eine Natronzellulose $(C_6H_{10}O_5)_2 \cdot Na_2O$ bzw. $(C_6H_{10}O_5)_4\ Na_2O$, entsteht, die dann beim Waschen ein Hydrat, $(C_6H_{10}O_5)_2 \cdot H_2O$ bzw. $(C_6H_{10}O_5)_4 \cdot 2\,H_2O$, bildet. Weiter hat Thiele die Natronzellulose experimentell studiert. Vieweg stellte bei der Einwirkung von 16 proz. Natronlauge auf Zellulose die Verbindung $(C_6H_{10}O_5)_2 \cdot NaOH$, bei 40 proz. Lauge die Verbindung $(C_6H_{10}O_5)_2 \cdot (NaOH)_2$ fest. Die verschiedenen Ermittelungen, auch mit denjenigen Millers und Huebners verglichen, decken sich also nicht. Wichelhaus und Vieweg schließen aus ihren Versuchen über Esterbildung merzerisierter Baumwolle mit Salpetersäure und Benzoësäure auf eine chemische Veränderung der Baumwolle beim Merzerisieren. Cross und Bevan treten gleichfalls für einen chemischen Vorgang ein. Miller und Schwalbe fassen den Merzerisationsvorgang als einen physikalischen auf.

Die Schrumpfung der Baumwolle beim Merzerisieren ist ein rein physikalischer Vorgang und auf osmotischen Druck zurückzuführen. Gewisse Zusätze, wie Wasserglas, Glyzerin, Äther usw., vermindern den osmotischen Druck und damit die Schrumpfung. Zusätze, die den osmotischen Druck erhöhen, sind nicht bekannt. Die durch Schrumpfung vermehrte innere Kohäsion gibt uns eine einfache Erklärung für die erhöhte Festigkeit der merzerisierten Baumwolle. Durch die Verengerung der Poren erklärt sich die größere Farbstoffaufnahme gegenüber der Rohfaser. Ferner erklärt die Schrumpfung der ungestreckten Baumwolle das glanzlose, stumpfe Aussehen derselben.

Fränkel und Friedländer haben angenommen, daß die Kutikula der Baumwolle beim Merzerisieren abgesprengt wird. Minajeff und Lindemann kamen zu entgegengesetzten Ergebnissen und führen den Glanz lediglich auf die Faserstreckung zurück. Die neuere Zelluloseforschung hat sich auch mit der Frage der Merzerisation befaßt; man kann aber nicht sagen, daß sie heute restlos geklärt ist. Nach Hess scheint die Merzerisation durch das Salzbindungsvermögen bedingt zu sein. Eine chemische Veränderung der Faser nimmt Hess jedoch nicht an. Dagegen spricht die röntgenographische Forschung (R. O. Herzog, H. Mark) für eine Veränderung des Chemismus der Zellulose durch die Merzerisation.

Technische Effekte der Merzerisation. Das Produkt der Baumwollmerzerisation ist ein Zellulosehydrat oder eine Hydratzellulose. Diese ist nach Schwalbe ein Zelluloseabkömmling, der durch Wasseraufnahme ohne merkliche Änderung des Reduktionsvermögens der Zellulose entsteht. Dahingegen betrachtet Ost Hydro- und Hydratzellulosen als identisch. Von den Eigenschaften der Hydratzellulose, die auch bei der merzerisierten Baumwolle zur Geltung kommen, sind hervorzuheben: die erhöhte Hydroskopizität, die Zunahme der Festigkeit, erhöhtes Aufnahmevermögen für substantive Farbstoffe, das gesteigerte Aufnahmevermögen für Natronlauge aus 2proz. Lauge (Vieweg), erhöhte Hydrolysierbarkeit gegenüber gewöhnlicher Baumwolle (Schwalbes Hydrolysierzahl). Der Glanz der gestreckt merzerisierten Baumwolle ist keine spezifische Eigenschaft der Hydratzellulose.

Strukturveränderung der Baumwolle durch die Merzerisation. Hanausek, Lange und Massot haben die merzerisierte Baumwolle wiederholt mikroskopisch untersucht. Bei ungestreckt merzerisierter Baumwolle sind die korkzieherartigen Windungen und das bandartige Aussehen der rohen Faser bereits verschwunden. Dafür hat die Faser das Aussehen eines gebogenen Stabes angenommen, wodurch sie der Seide ähnlich wird. Die Faser ist glatt infolge der Zerstörung der Kutikula. Die Querschnitte sind vorwiegend rundlich bis oval-rundlich. Das Lumen ist schlitzartig, häufig nach der Peripherie verästelt.

Die gestreckt merzerisierte Baumwolle nähert sich noch mehr dem Bilde der Seide. Die Faser erscheint nahezu zylindrisch rund mit fast völlig verschwundenem Lumen. Der Querschnitt ist fast kreisrund; das Lumen meist nur punktförmig und zentral liegend.

Chemische Erkennung der merzerisierten Baumwolle. Merzerisierte Baumwolle läßt sich vermittels Kupferoxydammoniaklösung, nach Lange vermittels der Chlorzinkjodlösung, nach Huebner mit Chlorzinkjod- und Jod-Jodkaliumlösung usw. erkennen[1]).

Der Merzerisierungsgrad wird nach Vieweg durch das Ätznatronaufnahmevermögen, nach Knecht durch das Farbstoffaufnahmevermögen, nach Schwalbe durch die Kupferzahl usw. annähernd ermittelt[2]).

[1]) Näheres s. Heermann: Färberei- und textilchemische Untersuchungen. Heermann: Mechanisch- und physikalisch-technische Textiluntersuchungen usw.

[2]) Näheres s. Schwalbe: Die Chemie der Zellulose; Gardner: a. a. O. usw.

Merzerisierte Flachsfaser hat nach A. Herzog ausgesprochen seidenähnlichen Charakter; die Faser erscheint nahezu stielrund und hat glatte Oberfläche, die Verschiebungen sind nahezu verschwunden. Die Faser zeigt ein durchsichtiges Inneres und schönen Oberflächenglanz, während gewöhnliche Flachsfaser ein mehr kalkiges Aussehen hat. Nach A. Herzog bedingen bei Flachs gewisse Änderungen der inneren Beschaffenheit seiner Zellwandungen den höheren Glanz, während bei merzerisierter Baumwolle vor allem die veränderte äußere Form des Haares in Frage kommt (aus rauhem, stellenweise gedrehtem Haar eine nahezu stielrunde, glatte Faser).

Einfluß der Arbeitsbedingungen auf den Merzerisationseffekt.

Die Schrumpfung der Baumwolle steigt mit der Konzentration der Lauge und beträgt bei 30—36gradiger Lauge etwa 20—25% der ursprünglichen Länge. Man hatte zuerst angenommen, daß die Kraft, mit welcher die Baumwolle beim Merzerisieren schrumpft, bei kurzstapeliger, lose gesponnener, lose oder nicht gezwirnter Baumwolle, also bei einer Baumwolle, die in ihrer Längsrichtung verschiebbar ist, gering ist. Die ausgereckte merzerisierte Baumwolle hätte dann denselben matten Glanz wie lose merzerisierte Baumwolle ergeben sollen. Die Schrumpfkraft sollte dagegen bedeutend sein und erheblich stärkere Kräfte erfordern als im ersten Falle bei Anwendung langstapeliger, festgesponnener und festgezwirnter Baumwolle, also bei einer Baumwolle mit festgelagerter, in der Längsrichtung schwer verschiebbarer Faser. Bei Anwendung einer erheblich stärkeren Streckkraft hätte dann die einzelne Baumwollfaser unter Änderung der mikroskopischen Struktur einen prachtvollen seidenartigen Glanz annehmen müssen (Patentbeschreibung des Patentes 97664). Diese Annahmen haben sich aber durch Versuche und die Praxis als nicht ganz zutreffend erwiesen (Gardner, Herbig s. w. u.).

Einfluß des Garnes auf den Merzerisationseffekt. Man hatte früher angenommen, daß die Stapellänge der Baumwollgarne für den Merzerisationseffekt ausschlaggebend ist. Es hat sich jedoch ergeben, daß nicht jede langstapelige Baumwolle für die Glanzerzeugung brauchbar ist. Neben der Mako- und Sea-Island-Baumwolle, die zum Merzerisieren am geeignetsten sind, liefert Nordamerika eine Anzahl langstapeliger Qualitäten, die einen wesentlich geringeren Glanz ergeben als gute Makobaumwolle. Auf der anderen Seite erweist sich der Merzerisierglanz bei kurzstapeligem Makogarn als ebensogut wie bei langstapeligem. Außerdem ist der Glanz bei Softgarnen, also bei nicht stark gedrehten und gezwirnten Garnen, vielfach höher als bei stärker gezwirntem Garn. Ostindische Baumwolle, lose und fest versponnen, ebenso Louisiana, kurzer Stapel, nehmen beim Merzerisieren wenig Glanz an. Allerdings unterscheidet sich hierbei auffällig gasiertes vom ungasierten Garn. Ersteres nimmt (auch bei ostindischer Baumwolle) einen recht brauchbaren Glanz an, und man hat solches Garn in der Praxis zum Merzerisieren vielfach verwendet.

Einfluß des Streckens auf den Merzerisationsglanz. Der Glanz tritt nur dann in vollem Maße auf, wenn das Strecken in Verbindung mit der

Natronbehandlung vorgenommen wird. Je genauer die Bedingungen eingehalten werden, unter welchen einerseits das Einschrumpfen am stärksten eintritt und andererseits der Einschrumpfung am stärksten entgegengewirkt wird, desto besser ist der Glanz.

Einfluß der Konzentration und der Temperatur der Lauge sowie der Einwirkungsdauer auf die Schrumpfung und den Glanz. Natronlauge bis zu 10° Bé bewirkt keine Einschrumpfung. Lauge von 35° Bé wirkt etwas stärker schrumpfend als solche von 30°. Lauge von 40° Bé ist in bezug auf Schrumpfen nicht vorteilhafter als 35gradige; bei ersterer findet aber nicht so gutes Netzen der Baumwolle statt. Die Temperatur soll 15—20° C nicht übersteigen. Die Dauer der Einwirkung (einige Minuten oder einige Stunden) ist von keinem wesentlichen Einfluß auf das Schrumpfen und den Glanz.

Einfluß des Wassergehaltes der Baumwolle auf den Glanz. Es ist von nebensächlicher Bedeutung, ob die Baumwolle trocken oder feucht der Einwirkung der Natronlauge ausgesetzt wird. Der Wassergehalt der Baumwolle darf nur nicht so groß sein, daß durch die Verdünnung der Lauge die Wirksamkeit derselben herabgesetzt wird. Vor allem muß die Lauge das Fasermaterial völlig durchtränken. Mechanische Bearbeitung (wie Schlagen und Pressen des Fasermaterials) während der Laugenbehandlung ist wirkungslos.

Wiedereingehen nach der Streckung. Die Baumwolle darf nach dem Auswaschen nicht wieder eingehen oder schrumpfen. Garn soll nach dem Merzerisieren mindestens die ursprüngliche Länge des Rohgarnes, eher eine um 3—5% größere Länge, haben. Gewebe sollen die ursprüngliche Breite haben. Zwecks Vermeidung eines Wiedereingehens ist das Material vor allem gut zu entlaugen.

Wiederausrecken. Der beste Glanz wird erzielt, wenn das Garn a) zuerst in gespanntem Zustande in die Lauge eingeführt und etwa $^1/_2$ Minute in der Lauge unter beständiger Drehung verbleibt, b) sodann innerhalb der Lauge entspannt und zum Zusammenschrumpfen um etwa 10 cm gebracht und in diesem Zustande wieder ungefähr $^3/_4$ Minute in der Lauge gedreht wird und dann c) schließlich innerhalb der Lauge auf die ursprüngliche Länge wieder ausgereckt wird. Nachdem es sich in diesem wiederausgereckten Zustande noch ungefähr $^3/_4$ Minute gedreht hat, wird das Garn nach dem Ausquetschen ausgewaschen.

Praktische Ausführung der Merzerisation.

Vorbereitung des Materials vor dem Merzerisieren.

Garne und Gewebe, die der Glanzmerzerisation unterworfen werden sollen, müssen zur Erzielung des höchsten Effektes gesengt (gasiert) werden. Die lose abstehenden Härchen würden sonst der Spannung nicht unterworfen werden und den Glanz der Ware beeinträchtigen. Immerhin hängt diese Vorbehandlung von der Qualität der Ware und den an die merzerisierte Ware zu stellenden Ansprüchen ab.

Ferner werden die Garne und Gewebe in der Regel vorher abgekocht, und zwar 1. um die Ware netzend zu machen und eine gleichmäßige

Einwirkung der Lauge zu bewirken (besonders bei festgedrehten Garnen und mit Schlichte behafteten Geweben, durch die die Temperatur der Lauge zugleich störenderweise erhöht würde), 2. weil durch die Nichtfaserbestandteile der Baumwolle (s. u. Baumwolle) die Merzerisierlauge stark verunreinigt und zu wiederholter Verwendung sowie zur Regeneration der Lauge weniger geeignet sein würde als reine Lauge. Trotz dieser allgemeinen Grundsätze werden dennoch Gewebe vielfach, ohne vorher genetzt oder ausgekocht zu werden, direkt mit der Lauge in Klotz- oder Paddingmaschinen behandelt, dann ausgespannt und schließlich gewaschen. Der Merzerisiereffekt ist hierbei aber weniger vollkommen, besonders bei Geweben, die schlichtehaltig sind.

In der Regel wird das Material durch Auskochen (3—4 Stunden ohne Druck) mit etwas Natronlauge (2—3% Lauge 48° Bé) oder Soda (2—3% kalz. Soda vom Gewicht der Baumwolle) genetzt und gereinigt und nach dem Spülen direkt auf die Streckmaschine gebracht. Leicht netzbares Garn kann auch auf der Kufe genetzt werden, wodurch auch gegenüber dem Auskochen 3—4% an Gewicht gespart wird. Ein Zusatz von Seife, Türkischrotöl oder Monopolseife, also von Stoffen, die das Benetzen befördern, ist vorteilhaft, besonders bei festgedrehten Garnen.

Eine der Merzerisation vorangehende Bäuche (unter Druck), oder gar Bäuche und Bleiche, ist schädlich (harter Griff, geringer Glanz, großer Gewichtsverlust) und kommt meist nur (im Zeugdruck) für verstärkte Farbstoffaufnahme vor. Die reguläre Bleiche folgt sonst der Merzerisation fast immer nach.

Wie bereits erwähnt, kann die Merzerisation verschiedene Effekte bezwecken:

1. Eine Teilmerzerisation der Gewebe zur Erzielung des Kreppeffektes.

2. Eine Ganzmerzerisation der Ware ohne Spannung zur Erzielung eines weicheren Griffes, zur Erhöhung der Aufnahmefähigkeit für Farbstoffe und zur Erhöhung der Zugfestigkeit.

3. Eine Ganzmerzerisation der Ware unter Spannung zur Erzielung von Seidenglanz.

Von diesen Methoden spielen die beiden ersteren eine untergeordnete Rolle, nur der letzteren kommt praktisch große Bedeutung zu.

1. Herstellung der Kreppeffekte durch Merzerisation.

Die sogenannten Krepp-, Krepon- oder Kräuseleffekte können auf zweierlei Art erzielt werden.

a) Durch Aufdruck einer alkalischen Verdickung [B]. Die Natronlauge wirkt nur dort merzerisierend (in diesem Falle schrumpfend oder zusammenziehend), wo sie auf die Gewebe aufgedruckt ist. Hierdurch entsteht ein runzliges Bild des Gewebes.

Man bedruckt beispielsweise das Gewebe mit einer Verdickung aus 100 g Britischgummi und 900 g Natronlauge, 38—40° Bé (gewonnen durch Einrühren des Britischgummi in die kalte Natronlauge, Erwärmen des Gemisches auf 70° C während 20 Minuten, Kaltrühren und Einstellen auf das erforderliche Volumen mit Wasser). Hierauf führt man den Stoff 2—3 Minuten über Leitrollen in breitem Zustande, wäscht ihn dann in Strangform in fließendem Wasser aus, säuert leicht und spült (s. auch Witt: a. a. O.).

b) Aufdruck einer Reserve und Behandlung mit Natronlauge [B]. Nach diesem Verfahren werden gewisse Teile des Gewebes vor der Einwirkung der Lauge durch aufgedruckte Reserve geschüzt, während der ganze übrige (nicht reservierte Teil) der Laugenwirkung unterworfen wird. Die Reserven bestehen entweder aus Gummiverdickung allein oder sind mit chemisch oder mechanisch reservierenden Mitteln versetzt. Z. B.: Gummiverdickung (1 : 1) 650 Teile und Wasser 350 Teile; Gummiverdickung 650 Teile, Wasser 250 Teile und 100 Teile essigsaures Chrom von 20° Bé; Gummiverdickung 300 Teile, Wasser 200 Teile und Albuminverdickung (1 : 1) 500 Teile. Die mit Reserve bedruckten Gewebe werden getrocknet und ohne Spannung mit Lauge behandelt, gewaschen und leicht gesäuert.

Die mit Lauge behandelten Gewebeteile nehmen beim Färben größere Farbstoffmengen auf, wobei, gegenüber den nicht mit Lauge behandelten Teilen, zweifarbige Effekte (Färbungen verschiedener Intensität) entstehen. Durch Zusatz von alkalibeständigen substantiven Farbstoffen zu der Reserve können Bunteffekte erzielt werden.

c) Bis zu einem gewissen Grade gehört hierher auch die Bossierung, d. i. die Merzerisation von Garnen und Geweben aus Gemischen von pflanzlichen und tierischen Fasern (Halbwolle, Halbseide). Diese Effekte wurden zuerst von Depoully, Garnier und Voland (1884, Lyon) zur Herstellung von kreppartigen Seidenwaren (Tissus bosselés) erzeugt und brachten Thomas und Prevost auf die Entdeckung der Spannungsmerzerisation. Werden z. B. Gewebe, die zur Hauptsache aus Seide bestehen und nur von wenig Baumwollfäden durchwebt sind, mit Natronlauge behandelt, so wird die Baumwolle hierdurch verkürzt und die Seide dadurch kreppartig. Ähnliche Wirkungen können mit Halbwollgarn erzeugt werden. Da Natronlauge tierische Fasern angreift, sind besondere Vorsichtsmaßregeln (kurze Einwirkungsdauer, abgekühlte Lauge, Schutzstoffe usw.) angebracht.

2. Merzerisation ohne Spannung.

Wird Baumwolle ohne Spannung merzerisiert, so wird die Faser um etwa 5% schwerer; sie wird ferner weicher, fester und aufnahmefähiger für Farbstoffe; auf der anderen Seite findet (wie bereits ausgeführt) beträchtliche Schrumpfung (Kontraktion) bis zu 20—25% statt. Diese Art Merzerisation hat nur sehr geringe Bedeutung und beschränkt sich auf einige Spezialartikel. So zielen z. B. verschiedene Patente auf Erhöhung der Festigkeit, die u. U. bis zu 50% der ursprünglichen Festigkeit zunehmen soll, hin; es ist aber sehr zweifelhaft, ob dieses ziemlich kostspielige Verfahren wirtschaftlich ist.

Technisch auch nicht von großer Bedeutung ist das Merzerisieren zwecks Erzielung von Weichheit und Geschmeidigkeit. Garne bönnen in der Kufe oder in der Garnpassier- oder Imprägniermaschine behandelt werden (s. Abb. 102). Letztere besteht beispielsweise aus drei sternförmig verbundenen, in einem eisernen Gestell drehbar angeordneten Walzenpaaren, von denen je eine Walze zwecks Aufsetzens der Garne verschiebbar ist. Das Garn wird auf je ein Walzenpaar aufgesetzt, leicht angespannt und der Apparat um 120° gedreht, wobei das auf einem Walzenpaar befindliche Garn in den mit dem Apparat verbundenen, mit Lauge gefüllten Trog eintaucht, hier rotiert und von einer Quetschwalze gepreßt wird. Nach einer weiteren Drehung um 120° hebt sich das Garn aus dem Trog heraus, wird wieder abgepreßt und vom Apparat abgenommen usw. Schließlich wird durch Ausschleudern od. ä. entlaugt, auf der Garnwaschmaschine gewaschen und abgesäuert.

Zum Behandeln von Geweben verwendet man Klotzmaschinen oder Foulards mit zwei oder drei Walzen. Unter diesen befindet sich der Laugentrog; Leitwalzen und Breithalter führen das Gewebe in die Lauge und zwischen die Quetschwalzen (s. Abb. 105).

Das Auswaschen und Absäuern der natronbehandelten Gewebe geschieht auf den allgemein eingeführten Breitwasch- und Breitsäuermaschinen (s. d.).

Man hat auch versucht, lose Baumwolle zwecks Verbesserung der Qualität vor dem Verspinnen der Natronbehandlung zu unterwerfen, und es sind für diesen Zweck verschiedene Maschinen konstruiert worden.

Der Effekt der größeren Aufnahmefähigkeit für substantive Farbstoffe kann entweder zum Zwecke der Farbstoffersparnis (Ganzmerzerisation) oder zum Zwecke von Farbeffekten ausgenutzt werden. Wenn z. B. merzerisierte und nichtmerzerisierte Baumwolle zusammen verwebt (oder auch versponnen) wird, so werden vermittels Unifärbung Doppelfärbungen erzielt. Es ist charakteristisch, daß die Aufnahmefähigkeit für Farbstoffe beim Merzerisieren ohne Streckung am größten ist und umgekehrt, daß also Glanz und höchster Grad von Farbstoffverwandtschaft sich gegenseitig ausschalten.

Die Konzentration der Natronlauge bei der spannungslosen Merzerisation ist meist etwa 25—30° Bé, seltener auch 10—12—18° Bé; die Temperatur ist gewöhnliche Zimmertemperatur.

3. Merzerisation unter Spannung.

Man unterscheidet zweierlei Arbeitsmethoden:

1. Die Baumwollgarne werden ohne Spannung mit Natronlauge merzerisiert, ausgeschleudert oder ausgequetscht und dann erst auf die Streckmaschine gebracht und auf die ursprüngliche Länge ausgereckt, wenn möglich noch etwas darüber hinaus, schließlich im gespannten Zustande gewaschen.

2. Die Baumwollgarne werden in gespanntem Zustande mit Natronlauge merzerisiert; das Einlaufen (Schrumpfen) wird also durch die Spannung verhindert und tritt gar nicht erst ein. Dann wird noch etwas weitergereckt und direkt unter Spannung gewaschen.

Wenn das Baumwollgarn mit Natronlauge getränkt ist, so läßt es sich ohne Fadenbrüche meist nur bis zu der ursprünglichen Länge strecken; wird dann die Lauge durch Aufspritzen von etwas Wasser verdünnt, so wird das Material elastischer und läßt sich über die ursprüngliche Länge hinaus strecken. Gewaschen wird in der Regel zuerst mit kaltem (weichem und vollkommen klarem), dann mit warmem Wasser, und schließlich wird mit verdünnter Säure zur vollständigen Entfernung des Alkalis abgesäuert und wieder gewaschen.

Die zum Ausrecken erforderliche Kraft ist abhängig von dem Baumwollstapel und von der Drehung der Garne. Je kurzfaseriger die Baumwolle und je loser die Garne gesponnen sind, desto weniger Kraft ist erforderlich. Nach Langes Versuchen erforderten 10 g Garn aus amerikanischer Baumwolle 60 kg, aus ägyptischer Baumwolle 85 kg Belastung, um die merzerisierte Ware auf die ursprüngliche Länge zu strecken. Die Kraft, welche erforderlich ist, die Schrumpfung zu verhüten, ist geringer als diejenige, um die Ware auf ursprüngliche Länge wieder auszurecken. Nach Beltzer sind für 1 kg Garn 3527 kg Belastung erforderlich; 10 kg erfordern eine Pferdekraft. Nach Grossheintz erfordert 1 m Gewebe 106 kg, um die ursprüngliche Gewebebreite wiederherzustellen.

Das zum Merzerisieren kommende Material soll nur mäßig und vor allem durchaus gleichmäßig feucht sein. Durch Nichtbeachtung dieser Forderung entstehen vielfach Fehler in der Ware. Man vermeide deshalb vor allem das offene Liegenlassen vorbereiteter Ware, besonders in warmen und trockenen Räumen sowie in Zugluft und bereite nur so viel vor, als unmittelbar darauf weiterbearbeitet werden kann.

Die zur Anwendung gelangende Lauge ist in der Regel 30—35° Bé stark. Direkte Kühlung der Lauge wird heute wohl kaum noch vorgenommen; Temperaturen über 15—18° C, höchstens 20° C, sind stets sorgsam zu vermeiden.

Als Typus der Arbeitsweise bei Garn gibt Gardner (a. a. O.) folgenden an:

Die schwach feuchten Garne kommen auf der Merzerisiermaschine erst in das 30° Bé starke Laugenbad, werden dort stark gestreckt und gehen von da automatisch in ein zweites Bad, welches mit gleich starker Natronlauge beschickt ist. Die Garne rücken weiter und werden an der dritten Stelle stark abgequetscht; die abfließende Lauge wird wieder zur Merzerisierflotte zurückgeleitet.

Das Garn rückt nun an die vierte Stelle weiter, wo es mit nur wenig warmem Wasser bespritzt und abgequetscht wird. Die ablaufende Natronlauge spindelt je nach dem Wasserzulauf 10—12° Bé und wird in ein hochgelegenes Bassin gepumpt, in welchem sie dann auf 30—40° Bé eingedampft wird.

Nun folgt die fünfte und sechste Stelle, wo das Garn mit viel heißem Wasser fertig gespült wird. Das hier ablaufende Spülwasser wird (da zum Eindampfen zu kostspielig) zum Vorkochen der Rohgarne oder zum Lösen des Natronhydrates verwendet.

Dann wird das Garn abgenommen und für viele Zwecke, so zum Färben oder Bleichen benützt oder auch, wenn das Garn ungefärbt verschickt werden soll, erst schwach auf einer Kufe abgesäuert, gespült und getrocknet.

Nach dem Trocknen werden die Garne stark chevilliert. Wenn keine Seidenchevilliermaschinen zur Verfügung stehen, so kann mit der Hand chevilliert werden.

Der durch Spannungsmerzerisation erzeugte Seidenglanz auf Baumwolle ist beständig. Die Ware läßt sich z. B. ohne Beeinträchtigung des Glanzes bleichen und färben. Nur bei solchen Färbeverfahren, bei denen sich auf der Faser Farblacke und Mineralfarben niederschlagen (Türkischrot und andere Beizenfärbungen, Chromgelb usw.), wird der Glanz teilweise verdeckt und somit mehr oder weniger vermindert. Auch gefärbte Garne können glanzmerzerisiert werden; nur müssen die Garne dann mit Farbstoffen gefärbt sein, die die Behandlung mit starker Lauge und das Absäuern aushalten.

Rückgewinnung der Merzerisierlauge.

Ein großer Teil der Lauge wird bereits durch Abquetschen in unverdünntem Zustande wiedergewonnen. Die vom ersten Spülen ablaufende Lauge von etwa 10—12° Bé wird in ein hochstehendes Bassin gepumpt und vermittels Dampfschlangen auf 30—40° Bé eingedampft. Das Gefäß ist zwecks Fernhaltung atmosphärischer Kohlensäure möglichst geschlossen zu halten. Das sich trotzdem bildende Karbonat (Soda) wird von Zeit zu Zeit durch etwas Ätzkalk kaustifiziert, wobei sich der hierbei entstehende kohlensaure Kalk allmählich zu Boden setzt. Zwecks rationelleren Arbeitens sind auch besondere Vorrichtungen für die Rückgewinnung der Lauge geschaffen worden (J. P. Bemberg, Kestner, Krais). Schwierigkeiten beim Eindampfen entstehen, wenn die Lauge schlichtehaltig ist. In solchen Laugen wird oft bis zu 2% organische Substanz gefunden. Diese organische Substanz läßt sich zum Teil durch viel Ätzkalk oder besser Ätzkalk und etwas Bariumhydroxyd ausfällen.

Die letzten Spülwässer von 1—4° Bé können zum Vorkochen der Baumwolle und zum Lösen des Natronhydrates verwendet werden; die überschüssige Lauge wird vielfach laufen gelassen, da die Rückgewinnungskosten unverhältnismäßig hoch sind.

Garnmerzerisiermaschinen.

In der Apparatur der Garnmerzerisation sind bis heute seit der ersten Wanslebenschen Maschine von Thomas und Prevost keine bedeutungsvollen Vervollkommnungen zu verzeichnen. Die Hauptabweichung besteht darin, daß bei den neueren Maschinen die Garne in gestrecktem Zustande der Wirkung der Natronlauge unterworfen werden.

Viktoria-Streckapparat von Haubold.

Einen einfachen, kleinen Typ für die gelegentliche Merzerisation kleinerer Garnmengen stellt der Viktoria-Streckrahmen von Haubold dar. Er besteht aus einer Anzahl von oberen und unteren Streckwalzen, von denen die unteren feststehen, während die oberen mittels Zahnräder angetrieben werden können. Die Entfernung der oberen von den unteren Streckwalzen geschieht durch Handräder. Die zu merzerisierenden Garne legt man auf die einander genäherten Walzen und spannt sie aus; hierauf bringt man den ganzen Apparat in ein mit Natronlauge gefülltes Bassin, während die Walzen in drehender Bewegung gehalten werden. Das Auswaschen der Lauge geschieht in einer Waschkufe zuerst mit kaltem, dann mit warmem Wasser (s. Abb. 54).

Die zu starke Spannung der Garne durch Handräder oder durch hydraulischen Druck, die bei feineren Garnsorten Fadenbrüche verursacht, kann durch automatisch wirkende Hebelbelastung vermieden werden. Diese Gewichte werden so bemessen, daß eine Überanstrengung des Garnes nicht eintreten kann und das Material geschont wird. Solche Systeme baut beispielsweise Haubold u. a.

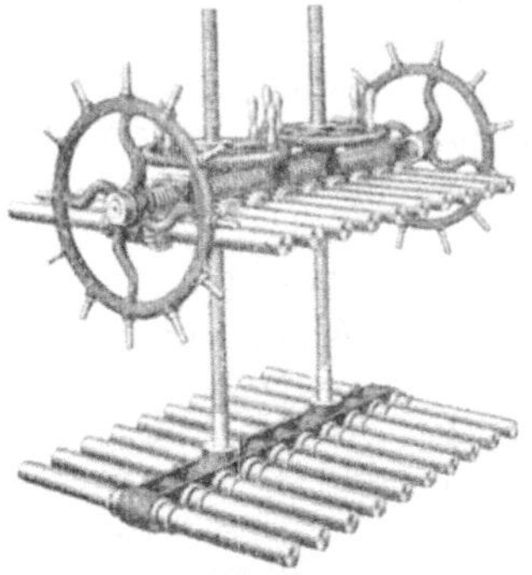

Abb. 54. Viktoria-Streckapparat (Haubold).

Gerber-Wanslebens Garnmerzerisiermaschine[1]).

Sie besteht aus acht doppelten Stahlwalzen von 125 mm Durchmesser, von denen die unteren je vier Walzen durch eine selbsttätige Umsteuerung abwechselnd nach rechts und links gedreht werden können. Die vier unteren Walzen drehen sich in Laugenkästen, die durch ein Ventil gefüllt und durch einen weiteren Hahn entleert werden können. Die Arbeitsweise ist folgende: Das mit Seife od. ä. abgekochte, gewaschene und geschleuderte Garn wird auf die Walzen gebracht. Die Laugenkästen stehen etwa 15 cm von den Walzenköpfen ab, so daß das Garn bequem an der vorderen Wand vorbei heruntergelassen und über die Köpfe geschoben werden kann. Die oberen Walzen werden alsdann so hoch gestellt,

Abb. 55. Garnmerzerisiermaschine (Gerber-Wansleben).

daß die gut und gleichmäßig verteilten Stränge stramm liegen; darauf wird die 15—18° warme Lauge (von 30—36° Bé) eingelassen und der Rundlauf angesetzt. Sofort nach Zugabe der Lauge überstreckt man um etwa 1,5 cm und läßt dann 2—3 Minuten ohne Dehnung laufen. Nun werden die Kästen entleert, die oberen Walzen etwas gehoben, um dem Garn die nötige Streckung zu geben und während

[1]) Vervollkommnet gegenüber der ursprünglichen Konstruktion.

3 Minuten die überschüssige Lauge durch an die unteren Walzen angelegte Gummiwalzen vermittels der vier Gewichtshebel ausgepreßt. Während dessen spritzt ganz wenig Wasser gegen das Garn, so daß eine etwa 10proz. „Preßlauge“ entsteht, die in einen besonderen Behälter geleitet wird, um von da zur Eindampfstation zu gelangen. Nun wird 2 Minuten mit warmem und 3 Minuten mit kaltem Wasser gewaschen, darauf der Kolben mit den oberen Walzen niedergelassen (wobei sich zugleich automatisch die Quetschwalzen von den unteren Walzen abheben) und das fertige Garn abgenommen, um auf dem Bottich mit 3 g Schwefelsäure 60° Bé pro Liter abgesäuert und wieder gespült zu werden.

Der ganze Vorgang vom Aufhängen bis zum Abnehmen dauert etwa 12 Minuten, so daß, da jedes Walzenpaar 1—$1^1/_2$ kg Garn aufnimmt, jedesmal etwa 8—12 kg oder in 10stündiger Arbeitszeit etwa 400—600 kg Garn von einer Maschine fertiggestellt werden können.

Dem Wanslebenschen Modell ähnliche Maschinen bauen Bemberg, Haubold, Zittau u. a. Firmen. Abb. 55 zeigt eine von der Maschinenfabrik Gerber-Wansleben gebaute Maschine.

Kleinewefers Garnmerzerisiermaschine.

Durch hohe Produktion zeichnet sich die automatische Garnmerzerisiermaschine (Revolversystem) mit karusselartig angeordneten Walzenpaaren von Joh. Kleinewefers Söhne aus. Die Maschine liefert in 10 Stunden 1000 bis 1200 kg und wird in verschiedenen Modellen gebaut. Acht Walzenpaare sind karusselartig horizontal angeordnet und tragen das Garn in 45 Sekunden um je eine Station weiter.

An der einen Station steht der einzige zur Bedienung der Maschine erforderliche Arbeiter und legt einerseits das neue Garn auf das die Rundfahrt antretende Walzenpaar, anderseits nimmt er das fertige Garn von dem zurückkommenden Walzenpaar ab. Auf der zweiten und dritten Station wird gelaugt (behufs vollständiger Durchtränkung des Garnes), auf der vierten wird abgepreßt und mit ganz wenig Wasser gewaschen, wobei die bereits erwähnte Preßlauge gewonnen wird, auf der fünften wird mit warmem, auf der sechsten Station mit kaltem Wasser gewaschen, auf der siebenten wird abgesäuert und auf der achten schließich wieder gewaschen.

Die Periodendauer, z. B. 45 Sekunden, ist mittels Wechselräder auch auf 60 oder 80 Sekunden einstellbar. Ist keine Laugengewinnung vorgesehen, so kann ein Walzenpaar gespart werden. Vielfach wird auch das Absäuern nicht auf der Maschine, sondern auf dem Bottich vorgenommen, wodurch eine zweite Station frei wird. Der Kraftbedarf beträgt 2—$2^1/_2$ Pferdekräfte.

Ein kleineres Modell bringt dieselbe Firma als Liliputmaschine heraus. Sie trägt nur zwei Walzenpaare, hat einen Kraftbedarf von 1 PS und eine Tagesproduktion von 200—300 kg.

Der Kleineweferschen Maschine sehr ähnlich ist die in England am meisten gebrauchte von Spencer & Sons, Manchester; im Gegensatz zu vorgenannter arbeitet sie vertikal (s. Abb. 56).

Recht verbreitet ist auch die Garnmerzerisiermaschine der Niederlahnsteiner Maschinenfabrik (Patent Paul Hahn), die in vier Größen mit der Tagesproduktion von 500—2400 engl. Pfund geliefert wird. Sie trägt auf beiden Seiten je zwei glatte Walzen, von denen eine festgelagert, die andere beweglich angeordnet ist. Die Spannung des Garnes erfolgt mit Hilfe von Gewichten, die nach Wunsch reguliert werden können. Sie hängen am langen Arm eines Winkelhebels, dessen kurzer Arm die Spannwalze mit Hilfe eines Exzenters automatisch der festen Walze nähert oder von ihr entfernt. In der ersten Stellung wird das Garn aufgelegt, in der zweiten gespannt. Dann fährt das Laugenbecken unter das Garn, hebt sich zum Eintauchen der unteren Garnhälfte, senkt sich wieder und fährt, nachdem eine Gummiwalze sich an die feste Walze angelegt und die überschüssige Lauge abgepreßt hat, wieder in ihre frühere Stellung zurück. Nun wird das Garn abgespritzt, wobei das erste Waschwasser aufgefangen wird. Dieses wird zur Kühlung der zirkulierenden Lauge verwandt, indem es zunächst durch das obere Laugenbassin geleitet wird, während die Lauge in das untere Bassin hinter der Maschine fließt. Eine kleine Transmissionspumpe befördert letztere dann in das obere Bassin. Von hier aus fließt sie dem Laugenbecken wieder zu. Über dem unteren Bassin befindet sich ein Tropfgefäß mit starker Lauge zum Wiederverstärken der durch das im Garn enthaltene Wasser verdünnten Lauge.

Abb. 56. Garnmerzerisiermaschine von Spencer & Sons (nach Gardner).

Maschinelle Nachbehandlung merzerisierter Garne.

Nach dem Waschen, Absäuern und Trocknen der merzerisierten Garne (s. oben) folgen zur Erhöhung des Spannungsmerzerisationseffektes und der Parallellegung und Ordnung der Strangfäden verschiedene Nachbehandlungsprozesse (das Ausschlagen, Chevillieren, Strecken, Lüstrieren). Hierzu bedient man sich entweder 1. des einfachen Wringpfahls, oder 2. einer besonderen Garnschlagemaschine, 3. einer Chevilliermaschine oder 4. der Streck- und Lüstriermaschine. Abbildungen dieser Maschinen sind unter Garnappretur zu finden.

Das Trocknen geschieht nach einem der sonst üblichen Trocknungsverfahren (s. weiter unter Färberei).

Diesen Streck- und Lüstrierprozessen geht vielfach das Bleichen und Färben voraus. Wird das Garn in ungebleichtem und ungefärbtem Zustande versandt, so schließt sich das Lüstrieren unmittelbar an die Merzerisation an.

Gewebemerzerisation.

Die Baumwollgewebe werden merzerisiert entweder a) unmittelbar nach dem Sengen im Rohzustande, oder b) nach dem Sengen sowie Vorkochen in etwa 2—3 proz. Abfallauge und dem Trocknen, oder c) nach dem Sengen und Entschlichten mit Diastafor (s. d.) im Jigger oder Foulard. Das erste Verfahren ist das billigste, ergibt aber die schlechtesten Resultate und liefert ferner verunreinigte Merzerisierlaugen;

Abb. 57. Merzerisierfoulard mit drei durch Hebeldruck belasteten Quetschwalzen aus Eisen- und Weichgummi, eisernem Laugentrog mit Doppelmantel für Wasser- oder Eiskühlung, zum zweimaligem Imprägnieren und Abquetschen (Zittau).

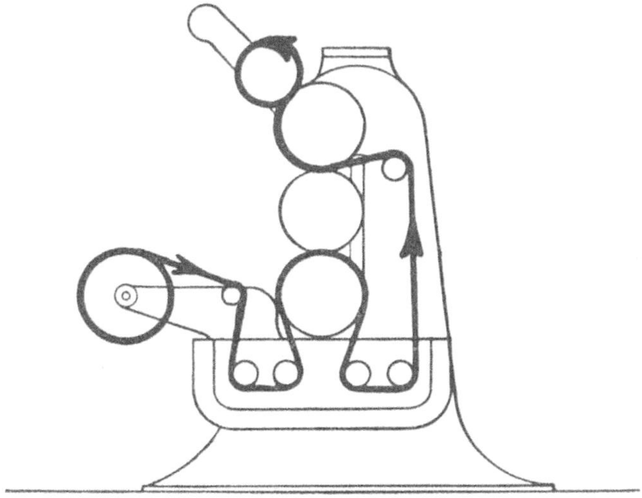

Abb. 58. Schnittzeichnung des Merzerisierfoulards (Zittau).

das letzte Verfahren ist das teuerste; das zweite ist das meist angewandte und liefert gute Ergebnisse.

Die Merzerisation ohne Spannung in den verschiedensten Foulards, Jiggers und Krabbmaschinen hat bisher nicht den gewünschten Glanz ergeben. Heute werden deshalb zur Erreichung von Seidenglanz Spannrahmen mit Kluppen (früher mit Nadelketten) benutzt; für feine Gewebe, die das Strecken mit Kluppen nicht vertragen, sind besondere Ausbreitvorrichtungen geschaffen worden. Das Gewebe soll wie bei der Strangmerzerisation aus möglichst guten ägyptischen oder guten, langfaserigen, amerikanischen Baumwollgarnen hergestellt sein.

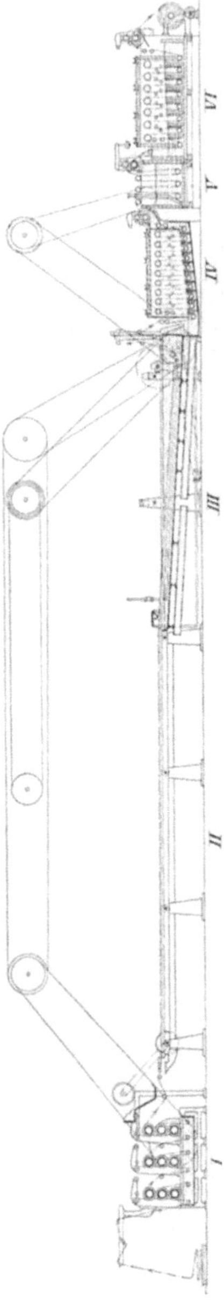

Abb. 59. Schnitt durch Stückmerzerisiermaschine von Bemberg (nach Gardner). *I* Dreifach wirkende Imprägniermaschine für schwere Gewebe, *II* Spannrahmen mit Kluppen, *III* Tauchbassin, *IV* Mattersscher Laugenrückgewinnungsapparat, *V* Säurekasten, *VI* Dampfwaschmaschine.

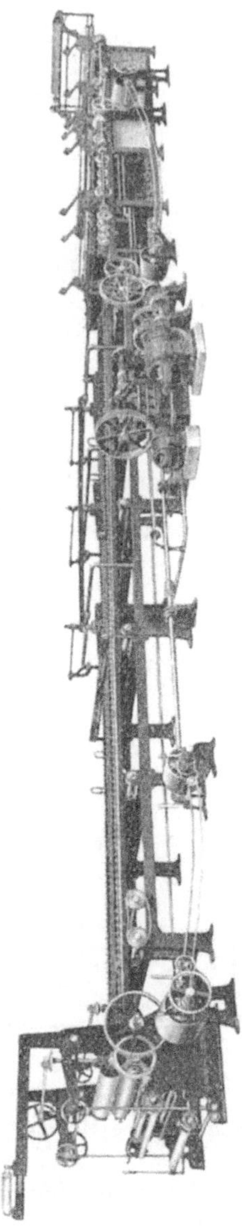

Abb. 60. Merzerisieranlage für Gewebe (mit Foulard, Breithalter, Neutralisiermaschine, Entlauger, Säuer- und Waschmaschine) nach Haubold.

Die Merzerisation selbst findet unter sehr starkem Druck mit einer Natronlauge von etwa 30° Bé statt. Schwere Gewebe passieren den Foulard (s. Abb. 57 u. 58), werden aufgerollt, bleiben so einige Stunden liegen, werden nochmals foulardiert und dann auf den Spannrahmen (s. Abb. 59) gespannt. Oder: das Gewebe passiert zwei nebeneinanderstehende Foulards und kommt dann direkt auf den Spannrahmen. Leichte Gewebe (Satins usw.) passieren ein dreiwalziges Foulard unter starkem Druck und gehen gleich auf den Spannrahmen.

Zwecks besseren Netzens setzt man bei schweren Geweben mitunter 1 l Alkohol auf 100 l Natronlauge von 30° Bé zu. Gleichzeitig kann die Lauge zwecks besseren Glanzes gekühlt werden (Wasserkühlung durch doppelte Böden der

Foulards). Die Streckung hat so zu geschehen, daß mindestens die ursprüngliche Gewebebreite zurückerhalten wird. Die Lauge ist gut auszuspülen, so daß auch vor dem Absäuern die Ware annähernd neutral ist, weil erhebliche Mengen Glaubersalz, die beim Absäuern entstehen, den Glanz der Ware beeinträchtigen.

Je nachdem, ob dunkle oder helle Färbungen verlangt werden, wird entweder unmittelbar nach dem Merzerisieren gefärbt oder vorher erst gebleicht. Das Färben geschieht im wesentlichen nach den für gewöhnliche, nicht merzerisierte Baumwolle üblichen Verfahren.

Enthält das Gewebe seidene Effekte, so werden auf 100 l Natronlauge etwa 4 l Glyzerin als Schutzstoff zugesetzt; auch ist dann die Temperatur möglichst auf 10—12° C (bei schnellem Gang der Maschine höchstens auf 14—15° C) zu halten. Ein Aufrollen der Ware nach dem Passieren des Foulards muß vermieden werden; gewaschen wird kalt und gründlich abgesäuert. Bei der Merzerisation von Halbwolle ist künstliche Kühlung unerläßlich.

Auch beim Merzerisieren von Geweben mit farbigen Effekten ist schnelles und vorsichtiges Arbeiten (Kühlung, kein Aufrollen oder Liegenlassen in der Lauge) geboten.

Abb. 59 zeigt den Schnitt durch eine Stückmerzerisiermaschine von Bemberg und Abb. 60 die Gesamtansicht einer solchen Maschine von Haubold.

Einseitige Gewebemerzerisation.

Nach dem Patent Tagliani wird von der Firma Bemberg eine Maschine zum einseitigen Merzerisieren von Baumwollgeweben konstruiert. Die Auftragung der Lauge geschieht durch eine gravierte, stählerne Walze, an der ein hin- und hergehendes Rakelmesser zur gleichmäßigen Verteilung der Lauge angebracht ist. Ein gegenüberstehendes, gleichfalls bewegliches Messer streift die dem Gewebe etwa anhaftenden Fasern, Noppen und sonstigen Verunreinigungen ab. Die Preßwalze ist mit Gummiüberzug versehen. Nach dem Verlassen der Walzen geht der Stoff durch eine über der Maschine befindliche Trockeneinrichtung. Ein Auswaschen der merzerisierten Ware braucht nur bei bestimmten Farbstoffen (Anilinschwarz, basischen Farbstoffen) stattzufinden, während bei substantiven und Küpenfarbstoffen das Gewebe direkt in das Färbebad gelangen kann.

Merzerisation von Ketten. Das Merzerisieren von Ketten findet nur selten statt, vorzugsweise in England und Amerika. Während der Einwirkung der Natronlauge und des darauffolgenden Spülens passieren die Ketten stark wirkende Quetschwalzen, wodurch ein Einschrumpfen der Ketten verhindert wird. Der Glanz der merzerisierten Ketten ist wesentlich geringer als derjenige der im Strang unter Spannung merzerisierten Garne.

Die von einigen englischen Maschinenfabriken gebauten Apparate enthalten mehrere Kammern, von denen die ersten zwei Abteilungen 30gradige Natronlauge, die dritte und vierte warmes Spülwasser, die fünfte verdünnte Säure und die sechste wieder warmes Spülwasser enthält.

Erzeugung von Seidengriff.

Vielfach wird merzerisierte Baumwolle nach dem Bleichen und Färben noch mit einem seidenähnlichen Griff versehen. Dies wird dadurch erreicht, daß die Baumwolle vor dem Griffigmachen (falls nicht schon in starkem Seifenbade gefärbt worden ist) in einem warmen 1 proz. Bade von Marseiller-Seife behandelt, ausgeschleudert, mit einer verdünnten Lösung von Milchsäure, Weinsäure, Essigsäure oder Ameisensäure abgesäuert und dann scharf getrocknet wird. Die Konzentration des Säurebades schwankt von 2—10 g im Liter. Bei Schwefelfarbstoffen werden noch etwa 10 g Natriumsalz (Azetat, Formiat, Laktat oder Tartrat) zugesetzt, um die Ware haltbar und lagerbeständig zu machen. Häufig wird auch etwas Leim (1 — 1,5: 1000) und Kartoffelstärke zur Hebung des Griffes zugesetzt.

Seidengriff auf anderen Fasern. Auch auf anderen Fasern, gewöhnlicher Baumwolle, Kunstseide, Leinen, Jute, Ramie und Wolle (s. unter chlorierter Wolle) wird bisweilen Seidengriff hergestellt. Die Grundverfahren sind dieselben wie bei merzerisierter Baumwolle; möglichst soll gut gereinigte Faser (gebäucht, gebleicht, natrongekocht od. ä.) der Behandlung unterworfen werden; Rohbaumwolle ist weniger geeignet und hier wieder die indische und asiatische Baumwolle weniger als die Mako oder Sea-Island. Zweite Hauptbedingung ist ein gewisser Fett- und Säuregehalt und dritte gutes, d. h. scharfes Trocknen der Faser bei möglichst 50—60° C. Auch das Säuern soll kräftig sein, möglichst Ameisensäure anstatt Essigsäure. Mineralsäuren sind bei Pflanzenfasern zu vermeiden, da durch dieselben zu leicht eine Vermorschung der Faser eintreten kann. Auffallend ist, daß bestimmte Farbstoffe (z. B. Pigmente, Anilinschwarz, Chromlacke usw.) einem guten Seidengriff entgegenarbeiten; dagegen eignen sich die Schwefelfärbungen gut für diese Behandlung. Durch Aufnahme von Feuchtigkeit aus der Atmosphäre leidet der Griff meist sehr erheblich oder verschwindet mitunter auch ganz. Als Seife eignet sich gute Marseiller Seife oder Seifen mit hohen Palmitin- oder Stearinsäuregehalt am besten; gleichgültig ob als Kali- oder Natronseifen angewandt. Ein Zusatz von Olivenöl oder Kokosfett wird auch manchmal empfohlen. Zusätze von Verdickungsmitteln wie Leim, Ozonstärke u. ä. erhöhen im allgemeinen den Griff und vor allem die Haltbarkeit des Griffes. Die hier anzuwendenden Verhältnisse sind im Mittel etwa: 1—2% Leim, 1—2% Ozonstärke, 1% Olivenöl, 1—2% Ameisensäure werden zur Emulsion aufgekocht, und die Emulsion wird dann in das deutlich saure Avivierbad gegeben, die Ware schnell und kurze Zeit umgezogen, geschleudert und scharf bei 50—60° C getrocknet.

Die Ursache des Knirschens oder des Seidengriffes ist bisher noch nicht klar erkannt. Die mitunter geäußerten Ansichten, daß sich Fettsäurekristalle in der Faser ablagern, die durch Aneinanderreiben ihrer scharfen Kanten das Knirschen verursachen, oder daß sich fettsaure Zellulose bei der Avivage bildet, die den eigenartigen Griff verursacht, halten einer wissenschaftlichen Kritik nicht stand. Wahrscheinlicher ist, daß die Faser Fettsäure und Säure stark adsorbiert und dabei ihre inneren Spannungsverhältnisse so eigenartig ändert, daß sie, der Seide ähnlich, beim Drücken den charakteristischen Griff und das Knirschen auslöst.

Die Transparentierung, Opalisierung und Philanierung[1]).

Dem Merzerisierungsverfahren sehr ähnliche Veredelungsverfahren der Baumwollfaser sind das Glasbatist-Verfahren und das Philanierungsverfahren.

[1]) S. auch Beil: Zeitschr. f. angew. Chem. 1924, S. 689. — Kertesz: Melliands Textilberichte 1923, S. 477.

A. Glasbatistverfahren.

Schon Mercer hatte in seiner ersten Veröffentlichung erwähnt, daß durch Säuren und sauerwirkende Agenzien, z. B. Schwefelsäure, Chlorzink u. a., eine ähnliche Wirkung ausgeübt werde wie durch Ätzalkalien. In den vielen Verfahren, die in den ersten Jahren nach Bekanntwerden des Thomas-Prevostschen Patentes angepriesen und bekannt wurden, waren aus diesem Grunde alle möglichen Behandlungsweisen mit den verschiedensten Substanzen saurer und alkalischer Natur, in der Kälte oder bei höherer Temperatur, mit kurzer oder langer Einwirkungsdauer und sonstigen Abänderungen beschrieben. Schließlich hatte man sich aber dennoch zur Erzielung des Merzerisierungseffektes auf die Behandlung mit Ätzalkalien, vor allem Natronlauge, beschränkt und besonders die Verwendung von Säuren vermieden, offenbar weil Zellulose gegen Säuren doch weniger widerstandsfähig als gegen Alkalien ist und die Verwendung der letzteren eine größere Betriebssicherheit bietet. Lediglich die zuerst von Mercer durchgeführte Behandlung der Baumwolle mit starker Schwefelsäure, die wenige Jahre nach Mercers Beobachtung bei der Erzeugung von Pergamentpapier in die Praxis eingeführt wurde, ist nicht vergessen worden, sondern hat dauernde Anwendung gefunden.

Erst in neuerer Zeit aber, seit 1913, sind Verfahren, die der Schweizer Firma Heberlein & Co. in Wattwil patentiert wurden, bekannt geworden, nach denen Baumwollgewebe, mit starken Säuren behandelt, besondere Effekte zeigen. Wenn man aus den verschiedenen Patenten den Grundgedanken herausschält, so gehen die Erfinder darauf aus, vorher gebleichte und merzerisierte Baumwollwaren mit Schwefelsäure von 51—54° Bé, die auch durch andere Säuren ersetzt werden kann, zu behandeln und sie zweckmäßig dann noch einmal zu merzerisieren. Je nachdem diese Behandlungen mit oder ohne Streckung durchgeführt werden, werden besondere und eigenartige Effekte erzielt, die unter dem Namen Schweizer Finish, Glasbatist, Permanent-, Transparent-, Opal-, Glas-Appretur oder Glasfinish bekannt geworden sind.

Wie die Namen bereits andeuten, hat die Faser durch die Behandlung ein glänzenderes Aussehen und eine auffallende Transparenz erhalten, wobei der einzelne Faden glatter wird, und der Stoff eine von losen Fasern freiere und abgerundetere Garntextur zeigt, während der Griff der Ware je nach der durchgeführten Behandlung mehr oder weniger hart und elastisch-spröde wird.

Diesem Transparenzverfahren werden in der Regel ganz feine Baumwollgewebe (nicht Garne) unterworfen. Benutzt wird ein verbleiter Trog, der mit Leitrollen aus Glas versehen und z. B. mit Schwefelsäure von z. B. 54° Bé beschickt ist. Die Zeitdauer der Passage beträgt z. B. 8 Sekunden, die Temperatur der Bäder ist 13—16° C. Vom Schwefelsäurebad kommt die Ware erst in ein Spülbad, das verdünnte Schwefelsäure enthält, und dann erst in ein zweites Spülbad mit reinem Wasser. Soweit ist diese Arbeitsweise patentfrei. Dagegen gelang es der Firma Heberlein & Co. durch Pergamentieren vorher merzerisierter Baumwolle neue Effekte zu erzielen, wobei auch der umgekehrte Weg eingeschlagen werden kann, indem zuerst pergamentiert und dann erst merzerisiert oder indem nach dem Pergamentieren nochmals merzerisiert wird. — Die der genannten Firma patentierten Verfahren erstrecken sich weiterhin auch darauf, daß das Merzerisieren mit einer Natronlauge unter 0° vorgenommen wird, und daß auf gleichem Wege auch Druckeffekte erzielt werden. Ferner benutzt die Firma Heberlein & Co. in letzter Zeit ihr Verfahren auch dazu, um aus gröberen Geweben leinenähnliche Stoffe zu erzeugen. Diese Stoffe dienen gewissermaßen als Leinenersatz. Durch Behandeln von merzerisierter (und evtl. gebleichter) Baumwolle mit Schwefelsäure von 49,5—50,5° Bé werden mehr wollähnliche Effekte (dünnem Wollmusselin ähnlich) erreicht (s. auch unter Philanieren).

B. Philanierungsverfahren.

Ein anderes Ziel erreichte Ch. Schwartz, indem er Baumwollgewebe mit hochkonzentrierter Salpetersäure in besonderer Weise behandelt, und zwar ohne Vorbleiche, Vormerzerisierung und ohne Streckung. Nach kurzer Einwirkungsdauer wird die Säure entfernt.

Durch diese Salpetersäurebehandlung erleidet das Gewebe eine Schrumpfung, die je nach Garn und Bindung verschieden groß ist, und zwar in der Kette durchschnittlich 5%, im Schuß mehr als 5% beträgt. Die einzelne Faser hat das glatte, schlauchähnliche Äußere verloren, ist oberflächlich rauher geworden und zeigt eine deutliche Kräuselung; der Glanz der Faser ist größer und wärmer geworden. Infolgedessen zeigen die Gewebe im Aussehen und Griff ein von dem ursprünglichen Material stark abweichendes Verhalten und gleichen äußerlich mehr einem Woll- als einem Baumwollgewebe.

Auch die Wärmeleitfähigkeit ist infolge des offeneren, lockeren Gefüges der einzelnen Fäden eine geringere geworden, so daß das Material auch in dieser Hinsicht mehr einem Wollstoff ähnelt. Von besonderer Wichtigkeit ist noch, daß die Reißfestigkeit durch die Behandlung bis zu 50%, die Durchreibefestigkeit um 200—300%, gegenüber der unbehandelten Faser, gesteigert wird (Beil: a. a. O.). Diese Eigenschaft rührt offenbar daher, daß infolge der Aufrauhung der Faseroberfläche der Gleitwiderstand wächst.

Die philanierte Faser ist frei von Oxyzellulose und Nitroresten; die hervorgerufene Behandlung ist daher offenbar eine physikalische und dauernde. Rohware liefert bessere Ergebnisse als gekochte und gebleichte Ware. Infolge der Öffnung der Fäden, ihrer Kräuselung und Schrumpfung gelingt es, die Grenzen, die dem Spinner und Weber gezogen sind, zu überschreiten und Gewebe zu erzeugen, die neben dem weichen Griff ein derartig geschlossenes, gleichmäßiges Fadenbild zeigen, wie es bisher nicht möglich war (Beil).

Die behandelte Faser zeigt eine leichte Gilbung, die sie in der Farbe der Rohwolle und Rohseide ähnlich macht, die aber erforderlichenfalls durch Bleichen nach den für Baumwolle gebräuchlichen Verfahren entfernt werden kann. Durch nachträgliches Merzerisieren wird der Glanz der behandelten Faser größer, der Griff aber härter und kälter, die Ware also leinenähnlicher. Färberisch besitzt die Faser, ähnlich wie merzerisierte Baumwolle, eine größere Verwandtschaft zu den Farbstoffen als die unbehandelte Faser, so daß beim Färben auf das erhöhte Ziehvermögen der Farbstoffe entsprechend Rücksicht zu nehmen ist.

Das erwähnte Philanierungsverfahren ist durch in- und ausländische Patente geschützt und wird durch die Philana A.-G. in Basel ausgebeutet. Im Gegensatz zu dem Merzerisierprozeß, der technisch in einfacher Weise durchgeführt werden kann und daher in dem Kleinbetrieb jeder Färberei und Druckerei ausgeübt wird, bietet das Philanieren in technischer Beziehung erhebliche Schwierigkeiten, so daß es nicht möglich ist, es in den gewöhnlichen Textilveredelungsbetrieben durchzuführen. Denn es handelt sich darum, in apparativer Hinsicht die Schwierigkeiten zu überwinden, welche durch die Behandlung der Stoffe mit hochkonzentrierter Salpetersäure entstehen, wobei Apparate zur Verwendung gelangen müssen, die widerstandsfähig gegen diese sind. Ferner ist die Bewirtschaftung der für den Philanierungsprozeß notwendigen großen Mengen Salpetersäure ein weiterer technischer und kalkulatorischer Hinderungsgrund, zumal die Verwertung der Abfallsäuren mit zu berücksichtigen ist. Deshalb kommt für die Philanierung vor allem eine chemische Fabrik in Betracht. So haben beispielsweise die Höchster Farbwerke [M] das Philanieren im kontinuierlichen Betrieb aufgenommen, während die weitere Ausrüstung in den Textilveredelungsbetrieben, Färbereien und Druckereien in üblicher Weise ausgeführt wird. Der Umstand, daß der größte Teil der Indanthren- und anderen Küpenfarbstoffe das Philanieren aushält, ermöglicht es, nicht nur Rohwaren, sondern auch Buntgewebe zu philanieren.

Wenn das Philanieren auch vorzugsweise für Gewebe in Frage kommt, weil hier die Vorteile, die mit dem Verfahren verbunden sind, am besten ausgenützt werden, so lassen sich auch Garne und lose Baumwolle philanieren. In diesem Falle kommen vor allem andere Effekte in Betracht, die z. B. durch das Verspinnen philanierter Baumwolle mit Wolle erreicht werden.

Augenscheinlich bedeutet das Philanaverfahren einen neuen großen Fortschritt in der Baumwollveredelung. Die Verteuerung des Materials wird vielleicht keine zu große Rolle spielen, da dieser Nachteil durch die veredelten Eigenschaften (schöneres Aussehen, weicherer Griff, größere Festigkeit und Dauerhaftigkeit, wollähnlicher Charakter) aufgehoben wird.

Nach Kind[1]) kann dagegen von einer allgemeinen Verbesserung der Festigkeitsverhältnisse durch das Philanieren keine Rede sein; die Verbesserung der Festigkeit ist nach ihm nur eine scheinbare und teilweise auf die Schrumpfung der Gewebe zurückzuführen. Kind fand recht schwankende Werte, neben ungünstigeren auch günstigere; wenig günstig waren die für den Schuß ermittelten Werte. Im Mittel aus einer Reihe von Versuchen mit Flanell, Tennis, Musseline, Argentine, Flor Philana erhielt Kind bei Kettgarnen eine Verbesserung von 78,7 (entschlichtete Ware) auf 83,4 (philaniert = 87,9, gechlort = 84,2, gebleicht = 79,5, gefärbt und bedruckt = 83,4), beim Schuß zuerst eine Verbesserung von 80,4 (entschlichtete Ware) auf 89,8 durch das Philanieren, dann eine Verschlechterung auf 73,1 (gechlorte Ware), 71,2 (gebleicht) und 53,4 (gefärbt und bedruckt). Die Frage der Qualitätsänderung durch das Philanieren dürfte indes durch die Versuche noch nicht abgeschlossen sein, zumal das vorhandene Material von Kind unzureichend ist und Vergleichsversuche mit nichtphilanierten, gebleichten, gefärbten, bedruckten usw. Geweben gleicher Art fehlen. Aus den Versuchen von Kind geht eigentlich nur hervor, daß das Philanieren unmittelbar die Festigkeit der Gewebe, sowohl in Kette als auch im Schuß, erhöht.

Die Bleicherei.

(Das Bäuchen, Bleichen, Entschweißen, Walken, Karbonisieren, Entbasten usw.)

Abel, E.: Hypochlorite und elektrische Bleiche. — Bottler, M.: Bleich- und Detachiermittel der Neuzeit. — Engelhardt, V.: Hypochlorite und elektrische Bleiche. — Ebert und Nussbaum: Hypochlorite und elektrische Bleiche. — Hölbling, V.: Die Fabrikation der Bleichmaterialien. — Jellineck, K.: Das Hydrosulfit. — Kind, W.: Das Bleichen der Pflanzenfasern. — Schoop, P.:

[1]) Kind: Melliands Textilberichte 1925, S. 661.

Elektrische Bleiche. — Theis, F. C.: Breitbleiche baumwollener Gewebe. — Theis, F. C.: Strangbleiche baumwollener Gewebe. — Ferner allgemeine Lehrbücher der Färberei u. a. m.

Allgemeines. Die rohen Fasern sind nicht vollkommen rein und weiß; sie enthalten vielmehr neben dem Faserstoff schwankende Mengen von Nebenprodukten, die aus Farbstoff, Wachs, Pektinstoffen, Gummi, Harzen, Fetten usw. bestehen. Außer diesen natürlichen Verunreinigungen enthalten Gespinste und Gewebe häufig erhebliche Mengen von Fremdkörpern, die in der Spinnerei und Weberei zufällig oder absichtlich hineingeraten sind, wie schwarze, von den Samenteilen der Baumwolle herrührende Noppen, Schmieröl, Schmutz, Salze, Fett, Schlichte usw. Alle diese natürlichen und später in die Fasererzeugnisse künstlich hineingeratenen, störenden Fremdkörper müssen in der Bleicherei berücksichtigt und im allgemeinen mehr oder weniger vollkommen entfernt bzw. gebleicht werden.

Die Entfernung dieser Fremdkörper geschieht zum Teil durch bestimmte vorbereitende Operationen (das Abkochen, Bäuchen, Waschen usw.), zum anderen Teil durch die eigentliche Bleiche selbst. Letztere hat u. a. vor allem den Zweck, die natürlichen Farbstoffe der Faser zu zerstören oder zu entfernen und eine weiße Ware zu erzeugen. Wird nicht völlige Weiße verlangt, so findet keine Voll- sondern nur eine Teilbleiche (partielle Bleiche, Halb-, Viertel- usw. Bleiche) statt.

Die Bleichmittel wirken verschiedenartig; man kann sie in oxydierende und in reduzierende Mittel unterscheiden. Die Wirkung ist eine rein chemische. Das Hauptmittel für das Bleichen der Baumwolle und der meisten Pflanzenfasern ist der Chlorkalk nebst anderen Hypochloriten. In der Bleicherei der Wolle ist die Schwefligsäure, in derjenigen der Seide sind das Wasserstoffsuperoxyd und die schweflige Säure die wichtigsten Bleichmaterialien.

Neben dem eigentlichen Bleicheffekt ist beim Bleichen der Faserstoffe und Fasererzeugnisse das größte Gewicht auch auf möglichste Schonung des Fasermateriales Rücksicht zu nehmen, also auf Erhaltung der wesentlichsten Eigenschaften der Textilien: Festigkeit, Dehnbarkeit, Glanz, Glätte, Weichheit und Griff.

Das Bleichen und die Vorarbeiten des Bleichens können in allen Stufen der mechanischen Verarbeitung der Faserstoffe ausgeführt werden, also in Gestalt von losem Material, von Garn, Gewebe usw. Desgleichen kann auch schon veredeltes Material, z. B. merzerisiertes Baumwollgarn, gebleicht werden. Das gebleichte Material wird entweder als solches weiter mechanisch verarbeitet oder unmittelbar darauf gefärbt oder aber unmittelbar in den Handel gebracht. Der Bleichprozeß fällt im allgemeinen fort, wenn die fraglichen Fasermaterialien später schwarz oder zu dunklen Farben gefärbt werden sollen.

Das Gewicht der Rohstoffe nimmt durch das Bleichen in der Regel ab, bei Pflanzenfasern in höherem Grade, bei tierischen Fasern (außer Seide) weniger bis unmerklich. Je intensiver die Bleiche der Pflanzenfasern ist, desto größer ist im allgemeinen der Gewichtsverlust. Auch die Festigkeit des Fasergutes nimmt durch das Bleichen als solches im allgemeinen ab. Bei den Vorarbeiten der Pflanzenfaserbleicherei (beim alkalischen Abkochen, Bäuchen, Merzerisieren) findet zum Teil eine Festigkeitserhöhung statt. Ist letztere größer als die Festigkeitsabnahme durch die eigentliche Bleicherei, so findet — was häufig der Fall ist — eine Festigkeitserhöhung durch die Gesamtbehandlungen der Bleicherei (Vorarbeiten und eigentliches Bleichen) statt.

Gemischtfaserige, stückgefärbte Waren mit Zweifarbeneffekten erfahren mitunter nach dem Färben eine milde Nachbleiche, wenn z. B. die weiß zu erhaltende Faser in der Färberei oberflächlich angefärbt oder angeschmutzt worden ist. Das völlige Entfärben bereits gefärbter Waren geschieht gewöhnlich auf dem Wege des Abziehens. Es findet hauptsächlich in der Kunstwoll- und Lumpenfärberei statt. Ein partielles Abziehen wird ausnahmsweise auch in der regulären Fabrikfärberei vorgenommen, wenn z. B. eine Ware durch Versehen überfärbt worden ist und der Farbstoffüberschuß entfernt werden soll.

Zur Bewältigung großer Produktionsmengen in wirtschaftlicher Weise sind viele sinnreiche Apparate und Vorrichtungen ersonnen worden.

Geschichtliches. In früheren Zeiten wurde das Bleichen sehr primitiv ausgeführt: Die Pflanzenfaser wurde mit Pflanzenasche gebrüht, gewaschen, mit Buttermilch behandelt, gewaschen und dann auf dem Rasen gebleicht. Diese Operationen wurden so lange wiederholt, bis die Ware weiß wurde. Das Erscheinen neuer Chemikalien machte es dem Bleicher möglich, den Prozeß abzukürzen und zu vervollständigen sowie die Rasenbleiche zu vermeiden. Die erste Umwälzung bestand in der Einführung der Schwefelsäure an Stelle von Buttermilch, Apfelsaft und Zitronensaft. Dann revolutionierten die Chlorbleichmittel die gesamte Bleichindustrie: Entdeckung des Chlors durch Scheele, 1774, des unterchlorigsauren Kalis durch Berthollet, 1785, und des Chlorkalks, 1790. Weiterhin kam der Kalk als Ersatz der Pflanzenasche als Bäuchmittel in Gebrauch. Die Soda, Salzsäure und die Natronlauge vereinfachten den Bleichprozeß weiter. Die Bleicharbeit von Monaten wurde auf wenige Tage, gelegentlich auf 24 Stunden, reduziert. Die Einführung aller dieser Neuerungen ging allerdings nicht glatt vonstatten. In England, dem Sitz der ursprünglichen Textilveredelung, verbot z. B. das „British Government" noch im Jahre 1823 den Gebrauch von Säuren beim Bleichen von Waren für behördliche Lieferungen („government materials"). Jeder Bleicher, der im 18. Jahrhundert Kalk brauchte, sollte gehenkt werden („was liable to be hanged"). Auch das Hypochlorit wurde stark bekämpft, und 1823 benutzte man in Cheshire noch kein solches, sondern wandte ausschließlich die Rasenbleiche an.

Allmählich wurden die Vorurteile überwunden. Man lernte die Ursachen morscher und fleckiger Ware immer besser kennen und die Prozesse beherrschen. Gutes Spülen, vorsichtiges Chloren, Luftverdrängung beim Bäuchen wurden immer mehr beachtet und die mannigfachen Klippen der chemischen Bearbeitung umschifft, so daß man bald mit Hilfe der chemischen Hilfsmittel ein viel hochwertigeres Erzeugnis erhielt als früher, dabei in viel kürzerer Zeit. Heute hat die wissenschaftliche Forschung erwiesen, daß die moderne Bleicherei in bezug auf Festigkeit, Gewicht, Farbe und Griff einen Artikel erzeugt, der schwer zu übertreffen ist. Dabei war der Ersatz der Schwefelsäure durch Salzsäure sehr wichtig, weil erstere Gips in der Faser niederschlagen kann, der sich nicht auswaschen ließ (in Mülhausen i. E. zuerst eingeführt). Die Bleichereiindustrie hat sich so gewissermaßen mit der chemischen Industrie entwickelt und die Entdeckungen der letzteren in sich aufgenommen. Um die Mitte des 19. Jahrhunderts war die Bleicherei chemisch fast ebensogut aufgebaut wie heute. Nach Erfüllung der chemischen Erfordernisse tat auch der Ingenieur und Maschinenkonstrukteur das Seine, und der Chemiker trat zeitweise in den Hintergrund. Die ingenieurtechnischen Aufgaben bestanden in der Schaffung der entsprechenden Maschinen und der Bewältigung der Massenproduktion. Das Streben der heutigen Bleichindustrie geht u. a. dahin, die Bleiche kontinuierlich, ohne Ablage, durchzuführen. In dieser Beziehung schreitet die amerikanische Industrie an der Spitze: Man wäscht, entschlichtet, chlort, säuert, ja man bäucht hier sogar auf kontinuierlichem Wege mit Hilfe von Kontinue-Ablegeapparaten und gelangt dazu, die Gewebe vom Rohwarenmagazin bis zur Fertigablage in einem Zuge laufen zu lassen. Durch diesen mechanisierten Betrieb wird große Lohnersparnis erzielt, z. B. an einer Stelle gegen früher die Ausschaltung von 50% von jugendlichen Arbeitern (Freiberger). Zugleich wird größter Wert auf Erhaltung des Fasermaterials und auf Vermeidung von Zelluloseverlust gelegt.

Die Natronlaugenkochung unter Druck datiert seit dem Jahre 1837. Ein weiterer Markstein in der Entwicklung der Kochkesselkonstruktionen ist die Einführung der Thies - Herzigschen Konstruktion; später folgte die Mathesius-Freiberger - Konstruktion, in der man Kochungen mit 5000 und 8000 kg und noch höheren Füllungen vornehmen kann. Zuletzt kann das Mohrsche Kaltbleichverfahren, bei dem man entweder auf kaltem Wege eine gute Halbbleiche oder in Kombination mit einem warmen Sauerstoffbade eine für viele Zwecke ausreichende Vollbleiche erzielt (s. weiter unten).

Das Kochen, Bäuchen und Bleichen der Baumwolle und Baumwollerzeugnisse.

Die Vorbereitung für die Bleiche, das Entschlichten, Abkochen und Bäuchen.

Bevor rohe Baumwollgarne und -gewebe der eigentlichen Bleiche unterworfen werden, müssen sie im allgemeinen vorerst durch Entschlichten, Kochen, Abkochen oder Bäuchen vorbereitet werden. Diese vorbereitenden Operationen bezwecken die Entfernung gewisser Fremdkörper, und zwar insbesondere aller Nichtfaserstoffe außer den natürlichen Farbstoffen der Faser. Ferner wird die Rohbaumwolle durch die Vorarbeiten netzbar und somit gleichmäßig angreifbar für die eigentlichen Bleichlaugen gemacht.

Baumwollgarne werden sowohl in offenen Kesseln als auch in Druckkesseln, meist bis zu $2^1/_2$ at Druck, mit alkalischen Lösungen gekocht. Hierdurch werden Fettsubstanzen (Baumwollwachs und Öl), ferner Protoplasmareste und Pektinstoffe teils aufgeweicht, teils gelöst, verseift und emulgiert. Die eigentlichen Baumwollfarbstoffe werden dabei aber nicht zerstört, vielmehr zeigt die Baumwolle nach dem Kochen häufig einen noch tieferen Farbton als ursprünglich. Als Alkalien haben sich Soda, Ätznatron, Ätzkalk und Gemische derselben bewährt (Näheres s. w. u.); häufig werden bei feineren Erzeugnissen auch Zusätze von Seifen, Türkischrotöl, Monopolseife u. dgl. gemacht.

Lose Baumwolle wird nur selten gebleicht (für die Herstellung von Schießbaumwolle, Verbandwatte u. ä.), weil sich gebleichte Baumwolle schlechter als rohe Baumwolle verspinnen läßt. Die vorbereitende Behandlung der losen Baumwolle besteht gegebenen Falles meist im Übergießen mit warmer Sodalösung von 30—40° C oder mit Natronlauge von 1—2° Bé und im mehrstündigen Liegenlassen in der Lauge. Ein richtiges Kochen der losen Baumwolle ist zu vermeiden. Linters werden dagegen häufiger mit Ätznatron-Soda unter Druck gekocht.

Baumwollgewebe erfordern ein schärferes und umständlicheres Verfahren, weil bei ihnen nicht nur die natürlichen Fremdstoffe der Faser, sondern auch Schlichte und Maschinenöl zu berücksichtigen sind. Die Schlichte kann die verschiedensten Stoffe enthalten: Stärkepräparate aller Art, Kaolin, Glaubersalz, Bittersalz, Gips, Bariumsulfat, Talg, Öle, Traubenzucker, Paraffin, Magnesium- und Kalziumchlorid, Chlorzink, Schmutz und Verunreinigungen von Eisen- und Kupferverbindungen.

Stärkehaltige Schlichte[1]) läßt sich durch einfaches Abkochen, auch nicht unter Druck, nicht vollkommen entfernen. Auf chemischem Wege kann die Stärke dagegen mit verdünnten Säuren verzuckert und in wasserlösliche Form übergeführt werden. Man verwendet z. B. bei grobfädigen, ordinären Artikeln verdünnte Schwefelsäure von 2° Bé, mit der die Ware imprägniert und dann 6 bis 12 Stunden liegen gelassen wird. Außer der Verzuckerung der Stärke findet hierbei gleichzeitig eine Lösung von Metalloxyden und eine teilweise Entfettung der Ware statt. Ohne Schaden für die Baumwollfaser kann die Säure auch gelinde erwärmt werden (Freiberger), wodurch die Behandlungsdauer nicht unerheblich abgekürzt wird. Je wärmer die Säure, je länger die Einwirkungsdauer und je besser die Flottenzirkulation ist, desto vollkommener findet die Entfettung statt. Enthalten die Gewebe viel Samenkapseln und Samenschalen, so kann die Ware außerdem 24 Stunden in verdünnter Natronlauge eingeweicht, oder es kann eine Art Gärung eingeleitet werden [M]. Mitunter werden zweierlei Prozesse hintereinander ausgeführt, z. B. erst Gärung, dann Behandlung mit Säure.

Einfacher und gefahrloser für die Faser als die Entschlichtung mit verdünnter Säure ist diejenige mit alkalischen Bädern, am vollkommensten diejenige mit Malz, Diastafor, Fermasol u. ä. Diastasepräparaten (s. d.). Auch kann die Stärke mit Aktivin (s. d.) oder Perborat aufgeschlossen werden.

Je gründlicher die Entschlichtung ausgeführt wird, desto vollkommener und schonender verläuft im allgemeinen der Bäuch- sowie der Bleichprozeß. Die Art der Entschlichtung hängt im übrigen auch wesentlich von dem Artikel ab: für Direktfarben entschlichtet man z. B. am liebsten mit Diastafor, für den Blaudruck mit alkalischen Bädern.

Paraffin-, in geringerem Grade Mineralölflecke, sind bei der normalen Bearbeitung schwer zu entfernen, selbst bei Mitverwendung von Seifen, Tetrachlorkohlenstoff, Benzin, Petroleum, Terpentin u. dgl. Elsässer Bleichereien haben deshalb vor einer Reihe von Jahren Einspruch gegen die Verwendung reiner Mineralöle als Maschinenöl erhoben, vor allem die Verwendung paraffinhaltiger Mineralöle bekämpft und zum mindesten Gemische von z. B. Mineralöl und Kolzaöl von den Spinnern und Webern verlangt.

Der Gang der normalen Arbeitsweise ist bei glatten Waren etwa folgender: 1. Netzen der Ware in schwacher heißer Sodalösung oder Auskochen mit Wasser und etwas Monopolseife, Rotöl od. dgl., Spülen und Entschlichten, 2. Kochen mit Natronlauge von 2—3° Bé unter Druck von 2—3 at, 3. Waschen. Schließlich folgt das eigentliche Bleichen.

Ursprünglich wurde beim Abkochen als Alkali Holzasche verwendet. Mit der Entwicklung der Industrie wurden andere Alkalien eingeführt, von denen dann Kalk, Soda und Ätznatron dauernd festen Fuß gefaßt haben, während Barythydrat, Strontiumlauge, Wasserglas und Schwefelalkali sich nicht bewährt haben und schnell wieder fallen gelassen wurden. Durch langjährige Versuche im großen hat man dann später allmählich die günstigsten Arbeitsbedingungen in bezug auf Konzentration der Bäder, Einwirkungsdauer, Temperatur der Bäder, die einzuschlagende Reihenfolge der Bäder usw. kennen gelernt. Vor allem hat man auch, wirtschaftlichen Rücksichten Rechnung tragend, das wiederholte Bäuchen und Bleichen durch einmalige Behandlung in stärker wirkenden Bädern und unter höheren Drucken zu ersetzen gelernt. Hierbei haben

[1]) Gewisse Artikel, wie Rauhartikel, werden nur teilweise entschlichtet.

Verbesserungen an dem Bau der Bäuchkessel nennenswert mitgeholfen. Ein neuer Gesichtspunkt erstand in der Ausschaltung der Luft aus dem Bäuchkessel und dem Bäuchmaterial. Nachdem man die Beobachtung gemacht hatte, daß die Kochbrühe bei Luftgehalt im Kessel andauernd dunkler wird, während sie bei Luftfreiheit hell bleibt, und daß durch den Luftgehalt der Bildung von Oxyzellulose Vorschub geleistet wird, konnte nicht mehr daran gezweifelt werden, daß in der Ausschaltung der Luft ein merklicher Erfolg lag.

Dem Grundsatz nach unterscheidet man heute im Großbetriebe die Kalk- bzw. die Kalk-Soda-Bäuche und die Natron- bzw. die Natron-Soda-Bäuche. Bei ersterer sind Kalk bzw. Kalk und Soda, bei letzterer Ätznatron bzw. Ätznatron und Soda die wirksamen Bestandteile. Letztere hat die erstere immer mehr verdrängt, weil sie der Baumwolle einen milderen, wollartigen Griff verleiht. Die Kalk-Soda-Bäuche ist in bezug auf Materialverbrauch billiger, wenn man bei der Natronbäuche die Lauge nicht vollständig ausnützt; dagegen ist sie hinsichtlich der Arbeitslöhne und des Dampfverbrauches teurer und beansprucht mehr Raum und Maschinen als die Natronbäuche. Außerdem kann die Kalkbäuche Kalkrückstände in der Faser zurücklassen, die zu Flecken Anlaß geben können. In bezug auf die Einzelheiten existieren gerade beim Bäuchen und Bleichen sehr zahlreiche Ausführungsarten.

Bei der Kalkbäuche werden die Baumwollgewebe zunächst mit Kalklauge bzw. Kalkmilch imprägniert. Man verwendet hierzu etwa 4—5% Kalk vom Gewicht des Bleichgutes (60—80 kg frisch gebrannter Kalk auf 1000 l Wasser) und bedient sich zur Imprägnierung zweckmäßig der sogenannten Kalkmaschine. Die Kalkmilch soll frei von gröberen Anteilen (Steinchen usw.) sein und ist zweckmäßig vorher durch ein feinmaschiges Metallsieb durchzuschlagen. Die so präparierte Ware wird sorgfältig (unter Vermeidung der Bildung von Hohlräumen) im Strangbäuchkessel (s. weiter unten) verpackt, der Kochkessel mit dem Bäuchgut gut gefüllt, zur Vermeidung des Schwimmens der Ware mit einem Gitter oder Balkenkreuz verstemmt und mit Wasser gefüllt. Zum Austreiben der Luft wird Dampf eingeleitet, der Deckel geschlossen und der Kesselinhalt bei geöffnetem Lüftungsventil zum Kochen gebracht. Schließlich wird der Entlüftungshahn geschlossen und der Druck durch Einleiten von gespanntem Wasserdampf bis auf etwa 3 at getrieben. Je nach Art und Reinheit des Gewebes wird dieser Kochprozeß 5—8 Stunden fortgesetzt. Dann öffnet man das Luftventil, läßt die Lauge abfließen, öffnet den Deckel und füllt den Kessel sogleich mit kaltem Wasser. Nach eventuellem Ablaufenlassen und nochmaligem Neuauffüllen mit Wasser nimmt man das Bäuchgut aus dem Kessel heraus, spült gut auf der Strangwaschmaschine, quetscht eventuell auf dem Strangausquetscher aus und säuert auf der Kalkmaschine (oder Breitsäuermaschine) mit verdünnter Schwefelsäure oder besser Salzsäure von $^1/_4$—2° Bé bei gewöhnlicher Temperatur ab. Nach dem Absäuern wird die Ware in Haufen geschichtet, $^1/_4$—1 Stunde liegen gelassen und wieder gewaschen oder abgepreßt. Folgt der Kalkkochung eine solche mit Sodalauge, so entsteht die kombinierte Kalk-Soda-Bäuche. In der Kalkbäuche werden die Fette verseift und die Schlichtekörper, Harze, Pektinstoffe, Farbstoffe usw. teils gespalten, teils gelöst.

Bei der Natronbäuche, die durch H. Koechlin eingeführt und durch Thies, Herzig, Freiberger u. a. m. weiter ausgebaut worden ist, wird mit Natronlauge gebäucht. Eine geeignete Ausbildung für den Großbetrieb hat das Verfahren weiter in den Mather - Platt - Apparaten erfahren, das sind liegende Bäuchkessel, in welche die Ware, auf Wagen verstaut, eingefahren wird. Die Konzentration der Natronlauge bzw. der Natron-Soda-Lauge schwankt bei der gewöhnlichen Laugenbäuche innerhalb sehr weiter Grenzen, je nach Art der Ware, nach Konstruktion der Apparate und nach dem gewünschten Bäucheffekt. So kann beispielsweise eine Natronlauge[1]) von 1—5° Bé oder eine 3—6proz. Lösung von kalz. Soda, oder es können auch Mischungen von Natronlauge und Soda in verschiedenen Verhältnissen zur Anwendung gelangen. Sehr günstig soll auch ein geringer Zusatz von Harzseife, Türkischrotöl Monopolseife u. dgl. wirken. Der Druck in den geschlossenen Kesseln wird meist auf 2—3 at (seltener auch auf 1—2 oder 3—5 at), die Kochdauer je nach dem Druck auf 2—12 Stunden bemessen. Ohne vorhergehende Laugenimprägnation wird das Bäuchgut am besten in dampfheißem Zustande nach dem Einpacken in den Kessel direkt mit heißer Lauge übergossen, bis die Ware bedeckt ist; dann wird entlüftet und gekocht. Ein Säuern findet nach dem Kochen in der Regel nicht statt, da die verseiften Fettsäuren durch einfaches Waschen herausgewaschen werden. Von der zweimaligen Bäuche in verdünnterer Natronsodalösung ist man allmählich immer mehr zu der einmaligen Bäuche in einer stärkeren Natron-Soda-Lauge von 4—5° Bé übergegangen. Freiberger faßt die wichtigsten technischen und wirtschaftlichen Grundsätze der Natronbäuche von Baumwollstückwaren wie folgt zusammen: 1. Entlüften[2]) des Bäuchgutes durch Dämpfen des vorher alkalisierten Stoffes; 2. Verwendung genügend starker Laugen, zugleich mit einem Dampfraum oberhalb und unterhalb des Stoffes im Kessel; 3. Ausnützung des Gesamtalkalis und Wiedergewinnung der Dampfwärme; 4. Erzielung einer guten Zirkulation bei möglichst gleichmäßigem Einlegen des Stoffes; 5. die vollkommene Reinigung des Stoffes, um späterhin möglichst wenig Chlor zu brauchen; 6. der Bau von sehr großen Bäuchkesseln, um Dampf, mechanische Arbeit und Personal zu ersparen.

Man hat zwischen der Anwendung zu verdünnter und zu konzentrierter Lauge vielfach hin und her geschwankt. Zu verdünnte Lauge bedeute eine Verschwendung an Ätznatron und Dampf bei gleichzeitigem Zelluloseverlust durch Auflösung. Zu konzentrierte Lauge erzeugt leicht einen der merzerisierten Ware ähnlichen Griff; zu geringe Flottenmenge vermag dann auch nicht die in die Flotte übergehenden Fremdkörper genügend in Lösung zu halten, so daß leicht braune Flecke durch Wiederausfällen von Holzgummi entstehen. Letzteres ist besonders dann der Fall, wenn eine Vorbäuchung mit Altlauge vorgenommen war und diese nicht vor der Hauptbäuche von allen fällbaren Substanzen, vor allem von fällbarem Holzgummi, befreit worden ist. Bei der Vollbäuche können auch an den Stellen Flecke entstehen, die bei mangelhafter Zirkulation von der strömenden Flotte nicht genügend berührt oder durchdrungen werden. Je vollkommener die Zirkulation ist, desto geringer braucht der Überschuß an Ätznatron zu sein. Bei der Durch-

[1]) Berechnet man das anzuwendende Ätznatron auf das Bäuchgut, so werden vielfach $1^1/_2$—3% (im Mittel 2—$2^1/_2$%) festes Ätznatron genommen. 3—6proz. Sodalösungen entsprechen solchen von $4^1/_2$—$8^1/_2$° Bé.

[2]) Thies und Herzig arbeiten im luftverdünnten Raum unter Zugabe von Bisulfit, wodurch sie die Konzentration der Lauge auf 4—6° Bé erhöhen konnten. Demgegenüber ist zu bemerken, daß gerade 4gradige Lauge nach Schwalbe, Scheurer u. a. m. schädigend auf die Baumwollfaser einwirkt.

führung des Bäuchprozesses ist auch auf vollständige Entlüftung zu achten. Auch diejenigen Gase, die sich während des Bäuchprozesses im Inneren des Kessels bilden, müssen aus dem Warenblock entfernt werden, wenn die gleichmäßige Verteilung der Lauge nicht beeinträchtigt werden soll. Es ist erforderlich, den Bäuchprozeß in mehrere Teile zu zerlegen, deren erstem Teil die Aufgabe zufällt, die Waren für die Wirkung der starken Lauge vorzubereiten. Schließlich müssen die Laugen wieder aus dem Gut entfernt werden, ohne daß Ausfällungen vorher von der Lauge gelöster Stoffe eintreten und Fleckenbildung verursachen. Die Entlüftung mittels einfachen Ausblasens von Dampf zu Beginn des Bäuchens aus einem Ventil ist ungenügend, ebenso aus einem Aufsatz auf dem Röhrenkessel. Sie wird vollkommener ausgeführt durch Zirkulation der Lauge unter Druck und gleichzeitiger Anwendung von Vakuum. Hierzu eignen sich gut alte Bäuchlaugen, die mit frischem Alkali regeneriert und von fällbaren Substanzen befreit sind; sie enthalten dann noch lösliche organische Substanzen von reduzierenden Eigenschaften, die die Bildung von Oxyzellulose verhindern. Durch diese Voroperation wird die Hauptlaugenkochung sehr entlastet. Die Entfernung der unreinen Lauge aus der Ware, ohne daß Fällungen gelöster oder emulgierter Stoffe auftreten, geschieht durch eine sich an die Hauptbäuchung unmittelbar anschließende Verdrängung der Bäuchlauge aus der Ware mittels alkalischer Flotten, die von gelösten organischen Stoffen frei sind und einem sich anschließenden Durchdrücken von heißem und dann kaltem Wasser durch den Warenblock. In dieser letzten, richtig geleiteten Operation liegt nach Freiberger eine bemerkenswerte Verbesserung des Bäuchprozesses. Nach dem Bäuchen ist eine gründliche Wäsche auf der Waschmaschine zu empfehlen, da eine genügende Entfernung löslicher Verunreinigungen, weicher Samenschalenreste und anderer mechanisch anhängender Fremdkörper, auch lose aufliegender Rostflecken, im Bäuchkessel nicht zu erreichen ist. Auf solche Weise richtig vorgereinigte Baumwollwaren lassen sich dann gut und leicht chloren.

Der eigentlichen Bäuche kann auch eine Vorbäuche mit alter Lauge voraufgehen. Für die Vorbäuche genügt eine so geringe Laugenmenge, daß sie das Gewebe nicht einmal zu bedecken braucht; die Lauge passiert die Ware vielmehr als kleinblasiger Schaum in gleichmäßiger Verteilung. Für die Vorbäuche mit alter Lauge sollen ferner 3 Stunden ausreichen, während für die Hauptkochung 6 Stunden bei $2^1/_2$ at Druck erforderlich sind. Ein Druck über $2^1/_2$ at hinaus wird vielfach als schädlich angesehen. Dichte Packung verlangsamt die Zirkulation der Flotte, wobei die äußeren Teile leicht überkocht, die inneren Lagen noch nicht fertig gekocht sind. Eine 1000-Pfundpartie kann z. B. so gepackt sein, daß sie bei $1^1/_2$ at in $2^1/_2$ Stunden fertig gekocht ist; dagegen würden 4000 Pfund derselben Ware eine Kochdauer von 8 Stunden und einen Druck von 2 at erfordern. Durch Zwischenböden kann nach dieser Richtung hin die hohe Druckbelastung einzelner Materialblöcke vermieden und bessere Zirkulation erreicht werden. Hartes Wasser verlangsamt die Fettverseifung und bildet Kalk- und Magnesiaseifen in der Ware. Weitere Bäuchschäden sind noch: Öl- und Schmierflecke, Kalk-, Harz-, Laugen- (Merzerisations-), Rostflecke usw.[1]).

[1]) Salze beeinträchtigen vielfach den Bäuchprozeß. So soll z. B. ein Kochsalzgehalt der Lauge von 0,2% merklichen Einfluß ausüben. Viel energischer wirkt Tonerdesulfat (0,035% merklich), Eisen (0,005% merklich), Gips (0,04% merklich), Glaubersalz (0,03% merklich), Zinksulfat (0,03% merklich).

Nach Schwalbe kann man sich durch die Bestimmung des Stickstoff-, Fett- und Aschengehaltes des Bäuchgutes von der Güte der Bäuche überzeugen. Gut und schlecht gebäuchte Ware enthält hiernach etwa:

	Gut geb. Ware	Schlecht geb. Ware
Stickstoff	0,05—0,1%	0,25—0,35%
Freie Fettsäure . . .	0,1 —0,15%	0,35—0,70%
Fettseife	Spuren	0,25—0,5%
Asche.	0,05—0,75%	1,00%

Das Bäuchen bedingt mancherlei Veränderungen der Ware: Gewichtsverlust, Schrumpfung in der Längsrichtung, Erhöhung der Festigkeit, Verschiebung der ursprünglichen Zwirnung und (wegen des Gewichtsverlustes) der Garnnummer. Der Gewichtsverlust wird von Trotmann und Pentecost zu etwa 4 bis $6^1/_2$%, von anderen Autoren zu etwa $2^1/_2$ bis 7% angegeben. Die Festigkeit kann im Mittel einen Zuwachs von 20% erfahren. Hierdurch erklärt sich die gelegentlich beobachtete Festigkeitszunahme selbst der vollgebleichten Garne gegen über der Rohware.

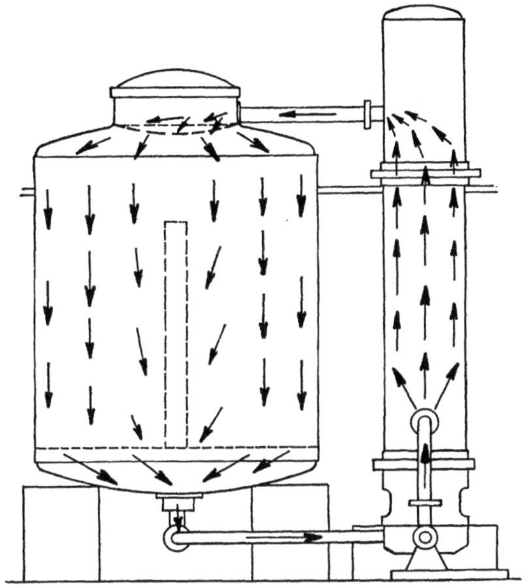

Abb. 61. Hochdruckkochkessel mit erhöhtem Vorwärmer zum Abschneiden der mit dem Gewebe eingeführten Luft, mit Flottenzirkulation durch Zentrifugalpumpe und direkter und indirekter Beheizung der Flotte durch Dampf (Zittau).

Bäuchapparate für Gespinste.

In die offenen oder geschlossenen Apparate (s. Abb. 61) packt man Stranggarne, in Ketten verschlungen, sorgfältig und gleichmäßig ein; auch Baumwollketten in Strangform, sowie Kops und Kreuzspulen werden in den gleichen Apparaten ausgekocht. Außerdem existieren für Kops und Kreuzspulen besondere liegende Kessel, in welche geschlossene, die Kops und Kreuzspulen enthaltende Wagen eingefahren werden. Die Heizung der Kochlauge geschieht mittels eines Laugenerhitzers oder einer Heizschlange, die Zirkulation besorgt eine Zentrifugalpumpe od. ä. Empfindliche, halbgesponnene Materialien (Kardenband, Vorgespinst) kocht man ohne Druck in den für die eigentliche Bleiche bestimmten Apparaten aus. Die Lauge soll immer etwa 10—20 cm über dem Garn stehen.

Baumwollstrang wird nach verschiedenen Systemen in die Koch- und Bäuchkessel verpackt: 1. gewöhnliche Packung, 2. das „Setzen“ (seitenweise, schrägstehende Nebeneinanderschichtung der Baumwollhalben im Kessel), 3. das

„Knudeln" (kugelartiges Zusammenrollen der Garnstränge), 4. das Doppelknudeln, 5. das Packen in Schleifen, 6. in Ketten usw. (Näheres s. bei Eppendahl: a. a. O.)

Das Waschen der gebäuchten Gespinste kann in denselben Apparaten ausgeführt werden. Stranggarn kann zweckmäßig auch auf besonderen Strangwaschmaschinen gewaschen werden. Näheres hierüber s. unter Waschmaschinen im Kapitel über Färberei.

Strangbäuchapparate für Gewebe.

Das Bäuchen der Gewebe findet in Strang- und in Breitbäuchapparaten statt. Bei ersteren wird das Gewebe in unregelmäßiger Längsfaltung in den Kochkessel gebracht. Dadurch entstehen Falten und Kniffe, die sich oft nur schwer oder gar nicht entfernen lassen. Zur Vermeidung dieser Übelstände ist die Breitbäuche von Vorteil, bei der sich die Gewebe in glatt ausgebreitetem und gespanntem Zustande befinden.

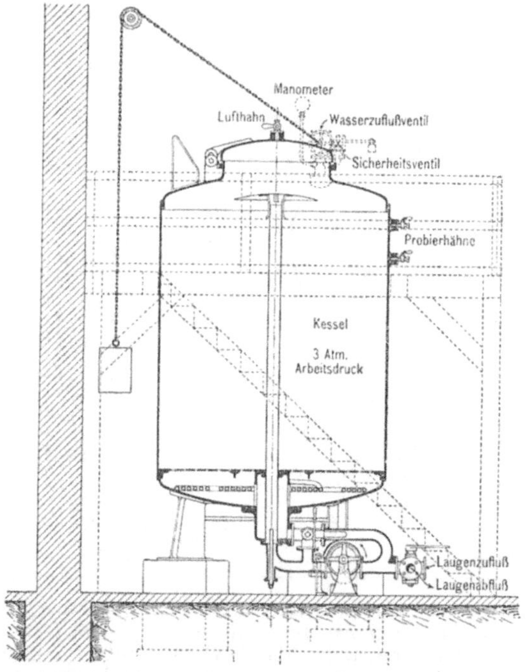

Abb. 62. Strangbäuchapparat für Gewebe mit Zentrifugalpumpe und Injektor für innere Zirkulation (Hochdruckübergußkessel von Haubold) nach Witt-Lehmann.

Bei dem älteren System von Barlow (1854) und Pendlebury (1856 bis 1858) wird die Zirkulation der Lauge durch den Druck des Heizdampfes bewirkt. Die neueren Apparate erhöhen die Wirkung der Laugenflotte durch Anwendung von Zentrifugalpumpen (Scheurer-Rott, 1882) oder von Injektoren (Körting u. a.). Die Erhitzung der Lauge geschieht teils im Kessel selbst durch geschlossene Dampfschlangen, teils in besonderen Laugenvorwärmern oder -überhitzern. Man unterscheidet stehende und liegende Kochkessel.

Abb. 62 zeigt einen stehenden Strangbäuchapparat, Hochdruckkessel mit Zentrifugalpumpe und Injektor für innere Zirkulation, einen sogenannten Übergußapparat. In dem mit durchlochtem falschen Boden versehenen Kessel ist ein zentrales Steigrohr angebracht, durch welches die Lauge vermittels einer Zentrifugalpumpe in die Höhe gehoben wird und sich, durch einen schirmartigen Aufsatz verteilt, über die Ware in stetem Kreislauf ergießt. In dem Steigrohre kann auch noch ein Injektor angebracht werden, damit die Zirkulation auch bei Stillstand der Pumpe möglich ist. Das Erwärmen der Lauge geschieht durch eine unter dem Doppelboden liegende, geschlossene Heizschlange mit indirektem Dampf. An dem Deckel des Apparates befinden sich ein Lufthahn, Manometer und Sicherheitsventil (s. auch O. N. Witt: a. a. O.).

Während in dem vorbeschriebenen und in ähnlichen Kesseln die Lauge vertikal hindurchzirkuliert, wird die Flotte in den sogenannten Sektionsbäuchkesseln auch in horizontaler und radialer Richtung durch das Bäuchgut geleitet. Dieses wird durch Anbringen eines perforierten Innenmantels und eines gelochten Saugrohrs erzielt. Durch letzteres saugt man die Flotte ab, welche durch den perforierten Mantel das Bäuchgut in allen Schichten horizontal und radial durchdringen kann. Das Gewebe kommt auf diese Weise viel häufiger mit neuen Laugenmengen in Berührung, die Zirkulation der Flotte ist eine viel raschere als bei anderen Systemen, und der Kochprozeß ist schneller beendet. Die Bewegung

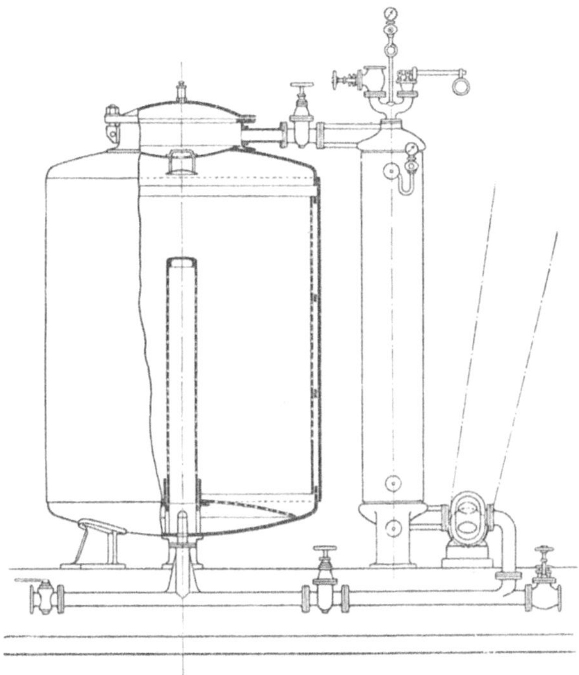

Abb. 63. Sektionsbäuchkessel für Strangbäuche von Geweben nach Witt-Lehmann.

der Flotte geschieht mit Zentrifugalpumpen, das Erhitzen in einem Laugenvorwärmer. Vielfach werden zwei oder mehr solcher Kessel zu einer Batterie vereinigt und dadurch ein kontinuierlicher Betrieb ermöglicht (Auskochen in dem einen, Beschicken des anderen Kessels usw.), s. Abb. 63.

Die Thies-Herzigschen Bäuchkessel bestehen aus drei zusammengehörigen Kesseln, dem Bäuchkessel und zwei Hilfskesseln, die lediglich als Laugenaufnehmer dienen. Die Erhitzung der Lauge geschieht durch einen Röhrenkessel, während die Laugenzirkulation durch eine besondere Kapselpumpe bewirkt wird. Das System zeichnet sich ferner durch einen mechanischen Einlegeapparat, den sogenannten Rüsselapparat, aus, wodurch das Hineinsteigen von Arbeitern in den Bäuchkessel zum Zwecke des Ablegens der Waren entbehrlich wird.

Die liegenden Druckkessel, die sogenannten „Mather-Kier“-Kessel sind zuerst von der Firma Mather & Platt, später auch von anderen Firmen gebaut worden. Die horizontal liegenden Kessel sind mit einer schweren eisernen Tür verschließbar; die Ware kommt nicht, wie bei den stehenden Systemen, direkt in den Kessel, sondern wird in verzinkte eiserne, der Form der Kesselwandung angepaßte Wagen, von denen zwei bis drei in den Kessel gehen, gepackt und auf Schienen eingefahren. Reservewagen ermöglichen die Vorbereitung neuen Bäuchgutes, das sofort nach Beendigung des Bäuchprozesses wieder eingefahren werden kann. Die Wagen wurden erst aus Gitterwerk, später aus festen Blechen gebaut, sind oben offen, sonst

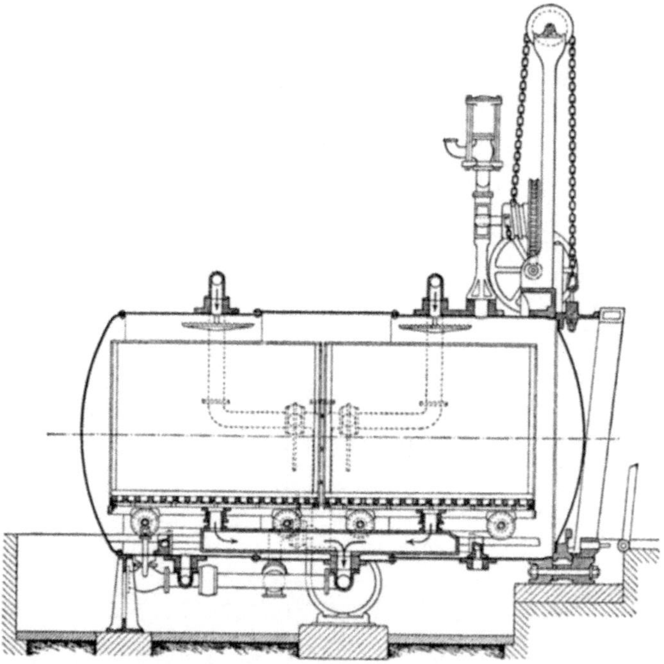

Abb. 64. Liegender Hochdruckkochkessel (nach Witt-Lehmann).

ganz geschlossen, besitzen einen doppelten, perforierten Boden und am richtigen Boden einen Stutzen, der mit einer unten am Kessel befindlichen Laugenleitung in Verbindung gebracht wird. Die Erwärmung der Lauge geschieht in einem, außerhalb des Kessels befindlichen Laugenerhitzer; Zentrifugalpumpen besorgen die Zirkulation der Flotte und spritzen sie von oben über die Ware. Die Kessel werden in den verschiedensten Größen von 100—4000 kg Fassungsraum hergestellt (1—4 m Länge und $^3/_4$—$2^1/_2$ m Durchmesser), s. Abb. 64.

Breitbäuchapparate für Gewebe.

Der einfachste Apparat zum Abkochen von Geweben in breitem Zustand ist der Jigger. Er besteht aus einer hölzernen oder eisernen Kufe, über der zwei hölzerne Walzenpaare angebracht sind. Von diesen liegt die untere Walze in einem festen Lager, während die obere in einem senkrechten Schlitz verschiebbar ist. Der Stoff wird auf einer dieser oberen Walzen aufgerollt, mittels Leitrollen durch die in der Kufe befindliche, mit Dampf erhitzte Lauge geleitet und auf der anderen gegenüberliegenden Walze wieder aufgerollt. Dieses Spiel wiederholt sich nach rückwärts und so lange hin und her, bis der gewünschte Erfolg erzielt ist (s. Abb. 103). Ein Mangel solcher offenen Geschirre ist der geringe Druck bzw. die Temperatur. Dies Verfahren genügt deshalb nur geringen Ansprüchen in bezug auf den Bäucheffekt.

Viel wirksamer als die Jigger sind die Kontinue-Apparate. Eingeführt ist beispielsweise der Weltersche Apparat, bei dem der Stoff in breitem Zustande langsam durch die mit Dampf erhitzte Lauge hin-

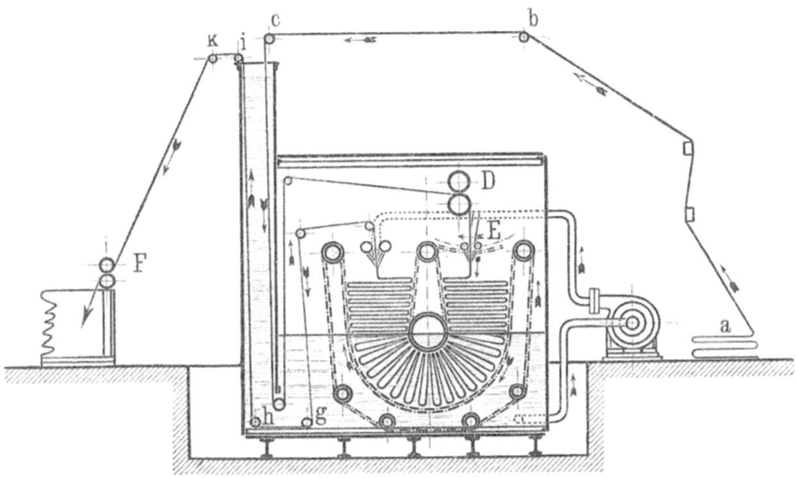

Abb. 65. Breitbäuchapparat nach Rigamonti-Tagliani (nach Witt-Lehmann).

durchgezogen, dann durch Quetschwalzen von überschüssiger Lauge befreit und in einem Dämpfraum, in Falten hängend, der Einwirkung von Dampf von 110° C ausgesetzt wird. Nach etwa 45 Minuten währendem Dämpfen gelangt das Gewebe in den Spülraum mit Wasser und durch Quetschwalzen aus dem Apparat.

Bei dem Apparat von Rigamonti-Tagliani wird die Ware, in Falten gelegt, der Wirkung des Dampfes und der Lauge ausgesetzt (s. Abb. 65).

Der Stoff tritt von *a* über *b* und *c* in die kleinere mit erhitzter Lauge gefüllte Kammer, geht hier abwärts nach der größeren Kammer, die ebenfalls im unteren Teil mit Lauge gefüllt ist, und in dieser wieder aufwärts über die Quetschwalzen *D* nach dem Tafelwerk *E*. Dieses legt die Ware in regelmäßige Falten in den U-förmigen Kanal, worauf der Stoff durch Transportbänder nach der anderen Seite gebracht wird und über die Leitrollen *g*, *h*, *i* und *k* zu den Quetschwalzen *F* einer Waschmaschine gelangt und hier von der Lauge befreit wird.

Wirksamer als im Kontinue-Apparat ist die Behandlung der Gewebe unter Druck. Dieses kann wie Garn im Mather-Kier (Abb. 64) geschehen, wo die Ware in den fahrbaren Wagen in breitem Zustande aufgetafelt, oder in Rollen, auf Walzen oder Kaulen aufgewickelt, unter 2—3 at Druck gebäucht wird.

Nach dem System Theis wird das Gewebe innerhalb eines geschlossenen Druckkessels von einer Walze auf eine zweite aufgewickelt, wobei in sinnreicher Weise durch eine auf den Warenwickeln laufende Trommel ein Faltigwerden und Umkrempeln der Leisten vermieden und die Wickelvorrichtung selbsttätig umgeschaltet wird. Durch eine Pumpe wird fortwährend die Lauge in ganzer Breite auf den Stoff gespritzt. Gleichzeitig findet hierbei eine vorzügliche Raumausnützung und damit erhöhte Arbeitsleistung statt. Theis verlegt die beiden Walzen, auf welche sich die Ware abwechselnd aufwickelt, in zwei nebeneinanderliegende, durch einen Schlitz verbundene Hochdruckkessel. Die eine Walze ist auf einem fahrbaren Gestell montiert; die Stücke werden außerhalb des Kessels aufgewickelt, dann eingefahren, das Ende des Warenwickels auf der Walze des leeren Kessels befestigt, und nun beginnt nach Schließen und Entlüften des Kessels das Auf- und Abwickeln der zwischen den beiden Walzen in ganzer Breite mit der kochenden Lauge überspritzten Ware. Abb. 66 erläutert die Arbeitsweise. Auf das Bäuchen folgt wiederum ein gründliches Spülen bzw. Waschen und dann das Chloren usw.

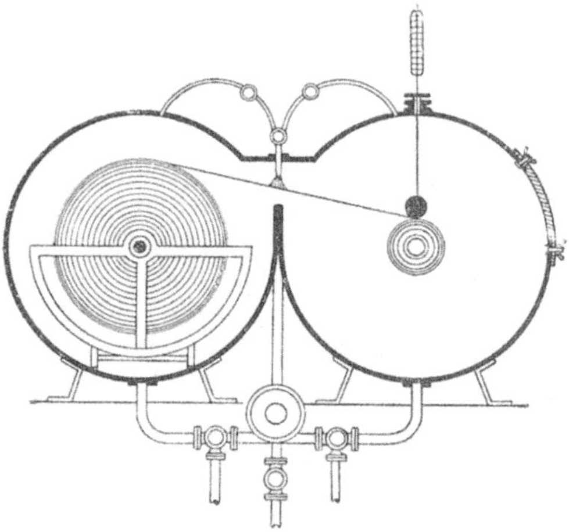

Abb. 66. Theis' Breitbäuchkessel (nach Stirm).

Das eigentliche Bleichen der Baumwolle.

Nach dem Abkochen und Bäuchen folgt das Spülen der Ware und dann das eigentliche Bleichen, die Zerstörung der natürlichen Farbstoffe auf dem Wege der Oxydation mit Hilfe von Hypochloriten oder Sauerstoff abgebenden Stoffen.

Die wichtigsten Bleichmittel für Baumwolle sind der Chlorkalk und die unterchlorigsauren Alkalisalze (Hypochlorite).

Der Vorgang des Bleichens vollzieht sich im Grundsatz sehr einfach. Je nach Art der Baumwolle und des verlangten Bleichgrades wird die Baumwolle in einer Chlorkalklösung von $^1/_2$—$1^1/_2$° Bé, auch 2° Bé, längere Zeit umgezogen oder auch in die Bleichlauge eingelegt. Hierauf wird gespült, mit etwa $^1/_2$—1 g Schwefelsäure im Liter, besser aber mit Salzsäure, abgesäuert, die Säure wieder gut ausgewaschen, schließlich mit Waschbläue oder blauroten Farbstoffen gebläut (s. w. u.). Für manche Garne genügt eine einmalige Bleiche nicht; sie werden nach dem Absäuern nochmals mit Soda und Seife gekocht, nochmals mit etwas schwächerer Bleichlauge behandelt und abgesäuert. Feine Garne werden schließlch noch mit frischer Marseiller Seife, etwa 10 g im Liter, heiß geseift und dann gebläut. Für Großbetriebe sind mechanische Apparate konstruiert worden.

So einfach der Vorgang des Bleichens erscheint, so sind hierbei vielerlei Momente zu berücksichtigen, wenn man eine in jeder Beziehung tadellose Bleiche, gute Erhaltung des Fasermaterials und wirtschaftlichen Betrieb erzielen will. Das Bleichen von Geweben gestaltet sich komplizierter als dasjenige der Garne.

Die Wirkung des Chlorkalks und der Hypochlorite beruht auf der oxydierenden Wirkung der Verbindungen $CaOCl_2$, $NaOCl$ und $KOCl$. Man kann sich die Wirkung zerlegt denken, indem Sauerstoff abgespalten wird und im Entstehungszustande oxydierend, Farbstoff zerstörend und somit bleichend wirkt: $CaOCl_2 = CaO + Cl_2$; $Cl_2 + H_2O = 2\,HCl + O$; oder: $Cl_2 + H_2O = HCl + HClO$; $2\,HClO = 2\,HCl + O_2$. Feuchtigkeit ist also für den Verlauf des Prozesses erforderlich.

Auch bei der Luft- und Rasenbleiche ist die Gegenwart von Wasserdampf erforderlich; ferner begünstigen Licht und Wärme den Bleichprozeß. Ob und inwieweit hierbei intermediär auch Ozon und Wasserstoffsuperoxyd in erheblichem Maße entstehen, ist noch nicht mit Sicherheit festgestellt.

Bereitung der Bleichlösungen.

Chlorkalklösung. Der Chlorkalk (s. d.) wird im Großbetriebe hergestellt; die Alkalihypochlorite (Chlorsoda, Bleichsoda, Eau de Javelle) wurden lange Zeit von den Verbrauchern selbst erzeugt, und zwar entweder durch Umsetzung von Chlorkalklösungen mit Soda oder, wirtschaftlicher, auf elektrolytischem Wege mit Hilfe der sogenannten Elektrolyseure oder durch Einleiten von Chlor in Natronlauge (s. w. u.). Der Wert der Bleichmittel und Bleichlösungen wird vorzugsweise durch den Gehalt an wirksamem Chlor bedingt (in geringerem Maße auch durch die Basizität, Art und Menge der Begleitstoffe und Art der Base).

Zum Lösen des Fabrikchlorkalks[1]) bedient man sich im großen zweckmäßig der sogenannten Chlorkalklöser, -mühlen oder -rührer in denen der Chlorkalk 4—5 mal mit kaltem Wasser ausgelaugt wird. Mit 5 Teilen Wasser gibt Chlorkalk eine Lösung von 14—16° Bé, mit 10 Teilen Wasser eine solche von 8° Bé. Erst mit 20 Teilen Wasser lassen sich praktisch alle wirksamen Bestandteile ausziehen. Der erste Auszug ist etwa 7—8° Bé schwer; die jeweilig nächstfolgenden sind immer leichter und gehaltärmer. Alle Auszüge werden schließlich vereinigt und liefern eine Chlorkalklösung von etwa 4° Bé, die als Stammlösung benutzt und beliebig verdünnt wird. Die Lösung muß sehr peinlich absitzen gelassen oder filtriert werden, weil die etwa zurückbleibenden festen Teilchen die Faser zerstören oder schwächen können. Zum Absitzenlassen bedient man sich verbleiter oder zementierter Kästen, aus denen die klare Brühe abgehebert oder durch Überlaufhähne abgelassen werden kann. Die Chlorkalkstammlösung (und auch die stehenden Bäder) sind möglichst kalt und vor direktem oder zerstreutem Tageslicht geschützt aufzubewahren, da Wärme und Licht den Chlorkalk zersetzen, also unwirksam machen.

Chlorsodalösung (Natriumhypochloritlösung). Die Chlorsoda wird für kontinuierliche Betriebe heute nur noch in geringem Umfang durch Umsetzung von Chlorkalk und Soda (110 kg Chlorkalk und 60 kg kalz. Soda) nach der Reaktion hergestellt:

$$CaCl_2 + CaO_2Cl_2 + 2\,Na_2CO_3 = 2\,NaCl + 2\,CaCO_3 + 2\,NaOCl.$$

Heute wird sie in großem Maßstabe, z. B. als haltbare und konzentrierte Natronbleichlauge (s. S. 131), von den Griesheimer Werken geliefert.

[1]) Auch durch Einleiten von gasförmigem Chlor in Kalkmilch kann Chlorkalklauge hergestellt werden. Der Bezug des fertigen Chlorkalks stellt sich aber meist billiger für den Konsumenten.

Die Wirkung dieser Chlorsoda (s. w. u.) soll nach verschiedenen Untersuchungen derjenigen des Chlorkalks bei gleichem Gehalt an aktivem Chlor überlegen sein; ihr Preis ist aber gegenüber dem Chlorkalk höher.

Elektrische Bleiche (Elektrolytbleiche).

Unter „elektrischer Bleiche" versteht man das Bleichen mit durch Elektrolyse von Kochsalz erzeugten unterchlorigsauren Salzlösungen. Als Ausgangsmaterial für die Elektrolyse kommt nur billiges, denaturiertes (z. B. mit $^1/_4$% Petroleum) Kochsalz oder Steinsalz in Betracht, das in wässerigen Lösungen in geeigneten Apparaten der zersetzenden Wirkung des elektrischen Stromes, und zwar Gleichstromes, ausgesetzt wird. Bei Einhaltung von bestimmten Bedingungen bildet sich hierbei unterchlorigsaures Natrium unter Entwickelung von Wasserstoff. Der chemische Prozeß wird ausgedrückt durch die Molekulargleichung:

$$NaCl + H_2O = NaOCl + H_2.$$

In Wirklichkeit sind die sich hier abspielenden Vorgänge etwas verwickelter Natur und von Nebenprozessen begleitet. So wird beispielsweise durch den intermediär gebildeten Wasserstoff unter Umständen ein Teil des Hypochlorits wieder zu Kochsalz reduziert: $NaOCl + H_2 = NaCl + H_2O$. Eine weitere sekundäre Reaktion erzeugt unter Umständen das an der Anode intermediär auftretende Chlor, indem es freie unterchlorige Säure bildet: $NaOCl + Cl_2 + H_2O = NaCl + 2\,HOCl$. Beide Nebenreaktionen sind unerwünscht und nach Möglichkeit zu unterbinden. Durch die erstere wird wirksames Chlor vernichtet, durch die zweite entsteht saure Bleichlösung von geringerer Haltbarkeit, als es die neutrale Lösung ist. Durch Erhöhung der Temperatur wird der Wirkungswert der Bleichlösung gleichfalls gemindert, indem sich die Hypochlorite alsdann leicht zu Chloraten und Chloriden umsetzen. Der Nutzeffekt der Elektrolyseure ist deshalb von einer Reihe von Bedingungen abhängig[1]).

Elektrolyseure.

Die elektrische Bleiche existiert seit den 80er Jahren des vorigen Jahrhunderts und ist seitdem ununterbrochen verbessert worden. Vereinzelte Versuche, mit Hilfe des elektrischen Stromes Bleichlösungen herzustellen, sind nach Engelhard schon um das Jahr 1820 unternommen. Hermite hat sich dann 1886 eingehend mit dieser Frage befaßt und zunächst Chlormagnesium, Chlorkalzium u. a., sowie Mischungen derselben mit Kochsalz elektrolysiert. Heute findet nur noch das Kochsalz, Steinsalz, als Ausgangsmaterial Verwendung.

Nach ihrem Bau in bezug auf stromführende Teile (Elektroden) kann man die heutigen Bleichelektrolyseure hauptsächlich in drei große Gruppen einteilen:

a) in reine Platin-Elektrolyseure (System Siemens & Halske), bei denen beide Pole aus Platin oder Platin-Iridium bestehen,

b) in Platin-Kohle-Elektrolyseure (System Schuckert, System Schoop), bei denen der positive Pol aus Platin, der negative Pol aus Kohle oder Graphit besteht,

c) in reine Kohlen-Elektrolyseure (System Haas & Oettel), bei denen beide Pole aus Kohle oder Graphit bestehen.

Nach Ebert-Nussbaum (a. a. O.) sind die reinen Kohleapparate in der Bleichereiindustrie von reinen Platinapparaten und auch von den Platin-Kohle-Apparaten überholt, und zwar sowohl was die Energieausbeute, die Salzausnutzung, die Konzentration der fertigen Bleichlauge und die Wirtschaftlichkeit des ganzen Betriebes anlangt. Denn selbst die relativ niedrigen Anschaffungskosten derartiger Apparate werden durch ihre unrationelle Arbeitsweise und den bedeutenden

[1]) Näheres s. bei Ebert und Nussbaum, sowie Kind (a. a. O.).

Elektrodenverschleiß im Dauerbetrieb vollauf ausgeglichen. Reine Kohlenapparate kommen deshalb mehr für die kleineren Bleichereianlagen in Betracht, z. B. für die Weißwäschereien und chemischen Reinigungsanlagen. Insbesondere liefern sie auch Bleichlaugen von geringerem Gehalt an wirksamem Chlor (5 bis 14 g Cl im Liter). Dagegen liefern die reinen Platin- und die Platin-Kohle-Apparate im praktischen Dauerbetriebe Chlorkonzentrationen der fertigen Bleichflüssigkeit von 20—30 g akt. Chlor im Liter. Von diesen beiden Systemen sind nach den Untersuchungen von Ebert und Nussbaum wiederum die reinen Platinapparate den Platin-Kohle-Apparaten etwas überlegen. Doch sind die Platinapparate heute wieder wegen der außerordentlich gestiegenen Platinpreise meist zu kostspielig, so daß von ihrer Anschaffung vielfach Abstand genommen wird.

Abb. 67 zeigt einen Bleichelektrolyseur System Schuckert mit Platin-Iridium-Anoden und Graphitkathoden, die in massive Steinzeugleisten eingebaut sind. Die erforderliche Kühlung wird entweder innerhalb des Elektrolyseurs durch Glaskühlschlangen oder außerhalb desselben in besonderen Kühlgefäßen durch Bleikühlschlangen besorgt. Beim Betrieb des Apparates werden der Salzlösung kleine Mengen organischer und anorganischer Zusätze erteilt, welche durch bedeutende Verminderung der am negativen Pol sonst auftretenden sehr erheblichen Reduktion des erzeugten Hypochlorits eine hohe Stromausnützung

Abb. 67. Bleichelektrolyseur System Schuckert (Siemens & Halske).

ermöglichen. Die Herstellung der Bleichlauge erfolgt durch einmaligen Durchlauf. Der Elektrolyseur ist zum Anschluß an 110 oder 220 Volt Gleichstrom bestimmt und wird für Stromstärken von 20—150, sowie von 300—400 Amp. gebaut. Zwecks Reinigung der Steinzeugwannen können die Elektrodenaggregate leicht herausgenommen werden.

Die Betriebseinrichtung einer kleinen Bleichelektrolyseuranlage nach dem System Schuckert (von Siemens & Halske übernommen) ist folgende: Die filtrierte Salzlösung fließt dem auf einem einfachen Holzpodest stehenden, an Wasserleitung und Abflußleitung angeschlossenen Elektrolyseur zu, tritt zunächst in die erste Elektrolyseurzelle, passiert die sämtlichen Zellen des Apparates im Zickzack und verläßt den Elektrolyseur als fertige Bleichlauge. Für größere Anlagen bleibt dieselbe Anordnung im Grundsatz bestehen. Eine größere Kapazität wird durch eine entsprechend größere Type oder durch Parallelschaltung mehrerer Elektrolyseure erreicht; ebenso werden die Einrichtungen für die Salzlösung, Klärung, Filtration, sowie das Auffangen der fertigen Bleichlauge entsprechend vergrößert. Meist wird die fertige Bleichlauge nach einem einmaligen Durchlauf durch den Apparat in einer stets gleichen Konzentration gewonnen; sie kann aber für besondere Fälle so lange durch den Elektrolyseur wiederholt durchgepumpt werden, bis die gewünschte höhere Konzentration erreicht wird. In der Regel enthält die Lauge, in diesem Apparat bereitet, 18 g akt. Chlor im Liter, entsprechend einer Chlorkalklauge von $4^1/_2$—5° Bé. Durch Zusatz von etwa 1 g Ätznatron auf 1 l Flotte wird die Bleichlauge haltbarer gemacht. Die zur Anwendung gelangende Salzlösung ist in der Regel 10proz. Ist das Salz besonders billig und die Betriebskraft teuer, so geht man auch bis zu 15proz. Lösungen.

Vorzüge der Elektrolytbleiche gegenüber der Chlorkalkbleiche.

Nach Kind beträgt der Gesamtbleicheffekt von Chlorkalklaugen nur etwa $^2/_3$—$^3/_4$ desjenigen von Elektrolytlaugen. Bei Verwendung gleich neutraler, gleich saurer oder alkalischer Laugen betragen die Unterschiede zugunsten der Elektrolytlauge jedoch höchstens 8%. Die Vorteile der elektrischen Bleiche bestehen nach Ebert und Nussbaum, sowie Kind u. a.: 1. im sauberen Arbeiten (keine Staubbelästigung, kein lästiges Ansetzen, kein Kalkschlamm), 2. im Ausschluß der Gefahr lokaler Oxydation durch ungelöste Chlorkalkteilchen und sonstige verminderte Gefahr, die Ware in der Bleiche zu verderben, 3. im besseren, weicheren Griff der gebleichten Ware und dem geringeren Aschengehalt des Bleichguts, 4. in der größeren Bleichgeschwindigkeit und der größeren Ergiebigkeit.

Die Entscheidung darüber, ob jeweils Chlorkalkbleiche oder Elektrolytbleiche wirtschaftlicher ist, hängt von den jeweiligen Strom-, Kochsalz- und Chlorkalkpreisen, von dem Tagesbedarf an aktivem Chlor usw. ab.

Arbeiten mit flüssigem Chlor.

In den Fällen, wo billige Wasserkräfte und billiges Kochsalz zur Verfügung stehen, wird das Elektrolytchlor den Vorzug verdienen. In anderen Fällen hat sich aber auch das Bleichen mit flüssigem Chlor (Bombenchlor) eingeführt. Flüssiges Chlor wird in die Bleichkufen, die vorher mit verdünnter Natronlauge (auch Abfallauge von der Merzerisation) beschickt worden sind, eingeleitet, wobei unterchlorigsaures Natron entsteht, das unmittelbar zum Bleichen verwendet wird. Fabrikanten von Chlor, das in Bomben aus chemischen Fabriken bezogen wird, geben über die Herstellung genaue Auskunft. Das Bleichen selbst geschieht genau so wie dasjenige mit Natriumhypochlorit (Eau de Javelle). Irgendwelche besondere Vorrichtungen sind nicht erforderlich. Bei Hantierungen mit der Bombe empfiehlt es sich, eine Gasmaske zu benutzen (solche Gesichtsmasken liefert die Industrie-Masken-Vertriebs-Ges. m. b. H. in Berlin O 17, Ehrenbergstr. 11—14).

Seit 1918 ist den Deutschen Solvay-Werken, Bernburg, ein Verfahren patentiert worden (D. R. P. 306193), nach dem aus flüssigem bzw. gasförmigem Chlor und Soda (anstatt Ätznatron wie bis dahin) Bleichlaugen hergestellt werden. Durch Ersatz des Ätznatrons durch Soda tritt eine wesentliche Verbilligung der Bleichlaugen ein. „Auch die Apparatur ist sehr einfach. Zur Bindung von 100 kg Chlor können, je nach Art des Betriebes, 90—100 oder auch bis zu 200 kg Soda verwendet werden. Im ersteren Falle erhält man saure Bleichlaugen, in denen das ganze Bleichchlor in Form freier unterchloriger Säure vorhanden ist, im letzteren Falle kommt noch die äquivalente Menge Natriumbikarbonat hinzu. Das Chlor ist immer als freie HOCl vorhanden. Die Endtypen sind für die Praxis weniger geeignet, man verwendet für Zwecke der Textilbleicherei am besten die in der Mitte stehenden Typen, die aus etwa 100 kg Chlor und 140—160 kg Soda erhalten werden. Die Bleichlaugen, die bis zu 15 g akt. Chlor im Liter enthalten können, sind nicht haltbar und deshalb auch nicht transportfähig; sie müssen vielmehr immer an Ort und Stelle des Verbrauchs hergestellt werden. Im Gegensatz hierzu sind die von den Griesheimer Werken hergestellten Natronbleichlaugen haltbare und hochkonzentrierte Natriumhypochloritlösungen (s. S. 131).

Die Herstellung der Bernburger Bleichlauge ist sehr einfach. Ein kleinerer oder größerer Absorptionsturm aus Steinzeug wird mit verdünnter Sodalösung berieselt, während Chlorgas, aus der Stahlflasche entnommen, von unten der Soda entgegenströmt und von dieser restlos und geruchfrei gebunden wird. Die Bleichflüssigkeit fließt schließlich unten aus dem Turm ab. Die Mengen werden durch einfache Meßvorrichtungen reguliert. Der kleinste Versuchsapparat liefert 15—20 kg Bleichchlor in 8 Stunden.

Zusammensetzung, Konzentration, Temperatur usw. der Bleichbäder und deren Einfluß auf Bleichvorgang und Bleichgut.

Die technische Bleiche soll ein gutes, lagerechtes Weiß ergeben, und zwar: 1. in der kürzesten Zeit, 2. mit dem geringsten Materialverbrauch, 3. bei möglichster Schonung der Faser, 4. bei möglichst geringem Faserverlust. Zur Erreichung aller dieser Ziele ist die Berücksichtigung der Zusammensetzung, der Konzentration und der Temperatur der Bleichbäder, der Bleichdauer selbst, des zu bearbeitenden Materials usw. erforderlich. Alle diese zu berücksichtigenden Umstände können aber nicht rezeptmäßig zusammengefaßt werden, da es sich um sehr verwickelte Verhältnisse handelt und den Vorteilen auf der einen Seite vielfach Nachteile auf der anderen Seite entgegenstehen. Immerhin liegen heute recht wertvolle Erfahrungen und systematische Arbeiten auf diesem Gebiete vor. Letztere beziehen sich im allgemeinen sowohl auf das Arbeiten mit Alkalihypochloriten als auch mit Chlorkalk (Förster und Jorre, Ebert und Nussbaum, Kind, Freiberger, Heermann und Frederking u. a. m.), auch können im allgemeinen die für Elektrolytbleiche gemachten generellen Feststellungen auch auf die Chlorkalkbleiche bezogen werden. Versuche, dem Bleichbade zur Schonung der Faser Formaldehyd zuzusetzen, haben sich nach den eingehenden Versuchen von Ristenpart als zwecklos erwiesen.

Zusammensetzung der Bleichbäder.

1. Azidität. Neutrale Chlorbäder ergeben mit alkoholischer Phenolphthaleinlösung vorübergehend (einige Sekunden) Rotfärbung, dann wird die Lösung, meist über violett, farblos. Ist die Bleichflüssigkeit alkalisch, so hält die Rotfärbung um so länger an, je mehr überschüssiges Alkali vorhanden ist. Bei saurer Bleichflotte tritt keine Rotfärbung ein.

Enthalten die Bleichbäder sauer reagierende Stoffe, so wird a) die Haltbarkeit derselben verringert, indem unterchlorige Säure frei wird, die zur Selbstzersetzung der Bäder Anlaß gibt. Zur Erhöhung der Haltbarkeit der Bleichbäder können deshalb geringe Mengen Alkali zugesetzt werden. Saure Bleichbäder b) erhöhen andererseits die Wirksamkeit und Bleichgeschwindigkeit. Die Zunahme der Bleichgeschwindigkeit steigt nach Ebert und Nussbaum im allgemeinen proportional dem Quadrat der Zunahme an unterchloriger Säure (unbeschadet einiger Ausnahmen, bei denen gewisse Farbstoffe durch alkalische Lösungen rascher entfärbt werden als durch saure). c) Bei hoher Azidität der Bleichflotte entstehen Chlorverluste und Schädigungen der Faser. Die beste Ausnützung der Bleichbäder und größte Schonung der Faser liegt im allgemeinen bei fast neutraler, nur wenig freie unterchlorige Säure enthaltender Bleichlauge (Ristenpart, Heermann und Frederking).

Freie unterchlorige Säure entsteht im Hypochloritbade bereits durch die Kohlensäure der Luft. Die von Lunge gegebene Anregung, den Hypochloritbädern geringe Mengen einer organischen Säure (Essigsäure, Ameisensäure) zuzusetzen, hat in der Praxis keinen Anklang gefunden. Maßgebend hierfür war u. a. die in der Praxis gemachte Beobachtung, daß sich im Bleichbade während des Bleichens von selbst Säure bildet, so daß die Azidität bereits von selbst steigt. Ferner wird direkter Säurezusatz meist gefürchtet, da er gefährlich wirken kann. Mit Rücksicht hierauf ist die Azidität der Betriebsbäder sorgsam zu kontrollieren und innerhalb der erreichbaren Grenzen zu regulieren. Überschüssiges Alkali wirkt in entgegengesetztem Sinne, nämlich bleichverzögernd und zersetzungshindernd auf die Bleichflotte.

2. Neutralsalze. Neutralsalze in geringen Mengen beeinträchtigen weder a) die Haltbarkeit der Bäder, noch b) den Bleichvorgang selbst. Größere Mengen Neutralsalze wirken dagegen meist bleichhindernd und setzen die Haltbarkeit der Bäder in noch ungeklärter Weise herunter. Diese Wirkung steigt mit der Konzentration an fremden Salzen und ist für äquivalente Mengen der Salze (wie NaCl, $NaClO_3$, $NaNO_3$ usw.) gleich. Einige Schwermetallsalze, besonders Oxyde des Kupfers u. a., wirken hierbei als Katalysatoren schon in kleinsten Mengen und machen Sauerstoff frei. Erdalkaliverbindungen wirken in großen Mengen schädlich, indem sie ein Verkrusten des Bleichgutes bewirken können.

Konzentration der Bleichbäder.

Je feiner die Ware ist, je mehr man sie schonen will, desto verdünnter wählt man in der Regel die Bleichflotte. Bei höherer Konzentration wird a) die Haltbarkeit der Flotte verringert, b) die Bleichgeschwindigkeit ist dagegen innerhalb gewisser Grenzen fast unabhängig von der Konzentration, c) der Faserangriff ist bei höherer Konzentration ein stärkerer (Heermann und Frederking). Vom Standpunkt der Wirtschaftlichkeit ist es auch zu vermeiden, konzentriertere Flotten zu verwenden, als zur Erzielung des verlangten Effektes erforderlich ist; hierbei wirken zu lange Flotten (also Bleichflottenüberschuß) im allgemeinen ebenso wie höhere Konzentrationen.

Praktisch die meist gebrauchten Konzentrationen für Chlorkalkflotten sind solche von $^1/_2$—1° Bé, bisweilen noch verdünntere ($^1/_4$° Bé), seltener solche von $1^1/_2$—$2^1/_2$° Bé. Von Bleichflotten über 1° Bé wird angenommen, daß sie bereits zu Oxyzellulosebildung Anlaß geben. Elektrolytbleichflotten werden weniger aräometrisch, vielmehr nach Anzahl g wirksamen Chlors in 1 l Flotte gemessen. Man verwendet von diesen Bleichflotten Lösungen von mindestens 0,5 g aktivem Chlor im Liter, bis zu einigen g im Liter (im Durchschnitt 2 g im Liter).

Temperatur.

Mit Erhöhung der Temperatur um je 10° C steigt a) die Selbstzersetzung bzw. die Zersetzungsgeschwindigkeit der Bleichflotte auf das $2^1/_2$fache und in gleichem Maße b) die Bleichgeschwindigkeit und c) die Faserschwächung (Heermann und Frederking). Bei Erwärmung des Bleichbades um je $7^1/_2$° C kann also die Bleichdauer auf rund die Hälfte reduziert werden. Übersteigt die Temperatur eine gewisse Grenze, so wird d) das Bleichgut durch Bildung von Oxyzellulose stark geschädigt.

Bis vor kurzem wurde stets nur in kalten oder luftwarmen Bädern gebleicht. In letzter Zeit werden auch warme Chlorbäder von etwa 30° C und mehr angewendet (Freiberger-Bleiche), wobei die Bleiche beschleunigt wird und ein Weiß erzielt werden soll, das nicht nachgilbt. Freiberger rechnet hierbei mit der Bildung von Chloraminen (bei stickstoffhaltiger oder schlecht gekochter Baumwolle), die er durch Antichlor oder Ammoniak beseitigt. Das Anwärmen der Bleichbäder muß sehr vorsichtig und indirekt geschehen, da bei lokaler Überhitzung der Bleichlaugen das Hypochlorit sich zersetzen würde. Je nach Temperatur, Konzentration, Art der Ware und verlangtem Weiß schwankt die Bleichdauer innerhalb sehr weiter Grenzen. Erforderlichenfalls wird auch der Bleichprozeß wiederholt.

Faserschädigungen. Der Faserangriff beim Chloren von Baumwollerzeugnissen besteht vorzugsweise in der Bildung von Oxyzellulose und findet nach Ebert-Nussbaum statt durch:

1. zu hohe Azidität der Flotte,
2. zu hohe Temperatur der Flotte,
3. zu hohe Konzentration der Flotte,
4. zu lange Bleichdauer,
5. zu lange Bleichflotte,
6. katalytisch wirkende Bestandteile,
7. starke Belichtung beim Chloren.

Die Faserschädigungen werden nachgewiesen und gemessen a) durch vergleichende, mechanisch-physikalische Festigkeitsprüfungen auf der Zerreißmaschine, b) durch Schwalbes Kupferzahl (Reduktionsvermögen der Oxyzellulose), c) durch das Anfärbevermögen mit Methylenblau nach Ristenpart, d) durch die Permanganatzahl nach Kaufmann[1]).

Verbesserung des Weiß durch reduzierende Nachbleiche. Das Weiß kann nach dem Vorschlage der Badischen Anilin- und Soda-Fabrik durch Nachbleichen mit Blankit I [B] verbessert werden. Nach den Versuchen von Ristenpart tritt tatsächlich eine merkliche Verbesserung des Weiß ein; außerdem wird durch diese Nachbehandlung die Festigkeit der Baumwolle merkwürdigerweise deutlich gebessert. Ristenpart bleichte die mit Hypochlorit gebleichte Baumwollware $^1/_2$ Stunde mit $^1/_2$% Soda und $^1/_2$% Blankit I bei 95° C nach. Der allgemeinen Einführung dieses Verfahrens stehen die erhöhten Kosten entgegen.

[1]) Zusammenstellung der Verfahren s. Heermann: „Färberei- und textilchemische Untersuchungen“, und „Bleich- und Waschmittel und ihre Einwirkung auf Gewebe und Garne“.

Kaltbleiche.

Bei der sogenannten Kaltbleiche findet keine Vorkochung der Baumwollerzeugnisse statt. Vielmehr wird das Material (Rohbaumwolle, Kardenbänder, Vorgespinste, Kops, Kreuzspulen, Kettenbäume) unmittelbar mit Alkalihypochloriten und Ölpräparaten (Türkischrotöl od. ä.) gebleicht. Das auf diese Weise erzielte Weiß steht dem durch die Kochbleiche erhaltenen in der Reinheit nicht sehr erheblich nach und besitzt auch eine zufriedenstellende Lagerbeständigkeit. Der Faden bleibt vor allem voller und schwerer, da die natürlichen Fett- und Wachsbestandteile der Faser größtenteils erhalten bleiben. Der Gewichtsverlust beträgt etwa $2^1/_2\%$. Ein weiterer Vorzug der Kaltbleiche ist die gute Verarbeitungsfähigkeit der gebleichten Faser (Festigkeit). Die Kaltbleiche wird auch Schnell- oder Fixbleiche genannt und ist in neuerer Zeit u. a. durch Mohr sowie Habermann in den Vordergrund gerückt worden und scheint eine Zukunft zu haben.

Freiberger erläutert eine Kaltbleichanlage wie folgt. Sie besteht aus zwei Waschmaschinen und einem Kontinuegefäß, wenn mit einfachem Strang gearbeitet wird, und aus drei Waschmaschinen und zwei Kontinuegefäßen, wenn mit Doppelstrang sehr große Leistungen erzielt werden sollen. Die Ware läuft dreimal durch das System durch und wird nach jedem Durchgang gewaschen abgelegt. Das Kontinuegefäß wird erst mit der Entschlichtungslösung, mit lauwarmer Säure oder Diastafor, beim zweiten Gang mit lauwarmer Hypochloritlösung und zuletzt mit leichter Schwefelsäure gefüllt. Die Behandlung im Kontinuegefäß dauert beim Durchlauf der Baumwollgewebe im losen Strang von oben bis unten ungefähr $^1/_2$ Stunde, wobei gleichzeitig die Behandlungsflüssigkeit im Gegenstrom von unten nach oben gepumpt wird. Die besonders gleichmäßige Behandlung des Gewebes im Apparat ist für die Halbbleiche ein Erfordernis. Nachher kann noch eine leichte Sauerstoffbehandlung auf dem gleichen Apparat oder auf Kufen erfolgen. Die Durchlaufgeschwindigkeit durch den Apparat kann dann entsprechend geändert werden. Die Tagesleistung einer derartigen Anlage ist bei einer Geschwindigkeit von 150 m Ware in der Minute 20 000 m für einfachen und etwa das Doppelte für Doppelstrang. Die Arbeit erfordert für den einfachen Strang 3 Arbeiter, für die doppelte Leistung 5—6 Arbeiter.

Eine besondere Abart der Kaltbleiche ist auch die seit einiger Zeit stellenweise eingeführte ten Cate-Mohrsche Bleiche oder das sogenannte Mohrsche Verfahren. Es beruht darauf, daß die Baumwollgewebe oder -garne, ohne gebäucht zu werden, mit Chlorkalk und Natriumsuperoxyd gebleicht werden. Nach diesem Verfahren sollen tadellose Ergebnisse erzielt werden. Die Arbeitsweise ist etwa folgende:

1. Entschlichten. Das zu bleichende Gewebe passiert unmittelbar nach dem Sengen ein Foulard, das die Flotte der alten Sauerstoffbleiche von Bad 3 enthält, und geht dann in Strangform in hölzerne Kufen, in welchen das Gewebe etwa 48 Stunden verweilt und einer Gärung unterworfen wird.

2. Spülen und Einlegen in die Chlorlösung mit nachfolgendem Säuern und Spülen. Nachdem die Ware vollständig entschlichtet ist, läuft sie durch eine Waschmaschine und von hier in einen Bleichkessel, der aus Eisen, innen verbleit, hergestellt ist. Eine besondere Vorrichtung bewirkt, daß sich die Ware mit der Chlorkalklösung imprägniert und im Kessel selbsttätig einlegt. Dann wird der

Kessel geschlossen, und 1—2 Stunden unter Druck gehalten. Hierauf wird die Ware gespült und gesäuert und dann nochmals gespült.

3. Behandlung mit Natriumsuperoxyd mit nachherigem Seifen und Spülen. Nunmehr wird die Ware gespült und auf dieselbe im Kessel eine Lösung von Natriumsuperoxyd gepumpt. Die Einwirkung dieser Brühe wird bei 60° C auf 3—4 Stunden ausgedehnt.

Nachdem das Sauerstoffbad abgepumpt ist, wird der Kessel geöffnet und die Ware unmittelbar, ohne erst zu spülen, in eine Waschmaschine laufen gelassen, wo sie mit schwacher Seifenlösung gewaschen wird; von dieser kommt sie in eine Waschmaschine, die reines Wasser enthält.

In gleicher Weise wie Weißwaren lassen sich nach diesem Verfahren auch buntgewebte Waren bleichen, wobei zu berücksichtigen ist, daß es sowohl für die weißen als auch für die bunten Waren angezeigt erscheint, die Chlorkalklösung durch eine Lösung von unterchlorigsaurem Natron zu ersetzen. Weißwaren, die zum Schluß alkalisch behandelt worden sind, haben immer die Neigung, auf dem Lager zu vergilben und beim Dämpfen gelb zu werden (nach Kerteß).

Apparatur der Gespinstbleicherei.

Das einfachste Verfahren der Bleicherei besteht darin, daß die Gespinste in eine die Bleichlauge enthaltende Holzkufe[1]) oder einen gemauerten zementierten Bassin, auf Stöcken eingehängt und nach mehr-

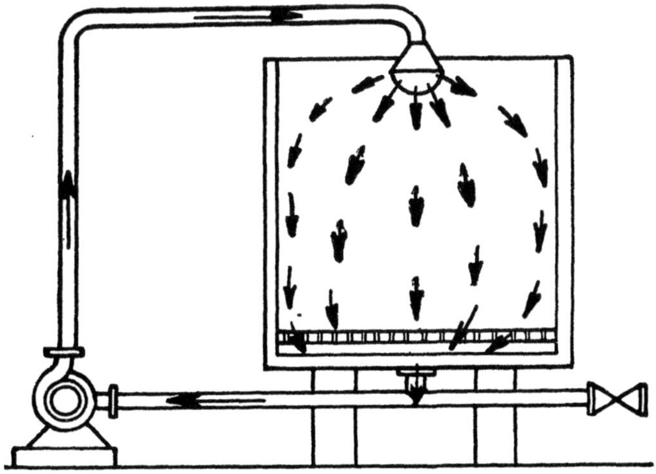

Abb. 68. Bleichfaß zum Chloren, Säuern und Spülen von losem Material, Garn und Gewebe, aus Holz mit Bleiausschlag, Flottenzirkulation durch Zentrifugalpumpe aus Hartblei (Zittauer Maschinenfabrik).

maligem Umziehen für einige Zeit eingelegt werden. Bei größerer Produktion bedient man sich verschiedener mechanischer Bleichapparate, beispielsweise des Kontinuebleichapparates, der Sektionsbleichkufe des Vakuumbleichapparates od. dgl.

Abb. 68 zeigt die Einrichtung eines einfachen Bleichapparates. Das zu bleichende Gespinst wird in den verbleiten Holzbottich gelegt, Chlor-

[1]) Abbildungen s. w. unten.

kalklösung eingelassen und das Ganze einige Zeit sich selbst überlassen. Zweckmäßig wird nun das Bleichgut häufiger mit der Bleichlauge übergossen, was durch eine Zentrifugalpumpe und einen Verteilungsapparat erreicht wird. In solchen Apparaten kann auch lose Baumwolle gebleicht werden.

Gleichzeitig mit dem Ausbau der Bleichapparate für Stranggarne wurden auch Vorrichtungen für Garne in Form von Kopsen, Kreuzspulen, Kettenbäumen und für die Zwischenstadien wie Kardenband, Streckband, Vorgespinst usw. ersonnen. Den Apparaten ist meist der

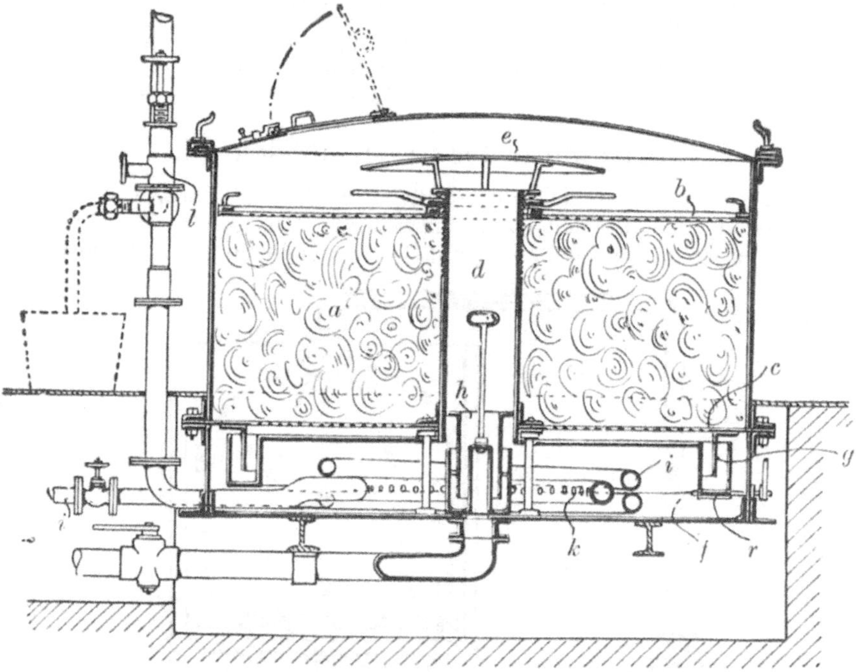

Abb. 69. Bleichapparat nach dem Packsystem (Urban).

Grundsatz gemein, die Ware in der Flotte unbeweglich zu erhalten und die Flotte in kontinuierlichem Kreislauf durch die Ware hindurchzuführen (Packsystem). Vielfach werden die empfindlichen Spulen auch einzeln mit perforierten Spindeln versehen, auf geeignete Träger gesteckt und so in den Apparaten dem Flüssigkeitsstrom ausgesetzt; dieses System nennt man (im Gegensatz zum Packsystem) das Aufstecksystem. Als motorische Kraft zur Bewegung der Flotte dienen die Zentrifugalpumpen, Injektoren sowie Vakuum und Druckluft. Diese Apparate wurden ursprünglich für Färbereizwecke gebaut; man hat sich dasselbe Prinzip aber auch für Bleichereizwecke zu eigen gemacht.

Ein älterer, gut eingeführter Apparat nach dem Packsystem ist derjenige von Urban, der sich in der Konstruktion eng an die Übergußapparate anschließt, bei denen der Kreislauf der Flotte derart ist, daß die Flüssigkeit in paralleler

Flottenstrahlung, und zwar senkrecht von oben nach unten oder umgekehrt das Material durchströmt (Abb. 69). In einem mit Deckel versehenen Behälter *a* mit durchlochtem falschen Boden *c* und ebensolcher oberer Deckplatte *b* mit Verteilungskappe *e* befindet sich zentral eingebaut ein Steigrohr *d*. Der Behälter ist durch Wasserverschluß *g* von dem unter dem Siebboden befindlichen Flottensammelraum *f* abgeschlossen. Durch stoßweise erfolgenden Luftdruck vermittels der Leitung *k* und des Luftdruckapparates *l* wird die Flotte in dem Steigrohr *d* emporgetrieben, durch die Kappe *e* auf die Ware verteilt und läuft durch dieselbe nach dem Flottensammelraum *f* zurück. Soll diese Bewegung umgekehrt verlaufen, so hebt man den Wasserverschluß *g* durch die Kappe *r* auf und setzt einen solchen *h* im Steigrohr *d* in Tätigkeit. Die Zirkulation der Flotte kann auch zum Auskochen durch Dampfrohr *i* bewirkt werden.

Zum Bleichen von Kopsen sind besondere Aufsteckapparate im Gebrauch. Besonderes Verdienst um den Ausbau dieser Apparate haben sich die Firmen Obermaier & Co., C. H. Weisbach, die Zittauer Maschinenfabrik, H. Krantz, C. G. Haubold u. a. erworben.

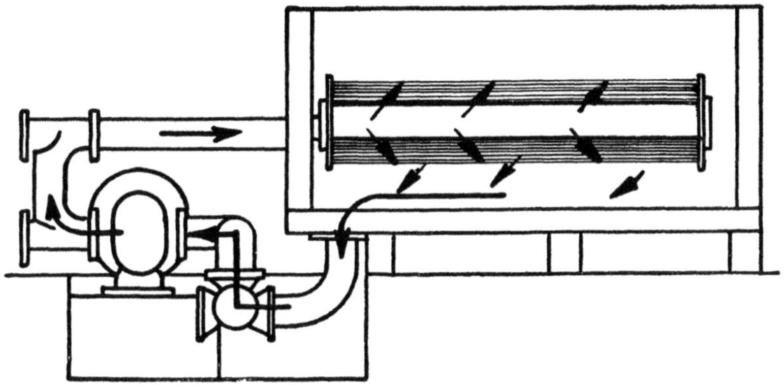

Abb. 70. Kettenbaum-Bleichapparat zur Aufnahme von drei Kettbäumen, mit Flottenzirkulation durch umschaltbare Pumpe zur Umkehrung der Zirkulationsrichtung (Zittauer Maschinenfabrik).

Die Kopse und Kreuzspulen setzt man auf die an zylinderförmigen Trägern befindlichen durchlochten Spulen und bringt den Träger in den Flottenbehälter in Verbindung mit der Flottenleitung. Eine Zentrifugalpumpe bewegt die Flüssigkeit saugend von oben nach unten durch das Bleichgut in stetem Kreislauf. Zur vollständigen Entfernung der Flüssigkeit aus der Ware dient eine Luftpumpe.

Zum Bleichen von Baumwolle in Form von Kardenband, Streckband oder Vorgespinst ist besonders schonende Behandlung erforderlich, um eine Verwirrung der einzelnen Fasern zu vermeiden. Solche Apparate baut z. B. die Firma Pornitz & Co. Auch sind nach Art der Zentrifugen besondere Bleichzentrifugen konstruiert worden. In der verbleiten Schleudertrommel ist ein Streukorb aus Gaze angebracht, in welchen ein Spritzrohr die Bleichflüssigkeit einlaufen läßt. Diese geht durch den Streukorb hindurch auf das Bleichgut (Strang, Ketten, Kopse, Kreuzspulen) und durch die Löcher der Trommel in den äußeren Mantel, von wo sie dem Spritzrohr immer wieder durch Pumpen zugeführt werden.

Abb. 70 erläutert einen Kettenbaum-Bleichapparat.

Apparatur der Gewebebleicherei.

Die chemischen Vorgänge bei der Gewebebleicherei entsprechen im allgemeinen denjenigen bei der Gespinstbleicherei. Dagegen sind für das Bleichen der Gewebe wesentlich andere Apparate erforderlich.

Das Bleichen durch einfaches Einlegen der Gewebe in einen Holzbottich geschieht seltener, weil die Gewebe nicht so leicht gleichmäßig durchtränkt werden und sich dadurch leicht Unegalitäten in der Bleichwirkung bemerkbar machen. Man verwendet deshalb mit Vorliebe besondere Apparate, die jene Mängel ausschließen.

Abb. 71. Chlor- und Säuermaschine, auch zum Kalken oder Imprägnieren des Gewebes verwendbar, mit drei nebeneinanderliegenden Hartholzwalzen und zwei Gummiquetschwalzenpaaren, mit Hebelbelastung, Porzellanführungsösen zum seitlichen Hin- und Herbewegen des Stranges (Zittauer Maschinenfabrik).

Der Sektionsbleichkessel von Gebauer bestand aus einer hölzernen, mit Blei ausgeschlagenen Kufe, in der sich ein perforierter Mantel, ein ebensolches Absaugerohr und ein falscher Boden befinden. Die Zirkulation der Chlorlösung bewirkt eine Zentrifugalpumpe aus Phosphorbronze durch Absaugen der Flotte und Übergießen der in Strangform eingelegten Ware mit einer Brause.

Ein anderes Verfahren besteht darin, daß man die Ware auf Imprägniermaschinen mit Bleichflotte durchtränkt, abquetscht, auf Haufen schichtet und so 6—12 Stunden liegen läßt. Freiberger verwirft es, die Ware über Nacht chlorgetränkt liegen zu lassen, weil die Einwirkung der atmosphärischen Kohlensäure ungleichmäßig ist. Diese Imprägnier- oder Chlormaschinen (s. Abb. 71 u. 72) gleichen im wesentlichen der

Kalkmaschine. Die Ware läuft auf derselben im Strang. Baumwollstücke laufen in der Chlor- und Säuermaschine in Strangform an der einen Seite der Maschine zwischen den Quetschwalzen ein, netzen sich im Trog in der Chlorkalklösung, werden darauf zwischen den Walzen ausgepreßt, gehen wieder in die Chlorkalklösung und weiter abwechselnd zwischen den Walzen hindurch und durch die Chlorkalklösung, bis sie nach etwa 10 maliger Passage die Kufe verlassen.

Ein drittes Verfahren bedient sich geschlossener Vakuumapparate. Vermittels einer Luftpumpe wird ein Vakuum erzeugt, wodurch die Bleichlauge eintritt. Diese ergießt sich über die Ware und durchdringt sie gleichmäßig. Durch mehrfaches Ablassen der Bleichlauge und Wiederansaugen derselben bewirkt man eine schonende und gleichmäßige Bleichung.

In diesen Apparaten wird meist auch das Säuern ausgeführt.

In breitem Zustande können Gewebe in einfacher Weise auf dem Jigger gebleicht werden, indem sie die in dem Bottich des Jiggers befindliche Bleichlösung passieren und nach Beendigung des Bleichprozesses gleichfalls auf dem Jigger gesäuert und gewaschen werden.

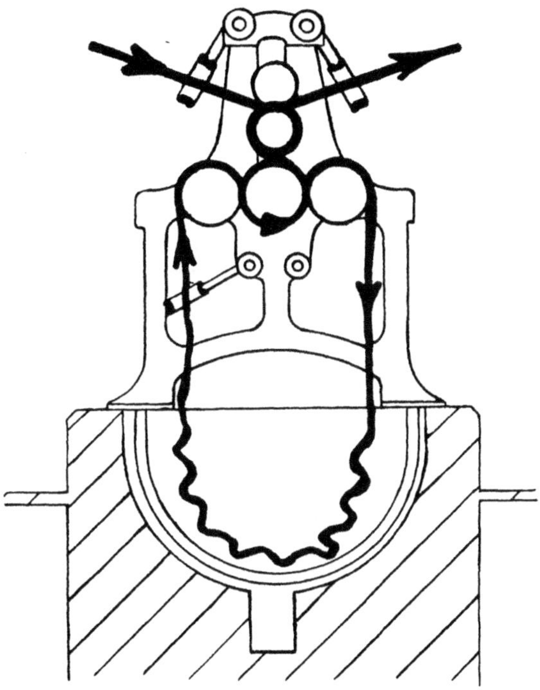

Abb. 72. Schnittzeichnung der Chlor- und Säuermaschine (Zittau).

Vollkommenere Breitbleichaparate sind die Kontinueapparate mit einem System von Bottichen, in denen bewegliche Holzrollen angebracht sind. Das Gewebe durchläuft die mit Bleichlauge gefüllten Behälter in langsamem Gange und wird dann anschließend gewaschen, gesäuert, gespült usw.

Eine neuartige Kontinuearbeit besteht darin, daß man in einer Operation in dem Kessel wäscht und in einer zweiten im Kontinue chlort, säuert und wäscht. Man kann auch im Kontinue kochen, aber nicht vollkommen entschlichten. So erreicht man eine tadellose Vorbleiche in 15 Stunden.

Wichtiger als bei Gespinsten ist bei Geweben das Waschen, da hier Rückstände von Bleichmitteln leichter haften bleiben und dadurch

Bleichflecke und Korrosionen der Faser entstehen können. Das Spülen geschieht teils in den Bleichapparaten selbst, teils in selbständigen Strang- und Breitwaschmaschinen.

Trockenchloren und Dampfchloren.

Bei mit chlorechten Farbstoffen bedruckten Waren mit angeschmutztem oder angefärbtem Weiß findet mitunter ein Trocken- oder ein Dampfchloren statt. Das Trockenchloren besteht darin, daß die bedruckten Stoffe mit Chlorkalk- oder Chlorsodalösungen von $^1/_{10}$ bis $^1/_2{}^\circ$ Bé getränkt und dann auf der Zylindertrockenmaschine getrocknet werden. Beim Dampfchloren passieren die mit schwachen Chlorkalklösungen ($^1/_{10}$—$^1/_2{}^\circ$ Bé) getränkten Gewebe einige Sekunden einen Dämpfkasten und werden dann gründlich auf einer Breitwaschmaschine gewaschen.

Einwirkung von Bleichlaugen auf die Apparatur.

Chlor greift die meisten Metalle wie Eisen, Kupfer, Nickel, Messing erheblich an; sie sind deshalb von der direkten Berührung mit Chlorbleichlösungen auszuschließen, um so mehr, als sie auch weiter noch zu Fleckenbildungen und mürben Stellen in dem Bleichgut Veranlassung geben können (Katalyseschäden). Als geeignete Metalle haben sich Blei und Hartblei (Legierung von Blei und Antimon) erwiesen; ferner sind die sogenannte Phosphorbronze, das Nickelin (eine Nickellegierung) und der Hartgummi mehr oder weniger chlorbeständig. Um das Blei gegen Chlor besonders unempfindlich zu machen, wird es mit warmer verdünnter Schwefelsäure behandelt, wodurch sich eine unempfindliche Schicht von Bleisulfat bildet. An Stelle von Holzbottichen und verbleiten Kufen können mit Vorteil auch gemauerte und mit Zement ausgekleidete oder aus Eisenbeton gefertigte Behälter dienen.

Das Säuern, Entchloren und Bläuen der gebleichten Waren.

Zur Entfernung bzw. Zersetzung des in dem Gewebe fixierten Kalkes (bei Chlorkalk) und der Hypochlorite selbst folgt nach dem Bleichen das Säuern, am besten mit Salzsäure von $^1/_4$—1° Bé[1]). Schwefelsäure ist wegen der Bildung von schwerlöslichem Gips weniger geeignet, wird aber dennoch (rein oder in Mischung mit Salzsäure) aus Sparsamkeit oft angewandt. Wird mit warmer Säure behandelt, so kann nach M. Freiberger mit der viermal so schwachen Säure in kürzerer Zeit bei gleicher Festigkeit des Materials derselbe Effekt erreicht werden wie in der Kälte mit viermal stärkerer Säure. Die Säuremaschine ist der Kalkmaschine sehr ähnlich gebaut. Die Breitsäuermaschine ist eine Art Breitwaschmaschine.

Durch das Säuern wird auch der gelbliche Stich entfernt oder gemindert, den die Ware nach der alkalischen Behandlung oft hat. Zur Entfernung des den gebleichten Stoffen anhaftenden charakteristischen Bleich- oder Chlorgeruches sowie der letzten Chlorreste behandelt man die Waren mit verdünnten Lösungen von Natriumthiosulfat (Antichlor) oder Bisulfit. Wasserstoffsuperoxyd wirkt ähnlich, doch stellt es sich im Gebrauch erheblich teurer.

[1]) Nach Schwalbe liegt das Optimum der Säurekonzentration bei 0,1%.

Soll die gebleichte Ware von dem ihr etwa noch anhaftenden letzten Gelbstich befreit werden, so wird sie entweder nachgebleicht (s. o.) oder gebläut bzw. weißgefärbt. Letzteres geschieht durch gelindes Anfärben mit komplementären Blau- oder Violettfarben.

Weißfärben (Bläuen) gebleichter Baumwollwaren. Je nach Art des Materials, der Art und dem Grade der Bleiche, der sonstigen Behandlung und den allgemeinen Begleitumständen (Art des verwendeten Wassers u. ä.) werden nach dem Bleichen von Baumwollerzeugnissen ganz verschiedene Weißtöne erhalten, die mitunter einen deutlich gelblichen Stich aufweisen. Durch „Weißfärben" oder richtiger durch „Bläuen" oder Überfärbung wird der erhaltene Bleichton nach Belieben verändert und in ein rötliches, bläuliches, violettes usw. Weiß verwandelt (Milchweiß, Blauweiß usw.). Die Überfärbung geschieht mit den jeweils erforderlichen, meist blauen und violetten Farbstoffen, die nach Art und Menge derart bemessen werden, daß der vorhandene Farbton mit den verwendeten Farbstoffen nach dem Gesetz der Komplementär- oder Gegenfarben — soweit dieses möglich ist — den gewünschten Ton ergibt. Da es sich meist um einen gelblichen Ton der gebleichten Ware handelt, kommen vor allem entsprechend blaue bis blauviolette Farbstoffe in Frage. Hierzu werden sowohl künstliche, wasserlösliche Teerfarbstoffe (Methylviolett, Methylenblau, Viktoriablau u. a. m.), als auch Pigmentfarbstoffe in feinster Suspension (Ultramarin, Berlinerblau, Kobaltblau oder Thenards Blau u. ä.) verwendet. Garn wird wie üblich auf der Kufe oder im Apparat unter besonderen Vorsichtsmaßregeln gebläut; in Apparaten jedoch nur bei wasserlöslichen Farbstoffen, da unlösliche Farbstoffe (im Apparat, als Kops u. ä. gebläut) unegale Färbungen ergeben (s. unter Apparatefärberei). Auch können die Teerfarbstoffe den Baumwollgarnen in der Schlichte zugesetzt werden. Stückwaren können in Strangform oder in voller Breite in unmittelbarem Anschluß an den Bleichprozeß oder in der Appretur gebläut werden.

Die erwähnten Teerfarbstoffe sind, besonders in der großen Verdünnung, wenig lichtecht; dieses verursacht unter Umständen ein Nachgilben der Ware. In dieser Beziehung verhalten sich die Pigmentfarbstoffe (in letzter Zeit wird auch Indanthrenblau u. ä. in Suspension nach Art der anorganischen Pigmente zum Bläuen verwendet) günstiger. Diese sind in feinster Suspension durch ein feines Sieb in das Farbgefäß einzuführen. Ultramarin ist bei guter Luft-, Licht- und Alkaliechtheit sehr säureempfindlich, Berlinerblau (Preußischblau) dagegen umgekehrt säure-, aber nicht alkaliecht. Mit Rücksicht hierauf sind die Fasererzeugnisse entsprechend zu entsäuern oder zu entlaugen, damit nicht nachträglich eine Zersetzung der Farbpigmente eintritt.

Das erwähnte Nachgilben oder Vergilben der Bleichware kann auf eine ganze Reihe von Ursachen zurückgeführt werden, von denen die wichtigsten sind: 1. Überbleichung der Ware (Oxyzellulosebildung), 2. Zersetzung der Überfärbestoffe, 3. Unreinigkeiten in der Faser (Chlor, Säure, Eisen und andere Metallsalze, Seifen, Harze, ranziger Talg, saures Dextrin od. ä.), 4. zu heißes Kalandern nach dem Bleichen, sowie andere Ursachen, oder einige dieser Ursachen in Zusammenwirkung miteinander (Freiberger).

Das Bleichen der Baumwolle mit anderen Bleichmitteln.

Es liegen zahlreiche Versuche vor, beim Bleichen von Baumwolle außer Chlorbleichmitteln auch noch andere Bleichmittel zu verwenden. Eine nennenswerte praktische Bedeutung haben nur die Sauerstoffbleichmittel erhalten.

In mancher Beziehung vorteilhaft gegenüber den Chlorbleichmitteln haben sich die Superoxyde (Wasserstoff-, Natriumsuperoxyd) und das Perborat erwiesen. Besonders bei Mischfasern oder Mischgeweben (Halbseide, Halbwolle), dann auch bei Buntgeweben sind sie heute von praktischer Bedeutung für das Bleichen von Baumwolle. Sie stellen sich in der Kalkulation teurer als Chlorbleichmittel.

Kaliumpermanganat hat sich nicht einbürgern können, weil es die Chlorbleiche qualitiv nicht ersetzt und sich gegenüber der Chlorbleiche zu teuer stellt.

Das Bleichen mit Ozon hat sich nicht eingeführt, weil seine Bleichwirkung in verdünntem Zustande eine zu geringe ist und die Bleichkosten zu hohe sind. In neuerer Zeit sind wieder Anläufe zur Einführung des Ozons unternommen worden[1]).

Das Bleichen von Buntgeweben. Druckkochungen sind immer ausgeschlossen. Selbst einfaches Kochen im offenen Kessel oder auf der Kufe muß mit Vorsicht ausgeführt werden. Die Färbungen müssen bleich- bzw. chlorecht sein. Diesen Anforderungen genügen zahlreiche Farbstoffe des Indanthren-Sortiments. Hierbei vertragen manche Färbungen besser Chlorkalk als Chlorsoda; andere Färbungen können nur mit Sauerstoffmitteln gebleicht werden. Sehr wichtig ist immer vollständiges Entschlichten und Auswaschen der Ware (Zusatz von Ludigol od. ä. Zusätzen, die reduktionshindernd wirken), zumal manche Schlichten reduzierende Zucker enthalten, die in alkalischer Lösung die Küpenfarbstoffe reduzieren und dann ins Weiß ausbluten lassen. Solche Schäden sind nicht zu beheben. Sind die verwendeten Farbstoffe dem Bleicher unbekannt, so nimmt er am sichersten einen Bleichversuch im kleinen vor, indem er einen Stoffabschnitt in eine Chlorsodalösung von 2—3 g akt. Chlor im Liter für 6 Stunden einlegt und beobachtet, wie sich die Färbung dabei verhält. Dann wäscht er die Probe, säuert und wäscht wieder. Tritt eine Farbenänderung ein, so kann diese dauernd sein oder sie wird durch Nachbehandlung mit Hydrosulfit konz. Plv. (10—15 g im Liter) behoben.

Erst wird immer gesengt und gut entschlichtet (s. Diastafor) und gewaschen. Bei schalenreichen und Makobaumwollen läßt sich ein alkalisches Kochen oft nicht vermeiden. Man kocht auf Haspelkufen im Strang in einer Sodaflotte unter Zusatz von Ludigol u. ä. 2—3 Stunden. Sofort nach Beendigung des Kochens (nicht liegen lassen) wird schnell klar gespült und z. B. nach dem Mohrschen Kombinationsverfahren (s. d.) gebleicht. In Ermangelung der hierzu erforderlichen Einrichtungen bleicht man mit Chlorsodalösungen (2 g akt. Chlor im Liter) durch Zirkulation 3—5 Stunden lang; dann folgt gründliches Waschen auf der Strangwaschmaschine, Säuern, Spülen. Bei ungenügendem Weiß wird in schwächerem Bleichbade nochmals nachgebleicht.

In zweiter Linie kommt die Sauerstoffbleiche in Betracht, besonders wenn die Buntgewebe nicht chlorecht sind. Dieses allerdings nicht billige Verfahren wird mit Natriumsuperoxyd, Wasserstoffsuperoxyd oder mit Natriumperborat ausgeführt. Nach gutem Entschlichten und Waschen wird z. B. in das kalte Bleichbad auf dem Jigger oder der Haspelkufe eingegangen und innerhalb einer Stunde auf 80—90° C gebracht, dann noch eine Stunde bei dieser Temperatur weiterbehandelt. Auf etwa 2000 l Flotte kommt z. B. 1 kg Magnesiumsulfat und etwa 4—6 kg Natriumsuperoxyd (Deutsche Gold- und Silber-Scheideanstalt, Frankfurt a. M.). Heute wird auch vielfach ohne Magnesiumsalz gearbeitet; in diesem Falle gibt man auf 1 kg Natriumsuperoxyd 1,3 kg Schwefelsäure von 66° Bé oder 1,6 kg von 60° Bé bis zur schwachsauren Reaktion und macht zum Schluß mit Wasserglas od. ä. schwach alkalisch.

Veränderungen der Baumwolle und Baumwollerzeugnisse durch die Bleiche, Fehler beim Bleichen.

Infolge Entfernung der Fremd- und der Farbstoffe von der Faser findet eine allgemeine Gewichtsabnahme durch das Bleichen (gegenüber der Rohware) statt. Am geringsten ist diese Gewichtsabnahme

[1]) Besonders in Weißwäschereien.

bei Gespinsten und loser Baumwolle; sie beträgt hier etwa 5—8%. Bei schlichtehaltigen Geweben schwankt die Abnahme des Rohgewichts je nach der Reinheit der Faser sehr erheblich; die Abnahme dürfte hier im Mittel 20—30% betragen. Je nach Arbeitsweise findet eine Festigkeitszunahme oder -abnahme statt. Die Verhältnisse, unter denen das eine oder andere zutrifft, sind noch nicht genau geklärt. Doch dürfte die wiederholt beobachtete und zweifellos vorkommende Festigkeitszunahme weniger auf das eigentliche Bleichen, als vielmehr auf die alkalische Vorbehandlung (das Bäuchen) zurückzuführen sein[1]). Baumwollgewebe erfahren bei der Bleiche eine Verkürzung in der Breitenrichtung, während sie in der Länge zunehmen; beim Arbeiten im Strang ist die Breitenverkürzung geringer als bei der Breitbleiche. Die Ware wird ferner in der Diagonale verzogen, indem sie nicht mehr fadengerade bleibt. Dichtere und stärkere Stoffe verändern sich in letzter Beziehung in geringerem Maße als lose Gewebe. Auf der Breitstreckmaschine erfolgt die Überführung der Gewebe wieder auf die gewünschte Breite und in den fadengeraden Zustand.

In chemischer Beziehung verändert sich die Baumwolle bei zu stark geleiteter Bleiche vorzugsweise dadurch, daß die Zellulose zum Teil in Oxyzellulose verwandelt wird. Beim vorsichtigen Bleichen (Ausschluß des Luftsauerstoffes) mit Bleichlaugen von nicht mehr als 1° Bé kann jedoch eine nennenswerte Bildung von Oxyzellulose vermieden werden.

Sehr lästig wird das Gelblichwerden oder das Nachgilben gebleichter Ware empfunden. Diesem Übelstand sind vorzugsweise Waren unterworfen, die nach der Bäuche mit Seifen, insbesondere Harzseifen behandelt sind. Auch spielen hier sehr geringe Mengen von Eisen, Mangan, harz- oder fettsaurer Magnesia eine sehr wichtige Rolle, ebenso etwa gebildete Oxyzellulose u. a. Umstände.

Ein etwaiger Eisengehalt des Wassers oder die unmittelbare Berührung des Bleichgutes mit Eisenteilen der Apparate, auch Tropfflecke verursachen leicht Rostflecke. Die Eisenteile werden deshalb zweckmäßig mit einem Kalkanstrich (Kalkmilcheiweiß) versehen. Durch ungenügende und ungleichmäßige Laugenzirkulation, ungenügende Laugenmenge, zu schwache Flotte, ebenso durch stark gefärbtes und unreines Fasermaterial usw. entstehen braune Wolken, Streifen und Flecke, die sogenannten Kochflecke. Zu starke Laugen bewirken manchmal eine lokale Merzerisation, die sogenannten Laugenflecke, welche bei späterem Ausfärben (z. B, mit Indigo) tiefere Färbungen ergeben können. Schlecht bereitete Harzseifen liefern die Harzflecke, die auch erst nachträglich auf dem Lager entstehen können. Bei nicht genügend schnellem Wässern nach der Kalkbäuche oder bei nicht genügendem Säuern nach der Chlorkalkbleiche entstehen die Kalkflecke. Auch diese machen sich beim Färben oft unliebsam geltend, indem sie beispielsweise Anilinschwarz reservieren und hierbei helle Flecke entstehen lassen. Äußerst gefürchtet sind auch die Säureflecke, die infolge

[1]) Nach Ebert und Nussbaum (s. d.) erhöht auch der erste Bleichprozeß bisweilen die Festigkeit.

schlechten Auswaschens der Säure entstehen und nach dem Eintrocknen der letzteren geschwächte, mürbe oder löcherige Stellen hinterlassen können.

Eine chemisch-analytische Prüfung bzw. Kontrolle der Bleiche und Reinheit der Faser erfolgt durch Bestimmung des ätherlöslichen Fettes (soll unter 0,025% betragen), der als Kalkseife enthaltenen Fettsäure (soll höchstens 0,03—0,04% betragen), des Aschengehaltes (0,03—0,05%), der Festigkeit gegenüber der Rohware, der Schwalbeschen Kupferzahl, die den „Bleichgrad" angibt, der Vieweg-schen Säurezahl (Verbrauch von $^1/_2$ normaler Natronlauge bei viertelstündigem Kochen) u. dgl. m. Technisch kann die Qualität der Bleiche nach Freiberger geprüft werden auf: Haltbarkeit des Weiß beim Belichten und beim Dämpfen, Netzbarkeit, Anfärbevermögen, Bedruckvermögen (Alizarindampfrosa u. ä.), Stärke (Jodreaktion), Festigkeit, Gewichtsverlust, Längen- und Breitenveränderung.

Die Leinenbleicherei.

Das Bleichen der Leinenfaser (Garn oder Gewebe) ist demjenigen der Baumwollfaser sehr ähnlich. Der Hauptunterschied zwischen diesen beiden Fasern, welcher eine zum Teil abweichende Behandlung in der Bleicherei bedingt, ist der, daß die Baumwolle schon von Natur aus eine verhältnismäßig reine Samenfaser von einheitlichem Zellgebilde darstellt, während die Leinenfaser ein sehr hartes und stark verunreinigtes Fasermaterial bildet, das aus Bündeln außerordentlich kleiner Einzelzellen besteht. Die mit der Faser fest verbundenen Verunreinigungen (inkrustierende Substanzen) lassen sich chemisch nicht ohne weiteres vollständig entfernen, ohne daß gleichzeitig auch die Faser selbst in Mitleidenschaft gezogen wird und in die Einzelzellen zerfällt. Außerdem ist die Flachsfaser von Hause aus empfindlicher gegen Alkali- und Chlorbehandlung als die Baumwolle.

Die grundsätzlichen Abweichungen, die sich hieraus für die Technik der Bleicherei ergeben, bestehen in erster Linie darin, daß der Prozeß des Bleichens und Reinigens der Flachsfaser nicht zu schnell und auf einmal, sondern allmählich und in schwächeren Laugen und Chlorbädern vor sich gehen muß. Vor allem sind bei der Leinenfaser die energischen Koch- und Bäuchprozesse mit scharfen Alkalien (wie Ätznatron und Kalk) nach Möglichkeit abzumildern. An Stelle von Natronlauge wird bei Leinen deshalb oft Soda, an Stelle der Druckkochung Behandlung in offenem Kessel vorgezogen.

Für die Vorbehandlung von Leinengarn verwendet man z. B. etwa 10% kalz. Soda vom Gewicht der Faser (bzw. eine 1—2 proz. oder 2—4° Bé starke Sodalösung) und behandelt 6—10 Stunden bei 80 bis 100° C oder auch unter geringem Druck. Nach dem Kochen folgt das Waschen, dann das Chloren in sehr verdünnter Chlorkalklösung, besser noch in Chlorsodalösung von etwa 0,1—0,4° Bé. Dabei ist für reichliche Luftzufuhr zu sorgen und der Kohlensäurezutritt möglichst zu fördern. Nach dem Bleichen folgt das Säuern und das Waschen.

Diese Operationen werden in gleichem Turnus wiederholt (Kochen, Chloren, Säuern, Waschen usw.) bis der gewünschte Bleicheffekt erreicht ist.

Die Bleichgrade werden nach Achteln angegeben; es bezeichnet $^4/_4$ Bleiche eine Vollbleiche, also reines Weiß, während die niedrigeren Bleichgrade weniger weiß, mehr oder weniger gelb oder graustichig sind. Webgarn wird meist nur $^1/_2$ oder $^3/_4$ gebleicht, weil $^4/_4$ weiße Garne sich nicht gut verarbeiten lassen. Für eine Vollbleiche ist eine 2—3malige Wiederholung aller Stufen des Bleichverfahrens nötig. Hierbei findet im Mittel ein Gewichtsverlust von etwa 20% statt; eine Dreiviertelbleiche verursacht einen Gewichtsverlust von etwa 18%, eine Halbbleiche einen solchen von etwa 15%. Viertelbleichen verlieren noch weniger.

Diese Chlorbleiche wird bei Leinengarn häufig mit der Rasenbleiche, die noch das Charakteristikum der Leinenbleiche bildet, vereinigt. Hierbei ist intensives Tages- oder Sonnenlicht im Verein mit Wasserdampf erforderlich[1]). Man nimmt an, daß sich dabei intermediär Wasserstoffsuperoxyd oder Ozon bildet und sich komplizierte biologische Vorgänge abspielen. Charakteristisch ist auch, daß der nach der Chlorbleiche zurückbleibende graue Ton der Faser durch die Rasenbleiche schneller zerstört wird als durch Chlor.

Hand in Hand mit dem Bleichprozeß findet ein Festigkeitsverlust der Faser statt, der für Vollbleiche mit 10—15% angegeben wird.

Die Gewebebleiche vollzieht sich noch komplizierter als die Garnbleiche. Sie beginnt in der Regel mit der Einweichung und einer Art Gärung zur Entfernung der Schlichte. Dann folgt die Chlorbleiche, wodurch 10—15% Gewichtsverlust stattfindet, dann die Bäuche in 1—2proz. Sodalösung und schließlich die Rasenbleiche. Diese Prozesse werden nach Bedarf wiederholt, indem zugleich die Sodalösungen von Fall zu Fall verdünnter angewandt werden. Schließlich wird gechlort, gesäuert, dann wieder der Rasenbleiche unterworfen und eventuell geseift und mechanisch auf dem Seifenhobel (Reibebrettern) zur Befreiung von mechanischen Verunreinigungen (Schäben) bearbeitet. Nach Bedarf folgt wieder Sodaabkochung, Rasenbleiche, neues Chloren, Säuern, Seifen, Rasenbleiche usw. Es gibt viele fortgesetzte und sich wiederholende Prozesse mit vielen Variationen.

Für feinere Leinengarnnummern ist die Rasenbleiche heute noch ganz unentbehrlich, und die Leinenspinnereien sind zu diesem Zweck mit großen Rasenbleichen ausgerüstet.

Das Einlegen von Leinengarn in die Chlorlösungen, wie dies bei Baumwollgarn geschieht, ist nicht angebracht, weil hierdurch keine genügende Zirkulation der Bleichlauge erzielt wird und ungleichmäßige Bleiche die Folge sein kann. Man ist daher genötigt, Leinengarne, auf Häspeln hängend, dem Chlorprozeß unter beständigem Umziehen auszusetzen, zu welchem Zweck die sogenannte Garnrollerei dient. Diese besteht aus einem System von vierkantigen Rollwalzen, auf welche die Garne aufgehängt und in ein gemauertes, mit Chlorkalklösung (0,3—0,4° Bé) gefülltes Bassin getaucht werden. Die Walzen werden in Drehung versetzt, so daß die Garne abwechselnd in der Bleichlösung und in der Luft sind, wobei die Kohlensäure der Luft fördernd auf den Bleichprozeß einwirkt. Nach etwa einstündigem Haspeln wird der Rahmen mit den Garnen aus dem Behälter herausgehoben, die Chlorlösung ablaufen gelassen und das

[1]) Durch zu intensives und zu lange wirkendes Sonnenlicht im Frühjahr und Sommer kann aber auch viel Schaden angerichtet werden, indem die Faser überbleicht und morsch wird.

Garn auf Waschmaschinen gewaschen. Das nun folgende Säuern geschieht bei Leinen noch vielfach mit Schwefelsäure, besser aber mit Salzsäure.

Nachfolgend sei ein Typus eines irischen Bleichverfahrens für Leinengarne (Vollbleiche) wiedergegeben, wobei zu bemerken ist, daß viele Modifikationen desselben möglich sind (Herzfeld: a. a. O.). 1. Erstes Bäuchen. Abkochen mit 10% Soda vom Gewicht des Garnes, 4—5 Stunden, Auswaschen, Ausquetschen. 2. Rasenbleiche. Auslegen während 3 Tage auf dem Bleichplan, Wenden und weiteres dreitägiges Auslegen. 3. Wiederholtes Bäuchen und Auslegen. Die unter 1. und 2. erwähnten Operationen werden noch dreimal wiederholt. 4. Erstes Chloren auf der Garnrollerei mit Chlorkalklösung von 0,4° Bé, gut waschen. 5. Erstes Säuern mit Schwefelsäure oder Salzsäure (1: 200) eine Stunde, gut waschen. 6. Rasenbleiche. Auslegen während mehrerer Tage auf dem Bleichplan. 7. Zweites Chloren wie 4. 8. Zweites Absäuern wie 5., gründliches Waschen, Ausquetschen und Trocknen.

Beim Bleichen von Leinengeweben, das fast ausschließlich im Strang ausgeführt wird, ist u. a. auch auf das Entschlichten besondere Sorgfalt zu verwenden. Dieses geschieht ähnlich wie bei Baumwollgeweben. Durch Einlegen in warmes Wasser bis zur eintretenden Gärung und Lösung der Schlichte und darauffolgendes gutes Waschen auf der Strangwaschmaschine wird etwa 10 bis 15% vom Gewicht der Faser an Verunreinigungen entfernt. Auch das Bäuchen gleicht sehr demjenigen der Baumwollgewebe; nur sind bei Leinengeweben kleinere Bäuchkessel im Gebrauch und ist geringerer Druck üblich. Die Sodalauge ist meist 2—4° Bé stark, die Kochdauer beträgt, je nach Art der Ware und je nach dem Druck, 2—6 Stunden. Auch ist Natronlauge, 2—4° Bé, und Kalklauge vereinzelt im Gebrauch; desgleichen findet oft ein Zusatz von Harzseife, Monopolseife, Isoseife u. ä. statt. Die Chlorlösungen sind in der Regel 0,1 bis 0,4° Bé stark; die ersten stärker, die nächstfolgenden immer an Stärke abnehmend. Die maschinellen Einrichtungen gleichen denjenigen bei der Baumwollbleiche (ausgebleite Holzkufen, gemauerte, zementierte usw. Behälter, Imprägniermaschinen). Auf die Chlorbleiche folgt gründliches Spülen und Säuern mit Salz- bzw. Schwefelsäure. Die reinigende Wirkung der Säure ist bei Leinen erheblicher als bei Baumwolle; deshalb wird auch vielfach mit Hilfe von Säure entschlichtet.

Die Rasenbleiche wird ausgeführt, indem die Gewebe in breitem Zustande auf große Rasenflächen, den sogenannten Bleichplan, ausgelegt und häufig mit Wasser besprengt werden. Die Wirkung der Rasenbleiche ist im wesentlichen abhängig von den Witterungsverhältnissen und dauert bei sonnigem Wetter in der Regel 2—3 Tage. Solche „Bleichperioden" werden nach Bedarf wiederholt.

Das Seifen oder Hobeln der Leinengewebe bildet (neben der Rasenbleiche) einen speziellen Prozeß der Leinenbleiche und ist darauf begründet, daß der Flachs holzige Teilchen enthält, die durch Bäuchen zwar gelockert und erweicht, aber nicht völlig entfernt werden. Der Prozeß besteht darin, daß die Gewebe mit einer Lösung von Schmierseife unter mechanischer Behandlung auf dem sogenannten Seifenhobel behandelt werden. In seiner einfachsten Form besteht letzterer — ähnlich den bekannten Waschbrettern — aus einem festliegenden, mit Einkerbungen versehenen Brett, auf welchem sich ein zweites, ebenfalls mit Einschnitten versehenes Brett hin und her bewegen läßt. Die zu „seifenden" oder zu „hobelnden" Leinengewebe werden zwischen den Brettern mit der Seifenlösung gerieben, bis die Holzsplitterchen entfernt sind.

Nachstehend sei ein Typus eines irischen Rasenbleichverfahrens für Leinengewebe (Voll- oder Dreiviertelbleiche) wiedergegeben (Herzfeld: a. a. O.). 1. Einweichen in Weich- oder Gärbottichen (Wasser von 45° C), 24—36 Stunden gären lassen, spülen, 2—3 Tage Rasenbleiche. 2. Bäuchen in offenen oder geschlossenen Kesseln mit 2—4° Bé starker Sodalösung, 5—6 Stunden, in dem Kessel waschen, 2—3 Tage Rasenbleiche. Das Bäuchen und Auslegen wird 5—7 mal wiederholt, die Lauge wird jedesmal um relativ 10% abgeschwächt. Nach dem letzten Auslegen spülen. 3. Säuern in verdünnter Schwefelsäure (1 Teil Säure von 66° Bé in 200 Teilen Wasser), 5—8 Stunden lose einlegen, dann gut spülen. 4. Chloren in einer Chlorkalklösung (1 Teil Chlorkalk in 600 Teilen Wasser), 6—8 Stunden, gut spülen. 5. Säuern wie unter 3., doch lieber mit Salzsäure. 6. Bäuchen in Sodalösung (1 Teil Soda und $2^1/_2$ Teile

Kernseife in 600 Teilen Wasser) bei 75° C, waschen, auslegen auf dem Bleichplan 2—3 Tage. 7. Seifen mit Schmierseife auf dem Seifenhobel. 8. Bäuchen (ohne vorher zu waschen) in Sodalösung (1 Teil Soda in 350 Teilen Wasser), Rasenbleiche 2—3 Tage. 9. Chloren wie unter 4. angegeben, jedoch in schwächerer Bleichlösung. 10. Säuern wie bei 3. und 5. 11. Bäuchen wie bei 6., Auslegen auf den Rasen, spülen, trocknen oder weiter bearbeiten.

Eine Halbbleiche wird durch die Operationen 1—6 erreicht.

In jüngerer Zeit wird wieder die Einführung der Kaliumpermanganatbleiche für die Flachsfaser mehrfach besprochen (Ristenpart, Pomeranz), die entweder als Grundbleiche oder auch als Nachbleiche ausgeführt werden kann. Über nähere Arbeitsweisen und die etwaigen Erfolge in der Praxis ist indessen bisher nichts bekannt geworden. Auch Blankit I [B] als Nachbleichmittel bei der Flachsfaser ist empfohlen worden. Die Bestrebungen, für die Flachsfaser ein Schnellbleichverfahren einzuführen, sind bisher noch nicht von Erfolg gekrönt worden, da die Flachsfaser von Hause aus empfindlicher ist als die Baumwollfaser.

Veränderungen der Leinenfaser durch die Bleiche.

Gewebe verlieren bei einer Vollbleiche bis zu 40%, Garne bis zu 20% ihres Gewichtes. Die Festigkeit der Faser nimmt durch Vollbleiche etwa um 20, durch Dreiviertelbleiche um 18, durch Halbbleiche um 15% ab. Bei unvorsichtigem Bleichen können die Festigkeitsverluste noch erheblich größer sein. Leinengewebe nehmen durch den Bleichprozeß an Länge etwas ab (im Gegensatz zu Baumwollgeweben); dagegen verlieren sie kaum in der Breite, was auf die meist festere und dichtere Webart der Leinenstoffe zurückzuführen ist. Rost- und Kalkflecke können wie bei Baumwollwaren entstehen. Den Leinenwaren eigentümlich sind braune bis schwarze Flecke, welche dadurch entstehen, daß die Stoffe während der Bleiche längere Zeit mit feuchtem Holz in Berührung gestanden haben, z. B. auf Gestellen liegengeblieben sind. Diese Flecke lassen sich meist durch Säurebehandlung entfernen.

Das Bleichen von Hanf, Ramie, Jute usw.

Das Bleichen von Hanf.

Hanf wird nur ausnahmsweise gebleicht (Bindfaden u. ä.), da seine Hauptvorzüge in der großen Festigkeit liegen und diese durch das Bleichen erhebliche Einbuße erleidet. Das Bleichen des Hanfes lehnt sich im allgemeinen eng an dasjenige der Flachsfaser an. Da die Hanffaser mäßig verholzt ist, müssen auch die inkrustierenden Substanzen der Zellen aufgelöst oder entfärbt werden. Die Bleichoperationen müssen deshalb öfters wiederholt werden und sind mit schwachen Lösungen auszuführen.

Das Bäuchen geschieht am besten mit Soda oder Wasserglas in offenen Kesseln; Natronlauge ist nicht zu empfehlen. Die Chlorkalkbäder sollen nicht stärker sein als bei der Leinenbleiche. Die Faser verliert bei einer Vollbleiche 10—12% an Gewicht und, je nach Qualität, 10—20% an Festigkeit.

Das Bleichen von Ramie.

Die Ramiefaser muß vor dem Verspinnen in ihre Zellelemente aufgelöst werden; die Bleicherei dieser Faser fällt deshalb mit dieser Operation der Auflösung in einzelne Zellen zusammen, wird also vor dem Verspinnen der Faser ausgeführt. Hierbei wird die Ramiefaser entweder in ihrer ganzen Länge bearbeitet, oder sie wird in Stücke von 6—7 cm Länge zerschnitten, um Fasern von besserer Verspinnbarkeit zu erhalten.

Die Intrazellularsubstanz der Ramie ist ganz besonders leicht angreifbar. So genügt bereits ein Kochen der Faser mit einer Emulsion aus Öl und Natronlauge, wobei die Intrazellularsubstanz aus der Faser entfernt wird. Heute wird wohl im allgemeinen milde (in offenen oder geschlossenen Kesseln) gebäucht, entweder mit Soda und Harzseife oder mit verdünnter Natronlauge. Nach dem Bäuchen erscheint die Faser völlig verändert und in atlasglänzende Einzelelemente aufgelöst. Der noch vorhandene gelbliche Ton wird durch leichtes Chloren entfernt, wobei die Faser schneeweiß wird. Nun erst folgt das Krempeln und der Spinnprozeß.

Die Verwendung der Ramiefaser zu Gasglühlichtkörpern erfordert eine möglichst weitgehende Befreiung der Faser von allen Aschenbestandteilen. Zu diesem Zwecke wird die Faser mit Salz- oder Flußsäure, mitunter auch mit gasförmigem Chlor (zur Entfernung der mikroskopisch feinen Eisenteilchen, aus den Arbeitsmaschinen herrührend) behandelt; auch werden die einzelnen Operationen in destilliertem Wasser ausgeführt.

Das Bleichen von Jute.

Jute wird verhältnismäßig selten gebleicht. Einerseits besteht hierfür nur geringes technisches Bedürfnis, andererseits gestaltet sich das Bleichen der Jute sehr schwierig und wesentlich umständlicher als dasjenige von Hanf und Leinen. Die Ursache hierfür ist darin zu suchen, daß die Jutefaser vollständig verholzt ist und aus einer Verbindung von Bastin und Zellulose (Korchorobastose) besteht, die neben starker Färbung eine große Empfindlichkeit gegenüber den Chemikalien der Bleicherei und Abkocherei besitzt.

Da stärkere Alkalien die Korchorobastose spalten und das Bastin auflösen, ist man gezwungen, den Bäuchprozeß mit sehr schwachen Alkalien vorzunehmen; man verwendet hierzu Soda und Wasserglas. Auch Säuren, besonders Mineralsäuren, greifen die Jutefaser stark an und müssen in verdünnter Lösung angewandt werden. Als eigentliches Bleichmittel wird alkalische Chlorkalk- oder besser Chlorsodalösung benutzt. Wegen der starken Naturfärbung der Rohfaser können an die Bleiche nicht so hohe Anforderungen gestellt werden wie bei den vorbesprochenen Fasern. Die Vollbleiche der Jute führt deshalb in der Regel zu einer hellgelb-bräunlichen Farbe; halbgebleichte Jute ist noch erheblich gelbbraun, etwa strohfarben. Charakteristisch ist auch, daß gebleichte Jute mit der Zeit nachdunkelt.

Andere Bleichmittel wie Wasserstoffsuperoxyd, Kaliumpermanganat, schweflige Säure usw. haben auch nicht vollständig befriedigende Ergebnisse geliefert; teils ist der Bleicheffekt mäßig, teils stellen sich die Kosten zu hoch.

Bei der Vorbehandlung der Jute wird die Faser mit Vorteil in warmem Wasser eingeweicht und dann mit Sodalösung (5 : 1000), Wasserglas oder Borax $^1/_2$ bis 1 Stunde gekocht. Die Chlorkalk- oder Chlorsodalauge ist $^1/_4$—$^1/_2$° Bé stark und kann nach Bedarf wiederholt angewandt werden. Dann folgt ein gründliches Waschen, ein Absäuern mit verdünnter Schwefelsäure oder besser Salzsäure von $^1/_2$° Bé und nochmaliges Waschen. Das Einlegen der Faser in die Flotten ohne Bewegung ist wie bei Flachs zu vermeiden. Schweflige Säure findet zum Bleichen bisweilen Anwendung, weil sie die Faser vor dem Verrotten schützt, dem die Jutefaser sonst leicht unterliegt.

Das Bleichen der Kokosfaser.

Kokosfaser wird nur selten gebleicht und läßt sich außerordentlich schwer hell bleichen. Sie ist in noch höherem Grade verholzt als Jute; das Bleichverfahren derselben gleicht im wesentlichen demjenigen der Jute. Man verwendet im Bedarfsfalle Chlorkalklösungen, seltener Wasserstoffsuperoxyd oder Kaliumpermanganat. Die Badische Anilin- und Sodafabrik empfiehlt zum Bleichen von Kokos Dekrolin (s. d.) in der Konzentration von $2^1/_4$ Teilen Dekrolin und 4 Teilen konz. Salzsäure in 1000 Teilen Wasser (6—12 Stunden einlegen).

Das Waschen, Walken, Karbonisieren und Bleichen der Wolle und Wollerzeugnisse.

Das Waschen der Rohwolle.

Um die Rohwolle für die Zwecke der Spinnerei einerseits, für diejenigen der Färberei andererseits in geeigneter Weise vorzubereiten, muß sie zunächst von dem Schweiß und Schmutz, der ihr in sehr verschiedenem Grade anhaftet, befreit werden (s. a. u. Wolle, S. 42).

In der Regel bringt man die Wolle unmittelbar aus dem Ballen ohne weitere mechanische Behandlung in die Waschmaschine. Vielfach bedient man sich hierbei der sogenannten Wollöffner zur Lockerung des fest gepreßten Wollmaterials, wobei die Faser von gröberen Fremdkörpern (Steinchen, Sand usw.) teilweise schon befreit wird.

Für die Entschweißung oder das Auslaugen des Schweißes mit seinen löslichen Kalisalzen hat man verschiedene Apparate ersonnen, die den ganzen Prozeß des Auslaugens automatisch besorgen. Diese Maschinen bestehen z. B. aus einem mit Siebboden versehenen Kanal, in welchem die Wolle durch an endlosen Ketten befestigte Rechen vorwärts bewegt wird, oder aus einem fortlaufenden Drahttisch u. dgl. Aus einem Rohrsystem wird dabei Wasser über die Wolle gespritzt, das die Wolle auslaugt und durch den Siebboden des Kanals in Behälter fließt, aus denen es mittels Pumpen immer wieder dem Spritzrohrsystem zugeführt wird, bis die Lauge eine für die Weiterbearbeitung genügende Konzentration hat. Die ausgelaugte Wolle passiert schließlich beim Verlassen der Maschine ein Quetschwalzenpaar. Aus der genügend konzentrierten Lauge wird durch Kalzinieren Pottasche gewonnen; die kalzinierte Masse der Schweißlauge enthält bereits etwa 80% Pottasche und findet als solche unmittelbar wieder Verwendung für die eigentliche Wollwäscherei. Dieses geschieht mit verschieden starker, etwa 1—4proz., Pottaschelösung (in Ermangelung derselben auch mit Sodalösung), wodurch das Fett[1])

[1]) Das Wollfett besteht im wesentlichen aus Verbindungen hochmolekularer, einwertiger Alkohole mit Fettsäuren, vor allem mit Palmitin- und Cerotinsäure, in geringerem Grade mit Stearin-, Kapron-, Butter-, Ölsäure usw. Unter den Alkoholen des Wollfettes sind vor allem zu nennen: Cholesterin, Isocholesterin, Cerylalkohol, Lanolinalkohol, ungesättigte Alkohole usw.

teilweise verseift und durch die so gebildete Seife der Schmutz entfernt wird. Durch Zusatz von Schwefelsäure wird schließlich aus der Seifenlauge die Fettsäure wieder abgeschieden, zu Fettkuchen zusammengepreßt und gereinigt.

Zum eigentlichen und systematischen Waschen der Rohwolle bedienen sich heute die größeren Betriebe fast durchweg des allgemein eingeführten Leviathans. Kleinere Betriebe begnügen sich mit primitiveren Mitteln, Entschweißungsbottichen, Einweichbassins, Spülmaschinen (s. Abb. 73). Als Waschlauge dient hier fast ausschließlich möglichst verdünnte, 40—50° warme Sodalösung (s. w. u.)

Der Leviathan besteht gewöhnlich aus vier kontinuierlichen Trögen, von denen der erste als Einweichtrog, der zweite und dritte als Entfettungströge und der vierte als Spültrog dient. Das Einweichen erfolgt in Wasser von etwa 40° C und hat den Zweck, die Wolle zu netzen und von den gröbsten erdigen und schlammigen Bestandteilen zu befreien. Während der erste Arbeiter die Wolle mit Hilfe einer sogenannten Waschgabel einweicht, niederdrückt und vorwärtsschiebt, holt sie der zweite ebenfalls mit Hilfe einer Waschgabel aus dem Einweichtrog heraus und bringt sie auf den Tisch, wo sie zwischen zwei Walzen ausgepreßt wird und in den ersten Entfettungstrog übergeht. Hier geschieht die Bearbeitung größtenteils automatisch mit Hilfe rotierender Rechen oder Gabeln. Zwischen beiden Trögen passiert die Ware noch einmal zwei Quetschwalzen. In sehr scharf ausgepreßtem Zustande gelangt nun die Wolle aus dem zweiten Entfettungstrog in den Spültrog, der ganz ähnlich gebaut ist und in dem die Wolle ebenfalls mit Hilfe von Rechen bearbeitet wird.

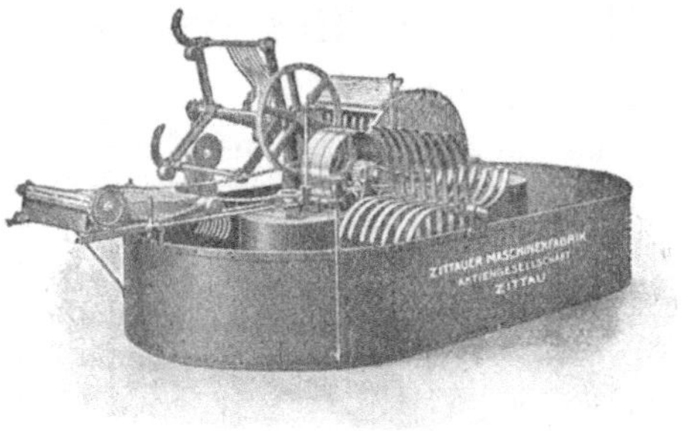

Abb. 73. Spülmaschine für loses Material (Wolle oder Baumwolle) mit Rührflügeln und Gabelrührern, welche das Material im Spülbehälter vorwärts bewegen und dadurch ein gründliches Auswaschen gewährleisten, mit Aushebevorrichtung und Heizschlange (Zittauer Maschinenfabrik).

Die Entfettungströge sind mit schwach alkalischen Waschlaugen (Soda, Pottasche u. ä.) gefüllt und auf etwa 40—45° C gehalten. Der Spültrog muß mit Hilfe einer gut arbeitenden Pumpe beständig mit viel klarem und kaltem Wasser gespeist werden. Die Tröge haben ferner alle einen durchlöcherten Doppelboden, unter welchem sich der ausgewaschene Schmutz ansammelt; sie sind in ihrer Form am besten rund zu gestalten, um das Absetzen von Schmutz in den Ecken zu vermeiden. Die Leistungsfähigkeit des Leviathans geht bis zu mehreren tausend Kilogramm Rohwolle täglich, nachdem man im Laufe der Zeit besonders den Umfang der Apparate (z. B. die Breite von 0,8 auf 1,5—2 m) und den Druck der Quetschwalzen (z. B. von 8000 auf 16 000 kg) wesentlich erhöht hat. Durch diese Vervollkommnungen hat sich auch die Qualität der Arbeit, z. B. in bezug auf Verfilzen der Wolle, gehoben.

Die Konzentration der alkalischen Waschlaugen, heute fast ausschließlich Sodalaugen (soweit nicht Pottasche in Wollgroßwäschereien gewonnen wird), wird meist gefühlsmäßig bestimmt. Schon der schwankende Fettgehalt der Rohwollen selbst, der meist zwischen 10 und 25% liegt, verbietet hier, bindende Normen aufzustellen. Hinzu kommt, daß der Fettgehalt einer Rohwolle allein nicht als Maß für die Waschbarkeit einer Wolle anzusehen ist; noch weniger läßt sich aus dem Gehalt der Rohwolle an organischen und anorganischen Schmutzstoffen von vornherein ein Schluß darauf ziehen, ob die betreffende Wolle sich leichter oder schwerer waschen läßt. Es erscheint vielmehr wahrscheinlich (R. O. Herzog und H. Mark), daß es ganz spezifische Verunreinigungen sind, welche die Wollwäsche erschweren, so z. B. der Schwefel, der den Schafen gegen manche Krankheiten auf den Pelz gestreut wird. Durch die Forschungen der letzten Jahre ist jedenfalls sichergestellt, daß starke Sodalösungen, besonders über 50° C, die Qualität der Wolle schwer beeinträchtigen und das Wollhaar brüchig machen[1]). Am zweckmäßigsten ist es jedenfalls, die Wolle mit möglichst verdünnten Sodalaugen bei etwa 50° C zu waschen. „Möglichst verdünnte" Laugen sind als solche zu bezeichnen, bei denen die betreffende Wolle sich rein waschen läßt. Eine 0,1 proz. Sodalösung kommt praktisch nur bei Kammwollen in Frage, die nachträglich noch mit etwa 1 proz. Seifenlösungen behandelt werden. Beim Waschen von Streichwolle, bei der nur Soda verwendet wird, wird bislang mindestens eine 1 proz. Lösung für notwendig gehalten, um ein genügendes Weiß zu erhalten. Gerade für die Streichwollen lassen sich aber keine Normen aufstellen, da sich die verschiedenen Wollsorten im Fett- und Schmutzgehalt zu sehr unterscheiden. Außer der Schädigung der Wollelastizität durch heiße alkalische Bäder, ist das Augenmerk auch noch auf das Verfilzen der Wolle durch zu heiße und starke Laugen zu richten. Nach allgemeiner Auffassung darf der Fettgehalt der gewaschenen Wolle nicht unter 1% sinken; nach Auffassung anderer Fachleute darf der Fettgehalt sogar nicht unter 2—3% fallen, denn hier liegt nach neueren Forschungen das Maximum der Festigkeit und Elastizität.

Die Waschlaugen der Wolle werden von den Wollwäschereien vielfach auf Fett für die Seifenfabrikation und auf Lanolin verarbeitet, das in der Kosmetik verwandt wird. Solche Wollfettgewinnungsanlagen besitzen die Tuchfabriken dagegen im allgemeinen nicht.

Mit dem Bau von Wollwaschmaschinen befassen sich u. a. die Firmen Haubold, Bernhardt, Schirp usw.

Die gewaschene Wolle, die meist noch 1—2% Fett enthält (Kapwollen lassen sich besonders schwer entfetten), wird nun versponnen oder auch „in der Wolle", d. h. als „loses Material" gefärbt. Für die Wolle gibt es zweierlei Spinnverfahren, die Kammgarn- und die Streichgarnspinnerei. Die erstere verarbeitet längere, wenig gekräuselte Wollen zu sogenannten Kammgarnen, welche für die Anfertigung dünnerer und gemusterter, für die Walke nicht geeigneter Gewebe dienen, während in der Streichgarnspinnerei aus kürzeren, stark gekräuselten Wollen walkfähige und daher zur Tuch- und Flanellfabrikation geeignete Streichgarne erzeugt werden. Beide Spinnmethoden beginnen mit dem Kratzen und Krempeln der Faser, wobei mittels rotierender feiner Stahlbürsten eine zusammenhängende Faserschicht, das sogenannte Vlies, erzeugt wird. Während nun aber die Streichgarnspinnerei durch häufige Wiederholung dieser Operation eine reine Faser erhält, bringt die Kammgarnspinnerei das rohe Vlies auf Kämmaschinen, die die langen Fasern isoliert und die kurzen Fasern nebst den Verunreinigungen verwirft. Der so entstandene Abfall, die Kämmlinge, kann in der Streichgarnspinnerei verarbeitet werden. Durch Streckung des auf der Kämmaschine erhaltenen Kammzuges wird ein immer feineres Band erhalten, welches durch ein Seifenbad von dem (nach dem Waschen zugesetzten) Öl befreit, dann getrocknet und auf der Vorspinnmaschine unter ganz schwacher Drehung weiter gestreckt und schließlich auf der Spinnmaschine zu Garn verarbeitet wird. In ganz ähnlicher Weise gelangt die Streichgarnspinnerei durch Streckung des auf den Krempelmaschinen schließlich erzielten reinen Vlieses zum Streichgarn. Der Prozeß der Kammgarnspinnerei wird mitunter nach Herstellung des Kammzuges unterbrochen, um diesen zu färben und dann den gefärbten Kammzug endgültig zu Garn zu verarbeiten. Zum Einfetten oder „Schmälzen" der Wolle für den Spinnprozeß sollten nur vegetabilische Öle (Rüböl, Olivenöl, Baumwollsamenöl) oder animalische Öle (Olein) gebraucht werden, da Mineralöle, weil unverseifbar, nur

[1]) Vgl. hierzu die bereits zitierte Schrift über „Beiträge zur Kenntnis der Wolle und ihrer Bearbeitung", 1925 von R. O. Herzog und H. Mark.

schwer aus der Wolle wieder entfernt werden können. Der Zusatz an Schmälzöl schwankt je nach der Art des Wollmaterials zwischen 10 und 15% vom Gewicht der Wolle. Die Öle werden meist in einer Sodaemulsion od. ä. in die Wolle gebracht.

Außer mit wässerigen alkalischen Lösungen kann die Wolle auch mit indifferenten, wasserunlöslichen Lösungsmitteln entfettet werden. Hierzu sind Benzin, Äther, Benzol, Schwefelkohlenstoff, Naphtha, Petroleum usw. empfohlen worden. Es sollen große Betriebe existieren, die nach solchen Verfahren in geschlossenen Gefäßen Wolle entfetten. In letzter Zeit ist auch das nicht brennbare Trichloräthylen vom Siedepunkt 80° C (Netzsches Verfahren) in Vorschlag gebracht worden. Kleinere Mengen von Wolle können auch unter Umständen mit Chloroform, Tetrachlorkohlenstoff (Siedepunkt 78° C) und Dichloräthylen (Siedepunkt 55° C), die alle nicht feuergefährlich sind, entfettet werden.

Das Waschen der Wollgarne.

Kammzug wird nur in den allerseltensten Fällen gewaschen. Kommen die fertigen Garne ungefärbt auf den Webstuhl, so werden auch diese nicht gewaschen, anderenfalls müssen sie einer Reinigung unterworfen werden. Die Vorbedingung einer guten Garnwäsche ist vorhergegangene gute Entschweißung der Rohwolle und die Verwendung rein vegetabilischer oder animalischer, von Mineralölen freier Spinnöle.

Kammgarne, die nur mit Seife gesponnen werden, lassen sich sehr einfach mit warmem Wasser, dem etwas Ammoniak zugesetzt werden kann, reinigen. Mit dieser Reinigung wird meist das Brühen der Garne vereinigt, das in einem mehrstündigen Einlegen in kochendes Wasser und Erkaltenlassen in demselben besteht; diese Operation bezweckt ein geringeres Verfilzen und die Formerhaltung der Wollfaser. Das Brühen findet besonders bei stark gezwirnten und gedrehten Garnen statt.

Streichgarne, die größere Mengen von Schmälzölen enthalten, müssen energischer bearbeitet werden. Die Reinigungsmittel sind hier wieder Seife, Soda sowie Gemische dieser beiden; bei feineren Garnen wird auch Ammoniak oder Ammoniumkarbonat zugesetzt. Man verwendet in der Regel 3—4% Soda und 3—4% Seife vom Gewicht des Garnes; die Temperatur soll nicht über 40—45° C, bei feineren Garnen sogar möglichst etwas weniger betragen. Die Behandlung des Garnes geschieht entweder auf Stöcken in hölzernen, viereckigen Kufen und in geeigneten Waschmaschinen (s. a. w. u.). Zuletzt wird mit reinem Wasser gespült, um die Seife und Soda zu entfernen.

Das Waschen der Wollgewebe.

Beim Waschen der Gewebe ist nicht nur das Spinnöl sondern auch der Leim aus der Kette zu entfernen.

Leichtere Streichgarnwaren (Flanelle, Kaschmir) und Kammgarnstoffe werden meist schon in leichter Wäsche unter Zusatz von etwas Seife genügend rein. Die Gegenwart von Mineralölen erschwert allerdings sehr das Auswaschen.

Schwerere Waren, besonders Kammgarnstoffe, unterwirft man gewöhnlich dem Krabben oder Fixieren, einer dem Brühen der Garne (s. oben) ähnlichen Operation. Außer der Verhinderung der Verfilzung der Wollfaser und der Erzeugung eines bleibenden Glanzes wird hiermit die Befreiung der Kette des Gewebes von dem Leimgehalt bezweckt. Hierzu dient die Krabbmaschine, auf der die Stoffe nacheinander mit heißem und mit kaltem Wasser behandelt und dabei gleichzeitig einer gewissen Pressung zwischen Quetschwalzen ausgesetzt werden. Die einfachste Ausführung ist diejenige mit dem Brennbock oder der Kochmaschine. Bei den Krabbmaschinen werden zwei bis drei solcher Brennböcke zu den zwei- oder dreifachen Krabbmaschinen kombiniert. Das Gewebe wird in dem ersten Kasten mit heißem Wasser behandelt und dann zwischen dem ersten Quetschwalzenpaare kräftig ausgepreßt. In dem zweiten System macht die Ware den gleichen Prozeß durch, im dritten folgt dann die Behandlung mit kaltem Wasser.

Schwerere Streichgarnwaren müssen einer gründlicheren Bearbeitung unterzogen werden, besonders wenn die Stoffe noch einen Walkprozeß durchmachen müssen. Sie werden zuerst mit Seife und Soda vorgewaschen, und hierbei wird Spinnöl und Leim der Kette entfernt; diesem Waschprozeß folgt oft noch ein zweiter unter Zusatz von Walkerde. Man nennt dies das Entgerbern oder die Lodenwäsche. Feinere und empfindlichere Stoffe werden auf Breitwaschmaschinen, schwerere auf Strangwaschmaschinen bearbeitet. Die Konstruktion der ersteren entspricht im allgemeinen den bei der Baumwollwäsche üblichen.

Abb. 74. Kochmaschine (Brennbock) mit Holz- oder Eisenwalzen (Geßner).

Die Strangwaschmaschinen bestehen aus einem hölzernen Waschtrog, auf welchem Quetschwalzen angebracht sind. Die Ware läuft in endlosem Strang zwischen den Quetschwalzen hindurch, die oft mit Riffelung versehen sind. Es gibt auch Konstruktionen, die als Breit- und als Strangwaschmaschinen arbeiten können (s. weiter unter Färberei).

Das Walken der Wollwaren.

Viele Betriebe walken ihre Ware im Fett (Fettwalke), also nicht nach vorhergehendem Entgerbern und Waschen. Meist werden die Streichgarnstoffe jedoch erst nach dem Waschen einem mehr oder minder energischen Walkprozeß unterzogen, wobei die einzelnen Fäden des Gewebes bei gleichzeitiger Quellung der Faser durch Verfilzung einen festen Zusammenhang, die sogenannte Decke, erhalten. Man hat sich früher den Vorgang der Filzbildung in der Weise vorgestellt, daß sich die Schuppen fest ineinander verhaken (O. N. Witt). Von dieser Vorstellung (s. Abb. 75) ist man heute aber abgekommen, weil sie sich experimentell nicht halten läßt. Je nach dem Grad und der Dauer des Walkprozesses verändert sich das Bild des Gewebes mehr oder weniger. Bei leichter Walke ist die Bindung des Gewebes noch sichtbar, und die einzelnen Fäden sind noch voneinander trennbar, während die schwer gewalkten Waren die Bindung kaum mehr erkennen lassen; auch hier ist die Trennung der einzelnen Haare voneinander nur noch unvollkommen und schwer durchführbar. Unter den schwer gewalkten Streichgarnstoffen spielten die Militärtuche eine wichtige Rolle. Wegen der hohen Ansprüche an die Haltbarkeit derselben bediente man sich zu ihrer Herstellung der kräftigsten Wollen, und infolge der großen Dichte des Gewebes färbte man die zu verarbeitenden Wollen als lose Wolle, seltener als Garn.

Die verschiedenen Walken unterscheidet man in 1. die Wasserwalke oder die Flanellwalke, bei der als Walklösung nur Wasser verwendet wird und die als leichteste Walke bei leichten Stoffen (Fla-

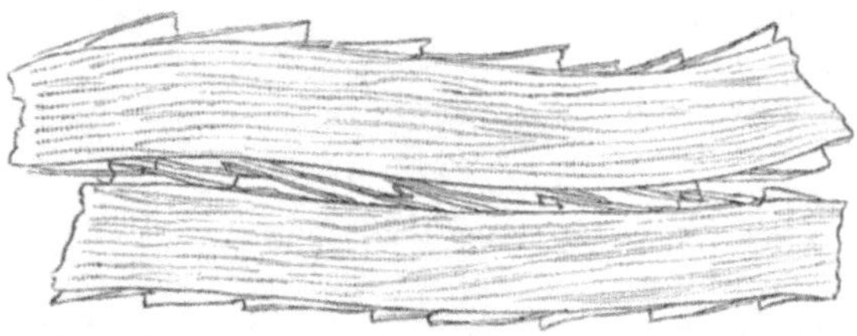

Abb. 75. Frühere Vorstellung über die Filzbildung.

nellen u. dgl.) im Gebrauch ist; 2. die Seifenwalke[1]), bei der mit Seifenlösung, eventuell unter Sodazusatz, mittlere und schwere Tuche aller Art gewalkt werden. Man walkt z. B. 120 kg schweren Stoff in einer Lösung von 7 kg Seife und 9 kg kalz. Soda in 140 l Wasser; 3. die saure Walke, bei der (z. B. in der Hutfabrikation) mit verdünnten Säuren, besonders mit Schwefelsäure von 1—2° Bé gewalkt wird.

Zur Ausführung des Walkprozesses, während dessen die Stoffe unter Druck und Reibung intensiv bearbeitet werden, dienen verschiedene Apparate. Grobe Tuche (z. B. aus Kunstwolle) und solche Wollwaren (z. B. Wirkwaren, Hutstumpen u. a.), die sich für die Bearbeitung auf den Zylinderwalken nicht eignen, werden auf den sogenannten Hammerwalken (auch Loch- oder Kurbelwalken genannt) bearbeitet. Bei letzteren kommen hammerartige Walkbewegungen zur Geltung, indem die Ware durch einen schweren, auf und nieder gehenden Hammer gequetscht wird. Bei den Zylinder- oder Walzenwalken läuft das Gewebe zwischen zwei oder mehr Walkzylindern und wird durch den regulierbaren Druck derselben dicht zusammengedrückt und in der gewünschten Weise verfilzt. Die Gewebe werden durch das Walken

[1]) Lösungen von Malz, Diastafor, Glykose, Traubenzucker, Saponin u. ä. sollen nach neueren Versuchen auch Walkwirkung ausüben und Seife teilweise ersetzen können.

dichter und geschlossener, sie „walken ein", d. h. nehmen durch das Eingehen (oder Krumpfen) bzw. Krimpen in der Breite (10, 20% usw.), weniger in der Länge ab. Der Grad des Einwalkens ist sehr verschieden und hängt vom Material wie von der Walke ab.

Eine als „Normalwalke GN" bezeichnete Zylinderwalkmaschine mit regulierbarem Druck zeigt Abb. 76.

Nach dem Walken folgt eine sehr gründliche Wäsche auf der Strang- oder Breitwaschmaschine, worauf die Ware entwässert, getrocknet und weiter verarbeitet wird.

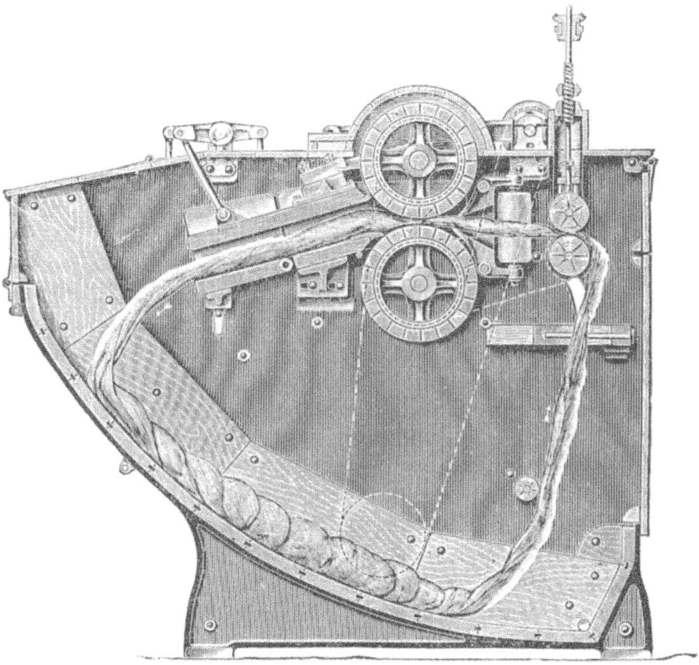

Abb. 76. Arbeitsweise der Zylinderwalke (Hemmer).

Das Karbonisieren der Wolle und Wollwaren.

Nach dem Waschen wird die Wolle häufig noch karbonisiert. Dieser Prozeß der Karbonisation bezweckt die Entfernung der pflanzlichen Beimengungen in der Wolle. Der Karbonisation unterworfen werden: lose Wolle, gewebte und gefilzte Waren, Kunstwollen und gefärbte Stückwaren. Die früheren Vorurteile gegen die Karbonisation der Wolle sind mehr oder weniger geschwunden, nachdem die Praxis erwiesen hat, daß die Wolle bei sachgemäßer Behandlung durch die Karbonisation nicht unbedingt merklich angegriffen zu werden braucht. Doch ist der Prozeß des Karbonisierens nach wie vor sehr heikel und muß sehr sachverständig ausgeführt werden.

Bei nicht stark klettenhaltigen Wollen findet das Entkletten auf mechanischem Wege im sogenannten Klettenwolf statt; die Befreiung von den Kletten ist hier aber nur eine unvollkommene; außerdem werden Pflanzenfasern nicht mit entfernt. Vollkommener wirkt die Karbonisation. Diese besteht im Grundsatz darin, daß das Wollmaterial mit Säuren oder sauren Salzen durchtränkt und dann getrocknet wird, wodurch die Pflanzenteile verkohlen oder zerstört werden, das Wollhaar dagegen unverletzt zurückbleibt.

Lose Wolle wird mitunter auch im Schweiß karbonisiert; es ist aber vorzuziehen, gut gereinigte Wolle hierfür zu verwenden, da durch die Verunreinigungen der Faser durch Fett leicht das sogenannte Festbrennen eintritt, was bei der weiteren Veredelung Störungen verursacht. Dadurch entstehen die bekannten Karbonisierflecke. Außerdem entsteht eine Entmischung der Karbonisiersäure, es wird also eine gleichmäßige Verteilung und Einwirkung der Säure vereitelt. Bedenkt man, daß der Eingriff der Karbonisiermittel auf die Wollsubstanz vielfach gerade an der Grenze der Wollschädigung liegt, so kann man begreifen, daß örtliche Überschreitung dieser äußersten Bedingungen auch örtliche Schädigungen des Karbonisationsgutes erzeugen muß. Diese sind aber gerade typisch für fehlerhaft arbeitende Betriebe. In England hat man deshalb das Karbonisieren im Fett zum großen Teil aufgegeben. Stückware wird sowohl im ungewalkten Zustande, als Loden, oder im fertig gewalkten Zustande karbonisiert; auf alle Fälle ist sie vorher gut zu reinigen. Mitunter werden Wollwaren auch erst nach dem Färben der Karbonisation unterworfen. Zu diesem Zwecke muß die Wolle mit karbonisierechten Farbstoffen gefärbt sein. Überhaupt ist man vielfach bestrebt, den Karbonisationsprozeß möglichst weit nach hinten, d. h. an den Schluß der Bearbeitung zu schieben, in der Voraussetzung, daß durch die Karbonisation die Bausteine der Wolle gelockert werden und die nachfolgenden Behandlungen nicht überstanden werden könnten. Experimentelle Stützen findet diese Annahme aber nur in den Untersuchungen von Becke, die von anderer Seite als revisionsbedürftig bezeichnet werden. Bei Wollgeweben, deren Leisten Baumwolle enthalten, bestreicht man die Leisten nach der Säureimprägnation mit Sodalösung und karbonisiert dann erst, nachdem so die Säure durch die Soda unwirksam gemacht gemacht worden ist. Am besten wird sehr stark klettenhaltige Wolle wohl gleich nach der Wollwäsche als loses Material karbonisiert; reinere, klettenärmere Wolle karbonisiert man wirtschaftlicher als Loden im ungewalkten Zustande, gut gereinigt.

Als Karbonisiersäure bzw. -flüssigkeit kommt vorzugsweise Schwefelsäure von $3^1/_2$—4° Bé, mitunter sogar bis zu $4^1/_2$—5° Bé in Betracht. Man bewegt die Ware etwa $^1/_2$ Stunde in kalter Säure bzw. Lösung, schleudert dann gut aus, wiederholt eventuell noch einmal das Imprägnieren und bringt sie in den Karbonisierofen. Sehr vorteilhaft ist es, die Ware zuerst bei 40—60° C vorzutrocknen und dann erst auf die eigentliche Karbonisierhitze von 90—100° C zu bringen. Die mit Schwefelsäure behandelte Ware wird auch bei niedrigerer Temperatur, bis zu 75° C herunter, die mit Aluminiumchlorid behandelte Ware auch bei höherer Temperatur, bis zu 110° C hinauf, karbonisiert und nach dem Karbonisieren zur Entfernung der Tonerde mit Salzsäure oder Walkerde-Soda, auch mit beiden nacheinander, behandelt. Nach beendeter Karbonisation wird die noch warme Wolle eventuell in den Karbonisierwolf gebracht, wo sie unter Druck zwischen geriffelten Walzen hindurchgeht und wo die mürben Pflanzenteile zu Staub zermalmt werden. Schließlich wird die Wolle von den Zähnen des schnell rotierenden Tambours erfaßt und spiralig durch den Wolf hindurchgeführt, wobei der Pflanzenstaub herausfällt.

Zur Entfernung der Säure wird die Wolle zuerst in reinem Wasser $^3/_4$—1 Stunde gewaschen, wodurch der größte Teil der Schwefelsäure mit den Waschwässern abfließt; der Rest der Säure wird dann mit Soda neutralisiert ($^3/_4$—1 Stunde laufen lassen); zum Schluß wird rein gespült ($^3/_4$—1 Stunde). Bisweilen wird ohne zu spülen direkt auf Sodalösung gegangen. In diesem Falle ist die Sodalösung erheblich konzentrierter zu verwenden, und zwar in der Regel um $1^1/_2$° Bé schwerer als die voraufgegangene Karbonisierschwefelsäure (Schwefelsäure $4^1/_2$° Bé, dann Sodalösung 6° Bé usw.). Diese Waschoperationen sind sehr wichtig: Es ist sowohl alle Säure auszuwaschen bzw. zu neutralisieren als auch alle Soda gut auszuspülen. Färbt man unmittelbar nach dem Karbonisieren mit Säurefarbstoffen, so wird das Entsäuern oft unterlassen. Von allergrößter Bedeutung ist auch die gleichmäßige Durchtränkung der Ware und das gleichmäßige Ausschleudern der Ware vor der Karbonisation sowie die peinlichste Vermeidung etwaiger ungleichmäßiger Verteilung der Karbonisiersäure in dem Fasermaterial (Antrocknen, langes Liegenlassen usw. sind zu vermeiden), da hierdurch Unegalitäten in der Wirkung entstehen (bei der Fabrikation der Ätzspitzen häufig vorkommend).

Gefärbte Wollen und Stückware müssen natürlich mit Farbstoffen gefärbt sein, die das Karbonisieren aushalten.

Bei den älteren Karbonisationsöfen wurde das Vortrocknen und das eigentliche Karbonisieren in getrennten Kammern ausgeführt. Die modernen Apparate arbeiten kontinuierlich, d. h. das mit Schwefelsäure getränkte Material durchläuft in gewissem Zeitraume eine einzige Heizkammer und wird dabei durch erhitzte Luft nacheinander getrocknet und karbonisiert. Teilweise sind die für gewöhnliche Trocknungszwecke bestimmten Trockenapparate so eingerichtet, daß sie auch zur Karbonisation von Geweben dienen können.

Die Führung von Geweben geschieht teils in vertikaler, teils in horizontaler Richtung; die Heizung wird vermittels Heißluft unter Mitverwendung von Ventilatoren bewirkt. Abb. 77 zeigt die Karbonisiermaschine von Krantz.

Karbonisieren mit Salzsäure, Weinsteinpräparat, Aluminiumchlorid, Chlormagnesium. Die Schwefelsäure ist das führende Karbonisationsmittel. In der Kunstwollindustrie hat sich besonders die Salzsäure eingeführt. Man verwendet hier Lösungen von 1,5—1,75° Bé und brennt bei 95—100° C zu Ende. Auch gasförmige Salzsäure hat Eingang gefunden. Die modernen Einrichtungen arbeiten ohne Belästigung durch Entweichen von Salzsäure in automatischer Weise und liefern ein vollkommen von vegetabilischen Beimengungen freies Kunstwollmaterial. Viel verbreitet ist die Karbonisiertrommel von Schirp und von Weisbach. Von Weinsteinpräparat werden Lösungen von etwa 10° Bé verwendet; die Ware wird leicht hart, und das Verfahren hat vor dem üblichen Arbeiten mit Schwefelsäure keine Vorzüge. Von Aluminiumchlorid verwendet man Lösungen von 7—8°, höchstens 10° Bé und brennt bei 120—130° C zu Ende. Hinterher muß mit 1 proz. Salz- oder Schwefelsäure zur Lösung der fixierten Tonsalze gut gespült werden. Das Arbeiten mit Chlormagnesium verlangt auch höhere Temperaturen, und zwar solche von 115—120° C, bisweilen von 130° C.

Zum Schutz der Faser setzt man den Arbeitsbädern in frischem Bade 2,5 g Leonil S [M] und im fortlaufenden Bade je 2,5 g auf 100 l Flottenverlust zu. Becke empfiehlt einen Zusatz von Formaldehyd.

Abb. 77. Tuchkarbonisiermaschine von Krantz. Horizontal-Mehrkammer-System mit regulierbarer Warengeschwindigkeit, Korkisolation, guter Zugänglichkeit und selbsttätiger Regelung der Tuchmessung.

Die hauptsächlichsten Schäden, die beim Karbonisieren immer noch vorkommen, sind auf folgende Umstände zurückzuführen. 1. Durch zu starke Säuren kann das Material durchgängig angegriffen und vermürbt werden. Man sollte deshalb im allgemeinen, wenn es sich um die Zerstörung von einzelnen Pflanzenfasern handelt, nicht über eine Konzentration von $3^1/_2$—4° Bé hinausgehen. Nur wenn zugleich ganze Baumwollfäden zerstört werden sollen, kann man ausnahmsweise bis zu 4—5° Bé gehen: dann muß aber sehr vorsichtig gearbeitet werden. 2. Außerdem kann zu hohe Erhitzung das Fasermaterial schädigen. Man sollte deshalb nicht nennenswert über 100° C gehen, und zwar nur kurze Zeit zum Schluß des Prozesses, nachdem vorher bei niedrigerer Temperatur vorkarbonisiert worden ist. Am besten wird die Temperatur der Eingangskammer auf 40—60° C gehalten, die zweite eigentliche Trockenkammer auf 90—100° C und die dritte Verbrennungskammer nur kurze Zeit auf 100—105° C. Bei Verwendung von Weinsteinpräparat, Lösung von 10—12° Bé, geht man auch bis zu 110° C. Diese Art Karbonisierung ist aber in der Wirkung weniger sicher und umständlicher; deshalb meist verlassen. Bei Verwendung von flüssiger Salzsäure, auch nur seltener gebraucht als Schwefelsäure, verwendet man Lösungen von $1^3/_4$° Bé und trocknet langsam bei 95—100° C. Wenn keine Baumwollfäden im Wollmaterial vorhanden sind, so braucht man die Stücke nicht vorher zu klopfen, da die Kletten auch ohnedies restlos verschwinden; bei Gegenwart ganzer Baumwollfäden säuert man länger (eine Stunde statt einer halben Stunde) und entfernt die verkohlten Fäden in der Trockenwalke. Wenn unmittelbar nach dem Karbonisieren gefärbt wird, kann das Entsäuern unterlassen werden; man geht direkt in das saure Färbebad, indem man den Säuregehalt der Wolle mit berücksichtigt. 3. Die allergrößte Rolle bei den Karbonisierschäden spielt eine Entmischung der in der Wolle enthaltenen Säure bzw. eine örtliche Anreicherung oder Konzentrationserhöhung. Diese Fehler entstehen a) bei nicht gleichmäßiger Imprägnation, b) bei stellenweiser Antrocknung oder Verziehung der Schwefelsäure innerhalb des Wollmaterials. Man deckt deshalb die Wolle beim Liegenlassen nach dem Karbonisieren mit nassen, wollenen Tüchern gut zu und läßt sie an einem kühlen, feuchten Ort liegen, so daß sie nicht antrocknen können. Direktes Sonnenlicht beim Säuern der Ware ist unschädlich; um so schädlicher aber beim Antrocknen der Ware, wobei die erwähnten Konzentrationsänderungen innerhalb des Karbonisiergutes eintreten, als deren Folge die bekannten unegalen, wolkigen und streifigen Färbungen auftreten, die mitunter bis zur stellenweisen Vermorschung oder gar zur Lochbildung gehen können. Sehr wichtig ist auch das Schleudern der Ware, bei der leicht eine Entmischung eintreten kann. Man schleudert deshalb zweckmäßig in feuchten Tüchern 20 Minuten mit einer Umdrehungszahl von 650 bis 700 pro Minute. Bei geringerer Tourenzahl (aber auch bei zu großer) und zu geringer Schwingungsdauer (auch zu langer) wird nicht genug entwässert (bzw. findet teilweise Antrocknung statt). Ein Wenden in der Zentrifuge ist bei richtigem Arbeiten unnötig. Auf Vorrat soll nicht geschleudert werden, da dann auch leicht beim Liegen Verschiebungen im Säuregehalt eintreten können und bunte Färbungen als Folgeerscheinung auftreten, die nur durch vorsichtiges Schwarzfärben gedeckt werden können. Betupft man z. B. versuchsweise eine normal mit 3—4° Bé starker Schwefelsäure karbonisierte Ware nach dem Schleudern an einer Stelle mit Säure von 6° Bé, daneben eine Stelle mit 8° Bé starker Sodalösung auf der Karbonisiermaschine und färbt das Stück aus, so entsteht auf der stärker gesäuerten Stelle ein heller, auf der mit Soda betupften Stelle ein dunkler Fleck. Durch die Säure findet eine Art Reservage statt. Wird aber ein unegal angetrocknetes Stück nochmals auf dem alten Säurebade hantiert, geschleudert und karbonisiert, so wird es in der Farbe noch egal. Wird es nicht noch einmal gesäuert, so wird es fleckig und helle Stellen aufweisen. 4. Karbonisierflecke können auch entstehen, wenn, wie erwähnt, die Ware im Schweiß karbonisiert wird, wo gleichfalls eine ungleichmäßige Imprägnation mit Säure stattfinden kann.

Das Bleichen der Wolle und Wollwaren.

Die Wollbleiche ist im Vergleich zur Baumwollbleiche von erheblich geringerer, technischer Bedeutung, da die meiste Wolle einesteils überhaupt nicht gebleicht wird und anderenteils sich das Bleichen selbst viel einfacher gestaltet. Lose Wolle wird überhaupt nur in seltenen Fällen gebleicht (z. B. Spinnmelangen aus rein weißer und farbiger Wolle), Garne werden häufiger, am häufigsten Wollgewebe einer Bleichung unterworfen. Während Baumwolle lediglich mit oxydierenden Bleichmitteln gebleicht wird, kommen bei Wolle sowohl oxydierende als auch reduzierende Mittel zur Anwendung. Das in der Bleicherei der Pflanzenfasern am meisten angewandte und geschätzte Chlor ist als Bleichmittel für Wolle überhaupt nicht geeignet; es wirkt in ganz anderer Weise auf die Wollfaser ein, indem es zu der sogenannten gechlorten oder chlorierten Wolle führt (s. d.).

Von reduzierenden Stoffen finden vorzugsweise die schweflige Säure, die Sulfite und Bisulfite, Hydrosulfite und die Formaldehydsulfoxylate, von oxydierenden Stoffen das Wasserstoffsuperoxyd, Natriumsuperoxyd, Perborat und das Kaliumpermanganat in der Wollbleicherei Verwendung.

Das Bleichen mit gasförmiger schwefliger Säure.

Das Schwefeln der Wolle oder die Schwefelbleiche wird entweder mit gasförmiger oder wässeriger schwefliger Säure ausgeführt.

Die Behandlung mit Schwefligsäuregas geschieht im großen in den sogenannten Schwefelkammern, d. s. gemauerte oder hölzerne Kammern, die mehr oder weniger luftdicht abgeschlossene Räume bilden, mit schwefliger Säure gefüllt und mit dem Bleichgut beschickt werden. Letzteres kann man aufhängen oder langsam hindurchpassieren lassen.

Lose Wolle wird zweckmäßig auf Hürden, die in geeigneten Gestellen ruhen, ausgebreitet. Garne werden auf Stöcke aufgehängt, Gewebe über Rollen gezogen. Die Faser muß in feuchtem Zustande in die Kammer gelangen, da trockene schweflige Säure keine bleichende Wirkung ausübt.

Das Schwefligsäuregas erzeugt man gewöhnlich durch Verbrennen von etwa 5—10% Schwefel vom Gewicht der Wolle in der Kammer selbst durch Einlegung eines glühenden Bolzens in den Schwefelbehälter (eiserner Topf oder ausgehöhlter Stein), seltener in einem außerhalb der Kammer befindlichen Verbrennungsofen oder durch Einleiten von Schwefeldioxyd unmittelbar aus einer Druckflasche. Der zu verwendende Schwefel soll frei von Fremdstoffen sein, die beim Verbrennen Ruß erzeugen. Eine Ventilationseinrichtung sorgt für den nötigen Zug. Die Luftregulierung ist wichtig, da bei Sauerstoffmangel die Schwefelflamme erlöschen würde und dann nicht nur mangelhafte Bleichung, sondern auch Flecke (durch Sublimieren des heißen Schwefels in die Ware) die Folgeerscheinung wären. Kontinuierlicher Luftwechsel ist auch zur Ableitung der (durch Oxydation von schwefliger Säure) gebildeten Schwefelsäure notwendig; anderenfalls würden durch Kondensationswasser und durch Tropfenbildung an den Decken und Wänden (infolge des Schwefelsäuregehaltes des Kondensats) leicht Flecke in der Wolle entstehen. Um diese Kondenstropfenbildung zu verhüten, bringt man in der Schwefelkammer häufig eine Dampfheizung an.

Je nach dem Reinheitsgrad der Wolle und dem gewünschten Bleicheffekt verbleibt die Ware 6—24 Stunden (gewöhnlich über Nacht) in der Schwefelkammer. Gewebe werden kontinuierlich auf Rollen hin und her geführt. Nach Beendigung der Bleichung, die durch ein Guckfenster verfolgt werden kann, wird die Kammer geöffnet, das Schwefeldioxyd austreten gelassen, die Ware herausgenommen und gründlich mit reinem und möglichst weichem Wasser, bisweilen unter Zusatz von Salzsäure, gespült. Ungeeignetes Wasser verursacht ein rauhes, hartes Gefühl der Wolle, die sogenannte Schorfigkeit. Dem Spülwasser wird zur Neutralisation der Säure oft etwas Ammoniak, Soda oder Soda und Seife zugesetzt. Hierbei werden zugleich die Reaktionsprodukte der Wollfarbstoffe mit herausgespült. Diese Entfernung der Farbstoff-Umsetzungsprodukte ist deshalb besonders wichtig, weil die Farbstoffe beim Bleichen gewissermaßen nur in Leukoverbindungen verwandelt und nicht dauernd zerstört werden. Damit erklärt sich auch das bekannte Nachdunkeln der geschwefelten Wollen, das einen allgemeinen Nachteil des Schwefelns bildet. Will man auch die letzten Reste der Schwefligsäure bzw. der daraus entstandenen Sulfite entfernen, so kann dies durch ein verdünntes Bad von Wasserstoffsuperoxyd geschehen. Wegen der hohen Kosten des letzteren wird diese Nachbehandlung indes sehr selten durchgeführt.

Zur Erzielung größerer Geschmeidigkeit der geschwefelten Wolle wird diese vor dem Schwefeln in einem verdünnten Seifenbade behandelt und nach dem Ausschleudern ohne zu spülen geschwefelt.

Das Bleichen mit wässeriger schwefliger Säure.

An Stelle der gasförmigen kann auch wässerige schweflige Säure zum Bleichen der Wolle Anwendung finden. Der Bleichvorgang ist im Grundsatz der gleiche; in der Ausführung und der Wirkung unterscheiden sich beide Verfahren dagegen nicht unerheblich voneinander.

Die Darstellung der wässerigen schwefligen Säure erfolgt 1. durch Einleiten von Schwefeldioxyd (aus komprimiertem Gas) in Wasser, 2. durch Verdünnen von käuflicher, wässeriger schwefliger Säure mit Wasser, 3. durch Zersetzung von Natriumbisulfit (oder Natriumsulfit) mit Säure (Schwefelsäure od. ä.). Nach Verfahren 1 werden 10—15 kg komprimierte Säure in 1000 l Wasser einströmen gelassen; zur Bereitung aus Bisulfit (Verfahren 3) verwendet man etwa 50 l Natriumbisulfit (38—40° Bé) und 600 ccm Schwefelsäure 66° Bé (vorher zu etwa 5 l mit Wasser verdünnt) auf 1000 l reines, eisenfreies, kaltes, nicht über 25° C warmes Wasser. Nach [M] verwendet man mit Vorteil Bisulfit gemahlen, 96/98 proz. [M]. Man bestellt für 100 kg Wollmaterial ein 45—50° warmes Bad mit 10—15 kg Bisulfit, rührt gut um, gibt darauf 4—6 kg Schwefelsäure 66° Bé, mit Wasser verdünnt, zu und geht mit der gut genetzten Wolle ein. Nach Verlauf von etwa 1 Stunde ist das Bleichen in der Hauptsache beendet; durch längeres Verbleiben des Materials im Bade wird das Weiß besser. Die alten Bäder können nach Zugabe von frischem Bisulfit und Säure weiter benützt werden.

Lose Wolle wird in Holzkufen in der Bleichlösung hantiert, dann 5—10 Stunden eingelegt, ausgeworfen und gut gespült. Wollgarne werden einige Zeit in der Lösung auf Stöcken umgezogen und dann in die Bleichlösung eingelegt. Für Gewebe ist eine mit Rollen versehene Kufe erforderlich, in der die Gewebe in breitem Zustande behandelt werden. Die Apparatur gleicht derjenigen, wie sie beim Breitbleichen der Baumwolle benutzt wird. Das mit der Bleichlösung imprägnierte Gewebe bleibt zweckmäßig einige Zeit im aufgerollten Zustande liegen. Durch 10—15stündiges Einlegen in Natriumbisulfitlösung von 20° Bé und unmittelbar darauf folgendes Behandeln in Schwefelsäure von 4° Bé soll nach Hummel eine intensivere Bleichwirkung erzielt werden können als durch Behandlung in verdünnten Lösungen.

Die Bearbeitung mit wässerigen Lösungen bringt eine bessere Durchdringung der Faser mit sich als diejenige mit Schwefligsäuregas, bei der häufig nur eine oberflächliche Bleichung stattfinden soll. Dagegen dürfte das Schwefligsäuregas an den Stellen, wo es mit der Faser in Berührung kommt, intensivere Bleichwirkung ausüben als die wässerige schweflige Säure.

Das Bleichen mit Hydrosulfit.

Verschiedene Hydrosulfitmarken (s. d.) können auch zum Bleichen von Wolle Verwendung finden. Nach einer Vorschrift der Badischen Anilin- und Sodafabrik löst man z. B. 1—3 kg Blankit I durch Einstreuen in 2—3000 l Wasser von 40—45° C in einer Holzkufe auf, bringt die zu bleichende Wolle hinein, läßt 10—12 Stunden darin liegen und spült dann gut aus. Durch Auffrischen mit neuem Blankit kann das Bleichbad kontinuierlich weiter benutzt werden. In gleicher Weise können die entsprechenden Marken der Farbwerke Höchst und von Cassella benutzt werden. Auch die Superoxydbleiche der Wolle (s. d.) bedient sich des Blankits zur Nachbleiche der Wolle mit überraschendem Erfolg.

Wegen des verhältnismäßig hohen Preises kommt das Hydrosulfit nur in besonderen Fällen, bei sehr feinen Wollen oder Geweben als Ersatz der billigeren Bleichmittel in Frage.

Das Bleichen mit Wasserstoff- und Natriumsuperoxyd.

Im Gegensatz zu den vorgenannten Wollbleichmitteln ist das Wasserstoffsuperoxyd ein Oxydationsbleichmittel, zwar von vorzüglicher Wirkung, aber von hohem Preise. Deshalb wird es nur für feinere Waren benutzt, die einen etwas höheren Bleichlohn ertragen können.

Bei dem normalen Ansatz der Bleichbäder werden etwa 10 l des 3 proz. Wasserstoffsuperoxydes des Handels in 100 l Wasser verrührt, auf 40—50° C erwärmt und mit Ammoniak schwach alkalisch gemacht. In dieser Flotte beläßt man die zu bleichende Ware nach Bedarf 5—10 bis 24 Stunden. Schließlich wird nach dem Herausnehmen gut gespült.

Nach anderen Vorschriften wird die Ware häufiger umgezogen bzw. umgehaspelt; Stückware wird auch mit konzentrierter Lösung von Wasserstoffsuperoxyd (etwa 1 : 1) imprägniert, ausgequetscht und längere Zeit aufgewickelt liegengelassen. Ferner wird empfohlen, die imprägnierte Ware mit heißen Ammoniakdämpfen zu behandeln. Diese kleinen Abweichungen bieten keine besonderen Vorteile vor dem gewöhnlichen Einlegeverfahren.

Das Bleichen mit Natriumsuperoxyd geht ähnlich vor sich. In 100 l kaltes Wasser werden zuerst 1,35 kg Schwefelsäure von 66° Bé eingerührt, alsdann wird vorsichtig 1 kg Natriumsuperoxyd in kleinen Anteilen unter langsamem Umrühren hineingemischt. An Stelle von Schwefelsäure wird auch Magnesiumsulfat zum Absättigen des Natriumsuperoxydes benutzt. Die Temperatur darf hierbei nicht zu sehr ansteigen. Die saure Flotte wird dann durch Zusatz von etwas Ammoniak schwach alkalisch gemacht und in der gleichen Weise verwendet wie Wasserstoffsuperoxydbäder. Durch Umsetzung von Natriumsuperoxyd und Schwefelsäure entsteht in den Bleichbädern Wasserstoffsuperoxyd:
$Na_2O_2 + H_2SO_4 = Na_2SO_4 + H_2O_2$.

Durch jeweilige Verstärkung können die gebrauchten Wasserstoff- und Natriumsuperoxydbleichbäder wiederholt gebraucht werden. In der Regel werden sie dann nach längerer Benutzung wegen der sich in denselben anhäufenden Verunreinigungen laufen gelassen und durch frische Bäder ersetzt.

Als Material für die Bleichbottiche kommen in Betracht: Holz, Steingut bzw. Ton, Zement; Eisen und Kupfer sind zu vermeiden, da Wasserstoffsuperoxyd durch diese wie auch noch andere Metalle katalytisch gespalten wird und außerdem Metallflecke entstehen können. Überhaupt ist bei diesem Bleichverfahren auf peinlichste Sauberkeit und Reinheit der Bäder und Geschirre zu achten, da die verschiedensten mechanischen Verunreinigungen (wie Kletten, Rostteilchen, Eisen usw.) eine rasche Zersetzung des Superoxydes verursachen können und dadurch Bleichfehler und Korrosionserscheinungen in der Ware entstehen können. Aus diesem Grunde muß auch ein gutes, eisenfreies Betriebswasser ohne organische Verunreinigungen zur Verfügung stehen.

Die Frage nach der größeren Wirtschaftlichkeit der Wasserstoff- oder Natriumsuperoxydbleiche kann nicht allgemein beantwortet werden. Es hängt dies von den jeweiligen örtlichen Bedingungen und den Preisen der Materialien ab. Die Frage kann deshalb nur von Fall zu Fall auf Grund genauer Kalkulation und praktischer Versuche entschieden werden.

Das Bleichen mit Perborat.

Das Bleichen mit Natriumperborat, das seit einiger Zeit auf den Markt gelangt, gleicht in der Gesamtausführung der Wasserstoff- und Natriumsuperoxydbleiche, stellt sich aber im Preise noch höher als letztere. Das Perborat kommt deshalb nur beim Bleichen einiger kleiner Spezialitäten in Frage. Als Zusatz zu Waschpulvern (Persil u. a.) hat es große Verbreitung gefunden, kommt aber auch hier wegen des hohen Preises mehr für die Haushaltswäsche als für die industrielle Wäsche in Betracht.

Die Wirksamkeit des Wasserstoffsuperoxydes steht zu derjenigen des Natriumsuperoxydes und des Perborates im direkten Verhältnis zum Gehalt an aktivem Sauerstoff, etwa: 3 : 20 : 10,4. Ihr Verbrauch steht im umgekehrten Verhältnis hierzu. Auf 1 Teil Natriumsuperoxyd kommen etwa 1,92 Teile Natriumperborat oder rund $6^2/_3$ Teile Wasserstoffsuperoxyd 3 proz.

Das Bleichen mit Kaliumpermanganat.

Das Permanganat ist ein energisches und brauchbares Bleichmittel für die verschiedensten Tierhaare. Seine Wirkung beruht in der Sauerstoffabgabe unter Abscheidung von Mangansuperoxyd auf und in der Faser. Dieses wird wiederum in einem angesäuerten Bade von Natriumbisulfit, wobei Reduktion des Mangansuperoxydes zu Mangansalz stattfindet, entfernt. Schließlich wird gut ausgewaschen.

1—3 kg Permanganat werden in 2—3000 l kaltem Wasser gelöst und die zu bleichende Wolle etwa eine Stunde kalt eingelegt. Um das bei der Reduktion des Permanganats zu Superoxyd entstehende Alkali zu neutralisieren, wird dem Bade etwas Schwefelsäure zugesetzt; auch Bittersalz ist zu diesem Zwecke empfohlen worden. Nach dem Herausnehmen der Ware wird ausgeschleudert, gewaschen und mit Bisulfit-Schwefelsäure (20—30 l Natriumbisulfit 38—40° Bé und 6—9 kg Schwefelsäure in 2—3000 l Wasser) vom Mangansuperoxyd befreit. Diese Behandlung dauert mehrere Stunden; zuletzt wird wieder gründlich gespült.

Mitunter werden verschiedene Bleichverfahren an einer und derselben Ware hintereinander angewandt, um eine verstärkte Bleichwirkung zu erzielen, so z. B. die Schwefel- und die Wasserstoffsuperoxydbleiche.

Das Bläuen und Weißfärben der Wollwaren.

Ebenso wie bei Baumwolle und anderen Pflanzenfasern nach dem Bleichen meist ein schwacher Gelbton auf der Faser zurückbleibt, so ist dieses auch bei gebleichter Wolle der Fall. Will man nun einen reinen weißen Ton haben, so muß die Wolle nach dem Bleichen noch gebläut oder weiß gefärbt werden.

Je nach dem Grade und der Art des Gelbstiches sowie nach der verlangten Weißnuance (mit einem mehr oder weniger ausgesprochenen Farbton) werden geringere oder größere Mengen eines rein komplementären oder nicht rein komplementären Farbstoffes der Faser einverleibt. In der Regel ist der Zusatz von blauen, violetten oder rotvioletten Farbstoffen erforderlich. Dieser Zusatz kann entweder einbadig schon während des Bleichens (zu dem Schwefligsäure-, dem Wasserstoffsuperoxydbad) oder nach dem Bleichen in einem besonderen Bade gegeben werden. Die während des Bleichens zugegebenen Farbstoffe müssen naturgemäß so weit echt sein, daß sie im Bleichbade nicht zerstört werden. Farbstoffe wie Methylviolett, Säureviolett, Echtsäureblau R, Alizarindirektblau werden erst dem Bisulfitbade zugegeben, dann wird mit der Wolle eingegangen und schließlich wird die gut verdünnte Schwefelsäure nach und nach zugesetzt.

Die Bläumittel können a) wasserlösliche und wasserunlösliche Farbstoffe sein. Zu a) gehören z. B. Alkaliviolett, Säureviolett, Indigokarmin, Methylviolett, Violamin usw. Man läßt die erforderlichen geringen Mengen Farbstoff in der Regel im Seifenbade von 30—40° C auf die Faser ziehen, weil die Farbstoffe in wässeriger oder gar in saurer Flotte meist zu schnell auffliegen und dadurch unegale Färbungen erzeugen würden. Durch Zusatz von etwas Indigo zu den Hydrosulfitbleichbädern oder durch nachträgliches reguläres Auffärben von Indigo in äußerst verdünnter Küpe werden echtere Weißtöne erhalten als durch vorerwähnte, direkte Färbung. Das Küpenverfahren ist aber umständlicher und wird nur dort angewandt, wo besondere Echtheitsansprüche an eine Weißfärbung gestellt werden. Zwecks gleichmäßigen Aufziehens der Farbstoffe ist es beim Weißfärben überall geboten, flott zu hantieren und die Ware unausgesetzt zu bewegen.

Die andere b) Art des Weißfärbens von Wollgeweben ist diejenige mit Pigmentfarben (Körperfarben). In diesem Falle findet nicht eine Verdeckung durch homogenes Anfärben der Faser als vielmehr durch eine lokale Pigmentierung der Faser statt. Hierher gehören die bereits erwähnten Ultramarin, Indigopulver usw. Weiße Pigmente[1]) wirken schon mehr nach Art einer mechanischen Verdeckung, wie ein Anstrich. Zu solchen weißen Körperfarben gehört das Kreideweiß, das aus ge-

[1]) Nur selten für wenige Spezialartikel gebraucht.

schlämmter Kreide, die in Wasser milchig suspendiert ist, erzeugt wird. In diesem Kreidebade behandelt man das Gewebe bis zur vollständigen und gleichmäßigen Imprägnierung mit Kreide, nimmt dann heraus, trocknet ohne zu spülen auf einem Spannrahmen und entfernt den Kreideüberschuß in einer Klopfmaschine. Ähnlich können Zinkweiß (Zinkoxyd), Gips, Magnesiumkarbonat, Schwerspat dem Gewebe einverleibt werden.

Wesentlich echter werden Körperfarben auf die Faser gebracht, wenn sie nicht im fertigen, vorgebildeten Zustande mit ihr vereinigt, sondern in der Faser selbst erzeugt werden (s. a. u. Mineralfarben). Das Wollgewebe wird z. B. erst mit Schwefelsäure oder einem schwefelsauren Salz (Alaun, Glaubersalz od. dgl.) getränkt und dann nach gelindem Ausschleudern oder Abwinden in ein Bad von Chlorbarium gebracht. Hierbei schlägt sich in und auf der Faser schwefelsaurer Baryt nieder, der tiefer in die Faser eindringt und fester in ihr haftet, als wenn der Stoff mit einer wässerigen Aufschlämmung von Bariumsulfat behandelt worden wäre.

Das Entbasten und Bleichen der Seiden.

Edle Seide.

Die vorbereitenden Operationen an der edlen Seide (dem Gespinst des Bombyx mori) in bezug auf Behandlung des Bastes können sehr verschiedene sein: 1. Bei der vollständigen Entbastung (dem Abziehen, Entschälen, der Abkochung, Degummierung) der Seide wird die sogenannte abgekochte oder entschälte Seide (Cuit- oder Cuiteseide) erhalten. 2. Bei der nur teilweisen Entfernung des Bastes entsteht die sogenannte Soupleseide (souplierte, assouplierte, weichgemachte Seide, demi-cuit). 3. Bei dem vollständigen Belassen des Naturbastes wird die harte Seide oder Hartseide (écru) erhalten. Der weitaus größte Teil der Seiden wird der völligen Entbastung unterworfen, ein nur sehr geringer Teil der Seiden kommt als Soupleseide zur Verarbeitung bzw. in den Handel und harte Seide wird nur ganz selten für einzelne Spezialartikel verarbeitet. Das Entbasten und das Bleichen der Seide wird ferner in den weitaus meisten Fällen an dem Garn bzw. der Haspelseide vorgenommen; ein verhältnismäßig kleiner Teil der Seide wird als Rohseide zu ganzseidenen Geweben, recht häufig aber wiederum (z. B. als Grège) zu halbseidenen Geweben verarbeitet und im Stück abgekocht und nötigenfalls gebleicht. Der Naturfarbstoff der (besonders gelben und gelblichgrünen) Seiden befindet sich in dem Bast; er wird also beim Entschälen mit entfernt, so daß die Cuitseiden in der Regel nahezu weiß sind und eine Bleiche nur in besonderen Fällen erfordern (bei weiß zu färbender Seide und ganz zarten Tönen). Souplierte Seiden behalten, da sie noch stark basthaltig sind, ihren Naturfarbstoff zum Teil zurück; eine besondere Bleichprozedur ist bei Souples aus gelb gefärbten Rohseiden deshalb häufiger erforderlich. Die Fabrik richtet sich aber, wenn eben angängig, so ein, daß sie zu Soupleseiden weiße Rohseiden verwendet, die für die meisten Mittelfarben ein besonderes Bleichen nicht erfordern; gelbe Seiden, zu Souple verarbeitet, brauchen naturgemäß für Schwarz und dunkle Töne (Braun u. ä.) auch nicht gebleicht zu werden. Das Bleichen von Ecruseide kommt nur ausnahmsweise vor. Alles in allem richtet sich die Vornahme des Bleichens und die Art und Intensität der Bleiche nach der Natur der Rohseide und der Art der herzustellenden Färbungen. Im ganzen spielt die Seidenbleicherei im Vergleich zu der Baumwollbleicherei aber eine nur untergeordnete Rolle.

Zu unterscheiden ist noch die Bearbeitung der gehaspelten Seide (Organzin, Trame, Grenadin usw.) von derjenigen der gesponnenen Seiden (Chappe oder Schappe), die gleichfalls Erzeugnisse der Faser des Bombyx mori darstellen.

Das Entbasten der Seidengarne.

Das Entbasten oder Abkochen der gehaspelten edlen Seide geschieht meist mit neutraler Marseiller, Oleinseife od. dgl.[1]). Die Verwendung der weißen Marseiller Seife nimmt hierbei zugunsten der grünen Bariseife oder Sulfurölseife ständig ab. Früher wurde noch für Weißfärbungen und helle klare Färbungen weiße Seife verwendet; heute geschieht dies auch nur selten, da sie sich — ohne nennenswerte Vorteile — im Preise erheblich höher stellt als die grüne Seife. Je nach dem Preisstand der Öle wird gelegentlich auch neutrale Oleinseife bevorzugt. Man verlangt von der Seife vor allem völlige oder nahezu völlige Freiheit von freiem Ätzalkali (s. u. Seifen), weil stark alkalische Seifen die feinen Seiden merklich angreifen und verfilzen können.

Eine häufig wiederkehrende, sehr lästige und die Seide entwertende Erscheinung, besonders bei zu stark alkalischer, zu lange währender oder sonst strapazierender Entbastung, sind die sogenannten Seidenläuse (Läuse, Farbläuse) oder das Duvet. Es ist dies die Erscheinung, daß die Seide im Strang flusig und mehr oder minder mit hellen Flöckchen übersät erscheint und im fertigen Gewebe eine neblig bestäubte Oberfläche dem Auge darbietet. Diese Seidenflöckchen oder — Läuse entstehen nach Wagner aus bereits in der Rohseide vorhandenen, latenten Sekundärfädchen (s. Abb. 78 u. 79), die sich beim Abkochen und Färben zu kleinen Bällchen zusammenrollen (s. Abb. 78 u. 79) und der Seide ein unreines Bild geben, die Verarbeitung erschweren und die fertige Seidenware unsauber erscheinen lassen. Letzteres tritt um so mehr in die Erscheinung, als die Seidenläuse bei dunklen Färbungen der Seide häufig erheblich heller gefärbt bleiben. Die Seidenläuse wirken zugleich als Filtermaterial und häufen Schwebeteile der Arbeitsbäder in sich auf, wodurch das Gesamtbild noch unsauberer wird. Die Seidenläuse entstehen nach Wagner also ohne Schuld des Färbers bei bestimmten, zur Bildung von Seidenläusen neigenden Seidensorten, können

[1]) Während der Kriegszeit sind zum Teil auch Ersatzstoffe empfohlen worden, wie z. B. das Degomma u. a. Auch hat man auf andere Weise ohne Seife (mit Alkalien, überhitztem Dampf, sauren Lösungen usw.) gearbeitet.

aber durch unzweckmäßige Behandlung in der Abkocherei und Färberei in vermehrter Form auftreten[1]).

Die Operation des Abkochens vollzieht sich in der Weise, daß die Seide handvollweise auf Stöcke gebracht und dann in ein aufgekochtes, frisches Seifenbad mit 30—35% Seife vom Gewicht der Seide auf die

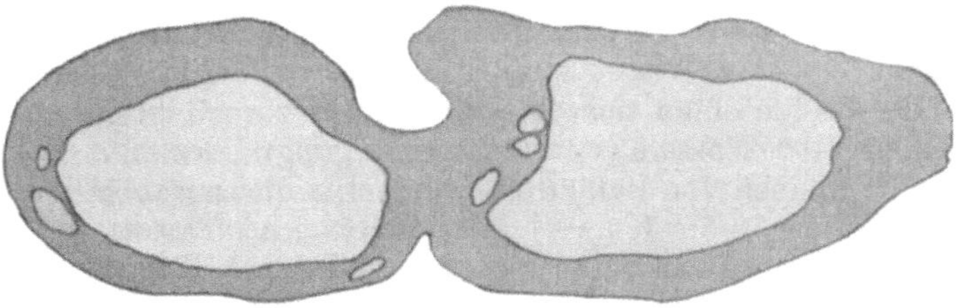

Abb. 78. Querschnitt einer Rohseide mit sichtbaren Sekundärfädchen, die zu Seidenläusen Anlaß geben (nach Wagner).

Kufe aufgestellt wird. Vor dem Aufstellen der Seide auf das Seifenbad muß der Dampf abgestellt werden, und das Seifenbad darf sich nicht mehr im wallenden Zustande befinden. Durch etwa $^1/_2$stündiges vorsichtiges Hin- und Herschieben der Stöcke (Durchsetzen) wird erst die eine Seite der Stränge entbastet; dann wird die Seide aufgeworfen, das Bad von neuem aufgekocht, der Dampf abgestellt und die andere Stranghälfte etwa $^1/_2$ Stunde auf der Kufe (der Barke oder dem „Back", wie der Seidenfärber sagt) vorsichtig durchgesetzt. Nach im ganzen einstündigem Verweilen der Seide in dem Seifenbade ist der Bast gelöst oder so weit gelockert, daß er durch Waschen oder Spülen gänzlich entfernt wird. In besonderen Fällen wird noch ein zweites, leichtes Repassierbad mit frischer Seife (20%) gegeben, besonders bei weiß zu färbender Seide, bei stark gefärbter Rohseide, bei Seiden, die einen besonders schweren, fest haftenden Bast enthalten oder die auch (wie manche asiatische Seiden) vorbeschwert sind[2]).

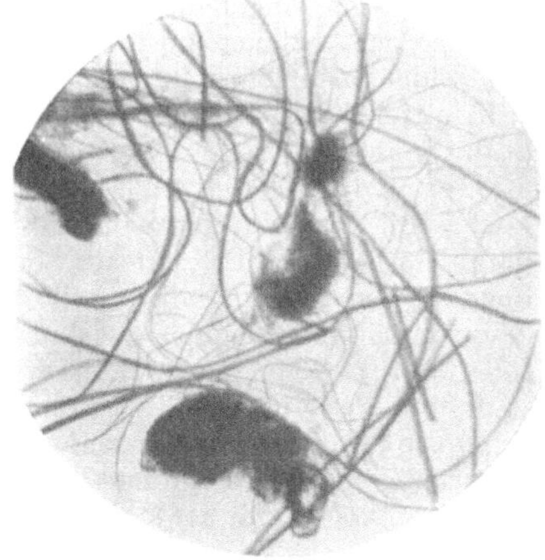

Abb. 79. Lausbildung bei gefärbter Seide aus dickeren Sekundärfädchen, Elementarfäden und Fremdkörpern (nach Wagner).

[1]) Ley, der sich Wagners Ansicht über die Entstehungsursachen der Seidenläuse anschließt, unterscheidet drei verschiedene Arten von Duvet (Seide 1926, S. 17).

[2]) Während der Kriegszeit hat auch die Seidenfärberei gelernt, mit weniger Seife auszukommen und Ersatzstoffe zu verwenden, auf die hier aber nicht eingegangen werden kann, weil das Problem der Seidenentbastung ohne Seife bisher nicht als gelöst zu erachten ist.

Das Spülen der Seide oder Abwaschen des Bastes geschieht gleichfalls meist auf einer Kufe mit reinem, möglichst weichem Wasser. Hierauf erfolgt in der Regel ein Absäuern mit mehreren Prozent Salzsäure vom Gewicht der Seide, ein kräftiges Ausschleudern auf der Zentrifuge und die weitere Bearbeitung. Ein Trocknen findet nicht statt.

Von großer Bedeutung bei der Seidenentbastung ist die Beschaffenheit des Wassers. Es ist darauf zu achten, daß möglichst reines (eisenfreies) und weiches Wasser zum Lösen der Seife zur Verfügung steht. Entweder bedient man sich eines im großen vorbereiteten, enthärteten und enteisenten Wassers (s. u. Wasserreinigung), oder man entkalkt das Wasser im kleinen von Fall zu Fall, indem man das zum Abkochen notwendige Wasser in der Kufe — je nach Härte des Wassers — mit etwas Soda und Seife aufkocht und die ausgeschiedenen Kalksalze vermittels eines feinen Haarsiebes oder Schöpfers abschöpft.

Die Wassermenge des Entbastungsbades ist möglichst knapp zu bemessen, damit die angewandte Seifenmenge besser ausgenützt werden kann. In der Regel kommen auf 100 kg Seide etwa 2000 l Wasser, in dem etwa 30—35 kg Seife mit einem Fettsäuregehalt von rund 60% gelöst sind. Die Temperatur während des Abziehens beträgt etwa 90—95% C, das Aufkochen des Bades geschieht mit indirektem Dampf durch in den Abziehbottich eingebaute Kupferschlangen.

Die vom Abziehen zurückbleibende Seifenbrühe, die den größten Teil des Seidenbastes enthält, nennt man Bastseife. Sie ist ein wertvolles Hilfsmittel beim Buntfärben der Seide, beim Seifenieren u. dgl. m. (s. u. Seidenfärberei).

Gesponnene Seiden (Schappe) werden in ähnlicher Weise abgekocht, mit dem Unterschiede, daß ein geringerer Prozentsatz Seife und dafür ein gewisser Prozentsatz Soda angewandt wird. Häufig wird die Schappe auch zuerst allein mit 4—5% kalz. Soda vom Gewicht der Seide und dann in einer zweiten Operation und in besonderer Flotte mit 10—15% Seife abgekocht. Diese Abweichung von dem Entbastungsverfahren der gehaspelten Seiden ist darauf zurückzuführen, daß gesponnene Seiden bereits vor dem Verspinnen abgekocht werden und, wegen des erheblich gröberen Fadens, alkalische Bäder besser vertragen können.

Das Abkochen rauher und duvetreicher Seiden (z. B. China-Seiden) geschieht zwecks Vermeidung des Flusigwerdens der Seide (s. a. u. Seidenläuse) und größerer Schonung der Faser und Erhaltung des Fadenschlusses bisweilen unter Zusatz von 10% Leim zum Seifenbad. Mit Chlorzinn vorerschwerte Rohseiden erfordern einen größeren Prozentsatz von Seife (40—50%[1]) als reine, metallisch unerschwerte Seiden. Auch ist die Bastseife dieser Seiden minderwertiger (weil zinnhaltig) und weniger gut zum Färben geeignet als die reine Bastseife.

Die Schaumabkochung.

Nach Patenten von Gebr. Schmid wird die Flottenabkochung durch die Schaumabkochung ersetzt. Nach diesem Verfahren werden die zu entbastenden Seidensträhne in dem Oberteil eines Kessels auf

[1]) Für jeden Chlorzinnzug etwa 5% Seife mehr als unerschwerte Seiden.

drehbaren Garnträgern in der Weise aufgehängt, daß sie nicht mit der Seifenflotte, sondern nur mit dem Schaum der kochenden Seifenbrühe in Berührung kommen. Da hier das Material nicht mechanisch hin und her bewegt wird, soll nach diesem Schaumverfahren die Faser mehr geschont werden, Glanz und Griff sollen besser ausfallen, Faserspaltung und Fadenbrüche sollen in erheblich geringerem Grade vorkommen. Außerdem findet bei dem Verfahren Ersparnis an Arbeitslohn statt, da ein Arbeiter einen großen Apparat allein bedienen kann und die gesamte Abkochoperation weniger Zeit in Anspruch nimmt als die Flottenabkochung.

Das Schaumverfahren ist späterhin auch auf andere Arbeitsprozesse übertragen worden, z. B. auf das Fixieren der metallischen Beizen im Schaum (Schaum-Seifenieren). Das Färben im Schaum (Schaumfärberei) war schon früher bekannt (s. w. u.).

Abb. 80. Apparat zur Schaumentbastung von Seide (Patent Schmid).

Das Abkochen von seidenen Geweben. Das Abkochen von Seidengeweben ist der Strangabkochung in bezug auf die Zusammensetzung

Abb. 81. „Stern"-Auskocherei mit ein- und aushebbarem Sternhaspel zum Aufwickeln des Gewebes auf Aluminiumstäbe, wobei die einzelnen Schichten nicht unmittelbar aufeinanderliegen, sondern einen Zwischenraum lassen, so daß der Seidenleim leicht aus dem Gewebe herauskochen kann. Zum Auf- und Abwickeln des Gewebes außerhalb des Behälters zwei gußeiserne Gestelle. Der eiserne Kochbehälter mit Haspeldrehvorrichtung (Zittauer Maschinenfabrik).

der Bäder durchaus ähnlich. Als Apparate benutzt man mit Rollen versehene Holzkufen, Jigger oder ähnliche Breitarbeitsapparate, wie sie bereits bei den Breitbleichapparaten erwähnt sind, vielfach auch Kontinue-Apparate. In dem ersten Behälter befindet sich die kochende Seifenflotte, in dem zweiten beispielsweise das erste, sodahaltige Reinigungsbad, in dem dritten und vierten Spülwasser und in dem fünften z. B. eine schwachsaure Flotte zum Neutralisieren der letzten Alkalirückstände in der Faser. Hiernach wird das Stück auf Rollen aufgerollt und weiterer Bearbeitung zugeführt. Zu erwähnen ist auch der Sternabkochapparat, der sich vielerorts eingeführt hat (s. Abb. 81).

Vorbereitung der harten Seide. Ecru- oder harte Seide wird überhaupt nicht abgekocht, sondern zur Entfernung der fett- und wachsartigen Verunreinigungen nur mit schwacher Seifenlauge kalt bis lauwarm gewaschen. Im Mittel findet hierbei ein Gewichtsverlust von 1—4% statt. Für Weiß und helle Farben wird die harte Seide unter Umständen durch Schwefeln, bisweilen wiederholt, gebleicht. Das Bleichen kann auch nach Art der Souplebleiche mit Königswasser oder nitrosen Säuren bewirkt werden. Behandlung mit heißen Seifenbädern (Entbastung) und heißen Säurebädern (Assouplierung) ist zu vermeiden.

Das Weichmachen der Seide (Assouplieren). Das Assouplieren stellt einen Prozeß dar, der zu der eigentlichen Färberei gehört und deshalb unter Seidenfärberei abgehandelt wird (s. dortselbst). Durch das Weichmachen erleidet die Seide einen Gewichtsverlust von 8—12%.

Das Bleichen der edlen Seide.

Für das Bleichen der Cuiteseide, soweit dieses erforderlich ist, kommen in erster Linie die Schwefelbleichung und diejenige mit Wasserstoffsuperoxyd in Betracht. Soupleseide wird nach ganz eigenartigen Verfahren mit nitrosen Säuren gebleicht.

Die Schwefelbleichung wird am häufigsten in der Schwefelkammer ausgeführt, wobei der ganze Hergang demjenigen der Wollbehandlung in der Schwefelkammer gleicht. Die Seide wird durch Seifenlösung (von etwa 10 g Seife im Liter) gezogen, ausgeschwungen und meist über Nacht in die Schwefelkammer gehängt; am anderen Morgen wird gründlich gewaschen und unter Umständen entschwefelt. Seltener benutzt man Lösungen von schwefliger Säure bzw. Natriumbisulfit und Schwefelsäure. Ein Nachgilben findet bei Seide nicht in dem Maße statt wie bei Wolle.

Ein gutwirkendes Mittel ist auch das Wasserstoffsuperoxyd, das in schwachalkalischer Lösung, warm bis heiß, Verwendung findet. Auch hier gleicht das ganze Arbeitsverfahren demjenigen bei Wolle. Ganz analog ist auch die Behandlung mit Natriumsuperoxyd.

Die Wasserstoffsuperoxydbleiche wird mitunter mit dem Wasserglaserschwerungsbade vereinigt, indem dem Wasserglasbade etwa 50—100% Wasserstoffsuperoxyd des Handels zugesetzt und im übrigen wie sonst verfahren wird.

In neuerer Zeit prüfte Ristenpart das Permanganat als Seidenbleichmittel und fand es für gelbe Bastseide am wirksamsten; doch darf das Permanganat-Bleichbad nicht alkalisch werden, und eine Wiederholung des Verfahrens muß vermieden werden.

Das Bleichen der ganzseidenen Gewebe ist entsprechend: Man bleicht entweder in der Schwefelkammer, in wässeriger schwefliger Säure oder im Wasserstoffsuperoxydbade.

Halbseidene Gewebe werden am besten in heißen, wasserglasalkalischen Wasserstoffsuperoxydbädern gebleicht. Die Ware wird in Strangform zunächst einige Zeit auf dem Haspel bewegt und dann für einige Stunden bis über Nacht in das Bleichbad eingesteckt. Hierbei ist darauf zu achten, daß die Ware gut untertaucht und nicht stellenweise herausragt; anderenfalls entstehen leicht Wasserglasbleichflecke.

Das Weißfärben wird entweder mit dem Bleichen verbunden oder an letzteres angeschlossen. Im ersteren Falle werden geeignete blaue und violette schwefelechte Farbstoffe dem Seifenpassierbade vor dem Schwefeln zugefügt. Im anderen Falle überfärbt bzw. nuanciert man nach dem Bleichen in der Schwefelkammer oder nach dem Wasserstoffsuperoxydbad. Viel angewandt werden u. a. folgende Teerfarbstoffe: Rosolan (Chromviolett), Alkaliblau, Alkaliviolett, verschiedene basische Violetts, Patentblau u. dgl. Die Wahl der Farbstoffe wird durch die verlangte Weißnuance und die jeweilige Farbe der Seide bestimmt. Die Weißtöne sind sehr verschiedenartig und schwanken zwischen einem reinen Weiß und gelblichen, bläulichen, rötlichen Tönen (übliche Weißbezeichnungen sind u. a.: Elfenbein, Milchweiß, Reinweiß, Blanc bleuté, Blanc Diamant, Blanc Brillant usw.). Bei dem Weißfärben oder dem Weißnuancieren ist ganz besonders auf egales Anfärben zu achten; man verwendet deshalb Bäder, aus denen die Seide nur sehr langsam aufzieht, z. B. fette Seifenbäder, während das Arbeiten auf sauren Bädern leicht Unegalitäten mit sich bringt und deshalb in den meisten Fällen vermieden wird.

Das Bleichen der Soupleseide.

Das Souplieren oder Assouplieren der Seide wird im wesentlichen durch verdünnte Säuren wie Weinsäure, Schwefelsäure und schweflige Säure bewirkt. Die Konzentration der Schwefelsäure beträgt etwa 0,2%, die Temperatur etwa 50—55° C.

Gelbe italienische Seide sollte am besten überhaupt nicht für weiße oder hellfarbige Souples verwendet werden, da das Bleichen umständlich und schwierig ist und genügende Mengen weißer Rohseide im Handel zur Verfügung stehen. Trotzdem wird in Ermangelung weißbastiger Seiden auch gelbe Seide oft genug für weiße Souples verarbeitet. Die Verfahren der Praxis zeichnen sich zum Teil durch Planlosigkeit aus, und die in der Literatur angegebenen Verfahren sind praktisch vielfach ohne Wert und Einheitlichkeit. So findet man Angaben über Mischungen von Salz- und Salpetersäure in den verschiedensten Mischungsverhältnissen (1 Teil Salpetersäure und 5 Teile Salzsäure 4—5 Tage stehenlassen und auf 3° Bé verdünnen, 5 Teile Salzsäure 20° Bé und 1 Teil Salpetersäure 34° Bé mischen und nach einiger Zeit mit Wasser auf 2—3° Bé verdünnen u. a. m.). Das wirksame Prinzip dieser Lösungen scheint jedenfalls Nitrosylchlorid bzw. salpetrige Säure zu sein.

Am meisten in der Praxis verbreitet sind Lösungen von Nitrosylschwefelsäure (Guinon und Marnas), die durch Einleiten von salpetriger Säure in konzentrierte Schwefelsäure erhalten werden. Die Bereitung der Nitrosylschwefelsäure ist lästig und zeitraubend: In einem Glasballon werden 600 g Stärke und 6 l Salpetersäure 36° Bé durch Einsetzen in einen allmählich zum Kochen erhitzten Wasserkübel in Reaktion gebracht und die sich hierbei entwickelnde salpetrige Säure 5 Tage lang in konzentrierte Schwefelsäure eingeleitet. Die so erhaltene Nitrosylschwefelsäure zersetzt sich später beim Verdünnen mit Wasser zu Schwefelsäure und salpetriger Säure:

$$SO_2\langle^{OH}_{NO_2} + H_2O = H_2SO_4 + HNO_2.$$

Die salpetrige Säure ist es, die nach Ristenpart die Bleichwirkung durch Diazotierung des Seidenfarbstoffes ausübt. Da freie salpetrige Säure nach dem letztgenannten Autor schon in sehr verdünnten Lösungen (1 mg im Liter) die Fibroinfaser angreift und gelb färbt, ist es von größter Wichtigkeit, den Prozeß im richtigen Moment abzubrechen.

Aus der Erwägung heraus, daß die salpetrige Säure das wirksame Prinzip ist, vereinfacht Ristenpart die Bleichoperation dadurch, daß er salpetrige Säure unmittelbar zur Anwendung bringt. Nach seinen Versuchen wird eine gute Bleichwirkung dadurch erreicht, daß man für 40 kg Seide ein Bleichbad aus 1100 ccm einer Natriumnitritlösung von 34° Bé und 5 l Schwefelsäure von 60° Bé verwendet. Bei dieser Behandlung nimmt die Seide nach kurzer Einwirkung eine grüne Färbung an. Wenn man im richtigen Moment abbricht, so entfärbt sich die Seide durch darauffolgendes gründliches Waschen, worauf außerdem noch geschwefelt werden kann.

Der ganze Prozeß des Bleichens gelber Souples mit den verschiedenen Einzelbehandlungen wird nach Ristenpart wie folgt gehandhabt. 1. wird auf 30% Seife, 35° warm, $1^1/_2$ Stunden umgezogen, ausgewrungen und 2. über Nacht in die Schwefelkammer gebracht; am nächsten Tage wird herausgenommen, zweimal Wasser gegeben und dann wieder 3. in die Schwefelkammer gebracht; 4. wird mit 10% Ammoniak, 25° warm, behandelt und 5. mit 40% Seife, 35° warm, 1—2 Stunden bearbeitet, dann wird ausgequetscht und 6. auf die eigentliche Bleiche, 10% vom Gewicht der Seide, gebracht. Vor dem Zusatz der Bleiche wird das Bad mit 4% Salzsäure angesäuert. Man zieht mit vier Mann siebenmal flott um; der Bleichprozeß ist dann gewöhnlich auf dem richtigen Punkt angekommen. Nun wird schnell aufgeworfen und dreimal Wasser gegeben. Es folgt 7. ein Seifenbad, 30° warm; dazu verwendet man das alte, mit 10% frischer Seife verstärkte Bad Nr. 5. 8. folgt eine weitere Schwefelung in der Schwefelkammer und am nächsten Tage 9. das Assouplieren mit Weinsäure bei 55° C. Nach zweifachem Spülen hat die Seide nun etwa 2—3% an Gewicht eingebüßt. 10. ein letztes Bad mit 10% Ammoniak, 28° warm, und dann zum viertenmal 11. ein Schwefeln in der Kammer und zwei Wasser beenden den Bleichprozeß. Der Souple ist nun für die weiteren Erschwerungs- und Färbebehandlungen fertig.

Das Bleichen von harter Seide kann entsprechend ausgeführt werden, nur sind der Assouplierungsprozeß auszuschalten und die warmen Seifenbäder mit Vorsicht zu verwenden, da sie bastlösend wirken.

Das Weißfärben der gebleichten Souples geschieht wie bei abgekochter Seide, nur sind warme Seifenbäder zu vermeiden.

Das Abkochen und Bleichen wilder Seiden.

Die wilden Seiden (unter ihnen die wirtschaftlich wichtigste, die Tussah) vertragen wesentlich stärkere Alkalien als die edle Seide. Man kann sie deshalb mit Sodalösung von ziemlicher Konzentration ohne Schaden behandeln. In der Regel wird Tussah zuerst auf ein Sodareinigungsbad (von 40—50° C und etwa 10—15% Kristallsoda bzw. 3—5%

kalz. Soda) gebracht und hierdurch von Fett- und Schmutzteilen befreit und dann auf frischer, kochender Seife entbastet.

Das Bleichen geschieht meist mit Wasserstoff- oder Natriumsuperoxyd. Von ersterem müssen recht kräftige Bäder (etwa 20 l 3proz. Ware auf 100 l Bleichbad) unter Zusatz von 1—2% Wasserglas vom Volumen des Bades, eventuell unter geringem Ammoniakzusatz angewandt werden, weil der Tussahfarbstoff außerordentlich widerstandsfähig ist. Man bringt die Tussah auf Stöcken auf das heiße Bad, zieht einige Male um, erhitzt das Bad nochmals und legt für längere Zeit (etwa über Nacht) ein. Auch hier ist dafür zu sorgen, daß die Ware nicht schwimmt und an die Oberfläche gelangt, etwa durch Auflegen von sauberen Holzlatten od. dgl. Der Zusatz von Wasserglas darf nicht zu gering, aber auch nicht zu groß bemessen werden, da ersterenfalls keine genügende Bleichwirkung, andererseits eine Schädigung der Tussah erfolgen kann. Ein Zusatz von 1—2 g Seife im Liter Flotte wirkt meist mildernd. Nach dem Bleichen wird gründlich gewaschen und mit Schwefelsäure abgesäuert. Durch Nachbleichen mit gasförmiger oder wässeriger schwefliger Säure wird das Weiß klarer. Häufig ist die Wiederholung der Superoxydbleiche erforderlich, weil sich Tussah sehr schwierig bleichen läßt und der gewünschte Effekt auch bei starken Bädern nicht immer sofort erreicht wird.

An Stelle von Wasserstoffsuperoxyd kann auch mit Erfolg Natriumsuperoxyd benutzt werden. Dieses wird entweder mit Schwefelsäure (s. u. Wolle) oder auch mit Magnesiumsulfat umgesetzt.

Nach letzterer Arbeitsmethode gibt man zu 1000 l Wasser 18 kg chlorfreies Bittersalz, zieht die Ware kurze Zeit um, nimmt sie heraus, setzt langsam dem Bade 6 kg Natriumsuperoxyd zu und rührt gut um. Nun wird die Temperatur langsam auf 90—95° C erhöht und die Ware bis zur genügenden Bleichwirkung im Bade belassen; schließlich wird mit Schwefelsäure abgesäuert und gewaschen. Wird an Stelle von Bittersalz Schwefelsäure angewandt, so kommen auf obige Badmenge von 1000 l und 6 kg Natriumsuperoxyd erst 8 kg Schwefelsäure 66° Bé und hinterher Wasserglas oder Ammoniak bis zur alkalischen Reaktion. Die Temperatur wird bis auf 80—95° C getrieben. Wenn man, ohne im Sonderbade zu bleichen, dem Entbastungsseifenbade 2—5 g Natriumperborat pro Liter Bad zusetzt, so erhält man nach H. Lange bereits ein ganz gutes Bleichresultat.

Das Abkochen und Bleichen gemischter Gewebe.

Gemischtfaserige Gewebe können bestehen 1. aus rein pflanzlichen Fasern (z. B. Halbleinen, d. i. Baumwolle und Leinen), 2. aus rein tierischen Fasern (z. B. Wollseide oder Gloria, d. i. Wolle und Seide), 3. aus pflanzlichen und tierischen Fasern (z. B. Halbseide, d. i. Baumwolle und Seide; Halbwolle, d. i. Baumwolle und Wolle). Außer diesen natürlichen Fasern kommt noch die Kunstseide in immer erhöhtem Maße bei Mischgeweben in Frage. Auch Mischgespinste sind zu berücksichtigen, so die Vigognegarne (Wolle und Baumwolle) und bisweilen auch Garne aus Seidenabfällen und Baumwolle (Schappeersatz).

Die Behandlung der rein pflanzlichen (1) und der rein tierischen Fasergemische (2) beim Abkochen und Bleichen unterscheidet sich dem

Grundsatze nach nicht so erheblich von der Behandlung der Einzelbestandteile, wie die Bearbeitung der pflanzlich-tierischen Fasergemische. Während bei den beiden ersten Gemischen das spezifische Verhalten der einzelnen Fasern zu Säuren, Alkalien, Chlor usw. grundsätzlich dasselbe oder sehr ähnlich ist, treten bei den pflanzlich-tierischen Fasergemengen viel schärfere Gegensätze zutage, die der gemeinsamen Bearbeitung dieser Mischgewebe Schwierigkeiten entgegenstellen. Das Abkochen und Bleichen der pflanzlich-tierischen Fasergemenge erfordert deshalb besondere Berücksichtigung der spezifischen Eigenschaften sowohl der Pflanzen- als auch der Tierfasern.

Halbleinen.

Gewöhnlich wird das zu Halbleinen verarbeitete Garn bereits im Garn gebleicht, so daß nur eine einfache Reinigung, Befreiung von der Schlichte usw. übrigbleibt. Nötigenfalls kann man aber Halbleinen im Stück bleichen; man muß dann das Bleichverfahren mit Rücksicht auf die teurere und empfindlichere Flachsfaser nach den unter Leinengeweben beschriebenen Verfahren bearbeiten. Für dunklere Töne wird ein Bleichen unterlassen und nur eine Behandlung mit heißem Wasser, Sodalösung usw. zum Zweck des Entschlichtens (s. d.) vorgenommen.

Halbwolle.

Die Halbwollgewebe, meist Baumwollkette und Wollschuß, müssen zunächst von der Schlichte befreit werden. Dann folgt das unter Wolle bereits beschriebene, sehr wichtige Krabben. Diese Operation vermeidet das Filzen und Einschrumpfen der Wolle, das sonst durch warme Seifenlösung eintreten und dem Gewebe ein welliges Oberflächenbild verleihen würde. Man arbeitet hier wie bei reinen Wollstoffen. Ein reguläres Bleichen der Baumwolle in Halbwollgeweben kommt praktisch nicht vor. Der Weber verwendet vielmehr zweckmäßig im Strang vorgebleichtes Baumwollgarn und bleicht gegebenenfalls die Wolle mit Wasserstoffsuperoxyd im Stück etwas nach. Auch kann vorsichtig geschwefelt werden.

Halbseide.

Halbseidene Gewebe bestehen meist aus Grègekette und Baumwollschuß. Die Rohseide muß also zunächst im Stück entbastet werden. Dies geschieht entweder auf einer Barke mit Haspel oder aber besser in möglichst gespanntem Zustande auf einer Walzenmaschine durch Hin- und Herlaufen der Ware in einer nahezu kochenden oder kochenden Lösung von 10—20 g Seife im Liter. Oft wird aus Sparsamkeitsrücksichten ein Teil der Seife durch Soda ersetzt. Ein sehr vollkommener Apparat ist der genannte Abziehstern oder Sternapparat (s. Abb. 81), auf dem die Ware konzentrisch unter Belassung kleiner Zwischenräume zwischen den einzelnen Schichten aufgerollt und in dieser Form in die kochende Seifen- oder Seifensodabrühe eingelassen und in ihr bewegt bzw. gedreht wird. Je stärker die Spannung der Ware ist, desto höher fällt der Glanz der entbasteten Seide aus. Nach dem Entbasten wird zur

Vermeidung von Kalkseifenbildung zuerst in schwachem, warmem Sodabad und dann in verschiedenen Spülbädern gewaschen, möglichst im Kontinue-Apparat.

Die für helle Farben bestimmte Halbseidenware enthält im Garn vorgebleichtes Baumwollgarn, so daß die Halbseide nach dem Abziehen nötigenfalls nur mit gelinden Mitteln nachgebleicht zu werden braucht. In der Regel bedient man sich hierzu des Wasserstoffsuperoxydes bzw. Natriumsuperoxydes. 15 l 3proz. Wasserstoffsuperoxyd in 100 l Wasser und etwa 1 l Wasserglas oder Ammoniak (bis zur alkalischen Reaktion zugesetzt) liefern ein in der Regel genügend wirksames Bleichbad. Das Bad wird warm bis kochend verwendet und die Ware nach vorhergegangenem Umhaspeln für längere Zeit in dasselbe eingelegt. Entsprechend wirkt Natriumsuperoxyd und das teurere Perborat. Mit Rücksicht auf die Seide ist vor allem der Alkalizusatz mäßig zu bemessen, doch verträgt die Seide im Gewebe größere Mengen Alkali als im Garn, da sie den Webprozeß nicht mehr durchzumachen braucht.

Wollseide.

Wollseide wird wie Halbwolle zwecks Fixierung gekrabbt. Ist Rohseide in dem Gewebe vorhanden, die entbastet werden soll, so ist wegen der Alkaliempfindlichkeit der Wolle vorsichtig mit schwachen Seifenbädern bei Temperaturen von 70—80° C zu arbeiten. Die Apparatur ist dieselbe wie bei Halbseide. Die übrige Behandlung der Gewebe richtet sich nach Art der Ware und dem Verwendungszweck. Soll gebleicht werden, so geschieht dies am besten in bekannter Weise mit Wasserstoffsuperoxyd oder auch in der Schwefelkammer bzw. mit wässeriger schwefliger Säure. Vor der Reinigung werden die Stoffe in der Regel gesengt, geschoren und gebürstet.

Das Abziehen der Farben.

Unter Abziehen der Farben versteht man im Gegensatz zum Bleichen die Entfernung des Farbstoffes vom gefärbten Material, sei es auf dem Wege der Lösung, sei es auf dem der Zerstörung. Beim Bleichen wird dagegen der Naturfarbstoff der Faser entfernt bzw. zerstört.

Das Abziehen findet statt: in der Kunstwollfärberei bei Lumpen und in der Neufärberei bei zu dunkel ausgefallenen Färbungen. Im letzteren Falle ist das Abziehen eigentlich nur ein Hellermachen um einige Töne und gestaltet sich bei einigen Farbstoffklassen sehr einfach. Oft genügt das Aufstellen auf ein kochend heißes Wasserbad (bei substantiven Baumwollfarbstoffen), manchmal ein Glaubersalzbad (20 bis 40%), oft auch das Anhängen eines zweiten ungefärbten Stückes od. ä. und Weiterkochen der Flotte (bei sauren Egalisierungsfarbstoffen), wobei das ungefärbte Stück einen Teil des Farbstoffes aufnimmt, d. h. dem zu dunkel gefärbten Stück Farbstoff entzieht und es heller zurückläßt. Bei echteren Farbstoffen, z. B. Beizen-, Entwickelungs-, Küpenfarbstoffen usw., müssen schärfere Mittel angewandt werden. Da hierbei die Fasererzeugnisse selbst leicht in Mitleidenschaft gezogen werden können, darf man mit den Abziehmitteln nicht weitergehen, als unbedingt erforderlich ist. Man wird also Temperatur, Konzentration und Einwirkungsdauer der Abziehbäder nach Möglichkeit niedrig halten und auch an sich weniger scharf wirkende Materialien verwenden. Die Art der vorliegenden Färbung und ihre Echtheit, die Art des Fasermaterials und seiner äußeren Form, die gestellte Aufgabe und die verfolgten Zwecke müssen von Fall zu Fall entscheiden, wie abgezogen werden soll.

Die eigentlichen Abziehmittel kann man nach der Grundrichtung ihrer Wirkungsweise einteilen in solche, die 1. als Alkalien, 2. als Säuren, 3. als oxydierende Mittel, 4. als reduzierende Mittel wirken.

1. Zu den alkalisch wirkenden Abziehmitteln sind u. a. zu rechnen: essigsaures Ammoniak (3—10% vom Gewicht der Ware), eventuell unter Zusatz von etwas freiem Ammoniak, Soda (2—2$^1/_2$% kalz. Soda vom Gew. d. W., $^1/_2$—1 Stunde bei 35—40° C behandeln; nötigenfalls wird bis zu 12% Soda gegangen, dann aber nur bis zu 20 Minuten und bei 45° C behandelt). Durch diese Mittel werden in nennenswertem Umfange nur saure Farbstoffe abgezogen. Man stellt zweckmäßig mit einem kleinen Abschnitt einen Vorversuch an.

2. Säureabziehmittel sind u. a.: Oxalsäure, Zitronensäure, Weinsäure, Salpeter-, Salz- und Schwefelsäure. Am meisten findet Salpetersäure allein oder in Verbindung mit Salz- oder Schwefelsäure Verwendung, aber nur, wenn die milderen Mittel versagen und der gelbe bis gelbbraune Ton der mit Salpetersäure abgezogenen Wolle erwünscht ist. Oxalsäure ist für das Abziehen von Blauholz besonders geeignet (3% Oxalsäure und 4% Schwefelsäure, 60° C, $^1/_2$ Stunde behandeln).

3. Unter den Oxydationsmitteln ist die Chromsäure die wichtigste. In der Regel arbeitet man mit Kalium- oder Natriumbichromat und Schwefelsäure und nimmt im Mittel 3% Chromkali und 3% Schwefelsäure 66° Bé; manchmal außerdem noch 2% Oxalsäure. Nach 1—1$^1/_2$-stündigem Kochen ist der Prozeß beendet, worauf gut gespült wird. Bei besonders hartnäckigen Färbungen geht man mitunter bis zu 12% Chromkali und ebensoviel oder mehr Schwefelsäure, behandelt dafür möglichst kurze Zeit (15—20 Minuten) und geht dann wieder auf die vorgenannten schwächeren Bäder zurück. Nach diesem Verfahren wird vorzugsweise Kunstwolle behandelt. Außer Chromkali können auch alle üblichen Bleichmittel zum Abziehen benutzt werden: Wasserstoff- und Natriumsuperoxyd, Perborat, Kaliumpermanganat und Natriumbisulfit, Chlorkalk usw. Ein Teil derselben kommt praktisch wegen zu hoher Kosten für gewöhnliche Zwecke nicht in Betracht.

4. Die Reduktionsabziehmittel gehören zu den wirksamsten und beliebtesten Mitteln. Hierher gehört vor allem die hydroschweflige Säure mit ihren Salzen (Alkali- und Zinksalzen) und Formaldehydverbindungen (s. u. Hydrosulfit), die sowohl für Wolle als auch für Baumwolle brauchbar sind. Am vorteilhaftesten arbeitet man mit ge-

nügend starken, mit Essigsäure angesäuerten Lösungen, kalt bis 60° C. Man setzt das Bad beispielsweise mit 3—5% Dekrolin [B] (s. d.) und $1^1/_2$—$2^1/_2$% Ameisensäure 80proz. oder Schwefelsäure vom Gewicht der Ware an, geht mit der Ware handwarm ein, treibt langsam auf 60° C oder auch zum Kochen und beläßt 15—30 Minuten bei Kochhitze. Das Abziehbad soll bis zum Ende sauer bleiben. Zum Schluß wird gründlich mit Wasser gespült.

Die Färberei.

Eppendahl, Fr.: Betriebspraxis der Baumwollstrangfärberei. — Erban, F.: Theorie und Praxis der Garnfärberei mit den Azoentwicklern. — Felsen: Indigo und seine Konkurrenten. — Felsen: Türkischrot und seine Konkurrenten. — Ganswindt, A.: Einführung in die moderne Färberei. — Ganswindt, A.: Theorie und Praxis der modernen Färberei. I. Teil: Mechanische Technologie; II. Teil: Chemische Technologie der Färberei. — v. Georgievics, G.: Chemische Technologie der Gespinstfasern. II. Teil. — Heermann, P.: Chemische Technologie der Gespinstfasern (in R. O. Herzogs: Chemische Technologie der organischen Verbindungen). — Heermann, P. und Durst, G.: Betriebseinrichtungen der Textilveredelung. — Herzfeld, J.: Das Färben und Bleichen. I., II., III. Teil. — Herzfeld - Schneider: Das Färben und Bleichen. I. und II. Teil. — Herzfeld-Wuth: Die Praxis der Färberei. — Heuser, E. J.: Die Apparatfärberei der Baumwolle und Wolle. — Knecht - Rawson - Loewenthal: Handbuch der Färberei. I. und II. Teil. — Mayer, K.: Die Farbenmischungslehre und ihre praktische Anwendung. — Noelting - Lehne: Anilinschwarz und seine Anwendung in Färberei und Zeugdruck. — Ostwald, Wi.: Die Farbenfibel. — Ostwald, Wi.: Beiträge zur Farbenlehre. — Ostwald, Wi.: Physikalische Farbenlehre. — Pelet - Jolivet: Die Theorie des Färbeprozesses. — Rohn, G.: Die Ausrüstung der textilen Waren. — Rosenstiehl, H.: Traité de la couleur . . . — Sansone, A.: Kompendium der Färbereichemie. — Schwalbe, C.: Neuere Färbetheorien. — Silbermann, H.: Fortschritte auf dem Gebiete der chemischen Technologie der Gespinstfasern. I. Teil: Maschinen und Apparate; II. Teil: Verfahren und Methoden. — Stirm, K.: Chemische Technologie der Gespinstfasern. — Theis, F. C.: Khaki auf Baumwolle und anderen Textilstoffen. — Ullmann, G.: Die Apparatfärberei. — Witt, O. N. (mit Lehmann u. a.): Chemische Technologie der Gespinstfasern (in 10 Lieferungen). — Zänker, W.: Die Färberei. — Zänker, W.: Kalkulation und Organisation in Färbereien. — Zänker - Joclét: Chemische Bearbeitung der Schafwolle. — Zipser, J.: Apparate, Geräte, Maschinen der Wäscherei, Bleicherei, Färberei und Druckerei. — Ferner: Veröffentlichungen der Farbenfabriken u. a. m.

Allgemeiner Teil.

Zweck und Mittel. Natur- und Kunstfasern sind von Hause aus in der Regel ungefärbt bzw. so gut wie ungefärbt oder farblos, oder sie sind nur unansehnlich gefärbt. Vor allem lassen die Rohfasern die dem menschlichen Auge oft erwünschten lebhaften Farben vermissen, wie sie die Natur in der Flora und Fauna hervorgezaubert hat. Um diesem Bedürfnis nach Farbenpracht abzuhelfen oder um die Fasererzeugnisse bestimmten Zwecken anzupassen, werden die meisten Textilwaren einer künstlichen Färbung unterworfen.

Das Charakteristische des künstlichen Färbens oder schlechtweg des Färbens besteht darin, daß der zu färbende Gegenstand einer Tauch- oder Badbehandlung in meist wässerigen Lösungen unterworfen wird. Färbungen in nichtwässerigen Bädern, wie in alkoholischen, benzinigen usw. Bädern, gehören zu den Ausnahmen. Im Gegensatz zum Färben wird beim Drucken die Farbgebung nicht durch eine Tauchoperation, sondern durch lokale Auftragung vermittelt. Der Umstand, daß mitunter auch beim Färben nur lokale Anfärbung stattfindet [Färben von Mischfasern, Färben von zum Teil reservierter Faser[1]) usw.], ändert nichts an obigem Grundsatz, solange die Farbgebung durch Vermittelung eines Tauchbades vor sich geht. In gleicher Weise kann man immer noch vom „Färben" sprechen, wenn die betreffende Operation eine Färbung nicht unmittelbar zur Folge hat, sondern nur die Grundlage zu einer später in die Erscheinung tretenden Färbung legt (Oxydations-, Entwickelungsfärbungen).

Das praktische Färben besteht nun aber nicht lediglich in einem Eintauchen in eine wässerige Farbstofflösung. Vielmehr sind die jeweilig günstigsten Arbeitsverhältnisse von Fall zu Fall sehr verschieden; desgleichen werden den Bädern zwecks besserer Ausnützung des Farbstoffes, besseren Egalisierens, größerer Farbechtheit, weitgehenderer Schonung des Fasergutes usw. die verschiedensten Zusätze gegeben. Grundlegend unterscheiden sich in bezug auf den letzten Punkt tierische und pflanzliche Fasern und die verschiedenen Farbstoffgruppen untereinander.

Zustand oder Stufe der mechanischen Bearbeitung der Fasern hat im allgemeinen keinen nennenswerten Einfluß auf den Grad des Anfärbevermögens der Fasern. Man ist also imstande, Fasern in allen Stufen der mechanischen Bearbeitung zu färben, als loses Material, als Garn, als Gewebe usw. Für die Praxis entscheiden hier technische und wirtschaftliche Gesichtspunkte.

Von größerer Bedeutung für das Färben ist der Zustand der chemischen Bearbeitung oder Vorbereitung. Bleichung und Reinigung der Waren müssen gegebenenfalls der Färbung voraufgehen, da anderenfalls die gewünschten Töne, die gewünschte Echtheit usw. nicht erreicht werden könnten.

Die chemischen und physikalischen Eigenschaften der Gespinstfasern erleiden durch das Färben im allgemeinen keine besonderen Veränderungen. Das gleiche ist auch vom Gewicht des Fasergutes zu sagen, das meist unerheblich zu- oder abnimmt. Bei Schwarzfärbungen sowie Gerbstoff haltenden Färbungen (Blauholzschwarz, Katechubraun u. ä.) kann eine nennenswerte Gewichtszunahme stattfinden. Die Festigkeit der gefärbten gegenüber derjenigen des ungefärbten Materials kann eine erheblich geringere sein, wenn es sich z. B. um Oxydationsvorgänge (Anilinschwarz) im Bade oder auf der Faser handelt. Sehr häufig nimmt die Festigkeit auch infolge unsachgemäß geleiteter Pro-

[1]) Hierher gehört auch die mehr als Hausgewerbe oder -sport betriebene Batikfärberei oder das Batiken sowie die Schatten-, Flammen-, Ombréfärbung usw. (s. diese weiter unten).

zesse oder besonderer Unfälle erheblich ab. Im übrigen soll die Festigkeit durch das Färben nicht nennenswert zurückgehen.

Zur Bewältigung großer Produktionsmengen sind zum Färben von Gespinstfasererzeugnissen zahlreiche Apparate ersonnen worden, wie dieses in gleicher Weise zum Bleichen, Merzerisieren usw. der Fall ist.

Geschichtliches. Unsere Kenntnisse über die Färbereikunst der Alten sind zum Teil auf die technologische Literatur (China, Japan), zum Teil auf die Götter- und Heldengesänge (z. B. der Inder), auf Notizen der griechischen und römischen Schriftsteller (über Ägypten) und auf zahlreiche Gräberfunde (Ägypten) zurückzuführen. Über die Kenntnisse und den Gewerbestand der Griechen und Römer berichten u. a. Plinius und Herodot. Von dem, was die Araber über Textilveredelung gewußt haben, ist fast nichts auf uns gekommen. Durch die regen Beziehungen der Venetianer mit dem griechischen Kaiserreich und Kleinasien wurden wertvolle Reste antiker Kunstfertigkeit vor dem gänzlichen Untergang gerettet und traten eine neue Wanderung nach dem Westen Europas und den nördlicheren Gegenden an, um hier bleibende Stätten der Wirksamkeit zu finden.

China. Mit der vorgeschichtlichen Benutzung der Spinnfasern (leinene Gewebe in Ausgrabungen der Pfahlbauzeiten) war auch schon der Farbensinn stark entwickelt. Bereits um 2200 v. Chr. waren die einzelnen Farben gewissermaßen Sonderrecht bestimmter Stände. So war das Gelb die ausschließliche Farbe des Kaisers und der Kaiserin, der Purpur die Farbe der kaiserlichen Nebenfrauen, das Blau die Farbe der Ritter ersten, das Rot diejenige der Ritter zweiten und das Schwarz die Farbe der Ritter dritten und vierten Grades. Die Entschälung der Seide geschah mit einem Gemisch von Pflanzenaschen und Ölen (später mit Seife). Das Färben und Bemalen wurde nur als Hausindustrie betrieben. Fast alle Farben konnten von den Chinesen bereits gefärbt werden. Sie bedienten sich hierzu ausschließlich der zahlreichen Naturfarbstoffe, die in Europa zum größten Teil unbekannt und die in der alten chinesischen Literatur (z. B. in dem Chiking) ausführlich beschrieben sind. Am bekanntesten von diesen sind der Indigo, eine Art Cochenille, Lo-Kao oder das chinesische Grün aus einer Rhamnusart u. a. m. Zum Färben bediente man sich einer Art von Klotzverfahren.

Japan. In Japan stand das Weben, Färben und Bedrucken bereits in hoher Blüte, als unsere Bekanntschaft mit dem Inselreich Ostasiens begann.

Assyrier, Ägypter. Die Mumiengräber bieten unerschöpfliche Fundquellen und bestes Studienmaterial. Die Gewebe zeichneten sich durch besondere Feinheit und Schönheit aus. Bekannt war hier u. a. die Krappfärberei und der Indigo.

Perser, Inder. Diese Völker lernten auch sehr früh, ihre Gewänder zu färben und zu bedrucken, zumal da Indien das an natürlichen Farbmaterialien reichste Land der Welt ist. Der Druck wurde durch in Holz geschnitzte Ornamente ausgeführt, die in eine Farbenbrühe getaucht und auf den Geweben abgedruckt wurden. Aus Indien stammen u. a. Indigo, Lacdye, Gummigutti, Katechu, Brasilienholz usw.

Abendländische Kulturvölker. Zur Zeit des Kaisers Aurelianus war die Purpurfärberei in Blüte. 1 kg Purpurseide kostete damals 4000 M., 1 kg Rohseide 1000 M. Im 4. Jahrhundert trugen bereits alle Völkerschichten Seide. Nach Plinius scheint hier die Färberei früh eine gewisse Vollkommenheit erreicht zu haben. Außer der Purpurfärberei waren zu Alexander des Großen Zeiten waschechte schwarze, gelbe, dunkelblaue und grüne Färbungen bekannt. Im alten Rom war die Färberei schon ein Handwerk, das Numa Pompilius durch Errichtung einer Zunft (Collegium tinctorum) zu heben und zu kräftigen suchte. Die Römer unterschieden die Farben in colores principales und minus principales. Die ersten wurden von beiden Geschlechtern, während die letzteren je nur von Männern oder Frauen getragen werden durften. Das Gelb wurde nur für Brautschleier verwendet. In den zirzensischen Spielen wurden die vier Parteien durch

Farben differenziert (Grün, Orange, Grau, Weiß). Von den damals am meisten gebrauchten Farbmaterialien seien nur erwähnt: Alaun und Soda als Hilfsmittel, Seegras, Eichenlaub, Färbeginster, Nußbaum, Waid, Färberröte, Purpurblume, Scharlachbeere (Kermes), die Pupurschnecke. Letztere diente zu der berühmten antiken Purpurfärberei und wurde aus zwei Schnecken des Mittelmeeres (Murex brandaris und M. trunculus) gewonnen, deren Farbstoff von Friedländer als ein Dibromindigo erkannt worden ist. Das Tragen der Purpurgewänder war lange den gekrönten Häuptern vorbehalten und symbolisch ein Abzeichen der königlichen Würde. Im 12. Jahrhundert erlosch die antike Purpurfärberei, an deren Stelle das Karmesin (Kermesbeere) trat. Damit machte der antike Purpur (ein Blauviolett) dem Karmesin (einem feurigen Rot, etwa dem heutigen Fuchsinrot entsprechend) Platz. Während also das Altertum ein sattes Violett bevorzugte, wandte sich der veränderte Geschmack von Byzanz dem Rot zu.

Später bildete Venedig den Mittelpunkt der europäischen Textilindustrie (Einfuhr von Brasilienholz, Indigo, Orseille), wo schon 1510 eine Färberordnung erlassen wurde; die Färber bildeten hier also schon ein organisiertes Handwerk. 1548 erschien das erste Werk über Färberei von Rosetti unter dem Pseudonym Plictho. Mit seinen unzähligen Rezepten gibt das Werk den Stand der Industrie vor der Entdeckung Amerikas deutlich wieder. Schwarz wurde mit Galläpfeln oder Sumach und Eisen, Rot mit Kermesbeeren oder Rotholz und Alaun, Grau und Braunschwarz mit Eisenfeilen, Essig, Alaun, Fustik, Brasilienholz, Wau usw., Orange durch Niederschlagung von Eisenoxyd auf der Faser, Grün mit Grünspan usw. gefärbt. Auch sind die ersten Anfänge der Küpenfärberei sichtbar (Indigo, Alaun, Honig, Eichenasche).

Nördlich der Alpen färbten inzwischen die Gallier nach Plinius schöne, aber unechte Farben, meist mit einheimischen Pflanzen (Waid war auch schon bekannt). Allmählich wurden die italienischen Verfahren und Farbmaterialien in Frankreich bekannt, und es entwickelte sich die Innung mit den Schwarz- oder Schlechtfärbern und den Schön-, Waid- oder Tuchfärbern. Erstere durften nur die ordinären Gewebe (namentlich aus Leinen) färben, während den letzteren die Bearbeitung der feineren Gewebe, namentlich der Tuche, vorbehalten blieb. Später kam noch die dritte Klasse der Seidenfärber (darunter die Waid- oder Rheinischfärber) hinzu. In einem 1514 erschienenen Büchlein wird der damalige Stand der Färberei geschildert. Indigo war noch nicht bekannt; die Waidfärberei war Geheimnis oder Monopol der Rheinischfärber. Die Hauptfarbstoffe waren: Brasilienholz, Nußbaumrinde, Heidelbeeren wilder Safran, Grünspan, Alaun.

In Flandern war annähernd derselbe Stand der Dinge wie in Frankreich; man unterschied auch hier die einheimischen Schlechtfärber (teinturiers en petit teint) von den mit italienischen Künsten arbeitenden Schönfärbern (teinturiers en bon teint).

Mit der Entdeckung Amerikas 1492 kam durch Einführung neuer Farbmaterialien ein neuer Aufschwung in das Textilgewerbe. Die Färbereikunst der Azteken und Inkas hatte bereits auf größerer Höhe gestanden, als die seefahrenden Völker Europas mit ihnen in Berührung kamen. Die Weberei des Inkawebers war bereits ein regelrechtes Handwerk, und die alten Gräber der Inkas zeugen von alter Kultur. Die baumwollenen Gewebe waren nur in blauen und braunen Tönen gefärbt, vielfach auch ganz ungefärbt. Die Wolle erstrahlte fast ausnahmslos in den sattesten Farben und wurde selten ungefärbt benutzt. Beizen scheinen die Inkas nicht verwandt zu haben; die Küpe und die Cochenille war ihnen dagegen bekannt. Die Herkunft des echten Schwarz ist unaufgeklärt; Gelb, Grün und Orange wurden in vollkommenster Frische und Schönheit mit Hilfe von einheimischen Pflanzen gefärbt. Auch sind Anfänge der Druckerei (auch des Reservedruckes) zahlreich vorhanden. Das Textilgewerbe der Azteken stand auf mindestens derselben Stufe. Auf solche Weise kamen die Farbwaren der Neuen Welt schnell in die Hände der Europäer, die inzwischen aber auch selbständig Fortschritte gemacht hatten (der regelrechte Waidbau sowie der Krappbau in Schlesien und Holland, zu deren Schutz zeitweise der Gebrauch von Indigo und Blauholz verboten wurde).

In England war schon 1472 eine Färberinnung gegründet; der richtige Aufschwung ist aber erst im 16. Jahrhundert zu beobachten. Frankreich übernahm die Färbekünste Hollands, und Colbert nahm sich durch Schaffung eines Gesetzes der Färberei mannhaft an. Colberts Gesetz bezweckte, dem Käufer gefärbter Ware von vornherein und ohne daß eine Untersuchung notwendig wäre, eine gewisse Garantie für die Echtheit und Dauerhaftigkeit der Färbung zu bieten, falls der gefärbte Stoff einer solchen Garantie wert ist. Die verschiedenen Stoffe mußten mit bestimmten Farbmaterialien gefärbt werden (Schön-, Schlecht- und Seidenfärber). Gleichzeitig wird das Gebiet der Färberei durch die damaligen bedeutendsten gelehrten Körperschaften Europas (französische Akademie und Royal Society in London) wissenschaftlich bearbeitet.

Einen Markstein in der Geschichte der Textilindustrie und damit auch der Färberei bildete Ende des 18. Jahrhunderts die Entwickelung der Baumwollindustrie (1776 Entdeckung der Egreniermaschine durch Whitney, 1782 der Dampfmaschine, 1774 der Spinnmaschine, dann 1805 des mechanischen Webstuhls von Jacqard). Die Entwickelung der chemischen Industrie (1774 Schwefelsäure, 1793 Soda von Leblanc) förderte die chemische Textilveredelung erheblich. Im einzelnen wurde 1747 die Türkischrotfärberei in Europa bekannt; 1785 führte Berthollet die Chlorbleiche zuerst mit Chlorwasser aus, 1798 stellte Tennant zuerst den Chlorkalk her; 1710 entdeckte der Berliner Alchimist Diesbach das Berlinerblau; 1749 lernte man durch Macquer das Berlinerblau waschecht auf der Faser zu fixieren; 1815 wurde Manganbister durch Hartmann auf der Faser erzeugt, in demselben Jahr das Katechubraun durch Kurrer; Vauquelin führte 1797 die Chromverbindungen in die Färberei ein; um das Jahr 1830 wurde das Blauholzchromschwarz technisch erzeugt. Alle diese Erfindungen zusammengenommen förderten die Textilveredelungsindustrie ganz außerordentlich und verliehen ihr einen veränderten Charakter.

Von der Mitte des 19. Jahrhunderts ab steht die Entwickelung im Zeichen der künstlichen Teerfarbstoffe, denen die völlige Umwälzung des Gewerbezweiges und die Entstehung einer neuen Großindustrie zu verdanken ist. Der Siegeslauf der künstlichen Teerfarbstoffe ist heute noch nicht beendet, und es vergeht kein Jahr, ohne daß neue, wichtige Farbstoffe entdeckt werden (s. a. S. 224).

Licht und Farbe.

Wenn ein Lichtstrahl, der nach der bisherigen Theorie durch die Wellenbewegung des Weltäthers erzeugt wird, einen Körper trifft, so sind dreierlei Möglichkeiten vorhanden: 1. der Strahl geht durch, 2. der Strahl wird reflektiert, 3. der Strahl wird vom Körper absorbiert. Das erstere trifft bei durchsichtigen, das zweite und dritte bei undurchsichtigen Körpern zu. Wenn sich hierbei die Reflektierung oder Absorption auf alle Spektren in gleichem Maße bezieht, so erscheint der Körper (weiße Lichtstrahlen vorausgesetzt) grau bis schwarz, je nach der Menge des reflektierten oder absorbierten Lichtes. Besitzt der Körper dagegen elektive Eigenschaften in bezug auf bestimmte Lichtstrahlen, so erscheint er gefärbt. Die Färbung eines Körpers ist also zunächst die Folgeerscheinung der Lichtzusammensetzung und in zweiter Linie der elektiven Absorption des Körpers gewissen Lichtstrahlen gegenüber. Diese Zusammensetzung des weißen Lichtes äußert sich in der bekannten Zerlegbarkeit desselben z. B. durch ein Glasprisma, wobei sechs Grundfarben unterschieden werden, die sich physikalisch u. a. durch verschiedene Wellenlängen und Schwingungszahlen unterscheiden. Außer den sichtbaren Spektralfarben enthält das Sonnenspektrum noch jenseits von Rot und von Violett Strahlen, die unser Auge nicht unmittelbar wahrnehmen kann, die aber durch besondere Mittel nachweisbar sind (Intrarot, Ultraviolett). Die zerlegten Strahlen, die nicht weiter zerlegbar sind, nennt man homogene, die weißen nennt man zusammengesetzte Strahlen. Die stärkste Brechung haben die ultravioletten und violetten, die schwächste dagegen die intraroten (auch ultrarot und infrarot genannt) und roten Lichtstrahlen.

Nach Messungen von Fresnel haben die homogenen Strahlen folgende Wellenlängen und Schwingungszahlen:

Farbe der Lichtstrahlen	Wellenlänge in Luft, in Mikromillimetern (tausendstel Millimeter = μ)	Zahl der Schwingungen in der Sekunde, in Billionen
Violett	0,423 μ	735
Indigoblau	0,449 μ	691
Zyanblau	0,475 μ	653
Grün	0,511 μ	607
Gelb	0,551 μ	563
Orange	0,583 μ	532
Rot	0,645 μ	500
Purpur	0,725—0,810 μ	

Die Strahlen können also nach Wellenlänge und Schwingungszahl exakt bestimmt werden, ohne daß deren Farbe angegeben wird. Strahlen von einer Wellenlänge unter etwa 0,400 bzw. über 0,800 μ sind für unser Auge unsichtbar; man nennt sie ultraviolette bzw. intrarote Strahlen. Heute wird die Wellenlänge der Lichtstrahlen allgemein in Angström-Einheiten (abgekürzt: A. E.) zum Ausdruck gebracht. Eine Angström-Einheit ist $^1/_{10000}\,\mu$ oder ein zehnmillionstel Millimeter. Die Wellenlänge von 0,4—0,8 μ ist also 4000—8000 A. E. Es ist aber fraglich, ob die Sichtbarkeit der Strahlen für das menschliche Auge immer die gleiche war. Es sind Anzeichen dafür vorhanden, daß das menschliche Auge im Laufe der Jahrtausende gelernt hat, Strahlen von immer geringerer Wellenlänge wahrzunehmen; nach dieser Annahme würde das Violett erst in der letzten Zeitepoche dem Menschen sichtbar geworden sein[1]).

Die von einem Körper nicht absorbierten Strahlen summieren sich zu einer zusammengesetzten Farbe und bilden die Eigenfarbe des Körpers (bei Bestrahlung mit weißem Licht); diese ist also die Komplementärfarbe zu den absorbierten Strahlen. Komplementär- und Eigenfarbe des Körpers bilden zusammen die zusammengesetzten weißen Lichtstrahlen (bzw. jeweils wirkenden Lichtstrahlen).

Da, wie erwähnt, die Eigenfarbe eines Gegenstandes u. a. von der Farbe oder Zusammensetzung der jeweils wirkenden Lichtstrahlen abhängt, so wird die Eigenfarbe eines Körpers je nach den es treffenden Lichtstrahlen verschieden sein können; vor allem wird ein Körper keine Lichtstrahlen verschlucken (absorbieren) und auch nicht reflektieren können, die in den es treffenden Strahlen gar nicht vorhanden sind. Hierdurch erklärt sich das verschiedene Erscheinen der eigengefärbten Körper in verschiedenen Lichtstrahlen (die Abendfarbe, die Färbung bei bengalischem Licht). Ein (bei weißem Licht) grün erscheinender Gegenstand, der also rotes Licht absorbiert und grünes reflektiert (zurückwirft), wird bei rotem Licht schwarz erscheinen, weil er die ihm dargebotenen Lichtstrahlen (die roten) verschluckt und nichts (zum Reflektieren) übrigbleibt. Im grünen Licht wird derselbe Körper umgekehrt klarer grün erscheinen, weil er alles ihm an Licht Gebotene reflektiert. Ein roter Gegenstand wird nach obigem das umgekehrte Verhalten zeigen: er wird bei rotem Licht klar rot, bei grünem

[1]) Homer (1000 v. Chr.) spricht nur von dem Rot des Regenbogens und erwähnt nicht das Blau des Himmels; Xenophanes im 6. Jahrhundert v. Chr. spricht vom Rot und vom Gelblichgrün, Aristoteles (4. Jahrhundert v. Chr.) sieht bereits das Blau im Regenbogen usw.

Licht schwarz erscheinen. Bei der Beleuchtung mit anderen Lichtarten werden die verschiedensten Effekte nach Maßgabe von Absorption und Reflexion entstehen.

Einheitliche Lichtstrahlen erhält man (z. B. für wissenschaftliche Versuche) am bequemsten durch Flammenfärbungen mit bestimmten Salzen, die einheitliche Farbstrahlen liefern. So liefert Kochsalz gelbe, Lithium — rote und gelbe, Barium — grüne Strahlen usw.

Farbstoffe sind solche Körper, die nicht nur (in den weitaus meisten Fällen) dem weißen Licht gegenüber ausgesprochene elektive Absorption üben, sogenannte „koloristische Funktion" besitzen oder gefärbt sind, sondern die auch gleichzeitig auf andere Körper durch Färben übertragen werden können, d. h. diesen Körpern dieselbe elektive Absorption und koloristische Funktion übertragen können. Der Farbstoffcharakter liegt in der chemischen Zusammensetzung der Farbstoffe begründet.

Das Licht übt ferner ausgesprochene photochemische Wirkungen auf Farb- und Faserstoffe aus, indem es diese mehr oder weniger angreift, zersetzt und zerstört. Hierbei sind die kurzwelligen, besonders die ultravioletten Strahlen im allgemeinen die wirksamsten, die „aktivsten". In neuerer Zeit sind umfangreiche systematische Untersuchungen über den Einfluß des Sonnen-, Tages- und ultravioletten Lichtes (Quecksilberdampflampe von Heraeus) auf Farb- und Faserstoffsysteme von Gebhard, Harrison, Turner, Entat, Vignon, Waentig, Kertesz sowie zuletzt von Heermann und Sommer angestellt worden.

Farbenlehre, Farbenharmonie, Farbenmischung.

Newton entdeckte 1704 die Zerlegbarkeit des weißen Lichtes in farbige Spektren und unterschied als Grundfarben: Rot, Orange, Gelb, Grün, Blau, Dunkelblau und Violett. Von diesen Farben hat man später die drei Farben Rot, Gelb und Blau als primäre oder monokolore Farben, die dazwischen liegenden, aus je zwei dieser Primärfarben entstehenden Farben Orange, Grün und Violett als sekundäre oder bikolore Farben und die alle drei Grundfarben enthaltenden Farben als tertiäre oder trikolore Farben bezeichnet. Aus den Grundfarben können alle beliebigen Farbentöne hergestellt werden.

Die Summe aller Farben im richtigen Sättigungsverhältnis zueinander ergibt Weiß oder Schwarz (bzw. Grau), je nachdem man es mit Lichtfarben oder mit Körperfarben tun zu hat. Bei den Lichtfarben (farbigen Lichtstrahlen) findet die nach Helmholtz benannte additive Farbenmischung (Farbenaddition) zu Weiß, bei den Körperfarben (farbigen Körpern) findet die sogenannte subtraktive Farbenmischung (Farbensubtraktion) zu Grau bis Schwarz statt. Die natürliche Folge der Farbensubtraktion ist die Abnahme der Helligkeit bei jeder Mischung, welche man mit Körperfarben vornimmt. Für die Färberei kommt die subtraktive Farbenmischung in Betracht. Der scheinbare Widerspruch zwischen Farbenaddition und Farbensubtraktion war lange eine viel umstrittene wissenschaftliche Frage (Newton, Goethe) und ist von Helmholtz aufgeklärt worden.

Die drei genannten Grundfarben Rot, Gelb und Blau bilden für den Praktiker bis heute noch den Ausgangspunkt für eine Erkenntnis der koloristischen Zusammensetzung sämtlicher Körperfarben und werden als die Grundlage des Dreifarbensystems[1]) betrachtet. In Wirklichkeit sind diese drei Grundfarben nicht in diesem Sinne zu bewerten, insofern sie im Farbenkreise nicht symmetrisch angeordnet oder gleichabständig sind und verschoben werden müssen (Hering, Helmholtz, Ostwald). Während sich nach diesem älteren System ein Dreifarbendreieck (s. Abb. 82) ergibt, das die Komplementärfarben nicht genau finden läßt, haben wir in dem Ostwaldschen Farbenkreise (s. a. w. u.) eine symmetrische und gleichabständige Anordnung der Farben, die die entsprechenden Gegenfarben oder Komplementärfarben zutreffend einordnet (s. Abb. 83).

In dem älteren Dreifarbensystem (s. Abb. 82) bilden die drei Farben Rot, Gelb und Blau die monokoloren Grundfarben. Von den bikoloren Farben können wir dreierlei Serien unterscheiden: die Rotgelbserie, die Gelbblauserie und die

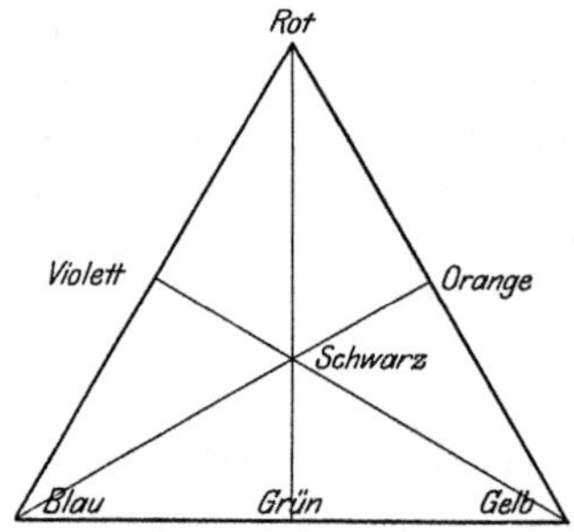

Abb. 82. Dreifarbendreieck.

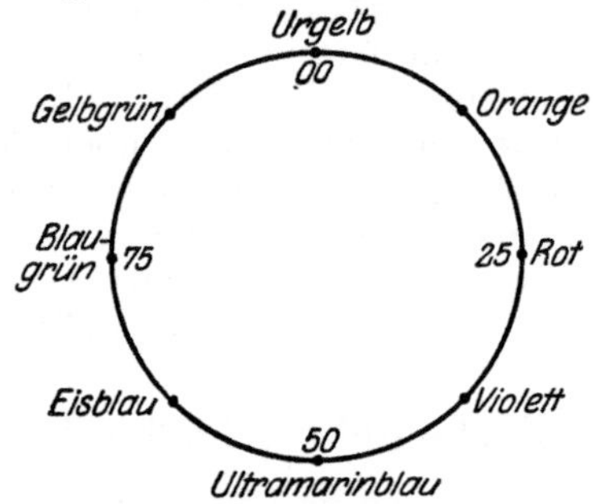

Abb. 83. Ostwalds 100teiliger Farbenkreis.

Blaurotserie mit den wichtigsten bikoloren Farben: Orange, Grün und Violett. Die Zahl der Einzeltöne ist hierbei unbeschränkt groß. Unendlich ist auch die Zahl der trikoloren Farben, die sich aus Mischungen sämtlicher drei Grundfarben bzw. aus einer Grundfarbe und der komplementären bikoloren Farbe zusammensetzen (Rotgrün, Gelbviolett, Blauorange). K. Mayer (a. a. O.) unterscheidet bei den tertiären oder trikoloren Farben auch drei besondere Serien: 1. die Rotschwarzgrünserie, 2. die Gelbschwarzviolettserie und 3. die Blauschwarzorangeserie.

Wenn auf eine Grundfarbe die beiden anderen Grundfarben einwirken, so findet bei der subtraktiven Farbenmischung stets eine Abdunkelung des Farbtons statt. Die trikoloren Farben sind deshalb stets dunkler, trüber und schwärzlicher als die leuchtenden und reinen Grundfarben. Erstere ähneln einander mehr als die Grundfarben, weil sie dem Schwarz näher kommen (Bordeaux, Braun, Olive).

Außer den Farbtönen unterscheidet man innerhalb derselben Farbentöne nach dem Grade der Helligkeit a) gesättigte, satte oder tiefe[2])

[1]) Auf dem Dreifarbensystem beruhen auch der Dreifarbendruck und die Lumièreschen Autochromplatten für die Farbenphotographie.

[2]) Nicht zu verwechseln mit den physikalischen Begriffen „Vertiefung“ bzw. „Erhöhung“ der Farben, das sind mit der Verschiebung einer Absorptionsbande in der Richtung zu den größeren bzw. kleineren Wellenlängen hin verbundene Änderungen der Farbe.

und b) ungesättigte, verdünnte, leere oder mehr und weniger helle Farbtöne. Ungesättigte oder helle Farbtöne sind solche, die durch Weiß, das in bezug auf die Körperfarben den Zustand vollkommenster Farblosigkeit darstellt, verdünnt sind. Je mehr dieser Weißzusatz abnimmt, desto satter oder dunkler werden die Farbtöne, desto geringer wird die Helligkeit derselben, bis zu einem Punkt, bei dem weitere Weißabnahme vom menschlichen Auge nicht mehr wahrgenommen wird. Diesen Punkt bezeichnet man auch als Sättigungsgrenze oder Saturation.

Das dritte Element, das zur eindeutigen und erschöpfenden Definierung einer Farbe gehört, ist (außer Farbenton und Helligkeit) die Reinheit der Farbe. Reine Töne bringen nur ihren besonderen Ton zum Ausdruck, ohne jegliche farblose Beimischung von Schwarz oder Grau. Die größte Reinheit haben Spektralfarben von mittlerer Helligkeit. Der Reinheitsgrad ist durch den Anteil an reinem Farbton darin bestimmt.

Die Schaffung einer einheitlichen Farbennomenklatur ist bereits von Chevreul, Rosenstiehl, Klaudy, K. Mayer und besonders von Ostwald angebahnt, ohne daß bisher ein System allgemein eingeführt worden ist.

Zu einem sehr einfachen, aber unvollkommenen System gelangt K. Mayer, indem er die drei Grundfarben Rot, Gelb und Blau mit den Zeichen R, G und B und den Sättigungsgrad mit einem Index bis 100 bezeichnet, z. B. also R_{100}, G_{100} und B_{100}. Ein Sattorange würde dann mit $R_{100}G_{100}$, ein Sattgrün mit $G_{100}B_{100}$, ein Sattviolett mit $R_{100}B_{100}$ bezeichnet werden können. Für den Grad der Intensität oder Sättigung hätte man die Indexbezeichnungen 0—100 für die Nomenklatur zur Verfügung, z. B. R_0 = Weiß, R_{20} = Hellrosa, R_{40} = Dunkelrosa, R_{60} = Lichtrot, R_{80} = Hellrot, R_{100} = Sattrot usw. Mischfarben (bikolore und trikolore) könnten beispielsweise die Formeln haben: $G_{30}B_{25}$, $R_{60}G_{100}B_{80}$ usw.

Wilhelm Ostwald[1]) legt der Ordnung und Bezeichnung der Farben die dreifache Mannigfaltigkeit (Farbton, Weißgehalt, Schwarzgehalt) zugrunde. Wenn man bei dem Weißgehalt 24—25 Stufen, bei dem Farbton gleichfalls 24 und bei dem Schwarzgehalt 10—12 Stufen festlegt, so gelangt man bereits zu etwa 6000 verschiedenen Farben. Da aber Weißgehalt, Farbton und Schwarzgehalt nicht unbeschränkt kombinierbar sind, und da die Unterscheidbarkeit bei abnehmendem Schwarzgehalt abnimmt, reduziert sich nach Ostwalds Ansicht obige Zahl auf etwa 3000 Farben, die für einen rationellen Farbenatlas zunächst erforderlich wären. Unser Auge vermag dagegen etwa eine Million Farben noch deutlich zu unterscheiden.

Für die Herstellung einer geeigneten Farbentonkarte oder eines Farbenatlas eignet sich am besten eine absolut matte, glanzlose Vorlage (Pigmentfarbenanstrich). Sowohl Ostwald als auch Krais empfehlen zu diesem Zweck matten Farbenaufstrich auf Papier, wie es z. B. bei Baumanns Farbentonkarte der Fall ist. Lichtfarbenapparate (Kallab, Arons) und Öldruckfarben (Radde, Cor) sind weniger brauchbar. Krais[2]) hat die wichtigsten Vorschläge für eine rationelle Farbenmessung oder -bestimmung zusammengestellt, wonach folgende Verfahren und Vorrichtungen besonders erwähnenswert sind:

---

[1]) Näheres über Ostwalds Farbenlehre s. weiter unten.
[2]) P. Krais: Z. angew. Chem. 1914, I, S. 25.

1. Chevreuls Farbenskala (1864) umfaßt 14 421 Töne. Einen Auszug dieser Skala mit 720 Tönen bildet der Code de Couleurs von Valette und Klinksieck. 2. Raddes internationale Farbenskala (auf dem Chevreulschen Prinzip beruhend) mit etwa 882 Farbentönen (erschienen 1877). Die 42 Grundfarben werden mit Zahlen (1—42), die abgeleiteten Töne mit den 21 Buchstaben a—v bezeichnet, so daß sich jede Farbe durch zwei Zeichen festlegen läßt. 3. Baumanns Farbentonkarte mit Farbenanstrichen[1]). 4. K. Mayers auf das Dreifarbensystem aufgebaute Farblösungen (Rhodamin B, Methylenblau B, Thioflavin T). 5. P. Wilhelms Farblösungen (Rhodamin 6 G extra, Thioflavin T, Viktoriablau B). 6. Kallabs Farbenanalysator mit gefärbten Zelluloidscheiben. 7. v. Klemperers und Löwes Farbprüfer. 8. Lovibonds Tintometer, besteht aus Sätzen von blauen, gelben und roten Gläsern[2]). 9. Arons Chromoskop, erzeugt die Farben auf rein physikalischem Wege durch Kombination von Kalkspatprismen und Quarzplatten. 10. Rosenstiehls und Dosnes Drehscheibenapparat. 11. Das Corlexikon von Langhein, ist ein Nachläufer der Raddeschen Farbenskala[3]). 12. Wilh. Ostwalds Farbenatlas[4]) mit etwa 2500 Farbenaufstrichen.

Ostwalds „absoluter Farbenlehre" stellte Becke seine „Natürliche Farbenlehre" entgegen. Eine eingehende Widerlegung der Ostwaldschen Farbenlehre versuchte K. W. F. Kohlrausch[5]).

Ostwalds Farbenlehre[6]).

In letzter Zeit hat sich besonders Ostwald der systematischen Farbenlehre angenommen und ihre wissenschaftlichen Grundlagen erweitert und gefestigt, anderseits dort, wo solche fehlten oder irrige waren, neue und zweckentsprechende geschaffen. In Anbetracht dieses homogenen Baues erscheint es trotz mancher Gegnerschaft zweckmäßig, das Ostwaldsche System hier im Zusammenhange, wenn auch in aller Kürze, zu skizzieren. Zwecks näherer Vertiefung in die Materie sei auf die Originalarbeiten Ostwalds verwiesen, die an Hand von Zeichnungen und Farbenerläuterungen ein tieferes Eindringen und ein besseres Verständnis des zum Teil nicht ganz einfachen Stoffes ermöglichen[7]).

Im Gegensatz zu den in den physikalischen Apparaten sichtbar werdenden unbezogenen Farben führt Ostwald den Begriff der bezogenen Farben ein, wie wir sie mit Rücksicht auf die Beleuchtung als eine Eigenschaft der Körper auffassen. Danach versteht Ostwald unter „Farbe" auch Weiß, Schwarz und Grau, also jede bewußte Farbenempfindung. Die Farben werden eingeteilt in

[1]) Zu beziehen von Paul Baumann in Aue i. Sa.

[2]) 1886 von The Tintometer Ltd., Salisbury, England, in den Handel gebracht.

[3]) Langhein in Otterndorf a. E.

[4]) Erscheint im Verlag Unesma G. m. b. H., Leipzig.

[5]) K. W. F. Kohlrausch: Phys. Z. 1920, S. 396, 423, 473.

[6]) Außer auf die Originalliteratur Ostwalds sei zwecks näheren Studiums auf einen neueren, mit farbigen Abbildungen versehenen, trefflichen Aufsatz von Ristenpart: Die Ostwaldsche Farbenlehre und ihr Nutzen für die Textilindustrie, verwiesen. Auch als Sonderdruck erschienen. (Leipz. Monatschr. Textilind. 1925, Hefte 11 und 12, S. 447 und 484.)

[7]) Es sei an dieser Stelle auf folgende Werke W. Ostwalds verwiesen, die sich mit der Farbenlehre u. ä. befassen: Die Farbenlehre, 5 Bände; Die Farbenfibel; Die Farbschule; Die Harmonie der Farben; Der Farbkörper; Farbnormenatlas; Die Farbtonleitern; Die Farbkreise u. a. m. Vorgenannte Schriften sind sämtlich in dem Verlag Unesma, G. m. b. H., Leipzig, erschienen.

a) unbunte Farben wie Weiß, Schwarz, Grau und alles, was dazwischen liegt, und b) in bunte Farben wie Gelb, Rot, Blau, Grün und alles, was dazwischen und daneben liegt.

Die unbunten Farben. Diese bilden eine stetige (kontinuierliche) und einfaltige (eindimensionale) Reihe mit den Endpunkten Schwarz und Weiß. Die Graureihe ist eindeutig und stetig. Die einzelnen Grautöne unterscheiden sich untereinander nur in bezug auf Helligkeit; sie bilden also nur Helligkeitsreihen. Die Grenzen der eben merklichen Verschiedenheiten im Grauton — ebenso wie auch bei bunten Farbentönen — nennt man Schwelle, die aber, je nach Übung des Auges usw., keinen absoluten Wert darstellt. Je größer der Bruchteil des auffallenden Lichtes ist, welcher von der Fläche zurückgeworfen (remittiert) wird, um so größer ist die Helligkeit des Tons, also um so heller oder lichter die Farbe. Den Bruchteil des zurückgeworfenen Lichtes nennen wir „Helligkeit". Wird alles Licht zurückgeworfen, so heißt die Fläche weiß, wird alles verschluckt (oder gar nichts zurückgeworfen), so heißt sie schwarz, wird ein Teil zurückgeworfen, so heißt sie grau. Dieses gilt für Flächen, die alle Arten von Licht gleichförmig zurückwerfen und verschlucken. Wirkt die Fläche auswählend (elektiv), so daß sie gewisse Arten von Licht reichlicher zurückwirft als andere, so ist die Farbe nicht mehr grau oder weiß, sondern bunt. — Jedes Grau wird durch den in Hundertsteln ausgedrückten Bruchteil des Lichtes gekennzeichnet, welchen es zurückwirft. Ein Grau 25 wirft $^{25}/_{100}$ oder $^{1}/_{4}$ des Lichtes zurück und ein Grau 4 oder 04 nur $^{4}/_{100}$ oder $^{1}/_{25}$. Ein solches Grau nennen wir noch Schwarz, dagegen das Grau 10 nicht mehr, während wir ein Grau 80, welches $^{20}/_{100}$ oder $^{1}/_{5}$ des Lichtes verschluckt, noch Weiß nennen. Die Mischung eines Grau 80 mit gleichen Mengen eines Grau 5 ergibt ein Grau 42,5 usw. Grau 42,5 empfinden wir aber nicht als gleichabständig von Grau 80 und von Grau 5. Nur wenn die Helligkeiten geometrische Reihen bilden, empfinden wir, gemäß dem Fechnerschen Gesetz, die Unterschiede als gleichabständig, z. B. bei den Grautönen 80: 20: 5, nicht aber bei arithmetischen Reihen wie 80: 42,5: 5. Eine geometrische Reihe mit gleichabständigen Farbenunterschieden ergeben z. B. folgende, abgerundete Zahlen: 100: 63: 40: 25: 16: 10: 06: 04 usw. Hieraus ergibt sich, daß das Schwarz das Aussehen von Weiß verhältnismäßig wenig beeinflußt (100: 63), während die geringsten Mengen von Weiß im Schwarz eine sehr deutliche Aufhellung des Schwarz bewirken (04:06), d. h. daß Weiß die Rolle des Reizes im Sinne des Fechnerschen Gesetzes übernimmt. Ostwalds praktische zehnstufige Grauleiter, zugleich in Buchstaben fixiert, ist folgende: 89 = a, 56 = c, 36 = e, 22 = g, 14 = i, 8,9 = l, 5,6 = n, 3,6 = p, 2,2 = r, 1,4 = t. Die Zwischenstufen (b, d, f usw.) sind wegen der geringen Unterscheidbarkeit durch das menschliche Auge überschlagen. Mit diesen Buchstaben a, c, e, g, i, l, n, p, r, t bezeichnet Ostwald das zugehörige Grau, so z. B. mit g ein Grau, das 22 Weiß und 78 Schwarz enthält. Im weiteren Zusammenhange werden die gleichen Buchstaben benutzt, um die entsprechende Weiß- oder Schwarzmenge zu bezeichnen. Diese unbunten Farben a, c, e, g, i, l, n, p, r, t gelten also als Normen. Um diese Normen stets zur Hand zu haben, dient ein kleines Gerät, die Grauleiter (zu beziehen durch den Verlag Unesma, Leipzig).

Die bunten Farben. Im Gegensatz zu den unbunten Farben zeigen die bunten Farben (Rot, Gelb, Grün, Blau usw.) eine dreidimensionale Mannigfaltigkeit. Man kann sie verschieben in bezug auf a) Farbton (rot nach gelb oder blau, blau nach rot oder grün usw.), b) Helligkeit oder Weißgehalt durch zunehmende Mengen Weiß (hellere oder lichtere Farben), c) Schwarzgehalt oder Reinheit durch zunehmende Mengen Schwarz, wodurch die Farben verdunkelt werden. Daher kann jede bunte Farbe als 1. aus reiner Farbe von bestimmtem Farbton (V), 2. aus Weiß (W) und 3. aus Schwarz (S) bestehend angesehen werden; sie bilden also eine dreifaltige oder dreidimensionale Mannigfaltigkeit. Durch Vorhandensein des Farbtons sind die bunten Farben von den unbunten unterschieden. Eine bunte Farbe ohne unbunten Anteil heißt nach Ostwald Vollfarbe (V). Alle wirklich vorkommenden Farben enthalten neben Vollfarbe einen unbunten Anteil.

Farbentonreihen und Farbenkreis. Die Farbtöne bilden eine stetige Reihe. Sie bildet eine in sich zurücklaufende Linie, d. h. einen Ring oder Kreis (im Gegensatz zu den unbunten Farben mit zwei Endgliedern Weiß und Schwarz von größtem Gegensatz). Der Kreis (s. Abb. 83) kann an jeder beliebigen Stelle willkürlich begonnen werden. Entgegengesetzt der alten Reihenfolge (Rot — Orange — Gelb — Grün — Blau — Violett) beginnt Ostwald den Kreis aus sachlichen Erwägungen mit dem hellsten Farbenton, dem reinen Gelb (Urgelb[1]), Zitronen- oder Schwefelgelb) und legt den Sinn des Fortschreitens in der umgekehrten Reihe als heute üblich[2]) fest, also: Gelb, Orange, Rot, Violett, Blau, Grün, oder genauer, indem er die Gleichabständigkeit der Farbentöne mit berücksichtigt: Gelb, Orange, Rot, Violett, Ultramarinblau, Eisblau, Blaugrün, Gelbgrün[3]). Zur Bildung eines stetigen Farbenkreises, bei dem die objektiv vorhandenen Verschiedenheiten noch sicher und deutlich empfunden werden, sind nach Ostwald 24 Farbentöne erforderlich. Auf solche Weise kommt ein 24teiliger Farbtonkreis zustande, s. auch die farbige Tafel hierzu.

Im Farbenkreis gibt es für jeden Farbton einen anderen, der von ihm am meisten verschieden ist. Der ganze Farbenkreis ist also erfüllt von solchen Paaren entgegengesetzter Farben, die Ostwald Gegenfarben (sonst auch Komplementär- oder Ergänzungsfarben genannt) nennt, und die sich an den Endpunkten eines Durchmessers befinden. Während beim Mischen von zwei sich nahestehenden Farben eine Mischfarbe entsteht, die zwischen den beiden Bestandteilen liegt (und die sich in sekundärer Weise durch zunehmende Trübung auszeichnet, die um so größer ist, je weiter die Bestandteile im Farbenkreis voneinander abstehen), ergeben Gegenfarben, die im Sättigungsverhältnis zueinander stehen, bei der optischen Mischung unbunte Farben, neutrales Grau. Solche polar entgegengesetzte Gegenfarben teilen den Farbenkreis in zwei Halbkreise; sie bilden die acht Haupt- oder Grundfarben:

Gelb — Ultramarinblau oder U-Blau,
Orange — Eisblau,
Rot — Blaugrün,
Violett — Gelbgrün.

In gleicher Weise müssen sich auch die Triaden (z. B. 2, 10, 18) zu farblosem Grau addieren usw.

Einteilung des Farbtonkreises. Aus dem so entstehenden stetigen Kreise werden 24 Stufen gleichen Abstandes gewählt, welche die Nummern 1—24 erhalten. Alsdann entfallen auf jede der 8 Hauptfarben drei Stufen, nämlich Nummer 1—3 auf Gelb, Nummer 4—6 auf Orange, Nummer 7—9 auf Rot, Nummer 10—12 auf Violett, Nummer 13—15 auf U-Blau, Nummer 16—18 auf Eisblau, Nummer 19—21 auf Blaugrün (Seegrün), Nummer 22—24 auf Gelbgrün (Laubgrün). Diesen Nummern von 1—24 entsprechen also nach dem Bezifferungssystem Ostwalds ganz bestimmte 24 Farbtöne. Als Vertreter der acht Hauptfarben dienen die jeweiligen in der Mitte liegenden Farbtöne, also für Gelb Nummer 2, für Orange Nummer 5, für Rot Nummer 8, für Violett Nummer 11, für U-Blau Nummer 14, für Eisblau Nummer 17, für Blaugrün Nummer 20, für Gelbgrün Nummer 23. Diese 24 Farbtöne sind heute, gegenüber den alten 100 Farbtönen, Ostwalds Farbtonnormen (s. auch den 24teiligen Farbenkreis).

Hellklare Farben und Reihen. Farben, die durch Zusatz von Weiß zur Vollfarbe entstehen, heißen nach Ostwald hellklare Farben und bilden Helligkeitsreihen. Wie bei der Graureihe machen sich auch hier kleine Zusätze von Weiß zur Vollfarbe im Aussehen sehr stark geltend, d. h. das Weiß übernimmt auch hier wie bei der Graureihe die Rolle des Reizes. Doch ist dieser Einfluß

---

[1]) Dieses Urgelb ist stets leicht reproduzierbar; die Pikrate, das pulverförmige Strontiumchromat, das Siriusgelb (Naphthanthrachinon der B. A. & S. F.) weisen sämtlich dieses reine Zitronen- oder Schwefelgelb auf.

[2]) Goethe, Brücke und Chevreul legten auch schon den Sinn des Fortschreitens in derselben Richtung fest wie Ostwald (allerdings von Rot beginnend); entgegengesetzt drehten Herschel, Bezold, Adams u. a.

[3]) Ostwalds Bezeichnungen: Kress für Orange, Veil für Violett, Seegrün für Blaugrün und Laubgrün für Gelbgrün habe ich, weil in der Textilindustrie ungebräuchlich, hier nicht übernommen.

Bei Tageslicht mustern! — Nicht offen liegen lassen!

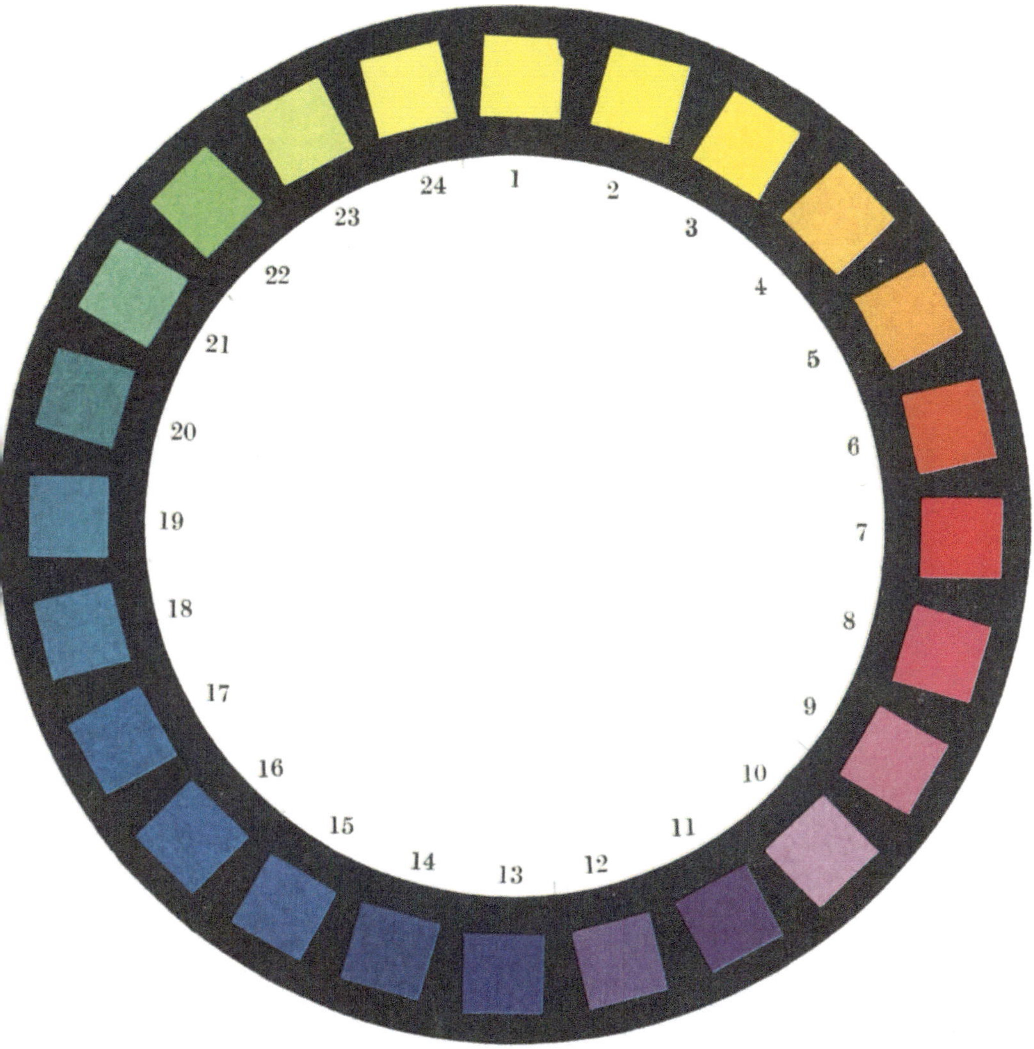

24-teiliger Farbenkreis von Ostwald.

(Hergestellt vom Verlag Unesma, G. m. b. H., Leipzig.)

Heermann, Textilveredelung. 2. Aufl. Verlag von Julius Springer, Berlin.

vom Farbton abhängig. Er ist am deutlichsten bei Blau (mit der kleinsten Eigenhelligkeit) und Violett, am schwächsten bei Gelb (mit der größten Eigenhelligkeit). Umgekehrt werden kleine Mengen Vollfarbe, die man dem Weiß zufügt, sehr wenig bemerkt; erst bei Zusatz von 10% macht sich der Farbton der Vollfarbe bemerkbar. Im übrigen verlaufen diese Helligkeitsreihen auch stetig wie die Graureihen mit einigen hundert unterscheidbaren Abstufungen (Schwellen).

Die Normung der hellklaren Farben geschieht wie bei der Graureihe, wobei die Vollfarbe an die Stelle von Schwarz tritt. Man bezeichnet hier ebenso die Anteile an Vollfarbe mit den gleichen Buchstaben a, c, e, g, i, l, n, p, wobei a natürlich wieder Weiß bedeutet; mit c wird die blasseste (mit dem größten Weißgehalt), mit p die tiefste (mit dem wenigsten Weiß) Farbe ausgedrückt. Auf Wolle und Seide, besonders Samt, kommt man noch tiefer, mit Papierfärbungen nur bis p.

Die Bezeichnung der hellklaren Farben. Von jeder Vollfarbe leitet sich eine Reihe hellklarer Farben bis zum Weiß ab. Da wir 24 Farbtonnormen (Vollfarben) haben, so entstehen 24 Reihen genormter hellklarer Farben, die erstens durch die Nummer des Farbtons, zweitens durch die Stufe des Weißgehaltes gekennzeichnet sind. So gehören zum zweiten U-Blau Nr. 14 die hellklaren, gleichabständigen Abkömmlinge mit dem Weißgehalt c, e, g, i, l, n, p, die sinngemäß als 14c, 14e, 14g, 14i usw. bezeichnet werden. Da hier die Vollfarbe an die Stelle des Schwarz in der Graureihe tritt, muß der Weißzusatz in geometrischer Reihe abnehmen. Um aber zum Ausdruck zu bringen, daß es hellklare, also (praktisch) schwarzfreie Farben sind, fügt Ostwald noch den Buchstaben a hinzu, der ja Weiß bedeutet. Die erwähnten Farben heißen also vollständig: 14ca, 14ea, 14ga, 14ia usw. Da jede Vollfarbe derart sieben hellklare Reihen bekommt, so ist die Zahl der hellklaren Normen $= 7 \cdot 24 = 168$. In der Praxis werden die Vollfarben durch Weißzusatz im Farbton geändert; so geht Orange bei zunehmender Verdünnung nach Gelb, Rot und Violett verändern sich wenig, Blau wird grüner oder röter, Grün bleibt stehen, Gelbgrün wird blauer, wobei die besondere Natur bestimmter Farbstoffe oft Abweichungen mit sich bringt.

Dunkelklare Farben und Reihen. Farben, die durch zunehmende Zusätze von Schwarz zu den Vollfarben entstehen, heißen dunkelklare Farben und die hierbei entstehenden Reihen dunkelklare Farbtonreihen. Nur sind die dunkelklaren Reihen auf Anstrichen technisch nicht so gut darzustellen, weil die schwarzen Aufstriche immer deutliche Mengen Licht zurückwerfen. Im übrigen herrschen hier ähnliche Gesetze wie bei den hellklaren Reihen; nur nimmt hier die Vollfarbe die Stelle des Weiß ein, übernimmt also die Rolle des Reizes (im Gegensatz zu den hellklaren Farben); man muß also für eine gleichabständige Reihe gleichen Farbtons den Anteil Vollfarbe nach geometrischer Reihe abnehmen lassen. Daraus folgt wieder, daß man große Mengen Schwarz zur Vollfarbe zusetzen kann, ehe man es merkt, während schon kleine Mengen Vollfarbe im Schwarz deutlich erkennbar sind. Die stärksten Änderungen zeigen sich im Gelb. Eine Bezeichnung der dunkelklaren Farben wie bei den hellklaren und grauen ist nicht erforderlich, da sie praktisch nicht vorkommen.

Trübe Farben. Wenn eine Farbe neben der Vollfarbe gleichzeitig Weiß und Schwarz enthält ($V + W + S$), so heißt sie trübe. Die trüben Farben bilden mit jeder Vollfarbe im Gegensatz zu den hell- und dunkelklaren Farben keine eindimensionalen, sondern zweidimensionale Reihen (zweifaltige Reihen). Drückt man die Anteile in Hundertsteln aus, aus denen die trübe Farbe jeweils besteht, so gilt für jede Farbe die Gleichung:

$$V + W + S = 100.$$

(V = Vollfarbe, W = Weißgehalt, S = Schwarzgehalt.) Bei hellklaren Farben ist S natürlich $= 0$, also sind sie $V + W$; bei dunkelklaren Farben ist wiederum $W = 0$, sie bestehen also nur aus $V + S$; bei unbunten Farben ist schließlich $V = 0$, also sind sie aus $S + W$ zusammengesetzt. Sind demnach für eine Farbe zwei der drei möglichen Werte gegeben, so ist damit die Kennzeichnung vollständig, da der dritte Wert aus der Grundgleichung zu berechnen ist, z. B. $V = 100 - W - S$.

Im farbtongleichen Dreieck VWS sind die drei Seiten: WS = die unbunte oder Graureihe, VW = die hellklare und VS = die dunkelklare Reihe.

Parallel zu diesen Seiten verlaufen gewisse Reihen, deren Farben untereinander in besonders nahem Verhältnis stehen, da in ihnen eine der Größen W oder S in der Farbgleichung unverändert bleibt. Wir erhalten so die Weißgleichen und die Schwarzgleichen (s. Abb. 84 und 85). Jedem Farbton kommt ein farbtongleiches Dreieck zu, für die 24 Farbtöne sind also 24 farbtongleiche Dreiecke möglich[1]).

Die Ortsbestimmung eines Farbstoffes im farbtongleichen Dreieck wird bestimmt, indem man gemäß dem gegebenen Weißgehalt des Farbtones die Weißgleiche und gemäß dem gegebenen Schwarzgehalt die Schwarzgleiche im Farbendreieck zieht. Der Schnittpunkt beider Linien ist der Ort der Farbe. Da die

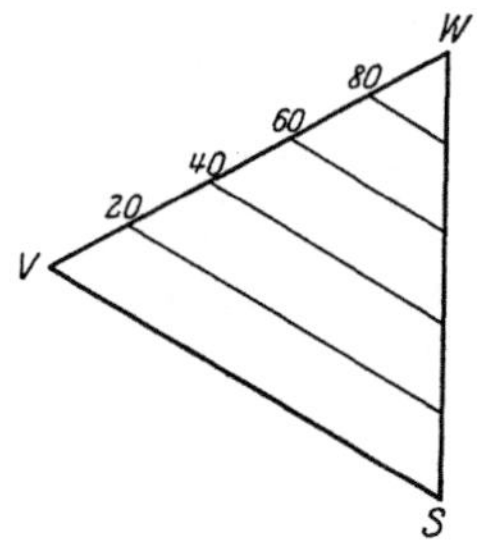

Abb. 84. Farbtongleiches Dreieck mit Weißgleichen.

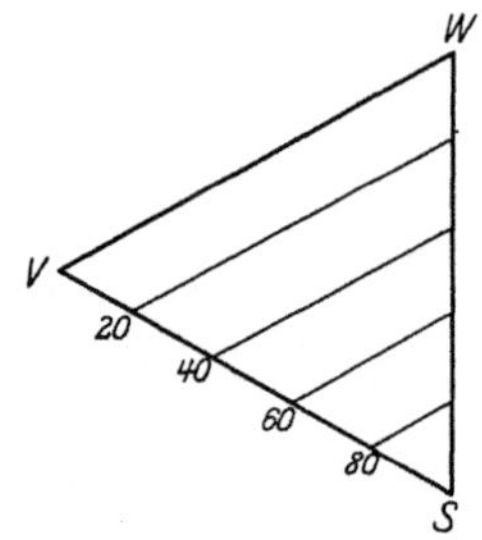

Abb. 85. Farbtongleiches Dreieck mit Schwarzgleichen.

Ostwaldsche Normung 24 Farbtöne fixiert hat, so gibt es auch 24 farbtongleiche Dreiecke mit verschiedenen Weiß- und Schwarzgehalten. In jedem Dreieck sind 28 nach Weiß und Schwarz verschiedene bunte Normen enthalten. Die Zahl der bunten Normen beträgt daher $24 \cdot 28 = 672$. Dazu kommen noch die acht unbunten Farben, so daß die Gesamtzahl der Farbnormen sich auf 680 stellt (sofern die Reihe bei p abgebrochen wird). Weiß- und Schwarzgehalt wird durch die Buchstaben a, c, e, g, i, l, n, p zum Ausdruck gebracht, derart, daß der erste Buchstabe den Weißgehalt, der zweite den Schwarzgehalt angibt. Die Vollfarbe wird, wie bereits erwähnt, durch die Zahlen 1—24 durch Vorausstellung vor die Buchstaben ausgedrückt. Beispiel: Farbe „8 le" ist eine Farbe mit dem Farbton 8 (zweites Rot), dem Weißgehalt l und dem Schwarzgehalt e. Die Farbtonbezeichnungen mit Zahlen und Buchstaben nennt Ostwald „Farbzeichen".

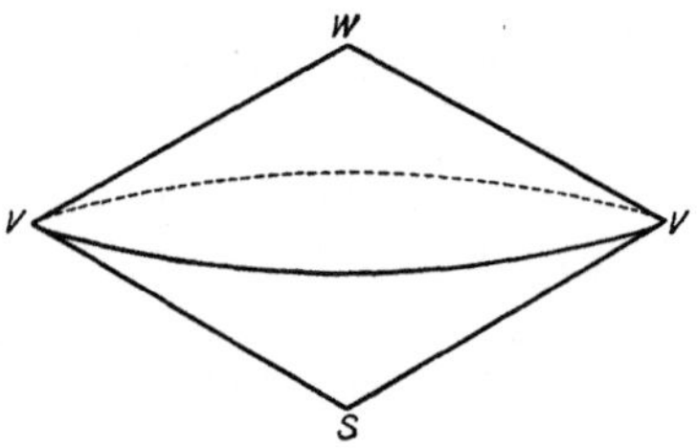

Abb. 86. Der Farbkörper.

Der Farbkörper. Die 24 farbtongleichen Dreiecke enthalten alle Abkömmlinge sämtlicher Farbtöne, also die gesamte Farbenwelt. Eine geeignete Zusammenstellung sämtlicher Farben entsteht, wenn man alle 24 farbtongleichen Dreiecke mit ihrer unbunten Seite so um eine gemeinsame Achse anordnet, daß die Dreiecke nach allen Seiten in den Raum hinausstreben. Sie bilden dann einen Doppelkegel, dessen Spitzen oben Weiß und unten Schwarz tragen, während im Umfange die Vollfarben liegen, die den Farbtonkreis bilden. Die obere Kegelfläche enthält die hellklaren, die untere die dunkelklaren Farben. Im Inneren liegen die trüben Farben, die um so blasser werden, je mehr sie sich der oberen, um so schwärzlicher, je mehr sie sich der unteren Spitze, und um so reiner werden, je mehr sie

[1]) Auf die weitere Definition des „analytischen", „psychologischen" und „logarithmischen" Dreiecks im Sinne der Ostwaldschen Lehre kann hier im Rahmen des kurzen Umrisses nicht eingegangen werden.

sich dem Umfange nähern. In der Achse zwischen den beiden Spitzen verlaufen die unbunten Farben. Ostwald nennt diesen Doppelkegel, der die ganze Welt der Farben einschließt, den „Farbkörper“ (s. Abb. 86).

Zusammengehörige Farben, Harmonien. Angenehm wirkende Farbengruppen sind „harmonisch“. Der Harmonie liegt ein gesetzmäßiger Zusammenhang, eine Ordnung zugrunde. Solche Ordnungen sind: farbtongleiche Harmonien, Schattenreihen, wertgleiche Kreise, Gegenfarben, Triaden oder Dreier usw. Unter Schattenreihen versteht Ostwald solche Farbenreihen, die durch Beschattung oder Aufhellung auseinander entstehen. Sie laufen im farbtongleichen Dreieck der unbunten Hauptachse parallel. Man kann sie auch (im Gegensatz zu den Weiß- und Schwarzgleichen) die „Reingleichen“ nennen. Wertgleiche Kreise sind diejenigen, die gleichen Weiß- und Schwarzgehalt aufweisen. Es sind im ganzen 28 solcher wertgleicher Kreise (entsprechend den 28 Rauten oder Feldern im farbtongleichen Dreieck), und da jeder Kreis 24 Farben enthält, so ist die Gesamtzahl der Farben, wie bereits erwähnt, $24 \cdot 28 = 672$. Die farbtongleichen Dreiecke ergeben als Harmonien mit gleichen Farbtönen und verschiedenen Weiß- und Schwarzgehalten, die wertgleichen Kreise dagegen bilden Harmonien mit verschiedenen Farbtönen, aber gleichen Weiß- und Schwarzgehalten. Eine gewisse Harmonie stellen die Gegenfarben mit dem Abstand 12 dar; mit abnehmender Reinheit wird die Wirkung sanfter. Solche Zweiklänge oder Gegenfarben sind z. B. die Farbtöne Nr. 2 und 14, Nr. 8 und 20 usw. Die Dreier oder Dreiklänge, Triaden, mit dem Abstand 8 haben ähnliche Wirkung; sie sind aus je drei Farbtönen zusammengesetzt, von denen jeder vom anderen um 8 Nummern absteht. Beispiel: Nr. 1, 9 und 17.

Normalpigmente. Als weißestes Pigment hat Ostwald das Bariumsulfat erkannt, als schwärzestes ein aus besonders hergestelltem Ruß bestehendes Pigment, das „Diamantschwarz“, das nur 1,4% des auffallenden Lichtes zurückwirft. Ferner benutzte Ostwald für Feststellung der einzelnen Punkte im alten 100teiligen Farbenkreis folgende Farbstoffe bzw. daraus hergestellte Lacke für die Farbenaufstriche: für den Farbton 00 oder das reine Gelb oder Urgelb = das Siriusgelb [B] oder das Naphthanthrachinon; für den Punkt 6 oder den Farbenton Nr. 6 = das Auramin 0; für den Punkt 17 des Farbenkreises = das Orange II P; für den Punkt 28 = das Eosin A; für den Punkt 40 = das Rhodamin 3 B; für den Punkt 54 (nahe am Urblau oder Punkt 50) = das Brillantwollblau FFR [By]; für den Punkt 68 (Zyanblau) = das Brillantsäureblau FG [By]; für den Punkt 76 = das Brillantsäuregrün GG [By].

Auf die von Ostwald geübten Verfahren zur Messung und Bestimmung der Farben mit Hilfe des Lambertschen Spiegels, der Drehscheibe, des Polarisationsfarbenmischers usw. kann hier nicht näher eingegangen werden. Da nun durch diese Hilfsmittel Farbton, Weiß- und Schwarzgehalt einer gegebenen gefärbten Fläche bestimmbar sind, so kann auch jede beliebige Körperfarbe durch eine aus sechs Ziffern bestehende Kennzahl exakt wiedergegeben und festgehalten werden. Auf empirischem Wege wird die Kennzahl und damit die Stellung von jedem Farbton mit Hilfe des Farbenatlas oder — weniger genau — mit Hilfe des Farbkörpers, der 680 verschiedene Farbtöne enthält, ermittelt.

Theorie der Färbevorgänge[1]).

Bei den Färbe- und Beizvorgängen hat man es zum Teil mit untereinander ganz verschiedenen und nicht unmittelbar vergleichbaren Vorgängen zu tun. Vor allem sind zu unterscheiden: Primäre und sekundäre, gegebenenfalls auch tertiäre Vorgänge, die ihrem Wesen nach ganz verschieden verlaufen. Unter einer Färbetheorie schlechtweg wird in der Regel die Theorie der primären Färbung verstanden.

[1]) Nachfolgend werden die verschiedenen Färbetheorien nur andeutungsweise erwähnt. Näheres s. bei Pelet - Jolivet und bei C. Schwalbe (a. a. O.), denen ich hier im wesentlichen folge.

Unter primärer Färbung versteht man diejenige Färbung, die durch Einwirkung von Farbstoff auf Faser ohne Vermittelung von Hilfsbeizen od. ä. in einem Färbbade unter Konzentrationsabnahme der Farbstofflösung vor sich geht, die also auf der unmittelbaren Verwandtschaft der Faser zu dem Farbstoff beruht.

Zu den ausgesprochen sekundären Färbe- oder Beizvorgängen gehören solche, bei denen der Faser vor dem Färben eine Komponente einverleibt wird, die nachher beim Färben bzw. Weiterbeizen eine Verbindung mit dem Farbstoff bzw. dem Beiz- oder Fixationsmittel eingeht, bei denen die Faser sich also gewissermaßen eines Vermittlers oder einer Brücke bedient und nicht unmittelbar auf Farbstoff oder Beize einwirkt.

Zu solchen sekundären Färbevorgängen sind z. B. zu rechnen: das Färben von pflanzlichen Fasern mit basischen Farbstoffen auf Tannin-Antimongrund, das Färben der Beizenfarbstoffe auf mit Chrom, Tonerde, Eisen usw. gebeizten Faserstoffen u. a. m. In solchen Fällen entstehen Farblacke oder Adsorptionsverbindungen, die in der Regel auch ohne Zutun der Faser im Bade selbst entstehen und unter gewissen Arbeitsbedingungen als unlösliche Verbindungen ausfallen. Als sekundärer Färbevorgang ist ferner die Bildung von gewissen Mineralfarben auf der Faser (Berlinerblau, Chromorange, Chromgelb usw.) aufzufassen. Auch die voraufgegangene mechanische Imprägnation einer Faser mit Ausgangsstoffen oder Komponenten für die Bildung von Farbstoffen (Pigmenten), z. B. mit Anilinsalz, Betanaphthol usw.) und die darauf folgende Farbgebung durch Oxydation, Kuppelung u. ä. ist nicht als primärer Färbevorgang anzusprechen. Als sekundäre Beizvorgänge sind z. B. die Fixation von Antimon als Tannat, die Überführung von Zinnoxyd in Zinnphosphat usw. anzusehen. Alle diese Vorgänge des Färbens und des Beizens erklären sich verhältnismäßig einfach als chemische Vorgänge oder Adsorptionserscheinungen zweiten Grades auf der Faser zwischen untereinander reaktionsfähigen Körpern und sind als chemische Verbindungen, als Komplex-, Adsorptionsverbindungen usw. zu deuten, die in ihrem Einzelverlauf zum Teil recht verwickelt und noch nicht aufgeklärt sind.

Gegenüber den angeführten Beispielen der sekundären Färbevorgänge sind z. B. das Färben der Baumwolle mit substantiven, wie das Färben der Wolle mit basischen oder sauren Farbstoffen als Färbevorgänge ersten Grades oder primäre, unmittelbare Vorgänge zu bezeichnen.

Die ersten Erörterungen über den Fixierungsvorgang des Farbstoffes auf der Faser verdankt man Chevreul (1834), der den Färbevorgang im wesentlichen als eine Art Salzbildung betrachtete. Dieser Auffassung schloß sich später auch Schützenberger an.

Seit 1888 befaßte sich u. a. besonders Knecht mit der Theorie der Färbevorgänge. Ihm folgten Weber, Vignon und viele andere. 1890 trat Witt mit seiner Lösungstheorie und 1894 v. Georgievics mit seiner physikalischen Theorie hervor. Krafft, Justin-Müller, Dreaper und Zacharias begründeten später die Kolloidtheorie. Freundlich sowie Pelet und deren Mitarbeiter studierten die Frage der Adsorption, und schließlich begründeten Pelet - Jolivet und seine Schüler auf Grund der Perrinschen Regeln der Berührungselektrisierung eine neue „berührungs-elektrische“ Theorie. In neuerer Zeit befaßten sich u. a. Haller, Elöd u. a. mit färbetheoretischen Fragen.

Nach der chemischen Färbetheorie findet eine chemische Vereinigung von Faser und Farbstoff statt (Knecht, Weber, Vignon u. a.). Sie war eine Zeitlang herrschend (seit Knecht); heute ist dieser Theorie jedoch viel Boden entzogen worden, obwohl auch neuere Arbeiten teilweise gezeigt haben, daß wenigstens bei der Färbung tierischer Fasern chemische Vorgänge eine Rolle mit spielen. So hat es z. B. Suida sehr wahrscheinlich gemacht, daß die Wolle im Färbebade leicht hydrolysiert wird und ihre Spaltstücke einer chemischen Vereinigung mit Farbstoffen fähig sind. Die Baumwollfärbung rein chemisch zu erklären, erschien dagegen stets gezwungen; so erscheint z. B. die Vorstellung wenig einleuchtend, daß sich das träge Zellulosemolekül chemisch mit Azokomplexen vereinigt, daß Esterbildung stattfindet usw. Vor allem sind hierfür keinerlei experimentellen Belege beigebracht worden wie zum Teil bei der Wolle. Im allgemeinen sind die Versuche als gescheitert zu betrachten, die den Nachweis bringen sollten, daß die Verbindung Faser-Farbstoff dem Gesetz der multiplen Proportionen gehorcht, wie das Rosenstiehl zu beweisen suchte.

Die ältere rein mechanische Färbetheorie kann heute in bezug auf die substantive Färbung als völlig abgetan gelten. Sie hat nur bei den Färbevorgängen Berechtigung, wo eine einfache Imprägnation (nicht Adsorption) von Lösungen stattfindet, die durch nachträgliche Oxydation oder Wechselwirkung unlösliche organische oder anorganische Pigmente oder Beizen bilden. Diese Vorgänge können aber nicht zu den primären Färbungen gerechnet werden (vgl. auch das eingangs hierüber Gesagte).

Als neuere Form der mechanischen Theorie kann bis zu einem gewissen Grade die Adsorptionstheorie (Oberflächenanziehung) angesehen werden. Hiernach wird der Farbstoff unter Konzentrationsänderung der Lösung aus der Farbstofflösung herausgezogen und auf der Oberfläche niedergeschlagen (Wilhelm Ostwald, L. M. van Bemmelen, W. Biltz, H. Freundlich, Pelet, G. Loser u. a.). Große Bedeutung wird hierbei der Gleichartigkeit dieses Vorganges bei allen möglichen adsorbierenden Materialien beigelegt, die zur befriedigenden mathematischen Formulierung des Adsorptionsvorganges geführt hat. Nahe verwandt damit ist die physikalische Theorie. Haller hält z. B. noch neuerdings die substantive Färbung der Baumwolle für einen rein physikalischen Vorgang, womit allein eigentlich noch nicht viel gesagt ist.

Eine Erweiterung und Verbesserung des Vorstellungskreises der Adsorptionstheorie bedeutet das Hineinbeziehen der Kolloidnatur der Fasern und Farbstoffe, insbesondere der ersteren. Der kolloidale Charakter der meisten Farbstoffe ist dann später von anderen Forschern geleugnet und z. B. von Knecht zum Teil widerlegt worden.

Der Adsorptionstheorie verwandt ist die Adhäsionstheorie, die von Krafft zu einer Membrantheorie entwickelt worden ist.

Eine weitere Theorie ist die osmotische oder Diffusionstheorie, nach der die Färbung eine unter hohem osmotischen Druck des Farbbades in den Zellräumen der Baumwolle erzeugte wässerige Lösung eines Farbstoffes von sehr kleinem Diffusionsvermögen ist. Später hat Rosenstiehl die Vorstellungen wieder aufgenommen. Er betrachtet den osmotischen Druck als eines der Mittel, über die wir zur Erzielung der Adhäsion verfügen.

Justin-Müller hat den Löslichkeitskoeffizienten bei der Deutung des Färbevorganges in den Vordergrund geschoben. Nach ihm beruht der ganze Prozeß des direkten Färbens in der proportionalen Verschiedenheit des Löslichkeitskoeffizienten des Farbstoffes in dem Färbemedium und dem Adsorptionsbindungskoeffizienten der Faser im kolloidaktiven Zustande, d. h. bei bestimmter Temperatur. Nach Pelet-Jolivet kommt der Löslichkeit nur eine sekundäre Rolle zu.

Nach der Wittschen Lösungstheorie (oder Absorptionstheorie) findet eine „starre Lösung" von Farbstoff in Faser statt[1]). Diese Theorie wird von den meisten Forschern auf färbetheoretischem Gebiete abgelehnt, u. a. weil die Adsorptionsgesetzmäßigkeiten mit ihr im Widerspruch stehen.

Um diesen Widerspruch auszuschalten, ist von v. Georgievics die Sorptionstheorie aufgestellt worden, die die Adsorptions- und Lösungstheorie zu vereinigen sucht. Darnach verläuft der Färbeprozeß nicht einfach, sondern dualistisch, indem er sich aus „Lösung" und „Adsorption" zusammensetzt. Nach v. Georgievics entsteht bei der substantiven Färbung zunächst eine feste Lösung des Farbstoffes in der Faser, und erst später, bei Erhöhung der Konzentration des Färbbades, findet Adsorption, d. h. eine Verteilung des Farbstoffes zwischen Faser und Flotte im Sinne der Adsorptionsregel statt[2]). Sehr helle Färbungen sind daher als feste Lösungen zu betrachten, und auch bei dunklen Färbungen ist immer ein Teil des Farbstoffes in der Faser homogen verteilt bzw. „gelöst".

Von hohem wissenschaftlichen Interesse ist schließlich die kontaktelektrische Theorie von Pelet-Jolivet, die auf den Regeln der Berührungselektrizität Perrins beruht, und die der Heermannschen Theorie der Primärbeizung am nächsten kommt. Nach Pelet-Jolivet sind die Fasern (in alkalischem Bade) negativ, die basischen Farbstoffe positiv geladen; unter Ausgleich der Ladungen erfolgt die Fällung (Adsorption) des einen Kolloids auf dem anderen. Bei den sauren Farbstoffen, die in saurem Bade gefärbt werden, findet durch Säurezusatz eine Umladung der Faser statt, sie wird positiv geladen. Die gewisser-

[1]) Im Gegensatz zur Adsorptionstheorie, nach der nur die Oberfläche der Faser wirkt, wird hier der Farbstoff im Faserinneren gelöst oder von ihm absorbiert.

[2]) Für bestimmte Färbungen (z. B. Pikrinsäure auf Wolle und Seide) hat v. Georgievics experimentell nachgewiesen, daß die Verteilung des Farbstoffes zwischen Faser und Flotte nach dem Verteilungssatz erfolgt und mathematisch ausgedrückt werden kann.

maßen mit positiven Ionen gebeizte Faser adsorbiert den negativen sauren Farbstoff. Diese kontaktelektrische Kolloidtheorie gibt eine neue Deutung der gegenseitigen Adsorption von Kolloiden. In jüngster Zeit hat sich besonders auch Elöd mit dem Studium der Färbevorgänge eifrig befaßt.

Alles in allem erscheint es nach Grandmougin „wenig wahrscheinlich, daß es jemals möglich sein wird, der Gesamtheit der Färbevorgänge eine einheitliche Deutung zu geben. Die Färbevorgänge gehören zu den verwickeltesten Prozessen, die wir kennen, bei denen sowohl physikalische als auch chemische Kräfte in wechselndem Verhältnis tätig sind. Das jeweils erzielte Ergebnis ist dabei die Resultante aus zahlreichen Kräften, die wir sowohl ihrer Natur als auch ihrer Stärke nach nur ungenügend kennen".

Beizvorgänge. Die meisten Beizvorgänge sind Sekundärreaktionen, so das Beizen der Wolle mit Bichromaten und Reduktionsmitteln usw. Am reinsten finden wir die primären Beizprozesse in der Erschwerungstechnik der Seide, wo durch bloßes Einlegen der reinen Seide in kalte wässerige Lösungen von Chlorzinn, basischem Ferrisulfat u. a. unter Konzentrationsabnahme und Erwärmung der Beizbäder eine unauswaschbare Beizfixation stattfindet, die dem primären Färbevorgang durchaus analog ist und wohl auf dieselben Ursachen zurückzuführen ist. Diese Vorgänge, die insbesondere von Heermann systematisch studiert worden sind, werden von ihm letzten Endes einerseits auf die elektrische Ladung der Faser und andererseits auf die Dissoziation der Beizen zurückgeführt, wobei unter Ausgleich der Ladungen die Fällung (Adsorption) der Beize auf dem Faserkolloid stattfindet.

Beispielsweise wird bei der Primärbeizung der Seide mit Chlorzinn einerseits die Seide im sauren Bade positiv geladen, anderseits befindet sich das Chlorzinn in stark elektrolytisch dissoziiertem Zustande. Nach Werners Formulierungen befinden sich hierbei neben den Wasserstoff- und Halogenionen noch zwei andere Ionengattungen. Von diesen ist die eine das negativ geladene Chlorzinnhydroxydion, das andere das positiv geladene Zinnhydration. Zwischen dem ersteren dieser beiden und der positiv geladenen Seidenfaser findet ein Ausgleich der Ladungen statt, und das Metallhydrat wird in der Faser niedergeschlagen bzw. von ihr adsorbiert. Nach Elöd ist diese Deutung nicht zutreffend.

Farbechtheit.

Unter Echtheit oder Farbechtheit von Farben und Färbungen versteht man deren Widerstandsfähigkeit gegen die verschiedensten Einwirkungen, z. B. gegen diejenigen von Luft und Licht, Wasser, Seife, Alkalien, Säuren, Chlor, Hitze, Dampf usw., denen die gefärbte Faser a) im Laufe ihrer Verarbeitung oder Veredelung, b) im praktischen Gebrauch unterworfen wird. Absolut echte Färbungen gibt es nicht. Echt oder angemessen echt ist eine Färbung dann, wenn die Färbung den Gegenstand oder die Gebrauchszeit des Gegenstandes überdauert. Hieraus geht hervor, daß je nach der Verwendung und Bestimmung eines gefärbten Gegenstandes der Begriff echt oder unecht sehr verschieden sein kann, daß „echt" also ein relativer Begriff ist. Strapazier- und Dauerstoffe müssen eine gänzlich andere Echtheit aufweisen als z. B.

Abendtoiletten, Karnevalsartikel und ein großer Teil der Modetoiletten, die nur kurze Zeit getragen werden sollen oder einer besonderen Echtheit nicht wert sind.

Auch solche Färbungen, die nach jeder Richtung hin echt sind, gibt es nicht. Ein Teil der Färbungen ist z. B. vorzugsweise licht- und waschecht, ein anderer wieder wasser-, schweißecht usw. Mit Rücksicht hierauf hat sich die Ausrüstungsindustrie in erster Linie nach dem Verwendungszweck des zu färbenden Materials zu richten.

Die moderne Textilveredelungsindustrie verfügt heute über eine recht große Anzahl echter Farbstoffe, welche diejenigen der alten Zeiten in bezug auf Echtheit wesentlich überholt haben. Der ursprüngliche schlechte Ruf der „Anilinfarbstoffe" gehört der Vergangenheit an. Wenn heute trotzdem neben den echten Farbstoffen eine Unmenge unechter Farbstoffe verarbeitet wird, so ist dieses 1. auf die bereits angeführten Gründe (verschiedenste Echtheitsansprüche an verschiedene Warengattungen) und 2. auf wirtschaftliche Gesichtspunkte zurückzuführen insofern, als sich die Herstellung der Echtfärbungen erheblich teurer stellt als diejenige der unechten Färbungen. Es darf an dieser Stelle aber nicht verschwiegen werden, daß in dieser Beziehung doch häufig gesündigt und zu engherzig verfahren wird, indem vielfach viel zu unechte Färbungen erzeugt werden 1. aus Unkenntnis der einschlägigen Verhältnisse und Ansprüche, 2. aus Bequemlichkeit und Hang am Alten. Ein gut geleiteter Färbereibetrieb sollte sich deshalb stets Klarheit darüber verschaffen, zu welchen Zwecken das gefärbte Material später verwendet und wie weit in bezug auf Echtheit gegangen werden soll. Selbst als Lohnbetrieb sollte die Färberei nötigenfalls ihren Auftraggeber aufklären und zu bewegen suchen, vom Althergebrachten u. U. aus Nützlichkeitsgründen abzulassen. Allgemeine Gesichtspunkte hierüber lassen sich jedoch nicht aufstellen; mit Rücksicht auf die Gesamtumstände ist immer von Fall zu Fall zu entscheiden.

Bis in die neuere Zeit hinein fehlte es an einem vereinbarten Maßstabe und Meßverfahren für den Echtheitsgrad der Färbungen. Die Beurteilung der Farbechtheit wurde mehr oder weniger willkürlich und vielfach widersprechend gehandhabt, und die Werturteile verschiedener Gutachter über sie gingen meist sehr weit auseinander. Erst im Jahre 1909 regte Heermann an[1]), die Farbechtheit zu normalisieren, Standardechtheitstypen aufzustellen und möglichst so weit auszubauen, daß jede Echtheitseigenschaft zahlenmäßig zum Ausdruck gebracht werden konnte. Bald darauf (1911) konstituierte sich in Deutschland die „Echtheitskommission"[2]), die 1914 ihren ersten Bericht und 1916 den zweiten Bericht veröffentlichte[3]).

---

[1]) Auf dem VII. Internationalen Chemiekongreß in London, 1909.

[2]) Der Fachgruppe für Chemie der Farben- und Textilindustrie im Verein Deutscher Chemiker.

[3]) Diese Berichte der Echtheitskommission sind u. a. an folgenden Stellen erschienen: Z. angew. Chem. 1914, I, S. 57; Lehnes Färber-Z. 1914, Nr. 3 und 4; Chem.-Zg. 1914, S. 154; Z. angew. Chem. 1916, I, S. 101. S. auch Heermann: Färberei- und textilchemische Untersuchungen, IV. Aufl. — Sonderdrucke sind bei Prof. Dr. Krais, Dresden, Wiener Straße 6, zu haben.

Die Ziele und Richtlinien der Kommissionstätigkeit waren kurz folgende. Zunächst sollten die Echtheitsprüfungen und -begriffe vereinheitlicht und klargestellt werden. Die Echtheitsprüfungen beziehen sich überall auf Färbungen und nicht auf die zugehörigen Farbstoffe, welch letztere je nach ihrer Anwendungsart ganz verschiedene Echtheitsgrade der Färbungen ergeben können. Die Festlegung des jeweiligen Echtheitsgrades für jede Echtheitseigenschaft geschieht durch bestimmte Standard- oder Vergleichstypen, die möglichst von mehreren Farbenfabriken in gleicher Zusammensetzung erzeugt werden. Die Typen werden nach genau normierter Weise behandelt und ergeben die Normenabweichungen vom ursprünglichen Farbton bzw. die sonstigen Erscheinungen (wie Ausbluten u. dgl.). Diese Normen setzen, ebenso wie die Farbstofftypen, in ihrer Reihenfolge möglichst weit auseinanderliegende Echtheitsgrade fest. Für jede in Betracht kommende Echtheitseigenschaft (wie Lichtechtheit, Waschechtheit usw.) sind als Normen fünf, bei der Lichtechtheit acht Grade oder Klassen festgesetzt, wobei I die geringste, V die höchste (bei Lichtechtheit VIII die höchste) Echtheit bezeichnen.

Nach diesen Grundsätzen sind bisher folgende Echtheitseigenschaften normiert worden.

Für Baumwolle, Wolle und Seide: 1. Lichtechtheit, 2. Waschechtheit, 3. Wasserechtheit, 4. Reibechtheit, 5. Bügelechtheit, 6. Schwefelechtheit, 7. Schweißechtheit.

Für Baumwolle und Wolle: 8. Alkaliechtheit (Straßenschmutz und -staub), 9. Säurekochechtheit (Überfärbeechtheit).

Für Baumwolle und Seide: 10. Säureechtheit.

Für Baumwolle: 11. Bäuchechtheit, 12. Chlorechtheit, 13. Merzerisierechtheit.

Für Wolle: 14. Bleichechtheit, 15. Walkechtheit, 16. Karbonisierechtheit, 17. Pottingechtheit, 18. Dekaturechtheit, 19. Seewasserechtheit.

Für Seide: 20. Bleichechtheit. (Weitere Echtheitseigenschaften von Seidenfärbungen sollen noch normiert werden.)

Wenngleich diese Prüfungsnormen und -verfahren der Echtheitskommission noch nicht abgeschlossen und nicht als unverrückbar anzusehen sind, so bedeuten sie dennoch nach dem eingangs Ausgeführten eine Arbeit von großer wirtschaftlicher Bedeutung und sind geeignet, den berechtigten Echtheitsbestrebungen einen wertvollen Rückhalt zu liefern.

Im Rahmen der vorliegenden Arbeit konnte die Echtheitsfrage nur summarisch abgehandelt werden. Zwecks näherer Unterrichtung über die Echtheitsgrade der einzelnen künstlichen Farbstoffe wird auf die Literatur der Farbenfabriken verwiesen, die ihre Erzeugnisse nach Färbemethoden und Echtheitseigenschaften systematisch geordnet haben.

Fehler und Schäden im Veredelungsgut.

In Veredelungsbetrieben kommen vielfach Fehler und Schäden vor, deren Entstehungsursachen außerordentlich vielfältig sein können. Außer ganz offensichtlichen Erscheinungen seien nachstehend die wichtigsten, generellen Ursachen von Flecken, Streifen, Banden, Wolken usw., die im Farbgut vorkommen, erwähnt.

Ursachen von Mängeln und Schäden, die nicht auf die Veredelungsprozesse, sondern auf das Rohmaterial und die mechanische Verarbeitung desselben zurückzuführen sind, sind u. a. folgende: 1. Ungleichmäßigkeit der Garne in bezug auf Art, Herkunft und Qualität des verarbeiteten Rohmaterials. 2. Quantitativ und qualitativ verschieden gearbeitete Garne (Grad und Richtung des Dralls). 3. Ungleichmäßigkeit der Spannung von Kette und Schuß in Geweben; zu straff oder zu locker angelegte Leisten. 4. Ungleichmäßigkeit der Dichte von Kette und Schuß, der Garnnummer. 5. Gehalt der Ware an (besonders verdicktem und unlöslich gewordenem) Mineralöl.

Ursachen, die auf die Behandlung in der Färberei usw. zurückzuführen sind: 1. Unsaubere Geräte, Geschirre, Maschinen; ungenügendes Auskochen neuer Holzgeschirre (Harzflecke). 2. Ungenügendes Waschen, Kochen, Bäuchen, Entbasten, Entschlichten usw. 3. Unzulängliches Spülen und Netzen. 4. Ungleichmäßiges Erhitzen und Abkühlen von Behandlungsbädern vor deren Wiederbenutzung. 5. Ungleichmäßiges Abkühlen von Strang- und Stückware vor deren Weiterbehandlung. 6. Berührung der Ware mit heißen Dampfrohren im Bade. 7. Teilweises Herausragen und Antrocknen des Farbguts. 8. Hängenlassen imprägnierter, gebeizter usw. (auch nicht genügend gewaschener) Ware auf Böcken od. dgl. 9. Übereinanderlegen gefärbter Ware in nassem Zustande in Falten (wodurch oft selbst nach gutem Spülen Streifenbildung entsteht). 10. Ungenügende und ungleichmäßige Zirkulation der Flotte in Apparaten. 11. Zurückbleiben von Luftblasen im Färbeblock (rundliche oder ovale Flecke). 12. Ungenügende Breite der Farbbottiche (wodurch Scheuern der Leisten stattfindet). 13. Unzureichende Flottenmenge. 14. Verwendung von Ammoniak in Kupfergeräten und -geschirren (Kupferflecke). 15. Lichtwirkungen beim Chloren, bei Diazotierungsfarben usw. 16. Gegenwart von Sauerstoffüberträgern (Kupferspuren) in der Ware beim Bleichen, Schleudern u. ä. (wodurch Flecke, morsche Stellen, Löcher entstehen können). Vgl. auch die Arbeitsfehler unter „Das Färben der Wolle mit Beizenfarbstoffen“ weiter unten. 17. Ungenügendes Lösen oder Filtrieren von Farbstoffen, Wiederausscheidung von Farbstoffen.

Färberei der Baumwolle.

Allgemeine Verfahren und Vorschriften der Baumwollfärberei.

Man kann das gesamte Gebiet der Färberei 1. vom Standpunkt der Arbeits*verfahren*, 2. von demjenigen der Arbeits*apparate* betrachten. Der erste Teil behandelt die Farbgebung als solche, unabhängig von dem Verarbeitungszustand des Fasermaterials, der zweite behandelt die in der Praxis üblichen Apparate, berücksichtigt also auch die Art und Weise, in der große Mengen des Materials praktisch gefärbt und bestimmte Formen des Materials gehandhabt werden.

Das Lösen der Baumwollfarbstoffe.

Man benutzt möglichst weiches, kalkfreies, eventuell vorgereinigtes oder Kondenswasser; bei basischen Farbstoffen verwendet man in der Regel mit Essigsäure oder Ameisensäure schwach angesäuertes Wasser; eine vorhergehende Entkalkung ist dann nicht erforderlich.

Substantive Farbstoffe werden mit kochendem Wasser übergossen, gut umgerührt, kurze Zeit durchgekocht und durch ein feines Sieb oder einen Baumwollappen durchgeschlagen. Der ungelöste Rückstand wird nochmals mit heißem Wasser übergossen oder neu mit Wasser aufgekocht. Von Farbstoffen, die regelmäßig gebraucht werden, sind zweckmäßig 1—2$^1/_2$proz. Stammlösungen vorrätig zu halten. Diese werden meist in Petroleumfässern angesetzt.

Bei Schwefelfarbstoffen sind aus Kupfer oder Messing hergestellte Gefäße und Garnituren zu vermeiden. Die Farbstoffe werden am besten in Holzgefäßen mit den erforderlichen Mengen Soda (und etwas Sulfoleat) in wenig warmem Wasser angeteigt und nach Zusatz des Schwefelnatriums durch Übergießen mit kochendem Wasser gelöst, eventuell auch kurz aufgekocht. Die Lösung wird dem Färbebade durch ein feines Sieb oder einen dünnen Baumwollstoff zugesetzt. Die Schwefelfarbstoffe sind trocken und zugedeckt aufzubewahren.

Basische Farbstoffe werden entweder durch Übergießen mit kochendem (Auramin nicht über 75° C heißem) Wasser gelöst und filtriert oder erst mit etwas Essigsäure oder Ameisensäure angeteigt und dann erst mit heißem Wasser übergossen.

Säurefarbstoffe werden durch Übergießen mit kochendem Wasser leicht gelöst.

Indigo und Küpenfarbstoffe werden nach besonderen Vorschriften am einfachsten mit weichem Wasser angerührt und dann mit Natronlauge und Hydrosulfit gelöst (s. unter Indigo u. a.)[1]).

Das Färben mit substantiven Farbstoffen.

Diese, auch Salzfarbstoffe genannten Farbstoffe, werden unter wechselnden Mengen von Alkali (Soda, phosphorsaures Natron) und Salz (Glaubersalz, Kochsalz) kalt, bis heiß und kochend gefärbt. Die Zusätze hängen 1. von dem jeweiligen Farbstoff ab, für den jeweils die günstigste Arbeitsweise anzuwenden ist, 2. von der Tiefe der Färbung, 3. von der Art des Fasergutes und dessen Bearbeitungsstufe. Hierbei ist zu berücksichtigen, daß das Alkali auf den Farbstoff lösend wirkt, das Aufziehen auf die Baumwolle verlangsamt (also egalisierend wirkt) uud deshalb bei hellen Färbungen angezeigt ist, während der Salzzusatz das Ausflocken oder Aussalzen des Farbstoffes bewirkt und also bei tiefen Färbungen am Platze ist.

Man kann folgende, wichtigste Typen von Arbeitsweisen unterscheiden:

1. Färben in neutralem Salzbade. Der Salzzusatz beträgt bei hellen Färbungen 10—15, bei dunkleren 15—25% kalziniertes Glaubersalz oder Kochsalz vom Gewicht der Ware. Bei hellen Färbungen wird das Salz erst nach teilweisem Aufziehen des Farbstoffes zugegeben. Gut netzende Ware kann trocken in das Färbebad eingebracht werden; andernfalls ist die Ware vorher zu netzen, oder es ist ein Netzmittel (Rotöl, Monpolseife, Seife) dem Färbebade zuzusetzen. Bei hellen Tönen wird die Temperatur des Bades auf 50—80° C gehalten, und es wird in

[1]) Von der Beschreibung der mitunter noch angewandten, aber heute nicht mehr so wichtigen Farbmühlen und Farblöseapparate wird hier aus Gründen der Raumersparnis abgesehen.

„langer“ (verdünnter) Farbflotte $^1/_2$—1 Stunde gearbeitet; dunkle Töne werden in der Regel bei Kochhitze ($^3/_4$—1 Stunde) und in „kurzer“ (konzentrierter) Flotte hergestellt.

2. Färben in schwach alkalischem Salzbade. Dieses ist das verbreitetste Färbeverfahren. Dem Färbbade wird außer dem Glaubersalz noch ein geeignetes Alkali in Mengen von 0,5—1—2—3% kalzinierter Soda zugesetzt; im übrigen wird wie bei 1. verfahren. Bei schlecht egalisierenden Farbstoffen können 1—5% Seife, Türkischrotöl, Monopolseife oder 5—10% Natronphosphat mit 1—2% Seife u. dgl. zugegeben werden.

3. Färben in schwach alkalischem Bade ohne Salz. Bestimmte Farbstoffe lassen sich besser ohne jeglichen Zusatz von Salz färben. Der Zusatz von Soda beträgt wie bei 2. etwa 0,5—3%, bisweilen auch bis zu 5%.

4. Färben in stark alkalischem Salzbade. Dieses früher für einige säureechte Rots angewandte Verfahren wird heute kaum noch benutzt. Der Farbstoff wurde in der doppelten Menge Natronlauge von 40° Bé mit Wasser gelöst und dem stark salzhaltigen Bade zugesetzt. Nach dem kochenden Färben wurde mit verdünnter Schwefelsäure abgestumpft, dann wie üblich mit kaltem Wasser gespült und getrocknet.

5. Färben in kaltem oder lauwarmem Bade. Manche Farbstoffe ziehen bereits aus kalter oder lauwarmer, Natronlauge haltender Flotte auf. Man bedient sich dieses Verfahrens vielfach bei Mischfasern, zur Vermeidung einer Anfärbung der Fasern, die farblos bleiben sollen (Halbwolle, Halbseide).

Das meist angewandte Flottenverhältnis oder die Flottenmenge, d. i. das Verhältnis von Ware zu Flotte oder Bad, beträgt in der Regel 1 : 15 bis 1 : 20. Bei helleren Farbtönen wählt man mit Vorliebe eine „längere“, bei dunkleren Tönen eine „kürzere“ Flotte; ebenso wird beim Färben in mechanischen Apparaten eine kürzere Flotte bevorzugt. Die Anfangsfärbetemperatur bei hellen Farben ist in der Regel etwa 30°, bei dunkleren Tönen etwa 60° C. Sie steigt je nach Umständen bis zur Kochhitze. Die Färbedauer beträgt $^1/_2$—1 Stunde. Das Ausziehen des Farbstoffes ist sehr verschieden und hängt sowohl von dem Farbstoff als auch von den Arbeitsbedingungen ab. Ein vollständiges Ausziehen findet fast niemals statt; doch kann der Farbstoffrückstand bei hellen Färbungen praktisch ganz belanglos sein, während bei mittleren und dunkleren Färbungen in der Regel $^1/_4$—$^1/_3$ der angewandten Farbstoffmenge im Bade zurückbleibt. Vielfach läßt man bei langsam ziehenden Farbstoffen nach Abstellung des Dampfes die Farbe nachziehen (Longieren). Um die Farbrückstände wieder nutzbar zu machen, wird häufig auf stehendem Bade gearbeitet, d. h. das Bad wird nach entsprechendem Zusatz von Farbstoff usw. weiter benutzt. Hierbei ist zu berücksichtigen, daß beim Weiterbenutzen der Bäder u. a. ein erheblich verminderter Salzzusatz (nur etwa $^1/_4$—$^1/_5$ des sonstigen) zu machen ist. Zur Kontrolle des Salzgehaltes stehender Bäder werden diese zweckmäßig gespindelt, d. h. aräometrisch gemessen, wobei das spezifische Gewicht im allgemeinen nicht über 3—4°, bei hellen Färbungen nicht über 1—1$^1/_2$° Bé hinausgehen soll.

Zwecks besseren Ausziehens des Bades bedient man sich verschiedener Kunstgriffe: Man erhöht den Salzzusatz, arbeitet in kürzeren Flotten, läßt im erkaltenden Bade nachziehen u. dgl. m.

Wenn der gewünschte Farbton erreicht ist, so wird herausgenommen, kalt gespült und getrocknet. Falls noch nuanciert, d. h. auf den genauen Farbton gebracht werden soll, so wird der erforderliche Farbstoffzusatz dem Bade zugegeben und $^1/_4$—$^1/_2$ Stunde weiter behandelt. Hierbei dürfen gut egalisierende Farbstoffe, wenn nicht in zu großen Mengen, dem kochenden Bade auf einmal (in einer Portion) zugegeben werden; bei weniger gut egalisierenden Farbstoffen ist vorsichtiger zu verfahren, also ist der Farbstoff z. B. portionsweise oder dem teils erkalteten Bade zuzusetzen. Das Flottenverhältnis beim Färben von Garn auf der Kufe beträgt etwa 1 : 15—20, vom Stückware auf dem Jigger 1 : 5, von Stückware auf dem Haspel etwa 1 : 20—50, von loser Baumwolle auf dem Kessel etwa 1 : 10, auf dem Apparat etwa 1 : 7. Stückware auf dem Jigger wird vor dem Färben meist heiß genetzt und die Farbstoffmenge in zwei Hälften zugegeben. Das Glaubersalz wird nicht von Anfang an zugesetzt. Substantive Färbungen dienen oft als Untergrund für basische Farbstoffe; erstere wirken gewissermaßen wie Beizen für letztere.

Nachbehandlung substantiver Färbungen mit Metallsalzen.

Durch Nachbehandeln mit Metallsalzen gewinnen viele Färbungen an Wasch- und Lichtechtheit; gleichzeitig werden die Farbtöne in der Regel trüber.

Die wichtigsten Metallsalze und Arbeitsverfahren sind folgende:

Kupfervitriol. Die gefärbte und gespülte Baumwolle wird $^1/_4$ bis $^1/_2$ Stunde in einem kalten bis 60° C heißen Bade umgezogen, dem 2—4% Kupfervitriol vom Gewicht der Ware zugesetzt sind; dann wird gespült. Diesen Prozeß nennt man das Nachkupfern, und man nimmt an, daß sich hierbei ein echter Kupferlack des Farbstoffes bildet. Bei hartem Wasser werden dem Bade zweckmäßig noch 2—3% Essigsäure 6° Bé (30 proz.) zugesetzt. Je heißer das Bad ist, desto energischer ist die Wirkung, doch darf mit der Temperatur aus Rücksicht auf die Färbungen selbst nicht zu weit gegangen werden.

Chromkali, bzw. Chromkalikupfervitriol. Die gefärbte Ware wird $^1/_4$—$^1/_2$ Stunde auf einem 60—70° C heißen Bade hantiert, das mit 2% Chromkali, 2% Kupfervitriol und 3% Essigsäure 6° Bé vom Gewicht der Ware beschickt ist; hiernach wird gespült. Diesen Prozeß nennt man das Nachchromieren. An Stelle von Essigsäure kann auch bei bestimmten Färbungen Chromkalischwefelsäure oder -ameisensäure benutzt werden; überhaupt sind hier viele Variationen möglich.

Fluorchrom. Die gefärbte Ware wird etwa $^1/_2$ Stunde auf einem kochendheißen Bade unter Zusatz von 3—4% Fluorchrom und 2—3% Essigsäure 6° Bé (vom Gewicht der Ware) behandelt und dann gut gespült. Anstatt Fluorchrom kann unter Umständen auch Chromalaun genommen werden. Zur Erhöhung der Wasserechtheit wird auch mit Tonerdesalzen u. dgl. nachbehandelt (essigsaure Tonerde, Alaun, schwefelsaure Tonerde, Chromalaun).

Nachbehandlung mit Formaldehyd. Halbwollwaren werden häufig zur Erhöhung der Waschechtheit mit Formaldehyd nachbehandelt, indem die gefärbte Ware 1/2 Stunde bei 30° C mit 3% Formaldehyd (30 proz.) und 2—3% Essigsäure 6° Bé behandelt und gespült wird. Mitunter wird dem Formaldehyd noch 1—2% Chromkali zugesetzt.

Nachbehandlung mit Chlorkalk. Primulin, direkt gefärbt, gibt mit Chlorkalk nachbehandelt, eine lebhaft gelborange Färbung von hervorragender Echtheit gegen Licht, Wäsche, Schwefeln, Bügeln und gegen saures Überfärben. Die Färbung wird 1/2 Stunde in einem kalten, etwa 1/2° Bé starkem, klarem Chlorkalkbade behandelt, gespült, mit Salzsäure abgesäuert und nochmals gründlich gespült.

Nachbehandlung mit Solidogen A [M]. Unter dem Namen Solidogen A bringen die Höchster Farbwerke bestimmte aromatische Aminoverbindungen in den Handel, welche die Eigenschaft haben, viele substantive Farbstoffe auf der Faser in bezug auf Wasch- und Säureechtheit zu verbessern. Das Entwickelungsbad wird zuerst mit 2% Salzsäure und dann, je nach Tiefe der Färbung, mit 2—6% Solidogen A beschickt, die gefärbte Baumwolle darin 1/2 Stunde kochend hantiert und dann gut ausgewaschen. Falls in Kupfergeschirren gearbeitet wird, so sind zweckmäßig 5—10 g Rhodanammonium pro Liter Flotte dem Bade zuzusetzen.

Diazotierung und nachfolgende Kuppelung.

Viele substantive Farbstoffe enthalten eine oder mehrere Aminogruppen, die auf der Faser diazotiert und dann mit Phenolen und Aminen zu neuen Farbstoffen gekuppelt werden können. Hierdurch wird bei geringerer oder meist größerer Nuancenänderung die Echtheit der Färbungen erheblich erhöht, insbesondere die Wasch- und Wasserechtheit. Auch können die so entwickelten und gekuppelten Färbungen durch Nachkupferung noch weiter echt gemacht werden.

Die gefärbte Ware wird 1/2 Stunde in kaltem Bade, das vom Gewicht der Ware je nach Tiefe der Färbung 1,5—2,5% Natriumnitrit und 5—7,5% Salzsäure 20° Bé enthält, behandelt und gespült[1]). Diese diazotierte Färbung muß vor direktem Licht geschützt und schnell weiter verarbeitet werden. Die darauffolgende Kuppelung oder Entwickelung findet auf frischem Bade statt. Man verwendet hierzu verschiedene Phenole in alkalischer und Basen in wässeriger oder schwach alkalischer Lösung. Auch können Mischungen von Phenolen und Diaminen verwendet werden. Die Menge des Entwicklers hängt von der Art desselben und der Tiefe der Färbung ab. Man hantiert 1/2 Stunde kalt und spült hierauf.

In einzelnen Fällen kann statt der Behandlung mit Phenol und Amidoentwicklern mit Soda nachbehandelt, also auch gewissermaßen entwickelt werden, indem die diazotierte Färbung 15—20 Minuten bei 40—50° C mit 2,5—5% kalzinierter Soda behandelt und gespült wird.

[1]) Stark kalkhaltiges Wasser soll beim Spülen nach dem Diazotieren leicht Flecke auf der Faser erzeugen.

Nach diesem Verfahren wird beispielsweise aus Dianilschwarz CR ein Dunkelblau erhalten.

Als Norm für die Entwickelungsbäder dienen im allgemeinen folgende Ansätze, die aber außerordentlich schwanken, besonders zwischen hellen und dunklen bzw. schwarzen Tönen (Zusammenstellung von [M]):

0,3—0,6% Phenol, gelöst in 0,9—1,8% Natronlauge 22° Bé.
0,3—0,6% Resorzin, gelöst in 1,2—2,4% Natronlauge 22° Bé.
0,5—1% Betanaphthol, gelöst in 1—2% Natronlauge 22° Bé.
0,5—1% Schäffersalz, gelöst in 0,3—0,6% kalzinierter Soda.
0,35—0,7% m-Phenylendiamin oder m-Toluylendiamin.
0,5—1% Bordeauxentwickler, gelöst in 0,1—0,2% Salzsäure 22° Bé.

Weitere Entwickler und Handelsbezeichnungen sind u. a.: Alphanaphthol (selten verwendet), Amidonaphtholsulfosäure G (Entwickler G [By], Blauentwickler [C]), das m-Phenylendiamin als Chlorhydrat (Entwickler C [By], Oxaminentwickler M [B]) und als freie Base (Entwickler E [By]), das m-Toluylendiamin als Chlorhydrat (Diaminpulver [C], Entwickler H [By], Oxaminentwickler T [B]), der Bordeauxentwickler oder das Äthylbetanaphthylamin als Chlorhydrat (Entwickler B [By], Oxaminentwickler B [B]), Äthylalphanaphthylamin als Chlorhydrat (Oxaminentwickler R [B]), Naphthylaminäther (N-Pulver [C]), Nerogen D [A], Echtblauentwickler AD [C], Orangeentwickler R [B]).

Kuppelung mit Diazolösungen.

Viele substantive Azofarbstoffe besitzen infolge der in ihnen enthaltenen Amido- oder Oxygruppen die Fähigkeit, sich mit Diazoverbindungen zu einem neuen Farbstoff zu verbinden, der sich im Vergleich zu dem ursprünglich aufgefärbten Farbstoff durch größere Waschechtheit und meist auch durch größere Fülle des Tones auszeichnet. Dieses Verfahren ist dem vorbesprochenen Diazotieren mit nachfolgender Kuppelung ähnlich: Dort wird der aufgefärbte Farbstoff diazotiert und z. B. mit Phenolen gekuppelt, hier übernimmt der aufgefärbte Farbstoff die Rolle des Phenols und wird in besonderem Bade mit einer Diazoverbindung gekuppelt.

In der Praxis hat sich von der großen Zahl der Diazoverbindungen lediglich diejenige des Paranitranilins eingeführt, welche auch in Form haltbarer Produkte z. B. als Azophorrot [M], Nitrazol [C], Nitrosaminrot in Teig [B], Benzonitrolentwickler in Teig [By] und Parazol FB [By] in den Handel kommt.

Die übliche Arbeitsweise mit den fertigen, diazotierten Handelsmarken ist folgende. Nitrazol C wird mit wenig kaltem Wasser (von höchstens 20—25° C) verrührt, sorgfältig zerdrückt und durch Übergießen mit weiterem kalten Wasser vollständig in Lösung gebracht. Für 1,5—2 proz. Färbungen verwendet man zum Kuppeln 2% des ungelösten Nitrazol C, 0,5% kalzinierte Soda und 2% essigsaures Natron; für 3—4 proz. Färbungen nimmt man etwa 3—4% Nitrazol, 0,75—1% Soda und 0,2—0,25% essigsaures Natron. Die vorgefärbte Baumwolle wird in dieser Lösung, mit dem erforderlichen Wasserquantum verdünnt, $^1/_2$ Stunde kalt behandelt, dann gut gespült und nötigenfalls geseift. Das Färben nach Muster bereitet bisweilen Schwierigkeiten und erfordert Übung.

Geht man vom nichtdiazotierten Paranitranilin aus, so stellt man sich am besten eine 1proz. Stammlösung her. Die Diazolösung ist längere Zeit haltbar, wenn sie in Holz- oder Steingutgefäßen aufbewahrt und vor Hitze und Sonnenlicht geschützt wird. Eine bewährte Vorschrift zur Herstellung der Diazostammlösung ist beispielsweise folgende [C] : 2 kg Paranitranilin werden mit 15 l kochend heißem Kondenswasser übergossen, kurze Zeit umgerührt und dann mit 5 l Salzsäure 20° Bé versetzt. Nach erfolgter Lösung werden 35 l kaltes Wasser zugegossen, wodurch sich das salzsaure Salz als gelber Brei ausscheidet. Nach mehrstündigem Stehen und vollständigem Erkalten werden 1,1 kg Natriumnitrit (vorher in 7 l kaltem Wasser gelöst) unter Umrühren zugegeben. Nach etwa 20 Minuten ist die Lösung klar und wird nun mit kaltem Wasser auf 200 l eingestellt (= 1 proz. Diazostammlösung). Von dieser Stammlösung verwendet man zum Kuppeln bei $1^1/_2$—2 proz. Färbungen 36%, neben 0,5% kalzinierter Soda und 0,2% essigsaurem Natrium, bei 3—4 proz. Färbungen nimmt man im Durchschnitt 50—70% der Stammlösung, 0,75—1% Soda und 0,3—0,4% essigsaures Natron; man verwendet also 0,35—0,7% des ursprünglichen, festen Paranitranilins zum Kuppeln der Färbungen, hantiert $^1/_2$ Stunde kalt und spült gründlich.

Beim Kuppeln kann man auch basische Farbstoffe zusetzen, z. B. für Schwarz 0,2—0,3% Methylenblau. Ebenso können die gekuppelten Färbungen nach dem Spülen mit basischen Farbstoffen nuanciert bzw. geschönt werden. Ferner können die gekuppelten Färbungen durch etwa $^1/_2$stündiges kaltes Nachbehandeln mit $1^1/_2$—3% Kupfervitriol licht- und waschechter gemacht werden. Am einfachsten fügt man die Kupfervitriollösung dem Kuppelungsbade selbst bei.

Das Färben mit Schwefelfarbstoffen (Sulfinfarbstoffen).

Die neueren Schwefelfarbstoffe unterscheiden sich von den substantiven Farbstoffen in erster Linie durch ihre Wasserunlöslichkeit oder -schwerlöslichkeit. Die ersten Schwefelfarbstoffe, Vidalschwarz u.a., waren allerdings infolge ihres hohen Alkalipolysulfidgehaltes noch wasserlöslich. Man bedarf zum Lösen der Schwefelfarbstoffe deshalb noch besonderer Hilfsmittel, von denen das Schwefelnatrium das wichtigste ist. Im Gegensatz zu den substantiven Farbstoffen zeigen die Schwefelfarbstoffe ein untereinander zum Teil recht verschiedenes Verhalten, so daß ganz allgemeingültige Arbeitsverfahren, die für alle Schwefelfarbstoffe passen, nicht gegeben werden können. Die Farbenfabriken pflegen deshalb in ihren Veröffentlichungen ausreichende Anweisungen für die Verwendung jedes einzelnen Farbstoffes zu geben.

Mit Rücksicht auf den Sulfidgehalt der Farbbäder dürfen kupferne oder kupferhaltige Behälter und Geräte zum Färben nicht benutzt werden. Als sehr geeignet haben sich eiserne und hölzerne Kufen und Apparate bewährt; bleierne und verbleite Geräte, die auch an sich geeignet wären, stellen sich für die meisten Zwecke zu teuer. Die Farbstoffbäder greifen auch die Hände der Arbeiter sehr an; deshalb bedient man sich vorteilhaft der Gummihandschuhe.

Durch Lösen der Schwefelfarbstoffe in Schwefelnatrium findet — wie angenommen wird — eine Reduktion der Farbstoffe zu Leukoverbindungen statt, welche auf die Faser aufziehen und nacher wieder zu dem eigentlichen Farbstoff oxydiert werden. Angesichts der großen Reduktions- und Reoxydationsneigung dieser Farbstoffgruppe hat man ursprünglich unter der Flotte gefärbt, weil sonst die herausragenden Teile des Farbgutes vorzeitig anliefen und fleckige Ware lieferten. Zu diesem Zwecke hatte man U-förmig gebogene Eisenstäbe für die Strangfärberei eingeführt. Bei dem heutigen Stande der Farbstoffabrikation ist dieses meist nicht mehr nötig.

Während die Schwefelfarbstoffe auf der einen Seite den Küpenfarbstoffen ähneln, haben sie auf der anderen Seite in ihrem färberischen Verhalten große Ähnlichkeit mit den substantiven Farbstoffen und können gewissermaßen als substantiv färbend bezeichnet werden.

Die Schwefelfarbstoffe werden zu ihrer Lösung zunächst mit heißem Wasser angeteigt, dann mit der jeweils vorgeschriebenen Menge Schwefelnatrium (kristallisiertem oder kalziniertem, letzteres auch „konzentriertes Schwefelnatrium“ genannt; 2 Teile des ersteren entsprechen 1 Teil des letzteren) versetzt und das Ganze unter Umrühren mit Wasser aufgekocht. Bei zu wenig Schwefelnatrium findet unvollkommene Lösung statt, was mit Hilfe von Filtrierpapier festgestellt werden kann. Hierauf gibt man die Lösung in das Färbebad und setzt Salz (Glaubersalz oder Kochsalz) und etwas Soda zu. In bestimmten Fällen wird dem Bade noch etwas Türkischrotöl (als Netzmittel), Glukose, Leim, Kasein od. ä. zugegeben, wodurch das Egalisieren befördert wird. Verschiedene Verfahren, die zum Patent angemeldet worden sind, schreiben die Mitverwendung von Hydrosullit vor, wodurch größere Egalität erzielt werden soll und wohl das bisweilen vorkommende, lästige Bronzieren der Schwefelfärbungen vermieden werden kann. Die Schwefelnatrium- und Salzmengen richten sich nach dem jeweiligen Farbstoff und der Tiefe der Färbung. In der Regel soll ein Bad für helle Färbungen etwa 3°, für dunklere 5—6°, für Schwarz höchstens 7—8° Bé spindeln. Noch schwerere Bäder über 9° Bé neigen zum Bronzieren. Das Schwefelnatrium und die Soda (auch Natronlauge) verlangsamen das Aufziehen des Farbstoffes und wirken egalisierend, das Salz beschleunigt das Aufziehen, salzt aus, und Traubenzucker (Glukose) unterstützt das Lösen des Farbstoffes, verhindert zu schnelle Reoxydation desselben und das Bronzieren.

Das Flottenverhältnis (ob kurzes oder langes Bad) ist sehr schwankend und hängt u. a. wesentlich von der Apparatur ab. Garn auf Kufen und lose Baumwolle auf dem Bottich werden im Mittel im Verhältnis von 1 : 20, Stück auf dem Jigger in einem solchen von 1 : 5, in Apparaten wird im Verhältnis von 1 : 4 bis 1 : 20 gefärbt. Folgende Tabelle gibt ein Bild von den ungefähren Zusätzen zu stehenden Bädern [M] (siehe Tabelle S. 370).

Gefärbt wird meist bei Siedetemperatur, besonders bei tiefen Färbungen. Man geht kochend ein, stellt den Dampf ab und kocht während des 1stündigen Färbens noch ein- bis zweimal auf. Auf dem Jigger erhält man die Temperatur durch indirekten Dampf nahe der Kochhitze. Vielfach kann man die gleiche Tiefe der Färbung auch bei 50° und sogar bei 20—30° C erreichen; man färbt in diesem Fall warm oder „kalt". Beim Kaltfärben findet ein schlechteres Durchfärben statt, die Bäder ziehen nur bei wenigen Farbstoffen gut aus, und die erreichte Echtheit ist eine geringere.

Flottenverhältnis	Farbstoff im			Schwefelnatrium kristallisiert			Soda kalziniert			Glaubersalz kristallisiert		
	1. Bad	2. Bad	3. Bad	1. Bad	2. Bad	3. Bad	1. Bad	2. Bad	3. Bad	1. Bad	2. Bad	3. Bad
1:4	12%	9,5%	7%	36%	18%	14%	2,5%	0,5%	0,5 %	—	—	—
1:8	12%	9,5%	7%	36%	18%	14%	4%	1 %	0,75%	15%	—	—
1:12	12%	9,5%	7%	36%	18%	14%	5%	1,5%	1 %	25%	5%	—
1:12	12%	9,5%	7%	36%	18%	14%	6%	2 %	1,5 %	50%	10%	5%

Nach dem Färben wird gut und gleichmäßig abgequetscht, vielfach mit eisernen, gummiüberzogenen Quetschwalzen; loses Material wird gut ausgeschleudert und das ausgequetschte oder ausgeschleuderte Farbbad den alten, stehenden Bädern wieder zugegeben, mit denen bei Schwefelfarbstoffen, mehr noch als bei den substantiven, gearbeitet wird.

Nach dem Ausschleudern wird meist sofort gründlich gewaschen, bis das Wasser klar und farblos abläuft; dann wird entwässert und getrocknet. Mitunter wird nach dem Ausquetschen oder Zentrifugieren nicht sofort gewaschen, sondern an der Luft, in heißen Räumen längere Zeit oxydieren gelassen oder $^1/_2$ Stunde durch Dämpfung oxydiert. Die Waschechtheit der Färbungen wird hierdurch eine geringere.

Nach dem letzten Spülwasser wird aviviert, d. i. mit bestimmten Fett- oder Seifensubstanzen (Monopolseife, Rotölen, Seife, Fetten, Ölen, Paraffin, Leim) mit oder ohne Stärkezusatz nachbehandelt. Durch diesen Prozeß gewinnt die Faser an Glanz und Geschmeidigkeit oder auch Steifheit. Die Avivage mit 1% Schweinefett und 1% Stärke liefert z. B. einen etwas tieferen, aber qualitativ nicht veränderten Ton; durch 3% Schmierseife wird der Ton etwas voller und vielfach bläulicher.

Zum Abmustern muß das Alkali durch Essig- oder Ameisensäure entfernt werden. Nuanciert oder geschönt wird am besten auf einem frischen Bade mit Schwefel-, basischen oder substantiven Farbstoffen. Je nach Art des Schönungsfarbstoffes wird das neue Bad mit Essigsäure angesäuert oder mit Seife versetzt. Doch können Salzfarbstoffe auch einbadig mit Schwefelfarbstoffen gefärbt werden.

Das Abziehen zu dunkler oder fleckiger Färbung geschieht mit verdünnten Schwefelnatriumbädern (2—10 g Schwefelnatrium kristallisiert im Liter, $^1/_2$ Stunde kochend) (s. a. u. Abziehen).

Einige Farbstoffe können auch ohne Zusatz von Schwefelnatrium gefärbt werden (Melanogen), ähnlich wie einige Küpenfarbstoffe im Schwefelnatriumbade gefärbt werden können (Thioindigo), wo sie die sattesten und lebhaftesten Töne beim Kaltfärben ergeben.

Die Färbungen mit Schwefelfarbstoffen liefern einen guten Untergrund oder eine Art Beize für basische Farbstoffe und für Indigofärbungen; auch können manche Schwefelfarbstoffe mit diazotiertem Paranitranilin gekuppelt werden (wird technisch aber nicht verwertet).

Nach einem Verfahren der Badischen Anilin- und Sodafabrik lassen sich einige schwarze Farbstoffe (Kryogenschwarz TBO und TGO) in einer kalten Gärungsküpe, mit Mehl, Kleie, Sirup, Soda bereitet, auf ähnliche Weise färben wie Indigo.

Die Schwefelfarbstoffärbungen zeichnen sich gegenüber den Färbungen mit Salzfarbstoffen durch eine allgemeine große Echtheit aus, insbesondere Licht-, Wasch-, Wasserechtheit. Zwecks noch größerer Echtheit werden sie obendrein vielfach nachbehandelt.

Nachbehandlung von Schwefelfarbstoffärbungen.

Ähnlich wie die substantiven Färbungen können auch die Färbungen mit Schwefelfarbstoffen zwecks Erhöhung der Echtheit nachbehandelt werden. Auch die hierbei angewandten Mittel sind jenen ganz ähnlich. Das ursprünglich empfohlene Verfahren der Nachbehandlung mit Wasserstoff- oder Natriumsuperoxyd ist wegen der hohen Kosten fallen gelassen worden. Statt dessen werden folgende Verfahren praktisch geübt.

Nachbehandlung durch Dämpfen oder durch Verhängen bzw. feuchtwarmes Lagern. Das Dämpfen geschieht vor dem Spülen (nach dem Abquetschen) in beliebigen Holz-, Kupfer- oder Eisenkästen, im mechanischen Färbeapparat oder in der gewöhnlichen Färbekufe. Je heißer und trockener der Dampf ist, desto schneller und lebhafter entwickelt sich der Ton. Der Dampf soll die Ware gleichmäßig durchdringen; Strang- und Stückware wird gleichmäßig auf Stöcken oder Latten in den Dämpfkasten gehängt, lose Baumwolle oder Ketten mäßig hoch geschichtet. Es ist dafür zu sorgen, daß keine Kondenstropfen auf die Ware fallen. Der Dämpfkasten ist während des Dämpfens geschlossen zu halten. Das Dämpfen dauert in der Regel $^1/_2$ Stunde. — Das warme Lagern der abgequetschten, aber noch nicht gespülten Ware geschieht in Körben oder Holzbehältern und dauert einige bis 12 Stunden. Die Ware darf nicht abkühlen und nicht antrocknen; die Behälter sind demnach zuzudecken. Die Temperatur betrage am besten 60—70° C. Nach dem Herausnehmen wird dann warm gespült und, wenn nötig, geseift.

Bei der Nachbehandlung mit Metallsalzen bedient man sich mit Vorliebe des Chromkalis (3% Chromkali, 3—5% Essigsäure 6° Bé, 20—30 Minuten heiß behandelt), des Kupfervitriols (1,5—2% Chromkali, 1,5—2% Kupfervitriol, 3—5% Essigsäure, 20—30 Minuten heiß), des Chromkalis und Bisulfits (erst 0,5—1% Chromkali, nach einigen Minuten 2—4 ccm Bisulfit 35° Bé auf 1 l Flotte zugeben, weitere 10 Minuten hantieren und dann spülen), weniger des Fluorchroms, des Nickelsulfats mit Chromkali u. a. m. Durch diese Behandlungen werden die direkten Färbungen sowohl in der Nuance schöner, lebhafter als auch licht-, wasch- und kochechter; indessen kann Kupfernachbehandlung die Lagerbeständigkeit der Ware unter Umständen beeinträchtigen.

Nachbehandlung mit essigsaurem oder ameisensaurem Natron. Diese Behandlung ist besonders bei sauer avivierten Färbungen, die auf Seidengriff gearbeitet sind, angebracht und bezweckt vor allem die Erhöhung der Lagerechtheit oder die Vermeidung des Mürbewerdens auf dem Lager (Zänker, Eppendahl). In der Regel setzt man dem letzten Spülbade 3—10 g Natronsalz pro Liter Flotte zu und führt diese Operation gegebenenfalls nach der Metallbehandlung aus. Auch können diese konservierenden Salze der Schlichte oder Appretur zugesetzt werden. An Stelle der erwähnten Salze wird auch die billigere Soda benutzt.

Ferner sind besondere Entwickler (z. B. der Immedialentwickler [C]) in den Handel gebracht worden, die eine Peroxydwirkung ausüben.

Bis zu einem gewissen Grade gehört zu der Nachbehandlung auch die Überfärbung mit Blauholzextrakt, die den Ton vertieft. Man verwendet 1—2% Blauholzextrakt und 1% Kupfervitriol und behandelt darin das gespülte Material bei 40—50° C etwa 20 Minuten. Andere Überfärbungen mit basischen und substantiven Farbstoffen sind bereits erwähnt worden.

Das Färben mit basischen Farbstoffen.

Die basischen Farbstoffe werden (bis auf einzelne, direkt färbende Vertreter) auf die Baumwollfaser nach voraufgegangener Beizung der Faser gefärbt. Von den angewandten Beizen ist die

Gerbstoffantimonbeize die weitaus wichtigste. Das ausgekochte und erforderlichenfalls gebleichte Material wird zu diesem Zweck für helle Nuancen in ein Bad von 1—2% Tannin vom Gewicht der Ware, für mittlere Töne in ein Bad von 3—4% und für dunkle Töne von 5—6% Tannin einige Stunden (2—3—5) bzw. über Nacht, am besten in hölzerne Geschirre eingelegt. Man geht in das möglichst kurze Bad (Flottenverhältnis etwa 1 : 10) bei etwa 70—90° C ein und läßt die Ware in dem erkaltenden Bade liegen. Alsdann wird aus dem Tanninbade herausgenommen, gut ausgequetscht oder ausgeschleudert, etwa $^1/_4$—$^1/_2$ Stunde in frischem, kaltem (20—25° C) Antimonsalzbade (eventuell unter Zusatz von etwas Schlämmkreide) fixiert und dann gründlich mit kaltem Wasser gespült. Das Antimonbad enthält 0,5—3% (also halb soviel wie Tannin) Brechweinstein oder eine äquivalente Menge eines anderen Antimonsalzes (s. unter Brechweinstein). Das Flottenverhältnis des Antimonbades ist etwa 1 : 15—20. Weder das Tanninbad noch das Antimonfixierbad ziehen aus, sie werden deshalb meist weiterbenutzt, also als stehende Bäder aufbewahrt. Bei der Weiterbenutzung der Bäder wird dem Tanninbade jedesmal etwa die Hälfte der zuerst angewandten Menge und dem Antimonbade etwa $^2/_3$—$^3/_4$ des ersten Zusatzes gegeben. Die stehenden Gerbstoff- oder Tanninbäder werden häufiger aufgekocht, um einer Zersetzung derselben vorzubeugen. Falls die so gebeizte Baumwolle nicht am selben Tage weiter verarbeitet bzw. gefärbt wird, ist sie mit feuchten Tüchern zuzudecken, um ein Antrocknen einzelner Stellen zu vermeiden.

Das Färben der so vorgebeizten und gespülten Ware geschieht, je nach der Tiefe der Nuance, unter Zusatz von 1—2—5% Essigsäure 6° Bé oder 2—10% Alaun; man färbt kalt oder lauwarm an und erwärmt nach

$^1/_2$ Stunde allmählich auf 50—60—70° C, bisweilen bis zu Siedetemperatur. Den Farbstoff gibt man (bei gut egalisierenden Farbstoffen) entweder im ganzen oder in 2—3 Portionen zu. Auramin darf weder kochend gelöst noch gefärbt werden, da es sich bei höheren Temperaturen zersetzt. Wenn die Egalisierung Schwierigkeiten bereitet, so muß mit der Ware kalt eingegangen, der Farbstoff sehr langsam zugegeben und die Temperatur des Bades langsam erhöht werden; auch wird dem Bade dann mehr Alaun zugesetzt. Das Flottenverhältnis beim Färben mit basischen Farbstoffen ist ein größeres als bei substantiven und Schwefelfarbstoffen und beträgt etwa 1 : 30—40.

Durch Nachtannieren oder Nachbeizen werden die Färbungen echter. Man stellt bei 40° C erst auf ein frisches Bad mit $^1/_2$—1 g Tannin im Liter und dann auf ein zweites frisches Bad mit der gleichen Menge Antimonsalz ($^1/_2$—1 : 1000); in jedem der Bäder wird $^1/_2$—1 Stunde umgezogen und nach dem zweiten gespült.

Durch Übersetzen, Aufsetzen oder Überfärben von substantiven oder Schwefelfarbstoffärbungen mit basischen Farbstoffen erhält man lebhaftere Töne, als sie mit substantiven Farbstoffen allein in der Regel erhalten werden. Die Grundfarbe dient gewissermaßen als Beize für die basischen Farbstoffe. Man beginnt das Überfärben kalt bis lauwarm und geht bis 60—80° C, setzt dem Bade 1—3% Essigsäure oder 0,5—1% Alaun zu und arbeitet wie vorbeschrieben.

An Stelle von Tannin können auch andere Gerbstoffe (s. unter Gerbstoffen) und an Stelle von Brechweinstein andere Antimonpräparate von verschiedenem Wirkungswert (s. unter Brechweinsteinersatzmittel) sowie Eisen-, Zinn-, Zink-, Tonerdesalze usw. benutzt werden.

Außer der beschriebenen Tanninantimonbeizung werden bisweilen auch andere Vorbeizungen benutzt. Für dunkle und trübe Töne verwendet man mitunter die Gerbsäureeisenbeizung. Die Baumwolle wird erst mit Tannin, Sumach od. ä. gebeizt und dann $^1/_4$ Stunde auf holzessigsaures Eisen von 2—3° Bé gestellt, gespült und, wie vorhin angegeben, gefärbt. Ein weiteres Verfahren ist die Zinn- oder Zinntanninbeizung ($^1/_2$ Stunde kalt beizen mit 0,1—1% Zinnsalz und etwas Salzsäure, spülen, kalt färben mit 1—2% Essigsäure; vorbeizen mit 2—3% Tannin, nachbeizen wie vorhin mit Zinnsalz; spülen, ausfärben). Zu erwähnen ist noch das Einbadfärbeverfahren [M] mit Essigsäure und Tannin (5—6% Essigsäure, 1—2% Tannin, Farbstoff, kalt bis 40—60° C färben, spülen). — Durch geringere Echtheit, aber größere Lebhaftigkeit zeichnen sich die Färbungen auf Ölbeize aus (Rhodamine, Auramine, Safranine). Man imprägniert mit einer Lösung von 100 g Türkischrotöl im Liter Wasser und trocknet 12 Stunden bei 50° C. Eine Wiederholung dieser Prozedur ist von Vorteil. Alsdann wird von kalt bis 50° C gefärbt, eventuell leicht gespült oder, ohne zu spülen, getrocknet. Vereinzelt wird nach der Rotölbeize noch mit essigsaurer Tonerde (3° Bé) fixiert, abgewunden oder geschleudert, getrocknet, in kurzem, kaltem Färbebade mit etwas Essigsäure gefärbt und bei mäßiger Temperatur getrocknet.

An Stelle der alten Tanninbeizung verwendet man heute in großem Maßstabe künstliche Materialien wie Katanol O [By] (s. d.).

Die Janusfarben, stark basische Azofarbstoffe, bilden ein Zwischenglied zwischen den basischen und den substantiven Farbstoffen und lassen sich leicht und gleichmäßig auf ungebeizte Pflanzenfaser auffärben und durch Nachbehandlung in einem mit Gerbstoff, Antimonsalz und mit einer Säure bestellten, kalten Bade in echte Gerbstofflacke überführen.

Für diese Farbstoffe kommen folgende zwei Verfahren in Betracht: 1. Direkte Färbung mit Essigsäure, 5% Zinksulfat und Farbstoff; bei 90° C eingehen, nach $^1/_2$ Stunde 20% Kochsalz zugeben, $^1/_2$ Stunde heiß hantieren, $^1/_2$ Stunde bei abgestelltem Dampf nachziehen lassen, spülen, schleudern und mit 2—6% Tannin $^1/_4$ Stunde kalt fixieren, aufwerfen, dem Bade 1—3% Brechweinstein und $1^1/_2$% konzentrierte Schwefelsäure zugeben, die Ware je $^1/_4$ Stunde kalt, $^1/_4$ Stunde bei 50° C, $^1/_4$ Stunde bei 80—100° C hantieren und gründlich spülen. 2. Färben wie unter 1; nach dem Spülen und Schleudern folgt das Fixieren in zwei Bädern: a) mit 2—6% Tannin auf kurzer Flotte bei 50° C $^1/_4$ Stunde umziehen, einige Stunden oder über Nacht einlegen, abwinden und schleudern und b) auf frischem Bade mit 1—3% Brechweinstein $^1/_2$—$^3/_4$ Stunde kalt hantieren, gut spülen, eventuell seifen und trocknen.

Das Färben mit Säurefarbstoffen.

Säurefarbstoffe werden auf Baumwolle nur vereinzelt gefärbt; sie geben im allgemeinen ganz waschunechte, aber lebhafte Töne. Lebhafte Scharlachtöne können z. B. mit den verschiedenen Croceinen, Brillantcroceinen und Ponceaus erzielt werden. Man färbt in möglichst kurzer Flotte in einem Bade, das außer dem Farbstoff 3 g Alaun und 20 g Glaubersalz im Liter Flotte enthält, geht bei 50—70° C ein und hantiert bei erkalteter Flotte; dann wird gleichmäßig abgequetscht, und ohne zu spülen, bei mäßiger Temperatur getrocknet.

Eosine, Phloxin, Erythrosin, Rhodamin B usw. werden in möglichst kurzer Flotte bei 30—40° C während $^1/_2$—$^3/_4$ Stunde unter Zusatz von Kochsalz ausgefärbt, gleichmäßig ausgerungen und mäßig warm, ohne zu spülen, getrocknet. Rhodamin kann auch auf Ölbeize (s. oben) gefärbt werden. Vereinzelt werden saure Farbstoffe auch auf Tanninbeize gefärbt, wodurch die Waschechtheit etwas besser wird (Alkaliblau).

Das Färben mit Beizenfarbstoffen.

Wenngleich die basischen Farbstoffe auf Baumwolle mit Vorbeize gefärbt werden, so sind sie dennoch nicht zu den Beizenfarbstoffen zu zählen, da sie nur den Pflanzenfasern gegenüber beizenfärbend sind, Wolle und Seide dagegen direkt anfärben. Ausgesprochene Beizenfarbstoffe sind solche, die alle Fasern mit Hilfe von Beizen färben und dabei Metallacke mit den Beizen eingehen.

Die Beizenfarbstoffe spielen in der Baumwollfärberei eine nur untergeordnete Rolle, insbesondere seitdem die Schwefelfarbstoffe aufgefunden worden sind, die in Anwendung einfacher und im Preis billiger sind als die Beizenfarbstoffe. Ferner haben die neueren Küpenfarbstoffe der Verwendung der Beizenfarbstoffe auf Baumwolle erheblichen Abbruch getan. Nicht zum geringsten erschwert auch die geringe Affinität der Pflanzenfasern zu metallischen Beizen die Anwendung der Beizenfarben. Das Alizarinrot oder Türkischrot überragt hierbei alle anderen Färbungen ganz erheblich.

Als Beizen kommen praktisch in Betracht: die Tonerdebeize, die Eisenbeize und die Chrombeize.

Die Tonerdebeize wird, wie folgt, auf Baumwolle befestigt. Die nach Bedarf gekochte bzw. gebleichte Partie von z. B. 500 Pfund engl.

Baumwollgarn wird zunächst mit einer 45° C warmen Lösung von Türkischrotöl (50—52% Fettsäuregehalt), in Kondenswasser gelöst, geölt, abgewunden und bei 40—45° C getrocknet. Dann wird mit basisch-essig-schwefelsaurer Tonerde (s. unter Tonerdebeizen) gebeizt und wieder bei 40—45° C getrocknet. Schließlich wird in einem etwa 45° C warmen Bade von 5 kg Kreide in 350 l Wasser fixiert, gut ausgewaschen, geschleudert und gefärbt. Das Färben oder Krappen dauert 2 Stunden; dann wird getrocknet und 1—2 Stunden bei 1 at gedämpft. Das gedämpfte Material wird nun wieder in warmem, mit etwas Soda versetztem Wasser genetzt und 2 Stunden bei 1 at in einem Bade aviviert, das bei dem angegebenen Quantum von 500 Pfund engl. etwa 4 kg Marseiller Seife, 1 kg kalzinierte Soda und 200—400 g Zinnsalz enthält. Dieses Verfahren stellt einen ganz einfachen Typus von Neurot dar; indessen gibt es ungezählte Abweichungen hiervon, nach denen bessere und echtere Färbungen (Altrot usw.) erhalten werden können. Diese sind in dem nächsten Abschnitt eingehender besprochen.

Eisenbeize. Man ölt wie bei der Tonerdebeize mit Türkischrotöl, windet ab, trocknet bei 60—70° C und beizt in essigsaurem Eisen, dessen Stärke sich je nach der Tiefe der gewünschten Nuance richtet und für satte Töne etwa 8° Bé beträgt. Nach dem Auswinden wird 2—3 Tage an der Luft oder im Oxydationsraum gelagert, dann $^1/_2$ Stunde in einem 60—70° C warmen Bade 5—10 kg von Kreide in 1000 l Wasser fixiert, gut ausgewaschen, mit Alizarin kalt bis kochend 1 Stunde ausgefärbt, gespült, kochend mit 3 kg Seife in 1000 l Wasser geseift und ausgewaschen. Nach diesem Verfahren färbt man beispielsweise ein sehr echtes Alizarinviolett für Buntwebereien usw. Soll Eisen- mit Tonerdebeize kombiniert werden, so ist das Garn vor dem Ölen mit essigsaurer Tonerde von 6° Bé zu behandeln.

Chrombeize. a) Man legt die vorbereitete Ware (Garn oder Stück) in kaltes Chromchlorid von 20° Bé und läßt nach mehrmaligem Abwinden und Durchsetzen über Nacht in der Beize liegen. Am nächsten Morgen wird abgewunden, in fließendem, hartem (kalkhaltigem) Wasser gut gewaschen, nochmals abgewunden und nötigenfalls in einer handwarmen Lösung von 10 Teilen Türkischrotöl in 90 Teilen Wasser geölt. Nun windet man wieder gut aus, behandelt mit Sumach (Sumachieren, Schmackieren), trocknet bei 60° C und färbt kalt bis kochend aus.

b) Eine andere Beize ist das Chrombisulfit, das in der Stärke von 3—10° Bé wie das Chromchlorid benutzt wird (für hellere Färbungen 3°, für mittlere 5° und für dunklere Töne etwa 10° Bé schwer). Nach dem Herausnehmen aus der Beize wird abgequetscht und, ohne zu waschen, 10—15 Minuten in einem 60° C heißen Bade von $^1/_2$—1 kg kalzinierter Soda in 100 l Wasser fixiert. Nun wird gut ausgewaschen, geschleudert, wie oben geölt und gefärbt. Stückware wird in einfacher Weise mit Chrombisulfit von 28° Bé imprägniert oder geklotzt, getrocknet, gedämpft (im Mather-Platt) und gut ausgewaschen.

c) Für hellere Nuancen dient auch das essigsaure Chrom von 20° Bé. 2—2,5 kg dieser Beize werden in 100 l Wasser gelöst und das Baumwollgarn darin 1 Stunde gekocht; dann wird gewaschen und gefärbt. Stückware wird (wie bei b) mit essigsaurem Chrom von 28° Bé geklotzt oder imprägniert, $^1/_2$ Stunde bei 1 at (oder 2 Stunden ohne Überdruck) gedämpft, gut gespült und gefärbt.

d) Vereinzelt nimmt man auch die sogenannte alkalische Chrombeize. Diese wird aus 25 l essigsaurem Chrom von 20° Bé, 32 l Natronlauge von 30° Bé, 1 l Glyzerin von 30° Bé und 42 l kaltem Wasser bereitet und auf rund 20° Bé eingestellt. Die Baumwolle wird etwa 12 Stunden eingelegt, gut ausgewunden, in fließendem, kalkhaltigem Wasser gewaschen und ausgefärbt.

Das Färben der chromgebeizten Ware geht bei Kochhitze vor sich und dauert etwa 2—$2^1/_2$ Stunden. Bei einigen Farbstoffen (Alizarinrot u. a.) wird ein Zusatz von essigsaurem Kalk, bei allen anderen Farbstoffen ein solcher von Essigsäure gemacht. Nach dem Ausfärben wird gut ausgewaschen, wie üblich kochend heiß mit 3—5 g Seife pro Liter Wasser geseift und gespült.

Das Ölen ist zur Bildung des Farbstofflackes nicht gerade erforderlich; es erhöht lediglich die Schönheit und Echtheit der Färbungen. Für helle Töne wird das Ölen bisweilen (bei Chrombeize) weggelassen; solche Färbungen sind u. a. weniger chlorecht. Bei mittleren und lebhafteren dunkleren Tönen empfiehlt es sich, zweimal mit Chrombeize zu behandeln, d. h. nach dem ersten Ölen nochmals auf Chrombeize zu stellen. Für weniger lebhafte, dunklere Töne behandelt man die Baumwolle auch nach dem Ölen 12 Stunden in einem kochenden Bade von 1 kg Sumachextrakt von 30° Bé pro 100 l Flotte, läßt freiwillig erkalten, nimmt die Baumwolle heraus, windet ab und beizt dann, ohne zu spülen, in Chromchlorid. Die Chrombeizen sind stehende Bäder und werden durch frische konzentrierte Ware neu auf Grade gebracht. Die Farbbäder werden dagegen nahezu ausgenutzt und nicht wieder gebraucht. Kombinationen verschiedener Beizen (auch Chromtonerdebeize) sind möglich. Der Zusatz von essigsaurem Kalk zum Färben von Alizarinrot beträgt etwa $^1/_4$—$^1/_5$ des angewandten Farbstoffes; die Essigsäuremenge richtet sich nach der Härte des Wassers: bis zu 5° d. Härte nimmt man 1 l Essigsäure auf 1000 l Wasser, bei härteren Wässern entsprechend mehr. Man beginnt mit dem Färben kalt bis zu 30° C, hantiert $^1/_4$ Stunde, erwärmt in $^3/_4$ Stunde zum Kochen und kocht 1—2 Stunden (je nach Tiefe der Nuance). Zum Egalisieren setzt man dem Färbebad bisweilen essigsaures Ammoniak zu (3 l pro 1000 l Bad).

Das Färben von Türkischrot.

Geschichtliches. Die Verwendung des Alizarins im Altertum scheint nach Plinius und Dioscorides erwiesen. Von Indien, Persien und Ägypten ist die Kunst der Türkischrotfärberei über Armenien und Syrien im Laufe der Jahrhunderte nach der Türkei und Griechenland gekommen. Griechische Färber haben das Geheimnis zwischen 1750—1760 nach Rouen verpflanzt, und die auf Veranlassung der französischen Regierung von le Pileur d'Apligny verfaßte Schrift gibt zum ersten Male eine Anweisung zur Türkischrotfärberei der Öffentlichkeit preis. Von hier aus breitet sich die Kunst weiter über Europa aus. Das Verdienst, das Verfahren von der Garnfärberei auf die Stückfärberei in Europa übertragen zu haben, gebührt Daniel Köchlin (1810) in Mülhausen i. E. Die Anwendung selbst war früher sehr langwierig, wurde aber im Neurotverfahren von ursprünglich 4 Wochen (Altrotverfahren mit Olivenöl) auf 3—4 Tage abgekürzt (Neurotverfahren mit Rizinusöl). Mit Einführung der künstlichen Teerfarbstoffe waren es zunächst Mischungen von Safranin und Auramin, die dem Ton des Türkischrots nahekamen; von sauren Farbstoffen waren es Biebricher Scharlach und Brillantcrocein. Beide genügten aber nicht den Echtheitsansprüchen. Weitere Fortschritte wurden in den echten substantiven Farbstoffen erreicht: Diaminechtscharlach-Marken, Dianilechtscharlach-Marken u. a. m. Dann folgte das Primulinrot von Green aus diazotiertem Primulin mit Phenolen und Aminen. Auch substantive Farbstoffe lieferten durch Diazotierung und Kuppelung erhöhte Echtheit (Diazanil-, Diazolicht-, Diaminazo-Farbstoffe u. a.). In bezug auf Echtheit kamen sie aber alle dem Alizarin nicht nahe genug. Das Pararot oder Paranitranilinrot der Höchster Farbwerke brachte eine erhebliche Neuheit. Es ist dem Türkischrot im Ton sehr ähnlich (wenn auch weniger gelbstichig), ferner wasch- und chlorecht, wie auch relativ lichtecht. Das erste Rundschreiben der Höchster Werke datiert vom Jahre 1889, das zweite von 1890 und betrifft das Färben in Garn und Stück. Die Einführung in der Druckerei ging schneller vonstatten als in der Garnfärberei, wo Schwierigkeiten auftraten. Verbesserungen von Bayer mit dem Präparat Naphthol LC bezweckten, die naphtholierte Ware vor Nachdunkelungen zu schützen, so daß auf Vorrat naphtholiert werden konnte. Egalisierung und Reibechtheit ließen sich durch Zusätze wie Gummi, Dextrin, Leim u. a. etwas bessern. Überraschend war dann die Entdeckung der Badischen Anilin- und Sodafabrik mit ihrem Nitrosamin, bei dem das Naphtholieren und Kuppeln in einem Vorgang verbunden waren. In Höchst erschien das Azophorrot, in Thann (Mülhausen i. E.) das Diazorot, in Frankfurt (Cassella) das Nitrazol C, wodurch dem Türkischrot Wettbewerb gemacht wurde. Der neueste große Fortschritt ist das Griesheimerrot oder das Naphtholrot - AS, dem sich alsbald andere Kupplungsprodukte anschlossen. Diese Färbungen zeigen eine ausgezeichnete Wasch-, Chlor- und eine an das Alizarin heranreichende große Lichtechtheit, welche in manchen Kombinationen ihren Höhepunkt erreicht. Nur in der Bäuchechtheit, welche bei den Buntgewebeartikeln eine große Rolle spielt, besitzt das Alizarinrot erhebliche Vorzüge gegenüber dem Griesheimerrot, das im übrigen auch in seiner Farbenpracht und -schönheit dem Alizarin nicht nachsteht. Vermöge der Chlorechtheit des Griesheimerrots konnten die vorgefärbten Garne mit Rohweiß verwebt und im Stück gebleicht werden. In dem Zeugdruck haben sich die Griesheimer Farben als Rapidechtfarben eingeführt, welche Diazokomponente und Kupplungskomponente vereinigt enthalten. Dieser bedeutsame Fortschritt in der Rotfärberei beginnt seit seinem Auftreten im Jahre 1913 dem Alizarin erheblichen Abbruch zu tun. (Vgl. auch Felsen: Das Türkischrot und seine Konkurrenten; F. Mayer: Entwickelung der Rotfärberei.)

Türkischrot ist eine mit Hilfe von Alizarin, Tonerde, Kalk und fettsauren Verbindungen erzeugte Rotfärbung der Baumwolle. Welche Rolle hierbei der Kalk und die fettsauren Verbindungen spielen, ist trotz vielfacher Forschungen (Rosenstiehl, Liechti, Suida u. a.) nicht zur Genüge aufgeklärt. Nach Werner sind die Alizarintonlacke Komplexsalze.

Man unterscheidet das Altrotverfahren von dem Neurotverfahren und dann wieder das Gemischtrotverfahren. Nach dem Altrotverfahren wird die echteste Färbung erzielt; es erfordert aber eine größere Anzahl von Behandlungen und bis zur Fertigstellung mit allen Prozessen etwa 3—4 Wochen. Bei ihm kommt auch noch das Tournantöl zur Verwendung, das durch Wasser unter Zusatz von Pottasche zu einer Emulsion verarbeitet und zur Imprägnierung der Faser verwendet wird. Das Ölen wird einige Male wiederholt und die Faser nach jeder Ölung einer Luft- und Kammertrocknung unterworfen, wodurch eine festere Fixation des Öles auf der Faser erreicht wird. Als Beize dienen verschiedene basische Tonerdesulfate oder Sulfazetate.

Von dem Altrot unterscheidet sich das Neurot hauptsächlich dadurch, daß zum Ölen an Stelle des Tournantöls das billigere Türkischrotöl verwendet wird und die zahlreichen Ölpassagen mit darauffolgenden Lufttrocknungen teils abgekürzt werden, teils in Fortfall kommen; bei diesem Verfahren genügt ein ein- bis zweimaliges Ölen mit folgendem

Kammertrocknen. Als Beizen werden beim Neurot ebenfalls Tonerdesalze gebraucht, nach dem Beizen wird meistens getrocknet und gekreidet. Tournantöl ist ein (gewöhnlich auf künstlichem Wege) ranzig gemachtes, also fettsäurehaltiges Olivenöl, Türkischrotöl ist sulfoniertes Rizinusöl. Eine eigenartige Rolle beim Zustandekommen des Alizarinrotlacks spielt auch noch das zum Färben bzw. Avivieren benutzte Zinnsalz. Nach Haller geht das Zinnsalz, analog der kolloidalen Tonerde, eine Verbindung mit dem Alizarin ein und bildet ein kolloidales Zinnalizarat, das dem Rot einen gelbstichigen Ton verleiht.

Nachfolgend wird als ein Beispiel der Altrotverfahren auf Baumwollgarn ein Verfahren kurz wiedergegeben. Zu bemerken ist, daß vielerlei Abarten in der Praxis in Gebrauch sind.

Alizarin-Altrot auf Garn.

1. Abkochen. Das rohe Garn wird mit 3% kalzinierter Soda unter Druck abgekocht und gewaschen. Ein Bleichen findet bei der guten Deckkraft des Türkischrots nur ausnahmsweise statt (z. B. beim Türkischrosa).

2. Erstes Ölen oder Weißbad. Das nasse, ausgeschleuderte Garn wird mit 100 g Tournantöl pro Liter Passierbrühe geölt. Die Brühe wird mit etwa 50 g Pottasche auf etwa 5—6° Bé gestellt und das Garn bei etwa 45° C durchgenommen. Dann folgt eine Lufthänge von 1 bis 8 Stunden und eine Kammertrocknung bei 60° C, meist über Nacht.

3. Zweites Ölen. Das geölte und getrocknete Garn wird mit 40 g Tournantöl und 80 g Türkischrotöl, 50 proz., pro Liter Passierbrühe geölt, eventuell mit dem aufgefrischten ersten Ölbade, das mit Pottasche auf etwa 4° Bé eingestellt ist. Dann folgt eine Lufthänge von 4 Stunden und eine Kammertrocknung bei 60° C.

4. Drittes Ölen. Die vom zweiten Passieren übriggebliebene Brühe wird mit Wasser verdünnt und mit Pottasche auf 3° Bé eingestellt. Nach dem Ölen folgt eine Lufthänge von 4 Stunden und eine Kammertrocknung bei 60° C.

5. Erstes Auslaugen oder Klarziehen. Das trockene Garn wird in eine Pottaschelösung von $^1/_4$° Bé 3 Stunden bei 30—35° C eingelegt, ausgeschleudert und bei 60° C getrocknet.

6. Zweites Auslaugen. Das trockene Garn wird 3 Stunden in 30—35° C warmes Wasser eingelegt und ausgeschleudert.

7. Sumachieren oder Schmackieren. Man verwendet pro Pfund Garn 60 g Sumachblätter. Das gewaschene und geschleuderte Garn wird in die 40° C warme Sumachabkochung eingelegt und nach 6 Stunden ausgeschleudert.

8. Beizen. 4 kg eisenfreie, schwefelsaure Tonerde werden in 16 l Wasser gelöst, der Lösung nach dem Erkalten 400 g kalzinierte Soda (in 4 l Wasser gelöst) zugesetzt und auf 5—6° Bé verdünnt. Das ausgeschleuderte, nach 7. schmackierte Garn wird durchpassiert, 2 Stunden eingelegt und gut gewaschen.

9. Färben. Gewöhnlich werden zum Färben 9% Alizarin (20 proz. Ware) benutzt. Das nach dem Beizen gut gewaschene Garn wird un-

mittelbar gefärbt; man zieht $^1/_4$ Stunde kalt um, geht hierauf während $1^1/_2$ Stunden langsam zum Kochen und läßt noch $^1/_2$ Stunde kochen. (Nach einem anderen Verfahren [B] wird bei 70—75° C gefärbt, wobei der größte Teil des Alizarins auszieht.)

10. Avivieren oder Rosieren. Man verwendet pro 100 Pfund Garn für Gelbstich 500 g kalzinierte Soda, 500 g Seife und 100 g Zinnsalz, für Blaustich nur Seife und Soda. Das gefärbte und gewaschene Garn wird hierin im Avivierkessel während 4 Stunden bei 1 at gekocht und dann gewaschen. Für reib- und bleichechte Rots wird obige Operation noch einmal wiederholt, dann wird gewaschen und bei niedriger Temperatur getrocknet.

Bei der Herstellung von Altrosa wird derselbe Ölgrund gegeben wie bei Altrot; dagegen wird die Stärke der Beize auf 2—3° Bé reduziert. Die übrige Behandlung ist wie bei Altrot; gewöhnlich wird jedoch zweimal aviviert, erst mit Soda allein, dann mit Seife und Soda. Der Farbstoffzusatz ist entsprechend zu verringern.

Für Altbordeaux wird wie bei Altrotblaustich behandelt; beim Färben wird Alizaringranat R. od. ä. für sich oder in Mischung mit Alizarinrot verwendet.

Alizarin-Gemischtrot.

Das Gemischtrot übertrifft in Reib- und Waschechtheit das Neurot, erreicht aber das Altrot in bezug hierauf nicht.

Von dem Neurotverfahren unterscheidet es sich dadurch, daß man mit ungemischtem Rotöl arbeitet, dagegen hat es mit Altrot den Zusatz von Pottasche zu den Ölbädern sowie das Auslaugen gemein.

Eine Partie von 600 Pfund Garn wird beispielsweise, wie folgt, bearbeitet.

1. Abkochen. Das Rohgarn wird mit 3% kalzinierter Soda 5 Stunden unter einem Druck von 2 at gekocht, gewaschen, geschleudert.

2. Erster Ölzug. Zu 39 kg Rizinusöl werden nach und nach $5^3/_4$ kg Schwefelsäure konzentriert gegeben; man läßt 36 Stunden stehen, fügt 1 l Ammoniak 25proz. zu, läßt abermals 12 Stunden stehen und setzt dann 150 l warmes Kondenswasser zu. Das Ganze wird mit 5 l Ammoniak 25 proz. neutralisiert. Die so erhaltene Öllösung soll neutral und klar sein; man setzt ihr 40 l Pottaschelösung von 35° Bé zu und erhält 230 l Ölbrühe von 5° Bé, welche zum Passieren auf der Maschine dient. Man passiert bei 40° C, schleudert oder windet ab und trocknet bei 60° C.

3. Zweiter Ölzug. Die übriggebliebene Öllösung wird mit 40 l Pottaschelösung von 35° Bé und Wasser auf die zum Passieren nötige Menge gebracht und das Garn bei 40° C passiert; dann wird geschleudert und bei 60° C getrocknet.

4. Auslaugen. 4 Stunden in warmes Wasser von 30—35° C einlegen, schleudern, trocknen.

5. Beizen. 50 kg schwefelsaure Tonerde werden in 375 l Wasser gelöst, mit der Lösung von 1 kg Tannin versetzt und erkalten gelassen. Dann stumpft man mit 5 kg Schlämmkreide ab, die der Beize trocken nach und nach zugegeben werden und läßt absitzen. Die klare Brühe

wird abgezogen und zum Gebrauch auf 5° Bé eingestellt. Alsdann wird das Garn durch diese Brühe passiert, über Nacht eingelegt, dann gut gewaschen und schwach geschleudert.

6. Außer den Korrektionsmitteln, essigsaurer Kalk oder Essigsäure, setzt man dem mit 8—10% Alizarin (20proz.) beschickten Färbebade pro 100 Pfund Garn noch 200 g Tannin zu; man färbt $^1/_2$ Stunde kalt, bringt in $1^1/_2$ Stunde zum Kochen und kocht $^1/_2$ Stunde.

7. Wasserkochen. Das gefärbte Garn wird im Avivierkessel 2 Stunden bei 1 at Druck mit Wasser gekocht, herausgeworfen und geschleudert.

8. Avivieren oder Rosieren. Auf 600 Pfund Garn werden 5 kg Seife, 1 kg Soda und für gelbstichiges Rot noch 500 g Zinnsalz verwendet; das Garn wird 2 Stunden bei 1 at Druck aviviert, gewaschen, geschleudert und getrocknet.

Vereinfachtes Verfahren.

50 kg Garn, das in bekannter Weise mit Rotöl oder Tournantöl geölt und ausgelaugt worden ist, wird in einem Färbebade, das aus 1200 l Wasser, 5 kg Alizarin (20proz.), 30 kg Kochsalz, 3 kg schwefelsaurer Tonerde und 4 l essigsaurem Kalk 16° Bé zusammengesetzt ist, ausgefärbt. Man geht mit dem Garn ein, behandelt etwa 20 Minuten kalt, erwärmt das Bad in etwa $^3/_4$ Stunde zum Kochen und kocht $^1/_2$—1 Stunde. Das Garn wird dann gewaschen und durch Kochen mit Seife und Soda aviviert.

Alizarin-Neurotverfahren.

Für das Neurotverfahren ist die Verwendung des sogenannten Türkischrotöls charakteristisch, das durch Sulfurieren von bestimmten Ölen (am besten von Rizinusöl) erhalten wird. Es hat hauptsächlich Bedeutung für die Stückfärberei.

Das Verfahren setzt sich aus folgenden Einzeloperationen zusammen.

1. Abkochen mit 3% kalzinierter Soda oder mit 3% Wasserglas von 40° Bé, 2 at Druck, 4 Stunden, gut waschen.

2. Ölen mit 120—150 g Türkischrotöl (50proz.) pro Liter Flotte, schleudern und 12 Stunden bei 65° C trocknen. Diese Operation wird wiederholt; falls getrocknetes Garn geölt wird, genügt ein Ölen.

3. Beizen. 4 kg eisenfreie schwefelsaure Tonerde werden in 16 l Wasser gelöst, nach dem Erkalten mit 450 g kalzinierter Soda (in 4 l Wasser gelöst) versetzt und mit 100 g Schlämmkreide (mit Wasser zu einem Brei angerührt) verrührt. Nach Beendigung der Kohlensäureentwickelung werden 300 ccm Essigsäure 50proz. zugefügt und das Ganze auf 8° Bé mit Wasser verdünnt. Das trockene, geölte Garn wird durch diese Brühe bei 30—35° C passiert, über Nacht eingelegt, geschleudert und bei höchstens 45° C getrocknet.

Statt dieser Beize wird vielfach eine aus käuflichem kohlensauren Alkalialuminat hergestellte essigsaure Tonerde angewendet. Die Herstellung derselben erfolgt z. B. nach folgender Vorschrift:

9 kg schwefelsaure Tonerde (beste Qualität) werden in 64,35 kg eisenfreiem Wasser gelöst und dann werden nacheinander 2,85 kg Schwefelsäure von 66° Bé sowie 17,4 kg Essigsäure (40proz.) zugefügt. Nach gutem Durchrühren setzt man

allmählich bei 35—40° C rund 8,90 kg kohlensaures Alkalialuminat hinzu, das sich schnell unter Aufbrausen löst. Die Lösung bleibt einige Zeit stehen und wird von geringen Rückständen abgezogen. Die so erhaltenen 100 kg haltbare, eisenfreie, essigsaure Tonerde von 15° Bé werden zum Gebrauch auf 5—6° Bé gestellt.

4. Fixieren. Das gebeizte und getrocknete Garn wird auf der Wanne $^1/_2$ Stunde bei 50° C in einer Fixierflotte von 5 g Schlämmkreide pro Liter Bad (oder 5 g Natronphosphat: 1000) umgezogen und gut gewaschen.

5. Färben. Gewöhnlich werden 8% Alizarin (20 proz.) angewendet. Bei einem Betriebswasser von 6° d. Härte setzt man der Farbflotte noch 10% essigsauren Kalk von 18° Bé und 3% Tannin (beides auf Alizarin bezogen) zu, färbt $^1/_2$ Stunde kalt, geht innerhalb 1 Stunde auf 90° C und hält noch $^1/_2$ Stunde auf 90°. Dann wird einmal gespült, ausgeschleudert und getrocknet. Ein Zusatz von 2% Türkischrotöl 50 proz. (vom Garngewicht) zum Färbebad erhöht die Lebhaftigkeit der Farbe.

6. Dämpfen. 2 Stunden bei 1 at Druck.

7. Seifen auf der Wanne bei 90° C mit 2 g Seife pro Liter Wasser. Um ein reineres Rot zu erhalten, wird 1 Stunde im Rosierkessel gekocht. Dann wird gewaschen und bei niedrigerer Temperatur getrocknet. Feuriger und echter wird das Rot, wenn 2 Stunden bei 1 at Druck mit 2 g Seife, 0,3 g kalzinierter Soda und 0,1 g Zinnsalz pro Liter Wasser im Avivierkessel gekocht wird.

Alizarin-Neurosa.

Man verwendet je nach dem verlangten Farbton entweder gebleichte oder nur gekochte Garne. Diese werden zweimal mit 50—60 g Türkischrotöl (50proz.) pro Liter Passierbrühe geölt und nach jeder Passage getrocknet. Dann wird mit „essigsaurer Tonerde für Rosa“ von 2—3° Bé gebeizt, bei 40° getrocknet, wie bei Rot fixiert und mit $^1/_2$—3% Alizarinblaustich sowie mit 0,1—0,3% essigsaurem Kalk von 18° Bé $^1/_2$ Stunde kalt und 1 Stunde weiter bis zu 75° C gefärbt. Nach dem Spülen wird 2 Stunden bei 1 at gedämpft und mit 2 g Seife pro Liter Wasser $^1/_2$ Stunde bei 60° C geseift.

Die „essigsaure Tonerde für Rosa“ wird wie folgt bereitet. 6 kg eisenfreier Alaun werden in 20 l heißem Wasser gelöst und diese Lösung mit der Auflösung von 4,5 kg Bleizucker raff. in 10 l heißem Wasser gemischt, absitzen gelassen, filtriert und die klare Brühe zum Gebrauch auf 3° Bé gestellt.

Alizarinbordeaux. Bordeaux wird auf Neurotgrund mit Alizaringranat R od. ä. für sich oder in Verbindung mit einer Alizarinblaustichmarke gefärbt. Beizen, Färben usw. werden in der gleichen Weise ausgeführt wie bei Alizarinrot.

Vereinfachte Türkischrotverfahren. Zur Ersparung der hohen Kosten und gewissermaßen als Ersatz für die Konkurrenten des Türkischrots, z. B. für das Paranitranilinrot[1]), kann Neurot auch billiger und einfacher hergestellt werden. Es entstehen auf solche Weise abgekürzte

[1]) Der Einstandspreis eines guten Türkischrot zu demjenigen des Paranitranilinrot stellt sich etwa wie 4: 1. Nitranilinrot ist greller und schreiender, viel unechter als Türkischrot, hat geringere Deckkraft, färbt dagegen erheblich besser durch als Türkischrot.

oder vereinfachte Verfahren, die zum Teil unter Patentschutz standen. So wird beispielsweise nach einem Verfahren [M] in einem Bade gebeizt, fixiert und gefärbt. Es geschieht dies durch Zugabe von ameisensauren oder anderen leicht dissoziierenden Salzen der Tonerde, des Chroms oder Eisens zum Färbebad. Da Reibechtheit und Egalität sich bei diesem Verfahren als mangelhaft erwiesen hatten, wurde nach einem vervollkommneten Verfahren auf Ölgrund gesucht, und statt ameisensaurer Salze wurden Sulfite, Bisulfite oder Pyrosulfite von Tonerde, Chrom und Eisen dem Färbebade zugesetzt. Nach einem noch weiter verbesserten Verfahren wird die geölte, nicht ausgelaugte Ware durch Erwärmen in verdünnten Bädern von nicht dissoziierenden Salzen der Tonerde gebeizt und nach gutem Spülen direkt ausgefärbt.

Verfahren von Erban und Specht. Die Alizarinfarbstoffe werden mit Ammoniak od. ä. in kalkfreiem Wasser gelöst, verdünnt und mit Türkischrotöl versetzt. In diesem Bade wird die Baumwolle imprägniert, egal abgewunden und bei 55° C getrocknet. Hierauf wird auch ein zweites Bad passiert, welches die entsprechenden Beizen (Tonerde, Chrom, essigsaures Eisen, essigsauren Kalk) enthält. Nach dem Abwinden wird naß oder trocken gedämpft und zum Schluß geseift oder aviviert. Nach diesem Verfahren wurde u. a. Alizarinrosa auf Stück gefärbt. Das Verfahren hat sich jedoch nicht eingeführt.

Türkischrot auf Stückware.

1. Ölen. 1 l Türkischrotöl (50 proz.) mit Ammoniak neutralisiert, 4 l kalkfreies Wasser. In diesem Ölbade passiert man die Stücke ein- bis zweimal, trocknet und dämpft eventuell 1 Stunde bei $^1/_2$ at Druck.

2. Beizen in essigsaurer Tonerde von 5° Bé, die aus kohlensaurem Alkalialuminat nach dem bei Neurot auf Garn angegebenen Verfahren hergestellt ist.

3. Fixieren. 10 g Kreide oder 5 g phosphorsaures Natron im Liter Wasser. Man behandelt in dieser Brühe 30 Minuten bei 45° C und wäscht gut.

4. Färben. Man färbt in der 20fachen Wassermenge in korrigiertem Wasser mit 10% Alizarinrot (20proz.), 1,5% essigsaurem Kalk von 18° Bé und 0,15% Tannin $^1/_4$ Stunde kalt, treibt in $^3/_4$ Stunde bis auf 90° C, beläßt $^1/_2$ Stunde bei 90° C und wäscht schließlich.

5. Ölen. Die Stücke werden durch eine Lösung von 1 l Türkischrotöl (50 proz.) in 9 l kalkfreiem Wasser passiert, getrocknet und 2 Stunden bei $1^1/_2$ at gedämpft.

6. Seifen. Die Stücke werden mit 2 g Seife pro Liter Wasser 20 Minuten bei 60° C behandelt, gewaschen und getrocknet.

Über die Herstellung von Türkischrotöl s. u. Rotölen S. 180.

Schwarzfärben der Baumwolle mit Blauholz.

Durch das Anilinschwarz, die substantiven und Diazotierungsschwarz, das Schwefelschwarz u. a. m. hat die Bedeutung des Blauholzschwarz auf Baumwolle bedeutende Einbuße erlitten. Das Blauholzschwarz auf Baumwolle spielt deshalb heute nur noch eine bescheidene Rolle. Es wird vielfach noch dort angewandt, wo eine blumige Färbung verlangt wird, die stark appretiert werden soll (Glanzfutterstoffe u. ä.). Es sind hauptsächlich folgende Verfahren, die zur Erzeugung eines satten Schwarz in Betracht kommen oder früher angewandt wurden.

1. Ordinärschwarz, Schmackschwarz für lose Baumwolle und Garne. Baumwolle wird in eine Abkochung von 40% Sumach über Nacht eingelegt, dann abgewunden, $^1/_2$ Stunde kalt in holzessigsaurem Eisen von 3° Bé behandelt, durch ein sehr verdünntes Kalkwasser gezogen und gut gewaschen. Hierbei bildet sich gerbsaures Eisen auf der Faser. (An Stelle von holzessigsaurem Eisen wird bisweilen auch salpetersaures Eisen oder Eisenvitriol mit etwas Schlämmkreide benutzt.) Schöner wird der Ton, wenn neben den Eisenbeizen auch Tonerdebeizen mitangewandt werden, z. B. holzessigsaures Eisen neben holzessigsaurer Tonerde. Die so vorgebeizte Baumwolle wird nun mit Blauholz (eventuell unter Zusatz von Gelbholz) von kalt bis kochend gefärbt und eventuell mit Chromkali ($^1/_2$ g : 1000, 60° C warm) oder mit salpetersaurem Eisen nachbehandelt; auch wird bisweilen etwas Kupfervitriol zum Abdunkeln in das Färbebad gegeben. Bisweilen wird nach 1. gefärbtes Material nochmals nachgebeizt; auch sind für geringere Ansprüche Einbadverfahren (gleichzeitiges Beizen und Färben) im Gebrauch gewesen.

2. Chromschwarz, Blausteinschwarz. Man kehrt das Verfahren mitunter auch um, indem man die Baumwolle zuerst in einer dünnen Blauholzabkochung kocht, abquetscht, trocknet und dann mit Beizlösungen aus Bichromat und schwefelsaurem Eisen oder Bichromat und Kupfervitriol (beide Mischungen unter Zusatz von Soda) klotzt, mehrere Stunden lagert und dann gründlich wäscht.

3. Stückware. Man klotzt mit Beizlösung (3 Teile holzessigsaures Eisen von 6° Bé und 7 Teile holzessigsaure Tonerde von 7° Bé), fixiert und färbt in einem Bade aus Blauholz und Querzitron (dem etwas Sumach und 70 g Borax pro 100 l Flotte zugesetzt werden) $^1/_4$ Stunde kalt und erhitzt in einer weiteren Stunde auf 80—90° C. Nach dem Färben wird gewaschen, gekleit und wieder gewaschen. Das Kleien wird ausgeführt, indem man zunächst Kleie (in zugebundenen Säcken) mit Wasser auskocht (auf 1 kg Kleie etwa 100 l Wasser) und die gefärbte Baumwolle in dieser Lösung 20 Minuten heiß behandelt. Für einzelne Modetöne verwendet man auch die sogenannten Blauholz-Karminfarben, die durch Zusammenkochen von Blauholz-, Gelbholz- und Rotholzextrakt mit Chrombeizen hergestellt werden und Baumwolle unter Zusatz von Alaun, kalt bis warm, direkt färben.

Das sogenannte Englischschwarz oder Blauholzwalkschwarz ist das echteste Blauholzschwarz und wird durch abwechselnde Behandlung in Blauholz- und Metallsalzbädern erzeugt. Ferner gibt es ein Katechuschwarz (Blauholzaufsatz auf Katechubraun) und ein Sedanschwarz (Blauholzaufsatz auf Indigoblau).

Auch Chrombeizen wie Chromchlorid u. ä. sind bei Blauholz anwendbar, desgleichen in Kombination mit Eisen und Kupferbeizen.

Sonstige Baumwollschwarzfärbungen. Außer Blauholzschwarz sind auf Baumwolle noch folgende Schwarz herstellbar: Direktschwarz, Entwickelungs- und Kupplungsschwarz, Tanninschwarz, Schwefelschwarz, Alizarinschwarz, Küpenschwarz und Anilinschwarz. Diese Färbeverfahren sind im einzelnen unter den betreffenden Farbstoffen besprochen worden. Hier seien im Anschluß an das Blauholzschwarz nur einige allgemeine Angaben im Zusammenhang gemacht.

1. Mit Direktschwarzmarken, also substantiven Schwarzfarbstoffen (s. d.) erzielt man im allgemeinen keinen so blumigen und blaustichigen Ton wie mit Blauholz. Die Färbungen sind im allgemeinen auch etwas mager, oft rötlich und grau, so daß diese Direktfärbungen für gute Schwarz oft nicht genügen und bisweilen mit basischen Farbstoffen übersetzt werden, wodurch allerdings die Echtheit der Färbungen leidet. Vielfach können die direkten Schwarz zur Erhöhung der Echtheit und Hebung des Tones mit Metallsalzen, Chrom- und Kupfersalzen oder mit Formaldehyd nachbehandelt werden, wodurch vor allem die Wasch- und Lichtechtheit verbessert werden.

2. Das Entwickelungsschwarz (s. d.) zeigt im allgemeinen eine bessere Tiefe als das Direktschwarz; ferner im allgemeinen gute Wasch-, Walk- und Säurekochechtheit, oft auch gute Lichtechtheit. Durch geeignete Mischung der Entwickler können auch schöne, blumige Töne, blauschwarze und tiefschwarze, erzeugt werden. Die Färbeweise ist umständlicher als die unter 1. genannte. Wird an Stelle des zu entwickelnden Farbstoffes ein Entwickler (z. B. Paranitranilin) diazotiert, so erhalten wir ein Kupplungsschwarz. Fertig für den Gebrauch diazotierte und haltbare Entwickler sind z. B. Nitrazol C, Azophorrot usw.

3. Tanninschwarz kommt heute selten vor. Man beizt statt mit Tannin (wie bei hellen Tanninfarben) am einfachsten mit Sumachextrakt, fixiert mit Eisen- oder Antimonsalzen und färbt auf frischem Bade mit basischen Farbstoffen aus. Das Verfahren ist umständlich, die Echtheit der Färbungen mäßig.

4. Schwefelschwarz (s. Schwefelfarbstoffe) kommt für Massenproduktion in Betracht; es ist einfach herzustellen und billig, hat gute Echtheitseigenschaften (außer Chlorechtheit). Man färbt auf Holz- oder Eisengefäßen, Kupfergeschirre sind zu vermeiden. Nach dem Färben wird gut abgequetscht und die Brühe in das Färbebad zurückgegeben, das fortlaufend unter Auffrischung weitergebraucht wird. Zum Schluß wird gut gespült, evtl. geseift und mit Natriumazetat oder Soda nachbehandelt, um die Lagerbeständigkeit der Ware zu erhöhen. Durch verschiedene Nachbehandlungen läßt sich die Echtheit erhöhen.

5. Alizarinschwarz kommt für die Baumwollfärberei nicht, wohl aber für den Baumwolldruck in Betracht.

6. Auch Küpenschwarz kommt für die Baumwollfärberei, weil zu teuer und umständlich, nicht ernstlich in Betracht.

7. Das Anilinschwarz ergibt ein im Farbton sattes und volles Schwarz, das in der Baumwollfärberei für Strang- und Stückware, auch für Gemischtwaren (Halbseide für Schirmstoffe) seinen Wert noch behalten hat. Ein Nachteil desselben ist, bei seinen sonst so hervorragenden Echtheitseigenschaften, das oft eintretende Vergrünen auf dem Lager.

Braunfärben mit Katechu (Katechubraun).

Das sich durch große Echtheit (u. a. Chlorechtheit) auszeichnende Katechubraun (ohne Aufsatz) spielte früher eine hervorragende Rolle in der Baumwollechtfärberei. Heute ist seine Bedeutung zurückgegangen, da es zum großen Teil durch echte Teerfarbstoffe (z. B. Schwefelfarbstoffe) verdrängt worden ist. Das Katechubraun hat u. a. den Nachteil, daß es die Ware hart macht.

Der Färbeprozeß beruht zum Teil auf der Oxydation des farblosen Katechins zu brauner Japonsäure, zum Teil auf einer Metallackbildung.

Helle Töne erreicht man in der Weise, daß man die Baumwolle $^1/_2$—1 Stunde bei 60° C mit gelbem oder braunem Katechu (eventuell auch mit einem Gemisch beider) unter Zusatz von etwa 2% Kupfervitriol färbt und dann 20 Minuten mit Chromkali oder holzessigsaurem Eisen behandelt (ersteres warm, letzteres kalt). Durch Nachbehandlung mit Chromkali werden rötlichbraune, durch Eisenbeize grünlichbraune

Töne, durch Kombination beider Beizen dazwischenliegende Töne erzielt. Werden Gelbtöne verlangt, so wird ein Zusatz von Gelbholz und Alaun zum Färbebad von Nutzen sein; matte, mehr graue Töne werden durch Zusatz von Blauholz ohne Alaun erreicht; dunkle Töne werden mit Hilfe von Blauholz, Gelbholz, Rotholz u. a. m. erzeugt.

Beim Färben von loser Baumwolle und von Garn wird das Material mit 20—25% Katechu und Kupfersulfat (eventuell unter Zusatz von Blau- und Gelbholz) $1^1/_2$ Stunde kochend behandelt, dann herausgenommen und an der Luft liegengelassen. Am nächsten Tage wird schnell durch ein heißes Chromkalibad (1—3% Chromkali) passiert und schließlich in heißer Flotte mit verschiedenen Farbholzextrakten nach Bedarf nuanciert (eventuell unter Zusatz von Alaun und Zinnsalz). Stückware wird erst in essigsaurer Katechulösung geklotzt und getrocknet, dann durch heiße Chromkalilösung (mit Soda zum Teil neutralisiert) passiert, aufgerollt und einige Zeit liegengelassen. Bei dunklen Tönen wird das Chromieren wiederholt und nochmals einige Stunden aufgerollt liegen gelassen. Durch Zusatz von Alaun zum Chromierbad wird ein gelberer Stich erhalten; soll dieser noch mehr vorwalten, so wird dem Färbebad Gelbholzextrakt und Alaun zugesetzt. Für ganz dunkle Töne setzt man Blauholz zu. Das Nuancieren kann durch basische Farbstoffe geschehen. Vielfach kommt auch „präparierter Katechu“ in den Handel.

Indigofärberei (Küpen-, Blaufärberei).

Allgemeines. Die Küpenfärberei, früher identisch mit Blaufärberei, hat seit Entdeckung des künstlichen Indigos [B] [M] und einer großen Zahl anderer Küpenfarbstoffe (der Indanthren-, Helindon-, Algolfarbstoffe u. a. m.), die in ähnlicher Weise gefärbt werden wie Indigo, an Bedeutung gegen früher noch zugenommen, trotzdem auch die alte Küpenfärberei bereits eine der wichtigsten Färbemethoden aller Zeiten war. Vor Einführung des Pflanzenindigos wurde in Deutschland die Waidküpe, angesetzt mit den Blättern der Waidpflanze (Isatis tinctoria), die indigohaltig ist, benutzt. Das Waid, dessen Anbau z. B. in Thüringen recht bedeutend war, kommt als Kugelwaid in den Handel und ist heute noch ein geschätztes Gärungsmittel. Später sind dann die anderen Hilfsstoffe für die Gärung hinzugekommen (s. Wolle, Waidküpe).

Der Indigo ist der Hauptvertreter, der Prototyp der Küpenfarbstoffe. Er (und mit ihm die anderen Küpenfarbstoffe) unterscheidet sich von den meisten künstlichen Teerfarbstoffen durch seine Unlöslichkeit in Wasser und seine ganz besondere Verwendungsart insofern, als er zum Färben zunächst in eine lösliche Verbindung übergeführt werden muß. Diese Verbindung ist das sogenannte Indigoweiß oder Indigweiß, eine Reduktionsstufe des Indigoblaus oder des Indigotins (s. auch unter Indigo); es ist die farblose Leukoverbindung des Indigos. Die Reduktion erfolgt durch verschiedene Mittel. Das dabei entstehende Indigoweiß ist in Alkali löslich und zieht auf pflanzliche und tierische

Fasern zuerst farblos auf; nach dem Verlassen der Küpe färbt es sich aber bereits an der Luft durch Oxydation über Grün nach Blau (das Vergrünen des Indigos).

Je nach den Reduktionsmitteln, die zum Ansetzen der Küpe verwendet werden, unterscheidet man folgende Küpen, die nachfolgend kurz besprochen werden: a) die Eisenvitriolküpe, b) die Zinkstaub oder -kalkküpe, c) die Hydrosulfitküpe (warme und kalte), d) die Bisulfit-Zinkstaubküpe, e) die Gärungsküpe (warme und kalte). Die Baumwollküpen sind von den Wollküpen grundsätzlich dadurch verschieden, daß sie einen erheblich höheren Gehalt an Alkali enthalten, in der Regel wesentlich farbstärker sind (3 g Indigopulver = 15 g Indigopaste 20proz. pro Liter und mehr) und meist kalt geführt werden. Die Zinkstaub- oder Zinkkalkküpe ist die verbreitetste, die Hydrosulfitküpe die bequemste und sicherste, aber auch die teuerste, die Eisenvitriolküpe bedingt die größten Indigoverluste (etwa 20%), die Gärungsküpe wird vorzugsweise in überseeischen Ländern betrieben.

Ersatzblau für Indigo sind die echten Alizarinblau-, Indanthrenblau-, Hydronblau-, zum Teil die Schwefelblau- und neuerdings die Naphthol-AS-Blau-Färbungen. Außer dem eigentlichen Indigo sind später noch verschiedene Indigopräparate auf den Markt gekommen, die die Küpenfärbung erheblich erleichtern. Erwähnt seien die verschiedenen Indigolösungen und Indigoküpen, d. s. durch Reduktion von Indigo erhaltene Indigoweißlösungen in alkalischer Lösung, die unmittelbar eine fertige Küpe ergeben. Diese Präparate sind für kleinere Betriebe und gelegentliches Blaufärben besonders geeignet, für die Großindustrie kommen sie weniger in Betracht, da sie sich teurer stellen. Ganz neuerdings ist in dem Indigosol ein neues Indigopräparat erstanden, das die Küpenfärberei vielleicht in mancher Beziehung umstellen wird. Es ist dies ein esterifizierter Indigo (s. w. u.), der sich aber heute noch teurer stellt als Indigo.

Baumwolle wird in allen Stufen der Verarbeitung mit Indigo gefärbt, als Garn im Strang und in der Kette, als Kettenbaum, Kops, Kreuzspulen und Stück. Die Wahl der Küpenart richtet sich nach dem zu färbenden Material und den örtlichen Verhältnissen. Für Stranggarn kommen in Betracht: die Hydrosulfit-, die Zinkkalk- und die Vitriolküpe; für die Apparatfärberei: die Hydrosulfitküpe; für Stückware in der Rouletteküpe: die Hydrosulfit-, die Zinkkalkküpe; im Unterwasserjigger: die Hydrosulfitküpe; in der Tauchküpe: die Zinkkalk-, die Hydrosulfit-, die Vitriolküpe.

Das Führen der Küpen erfordert genaue Kenntnis der Eigenschaften und Stärkeverhältnisse der verschiedenen Indigomarken und Erfahrung. Der Naturindigo hat seine frühere führende Rolle allmählich eingebüßt, kommt also für die Besprechung an dieser Stelle nicht in Frage.

a) Eisenvitriolküpe. 1 kg künstlicher Pulverindigo, mit heißem Wasser angeteigt, oder 5 kg 20proz. Paste werden mit heißem Wasser auf etwa 10 kg gebracht, mit 5 kg Ätzkalk, der vorher gelöscht und zu einem dünnen 50—60° C warmen Brei angerührt wurde, versetzt; unter beständigem Rühren werden dann 4 kg Eisenvitriol, gelöst in 12—15 l heißem

Wasser, hinzugefügt. Gutes Rühren beim Zusatz der Eisenvitriollösung ist notwendig. Wird zuerst die Eisenvitriollösung zugefügt, wie es früher in einigen Färbereien geschah, so bilden sich beim Zusatz des Kalkes leicht Klumpen. Die Masse bleibt unter öfterem Umrühren 12 Stunden in einem Faß mit Deckel stehen. Die Färbeküpe wird auf 1000 l mit etwa 2 kg Eisenvitriol und 2 kg Ätzkalk zur Entfernung des in dem Wasser enthaltenen Sauerstoffs angesetzt. Nachdem diese Färbeküpe während mehrerer Stunden öfters aufgerührt worden ist, wird derselben nach Bedarf von der vorstehenden Stammküpe hinzugegeben. Nach mehrmaligem Aufrühren läßt man die Küpe abklären; dieses ist bei frischer Küpe in 3—4 Stunden geschehen, und die Küpe ist dann zum Färben gebrauchsfähig. Für die guten Naturindigos werden zum Ansatz der Stammküpe $3^1/_2$—4 kg Eisenvitriol und 4 kg Kalk für 1 kg Indigo angewandt. Für geringere Qualitäten können die Zusätze etwas verringert werden. Der Vorgang in der Eisenvitriolküpe ist folgender:

$$FeSO_4 + Ca(OH)_2 = Fe(OH)_2 + CaSO_4$$

$$\underset{\text{Indigo}}{C_{16}H_{10}N_2O_2} + 2\,Fe(OH)_2 + 2\,H_2O = 2\,Fe(OH)_3 + \underset{\text{Indigweiß}}{C_{16}H_{12}N_2O_2}.$$

Indigweiß wird durch überschüssigen Kalk als Kalziumverbindung in der Küpe in Lösung gehalten.

b) **Zinkstaubküpe.** 1 kg Indigopulver, mit Wasser angeteigt, oder 5 kg 20 proz. Paste werden mit 0,75—1 kg Zinkstaub, der mit etwa 15 l heißem Wasser angerührt ist, versetzt und dann 2 kg zu dünnem Brei gelöschter warmer Kalk hinzugerührt, so daß die ganze Masse etwa 40 bis 50 l beträgt. Sie bleibt 6—12 Stunden unter gelegentlichem Rühren stehen. Der Färbeküpe wird auf 1000 l $^1/_2$ kg mit Wasser angeteigter Zinkstaub und 1 kg zu dünnem Brei gelöschter Kalk zugefügt, öfters gerührt und, wenn der Sauerstoff entfernt ist, nach Bedarf Indigolösung zugesetzt. Man rührt einige Male und läßt dann abklären.

Es bildet sich sowohl auf den Stammküpen als auf den Färbeküpen ein dunkelblauer Schaum, „Blume“ genannt, der aus Indigo besteht, welcher vorher als Indigweiß in Lösung war und zu Indigo autoxydiert wurde. Die Küpenflotte muß gelb sein, der Bodensatz gelb, beim Rühren mit roten Adern durchzogen, die an der Oberfläche blau werden. Ist die Küpe von Anfang an oder beim Gebrauch grün geworden, so ist etwas Reduktionsmittel und etwas Kalk zum Nachschärfen zuzusetzen. Es ist zweckmäßig, die Stammküpe nicht zu lange stehen zu lassen, sondern nur so viel Indigo anzusetzen, als für den Gebrauch notwendig ist. Längeres Stehen der Stammküpe führt einen Verlust an Indigo herbei. Die Zinkstaubküpe „treibt“ häufig nach dem Ansatz, d. h. der in dem Bodensatz sich befindende Wasserstoff kommt an die Oberfläche und bringt Bodensatz mit. Daher wird die Küpe vor dem Färben erst etwas aufgerührt, um den Wasserstoff zu entfernen. Der Vorgang in der Zinkstaubküpe dürfte folgender Gleichung entsprechen:

$$Zn + Ca(OH)_2 = ZnO_2Ca + H_2.$$

Der Wasserstoff reduziert Indigo zu Indigweiß, das sich im überschüssigen Kalk löst. Der Gehalt an möglichst fein verteiltem Zink im

Zinkstaub ist von Wichtigkeit; je feiner das Zink, desto reaktionsfähiger ist es. Der Ansatz einer kleinen Färbeküpe, etwa 5 l enthaltend, gibt bei verschiedenen Zinkstaubsorten verschiedene Resultate.

Fast immer ist in den Indigofärbereien die Einrichtung getroffen, daß mehrere Küpen von verschiedener Stärke zu einem System gehören. Die frisch angesetzten Küpen sind die stärksten, sie enthalten viel Indigo; den älteren Küpen, welche durch Zusatz der Stammküpe im Laufe der Zeit zuviel Bodensatz erhalten haben und sich nicht mehr genügend rasch klären, wird durch Ausfärben ohne weiteren Indigozusatz der Indigo entzogen.

Gehören z. B. zu einem System 3 Küpen, so hat man eine schwache, eine mittelstarke und eine starke, letztere ist die zuletzt angesetzte. Die Ware wird zuerst auf der schwachen Küpe vorgefärbt, dann auf der mittelstarken Küpe weiter und schließlich auf der starken Küpe fertig gefärbt. Enthält die schwache Küpe keine größere Menge Indigo mehr, so wird sie ausgeleert und frisch angesetzt. Es wird dann auf Küpe Nr. 2, welche früher die mittelstarke war, zuerst gefärbt. Auch werden mehrere, 5, 6 usw. Küpen zu einem System vereinigt, wobei man ebenfalls auf der schwächsten Küpe mit dem Färben anfängt und bis zur stärksten Küpe geht. Die auf der Küpe befindliche Blume muß vor dem Färben jedesmal abgeschöpft und beim Rühren wieder zugesetzt werden. Wenn ein größeres Quantum Ware auf der Küpe gefärbt wurde, ist so viel Sauerstoff in die Küpe gekommen, daß die Küpe nicht mehr kräftig weiterfärbt; sie muß dann aufgerührt werden. In einigen Färbereien werden die Küpen einmal und in anderen zweimal, in Strangfärbereien auch dreimal am Tage abgefärbt, d. h. es wird so lange darauf gefärbt, bis der in der Lösung zur Verfügung stehende Indigo herausgezogen ist. Dann wird die Küpe wieder gerührt und, wenn nötig, dabei neue Indigolösung zugesetzt. In manchen Stückfärbereien werden besonders die zum Ausfärben bestimmten Küpen vor dem Färben etwas aufgerührt; es wird dann behufs möglichster Entziehung des Indigos in trüber Flotte (im Satz) gefärbt.

Als K ü p e n f o r m werden benutzt: für Strangfärbereien kleine Küpen, für Stückfärbereien große Küpen von rundem oder quadratischem Querschnitt. Sie können aus Holz, besser aber aus Eisen gefertigt oder mit Zement gemauert sein. Für Baumwollstrang braucht man Küpen von etwa $1^1/_2$—$1^3/_4$ m Tiefe und 60—65 cm Durchmesser. Für Stückfärbereien, besonders für breite Stücke, müssen sie $2^1/_2$—3 m tief und etwa 130—150 cm im Durchmesser sein. Die Stränge werden auf die schwachen Küpen aufgestellt, auf den stärkeren Küpen nur kurz umgezogen, gleichmäßig abgewunden und an der Luft zur Oxydation des Indigweiß in Indigoblau vergrünt. Stücke werden entweder in sogenannten Kronreifen oder Sternreifen, auch Küpensenker genannt, gefärbt. Ferner werden Stücke auf der Kotinueküpe, einer maschinellen Einrichtung, behandelt.

Für helle Farben braucht man schwache Küpen; je dunkler die Farbe werden soll, desto stärker müssen die Küpen sein. Mit Schutzpapp bedruckte Blaudruckwaren werden auf starker Küpe in kurzen Zügen gefärbt, d. h. die Ware wird in den Küpenreifen eingespannt, zuerst 5 Minuten, dann $7^1/_2$ Minuten, 10 Minuten und weiter immer 15—20 Minuten in die Küpe eingetaucht und wieder herausgezogen. Zwischen jedem Zug muß man 10—15 Minuten an der Luft gut vergrünen lassen.

Es gilt im allgemeinen der Grundsatz: Schwache Küpen, also Küpen mit wenig Indigo, und lange Züge (langes Eintauchen der Ware in die Küpen) färben die Ware am besten durch; starke Küpen und kurze Züge färben mehr oberflächlich. Selbstverständlich müssen die Küpen immer gut stehen, d. h. die richtige Farbe haben, was nur durch die praktische Tätigkeit zu erlernen ist. Übrigens kann man sich leicht davon überzeugen, ob bei einer schlecht stehenden Küpe Reduktionsmittel oder Kalk oder beides zugesetzt werden muß. Aus der aufgerührten Küpe werden 3 Glasbecher mit Farbflotte herausgenommen, einem Becher wird etwas Reduktionsmittel, dem zweiten etwas Kalk, dem dritten Reduktionsmittel und Kalk zugesetzt. Bald wird sich dann zeigen, in welchem Becher die richtige gelbe Farbe entsteht, und es kann nun die Färbe küpe in entsprechender Weise geschärft werden. In einzelnen Färbereien ist es auch Gebrauch, neben Ätzkalk etwas Soda zuzusetzen, z. B. pro kg Indigo 4 kg Ätzkalk und $^1/_2$ kg Soda. In Stückfärbereien ist dieses wohl zulässig; in Strangfärbereien leiden die Hände der Arbeiter mehr, als wenn nur Kalk angewandt wird.

c) **Hydrosulfitküpe.** Sie kann als Natron- oder Kalkküpe geführt werden. 5 kg Indigo, 20 proz. Paste, werden mit 10 l warmem Wasser verrührt, $3^1/_2$ l Natronlauge von 38—40° Bé zugefügt und 900 g Hydrosulfit konz. Pulver vorsichtig, damit nicht viel Luft hinzukommt, zugerührt. Man hält die Temperatur auf 40—45° C.

Die Hydrosulfitküpe ist zuerst von S c h ü t z e n b e r g e r und L a l a n d e vorgeschlagen worden. Das Hydrosulfit wurde durch Einstellen möglichst vieler Zinkstreifen in wässerige, schweflige Säure hergestellt. Nach 24—48 Stunden wurde die Lösung abgegossen, das Zink mit wenig warmem Wasser von den anhaftenden Kristallen befreit und das in Lösung befindliche Zink mit Kalk ausgefällt; die klare Lösung unter Zusatz von Kalk oder Ammoniak reduziert den Indigo. Später wurde Natriumbisulfit mit Zinkstaub und Natronlauge oder Ammoniak verrührt und nach längerem Stehen in zugedecktem Gefäß die klare Lösung direkt benutzt. Mit Einführung des künstliches Indigos haben die Farbenfabriken auch bald die Fabrikation von Hydrosulfit aufgenommen. — Der Verlauf der Reduktion durch Hydrosulfit läßt sich leicht in Zeiträumen von 15 Minuten durch Eintauchen eines Glasplättchens prüfen. Wenn das Glas und die abfallenden Tropfen klar gelb aussehen und in einer halben Minute blau werden, ist die Lösung gebrauchsfertig.

Die Färbeküpe wird mit etwa 100 g Hydrosulfit konz. Pulver pro 1000 l versetzt und zur Entfernung des Sauerstoffes durchgerührt, dann gibt man Stammküpe, also Indigolösung nach Bedarf zu. Wenn die Flotte gelbgrün aussieht, ist die Küpe gebrauchsfertig. Wird die Küpe beim Färben zu blau, so muß mit Hydrosulfit und Natronlauge nachgeschärft werden. Zuviel Hydrosulfit und zuviel Natronlauge ist zu vermeiden, da dann die Küpe zu scharf wird; sie gibt in diesem Fall den Indigo zu langsam an die Faser ab, vergrünt langsam und kann sogar den bereits auf der Faser befindlichen Indigo wieder abziehen. Der Vorgang ist folgender:

$$\underset{\text{Indigo}}{C_{16}H_{10}N_2O_2} + \underset{\text{Hydrosulfit}}{Na_2S_2O_4} + 2\,NaOH = \underset{\text{Indigweiß}}{C_{16}H_{12}N_2O_2} + 2\,Na_2SO_3.$$

Die Hydrosulfitküpe ist als satzfreie Küpe sehr gut für die Apparatfärberei und auch für die Kontinueküpe zu gebrauchen. Zum Ansetzen der Kalkküpe nimmt man statt der Natronlauge entsprechende Menge Ätzkalk.

b) **Bisulfit-Zinkstaub-Küpe.** Die Bisulfit-Zinkstaub-Kalk- oder Natronküpe ist auch noch in einigen Gegenden im Gebrauch. Es wird statt Hydrosulfit Zinkstaub und Natriumbisulfit verwendet. Für 5 kg Indigo 20 proz. (= 1 kg Indigopulver) dürften zum Ansatz der Stammküpe 5 l Bisulfit von 30° Bé, 500 g Zinkstaub und 2 kg Kalk oder 3 kg Natronlauge von 38—40° Bé genügen. Die Färbeküpe wird ebenfalls mit geringen Mengen dieser Substanzen angesetzt, gerührt und die Stammküpe nach 3 Stunden zugegeben.

Im allgemeinen geschieht das Färben der Baumwolle auf den Indigoküpen kalt, auf der Hydrosulfitküpe meist warm. Letztere ist besonders für helle Nuancen gut zu gebrauchen, indem man 20 oder 30 Minuten unter der Flotte umzieht und abwindet. Für dicke Garne, Stickgarne, ist sie besonders empfehlenswert wegen des besseren Durchfärbens. Die Hydrosulfitküpe kann auch auf dem Jigger gefärbt werden. Speziell werden hierfür die unter dem Namen Unterflottenjigger bekannten Apparate gebraucht.

Sämtliche Indigofärbungen werden schließlich mit Schwefelsäure zur Entfernung des Kalkes bzw. Alkalis abgesäuert. Wird die Schwefelsäure, besonders in frischen Absäurebädern, zu stark genommen, so kann sich auf der Ware schwefelsaurer Kalk niederschlagen, der nur durch längeres Einlegen der Ware in viel Wasser oder in mit Salzsäure angesäuertem Wasser zu entfernen ist. Das beim Absäuern und Spülen erhaltene Blauwasser enthält viel suspendierten Indigo. Man läßt das Wasser in Klärbottiche oder Klärbassins laufen, in welchen es bis zur Klärung stehenbleibt. Der Indigo setzt sich als Schlamm bald ab und kann direkt wieder zum Ansatz der Küpen benutzt werden. In trockenem Schlamm sind oft über 50% Indigo. Für Großbetriebe empfiehlt sich die Aufstellung einer Filterpresse zur Gewinnung des Schlamms in Form von Preßkuchen. Die von diesem Blauwasserschlamm angesetzten Küpen färben recht gut.

c) **Gärungsküpe.** Die Gärungsküpe, die vor Einführung der Eisenvitriolküpe auch in Deutschland für Baumwolle und Leinen benutzt wurde, ist jetzt nur noch in Rußland, den Balkanländern, Italien und Skandinavien hierfür im Gebrauch. Die auf der warmen Gärungsküpe gefärbten Baumwoll- und Leinengarne sind durchweg besser durchgefärbt als die auf der kalten Küpe gefärbten. Es wird daher der diesem Garn anhaftende Geruch auch in manchen Ländern noch verlangt und als ein Zeichen für die Echtheit der Farbe angesehen. (Näheres über die Gärungsküpe siehe Wollfärberei.

Indigofärbungen überfärbt man auch mit Blauholz (Aufsatzblau), mit basischen und substantiven Farben. Auch grundiert man mit substantiven oder Schwefelfarben und überfärbt mit Indigo. Es werden dann die substantiven Farben mit Indigo gedeckt und dadurch wasserechter.

Indigosol. Das Indigosol O ist der erste Vertreter einer neuen, wichtigen und aussichtsreichen Farbstoffkategorie von allergrößtem Interesse[1]). Es ist ein löslicher, gut haltbarer esterifizierter Indigo, welcher neue und leichte Anwendungen ermöglicht, wie sie bis heute mit Indigo nicht möglich waren. Außer dem Indigo selbst läßt sich eine ganze Reihe anderer Küpenfarbstoffe in der gleichen Weise umwandeln, die voraussichtlich bald auf dem Markt erscheinen werden.

Mit der Einführung der Indigosole würde sowohl für die Baumwolle als auch für die Wolle die bis jetzt übliche Küpenfärberei verschwinden, indem Indigosol die Baumwollfaser in den dunkelsten Tönen durch einfaches Imprägnieren und nachherige Oxydation färbt, während die Wolle im Säurebade gefärbt und nachher mit Nitrit oder Chromat oxydiert wird. Zur Zeit bietet das Indigosol für die Baumwoll-Stückfärberei das größere Interesse. Die erhaltenen Färbungen zeichnen sich durch eine vollständige Durchdringung und bessere Reibechtheit gegenüber den in der Küpe gefärbten Stücken aus. Auf merzerisierter Ware werden mit Indigosol egalere Färbungen als in der Küpe erzielt. Die ganze Färbeoperation kann bei rationeller Einrichtung in 20—30 Minuten bewerkstelligt werden.

Nach dem heutigen Stande der Technik kommen für die Baumwollfärberei drei Verfahren in Betracht: 1. Foulardieren mit Indigosol, Trocknen in der Hotflue oder auf dem Trockenzylinder, Oxydieren in einem mit Eisenchlorid und Schwefelsäure beschickten Oxydationsbade, Waschen. 2. Foulardieren mit Indigosol, dem Natriumnitrit zugesetzt worden ist, Trocknen, Passieren durch ein verdünntes Schwefelsäurebad, wobei sich die Oxydation in einigen Sekunden vollzieht. 3. Klotzen mit einer Indigosollösung, der u. a. chlorsaures Natron, Vanadlösung od. dgl. zugesetzt ist, Trocknen und Dämpfen.

Man arbeitet z. B. nach folgenden Vorschriften:

1. Eisenchloridverfahren.

Man klotzt bzw. präpariert die Ware mit einer Lösung von 25 bis 125 g Indigosol O im Liter Wasser, trocknet und entwickelt bei 30 bis 50° C in einer Lösung von

20—50 g Ferrichlorid 36% und }
20—50 g Schwefelsäure 66° Bé } im Liter.

Ein Zusatz von Kochsalz oder Glaubersalz zum Entwickelungsbade ist oft vorteilhaft. Nach dem Entwickeln wird gut gewaschen. Diese Färbungen sind trüber als die nach 2. und 3. erhaltenen.

---

[1]) Das Indigosol O wird in Deutschland von den Farbenfabriken auf den Markt gebracht: Badische Anilin- und Sodafabrik, Durand-Huguenin, Farbenfabriken Bayer, Farbwerke Höchst.

2. Nitritverfahren.

Man klotzt bzw. präpariert die Ware mit einer Lösung von

25—125 g Indigosol O } im Liter,
7— 25 g Natriumnitrit }

trocknet und entwickelt bei gewöhnlicher Temperatur in einer Lösung von

20—50 g Schwefelsäure 66° Bé im Liter.

Dem Nitritbade kann man zur besseren Haltbarkeit auf das Liter 2 g β-Naphthol, gelöst unter Zusatz von 3 g Natronlauge 40° Bé in heißem Wasser, zugeben. Ein Zusatz von Kochsalz oder Glaubersalz zum Entwickelungsbade ist oft vorteilhaft.

3. Dämpfverfahren.

Man klotzt bzw. präpariert die Ware mit folgender Lösung:

Klotzlösung

100 g Indigosol O
50 g Tragantwasser (60: 1000)
735 g kaltes Wasser
25 g neutrales oxalsaures Ammon oder Rhodanammonium
40 g chlorsaures Natron (1: 3)
50 g Vanadlösung (1: 1000)
1 Liter.

Neutrales oxalsaures Ammon

126 g Oxalsäure mit etwa
300 g heißem Wasser lösen, dann
150 ccm Ammoniak 25 proz. zugeben

Die abgepreßte oder abgenutschte Ausbeute soll etwa 150 g betragen; die Mutterlauge kann weiter benutzt werden.

Hierauf wird getrocknet und durch 2—5 Minuten langes Dämpfen entwickelt. Erhöht man die Menge des vanadinsauren Ammons auf das Vierfache, so tritt die Entwickelung auch beim Verhängen in einem feuchtwarmen Raume ein. Außer nach diesen drei Verfahren kann Indigosol O auch unter Zusatz von Bichromat geklotzt und in einem schwefeloxalsauren Bade entwickelt werden.

Das Färben mit Küpenfarbstoffen.

Außer dem besprochenen Hauptvertreter der Küpenfarbstoffe, dem Indigo, zählen im weiteren Sinne zu den Küpenfarbstoffen noch a) die Thioindigofarbstoffe, Helindon- und Cibafarbstoffe (richtige Indigoabkömmlinge), b) die Indanthren-, Anthra-, Algol- und Cibanonfarbstoffe (Anthrachinonabkömmlinge) und c) die Hydronfarbstoffe (Karbazolabkömmlinge), weil sie sich größtenteils verküpen und in der Küpe färben lassen. Teilweise besteht eine gewisse Verwandtschaft der Küpenfarbstoffe mit den Schwefelfarbstoffen insofern, als sich manche Küpenfarbstoffe auch im schwefelalkalischen Bade färben lassen[1]).

Die unter a) aufgeführten echten Indigo- und eigentlichen Küpenfarbstoffe erfordern zum Lösen das wenigste Alkali und eignen sich infolgedessen sowohl zum Färben der pflanzlichen als auch der tierischen Fasern; die unter b) aufgeführten eigentlichen Anthrachinonfarbstoffe

[1]) S. auch Fußnote S. 222. Durch die Umklassifizierung dieser Küpenfarbstoffe, wobei die Echtheitseigenschaften mit ausschlaggebend sind („Indanthren"-Farben wasch- und lichtecht), wird die frühere chemische Einteilung in Indigo-, Anthrachinon- usw. Abkömmlinge zurückgedrängt und ist wohl nicht immer zutreffend.

(und nur wegen ihrer färberischen Eigenschaften im weiteren Sinne auch als Küpenfarbstoffe bezeichneten Farbstoffe) sind in erster Linie zum Färben der Baumwolle geeignet, da sie zum Lösen viel Alkali brauchen; c) die Hydronfarben sind ausschließlich für das Färben pflanzlicher Fasern geeignet.

Das Lösen der meisten Küpenfarbstoffe erfolgt unter Zuhilfenahme von Natronlauge und Hydrosulfit. Die erforderlichen Mengen richten sich nach der Stärke des jeweiligen Farbstoffes und werden entweder nach dem Flottenverhältnis oder nach dem Gewicht der Ware bemessen. Da bei sehr verschiedenem Flottenverhältnis gearbeitet wird (auf offenen Kufen 1 : 20 bis 1 : 30, auf dem Apparat oder im Jigger 1 : 6 bis 1 : 4 usw.), so ist es richtiger, die Lauge und das Hydrosulfit auf das Gewicht des Farbstoffes oder des Farbgutes zu beziehen.

Beim Lösen und Färben spielen Temperatur und sonstige Arbeitsbedingungen eine wichtige Rolle, worüber die betreffenden Fabriken Auskunft erteilen. Im allgemeinen erfordern das Ansetzen und Führen der Küpen große Erfahrung und Aufmerksamkeit des Färbers. Sehr schwierig ist es u. a., genau nach Muster zu färben, da der endgültige Ton erst nach dem Oxydieren herauskommt und beim Färben unmittelbar nicht sichtbar ist. Ebenso bereitet die Kombination von verschiedenen Küpenfarbstoffen (besonders in stehenden Bädern) große Schwierigkeiten, weil sich die einzelnen Küpenfarbstoffe in bezug auf Ausziehen sehr verschieden verhalten.

In der Regel stellt man sich, wie bei Indigo, eine Stammküpe (Teigware 1 : 10, Pulverware 1 : 50) dar und verwendet diese zum Ansetzen der Färbeküpen, indem man hierzu mit Hydrosulfit und Natronlauge entlüftetes (oder strenggenommen: von Sauerstoff befreites) Wasser verwendet. Die Stammküpen werden angesetzt, indem man den Farbstoff mit der jeweils erforderlichen Menge Lauge und wenig Wasser gut verrührt, dann das Reduktionsmittel zusetzt, sorgfältig umrührt und nun, meist bei 50—60° C, bis zur klaren Lösung stehen läßt.

Das Färben erfolgt im wesentlichen ebenso wie mit Indigo; meist färbt man auch in mehreren Zügen. Die Farbstoffe ziehen und oxydieren sich im allgemeinen langsam und gleichmäßig. Stranggarne werden auf den üblichen Färbekufen (über oder unter der Flotte) gefärbt, dann gleichmäßig und möglichst kräftig abgequetscht und zum Oxydieren an der Luft verhängt. Nach erfolgter Oxydation wird gespült, abgesäuert, wieder gespült und geseift; letzteres meist in kochenden Bädern, manchmal auch nur bei 50° C. Durch Zusatz von Kochsalz oder Glaubersalz zum Färbebad (10—30 g pro Liter Flotte) wird ein besseres Ausziehen erzielt. Ein gutes Durchfärben, namentlich bei hellen Tönen, wird dagegen durch geringe Zusätze von Türkischrotöl, Monopolöl u. dgl. unterstützt.

In geeigneten Apparaten können auch Garne in Form von Kops oder Kreuzspulen gefärbt werden. Hierbei müssen die Flotten vollkommen klar sein; das Salz wird gegebenenfalls erst später zugesetzt. Baumwollstück wird gewöhnlich auf dem Unterflottenjigger gearbeitet; schwer durchzufärbende Ware wird zweckmäßig vorher mit 1—2% Monopolseife und 5% Soda genetzt und abgequetscht. In einem zweiten Jigger kann gespült, oxydiert, abgesäuert, wieder gespült und nötigenfalls geseift werden.

Die Färbungen werden häufig nachbehandelt; man verwendet z. B. 1—2% Chromkali und 4—8% Essigsäure, ferner: Natriumperborat und Essigsäure, von denen man 100—300 g bzw. 200—400 ccm pro 100 l Flotte verwendet, und worin man bei etwa 50° C fixiert.

Die Färbungen zeichnen sich im allgemeinen durch große Alkali-, Wasser-, Wasch-, Licht-, Überfärbe-- und Chlorechtheit aus und eignen sich deshalb besonders für Buntwebeartikel. Für einen allgemeinen Gebrauch steht der hohe Preis dieser Farbstoffe noch hindernd im Wege.

Von den Hydronfarben, deren Hauptvertreter das Hydronblau ist, werden einige, besonders in dunklen Tönen, mit Schwefelnatriumzusatz gefärbt. Sie eignen sich ebenso wie die vorgenannten Küpenfärbungen für die Buntweberei.

Gewöhnliche Färbemethode für Indanthrenfarbstoffe [B, By, M].

Der Farbstoff wird mit der 10fachen Menge heißen Wassers angerührt und durch ein feines Sieb in das mit Natronlauge und Hydrosulfit versetzte Bad von 60° C bis zur völligen Lösung eingerührt.

Bei ganz hellen Tönen oder schwer egalisierenden Farbstoffen geht man mit dem Garn bei etwa 30° C ein, zieht einige Male um, erhitzt allmählich auf 50—60° C und stellt beidieser Temperatur in $^3/_4$—1 Stunde fertig. Bei dunkleren Tönen geht man mit dem Material direkt bei 50 bis 60° C ein. Nach Fertigstellung der Färbung spült man zunächst in einem Bade von Hydrosulfit (10—15 g pro 100 l Wasser), sodann in reinem Wasser. Schließlich säuert man noch mit $^1/_{10}$—$^2/_{10}$ l Schwefelsäure von 66° Bé pro 100 l Wasser ab, spült, seift $^1/_2$ Stunde kochend und spült nochmals gründlich. Für 50 Pfund engl. Baumwollgarn sind im Mittel erforderlich: 500 l Wasser und 6 l Natronlauge von 40° Bé (=12 ccm pro Liter Flotte). An Hydrosulfit sind bei 0,5—5% Farbstoff in Teig 500 g Hydrosulfit erforderlich, bei größeren Farbmengen mehr, und zwar bis zu 2000 g Hydrosulfit bei 50% Farbstoffpaste.

Nach einer anderen Vorschrift wird für bestimmte Farbstoffmarken ein Zusatz von Glaubersalz oder Kochsalz empfohlen. Der Salzgehalt richtet sich ebenso wie der Hydrosulfitzusatz nach der Menge des Farbstoffes. Bei hellen Ausfärbungen von 0,5% Farbstoff sind etwa 1200 g kalziniertes Glaubersalz pro 500 l Farbflotte, dann allmählich steigend bis zu 9—10—11 kg Salz bei 30—40 proz. Färbungen erforderlich. Die Färbetemperatur beträgt etwa 40—50° C, die Färbedauer $^3/_4$—1 Stunde. Spülen und Absäuern geschieht wie bei den salzfreien Färbungen. Gewisse Farbsoffe werden auch kalt gefärbt. In diesem Falle wird nur die Hälfte an Natronlauge und das Doppelte an Salz zugegeben.

Stückware wird auf dem Unterwasserjigger (dunkle Töne) oder auch auf dem Oberwasserjigger (weniger dunkle Töne) gefärbt. Ferner wird auch nach dem Klotz- oder Pflatschverfahren gearbeitet, insbesondere dicke, schwer durchfärbbare Ware.

Das Bäuchen von Indanthrenfärbungen geschieht am besten unter Zusatz von Ludigol. Sehr gute Ergebnisse wurden in der Praxis beispielsweise bei folgender Zusammensetzung der Bäuchflotte erhalten: 500 l Wasser, 8 kg kalzinierte Soda, 2 kg Ludigol, etwa 1 Stunde kochen.

Gewöhnliche Färbemethode für Hydronfarbstoffe (Hydronblau usw.) [C].

Man färbt mit Hydrosulfit und Natronlauge bei verschiedenen Temperaturen, meist bei 50—60° C, $^1/_2$—1 Stunde.

Eine Nachbehandlung mit Perborat, das dem letzten Spülbade in Höhe von $^1/_2$—1% zugesetzt wird, 15—20 Minuten bei 40—50° C, beschleunigt vorteilhaft die Oxydation. Für lebhaftere Färbungen nimmt man auch 1—2% Perborat und kocht $^1/_2$ Stunde. Ferner wird zur Nachbehandlung Chromkaliessigsäure (2—3% Chromkali und 3—5% Essigsäure, 10—15 Minuten, kalt bis warm), desgleichen Chromkalibisulfit ($^1/_2$—1% Chromkali kalt bis warm, dann nach einigen Minuten 2—4 ccm Bisulfit pro Liter) und Kupfervitriol (3—4% Kupfervitriol und 3—5% Essigsäure, 20—30 Minuten heiß) angewandt.

Hydronblau kann auch mit Küpenfarben in einem gemeinsamen Bade gefärbt werden. Hierbei ist mit Rücksicht auf die Weiterbenutzung der Bäder zu beachten, daß von Indigo z. B. $^3/_4$—$^4/_5$ im Bade zurückbleibt, während von Hydronblau der größte Teil auf die Faser aufzieht. Auch kann auf Hydronblauvorfärbung ein Aufsatz von Indigo oder von substantiven, basischen und Sulfinfarbstoffen gemacht werden.

Da Hydronblau bleichecht ist, können Buntgewebe vorsichtig nachgebleicht werden. Die Firma Cassella empfiehlt zu diesem Zweck, erst mit 3—5 g Rotöl pro Liter vorzukochen und dann einige Stunden mit $^1/_2$—$^3/_4$° Bé starker Chlorsoda zu bleichen, zu spülen, abzusäuern ($^1/_4$° Bé starke Salzsäure) und zu entchloren ($^1/_2$—1 ccm Bisulfit pro Liter Bad).

Das Färben mit den Algol-, Helindon-, Ciba- und Cibanonfarbstoffen geschieht in ähnlicher Weise. Es kann hier im einzelnen nicht auf die Spezialvorschriften eingegangen werden, zumal da die Farbenfabriken ausreichende, allgemein zugängliche Farbvorschriften herausgeben.

Anilinschwarz.

Im Gegensatz zu den bisher vorbesprochenen Färbungen, bei denen fertig vorgebildete Farbstoffe zur Anwendung gelangen, werden die Oxydationsfarbstoffe aus Nichtfarbstoffen erst auf der Faser (bzw. im Bade bei Gegenwart der Faser) durch Oxydation erzeugt und gleichzeitig in der Faser abgelagert. Im freien Zustande sind diese Farbstoffe unlösliche Körperfarben oder Pigmente, die filtriert, gereinigt, getrocknet, pulverisiert und auch als Anstrich oder Druckfarbe benutzt werden können.

Der weitaus wichtigste und bekannteste Oxydationsfarbstoff ist das Anilinschwarz, das sich u. a. durch besondere Fülle des Tones und durch ganz hervorragende Echtheit gegenüber chemischen Einflüssen auszeichnet. Nur in bezug auf Tragechtheit (Vergrünen) und Reibechtheit läßt das Anilinschwarz zum Teil zu wünschen übrig; aber auch hier gibt es große graduelle Unterschiede, und man unterscheidet deshalb vergrünendes und nicht vergrünendes Anilinschwarz; ebenso ist die Reibechtheit der nach verschiedenen Verfahren hergestellten Anilinschwarzfärbungen sehr verschieden (Direktschwarz, Oxydationsschwarz).

Das Anilinschwarz entsteht durch Oxydation des Anilins mit Hilfe verschiedener Oxydationsmittel und Sauerstoffüberträger. Die erste Stufe der Oxydation erzeugt das Emeraldin, dann entsteht das Anilinschwarz oder das sogenannte Nigranilin. Chemisch kann der Vorgang als eine Wasserstoffentziehung aus dem Anilin aufgefaßt werden:

$$3\,C_6H_5NH_2 \cdot HCl + K_2Cr_2O_7 + 5\,HCl = C_{18}H_{15}N_3 + 2\,KCl + 2\,CrCl_3 + 7\,H_2O.$$

Ist die Oxydation unvollständig, so geht sie nicht durchweg über das Emeraldin hinaus, d. h. es bleibt mindestens ein Teil als Emeraldin auf der Faser. Ein solches Anilinschwarz vergrünt mehr oder weniger an der Luft, während gutes Anilinschwarz möglichst nicht vergrünen soll. Nach Krais sollte man überhaupt in der Anilinschwarzfärberei verschiedene Gesichtspunkte klar trennen und erkennen können, wenn man nicht in öde Rezeptmacherei verfallen will. Die einzelnen Erfordernisse sind im allgemeinen:

1. Charakter des Schwarztons, (tiefes, gelbliches, bläuliches Schwarz).
2. Grad der Reibechtheit.
3. Grad der Unvergrünlichkeit.
4. Vermeidung der Faserschwächung. Die verschiedenen Anilinschwarzfärbemethoden liefern in dieser Beziehung unterschiedliche Resultate.

Je nach der Art der Oxydation bzw. des Arbeitsverfahrens unterscheidet man dreierlei Arten von Anilinschwarz: 1. das Direktanilinschwarz oder das Einbadanilinschwarz, 2. das Oxydationsanilinschwarz, 3. das Dampfanilinschwarz. Bei dem ersteren werden hauptsächlich Chromkali und Chromnatron bei Gegenwart von Säuren als Oxydationsmittel benutzt, bei den beiden letzteren chlorsaures Kalium oder Natrium als Oxydationsmittel und Kupfervitriol, Grünspan, Kupfernitrat, Eisenchlorid, Ammoniumvanadinat als Sauerstoffüberträger. Die Oxydation wird hier in feuchtwarmer Luft, in der sogenannten Hänge oder durch Dämpfen bewirkt. Nach der Oxydation erscheint die Ware zumeist dunkelgrün und wird erst durch Waschen und Seifen schwarz; durch Nachchromieren mit Chromkali wird die Tiefe und Echtheit des Schwarz noch gehoben. Je langsamer der Oxydationsvorgang vor sich geht, desto gleichmäßiger und echter ist im allgemeinen das Oxydationsschwarz. Im Gegensatz zu letzteren rußt das Einbadschwarz erheblich ab.

1. Das Einbad- oder Direktanilinschwarz wird, wie der Name sagt, in einem Bade bzw. direkt erzeugt. Man bedient sich zu seiner Erzeugung des Anilinöls oder des fertigen Anilinsalzes (des salzsauren Anilins)[1]) mit einem bestimmten Säureüberschuß von Salz-, Schwefel-

[1]) Auch sind gelegentlich andere Salze des Anilins empfohlen worden, z. B. das salpetersaure Anilin für das in Amerika „Sterling-Black" genannte besondere Anilinschwarz.

säure oder organischer Säure. Theoretisch sind auf 4 Teile salzsaures Anilin etwa 3 Teile Chromkali und $2^1/_2$ Teile Schwefelsäure erforderlich. In der Praxis werden jedoch recht schwankende Verhältnisse angewandt. Nach H. Lange werden zweckmäßig 6 Teile Anilinsalz (bzw. die entsprechende Menge Öl und Salzsäure) in warmem Wasser gelöst, 4 Teile Schwefelsäure (mit Wasser verdünnt) zugesetzt und mit Wasser auf 950 Teile aufgefüllt. Dann wird das Garn aufgestellt und einige Male umgezogen, worauf allmählich $4^1/_2$ Teile Chromkali (in 50 Teilen Wasser gelöst) innerhalb 2 Stunden zugefügt werden. Man läßt die Baumwolle noch 1 Stunde unter langsamem Umziehen auf dem kalten Bade und erwärmt schließlich auf etwa 60° C. Je langsamer das Anilinschwarz bzw. das Nigranilin niedergeschlagen wird, eine desto echtere Färbung wird erzielt. Nach dem Färben wird eventuell mit Schwefelsäure (1 : 1000) abgesäuert, gut gewaschen und geseift oder mit Soda behandelt. Wenn das Schwarz nach dem Färben noch grün erscheint, so wird mit Chromkali nachchromiert; braunstichige Töne vergrünen nicht so leicht wie blaustichige.

Nach einer anderen Vorschrift [M] beschickt man das Bad mit 10% Anilinsalz vom Gew. d. Ware, 14% Salzsäure von 22° Bé, 3,5% Schwefelsäure von 66° Bé und fügt nach dem Erkalten eine Lösung von 13% Chromnatron zu; dann geht man mit der Ware ein, behandelt $^1/_2$ Stunde kalt, treibt in der nächsten halben Stunde zum Kochen und läßt $^1/_4$ Stunde nachziehen. Zuletzt wird gut gespült und (eventuell mit einem Zusatz von 1% Blauholzextrakt) geseift.

Zänker verwendet für 100 kg Baumwolle ein Bad von 2000 l, das mit 13 kg Anilinsalz, 20 kg Salzsäure und 14 kg Chromkali (jedes für sich gelöst und die Einzelteile kalt gemischt) beschickt ist. Man zieht 1 Stunde kalt, geht dann langsam auf 70—80° und bearbeitet $^1/_2$ Stunde bei dieser Temperatur. Dann wird gut gespült und mit Seife, Rotöl od. ä. bei 60° C geseift. Manchmal setzt man dem Färbebade auch noch 2 g Eisenbeize (salpetersaures Eisen) pro Liter Flotte zu.

Der Hauptnachteil des Direktschwarz ist seine geringe Reibechtheit, die relativ geringe Wetterechtheit (allmähliches Vergrünen) und der ungleichmäßige Ausfall der Nuancen.

Direktschwarz kann auch auf Grundierung mit Schwefel- oder substantiven Farbstoffen aufgesetzt werden.

Stückware wird entsprechend auf dem Jigger in möglichst kurzem Bade gefärbt.

2. **Das Oxydationsanilinschwarz** unterscheidet sich vom Einbadschwarz in erster Linie dadurch, daß die Ware nicht im Bade unmittelbar gefärbt wird, sondern mit der unoxydierten Masse imprägniert und dann einer Oxydation unterworfen wird, wobei sich das Schwarz mit Hilfe von Sauerstoffüberträgern bildet. Bei diesem Schwarz kommen noch größere Schwankungen in der Zusammensetzung des Bades und der Arbeitsweise vor. Nach H. Lange schwanken die Zusätze pro 1000 Teile Flotte an Anilinsalz von 70—150 Teilen, an chlorsaurem Kali von 30 bis 45 Teilen (eventuell entsprechende Mengen des Natriumsalzes), an Blaustein von 5—20 Teilen, an Vanadinatlösung (1 : 1000) von 10—50 Teilen,

an essigsaurer oder ameisensaurer Tonerde (10° Bé) von 20—50 Teilen usw. Dem Anilinsalz, das oft von saurer Reaktion ist, werden vielfach auch noch 5—8 Teile Anilinöl pro 1000 Teile Flotte zugesetzt. Auch wird ein Zusatz von Eumol [B] empfohlen, wodurch an Material gespart, die Faser geschont und größere Reibechtheit erzielt werden soll.

Die Konzentration des Bades hängt u. a. von der Art der Ware (leichtere Waren werden mit leichterer Brühe behandelt und umgekehrt) und von der verlangten Nuance ab (Tiefschwarz erheischt stärkere, Blauschwarz schwächere Bäder). Sehr beliebt sind auch Zusätze von Stärke, Dextrin, Tragant u. ä. Klebemitteln. Wird besonderes Gewicht auf große Festigkeit der Ware gelegt, so werden die Zusätze an Oxydationsmitteln reduziert; wenn die Nuance nicht tief genug ist, so erhöht man dagegen den Oxydationsmittel- oder den Anilingehalt der Färbemasse. Die Bestandteile werden stets einzeln gelöst und erst nach dem Erkalten vereinigt. Vielfach werden auch zweierlei Stammlösungen vorrätig gehalten, die in bestimmtem Volumenverhältnis unmittelbar vor dem Gebrauch vereinigt werden; vor allem dann, wenn man die Stammlösungen für größeren Vorrat herstellt.

Nachstehend seien einige Beispiele erwähnt, wie sie sich bei der Erzeugung von Oxydationsschwarz bewährt haben. H. Lange löst 100 bis 120 g Anilinsalz, 6—8 g Anilinöl, 35—40 g chlorsaures Kali, 15—20 g Kupfervitriol, 5 g Weizenstärke mit Wasser zu 1 kg Farbmasse, tränkt das Garn gleichmäßig, schleudert, egalisiert, trocknet bei 30—40° C und oxydiert in feuchtwarmer Luft, bis die Ware dunkelgrün wird. Dann wird gespült, mit einer verdünnten Chromkalilösung (3—5 : 1000) bei 60—70° C nachoxydiert, gut gespült und mit Soda oder Seife behandelt.

Stückware wird in Lösungen von 6—7° Bé geklotzt, in der Hotflue getrocknet und in der Hänge bei 30—40° C oxydiert bzw. im Oxydationskasten (s. d.) getrocknet und oxydiert (bei etwa 50° C). Zuletzt wird chromiert, geseift und eventuell mit Blauholz od. dgl. überfärbt bzw. nuanciert.

Nach anderen Vorschriften [M] färbt man lose Baumwolle oder Garn, indem man zuerst mit einer 8° Bé starken Mischung von 126 Teilen Anilinsalz, 40 Teilen chlorsaurem Natron, 5 Teilen Salmiak, 3 Teilen Kupfervitriol und 120 Teilen essigsaurer Tonerde von 14° Bé imprägniert. Die imprägnierte und geschleuderte Ware wird bei 35—45° C getrocknet und 18—24 Stunden oxydiert. Hierauf chromiert man bei 40 bis 50° C mit 6% Chromnatron, 0,5% Anilinsalz und 2% Schwefelsäure von 66° Bé nach, wäscht und aviviert mit einer Ölemulsion.

Für unvergrünliches Schwarz empfiehlt die Firma [M] die Herstellung folgender zwei, getrennt aufzubewahrender Bäder. Stammfarbe A. 55 l Wasser, 4500 g Anilinsalz, 1350 g Toluidin, 700 g Essigsäure, 1850 g chlorsaures Natrium; Stammfarbe B. 1850 g salpetersaures Eisen von 40° Bé, 6 l Wasser, 2700 g Kupfersulfatlösung (200 g pro Liter). Man gibt 8 l der Stammfarbe A mit 1 l der Stammfarbe B zusammen und klotzt mit diesem Gemisch. Die übrige Behandlung ist wie vorbeschrieben.

Halbseide wird in ähnlicher Weise schwarz gefärbt. Folgende Mischungsverhältnisse liefern ein schönes, sattes und wenig vergrünendes

Oxydationsschwarz. Stammflotte A. 12 l Anilinöl und 9 l Salzsäure werden in 20 l Wasser, ferner 1 kg Grünspan und 1 kg Kupfervitriol in 6—7 l Wasser und 500 g Eisenchlorid in $^1/_2$ l Wassr gelöst und nach dem Erkalten zusammengebracht. Stammflotte B. 8 kg chlorsaures Kali (bzw. die entsprechende Menge Natronsalz) und 6 kg Chlorammonium werden in etwa 50 l Wasser, 4 kg Weizenstärke in 50 l Wasser kochend gelöst, vereinigt und mit Wasser auf 200 l gebracht. Von Flotte A wird je 1 l, von Flotte B werden je 4 l unmittelbar vor dem Gebrauch vereinigt und auf $6^1/_2$° Bé gebracht. Bei ganz dünnen Stoffen und bei Blauschwarz geht man bis auf 5° Bé herunter. Dann wird in bekannter Weise auf dem Jigger passiert und im Oxydationskasten oxydiert. Die Temperatur am trockenen und feuchten Thermometer differiert in der Regel um 15—20° und beträgt am Trockenthermometer etwa 70°, am feuchten etwa 50 bis 55° C. Zuletzt wird mit 4—5% Chromnatron und eventuell etwa $1^1/_4$% Schwefelsäure bei 40—50° C nachchromiert und erforderlichenfalls mit Seife, Blauholzextrakt, Methylenblau, Chrysamin ausgefärbt bzw. nuanciert oder geschönt.

Das Oxydationsschwarz bildet bis auf den heutigen Tag eine besondere Spezialität mancher Betriebe, die ihre Fertigkeit hüten und auszunützen suchen. Bekannt ist in dieser Hinsicht das Oxydationsschwarz, das als Hermsdorf-Diamantschwarz insbesondere auf Garnen, Strümpfen, Handschuhen und Trikotagen hergestellt wird und sich einer besonderen Echtheit, Schönheit und Fülle gegenüber ähnlichem Schwarz anderer Firmen erfreut. Auch die Chlorechtheit des Hermsdorf-Diamantschwarz ist ganz vorzüglich. Legt man Proben dieser Färbung neben Schwefelschwarz- und Direktschwarzfärbungen in eine schwache Chlorlösung, so werden sich die letztgenannten Färbungen ganz wesentlich verändern, während das Diamantschwarz sich nur ganz unbedeutend verändern wird. In gleicher Weise verträgt das Diamantschwarz Wäsche mit Sauerstoffwaschmitteln (Persil u. a.), ohne merklich in der Farbe Einbuße zu erleiden.

3. **Das Dampfanilinschwarz.** Die Stücke werden am Foulard geklotzt, in der Hotflue getrocknet, 2—3 Minuten im Mather-Platt gedämpft, gespült, nachchromiert (mit Chromkali 5 : 1000, bei 50° C 1—2 Minuten), gewaschen getrocknet. Das Klotzbad für dieses sogenannte Prud'hommeschwarz setzt sich etwa nach folgenden Beispielen zusammen. A. 84 g Anilinsalz, 40 g Tragantwasser (60 : 1000), 5 g Anilinöl, 220 ccm Wasser; 54 g gelbes Blutlaugensalz, 280 ccm Wasser; 30 g chlorsaures Natron, 320 ccm Wasser, alles zusammen auf 1 l einstellen [M]. B. 100 g Anilinsalz, 8 g Anilinöl, 35 g chlorsaures Kalium, 45 g gelbes Blutlaugensalz, 812 g Wasser = 1000 g Klotzbad (Lange). Überhaupt kommen nach H. Lange im Anilinsalzzusatz Schwankungen von 70—130 g, in demjenigen von Kaliumchlorat von 25—40 g und vom gelben Blutlaugensalz von 35—50 g vor.

Unvergrünliches Anilinschwarz.

Der Erzeugung eines unvergrünlichen Anilinschwarz ist seit jeher die größte Aufmerksamkeit gewidmet worden. Die Wege zur Erreichung einer Unvergrünlichkeit oder einer annähernden Unvergrünlichkeit können verschiedene sein.

1. Aus dem zuerst erzeugten vergrünlichen Anilinschwarz wird durch Weiteroxydation unvergrünliches oder besonders schwer vergrünliches

Anilinschwarz erzeugt. Zu solchen Oxydationsstoffen gehören: chlorsaure Tonerde, Ferrisulfat usw.

2. An Stelle des reinen Anilins werden Mischungen verschiedener Basen mit Anilin oder Ersatzbasen des Anilins verwendet. Zu solchen Basen gehören: Paraamidodiphenylamin (s. weiter unter Diphenylschwarz), Paraamidophenol, Paraphenylendiamin, Metatoluidin[1]) usw. Diese Basen ergeben durch Oxydation Produkte, deren Farbe das Schwarz beim Grünwerden des Anilinschwarz komplementär neutralisiert. Die Zusätze sind in der Regel teurer als das Anilin selbst; ein unvergrünliches Anilinschwarz stellt sich deshalb im allgemeinen in der Herstellung teurer als ein gewöhnliches Anilinschwarz.

3. Durch geeignete Mittel soll Orthokondensation des Anilins und Bildung des unvergrünlichen Azinschwarz begünstigt und Parakondensation und Bildung des vergrünlichen Indaminschwarz möglichst zurückgedrängt werden.

Versuche von Grandmougin haben gezeigt, daß der Kondensationsvorgang bei der Schwarzbildung wesentlich von der Säure abhängt, die zur Kondensation gebraucht wird; starke Säuren bewirken vornehmlich Parakondensation, geben also vergrünliches Schwarz (Indaminschwarz), schwächere Säuren dagegen Orthokondensation. Das orthokondensierte Schwarz (Azinschwarz) ist unvergrünlich. Als solche schwächere Säuren haben sich vornehmlich organische Säuren brauchbar erwiesen: Milchsäure, Ameisensäure usw. Mit den schwächeren Säuren geht indes die Schwarzentwicklung weniger rasch vor sich; es muß deshalb zur praktischen Durchführung zweckmäßig doch ein Gemisch von starker Mineralsäure mit schwächerer, organischer Säure angewandt werden, so daß bei dem Oxydationsprozeß Orthokondensation zwar vorherrscht, die Vergrünlichkeit wegen der Mineralsäuregegenwart aber beschränkt bleibt.

Beispiel 1. Druckschwarz auf Baumwolle.

700 g Stärketragantverdickung, 45 g Anilinsalz und 30 g Ferrozyankalium werden warm gelöst und kalt mit 35 g Natriumchlorat (in 80 g Wasser gelöst) und 55 g Anilin (in 55 g Milchsäure, 50proz., gelöst) versetzt. Man druckt auf, trocknet, dämpft wie üblich im Mather-Platt, wäscht und seift. Das Schwarz ist praktisch unvergrünlich.

Von den vielen veröffentlichten und zum Teil unter Patentschutz stehenden Verfahren zur Erzeugung von unvergrünlichem Anilinschwarz sei noch das Verfahren der Chemischen Fabrik Griesheim-Elektron kurz erwähnt. Die genannte Firma hat ermittelt, daß bei Anwendung von Anilinchlorat oder Orthotoluidinchlorat und anderen Homologen ohne jeden Kupferzusatz ein volles, unvergrünliches Schwarz erhalten wird, wenn man dafür sorgt, daß die Oxydation trocken und bei höherer Temperatur als üblich, z. B. bei 90—100° C, vorgenommen wird. Es entwickelt sich dann nicht das bekannte Schwarzgrün, sondern ein tiefes, volles Schwarz. Dieses ist ohne Nachbehandlung völlig unvergrünlich. Überhaupt liegt hier ein chemisch anderes Schwarz vor, mit anderen Reaktionen als die bisher bekannten Reaktionen des Anilinschwarz. Die mit Anilin- oder Toluidinchlorat imprägnierte und bei 40—50° C getrocknete Baumwolle bleibt völlig farblos und kann in diesem Zustande vorzüglich mit alkalischen Mitteln reserviert werden. Die Entwickelung zu völlig unvergrünlichem Schwarz geschieht bei etwa 90° C und bei trockener Luft, ohne daß eine Nachbehandlung nötig wird. Diese Reservierbarkeit ohne Nachbehandlung ist für die Druckerei von Bedeutung.

Beispiel 2. Die trockene Ware wird mit einer Brühe geklotzt, die 80 g Anilinchlorat auf 1 l enthält, und hierauf bei 40° C getrocknet, wobei sie vollständig farblos bleibt. Danach wird sie auf der Hotflue bei 90—100° C oxydiert;

[1]) Hierher gehört auch das Anilin MT [C], das aus einer Mischung von Anilin mit Metatoluidin besteht.

sie verläßt den Apparat als völlig entwickeltes Schwarz. Die Ware braucht weder chromiert noch geseift noch mit Soda behandelt zu werden, sondern geht direkt zur Appretur, wo sie ausgerüstet wird.

Beispiel 3. Die trockene Ware wird mit einer Brühe von 70 g Orthotoluidinchlorat im Liter geklotzt, bei 45° C getrocknet und hierauf mit einer Reserve bedruckt, die auf 1 kg Druckpaste enthält: 350 g britisches Gummi, 150 g Wasser, 200 g Bisulfitlauge von 37°, 300 g Natronlauge von 34° Bé. Nach dem Trocknen auf der Mansarde wird das völlig unvergrünliche Schwarz in einer Hotflue bei 90° C entwickelt, zur Entfernung der Verdickung gewaschen und hierauf fertiggemacht.

Diphenylschwarz.

Zum Färben mit Diphenylschwarz bringen die Höchster Farbwerke [M] eine Diphenylschwarzbase (Amidodiphenylamin) und ein Diphenylschwarzöl (Mischung von $^1/_4$ Teil vorgenannter Base mit $^3/_4$ Teil Anilinöl) heraus, die in ihrer Verwendung und den Eigenschaften des erzeugten Schwarz dem Anilinschwarz sehr ähneln. Das Diphenylschwarz zeichnet sich vor letzterem noch vorteilhaft durch sehr schnelle und leichte Oxydation und geringes Vergrünen aus. Die Oxydation wird durch Chlorate, Kupferverbindungen, Aluminiumchlorid, Zerchlorid, holzsaures Eisen, Vanadinate usw. bewirkt. Zur Vermeidung der Dissoziation der essigsauren Diphenylschwarzbase ist ein Zusatz von Tragantwasser o. ä. zu den Klotzbädern erforderlich.

Nachfolgend wird ein Beispiel für Garnfärbung wiedergegeben [M]. Stammfarbe A. 350 g Diphenylschwarzbase werden in 1500 ccm Essigsäure von 6° Bé und 400 ccm Milchsäure, 50proz., durch Erwärmen gelöst, abgekühlt und in die Mischung von 1 kg Tragantschleim (60 : 1000) und 2 l Wasser eingerührt. Stammfarbe B. 170 ccm Aluminiumchlorid von 30° Bé und 100 ccm Zerchlorid von 45° Bé werden mit 3850 ccm Wasser verdünnt und mit 250 g chlorsaurem Natron (in 750 ccm Wasser gelöst) versetzt. Vor dem Gebrauch werden gleiche Volumina der beiden Flotten A und B zusammengerührt (die Mischung hält sich nur wenige Stunden), das Garn wird darin genetzt und in die Brühe eingelegt. Dann wird gleichmäßig abgewunden oder schwach geschleudert. Nach entsprechendem Auffrischen wird die alte Brühe immer wieder gebraucht. Nach dem Entwässern (Schleudern od. ä.) wird breit auf saubere Stöcke aufgestockt und bei 60° getrocknet; besonders egales Trocknen bei diesem Schwarz ist Haupterfordernis. Zum Schluß wird noch 5 bis 10 Minuten ohne Druck gedämpft, gewaschen und schwach geseift.

Beispiel für Gewebe. Man kann rohe, nicht ausgekochte Ware direkt zum Klotzen verwenden. Die geklotzte Ware wird in der Hotflue getrocknet und durch kurzes Dämpfen (2—10 Minuten) im Mather-Platt entwickelt. Die reine Diphenylschwarzbase greift die Gewebe nicht so stark an wie Anilinöl; aus diesem Grunde wird erstere für die feineren Gewebe verwendet (Battiste usw.), während das Anilinschwarz für derbere, billigere Waren bevorzugt wird. Ein Nachchromieren findet nicht statt, da es die Nuancen schädigt. Nach dem Dämpfen wird sofort gewaschen und geseift.

Nachfolgend sei noch eine Arbeitsweise der Höchster Farbwerke [M] wiedergegeben. Stammfarbe A. 600 g Tragantwasser (1 : 10) werden mit 750 g Wasser verdünnt; 400 g Diphenylschwarzbase werden mit

500 g Milchsäure, 50 proz., und 1300 g Essigsäure, 30 proz., durch Erwärmen gelöst, in obiges Tragantwasser eingerührt und mit 1450 ccm Wasser auf 5 kg eingestellt. Stammfarbe B. 250 g Aluminiumchlorid von 30° Bé, 250 g Chromchlorid von 30° Bé, 40 g Kupferchlorid von 40° Bé werden in 3460 ccm Wasser gelöst und dann mit der Lösung von 300 g Natriumchlorat in 600 g heißem Wasser und 100 g Terpentinöl zusammengebracht (= 5 kg). Gleiche Volumina A und B werden für den Gebrauch gemischt.

Der rohe, ausgekochte Baumwollstoff wird mit der Klotzbrühe (gleiche Volumina der Stammflotten A und B) auf der Paddingmaschine 2—4 mal geklotzt (mit etwa 100% Gewichtszunahme) und durch die Oxydationsmaschine bei 60—70° am Trockenthermometer und 40—50° am Feuchtthermometer $^1/_4$ Stunde passiert. Zur vollständigen Entwickelung wird 2 Minuten bei etwa 100° im Mather-Platt gedämpft. Auch kann man die Ware nach dem Klotzen 15 Minuten bei 60° trocknen und 10 Minuten bei 95° dämpfen. Alsdann wird bei 60° geseift und gewaschen. Chromieren ist nicht empfehlenswert, da der Ton hierdurch leicht braun wird. Wird ein Gelbton bzw. ein grünlicher Ton verlangt, so fügt man dem Seifenbade etwas Gelbholzextrakt zu und seift 10 Minuten bei 80—100° C. Hierauf wird erst in Kondenswasser und dann in gewöhnlichem Wasser gespült.

Andere Oxydationsfarbstoffe.

Außer dem Anilin- und Diphenylschwarz kommen nur noch wenige Oxydationsfarbstoffe in der Textilfärberei zur Verwendung. Durch Oxydation von p-Phenylendiamin, p-Amidophenol, Diamidodiphenylamin und ähnlichen Verbindungen mit Wasserstoffsuperoxyd, Bichromat usw. insbesondere auf tierischen Haaren und Pelzen entstehen braune, graue bis schwarze Farben von ziemlicher Echtheit. Sie werden mehr in der Pelzfärberei als in der Textilfärberei gebraucht und kommen unter verschiedenen Namen und in verschiedenen Marken in den Handel, z. B. als Ursol [A], Nakofarben [M], Furrole [C], Furrein [J].

Das Färben mit Diazotierungsfarben.

Die Diazotierungs- oder Eisfarben (weil ursprünglich unter Eiskühlung hergestellt) sind unlösliche Verbindungen, die auf der Faser aus ihren Komponenten gebildet bzw. niedergeschlagen werden. Diese Komponenten sind leicht zersetzliche Diazolösungen und Naphthole (Betanaphthol und in geringerem Maße Alphanaphthol), die, gekuppelt, im allgemeinen wasch-, wasser- und ziemlich lichtechte Färbungen ergeben[1]).

Die wichtigsten Vertreter dieser Farben sind: das Paranitranilinrot (Eisrot), das Alphanaphthylaminbordeaux, das Metanitranilinorange, das Chloranisidinscharlach, das Dianisidinblau, das Benzidin- und Tolidinbraun und vor allem die Naphthol-AS-Entwickelungsfarben.

---

[1]) Näheres über den Prozeß des Diazotierens und Kuppelns s. bei der Nachbehandlung substantiver Färbungen S. 366.

Paranitranilinrot, Pararot (Eisrot).

Es ist das Kuppelungsprodukt der Diazoverbindung des Paranitranilins und des Betanaphthols. Das diazotierte und haltbar gemachte Paranitranilin kommt auch fertig in den Handel, z. B. als Azophorrot [M], Nitrosamin [B], Nitrazol [C], Benzonitrol [By] (s. auch S. 367).

Das Färben geschieht in der Weise, daß die Ware mit warmer bis heißer alkalischer Naphthollösung getränkt und getrocknet und dann mit dem diazotierten Amin entwickelt wird:

$$NO_2 \cdot C_6H_4 \cdot NH_2 + 2\,HCl + 2\,NaNO_2 = NO_2 \cdot C_6H_4 \cdot N = N \cdot Cl + NaCl + H_2O.$$
$$NO_2 \cdot C_6H_4 \cdot N = N \cdot Cl + C_{10}H_7ONa = NO_2 \cdot C_6H_4 \cdot N = N \cdot C_{10}H_6OH + NaCl.$$

Für kleinere Partien werden sogenannte Terrinen von 20 l Inhalt, die je 10—12 l Naphthollösung und 17—18 l Entwickler aufnehmen, benutzt. Je 2 Pfund Baumwollgarn werden darin umgezogen, sehr gut abgewunden und egalisiert oder geschleudert; nach jeder Passage wird das Bad mit $^3/_4$ l frischer Flotte aufgefrischt.

Größere Partien werden in sogenannten Passiermaschinen (s. d.) bearbeitet. Der naphtholierte Grund wird abgewunden oder geschleudert und zwecks besserer Egalisierung eventuell nochmals durch die gebrauchte Flotte durchgenommen und, in Tücher eingewickelt, zentrifugiert. Dann wird möglichst in dunklen Räumen, die vor Sonnenlicht, Säure- und Chlordämpfen zu schützen sind, auf Stöcken bei 50—60° getrocknet und nach dem Trocknen schnell in der Diazolösung entwickelt. Die Zusammensetzung 1. der Grundierungs- und 2. Entwicklungsflotte ist beispielsweise folgende [M].

1. Grundierungsflotte: 25 g Betanaphthol, 40 ccm Natronlauge von 22° Bé, 60—75 g 50proz. Natrontürkischrotöl.

2. Entwicklungsflotte: 280 g Paranitranilin werden in 1200 ccm kochendem Wasser und 440 ccm Salzsäure von 22° Bé gelöst, unter gutem Rühren abgekühlt und mit 1000 ccm kaltem Wasser und 1000 g Eis versetzt; nach Abkühlung auf 0—2° werden 520 ccm Nitritlösung (290 g Nitrit im Liter) langsam hineingerührt, wobei die Temperatur nicht merklich steigen darf. Die Lösung wird filtriert, vor Gebrauch mit 600 g essigsaurem Natron versetzt, das Ganze auf 10 l verdünnt und unmittelbar verbraucht.

Will man das Diazotieren und das Arbeiten mit Eiswasser vermeiden, so bedient man sich der oben erwähnten, fertig im Handel befindlichen Diazoprodukte des Nitranilins (Azophorrot usw.); für diese sind von den Fabriken ausführliche Vorschriften ausgearbeitet worden. Durch die Naphthol-AS-Farben hat das Pararot erheblich an Bedeutung verloren.

Naphthol AS [Gr-E]

und die damit hergestellten Entwicklungsfarben.

Mit der Erfindung (1912) des Naphthol AS (Beta-Oxynaphthoësäureanilid) durch die Griesheimer Farbwerke [Gr-E] wurde einem lange empfundenen Bedürfnis der interessierten Industrie abgeholfen. Die mit Hilfe dieses Körpers hergestellten Entwicklungsfarben stellten alle bisherigen Entwicklungsfarben sowohl in bezug auf Echtheit als auch

Schönheit in den Schatten und traten zum Teil mit unseren echtesten Beizen- und Küpenfarbstoffen (Türkischrot, Indigo) in Konkurrenz, ja übertrafen diese sogar in mancher Beziehung. Sie errangen sich bald große Bedeutung in der Garnfärberei, zum Teil auch in der Apparatefärberei, der Färberei loser Baumwolle und besonders im Zeugdruck; sie sind auch für das Färben von merzerisierter Baumwolle, von Kunstseide und Stapelfaser, von Papiergarngeweben usw. gut geeignet.

Sämtliche Naphthol-AS-Farbstoffe sind unlösliche Azofarbstoffe, die durch die Kombination von Naphthol-AS-Marken und diazotierten Basen auf der Faser erzeugt werden. Alle pflanzlichen Fasern, wie Baumwolle. Leinen, Jute, Hanf, Kunstseide, können mit Naphthol-AS gefärbt werden.

Der Färbeprozeß zerfällt in folgende zwei Operationen:

a) Grundieren des Materials in der Lösung eines Naphthols,

b) Entwickeln des grundierten Materials in der Lösung einer diazotierten Base oder des betreffenden „Färbesalzes".

Das Fasermaterial wird in der üblichen Weise vorbereitet, ausgekocht, gebleicht usw., dann getrocknet oder auch ungetrocknet in der Lösung eines Naphthols grundiert. Das so grundierte Material wird entwässert und in feuchtem Zustande in der Diazolösung einer Farbbase entwickelt. Die Kupplung findet momentan statt. Nur in Fällen, wo man besonderen Wert auf Reibechtheit legt (Stückfärberei), arbeitet man mit Zwischentrocknung. Den Färbeprozeß beendet ein gründliches Spülen und ein ein- bis zweimaliges heißes Seifen.

Im Laufe der 10 jährigen Entwickelung hat sich bis heute bereits eine prachtvolle Kollektion von Naphthol-AS-Kombinationen ergeben, die aus 8 Arten von Naphtholen und 17 verschiedenen Basen erzeugt werden können. Der größte Teil der Basen wird auch in fertig diazotiertem und haltbarem Zustande als „Färbesalz" in den Handel gebracht. Mit Hilfe dieser Naphthole und Basen können heute bereits prachtvolle gelbe, orangefarbene, rote, rosafarbene, scharlachrote, bordeauxfarbene, violette, braunrote, braune, blaue, blauschwarze und schwarze Töne erzeugt werden, deren Echtheit im allgemeinen eine hervorragende ist.

Die heute von der Verkaufsgesellschaft Agfa - Griesheim (Berlin-Frankfurt a. M.) und den Bayerschen Farbenfabriken in Leverkusen in den Handel gebrachten Naphthole und Basen sind etwa folgende:

Verzeichnis der Naphthole.

1. Naphthol AS. 2. Naphthol AS-BS. 3. Naphthol AS-BO. 4. Naphthol AS-RL. 5. Naphthol AS-SW. 6. Naphthol AS-G. 7. Naphthol AS-BR. 8. Naphthol AS-BG.

Verzeichnis der Basen und Färbesalze.

1. Echtgelb GC-Base (Echtgelbsalz GC 20%). 2. Echtorange GC-Base (Echtorangesalz GC 20%). 3. Echtorange GR-Base (Echtorangesalz GR 20%). 4. Echtorange R-Base (Echtorangesalz R 20%). 5. Echtscharlach GG-Base (Echtscharlachsalz GG 20%). 6. Echtscharlach G-Base. 7. Echtscharlach RC-Base (Echtscharlachsalz R 25%). 8. Echtrot GG-Base (Echtrotsalz GG 20%). 9. Echtrot KB-Base. 10. Echtrot

3 GL-Base spezial (Echtrotsalz 3 GL 40%). 11. Echtrot GL-Base (Echtrotsalz GL 20%). 12. Echtrot RL-Base. 13. Echtrot B-Base (Echtrotsalz B 20%). 14. Echtgranat GC-Base. 15. Echtgranat GBC-Base. 16. Echtblau B-Base (Echtblausalz B 20%). 17. Echtschwarz LB-Base[1]).

Echtheit. Die Naphthol-AS-Färbungen zeichnen sich durch hervorragende Waschechtheit durch vorzügliche Chlor- und damit verbundene Bleichechtheit, Alkali- und Säureechtheit aus. Sie sind merzerisier- und überfärbeecht.

Die Färbungen aus den Kombinationen AS-SW/Echtrot KB-Base (prachtvolles Mittelrot) sind natronlaugekochecht; sie halten sogar eine schwache Druckbäuche aus. Vollkommen bäuchecht sind die Gelbfärbungen aus Naphthol AS-G mit den Basen 1, 2, 5, 9, 14 und 15. Die Lichtechtheit ist bei den wichtigsten Kombinationen gut bis vorzüglich. Außer den hervorragenden Echtheitseigenschaften sind als besondere Vorteile der Naphthol-AS-Farbstoffe zu nennen: leichte Einrichtungsmöglichkeit, geringer Ölverbrauch, mäßiger Spulverlust, Ersparnis an Dampf, große Produktion und schnelle Lieferungsmöglichkeit sowie die Möglichkeit, die Baumwolle in jedem Stadium ihrer Fertigung einzufärben.

Aus den verschiedenen Naphtholen und Basen bzw. Färbesalzen läßt sich eine große Zahl von Kombinationen treffen; auch Mischungen von Naphtholen können zum Grundieren verwendet, und dadurch kann die Zahl der möglichen Kombinationen noch erheblich erweitert werden. Die genannten Farbenfabriken geben genaue Anweisungen über die Arbeitsverfahren, Ansätze und Nachsätze heraus, mit Hilfe deren die Herstellung der jeweils verlangten Nuancen richtig erzielt werden können. Nachstehend kann nur an wenigen Beispielen gezeigt werden, in welcher Weise in einzelnen Fällen gearbeitet wird.

Kombinationen. Echtgelb GC-Base gibt mit Naphthol AS-G ein prächtiges Gelb; Echtorange GC-Base gibt mit Naphthol AS ein leuchtendes Orange, mit Naphthol AS-RL ein feuriges Rot; Echtorange GR-Base gibt mit Naphthol AS-BO ein Rot bis Bordeaux, mit Naphthol AS ein rotes Orange, mit Naphthol RL ein bräunliches Rot, mit Naphthol AS-SW ein bräunliches Bordeaux; Echtscharlach GG-Base gibt mit Naphthol AS ein Scharlach, mit Naphthol AS-G ein leuchtendes Gelb; Echtscharlach G-Base gibt mit Naphthol AS ein prächtiges Scharlach, ebenso mit Naphthol AS-SW; Echtscharlach-RC-Base mit Naphthol AS ein Rosa bis Rot, mit Naphthol AS-SW ein Rot bis Scharlach; Echtrot 3 GL-spezial-Base gibt mit Naphthol AS ein feuriges Rot, mit Naphthol AS-RL ein Bordeaux; Echtrot GL-Base mit Naphthol AS ein Rot; ebenso Echtrot RL-Base mit Naphthol AS-RL ein feuriges Rot bis Bordeaux; Echtgranat GC-Base und GBC-Base geben mit Naphthol AS-BO und AS-RL Granattöne; Echtblau B-Base gibt mit Naphthol AS, Naphthol AS-BO und AS-SW Blautöne; Echtschwarz LB-Base liefert mit Naphthol AS-BS, AS-RL und AS-SW Schwarztöne.

An einzelnen wenigen konkreten Beispielen möge das Arbeiten mit Naphthol-AS-Farbstoffen näher erläutert werden, indem im übrigen auf die Veröffentlichungen der Farbenfabriken verwiesen sei.

I. Rot aus Naphthol AS-RL und der Echtrot RL-Base. (Auf Bündelgarn, 25 kg, gefärbt auf der Terrine.)

a) Vorbehandlung. Die Garne werden mit Soda und Natronlauge ausgekocht, gespült und getrocknet.

[1]) Die unter diesen Namen herauskommenden Basen und Färbesalze sind u. a.: Meta-Nitro-Paratoluidin, Para-Nitro-Orthotoluidin, Meta-Nitro-Orthoanisidin, Dianisidin, Para-Nitro-Orthoanisidin usw.

b) Grundierung. Ansatz: Terrine 30 l Flotte mit 5 g Naphthol AS-RL im Liter.

0,15 kg	Naphthol AS-RL
0,60 l	Türkischrotöl
0,45 l	Natronlauge 34° Bé[1])
0,15 l	Formaldehyd
30,00 l	Flotte

c) Entwicklung. Ansatz: Terrine 30 l Flotte mit 3 g Echtrot RL-Base im Liter.

0,090 kg	Echtrot RL-Base
0,500 l	Wasser
0,045 kg	Natriumnitrit
4,000 l	kaltes Wasser
0,180 l	Salzsäure 20° Bé[2])
0,09 kg	essigsaures Natron
0,09 kg	schwefelsaure Tonerde
1,50 kg	Kochsalz
30,00 l	Flotte, Temperatur 15° C

d) Nachbehandlung. Nach dem Entwickeln spült man 2—3 mal kalt, wobei man dem ersten Spülbad 2—3 ccm Salzsäure 20° Bé pro Liter zusetzt. Alsdann spült man einmal heiß mit 1 g Soda im Liter, seift $^1/_2$ Stunde kochend (1 g Soda und 3 g Seife im Liter), spült heiß und kalt und trocknet.

II. Blau aus Naphthol AS-BO und Echtblausalz B. (Auf Bündelgarn, gefärbt in 25-kg-Partien auf der Wanne.)

a) Vorbehandlung. Die Garne werden mit Soda und Natronlauge ausgekocht und geschleudert.

b) Grundierung. Ansatz: Wanne 500 l, 2 g Naphthol AS-BO im Liter.

1 kg	Naphthol AS-BO,
3 l	Türkischrotöl,
3 l	Natronlauge 34° Bé
1 l	Formaldehyd, einstellen auf
500 l	Flotte; Temperatur 25—30° C.

c) Entwicklung. Ansatz: Wanne 500 l, 3,6 g Echtblausalz B im Liter.

1,8 kg	Echtblausalz B,
3,3 kg	Natriumbikarbonat,
10,0 kg	Kochsalz; einstellen auf
500,0 l	Flotte; Temperatur rund 15° C.

d) Nachbehandlung. Die entwickelten Garne werden 2 mal kalt, 1 mal heiß gespült, alsdann werden sie $^1/_2$ Stunde kochend gekupfert (2 g Kupfersulfat und 1 ccm Essigsäure 50 proz. im Liter), kalt gespült und getrocknet.

III. Gelb aus Naphthol AS-G und Echtscharlachsalz GG. (Auf Bündelgarn, gefärbt in 50-kg-Partien auf der Wanne.)

a) Vorbehandlung. Die Garne werden mit Soda und Natronlauge ausgekocht, gespült und geschleudert, evtl. wird das Garn gebleicht.

b) Grundierung. Ansatz: Wanne 1000 l, 3 g Naphthol AS-G im Liter.

3 kg	Naphthol AS-G,
6 l	Türkischrotöl,
9 l	Natronlauge 34° Bé,
28 kg	Glaubersalz kalz., einstellen auf
1000 l	Flotte; Temperatur rund 30° C.

[1]) Umrechnungstabelle für Natronlauge 34° Bé s. unter Natronlauge S. 123.
[2]) Umrechnungstabelle für Salzsäure von 20° Bé s. unter Salzsäure S. 116.

c) Entwicklung. Ansatz: Wanne 1000 l, 8,25 g Echtscharlachsalz GG im Liter.

8,25 kg	Echtscharlachsalz GG,
50,00 l	lauwarmes Wasser (30° C),
3,60 l	Essigsäure, 50 proz.,
50,00 kg	Kochsalz, einstellen auf
1000 l	Flotte; Temperatur rund 12° C.

d) Nachbehandlung. Nach dem Entwickeln spült man 2—3 mal kalt, wobei man dem ersten Spülbade 2—3 ccm Salzsäure 20° Bé pro Liter zusetzt. Alsdann spült man 1 mal heiß mit 1 g Soda im Liter, seift $^1/_2$ Stunde kochend (1 g Soda, 3 g Seife im Liter), spült heiß und kalt und trocknet. (Ist die Ware leicht streifig ausgefallen, so setzt man die Partie nach dem kalten Spülen auf ein schwaches Hydrosulfitbad [$^1/_2$—1 g Hydrosulfit, 1 ccm Natronlauge 34° Bé im Liter] und zieht die Garne $^1/_2$ Stunde bei etwa 50—60° C um. Anschließend spült und seift man wie oben angegeben.) Die Nachsätze für die Grundierungs- und Entwicklungsbäder sind entsprechend dem Verbrauch im Ansatzbade geringer als die Ansätze.

Die Firma Stockhausen & Co. in Krefeld bringt zum Färben des Naphthol-AS-Rots an Stelle des Türkischrotöls ein Spezialpräparat Novoneopol heraus.

Alphanaphthylaminbordeaux.

Die Erzeugung dieses Bordeaux ist mit größeren Schwierigkeiten verknüpft, weil sich die Diazolösung des Alphanaphthylamins nicht so gut hält wie z. B. diejenige des Paranitranilins.

Man grundiert die Ware, eventuell zweimal, mit einer Naphthollösung von der beispielsweisen Zusammensetzung: 425 g Betanaphthol, 850 ccm Natronlauge von 22° Bé, 1275 g Tragantwasser (60 : 1000); alles zusammen auf 17 l gestellt. Nach dem Grundieren wird in beschriebener Weise geschleudert, getrocknet und entwickelt. Für eine Entwicklungsflotte gibt H. Lange folgende Zusammensetzung an: 143 g Alphanaphthylamin, 3 l heißes Wasser, 100 ccm Salzsäure von 22° Bé. Man kühlt ab, setzt noch 200 ccm Salzsäure zu, kühlt weiter durch 2 kg Eis auf 0° ab und gibt unter Rühren 260 ccm Nitritlösung (290 g Nitrit im Liter) zu, filtriert und setzt vor Gebrauch 300 g essigsaures Natron, in Wasser gelöst, zu, worauf man auf 10 l auffüllt.

Das Färben der Stückware ist demjenigen der Strangware analog; man klotzt auf der Klotzmaschine, trocknet auf der Hotflue und entwickelt mit der Diazolösung.

Dianisidinnaphtholblau.

Aus Dianisidin und Naphtholsulfosäure NW wird das Benzoazurin als löslicher Farbstoff hergestellt. Auf der Faser erhält man durch Behandeln der Baumwolle mit Betanaphthol, Trocknen und Entwickeln mit diazotiertem Dianisidin unter Zusatz von Kupfersalzen das dem Benzoazurin analoge Dianisidinblau, einen unlöslichen, waschechten und ziemlich lichtechten Farbstoff. Der Farbstoff wird hauptsächlich im Baumwolldruck auf der Faser erzeugt.

Das Metanitranilinorange, Chloranisidinscharlach, Benzidin- und Tolidinbraun, Nitrophenetidinrot, Nitroanisidinrosa und einige andere, wenig gebrauchte Diazotierungsfarben werden hauptsächlich im Baumwolldruck auf der Faser erzeugt. Für die Färberei haben sie keine Bedeutung mehr, auch für den Zeugdruck immer weniger.

Wie bereits auf S. 222 erwähnt, gehören die Oxydations- und Diazotierungsfarbstoffe zu der großen allgemeinen Klasse der Entwicklungsfarbstoffe. Zu derselben Klasse können auch die meisten Mineralfarben gerechnet werden, deren Herstellung aber bereits aus Zweckmäßigkeitsgründen unter Mineralfarben gesondert abgehandelt worden ist (s. S. 199).

Die S. 223 erwähnten Albuminfarben werden auf dem Wege der Färberei überhaupt nicht, sondern nur auf demjenigen der Druckerei befestigt (s. unter Druckerei).

Die der Mischklasse angehörenden Farbstoffe werden nach einer der zugehörigen Methoden oder durch Kombination verschiedener Operationen gefärbt. Sie kommen mehr in der Woll- als in der Baumwollfärberei zur Anwendung (s. dort).

Das Färben von Schatten, Flammen und Ombrés.

Außer den meist üblichen, durchgehenden Färbungen von Baumwollgarn werden mitunter für einzelne Zwecke 1. Schatten-, 2. Flammen- und 3. Ombréfärbungen erzeugt.

1. Schattenfärbungen sind solche Färbungen, bei denen im Garn heller und dunkler gefärbte Farbtöne, also Farbtiefenabstufungen oder Schatten auftreten. Die Herstellung dieser Schattenfärbungen erfolgt in der Weise, daß das Garn erst vollständig, d. h. durchgängig in der hellsten Tonabstufung gefärbt wird. Die dunkleren Schattennuancen werden dann weitergefärbt, indem das Garn nur teilweise in die Farbflotte eingetaucht und sehr vorsichtig bewegt wird, so daß die aus der Flotte herausragenden Teile nicht mitgefärbt werden. Man benutzt dazu vierkantige Farbstöcke, damit keine Verschiebungen des Garnes stattfinden können. Die Farbgefäße werden entsprechend nur zum Teil mit der Flotte gefüllt, oder die Stöcke werden entsprechend höher, z. B. auf besondere Lattengestelle oder Rahmen aufgelegt, damit das Garn nicht tiefer in die Farbbrühe hineinreicht, als den verlangten Abstufungen entspricht. Zuweilen wird das Garn auch in Rahmen eingespannt, wobei die Rahmenleisten den nicht mitzufärbenden Teil des Garnes abdecken.

2. Flammen- oder Flammfärbungen (Flammen) sind solche Färbungen, bei denen Weiß und Farbig miteinander wechseln (auch Ringelgarne oder Jaspures genannt). Soll eine ganze Hälfte des Stranges gefärbt werden, die andere ungefärbt bleiben, so wird erstere in eine Farbbrühe getaucht, während letztere außerhalb des Bades bleibt. Mehrfach weißfarbige Flammen werden durch Unterbindung der nicht zu färbenden Stellen (mit festem Papier, darauf mit Bindeband umwickelt und fest gebunden) und Ausfärbung im Bade unter kräftigem Rühren hergestellt. Nach Zahl der abgebundenen Stellen im Strang unterscheidet man 1-, 2-, 3- usw. fleckige Flammen. Ähnliche Effekte können auf dem Wege des Garndrucks (Flammdruck) erhalten werden.

3. Ombrés, mitunter auch Rayés genannt, sind scheckige Färbungen von verschiedenen Farbtönen. Sie werden hergestellt, indem nur der jeweils zu färbende Teil des Stranges (wie bei 1) in die Farbflotte eingehängt wird; nach dem Färben der ersten Farbe werden die Stränge verschoben und wiederum nur zum Teil in die Farbbrühe mit dem zweiten Farbstoff eingehängt usw., bis der ganze Strang mit der gewünschten Zahl und den gewünschten, verschiedenen Farbtönen scheckig gefärbt ist. Durch diese Garnfärbungen werden buntfarbige gemusterte Gewebe erzeugt, wie sie sonst nur durch komplizierte Webarten mit mehrspuligen Einschlagfäden erreicht werden könnten (s. auch Eppendahl: a. a. O.). Vgl. auch Batikfärberei unter Seide.

Die Hauptsache bei Ombréfärbungen sind stets reine, klare Farben, die nicht ineinanderlaufen, da die Färbungen sonst ein unsauberes und unansehnliches Aussehen erhalten würden. Färbt man auf gewöhnlicher, ganzer Strähnlänge, so heißt es, je nach der Zahl der Färbungen: 1fach, 2-, 3-, 4-, 5-, 6- usw. farbig; legt man den Strähn doppelt, so heißt es 2fach, 2-, 3-, 4- usw. farbig; legt man den Strähn 3fach, so heißt es 3fach, 2-, 3-, 4- usw. farbig; legt man den Strähn 4fach so heißt es 4fach, 2-, 3-, 4- usw. farbig. Im letzteren Falle kehrt die Farbe 4mal wieder. Ferner können die zusammengelegten Strähne mit etwa 6 cm breiten Streifen Pergamentpapier fest umbunden werden. Beispielsweise werden die Seidenstränge erst hellblau gefärbt, geschleudert, jeder Strähn 4 mal zusammengelegt und 2mal mit 6 cm breitem Pergamentpapier umbunden, aufgestockt und auf das Nichtumbundene ein Gold gefärbt. Wenn nun Papier und Bindfaden gelöst werden, hat man Gold und Hellblau 8mal wiederkehrend in gleichen Abständen. Diese Effekte sind dem Druck-Ombré ähnlich und geben in verschiedenen Kombinationen (z. B. weiß-schwarz, rot-grün, schwarz-gold usw.) schöne Effekte. An Stelle von einfachen Färbekufen lassen sich in einfacher Weise besondere Wannen mit Lattengestellen und 4kantigen, sich nicht verschiebenden Farbstöcken einrichten, bei denen man die Strähne beliebig hochheben oder in die Farbbrühe einlassen kann und wobei auch an Farbstoffen erheblich gespart werden kann, wenn man Wannen von kleinem Inhalt und flacher Form wählt.

Das Färben und Ausbeizen von Luftstickereien. Luftstickereien, aus Kunstseide und Baumwollflor bestehend, werden auf Wolle, Seide oder Bourrettestoff verstickt und dann ausgebeizt. Die Stickerei kommt zu diesem Zwecke in Coupons von etwa $4^1/_2$—9 m Länge und bis zu 2 m Breite in die Färberei. Der Stoff wird mit der Kunstseide nach innen zusammengelegt, zusammengebunden und in einem mit 5% Ätznatron (unter Zusatz von Protektol oder eines Sulfoleates) versetzten Bade einige Stunden gekocht, wobei der Woll- oder Seidengrund herausgelöst wird, dann gewaschen und in einem Schwefelsäurebade von 1° Bé gesäuert. Dann wird wieder gut gewaschen, geschleudert und auf Stöcke gehängt. Auf diesen wird schließlich mit substantiven Farbstoffen in üblicher Weise ausgefärbt, gewaschen, leicht mit Öl aviviert, geschleudert, breit aufgehängt oder gespannt. Falls auch noch gebleicht werden soll, so benutzt man kalte Chlorsoda von 1° Bé, spült, säuert, wäscht, seift, bläut und aviviert mit Essig- oder Ameisensäure. Die Ware muß die tierischen Fasern (den Woll- oder Seidengrund) vollständig verloren haben.

Das Färben der übrigen Pflanzenfasern

(außer Baumwolle).

Das Färben anderer Pflanzenfasern als Baumwolle vollzieht sich im großen und ganzen demjenigen der Baumwolle durchaus ähnlich. Große grundsätzliche Unterschiede sind kaum vorhanden; trotzdem erfordert auch die Färberei der Kunstseide, des Leinens usw. Erfahrung, und auch hier gibt es manche Spezialverfahren und Kunstgriffe. Nachstehend werden die wichtigsten grundsätzlichen Abweichungen von der Baumwollfärberei erwähnt.

Das Färben der Kunstseide (und Stapelfaser).

Die drei älteren Kunstseidenarten verhalten sich zu den verschiedenen Farbstoffgruppen untereinander sehr ähnlich; die neue Azetatkunstseide nimmt eine Einzelstellung ein.

Die Nitrokunstseide (Chardonnetseide u. a.) besitzt z. B. ausgesprochene Affinität für basische Farbstoffe und kann daher mit letzteren ohne weiteres nur unter Zusatz von etwas Essigsäure gut gefärbt werden. Die substantiven und Schwefelfarbstoffe ziehen auf die Nitroseide etwas langsamer auf als auf Baumwolle.

Kupferoxydammoniakkunstseide (Glanzstoff u. a.) verhält sich beim Färben etwa wie Baumwolle; nimmt die Farbstoffe sogar etwas leichter auf als letztere. Für diese Kunstseide kommen in erster Linie die substantiven Farbstoffe in Betracht.

Viskosekunstseide hat für basische Farbstoffe etwas größere Affinität als Glanzstoff. Aber auch für diese Kunstseide haben sich die substantiven Farbstoffe als die bestgeeigneten bewährt.

Die unter verschiedenen, oft wechselnden Phantasienamen in den Handel kommenden Kunstseidenerzeugnisse verhalten sich zu den Farbstoffen wie die Grundsubstanz, aus der sie erzeugt sind: so Meteorseide wie die Nitroseide, Sirius- und Exzelsiorseide wie Glanzstoff, Viszellingarn wie Viskoseseide usw.

Im allgemeinen geschieht das Färben der Kunstseiden wie dasjenige von Baumwolle. Garne werden in Holzkufen oder in mit Kupfer ausgeschlagenen Kufen bzw. in Kupfergeschirren gefärbt. Die Stöcke müssen besonders glatt sein, da sich Kunstseide leicht festhakt und dann im nassen Zustande leicht reißt. Überhaupt ist größtes Gewicht darauf zu legen, daß jede Art Kunstseide im nassen Zustande nicht strapaziert, gereckt, gewunden usw. wird, da die Reißfestigkeit aller Kunstseiden in nassem Zustande sehr gering ist. Auch sollen die Kunstseiden nicht zu lange auf den Bädern verbleiben, sondern nach Möglichkeit schnell bearbeitet und fertiggestellt werden. Die Temperatur ist aus demselben Grunde möglichst niedrig zu halten, in der Regel nicht über 50—70° C[1]). Glanzstoff und Viskose vertragen höhere Temperaturen etwas besser als Nitroseide. Nach dem Färben ist stets zu spülen und sorgfältig zu entwässern und zu trocknen. Das Abwinden, Ausquetschen usw. ist stets durch das schonendere Verfahren des Schleuderns zu ersetzen. Die Trocknungstemperatur sei möglichst mäßig, da starke Hitze sämtliche Kunstseiden spröde macht.

Mit der Entwicklung der Kunstseidenindustrie zu modernen Großbetrieben machte sich beim Färben der Kunstseide die unangenehme Beobachtung immer mehr geltend, daß zahlreiche Kunstseidenfertigungen unegale Färbungen ergaben. Dies trat auch bei sorgsamster Färbung mit gut egalisierenden Farbstoffen ein. Die eigentliche Ursache scheint nach dem heutigen Stande der Forschung in der Fabrikation der Kunstseide selbst zu liegen: Man muß annehmen, daß die Kunstseidenfaser kein vollkommen homogenes Gebilde darstellt und daß dann auch naturgemäß die Farbstoffe nicht gleichmäßig aufziehen.

[1]) Nitroseide (Chardonnet - Kunstseide) soll nie über 70° C, Azetatseide darf nie über 85° C gefärbt werden, da sonst ihr Glanz geschädigt wird.

Beim Färben mit substantiven Farbstoffen werden meist dieselben Zusätze wie in der Baumwollfärberei gemacht. Zur Erzielung gleichmäßiger Färbung und eines weichen Griffes setzt man dem Färbebade zweckmäßig außerdem 1—2% Türkischrotöl oder etwas Monopolseife oder Universalöl zu. Bei Glanzstoff wird die Salzzugabe wegen der großen Verwandtschaft der Faser zu den substantiven Farbstoffen reduziert. Die Flottenmenge ist gewöhnlich die 30 fache der Kunstseide (Flottenverhältnis 1 : 30), bei Schwarz nur die 20—25 fache. Die Farbbäder ziehen nicht aus, besonders bei den tieferen Färbungen, und können als stehende Farbbäder weiter benutzt werden. Das Übersetzen der substantiven Farbstoffe mit basischen Farbstoffen, das Diazotieren und Entwickeln, die Nachbehandlung mit Metallsalzen usw. kann wie bei Baumwolle erfolgen.

Für das Färben mit basischen Farbstoffen muß Glanzstoff wie Baumwolle mit Tannin und Antimonsalzen vorbehandelt werden. Nur hellere Färbungen, an die keine Echtheitsansprüche (Wasser-, Waschechtheit) gestellt werden, können direkt mit Essigsäure ausgefärbt werden. Bei Nitroseiden ist ein Vorbeizen mit Tannin nur erforderlich, wenn besondere Echtheit verlangt wird. Viskose steht in bezug auf das Färben mit basischen Farbstoffen in der Mitte zwischen Glanzstoff und Nitroseide.

Beim Färben mit Schwefelfarbstoffen soll die Temperatur im allgemeinen nicht über 50° C hinausgehen, die Soda- und Glaubersalzzusätze sind zu verringern und etwas Egalisieröl (Rotöl od. dgl.) ist zuzusetzen. Das Flottenverhältnis beträgt hier 1 : 30. Nach dem Färben kann Glanzstoff und Viskose handwarm geseift und gespült sowie mit Essigsäure abgesäuert werden; Nitroseide wird am besten nicht geseift und nur schwach abgesäuert. Dem letzten Spülwasser sind zweckmäßig zur Erhöhung der Lagerechtheit 5—10 g essigsaures oder ameisensaures Natrium pro Liter Bad zuzusetzen. Die Bäder ziehen nicht aus und können weiterbenutzt werden.

Zum Schluß wird in der Regel bei 30—40° C aviviert, um die Seide glänzender und weicher oder griffiger und härter zu machen. Meist verwendet man die bekannte, in der Seidenfärberei verwendete Ölsodaemulsion; für härteren Griff verwendet man eine Emulsion von 3% Olivenöl, 3—5% Leim, 10—15% Essigsäure (bei substantiven und basischen Farbstoffen). Zuletzt wird, ohne zu spülen, kalt bis lauwarm getrocknet.

Azetatseide. Die Azetatseide galt längere Zeit hindurch als nicht unmittelbar anfärbbar. Erst allmählich lernte man sie in brauchbarer Weise zu färben. Nach den älteren Färberverfahren ging dem Färben eine Verseifung der Faser voraus. Zur teilweisen Abspaltung der Azetylgruppen vor oder während des Färbens dienten Laugen oder alkalisch reagierende Salze mit oder ohne Zusatz von Schutzkolloiden. Die Badische Anilin- und Sodafabrik benutzt zur Vorbehandlung Kalk- oder Barythydrat in Verbindung mit Formaldehyd oder Formaldehyd-Bisulfit und erzielt damit gute Aufnahmefähigkeit der verseiften Azetatseide für substantive, basische und Küpenfarbstoffe. Das Farbwerk Mühlheim bringt unter dem Namen „Färbesalz S“ ein Produkt in den Handel, das ebenfalls zur Vorbehandlung der Azetatseide dient und sie dadurch aufnahmefähig für substantive Farbstoffe macht.

In den letzten Jahren macht sich immer mehr das Bestreben nach direkten Färbeverfahren bemerkbar. Diese Methoden haben den Vorzug, daß sie die spezifischen Eigenschaften der Azetatseide voll erhalten und daß durch das Färben kein Gewichtsverlust infolge abgespaltener Azetylgruppen stattfindet. So sind beispielsweise die englichen „Zellutyl"- und „Zellutylechtfarben" ausgesuchte Farbstoffe verschiedener Konstitution, die zur Azetatseide unmittelbare Affinität besitzen. Hierher gehören auch die „Azetatfarbstoffe" der Berliner Farbenfabrik (Agfa). Das Anfärbevermögen der Azetatseide wird erhöht und somit die Anzahl der verwendbaren Farbstoffe vermehrt, wenn man dem Färbebade Magnesium-, Zink-, Ammoniumsalze u. ä. zusetzt. Auf dieser Beobachtung beruhen verschiedene neuere Patente von Clavel-Basel. Die Höchster Farbwerke erreichen z. B. die Aufnahmefähigkeit verschiedener basischer, saurer und Chromierungsfarbstoffe durch Zusatz von Ammoniumchlorid, -sulfat oder -azetat. Die Elberfelder Farbenfabriken empfehlen zu diesem Zweck ihr „Celloxan", die Farbenfabriken Weiler-ter Meer ihr „Acetan". Die Brit. Dyestuffs-Corpor. haben, auf den Arbeiten von Green fußend, zu dem gleichen Zweck ihre „Ionamine" in den Handel gebracht. Es sind dies Verbindungen von organischen Basen mit Omegasulfosäuren, die die Eigenschaft haben, sich beim Färben allmählich wieder zu spalten, wobei die unlösliche Base von der Azetatseide aufgenommen wird und sich nun nach Belieben auf der Faser diazotieren und entwickeln läßt. In ähnlicher Weise lassen sich unlösliche Azofarbstoffe mit den „Acedronolen" (Badische), „Azanilen" (Höchst), „Azolen" (Agfa), „Azoninen" (Cassella) und mit den „Silkonen" (Griesheim) auf der Faser erzeugen. Die SRA.-Farben der Brit. Celanese-Comp. sind ebenfalls wasserunlösliche Farbstoffe, die durch Türkischrotöl in feine Suspension gebracht werden und in diesem Zustande auf die Faser aufziehen. Die „Dispersol"-Farbstoffe der Brit. Dyestuffs-Corp. sind Gemische von Farbstoffen mit Dispersionsmitteln, während die „Celatene"-Farbstoffe der Scottish Dyes Ltd. feinste Aufschlämmungen von Pigmenten darstellen. Im Jahre 1925 haben die Elberfelder Farbenfabriken von Bayer ihre „Cellitechtfarben" für die Azetatseide herausgebracht, die diese Faser direkt im Glaubersalz- oder Kochsalzbade anfärben und die gut egalisieren. Die Cellitechtfarben liefern klare, lebhafte Töne und sind für die Strang- und Stückfärberei in gleicher Weise geeignet. Die Kollektion der Cellitechtfarben umfaßt unter anderem: Cellitechtgelb 2 GN und R, Cellitechtorange G, Cellitechtrot B, Cellitechtrubin B, Cellitechtviolett 2 R, Cellitechtblau R, Cellitechtbraun G. Im gleichen Jahre brachten die Höchster Farbwerke ein Sortiment „für Azetatseide" bestimmter Farbstoffe heraus. (Vgl. a. Keiper: Azetatseide in „Seide" 1926.)

Auf aus Baumwolle und Azetatseide hergestellten Geweben können durch Färben mit substantiven Farbstoffen zweifarbige Effekte hergestellt werden, wobei nur die Baumwolle (oder die früheren Kunstseiden) angefärbt werden. Bedingung dabei ist, daß die Gewebe vorher nicht alkalisch behandelt werden, und daß das Färbebad nicht zu stark alkalisch ist; denn durch Alkalien wird die

Azetatseide hydrolysiert oder verseift und verhält sich dann wie gewöhnliche Kunstseide. Für Druckeffekte kommen einerseits die aus Baumwolle und Azetatseide gewebten Stoffe in Betracht, andererseits auch die Benutzung von Druckfarben, die teils alkalischer, teils essigsaurer Natur sind. Durch die Verwendung der oben erwähnten Azetatkunstseiden-Farbstoffe ist die Möglichkeit gegeben, neue Variationen zu erreichen (Kertesz).

Das Färben des Leinens. Die für Baumwolle angegebenen Farbstoffe und Färbemethoden sind im allgemeinen in gleicher Weise auch zum Färben von Leinengarn, Leinengeweben usw. geeignet. Da die Leinenfaser härter ist als die Baumwolle, so wird sie nur nicht so gut durchgefärbt wie letztere. Das Aufziehen der Farbstoffe muß deshalb verlangsamt werden. Die maschinellen Behelfe und die Apparate sind dieselben wie bei Baumwolle.

Beim Arbeiten mit substantiven Farbstoffen wird durch Weglassen oder Verringerung der Salzzugabe sowie durch geringe Erhöhung des Sodazusatzes oder der Seife (bzw. durch Zusatz von Rotöl usw.) das Aufziehen der Farbstoffe verlangsamt.

Schwefelfarbstoffe werden ganz ähnlich gefärbt wie bei Baumwolle; nur sind die Farbstoff- und Salzmengen zu verringern, die Schwefelnatriummengen zu erhöhen. Ein Zusatz von Rotöl oder Universalöl verbessert das Durchfärben und erleichtert das Egalisieren.

Basische Farbstoffe werden wie auf Baumwolle mit Hilfe einer Tanninvorbeizung gefärbt; nur sind hier geringere Mengen Tannin und Antimonsalz erforderlich, während dafür bei höherer Temperatur und längere Zeit zu beizen und beim Ausfärben der Essigsäurezusatz zu erhöhen ist. Die basischen Farbstoffe werden vielfach auch als Übersetzungsfarbstoffe von substantiven Farben gebraucht.

Küpenfarbstoffe, Hydronfarbstoffe usw. werden auch vielfach zum Färben von Leinenstoffen gebraucht. Bekannt und gut eingeführt ist z. B. der indigoblau gefärbte Arbeiterkittel.

Das Färben der Ramie. Das Färben der Ramie gleicht demjenigen der Baumwolle. In der Regel kommt ein rein weißes Material, das einer Bleiche nicht mehr bedarf und vor dem Färben nur in heißem Sodabade zu netzen ist, zur Verwendung.

Das Färben des Kapok. Beim Färben mit substantiven Farbstoffen ist der Sodazusatz zu verringern, da der Glanz durch viel Soda beeinträchtigt wird. Der Salzzusatz ist dagegen im Vergleich zur Baumwolle zu verdoppeln, da die meisten Farbstoffe schlecht aufziehen; desgleichen ist an Farbstoff 40—50% mehr zu nehmen. Vor dem Färben wird der Kapok mit Wasser ausgekocht und für helle Farben, ohne zu bäuchen, mit Natriumhypochloritlösung von $^1/_2{}^\circ$ Bé gebleicht. Basische und Schwefelfarbstoffe eignen sich zum Färben in gleicher Weise; erstere können direkt ohne Vorbeizung gefärbt werden; nur bei höheren Echtheitsansprüchen wird wie bei Baumwolle vorgebeizt.

Das Färben von Jute. Jute wird meist in ungebleichtem Zustande gefärbt. Vor dem Färben netzt man die Faser in warmem bis heißem Wasser, häufig unter Zusatz von 10—15% Soda, und läßt einige Zeit, eventuell über Nacht, weichen. Für helle Farben wird die Jute vorsichtig vorgebleicht. Man verwendet dazu verdünnte Chlorkalklösung ($^1/_4$ bis

$^1/_2$° Bé) und säuert hinterher mit Schwefelsäure ab. Für besseres Weiß behandelt man auch manchmal mit einer Kaliumpermanganatlösung nach. Da Chlorkalk die Jutefaser stark angreift, bleicht man häufig auch $^1/_2$—1 Stunde nur mit einer Lösung von $^1/_2$—1 g Kaliumpermanganat im Liter Wasser und behandelt mit Bisulfit und Schwefelsäure nach. Grobe Jutegarne werden vielfach nur durch einfaches Eintauchen und nachfolgendes Entwässern gefärbt.

Basische Farbstoffe erfordern zu ihrer Fixation im allgemeinen keine Beize. Man färbt von kalt bis 60—70° C, bisweilen 85° C bis kochend, unter Zusatz von 2—5% Essigsäure (bei schwer durchfärbbarem Material bis zu 10% Essigsäure oder etwas Alaun) und läßt einige Zeit nachziehen. Auf Tanninbrechweinsteinbeize erhält man wasserechte Färbungen von basischen Farbstoffen.

Saure Farbstoffe färbt man wie basische oder unter Zusatz von 5% Alaun und 10—20% kristallisiertem Glaubersalz 1 Stunde bis kochend. Beim Waschen treten leicht Änderungen des Farbtones auf.

Substantive Farbstoffe werden unter Zusatz von 5—20% Glaubersalz (bzw. Kochsalz) und $^1/_2$—1% kalzinierter Soda in kurzer Flotte warm oder heiß bis kochend gefärbt und im erkaltenden Bade nachziehen gelassen.

Eosinfarbstoffe werden warm bis heiß, auch kochend, in möglichst kurzer Flotte unter Zusatz von 3% Alaun gefärbt; im erkaltenden Bade läßt man noch $^1/_2$ Stunde nachziehen. Die Bäder, die bei ihrer Einstellung schwach sauer zu halten sind, ziehen nicht aus und können weiter benutzt werden.

Schwefelschwarz ist für wasch- und lichtechte Färbungen geeignet; man färbt bis 50—60° C ähnlich wie Baumwolle. Auch Holzschwarz, Katechubraun usw. werden wie auf Baumwolle gefärbt und geben gute Färbungen.

Kokosfaser wird ähnlich wie Jute gefärbt. Man läßt in erkaltenden Bädern nachziehen und gibt beim Färben mit basischen Farbstoffen zur besseren Egalisierung noch $^1/_2$% Alaun zu. In neuerer Zeit werden für Kokosfärbungen die Bisulfitfarbstoffe [By] empfohlen.

Apparate und maschinelle Behelfe der Färberei der Baumwolle und anderer Faserstoffe[1]).

Unter Apparaten werden hier im weiteren Sinne die Geräte und maschinellen Hilfsmittel verstanden, im Gegensatz zu dem engeren Sinne der mechanischen Apparate, die in der sogenannten Apparatefärberei Verwendung finden. Nachstehend können diese technischen Geräte und sonstigen Behelfe, die in unzähligen Variationen gebautwerden, nur ganz allgemein skizziert werden; im besonderen muß auf die Spezialliteratur (s. S. 341) verwiesen werden (Heuser, Ullmann, Zipser u. a. m.).

[1]) Ein großer Teil der Apparate und maschinellen Behelfe, die nachfolgend besprochen werden, bezieht sich auch auf andere Fasererzeugnisse außer Baumwolle. Diese kommen deshalb später unter Wolle usw. nicht mehr zur Besprechung.

Die Apparatur und die technische Handhabung beim Färben richtet sich im allgemeinen weniger nach der Faserart (ob Baumwolle, Halbwolle, Wolle usw.), als vielmehr vor allem nach den technischen Erscheinungsformen der Gespinstfaser und nach den Färbemethoden. Aus diesem Grunde ist der größte Teil der Apparate und Maschinen nicht lediglich für eine Faserart brauchbar, vielmehr für die verschiedensten Fasern der gleichen Erscheinungsformen und Färbemethoden.

Erscheinungsformen. Die Baumwolle erscheint in folgenden Formen. Als lose Baumwolle bezeichnet man die roh gewonnene, dem Ballen entnommene, maschinell aufgelockerte, weiterer Verarbeitung aber noch nicht unterworfene Faser. Baumwollkämmlinge sind die bei der Vorbereitung der Baumwolle auf Kämmaschinen abfallenden kürzeren Fasern, die für billigere Waren mit langfaserigerer Baumwolle zusammen verarbeitet werden. Baumwollnoppen sind kleinere Partikelchen von loser Baumwolle, die in gewisse Garnsorten hineingearbeitet werden. Bei Wollstoffen bezeichnet man unter Noppen vegetabilische,

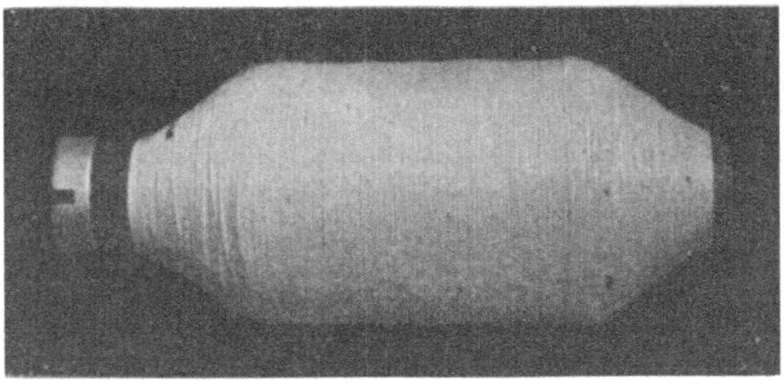

Abb. 87. Flyerspule (nach Witt - Lehmann).

meist knotenartige Einschlüsse, die mechanisch oder durch Karbonisation entfernt zu werden pflegen. Nachdem die Baumwolle auf den Krempeln, Karden oder Kratzmaschinen zu einem Flor oder Vlies (Watte) verarbeitet worden ist (Parallellegung der Fasern), erfolgt die Trennung dieses Vlieses in einzelne schmälere Streifen, das sogenannte Kardenband, das (falls es in diesem Zustande gefärbt werden soll) in Spiralform lose aufgerollt wird. Als Streckband bezeichnet man das zwecks besserer Parallellagerung der Fasern maschinell auseinandergezogene Kardenband. Die auf den Kämmen erhaltenen Kammzüge werden in der Färberei analog behandelt. Auf der Vorspinnmaschine werden diese Bänder zu dem Vorgespinst oder Vorgarn weiterverarbeitet; das sind ganz lose gedrehte, dochtartige Gebilde, die auf zylindrische Hülsen oder Spulen gewickelt werden (Flyerspulen, s. Abb. 87). Vorgenannte Formen, Kammzug, Kardenband, Streckband, Vorgespinst werden in neuerer Zeit vielfach dem Bleich- und Färbeprozeß, auf Spulen gewickelt, unterworfen.

Auf den Feinspinnmaschinen, den Selfaktoren, wird die Baumwolle zu Garn fertig gesponnen und auf Spulen oder Spindeln aufgewickelt (einfache, mehrfache Garne, Zwirne). Die Überführung der Garne von den Spulen oder Spindeln zu Stranggarnen (Stränge, Strähne,

Masten, Flotten, Docken) geschieht mit Hilfe von Haspeln oder Häspeln auf den Spulmaschinen (Fitzenstränge, Kreuzhaspelstränge). Garne, die verwebt werden sollen, bezeichnet man als Webgarne. Kettgarne (Water) sind meist fester und stärker gedreht als Schußgarne (Mule). Die Kettgarne werden vor dem Verweben geschlichtet oder geleimt. Eisen- oder Glanzgarne sind für besondere Zwecke stark gezwirnte, mit Glanz versehene und besonders präparierte und meist gewachste Garne. Jaspégarne sind aus zwei oder mehr Fäden zusammengezwirnte Garne, von denen einzelne gefärbt, andere ungefärbt sind und dadurch spiralige Farbenerscheinung aufweisen. Melierte Garne

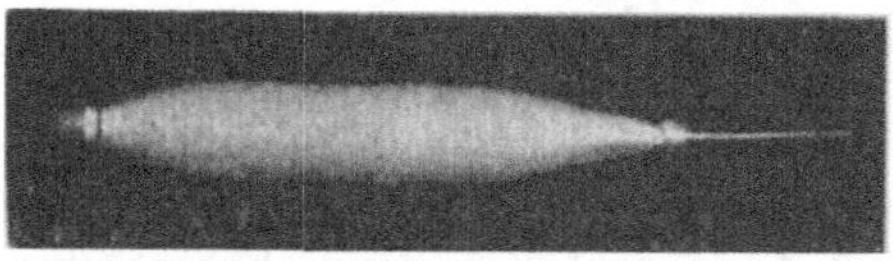

Abb. 88. Warpkops (nach Witt-Lehmann).

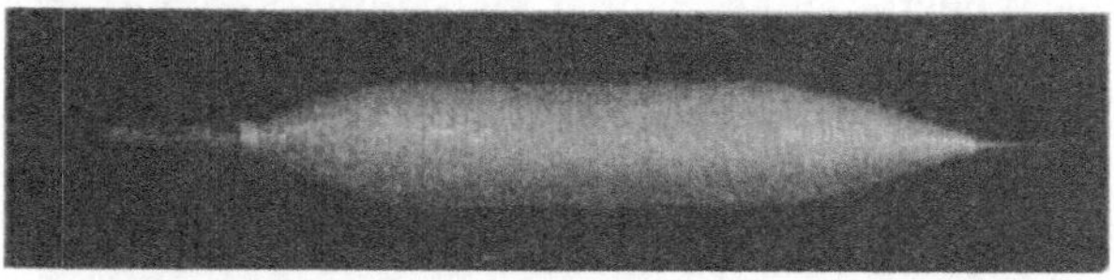

Abb. 89. Pinkops (nach Witt-Lehmann).

(Melangen, Imitatgarne) stellt man durch Verspinnen von Mischungen gefärbter und ungefärbter bzw. verschiedenfarbiger Baumwolle her; sie bieten ein mehr oder weniger uneinheitliches Farbenbild dar. Über Schatten-, Ombré- und Flammgarne und deren Färbung s. S. 408. Noppengarne enthalten im Faden eingezwirnt weiße oder farbige Baumwollnoppen. Außer den Webgarnen unterscheidet man noch: Nähgarn, Nähfaden, Nähzwirn, Strickgarn, Stickgarn, Häkelgarn, Dochtgarn (oder Lunte).

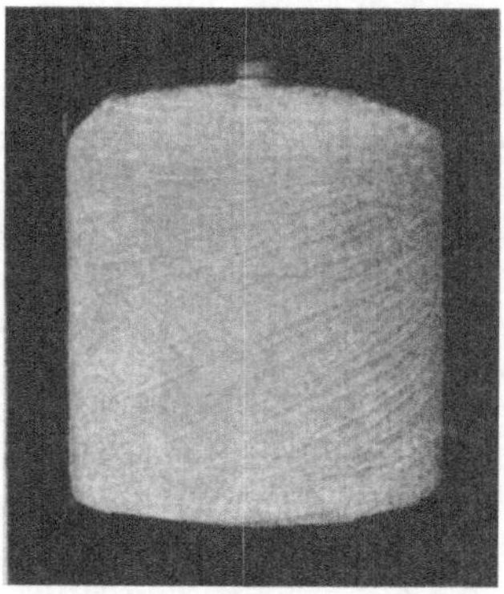

Abb. 90. Kreuzspule (nach Witt-Lehmann).

Vor dem Verweben wird das Kettgarn auf den Kettenbaum gebracht; diesen Vorgang bezeichnet man als das Bäumen oder Aufbäumen. Die parallel liegenden Kettenfäden bilden die Kette, die häufig in Form eines langen strangförmigen Bündels gefärbt wird; ebenso werden auch die Kettenbäume gefärbt.

Vor einiger Zeit hat man Verfahren ausgebaut, das Garn in der Form, wie es von den Feinspinnmaschinen kommt, direkt zu färben, also nicht erst in Strangform überzuführen. Zu diesem Zweck sind geeignete Färbeapparate konstruiert worden. Die hier zum Färben gelangenden Kops oder Kopse sind zylindrische, nach den Enden konisch zulaufende

Spulen von geringem Durchmesser und einer Länge von 10—16 cm; im Inneren tragen sie eine Papierhülse zum Aufstecken auf die Spulenträger der Spinnmaschinen und Färbeapparate. Die für die Kette bestimmten Kops nennt man Warpkops (s. Abb. 88), die für den Schuß bestimmten Pinkops (s. Abb. 89). Kreuzspulen, die ebenfalls direkt auf der Spinnmaschine erzeugt werden, zeigen zylindrische Form mit größerem Durchmesser (s. Abb. 90); bei diesen ist das Garn kreuzweise aufgespult. Soleilspulen (s. Abb. 91) sind Zylinder mit größerem Durchmesser und geringerer Höhe als die Kreuzspulen. Auch in dieser Form kommt das Garn in mechanischen Apparaten zur Färbung.

Die weitere Verarbeitung der Garne geschieht zu den verschiedenartigsten Geweben oder Stoffen, die im allergrößten Umfange gefärbt werden. Andere Erzeugnisse sind der Sammet oder Samt (Manchester, Velvet, Kord), der Plüsch u. dgl. m.

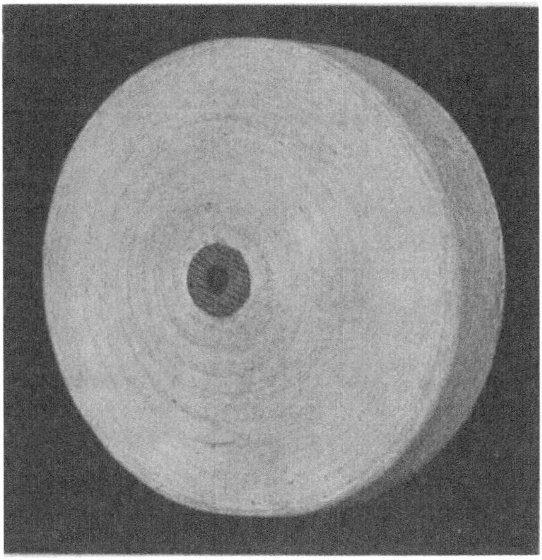

Abb. 91. Soleilspule (nach Witt-Lehmann).

Auf dem Wege des Wirkens werden die sogenannten Wirkwaren, z. B. Trikotstoffe, erzeugt. Weitere aus Handarbeitsmethoden hervorgegangene Fabrikationsverfahren sind das Klöppeln, Häkeln, Maschinenstricken, durch die Spitzen, Gardinen, Tülle, Schleier, Strümpfe und derartige Erzeugnisse hervorgebracht werden.

Je nach der Erscheinungsform, in der ein Fasererzeugnis zur Veredelung gelangt, richten sich auch die Geräte und die ganze technische Handhabung. In gleicher Weise richtet sich auch die Behandlung der Hilfsoperationen, des Waschens, Kochens, Trocknens usw., nach der zur Verarbeitung gelangenden Form der Spinnfasern.

Lose Baumwolle, Baumwollstrang und Wirkwaren werden z. B. zum großen Teil in Kesseln, Wannen oder Kufen bearbeitet, aber auch in den verschiedensten mechanischen Apparaten. Vorgespinst, Kardenband, Kreuzspulen und Kops werden stets, Ketten sehr häufig in „Apparaten" (im engeren Sinne, d. h. in mechanischen Apparaten) gefärbt.

Zur Unterscheidung und Kennzeichnung von Färbe-„Partien" werden verschiedene Maßnahmen getroffen. Zu einer Partie gehörende Strangware wird beispielsweise durch besonders unterschiedenes (nach Farbe, Material, Knotenzahl, Bedruckung von Unterbindungslitzen usw.) Unterbindungsmaterial (Garn, Litzen od. ä.) erkennbar gemacht. Stückware wird, um im Fabrikationslauf erkannt und kontrolliert werden zu können, durch eingeschlagene Löcher (in kleineren Betrieben und bei kleineren Partien) oder durch Aufstempeln von Zahlen und Zeichen mit unauslöschlicher Tinte (Anilinschwarz, Silbertinte od. ä.), Asphaltlösungen u. ä. gezeichnet; noch besser werden die Betriebsnummern und Stichzeichen vermittels einer Nähmaschine mit Garn eingenäht. Ferner wird, je nach Bedarf und Größe der Stücke, eine Anzahl von Einzelstücken Ende an Ende zu einem langen oder endlosen Bande zusammengeheftet; bei kürzeren Operationen geschieht dieses mittels einer Kurbelheftmaschine, bei längeren Prozeduren mit einer Nähmaschine. Nach Beendigung der Ausrüstungsprozesse werden die Stücke wieder auseinandergeheftet oder getrennt. — Zur Kennzeichnung von in Stapeln, auf dem Lager usw. zusammengelegten Partien dienen vielfach auch Blechmarken und Kennzettel. Doch ist hier die Auseinanderhaltung der Partien viel einfacher, als wenn sie eine Reihe von Ausrüstungsprozessen in gemeinsamen Bädern durchmachen.

Die Färbereigeschirre und Flottenbehälter und danach das Färbesystem in bezug auf mechanische Bearbeitung kann man in mehrere Hauptgruppen unterscheiden.

1. Das Färben in Kesseln, Kufen, Bottichen, Barken, Wannen.
2. Das Färben auf Haspel- und Rollenkufen usw.
3. Das Färben auf dem Jigger (Färbe- und Aufsetzkasten).
4. Das Färben auf dem Foulard, den Klotz- und Pflatschmaschinen.
5. Das Färben in den eigentlichen mechanischen „Apparaten“.
6. Das Färben in Kontinueapparaten.

Das Färben in Kesseln und Kufen.

Am einfachsten gestaltet sich das Färben von losem Material und Strangware in offenen, kastenartigen Behältern oder Kesseln. Man bezeichnet diese Geschirre mit verschiedenen Namen, teils nach Orts-

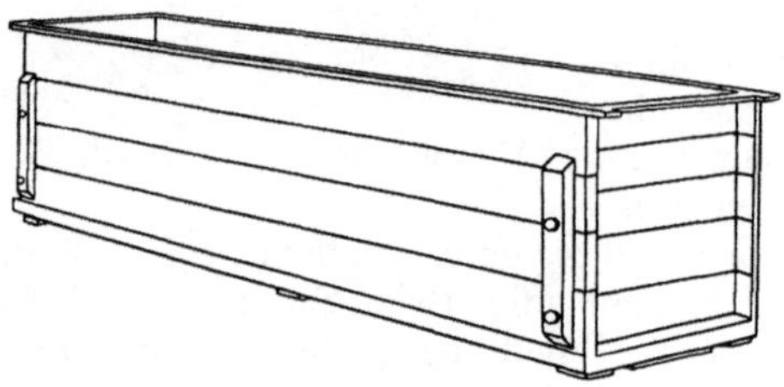

Abb. 92. Holzbottich.

brauch, ohne daß zwischen den einzelnen Bezeichnungen derselben grundsätzliche Unterschiede bestehen. Kessel sind meist rechteckige, halbkugelförmige oder ähnliche Behälter aus Metall, vor allem Kupfer (Kupferkessel). Färbekufen sind meist rechteckige Kästen aus Holz, oft mit Kupfer, verzinntem Kupfer, Blei od. a. ausgelegt. Holzkufen können nur mit direktem oder indirektem Dampf geheizt werden; Kupferkufen können auch direkt mit Kohlenfeuerung geheizt werden. Bottiche (Garnfärbe- und Stückfärbebottiche) sind meist viereckige, hölzerne Gefäße von 2—4 m Länge, 80—100 cm lichter Breite und verschiedener Höhe, je nach Weifen- oder Haspelumfang der verschiedenen Strang- und Strähnengarne (s. Abb. 92). Leinen- und Jutestränge erfordern tiefere Kufen als Woll- und Baumwollgarne. Auf dem Boden der Kufe liegt meist eine perforirte Dampfschlange von Blei oder Kupfer, durch die Dampf in die Flotte strömt. Bisweilen findet sich auch ein durchlochter Doppelboden. Bei indirekter Dampfheizung ist die Dampfschlange nicht perforiert, größer und mit Absperrventil versehen, so daß eine gewisse Dampfspannung erreicht werden kann. Beim Färben von Stückware gehen die zusammengenähten Gewebe als endloser Strang durch die Farbflotte. Unter Barken versteht man gewöhnlich dem Bottich ähnliche Geschirre mit niedrigeren Wänden, dafür aber von größerer Länge. Auf diesen wird in der Regel Strangware gefärbt (Baumwolle, Seide, weniger Wolle). Diese Geschirre werden auch als Wannen u. a. bezeichnet. Zum Hin- und Hertragen bzw. Transportieren von genetzten, gebeizten usw. Waren innerhalb des Betriebes bedient man sich entweder der Hurden (fußlose Tragen), der Pritschen (mit Füßen versehene Tragen) oder der verschiedensten Transportwagen (s. Abb. 93). Zum Schöpfen, Überschlagen usw. im kleinen von Farb- und anderen Bädern aus einem Behälter in den anderen verwendet man den Schöpfer oder die Kelle (außer Rohrleitungen mit Pumpen, Injektoren usw.).

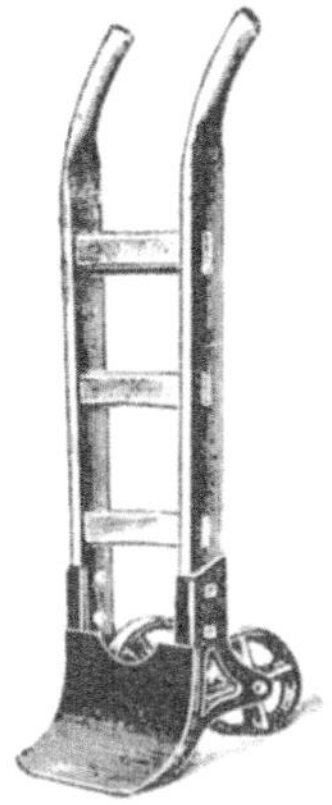

Abb. 93a. Ballenkarre (Grundmann & Kuhn).

Abb. 93b. Plattenwagen (Grundmann & Kuhn).

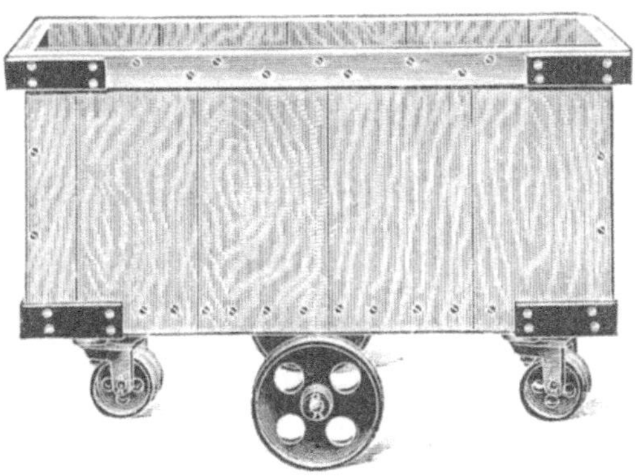

Abb. 93c. Vierseitig geschlossener Transportwagen (Grundmann & Kuhn).

Bei direkter Dampfheizung strömt der Dampf unmittelbar in das Färbebad und erhitzt so das Bad unter Kondensation des Dampfes und

Volumenvergrößerung des Bades (s. Abb. 94). Das zu färbende Material wird meist durch einen Siebboden aus gelochtem Kupferblech oder Holz vor der direkten Berührung mit dem einströmenden Dampf geschützt. Bei indirekter Dampfheizung mit geschlossener Heizschlange tritt der Abdampf durch einen Kondenstopf od. ä. nach außen. Statt geschlossener Heizschlangen verwendet man bei indirekter Heizung auch doppelwandige Kessel, in welche der Heizdampf einströmt und durch Abgabe seiner Wärme das Färbebad erhitzt. An solchen Kesseln können noch Manometer und Sicherheitsventil sowie ein Ablaufhahn zum Entleeren des Kessels angebracht werden.

Die oft ungünstige Beeinflussung der Farbstoffe durch metallisches Kupfer wird durch Anwendung von Kufen aus Fichten- oder Pitchpineholz ausgeschaltet. Auch diese können direkt oder indirekt geheizt werden. Neue Holzbottiche müssen vor dem Gebrauch mit Soda gründ-

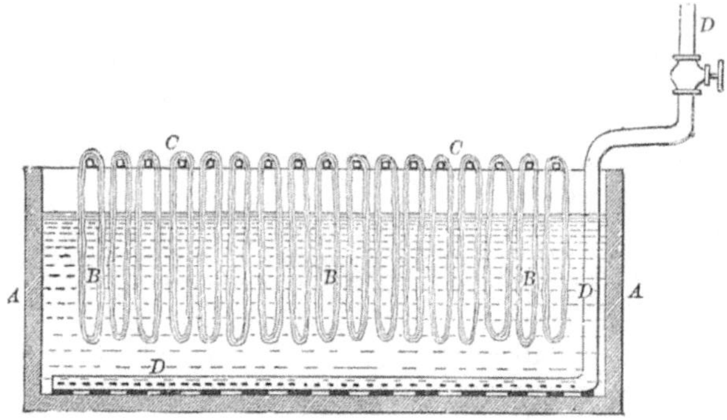

Abb. 94. Hölzerne Färbekufe.
(A = Kasten, B = Garnsträhne, C = Farbstöcke, D = Dampfheizung.)

lich ausgekocht werden; alte, verbrauchte Bottiche speichern beim Auflockern des Holzes oft beträchtliche Mengen Farbstoff an. Man färbt deshalb in der Regel auf bestimmten Kufen immer nur dieselben oder ähnliche (helle bzw. dunkle usw.) Farben.

Das Spülen kann in denselben Kesseln und Bottichen erfolgen, in denen gefärbt wird; helle Färbungen werden vielfach überhaupt nicht, dunkle Färbungen häufig in besonderen Maschinen (wie z. B. weiter unten beschrieben, s. Abb. 121 u. ff.) gespült oder gewaschen.

Das Stranggarn wird im großen Maßstabe noch vielfach von Hand gefärbt, indem das Garn z. B. auf Stöcke gebracht (aufgestockt) und von Arbeitern während des Färbens umgezogen wird[1]) (s. weiter unten). Die Anzahl der bedienenden Mannschaft hängt hierbei von der Art der Färbung und anderen Umständen ab; leicht egalisierende, langsam aufziehende Farben erfordern eine geringere, schwer egalisierende und schnell färbende Farben eine verhältnismäßig große Mannschaft.

Die Stöcke oder Farbstöcke nennt man auch „Umzieher". Diese werden entweder mit der Hand oder mit dem „Stechstock" umgezogen. Das Umziehen

[1]) Nach anderem Verfahren werden die Garnstränge zu Ketten verschlungen und in Form eines Strangbandes den Behandlungen unterworfen (s. weiter unten).

wird durch das sogenannte „Durchsetzen“ sehr wirksam ergänzt. Dieses beweckt auch ein gleichmäßiges Durcharbeiten des Garnmaterials in der Farbflotte und besteht darin, daß je 2 Stöcke von der Mannschaft im Bade hochgehoben und dann abseits wieder niedergesetzt werden. Je nach Zahl der eine Barke bedienenden Arbeiter unterscheidet man „Ein-, Zwei-, Vier-, Achtspänner“ usw. Vor dem Zusetzen von Farbstoff zur Farbflotte wird das Garn auf Farbstöcke oder Hurden „aufgeschlagen“ oder „aufgeworfen“ und die Flotte gut aufgerührt. Für dieses Auf- oder Umrühren der Farbflotten benutzt man die bereits erwähnten Schöpfer oder Kellen (auch Schäpper und Schäppen genannt) oder — wie z. B. in der Küpenfärberei — die sogenannten „Aufküper“, das sind an langen Stöcken angebrachte Holzscheiben. — An Stelle der üblichen Kufen, Barken, Bottiche usw. verwendet man für Versuchszwecke und kleinere Partien einfache Farbkübel. Alle diese Holzgeschirre müssen im Sommer stets mit Wasser gefüllt sein, damit sie durch Eintrocknen nicht undicht werden. Sie sind auch für bestimmte Farben (helle, dunkle usw.) möglichst getrennt zu halten, um Farbtrübungen, -flecke usw. zu vermeiden.

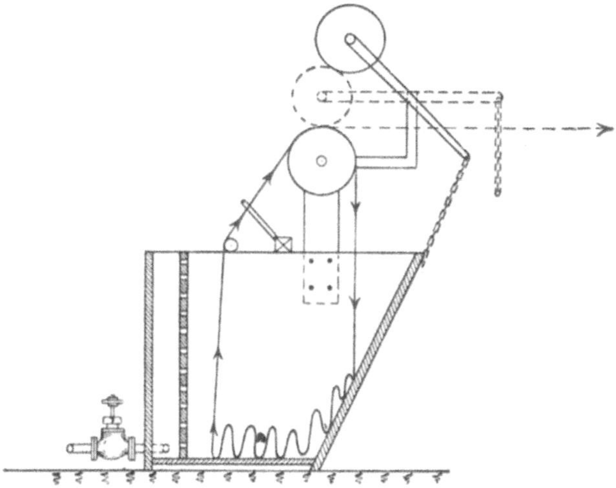

Abb. 95. Färbekufe mit Quetschvorrichtung (nach Cassella).

Zur Ersparung von Arbeitshänden sind Kufen konstruiert worden, die z. B. einen zu hebenden und zu senkenden Rahmen besitzen oder bei denen sich das Garn auf Walzen oder Rollen befindet, die durch Zahnräder gedreht werden od. ä. Bei diesen Vorrichtungen wird das Umziehen von Hand vermieden. Eine gut eingeführte Maschine, die speziell für das Färben von Strangseide bestimmt ist, wird von Gerber-Wansleben hergestellt.

Für besondere Zwecke, wo es z. B. zur Erzielung gleichmäßiger Färbungen wichtig ist, die Garnstränge beim Herausnehmen aus dem Färbebade sofort abzuquetschen, werden an der Stirnseite der Kufe Quetschwalzen angebracht (Schwefelfarbstoffärbungen) (ähnlich der Abb. 95).

Auf einfachere Weise geschieht ein oberflächliches Abquetschen dadurch, daß das Garn über der Flotte stockweise durch zwei gegeneinander gepreßte Stöcke oder Quetschhölzer hindurchgezogen wird. Vollkommenere Entwässerung geschieht durch das Schleudern (s. weiter unten). Nach dem Färben müssen viele Schwefel- und Küpenfärbungen am Wringpfahl (Pool, Windarm, Winddocken) mit dem Wringholz (Poolstock) präpariert, egalisiert und gewrungen (abgewunden, ausgewrungen, ausgerungen) werden, bevor sie weiterverarbeitet werden. Hierzu kann auch die Garnschlagmaschine (s. d.) Verwendung finden.

Gewebe können, ähnlich wie bereits im Kapitel über Bleicherei ausgeführt worden ist, in Strangform (in Form eines in Längsfalten liegenden Stranges) oder in Breitform (im ausgebreiteten Zustande) gefärbt und verarbeitet werden. Für das Färben der Gewebe in Strangform sind gewöhnliche Kufen mit besonderen Vorrichtungen versehen, z. B. mit Rollen oder mit Häspeln (Drehkreuzen). Abb. 96 u. 97 zeigen z. B. eine Färbemaschine mit Häspeln (Drehkreuzen). Die auf einmal zu färbenden Stücke werden zu einem endlosen Band zusammengenäht.

Abb. 96. Haspelkufe für drei und vier nebeneinanderlaufende Gewebestränge. Zum Ansetzen der Farbe und Anwärmen der Flotte ein durch eine gelochte Zwischenwand getrenntes Abteil (Zittauer Maschinenfabrik).

In der Strangfärbekufe mit Quetschwalzen werden vielfach Schwefelschwarzfärbungen auf Stückware erzeugt. Man benutzt in der Regel zwei nebeneinanderstehende Kufen, von denen die eine zum Färben, die andere zum Spülen dient. Eine durchlochte Scheidewand verhindert die Berührung des Dampfes mit dem Gewebe und erleichtert den Zusatz von Farblösung und Salz während des Färbens. Über der Kufe befindet sich ein Paar hölzerner Walzen von 40—50 cm Durchmesser, von denen die untere zunächst zum Umhaspeln der Stücke dient; die obere ist während des Färbens mittels Hebel und Kette gehoben und tritt erst in Tätigkeit, wenn die Stücke das Bad verlassen und abgequetscht werden sollen. Die Spülkufe, die wie die Färbekufe gebaut ist, enthält noch eine Spritzvorrichtung (s. Abb. 98) zur Verstärkung der Spülwirkung. Die Quetschwalzen der Spülkufe müssen ebenso schnell laufen wie diejenigen

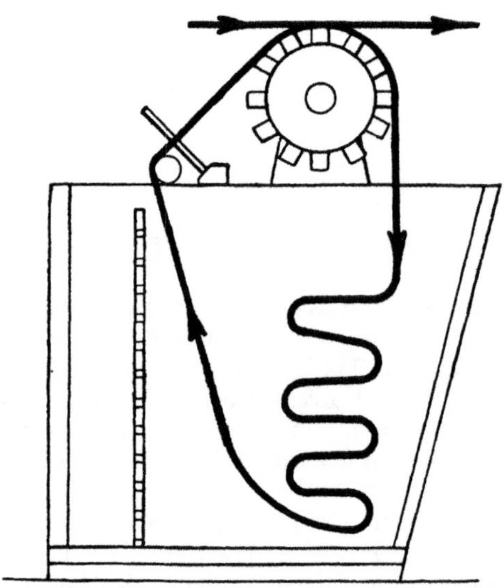

Abb. 97. Schnittzeichnung der Haspelkufe.

der Färbekufe. Nach beendetem Färben werden die Stücke, die bis dahin zu einem endlosen Band zusammengenäht waren, getrennt, abgequetscht und auf der Spülkufe unter Zufluß von frischem Wasser gespült, bis die Ware rein ist. In einer Kufe kann man pro Tag leicht 4 Partien von 10 Stücken à 18 kg färben und spülen.

Gewebe und Ketten können zweckmäßig auch auf Rollenkufen breit gefärbt werden (s. Abb. 99). Werden mehrere Prozesse hintereinander ausgeführt (z. B. Diazotieren und Entwickeln), so enthalten die Kufen mehrere Abteilungen, z. B. solche zur Aufnahme der Diazotier-, Spül- und Entwicklungsbäder. Die in der Zeichnung skizzierten kleinen Holzfässer können beispielsweise gelöstes Nitrit und verdünnte Salzsäure enthalten. Für Färbungen, die unter der Flotte gefärbt werden sollen, sind besondere Unterflotten-Färbemaschinen gebaut worden. Zum Oxydieren nach dem Färben wird die Ware breit über Leitrollen geführt.

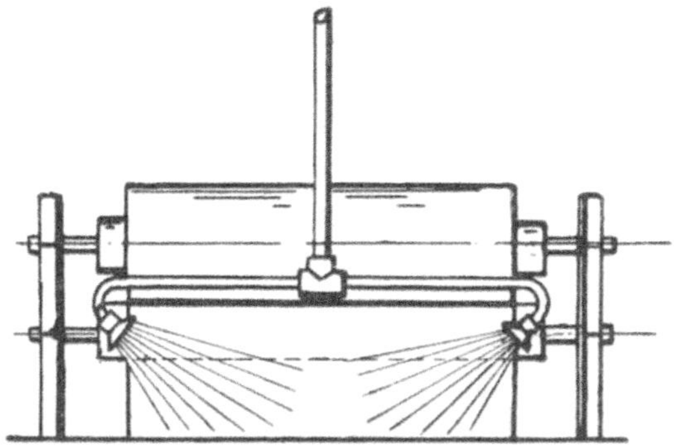

Abb. 98. Färbekufe mit Spritzvorrichtung (nach Cassella).

Eine größere Rollenkufe in Form einer Kontinuefärbemaschine mit einer Anzahl hintereinandergereihter Kufen dient zum Färben,

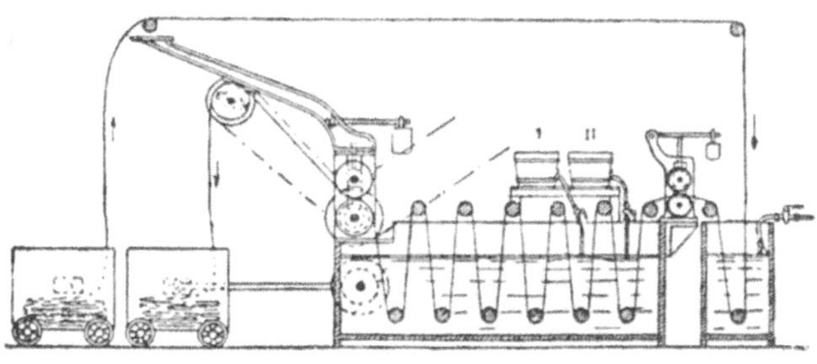

Abb. 99. Rollenkufe für Breit- und Kettenfärbung (nach Cassella).

Beizen, Waschen, Bläuen baumwollener, halbwollener und ganzwollener Waren in ganzer Breite, ist mit eisernen Quetschwalzen, Warenspanner usw. ausgerüstet und wird auch Blueingmaschine genannt.

Alle diese und noch andere Konstruktionen, die nicht nur zum Färben sondern auch für viele Hilfsoperationen dienen, sind aus der ursprünglichen Kufe, dem einfachen viereckigen Kasten entstanden, der heute noch für Beizzwecke und sonstige Hilfsoperationen gebraucht wird, die nur kaltes Wasser oder kalte Lösungen erfordern (s. Abb. 92). Diese

Abb. 100. Indigoküpe mit Oxydationszug und Vergrünungsgang, Quetschwerk nach jeder Leitwalzengruppe, Rührflügeln im Flottenkasten (Zittauer Maschinenfabrik).

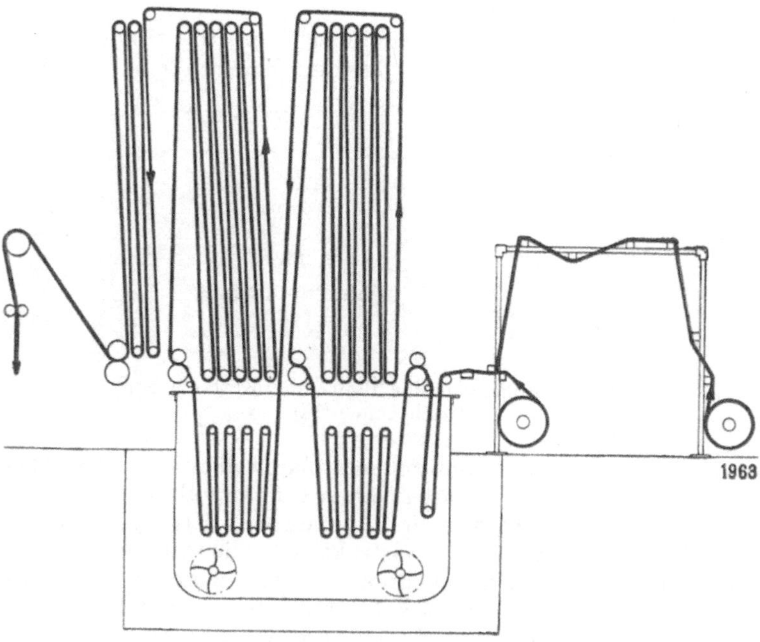

Abb. 101. Schnittzeichnung der Indigoküpe.

Kufe oder Barke ist ohne Heizvorrichtungen und wird noch heute im großen Umfange in der Seidenfärberei als Beizkufe gebraucht, z. B. zum Beizen mit Eisenbeize u. a. Zum Beizen, Naphtholieren, Ölen usw. von Garn bedient man sich auch einfacher Terrinen oder besonderer Imprägniermaschinen (s. Abb. 102).

Abb. 102. Garn-Imprägnier- und -Auswindemaschine mit heizbaren Trögen und zwei Quetschwalzenpaaren, zum Stärken der Garne und zum Ölen und Beizen in der Türkischrotfärberei u. ä. (Zittauer Maschinenfabrik).

Das Färben auf Jiggern, Klotzmaschinen und ähnlichen Apparaten.

Die Jigger einerseits und die Klotz-, Pflatsch- oder Paddingmaschinen andererseits sind im Gegensatz zu den besprochenen Kufenapparaten nur für Gewebe bestimmt. Sie haben gleichfalls kufen- oder kastenartige Unterteile, unterscheiden sich aber von den Kufen und Bottichen vor allem dadurch, daß die zu verarbeitenden Gewebe auf ihnen immer in Breitform behandelt und auf Rollen aufgedreht und von diesen abgedreht werden. Die Gewebe befinden sich unter einer gewissen Spannung auf einer Rolle und werden allmählich abgedreht, indem sie die Brühe passieren und vielfach unter starker Abquetschung in ganzer Breite wieder auf eine andere Rolle aufgewickelt werden.

Abb. 103 zeigt einen Jigger oder Färbeaufsetzkasten, wie er meist in der Stückfärberei von baumwollenen, halbwollenen und halbseidenen Waren gebraucht wird. Die Ware wird auf die obere Walze, den Baum, aufgewickelt, läuft über drei in der Kufe im Färbebad befindliche Walzen und wird an der anderen Seite wieder aufgebäumt. Das Stück läuft auf solche Weise so lange durch das Färbebad hin und her, bis die Färbung beendet ist. An jedes Ende des zu färbenden Stückes oder der aneinandergenähten Stücke werden Vor- und Nachläufer angenäht, die so lang sein müssen, daß sie von der Aufwickelwalze über die im Färbebad befindlichen Walzen bis auf die andere Aufwickelwalze reichen, damit die Enden gleichmäßig mitgefärbt werden. Diese Jigger hat man auch mit besonderen Vorrichtungen, z. B. mit Gummiquetschwalzen u. a., ausgestattet.

Die Klotz-, Padding-, Pflatschmaschine oder der Foulard wird in der Färberei zum Klotzen der Gewebe (und in der Appretur usw. zum Auftragen der Appreturmasse) benutzt. Das aufgebäumte

Abb. 103. Jigger, Walzen und Kästen für substantive Farben aus Holz, für Schwefelfarben aus Eisen (Zittauer Maschinenfabrik).

Stück läuft in einem Trog, der mit Walzen versehen ist — im Gegensatz zum Arbeiten auf dem Jigger — nur einmal durch die Klotzbrühe, wird durch zwei oder drei eventuell mit Bombage (Stofflagen um die Walzen) umwickelte Walzen ausgequetscht und läuft auf der anderen

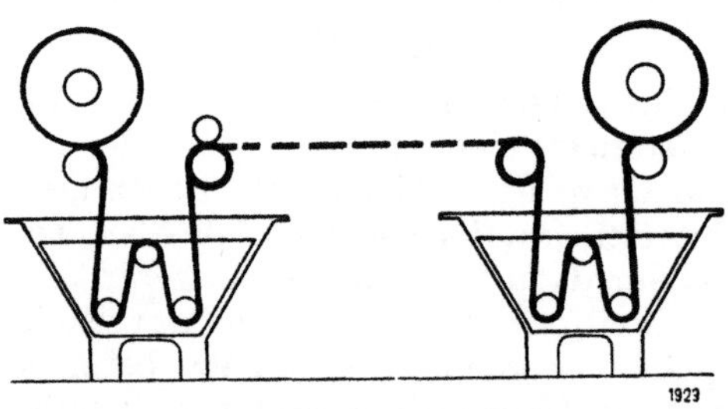

Abb. 104. Schnittzeichnung der Jigger; paarweise arbeitend, der eine zum Färben, der andere zum Waschen.

Seite der Maschine wieder auf Rollen. Für bestimmte Zwecke werden auch Gummiwalzen benutzt. Die Maschine kann mit anderen Maschinen verbunden sein und, der Stoff kann direkt von der Maschine in die Trokkenkammer oder die Hotflue weitergehen. Die Klotzmaschine wird in der Regel bei geringem Flottenverhältnis für Imprägnationszwecke oder verdickte Farbbrühen verwendet (weniger zum eigentlichen Färben), z. B. zum Imprägnieren des Baumwollstoffes mit einer Anilinsalzmasse in der Anilinschwarzfärberei (s. Abb. 105 u. 106). In besonderen Fällen wird das Passieren der Ware wiederholt.

Abb. 105. Färbefoulard mit seitlich übereinander angeordneten Quetschwalzen, wodurch Schaumbildung und Flecken auf dem Gewebe verhindert werden, mit Doppelhebelbelastung. Besonders für Küpenfarben geeignet. (Zittauer Maschinenfabrik.)

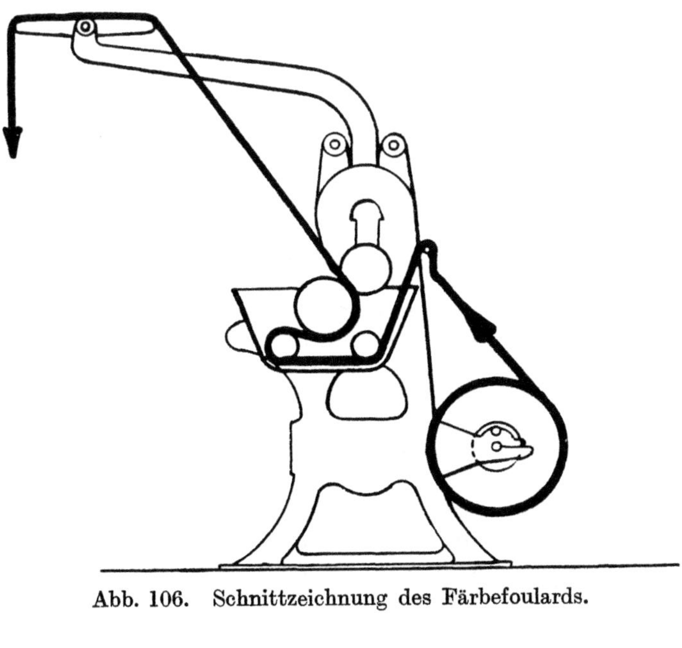

Abb. 106. Schnittzeichnung des Färbefoulards.

Das Färben auf mechanischen Apparaten.

Vorgespinst, Kardenband, Kreuzspulen, Kops werden (im Gegensatz zu losem Material, Garnen, Ketten und Geweben, die vielfach auch in Kesseln, auf Kufen, Jiggern usw. gefärbt werden) stets in den sogenannten mechanischen Apparaten gefärbt. „Apparate" im engeren Sinne sind maschinelle Vorrichtungen, deren Hauptcharakteristikum darin besteht, daß nicht die Ware in der ruhenden (selbst wenn kochenden) Flotte bewegt wird, sondern umgekehrt, daß die Flotte um, auf, über, durch usw. das ruhende Fasermaterial bewegt, gegossen, gedrückt, gesaugt wird od. dgl. Die Flotte wird hierbei mittels Pumpen, Druck- oder Preßluft, Saugluft oder Vakuum, Dampfdruck (Injektoren) usw. in Bewegung gesetzt bzw. gehalten. Die Apparatefärberei eignet sich besonders für die Massenerzeugung und für Stapelfarben.

Die zum Färben verwendeten Apparate sind z. B. nach folgenden Systemen zu unterscheiden:

1. Apparate nach dem Packsystem. Das Färbegut wird hier möglichst dicht und gleichmäßig in den Apparat gepackt und die Flotte alsdann mittels einer Pumpe, vereinzelt auch mittels eines Dampfstrahlgebläses, hindurchgedrückt.

2. Apparate nach dem Aufstecksystem. Das Färbegut wird hier im aufgewickelten Zustande (in Form von Kreuzspulen, Kops usw.) auf hohle durchlochte Spindeln aufgesteckt, durch welche die Flotte in das Färbegut eintritt oder durch welche sie nach Passieren des Färbegutes austritt. Die Flotte wird mittels einer Pumpe oder auch mittels Saugluft (Vakuum) in Verbindung mit Druckluft oder Dampfdruck durch das Färbegut bewegt.

Apparate für Kettenbäume. Sie gleichen im allgemeinen den normalen Pack- und Aufsteckapparaten; die Kettenbäume werden teils in geschlossenen, teils in offenen Apparaten gefärbt, wobei die Flotte mittels Pumpe, Druck- oder Saugluft in Bewegung gehalten wird.

3. Schaumapparate. Die Flotte wird durch starkes Erhitzen zum Schäumen gebracht und das Färbegut in den mit Schaum gefüllten Teil des Apparates gebracht, ohne daß es mit der Flotte selbst in Berührung kommt.

4. Kontinuemaschinen werden mitunter auch zu den „Apparaten" gerechnet, obwohl hier das Material durch die ruhende Flotte bewegt wird (s. auch unter Rollenkufe und Blueingmaschine). In diesen Maschinen werden meist auch die Ketten gefärbt.

1. In Packapparaten wird z. B. gefärbt: lose Baumwolle, zum Teil Kardenband und Vorgespinst (teils in losen Wickeln wie lose Baumwolle, teils in einen perforierten Zylinder gepackt), zum Teil Kreuzspulen und nur vereinzelt Kops; teilweise Stranggarn (das sehr gleichmäßig und fest gepackt sein muß), zum Teil Ketten und vielfach baumwollene und kunstseidene Wirkwaren und Stickereien. Merzerisiertes Garn wird nur vereinzelt (fast nur schwarz) in Apparaten gefärbt. Nach dem Aufstecksystem werden in Spulenform gefärbt: Kreuzspulen, Kops und zum Teil auch Ketten (auf dem perforierten Kettenbaum).

Die Färbemethoden sind in der Apparatefärberei annähernd dieselben wie in der Kufenfärberei. Die Gefäße sind aus Holz, Kupfer, Nickelin, Eisen usw. Eiserne Apparate müssen außer Gebrauch stets mit sodahaltigem Wasser ausgespült und stehengelassen werden. Das in der Apparatefärberei benutzte Wasser muß möglichst rein und kalkfrei, vor allem frei von suspendierten Bestandteilen sein, da sich sonst die Verunreinigungen beim Filtrationsprozeß fest in die Ware setzen. Aus dem gleichen Grunde müssen möglichst reine Zusätze zu den Farbbädern gemacht werden, klar lösliches Glaubersalz (meist wird deshalb kristallisiertes Salz gebraucht), Schwefelnatrium usw. Die Farbstofflösungen müssen gut gelöst und filtriert werden; ungelöste Farbstoffpartikelchen verursachen Flecke und Unegalitäten. Man wählt deshalb für die Apparatefärberei leicht lösliche, sich beim Erkalten nicht wieder ausscheidende sowie gut egalisierende und langsam ziehende Farbstoffe. Beliebt sind hier deshalb die substantiven und Schwefelfarbstoffe, während die basischen (tanninfärbenden) und Beizenfarbstoffe nicht oder nur seltener verwendet werden. Während das Flottenverhältnis in der Kufenfärberei 1 : 15—20 beträgt, ist es in der Apparatefärberei 1 : 6—8.

Beim Färben nach dem Packsystem müssen die Apparate ferner richtig gefüllt und die Hohlräume ausgefüllt sein, da sonst die Flottenzirkulation ungünstig beeinflußt und besondere Kanäle gebildet werden. Zwecks besserer Durchnetzung ist das Färbegut vor dem Färben gehörig zu netzen und die Farbflotte eventuell mit etwas Türkischrotöl, Monopolöl od. dgl. zu versetzen. Kurz, es ist alles darauf einzustellen, daß die zirkulierende Flotte alle Teile des Materials gleichmäßig durchfließt und anfärbt.

Vor dem Trocknen wird das gefärbte, lose Material ordentlich gelockert, was mit der Hand oder mit besonderen Zupfmaschinen bewirkt wird.

Die außerordentlich vielfältigen Konstruktionen der Apparate können hier im einzelnen nicht besprochen werden. Es soll ihre ungefähre Wirkungsweise nur an ein paar Beispielen erläutert werden.

Nach dem System Obermaier in Lambrecht wird die Flotte vermittelst einer Zentrifugalpumpe durch das in kupfernen Behältern (Zylindern) befindliche Material hindurchgetrieben. Bei den Apparaten Pornitz in Chemnitz liegt das Material in einem Korb, während die Flotte durch ein am Boden des Apparates befindliches Flügelrad bewegt wird. Schulze in Schmölln läßt die Flotte aus einem Behälter durch die Ware pumpen, die sich in Zylindern mit Siebböden befindet. Nach Schirp in Barmen-R. wird das in Zylindern befindliche Material mittels einer Pumpe der Einwirkung der Färbeflotte abwechselnd von oben nach unten und von unten nach oben ausgesetzt. Drèze in Dison-Verviers packt das Material in einen Zylinder mit durchlochtem Boden und setzt die Flotte durch einen senkrecht gerichteten Dampfstrahl in Bewegung. Durch eine Zentrifugalpumpe kann die Wirkung dieses Dampfinjektors verstärkt werden. Skène und Devallée in Roubaix verpacken die Ware in einzelne, am Boden durchlochte Zylinder; die Flotte wird durch eine Pumpe in eine Rinne gehoben, aus der sie in die Zylinder und durch das Material hindurchläuft. Die Flotte wirkt also nur durch ihr eigenes Gewicht. Der Apparat von Harmel frères in Val-des-Bois besteht aus vier Doppelzylindern, welche nach Art der russischen Schaukel an einer gemeinsamen Achse befestigt sind. Durch Rotation des Systems tauchen die Behälter der Reihe nach in die darunter befindliche Flotte ein und nehmen einen Teil derselben heraus, der dann beim Weiterrotieren des betreffenden Behälters abläuft. Nach dem System Klauder-Weldon in Huddersfield wird die zu färbende Ware auf Stäbe

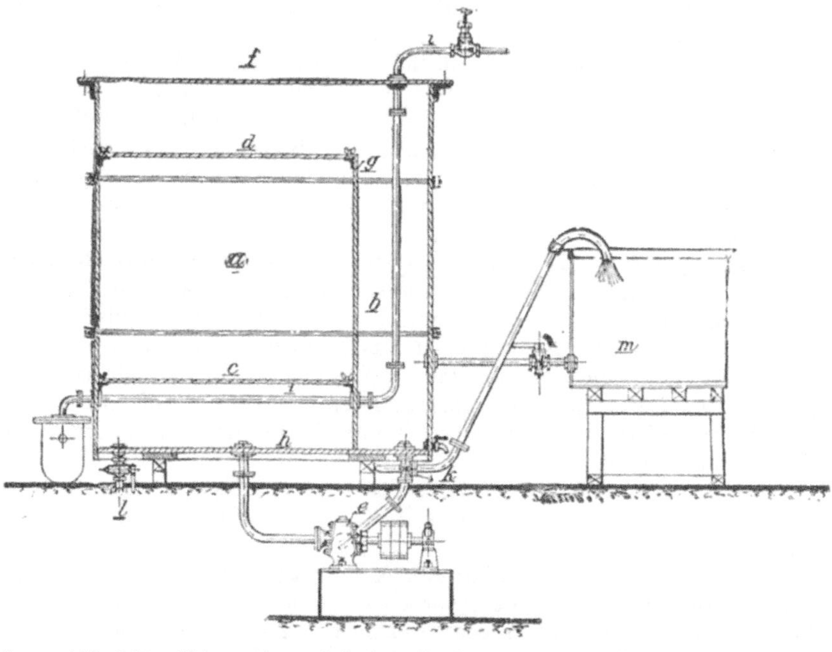

Abb. 107. Skizze eines einfachen Packapparates (nach Cassella).

aufgehängt, die in Form eines drehbaren Rades angeordnet sind und das System der Stäbe im Färbebade bewegt.

Abb. 107 gibt ein Bild der Wirkungsweise von Packapparaten [C], in denen gebleicht, gefärbt, gespült usw. werden kann.

In einem viereckigen Bottich wird die Baumwolle fest eingeschichtet und die Flotte mittels einer unter dem Apparat befindlichen Pumpe durch das Bleichgut geführt. Beim Beginn der Operation wird die Flotte von unten nach oben und dann abwechselnd in beiden Richtungen durch das Material gedrückt. Außerdem ist noch ein Behälter für die Farbbrühe vorhanden, der über oder seitlich von dem Apparat aufgestellt werden kann.

Der eigentliche Färbebottich *a* mit Lattenboden *c* und Lattendeckel *d* (der durch Schrauben *g* befestigt ist) steht in dem größeren Bottich *b*, der mit dem lose aufliegenden Deckel *f* zugedeckt wird. Die Zirkulation der Flotte wird durch die Pumpe *e* bewirkt, welche mit dem Boden *h* des Bottichs *b* durch zwei Rohre in Verbindung steht. In dem einen Rohre ist der Dreiweghahn *k* angebracht, um die Flotte nach dem Behälter *m* drücken zu können. Die Pumpe ist mit doppeltem Antrieb durch drei Riemenscheiben sowie mit geradem und gekreuztem Riemen versehen, so daß sie abwechselnd in zweierlei Richtung wirken kann. Das Dampfrohr *i* dient zum Erhitzen der Flotte. Durch den Ablaßhahn *l* wird der Bottich entleert. Der äußere Bottich hat eine Höhe von 180 cm und eine Grundfläche von 160 × 160 cm. Der innere Bottich ist 125 cm hoch bei 140 × 140 cm Grundfläche und steht in dem äußeren etwa 30 cm über dessen Boden *h*. Der Apparat faßt etwa 1000—1500 Pfund Material.

Abb. 108. Perforierte Kopsspindel mit Gewinde (nach Heuser).

Abb. 109. Perforierte Aufsteckspindel (nach Heuser).

Abb. 110. Kreuzspulhülse mit Gewinde (nach Heuser).

Abb. 111. Abdichthülse für perforierte Kopsspindeln (nach Heuser).

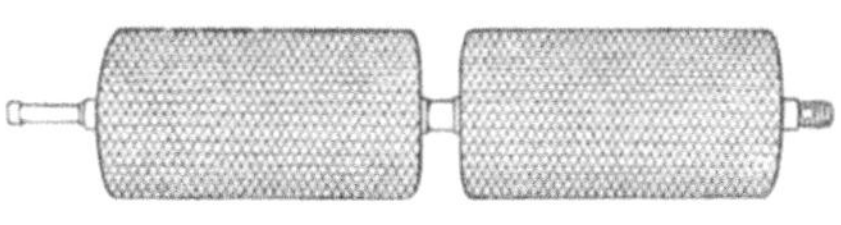

Abb. 112. Doppelte Kreuzspulhülse mit Gewinde (nach Heuser).

Abb. 113. Doppelte leere Kreuzspulhülse (nach Heuser).

Bei den Packapparaten unterscheidet man weiter solche mit paralleler Flottenstrahlung (kreisender Flotte sowie hin und her gehender Flotte) und mit di- oder konvergierendem Flottenlauf (mit Siebzylindern, Zentrifugen ausgestattet usw.), ferner Apparate mit und ohne Pressung. Werden vereinzelt Kops nach dem Packsystem gefärbt, so wird der Spulenkanal mit nichtperforierten Spindeln ausgefüllt, um die Spulen vor Zerstörung zu bewahren.

2. Aufstecksystem. Eine gänzlich andere Rolle als bei dem Packsystem fällt den Spindeln bei dem Aufstecksystem zu: hier haben sie die Aufgabe der Zu- und Abführung der Flotte zu dem bzw. von dem zu färbenden Material. Sie müssen daher hohl und perforiert sein. Aus verschiedenem Material hergestellt (Nickelin usw.), sind die Aufsteckspulen in der Querschnittsform rund (mit flächenförmiger Berührung der Spulenkanäle) oder eckig bzw. gewölbt (mit linearer Berührung der Spulenkanäle). Durch die Perforation strömt die Flotte in die Kops ein; die Spindeln müssen deshalb immer rein bleiben, und jede Verstopfung derselben muß peinlichst vermieden werden. Die Spindeln werden auf den Materialträger entweder aufgeschraubt oder aufgesteckt, wofür verschiedene Systeme bestehen. Die Spindeln für Kopsfärberei sind kegelförmig, für Kreuzspulen zylindrisch. Nebenstehende Abbildungen (Abb. 108—113) zeigen ein paar solche Spindeln der Firma Papst in Aue i. S. (nach Heuser).

Die Spindeln werden auf die Materialträger (Platten, Zylinder usw.) aufgeschraubt oder aufgesteckt (starres und nichtstarres System). Einen

Kops- und Kreuzspulenzylinder sowie Kettenbaumträger zeigen die Abb. 114—116.

Die Materialträger sind in der Regel durch Rohrleitung mit einem Flottenbehälter verbunden, und die Flotte wird durch Saug- oder Druck-

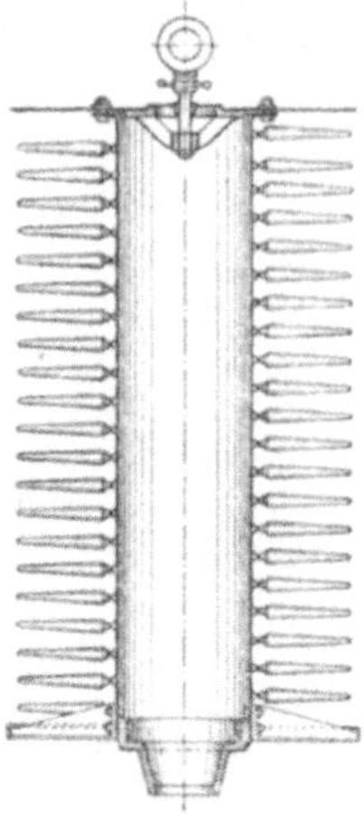

Abb. 114. Kopszylinder (nach Thies).

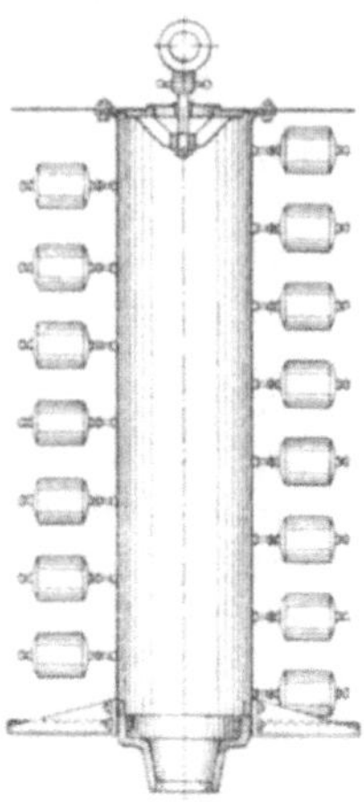

Abb. 115. Kreuzspulenzylinder (nach Thies).

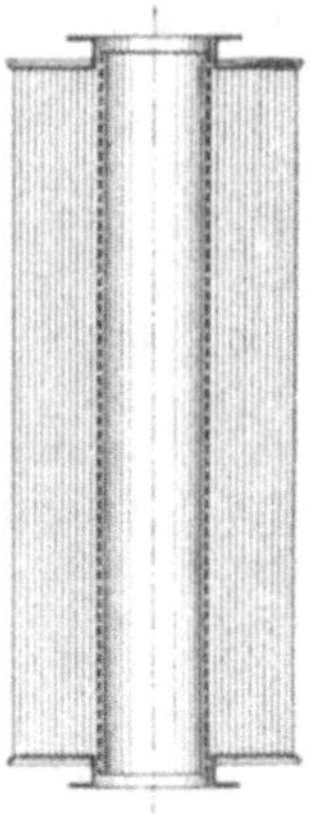

Abb. 116. Kettenbaumträger (nach Thies).

Abb. 117. Universal-Baumwoll-Färbeapparat (Krantz).

luft bzw. wechselweise durch Saug- und Druckluft durch die Spindeln und die Kops bzw. Kreuzspulen durchgedrückt. Kettenbäume werden ähnlich nach dem Aufstecksystem mit perforierten Hohlzylindern gefärbt.

Das Färben selbst geschieht teils in offenen, teils in geschlossenen Apparaten. In den ersteren, billigeren wird vor allem mit substantiven und Schwefelfarbstoffen, in den letzteren mit sauerstoffempfindlichen Farbstoffen (Indigo, Küpenfarbstoffen usw.) gefärbt. Nachdem die Farbflotte abgelassen oder zur Aufbewahrung in die Flottenbehälter zurückgedrängt oder abgesaugt ist, erfolgt das Spülen in denselben oder in besonderen Apparaten. Das Flottenverhältnis bei den Aufsteckapparaten ist im Gegensatz zu den Packapparaten ein weit größeres; es soll höchstens 1: 20 betragen.

Abb. 117 veranschaulicht die Gesamtansicht eines Universal-Baumwoll-Färbeapparates (Bauart Krantz) zum Färben von Stranggarn im Reitersystem, Kreuzspulen im Scheibensystem (spindellos),

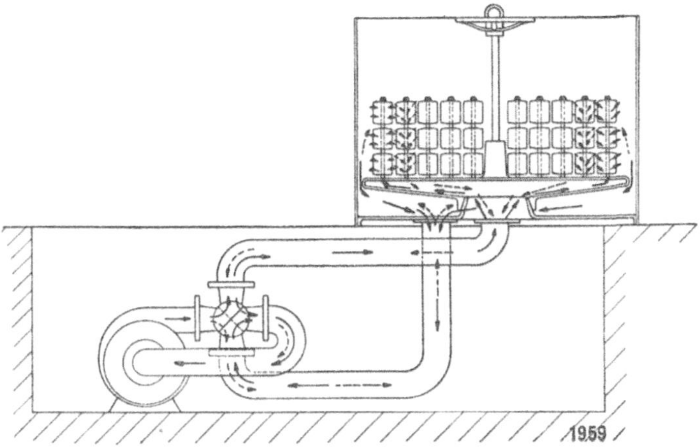

Abb. 118. Schnitt durch stehenden Färbeapparat (Zittauer Maschinenfabrik).

Kreuzspulen und Kopsen im Aufstecksystem, losem Material, Kettbäumen usw. Abb. 118 zeigt den Schnitt durch einen offenen, stehenden Färbeapparat zum Färben von Baumwollstranggarn und losem Material im Packzylinder und von Kopsen, Kreuz- und Soleilspulen (Sonnenspulen) im Aufstecksystem (Bauart Zittauer Maschinenfabrik).

Zur Erläuterung der Wirkungsweise eines Vakuumapparates mit auf einer Platte angeordneten Aufsteckspindeln diene nachfolgend abgebildete Vorrichtung (s. Abb. 119).

Der Apparat besteht aus drei Hauptteilen, der Luftpumpe *L*, dem Windkessel *W* und dem Färbekessel *F*. Oben mündet das von der Pumpe kommende Kupferrohr in den Windkessel ein, während unten ein Kupferrohr *N* mit Dreiweghahn *D* zum Färbekessel weitergeht. Vermittelst der Luftpumpe kann man die Farbflotte zu Beginn aus dem Ansatzbehälter ansaugen und nach Schluß in denselben zurückdrücken. Der Färbekessel besteht aus einem gußeisernen, mit Kupferblech ausgeschlagenen Unterteil. Auf dem Unterteil ist ein Kupfermantel und in letzterem eine starke Rotgußplatte *R* befestigt, auf der Gewinde eingeschnitten sind, in welche die gelochten, konischen Messingspindeln *S* eingeschraubt sind. Die Arbeitsweise ist folgende. Nachdem die Spindeln mit Kops besteckt sind, werden die zwei Dreiweghähne zwischen Windkessel und Pumpe auf Vakuum gestellt. Die Farbflotte wird in den Färbekessel geleitet oder (wenn Dreiweghahn D mit dem Farbkufen verbunden ist) direkt durch die Pumpe in den Windkessel angesaugt. Nach Umstellung des zuletzt erwähnten Dreiweghahnes, also wenn die Farbflotte vom Windkessel nach dem Färbekessel fließen kann, hat der bedienende Arbeiter während der Färbezeit (etwa 20—25 Minuten) in kurzen Intervallen die zwischen Pumpe und Windkessel befindlichen Dreiweghähne von Vakuum auf Kompression und umgekehrt einzustellen. Es wird dadurch die Flotte abwechselnd von außen nach innen und von innen nach außen durch die Kops getrieben. Schließlich wird das Material vom Flottenüberschuß durch Aussaugen befreit (Ullmann).

3. Schaumapparate. Nach den Beobachtungen von Wanke können Färbungen anstatt mit einer wässerigen Farbstofflösung auch mit dem Schaum einer Farbstofflösung bewirkt werden. Die hierfür erforderlichen Einrichtungen sind im allgemeinen sehr einfach, indem das zu färbende Material (z. B. Kreuzspulen) nicht unmittelbar in die Farbbrühe, sondern nur in den besonders erzeugten Farbschaum ein-

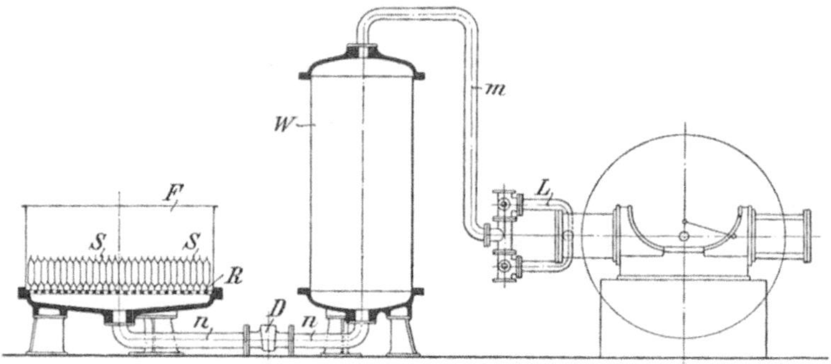

Abb. 119. Vakuum-Kopsfärbeapparat von Haubold (nach Ullmann).

geführt wird. Man kann jede Holzkufe mit Schlangenheizung hierzu verwenden. Zum Färben von Kreuzspulen ist noch ein Lattenkasten zur Aufnahme der Spulen erforderlich; er wird mittels eines Flaschenzuges in den Flottenkasten eingesenkt und ist mit kurzen Holzfüßen versehen. Die Flotte selbst (etwa 400 l für 100 kg Kreuzspulen) darf hierbei das Farbgut nicht berühren. Zum Ansatz der Farbflotte verwendet man Kondenswasser und setzt Türkischrotöl oder Schmierseife zu, um die Schaumbildung zu erhöhen und um ein gutes Benetzen zu ermöglichen.

Nach dem Einsetzen des Korbes wird das Dampfventil geöffnet und die ganze Flotte dadurch in Schaum verwandelt, der den Kasten erfüllt und die Spulen durchdringt. Die Färbedauer beträgt etwa 2 Stunden. Dann wird herausgehoben, abgebraust, in einer Wanne gewaschen und geschleudert. Zwecks egalerer Anfärbung (insbesondere an den Berührungs- und Druckstellen der Kreuzspulen untereinander) wird während des Färbeprozesses einmal umgelegt.

Später sind verschiedene Verbesserungen der Apparatur vorgenommen worden; auch hat man außer dem eigentlichen Färben noch andere Operationen in das Bereich der Schaumbehandlung gezogen. Zu erwähnen sind die Patente der Firma Schmid in Basel betreffend Schaumentbastung der Seide, die Schaumfixation der Beizen auf Seide u. a. m. Über den Vorgang beim Schaumfärben und über die Schaumwirkung selbst sind verschiedene Theorien aufgestellt worden, auf die hier nicht näher eingegangen werden kann: Eine physikalische Theorie von Quincke (s. Ullmann: a. a. O.), eine photolytisch-chemische Theorie von Sommerhoff u. a. m.

4. Färben in Kontinueapparaten. Die sogenannten Kontinueapparate sind Apparatkomplexe, in denen verschiedene Ausrüstungsprozesse ohne Unterbrechung hintereinander zur Ausführung gelangen, z. B. derart, daß mit der ungefärbten Ware eingegangen wird und diese fertiggefärbt, gespült, geseift, aviviert usw. den Kontinueapparat verläßt. Die einzelnen Teile des Kontinueapparates können neben-, über- oder nacheinander verbunden sein. Sie bezwecken vor allem, mit möglichst geringem Aufwand an Arbeitskraft große Mengen zu bewältigen, und eignen sich deshalb besonders zum Färben von Stapelartikeln und Stapelfarben, wie Schwarz, Blau, Braun usw. Außer dem eigentlichen Färben führen sie oft zugleich in besonderen Teilen des Gesamtapparates verschiedene Nebenprozesse aus, das Auskochen der Ware, das Diazotieren, Entwickeln usw. Die Maschinen bilden vielfach Rollenkufen oder Systeme derselben, die bereits unter Kufen (s. S. 423) erläutert worden sind.

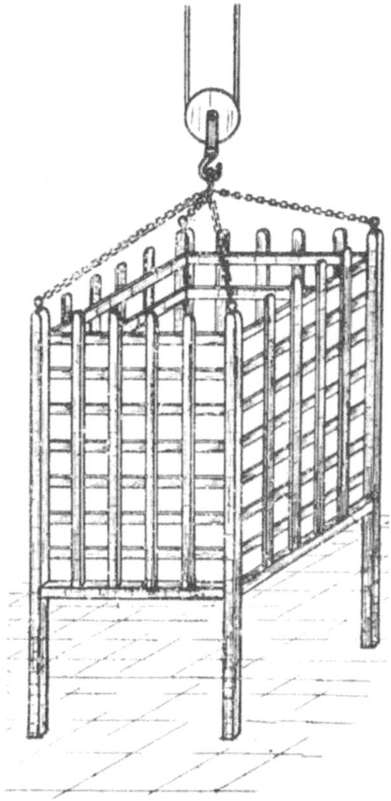

Abb. 120. Schaumfärbeapparat von Wanke.

Außer den allgemein üblichen Apparaten und Systemen ist im Laufe der Zeit eine große Anzahl von Spezialapparaten geschaffen worden, von denen jeder einem bestimmten Zweck angepaßt ist. Die Indigo-, die Türkischrot-, die Anilinschwarzfärberei usw. besitzen eine Reihe von solchen Spezialapparaten, auf die hier nur ganz allgemein hingewiesen werden kann. Die Spezialliteratur und die die Apparate bauenden Firmen

(s. Zusammenstellung am Schluß des Buches) geben Interessenten Rat und Aufschluß über Einzelheiten.

Bei der Bedeutung der Indigofärberei ist auf S. 424 bereits eine Roulette- oder Kontinueküpe für den Hydrosulfitansatz (s. Abb. 100 und 101) veranschaulicht. Bei der Tauchküpe werden die Stücke, auf Rahmen oder Sternreifen gespannt, in die Küpe eingetaucht oder eingesenkt. Bei der Roulette- oder Kontinueküpe werden die Stoffe vermittelst Rollenführung durch die Küpenflüssigkeit gezogen. Für loses Material und Garn sind wieder andere Systeme gebaut worden.

Apparate für die wichtigsten Hilfsoperationen.

Außer den sich auf die Merzerisation, Bleicherei, Abkocherei, Walkerei, Karbonisation usw. beziehenden Apparaten, die bereits unter den Hauptkapiteln Merzerisation und Bleicherei erwähnt sind, sind noch die Apparate für das Waschen bzw. Spülen, Entwässern, Trocknen und Dämpfen zu erwähnen.

Das Waschen und Spülen.

Die Einrichtungen und die Arbeitsweise der Maschinen hängt in erster Linie von der Erscheinungsform des Materials ab, weniger von der Art des Materials selbst; und hier kommen wiederum die drei wichtigsten Formen in Frage: loses Material, Garn (Stranggarn und Spulengarn) und Gewebe,

Das lose Material kann in jeder Wanne oder Kufe gewaschen bzw. gespült werden. Hierbei ist nur vor allem für gründliche Bewegung und Durchspülung, für den Zulauf frischen Wassers und den Ablauf des verbrauchten Wassers zu sorgen. Im Leviathan ist beispielsweise bereits ein System zum Waschen loser Wolle gegeben worden. Sehr geeignet ist die Holländer Waschmaschine oder der sogenannte Holländer zum Waschen von losem, sehr unreinem Material, z. B. nach dem Bleichen zur Entfernung der in der Bleiche gelockerten und mürbe gemachten Holz- und Schalenteile. Auch wird diese Waschmaschine als Wollspülmaschine verwendet. Eine besondere Wollspülmaschine ist durch Abb. 73 erläutert.

Daß die in Apparaten gefärbten Materialien (loses Material, Garn) in denselben Apparaten auch gewaschen werden können, ist bereits bei der Besprechung der Apparatefärberei erwähnt worden.

Zum Waschen oder Spülen von Strähn- oder Stranggarn sind verschiedene Apparate konstruiert worden. Abb. 121 zeigt z. B. die sogenannte, sehr gut wirkende Langwaschmaschine, bei der das Stranggarn auf rotierende Walzen (z. B. aus Porzellan) aufgehängt und durch aus Spritzrohren strömendes Wasser gespült wird.

Diese Maschine wird besonders zum Spülen von Strangseide verwendet, eignet sich aber auch für andere Stranggarne.

Zu erwähnen wäre hier noch die Rundwaschmaschine. In einem runden Bottich sind an einer zentralen Achse 12—24 horizontale Arme mit vierkantigen Kupferspulen angebracht. Das ganze System bewegt

Abb. 121. Langwaschmaschine (Gerber-Wansleben).

Abb. 122. Automatische Garnspülmaschine, auf welcher Garnsträhne durch Spritzrohre und Quetschwalzen gespült und abgequetscht werden. (Zittauer Maschinenfabrik.)

sich durch einen Sperrmechanismus, wobei die einzelnen Spulen eine selbständige Drehung um ihre Achsen erhalten. Die auf die Spulen aufgehängten Garne laufen in dem Bottich durch fließendes Wasser und werden nach einem vollen Rundgang in reingewaschenem Zustande wieder abgenommen.

Abb. 123. Gewebe-Strangwaschmaschine mit übereinanderliegenden, hölzernen Wasch- und Quetschwalzen, mit hölzernem Kump, seitlich hin und her bewegtem Strangführungsrechen (Zittauer Maschinenfabrik.)

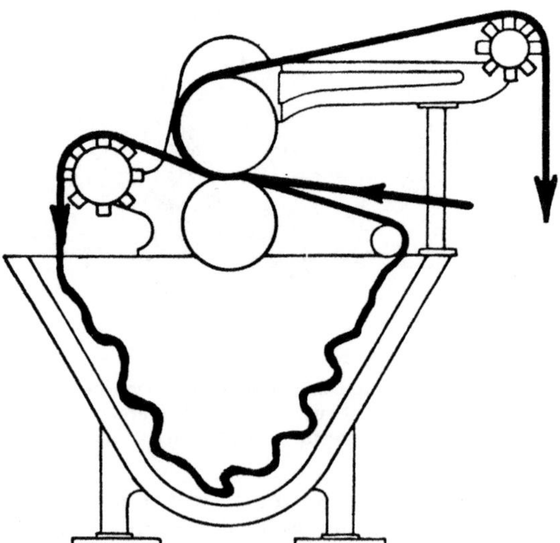

Abb. 124. Schnittzeichnung der Strangwaschmaschine mit Kump.

Eine kleine Garnwaschmaschine mit Quetschwalzen wird durch Abb. 122 erläutert. Sie besitzt drei große eiserne, mit Kupfer bezogene Quetschwalzen, unter denen seitlich gelagert je ein Paar geriffelter Unterwalzen aus Rotguß angeordnet ist, auf die das zu waschende Garn aufgelegt wird.

Stückware wird ebenso wie beim Färben entweder in Strangform oder im Breitzustande gewaschen. Die billigeren und einfacher konstruierten Strangwaschmaschinen bestehen z. B. aus einem hölzernen, in gußeisernem Rahmen gefaßten Waschtrog, auf welchem die ebenfalls

Abb. 125. Breitwaschmaschine mit 2 oder 3 Walzen mit Gummi- bzw. Kupferbezug und mit selbsttätigem Regulierapparat für den Warenlauf (Gessner).

meist aus Buchenholz hergestellten Quetschwalzen angebracht sind. Die Ware läuft in diesen im „geknautschten" Zustande in endlosen Strang zwischen den Quetschwalzen hindurch, und zwar in mehreren Windungen, die durch einen Leitrechen getrennt gehalten werden, nebeneinander. Zum Auffangen des Schmutzwassers ist unter den Quetschwalzen ein Trog angebracht. Zur Verstärkung der Waschwirkung sind die Walzen häufig mit Riffelung versehen. Die für Baumwoll- und Wollgewebe bestimmten Maschinen unterscheiden sich im allgemeinen nur wenig voneinander (Abb. 123 und 124).

Abb. 125 veranschaulicht eine Breitwaschmaschine in Gesamtansicht, bei der die Stückware, auf Rollen laufend, in voller Breite der Waschprozedur unterworfen wird.

Erwähnt seien schließlich noch die Mehrkammer-Waschmaschinen, die auch gleichzeitig zum Seifen, Säuern usw. verwendet werden. Die Maschinen bestehen aus mehreren Kammern oder Kästen und sind mit Spritzrohren, Schlagkreuzen usw. ausgestattet. Am Ausgange jedes Kastens ist ein Quetschwerk angebracht. Im Bedarfsfalle werden diese Breitwaschmaschinen auch mit Beiz- bzw. Chromierkasten, Chloriertrog und Dämpfkammer ausgestattet (s. Abb. 126 und 127).

Abb. 126. Breitwasch- und Seifmaschine (Zittauer Maschinenfabrik).

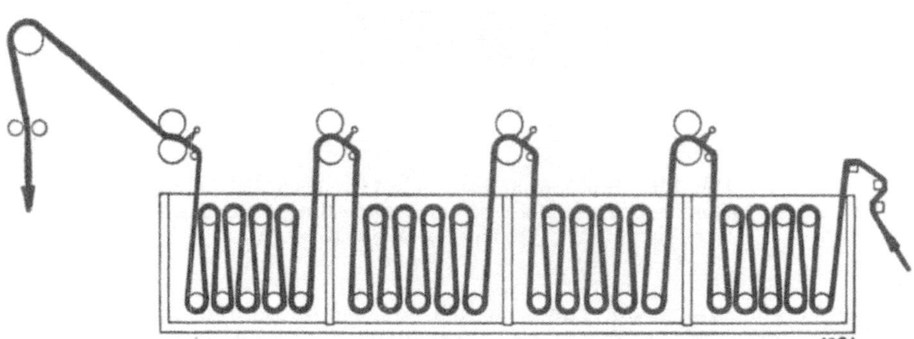

Abb. 127. Schnittzeichnung der Breitwaschmaschine.

Das Entwässern.

Gespinstfasern werden in allen Stufen der Bearbeitung entwässert und getrocknet. Die Behandlungsweise hängt sowohl von der Form des Materials als auch von dem Feuchtigkeitsgehalt desselben ab und kann sehr verschieden sein.

Dem eigentlichen Trocknen geht gewöhnlich noch das Entwässern auf mechanischem Wege voraus. Dieses geschieht entweder 1. durch

Druck (Ausquetschen, Pressen, Auswringen von Hand). 2. durch das Vakuum (Absaugen), 3. durch die Zentrifugalkraft (Ausschleudern, Schwingen, Zentrifugieren).

1. Das **Auswringen oder -winden** und das **Auspressen oder Ausquetschen** sind die ältesten und einfachsten Formen der Entwässerung und werden auch heute noch viel angewandt; das erstere allerdings wohl nur bei Stranggarn und heute auch immer seltener. Eine günstige Form von Ausquetschmaschinen ist in den Wasser- oder Naßkalandern ge-

Abb. 128. Strangausquetschmaschine, Unterwalze mit Bronze-, Oberwalze mit Weichgummibezug, Porzellanführungsösen zur hin und her gehenden Bewegung des Stranges (Zittauer Maschinenfabrik).

funden worden, die die Gewebe in voller Breite ausdrücken. Diese Maschinen können entweder an die Wasch-, Spül-, Färbemaschinen usw. angeschlossen oder unabhängig von diesen aufgestellt werden. Abb. 128 und 129 veranschaulichen eine gangbare Form von Ausquetschmaschinen für Stückware in Strangform, Abb. 130 für Stückware in Breitform.

2. Das **Absaugen** von Stückware durch Vakuum soll das Ausquetschen ersetzen. Das Prinzip besteht darin, daß die Ware über einen engen Schlitz geführt wird, der sich in einem Rohr befindet, aus dem eine Luftpumpe die Luft absaugt. Die Oberseite der Ware ist mit einem Stoffstreifen abgedichtet, so daß ein Vakuum entsteht und die Pumpe das im

Gewebe enthaltene Wasser wegführen kann. Die Vorzüge dieses Verfahrens bestehen darin, daß letzteres gefahrlos ist, daß der Apparat einen ruhigen, ununterbrochenen Gang hat und gleichmäßige Entwässerung bewirkt und daß eine faltenlose Behandlung im Breitzustande stattfindet. Diesen Vorzügen stehen erhebliche technische Nachteile gegenüber: Das Vakuum ist nicht stark genug, um das Wasser aus dichten Waren, insbesondere aus Walkwaren, genügend abzusaugen; ferner werden bei losen Waren, besonders bei Walkwaren mit angewalkten Scherhaaren, Fasern mitgerissen, die eine Verstopfung des Schlammsiebes verursachen und die die Ware durch das Fortreißen von Fasern

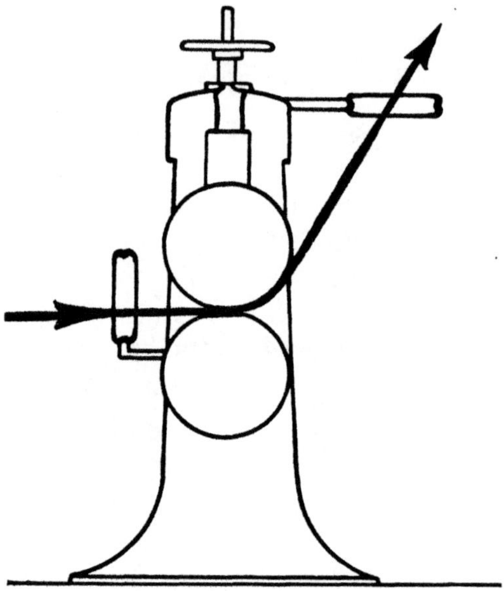

Abb. 129. Schnittzeichnung der Strangausquetschmaschine.

dünner und undicht machen können. Aus diesen Gründen haben sich die Absaugmaschinen nicht nennenswert eingeführt.

3. Das **Zentrifugieren, Schwingen** oder **Schleudern** ist ein sehr wirkungsvolles, schonendes und verbreitetes Entwässerungsverfahren. Es hat noch den Vorteil der allgemeinen Anwendungsfähigkeit für alle Erscheinungsformen der Spinnfasern. Die Leistungsfähigkeit der Zentrifuge (Schwing- oder Schleudermaschine) ist allerdings verschieden und hängt u. a. von der Geschwindigkeit des rotierenden Kessels und von der Dauer des Schleuderns ab. Bei einem Durchmesser des Kessels von 1 m beträgt die durchschnittliche Geschwindigkeit 1000—1200 Umdrehungen oder Touren in der Minute; bei größeren und schwereren Kesseln 600 bis 800 Touren. Mit dieser Geschwindigkeit ist eine Explosionsgefahr verbunden, was vielleicht als einziger Nachteil des Schwingverfahrens anzu-

sehen ist. Bei den sogenannten Breitschleudermaschinen wird der Stoff nicht in Paketform, sondern in der vollen Breite auf horizontale Trommeln gewickelt. Wegen des verhältnismäßig geringen Fassungsraumes haben die Breitschwingmaschinen eine viel geringere Leistungsfähigkeit und deshalb auch geringere Verbreitung gefunden als die gewöhnlichen Zentrifugen.

Die ältere Bauart von Schleudermaschinen ist diejenige mit Oberantrieb und Dampfmaschine; heute wird meist Unterantrieb mit Transmissionen, Dampf-

Abb. 130. Wasserkalander mit 3 Walzen, rotierendem Ausbreiter und Pendelableger (Weisbach).

maschine oder Elektromotor verwendet. Die Maschinen werden entweder in die Erde eingebaut, so daß sie vom Fußboden aus bedient werden können, oder sie werden auf den Fußboden montiert, so daß sie von einem Holzpodest aus bedient werden müssen. Das Schleudern dauert, je nach dem gewünschten Effekt (Vorbereitung zum Färben od. ä., zum Trocknen usw.), verschieden lange. Nach dem Schleudern wird das Garn vor dem Aufhängen zum Trocknen erst mit der Hand oder auf der Schlag- oder Anstreckmaschine angestreckt, ausgestreckt oder „aufgebutzt". Hierauf folgt das Aufstocken oder „Anschütten" der Garne zum Trocknen. Dafür werden besondere Stöcke (Trocken-, Zwirnstöcke), rund oder vierkantig, verwendet. Manchmal verwendet man für jeden Stockvoll zwei Stöcke; der zweite Stock hängt dann entweder unten im Garn, oder das Garn hängt an den zwei Stöcken bogenförmig, um ein besseres Durchlüften des Materials zu ermöglichen.

Abb. 131 veranschaulicht die Gesamtansicht einer Zentrifuge; Abb. 132 den Auf- und Grundriß.

In der mit Gehäuse *n* fest verschraubten Kapsel *b* ist ein Pendel *a* aufgehängt. Dreht sich die Trommel *l*, so wirkt der dabei erzeugte kreisende Luftstrom drückend auf den unteren Teil des Pendels ein und bringt es derart zum Ausschwingen, daß sein ösenförmiger Teil über eine mit Deckel *o* verbundene Sperrnase *f* greift und diese so lange festhält, bis die Trommel *l* zum Stillstand kommt. Dann erst kehrt das Pendel von selbst in seine senkrechte Lage zurück und gibt den Deckel frei.

Abb. 131. Zentrifuge mit selbsttätigem Verschluß (Heine).

Der Deckel *o* ist mit einer Kurbel *p* verbunden, welche beim Auf- und Niederklappen des Deckels eine Stange *i* in der Längsrichtung verschiebt. Die Stange *i* hält die Ausrückerschiene *h* des Antriebvorgeleges so lange fest, bis der Deckel heruntergeklappt ist. Die Zentrifuge kann also nicht in Betrieb gesetzt werden, solange sie offen ist.

Wird die Zentrifuge durch eine Dampfmaschine angetrieben, so wirkt die Stange *i* derart auf eine Drosselklappe oder einen Hahn der Dampfleitung ein, daß bei geöffnetem Deckel die Drosselklappe geschlossen und bei geschlossenem Deckel die Drosselklappe geöffnet ist. Der die Maschine bedienende Arbeiter ist mithin gezwungen, vor Inbetriebsetzung der Zentrifuge den Deckel herunterzuklappen. In gleicher Weise kann die Stange *i* mit dem Anlasser einer elektrisch betriebenen Zentrifuge oder den Antriebsteilen einer durch Hand betriebenen Zentrifuge in Verbindung gebracht werden.

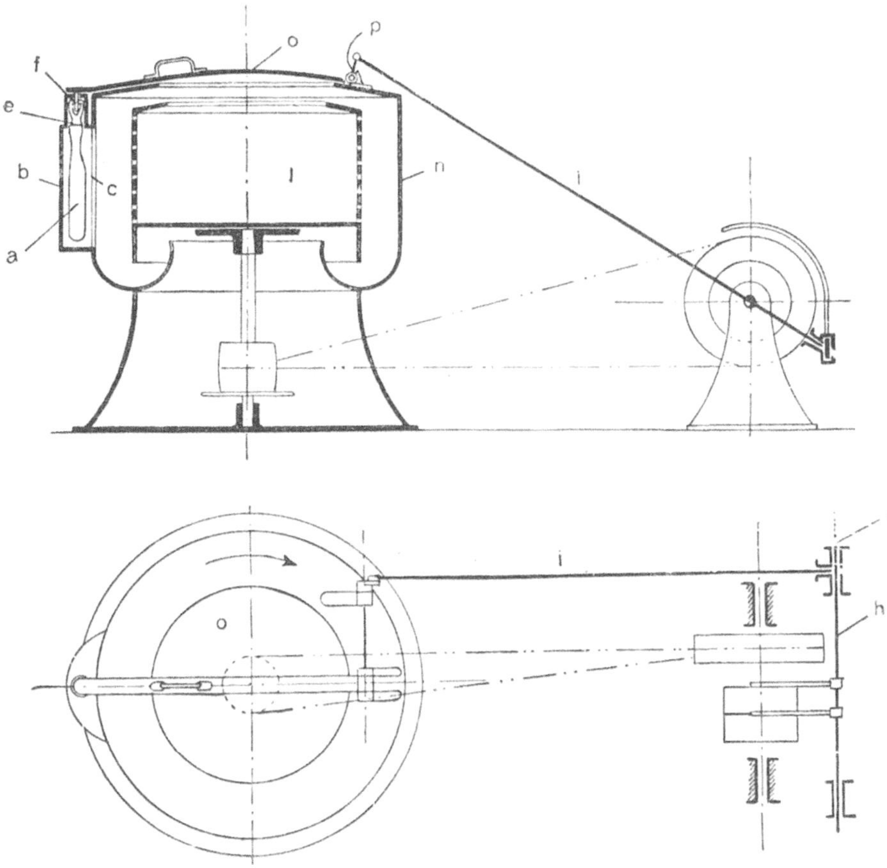

Abb. 132. Auf- und Grundriß einer Zentrifuge (*Heine*).

Das Trocknen.

Das eigentliche Trocknen beruht auf der Verdampfung des im Trockengut enthaltenen Wassers. Zur Beschleunigung dieses Vorganges wird in technischen Betrieben in der Regel *künstlich getrocknet*, d. h. Wärme zugeführt. Je nach Art des Trockengutes, ob rohe, gebleichte, bedruckte, appretierte, imprägnierte usw. Ware getrocknet werden soll, ist der Einfluß der höheren Temperatur auf das Trockengut zu berücksichtigen und der Trocknungsprozeß danach einzurichten.

Dem Wesen nach unterscheidet man *direkte* und *indirekte* Trocknung. Erstere besteht darin, daß das Trockengut mit der wärmeabgebenden Fläche in unmittelbare Berührung gebracht wird, die geheizten Flächen bilden daher das Trockenmittel; die indirekte Trocknung besteht darin, daß das Trockengut mit erwärmter Luft in Berührung gebracht wird, so daß hier die erwärmte Luft als das Trockenmittel anzusehen ist und die geheizten Flächen nur zur Erzeugung des Trockenmittels dienen. Beide Systeme werden im Fabrikbetriebe viel angewendet.

1. Die direkte Trocknung wird in der Weise ausgeführt, daß das Trockengut gegenüber der geheizten Fläche eine relative Bewegung ausführt. Diese geheizten Flächen sind meist Trockenzylinder, deren Temperatur nahe an 100° C heranreicht oder etwa 80—90° C beträgt. Aus diesem Grunde werden nur solche Waren der direkten Trocknung unterworfen, die eine beträchtliche Temperatur ohne Schädigung vertragen können (Baumwollerzeugnisse, Leinenwaren und sogenannte Stapelartikel). Seidengewebe dagegen werden bei geringerem Atmosphärendruck sowie auf Trockentrommeln von größerem Umfang und bei größerer Laufgeschwindigkeit der Ware getrocknet.

Die Anordnung der Trommelsysteme kann derartig sein, daß die Ware zweiseitig oder nur einseitig getrocknet wird, d. h. daß die Ware mit beiden Seiten oder nur mit einer Seite die Heizfläche berührt. Abb. 133 veranschaulicht den Warenlauf bei der zweiseitigen, Abb. 134 bei der einseitigen Warentrocknung.

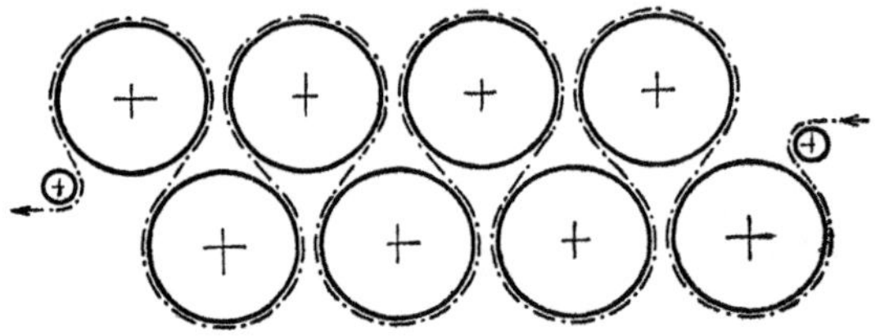

Abb. 133. Warenlauf bei zweiseitiger Trocknung.

Die Anordnung für einseitige Trocknung kann auch eine derartige sein, daß anstatt der unteren Trockenzylinder in Abb. 133 Lattentrommeln verwendet werden, die nicht geheizt sind.

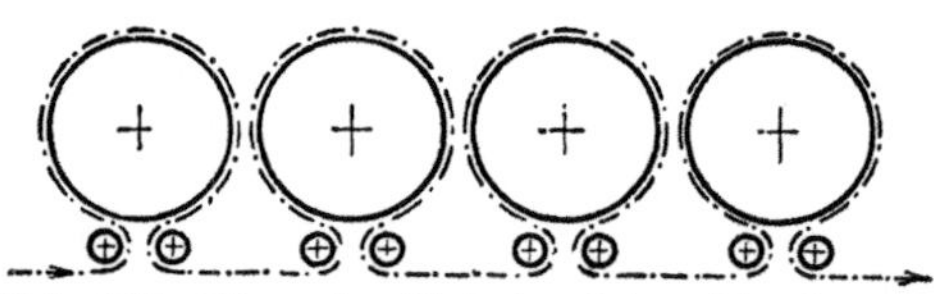

Abb. 134. Warenlauf bei einseitiger Trocknung.

Anstatt blanker Kupfertrommeln verwendet man für bestimmte Zwecke auch sogenannte bombierte, d. h. mit Bombage oder Stoff überzogene Kupfertrommeln.

Bei den in der Praxis eingeführten Vielzylindertrockenmaschinen kann die Anordnung der einzelnen Zylinder eine horizontale oder eine vertikale sein; man unterscheidet danach liegende oder Horizontal- und stehende oder Vertikaltrockenmaschinen. Erstere beanspruchen mehr Raum, sind aber leichter zugänglich, während die letzteren weniger Raum beanspruchen, dagegen schwerer zugänglich und zu bedienen sind. Die Wirkung ist bei beiden Systemen dieselbe.

Bei der Zylindertrocknung ist mit dem Umstande zu rechnen, daß die Gewebe in die Länge gezogen und daher in der Breite verringert werden. Ein weiterer Nachteil der direkten Zylindertrocknung ist die anfänglich große Temperaturdifferenz zwischen der Heizfläche und dem Trockengut; ein Nachteil, den die indirekte Trocknung nicht aufweist und deshalb für alle Fälle angewendet werden kann. Abb. 135 und 136 illustrieren eine liegende und eine stehende Zylindertrockenmaschine.

2. Indirekte Trocknung. Die einfachste indirekte Trocknung ist diejenige an der freien Luft. In den modernen Betrieben bedient man sich meist der geheizten Trockenkammern, in denen das Garn auf Stöcken Stangen oder Latten in besonderen Gerüsten aufgehängt wird. Die zum Trocknen angewandte Temperatur schwankt innerhalb weiter Grenzen und richtet sich nach der Art des Trockengutes und nach den örtlichen

Abb. 135. Zylindertrockenmaschine, liegende Bauart, mit 30 Zylindern für beidseitige Warenanlage (Weisbach).

Abb. 136. Zylindertrockenmaschine, stehende Bauart, mit 16 Trockenzylindern für beidseitige Warenanlage (Weisbach).

Anlagen. Wesentlich bei allen Anlagen ist immer eine ausreichende Ventilation zwecks Ableitung der Wasserdämpfe und eine gewisse Bewegung des Trockengutes, was am einfachsten durch zeitweises Lüften und Umziehen des Materials bewirkt wird.

Vollkommener ist die Bewegung bei drehbaren Trockenhäspeln, die als vertikale und horizontale (s. Abb. 137) Häspel gebaut werden. Sternförmig um eine Mittelachse angeordnete Stangen eines rotierenden Haspels werden mit dem Garn behängt und der Haspel rotiert.

Loses Material wird am zweckmäßigsten in den sogenannten Hordentrockenapparaten getrocknet. Abb. 138 veranschaulicht die Wirkungsweise eines solchen einfachen Hordentrockners, der für lose Baumwolle, Wolle, Jute, Ramie, Haare, Lumpen, aber auch für Kreuzspulen, Kops, Stranggarn, Kardenbänder, Kammzug usw. Verwendung findet.

Das zu trocknende Material liegt in Horden, die mit Siebböden versehen sind. Die einzelnen Horden liegen im Apparat unmittelbar aufeinander und schließen so dicht an die vier Seitenwände an, daß der Luftstrom durch das Trockengut hindurchstreichen muß und ein seitliches Ausweichen ausgeschlossen ist. Die Konstruktion des Apparates beruht auf dem sogenannten Gegenstromprinzip, wobei die durch einen Kalorifer geheizte Luft mittels Ventilator von unten nach oben durch die Horden hindurchgedrückt wird und bei den trockensten Lagen der Partie ein- und bei den nassesten Lagen austritt. Umgekehrt wandern die Horden von oben nach unten dem Luftstrom entgegen. Wenn die trockene Ware mit der untersten Horde aus dem Apparat herausgezogen wird, wird das ganze Hordensystem durch einen Senkmechanismus um eine Etage gesenkt und frische, nasse Ware oben in den Apparat eingeschoben.

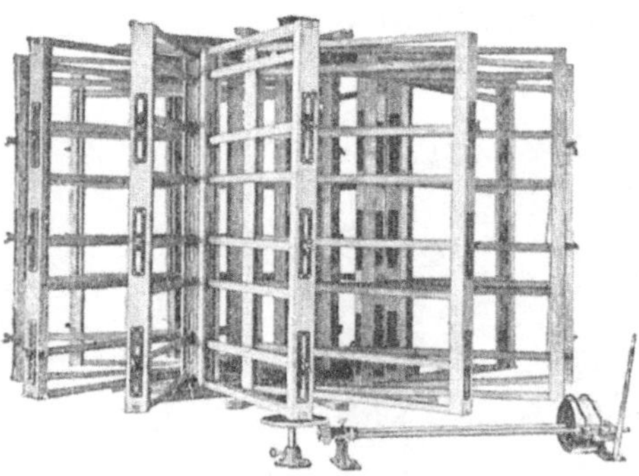

Abb. 137. Vertikale Garntrockenmaschine (Haubold).

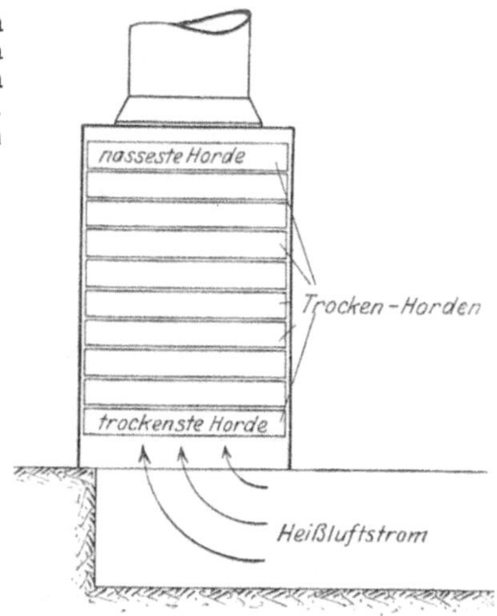

Abb. 138. Schnitt durch Hordentrockner (Haas).

Während obige Hordentrocknung in erster Linie zum Trocknen von losem Material geeignet ist, sind die Trockenschränke, Trockenkammern, Stufen- und Kanaltrockner im wesentlichen für hängende Strangware bestimmt.

Bei den Trockenschränken (kleineren Maßstabes) und den Trockenkammern (größeren Maßstabes) ist für stetige Zirkulation und Durchströmung der heißen trockenen Luft durch das Trockengut zu sorgen.

Bei der Kanaltrocknung streicht die erhitzte Luft gleichsam einem Kanal entlang in horizontaler Richtung. Auch hier sind die Apparate stets nach dem Gegenstromprinzip angeordnet (s. Abb. 139, 140).

Die heiße und trockene Luft tritt hier wiederum bei dem trockensten Teil des Trockengutes ein, während die schon abgekühlte und mit Wasserdampf geschwängerte Luft bei den frisch eingeführten, noch ganz nassen Teilen des Trockengutes abgeleitet wird.

Die Kanaltrockner können auch für Stückware eingerichtet werden; die Stücke laufen dann durch den mit heißer Luft erfüllten Kanal auf Rollen hindurch und verlassen den Apparat in trockenem Zustande.

Abb. 139. Gegenstrom-Kanaltrockner (Haas).

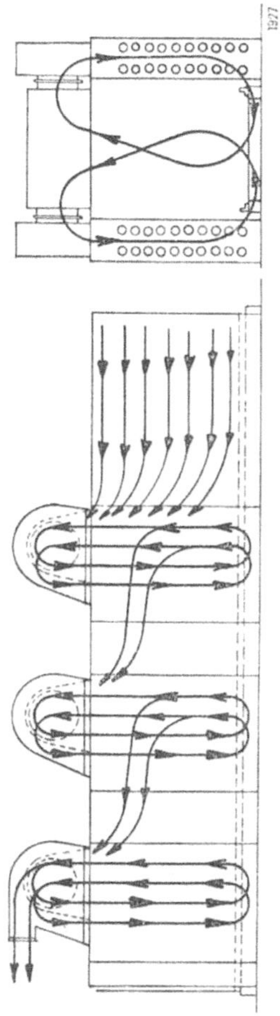

Abb. 140. Gang der Luftzirkulation im Kanaltrockenapparat (Zittauer Maschinenfabrik).

Gleichzeitig dienen diese Apparate zum Karbonisieren von wollener Stückware (s. auch Karbonisation).

Um das schon vorgetrocknete Gut bei Eintritt der Heizluft zu schonen und nicht überflüssigerweise der gesamten, für das Trocknen der ganzen Apparatfüllung erforderlichen Heizluft auszusetzen, sind noch besondere sogenannte Kammer- oder Stufentrockenapparate konstruiert worden (Haas), die sich dadurch auszeichnen, daß nicht die gesamte Luft an einem Punkt eintritt, der Eintritt vielmehr zwischen den verschiedenen Teilen der Füllung verteilt ist (s. Abb. 141).

Eine besondere Abart der Kammer- und Kanaltrocknung ist die Hotflue. Sie unterscheidet sich von ersteren hauptsächlich durch ihre größeren Dimensionen und ihre Anordnung zum Trocknen von Stückware von größeren Längen. Die Stückware läuft hier in zahlreichen Windungen auf Rollen durch die geheizte Hotflue, um sie schließlich trocken zu verlassen. Vielfach wird dieser Apparat gleichzeitig als Oxydationsapparat, z. B. für Oxydationsanilinschwarz, verwendet. Der Warenlauf kann entweder ein horizontaler oder ein vertikaler sein. Die Hotfluekammer ist aus Holz, Eisenblech oder Mauerwerk hergestellt; in ihr ist ein System von Walzen oder Rollen bzw. Häspeln angebracht, über die der zu trocknende Stoff schneller oder langsamer laufen gelassen

Abb. 141. Stufentrockner von Haas.

wird. An einer Schmalseite tritt der nasse oder feuchte Stoff ein, an dieser oder der gegenüberliegenden Wand tritt er trocken aus. Die mit Wasserdampf beladene Luft wird durch einen Ventilator abgesaugt. Abb. 142 und 143 veranschaulichen die Bauart und den Warenlauf einer Hotflue mit horizontalem Warenlauf. Ähnlich ist die Vorrichtung bei vertikalem Warenlauf. Solche Heißlufttrockenmaschinen werden auch vielfach speziell als Oxydationsmaschinen für die Anilinschwarzfärberei gebaut.

Sollen die Waren gleichzeitig breit gestreckt werden, so bedient man sich mit Vorteil der Spann-, Rahm- und Trockenmaschine. Diese besteht aus einem horizontalen Breitstreckapparat, welcher sich in eine mit heißer Luft geheizte Trockenkammer fortsetzt, so daß der Stoff, immer in gespanntem Zustande, dem Trockenprozeß unterworfen wird. Der Stoff kann dabei ein- oder mehrmals denselben Weg machen, wonach man Ein-, Zwei-, Drei- und Vieretagenspannrahmen unterscheidet. Die Trockenkammer ist in vertikaler Richtung in Abteilungen oder sogenannte Felder geteilt, von denen jedes Feld seine selbständige Zuführung von Heißluft erhält. Ventilatoren und Exhaustoren sorgen für die

Abführung der feuchten Luft. Abb. 144 zeigt eine Einetagen-Spann-, -Rahm- und -Trockenmaschine.

Die horizontalen Breitstreckmaschinen bestehen aus einem eisernen Gestell, auf welchem zwei horizontal oder vertikal laufende endlose Ketten angebracht

Abb. 142. Heißlufttrockenmaschine (Hotflue) mit senkrechtem Gewebelauf, mit stufenförmigem Beheizungs- und Ventilationssystem durch Anordnung mehrerer Ventilatoren, welche die Luft im Kreislauf durch die Maschine führen, kombiniert mit dreiwalzigem Imprägnierfoulard (Zittauer Maschinenfabrik).

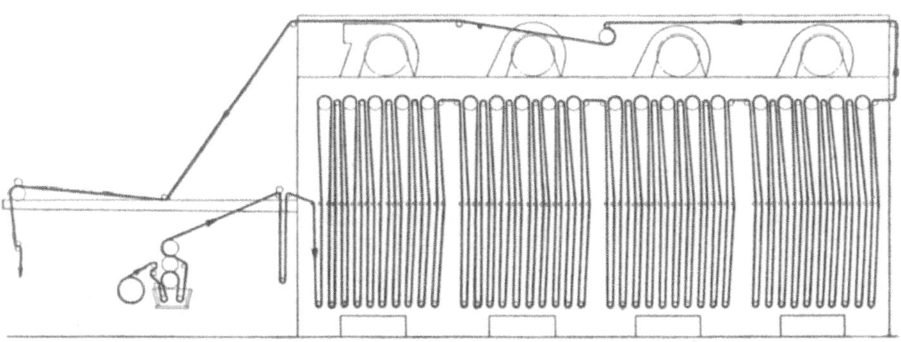

Abb. 143. Schnittzeichnung der Hotflue oder Heißlufttrockenmaschine.

sind. Diese Ketten sind mit Nadeln oder automatischen Tasterkluppen besetzt. Je nach der Breite des Stoffes können die Ketten in bestimmtem Maße einander genähert oder voneinander entfernt werden. Am Eingang der Maschine, dem sogenannten Einlaßfeld, stehen sie sich am nächsten, um den Stoff bequem aufnehmen zu können. Durch die divergierende Bewegung der Ketten spannt sich der am Einlaßfeld erfaßte Stoff.

Außer den besprochenen Trocknungsarten sei noch der Trockenstühle oder Mansarden (s. unter Druckerei) gedacht, die im Grundsatz der Hotfluetrocknung sehr ähnlich sind.

Für sehr dichte Waren, die nur sehr langsam trocknen, sind ferner Apparate gebaut worden, bei denen die Luft durch die Gewebe hindurchgedrückt wird. Diese Apparate sind im übrigen nach Art der Hotflues gebaut.

Abb. 144. Spann-, Rahm- und Trockenmaschine mit Nadelketten (Krantz).

Das Dämpfen.

Das Dämpfen, das in der Textilveredelung vielfach eine wichtige Rolle spielt (Fixation von Farblacken, Entwickelung durch Dämpfen usw.), kann mit oder ohne Überdruck erfolgen. Der üblichen Druckdämpfapparate und des Mather-Platt ist bereits gedacht worden (s. auch S. 287). Die meist liegenden Druckzylinder sind luftdicht verschließbar, mit der Dampfleitung verbunden und mit Manometer versehen. Aus der Höhe des im Kessel herrschenden Dampfdruckes ist unmittelbar auch die im Kessel herrschende Temperatur zu ersehen (s. S. 85).

Für das Dämpfen ohne Überdruck kann jeder Dämpfapparat oder ein beliebiger, geschlossener Holzkasten dienen. Nachstehend ist ein gewöhnlicher Dämpfkasten aus Holz abgebildet (s. Abb. 145). Er ist etwas breiter als die zu dämpfende Ware und so hoch zu bemessen, daß die Stücke, welche auf Latten nebeneinander hineingehängt werden, wenigstens 10—15 cm von dem Doppelboden entfernt bleiben. Die Dampfausströmung findet unter dem Doppelboden statt, so daß das Kondenswasser leicht abfließen kann. Der Doppelboden kann auch mit Filz überzogen werden, damit das Wasser nicht auf die Ware spritzt. Der Deckel des Kastens, welcher auf der Innenseite ebenfalls mit hohl auf Latten geheftetem Filz überzogen wird, ist am besten dachartig nach oben gewölbt und reicht etwas über die Seitenwandung der Kufen. Bei stark wasserhaltigem Dampf ist auf den Boden des Dämpfkastens ein Heizrohr zu legen, durch welches der Kasten vor dem Ein-

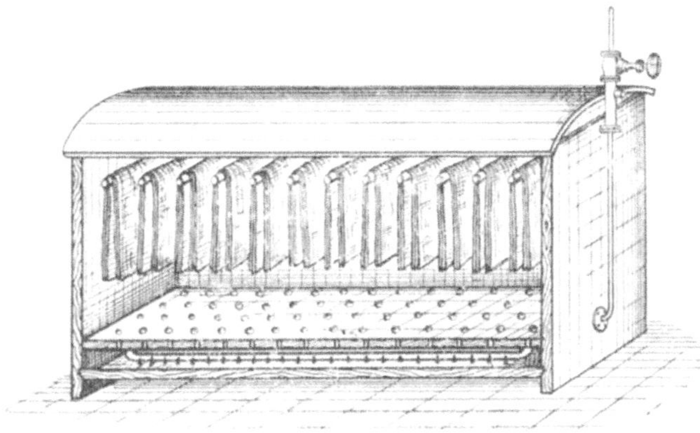

Abb. 145. Dämpfkasten aus Holz (nach Cassella).

Abb. 146. Schnelldämpfer (Mather-Platt) für luftfreies Dämpfen mit Vorkasten zum Luftabschluß und Dampfableitung, für zweifachen Warengang (Zittauer Maschinenfabrik).

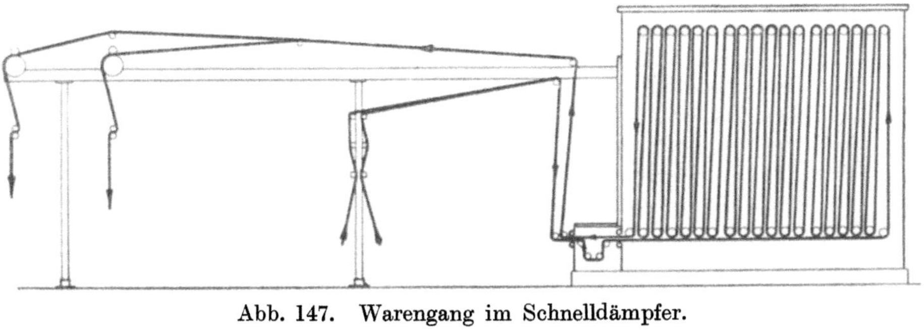

Abb. 147. Warengang im Schnelldämpfer.

hängen der Ware gut durchwärmt wird. Das Dämpfen dauert in der Regel $^1/_2$ —$^3/_4$ Stunde.

Abb. 146, 147 und 148 zeigen einen Mather-Platt in Gesamtansicht und Schnitt sowie einen Dämpfkessel.

Abb. 148. Dämpfkessel mit heizbarer Doppeldecke zur Vermeidung von Tropfenfall und dampfdicht verschließbarer Tür, mit an Laufschienen aufgehängtem Wagen, mit drehbaren Spulen zur Aufnahme des Dämpfgutes oder mit Nadelrahmen, an denen das Gewebe angeheftet wird (Zittauer Maschinenfabrik).

Färberei der Wolle.

Allgemeines. Wie die verschiedenen Pflanzenfasern nach fast gleichen oder nach untereinander sehr ähnlichen Verfahren gefärbt werden, so auch die verschiedenen tierischen Fasern. Die Schafwolle, auch einfach Wolle genannt, stellt den Prototyp der tierischen Fasern dar. An Hand der Wollfärberei werden nachstehend die wichtigsten Verfahren zum Färben tierischer Fasern kurz besprochen.

Die Rolle, die die substantiven Farbstoffe (auch Baumwollfarbstoffe genannt) in der Baumwollfärberei spielen, kommt in der Wollfärberei den sauren Farbstoffen zu; letztere werden deshalb mitunter Wollfarbstoffe genannt. Gleichwohl werden aber auch die meisten anderen Farbstoffe für Wolle in geringerem oder größerem Umfange verwendet. Ohne technische Bedeutung für die Wollfärberei sind zur Zeit nur die Schwefelfarbstoffe, Oxydationsfarbstoffe und Eisfarben. Man hat sich zwar bemüht, auch diese Farbstoffklassen der Wollfärberei nutzbar zu machen und verschiedene Verfahren zum Färben von Wolle mit Anilinschwarz, Schwefelfarbstoffen usw. in die Praxis einzuführen; eine irgend erhebliche Bedeutung kommt ihnen aber heute noch nicht zu.

Über die **Schädigung der Wolle** durch die verschiedenen Färbereiverfahren ist eine große Reihe von Arbeiten ausgeführt worden, die sich zum Teil widersprechen. Das verbreitetste Verfahren, das Färben im schwefelsauren oder bisulfatsaurem Bade galt jahrzehntelang als völlig unschädlich, bis Becke nachzuweisen suchte, daß die Wolle durch dieses Färbeverfahren merklich geschädigt werde. Neuere Untersuchungen aus dem Kaiser Wilhelm-Institut für Faserstoffchemie[1]) ergaben folgende Resultate. Durch übermäßig langes Kochen in bloßem Wasser, wie es beim Färben mit Säurefarbstoffen meist üblich ist, können erhebliche Schädigungen der Wolle bewirkt werden. Die Schädigungen beruhen auf dem Abbau der Keratinsubstanz und können schon durch geringe Spuren Alkali verursacht werden. Demgegenüber tritt eine nachteilige Wirkung der Schwefelsäure, wie Becke annimmt, völlig in den Hintergrund. Im Gegenteil, durch Anwesenheit geringer Mengen Säure wird der Abbau der Eiweißstoffe sogar etwas zurückgedrängt. Bei Anwesenheit von schwachen Säuren (z. B. Essig- oder Ameisensäure) ist die Schädigung der Wolle im kochend heißen Bade am geringsten. Auffallend gering ist die Wollschädigung, wenn man nach erfolgtem Färben chromiert; hier scheint sogar direkt eine Schutzwirkung auf die Wolle ausgeübt zu werden. Recht wirkungsvoll scheint auch der Schutz zu sein, wenn man die Wolle nicht zu weitgehend entfettet. Ein schädigender Einfluß von Glaubersalz war nicht zu bemerken. Selbstverständlich wirken alkalische (sodaalkalische, mehr noch ätzalkalische) Bäder besonders bei höheren Temperaturen schädigend auf die Wolle ein. Die irrige Meinung, daß die Wolle im Färbeprozeß leiden müsse, rührt zum großen Teil daher, daß manche Schädigungen der Wolle, die bereits durch die Wollwäsche verursacht worden sind, beim Färben erst „entwickelt" werden und in Erscheinung treten. Als Schutzmittel beim Färben der Wolle im sauren Bade wird ein Zusatz von Leonil S [M] in Mengen bis zu 1% vom Gewicht der Wolle empfohlen.

Das Färben der Wolle mit substantiven Farbstoffen.

Das Färbebad wird mit 10—20% kristallisiertem Glaubersalz (vom Gewicht der Ware), mit oder ohne Zusatz von 5% essigsaurem Ammoniak, und mit der erforderlichen Menge Farbstoff, der vorher gut gelöst wird, beschickt. Alsdann wird mit der gut gereinigten und genetzten Wolle kalt bis 40—60° C eingegangen, in etwa 20—30 Minuten zum Kochen gebracht und $^3/_4$—1 Stunde gekocht. Das Nuancieren geschieht mit denselben Farbstoffen und in demselben Bade, entweder bei Kochtemperatur oder (je nach Farbstoff und Warengattung) nach vorhergegangenem Abschrecken bzw. Abkühlen des Färbebades.

Durch allmählichen Zusatz von 2—5% Essigsäure von 6° Bé können die Bäder besser erschöpft werden. Mitunter setzt man auch Weinsteinpräparat zur Erschöpfung des Bades zu; in besonderen Fällen darf aber nicht einmal Essigsäure zugegeben werden, weil die Nuancen mancher Farbstoffe hierdurch getrübt werden.

Ebenso wie die Baumwolle können die Wollfärbungen zwecks Erhöhung der Echtheit nachbehandelt werden. Diese Nachbehandlung geschieht entweder in dem nach Zusatz von Essigsäure ausgezogenen Färbebade selbst oder in einem frischen Bade. Man verwendet u. a. Chromkali (etwa die Hälfte der angewandten Farbstoffmenge), Fluorchrom oder Kupfervitriol (in der gleichen Menge wie Farbstoff) unter Zusatz von 3—4% Essigsäure, $^1/_2$ Stunde kochend. Chromkali und Fluorchrom erhöhen die Wasch- und Walkechtheit, Kupfervitriol verbessert in erster Linie die Lichtechtheit wie bei Baumwollfärbungen.

---

[1]) Vgl. auch R. O. Herzog und H. Mark: Beiträge zur Kenntnis der Wolle und ihrer Bearbeitung. 1925.

Das Färben der Wolle mit basischen Farbstoffen.

Hartes Wasser wird vor dem Ansatz des Bades mit etwas Essigsäure korrigiert, da viele basische Farbstoffe Kalkniederschläge mit hartem Wasser bilden. Der Essigsäurezusatz richtet sich nach der Härte des Wassers und beträgt etwa $^1/_2$—$1^1/_2$ l 30proz. Säure pro 1000 l Wasser. Schwer lösliche Farbstoffe werden auch mit etwas Essigsäure angeteigt und dann erst durch Übergießen mit heißem Wasser gelöst.

Das Bad wird alsdann mit 2—3% Essigsäure von 6° Bé und der nötigen Farbstoffmenge versetzt und die gut gereinigte, fettfreie Wolle bei etwa 50° C eingebracht. In $^1/_2$ Stunde wird auf 80° C getrieben und bei dieser Temperatur 15—45 Minuten gefärbt. Manche Farbstoffe (Auramin, Diamantfuchsin, Diamantgrün) dürfen nicht heißer als bei 70 bis 75° C gefärbt werden.

Zu dunkel ausgefallene Färbungen lassen sich durch Essigsäurezusatz und Erhöhung der Temperatur bis nahe der Siedehitze abziehen.

Gewisse basische Farbstoffe (z. B. Viktoriablau) färbt man am besten mit 10% Glaubersalz und 10% Weinsteinpräparat 1 Stunde von 50° C bis kochend.

Malachitgrün, Diamantgrün u. a. basische Grüns werden auch wie folgt auf Schwefelbeize gefärbt. Man löst im Färbebade für 10 kg Wolle 2 kg Natriumthiosulfat (Antichlor, s. dieses) und 1 kg Alaun und setzt nach erfolgter Lösung 400 g Schwefelsäure von 66° Bé zu. In das durch Schwefelausscheidung milchig werdende Bad bringt man die Wolle bei 40° C ein, erhitzt langsam auf 80° C, zieht 1 Stunde um, spült gründlich in Wasser und gibt dem letzten Spülwasser 2 l Ammoniak pro 100 l Bad zu. Schließlich färbt man, wie oben angegeben, in essigsaurem Bade bei 80° C aus.

Das Färben der Wolle mit sauren Farbstoffen

(bzw. sauerziehenden oder Säurefarbstoffen).

Das Lösen der sauren Farbstoffe geschieht am besten mit weichem, kalkfreiem Wasser, möglichst mit Kondenswasser, da viele saure Farbstoffe Niederschläge mit dem Kalk des Wassers bilden. Man teigt erst mit etwas kaltem Wasser an, übergießt den Farbstoff mit kochendem Kondenswasser und läßt dann die Farbstofflösung durch ein feines Sieb oder durch Baumwollstoff laufen. Einige Farbstoffe sind zweckmäßig mit etwas Ammoniak anzurühren, andere werden am besten in nur 50—60° C warmem Wasser gelöst.

Das Charakteristische bei dem Färben mit sauren Farbstoffen ist das s a u r e F ä r b e b a d. Doch schwankt der Säuregehalt des Bades je nach der Natur des Farbstoffes ganz außerordentlich. Man kann deshalb stark saure, saure und schwach saure Färbebäder unterscheiden. Je nach dem Egalisierungsvermögen der Farbstoffe, der Art des zu färbenden Materials (ob Garn, dichte Gewebe usw.), der Tiefe der Färbung usw. kann man ferner mit der Ware in das kalte, heiße oder auch kochende Bad eingehen. Beim heißen, stark sauren Färben wird als Schutzmittel ein Zusatz von Leonil S [M] bis zu 1% v. G. d. W. empfohlen. Man unterscheidet folgende Arbeitsverfahren.

a) Man besetzt das Bad mit 10% kristallisiertem Glaubersalz und 10% Weinsteinpräparat oder mit 20% Glaubersalz und 4% Schwefelsäure von 66° Bé, sowie mit der erforderlichen Menge Farbstoff, geht mit der Ware bei Siedehitze ein und läßt 1—2 Stunden kochen. Zum Schluß wird zur Erschöpfung des Bades oft noch etwas Präparat oder Schwefelsäure zugesetzt. (Bei schwer durchfärbbaren Waren fängt man mit dem Färben bei niedrigerer Temperatur an und erhöht den Glaubersalzzusatz.) Zum Nuancieren geht man gleichfalls in das kochende Bad ein. Die Bäder ziehen nicht aus; bei ihrer Weiterverwendung wird nur $^1/_4$ der ursprünglichen Glaubersalzmenge und $^1/_2$ des ersten Präparatzusatzes oder der Säure genommen. (Beispiele: Naphtholgelb S, Tartrazin, Azoflavin, Echtgelb, Orange IV, Säurefuchsin, Säureviolett, Säuregrün, Azokarmin G, Patentblau, Indigokarmin u. a.)

b) Man beschickt das Färbebad mit nur der Hälfte des Präparates oder der Säure wie bei a) und gibt die andere Hälfte in mehreren Teilen erst nach $^1/_2$ stündigem Kochen zu. Wird die gesamte Säuremenge und 20% Glaubersalz sofort zugesetzt, so muß bei 50—55° C mit dem Färben begonnen und in $^3/_4$ Stunde zum Kochen getrieben werden. Beim Nuancieren wird das Bad erst abgeschreckt und nur langsam wieder zum Kochen gebracht. Nach diesem Verfahren werden weniger gut egalisierende Farbstoffe gefärbt. (Beispiele: Verschiedene Marken von Ponceau, Brillantponceau, Kristallponceau, Crocein, Wasserblau, Echtblau, Indulin, Nigrosin, Naphthylaminschwarz, Naphtholschwarz u. a.)

c) Das Bad wird mit 10% kristallisiertem Glaubersalz, 5% Essigsäure von 6° Bé, dem erforderlichen Farbstoff und schließlich bei 60 bis 70° C mit der Ware beschickt. In 20—30 Minuten wird zum Kochen getrieben, dann $^3/_4$ Stunde weiter gekocht, schließlich 5—7% Präparat bzw. 2—2$^1/_2$% Schwefelsäure in mehreren Teilen zugesetzt und bis zum guten Ausziehen weitere 20—30 Minuten gekocht. Bei schwer durchfärbbaren Stoffen wird der Glaubersalzgehalt erhöht. Karbonisierte Ware ist vorher zu neutralisieren. (Beispiele: Naphthylaminschwarz D u. a. Marken.)

d) Das Bad wird mit 10% kristallisiertem Glaubersalz, 2—5% Essigsäure von 6° Bé (je nach Tiefe der Nuance) und dem erforderlichen Farbstoff beschickt. Man geht bei 40—50° C ein, treibt in 30—40 Minuten zum Kochen und erschöpft nach $^1/_2$—$^3/_4$stündigem Kochen das Bad durch allmählichen Zusatz von Essigsäure. Bei schwer durchfärbbaren Stoffen erhöht man den Salzgehalt auf 20—25% kristallisiertes Glaubersalz und geht bei niedrigerer Temperatur ein. (Beispiele: Walkgelb O, Tuchrot B, Rhodamin B, Formylviolett S 4 B, Alkaliviolett 6 B u. a.)

e) Das Bad wird mit 10% kristallisiertem Glaubersalz, 5% Essigsäure und dem Farbstoff beschickt. Dann geht man bei 60°C mit der Ware ein, treibt in 20 Minuten zum Kochen und erschöpft das Bad nach $^3/_4$ stündigem Kochen durch allmählichen Zusatz von 2—4% Essigsäure oder auch Präparat. Bei schwer durchfärbbaren Stoffen erhöht man den Salzgehalt auf 20—25% und beginnt mit dem Färben bei niedrigerer

Temperatur. (Beispiele: Alphanolschwarzmarken, Anthrazitschwarz B, R u. a.)

f) Je nach der Härte des Wassers beschickt man das Bad mit 1—2% Oxalsäure, 5% Essigsäure, 20% kristallisiertem Glaubersalz und dem Farbstoff. Man beginnt mit dem Färben bei 60—70° C, bringt in 20 bis 30 Minuten zum Kochen, kocht 1 Stunde und setzt eventuell zur Erschöpfung des Bades noch etwas Essigsäure zu. Bei manchen Farbstoffen gibt man zur Nachbehandlung noch 3% Kupfervitriol zu und behandelt damit ohne zu kochen. Wie bei den vorstehenden Verfahren beginnt man bei schwer durchfärbbaren Waren bei niedrigerer Temperatur. Arbeitet man auf stehenden Bädern, so sind die Zusätze an Oxalsäure z. B. auf $^1/_4$—$^1/_2$%, an Essigsäure z. B. auf 3% und an Glaubersalz und Farbstoff entsprechend zu verringern. (Beispiele: Naphthylblauschwarzmarken, Alphylblauschwarz, Naphthylaminschwarzmarken u. a.)

g) Das Bad wird mit 10—20% kristallisiertem Glaubersalz, 5% essigsaurem Ammoniak und dem Farbstoff beschickt. Man geht bei 50° C ein, treibt in $^1/_2$—$^3/_4$ Stunde auf 90° C und färbt bei dieser Temperatur 1—1$^1/_2$ Stunden. Bei Waren, die stärker dekatiert werden, gibt man dem ausgezogenen Färbbade zweckmäßig 2% Kupfervitriol zu und behandelt weitere 20—30 Minuten ohne besondere Dampfzufuhr. Die Nuance wird hierdurch etwas tiefer und trüber. Das Material muß gut gereinigt sein. Zwecks besseren Egalisierens wird außer dem erwähnten essigsauren Ammon unter Umständen auch noch $^1/_2$% Chromkali dem Bade zugesetzt. (Beispiele: Alphanolblaumarken u. a.)

Das Färben der Wolle mit Alkaliblau.

Das Färben der Wolle mit Alkaliblau stellt ein eigenes Verfahren dar: Man färbt in schwach alkalischem Bade und säuert dann hinterher ab, wobei sich erst der blaue Farbton entwickelt. Das Bad wird z. B. mit 1—2% kalzinierter Soda oder 3—6% Borax und Farbstoff beschickt und die Ware bei 60° C eingebracht. In etwa 15 Minuten wird auf 90° C getrieben und bei dieser Temperatur $^1/_2$—$^3/_4$ Stunde gefärbt. Dann spült man, entwickelt $^1/_4$ Stunde in frischem, 60—70° C heißem Bade mit 4—5% Schwefelsäure und spült wieder gut. Die freie Farbstoffsäure zeigt eine blaue Farbe, das Alkalisalz ist farblos. Kupfergefäße sind nach Möglichkeit zu vermeiden, da bei Gegenwart von Kupfer die Nuance weniger klar ausfällt. (Beispiele: Alkaliblaumarken, Methylalkaliblau, Alkaliviolett u. a.)

Das Färben der Wolle mit Eosinfarbstoffen.

a) Das Bad wird mit 10% kristallisiertem Glaubersalz, 2—5% Essigsäure und dem Farbstoff beschickt. Nach Erwärmung des Bades auf 50° C wird mit der Wolle eingegangen und in $^1/_2$ Stunde zum Kochen getrieben. Nach etwa $^3/_4$stündigem schwachen Kochen setzt man zur Erschöpfung des Bades nötigenfalls noch etwas Essigsäure zu. (Beispiele: Eosine, Phloxine, Rosebengale, Erythrosin u. a.)

b) Für besonders klare und leuchtende Töne arbeitet man wie folgt. Das Bad wird mit 5% Essigsäure, 5% Alaun, 3% Weinstein beschickt; in diesem kocht man das Material ohne Farbstoff $^1/_2$—$1^1/_2$ Stunden. Dann läßt man auf 50° C erkalten, gibt nun erst die Farbstofflösung hinzu, treibt langsam zum Kochen und läßt 20—30 Minuten schwach kochen. Zur Erschöpfung des Bades wird zum Schluß eventuell noch etwas Essigsäure nachgegeben. (Beispiele: Wie bei a.) Kupferne Gefäße sind sowohl nach Verfahren a) als auch b) zu vermeiden. Wenn Farbstoff nachgegeben werden soll, so wird das Bad entweder vorher abgekühlt oder es werden besondere Nuancier- bzw. Egalisierungsfarbstoffe verwendet, bei denen kochend eingegangen werden kann. Für hellere Töne genügen geringere als die angegebenen Säuremengen, z. B. 1—2% Essigsäure, 2% Alaun und 2% Weinstein, mit denen vor dem Färben $^1/_2$—$1^1/_2$ Stunden angesotten wird.

Nach diesem Verfahren können auch die sehr wichtigen Rhodaminfarbstoffe gefärbt werden (Rhodamin B, G, 3 B usw.). Gewöhnlich werden die Rhodaminfarbstoffe aber in schwach saurem Bade (Glaubersalz und Essigsäure nach dem Verfahren für saure Farbstoffe) gefärbt.

Das Färben der Wolle mit Beizenfarbstoffen.

Unter den Wollbeizenfarbstoffen gibt es eine große Reihe von solchen, die nur zum Teil als Beizenfarbstoffe, zum Teil aber als direkt färbende Farbstoffe anzusehen sind, die also zu der sogenannten Mischklasse gehören (s. S. 223). Diese Farbstoffe färben Wolle direkt an, liefern aber durch Nachbehandlung z. B. mit Chromkali Chromlacke, die sich gegenüber den direkten Färbungen durch größere Echtheit auszeichnen.

Man kann von diesem Gesichtspunkt aus dreierlei Färbeverfahren unterscheiden: 1. das Nachchromierungsverfahren, 2. das sogenannte Chromatverfahren und 3. das Vorbeizverfahren.

1. Das Nachchromierungsverfahren (bzw. das Nachbeizverfahren mit metallischen Beizen).

a) Einbadnachchromierungsverfahren in schwach saurem Färbebade. Das Bad wird für loses Material mit 2—5% Essigsäure von 6° Bé, für Garne und Stückware außerdem mit 10—20% kristallisiertem Glaubersalz und dem Farbstoff bestellt. Bei 30—40—50° C wird mit der gut gereinigten Ware eingegangen, in $^1/_4$—$^1/_2$ Stunde zum Kochen getrieben und $^1/_2$ Stunde gekocht. Dann werden allmählich, in etwa zwei Portionen, 3—8% Essigsäure oder $^1/_2$—2% Ameisensäure 80proz. oder 1—3% Schwefelsäure zur Erschöpfung des Bades zugesetzt. Nach weiterem $^1/_2$stündigem Kochen wird das Bad abgeschreckt, die erforderliche Menge Chromkali in das Färbebad zugegeben und wieder $^1/_2$ bis $^3/_4$ Stunde gekocht. Bei Schwarz kann man bei 70° C eingehen und sofort zum Kochen bringen. Die Chromkalizusätze betragen meist etwa die Hälfte der Farbstoffmengen, manchmal etwas mehr, bis zu $^2/_3$, für Schwarz nur $^1/_3$. Manche Farbstoffe sind kupferempfindlich und dürfen nicht ohne Schädigung der Nuance in Kupfergeschirren gefärbt werden. Um diese schädigende Wirkung des Kupfers auszuschalten, werden in das 50° C warme Bad 0,5% Rhodanammonium und 2—3% Essigsäure gegeben; darauf wird gut umgerührt, 20 Minuten stehen gelassen und dann erst der Farbstoff und das Glaubersalz nachgegeben. (Beispiele: Anthrazengelb C, Anthrazensäurebraunmarken, Palatinchromschwarz 6 B, Anthrazenchromschwarzmarken, Anthrazensäureschwarzmarken, Alizarinzyaningrünmarken usw.)

b) Einbadnachchromierungsverfahren in stark saurem Färbebade. Das Bad wird mit 1—4% Schwefelsäure, 10—20% kristallisiertem Glaubersalz und dem erforderlichen Farbstoff angesetzt, auf 50—60° C erhitzt, mit der Ware beschickt, in $^1/_2$ Stunde zum Kochen getrieben, 1 Stunde gekocht, dann etwas abgeschreckt, Chromkali zugesetzt und $^3/_4$ Stunde weiter gekocht. Bei Schwarz kann man heißer eingehen und schneller zum Kochen bringen. Bisweilen gibt man mit dem Chromkali noch 1% Schwefelsäure zu und kocht 1 Stunde. Bei Couleuren nimmt man an Chromkali in der Regel $^1/_2$—$^2/_3$ vom Farbstoff, manchmal nur $^1/_3$—$^1/_2$. Kupfergeschirre wirken bisweilen trübend auf die Nuance; dann kann wie bei a) mit Rhodanammonium nachgeholfen werden. (Beispiele: Alizaringelb GG, R, Chromgelb D, Anthrazensäurebraun G, Säurealizarinviolett N, Anthrazensäureschwarz SBB, SAS, Naphthylaminschwarz CR u. a.)

c) Zweibadnachchromierungsverfahren. Anstatt das Chromkali dem Färbebade zuzugeben, kann auch in einem besonderen, frischen Bade nachchromiert werden.

d) Nachchromierungsverfahren mit Fluorchrom. Das Arbeitsverfahren ist folgendes: 30° C warmes Bad, 20% kristallisiertes Glaubersalz (oder 1 l essigsaures Ammoniak pro 1000 l Flotte), 4% Oxalsäure (oder 20% Glaubersalz und 3 l Schwefelsäure von 66° Bé auf 100 kg Wolle); kalt 1 Stunde laufen lassen, in $^3/_4$ Stunde zum Kochen erhitzen und 1 Stunde kochen; Dampf abstellen und 2—4% Fluorchrom (in warmem Wasser gelöst) portionenweise zusetzen, kochend machen und $^1/_2$—1 Stunde kochen; schließlich gut spülen. (Beispiele: Anthrazenblau SWX, SWX extra, N Pulver.)

e) Nachbehandlung mit Alaun statt mit Chromsalzen (Alaunierung). Diese ist für besonders lebhaftes Rot auf loser Wolle, Garn oder Stückware, z. B. mit Alizarinrot S hergestellt, geeignet. Man geht mit der Ware in das kalte oder 30° C warme, mit 20% kristallisiertem Glaubersalz, 3—4% Oxalsäure und dem Farbstoff beschickte Bad ein, behandelt $^1/_4$ Stunde kalt, treibt in $^3/_4$ Stunde zum Kochen und kocht 1 Stunde. Nun werden 10% Alaun, in heißem Wasser gelöst, nach und nach zugegeben, worauf noch $^1/_2$—1 Stunde gekocht und dann gut gespült wird. Bei Wasser über 10° d. Härte wird entsprechend mehr Oxalsäure genommen. Alaun und Wasser müssen eisenfrei sein.

f) Nachbehandlung mit Eisen- und Kupfervitriol. Diese wird gewöhnlich beim sogenannten Kombinationsschwarz (Blauholz und einzelne sauerziehende schwarze Farbstoffe) angewandt. Sie verleiht den Färbungen größere Brillanz, besseren Griff sowie größere Säure- und Tragechtheit. Ein Beispiel für Kombinationsschwarz ist folgendes [B]: Man kocht die gut genetzte Ware 1 Stunde in einem Bade von 2—2$^1/_2$% Oxalsäure, 2—3% Palatinschwarz 4 B, der Abkochung von 20—35% Blauholz sowie evtl. von 1% Gelbholzextrakt, setzt dann zu der rein gelb gewordenen Flotte 5—8% Eisenvitriol und 2% Kupfervitriol zu und kocht wieder 1 Stunde, wobei die Flotte wieder klar wird.

g) Nachkupferung. Saure und substantive Farbstoffe werden bisweilen mit 3—5% Kupfervitriol, $^1/_2$—$^3/_4$ Stunde kochend, nachbehandelt. Die Färbung wird hierdurch wasch- und lichtechter. Diese Färbeweise für Nichtbeizenfarbstoffe ist den Färbeverfahren für Beizenfarbstoffe sehr ähnlich (Beispiel: Thiazinrot G u. a.).

2. Das Chromatverfahren (Färben mit direktem Chromkalizusatz). Beispiele: Beizengelb, Echtbeizengelb, Palatinchrombraun, Chromblau, Anthrachinongrün, Anthrazenchromatbraun, -blau, -violett, -grün, Alizaringelb, Chromgelb, Diaminechtrot F u. a. m.

a) Man bestellt das 70° C heiße Bad mit dem gut gelösten Farbstoff, setzt die nötige Menge Chromkali, gut gelöst, hinzu, geht sofort mit der Ware ein, bringt in 20—30 Minuten zum Kochen und kocht $1^1/_4$ bis $1^3/_4$ Stunden. Bei dunklen Färbungen setzt man nach etwa $^3/_4$stündigem Kochen nötigenfalls 1—3% Essigsäure langsam zu. Der Chromkalizusatz entspricht etwa dem bei dem Nachchromierungsverfahren angegebenen (s. 1 a). Die Arbeitsweise des Chromatverfahrens ist einfacher als diejenige des Nachchromierungsverfahrens und gestattet ein leichteres Abmustern; auf der anderen Seite ist ersteres in bezug auf Ausfall unsicherer, bietet größere Egalisierungsschwierigkeiten, bedingt ein weniger gutes Ausziehen der Farbstoffe und umfaßt eine nur begrenzte Anzahl geeigneter Farbstoffe.

b) Nachdem man das Bad mit 20% kristallisiertem Glaubersalz und Chromkali beschickt hat, geht man mit der Ware handwarm ein und färbt bis kochend; dann wird das Bad mit 5—10% Essigsäure, eventuell auch mit 5—10% Präparat erschöpft.

c) Bei schwer egalisierender oder durchfärbbarer Ware erfolgt der Chromkalizusatz erst nach einer Vorfärbung. Das mit Glaubersalz und Farbstoff beschickte Bad wird auf 60—70° C erhitzt; alsdann wird mit der Ware eingegangen, in 15—20 Minuten zum Kochen getrieben, $^1/_2$ Stunde gekocht, etwas abgeschreckt, das Chromkali zugegeben, in 15 Minuten wieder zum Kochen gebracht und 1 Stunde gekocht. Nötigenfalls wird noch mit etwas Essigsäure langsam erschöpft. An Chromkali braucht man man in der Regel $^1/_4$—$^1/_2$ des Farbstoffes. Chromatfarbstoffe werden zweckmäßig in nicht zu weichem Wasser gefärbt; nötigenfalls werden vor dem Färben 3—4% Magnesiumsulfat zugegeben.

3. Das Vorbeizverfahren (Färben auf Vorbeize).

Dieses für Beizenfarbstoffe ursprünglich allgemein übliche Verfahren ist heute noch für einen Teil der e c h t e n Alizarin- und Beizenfarbstoffe sowie für Blauholzschwarz in Gebrauch.

a) E i n b a d v e r f a h r e n auf Chrombeize (Beizen und Färben in einem Bade). Die Wolle wird beispielsweise mit 1,5% Chromkali und 1,5% Ameisensäure 80 proz. von 30° C bis kochend $1^1/_2$—2 Stunden behandelt; das wasserhell gewordene, ausgezogene Bad wird alsdann mit kaltem Wasser auf 60—70° C abgekühlt und mit dem gelösten oder mit heißem Wasser angeteigten Farbstoff langsam beschickt. Nach einiger Zeit setzt man noch etwa 2% Ameisensäure (eventuell portionenweise) oder die entsprechende Menge Essigsäure zu und färbt unter Kochen in 2 Stunden aus. Nach der letzten Säurezugabe wird in der Regel noch $^1/_2$ Stunde gekocht. Im Gegensatz zu den direkten Färbungen werden die Beizenfärbungen bei Kochtemperatur hergestellt, weil erst dann die feste Lackbildung vor sich geht. (Beispiele: Echtbeizengelb G, Beizengelbmarken, Anthrazenbraunmarken, Alizarinschwarzmarken.)

b) Zweibadverfahren auf Chrombeize (Beizen und Färben in zwei Bädern). Man beizt die Wolle je nach Tiefe der Färbung z. B. mit 1—4% Chromkali und 1—3% Weinstein, $1^1/_2$ Stunden kochend, spült gut und färbt in frischem Bade je nach Härte des Wassers unter Zusatz von 1—3% Essigsäure, eventuell auch von 3—5% essigsaurem Ammoniak (bei schwer egalisierbaren, schwer durchfärbbaren Stoffen und sehr hellen Nuancen). Die Anfangsfärbetemperatur beträgt 30—50° C; dann treibt man in $^1/_2$—1 Stunde zum Kochen, kocht $1^1/_2$—$2^1/_2$ Stunden und spült gut. Zur Erschöpfung des Bades wird nach $^1/_2$stündigem Kochen nötigenfalls etwas Essig- oder Ameisensäure nachgegeben.

Bei dunklen Nuancen empfiehlt es sich bisweilen, zur Erzielung bester Walk- und Alkaliechtheit im erschöpften Bade mit $^1/_2$—$^3/_4$% Chromkali 20—30 Minuten kochend nachzuchromieren.

Zum Vorbeizen werden an Stelle des früher ganz allgemein angewandten Weinsteins heute auch Ameisensäure, Milchsäure, Laktolin, Lignorosin, Schwefelsäure und andere Hilfsbeizen verwendet. Für Stückware soll noch immer vielfach Weinstein vorgezogen werden. Bei manchen Farbstoffen setzt man bei Verwendung von Kupfergeschirren dem Bade erst Rhodanammonium und Essigsäure zu (s. S. 460).

Je nach der Tiefe des gewünschten Farbtones werden verschieden starke Chrombeizen angewandt. Man unterscheidet demnach schwache, mittlere und starke Vorbeizung. 1—$1^1/_2$% Chromkali ergibt schwache, 2—$2^1/_2$% Chromkali mittlere und 3—4% Chromkali starke Beizung. Je dunkler die verlangte Färbung ist, desto tiefer muß der Chromgrund und desto stärker die Chrombeize gehalten werden.

Das Beizen mit Chromkali oder Chromnatron beruht auf der Reduktion der Chromsäure durch die Hilfsbeize und die Faser selbst zu Chromoxyd. Außer den genannten Beizansätzen mit Ameisensäure und Weinstein seien noch folgende Ansätze erwähnt.

1. 3—4% Chromkali oder -natron und 1—$1^1/_2$% Schwefelsäure.
2. 3—4% Chromkali und $1^1/_2$—2—3% Oxalsäure.
3. 3—4% Chromkali und $2^1/_2$—4% Milchsäure 50proz.
4. $1^1/_2$—2% Chromkali und $1^1/_2$—$2^1/_2$% Ameisensäure 80proz.
5. $1^1/_2$—2% Chromkali und 3—4% Laktolin (eventuell + 0,5% Schwefelsäure).
6. $1^1/_2$—2% Chromkali und 3—4% Lignorosin sowie 1% Schwefelsäure.
7. 3% Chromkali und $2^1/_2$% Weinstein.

Bei Verwendung von Milch- und Ameisensäure ist es nötig, das Beizen in lauwarmem Bade zu beginnen und das Bad erst langsam zum Kochen zu treiben. Über den Wert der einzelnen Beizansätze sind die Ansichten geteilt. Nach den Versuchen v. Kapffs wird bei geeigneter Anwendung von Ameisensäure und Laktolin (mit Schwefelsäure) das gesamte verfügbare Chrom fixiert. Für besonders walkechte Färbungen wird der Beizansatz von 3% Chromkali, 5% Milchsäure 50proz, 3% Essigsäure von 6° Bé (kalt eingehen und in $^3/_4$ Stunde allmählich zum Kochen bringen) empfohlen [B]. (Beispiele: Galloflavin W, Beizengelbmarken, Alizarinorange W, Anthrazenbraun W, Alizarinrotmarken, Alizarinblaumarken, Anthrazenblaumarken. Alizarinschwarzmarken usw.)

c) Zweibadverfahren auf Tonerdebeize. Es findet hauptsächlich für einige Alizarinrotmarken Verwendung, die lebhafte Rots von vorzüglicher Tragechtheit liefern sollen und z. B. für Uniformtuche u. ä. geeignet sind. Das gut gereinigte und genetzte Material beizt man für mittlere und dunklere Nuancen mit 10% Alaun (eisenfrei), 3% Weinstein und 2% Oxalsäure (für hellere Nuancen mit je der Hälfte dieser Mengen) $1^1/_2$ Stunden in kochendem Bade und spült gut. Beim Färben geht man in das 30—50° C warme, mit dem Farbstoff beschickte Bad ein; vielfach sind noch Zusätze von essigsaurem Kalk (500—800: 1000 Farbstoff), Marseiller Seife (250—400 : 1000 Farbstoff), Tannin (125 bis 200 : 1000 Farbstoff in Pulver) usw. im Gebrauch. Man zieht $^1/_4$ Stunde kalt um, erhitzt in $^3/_4$ Stunde zum Kochen, erhält $1^1/_2$—2 Stunden beim Kochen und spült gut. (Beispiele; Alizarinorange W, Alizarinrotmarken, Anthrazenblaumarken usw.)

d) Zweibadverfahren auf Chromkupferbeize. Das Verfahren bezweckt die Herstellung walkechter Färbungen und eignet sich besonders für Anilinfarbstoffe unter Mitverwendung von Holzfarben. Da sich das Verfahren durch Billigkeit auszeichnet, eignet es sich u. a. für billige Brauntöne auf Kunstwolle. Man siedet die Wolle 1 Stunde mit 2% Chromkali (oder Chromnatron), 3—5% Kupfervitriol und 2% Schwefelsäure von 66° Bé an und färbt ohne weitere Zusätze mit einem geeigneten Farbstoff in 1—$1^1/_2$ Stunde aus. (Beispiele: Orange II, Echtrot AV, Säureviolettmarken, Viktoriablau, Wollgrün, Brillantschwarzmarken usw.)

Das Nachnuancieren der Chromfarben. Zum nachträglichen Nuancieren der nach 1—3, erzeugten Färbungen werden, auch wenn letztere schon fixiert bzw. chromiert sind, meistens die zum Färben gebrauchten Chromfarben verwendet; besonders ist dieses bei losem Material der Fall. Das Färbebad wird etwas abgeschreckt, der gut gelöste und verdünnte Farbstoff zugesetzt, das Bad wieder langsam zum Kochen getrieben und 20—30 Minuten gekocht.

Sind größere Mengen der Farbstoffe (z. B. mehr als $^1/_4$ der ursprünglich angewandten Menge) zum Nuancieren erforderlich, so sind die Färbungen zur Erzielung bester Walkechtheit noch mit $^1/_4$—$^1/_2$ Chromkali vom Gewicht des nachgesetzten Farbstoffes zu fixieren; bei kleineren Mengen kann ein nochmaliges Nachchromieren unterbleiben. Ebenso ist bei dem Chromatverfahren ein gleichzeitiger Zusatz von Chromkali nur dann angebracht, wenn größere Mengen Farbstoff nachgegeben werden müssen. In diesem Falle erfolgt das Überfärben am besten auf frischem Bade.

Anderseits können die chromierten Färbungen auch mit gut walkechten Säurefarbstoffen nach vorhergegangenem Abschrecken des Bades nachnuanciert werden. Für Garn und Stückware finden zum Nachnuancieren auch vielfach Egalisierungsfarbstoffe Verwendung, die der kochenden Flotte direkt zugegeben werden. Die Echtheit der so erzeugten Färbungen wird natürlich in der Regel eine geringere sein, als wenn lediglich Chromfarben benutzt worden sind; bei geringen Zusätzen ist dieser Unterschied aber kein erheblicher und praktisch zu vernachlässigen.

Arbeitsfehler.

Bei der Anwendung von Beizenfarbstoffen auf Wolle werden vielfach grundsätzliche Arbeitsfehler begangen, die die Güte der gefärbten Ware oft beträchtlich vermindern. Die B. A. & S. F. gibt eine solche Zusammenstellung von Fehlern, die eine allgemeine Bedeutung hat, weil der größte Teil dieser Fehler auch für andere Farbstoffe und Fasern zutrifft. Diese Zusammenstellung sei hier verkürzt und verallgemeinert wiedergegeben.

1. Ungenügende Reinigung oder Durchnetzung des Materials, mangelhafte Wäsche, zu hartes Wasser (Bildung von Kalkseife). Folgen: Abschmieren oder Abrußen, geringe Walkechtheit der Färbungen, unegale Färbungen, Schmierflecke, Ölflecke.

2. Hängen über Böcke, Liegenlassen im ungewaschenen Zustande. Folgen: Unegale Färbungen, dunkle Leisten, Ausbluten in mitverwebtes Weiß.

3. Zu heißes Trocknen der gewaschenen Ware. Folgen: Ausbluten in mitverwebtes Weiß.

4. Karbonisation von mangelhaft gereinigter Wolle. Folgen: „Festbrennen" des Fettes, unegale, wolkige, streifige und fleckige sowie abrußende Färbungen.

5. Gemeinsames Lösen und Aufkochen von Chromkali und Weinstein. Folgen: Teilweise Unwirksamkeit der Beize, ungenügende Beizung und Färbung.

6. Zu hohe Anfangstemperatur, zu rasches Anwärmen der Beizflotte (Tonerde-, Chrombeize). Folgen: Unegale Beizung und Färbung, schlechtes Durchfärben.

7. Zu schwaches und kurzes Kochen der Beizflotte. Folgen: Ungenügende Beizung und Färbung.

8. Ungenügendes Umziehen der Ware in der Beizflotte. Folgen: Ungleichmäßige Fixation der Beize und daher auch der Färbung.

9. Mangelhaftes Waschen nach der Beizung. Folgen: Abrußende Färbungen durch Bildung von Farblacken auf der Oberfläche der Faser.

10. Liegenlassen der gebeizten, ungewaschenen Ware am Licht. Folgen: Ungleichmäßige Färbungen infolge der Reduktion z. B. des Chromkalis der Beizflotte durch das Licht.

11. Offenes Aufbewahren von Farbstoffen. Folgen: Eintrocknen der Teigfarben und Anziehen von Feuchtigkeit durch Pulverfarben, wodurch Unsicherheit im Ausfall der Färbungen und zum Teil Verderben der Farbstoffe bedingt wird.

12. Ungenügendes Aufrühren der Teigfarben vor Entnahme aus dem Faß; Entnahme aus dem Spundloch. Folgen: Entmischung der Teigfarben, Unsicherheit der Ergebnisse.

13. Mangelhaftes Auflösen der Farbstoffe, direkte Zugabe zum Färbebad, Unterlassung der Anwendung eines Siebes. Schlecht egalisierende Farbstoffe. Folgen: Ungleichmäßige Färbungen, Farbstippen in der Ware.

14. Zu starkes Kochen. Folgen: Unegale Färbungen, schlechtes Durchfärben.

15. Ungenügende Zusätze zum Färbebade (Essigsäure u. ä.). Folgen: Unrichtige und unvollkommene Fixation der Farbstoffe.

16. Ungenügend langes und starkes Kochen im Färbebade. Folgen: Mangelhafte Fixation der Farbstoffe.

17. Ungenügendes Breithalten der Ware im Färbebade. Folgen: Ungleichmäßige Färbungen, besonders der Leisten (leistige Ware).

18. Mangelhaftes Spülen nach dem Färben. Folgen: Abrußen der Färbungen.

19. Zu kurze Flotte, Überfüllung des Bottichs mit Ware. Folgen: Unegalitäten.

20. Ungenügendes Verkühlen der Ware nach dem Ansieden, heißen Färben u. a. Folgen: Rauheit, Filzen, Glanzlosigkeit.

21. Fehler bei der Karbonisation (s. d.). Folgen: Unegale Färbungen, morsche Stellen, Löcher.

22. Zurückbleiben von Luftblasen in der Ware während ihrer Beizung oder Färbung. Folgen: Rundliche Flecke.

Seltener angewandte Färbeverfahren.

Außer den angeführten Färbeverfahren für die besprochenen Farbstoffklassen finden bisweilen noch einige andere Verfahren Verwendung, die kurz erwähnt seien.

1. Färben auf Schwefelbeize s. unter basischen Farbstoffen (s. S. 456).

2. Färben im Seifenbade mit nachfolgendem Schwefeln. Man färbt $^1/_4$—$^1/_2$ Stunde in handwarmem (40—45° C), schäumendem Seifenbade (5 g Marseiller Seife im Liter Bad), schleudert und schwefelt, ohne zu spülen, über Nacht im Schwefelkasten. Dann wird lauwarm gespült und getrocknet. Auf diese Weise geschieht das Färben von Zephyr- und Phantasiegarnen mit schwefelechten Farbstoffen wie Auramin, Chinolingelb, Rhodamin, Säureviolett, Methylviolett, Kristallviolett, Viktoriablau, Nilblau, Lichtgrün usw. in sehr klaren, lichten Tönen.

3. Färben unter Zusatz von Natriumbisulfit zur Flotte. Auf das Bad von 300 l Wasser kommen: 500 g Bisulfit von 38° Bé, 5—20 g Farbstoff, 1 kg Glaubersalz, 200 g Schwefelsäure von 66° Bé. Man geht lauwarm ein, treibt zum Kochen und färbt rasch fertig. Für dieses Verfahren eignen sich im allgemeinen dieselben schwefelechten Farbstoffe wie bei 2, doch können auch sattere Töne, lebhafte Rots, feurige Gelbs usw., hauptsächlich auf Garnen, erzeugt werden.

4. Färben im Kreidebad zur Herstellung von Pastellfarben. 3 bis 4 kg reine Schlämmkreide werden mit Wasser gut verrührt, gesiebt und mit dem gut gelösten Farbstoff (Auramin, Orange II, Rhodamin, Säureviolett usw.) beschickt. In diesem Bade wird meist gebleichte Stückware ausgefärbt. An Stelle von Kreide kann auch zur Hälfte Zinkweiß verwendet werden; in ähnlicher Weise kann mit Chlorbarium (20 g) und Glaubersalz (15—20 g) gearbeitet werden, wobei sich Bariumsulfat in der Faser ablagert (s. a. S. 329).

5. Färben mit Zinnsalz, Chlorzinn, Oxalsäure usw. Das Verfahren ist typisch für Cochenillefärbungen von Besatz- und Egalisiertuchen und liefert licht- und alkaliechte Färbungen. Aus 2 kg Oxalsäure, $1^1/_2$ kg Zinnsalz, $1^1/_2$ kg Weinstein und 1 kg Doppelchlorzinn (für 100 kg Wolle) wird mit der gemahlenen, unter Zusatz von etwas Zinnsalz eingeweichten Cochenille der Cochenillesud bereitet. Man geht mit der gut gereinigten und evtl. gebleichten Ware in die kochende Flotte ein, färbt bei dieser Temperatur etwa 1 Stunde weiter und spült sehr gut in weichem Wasser. Mit Anilinfarben zusammen wird die sogenannte Cochenillekombinationsfärbung erhalten. Geeignete Anilinfarbstoffe sind z. B. Orange II, Ponceaumarken, Phloxin, Rhodamin B usw.

6. Einbadiges Färben mit Alizarinfarbstoffen. Das Verfahren eignet sich nur für helle Nuancen bis 5% Farbstoffteig. a) 3 kg Alaun (eisenfrei) und 2 kg Oxalsäure oder b) 1 kg Fluorchrom und 1 kg Oxalsäure oder c) 3 kg essigsaures Chrom von 20° Bé und $1^1/_2$ kg Oxalsäure werden, in der 10fachen Menge Wasser gelöst, mit dem Farbstoff verrührt. Gut gereinigte lose Wolle, Garn oder Stoff (100 kg) wird bei 30° C eingebracht und bis kochend 1—2 Stunden gefärbt. Geeignete Farbstoffe sind: Alizarinrot (auf Tonerde) und sonstige Alizarinfarbstoffe.

Woll-Küpenfärberei.

Die Badische Anilin- und Sodafabrik [B] bringt u. a. folgende Formen und Sorten von Indigomarken in den Handel: Teigware (20proz., 30proz., 40proz.), Pulverware, Stückchenware, Indigolösung, Indigoküpe z. B. als Indigo rein B. A. S. F., Küpenrot B. A. S. F., Indigolösung B. A. S. F. 20proz, Indigoküpe B. A. S. F. 60proz. In ähnlicher Weise bringen die Höchster Farbwerke [M] Teigware, Pulverware usw. unter dem Namen Indigo MLB in den Handel. Während die Marken Indigo rein und Indigo MLB den wasserunlöslichen Indigo bzw. dessen Abkömmlinge darstellen, sind die Marken Indigolösung und Indigoküpe bereits reduzierte Leukoindigopräparate, die nach dem Lösen unmittelbar zum Färben verwendet werden können. Je nach ihrer physikalischen Erscheinungsform müssen die verschiedenen Indigomarken verschieden vorbereitet und gelöst werden, z. B. müssen die einen erst einer energischen Mahl- und Anteigungsprozedur unterworfen werden, während die anderen (insbesondere die Pasten oder Teigmarken) sich bereits in so fein verteiltem Zustande befinden, daß sie unmittelbar aufgeschlämmt und verküpt werden können. Auch eignen sich die verschiedenen Handelsmarken nicht immer in gleichem Maße für die verschiedenen Färbeverfahren, z. B. für die Hydrosulfit- und die Gärungsküpe. Hierüber geben die Anwendungsvorschriften der Farbenfabriken, auf die wiederholt verwiesen wird, ausreichende Auskunft.

Die Wollfärberei bedient sich zur Zeit zweier Küpenarten, die sich ihrem Wesen nach, sowie durch die sich bei der Lösung des Indigos abspielenden Vorgänge grundsätzlich voneinander unterscheiden. Es sind dies:

1. die Hydrosulfitküpen mit ihren verschiedenen Ausführungsformen und

2. die warmen Gärungsküpen (in vereinzelten, überseeischen Ländern auch die kalten Gärungsküpen).

Letztere dürfte sich bei regelmäßigem Betriebe etwas billiger stellen als die Hydrosulfitküpe; sie setzt aber größere Erfahrung in der Küpenführung voraus.

1. Die Hydrosulfitküpen.

a) Die Hydrosulfitammoniakküpe. Es ist die einfachste Form dieser Küpen und gestattet mit Indigolösung oder Indigoküpe und Hydrosulfit nahezu ein rezeptmäßiges Arbeiten.

Beispiel einer Färbeküpe mittlerer Stärke von etwa 3000 l Inhalt. Man erwärmt die Flotte auf 50° C und versetzt dieselbe bei Verwendung von Indigolösung B. A. S. F. 20proz. mit $1^1/_2$ l Salmiakgeist von 20° Bé und $^3/_4$—1 kg Hydrosulfit konz. B. A. S. F. Falls zuviel Hydrosulfit zugesetzt wird, so werden dunkle Farben wieder abgezogen. Nach gutem Umrühren fügt man 6—9 l Leimlösung (1 : 10) und hierauf 6—9 l der erwähnten Indigolösung der Färbeküpe zu. Nun rührt man wieder gut durch und überläßt das Ganze $^1/_4$ Stunde der Ruhe. Die Farbe soll dann grüngelb und die Flotte klar und ohne Klümpchen sein.

Jetzt geht man mit einer Partie genetzter Wolle von etwa 25 kg ein (das sogenannte Einblauen), hantiert etwa 20—30 Minuten, nimmt die Wolle aus der Küpe, läßt sie durch Quetschwalzen gehen und dann einige Zeit an der Luft vergrünen. Nach dem Vergrünen wird die Wolle gespült. Eine solche Passage nennt man einen „Zug". Wird eine dunklere Färbung verlangt, so wird je nach dem gewünschten Grade der Farbtiefe noch ein zweiter, dritter Zug usw. gegeben, bis der gewünschte Ton erreicht ist.

Die gebrauchte Küpe wird aufbewahrt und weiterbenutzt. Vor Weiterbenutzung ist sie mit neuer Indigolösung und den anderen Zusätzen zu füttern oder zu speisen, d. h. aufzufrischen. Wird die Küpe während des Arbeitens oder der Ruhe grün, blaugrün oder trübe, so wird Hydrosulfit zugesetzt und der teilweise rückgebildete Indigo wieder zu Leukoindigo reduziert.

Die Konzentration der Küpen ist schwankend und ist von der Anzahl der Züge abhängig, die man für eine bestimmte Nuance geben will. Dabei ist zu bemerken, daß in mehreren Zügen hergestelltes Blau besser durchgefärbt und reibechter ist als in einem Zuge erzeugtes Blau. Als Maximalstärke nimmt man meist das Verhältnis 1: 1000 an, 1 kg Indigo rein Pulver pro 1000 l bzw. 5 kg Indigopaste 20proz. pro 1000 l Bad.

Die Hydrosulfitmenge richtet sich nach der Nuance, wobei helle Nuancen mehr Hydrosulfit brauchen als dunkle. Ebenso brauchen trockene Wollen, unregelmäßige und unterbrochene Betriebe mehr Hydrosulfit als nasse Wollen sowie regelmäßig und ununterbrochen laufende Betriebe.

Der Ammoniakzusatz soll so bemessen sein, daß die Küpe schwach danach riecht und Phenolphthaleinlösung schwach rosa färbt. Ein Überschuß erschwert das Aufziehen des Indigos auf die Faser und erhöht den Rotstich, ein Unterschuß verursacht schnellere Zersetzung des Hydrosulfits. Bei der Flüchtigkeit des Ammoniaks ist die Küpe stets (besonders nach einigem Stehen) auf Alkalinität, z. B. mit Phenolphthaleinpapier, zu prüfen.

Die Lebensdauer der Küpe hängt von der Beanspruchung, der Reinheit des Wollmaterials u. a. ab. Bei regulärem Betrieb empfiehlt es sich, die Küpe wöchentlich einmal zu erneuern. Vor dem Absetzen der Küpe wird sie erschöpft oder „abgeblaut".

Das Ausfärben kann durch Zusatz von Chlorammonium ($^1/_4$—$^1/_2$ kg pro Küpe von 3000 l) beschleunigt werden.

Das Abquetschen nach dem Färben ist wesentlich; die Ware soll nach dem Abquetschen hellgrün erscheinen.

Grobe Wolle erschöpft die Küpe schneller als feine.

Eine gründliche Reinigung der Ware vor dem Einblauen ist unerläßlich. Jeder „Zug" dauert $^1/_2$—1 Stunde, bei losem Material kürzere, bei Stückware längere Zeit.

Das Vergrünen geschieht entweder durch Liegenlassen an der Luft (in Körben od. ä.) oder bei Stückware durch Laufenlassen über ein Rollensystem. Bleibt die geblaute Ware zwischen den einzelnen Zügen oder vor dem Waschen längere Zeit liegen, so ist sie möglichst durch warmes Wasser zu passieren. Der Küpenraum soll warm gehalten werden. Indigolösungen und Küpen sowie Hydrosulfit sind möglichst vor der Einwirkung des Luftsauerstoffs durch guten Verschluß, Bedecken usw. zu schützen.

Obiges Hydrosulfitammoniakverfahren ist für das Färben loser Wolle, von Kammzug auf Apparaten, aber auch von Strangware (in Säcken unter der Flotte bearbeitet) geeignet. Stückware wird stets breit gefärbt, z. B. auf dem Unterflottenhaspel oder auf der Breitblaumaschine (s. w. u.).

An Stelle der obigen Hydrosulfitammoniakküpe haben die Höchster Farbwerke eine Hydrosulfitsodaküpe herausgebracht, die sich von ersterer dadurch unterscheidet, daß an Stelle von Ammoniak Soda verwendet wird. Sie stellt sich im Preise etwas billiger als die erstere. Der Sodazusatz ist so reguliert, daß eine schädliche Beeinflussung der Wolle nicht stattfindet.

b) Die Hydrosulfitnatronküpe. Bei dieser wird nicht Indigolösung oder Indigoküpe des Handels, sondern Indigo selbst in Teig- oder Pulverform ,bzw. Küpenrot u. a. angewendet. Zur Vorbereitung der Lösung wird der Indigo zuvor in der Stammküpe mit Natronlauge und Hydrosulfit verküpt. Ein Überschuß von Lauge und Hydrosulfit ist sorgsam zu vermeiden, da beide das Aufziehen des Indigos erschweren und ferner die Lauge das Wollmaterial erheblich schädigen kann. Durch Leimzusatz wird eine Schonung der Faser erreicht. Die Maximalstärke der Küpe ist auch hier etwa: 1 : 1000, d. h. 1 Teil Indigopulver pro 1000 l Flotte.

Beispiel einer Küpe von 3000 l Bad für dunkle Nuancen [B]. Stammküpe: Man verrührt in einem Holzfaß 3 kg Indigopulver bzw. 15 kg Indigoteig 20proz. mit 30 l heißem Wasser und versetzt mit 3,6 l Natronlauge von 40° Bé. Unter gutem Umrühren trägt man alsdann 3 kg konzentriertes Hydrosulfitpulver langsam in kleinen Portionen ein, erwärmt in 1/2 Stunde auf 60—65° C und prüft von Zeit zu Zeit durch eingetauchten Glasstreifen, ob die Lösung gelb und klar geworden ist und keine dunklen Punkte zeigt; zeigen sich noch dunkle Punkte, so ist noch unreduzierter Indigo vorhanden, und es sind alsdann noch kleine Mengen Hydrosulfit zuzusetzen. Enthält die Küpe dagegen infolge ungenügenden Zusatzes von Lauge noch ungelöstes Indigoweiß (was sich an der grünlich-weißen und trüben Farbe der Küpe bei der Glasprobe bemerkbar macht), so fügt man vorsichtig 100 ccm Natronlauge zu, bis die Stammküpe ganz klar ist. Färbeküpe: Das für die Färbeküpe erforderliche Wasser wird auf 50—52° C erwärmt und mit 100 g Hydrosulfit und 1 l Ammoniak von 20° Bé vorgeschärft. Dann gibt man je nach der erforderlichen Konzentration der Flotte einen Teil obiger Stammküpe (oder die ganze Menge) und 10 l Leimlösung (1 : 10) zu und beginnt mit dem Einblauen in der gelbgrünen Flotte. Das zurückbleibende, stehende Bad wird vor Weiterbenutzung mit der erwähnten Stammküpe nach Bedarf gespeist und täglich am Abend (bei regelmäßigem Betrieb) mit 2 l Leimlösung und im Laufe des Tages täglich mit 1 l Ammoniak von 20° Bé versetzt, so daß es stets schwach alkalisch reagiert und schwach nach Ammoniak riecht.

Das Aussehen der Küpe soll stets gelbgrün und klar sein. Grünlichen Küpen wird etwas Hydrosulfit in Mengen von 1/4 kg zugesetzt, bis die Farbe gelbgrün wird.

Der Zusatz von Natronlauge ist peinlich genau einzuhalten, da von diesem der Ausfall der Färbungen wesentlich mit abhängt. Manche Indigomarken verlangen etwas schärfere Küpen als die gewöhnlichen Marken.

Das Arbeiten mit Küpenrot geschieht ganz ähnlich demjenigen mit Indigo.

c) Die Bisulfitzinkkalkküpe oder die englische Küpe. Diese unterscheidet sich von den vorhergehenden vor allem dadurch, daß zu ihrer Darstellung nicht fertiges Hydrosulfit des Handels genommen, letzteres vielmehr vom Färber selbst aus Natriumbisulfit und Zinkstaub bereitet wird. Ferner dient hier als Lösungsmittel Ätzkalk. Die Küpenführung ist bei dieser Küpe schwieriger als bei den zwei vorbeschriebenen Abarten der Hydrosulfitküpen. Trotz mancher Nachteile hat sich die englische Küpe dennoch in einigen Gegenden im Gebrauch erhalten. Folgendes Beispiel gibt ein ungefähres Bild der Arbeitsweise [B].

Stammküpe: Man vermischt einerseits a) 10 kg Indigoteig 20proz. mit 5 l heißem Wasser und 10 l Kalkmilch 20proz., anderseits b) 12 l Natriumbisulfit von 32° Bé mit 1,2 kg Zinkstaub. Die Bisulfitzinkstaubmischung läßt man unter gelegentlichem, ruhigem Umrühren einige Zeit stehen, bis die Mischung hellgrau geworden ist und der Geruch nach schwefliger Säure verschwunden ist. Dann setzt man b) zu a), füllt mit heißem Wasser auf etwa 60 l auf und überläßt die Mischung unter zeitweiligem Rühren der Ruhe, bis die Masse rein gelb geworden ist und sich eine kupferige Haut zeigt.

Färbeküpe: Man schärft das 50—55° C warme Bad mit 2 l Bisulfit von 32° Bé und mit 200 g Zinkstaub (wie oben behandelt, s. Stammküpe) vor, setzt zu 1000 l der Farbflotte (je nach der Tiefe der Nuance) $^1/_8$—$^1/_2$ der obigen Stammküpe zu (der Rest dient zum Nachspeisen), rührt um und läßt 1 Stunde absitzen. Nun beginnt man bei 50—55° C mit dem Einblauen (lose Wolle 20—30 Minuten, Stückware länger). Zuletzt wird mit verdünnter Schwefelsäure (1 l: 1000) abgesäuert und gut gespült.

Falls die Küpe nicht richtig gelbgrün, sondern hellgelb ist, so ist sie zu scharf. Trübe, blaugrüne, grüne Küpen enthalten nicht genügend Reduktionsmittel; diese sind dann bis zum Auftreten der gelbgrünen Farbe nachzugeben. An Kalk darf nur so viel enthalten sein, daß die Reaktion der Küpe schwach alkalisch ist und Phenolphthaleinpapier schwach rosa gefärbt wird.

Für loses Material werden längliche hölzerne oder eiserne Kufen, ähnlich wie in der Garnfärberei, benutzt. Der Bottich ist mit einem Siebbehälter ausgestattet, der nach einer Längsseite hochgehoben werden kann, damit beim Ausblauen die Wolle leicht und schnell herausgenommen werden kann. Durch ein an den Bottich montiertes kräftiges Quetschwalzenpaar wird die Wolle abgequetscht und bleibt alsdann zum Vergrünen liegen. Das Färben von Gespinsten, Kammgarn usw. in offenem Gefäß unterscheidet sich von dem der losen Wolle nur durch die Verschiedenheit des Hantierens. Man benutzt denselben Apparat wie für lose Wolle. Die Garne werden auf Schnüren oder besser auf gebogenen Stäben aus Eisenrohr unter der Küpenflotte bewegt. Beim Ausblauen werden die Strähne einzeln herausgenommen, durch die Quetsche laufen gelassen und vergrünen gelassen. Hellere Töne werden vorher durch kaltes Wasser gezogen, in mittleren und satten Tönen gefärbtes Garn wird in Haufen aufgeschichtet und so vergrünen gelassen. Beim Arbeiten auf mechanischen Apparaten, in denen das Material (lose Wolle, Kammzug, Garn in Strähnen oder Kopsen usw.) festliegt und die Küpenflotte zirkuliert, können auch ohne zweimaliges Ein- und Auspacken dunkle Töne in einem Zuge hergestellt werden. Zu diesem Zwecke verfährt man wie folgt: Nachdem der Apparat beschickt und in Tätigkeit gesetzt ist, fügt man nach Verlauf von 10 Minuten nach und nach so viel mit gleichen Teilen Wasser verdünnte Bisulfitlösung (am besten durch einen Tropftrichter) zu, bis die Küpe schwach sauer ist, d. h. bis durch Phenolphthalein keine Rotfärbung eintritt. Hierdurch werden nahezu $^4/_5$ des in der Küpe befindlichen Indigos auf die Faser getrieben. Durch praktische Übung erkennt man an dem allmählichen Hellwerden der Flotte, wieviel Bisulfit nötig ist; in der Regel genügen 2—4 l für 100 kg Material. Stückware wird auf Maschinen in breitem Zustande gefärbt. Man arbeitet, wie bereits erwähnt, auf Unterflottenapparaten. Auch ist eine gut wirkende Quetsche erforderlich, da ein gleichmäßiges Abquetschen wesentlich ist. Schwere, dichte Stoffe müssen in der Küpe länger behandelt werden als leichte und lockere; auch muß die Küpe beim Färben von Stückware alkalischer sein als bei loser Wolle. Nach dem Färben und Abquetschen wird die Ware sofort breit getafelt und zum Vergrünen aufgeschichtet, indem man die Ware mit dem leinenen Vorende zudeckt. Auch kann, wie bereits erwähnt, auf einem Rollensystem vergrünt werden (s. a. Apparate).

2. Die Gärungsküpen.

Unter den in Europa besonders gebräuchlichen warmen Gärungsküpen sind namentlich folgende zu nennen:

a) Die Sodaküpe wird mit Kleie, Sirup und Krapp als Gärungsmittel angesetzt und mit Kleie, Kalk, Soda und Sirup weitergeführt und ist hauptsächlich in Mitteleuropa verbreitet.

b) Die Waidküpe ist die älteste Küpenart; in ihrer reinen Form ist sie aber fast nur noch in England in Gebrauch. Sie wird mit Waid, wenig Kleie und Krapp als Gärungsmittel angesetzt und mit Kleie unter Zusatz von Kalk geführt.

c) Die Bastardküpe ist durch Kombination der beiden vorgenannten Arten entstanden. Sie wird mit Waid angesetzt und als Sodaküpe weitergeführt.

d) Die Wollschweißküpe wird in einigen Balkanländern gebraucht. Als Gärungsmittel dient Wollschweiß, als Alkali eine Lauge aus Holzasche oder Pottasche und Kalk. Diese Küpe wäscht und färbt die Wolle gleichzeitig.

Die kalten Gärungsküpen finden besonders im Orient und Ostasien Verwendung und sind im Wesen unter sich alle gleich. Als Gärungsmittel dienen entweder die Früchte des Landes oder auch Kleie, Brot usw., als Alkali dient entweder Soda und Kalk zusammen oder Kalk allein oder Holzasche und Pottasche.

Von den obengenannten Küpen dürften die Waid- bzw. die Bastardküpe die größte Verbreitung gefunden haben; dann folgt die Sodaküpe und zuletzt die Wollschweißküpe. Die Sodaküpe eignet sich mehr für helle, die Waidküpe mehr für dunkle Töne.

Ansatzbeispiel einer Sodaküpe: Auf 10 000 l Inhalt kommen 7,5 kg Krapp, 10 kg Sirup, 30 kg Weizenkleie, 20 kg kalzinierte Soda, 3—15 kg Indigo (z. B. MLB-Pulver oder entsprechend mehr 20 proz. Ware). Die Ansatztemperatur der Sodaküpe beträgt 55—60° C; beim Färben betrage sie etwa 50° C. Bei künstlichem Indigo ist durchweg etwas weniger Kalk erforderlich, auch ist die Küpe weniger scharf zu halten als bei natürlichem Indigo.

Von weiteren Ansätzen für die Küpen seien nachstehende erwähnt:

Waidküpe.

1. 10 kg Indigo 20 proz.,
60 „ Waid,
10 „ Weizenkleie,
5 „ Krapp,
6 „ Soda oder Pottasche,
3 „ Kalk.

2. 10 kg Indigo 20 proz.,
30 „ Waid,
25 „ Kleie,
10 „ Krapp,
5 „ Soda,
3 „ Kalk.

Sodaküpe.

3. 10 kg Indigo 20 proz.,
30 „ Waid,
12 „ Sirup,
10 „ Kleie,
10 „ Krapp,
12 „ Soda kalz.,
1 „ Kalk.

4. 10 kg Indigo 20 proz.,
25 „ Kleie,
10 „ Sirup,
6 „ Krapp,
10 „ Soda,
3 „ Kalk.

Sämtlich auf 5000 l berechnet.

Das Küpengefäß muß so eingerichtet sein, daß es gut erwärmt werden kann, am besten mit indirektem Dampf. Das Heizen mit Feuer ist jetzt weniger im Gebrauch. Die Heizung darf nicht den Boden des Gefäßes berühren, die Dampfschlangen müssen sich daher in halber Höhe der Küpe befinden, oder es muß die obere Hälfte der Küpe mit einem Mantel umgeben sein, in welchen der Dampf einströmt. Größere Küpen sind leichter zu führen als kleinere. Der Inhalt schwankt zwischen einigen 100 l (Blaufarbe genannt) und 15 000 l. Das Aufrühren der Küpe geschieht mittels Handkrücken oder bei ganz großen Küpen durch mechanische Rührwerke. Meistens wird Kupferblech für die Küpen genommen, doch können sie auch aus Eisen, Holz, zementiertem Holz angefertigt werden. Zum Ansetzen wird die Küpe mit Wasser gefüllt und bis zu 60° C erwärmt. Den vorher zerstoßenen und längere Zeit mit Wasser eingeweichten Waid gibt man zuerst und dann die anderen Zusätze in die Küpe, jedoch nur die Hälfte des Kalkes. Nun rührt man in Zwischenräumen auf, hält die Küpe stets zugedeckt, bis die Gärung eingetreten ist, was meistens in 12—16 Stunden erfolgt. Man setzt zweckmäßig nachmittags die Küpe an, so daß am anderen Morgen die Gärung im Gang ist. Ist dann die anfangs bläulichrote Flüssigkeit grünlich und der Geruch süß geworden oder treten beim Umrühren Gasbläschen auf, so muß mit kleinen Mengen zerfallenen Kalkes nachgeschärft werden. Den zerfallenen Kalk für diese Küpen erhält man durch Stehenlassen des Kalkes an der Luft und Benetzen mit wenig Wasser; er steht in einem Faß in der Nähe der Küpe, in welches er vor dem Gebrauch durchgesiebt wurde. Beim Rühren der Küpe in Abständen von mehreren Stunden bildet sich allmählich ein blauer Schaum, Blume genannt, und die Farbe der Küpenflotte geht von grün nach gelb. Der Geruch wird dann schärfer und erinnert an den der Heringslake. Der Färber erkennt am Aussehen der Küpe, ob er erwärmen oder Kalk zusetzen muß. Durch Erwärmen wird die Gärung befördert, durch Kalk verlangsamt. Bei zu starker Gärung wird die Flotte übelriechend und trübe; dann ist durch Kalkzusatz die Gärung abzuschwächen. Küpen, welche zu stark gären, befinden sich im Stadium des Durchgehens und können unbrauchbar werden; diejenigen, welche zuviel Kalk enthalten, gären nicht mehr, man bezeichnet sie als verschärfte Küpen. In solchem Falle muß die Gärung durch Zusatz von Gärungsmitteln, Waid, Syrup, Kleie wieder hervorgerufen werden. Um festzustellen, ob die richtige Kalkmenge in der Küpe enthalten ist, kann man Phenolphthaleinpapier benutzen, das beim Eintauchen in die Flotte rosa bis rot gefärbt werden soll. Bei normalem Verlauf der Gärung ist die angesetzte Küpe nach 2—3 Tagen zum Färben fertig. Die Gärung ist schwach geworden, und nach Entfernung der Blume ist die gelbe Farbflotte, vermischt mit blauen Adern, sichtbar. Man kann durch Färben eines Musters Wolle prüfen, ob die Küpe gut färbt. Dieser sogenannte Stahl (Muster) soll grünlichgelb aus der Küpe kommen und beim Abquetschen an der Luft langsam vergrünen. Im allgemeinen wird die Küpe zwischen 50 und 60° C gehalten und nach Bedarf mit Indigo nachgespeist. Man blaut erst die dunklen Partien und dann die hellen. Ist die Küpe abgefärbt, so wird sie gerührt und erwärmt. Die Ware bleibt etwa $^1/_2$ Stunde in der Küpe, wobei man sie vorsichtig umarbeitet, wird dann abgequetscht und an der Luft vergrünt. Nach dem Blauen der Wolle wird gespült oder zweckmäßig abgesäuert und dann gespült. Falls sie überfärbt werden muß, geschieht dieses nach den gewöhnlichen Färbevorschriften.

Die Überführung des Indigos in das in Alkalien lösliche Indigoweiß erfolgt in der Gärungsküpe, wie in der anderen Küpenart, durch naszierenden Wasserstoff, der bei der Gärung der kohlenhydrat- und zuckerhaltigen Mittel erzeugt wird. Dabei bilden sich Essigsäure, Milchsäure, Buttersäure, Kohlensäure usw. Die Vorgänge in der Gärungsküpe sind bis jetzt noch nicht genau aufgeklärt. Die Gärung wird hervorgerufen durch Mikroorganismen, die bei einer Temperatur von über 80° C absterben. Sie kommen im Waid, Krapp, Pflanzenindigo und in der Kleie vor. Versuche, durch Reinkultur dieser Bakterien eine einfachere und sicherere Küpenführung zu ermöglichen, dürften bis jetzt keinen praktischen Erfolg ergeben haben.

Arbeiten mit Indigoweiß. Indigoweiß (z. B. Marke MLB/W) löst sich in alkalischem Wasser sofort zu einer gebrauchsfertigen Küpe auf. Seine Anwendung gestattet also ein rascheres Arbeiten als es mit Indigo oder Naturindigo möglich ist. Während für die Lösung des Indigos in warmer Küpe 12—15 Stunden, in kalter Gärungsküpe 36—48 Stunden erforderlich sind, braucht man bei Indigoweiß nur 2—3 Stunden, um eine fertige Küpe zu erhalten, die täglich 2—3 mal gespeist werden kann. Man kann die Küpe auch schnell verstärken und z. B. vormittags helle und nachmittags dunkle Töne färben.

Beim Beschicken der Indigoweißküpe teigt man das Indigoweiß mit alter Küpenlauge oder mit Wasser an und rührt ungefähr 10% Kalk (vom Gewicht des Indigos) dazu. Scharfe Küpen, die keinen Kalk mehr benötigen, werden nur mit Küpenlauge angerührt.

Zum Ansetzen einer frischen Küpe werden die gebräuchlichsten Gärungsmittel (alter Küpenschlamm, Sirup, Melasse, Kleie usw.) und Kalk dem Wasser zugegeben. Man läßt die Mischung ruhen, bis Gärung eintritt, und setzt dann unter Zusatz von Kalk das angeteigte Indigoweiß zu. Sofort bildet sich eine blaue „Blume“ und eine kupfrige Haut. Wenn die Gärung lebhaft im Gange ist, schärft man aus. Man kann das Indigoweiß auch zugleich mit den Gärungsmitteln in die Küpe geben.

Indigosol. Je nachdem man auf kurzem oder langem Bade, auf offenen Bottichen oder auf Apparaten färbt, sind kleine Änderungen in den Färbevorschriften erforderlich. Im übrigen ist die Färbeweise für lose Wolle, Kammzug, Kammgarn, Stückware, loses Haar und Hutstumpen die gleiche. Im allgemeinen gelten folgende Vorschriften (s. a. u. Baumwolle S. 391):

Das Färbebad wird bestellt mit:

Indigosol O	3%	6%	10%	15%	20%
Essigsäure 50 proz.	4	4	4	5	5
Ameisensäure 85 proz.	0,5—1	1—2	2—3	3—4	4—5

Man geht bei etwa 30° C ein, treibt in 20 Minuten auf 70—75° C und hält etwa $^1/_2$ Stunde auf dieser Temperatur; dann treibt man zum Kochen und kocht bei hellen Tönen $^1/_2$—1, bei dunklen Tönen $1^1/_2$ Stunde, kühlt ab und spült gut mit kaltem Wasser. Man oxydiert schließlich in einem Bade von 20—30° C für die verschieden tiefen Färbungen mit folgenden Schwefelsäure- und Nitritmengen:

für Indigosol O von.	3%	6%	10%	15%	20%
Schwefelsäure 66° Bé	10%	10%	10%	10%	10%
Natriumnitrit (kalt gelöst) . .	0,4—0,6%	0,8—1%	1,5—2%	2—3%	3—4%

Die hellen Töne sind in etwa $^1/_2$ Stunde, die dunklen in 1 Stunde fertig oxydiert. Zuletzt wird mit kaltem Wasser gespült. Auch kann mit Bichromat und Schwefelsäure entwickelt werden.

Das Färben mit anderen Küpenfarbstoffen.

Außer dem Indigo selbst sowie dessen Homologen und Substitutionsprodukten, also außer den echten Indigofarbstoffen oder Indigoiden, rechnet man auch zahlreiche verschiedenen Farbstoffklassen angehörende Indanthren-, Helindon-, Ciba-, Cibanon-, Algol- und Hydronfarbstoffe zu den Küpenfarbstoffen[1]) (s. auch unter Baumwollfärberei S. 392), weil sie sich wie die Indigoide in der Küpe färben lassen.

Dank ihren hervorragenden Echtheitseigenschaften haben sich diese Küpenfarbstoffe neben dem Indigo schnell eingebürgert. Zum Teil sind sie auch zum Färben feldgrauer Militärtuche, des roten Besatztuches (Thioindigoscharlach, Thioindigorot, Helindonscharlach R an Stelle von Koschenillerot) usw. zugelassen. Sie zeichnen sich im allgemeinen durch eine mehr oder weniger bedeutende Wasch-, Walk-, Dekatur-, Schwefel-, Karbonisier-, Alkali-, Potting- und vor allem Licht-, Luft-, Wetter- und Tragechtheit aus.

Das Färben der Wolle mit diesen Küpenfarbstoffen geschieht meistens auf der Hydrosulfitküpe. Zur Herstellung der Stammküpe benutzt man ebenso wie in der Baumwollfärberei Natronlauge und Hydrosulfit, während man zum Vorschärfen der Küpen auch Soda oder Ammoniak verwendet. Die Temperaturen der Küpen werden gewöhnlich etwas niedriger als in der Baumwollfärberei, auf etwa 50° C, manchmal auf 60—65° C gehalten. Überhaupt ist die Führung der Küpen wegen der leichten Angreifbarkeit des Wollmaterials in alkalischen Bädern nicht ganz einfach und erfordert Übung und Sachverständnis. Sehr vorteilhaft haben sich hierbei Zusätze von Leim, Monopolbrillantöl, Türkonöl usw. erwiesen. Zur Kontrolle der Alkalinität der Bäder benutzt man Phenolphthaleinlösung oder -papier. Die Helindon- und Cibafarbstoffe eigneten sich früher besonders für die Wollfärberei, weil sie geringere Alkalität der Küpen gestatten. Seit der Umklassifizierung dieser Farbstoffe und Bildung des „Indanthren"-Sortimentes (s. Fußnote S. 222 und S. 392) ist dieses nicht mehr durchgängig der Fall.

[1]) Aus dem Präfix ist nicht immer zu erkennen, ob ein echter Indigoabkömmling vorliegt oder nicht. Die meisten Helindonfarbstoffe sind z. B. Indigofarbstoffe oder Indigoderivate, während einige Helindonfarbstoffe keine Indigoide, sondern beispielsweise Anthrachinonfarbstoffe sind.

Wenn es sich um Stapelfarben oder um Kombinationsfärbungen handelt, stellt man die Färbungen möglichst in einem Zuge fertig. Vielfach gibt man aber auch, wie in der Indigofärberei, zwei oder mehrere Züge von etwa 20 Minuten. Nach dem Färben spült man, läßt einige Zeit (z. B. 2 Stunden) an der Luft oxydieren und säuert kochend mit Essig- oder Schwefelsäure 15—20 Minuten ab.

Beim Weiterarbeiten auf der stehenden Küpe muß wegen des verschiedenen Aufziehens der Farbstoffe auf die Faser in Rechnung gesetzt werden, wieviel wirksamer Farbstoff von jedem einzelnen Bestandteil in der Küpe zurückgeblieben ist, um die Zusätze danach entsprechend bemessen zu können.

Das Färben der Wolle mit Schwefelfarbstoffen.

Die Schwefelfarbstoffe spielen in der Wollfärberei (wie überhaupt in der Färberei tierischer Fasern) wegen des unvermeidlichen Gehaltes der Farbbäder an Schwefelnatrium bzw. Alkali keine nennenswerte Rolle. Man hat zwar versucht, die Wirkung des Alkalis durch bestimmte Zusätze und Kunstgriffe möglichst auszuschalten oder zu vermindern, doch haben die bisher bekannt gewordenen Verfahren, die in einer Reihe von Patentschriften niedergelegt sind, nicht vermocht, den Schwefelfarbstoffen in der Wollfärberei Bedeutung zu verschaffen.

Von den erwähnten Verfahren, die Alkaliwirkung der Bäder auf Wolle auszuschalten, seien folgende genannt: Zusatz von Schutzstoffen oder sonstigen Zusätzen, wie Glykose, Rotöl, Tannin, Leim, Phosphaten, Alkalisilikaten, Alkalilaktaten, Bisulfit, Chlorammonium usw. zu dem Färbebad. Andere Verfahren bestehen in dem Färben der Wolle in neutralem oder gar schwach saurem Bade mit freier Suspension des Farbstoffes, d. i. mit fein verteiltem, ungelöstem Farbstoff.

Das Färben der Wolle mit Blauholz.

Das Blauholz nimmt in der Wollfärberei eine gewisse Sonderstellung ein, obwohl es zu den Beizenfarbstoffen zu rechnen ist. Wenn seine Bedeutung mit dem Aufschwung der künstlichen Teerfarbstoffe auch ganz erheblich gesunken ist, so ist das Blauholzschwarz immerhin noch ein wichtiger Artikel.

Der Farbstoff des Blauholzes (s. dieses S. 203), das Hämatein bzw. das Hämatoxylin, ist ein ausgesprochener Beizenfarbstoff und liefert mit Beizen wie Eisen, Chrom, Kupfer, Tonerde usw. Farblacke von verschiedenen Tönen. Die Farblacke des Blauholzes zeichnen sich u. a. durch außerordentliche Deckkraft und Tiefe der Färbung aus. Auf der anderen Seite kann als großer Mangel des Blauholzschwarz seine Säureunechtheit angesehen werden; in dieser Beziehung übertreffen fast alle anderen Schwarzfärbungen das Blauholzschwarz. Seine Tragechtheit ist recht gut. Der Griff blauholzschwarz gefärbter Wolle ist ziemlich hart und unterscheidet sich deutlich von demjenigen der mit künstlichen Farbstoffen gefärbten Wolle. Außerdem schmutzen die Färbungen ziemlich ab und sind nicht walkecht. Die häufigste Verwendung findet das Blauholzschwarz heute in der Wollgarn- und der Kunstwollfärberei. Seine Herstellung verlangt eine gewisse Erfahrung und Umsicht.

Je nach der angewandten Beize unterscheidet man Eisenschwarz, Chromschwarz und Kupferschwarz (sowie Kombinationsschwarz). Die reinen Farblacke der verschiedenen Metalle unterscheiden sich etwas in ihren Tönen. So gibt reiner Eisenblauholzlack neutrales, mittleres Grau bis Schwarz, der Kupferlack ist blaugrau bis blauschwarz, der Chromlack ist ebenfalls blaugrau bis blauschwarz, bei Chromüberschuß ins Grünliche gehend; Aluminiumsalze liefern grauvioletten, Zinnsalz stumpfvioletten Lack usw. Der Eisenlack liefert ferner eine besondere Tiefe, der Kupferlack größere Lichtechtheit und der Chromlack die beste Wasch- und Walkechtheit.

1. Das Eisenschwarz ist das älteste Blauholzschwarz. Es wird nach verschiedenen Verfahren hergestellt, meist „auf zwei Wassern", bisweilen „auf einem Wasser" und oft auch „auf drei Wassern", d. h. ein- bis dreibadig. Das Einbad- oder Direktschwarz ist das unechteste, das Dreibadschwarz das echteste. Zweibadig wird gefärbt, indem man entweder erst auf das Beizbad oder das Färbebad und dann auf das Färbe- oder Beizbad geht. Beim Färben „auf drei Wassern" wird das erste Bad nochmals wiederholt.

Beispiele des Zweibadverfahrens.

a) Nachbeizverfahren. Das Bad wird mit etwa 75% Blauholz und 10% Gelbholz vom Gewicht der Wolle (bzw. mit den entsprechenden Mengen Blauholz- und Gelbholzextrakt) angesetzt und hierin die gereinigte und gut genetzte Ware $1^1/_2$—2 Stunden gut gekocht. Dann läßt man die Ware ohne zu spülen an der Luft gut verkühlen und 1 bis 2 Stunden an der Luft hängen. Hierauf bringt man auf ein frisches Bad von 5—10% Eisenvitriol und 2—3% Kupfervitriol (abgestumpft mit 1—2% gemahlener Kreide). Auf diesem Bade wird die Wolle 1 Stunde gekocht, wieder verhängt, dann gespült und getrocknet (eventuell geht man nochmals auf das Farbholzbad und kocht hier $^1/_2$ Stunde = Dreibadschwarz). Am vorsichtigsten ist Stückware zu behandeln, die leicht bunt wird.

b) Vorbeizverfahren. 100 kg Wolle werden mit 6 kg Eisenvitriol, 3 kg Kupfervitriol und 3 kg Weinstein 1 Stunde angesotten und einige Stunden „im Sude liegen" gelassen, d. h. die Ware wird aus dem Bade genommen und einige Stunden oder über Nacht, ohne zu spülen, gut verdeckt auf einem Haufen liegengelassen. Schließlich spült man, schleudert und färbt kochend mit 70 kg Blauholz und 5 kg Gelbholz (bzw. mit den entsprechenden Extraktmengen) aus. Das Verfahren wird heute nur noch selten angewandt.

Sedanschwarz ist auf der Küpe vorgeblautes und mit Eisenschwarz überfärbtes Blauholzschwarz. Auch kann auf der Küpe vorgeblautes Schwarz als Chromschwarz hergestellt werden.

Beispiel eines Eisendirektschwarz oder Eiseneinbadschwarz. Blauholz und Beize werden gleichzeitig in das Färbebad gegeben und der hierbei niedergeschlagene Blauholzlack durch Oxalsäure in Lösung gebracht. In dieser Lösung wird die Wolle gefärbt. Wird die Färbung nachträglich mit Alkali behandelt, so scheidet sich der Farbstoff unlöslich in der Faser ab. Es werden z. B. 100—150% Blauholz (oder die entsprechende Extraktmenge) mit 10—20% Eisenvitriol und 3—5% Kupfervitriol, die vorher gut gelöst sind, versetzt und mit 2—5% Oxalsäure bis zur Lösung gekocht. In diesem Bade wird die Wolle alsdann 1 Stunde kochend gefärbt, der Flotte 1 kg Soda zugesetzt und, ohne zu kochen, $^1/_2$ Stunde hantiert, bis das Bad blauschwarz geworden ist.

Der durch Fällung von Blauholz mit Eisen- und Kupfersalzen erhaltene Farblack wird als Kaiserschwarz, Bonsorschwarz, Echtdirektschwarz, Noir directe, Nigrosalin, Direktschwarz usw. mitunter auch fertig zubereitet in den Handel gebracht.

2. **Blauholzschwarz mit Chromvorbeize** ist das heute am häufigsten hergestellte Blauholzschwarz. Man beizt die Wolle wie für Alizarinfarbstoffe (s. S. 462) mit Chromkali und Hilfsbeizen vor und färbt dann mit 70—80% Blauholz oder entsprechenden Mengen Extrakt 1—$1^1/_2$ Stunde bis kochend aus. An Stelle der reinen Chrombeize wendet man auch Kombinationsvorbeize an, z. B. 3% Chromkali und 2% Kupfervitriol nebst 5% Weinstein. Auch ist bisweilen ein Nachchromieren im Gebrauch, das stets mit Vorsicht auszuführen ist. Durch Zusatz von Gelbholz werden tiefere Töne erreicht. Zusätze von Katechu, Sumach usw. zum Blauholz waren früher üblich, werden heute aber wohl kaum noch gemacht.

Das Chloren der Wolle (Seidenwolle).

Zur Erhöhung des natürlichen Glanzes und Hebung des Griffes der Wolle, ferner um die Wolle vor Einlaufen und Schrumpfen zu bewahren, wird Wolle, im Garn oder im Stück, bisweilen gechlort. Sie erhält dann den sogenannten Seidenglanz und Seidengriff (krachender Griff), ähnlich wie man den Griff auch bei Baumwolle, besonders merzerisierter Baumwolle (s. d.), zu erreichen sucht.

Da gechlorte Wolle nicht filzt und nicht schrumpft, so werden vielfach Strumpf- und Wirkwaren auch noch nach dem Färben gechlort. In solchen Fällen sind selbstverständlich nur wasch- und vor allem chlorechte Färbungen zu verwenden (z. B. hergestellt mit Wollechtgelb G, Wollechtorange G, Formylviolett S 4 B, Patentgrün AGL, Chrysophenin G, Beizengelb G, Säurealizarinrot B, Säurealizarinviolett N, Palatinchromgrün G, Alizarinschwarz WX, S u. a. m.). Die so bearbeitete Wolle nennt man auch „Seidenwolle“.

Das Chloren der Wolle ist kein harmloser Vorgang, da Chlor die Wolle in bestimmten Konzentrationen stark angreift (s. a. Allwördensche Reaktion) und einen Eingriff in die Wollsubstanz bedeutet, indem die äußeren Schuppen des Wollhaares angegriffen und schließlich gänzlich zerstört werden können. Dabei leiden selbstverständlich auch die wertvollen physikalischen und mechanischen Eigenschaften der Wolle, die

Elastizität und die Festigkeit. Dagegen wird die Affinität der gechlorten Wolle zu den Farbstoffen im allgemeinen erheblich erhöht, desgleichen die Netzbarkeit. Die Filzfähigkeit und das Schrumpfen gehen andererseits verloren.

Zum Chloren kann man sowohl elementares Chlor (gasförmig oder in wässeriger Lösung) oder Hypochloritlaugen verwenden. Nach Trotmann wird die Wolle durch elementares Chlor stärker angegriffen als durch Hypochlorite; man sollte deshalb das Auftreten von freiem Chlor in Hypochloritlösungen vermeiden oder einschränken. Die verschiedenen Wollsorten verhalten sich verschieden. Im allgemeinen soll man nach Trotmann die Chlorkonzentration nicht über 0,6 g akt. Chlor im Liter gehen lassen. Formaldehyd soll allerdings der schädigenden Wirkung des Chlors entgegenwirken, was aber nur so aufgefaßt werden kann, daß das Formaldehyd selbst ein Chlorakzeptor ist und einen Teil des Chlors aus dem Chlorbade aufnimmt und sich zu Säure oxydiert (Ristenpart).

1. Das Arbeiten mit Hypochloritlaugen. Das gut gereinigte Material wird 20 Minuten auf einem 25—30° C warmen Bade umgezogen, das pro 100 l Bad etwa 2 l Salzsäure von 20° Bé enthält. Man windet dann oberflächlich aus oder läßt abtropfen und bringt 20 Minuten unter gutem Hantieren auf eine schwache, 25—30° C warme Chlorkalklösung, die pro 100 l Wasser $1^1/_2$ kg Chlorkalk enthält. Zuletzt wird gründlich gespült bzw. entchlort und nach den für die Anilin-, Einbadchromier- oder Beizenfarbstoffe bestehenden Vorschriften ausgefärbt. (Werden nur mildere Effekte gewünscht, so kann mit dem Säuregehalt auf etwa die Hälfte der angegebenen Menge heruntergegangen werden. In gleicher Weise wird dann der Chlorkalkgehalt auf etwa 1 kg reduziert und die Temperatur eventuell auf kalt gehalten.) Durch das Chloren wird u. a. auch die Verwandtschaft der Wollfaser zu Beizen und Farbstoffen erheblich erhöht[1]). Beim Färben ist anfangs vorteilhaft Essigsäure zuzusetzen.

Die gechlorte oder gechlorte und gefärbte Ware wird gespült, dann $^1/_4$ Stunde in einer 25—30° C warmen Seifenlösung mit $^1/_2$ kg Kernseife in 100 l Wasser behandelt und, ohne zu spülen, auf einem frischen, etwa 25 bis 30° C warmen Schwefelsäurebade, mit $^1/_2$ l Schwefelsäure von 66° Bé in 100 l Wasser, abgesäuert.

Das Chloren kann auch wie folgt geschehen: Es wird $^1/_2$ Stunde auf einem kalten Bade behandelt, das in 100 l etwa 3 l unterchlorigsaures Natron von 7° Bé (Chlorsoda, Eau de Javelle) und 300 ccm Schwefelsäure von 66° Bé enthält; dann wird gut gespült bzw. entchlort und schließlich ausgefärbt.

2. Das Arbeiten mit elementarem Chlor. Nach Becke soll man günstig mit Chlorgas arbeiten, indem das Textilgut in genetztem und gut geschleudertem Zustande (100% Feuchtigkeit) unter langsamer Bewegung der Wirkung von Chlorgas in gasdicht geschlossenem Behälter unterworfen wird. Die Einwirkung soll hier nach Becke gleichmäßiger verlaufen als bei Chlorlaugen. Die Dosierung kann sehr genau eingehalten werden, indem man die Chlorbombe auf eine Dezimalwage stellt und das Chlor langsam einleitet, bis die erforderliche Menge entnommen ist.

[1]) S. weiter unten unter Herstellung mehrfarbiger Gewebe.

Erhöhung der Aufnahmefähigkeit der Wollfaser für Farbstoffe.

Durch geeignete Präparation der Wolle (außer dem besprochenen Chloren) mit gewissen Salzen (wie Thiosulfat, neutralem Natriumsulfit, Borax oder stark alkalischen Flüssigkeiten) kann man der Wollfaser eine erhöhte Aufnahmefähigkeit für Farbstoffe verleihen. Dieses Verfahren ermöglicht es, durch Färben im Stück Zweifarbeneffekte bzw. Imitationen mehrfarbiger Webeeffekte zu erzielen, wenn man z. B. gewöhnliches, nicht präpariertes mit nach besonderem Verfahren präpariertem Garn zusammen verwebt und im Stück ausfärbt. Der Farbton der präparierten Garnpartien wird dann ein tieferer sein als derjenige der gleichzeitig mitgefärbten, nicht präparierten Faser. Man arbeitet z. B. folgendermaßen:

1. Thiosulfat. Das Garn wird mit $2^1/_4$—4% Thiosulfat (vom Gewicht der Wolle) oder mit neutralem Natriumsulfit oder mit Borax (auch je $2^1/_4$—4%), in Wasser gelöst, heiß bis kochend 1 Stunde behandelt und dann im Stück mit sauren oder Einbadchromierfarbstoffen ausgefärbt. Im allgmeinen eignen sich für das Verfahren diejenigen Farbstoffe am besten, die in neutralem Bade nicht gut ziehen (z. B. Tartrazin, Benzopurpurin 4 B, Thiazinrot R, Amarant, Ponceau R, Viktoriaviolett 4 BS, Anthrachinongrün GXN, Anthrachinonblaugrün BX usw.).

2. Alkali und Traubenzucker. Man zieht das genetzte Garn $^1/_2$ Stunde kalt in einer Mischung von 50 g Natronlauge von 38/40° Bé, 45 g Traubenzucker und 905 ccm Wasser um, spült gründlich und färbt aus. Die Wolle wird durch die Präparation etwas gelber, aber nicht nennenswert schwächer. Zur Erzielung von Zweifarbeneffekten eignen sich u. a. die unter 1. genannten Farbstoffe [B].

Erhöhung der Haltbarkeit und Tragfestigkeit von Wolle.

In neuerer Zeit sind Verfahren ausfindig gemacht worden, die Haltbarkeit bzw. Tragfestigkeit von Wollerzeugnissen durch bestimmte Imprägnationen zu erhöhen. So ist z. B. gefunden worden [M], daß die Wollerzeugnisse durch eine Art Gerbung mit Salzen des Chroms oder Aluminiums (Chromalaun, Chromchlorid u. a. m.) eine erhöhte Widerstandsfähigkeit gegen die Einwirkung von Luft und Licht gewinnen. Die Behandlung der Wolle geschieht durch Einlegen in Lösungen der betreffenden Salze und längeres Verweilen bei gewöhnlicher Temperatur; sie kann auch durch Klotzen oder Imprägnieren in höher konzentrierten Lösungen vorgenommen werden. Nach einem anderen Verfahren [C] wird das fertig gefärbte Gewebe derart mit Chromsalzen imprägniert, daß aus diesen das Hydroxyd in der Mindestmenge von 1% vom Gewicht der Wolle abgeschieden wird. Beispielsweise wird das fertig gefärbte Gewebe mit essigsaurem Chrom imprägniert und dann schwach gedämpft, wodurch das Chromoxyd vollkommen unlöslich fixiert wird (D. R. P. 299 772 und 303 231). Die Praxis hat noch nicht ihr Urteil über diese neueren Verfahren gesprochen.

Diese Verfahren sind besonders im Zusammenhang mit den Beobachtungen von Kertesz[1]) interessant, nach denen bei Tuchen die obere

[1]) Z. angew. Chem. 1919, S. 168.

Wollschicht durch den Einfluß von Licht, Sauerstoff und Feuchtigkeit verschwindet, indem offenbar ein Zerfall des Eiweißmoleküls eintritt. Dieser Zerfall wird vermindert, wenn die Wolle mit Chromsalzen behandelt ist. v. Kapff bestreitet diesen Einfluß der Atmosphärilien in diesem Maße[1]), während Heermann die Beobachtungen von Kertesz bestätigen konnte[2]).

Apparate und maschinelle Behelfe der Wollfärberei.

Die Apparate und maschinellen Behelfe der Wollfärberei sind denjenigen der Baumwollfärberei im allgemeinen sehr ähnlich und dort zum Teil schon abgehandelt (s. S. 414). Nachstehend sei nur noch eine kurze Übersicht des speziellen, apparatetechnischen Teiles der Wollfärberei in allgemeinen Umrissen gegeben.

Das Färben der losen Wolle wird sowohl in offenen Gefäßen als auch in mechanischen Färbeapparaten ausgeführt. Die offenen Gefäße, Kessel, Kufen usw. gleichen denjenigen bei der Baumwollfärberei (s. S. 418). Das Flottenverhältnis beim Färben in offenen Gefäßen ist bei loser Wolle und Garn etwa 1 : 30—40, bei Stückware etwa 1 : 50, beim Färben in Apparaten dagegen nur 1: 10—20.

Auch Wollgarn kann sowohl in der Kufe, auf dicken Stöcken, in der Kordel als auch in mechanischen Apparaten gefärbt werden. Das Färben „in der Kordel" oder auf Schnüren geschieht besonders bei Wollgarn mit kurzer Weife. Zu diesem Zwecke wird das Wollgarn in einen etwa 60—80 cm langen, ziemlich dicken Bindfaden lose eingehängt, und die Enden des Bindfadens werden durch einen Knoten vereinigt. Der Bindfaden oder die Schnur wird nun auf den Stock gehängt, und der ganze Stock taucht in das Färbebad ein. Durch langsames Versetzen der Stöcke bewegt man das Garn in der Flotte. Da die innere Seite des oben in der Schnur hängenden Stranges ziemlich fest aufeinanderliegt und an dieser Stelle leicht heller bleibt, werden die Stränge gestürzt, nachdem die Farbe etwa zur Hälfte aufgezogen ist. Man nimmt die Stöcke mit dem Garn vom Färbebad und hängt den Strang in der Schnur um, so daß die untere Seite in die Schnur und zugleich die innere Seite nach außen kommt. Wollstranggarn wird meist in rechteckigen Kufen aus Holz gefärbt (s. Abb. 92), welche etwas höher als die Haspellänge der zu färbenden Garnstränge sind. Zum Erhitzen dienen offene oder geschlossene Dampfrohre aus Kupfer oder Hartblei, weniger gut aus Eisen. Verzinnte Rohre und Kessel sind zu vermeiden, weil viele Farbstoffe bei Gegenwart von Säure und Zinn zerstört werden. Die senkrechten Teile der Dampfzu- und -ableitungsrohre sind mit einem Lattenrost umkleidet; auch ist oft über der Heizschlange ein durchlochter Doppelboden angebracht, um die Berührung des Garnes mit dem heißen Metall und eine direkte Einwirkung des Dampfes auf das Garn zu vermeiden.

Kammzug wird meist in Gestalt von Bobinen in mechanischen Färbeapparaten gefärbt, in welche die Bobinen entweder nebeneinander eingelegt (Packsystem) oder auf zentrale durchlochte Rohre aufgesteckt

[1]) Färber-Zg. 1919, Heft 23. [2]) Chem. Zg. 1924, S. 337.

oder auch in Töpfe mit durchlochtem Boden und Deckel eingesetzt und behandelt werden. Die Flotte wird mittels einer Pumpe oder einer anderen mechanischen Vorrichtung (Preß-, Saugluft) durch die Bobinen hindurchgedrückt oder gesaugt. Vereinzelt wird Kammzug auch in Strangform eingepackt und in mechanischen Apparaten oder (wenn auch heute immer seltener) in Strangform in der Kufe gefärbt. Ferner sind nach Art der Färberäder gebaute Apparate in Gebrauch, in welchen der Kammzug strangförmig auf einem teilweise in der Flotte rotierenden Haspel durch die Flotte bewegt wird.

Wollstückware wird gewöhnlich in der mit mechanischem Antrieb versehenen Haspelkufe gefärbt, in der die Ware im Strang läuft, aber möglichst breit gehalten werden sollte. Falls sich die Leisten einrollen, näht man sie derartig zusammen, daß das Stück einen Schlauch bildet, wodurch das Entstehen heller Leisten vermieden wird. Ferner empfiehlt es sich, solche Stoffe, deren Oberfläche durch Berührung mit dem Haspel leiden würde, auf der Rückseite im Schlauch laufen zu lassen. Bei langen Stücken muß der Haspel schneller laufen als bei kurzen. Vor dem Herausnehmen aus dem heißen Bade wird dieses zweckmäßig mit kaltem Wasser „abgeschreckt", damit die Wolle nicht so plötzlich abgekühlt wird. Dann werden die Stücke auf dem Bock umgetafelt, bis sie kalt sind, da Wolle nie längere Zeit in heißem Zustande aufeinanderliegen soll. (Hierdurch erhalten Stücke schwer entfernbare Hitzfalten [Brüche]). Vor dem Trocknen werden die Stücke entwässert, ausgequetscht, abgesaugt od. ä. Das Ausschleudern hat Nachteile (Falten und Druckstellen), deshalb sind verschiedene Breitschleudern konstruiert worden, die aber bis heute nicht fehlerfrei arbeiten. Gewaschen wird auf den bereits beschriebenen Strang- und Breitwaschmaschinen (s. Abb. 121 ff.).

Färben der Wolle auf mechanischen Apparaten.

Das über das Färben von Baumwolle in Apparaten im allgemeinen Gesagte trifft auch für Wolle in vieler Beziehung zu: es ermöglicht die größte Schonung der Faser, die Erhaltung der Geschmeidigkeit der Faser wie des weichen Griffes und bringt Ersparnisse an Zeit, Arbeit und Dampf mit sich. Die Arbeitsweise muß den jeweiligen Apparaten angepaßt sein und sinngemäß durchgeführt werden.

Die Apparate für lose Wolle, Stranggarn, Kreuzspulen und Kopse unterscheiden sich etwas untereinander, ebenso weichen sie etwas von denjenigen für Baumwolle ab. Doch sind die Unterschiede im allgemeinen nicht sehr erheblich. So sind z. B. eiserne Apparate für Wolle nicht zu empfehlen, da größtenteils sauer gefärbt wird, und das Eisen bald zerstört werden würde. Am besten eignen sich Geschirre aus Holz mit Armaturen aus Kupfer oder Bronze bzw. Nickelin oder Nickel.

Das Färbegut liegt im allgemeinen unbewegt, die Flotte wird durch Pumpe oder Injektor, Saug- oder Druckluft oder auf andere Weise hindurchgetrieben.

Außer mechanischen Apparaten sind auch die sogenannten Färbemaschinen im Gebrauch, die nach dem Prinzip der Färberäder gebaut sind. Diese Apparate bestehen aus einem den Stückkufen ähnlichen, großen Bottich mit einer darin sich drehenden wagrecht liegenden Achse, auf deren Enden je ein Rad (oder Stern) aufgekeilt ist. Durch die Drehung des Rades wird das Material in die Flotte eingeführt und darin umgezogen.

Lose Wolle und Garn im Strang werden ausschließlich nach dem Packsystem gefärbt (als einheitliche Masse oder in Schichten getrennt), Kreuzspulen und Kops werden seltener nach dem Packsystem, häufiger nach dem Aufstecksystem gefärbt. Im allgemeinen sind Apparate, in welchen die Flotte das Material in wechselnder Richtung durchdringt, vorzuziehen. Festes Pressen der losen Wolle ist nicht statthaft, da die Wolle darunter leidet, während starke Pressung bei Baumwolle nicht schadet.

Die Beschaffung von weichem Wasser ist von hoher Bedeutung auch für die Apparatefärberei der Wolle. Das Wasser sollte im allgemeinen nicht über 5—6° d. H. hart, andernfalls vorgereinigt oder mit Kondenswasser versetzt sein. Eine Ausnahme bilden die Chromatfarbstoffe, die nach dem Chromatverfahren sehr gut in hartem Wasser zu färben sind. Über die Korrektur des Wassers ist bereits Näheres gesagt worden (s. S. 94).

Was die Wahl der Farbstoffe betrifft, so ist diese sehr sorgsam zu treffen; die Farbstoffe müssen leicht löslich, gut gelöst und filtriert (oder durch ein feines Haarsieb gesiebt) sein und hinreichend egalisieren. Für lose Wolle kommen nur echte Farbstoffe in Betracht, von denen die Nachchromierungs- oder Einbadchrom-Farbstoffe die meiste Anwendung finden; aber auch Küpenfarbstoffe werden auf loser Wolle auf Apparaten vielfach gefärbt.

Sehr wichtig ist auch die Temperatur. Während man in offenen Gefäßen kochend färbt, soll die Temperatur in mechanischen Apparaten 92—94° C (auch für Chromfarbstoffe genügend) betragen. Manche Pumpen versagen bei Wärmegraden über 94° C; außerdem kann die Wolle bei 100° C beschädigt werden, und die verschiedenen Schichten können verschieden dunkel ausfallen. Auch mit dem Zusetzen der Säure gehe man äußerst vorsichtig zu Werke. Nach beendetem Färben der Wolle soll diese vor dem Waschen an der Luft abkühlen gelassen werden, da sie durch plötzliches Abkühlen mit kaltem Wasser spröde werden kann.

Die lose Wolle wird in die Materialkammern leicht eingepackt und mit perforierten Metalldeckeln überdeckt. Diese Deckel sind mit Gegengewichten ausbalanciert, so daß ihr Gewicht nicht auf die Wolle drückt. Geht die Wolle beim Netzen zusammen, so folgen die Deckel nach, jedoch ohne zu drücken. Durch die automatisch wechselnde Flottenzirkulation wird das Material stets aufgelockert. Am Boden der Materialkammern befinden sich unter dem perforierten Doppelboden Flottenverteiler, durch welche ein gleichmäßiges Durchdringen des Materials erzielt wird (System Obermaier).

Wollgarn in Strangform kann nach demselben Packsystem wie lose Wolle gefärbt werden (schwarz oder farbig, mit leicht egalisierenden Farbstoffen). Gleichmäßiges Einlegen der Ware, Vermeiden von Kanälen, wechselnde Flottenzirkulation sind auch hier für den Ausfall egaler Ware sehr wichtig.

Heikle Nuancen und weniger gut egalisierende Farbstoffe werden zweckmäßig nach dem Etagensystem (Schichtensystem) gefärbt. Zu diesem Zweck werden in den Apparat mehrere übereinandergelagerte Holzkästen eingesetzt, welche gegeneinander abdichten und durch einen Deckel gehalten sind. In diese Kästen läßt sich das Stranggarn rasch einlegen und ohne Pressung so festlegen, daß es durch die auf- und abwärts zirkulierende Flotte keine Verschiebung erleidet. Solche Apparate bauen die Maschinenfabriken von Colel und Beutner, Obermaier, Lindner u. a.

In neuerer Zeit wird auch in Apparaten gefärbt, in welche das vorher auf Stöcke oder Schnüre aufgezogene und zu Blöcken gepackte Stranggarn eingesetzt wird. Das Garn hängt in den Blöcken, und die Flotte läuft in der Richtung der Garnfäden (Hänge- oder Blocksystem). Besonders für glatte Garne, Kammgarn usw. geeignet (Esser & Co., Lindner, Krantz) (s. Abb. 151).

Abb. 149. Offener Wollfärbeapparat, Propellersystem, für loses Material, Strähngarn, Kops und Kreuzspulen. Flottenkreislauf durch selbsttätig umschaltbaren Propeller (Zittauer Maschinenfabrik).

Außer diesen Apparaten sind für Stranggarne noch die nach dem Prinzip der Färberäder gebauten Färbemaschinen und die automatischen Strangfärbemaschinen (s. auch unter Baumwolle, S. 418) im Gebrauch. In letzteren hängen die Garne wie bei der Küpenfärberei in offenen Gefäßen; die mechanische Arbeit des Umziehens der Garnstränge geschieht durch die Maschine.

Wollgarn auf Kops und Kreuzspulen wird nach dem Pack- oder dem Aufstecksystem gefärbt. Letzteres System liefert im allgemeinen bessere Ergebnisse. Kreuzspulen lassen sich nach dem Packsystem besser färben als Kops, weil sie loser gewickelt sind. Die Kreuzspulen werden aufrecht stehend oder liegend verpackt, die Hülsenöffnungen werden verstopft, die Zwischenräume gut ausgefüllt usw. Falls nach dem Aufstecksystem gearbeitet wird, so müssen die Kreuzspulen auf perforierte Hülsen gespult werden, wofür sich in letzter Zeit die perforierte und imprägnierte Papierhülse gut eingeführt hat; dann kommen die Kreuzspulen auf perforierte Spindeln aus Nickelin, Nickel od. ä., wobei oft zwei oder mehr Kreuzspulen auf eine gemeinsame Hülse gebracht werden.

Die Kops werden für das Färben nach dem Aufstecksystem gleichfalls auf durchlochte Papierhülsen gespult und dann auf entsprechende durchlochte Metallspindeln gesteckt. Die mit den Kops besteckten Metallspindeln werden schließlich auf den Materialträger (s. S. 431) gesteckt und mit ihm in den Apparat gebracht. Die hohlen Spindeln sind stets gut zu reinigen und die Öffnungen von etwaigen Verstopfungen zu befreien.

Die meisten Apparate sind mit Pumpen versehen, die einen Wechsel des Flottenlaufes ermöglichen, so daß die Flotte sowohl von außen nach innen als auch umgekehrt von innen nach außen die Kops und die Kreuzspulen durchdringen kann. Zu Beginn des Färbens stellt man die Pumpe so ein, daß die Flotte das Material zunächst von innen nach außen durchdringt, und diese Flottenrichtung ist auch zu wählen, wenn Zusätze von Farbstoff und Säure gemacht werden.

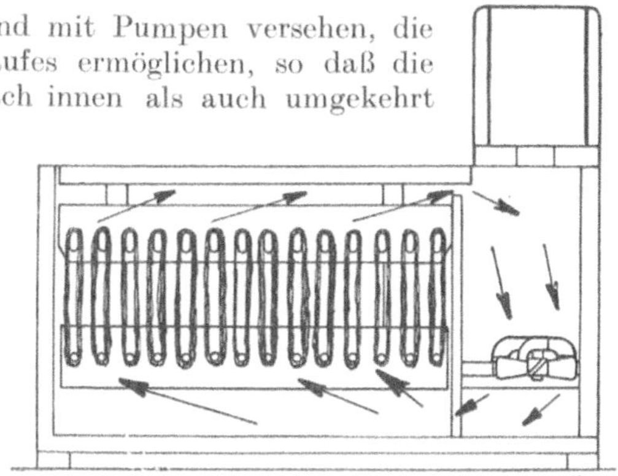

Abb. 150. Schnittzeichnung des Wollfärbeapparats.

Im Gebrauch sind auch Aufsteckapparate mit nur einseitigem Flottenlauf von außen nach innen; bei diesen wird eine gute Durchfärbung vielfach dadurch erreicht, daß über den Materialträgern eine hohe Flottensäule steht und so die Durchdringung durch den Druck der Flotte selbst

Abb. 151. Universal-Wollfärbeapparat für Kreuzspulen im Scheibensystem, Stranggarn im Reitersystem, lose Wolle, Kunstwolle und Strümpfe (Krantz).

erfolgt. Abb. 149 und 150 zeigen einen offenen Wollfärbeapparat, Abb. 151 zeigt einen Universal-Wollfärbeapparat.

Gleichgültig, ob das Wollgarn als Strähnmaterial im Pack- oder Hängeapparat oder in Form von Kopsen oder Kreuzspulen nach dem Pack- oder Aufstecksystem gefärbt wird, wird in der Regel empfohlen, das Material unter Zusatz von 2 bis 3% Ammoniak bei 40—50° C während 20—30 Minuten zu netzen und das Anfärben mit der gesamten erforderlichen Säuremenge vorzunehmen. Nur bei Schwarzfärbungen, die meist größere Mengen Säure erfordern, wird es manchmal zweckmäßig sein, von dieser Regel abzuweichen und die Säure in zwei Portionen zuzusetzen. Wenn das ammoniakalische Netzwasser nicht zum Färben mit verwendet wird, dann bestellt man das Färbebad außer mit dem Farbstoff und evtl. mit 10% krist. Glaubersalz und der Säure außerdem vorteilhaft noch mit 1—2% Ammoniak, beginnt das Färben im allgemeinen bei etwa 40° C, erhitzt langsam in 1—1¼ Stunde zum Kochen und färbt bis zur Erschöpfung des Bades. Der Ammoniakzusatz befördert durch Bildung des sich allmählich zersetzenden Ammoniumsalzes das egale Anfärben. Das Nachchromieren erfolgt bei Anwendung von Chromentwicklungsfarbstoffen am besten im frischen Bade nach vorheriger ausreichender Abkühlung des Materials, wie es auch beim Färben von losem Material usw. erforderlich ist.

Das Färben der Kunstwolle.

Alte Wollumpen aus Webereien, Spinnereien und Tuchfabriken werden auf besonderen Maschinen zerrissen, zerkratzt, gemischt und zu einem gleichmäßigen Vlies verarbeitet, welches wie Naturwollen versponnen und verwebt wird. Die Wiederverwendung der Kunstwolle geschieht in verschiedener Weise. Teils wird die Kunstwolle allein ohne andere Zutaten, teils mit reiner, ungebrauchter Wolle oder auch mit Baumwolle verarbeitet, und zwar wird sie entweder mit reiner Wolle oder Baumwolle versponnen, oder es werden die Kunstwollengespinste mit reinen Wollen- oder Baumwollgespinsten verwebt. Je nach dem Material, aus dem die Kunstwolle hergestellt wird, erhält sie verschiedene Benennungen wie Thybet (Thibet), Enden, Mungo, Zephir[1]) oder (die am meisten bekannte) Shoddywolle (s. auf S. 50).

Zum Färben gelangt die Kunstwolle teils in Form von Lumpen, teils in gekratzem Zustande, teils als Garn oder fertige Stückware. Je nach der Verwendung, welche die Kunstwolle finden soll, und je nach der Beschaffenheit, in der sie dem Färber übergeben wird, erfährt dieselbe vor dem Färben verschiedene Behandlungen. Die als loses Material oder als gekratzte Wolle zum Färben gelangende Kunstwolle besteht aus sehr verschiedenem Material, teils roher, teils harter, teils weicher Wolle, vermischt mit Baumwolle, Seide, Leinen, Kunstseide usw. Es wird nun vom Färber verlangt, daß er die Kunstwolle in einem Zustande abliefert, welcher sie der Naturwolle möglichst gleich erscheinen läßt, so daß sie vom Verbraucher von letzterer nicht unterschieden werden kann. Vor allem verlangt man schöne, lebhafte, gleichmäßige Färbungen; ferner müssen die Färbungen bis zu einem gewissen Grade auch echt (licht-, walkecht usw.) sein. Besondere Schwierigkeiten bereitet es dem Färber, auf dem oft sehr verschiedenartigen, oft hell und dunkel gemischten Material egale, lebhafte Färbungen zu erhalten, namentlich wenn es sich um hellere Farbtöne handelt. Aus diesem Grunde empfiehlt es sich, die Lumpen vor der Verarbeitung in helle, mittlere und dunklere Anteile zu sortieren und die so erhaltenen

[1]) Nicht zu verwechseln mit Zephyrgarnen, die besonders weiches, flockiges Wollgarn bedeuten. S. auch Fußnote auf S. 51.

Haufen je nach ihrer Farbe für die verschiedenen helleren und dunkleren Nuancen zu bestimmen.

Das Waschen der Kunstwolle ist die erste vorbereitende Behandlung des Färbers. Hierdurch wird Fett, Staub, Schmutz usw. entfernt. Das Waschen geschieht ähnlich wie bei guter Schurwolle. Man weicht die Ware z. B. mehrere Stunden in 40° C warme Seifensodalösung ein und wäscht dann wie üblich zu Ende. Da häufig viel Maschinenöl u. dgl. (besonders bei Abfällen aus Spinnereien und Tuchfabriken) im Material enthalten ist, empfiehlt es sich, der Waschlauge etwas Tetrapol oder ähnliche fettlösende Hilfsmittel zuzusetzen. Nach der Wäsche wird gründlich gespült.

Der Karbonisation wird die Kunstwolle unterworfen, wenn es darauf ankommt, möglichst reines Wollmaterial zu erhalten und wenn die Kunstwolle Baumwolle oder andere pflanzliche Beimischungen enthält. Indessen findet diese Karbonisation naturgemäß nur dann statt, wenn das Material vorherrschend aus reinen Wollumren besteht und nur mit geringen Mengen von Pflanzenfasern verunreinigt ist, z. B. mit Nähfäden, Futterteilen, Effektfäden usw. Besteht dagegen eine Partie Kunstwolle aus annähernd gleichen Teilen tierischer und pflanzlicher Faser, so daß durch die Karbonisation und die dadurch erfolgende Vernichtung der pflanzlichen Fasern ein zu großer Gewichtsverlust eintreten würde, so unterläßt man die Karbonisation und behandelt die Ware beim Färben als Halbwolle.

Die Karbonisation der Kunstwolle wird entweder mit Schwefelsäure oder meist mit Salzsäuregas ausgeführt (s. unter Karbonisation S. 319). Um Materialverluste nach Möglichkeit zu vermeiden, wird die Kunstwolle in besonders konstruierten Trommeln, welche rotierend bewegt werden, karbonisiert. Nach dem Entfernen aus dem Karbonisierofen bringt man die Ware in den Klopfwolf, wo sie durch Klopfen von den verkohlten Beimengungen und anderen Unreinigkeiten befreit wird. Zur Entfernung der in der Wollfaser zurückgebliebenen Säure erfolgt ein mehrfaches Spülen und, um sicher alle Säure zu entfernen, eine Passage durch ein 20° C warmes Sodabad von 2° Bé. Das Neutralisieren wird dagegen bei billiger Ware und nachfolgender saurer Färbung vielfach unterlassen. Doch ist es zur Erzielung gut durchgefärbter, egaler, reiner Färbungen ratsamer, zu neutralisieren, da durch die in der Faser befindliche Säure oft ein zu schnelles und unegales Anfärben stattfindet.

Das Abziehen der Kunstwolle bzw. der Kunstwollfärbung bildet die nächstfolgende Arbeit, zumeist bei solchem Material, das für hellere und lebhaftere Farbtöne bestimmt ist, während für die Herstellung von dunklen Nuancen (Dunkelgrün, -braun, -blau, Schwarz usw.) häufig nicht erst abgezogen zu werden braucht. Das Abziehen bezweckt teils die Entfernung der alten Farben, teils die Schaffung eines gleichmäßigen Grundes; insbesondere sollen die unechten Farbstoffe entfernt werden die später beim Walken Veranlassung zum Bluten geben könnten.

Als Abziehmittel kommen vor allem in Betracht: essigsaures Ammoniak (sehr milde wirkend), Schwefelsäure, Soda, Chromkali und Schwefelsäure, Hydrosulfitpräparate (Hydrosulfit, Hyraldit, Rongalit, Dekrolin usw., s. diese). Am meisten gebraucht ist Chromkali und Schwefelsäure, und nur bei hellen Nuancen wird das teure Hydrosulfit angewandt. Die Verwendung des Chromkalis hat den Vorteil, daß mit dem Abziehen gleichzeitig eine Beizung stattfindet und somit nochmaliges Beizen für das Färben mit Beizenfarbstoffen nicht mehr erforderlich ist; außerdem werden die meisten unechten Farbstoffe durch Chromkali zerstört oder in unlösliche, echte Farblacke übergeführt. Ein Nachteil des Chromkaliverfahrens ist dagegen der hierdurch entstehende unvermeidliche gelbe Grund des abgezogenen Materials. Wo dieses hindernd im Wege steht, müssen andere Verfahren gewählt werden; doch schadet der gelbliche Grund bei dunklen Tönen (Braun, Olive, Schwarz usw.) meist nicht. Schwefelsäure wird besonders bei Holzfarben angewandt; auch bei Partien, die für Blau bestimmt sind, weil hier der gelbe Grund der Chrombehandlung störend wirken würde. Soda wendet man bei Säurefarbstoffen an, besonders also bei Abfällen von Damenkleiderstoffen u. dgl. In besonderen Fällen, wenn alle anderen Verfahren versagen, kann auch mit Salpetersäure abgezogen werden, vorausgesetzt, daß der dadurch entstehende gelblich-bräunliche Ton nicht störend wirkt, oder daß er etwa erwünscht ist. Bei diesem Verfahren darf nicht in Kupfergefäßen gearbeitet werden; man operiert hier vielmehr am besten in Holzgeschirren.

Die Einzelheiten der Arbeitsverfahren schwanken innerhalb weiter Grenzen. Im allgemeinen kommen etwa folgende Ansätze zur Verwendung.

Sodaverfahren. Man legt die Ware längere Zeit, evtl. über Nacht, in kalte Sodalösung ein. Durch Anwendung von warmer Lösung beschleunigt man den Prozeß. Man zieht z. B. in $^1/_4$—$^1/_2$—1 Stunde mit 35—40° C warmer Lösung von 3—10% kalz. Soda v. G. d. W. bzw. mit einer Lösung von 5—10 g Soda im Liter ab.

Schwefelsäureverfahren. Man kocht die Kunstwolle mit 5—10% Schwefelsäure (v. G. d. W.). Die Kochdauer richtet sich nach der Echtheit der Färbungen.

Chromkalischwefelsäureverfahren. Man kocht $^1/_2$—1 Stunde mit 3—6% Chromkali und 6—12% Schwefelsäure (v. G. d. W.). Ein Zusatz von 3—6% Oxalsäure befördert die Wirkung. Dann wird gut gespült usw.

Hydrosulfitverfahren. Man arbeitet am besten in einer reinen Holzkufe. Das 40—50° C warme Bad wird z. B. mit 2—4% „Hyraldit Z zum Abziehen" und mit 2,5—5,5% Ameisensäure 85 proz. (oder 1—2% Schwefelsäure von 66° Bé) bestellt; dann wird mit dem Material eingegangen, in $^1/_2$ Stunde zum Kochen getrieben und 20—30 Minuten gekocht. Das Bad muß bis zum Schluß schwach sauer bleiben. Man kann auch erst die Ware in Hydrosulfit löslich zum Kochen bringen und die Säure in kleinen Portionen zugeben; ebenso kann man dem heißen, mit der Säure und der Ware bestellten Bade allmählich Hydrosulfit zugeben. An Stelle von „Hyraldit Z zum Abziehen" können entsprechende andere Präparate verwendet werden (s. S. 128).

Da die Kunstwollen sehr verschieden sind, empfiehlt es sich, stets kleine Vorproben zu machen. Zuletzt soll immer gut gespült werden, besonders Halbwollmaterial, das mit substantiven Farbstoffen gefärbt werden soll.

Zum eigentlichen Färben der baumwollfreien Kunstwolle dienen im allgemeinen die gleichen Farbstoffe und Verfahren wie bei reiner Schurwolle, so daß diesbezüglich auf die Färberei der Wolle verwiesen sei. Stark baumwollhaltige Kunstwolle dagegen wird in der Färberei wie Halbwolle behandelt (s. diese).

Das Färben von Hüten. Man unterscheidet Damen- und Herrenhüte; erstere werden hinterher meist mit gewöhnlichen Appreturmitteln (Leim, Gummi, Kartoffelstärke) appretiert und haben auch sonst keine so angreifenden Prozesse durchzumachen. Die Herrenhüte werden in der Regel (wenigstens die steifen) mit alkalischen Schellacklösungen appretiert bzw. gesteift. Danach hat sich auch die Färberei zu richten, und man kann die Damenhüte deshalb nur mit Säurefarbstoffen färben, während die Herrenhüte echter gefärbt werden müssen, z. B. mit Nachchromierungsfarbstoffen. Die Herrenhüte werden entweder im halbgewalkten Zustande (Labratze) oder im fertiggewalkten Zustande gefärbt. Wegen des besseren Durchfärbens wird das erstere vielfach vorgezogen. Die Filze kommen von der Filzerei zur Walke (meist mit Schwefelsäure) und werden hier auf $^1/_3$ zusammengearbeitet. Damenhüte, die nur mit Säurefarbstoffen gefärbt worden sind, dürfen nicht mit alkalischen Walkmitteln (Seife, Soda, Ammoniak) gewalkt werden, weil der Farbstoff sonst zum großen Teil verlorengeht. Fertiggewalkte Herrenhüte färben sich schwerer durch als die Labratzen. Man kocht sie deshalb erst mit Glaubersalz $^1/_2$ Stunde vor, verkühlt dann und beizt vielfach mit Chrombeize vor, spült, schleudert und färbt langsam (bei 30° C beginnend) unter Zusatz von 3—5% essigsaurem Ammoniak bis kochend. Nach $^1/_2$ Stunde werden die Stumpen gewendet und noch 1 Stunde gekocht. Beim Herausnehmen und Verkühlen entstehen leicht Hitzfalten, die sich nur schwer oder überhaupt nicht mehr dauernd entfernen lassen (treten oft noch auf dem Lager hinterher auf). Es muß deshalb schnell und gleichmäßig verkühlt werden, evtl. werden die Stumpen zur Verkühlung in kaltes Wasser geworfen. Stumpen und Labratzen werden heute auch mit Erfolg in mechanischen Apparaten gefärbt.

Färberei der Seide.

Unter Seide schlechtweg versteht man stets die gehaspelte Maulbeerseide, die „echte" und „edle" Seide des Bombyx mori, einerlei, in welcher Form der Verarbeitung oder Zubereitung sie sich befindet. Im Gegensatz hierzu ist es allgemein üblich, andere Seidenarten besonders zu bezeichnen. So bezeichnet man z. B. 1. gesponnene Seide aus Abfällen der Seide des Bombyx mori als Schappeseide od. dgl., 2. wilde gehaspelte Seiden als wilde Seiden, Tussahseide od. dgl., 3. wilde gesponnene Seiden als Tussahschappe od. dgl., 4. künstliche Seiden stets als solche oder als Kunstseide.

Die natürlichen (edlen und wilden) Seiden gelangen in ganz verschiedenen Zuständen der Vorbehandlung zum Färben. Diese Vorbehandlungsarbeiten, das Entbasten, Assouplieren und Bleichen sind bereits in dem Kapitel über Bleicherei eingehend erörtert worden.

Eine weitere außerordentlich wichtige Behandlung der edlen Seide, die meist als Vorbehandlung vor dem Färben ausgeführt wird, ist das Erschweren oder das Chargieren[1]) der Seide, das gewissermaßen im Mittelpunkt der gesamten Seidenveredelung steht. Dieser spezielle Zweig gehört seinem ganzen Wesen nach zu der Färberei und soll des-

---

[1]) Man spricht auch häufig von dem Beschweren der Seide; doch sollte man grundsätzlich zwischen dem Erschweren der Seide und dem Beschweren unterscheiden und sollte jede künstliche Gewichtsvermehrung, die auf einer Affinität zwischen Faser und gewichtsvermehrendem Stoff beruht, als Erschwerung und jede künstliche Gewichtsvermehrung, die durch indifferente Imprägnierungsmittel und Füllstoffe erzeugt wird (Baumwoll-, Appreturbeschwerung, die alte Zuckerbeschwerung der Seide u. a. m.), als Beschwerung bezeichnen.

halb im vorliegenden Kapitel im Anschluß an das eigentliche Färben der Seide besprochen werden.

Während sich die natürlichen Seiden in bezug auf Färbungsvermögen untereinander ziemlich gleich verhalten (und vor allem nur basthaltige, harte und assouplierte Seiden beim Färben anders behandelt werden müssen als abgekochte, bastfreie Seiden), besteht in bezug auf das Erschwerungsvermögen bei den verschiedenen natürlichen, edlen und wilden Seiden ein großer, grundsätzlicher Unterschied: die wilden Seiden zeigen eine nur sehr geringe Affinität zu den Erschwerungsmitteln der edlen Seide und werden deshalb nicht oder so gut wie gar nicht erschwert. Zwischen den natürlichen Seiden einerseits und der Wolle andererseits besteht schließlich eine große Übereinstimmung in bezug auf Färbungsvermögen. Im allgemeinen können deshalb die natürlichen Seiden nach den gleichen Verfahren gefärbt werden wie die Wolle; nur aus Zweckmäßigkeitsgründen sekundärer Natur (Egalisierung, Echtheit usw.) werden die Färbeverfahren der Seide etwas abgeändert. Dahingegen verhalten sich die Seiden wiederum beim Beizen gänzlich anders als die Wollen, und hier sind denn auch völlig abweichende Verfahren im Gebrauch.

Allgemeine Verfahren und Vorschriften der Seidenfärberei[1]).

Färben mit sauren und basischen Farbstoffen im gebrochenen Bastseifenbade.

Das Hauptverfahren zum Färben der natürlichen (erschwerten und unerschwerten) Seiden mit sauren, basischen und (ohne Beize ziehenden) Alizarinfarbstoffen ist dasjenige im gebrochenen Bastseifenbade. Diese Methode dient auch für die Eosin- und substantiven Farbstoffe.

Unter einem gebrochenen Bastseifenbade versteht man ein mit Säure (Schwefelsäure, Ameisensäure, Essigsäure od. dgl.) angesäuertes Bad, das vom Entbasten der Seide herrührt, das also neben Seife Seidenbast in Lösung enthält. Es unterscheidet sich von gewöhnlichen Seifenbädern insbesondere dadurch, daß es beim Ansäuern mit wenig Säure keine Fettsäure ausscheidet, vielmehr eine homogene schleimige Brühe bildet, die ein ausgesprochenes Vermögen besitzt, beim Färben egalisierend und Glanz befördernd zu wirken. Je nach Art und Charakter des angewandten Farbstoffes wird das Bastseifenbad entweder mit Mineralsäure (Schwefelsäure) oder mit organischer Säure (Essig-, Ameisensäure) mehr oder weniger gebrochen bzw. angesäuert.

Beispiel: Die vom Abziehen der Seide erhaltene, konzentrierte Bastseife wird mit der 2—4fachen Mege Wasser versetzt ($^1/_4$—$^1/_5$ Bastseife und $^3/_4$—$^4/_5$ Wasser) und dann

[1]) Hauptsächlich für abgekochte oder Cuitseide. Soupleseide oder Ecruseide wird ähnlich gefärbt; nur müssen alle Zusätze (Alkalien, starke Säuren) vermieden werden, die entbastend wirken. Ebenso muß die Temperatur bei basthaltigen Seiden in mäßigen Grenzen gehalten werden, da andernfalls Entbastung oder Verklebung der Seide stattfinden kann.

a) leicht mit Essig- oder Ameisensäure bis

b) stark mit Schwefelsäure angesäuert bzw. gebrochen, bis die Flotte nicht mehr schäumt und in verlangtem Grade sauer reagiert oder schmeckt (der Seidenfärber pflegt die Flotte zu schmecken). Man erwärmt die Flotte auf etwa 40° C, zieht die zu färbende, entbastete Seide einige Male darin um, wirft auf, setzt dann der Flotte die nötige Farbstofflösung zu, rührt durch, stellt die Seide wieder auf das Bad und zieht flott 5—7 mal um. Die Temperatur wird hierauf allmählich auf 60° C gebracht und die Seide schließlich nahe der Kochtemperatur bei etwa 90 bis 95° C und eventuell unter zeitweiligem Aufwerfen der Seide und Aufkochen des Bades mit direktem Dampf ausgefärbt. Zuletzt wird gespült und aviviert. Manche Farbstoffe erfordern geringere, andre höhere Temperatur; manche Farbstoffe mehr, andere weniger Säure. Basische und saure Farbstoffe werden, besonders zur Herstellung satter Nuancen, vielfach zusammen gefärbt; erstere eignen sich besonders für zinnerschwerte Seide.

Färben in schwach alkalischem oder neutralem Bastseifenbade.

Bisweilen werden Triphenylmethanfarbstoffe (Diamantfuchsin u. a.) in zarten Tönen ohne jeden Säurezusatz und eventuell mit nur der halben Menge Bastseife gefärbt. Hinterher wird gespült und kräftig aviviert.

Färben mit Alkaliblau in fettem Seifenbade.

Unter einem fetten Seifenbade versteht man ein frisches, schäumendes Seifenbad, z. B. von Marseiller Seife (keine Bastseife). In solchen Bädern färbt man z. B. alle Weißnuancen (mit Alkaliblau, Rosolan, Violett usw.), Alkaliblau (mit nachfolgendem, starkem Absäuern) u. a. Man verwendet in der Regel verdünnte Seifenbäder, etwa 10% Seife vom Gewicht der Seide, und färbt je nach Art des Farbtones und des Farbstoffes zwischen warm und kochend heiß aus. Nach dem Färben muß, eventuell unter Sodazusatz, gründlich gespült werden, um die Seife aus der Seide zu entfernen; dann wird kräftig abgesäuert. Gutes, weiches Wasser ist eine wesentliche Bedingung beim Färben in fetten Seifenbädern.

Färben mit sauren Farbstoffen ohne Bastseife.

Gut egalisierende Farbstoffe (s. unter Wolle) können in saurem Bade auch ohne Bastseife gefärbt werden. Besonders geschieht dieses in Betrieben, wo Bastseife in der erforderlichen Menge nicht zur Verfügung steht.

Man geht mit der Seide in die lauwarme Färbeflotte ein, erwärmt langsam auf 60°, dann auf 80° C und gibt so viel Essigsäure od. dgl. zu, bis das Bad genügend erschöpft ist. Eventuell treibt man 1—2 mal zum Kochen, mustert, nuanciert, spült und aviviert. Nach diesem Verfahren können nötigenfalls auch alle basischen und viele substantive Farbstoffe gefärbt werden; bei ersteren muß kalt eingegangen und sehr langsam erwärmt werden, da sonst zu leicht bunte Färbungen entstehen.

Diazotieren und Entwickeln substantiver Farbstoffe auf der Faser.

Nach einem der vorstehenden Verfahren ausgefärbte substantive Farbstoffe können wie auf Baumwolle (s. dieses) diazotiert und weiterentwickelt werden. Es werden dadurch wasch- und wasserechte Färbungen erhalten.

Beispiel. Nach dem Färben wird die Seide auf ein kaltes Bad mit 4% Nitrit und 8% Schwefelsäure von 66° Bé vom Gewicht der Ware gebracht und $^1/_4$—$^1/_2$ Stunde umgezogen. Dann wird im leicht angesäuerten Bade gespült, sofort entwickelt, wieder gespült und aviviert.

Färben mit Alizarin- bzw. Beizenfarbstoffen
(auf Tonerde-, Chrom- und Eisenbeize).

Das Färben findet meist in einem mit Essigsäure versetzten Bastseifenbade statt, kann aber auch (auf Eisenbeize) im fetten Seifenbade oder (auf Chrombeize) ohne jeden Zusatz von Seife erfolgen.

Das Beizen der Seide mit Ton-, Chrom-, Eisenbeize usw. geschieht — im Gegensatz zu Wolle — nicht durch Ansieden oder Ankochen, sondern lediglich durch längeres Einlegen in die kalte Beize und nachträgliches Spülen und Fixieren. In dieser Beziehung gleichen die Beizverfahren für Seide denjenigen für Baumwolle.

Tonerdebeizung. 1. Die entbastete und gut gewaschene Seide (Garn oder Stoff) wird 12 Stunden (meist über Nacht) in ein mit 60 Teilen Alaun und 6 Teilen kristallisierter Soda (auf 1000 Teile Wasser) versetztes, kaltes bis lauwarmes Bad eingelegt; nach vollendeter Beizung wird abgewunden, abgequetscht oder abgeschleudert und ohne vorheriges Spülen $^1/_4$ Stunde durch eine $^1/_2$ ° Bé starke Wasserglaslösung durchgezogen bzw. fixiert. Schließlich wird noch gut gespült am besten in fließendem Wasser, und dann abgewunden und gefärbt.

Anstatt des abgestumpften Alauns kann auch 2. abgestumpfte schwefelsaure Tonerde, 3. essigsaure Tonerde verschiedener Zusammensetzung, 4. Nitratbeize [B] zum Beizen der Seide mit Tonerde verwendet werden (s. auch unter Tonerdebeizen S. 143). Das Beizbad wird nach eventuellem Zusatz von frischer Beize weiterbenutzt, das Fixierbad wird jedesmal frisch angesetzt und nach dem Gebrauch laufen gelassen.

Das Färbebad besteht beispielsweise aus 80 Teilen Wasser, 20 Teilen frischer Bastseife, dem erforderlichen, vorher gelösten Farbstoff und Essigsäure bis zur leicht sauren Reaktion. Man geht in das etwa 30° C warme Bad mit der Seide ein, zieht $^1/_4$ Stunde um, bringt in $^3/_4$ Stunde zum Kochen und färbt nahe bei Siedehitze 1 Stunde. Dann wird gut gespült, $^1/_4$ Stunde zur Erhöhung der Lebhaftigkeit und Echtheit der Farbe geseift (heiß, 2 g Seife im Liter), eventuell ausgewaschen und zur Erzielung von Glanz und Griff in einem etwa 40—50° C warmen Bade mit etwas Öl und 10—15 g Essigsäure von 6° Bé od. dgl. aviviert.

Chrombeizung. Die entbastete und genetzte Seide wird über Nacht in Chromchlorid von 20° Bé (s. dieses) eingelegt, am andern Morgen gut abgewunden, in fließendem Wasser gut ausgewaschen, $^1/_4$ Stunde auf einem Wasserglasbad von $^1/_2$° Bé fixiert, gespült und geschleudert. Das Färben geschieht wie bei Tonerdebeizung in essigsaurem Bastseifenbade.

Eisenbeizung. Man verwendet fast ausschließlich die sogenannte Eisenbeize oder das salpetersaure Eisen (s. dieses). Die entbastete Seide wird 1—2 Stunden in 30° Bé starke Eisenbeize eingelegt, ausgeschleudert oder abgewunden, gut gewaschen, mit heißem Wasser von etwa 60° C abgebrannt und schließlich im kochenden Bastseifenbade oder in verdünnter, frischer Seifenlösung fixiert bzw. seifeniert. Erst durch diesen letzten Prozeß des Seifenierens erhält die Seide ihren natürlichen Glanz und Griff wieder. Hiernach ist sie erst zum Färben fertig. Dieser Eisengrund dient in der Regel als Beizgrund für das Blauholzschwarz oder als Erschwerungsgrund. Wird nämlich die Eisenbeizung wiederholt, so nimmt die Seide von neuem Eisenoxyd auf, wodurch erheblicher, weiterer Gewichtszuwachs stattfindet. Durch Überführung des Eisenoxydes in Berlinerblau wird weiterer Gewichtszuwachs bewirkt. Diese Prozesse, die in erster Linie als Erschwerungsprozesse und in zweiter Linie erst als Beizvorgänge anzusehen sind, werden in dem Kapitel über Erschwerung der Seide näher besprochen. In ähnlicher Weise ist die Behandlung der Seide mit Zinnoxydsalzen (Chlorzinn) in erster Linie als Erschwerungs- und in zweiter Linie als Beizvorgang anzusehen.

Einbadverfahren zum Färben mit Beizenfarbstoffen.

Vereinzelt werden Beizenfarbstoffe auch einbadig gefärbt, doch hat dieses Verfahren keine praktische Bedeutung. Dem lauwarmen Bade werden z. B. 1. 3% Alaun und 2% Oxalsäure, 2. 3% essigsaures Chrom von 20° Bé und 1,5% Oxalsäure oder 3. 5% Chromalaun und 2% Essigsäure von 6 Bé (alles vom Gewicht der Seide) sowie der nötige Farbstoff zugesetzt; dann wird mit der Seide eingegangen, $^1/_4$ Stunde hantiert, in $^3/_4$ Stunde zum Kochen gebracht und 1 Stunde gekocht. Schließlich wird gewaschen, kochend geseift, gespült und aviviert. Die so hergestellten Färbungen sind weniger echt als die auf den entsprechenden Vorbeizen hergestellten.

Färben mit Indigo und Küpenfarbstoffen.

Indigo und Küpenfarbstoffe kommen für die Seidenfärberei nur in geringerem Maße zur Anwendung. Man kann nach folgenden Küpenarten färben:

1. Nach dem Verfahren der kalten Gärungsküpe wie bei Wolle (s. diese). Zum warmen Färben dient entweder die Sodaküpe oder die Hydrosulfitammoniakküpe.

2. Nach dem Verfahren der Bisulfitzinkstaubküpe (englische Küpe) wie bei Wolle, mit dem Unterschiede, daß die Küpe kalt angesetzt und daß kalt gefärbt wird. Das Verfahren wird nur selten angewandt.

3. Nach dem Verfahren der Zinkkalkküpe, ähnlich wie bei Baumwolle, mit dem Unterschiede, daß die Küpe weniger alkalisch gehalten wird und nur der vierte Teil des Kalkes zur Anwendung gelangt. Die Küpe wird kalt geführt.

Nachtannieren von basischen Farbstoffen.

Durch Nachtannieren werden mit basischen Farbstoffen hergestellte Färbungen wasser-, wasch- und reibechter. Man arbeitet etwa wie folgt. Die gefärbte und gespülte Seide wird je nach Tiefe der Nuance 1—2 Stunden auf einem kalten bis lauwarmen Bade, das pro Liter Wasser 2 g Tannin enthält, behandelt und dann abgewunden. Alsdann wird $^1/_4$ bis $^1/_2$ Stunde auf ein frisches, kaltes Bad mit 1—10 g Brechweinstein pro Liter, gebracht, gespült und aviviert. Durch dieses Verfahren wird nicht nur die Echtheit der basischen Farbstoffe erhöht, sondern auch diejenige einer Reihe von sauren, substantiven, Eosinfarbstoffen u. dgl.

Die Avivage.

Nach dem Färben und Spülen wird fast immer aviviert. Die Avivage bezweckt, den natürlichen, krachenden Griff der Seide, der während verschiedener Behandlungen vorübergehend verschwindet, wiederherzustellen. Nur in den seltensten Fällen wird weicher Griff, z. B. für Samtware und besondere Spezialartikel verlangt; in solchen Fällen wird nicht aviviert, sondern auf besondere Weise, z. B. mit wenig Tonerdesulfat, weich gemacht.

Das Avivieren geschieht bisweilen mit starker Mineralsäure (Schwefelsäure)[1]), besser milden organischen Säuren (Essigsäure, Ameisensäure mit Milchsäure, Zitronensäure, Weinsäure usw.) kalt bis lauwarm. Außerdem wird dem Avivierbade in der Regel etwas von einer Ölemulsion (Aufkochung von Olivenöl mit Sodalösung) zwecks Glanzerhöhung zugesetzt. Die Herstellung der Ölemulsion geschieht durch Verkochen von $1^1/_2$—$3^1/_2$% Öl (je nach Höhe der Erschwerung) mit etwa der halben Menge kalzinierter Soda und der 3—5fachen Menge Wasser. Ferner werden dem Avivierbade vielfach etwas Leim (3—$5^1/_0$) oder sonstige Verdickungsmittel (lösliche Stärke od. dgl.), Diastafor usw. zugesetzt, je nachdem, was für ein Griff von der Ware verlangt wird. Nach dem Durchziehen der Seide durch das Avivierbad wird nicht mehr gespült, sondern nur geschleudert oder ausgewunden und dann getrocknet.

Zwecks weiterer Glanzerhöhung wird die fertig gefärbte und getrocknete Seide bisweilen noch auf der Lüstriermaschine behandelt oder nur angestreckt bzw. an der Docke chevilliert (s. u. Garnappretur).

Barré, Grippé, Boldern, Kreppen[2]). Diese Fehlererscheinungen treten am häufigsten in Seiden-, Kunstseiden- und Halbseidenwaren, besonders in Bändern auf und sind in ihren Ursachen bis heute noch nicht restlos geklärt.

Unter Barré ist eine in ziemlich regelmäßigen Abständen auftretende Schußstreifenbildung (hell-dunkel, matt-glänzend) zu verstehen. Die Streifen können

[1]) Der Zusatz von Schwefelsäure zum Avivierbade sollte lieber vermieden werden, da die Schwefelsäure in der fertigen Ware beim Lagern wandern kann und Schädigungen der Seide und der Farbstoffe verursachen kann. Mitverwebte Baumwolle oder sonstige Pflanzenfasern werden besonders in Mitleidenschaft gezogen.

[2]) Vgl. auch Ullrich: Das Boldern der Tafte. Melliands Textilberichte 1922, S. 178. — Ley: Über Barré- und Grippéerscheinungen in seidenen Webwaren, insbesondere Bändern. Melliands Textilberichte 1923, S. 26. — Ley: Die neuzeitliche Seidenfärberei. — Oppé: Boldrige Kunstseidenwaren. Melliands Textilberichte 1925, S. 185.

verschieden breit sein. In der Praxis nennt man diese Fehler auch „Leitern". Nicht zu verwechseln ist das Barré mit den sogenannten „Banden" im Gewebe, d. s. Absätze, die durch Einsetzen verschiedener Schußspulen bzw. das Auftreten verschiedener Fadendicke im Schuß veranlaßt werden. Unter Grippé ist das sogenannte Kräuseln des Gewebes zu verstehen, welches stellenweise in Form eines Schachbrettmusters im Gewebe auftritt. Das Grippé steht mit besonderen Formen des Barré in Zusammenhang und läßt sich dann aus diesem ableiten. Übergänge zwischen Barré und Grippé werden vielfach auch als Boldern bezeichnet.

Als einwandfrei erwiesene Ursachen des Barré kommen in Frage: 1. Buntfärbung, 2. ungenügende Entbastung der Seide, 3. verschiedene Schußfadendicke (ungleiche Rohseidenfäden oder ungleich chargierte Seiden, letzteres bis zu 40% Chargenunterschied), 4. verschiedene Drehung des Schußfadens (stellenweise 20—28, dann wieder nur 6—10 Drehungen auf 10 cm), 5. Verschiedenheit der Schußfadenspannung (größere Spannung mit glänzenderem, geringere Spannung mit matterem Faden). Letzteres kann sehr wohl bei den verschiedenen Streckvorgängen (Lüstrieren, Brillantieren der Seide) in Erscheinung treten oder aber in der Weberei selbst (Abspulen von den Kronen auf die Schußspülchen, beim Eintragen des Schusses in das Gewebe usw.) oder durch selbsttätige Spannungsänderungen (Temperatur-, Feuchtigkeitsdifferenzen). Bei Grippé scheiden von den vorgenannten Ursachen aus: Buntfärbung, ungenügende Entbastung der Seide, verschiedene Dicke oder Drehung des Fadens. Es kommen hier nur verschiedene Spannungen in Frage. Wichtig für die Vermeidung dieser Arbeitsfehler ist: völlig gleichmäßiges Rohmaterial, gute Durchführung der Färbung und Erschwerung, gleichmäßige Temperatur und Feuchtigkeit in der Weberei, gleichmäßiger Gang der Maschinen.

Unter Boldern versteht man die Erscheinung einer welligen, krausen oder beuligen Oberfläche, die am häufigsten in Taffetgeweben (Seiden- und Halbseidegeweben) vorkommt. Im Gegensatz zu Barré und Grippé kann das Boldern von der Kette oder vom Schuß herrühren; es kann in einem Stück vereinzelt oder auch regelmäßig wiederkehren. Die Hauptursache der Wellungen ist der Spannungsunterschied in einem Fadensystem. Dieser kann wieder verschiedene Ursachen haben: Webereivorbereitungen (Schußspulen, Schären), Eintragen des Fadens, ungleichmäßiges Laufen des Stuhles, unrichtige Färbereivorgänge (ungleichmäßiges Behandeln beim Lüstrieren, Chevillieren, Anstrecken). Für guten Taffet sind gleichmäßiges Rohmaterial, gleichmäßiger Titer, gleichmäßige Drehung wichtigste Voraussetzungen. Bei ungleichmäßiger Seide oder Fadenspannung ist durch Luftbefeuchtung ein teilweiser Spannungsausgleich erzielbar, weil feuchte Seide elastischer und geschmeidiger ist als trockene (Luftfeuchtigkeit von 60—70% besser als trockene Luft). Beginnt die Ware schon im Webstuhl zu boldern, so wird man den Fehler meist sofort wieder gutmachen können; schlimmer ist es, wenn die Stücke den Fehler erst nach der Ausrüstung zeigen. Dämpfen der Ware kann hier bessernd wirken. Wenn die Ware es erlaubt oder erfordert, so wirkt Naßbehandlung, Riegel- oder Spritzappretur auch günstig.

Boldrige Kunstseide (meist schußboldrig) ist auch auf ungleiche Spannung einzelner Fäden zurückzuführen. Die Erscheinung tritt oft mit auffallender Regelmäßigkeit (Periodizität) auf. Die nicht straffen Schüsse sind als die normalgespannten anzusehen, die straffen haben sich offenbar zusammengezogen und das dazwischenliegende Gewebe zum Aufbeulen gebracht (geringere Warenbreite an den boldernden Fäden). Als Ursache nimmt Oppé in verschiedenen Fällen Überdehnung an. Diese ist wiederum teilweise auf die Feuchtigkeits- und Temperaturverhältnisse der Arbeitsräume, teilweise auf mechanische Ursachen zurückzuführen. Durch ungleiche Feuchtverhältnisse treten lokal differenzierte Feuchtigkeiten im Material auf. Einer Überdehnung ist die Kunstseide viel mehr zugänglich als die Naturseide, weil sie elastisch träge ist, träge Hysterese zeigt und eine hohe Quellbarkeit besitzt. So kann eine Spule mit überdehnten Stellen ins Gewebe gelangen, ohne sich im offenen Fach sofort zusammenzuziehen. Dieses Zusammenziehen erfolgt vielmehr später und ganz allmählich. Peinliche Gleichmäßigkeit der Verarbeitungsbedingungen, bessere Kontrolle der Luftfeuchtigkeit in Arbeits- und Lagerräumen, erforderlichenfalls loses Aufhängen der Kunstseide in Strähnen usw. läßt oft die störende Erscheinung ausbleiben.

Das Kreppen der Gewebe ist dem Boldern sehr ähnlich; es tritt ganz unregelmäßig auf und hat seine Ursache immer in der ungleichmäßig verteilten Drehung des Materials.

Die Batikfärberei.

Die Batik, Batikfärberei oder das Batiken (bedeutet „mit Wachs malen") stellt ein Reservefärbeverfahren javanischen Ursprungs dar, das als kunstgewerbliche Technik für die fabrikmäßige Produktion wenig geeignet ist. Für die Batikbearbeitung sind aller Art Stoffe, neue und gebrauchte, verwendbar, am geeignetsten solche aus Seide, ferner Samt, am wenigsten geeignet aus Wolle, weil letztere beim Färben im allgemeinen eine höhere Temperatur erfordern als Seide und Baumwolle und hierbei die Wachsreserve leicht beschädigt oder entfernt werden kann. Das Charakteristische der Batikware besteht u. a. darin, daß bei ihr die Muster (im Gegensatz zum Zeugdruck und der Jacquardweberei) nicht gleichförmig wiederkehren oder wiederzukehren brauchen, sondern beliebig und frei gehalten werden.

Die Arbeitsweise des Batikverfahrens ist etwa folgende: Erst werden die betreffenden Muster durch direkte Zeichnung oder durch Pausen auf den Stoff gebracht, der alsdann in einen verstellbaren Nadelleistenrahmen derart eingespannt wird, daß er zur Vermeidung des Festklebens auf der Unterlage an keiner Stelle aufliegt. Diejenigen Stellen des Stoffes, die beim nachträglichen Ausfärben nicht angefärbt werden sollen, werden nun durch Überziehen mit Wachs geschützt oder reserviert. Hierzu benutzt man z. B. ein dem javanischen Tjanting (kupfernes Kännchen) nachgebildetes Glastjanting oder füllfederähnliche Stifte, für größere Flächen auch feinere oder gröbere Pinsel. Mit diesen wird das Wachs von bestimmter Temperatur bzw. Konsistenz der Zeichnung entsprechend aufgetragen, so daß es einerseits genügend in den Stoff eindringt (undurchlässige Stoffe werden beiderseitig gewachst), andererseits aber auch nicht ausläuft und die scharfe Musterung nicht verwischt sowie sich unter kaltem Wasser leicht brechen läßt, ohne dabei von den Bruchlinien schuppenförmig abzuspringen. Nach dem Erstarrenlassen des Wachses wird der Stoff in kaltem Wasser genetzt und vorsichtig „gebrochen", wodurch das Wachs kleine Sprünge oder Risse erhält, die beim späteren Ausfärben die Farbstofflösung eindringen lassen und das charakteristische, netzartige Muster der Batikarbeit erzeugen (das „Craquelé"). Außer dieser Wassernetzung lassen sich durch Knittern des Stoffes, Aufdrucken von Figuren, Stechen von Löchern, Wegkratzen des Wachses an bestimmten Stellen usw. die verschiedensten Verzierungen und Effekte hervorrufen. Der Bewertung einer gebatikten Ware ist außer der Schönheit des Musters und der verwendeten Farbtöne auch die Schönheit der Äderung zugrunde zu legen. Von einem schönen Craquelé ist zu verlangen, daß die Adern zart und doch scharf konturiert sind und so satt gefärbt erscheinen, daß sie sich vom Grund deutlich abheben.

Das geeignetste Wachs ist das Japanwachs mit 20% Kolophoniumzusatz. Auch Erdwachs, Bienenwachs mit Zusätzen von Paraffin, Mastix u. a. m. sind verwendbar. Gut brauchbar ist auch eine Paraffin-Kolophonium-Mischung 1:1. Für kleinere Arbeiten empfiehlt Durst reines Bienenwachs oder ein billigeres Gemisch aus 4 Teilen Paraffin und 1 Teil Kolophonium. Hauptbedingung der Wachskomposition ist, daß sie nicht bröckelt, für die Farblösung undurchlässig ist und einen ausreichend hohen Schmelzpunkt hat (etwa 60° C). Die zum Färben verwendeten Farbstoffe sollen 1. vor allem waschecht sein, um der nachträglichen Entfernung des Wachses in kochendem Wasser zu widerstehen, 2. dem jeweiligen Verwendungszweck angepaßt, entsprechende Echtheit, meist Lichtechtheit, aufweisen und 3. sich bei gewöhnlicher Temperatur (bis höchstens bei 30—35° C) gut färben lassen. Diesen Erfordernissen entsprechen am besten die Küpenfarbstoffe, die nur schwach alkalisch anzusetzen und lieber in mehreren kürzeren Zügen als in einem langen Zuge zu färben sind. Alizarinfarbstoffe können nach Art des Färbeartikels (s. d.) gefärbt werden, indem nach Auftragung der Wachsreserve kalt gebeizt und dann kochend gefärbt wird, wobei die Wachsreserve zwar entfernt wird, die reservierten Stellen aber ungefärbt bleiben, weil sie keine Beizung erhalten haben. Zur Herstellung mehrfarbiger Muster wird mehrmals mit Wachs reserviert und mehrmals gefärbt. Das Entfernen des Wachses geschieht nach dem

Färben durch Abkochen unter Wasser und Abheben des geschmolzenen Wachses, besser des erstarrten Wachskuchens, von der Oberfläche des Bades. Feinere Seiden- und Samtgewebe können auch durch Tetrachlorkohlenstoff, Benzin od. ä. oder durch Ausbügeln zwischen Zeitungspapier entwachst werden.

Apparate der Seidenfärberei.

Zum Färben der Strangseide dienen für kleinere Partien gewöhnlich Kupferkessel, für größere Partien Wannen oder Barken aus Kupfer und Bottiche aus Holz (besonders für Schwarzfärbungen). Die Reinigung der Kupfergeschirre erfolgt durch Auskochen mit Soda und etwas Bastseife sowie durch Ausscheuern mit verdünnter Schwefelsäure.

Das Erwärmen der Bäder findet mittels am Boden liegender Schlangenröhren statt (mit direktem oder indirektem Dampf); für die fahrbaren Geschirre verwendet man in Kugellagern drehbare und so zum Einstecken besser geeignete Dampfröhren, an die durch Bajonettverschluß noch ein Kochrohr angeschraubt werden kann.

Die Strangseide kommt in gleicher Weise wie Wollgarn auf glatte Stöcke, und zwar verteilt man 1 kg unerschwerte Seide meist auf 4, erschwerte Seide meist auf 5—6 Stöcke. Stückware und Plüsche in feinerer Qualität werden aus stranggefärbter Seide gewebt. Billigere leichte Seiden- und Halbseidenstoffe färbt man im Stück in einer Holzkufe mit Handhaspel, über der das Stück frei läuft. Man geht in der gleichen Weise zurück, sobald das Ende der Ware erreicht ist. Das Färben im Stück kommt immer mehr in Aufnahme (Libertys, Schantung, Bastseide, Pongées, Lumineux usw.); Stückware wird neuerdings auch erschwert (Stückerschwerung, Erschwerung von Band usw.), meist aber in geringerer Höhe als Strangseide. Die Stückerschwerung erfordert große Umsicht und Erfahrung, zumal da man außer mit der Gewichts- auch mit der Volumenzunahme der Seide durch die Erschwerung zu rechnen hat.

Beim Entbasten von Seidenstückware ist es zweckmäßig, die Ware breit auf besonderen Maschinen zu behandeln, damit keine Falten entstehen. In der Halbseidenfärberei hat sich beispielsweise der sogenannte Sternapparat eingeführt (s. Abb. 81). Das Färben der Stückware wird nach den allgemeinen Verfahren ausgeführt, meistens im Glaubersalz- und Säurebade.

Das Erschweren der Stückware geschieht sowohl mit Gerbstoffen als auch mit Zinnbeizen. Die leichteren Stoffe und Bänder, gewebt aus Grègekette und Grègeeinschlag (Lumineux), erschwert man nach dem Zinnphosphatsilikatverfahren ohne Tonerde bis zu 60—70% ü. p. und vereinzelt noch höher. Die Stücke werden in Strangform aufgehaspelt; durch lockeres Zusammenheften der Kanten wird verhindert, daß sich die Ware verschiebt und verwirrt. Manchmal wird auch im Rohzustande erschwert, dann erst entbastet und gefärbt. Ist das Gewebe zu dicht, so entstehen leicht Brüche.

Die zum Waschen von Strangseide fast allgemein benutzten Waschmaschinen sind die Langwaschmaschinen (s. Abb. 121).

Gerber-Wansleben, Crefeld, bauen eine Strangfärbemaschine mit 20 Häspeln auf jeder Seite. Vor dem Färben werden die Stränge außerhalb des Färbebades gleichmäßig auf die Häspel aufgelegt, welche nach dem Färben durch Wasserdruck von 4 at wieder aus dem Bad gehoben werden. Zum Eingehen in das Bad öffnet man den Wasserhahn, wodurch die Häspel bis zum Antriebsrad in das Bad sinken und dann abwechselnd sich einige Zeit nach rechts und einige Zeit nach links drehen. Zugleich wird das Bad durch besondere Schläger beliebig stark oder schwach in Bewegung gesetzt. Der obere Teil des Apparates ist drehbar, so daß die auf einer Seite aufgelegten Stränge auch in die gegenüberliegende Barke eingelassen werden können (s. Abb. 152).

Sehr verbreitet haben sich in letzter Zeit die Beiz- und Erschwerungszentrifugen für Chlorzinn, Eisenbeize, Phosphat usw. Die Seide wird in diese Apparate eingelegt und die betreffende Flüssigkeit mittels einer Pumpe durch die Seide gepumpt. Bei der verbreiteten Pinkzentrifuge läuft das Chlorzinn zunächst aus einem höher stehenden Behälter durch

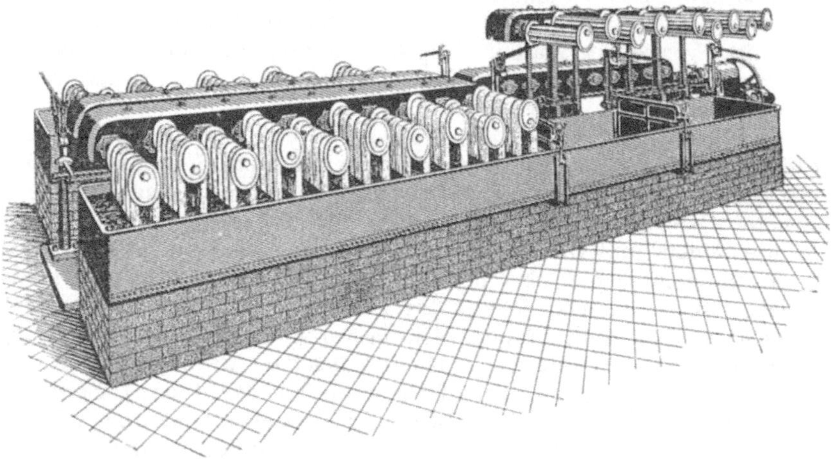

Abb. 152. Strangfärbemaschine für Seide (Gerber-Wansleben).

ein Einlaufrohr in das Innere der Zentrifugentrommel. Die Zentrifuge läuft nur langsam, die Lösung durchdringt die Seide und tritt durch die durchlochte Seitenwand der Trommel in eine Mulde, aus der sie in einen tiefer stehenden Behälter abfließt. Von da wird die Beize wieder in das obere Sammelgefäß gepumpt, fließt wieder durch die Seide usf. Das Einlaufrohr, das das Chlorzinn in die Zentrifuge führt, ist mit einem Hahn versehen, durch den die Zuführung der Beize beliebig geregelt werden kann. Die Beizung dauert in der Regel $1-1^1/_2$ Stunde, dann wird das Zuflußrohr geschlossen und der Trommelinhalt vollständig ausgeschleudert. Da Chlorzinn stark sauer reagiert, ist säurefestes Material für den Apparat erforderlich; aus diesem Grunde ist die Zentrifugentrommel in der Regel mit Kautschuk dicht überzogen (s. a. Ley: a. a. O.).

In Schweizer Seidenfärbereien wird eine Natron- oder Phosphatzentrifuge (Burckhardt in Basel) viel gebraucht.

Die Erschwerung oder Chargierung der Seide.

Allgemeines. Das Chargieren oder, wie in der Praxis meist gesagt wird, das Erschweren[1]) der edlen Seide findet zum größeren Teil im Strang statt, und zwar am weitaus häufigsten im Zustande der abgekochten Seide. Als Rohseide wird Seide heute nur selten, als Soupleseide dagegen wieder recht häufig erschwert. Der Seidenbast ist an sich also kein Hinderungsgrund für die Erschwerungsprozesse. Früher hat man die Seide vielfach im Rohzustande erschwert und nachträglich entbastet, um so zu erschwerter Cuitseide zu gelangen; heute sind diese Verfahren fast ganz außer Gebrauch; man erschwert fast immer in dem Zustande, in dem die Seide in den Handel gelangt, also Cuitseide als Cuitseide usw.

Außer in Strangform (als Garn) wird Seide in letzter Zeit immer mehr in Form von Geweben (nach denselben Arbeitsverfahren wie Garn) chargiert; besonders sind es billigere Bänder, dann auch Pongées, Lumineux und andere stückgefärbte Damenkleiderstoffe. Man ist heute also auch bei stückfarbiger Seidenware nicht mehr sicher, unerschwerte Seide zu erhalten. Schwere und bessere Kleiderstoffe, Krawattenstoffe usw. werden ausschließlich im Garn erschwert und gefärbt.

Auch die wilden Seiden (Tussahseide usw.) sind in mäßigem Grade chargierbar; da sie aber eine nur sehr beschränkte Erschwerungsfähigkeit besitzen, so werden sie nur selten oder kaum erschwert.

Die Erschwerung geht der Färbung meist voraus, wird also gesondert durch bestimmte Prozesse bewerkstelligt; bisweilen geht sie aber auch mit der Färbung Hand in Hand, indem sie entweder eine sekundäre Erscheinung der Färbung (Seidenschwerschwarz mit Blauholzextrakt) bildet oder gleichzeitig mit dem Färben vorgenommen wird (Zusatz von Gallus- oder Sumachextrakt zum Färbebad); manchmal wird sie sogar nach dem Färben ausgeführt (Nachbehandlung der Färbung mit Gerbstoffen). Letztere Fälle bilden mehr oder weniger selten erzeugte Spezialitäten (z. B. die sogenannte Charge végétale bei Couleurfärbungen).

Wird die Seide gebleicht, so geschieht dieses in der Regel auch vor dem Erschweren und nach dem Entbasten. Bisweilen vereinigt man aber auch das Bleichen mit der Wasserglaserschwerung (Zusatz von Wasserstoffsuperoxyd zum Wasserglasbade).

Wie der Name Erschwerung oder Erschweren bereits zum Ausdruck bringt, wird durch diesen Prozeß ein Gewichtszuwachs oder eine Gewichtsvermehrung erzielt. Dieser Gewichtszuwachs, nach dem die ganze Operation benannt ist und gemessen wird, und der den am meisten in die Erscheinung tretenden Effekt des Arbeitsvorgangs darstellt, ist trotzdem nicht der einzige, vielleicht nicht immer der wichtigste Effekt der Chargierung, sondern häufiger gewissermaßen eine sekundäre Erscheinung, eine Begleiterscheinung der Volumenvermehrung bzw. des Aufquellens des Seidenfadens. Durch diese Volumen-

[1]) Man spricht von der Erschwerung oder Chargierung der Seide, aber immer nur von der Beschwerung der Baumwolle. Diese beiden Prozesse sind wesensverschieden. S. Fußnote auf S. 487. Auch Kunstseide läßt sich in gewissen Grenzen erschweren, was aber in der Praxis nicht geschieht.

zunahme, die für jedes besondere Verfahren und jede Erschwerungshöhe mikrometrisch gemessen und kontrolliert werden kann, entsteht der Vorteil eines dickeren Fadens, einer größeren Gewebefläche oder letzten Endes der Vorteil der Materialvermehrung und -verbilligung.

Eine unbeabsichtigte Gewichtszunahme oder Erschwerung findet auch bei manchen Färbe- und Beizvorgängen der Seide statt, z. B. beim Beizen der Seide mit Eisenbeizen sowie sonstigen metallischen Beizen, bei der Gerbstoffbehandlung und bei dem Färben z. B. mit Blauholzextrakt. So hergestellte Färbungen können aber nicht immer ohne weiteres als erschwert bezeichnet werden, weil eine gewisse Gewichtszunahme zur Erreichung mancher Färbungen und Wirkungen unvermeidlich ist. Die Frage, wo eine Seide noch als unerschwert und wo sie schon als erschwert zu gelten hat, kann nur von Fall zu Fall entschieden werden.

Dem Charakter nach unterscheidet man die Erschwerungen als mineralische (Charge minérale), pflanzliche oder vegetabilische (Charge végétale) und gemischte (Charge mixte). Die erste Erschwerung enthält lediglich mineralische, die zweite lediglich pflanzliche und die dritte eine Mischung von mineralischen und pflanzlichen Stoffen. Für das Erschweren der sogenannten Couleuren (Couleurerschwerung), d. h. der farbigen und weißen Seiden, kommt vor allem die rein mineralische Zinnphosphatsilikaterschwerung, in sehr geringem Grade die pflanzliche und die gemischte Charge in Betracht. Für Schwarz (Schwarzerschwerung) kommt fast ausschließlich die gemischte Charge zur Verwendung; doch schwankt bei Schwarz das Verhältnis der mineralischen zu der pflanzlichen Charge innerhalb weiter Grenzen.

Als Ausgangspunkt für die Ausdrucksform der Erschwerungshöhe dient das Parigewicht oder das Rohgewicht, d. h. das Gewicht der Rohseide. Das Gewicht der erschwerten Seide wird auf dieses Rohgewicht bezogen und die Charge in Prozenten „über pari" oder „unter pari" (abgekürzt „ü. p." und „u. p.") angegeben. Werden z. B. 100 kg Seide (Rohseide) entbastet und daraus 78 kg entbastete Seide wiedergewonnen, so ist letztere 22% unter pari oder u. p. Statt diese Differenz zu 100 anzugeben, wird bei Chargen unter pari ebenso auch das effektive Endgewicht angegeben, also im vorliegenden Falle: 78% u. p. Werden die entbasteten 78 kg Seide weiter erschwert und am Ende 150 kg erschwerte Seide daraus erhalten, so ist die Seide 50% ü. p. erschwert; werden 200 oder 300 kg erschwerte Seide erhalten, so liegen Chargen von 100 bzw. 200% ü. p. vor usw.

Es erhellt aus dieser Berechnungsart, daß die Erschwerungsangabe nicht direkt das Verhältnis von Erschwerungsstoffen zu effektiver Seidenfaser wiedergibt, da bei einer Erschwerung von z. B. 100% ü. p. nicht 100 Teile Erschwerungsstoffe in 100 Teilen effektiver Seidenfaser, sondern in 100 Teilen ursprünglicher Rohseide enthalten sind, von der noch etwa 22% Bast, die beim Entbasten verlorengehen, durch Erschwerung ersetzt worden sind. Das Verhältnis von Seidenfaser zu Charge ist also nicht 100 : 100, sondern = 78 : 122, und die Seide enthält nicht 100% ihres Eigengewichtes an Erschwerungsstoffen, sondern rund 156% (78 : 122 = 100 : x; x = 156,4).

Die ungefähre Höhe der verlangten Erschwerung schreibt in der Regel der Seidenweber dem Lohnfärber vor[1]). Ein sicheres und genaues Treffen einer bestimmten Charge ist technisch nicht möglich, da die jeweils erreichte Erschwerung von vielen Umständen abhängt, die der Färber nicht in der Hand hat: von der Art und Herkunft der Seide (vor allem vom Bastgehalt der Seide), ihrer Drehung und Zwirnung, der jeweiligen Feuchtigkeit der Seide bei Ein- und Ablieferung, dem Zustande der Erschwerungsbäder usw. Aus diesem Grunde wird dem Färber ein gewissser Spielraum gewährt, der 10—20% beträgt.

So wird beispielsweise in den Betrieben des europäischen Seidenfärbereiverbandes die Erschwerung innerhalb je folgenden Spielraums vorgeschrieben; für Couleuren: 10% u. p. bis 5% ü. p., 5—20% ü. p., 20—35% ü. p., 35—50% ü. p., 65—80% ü. p., 80—100% ü. p.; für Schwarz: 90 bis pari, pari bis 10% ü. p., 10—20% ü. p. usw. bis 70—80% ü. p. von 10 zu 10%; dann: 80—100% ü. p. usw. von 20 zu 20% bis 180—200% ü.p.; für Souple dann noch weiter: 250—300% ü. p., 300—350% ü. p. usw. Die Schreibweise ist in der Regel 70/80%, 180/200% usw.

Souple- und Hartseide braucht zur Erreichung einer bestimmten Charge nicht soviel Erschwerungsmittel aufzunehmen wie Cuitseide, da bei ersteren der Bast zum größten Teil bzw. ganz der Faser erhalten bleibt und also nicht durch Chargierungsmittel ersetzt wird. Das Verhältnis von Faser zu Charge würde demnach — um bei einer Erschwerung von 100% ü. p. zu bleiben — bei Cuitseide sein: 78 : 122, bei Soupleseide etwa: 93 : 107 und bei Hartseide etwa: 99 : 101, so daß jedesmal die Summe von Faser und Erschwerung 200 beträgt.

Über die Theorie der Erschwerungsprozesse, unter denen die Erschwerung mit Chlorzinn an erster Stelle steht, ist man bis heute verschiedener Ansicht. Die primären Prozesse (s. auch unter Theorie der Färberei S. 355) werden einerseits rein mechanisch und physikalisch, teils chemisch und chemisch-physikalisch gedeutet. Für letztere Auffassung spricht eine Reihe von Beobachtungen von Heermann, Ristenpart, Fichter und Müller u. a. m., während Sisley, Ley, Stern u. a. annehmen, daß das Chlorzinn beim Beizen in die Faser eindringt, beim Waschen in freie Salzsäure und Zinnoxydhydrat dissoziiert und das letztere dann, da es nicht mehr hinausdiffundieren kann, in der Faser verbleibt. In jüngster Zeit vertritt Elöd folgende Auffassung: Die Seidensubstanz unterliegt bereits bei gewöhnlicher Temperatur einem partiellen Abbau durch die im Chlorzinnbade enthaltene, hydrolytisch abgespaltene Salzsäure. Die dabei entstehenden basischen Abbauprodukte begünstigen die Hydrolyse der in die Faser hineindiffundierten Chlorzinnlösungen und bewirken dadurch, daß ein Teil der Zinnsäure bereits vor dem Waschprozesse innerhalb der Faser ausfällt. Der größte Teil der Zinnsäure wird nach Elöd dann später im Verlauf der im Waschprozeß erfolgten weiteren Hydrolyse der Chlorzinnlösungen in der Faser als Kolloid ausgefällt.

Entwicklung der Seidenerschwerung. Die ersten Versuche der Seidenerschwerung lassen sich nicht feststellen. Sie waren äußerst primitiver Natur und bis in die 70er Jahre des vorigen Jahrhunderts von keiner erheblichen Bedeutung. Zuerst waren es nur Beschwerungen mit indifferenten Lösungen von Zucker, Chlormagnesium u. dgl. m.; sie bestanden einfach in einem Tränken der fertig gefärbten Seide, z. B. mit einer Zuckerlösung von etwa 10—12° Bé usw. Durch Trocknen der Seide erhielt man, je nach Konzentration der Zuckerlösung und dem Grade des Auswringens oder Ausschleuderns und unter Vermeidung jeglichen Waschens oder Spülens der Seide eine Beschwerung von mehreren Prozent und zugleich einen für gewisse Artikel (z. B. Bänder) nicht unerwünschten, milden Griff. Um die Fliegen von der gezuckerten Seide fernzuhalten, wurden der Imprägnierungsflotte

[1]) Da die Seidenwebereien in der Regel nicht selbst färben und erschweren.

Bittersalz, Quassia, Koloquinten u. ä. zugegeben. Diese Imprägnierung mit der Seide gegenüber indifferenten Stoffen ist der modernen Erschwerung der Seide durchaus wesensfremd, vielmehr der Baumwollbeschwerung an die Seite zu stellen. Ihr Hauptcharakteristikum ist, daß überhaupt keine Fixation oder Bindung der Beschwerungsmittel auf der Faser stattfindet, so daß diese nach der Imprägnierung nicht gewaschen werden darf und auch nach dem Austrocknen nicht wasserecht ist, indem Wassertropfen Flecke und Kränze auf der Ware erzeugen. Diese Zuckercharge wird heute überhaupt nicht mehr angewandt.

Völlig wesensverschieden hiervon ist die später aufgekommene Seidenerschwerung, die auf einer Affinität oder chemischen Verwandtschaft der Fibroinfaser (auch des Seidenbastes) zu den Erschwerungsstoffen beruht. Das Hauptcharakteristikum dieser Erschwerung ist eine waschechte Fixation oder Bindung der Erschwerungsstoffe auf der Faser. Ein gründliches Auswaschen sämtlichen Überschusses der nicht fixierten Stoffe ist sogar Bedingung für guten Ausfall der Ware und für die Erhaltung der edlen Eigenschaften der Seide, des Glanzes und des Griffes.

Einen Übergang zu dieser waschecht fixierten Erschwerung bildet die heute noch in mäßigem Umfange gebräuchliche Gallus- und Sumacherschwerung der couleurten Seiden (Gallierung, Schmackierung der Seiden). Gallus- und Sumachgerbsäuren (ebenso wie Tannin) haben zwar eine gewisse Verwandtschaft zur Seide; dieselbe ist aber nicht unbeschränkt und liefert deshalb nicht völlig wasserechte Erschwerungen. Man vermeidet deshalb bei diesem Arbeitsverfahren ausgiebiges, erschöpfendes Waschen oder Spülen, während letzteres z. B. bei der Zinnerschwerung unerläßlich ist. Diese Behandlung der Seiden mit Gerbsäuren vor, während oder nach dem Ausfärben hat als pflanzliche Erschwerung in den 70er und 80er Jahren des letzten Jahrhunderts eine große Rolle gespielt und bürgerte sich nach der Zuckererschwerung schnell und allgemein ein (Charge végétale). Ein Mißstand hierbei war nur, daß die Gerbstoffbäder stets bräunliche oder gelbliche Farbstoffe enthalten, wodurch die Reinheit der Nuancen der gefärbten Seiden beeinträchtigt wird. Auch war die Charge in quantitativer Beziehung immer nur beschränkt geblieben, da die wiederholte oder repetierte Gerbstoffbehandlung keinen weiteren Gewichtszuwachs (keine Rendementvergrößerung) brachte. Gebleichte Gerbstofflösungen haben zwar den Übelstand des Anschmutzens der Seide etwas vermindert, aber nicht gänzlich beseitigt, da ganz helle, klare Farben und Weiß auch durch gebleichte Gerbstoffe angeschmutzt werden.

Deshalb wurde nach geeigneten Chargen für Weiß usw. gesucht. Ende der 70er Jahre führte Meister die Wolframcharge ein, die eine für die damalige Zeit befriedigende, griff- und glanzreiche Charge auch für Weiß und helle Farben lieferte. Der Nachteil dieses Verfahrens bestand aber in der geringen Wirksamkeit (es konnten nur 5—10% Charge erzielt werden) und im hohen Preis des Ausgangsmaterials.

Um das Jahr 1880 wurde die Zinncharge entdeckt und allmählich allgemein eingeführt. Diese Entdeckung bildet einen Markstein in der Geschichte der Seidenindustrie. Man arbeitete erst versuchsweise mit dem sogenannten Pinksalz, der Chlorzinn-Chlorammonium-Verbindung, das zuerst von Lyon aus in den Handel kam. Nach kurzer Zeit wurde das Pinksalz durch das Chlorzinn (s. d.) völlig verdrängt, das heute noch in den Betrieben als Pinke oder Pink und das Behandeln der Seide mit Lösungen desselben als das Pinken bezeichnet wird. Die Seide wird in kalte, konzentrierte Chlorzinnbäder von etwa 20—30° Bé (meist 30° Bé) 1—$1^1/_2$ Stunde eingelegt bzw. in denselben bewegt, dann ausgedrückt oder ausgeschleudert und schließlich gründlich gewaschen. Nach dieser Behandlung bleibt in der Seidenfaser Zinnoxydhydrat zurück, während sämtliches Chlor bis auf kleine Restspuren als Salzsäure beim Waschen entfernt wird. Die Seide wird durch diese Behandlung voluminöser und schwerer, ohne daß dabei der charakteristische Seidenglanz und -griff beeinträchtigt wird. Durch Wiederholung der Beiz- oder Erschwerungsbehandlung findet immer wieder neue Zinnaufnahme und damit Gewichts- und Volumenvermehrung statt; die Seide muß nur nach jedem Zinnbad (Passage) gut ausgewaschen und neutralisiert und das Zinnoxyd fixiert werden oder — wie der Färber sagt — die frei gewordene

Säure muß abgetötet werden, was durch eingeschobene Soda-, Alkali- oder Seifenbäder erreicht wird. Was der Erschwerungstechnik mit Zinn besonders zugute kommt, ist noch, daß jede nachfolgende Zinnpassage die voraufgegangene in bezug auf Gewichts- und Volumenzunahme im allgemeinen übertrifft. Hieraus ergibt sich nicht nur die Möglichkeit, die Erschwerung unbeschränkt hoch zu treiben, sondern die höheren Erschwerungen werden auch mit geringerem Arbeitsaufwand (wenngleich mit entsprechendem Materialmehraufwand) erzielt. Während z. B. die erste Zinnpassage nach der Neutralisation mit Soda etwa 7—8% Gewichtszuwachs einbringt, gibt jede nächste Passage etwa 1—$1^1/_2$% mehr, so daß nach 7—8 Zügen oder Passagen bis zu etwa 90—100% Gesamterschwerung erhalten werden kann. Allerdings können die absoluten Gewichtszunahmen je nach Art der Seide usw. sehr schwanken.

Aber schon bei verhältnismäßig niedrigen Erschwerungen dieser Art hatte man bald beobachtet, daß sich die erschwerte Seide, namentlich unter dem Einfluß des Lichtes, eigentümlich veränderte. Es kam vor, daß bei so erschwerter Seide schon auf dem Webstuhl, beim Gebrauch der Seidenstoffe (z. B. bei Sonnenschirmen) oder auf dem Warenlager sehr schnell eine ganz erhebliche Verminderung der Festigkeit und Elastizität eintrat und unter Umständen Löcher und Risse entstanden. Diese Erscheinung ist auf den basischen Charakter des in der Faser abgelagerten Zinnoxydes zurückzuführen. Das Zinnoxyd ist nicht indifferent, wirkt vielmehr einerseits als Base, anderseits als Sauerstoffüberträger und zieht so die Seide in Mitleidenschaft.

Es galt also, das aktive Zinnoxyd in indifferente, inaktive Körper überzuführen, und dieses geschah zunächst durch Übergang von der rein metallischen zu der gemischten Erschwerung (Charge mixte), d. i. zu einer Vereinigung der Zinnerschwerung mit der alten pflanzlichen Erschwerung (Charge végétale, à la galle). Es wirken hier zwei Erschwerungsstoffe 1. primär auf die Seidenfaser ein; 2. läuft außerdem eine sekundäre Reaktion nebenher, indem sich auf der Faser gerbsaures Zinn bildet. Dadurch wird aus dem aktiven Zinnoxyd das chemisch inaktive gerbsaure Zinn gebildet, oder das aktive Zinnoxyd wird desaktiviert. Dieses Arbeitsverfahren bietet aber dieselben Nachteile in bezug auf Anfärbung oder Anschmutzung der Faser wie die reine Galluserschwerung; sogar in noch erhöhtem Maße, insofern nicht nur die Farbstoffe der Gerbstoffbäder primär färbend wirken, sondern auch das gebildete gerbsaure Zinn gelblich gefärbt ist. Hierdurch entstanden leicht Unegalitäten, und das Verfahren erwies sich für Weiß nicht brauchbar. Durch große Umsicht der Färber ist es jedoch möglich geworden, diese Schwierigkeiten zu überwinden, und so hat die Charge mixte bis zu Anfang der 90er Jahre eine große Rolle gespielt.

Kurz nach Entdeckung der Zinnsodaerschwerung wurde in Lyon auch die Zinnphosphaterschwerung entdeckt, die einen außerordentlichen Fortschritt in der Erschwerungstechnik der Seide bildete. Sie erhöht das Gewicht der Seide durch weitere Aufnahme von Phosphorsäure sehr erheblich und führt das aktive Zinnoxyd in das indifferentere Zinnphosphat über. Merkwürdigerweise fand dieses Verfahren aber in der Schwarzfärberei zunächst sehr wenig Beachtung.

Mit einem Schlage gelangte dieses Verfahren für Couleuren zu allergrößter Bedeutung, als man lernte, neben dem Phosphat auch das Wasserglas der Erschwerung dienstbar zu machen. Durch Übersetzen der Zinnphosphaterschwerung mit Wasserglas erzielte man nach dem Neuhausschen Patent im Jahre 1893 in Verbindung mit hohem Glanz eine so gewaltige Erschwerung und Schwellung des Fadens, daß alles bis dahin Erreichte in den Schatten gestellt wurde. Als dieses Zinnphosphatsilikatverfahren Eingang gefunden hatte, war es mit den alten Erschwerungen für Couleuren (végétale, métallique, mixte) im allgemeinen vorbei, denn diese alle waren einer so leicht herzustellenden, billigen, reinen und glänzenden Charge, welche die größten Gewichte für alle Nuancen erlaubte, nicht gewachsen. Diese neue Errungenschaft der Technik führte leider bald zu ungeheuerlichen Übertreibungen, indem Waren mit den unglaublichsten Erschwerungen und zu unerhört billigen Preisen auf den Markt kamen und die Seide richtig volkstümlich machten. Leider folgte bald ein schreckhaftes Erwachen aus dem Traum, denn nun kamen allmählich die schlimmen Erfahrungen mit der auf diese Weise hoch erschwerten Seide in bezug auf Haltbarkeit auf dem Lager oder beim Tragen zum Vorschein. Diese Erfahrungen und Verluste großer wirtschaftlicher Werte drängten die beteiligten Kreise zur Mäßigung, die sich vorübergehend u. a. in Vereinbarungen äußerte, nicht über gewisse Erschwerungshöhen hinauszugehen. Man kann sagen, daß die Technik schnell gelernt hat, das richtige Maß einzuhalten und, je nach Art des Artikels und dessen Beanspruchung, die Erschwerungen entsprechend einzurichten.

Die Neuhaussche Erschwerung ist mit geringen Abänderungen bis zum heutigen Tage in der Couleurerschwerung herrschend geblieben. Die Hauptabänderung besteht heute nur darin, daß man zwischen das letzte Phosphat- und das Wasserglasbad vielfach ein Bad von schwefelsaurer Tonerde einschiebt (Zinnphosphattonerdesilikaterschwerung). Während nun Zinn- und Phosphatpassagen (je nach der gewünschten Erschwerungshöhe) beliebig oft gegeben werden können, wird das Tonerdesulfat- und das Wasserglasbad nur einmal, und zwar am Schlusse der Zinn- und der Phosphatbäder angewandt.

Trotz der vervollkommneten Technik und der eingeschränkten Erschwerung haben im Laufe der Zeit die Erfahrungen gelehrt, daß selbst innerhalb einer mäßigen Erschwerungshöhe (z. B. bei Erschwerungen von 20/35 oder 35/50% ü. p.) Verhältnisse eintreten können, denen der Färber machtlos gegenübersteht und durch die mit der Zeit Festigkeit und Haltbarkeit der Seide doch schwer bedroht werden. Bekannt sind in dieser Beziehung u. a. die sogenannten „roten Flecke", die um das Jahr 1898 in Seidenstoffen epidemisch auftraten und große Werte vernichteten. Nach den Untersuchungen von Gnehm und Sisley sind diese roten Flecke auf geringe Mengen von Kochsalz zurückzuführen, die durch bestimmte Katalysatoren (und die durch diese hervorgerufene Bildung von freiem Chlor) eine geradezu vernichtende Wirkung äußern. Seitdem hat man wieder gelernt, durch größere Vorsicht und Reinlichkeit die Seide von kochsalzhaltigen Stoffen und katalytisch wirkenden Metallspuren (Schweiß der Hände, Tabaksaft, Kupfermünzen usw.) möglichst freizuhalten und durch Imprägnierung der fertig gefärbten Seide mit bestimmten Schutzmitteln die Bildung der mit der Zerstörung der Seide einhergehenden roten Flecke fast ganz hintanzuhalten. Zu solchen wirksamen (reduzierend wirkenden) Mitteln gehört z. B. das Rhodankalium (Meister), der Thioharnstoff oder Sulfoharnstoff (Gianolis Patent), das Hydroxylamin, das Formaldehydbisulfit u. a. Die nach diesen Schutzverfahren hergestellte Färbung nennt man „Solidfärbung" oder „S-Färbung", die sich in erster Linie auf die nach dem Gianolischen oder dem Mailänder Verfahren hergestellte Schutzbehandlung bezieht. Vor dem Rhodanverfahren hat das Thioharnstoffverfahren u. a. den unleugbaren Vorzug, daß der bei letzterem angewandte Thioharnstoff mit Eisensalzen keine Färbungen liefert, während Rhodanverbindungen rotgefärbte Eisenverbindungen liefern und dadurch Flecke auf der Ware erzeugen können. In neuester Zeit wurden wieder weitere, angeblich noch wirksamere Schutzstoffe und Schutzbehandlungen, z. B. von Korselt, auf den Markt gebracht bzw. zum Patent angemeldet, die zum Teil noch nicht erprobt sind.

Schwerschwarz. Teils Hand in Hand mit der Couleurerschwerung, teils gesondert hiervon und ihre eigenen Wege gehend, entwickelte sich die Technik der Erschwerung für Schwarz, des Schwerschwarz. Die Erzeugung des letzteren unterscheidet sich von der Couleurerschwerung vor allem dadurch, daß bei ihm gewisse Stoffe und Beizen angewandt werden dürfen, die sich bei den Couleuren durch ihre Eigenfarbe von selbst verbieten: Eisenbeizen, Chrombeizen, Berlinerblaugrund, dunkle Gerbstoffe (vor allem der Katechu) usw.

Zunächst suchte man durch Wiederholung der Eisenbeizenpassagen, die bis zu 10 mal hintereinander und mehr gegeben wurden, eine möglichst hohe Erschwerung zu erzielen. Dann lernte man, das auf der Faser fixierte Eisenoxyd mit Hilfe von Ferrozyankalium und Salzsäure in Berlinerblau überzuführen. Durch weitere Behandlung mit Gerbstoffen, vor allem mit Katechu, wurde das Gewicht der Seide weiter erhöht, und durch Ausfärbung mit Blauholz bzw. Blauholzextrakt erhielt man noch höhere Chargen. Als dann die Zinnerschwerung aufkam, begann man mit der Kombination von Eisen- und Zinnerschwerungen, später mit der Eisenzinnphosphaterschwerung usw. Auf solche Weise gelangte man zu einer großen Reihe von verschiedenen Arbeitsverfahren, die eine außerordentliche

Variationsfähigkeit gestattete: eisenhaltiges und eisenfreies Schwarz, Berlinerblaugrund, zinnhaltiges oder zinnfreies, zinnphosphathaltiges, eisenoxydulhaltiges Schwarz usw. unter größerer oder geringerer Mithilfe von Gerbstoffen und Hämatein bzw. Hämatoxylin. Je nach Höhe der Erschwerung, je nach Nuance des verlangten Schwarz, je nach Art des Artikels hatte der Färber zur Erreichung seines Zieles mit der Zeit eine Fülle von Hilfsmitteln zur Verfügung. Dabei blieb als Farbstoff das Blauholz herrschend, das bis zum heutigen Tage dem Andrang der künstlichen Teerfarbstoffe beim Seidenschwerschwarz standgehalten hat.

Verhältnismäßig neueren Datums ist das eisenfreie Monopolschwarz und das modifizierte Heermannsche Monopolschwarz, das sich von ersterem durch besonders große Inkorporierung (80—100%) von Hämatoxylin und somit durch überwiegende pflanzliche Erschwerung auszeichnet (s. weiter unten).

Das Zinn durch billigere Metalle zu ersetzen, ist selbst bei allen Anstrengungen der Industrie in der zinnknappen Kriegszeit nicht gelungen. Erwähnt seien hier die Vorschläge von Stern und der Deutschen Gasglühlicht-A.-G. (Auergesellchaft), Zeriterden und besonders das Zirkon einzuführen, die Vorschläge von Roth, das Fluorchrom zu verwenden, die neueren Vorschläge Elöds (D. R. P. 389 813, 1921), an Stelle des Chlorzinns komplexe Stanniformiate zu verwenden u. a. m.

Besondere Arbeitsverfahren der Seidenerschwerung.

Von den vielen Arbeitsverfahren der Seidenerschwerung seien nachfolgend die wichtigsten für Couleuren und für Schwarz in den Grundzügen wiedergegeben. Die nachfolgenden Angaben können naturgemäß keinen Anspruch auf Vollständigkeit machen; ebenso kann nicht auf alle Einzelheiten der Verfahren eingegangen werden.

I. Couleurerschwerungen von Cuitseide.

a) Erschwerung mit Gerbsäure (Charge végétale). Man benutzt Gerbstoffe, die die Seide möglichst wenig anfärben oder anschmutzen, z. B. Galläpfel, gebleichten Gallusextrakt, gebleichten Sumachextrakt. Diese Gerbstoffe bewirken eine erhebliche Schwellung des Fadens und bei Cuitseide eine Erschwerung nahezu bis pari, bei Soupleseide etwa bis 20/30% ü. p. Für Weiß und ganz helle, klare Nuancen ist diese Erschwerung, wie schon erwähnt, nicht verwendbar, da die Seide auch bei gebleichten Gerbstoffen etwas angefärbt oder angeschmutzt wird. Anfangs hatte man die Gerbsäure vor dem Färben verwendet und zum Teil nach dem Färben nochmals zur Anwendung gebracht („nachgalliert“ oder „nachschmackiert“); heute wird meist mit 100—200% Extrakt von 25—28° Bé im Färbebade selbst erschwert. Die Gerbstofflösung wird dem heißen, meist ganz oder größtenteils erschöpften Färbebade zugegeben, die Seide wieder aufgestellt und langsam im Bade erkalten gelassen. Die Avivage auf frischem Bade bildet dann den Schluß der Behandlung.

Wenn die Seide zuviel Gerbstoff aufgenommen hat (zu stark gegerbt ist), erhält sie zuweilen einen stumpfen Griff. In solchen Fällen kann ein Teil der Gerbsäure durch ein lauwarmes, fettes Seifenbad oder schwefelsaures Bastseifenbad wieder abgezogen werden. Vielfach wird hierbei der Farbton verändert, der dann durch neues Ausfärben oder Nuancieren wiederhergestellt werden muß; nötigenfalls ist auch wieder neu zu erschweren.

b) Zinnphosphatsilikaterschwerung (Neuhaus-Charge). Die heute fast allgemein übliche, mineralische Zinnphosphatsilikaterschwerung (mit oder ohne Einschiebung eines Tonbades) wird etwa, wie folgt, gehandhabt. Sie besteht in einer Anzahl von Einzelprozessen, die innerhalb gewisser Grenzen verschieden ausgeführt werden können.

1. Die entbastete Seide wird auf ein kaltes Chlorzinnbad von 28 bis 32° Bé (meist mit einem kleinen Überschuß von freier Salzsäure) 1 bis $1^1/_2$ Stunden gestellt, dann gut ausgeschleudert und gut auf der Waschmaschine gewaschen. (In Großbetrieben wird das Zinn bzw. Zinnoxyd aus den Waschwässern wiedergewonnen.) Nach dem Ausschleudern kommt die gewaschene Seide 1 Stunde auf ein Bad von Natriumphosphat von meist 5—6° Bé (mitunter auch bis 9—10° Bé) und etwa 60—75° C. Hierauf wird wieder von der Phosphatbrühe ausgeschleudert und gründlich auf der Waschmaschine gewaschen. Damit ist der erste „Gang" Zinnphosphat beendet. Je nach der gewünschten Erschwerung können diese beiden Operationen (Chlorzinn und Phosphat) beliebig oft wiederholt werden; die Charge steigt durch jeden nachfolgenden Gang (gegenüber der Zunahme durch den voraufgegangenen Gang) um etwas an. In der Regel wendet man eine, zwei, drei oder vier solcher Zinnphosphatpassagen oder Gänge an; über vier Gänge hinaus wird wohl selten erschwert, da sonst Festigkeit und Dehnbarkeit der Seide eine zu große Einbuße erleiden. (Bei dem alten Zinnsodaverfahren wurde an Stelle des Phosphates mit 10—15% kalzinierter Soda vom Gewicht der Seide neutralisiert oder fixiert, worauf von neuem gepinkt, d. h. mit Chlorzinn behandelt wurde.)

Das Pinken geschieht heute in Großbetrieben fast allgemein in besonders konstruierten Pinkzentrifugen (s. oben). Das Chlorzinnbad wird fortgesetzt gebraucht, d. h. ist ein stehendes Bad und wird nach jedesmaligem Gebrauch wieder durch frische, konzentrierte Lösung auf die erforderlichen Grade gebracht. Die Basizität des Chlorzinns nimmt in der Regel im Gebrauch, infolge Übertragens von Alkali, Phosphat und Kalksalzen des Wassers durch die Seide, allmählich zu, d. h. das Bad wird basischer und muß von Zeit zu Zeit, nach Ermittelung des Säuregehaltes durch chemische Analyse, mit Salzsäure auf die jeweils gewünschte Basizität gebracht, korrigiert werden. In gleicher Weise wird mit dem stehenden Phosphatbad immer weitergearbeitet, wobei die aus der Seide ausgeschleuderten Anteile dem Hauptbehälter wieder zugegeben werden. Die Basizität des Phosphatbades nimmt, infolge Übertragens saurer Bestandteile, z. B. geringer Mengen unausgewaschener Salzsäure durch die Seide, merklich ab und muß zeitweise durch Alkalizufuhr, Ammoniak oder Soda, bis zur deutlichen Rotfärbung von Phenolphthalein wieder alkalisch gemacht werden. Außerdem löst das Phosphatbad etwas Zinnoxyd von der Seide ab und reichert sich dadurch an Natriumstannat an. Solche Phosphatbäder wirken ungünstig; alte Phosphatbäder werden deshalb von Zeit zu Zeit durch frische Bäder ersetzt oder gereinigt. Die Waschwässer nach dem Phosphatierbad werden laufen gelassen, diejenigen nach dem Pinken in einem großen Keller gesammelt und auf Zinnoxyd regeneriert. Das gesammelte und in großen Filterpressen möglichst entwässerte Zinnoxydhydrat (die sogenannte Zinnpaste) wird entweder in feuchter Form oder im getrockneten Zustande nach dem Zinngehalt an Zinnhütten verkauft oder schließlich in den Nebenbetrieben der Färbereien selbst zu metallischem Zinn verhüttet.

2. Nach den Zinnphosphatpassagen wird zum Schluß nur ein Wasserglasbad oder erst ein Tonerdesulfatbad und dann das Wasserglasbad gegeben. Das Aluminiumsulfatbad ist etwa 5—6° Bé stark

und 40—50° C warm. Man behandelt die Seide darin 1—1$^1/_2$ Stunde, schleudert, wäscht gründlich, schleudert wieder und geht auf das Wasserglasbad, das in der Regel 4—5° Bé (mitunter 7—8° Bé) stark und 50 bis 55° C (bisweilen nur 30—40° C) warm ist. Nach 1 Stunde wird die Seide gründlich gereinigt, z. B. in weichem, sodahaltigem Wasser oder in 50 bis 60° C warmer Seifenlösung (eventuell mit geringem Ammoniakzusatz) od. dgl. Dann wird mit verdünnter Schwefelsäure abgesäuert und schließlich gefärbt. Die mit Wasserglas behandelte Seide absorbiert erhebliche Mengen Säure, und es ist darauf zu achten, daß das Absäuerungsbad bis zum Schluß der Operation sauer bleibt.

Auf dem gebrauchten Tonsulfatbade wird weitergearbeitet; es ist ein stehendes Bad und wird nur auf die erforderliche Konzentration gebracht und von Zeit zu Zeit gänzlich erneuert. Die Wasserglasbäder werden vielfach nur einmal, sonst 2—3 mal, gebraucht und dann immer wieder durch frische Bäder ersetzt. Gute, frische und klare Wasserglasbäder liefern erheblich größeren Glanz, Griff und höhere Erschwerung als alte und trübe gewordene Bäder. Chinaseiden werden im allgemeinen nicht so heiß phosphatiert (bei etwa 50° C) wie Japan- und Italienerseiden (75—85° C); dasselbe ist auch vom Wasserglas- und Tonbad zu sagen.

Die Ausbeuten an Erschwerung sind nach obigem Verfahren im Mittel etwa folgende:

1 × Zinnphosphat,	1 × Tonerde,	1 × Wasserglas	=	pari bis 20% ü. p.
2 × „	1 × „	1 × „	=	20 „ 40% ü. p.
3 × „	1 × „	1 × „	=	50 „ 65% ü. p.
4 × „	1 × „	1 × „	=	70 „ 90% ü. p.

Sollen dazwischenliegende Erschwerungen hergestellt werden, d. h. soll die Charge nicht so hoch ausfallen, wie es z. B. durch drei volle Zinnbäder geschehen würde, so gibt man teilweise schwächere Chlorzinnbäder von etwa 15—25° Bé, so daß etwa zwei volle Zinnbäder von 30° Bé und ein schwaches Zinnbad von 20° Bé oder zwei schwache Bäder von 20° Bé und ein volles Bad von 30° Bé zur Anwendung kommen. Im übrigen hat man es auch auf andere Weise in der Hand, die Erschwerung zu regulieren, insbesondere durch Abänderung der Konzentration der Wasserglasbäder zwischen 2—6° Bé. Durch Einschaltung des Tonbades werden etwa 15—20% Erschwerung gewonnen, durch Weglassen dieses Bades kann man also die Gesamterschwerung um diesen Betrag verringern. Im wesentlichen hängt der Chargenausfall auch von der Seidenart und den gesamten Arbeitsbedingungen ab.

c) Gemischte Erschwerung oder **Charge mixte** (mineralisch-pflanzliche Erschwerung). Wird der rein metallischen (Zinnoxyd, Zinnphosphat oder Zinnphosphatsilikat haltenden) Erschwerung Gerbsäure zugeführt, so erhält man die gemischte Erschwerung, die auch im Inland allgemein „Charge mixte" genannt wird. Man arbeitet in der Regel mit Chlorzinn und Soda, d. h. man grundiert meist mit Zinnoxyd und erschwert dann auf einem heißen, frischen Bade mit 120—150—200% Gallus- oder Sumachextrakt, wobei man die Seide bis zum Erkalten des Gerbstoffbades im Bade beläßt. Dieses Verfahren ist teurer als die rein mineralische Erschwerung, liefert aber haltbarere Ware. Bei drei Zinnsodapassagen und 120—150% Sumachextrakt von 28° Bé wird im

Mittel eine Gesamterschwerung von etwa 20/30% ü. p. erhalten. Das Nacherschweren der Zinnphosphat- oder -silikaterschwerung mit Gerbstoffen geschieht nur selten, da die so vorerschwerte Seide u. a. eine nur geringe Affinität zu Gerbsäure hat. Aber auch die Zinnoxydgerbsäureerschwerung wird heute nur für besondere Artikel angewandt.

II. Schwarzfärbungen und -erschwerungen von Cuitseide.

Zur Erzeugung von Seidenschwarz werden nur ausnahmsweise Anilin- oder künstliche Teerfarbstoffe, vielmehr fast ausschließlich Blauholz und Blauholzpräparate angewendet. Der Blauholzfarbstoff wird meist als Eisenlack, daneben auch als Chrom-, Zinn- und Tonerdelack fixiert. Die Schwarzbildung durch Niederschlagen von gerbsaurem Eisen findet heute nur noch als sekundärer Vorgang statt.

Die wichtigsten Arbeitsverfahren der Seidenschwarzfärberei, die meist mit einer Seidenerschwerung verbunden werden, seien nachstehend kurz beschrieben.

d) Eisenblaukalischwarz 30/40% ü. p. (Tiefschwarz, einfache Färbung). Man beizt die entbastete, gespülte und entwässerte Seide in der Kufe oder in der Beizzentrifuge 1—1$^1/_2$ Stunde mit basischem Ferrisulfat von 30—32° Bé (Eisenbeize, salpetersaures Eisen, s. dieses), quetscht ab oder schleudert aus, wäscht gut auf der Waschmaschine, brennt $^1/_2$—1 Stunde auf heißem Wasser von etwa 60° C ab, schleudert wieder und wiederholt die Beiz- und Fixieroperationen noch zweimal (= 3 Eisenbeizen). Dann wird auf Stöcken kochend heiß 2—3 Stunden mit 50—60% frischer Seife oder meist mit guter Bastseife unter Zusatz von etwa 30% frischer Seife seifeniert, d. h. geseift, bis die vorher völlig glanz- und grifflose Seide wieder glänzend und griffig geworden ist. Sind drei (wie im vorliegenden Fall) oder mehr Eisenbeizen gegeben, dann wird die Seide nach diesem Seifenieren in Straminsäcke eingenäht oder eingebunden und noch weitere 1$^1/_2$—2—3 Stunden in der stark wallenden Seifenbrühe gekocht; bei einer oder zwei Beizen genügt das ersterwähnte Seifen auf Stöcken. Nach dem Kochen wird mit weichem und zweckmäßig warmem Wasser gereinigt, geschleudert und mit 30—35% Ferrozyankalium (Blaukali, gelbes Blutlaugensalz) und 32—44% Salzsäure 20° Bé blau gemacht. Der sich hierbei abspielende Prozeß verläuft unter Bildung von Berlinerblau nach folgender Reaktion:

$$2\ Fe_2O_3 + 3\ K_4FeCy_6 + 9\ H_2O + 12\ HCl = (Fe_2)_2\ (FeCy_6)_3 + 12\ KCl + 15\ H_2O.$$

In der Regel stellt man bei der Blaukalioperation die Seide erst auf das mit der gesamten Blaukali- und der halben Salzsäuremenge beschickte Bad bei etwa 50° C auf, zieht $^1/_2$ Stunde auf demselben um, wirft die Seide auf, setzt dann erst die andere Hälfte Salzsäure zu, stellt die Seide wieder auf und zieht etwa 2 Stunden um. Die Seide wird erst grün, dann blaugrün und nach 2 Stunden schließlich in Auf- und Übersicht reinblau. Ist die Seide am Schluß der Operation noch grünstichig, so ist der Prozeß nicht gut geleitet. Es kann dieses entweder an zu geringen Mengen Blaukali oder Salzsäure liegen. Durch zu schnelles, oberflächliches Auflagern des Berlinerblau auf der Faser ergibt sich ein stark abreibendes Blau; doch reibt bis zu einem gewissen Grade jedes Berlinerblau ab. Durch Überführung der Eisenbeize in Berlinerblau findet zugleich erhebliche Gewichtszunahme statt.

Nun wäscht man gründlich, oft zweimal, mit warmem und dann kaltem Wasser, schleudert und stellt möglichst eng auf ein Katechubad von 3—4° Bé, 90° C warm. In diesem Bade läßt man die Seide zunächst unter Umziehen langsam erkalten und dann meist über Nacht liegen. Dann wird gewaschen und von warm bis heiß unter allmählicher Steigerung der Temperatur bis 80—90° C mit 100—150% Blauholz (bzw. den entsprechenden Mengen Auszug oder Extrakt) und mit 60—80% Marseiller Seife ausgefärbt. Schließlich wird gut gespült bzw. gewaschen und mit Essigsäure, Ameisensäure od. ä. unter Zusatz von $1^1/_2$—2% Olivenöl, das vorher mit $^1/_2$—1% Soda emulgiert worden ist, aviviert. Man zieht auf dem Avivagebad rasch 3—5 mal um, schleudert und trocknet. Zwischen den einzelnen Behandlungen wird die Seide nach jeweiligem Ausschleudern nach Bedarf am Chevillier präpariert und in Ordnung gebracht. Statt Essig- oder Ameisensäure kann beim Avivieren in besonderen Fällen Milch-, Zitronensäure usw. zur Grifferzeugung benutzt werden.

Die Ölemulsion erhält man durch Auflösen der erfoderlichen Soda ($^1/_2$—1% Kristallware vom Gewicht der Seide) in kochend heißem Wasser, Zurühren des Öls (1—$1^1/_2$—2% vom Gewicht der Seide) zu dieser Lösung und kurzes Aufkochen am Bajonettrohr. Die Ölemulsion muß sofort gebraucht werden, da sie sich sonst bei einigem Stehen wieder entmischt (Ölausscheidung) und sich dann nicht gleichmäßig im Bade und auf der Seide verteilt (Bildung von Ölflecken).

Die Menge des angewandten Blaukalis richtet sich nach der Menge des fixierten Eisens. Für die erste Eisenbeize werden 4—5%, für die zweite 3—4%, für die dritte Beize $2^1/_2$—3% fixiertes Eisenoxyd gerechnet. Theoretisch berechnen sich (s. den Reaktionsverlauf oben) auf 1 Teil Eisenoxyd rund 4 Teile Blaukali und 4,5 Teile Salzsäure von 20° Bé (30 proz.). In der Praxis wird meist ein kleiner Unterschuß an Blaukali (wegen des hohen Preises desselben) und ein kleiner Überschuß an Salzsäure angewandt. Man nimmt z. B. bei einer Beize = 16—18% Blaukali und 20—22% Salzsäure, bei zwei Eisenbeizen = 25—30% Blaukali und 30—35% Salzsäure, bei drei Eisenbeizen = 30—35% Blaukali und 35—40% Salzsäure.

e) Die Herstellung von Blauschwarzfärbungen. Im Gegensatz zu Tiefschwarz unterscheidet man das in der Aufsicht mehr oder weniger blaustichig erscheinende Schwarz, das Blauschwarz. Technische Bezeichnungen für die verschiedenen Blauschwarztöne sind in der Reihenfolge des zunehmenden Blaustiches z. B. folgende Phantasienamen[1]: Noir bleuté, Noir cachemir, Neuschwarz, Bordeauxschwarz, Noblesseschwarz, Supérieurschwarz. Das erstere weist in der Aufsicht nur einen geringen Blaustich auf, das letztere zeigt starken Veilchenblaustich. In

[1] Diese Namen wechseln vielfach mit dem Ortsbrauch und können nicht als etwas Allgemeingültiges angesehen werden. Hier zugrunde gelegt ist der Brauch in der rheinischen Seidenindustrie.

der Übersicht erscheinen sie alle tiefschwarz. Durch diese Abweichung in der Aufsicht von der Übersicht, die in der Vollkommenheit bis heute nur mit Blauholz erzielt werden kann, unterscheiden sich alle Anilinfarbstoffärbungen (bzw. Färbungen mit künstlichen Teerfarbstoffen) von den Blauholzfärbungen, und in diesem Punkt hat das Blauholz von den Teerfarben noch nicht erreicht werden können.

Während reine Eisenoxydbeizen mit Blauholz ein Tiefschwarz ergeben, vermag man durch Einverleibung größerer oder geringerer Mengen von Eisenoxydulbeizen in die Seide Blauschwarz zu erzeugen. Als solche Eisenoxydulbeizen sind vor allem das holzessigsaure Eisen und der Eisenvitriol im Gebrauch. In geringerem Grade kann derselbe oder ein ähnlicher Effekt auch durch essigsaure oder basisch schwefelsaure Tonerde erreicht werden. Je nach gewünschtem Blaustich verwendet man meist holzessigsaures Eisen von 2—6° Bé, und zwar je nach Bedarf in ein- oder zweimaliger Beizung, wodurch sich „zweifache" oder „dreifache" Färbung ergibt; im Gegensatz hierzu stellt die Tiefschwarzfärbung nur eine einfache Färbung dar. So kommt beispielsweise für Noir bleuté eine einmalige Beizung mit holzessigsaurem Eisen von 2° Bé, für Noir cachemir eine solche von 3° Bé, für Neuschwarz von 4° Bé, für Bordeauxschwarz von 5° Bé, für Noblesseschwarz kommen zwei Beizen von je 3—4° Bé, für Supérieurschwarz zwei Beizen von 4—6° Bé zur Anwendung usw. An Stelle zweier Eisenoxydulbeizungen kann auch eine Eisen- und eine Tonerdebeize angewandt werden. Bis auf diese Eisenoxydulbeizungen und die damit verbundenen Nebenarbeiten bleibt der ganze Arbeitsgang der nämliche wie bei Tiefschwarz. Die Erschwerung fällt infolge der eingeschobenen Operationen im Mittel um etwa 5—15% höher aus als bei Tiefschwarz von derselben (bis auf die Oxydulbeize) Grundierung.

f) Blauschwarz 30/40% ü. p. (zweifache Färbung). Man beizt, macht blau, behandelt mit Katechu wie bei Tiefschwarz (d); dann wird in einem alten Blauholzausfärbebad warm vorgefärbt oder angefärbt (= 1. Färbung) und nach gründlichem Waschen 1—1½ Stunde auf holzessigsaures Eisen von 2—4° Bé gestellt. Dann windet man mit der Hand ab, schlägt etwas aus, läßt einige Zeit an der Luft oxydieren und mit Tüchern gut zugedeckt liegen, wäscht gut, stellt auf schwachen, alten, lauwarmen Katechu, gibt ein Wasser und färbt mit Blauholz und Seife warm bis heiß aus (= 2. Färbung oder Ausfärbung). Bei 80—90° C entwickelt sich während des Färbens allmählich der Blaustich, der im richtigen Moment durch rechtzeitiges Abbrechen des Färbeprozesses, Waschen und Avivieren innerhalb gewisser Grenzen gehalten werden kann.

g) Hochblauschwarz 40/50% ü. p. (Supérieurschwarz, dreifache Färbung). Man beizt dreimal mit Eisenbeize und macht blau wie bei Tiefschwarz (d). Dann folgt das Zinnkatechubad (= 1. Katechu). Die Seide wird zunächst auf eine reine, etwa 85° C warme Katechulösung (etwa 100—125% Katechu vom Gewicht der Seide) aufgestellt und in derselben mehrmals umgezogen; dann wird die Seide aufgeworfen, d. h. aus dem Bade gehoben und in das inzwischen auf etwa 75—80° C erkaltete Bad die Lösung von 10% Zinnsalz (Zinnchlorür) und 10% Eisenvitriol gegeben. Die Seide wird nun wieder aufgestellt, einige Stunden (bei großen Partien bis 4—5 Stunden) gut umgezogen und schließlich über Nacht in die Flotte eingesteckt. Am andern Morgen werden erst zwei kalte und dann ein warmes Wasser von etwa 55—60° C gegeben, dann wird gewaschen, geschleudert und auf das 2. Katechubad von 100% frischem Katechu (etwa 3—4° Bé stark) 80—85° C heiß gestellt, erst gut gezogen und dann wieder über Nacht in das Bad eingesteckt. (Dieser 2. Katechu wird nach dessen Gebrauch zur Hälfte zum Abschwärzen benutzt, zur anderen Hälfte wird er mit frischem Katechu aufgefrischt und wieder als 2. Katechu weiter verwendet.) Am anderen Morgen wird die Seide gut gewaschen und darauf auf einem alten Blauholzfärbebade (eventuell unter Zusatz von etwas Blauholzextrakt) angefärbt (= 1. Färbung); dann wird gut gewaschen und auf holzsaures, d. h. holzessigsaures Eisen von 4° Bé (= 1. holzsaures Eisen) kalt 1 bis $1^1/_2$ Stunde gestellt. Die Seide wird abgewunden, ein- oder besser zweimal gut gewaschen und über Nacht oder (je nach der herrschenden Temperatur) 2—4—6 Stunden unter zeitweisem Umwenden der Seide zum Oxydieren auf Stöcken ausgehängt. Hierauf folgt das Abschwärzen mit kaltem Holz, d. i. mit kalter bis etwa 40° C warmer Blauholzabkochung eventuell unter Zusatz von 10% Katechu (= 2. Färbung). Hierauf wird wieder gewaschen und wieder auf holzsaures Eisen (= 2. holzsaures Eisen) von 4—5° Bé gestellt. Nach dem Abwinden wäscht man gründlich, hängt noch kurze Zeit zum Oxydieren aus, schwärzt mit verdünnter, $^1/_2$° Bé starker Katechulösung bei etwa 25° ab und färbt unter Zusatz von etwa 100% neutraler Marseiller Seife (grüner Bariseife, eventuell Oleinseife) mit Blauholzabkochung (entsprechend etwa 100% gutem, fermentiertem Blauholz), bei 50—60° C beginnend und bis 80—95° C gehend, aus (= 3. Färbung). Der Blauton entwickelt sich meist gegen 80—85° C, doch ist dieses sehr von den Einzelheiten der Arbeitsweise, den benutzten Materialien, insbesondere der Blauholzabkochung oder dem Extrakt, abhängig. Im allgemeinen wird das blumigste Supérieurschwarz mit guter Holzabkochung, weniger blumig mit Extrakten, erhalten. Die Herstellung dieses Schwarz erfordert große Erfahrung und Umsicht, und jeder Betrieb arbeitet in den Einzelheiten verschieden. Vorstehende Arbeitsweise ist deshalb nur als allgemeine Grundform anzusehen.

Soll mit einem holzsauren Eisen (= 2fache Färbung) möglichst starker Blaustich erreicht werden, so kann nach dem holzsauren Eisen ein Bad mit 25 bis 30% frischem Katechu und 5% abgestumpfter schwefelsaurer Tonerde (100 Teile Tonerdesulfat und 30 Teile Kristallsoda) gegeben werden. Es wird in diesem Bade etwa $^3/_4$ Stunde kalt hantiert, gut gewaschen, kaltes Holz gegeben, ausgehängt und ausgefärbt.

h) Rohpinkeisenschwarz mit Blaupinke 80/90% ü. p. (Tiefschwarz). Für höhere Erschwerungen wendet man auch bei Schwarz Pink-, d. i. Zinnerschwerung an, und zwar mit oder ohne Eisenbeizen, sowohl auf Rohseide als auch auf entbasteter Seide. Früher wurde Rohseide noch häufig mehrfach gepinkt und dann erst abgezogen und weiter bearbeitet. Heute erschwert man meist die zuvor entbastete Seide auf weißem

Grunde, d. h. ohne Mitverwendung von Eisenbeizen. Das ältere Rohpinkverfahren 80/90% ü. p. sei hier nur der Vollständigkeit halber angeführt.

Die Rohseide wird wie abgekochte Seide 1—1½ Stunde auf Chlorzinn von 30—32° Bé gepinkt, geschleudert, gewaschen, mit 15% kalzinierter Soda bei 30—40° C fixiert, gewaschen und noch weitere zwei Male gepinkt. Nach dem 2. und 3. Chlorzinn wird etwas mehr Soda zum Fixieren verwendet als nach dem 1. Chlorzinn. Dann wird mit 45—50% Seife (bei einer Rohpinke nimmt man etwa 40%, bei jeder weiteren Pinke 5% Seife mehr) entbastet, gespült, entwässert und auf Eisenbeize von 28—30° Bé gebeizt, gewaschen, abgebrannt und noch einmal mit Eisenbeize gebeizt; schließlich wird mit 60% Seife seifeniert, mit 35 bis 40% Blaukali und Salzsäure blau gemacht und wiederum auf Chlorzinn (= Blaupinke[1]) gebracht. Nach der Blaupinke wird mit phosphorsaurem Natron von 5° Bé kalt bis lauwarm fixiert, gewaschen, entwässert, auf heißen, schweren Katechu von 7—8° Bé gestellt, über Nacht darin belassen, am andern Morgen ausgequetscht, gewaschen, entwässert und zuletzt mit 150% Blauholz und 120—150% Seife ausgefärbt.

Bei diesem Verfahren wird auch vom Seidenbast viel Zinn aufgenommen und geht durch das nachfolgende Abziehen wieder verloren. Insofern ist das Verfahren unwirtschaftlich. Dieses ältere Verfahren ist heute hauptsächlich durch das nachstehende ersetzt worden, das eine allgemeine Verwendung findet und zum Teil durch das Verfahren k) noch weiter vervollkommnet ist.

i) Monopolschwarz. Die entbastete Seide wird je nach der verlangten Erschwerung abwechselnd mit zwei, drei oder vier (seltener fünf) Chlorzinn- und Phosphatzügen in besprochener Weise vorerschwert. Die Arbeitsweise ist fast die gleiche wie bei der Couleurerschwerung b) 1. Nach dem letzten Phosphatbad wird auf 80—95° C heißen, 6—10° Bé schweren Katechu gestellt, einige Zeit gut hantiert und in dem Bade über Nacht erkalten gelassen. Am anderen Morgen wird ausgequetscht, gewaschen, geschleudert und mit reichlichen Mengen von gutem Blauholzextrakt (etwa 60—80%) sowie mit etwa 80—100% Seife von warm bis nahezu kochend ausgefärbt. Da der so erhaltene Blauholzzinnlack eine deutlich rötliche Übersicht zeigt, werden zur Erzeugung eines reinen Tiefschwarz in der Regel 2—3% eines seifenziehenden Anilinfarbstoffes (Methylenblau, Methylengrün, Malachitgrün mit oder ohne Auramin u. dgl.) dem Färbebade zugegeben; auch kann noch, wenn der richtige Farbton nicht erreicht worden ist, Anilinfarbstoff getrennt vom Blauholzbade gegeben werden, z. B. im Avivierbade. Neuerdings sucht man durch ein Nitritbad den tiefschwarzen Ton herzustellen und die Überfärbung mit Anilinfarbstoffen zu vermeiden oder zu verringern. Dieses Monopolschwarz wird bis zu 180/200% ü. p. hergestellt und liefert eine überaus griffige Ware und ein volles, glänzendes Schwarz. Man hat auch versucht, auf dieses Schwarz nach dem letzten Phosphatbade Eisenbeize oder holzessigsaures Eisen aufzusetzen, um das Schwarz noch satter und voller zu gestalten. Doch haben sich hierbei verschiedene Schwierigkeiten gezeigt, so daß man heute lieber Anilinfarbstoff oder Nitrit zur Erreichung eines vollen Schwarz verwendet.

[1]) Blaupinke genannt, weil sie auf das Berlinerblau aufgesetzt wird.

k) Neu-Monopolschwarz. Ein Nachteil des vorstehenden Monopolschwarz ist, daß es außerordentlich stark mineralisch erschwert[1]) und daß es deshalb nicht immer ausreichend haltbar ist. Nach den Beobachtungen Heermanns[2]) kann dieser Mangel abgestellt werden, indem ein besonders erheblicher Anteil der Gesamterschwerung durch Hämatein bzw. Hämatoxylin ersetzt wird und man zu diesem Zwecke nach dem letzten Phosphatbade nicht erst auf Katechu stellt, das die Aufnahmefähigkeit von Hämatoxylin durch Seide vermindert, sondern die zinnphosphatierte, weiße Seide unmittelbar auf unoxydierten bzw. möglichst schwach oxydierten Blauholzextrakt bringt. Man verwendet je nach der gewünschten Erschwerung bis zu 150% Blauholzextrakt (Kristalle), dem man wie bei dem gewöhnlichen Monopolschwarz etwa 100—150% Seife und die erforderlichen Mengen Anilinfarbstoff zusetzt. Man pinkt z. B. mit 4 Chlorzinnbädern, geht dann auf 150% Blauholzextrakt (sogenannte Kristalle, unoxydierte Ware) und 100—150% Seife (nebst z. B. 2—3% Methylengrün) und kann nach dem Färbebade noch ein mittelschweres bis leichtes Katechubad folgen lassen, das seinerseits etwa 20% Gewichtszuwachs bewirkt. Auf solche Weise kann man mit 4 Chlorzinnpassagen eine Erschwerung von nahezu 180/200% ü. p. erreichen, wobei der geringere Teil der Erschwerung aus Zinn-, der größere aus Blauholzerschwerung besteht. Naturgemäß haben die so erschwerten, erheblich mineralärmeren Seiden bedeutend geringeren Aschengehalt als die nach Verfahren i) hergestellten[3]), und besitzen vor allem wesentlich größere Haltbarkeit im Gebrauch und auf dem Lager.

l) Blauholzchromschwarz. An Stelle von Eisenbeize verwendet man für wasserechte, unerschwerte Färbungen manchmal auch Chrombeize (s. unter Färben der Seide mit Beizenfarbstoffen S. 490). Nach dem Beizen und Fixieren wird kochend mit Blauholz ausgefärbt. Durch ein schwaches, lauwarmes Sumach- oder Katechubad (eventuell unter Zusatz von etwas Zinnsalz) wird die Färbung noch wasser- und schweißechter. Der Blauholzchromlack ist außerdem etwas licht- und schweißechter als der entsprechende Eisenlack; diese Färbung findet deshalb für Schirm- und Futterstoffe noch vielfache Verwendung.

III. Das Erschweren von Schappe.

Schappe wird weniger hoch erschwert als Seide; hauptsächlich für Sammet und Plüsch verwendet, kommt bei ihr selten eine Erschwerung über 50/60% oder 70/80% ü. p. vor. Schappeschwarz kann als Ordinärschwarz oder als Brillantschwarz gefärbt werden. Ersteres wird mit Holz und Gerbstoffen, letzteres unter Mitverwendung von Alkaliblau hergestellt.

---

[1]) Die mit Zinnphosphat grundierte Seide zeigt nämlich zu Gerbstoffen (Katechu u. a.) sehr geringe Affinität, so daß die Katechubehandlung verhältnismäßig wenig pflanzliche Erschwerung einbringt.

[2]) Vortrag in London 1909, Internationaler Chemiekongreß.

[3]) Seit einigen Jahren hat man versucht, die Seife bei diesem Verfahren durch Wasserglas (Verfahren Schmidt, Wolgast) und durch Natronphosphat (Verfahren Fr. Müller, Zürich) zu ersetzen, doch nicht mit viel Erfolg.

m) Ordinärschwarz auf Schappe. 1. Man beizt 2 Stunden auf Eisenbeize von 10—15° Bé, wäscht gut, behandelt heiß mit 25—30% Katechu, läßt im Bade erkalten, wäscht und färbt mit Blauholz und Seife aus. 2. Man beizt mit 20—26° Bé starker Eisenbeize, wäscht, brennt ab, beizt nochmals, wäscht gut, gibt 50% Katechu, läßt im Bade erkalten, wäscht, färbt mit Blauholz und Seife aus. 3. Man beizt mit warmer Alaunlösung von etwa 5° Bé über Nacht, windet ab, färbt lauwarm mit 15—20% Gelbholz vor, gibt 10—15% Eisenvitriol oder holzsaures Eisen in das Gelbholzbad, zieht mehrere Stunden um, windet ab, läßt einige Zeit an der Luft oxydieren (lüften), wäscht und färbt mit Blauholz und Seife aus. 4. Man macht die eisengebeizte Schappe blau, gibt Zinnkatechu usw. wie bei Seide.

n) Brillantschwarz auf Schappe. 1. Man färbt mit 2—4% Alkaliblau in frischem Seifenbade vor, spült, entwickelt mit heißer, verdünnter Schwefelsäure, beizt mit Eisenbeize von 10—15° Bé 2 Stunden, wäscht, behandelt mit 25% warmem Katechu, läßt im Bade erkalten, wäscht und färbt mit Blauholz und Seife aus. 2. Soll gleichzeitig erschwert werden, so kann man ein paar Eisenbeizen geben, blau machen und schwereren Katechu folgen lassen. Die Alkaliblaugrundierung bleibt dieselbe; sie liefert den verlangten Blaustich. Im übrigen kann man Schappe ganz analog der gehaspelten Seide färben bzw. erschweren, z. B. nach dem Zinnphosphat-, dem Zinnsalzkatechuverfahren usw.

IV. Tussahseide

wird in der Regel nicht oder nur mäßig erschwert. Schwarz kann mittels Eisenbeize und Blauholz erzeugt werden. Häufig wird Tussahschwarz wie Couleuren mit schwarzen Anilinfarbstoffen gefärbt.

V. Soupleerschwerung.

Die Seide wird erst nach einem der bereits beschriebenen Verfahren soupliert (s. S. 335); dann wird bei Seiden, die für Couleuren und Weiß bestimmt sind, wie bei Cuitseide mit Chlorzinn, Natronphosphat, Wasserglas und eventuell Tonsulfat erschwert. Die Bäder dürfen nicht über 30—40° C gehalten werden, da sich der Seidenbast sonst lösen könnte. Das Chlorzinnbad wird in der Regel saurer gehalten als bei Cuitseide, und zwar bis zu einigen Prozenten Säureüberschuß, um das bei schweren Souples häufig auftretende Stäuben zu verhindern. Die Erschwerungen fallen infolge des zurückbleibenden Bastgehaltes bei gleicher Behandlung naturgemäß erheblich höher aus als bei entschälter Seide. So erreicht man z. B. mit zwei Zinnphosphatbädern und einem Wasserglasbad bis zu 50/60% ü. p., bei drei Zinnbädern bis zu 80/90% ü. p. usw.

Das Soupleschwarz bildet eine besondere Spezialität. Die meisten schwarzen Souples sind Eisensouples und werden durh Niederschlagen von gerbsaurem Eisen und Blauholzeisen erhalten. Zu diesem Zwecke wird die Soupleseide abwechselnd mit Gerbstoffen und Eisensalzen behandelt. Als Gerbstoffe kommen außer Katechu besonders Dividivi und Kastanienextrakt zur Anwendung. Auf solche Weise wurden früher Souplechargen bis zu 400% ü. p. erzeugt, die u. a. den Nachteil der Selbstentzündlichkeit besaßen und heute nur noch selten hergestellt werden. Außerdem färbt man Soupleschwarz in ähnlicher Weise wie Cuit durch Beizen mit Eisenbeizen, Blaumachen, Gerbstoffbehandlung usw. Schließlich kann Soupleschwarz auch nach dem Monopolschwarzverfahren (s. dieses S. 510) hergestellt werden.

Nachbehandlung gefärbter und erschwerter Seide.

Zur Erzielung erhöhten Glanzes sind verschiedene Streck- und Lüstrierverfahren im Gebrauch. Vorbehandlung: Man netzt die Seide z. B. vor dem Entbasten mit Seifenlösung und spannt dann auf heißen, rotierenden Stahlwalzen, wobei der Seidenbast erweicht und dann im besonderen Bade abgezogen wird.

Nachbehandlung. Die Lüstriermaschine besteht aus einem eisernen Kasten und mit Dampf heizbaren, verstellbaren und drehbaren Walzenpaaren. Der fertig gefärbte, trockene Seidenstrang wird auf die Walzen aufgelegt, welche sich unter langsamer Drehung voneinander entfernen und den Strang anstrecken. Hierbei kann der Kasten geschlossen und die Seide durch in denselben eintretenden Dampf befeuchtet werden (feuchte Streckung). S. a. u. Garnappretur.

Mit Chevillieren bezeichnet man das Drehen der Seide am Chevillier oder am sogenannten Wringpfahl mit dem Wringholz (Windnagel), ähnlich wie es bei dem Abwinden der Stränge geschieht. Die Seide wird hierbei auch glänzender, weicher und der Farbton meist etwas heller. Die Handarbeit ist heute in vielen Betrieben durch geeignete Maschinen ersetzt worden.

Die Avivage hoch erschwerter Seiden geschieht unter Zusatz erheblicher Mengen verschiedener Verdickungsmittel (Ozonstärke, Gelatine oder Leim, Diastafor, Terpentin usw.). Bisweilen wird eine Vor- und eine Nachavivage gegeben und das zum Avivieren benutzte Öl mit Kalilauge besonders emulgiert.

Schappe für Sammet wird in der Regel nach dem Färben weich gemacht. Man verwendet hierzu in der Regel etwa 2% abgestumpfte schwefelsaure Tonerde, wodurch der Schnitt des Sammets besser wird.

Seidenschäden. Ley gibt eine Zusammenstellung der wichtigsten Seidenschäden und ihrer Ursachen, von denen die wichtigsten hier genannt sein mögen[1]):

a) Schäden, bei denen die Qualität der Rohseide Ursache der Fehler sein kann: Duvet (s. auch unter „Seidenläusen“), Barré (s. d.), Grippé (s. d.), schlechtes Winden (schlechtes Anknüpfen der einzelnen Kokonfäden in der Seidenhaspelei), unstarke Stellen (aufgerauhte Fadenstellen), Morschwerden (betrügerische Vorerschwerung der Rohseide), Fleckenbildung (Vorerschwerung der Rohseide mit Mineralöl, harzigen, unverseifbaren Stoffen), schlechte Erschwerung (Seide verschiedenen Ursprungs, verschiedener Drehung), flusige und offene Seide (fehlerhafte Zwirnung der Kokonfäden, dem Duvet ähnlich, aber nicht mit ihm identisch, zu kurze Unterbindung der Seidenmasten).

b) Schäden, die auf Einflüsse der Fabrikation zurückgeführt werden können: Krauswerden, Barré, Grippé (unzweckmäßige Kombination von Kett- und Schußseide, ungleichmäßige Zettelspannung, zu schnelle Verarbeitung der gefärbten Seide), Morschwerden der Seide (teilweiser Verlust der Dehnbarkeit durch zu schnelles Aufspulen der frisch gefärbten Seide auf Bobinen), Kleben der Seide (zu frische Verarbeitung der gelieferten Seide), Abfetten halbseidener Gewebe (zu stark fetthaltige Baumwolle), Anlaufen von Metallfäden (falsche Ausrüstung der übrigen Gespinstfasern) u. a. m., wo der Seidenfärber unschuldig ist, während der Ausrüster der mitverarbeiteten anderen Gespinstfasern einen Arbeitsfehler begangen hat.

c) Physikalische Einflüsse als Ursache von Seidenfehlern: Einwirkung des Lichtes (Verschießen der Farben, Morschwerden der Faser), Einwirkung

[1]) Ley: Die neuzeitliche Seidenfärberei.

der Wärme (schlechte Verarbeitung infolge Austrocknung, Verlorengehen des Griffes, Morschwerden, Wanderung von Säure u. ä. Bestandteile der Seide), Einwirkung der Luftfeuchtigkeit (Krauswerden, Schimmelbildung, schlechte Verarbeitung, Verschlechterung des Griffes), Oxydationsvorgänge (Fleckenbildung, z. B. die roten Seidenflecke, Morschwerden, Griffbeeinflussung).

d) Färbereimechanische Einflüsse als Ursache von Seidenschäden: Zerrissene und verwirrte Masten (unvorsichtige Behandlung), Scheuerstellen (Unebenheiten in den Geschirren, schlechte Verpackung in Zentrifugen), überstreckte Seide (zu starke Streckung bei hocherschwerten Seiden feinerer Titers, ungleiche Länge der Masten), Anschmutzen der Seiden (unvorsichtiges Behandeln, Fallenlassen der Seide, Farbstoffstaub).

e) Färbereichemische Einflüsse als Ursache der Schäden. Duvet (Verstärkung des natürlichen Duvets durch Strapazieren der Seide beim Abziehen, wiederholten Färben u. ä.), Barré und Grippé (ungleichmäßige Färbung, ungenügendes Entbasten, ungleichmäßiges Erschweren, ungleichmäßiges Avivieren und Trocknen), Verlorengehen des Griffes (fehlerhaftes Avivieren bes. Auswahl der Säure), Fleckenbildung (ungleichmäßiges Färben, ungenügendes Entbasten, Phosphatflecke mit Ablagerung von phosphorsaurem Kalk od. ä., Silikatflecke bes. in stückerschwerter Ware, bronzige Flecke beim Schwarzfärben infolge schlechter Beizenfixation oder ungleichmäßigen Aufziehens von Anilinfarbstoffen, Blindstellen infolge Niederschlagung von Kalkseifen, unsachgemäße Verwendung von Leim oder Gelatine), Morschwerden (fehlerhaftes Abkochen, Einwirkung von ätzalkalischen Flotten, zu saure Beizen oder Chargierungsbäder, zinnhaltige Phosphatbäder, unsachgemäße Verwendung von Formaldehyd und Wasserstoffsuperoxyd, Katalyteinwirkung, fehlerhafte Erschwerungsweise, zu starke Wasserglasbäder, Liegenlassen halbfertiger Ware mit wirksamen Bestandteilen, zu hohe Temperaturen und viele andere Ursachen).

Färberei der Mischfasern.

Allgemeines. Die Mischfasererzeugnisse kann man einteilen in 1. tierisch-pflanzliche Gespinste und Gewebe, z. B. Halbwolle (bestehend aus Wolle und Baumwolle) und Halbseide (bestehend aus Seide und Baumwolle), 2. gemischt-tierische Erzeugnisse, z. B. Wollseide oder Gloria (bestehend aus Wolle und Seide), 3. gemischtpflanzliche Fasererzeugnisse, z. B. Halbleinen (bestehend aus Leinen und Baumwolle). Außer diesen wichtigsten Vertretern von Mischfasererzeugnissen können auch noch andere Fasern hinzutreten, z. B. Kunstseide (in Verbindung mit Baumwolle, Wolle, Seide), Jute, Hanf, Ramie usw. Gewebe können ferner aus dreierlei und mehr Faserarten bestehen, z. B. aus Baumwolle, Wolle, Seide, Kunstseide, Leinen usw. Die für die Gewebe benutzten Gespinste können hierbei einheitlich, d. h. einfaserig oder bereits selbst schon aus verschiedenen Fasern bestehen, d. h. Mischgespinste sein. Von diesen sind die Vigogne (Gespinst aus Wolle und Baumwolle), der Schappeersatz (Gespinst aus Seidenabfällen und Baumwolle) und das Kunstwollgarn (Kunstgespinst aus stark baumwollhaltigen, nicht karbonisierten Lumpen) die wichtigsten Vertreter.

Je verschiedenartiger die in einem zu färbenden Gewebe oder Gespinst enthaltenen Fasern in bezug auf färberisches Verhalten sind, desto schwieriger gestaltet sich das einfarbige Färben derselben. Demnach wird Halbwolle und Halbseide schwieriger einfarbig zu färben sein als z. B. Halbleinen und Wollseide. Tritt noch ein dritter Komponent hinzu, so erhöhen sich die Schwierigkeiten in der Regel noch weiter.

Umgekehrt werden bestimmte Zweifarbeneffekte, z. B. bei Halbleinen schwerer (oder gar nicht) zu erreichen sein als bei Halbwolle und Halbseide.

Die Auswahl der Färbeverfahren für gemischtfaserige Waren richtet sich deshalb nach der Art der Fasern und dem verlangten Effekt. Sind die Einzelfasern färberisch nahe verwandt, und gibt es geeignete Farbstoffe zur Erreichung des gewünschten Farbtones, so wird man bei einfarbigen Mustern einbadig färben (Halbleinen, Wollseide) und nötigenfalls nur nachnuancieren. In zahlreichen Fällen wird man aber zwei- oder mehrbadig färben müssen (Halbwolle, Halbseide). Letzteres wird überhaupt zur Notwendigkeit, wenn nicht Unifärbungen (Färbungen von einem einheitlichen Farbton), sondern Zweifarbeneffekte verlangt werden.

Nachstehend seien nur die allgemeinen Richtlinien der üblichen Arbeitsverfahren für die allerwichtigsten Zweifasermischungen gegeben.

Das Färben von Halbwolle.

Halbwolle wird einfarbig (unifarbig, d. h. die Baumwolle und die Wolle in dem gleichen Farbton) und zweifarbig (Baumwolle und Wolle in verschiedenen Farbtönen) gefärbt. Benutzt werden Farbstoffe so ziemlich aller Farbstoffklassen: saure, basische, substantive, Schwefel-, Beizen-, Küpenfarbstoffe; die ersteren drei am häufigsten. Vielfach verwebt man im Strang vorgefärbte Baumwolle zu halbwollenen Geweben; in solchen Fällen ist nur die Wolle im Stück nachzufärben, während die Baumwollfärbung nachfärbeecht oder überfärbeecht sein muß, d. h. sie muß das Nachfärben z. B. mit Glaubersalz und Schwefelsäure bzw. Weinsteinpräparat aushalten.

Das Färben der Halbwolle geschieht entweder einbadig (d. h. Baumwolle und Wolle in einem Bade) oder zwei- bzw. mehrbadig (d. h. Baumwolle und Wolle in gesonderten Bädern). Unifärbungen werden, wo es durchführbar ist, möglichst einbadig, Zweifarbenfärbungen dagegen in der Regel zweibadig gefärbt. Die wichtigsten allgemeinen Arbeitsverfahren sind nachstehend aufgeführt.

1. Färben der Baumwolle und der Wolle in kurzem, heißem, neutralem oder mit Essigsäure angesäuertem Bade mit substantiven Farbstoffen, welche beide Fasern nahezu gleich oder Baumwolle stärker als Wolle anfärben, unter Zusatz von Säurefarbstoffen, die im neutralen (bzw. mit Essigsäure angesäuerten) Glaubersalzbade (20—40 g im Liter) auf die Wolle ziehen (= einbadig). Als allgemeine Regel gilt, daß hohe Temperaturen das Anfärben der Wolle begünstigen, während bei niederer Temperatur die Baumwolle besser gedeckt wird. Ferner vermindert Alkalizusatz das Ziehen der substantiven Farbstoffe auf Wolle. Ist die Wolle zu hell ausgefallen, so kocht man unter Zusatz von Wollfarbstoffen noch schwach weiter. Erforderlichenfalls nuanciert man mit Wollfarbstoffen auf frischem Bade (= zweibadig). Ist die Baumwolle zu hell[1]), so gibt man von dem Baumwollfarbstoff in das erkaltende Bad nach. Das obige Einbadverfahren beruht erstens auf den spezifischen Eigenschaften der jeweilig angewandten substantiven Farbstoffe, die entweder a) Baumwolle und Wolle nahezu gleichmäßig in Nuance und Tiefe anfärben oder b) die Baumwolle stärker als die Wolle

[1]) Das Herausleuchten heller gefärbter Baumwolle in Halbwollwaren gibt ein unruhiges, schipperiges Bild und wird auch als „Grinsen" bezeichnet.

oder c) die Wolle stärker als die Baumwolle anfärben; ferner beruht das Einbadverfahren darauf, daß bestimmte Wollfarbstoffe, die dem Bade zugesetzt werden, nur auf die Wolle ziehen und die Wolle auf die gleiche Farbtiefe und Nuance bringen wie die Baumwolle.

2. Färben mit substantiven Farbstoffen und Nachbehandeln auf frischem Bade mit Metallsalzen z. B. mit 1—2% Chromkali, 1—2% Kupfervitriol oder Gemischen derselben mit oder ohne Essigsäurezusatz (2—5%) bzw. mit Fluorchrom, Formaldehyd od. dgl. Die Halbwollfärbung kann auch mit 2—3% Nitrit und 4—6% Schwefelsäure diazotiert und mit Betanaphthol, Diamin usw. entwickelt werden (Näheres s. unter Baumwollfärberei).

3. Vorbeizen mit 3—5% Tannin oder (bei dunklen Farben) mit 10—15% Sumachextrakt und 2—4% Brechweinstein bzw. anderen Antimonsalzen und Färben der beiden Fasern von kalt nach warm mit basischen Farbstoffen (bzw. unter Zusatz von Säurefarbstoffen) in neutralem oder schwach essigsaurem Bade. Diese Methode stellt eine zweibadige Behandlung und ein einbadiges Färben dar.

4. Wo durch ein Einbadverfahren der gewünschte Farbton nicht erreicht werden kann (z. B. bei sehr lebhaften Tönen), oder wo Färbungen von ungenügender Echtheit erhalten würden usw., greift man gern zu den Zweibadfärbungen. Man färbt z. B. ie Wolle mit Säurefarbstoffen vor, wäscht gut und färbt auf frischem Bade die Baumwolle mit substantiven Farbstoffen unter Glaubersalzzusatz nach.

5. Vorfärben der Baumwolle mit überfärbeechten, substantiven Farbstoffen und Nachfärben der Wolle in saurem Bade mit Säurefarbstoffen.

6. Vorfärben der Baumwolle mit Schwefelfarbstoffen und Nachfärben der Wolle mit Säurefarbstoffen.

7. Vorfärben der Wolle mit alkaliechten Wollfarbstoffen und Nachdecken der Baumwolle mit Schwefelfarbstoffen. Das Färben der tierisch-pflanzlichen Fasergemische mit Schwefelfarbstoffen geschieht nach besonderen Verfahren, da andernfalls die tierische Faser geschädigt wird (s. unter Färben der Wolle mit Schwefelfarbstoffen S. 474).

8. Vorfärben der Wolle im heißen, sauren Bade mit Säurefarbstoffen; Beizen, kalt bis lauwarm, mit 2—5% Tannin und $1^1/_2$—3% Antimonsalz in möglichst kurzem Bade und Ausfärben der Baumwolle mit basischen Farbstoffen (evtl. auch Beizen mit Eisensalzen und Ausfärben mit Holzfarben).

Schwarz auf Halbwolle kann außer nach obigen Arbeitsverfahren wie folgt erzeugt werden. Grundieren der Baumwolle mit Gerbsäure in kurzer Flotte (z. B. mit 10—15% Sumachextrakt), Schwärzen mit Eisenvitriol oder basisch schwefelsaurem Eisenoxyd (oft unter Zusatz von Kupfersulfat), heiß mit 2% Chromkali chromieren und Ausfärben beider Fasern von kalt bis heiß mit Blauholz. Oder man färbt die Wolle blauschwarz vor, grundiert die Baumwolle mit Sumachextrakt und Eisensalzen und färbt von kalt bis warm mit Blauholz und basischen Farbstoffen nach. Auch kann Anilinschwarz auf Halbwolle erzeugt werden. Die Wolle bleibt dabei meist heller und kann nach dem Chromieren des Schwarz mit Blauholz oder schwarzen Wollfarbstoffen nachgefärbt werden.

Nach obigen Verfahren 1—3 wird in der Regel unifarbig gefärbt, während die Verfahren 4—8 mehr für Zweifarbeneffekte dienen. Vielfach werden die nach den Ein- oder Zweibadverfahren erzeugten Färbungen noch mit basischen Farbstoffen geschönt oder nuanciert.

Das Färben von Halbseide.

Halbseidene Ware wird vor dem Entbasten häufig zylindriert und auf der Gassengemaschine oder Plattensenge gesengt (s. d.). Das Entbasten der Halbseide geschieht in Großbetrieben vielfach auf dem sogenannten Sternapparat (s. Abb. 81). Das Bleichen wird nur ausnahmsweise vorgenommen, da für die gewöhnlichen hellfarbigen Waren bereits vorgebleichtes Baumwollgarn verarbeitet wird. Ist eine Bleiche (für

Weiß) erforderlich, so wird mit Wasserstoff- oder Natriumsuperoxyd, warm bis heiß, schwach alkalisch gebleicht (s. unter Bleicherei S. 305).

Wie Halbwolle, so wird auch Halbseide einfarbig (unifarbig) oder zweifarbig gefärbt. Bei Unifärbungen wird die Baumwolle dunkler gehalten als die Seide.

Zum Färben dienen die gewöhnlichen viereckigen Holzkufen, in denen die Stückware mittels eines beweglichen Haspels umgezogen wird. Für bessere oder schwerere Qualitäten bedient man sich des Jiggers. Bänder werden auf Stöcke gehängt und umgezogen oder in einer Haspelkufe behandelt.

Es werden substantive, basische, saure, Schwefel-, Beizenfarbstoffe usw. benutzt. Ein großer Artikel ist auch das Anilinschwarz auf Halbseide (z. B. für Schirmstoffe), das oft mit Blauholz überfärbt wird. Desgleichen können Eisfarben (Paranitranilinrot) und Küpenfarbstoffe auf Halbseide gefärbt werden. Man arbeitet, wie bei allen Mischfasern, ein- und zweibadig. Falls zum Verweben bereits vorgefärbtes Baumwollgarn benutzt worden ist, so braucht nur die Seide nachgefärbt zu werden. Die Baumwollfärbung muß dann so echt sein, daß sie das Entbasten und das Färben im sauren Bade aushält. Die Hauptverfahren sind nachstehend kurz angegeben.

1. Färben mit substantiven Farbstoffen unter Zusatz von 10—20—40 g Glaubersalz und $^1/_2$—1 g kalzinierte Soda im Liter (evtl. auch von $1^1/_2$ g Monopolseife oder 2—4 g Seife), gut spülen, avivieren und nach Bedarf mit basischen oder Säurefarbstoffen nachfärben. Auch bei Halbseide ist wie bei Halbwolle die Eigenart der substantiven Farbstoffe zu berücksichtigen, Baumwolle und Seide entweder nahezu gleich oder in verschiedenen Tönen anzufärben. Bei stark abweichendem Verhalten der Farbstoffe zu der Baumwolle und der Seide kann dieses Verfahren auch zur Erzeugung von Zweifarbeneffekten dienen.

2. Färben mit Schwefelfarbstoffen[1]), $^1/_2$—1 Stunde heiß, unter Zusatz von 30 g Glukose, 2 g Soda, 2 g Monopolseife, 5—10 g Glaubersalz im Liter Farbbad nebst entsprechenden Mengen von Schwefelnatrium und Farbstoff, abquetschen spülen, avivieren und evtl. mit substantiven, basischen oder sauren Farbstoffen überfärben.

3. Färben mit Beizenfarbstoffen[1]). Die Ware wird nach den für Baumwolle und Seide gebräuchlichen Verfahren vorgebeizt und dann gefärbt (auch schwarz).

4. Vorbeizen mit Tannin und Brechweinstein und Färben von kalt nach warm mit basischen und sauren Farbstoffen unter Zusatz von etwas Essigsäure.

5. Färben mit sauren und basischen Farbstoffen. Die Seide wird mit sauren oder basischen Farbstoffen vorgefärbt (unter Zusatz von organischer Säure, Bisulfat od. dgl.). Darauf wird die Baumwolle kalt in kurzem Bade mit 2—5% Tannin und $1^1/_2$—3% Brechweinstein (für dunkle Farben mit 10—15% Sumachextrakt und Eisensalzen) in üblicher Weise gebeizt und mit basischen Farbstoffen kalt nachgefärbt (evtl. unter Zusatz von Essigsäure). Bei Eisengrund kann man auch mit Holzfarben nachfärben. Ferner können zum Nachfärben der Baumwolle solche substantive Farbstoffe benutzt werden, die die Seide nur wenig anfärben. Die Seide wird beim Vorfärben immer etwas heller gehalten als das Muster, da sie beim Nachfärben leicht noch etwas Farbstoff zieht.

Werden Zweifarbeneffekte mit weißer Baumwolle verlangt, so färbt man die Seide mit solchen Säurefarbstoffen vor, die Baumwolle gar nicht oder kaum anfärben; umgekehrt wird bei Artikeln mit weißer Seide die Baumwolle mit solchen substantiven oder Schwefelfarbstoffen vorgefärbt, die die Seide unter bestimmten Arbeitsbedingungen gar nicht oder nur spurenweise anfärben.

[1]) Praktisch wenig angewandt.

Eine geringe Tönung oder Anschmutzung der Faser, die jeweils weiß bleiben soll, kann durch schwaches Chloren oder Seifen entfernt werden. Die weiße Faser kann auch beliebig überfärbt werden, was zu Changeant- oder Kontrastfärbungen führt.

Schwarz auf Halbseide wird entweder mit Anilinschwarz oder mit substantiven, Diazotierungs-, Schwefelfarbstoffen (selten) oder Holzfarben erzeugt.

Das Färben von Wollseide.

Die Vorbehandlung der Wollseidengewebe richtet sich ganz nach dem Charakter und Zustand der Ware, besonders nach der Art der mitverwebten Seide. Stoffe mit Schappe und bereits entbasteter Organzinseide werden wie reine leichte Wollstoffe behandelt, also gesengt, gekrabbt, gedämpft und dann mit Seife unter Zusatz von etwas Ammoniak oder Soda rein gewaschen; Waren mit Grègekette (Rohseide, z. B. Bengaline, Eolienne, Gloria) werden nach dem Krabben in kochend heißem, neutralem Seifenbade entbastet und hierauf sorgfältig gespült und eventuell noch gedämpft. Für lebhafte Nuancen werden die Stoffe meist noch mit Wasserstoff- oder Natriumsuperoxyd gebleicht.

Zur Erzielung einer möglichst glanzreichen Seide und fleckenfreien Färbung ist bei allen Operationen auf Verwendung von reinem, weichem Wasser besonders zu achten.

Das Färben von Geweben aus Wolle und Seide geschieht sowohl einfarbig (uni) als auch zweifarbig. Als Färbegefäße dienen die für die Wollstückfärberei gebräuchlichen Kufen mit maschinellem, bei besonders empfindlichen Stoffen auch mit Handantrieb. Nach dem Färben wird gespült, mit Essig- oder Ameisensäure aviviert, am Spannrahmen getrocknet, eventuell auf dem Egalisierrahmen egalisiert und dann leicht gepreßt. Geringe Qualitäten werden vor dem Trocknen leicht gummiert.

Die üblichsten Färbeverfahren sind folgende:

1. Unifärbungen werden in mit Glaubersalz und Schwefelsäure bzw. Weinsteinpräparat angesäuertem Bade mit Säurefarbstoffen von warm bis kochend hergestellt. Durch längeres Kochen sowie bei geringerem Säurezusatz zieht der Farbstoff mehr auf die Wolle, bei niedrigerer Temperatur sowie bei größerem Säurezusatz mehr auf die Seide. Durch Erhöhen oder Erniedrigen der Temperatur bzw. durch geringeren oder größeren Säurezusatz kann man demnach regulierend auf das Anfärben der einzelnen Fasern einwirken.

2. Desgleichen können Unifärbungen durch heißes Färben mit substantiven Farbstoffen unter Zusatz von 5—20 g Glaubersalz pro Liter Flotte hergestellt werden. Diese Färbungen zeichnen sich durch größere Wasser- und Waschechtheit aus als die unter 1 erwähnten.

3. Beizenfarbstoffe werden verwendet, indem in saurem Bade angefärbt und in demselben Bade mit Chromsalzen fixiert wird. Ein anderes Verfahren besteht a) im Vorbeizen der Seide mit kaltem Chromchlorid, dann b) der Wolle mit heißem Chromkali und im schließlichen Ausfärben von kalt nach heiß.

4. Vereinzelt wird auch Anilinschwarz auf Wollseide hergestellt, das dann meist mit Holzfarben übersetzt wird.

5. Besser ist das reine Holzschwarz. Dieses wird durch zweifache Beizung (für Seide kalt mit Eisenbeize von 10—15° Bé, mit nachfolgendem Waschen und Abbrennen; für Wolle heiß mit Chromkali usw.) und Ausfärben von kalt nach heiß erzeugt. Alkaliblau wird in heißem Seifenbade gefärbt und mit Schwefelsäure heiß entwickelt. Auch gewisse basische Farbstoffe (Fuchsin, Violett, Grün, Rhodamin) kann man im Seifenbade färben, besonders helle Töne.

6. Zweifarbeneffekte oder Changeants erhält man a) durch heißes Vorfärben der Wolle mit solchen Säurefarbstoffen, die die Seide nicht oder nur wenig anfärben, und Nachfärben der Seide kalt bis warm mit geeigneten, auf Wolle nicht ziehenden Säure- oder basischen Farbstoffen in angesäuertem Bade; oder b) durch kochend heißes Färben der Wolle und Färben der Seide im erkaltenden Bade mit basischen oder sauren Farbstoffen. Ist die Seide beim Vorfärben der Wolle zu stark angefärbt, so kann sie durch 60—80° C heißes essigsaures Ammoniak (100—200 ccm pro 100 l Flotte), durch oxalsaures Ammoniak (30—60 g pro 100 l Flotte) oder auch durch ein warmes Seifenbad, Hydrosulfit od. dgl. abgezogen werden. Geringer Säuregehalt und hohe Temperatur des Färbebades erschweren die Anfärbung der Seide, während bei Benutzung von stark sauren und weniger heißen Bädern die Seide in höherem Grade angefärbt wird. Immerhin können scharfe Kontrastfärbungen oft überhaupt nicht erzeugt werden, da sich Woll- und Seidenfaser den Farbstoffen gegenüber sehr ähnlich verhalten.

Das Färben von Dreifasergemischen.

Das Färben von Geweben aus dreierlei Fasern, z. B. aus Wolle, Seide und Baumwolle, gestaltet sich schwieriger. Die Bearbeitung solcher Gemische erfordert genaue Kenntnis der besonderen Eigenschaften der Farbstoffe. Wie bei Zweifasergemischen können diese Gemische unifarbig oder mehrfarbig (zwei- oder dreifarbig) hergestellt werden; doch können naturgemäß zahlreiche Kontrastfärbungen überhaupt nicht direkt erzielt werden.

Man arbeitet z. B. zur Herstellung von Unifärbungen

1. wie bei Halbwolle oder Halbseide, indem man die Seide und die Wolle vorfärbt und die Baumwolle nachfärbt oder
2. die Wolle vorfärbt und die Seide und die Baumwolle nachfärbt, oder
3. die Baumwolle vorfärbt und die Seide und Wolle nachfärbt, oder
4. alle Fasern in einem Bade gleichzeitig färbt.

Werden Zwei- oder Dreifarbeneffekte verlangt, so wird

1. Wolle und Seide gleichfarbig und die Baumwolle im abweichenden Ton gefärbt, oder
2. die Baumwolle wird vorgefärbt und die Wolle und Seide verschiedenfarbig nachgedeckt, oder
3. die Wolle wird vorgefärbt und die Baumwolle und Seide verschiedenfarbig nachgedeckt.

Ähnlich wird bei Gemischen aus Wolle, Baumwolle und Kunstseide vorgegangen. Zweifarbige Färbungen werden in der Regel so erzeugt, daß man entweder a) zunächst die Wolle mit Säurefarbstoffen färbt und die Baumwolle und Kunstseide in abweichendem Ton nachdeckt oder b) erst die Baumwolle und Kunstseide nach dem Diazotierungs- und Kuppelungsverfahren vordeckt und die Wolle in abweichender Nuance nachfärbt usw.

Spezialverfahren zur Herstellung mehrfarbiger Gewebe.

Mischfasern können bei verschiedener Verwandtschaft der Einzelfasern zu den Farbstoffen ohne besondere Präparation der Fasern bis zu einem gewissen Grade unmittelbar mehrfarbig gefärbt werden. Soll dagegen Stückware aus nur einer Faserart mehrfarbig gefärbt werden, so müssen besondere Vorbehandlungen (verschieden vorgefärbtes Garn od. ä.) oder Präparationen eines Teiles der verwebten Garne vor dem Verweben (verschieden vorgebeiztes Garn od. dgl.) stattfinden. Diese Vorbehandlungen können in verschiedener Weise wirken, positiv oder negativ, d. h. derart, daß die Präparation das Anfärben a) befördert bzw. ermöglicht oder b) vermindert bzw. verhindert.

Von vielen in der Praxis angewandten Verfahren seien hier nachstehend nur kurz einige Beispiele angeführt.

1. Chlor und Hypochlorite (s. auch gechlorte Wolle S. 476) wirken auf Wolle positiv, h. d. die Färbung befördernd ein. Wird demnach gewöhnliche Wolle und gechlorte Wolle zusammen verwebt und dann einbadig gefärbt, so fällt die gechlorte Wolle dunkler als die nicht gechlorte aus. Hierdurch können mäßige Zweifarbeneffekte, aber keine Kontrastfärbungen erzeugt werden.

2. Merzerisierte Baumwolle wird dunkler angefärbt als nicht merzerisierte. Wird demnach gewöhnliche und merzerisierte Baumwolle zusammen verwebt und im Stück gefärbt, so entstehen mäßige Zweifarbeneffekte. Kontrastfärbungen können auf diesem Wege auch nicht erzielt werden.

3. Werden gebeizte und nicht gebeizte Garne zusammen verwebt und die Stücke mit Beizenfarbstoffen gefärbt, so werden scharfe Zweifarbeneffekte erzielt. Durch Verweben von zweierlei verschieden gebeizten Garnen mit ungebeiztem Garn können weiterhin Dreifarbeneffekte, von dreierlei gebeizten Garnen Vierfarbeneffekte usw. erhalten werden. Wird beispielsweise mit Alaun, Eisenbeize und Chromchlorid vorgebeizte Seide und nicht vorgebeizte Seide zusammen verwebt und im Stück mit Alizarin gefärbt, so wird ein Rot-Violett-Braun-Weißeffekt gebildet. Das etwa angeschmutzte weiße Material wird in bekannter Weise durch Seifen oder Bleichen wieder entfärbt. Anstatt Seide kann auch Wolle, Baumwolle usw. in vorgebeiztem und nicht gebeiztem Zustande verwebt und zu Mischfarbeneffekten verwendet werden. Bei Verwendung von Baumwolle können z. B. sehr hübsche Effekte durch Vorbeizen eines Teiles des Baumwollgarnes mit Tanninbrechweinstein und Ausfärben im Stück mit basischen Farbstoffen erreicht werden.

4. Die Farbaufnahme verhindernde, negative Mittel nennt man auch reservierende Mittel, die in der Zeugdruckerei eine große Rolle spielen. Sie können chemisch, mechanisch und chemisch-mechanisch wirken. Die Art der Reserven oder Reservagen kann sehr verschieden sein und richtet sich im allgemeinen nach der Art der Faser, der Farbstoffe und der Arbeitsverfahren. Die Vielgestaltigkeit dieser Verfahren wird noch dadurch erhöht, daß man ungefärbtes und gefärbtes Garn mit Reserven versehen kann, so daß sich zwei-, drei- und mehrfarbige seidene, wollene, baumwollene Gewebe herstellen lassen. Wird z. B. tierisches Gespinst mit Gerbsäure und gerbsauren Salzen oder mit reduzierenden Salzen behandelt und mit gewöhnlichem, unpräpariertem Garn derselben Art verwebt, so nimmt das mit Reserve versehene Gespinst eine Anzahl von sauren und substantiven Farbstoffen nicht auf, während das unpräparierte Gespinst gefärbt wird. Das mit Gerbsäure behandelte Garn kann dagegen mit basischen Farbstoffen angefärbt werden. Naturgemäß kann man auch das noch nicht versponnene Material, wie z. B. lose Wolle, lose Baumwolle usw., vorbeizen oder reservieren. Durch Verspinnen des präparierten mit dem nicht präparierten Material zu Garn, Verweben und Färben im Stück erhält man schöne Melangen.

Die Gerbstoffreservage der Wolle geschieht z. B. in der Weise, daß man die Wolle mit 30% Tannin und 6% Salzsäure 1 Stunde kochend behandelt, leicht spült und dann im frischen Bade mit $1^1/_2$% Brechweinstein und 10% essigsaurem Natron wieder kochend 1 Stunde behandelt, spült und trocknet. Das nicht präparierte Material wird z. B. mit Säurefarbstoffen wie Tartrazin, Azosäurekarmin, Azosäureblau, Viktoriaviolett usw. unter Zusatz von 5—10% Essigsäure sowie von 20—50% Glaubersalz von warm bis heiß angefärbt. Hierbei bleibt das präparierte Material ungefärbt und kann in besonderem Bade unter Zusatz von Essigsäure mit basischen Farbstoffen (Methylenblau, Auramin, Brillantgrün, Methylengrün, Thioninblau usw.) ausgefärbt werden. Das Färbebad soll beim Eingehen möglichst heiß sein und kann bis kochend getrieben werden. Die mit Gerbstoffen präparierte Wolle wird in der Walkfähigkeit nur wenig oder gar nicht beeinflußt und widersteht dem Waschen, Krabben, Dekatieren, Karbonisieren usw. Nur dürfen beim Waschen und Walken keine starken Alkalien verwendet werden. Härtere und glanzreichere Wollen wie Crossbreds und Mohairs lassen sich in höherem Maße reservieren und geben ausgesprochenere Weißeffekte als feinere Wollsorten.

Durch Behandlung von Halbseide mit Tannin und Brechweinstein wird nach einem Verfahren der Farbenfabriken Bayer die Seide gegenüber Schwefelfarbstoffen reserviert und bleibt weiß, während die Baumwolle angefärbt wird (Schwarz-Weiß-Artikel).

5. Durch Behandlung der Wolle mit 25% Thiosulfat und 16% Salzsäure 22° Bé, 1—$1^1/_2$ Stunde bei 50° C, erhält die Wolle gegenüber basischen und Küpenfarbstoffen erhöhte, gegenüber substantiven, Säure- und Beizenfarbstoffen verminderte Aufnahmefähigkeit. Durch geeignete Wahl von Farbstoffen lassen sich schöne Kontrastwirkungen erreichen.

6. Rhodankalium, -ammonium und -kalziumlösungen verändern Wollmaterial dauernd in der Weise, daß die damit behandelte Wolle erhöhte Aufnahmefähigkeit gegenüber Säure-, Chromentwicklungs- und Beizenfarbstoffen erwirbt.

7. Das Reservieren der Wolle mit Schwefelsäure macht die Wolle für saure Farbstoffe unempfänglich und liefert noch weißere Effekte als die Tanninbehandlung.

8. Die Präparation der Wolle mit Formaldehyd macht die Wolle unempfindlich gegen Alkali, so daß sie z. B. in schwefelalkalischem Bade mit Schwefelfarbstoffen gefärbt werden kann. Diese Wolle hat aber zum großen Teil ihre Walkfähigkeit verloren, was mitunter zur Erzielung gewisser Effekte auch als ein Vorteil ausgenutzt werden kann.

9. Ein neueres, gut wirkendes und leicht zu verwendendes Reservagemittel in der Halbwoll- und Halbseidenfärberei zum Reservieren der Wolle und der Seide ist das Katanol W [By], worüber bereits an anderer Stelle Näheres gesagt ist (s. u. Katanol W).

10. Herstellung von reinweißen Wolleffekten in stückfarbigen Wollstoffen und Melangen durch Behandlung der Wolle mit Essigsäureanhydrid [C]. Die Wolle wird erst scharf getrocknet und dann mit einer Reservierlösung in verschließbarer, rotierender Trommel aus Ton oder Steingut behandelt. Die Trommel wird von außen durch warmes Wasser in etwa 1 Stunde auf 57—58° C angewärmt und etwa $1^1/_2$ Stunde bei dieser Temperatur belassen. Die Reservierflüssigkeit wird sorgsam aufgehoben und weiterverwendet, die Wolle nach der Behandlung gespült. Ungefärbte Wolle ist nach dem Präparieren fertig und wird nur noch vor dem Färben bei möglichst niedriger Temperatur getrocknet. Farbige Wolle wird noch nach dem Auswaschen mit 20% essigsaurem Chrom 20° Bé und 4% Ameisensäure 85 proz. $^3/_4$ Stunde bei 75° C behandelt, gewaschen und auch vorsichtig getrocknet. Die Präparierlösung ist scharf und ätzend und riecht stark, deshalb die Ton- od. ä. Gefäße und die Vermeidung von Metallteilen. Außerdem wird die Reservierlösung durch Wasser zersetzt; eine Berührung mit Wasser, feuchter Wolle und Luft ist deshalb zu vermeiden. Die präparierte Wolle bleibt beim Färben im Stück durch die meisten Wollfarbstoffe ganz ungefärbt. Farbige Wollen für Mehrfarbeneffekte werden vorher durch Verwendung von walkechten Farbstoffen hergestellt. Dieses Verfahren liefert die reinsten weißen Effekte.

Die Reservierflüssigkeit besteht aus einer Mischung von:

1. Für ungefärbte Wolle:
1 l Essigsäureanhydrid,
4 l Eisessig,
140 g (= 76 ccm) Schwefelsäuremonohydrat,
77 g (= 80 ccm) Dimethylanilin
auf je 1 kg Wolle.

2. Für farbige Wolle:
1 l Essigsäureanhydrid,
4 l Eisessig,
60 g (= 32,5 ccm) Schwefelsäuremonohydrat
auf je 1 kg Wolle.

11. Wollreserve CB in Pulver [C]. In neuerer Zeit (1925) ist noch ein Wollreservemittel, Marke CB in Pulver [C] herausgekommen, das der früheren Wollreserve C [C] ähnelt, aber außer der handlicheren Pulverform noch die vorteilhafte Eigenschaft hat, besser reservierend zu wirken und klarere Effekte zu geben. Auch kann es in vielen Fällen für weiße Effekte und zum Reservieren von Seide dienen. Man arbeitet etwa, wie folgt:

a) Bunte Effekte. Man geht mit der Ware in das mit 30% vom Gewicht der Wolle und dem nötigen Farbstoff bestellte Bad bei 40° C ein, bringt langsam in $^3/_4$ Stunde zum Kochen und kocht noch 2 Stunden. Wenn die Farbstoffe nach $^1/_2$—1 stündigem Kochen nicht genügend ausgezogen sind, so kann man noch etwas Essig- oder Ameisensäure zugeben. Hierauf wird, ohne zu spülen, in frischem Bade mit 2% Zinnsalz, 10% essigsaurem Chrom 20° Bé und 10% Essigsäure

30proz. $^3/_4$—1 Stunde bei 90° C nachbehandelt und dann gespült. Bei Nachchromierungsfarbstoffen wird das Chromkali nach dem Anfärben in das Reservierbad gegeben und $^1/_2$—$^3/_4$ Stunde nachchromiert, dann wie zuvor im frischen Bade mit Zinnsalz, essigsaurem Chrom und Essigsäure $^3/_4$—1 Stunde bei 90° C nachbehandelt und gespült.

b) Weiße Effekte. Man behandelt wie oben mit Wollreserve CB in Pulver von 40° C bis kochend, kühlt auf 90° C ab, gibt 4% Zinnsalz und 10% Essigsäure zu, behandelt $^3/_4$—1 Stunde bei 90° C und spült.

c) Weiße und bunte Seideneffekte. Die abgekochte weiße oder vorgefärbte Seide wird mit 30% Wollreserve 2 Stunden kochend behandelt, dann wird, ohne zu spülen, in frischem Bade mit 4% Zinnsalz und 10% Essigsäure 30proz. $^3/_4$ bis 1 Stunde bei 90° C nachbehandelt.

Die Wollreserve CB wird zwecks Lösens mit kochendem Wasser übergossen und durch Umrühren in Lösung gebracht. Es ist wesentlich, eisenhaltiges Wasser und die Berührung mit Eisenteilen zu vermeiden.

Das Färben verschiedener Nichttextilstoffe[1]).

Das Färben von Leder.

Lamb-Jablonski: Lederfärberei und Lederzurichtung. — Lamb und Mezey: Die Chromlederfabrikation, 1925. — Wiener, F.: Die Lederfärberei und die Fabrikation des Lackleders.

Je nach der Art der Gerbung oder Lederbereitung unterscheidet man: 1. lohgares oder sumachgares Leder, das mit Gerbsäuren gegerbt ist (Hauptanwendung für Galanteriewaren, Hutfutter, Koffer, Taschen); 2. alaungares Leder, das sich durch besondere Weichheit auszeichnet (Hauptanwendung für Kinder- und Ballschuhe); 3. chromgares Leder oder Chromleder, das häufig in Verbindung mit Alaun gegerbt wird und sich durch seine Zähigkeit und Wasserdichtigkeit auszeichnet (Hauptanwendung für feine Damen- und Herrenschuhe, Boxcalf, Chevreaux); 4. sämischgares Leder oder Sämischleder. Die drei ersten kommen hauptsächlich zum Färben; Sämischleder wird seltener gefärbt.

1. Lohgares Leder. Die lohgaren Leder werden erst nach Qualität (Dicke oder Stärke) und Farbe sortiert und die zusammengehörigen Partien erst mehrere Stunden mit warmem Wasser aufgewalkt, d. h. im Walkfaß mit Wasser aufgeweicht, bis der Schmutz und die überschüssige Gerbsäure entfernt sind. Die Narben sollen dabei weich werden und sich schlüpfrig anfühlen. Hierauf kann es noch mit Sumach nachgegerbt werden, wodurch das Leder heller und farbaufnahmefähiger wird. Eventuell werden die Felle noch mit phosphorsaurem Natron oder kohlensaurem Ammoniak gewaschen. So vorbereitet, sind sie zum Färben im nassen Zustande fertig; sollen sie im trockenen Zustande gefärbt werden, so werden sie leicht geölt und im aufgespannten Zustande getrocknet.

Das Färben selbst geschieht für volle, dunkle Töne vorzugsweise mit basischen Farbstoffen, für helle, feurige Töne mehr mit Säurefarbstoffen in schwefelsaurem Bade. Oft färbt man auch mit sauren Farbstoffen vor und mit basischen Farbstoffen auf frischem Bade nach.

Die Form der Ausführung hängt davon ab, ob das Leder beiderseitig oder nur einseitig (mit ungefärbter Fleischseite) gefärbt werden soll. Danach unterscheidet man a) das Färben oder Streichen mit der Bürste (einseitiges Färben), b) das Färben in der Mulde (vorzugsweise einseitiges Färben) und c) das Färben im Walkfaß oder Haspel (zweiseitiges Färben).

a) Zum Färben oder Streichen mit der Bürste (Rindshäute oder andere Sorten), wobei die Fleischseite gänzlich ungefärbt bleiben soll, müssen die Leder gereckt bzw. gespannt und getrocknet sein. Die Farbe wird entweder auf die trockenen Flächen mit der Bürste zwei- bis dreimal aufgetragen; oder die Leder

[1]) Anhangsweise sei hier der Vollständigkeit halber das Färben verschiedener Materialien kurz erwähnt, die nicht zu den „Textilien" gehören, deren Färben aber in naher Beziehung zu demjenigen der Textilstoffe steht.

werden zuvor gut mit Wasser (dem auf 10 l etwa 100 ccm Alkohol und 2 g Gelatine oder 50 ccm Milchsäure zugesetzt sind) angefeuchtet und dann erst bestrichen. Die filtrierte, etwa 50° C warme Farbstofflösung mit etwa 5—10 g Farbstoff im Liter wird nun gut mit der Bürste aufgetragen, wobei die Ränder, die sich schlechter anfärben lassen, gut nachgestrichen werden müssen. Dann wird gespült und getrocknet. Basische Farbstoffe werden ohne jeglichen Zusatz, saure Farbstoffe mit Säurezusatz (z. B. 1 Teil Ameisensäure 50 proz. auf 2 Teile Farbstoff) verwendet.

b) Beim Färben in der Mulde (meist von Kalb-, Ziegen- und Schafleder) werden je zwei Leder mit der Fleischseite fest aneinandergelegt, um das Anfärben der Rückseite tunlichst zu vermeiden. Die Flotte wird so knapp bemessen, daß man die Leder gerade noch gut bearbeiten kann (etwa 5—6 l Flotte auf zwei mittelgroße Felle). Die Farbstofflösung wird auf 40° C und konzentriert gehalten und enthält bis zu 20 g Farbstoff pro Liter. Man färbt etwa immer 10 Minuten und dreht dabei die Felle in der Farbflotte. Dann wird gut gespült, das Leder auf einen Bock gehängt, ausgereckt und getrocknet. Basische Farbstoffe werden ohne Zusatz, saure Farbstoffe mit Säurezusatz (wie bei a) angewandt.

c) Im Walkfaß oder Haspel wird gearbeitet, wenn das Leder auf beiden Seiten gleichmäßig gefärbt sein soll. Man läßt das Leder im Faß mit der Hälfte des erforderlichen Wassers etwa 10 Minuten laufen und gibt dann den (im Rest des Wassers gelösten) Farbstoff allmählich während des Drehens zu. Für ein Fell rechnet man im Mittel etwa $1^1/_2$ l Wasser und nimmt 50—100 Felle in ein Faß. Die Färbetemperatur beträgt etwa 40° C, die Färbedauer 1 Stunde.

2. Alaungares Leder. Es wird wie lohgares Leder ebenfalls zuerst gut mit warmem Wasser gewaschen, um den überschüssigen Alaun zu entfernen. Gefärbt wird meist mit Säurefarbstoffen. Für dunkle Töne gibt man auch ein Bad von gerbsaurem Eisen oder Holzgrundierung und übersetzt mit Anilinfarbstoffen. Das Färben geschieht meist durch Aufstreichen mit der Bürste, seltener im Walkfaß. Die Temperatur soll 30° C nicht übersteigen, da das Leder sonst leicht hart wird. Nach dem Färben wird gut gespült und bei mäßiger Wärme getrocknet.

3. Chromleder. Das aus der Gerbung kommende Chromleder muß zunächst durch Waschen gut entsäuert (z. B. mit Borax) werden; alsdann wird es mit einer Emulsion von wechselnden Mengen Klauenöl, Eigelb, Seife, Glyzerin und evtl. etwas Soda oder Ammoniak geschmiert. So präpariertes Leder ist zum Färben mit Säurefarbstoffen fertig vorbereitet. Soll dagegen mit basischen Farbstoffen gefärbt werden, so werden die Leder mit einer Gerbstofflösung im Walkfaß behandelt, um sie für diese Farbstoffe aufnahmefähig zu machen. Dazu dient meist eine Abkochung von Sumachblättern, und zwar verwendet man für helle Farben auf 100 kg Leder (feucht gewogen) eine Abkochung von 3—5 kg Sumach, für dunkle Farben entsprechend mehr. Statt Sumach können auch andere Gerbstoffe, z. B. Gambir, verwendet werden. Das Leder wird in $^1/_2$ Stunde lauwarm im Walkfaß gewalkt und dann gespült.

Wegen dieser erforderlichen Vorbereitung des Leders für das Färben mit basischen Farbstoffen ist das Färben von Chromleder mit Säurefarbstoffen vorteilhafter. Es wird hauptsächlich im Walkfaß gefärbt, da ein intensives Durcharbeiten des Chromleders erforderlich ist.

Das Färben mit Säurefarbstoffen geschieht bei 50—60° C, zunächst $^1/_4$ bis $^1/_2$ Stunde ohne Säurezusatz. Wenn möglichst tiefgehende Durchfärbung verlangt wird, setzt man etwa 0,1% Ammoniak (vom Gewicht des Leders) der Farbflotte zu und säuert nach $^1/_4$—$^1/_2$ Stunde das Bad mit Schwefel- oder Ameisensäure an (etwa $^1/_2$ bzw. 1 Teil auf 2 Teile Farbstoff). Man läßt noch 10 Minuten laufen und spült. Kleine Partien Chromleder werden in der Mulde bei 50—60° C gefärbt (mit etwa 5—6 l Flotte auf ein Fell). Nach dem Färben wird gut gewaschen und leicht ausgereckt.

4. Sämischleder wird seltener gefärbt; erforderlichenfalls wird es vor dem Färben in einer warmen Seifenlösung (30 g pro Liter) eingeweicht bzw. gewaschen und hinterher gespült. Das Färben geschieht wie bei lohgarem Leder mit Säurefarbstoffen unter Zusatz von Glaubersalz und Essigsäure od. dgl. Nach bestimmten Vorschriften [C] kann es auch mit Schwefelfarbstoffen gefärbt werden.

Besondere Verfahren der Lederfärberei. Vielfach werden noch Pflanzenfarbstoffe gebraucht. Man grundiert z. B. mit Blauholz, Sumach, Gelbholz, Rotholz usw. und fällt den Farblack mit entsprechenden Metallsalzen; oder man behandelt das Leder umgekehrt zuerst mit den zur Lackbildung erforderlichen Beizen, spült und färbt dann aus.

Spritzeffekte werden durch Aufstäuben ziemlich konzentrierter Farbstofflösungen (etwa 10: 1000) erzeugt.

Bronzefärbungen werden durch Färben in konzentrierten Bädern (5 bis 8 : 1000) von basischen Farbstoffen, Spülen und Nachfärben mit starken Lösungen passender Säurefarbstoffe (bis zu 10 g im Liter) erhalten.

Imitationen von antikem Leder, Marmoriereffekte usw. erhält man durch Vorfärben des Leders mit basischen oder sauren Farbstoffen, darauffolgendes unregelmäßiges Zusammenkneten des Leders und Trocknen (so daß die Falten hierbei erhalten bleiben). Dann wird das trockene Leder mit starken Lösungen von basischen Farbstoffen mittels eines Schwammes überstrichen, so daß die Falten nicht berührt werden. Schließlich wird getrocknet und zugerichtet.

Das Färben von Fellen (Pelzen, Rauchwaren).

Beltzer, Fr.: Industrie des poils et fourrures, cheveux et plumes.

Die Fell-, Pelz- oder Rauchwarenfärberei[1]) stellt einen recht schwierigen Spezialzweig der Färberei dar, nicht allein wegen der Mannigfaltigkeit des Materials, sondern auch wegen der Verschiedenartigkeit der einzelnen Felle gleicher Gattung, und weil das einzelne Fell selbst nicht einheitlich ist. Grannenhaare und Grundwolle sind durchaus verschieden, und die Bauchseite färbt sich anders als der Rücken; bei alledem müssen die Übergänge weich und nicht schroff ausfallen. Dazu kommt die Empfindlichkeit des Leders gegen viele Farbstoffe und Chemikalien und gegen Temperaturen über 40—50° C. Das Haar verhält sich gegen Chemikalien ähnlich wie die Wolle, ist widerstandsfähiger gegen Säuren und Chlor und im allgemeinen viel widerstandsfähiger gegen Alkalien, jedoch innerhalb weiter Grenzen schwankend: manche Wolfshaare vertragen kaum Sodalösung von $^1/_2$° Bé, Waschbären vertragen dagegen selbst 5grädige Ätznatronlösung.

Das Färben des Pelzwerkes geschieht, ähnlich wie bei Leder, 1. nach dem **Tunk- oder Tauchverfahren,** wo das Fell mitsamt dem Leder in der Tunk- oder Tauchbrühe gefärbt wird, oder 2. nach dem **Streichverfahren,** wo nur die Haare oder die Haarspitzen durch Auftragen mit einer Bürste gefärbt oder gespitzt werden. Letzteres Verfahren nennt man auch das Blenden. Beide Verfahren werden häufig miteinander kombiniert.

Vor dem eigentlichen Färben werden die Pelze in der Regel gereinigt oder entfettet, man nennt diesen Vorgang das Töten oder die Tötung der Felle. Diese Behandlung bezweckt außer der Reinigung, die Grannenhaare für den Farbstoff aufnahmefähig zu machen. Das Töten kann durch Behandlung mit Äther, Alkohol und schwachen Alkalien ausgeführt werden. In der Praxis verwendet man Ätzkalk, Ammoniak, Soda, Pottasche u. dgl., häufig in Verbindung mit Eisenvitriol, Alaun, Kupfersalzen usw., die zugleich als Beize für die Farbstoffe dienen. Manche Felle werden mit Seife und Soda gewaschen. Auch Wasserstoffsuperoxyd und Chlorwasser wirken tötend. Die alten Verfahren benutzen eine Menge von Materialien, die sich in ihrer Wirkung teilweise aufheben und deshalb zweckwidrig sind. Als Schutzmittel wird ein Zusatz von Leonil S [M], gewöhnlich 2—3 g pro Liter Tötungsflüssigkeit, empfohlen. Bei starken Laugen erhöht man den Zusatz bis auf 10—15 g Leonil S pro Liter.

Nach der Tötung hängt man die Felle zum Trocknen und reinigt sie durch Klopfen oder in der Läutertonne mit Sand und Sägespänen. Wird das Beizen nicht mit dem Töten vereinigt, so werden die Felle nach dem Töten einige Stunden in eine Lösung von Chromkali, Kupfer- oder Eisenvitriol und Weinstein gelegt,

---

[1]) S. auch Fr. König: Z. angew. Chem. 1914, S. 529.

darauf gewaschen und gefärbt. Auch hier ist ein Zusatz von Leonil S zweckmäßig, ebenso wie beim nachfolgenden Färben. Die Färbetemperatur ist mit Rücksicht auf die Empfindlichkeit des Leders möglichst niedrig zu halten.

Schwarz und Grau färbt man meist mit Holzfarben (vorzugsweise Blauholz), Sumach, gerösteten Galläpfeln u. dgl. Die Farbstoffe und die erforderlichen Metallsalze (Eisenvitriol, Alaun usw.) gibt man zusammen in die Farbbäder, oft unter Zusatz von etwas organischer Säure. So färbt man z. B. Schaffelle (Persianer, Astrachan) 1—2 mal täglich, 3 Tage hintereinander mit einem Farbbade, bestehend aus Blauholz, Gelbholz, Sumach, Galläpfeln, Eisen- oder Kupfervitriol und etwas Säure. Wildwaren (Opossum, Murmel) färbt man in einem starken Blauholz- und Gelbholzbade und setzt dem Färbebade nach einiger Zeit Kupfer-, Eisenvitriol, holzessigsaures Eisen u. ä. zu. Die Felle werden lauwarm 3—4 Tage hintereinander mit der Farbbrühe behandelt und zwischendurch gelegentlich verhängt. Füchse werden mit Blauholz-Kurkuma, holzessigsaurem Eisen und Kupfervitriol gefärbt.

Graublaue Töne (Imitationen von Alaska und Silberfuchs) färbt man mit Sumach und Gallus, unter Abdunkeln mit Eisenvitriol. Längeres Einlegen in Beizen (s. oben) ermöglicht das Färben mit Holz- und anderen Beizenfarbstoffen, wie Alizarinfarbstoffen.

Mit Bleiazetat und nachfolgender Behandlung mit Schwefelammonium erhält man Schwefelbleifärbungen von Dunkelbraun bis Braunschwarz; sie können mit Wasserstoffsuperoxyd, Salz- oder Schwefelsäure weiß geätzt oder gespitzt werden. Behandelt man hinterher die weiß geätzten Spitzen nochmals mit Schwefelammonium, so erhält man dunklen Grund (Fuß), eine weiße Zone und schwarze Spitzen.

Anilinschwarz kann durch Aufstreichen einer Anilinschwarzmasse gefärbt werden. Nachbehandlung mit Chromkali, Nachfärben mit Blauholz und Gelbholz, wenn erforderlich unter Mitwirkung von Kupfersalzen, macht den Farbton tiefer, satter und blumiger. Nach diesem Verfahren werden die sogenannten Sealfarben auf echtem Seal oder anderen Fellen hergestellt.

Auch bunte (saure, basische und substantive) Farbstoffe benutzt man in bescheiderem Umfange zum Färben von Phantasiefarben. Außer den in der Wollfärberei üblichen Methoden gibt es noch besondere Verfahren, von denen eines zum Färben von Teppichfellen mit Säurefarbstoffen erwähnt sei [C]. Es besteht in einer abwechselnden, mehrtägigen Behandlung von Schaf-, Ziegen-, Angorafellen usw. in Chromgerbeextrakt [C], Salzsäure, sehr verdünnter Chlorkalklösung und Natriumthiosulfat sowie im schließlichen Ausfärben mit Säurefarbstoffen unter Zusatz von Glaubersalz, Essigsäure u. ä. bei 60—70° C.

Eine vollkommene Umwälzung der Rauchwarenfärberei wurde durch Einführung gewisser Entwicklungs- oder Oxydationsfarben hervorgerufen, die sehr echte braune, graue und schwarze Töne liefern. Das erste diesbezügliche Verfahren stammt von E. Erdmann (1888), der als Entwicklungsfarbstoffe das Paraphenylendiamin, Paraamidophenol und die Pyrogallussäure nutzbar machte. Später kamen noch das Metaphenylendiamin, das Orthoamidophenol und andere Ausgangsstoffe hinzu. Anfangs waren große Schwierigkeiten, auch in bezug auf die Betriebshygiene zu überwinden, da sich bei vielen in den Betrieben beschäftigten Personen mit empfindlicher Haut Hautausschläge einstellten. Heute hat man gelernt, diese Ausschläge durch besondere Maßnahmen zu vermeiden (Waschen der Hände mit 1—2 proz. Formaldehydlösung) oder schnell zu beseitigen (Waschen mit Resorzinspiritus). Im Laufe der Zeit erschienen derartige Farbstoffe immer mehr auf dem Markt, von denen die Ursolfarbstoffe [A], die Nakofarbstoffe [M], die Furrolfarbstoffe [C] erwähnt seien. Sie werden beispielsweise auf mit Chromkali und Weinstein, Kupfervitriol, Eisenvitriol, holzessigsaurem Eisen u. dgl. gebeizte Felle aufgefärbt und dann mit Wasserstoffsuperoxyd oder Chromkali nachbehandelt.

Leipzig, der Hauptsitz der Rauchwarenindustrie in Deutschland, zählte im Jahre 1913 etwa 71 Betriebe mit 2835 Arbeitern. In diesem Jahre wurden in Leipzig Felle im Werte von etwa 150 Millionen Mark mit 15 Millionen Mark an Löhnen zugerichtet und gefärbt.

Das Färben von Federn.

Die Federn werden vor dem Färben bei 40° C mit wenig Soda, Ammoniak, kohlensaurem Ammoniak, Seife od. ä. gereinigt und erforderlichenfalls durch Schwefeln im Schwefelkasten oder mit wässeriger schwefliger Säure, Natrium- oder Wasserstoffsuperoxyd mit geringem Alkalizusatz und bei mäßiger Temperatur gebleicht.

Das Färben geschieht warm bis kochend unter Zusatz von Glaubersalz und Essigsäure bzw. Weinsteinpräparat mit sauren und basischen Farbstoffen (letztere ziehen auch ohne Säurezusatz); substantive Farbstoffe werden seltener gebraucht. Wenn Bastseife vorhanden ist, so können Federn vorteilhaft wie Seide im gebrochenen Bastseifenbade gefärbt werden. Für Schwarz und Grau sind Holzfarbstoffe auch sehr geeignet. Das Färben geschieht ähnlich wie in der Wollfärberei.

Helle Töne werden auch in 30—40° C warmem Seifenbade, dunklere Töne mit 3—5% Essigsäure bei 70—80° C gefärbt. Über 90—95° C hinauszugehen, ist nicht zu empfehlen.

Bei Verwendung von Chromentwicklungsfarbstoffen chromiert man nach dem Färben auf frischer Flotte mit $2^1/_2$% Chromkali, 1% Kupfervitriol und 1% Ameisensäure $^1/_2$—1 Stunde nach. Für Blauholzfärbungen legt man die Federn über Nacht in salpetersaures Eisen von 3° Bé, spült gut und färbt auf frischem Bade bei 80—90° C mit Blauholz, etwas Gelbholz und etwas Seife. Zur besseren Anfärbung der Kiele läßt man die Federn nach 1—$1^1/_2$stündigem Färben bis zur völligen Abkühlung in der Farbflotte.

Das Färben von Roßhaar, Borsten und anderen Haaren.

Zur Erzielung einer möglichst feurigen, glänzenden, durchgefärbten und echten (vor allem nicht abreibenden) Färbung muß das Haar zunächst vom Schweiß und Schmutz gereinigt werden. Dieses geschieht in lauwarmem Bade mit Seife und Soda bzw. Ammoniak, möglichst unter Verwendung von Regen- oder Kondenswasser. Man reinigt z. B. handwarm mit 1—2 g Soda oder Ammoniak und 5 g Schmierseife im Liter Bad und spült dann gut.

Die vorherrschende Farbe ist schwarz. Das früher fast allgemein verwendete Blauholz ist durch künstliche Farbstoffe verdrängt worden. Man färbt 1 Stunde meist in einer Holzkufe unter der Flotte von warm bzw. 50° C bis kochend mit einem dekaturechten Schwarz und setzt dem Bade 2—3% Schwefel- oder Ameisensäure zu. Zweckmäßig werden Farbstoff und Säure in 2—3 Portionen zugegeben. Zum Schluß wird aufgeworfen, abtropfen gelassen, gut gespült und evtl. noch lauwarm geseift, geschleudert und nicht zu heiß getrocknet. Durch das Seifen wird der Glanz des Materials gehoben. Genau wie Roßhaar werden auch Rinder-, Ziegenhaare usw. gefärbt. Bei Schweineborsten müssen erst die anhaftenden Fleisch- und Hautteilchen entfernt werden; sie werden deshalb erst einer Gärung unterworfen und vor dem Färben gut gespült bzw. gewaschen.

Enthält ein Material viel tote Haare, so muß vor dem Färben besonders vorbereitet werden, da sich die toten Haare schlecht anfärben lassen. Man wäscht erst wie normales Haarmaterial mit Seife und Soda, spült, hantiert die noch feuchten, nicht getrockneten Haare 15 Minuten in kalter, verdünnter Salzsäure (1,5 l : 100 l Wasser), wirft auf, läßt abtropfen und bearbeitet 30 Minuten auf einer frischen, gut filtrierten, klaren Chlorkalklösung von 0,2—0,5° Bé; schließlich geht man nach dem Abtropfenlassen nochmals auf das alte Salzsäurebad zurück, arbeitet mehrmals gut durch, läßt wieder abtropfen und spült sehr gut in frischem, möglichst fließendem Wasser, bis die Ware entsäuert ist, schleudert und färbt in gewöhnlicher Weise. Zu starke Chlorbäder sind zu vermeiden; bei unbekanntem Material macht man zweckmäßig mit einer kleinen Probe einen Vorversuch.

Das Färben von lebenden Haaren, d. h. von Haaren am lebenden Körper, geschieht auf kaltem Wege durch Auftragen von Phenylendiaminen od. dgl. und Nachoxydation durch Wasserstoffsuperoxyd und anderen Oxydationsmitteln (s. auch unter Pelzfärberei und Oxydationsfarbstoffen).

Das Färben von Roßhaarsurrogaten.

Roßhaarsurrogate haben mit Roßhaaren nur den Verwendungszweck gemeinsam; im übrigen sind sie von ihnen völlig wesensverschieden, indem sie Pflanzenfasern darstellen und meist aus Fiber, Sisal, Manila und ähnlichen Fasern bestehen. Sie sind demnach wie Pflanzenfasern zu behandeln und lassen sich in einfachster Weise mit substantiven Farbstoffen unter Zusatz von Soda und Glaubersalz färben.

Die vorherrschende Farbe ist auch hier Schwarz; früher wurde allgemein Blauholz verwendet, heute meist künstlicher Farbstoff. Fiber ist vor dem Färben gut auszukochen; auch empfiehlt sich beim Färben desselben ein Zusatz von Ammoniak. Zum Färben von Fiber wird vielfach noch Blauholz gebraucht, während Sisal und Manila fast nur substantiv gefärbt werden.

Das Färben von Stroh.

Stroh, Strohgeflecht, Hüte usw. müssen vor dem Färben längere Zeit oder über Nacht in heißem bis kochendem Wasser genetzt werden. Für helle Farben und Weiß bleicht man durch Schwefeln im Schwefelkasten, in wässeriger schwefliger Säure oder mit Wasserstoff- bzw. Natriumsuperoxyd, Perborat usw. Nach dem Bleichen wird abgesäuert und bei Oxydationsbleichen mit Bisulfit oder Schwefligsäuregas nachbehandelt.

Mit basischen Farbstoffen werden lebhafte Töne warm bis kochend unter Zusatz organischer Säuren gefärbt; man läßt unter Umständen so lange kochen, bis das Stroh genügend durchgefärbt ist. Durch Säurezugabe wird das Durchfärben befördert.

Saure und substantive Farbstoffe werden in kurzen Bädern mehrere Stunden kochend heiß gefärbt, mit oder ohne Zusatz von wenig Essigsäure (besonders bei hartem Wasser und schwer durchfärbbarem Material ist Essigsäurezusatz zu empfehlen).

Schwefelfarbstoffe werden wie üblich unter Zusatz von Schwefelnatrium, 5 g Soda und 20 g Glaubersalz pro Liter bei 25—30° C rasch gefärbt. Hinterher wird gut gespült und mit 5 g Natriumazetat im Liter nachbehandelt. Ein Überfärben mit basischen oder sauren Farbstoffen ist möglich.

Auch Naturfarbstoffe sind in der Strohfärberei noch vielfach im Gebrauch. Man kocht das Stroh z. B. einige Zeit mit Blauholz, Gelbholz, Sumach und dunkelt dann warm mit Eisensalzen oder Chromkali nach. Oder man kocht zuerst mit Eisenvitriol, Blaustein, Alaun, Chromkali und etwas Säure, spült und färbt hinterher.

Das Färben von Holz.

Holz wird entweder 1. an der Oberfläche durch Bestreichen oder 2. im Bade gefärbt.

1. Man streicht als Aufstrichfarbe eine kalte oder eine heiße Farbstofflösung von 10—25 g im Liter auf. Für lebhafte, aber unechte Töne kommen basische Farbstoffe (mit Essigsäure gelöst), für echtere Färbungen Säurefarbstoffe, vereinzelt auch substantive Farbstoffe zur Anwendung. Für einzelne Zwecke werden auch alkoholische Farbstoffe benutzt.

2. Zum Durchfärben bedient man sich geschlossener Apparate, in denen das Holz mit Wasser unter Druck ausgelaugt und dann mit leicht löslichen Säurefarbstoffen, ebenfalls unter Druck, 2—12 Stunden kochend gefärbt wird. Oder man verwendet Vakuumapparate, durch die das Holz erst luftleer gemacht und worauf die Farbflotte eingelassen wird, die das Holz gleichmäßig durchdringt. Auch hier bewähren sich Säurefarbstoffe am besten. Die Farbstofflösung enthält meist 2—5 g Farbstoff im Liter; je länger gefärbt wird, desto besser durchdringt der Farbstoff das Innere des Holzes. Bei substantiven Farbstoffen gibt man noch etwas Glaubersalz zu (5—10 g im Liter).

Das Färben von natürlichen Blumen, Blättern, Gräsern usw.

Hein, H.: Trocknen und Färben natürlicher Blumen und Gräser.

Man färbt vorzugsweise mit basischen Farbstoffen kochend heiß unter Essigsäurezusatz, spült dann gut und legt einige Zeit in verdünnte Glyzerinlösung (1:20), der man etwas Ölemulsion oder Monopolöl zusetzt, und trocknet kalt. An Stelle der Glyzerinbehandlung wird auch mit Chlormagnesiumlösung (z. B. von 10° Bé) behandelt und an der Luft getrocknet.

Schwer aufnahmefähiges Material wird vorteilhaft vor dem Färben in lauwarmem Tanninbad (2—5% Tannin vom Gewicht der Gräser) gebeizt, mit 1 bis 2% Antimonsalz fixiert, gespült und gefärbt. Helle Farben werden mitunter auf vorgebleichtem Material gefärbt. Für Schwarz werden auch gefärbte Spritlacke verwendet.

Das Färben von Holzbast. Satte und lebhafte Töne werden mit basischen, helle und klare Töne mit sauren Farbstoffen, dunkle und Modetöne sowie Schwarz bei schwer durchfärbbaren Geflechten für licht- und wasserechte Erzeugnisse werden mit substantiven Farbstoffen gefärbt. Das Arbeitsverfahren ist im allgemeinen dasselbe wie bei Stroh (s. dieses).

Das Färben von Steinnußknöpfen. Vorwiegend werden substantive Farbstoffe gebraucht, die sehr reibechte Färbungen ergeben. Für besonders brillante Farben werden auch basische Farbstoffe angewandt. Die substantiven Farbstoffe färbt man 1 Stunde kochend unter Zusatz von 1 g Soda und 5—10 g Glaubersalz pro Liter, dann läßt man im Bade etwas erkalten und spült. Basische Farbstoffe werden unter Zusatz von 2—5 ccm Essigsäure pro Liter Bad gefärbt; dann wird gespült und getrocknet.

Das Färben von künstlichen Stoffblumen. Es werden vor allem spritlösliche Farbstoffe verwendet. Man taucht die Stoffblumen in die Lösung von 5—20 g Farbstoff in 1000 ccm Alkohol ein und trocknet durch rasches Bewegen an der Luft.

Das Färben von Papier.

Erfurt, J.: Färben des Papierstoffes.

Zum Färben von Papier verwendet man vorzugsweise 1. basische, 2. saure, 3. substantive, 4. Eosinfarbstoffe. Schwefel-, Küpenfarbstoffe usw. werden in geringerem Maße für bestimmte Spezialitäten verwendet.

1. Die basischen Farbstoffe sind ausgiebig und lebhaft, aber nicht so lichtecht wie die substantiven und sauren Farbstoffe. Sie fixieren sich auf ungebleichter Zellulose und auch auf Holzschliff ohne jede Beize. Bei Papieren, die aus Baumwolllumpen und gebleichter Zellulose bestehen, ist ein Fixierungsmittel (meist Harzleim oder schwefelsaure Tonerde, seltener Tannin) erforderlich. Das gute Lösen der Farbstoffe ist wesentlich; es geschieht am besten durch Anteigen mit der doppelten Menge Essigsäure von 6° Bé und Verdünnen mit Kondenswasser.

Basische Farbstoffe dürfen nicht mit Farbstoffen anderer Klassen vermischt werden, da sie sich häufig gegenseitig ausfällen. Die Farbstofflösungen müssen dem Papierstoff ferner vor oder nach dem Leimen in starker Verdünnung zugesetzt werden. Bei gemischten Materialien müssen die Lösungen erst recht verdünnt und erst nach der schwefelsauren Tonerde zugesetzt werden. In hellen und mittleren Tönen geben die basischen Farbstoffe meist klare Abwässer. Tiefe Färbungen stellt man mit Hilfe von Tannin her, das den Farbstoff vollkommen bindet und dadurch klare Abwässer schafft; durch das Tannin findet allerdings eine Trübung der Nuance statt. Man setzt dem Stoff zunächst die Farbstofflösung zu, trägt dann etwa die gleiche Menge Tannin ein und leimt wie üblich. Für Löschpapier ist diese Methode ungeeignet, da Tannin die Saugwirkung des Papiers stark beeinträchtigt.

2. Saure Farbstoffe liefern im allgemeinen lichtbeständigere Färbungen als basische und neigen nicht zum Melieren. Die Farbstoffe werden einfach in kochendem Wasser gelöst und die Lösungen, am besten vor dem Leimen, dem Stoff zugesetzt. Ein größerer Überschuß von schwefelsaurer Tonerde beim Färben bewirkt im allgemeinen eine bessere Fixierung der sauren Farbstoffe auf der Faser.

3. Die substantiven Farbstoffe kommen wegen ihrer fast durchweg vorzüglichen Echtheitseigenschaften bei solchen Papieren zur Anwendung, die für längeren Gebrauch bestimmt sind, und an die deshalb größere Echtheitsansprüche gestellt werden (Reib-, Wasser-, Säure-, Alkali-, Lichtechtheit). Die Farblösungen werden auch gut ausgenutzt, die Abwässer sind farblos. Die Lichtechtheit kann bei manchen Farbstoffen noch durch Zusatz von Kupfervitriol (1:1 Teil Farbstoff) erhöht werden.

Die Farbstoffe sind dem Stoff vor dem Leimen zuzusetzen. Nach dem Farbstoffzusatz folgt evtl. ein Zusatz von 5% (bei hellen Tönen) oder von 8% (bei dunkleren Tönen) Kochsalz. Man färbt $^1/_2$ Stunde und leimt dann wie üblich. Bei besonders tiefen Tönen wird zuletzt auf 50—60° C erwärmt. Die Färbungen können beliebig mit Farbstoffen anderer Klassen nachnuanciert werden.

4. Eosinfarbstoffe werden vor allem für klare Rosatöne benutzt. Der Farbstoff wird vor dem Leimen gegeben. Tonerdesulfat trübt die Töne und darf nicht in erheblichem Überschuß zugegen sein (am besten als essigsaure Tonerde zu verwenden). Auch können die Eosinfarbstoffe mit Bleisalzen fixiert werden: Man gibt erst den Farbstoff, dann die doppelte Menge essigsaures Blei und zuletzt Harzleim und essigsaure Tonerde zu. Die Lichtechtheit der Eosine wird durch Bleifixation verbessert.

5. Kombinationsfärbungen mit Farbstoffen verschiedener Klassen werden häufig ausgeführt, entweder um weniger gefärbte Abwässer zu erhalten oder um bei holzschliffhaltigen Papieren bessere Deckung des Holzschliffes zu erzielen. Saure und basische Farbstoffe werden kombiniert, weil sie sich gegenseitig ausfällen. Man färbt mit sauren Farbstoffen vor und deckt mit basischen nach (farblose Abwässer). Durch Übersetzen substantiver Farbstoffe mit basischen wird der Ton geschönt und holzschliffhaltiges Papier besser gedeckt. Auch werden substantive mit sauren Farbstoffen kombiniert. Schwefelfarbstoffe werden nur vereinzelt angewandt (meist für Schwarz), weil das Schwefelnatrium bei der Leimung des Papiers störend wirkt.

Papier kann gefärbt werden **1. in der Masse** (Druck-, Schreib-, Pack-, Umschlag-, Tapeten-, Toiletten-, Nadel-, Lösch-, meliertes Papier usw.), 2. **als fertiges Papier** (Seiden- oder Blumenpapier und Kreppapier nach dem Tauchverfahren, Ingraintapetenpapier auf der Oberfläche, Pappen auf dem Kalander usw.). Für besondere Zwecke werden Spezialitäten, wie z. B. Papiere mit metallischen Bronzeeffekten, mit Ätzeffekten usw., erzeugt.

6. Papiergarne und Papiergarngewebe. Entsprechend der Färberei des Papiers wird auch die Färberei von Erzeugnissen textilähnlicher Natur aus Papier, des Papiergarnes und der Papiergarngewebe, ausgeführt. Rohgarne und Rohgewebe werden vor dem Färben erforderlichenfalls gebleicht, indem sie vorher etwa 1 Stunde mit 5 g Soda im Liter gekocht, gespült und dann etwa 4—5 Stunden mit einer 1grädigen Chlorkalklösung kalt gechlort, gut gewaschen, mit Salzsäure von 1° Bé unter Zusatz von etwas Bisulfit abgesäuert und gespült werden. Die meisten Färbungen werden mit substantiven Farbstoffen 1—2 Stunden kochend heiß hergestellt; die helleren Färbungen unter Zusatz von $^1/_2$% Soda und ohne Salz, die mittleren und dunkleren Färbungen mit $^1/_2$—1% Soda und 3—10% kalziniertem Glaubersalz. Hinterher wird, wie stets üblich, gut gespült. Sehr hart gedrehte, undurchlässige Garne oder Gewebe aus solchen werden zweckmäßig $^1/_2$ Stunde ohne Salz vorgefärbt und dann eine weitere $^1/_2$ Stunde mit 10 bis 20% Glaubersalz zu Ende gefärbt, zuletzt $^1/_4$ Stunde bei abgestelltem Dampf longiert (ausziehen lassen). Für echtere Färbungen verwendet man u. a. Diazotierfarbstoffe; nach dem Anfärben mit diesen wird mit 1—3% Nitrit und 3—9% Salzsäure 22° Bé während 20 Minuten kalt diazotiert, gespült, mit 1—3% Entwickler gekuppelt und gut gewaschen.

Der Anwendungsweise der betreffenden Farbstoffe entsprechend können auch Schwefelfarbstoffe, basische Farbstoffe usw. auf Papiergarn gefärbt werden. Papiergewebe können ferner bedruckt, geätzt, bunt geätzt usw. werden. Die Imprägnierung der Papiergewebe gleicht derjenigen aus anderen Fasern; man verwendet hierzu dieselben Mittel, die Faser wasserabstoßend zu machen, der Faser einen wasserdichten Überzug zu geben, die Faser mit unlöslich gemachten Klebstoffen zu tränken usw.

Das Färben von Horn[1]).

Durch das Bleichen von Horn gewinnt man einerseits aus dem grünen Naturhorn das glashelle, harte und daher sehr polierfähige feinste Horn, anderseits aus dem undurchsichtigen schwarzen Büffelhorn die irreführend als Antilopenhorn bezeichnete Ware, die durch ihren feurigen, schildpattartigen Ton und ihre schöne Zeichnung auffällt und als Schildpattersatz vielfach Anwendung findet. Das wichtigste in der Hornbleicherei angewandte Bleichmittel ist das Wasserstoffsuperoxyd; das Horn verliert durch Oxydation mehr oder weniger die grünbraune bzw. schwarze Naturfarbe. Insbesondere werden jene Schwefelverbindungen zerstört, die im ungebleichten Horn mit neutraler Bleinitratlösung unter Schwefelbleibildung reagieren, so daß das gebleichte Horn diese Reaktion nicht mehr liefert.

Durch verschiedene Verfahren der Hornbeizerei kann a) grünes Naturhorn wie Büffelhorn braun bis tiefschwarz gefärbt werden, b) grünes oder feinstes Horn mit rotbraunen Flecken versehen (Schildpattimitation) oder c) gelb gefärbt werden. Auch kann man d) im Horn jene irisierende, perlmutterartig schimmernde oder metallisch glänzende Einlagerung bewirken, die die Färbung von Hornwaren erst zur vollen Geltung bringt und schließlich e) Büffelhorn vollkommen auflichten.

Als Beizen kommen hauptsächlich in Betracht: I. Bleiverbindungen, II. Quecksilberverbindungen, III. Manganverbindungen, IV. Salpetersäure. Vorgeschlagen sind auch Silber- und Goldverbindungen, die aber wegen ihres hohen Preises praktisch nicht in Frage kommen.

Die Bleibeizen kann man einteilen in neutrale (Bleinitrat in Wasser gelöst) und in alkalische (enthalten außer den Bleisalzen noch Alkalien). Erstere wirken langsamer, letztere greifen die Hornsubstanz dafür an. Eine gesättigte Bleinitratlösung färbt ungebleichtes Horn in einigen Tagen tief ebenholzschwarz und so echt, daß sich das gefärbte Horn vorzüglich polieren läßt. Der Bleibeize können geeignete Teerfarbstoffe direkt zugesetzt werden; der Beizung folgt häufig ein Salzsäurebad.

Als Quecksilberbeize kommt vorzugsweise eine 10proz. Lösung von Merkuronitrat zur Anwendung, durch die in einigen Stunden die Bildung von Schwefelquecksilber bewirkt wird. Durch nachfolgende Behandlung in Schwefelleberlösung (1: 20) wird die Färbung tiefschwarz.

Die Manganbeizen färben das Horn in kürzester Zeit gelbbraun oder rotbraun bis tiefschwarz. Als Beize dient vorzugsweise eine 10proz. wässerige Lösung von Kaliumpermanganat, wobei größtenteils Mangansuperoxyd entstehen soll. Je höher die Temperatur, desto rascher und intensiver wirkt die Beize; auch wird das Horn bei heftiger Einwirkung von der Beize an der Oberfläche korrodiert.

Die Salpetersäure wirkt um so rascher und intensiver, je konzentrierter und heißer sie ist. Unter Gasentwicklung löst sie die weichen Teile der Oberfläche auf und verleiht ihr so eine ganz eigenartige Struktur. Die Farbe des Hornes wird dabei hellgoldgelb (Xanthoproteinreaktion) und der des blonden Schildpatts ähnlich.

In der Färberei verhält sich das Horn gegenüber wässerigen Lösungen von Teerfarbstoffen ähnlich wie Wolle. Zu seiner Färbung sind deshalb vor allem die sauren Farbstoffe geeignet, die am besten in saurem Bade oder nach Anätzung des Hornes mit Schwefelsäure aufziehen. Aber auch andere Farbstoffgruppen weisen gute Vertreter für die Hornfärberei auf. Zur Erzeugung ganz heller, klarer Töne verwendet man naturgemäß gebleichtes Horn.

---

[1]) S. auch E. Beutel: Theorie und Praxis der Hornfärbung. Z. angew. Chem. 1915, Nr. 28, S. 170.

Der Zeugdruck.

(Die Zeugdruckerei, Stoffdruckerei, Druckerei.)

Axmacher, A.: Praktischer Führer durch den Zeugdruck. 2 Bändchen. — Forrer, R.: Die Kunst des Zeugdruckes. — Lauber, E.: Praktisches Handbuch des Zeugdruckes. — Rohn, G.: Die Ausrüstung der textilen Waren. — Sansone, A.: Der Zeugdruck. — Sansone, A.: Berichte über die Fortschritte des Zeugdruckes I. 1908—1910.

Allgemeines. Färberei und Zeugdruck bezwecken beide die Farbgebung oder Tingierung einer Ware. Während man aber auf dem Wege der Färberei eine durchgehende (meist einfarbige) Anfärbung durch die ganze Ware hindurch bewirkt und dieses auf dem Wege des Tauchverfahrens (durch die Flotte oder das Bad) erreicht, wird im Zeugdruck nur eine teilweise, örtliche (meist mehrfarbige) Farbgebung weißer oder gefärbter Ware hergestellt, und zwar durch Erzeugung von Mustern auf dem Wege des Auftragens mit besonderen Formen oder Walzen.

Je nach Art und Bestimmung des Materials bedruckt man a) Vorgespinste, wie z. B. Kammzug (auf der Vigoureuxdruckmaschine), b) Garne im Strang (Flammdruck, auf der Garndruckmaschine), c) Garne in der Webekette (Kettendruck, auf dem Wege des Walzendrucks), d) Gewebe aus den verschiedensten Materialien, wie Baumwolle, Leinen, Jute, Wolle, Seide, Halbleinen, Halbwolle, Wollseide, Papier usw.

Man unterscheidet Handdruck, Perrotinendruck und Walzendruck oder Rouleauxdruck. Die Formen vom Hand- und Perrotinendruck zeigen das zu druckende Muster erhaben (en relief); bei den Druckwalzen, den sogenannten Rouleaux, ist das Muster dagegen eingraviert, liegt also vertieft. Im ersteren Falle werden die erhöht gearbeiteten Teile der Druckform, das sind die Muster, mit der Druckfarbe benetzt und letztere so auf den zu bedruckenden Stoff übertragen; im zweiten Falle (bei der Walze) wird die vertiefte Gravur mit der Druckfarbe angefüllt und der zu bedruckende Stoff in die Vertiefungen hineingepreßt, während die nicht gravierten Stellen der Walze durch eine besondere Vorrichtung, die Rakel, von der Druckfarbe befreit werden und keine Farbe auf den Stoff übertragen.

Die älteste Form des Druckes ist der Klotzdruck, bei welchem das Muster in einen Holzklotz eingeschnitten oder gestochen ist. Das zu bedruckende Zeug liegt glatt auf dem Drucktisch, dessen Oberfläche mit Tuch überzogen ist. Die Form, der Klotz oder das Modell wird mit Farbe versehen, mit der Hand auf das Zeug aufgesetzt und der Druck durch Schläge mit einem Holzhammer oder mit der Hand erzeugt. Die Formen erhalten die Farbe durch Aufdrücken auf ein mit der Druckfarbe getränktes Tuch, das in einen Rahmen eingespannt ist. Bei mehrfarbigem Druck sind naturgemäß so viele Formen erforderlich, als Farben aufgedruckt werden sollen.

In ähnlicher Weise wird der sogenannte Flammdruck auf Garn mit der Hand ausgeführt, mit dem Unterschiede, daß das Garn nicht auf einem ebenen Tisch, sondern auf einer unteren Form ruht, die entsprechend der oberen Form gestochen ist, so daß die druckenden Stellen aufeinander passen. Die Flammdruckmaschinen enthalten an Stelle von Druckklötzen Druckwalzen, in denen die Muster erhaben ausgearbeitet sind. Diese Druckwalzen werden durch besondere Speisewalzen mit Farbe versehen. Auch für Vigoureuxdruck ist das Muster erhaben gearbeitet.

Der Perrotinendruck (nach dem Erfinder Perrot benannt) stellt eine Übertragung des Handdruckes auf die Maschine dar, indem die Druckplatten, welche der Breite des Stoffes entsprechen, in die Maschine eingesetzt werden.

Für den Großbetrieb kommt in erster Linie der Walzen- oder der Rouleauxdruck in Betracht. Die hier benutzten Druckfarben und -verfahren können mit geringen Abänderungen (besonders in bezug auf die Verdickungen) auch im Hand- und Perrotinendruck verwendet werden.

Für die Herstellung von Effekten wird bisweilen der Spritzdruck angewandt. Das Spritzen mittels Düsen ist bereits vorzüglich ausgebildet, aber bisher erfolgte es wie beim Handdruck immer nur in kleinen Etappen, nicht kontinuierlich. Die Firma Zimmers Erben hat nun auch eine Vorrichtung zum Färben von Stoffbahnen mittels quer zur Stoffbahn hin und her bewegter Spritzdüsen geschaffen, mittels welcher das Spritzen auf einer kontinuierlich in Gang befindlichen Druckmaschine erfolgen kann. Das Verfahren hat sich bereits für einzelne Spezialartikel in der Praxis gut bewährt.

Die im Zeugdruck angewandten Farbstoffe sind im allgemeinen die nämlichen wie in der Färberei; nur ist die Art der Fixation vielfach eine andere. Ferner werden im Zeugdruck vielfach Pigmentfarben (s. unter Albuminfarben) mit Vorteil benutzt und gut fixiert, während sie in der Färberei im fertig vorgebildeten Zustande nicht gut verwendet werden können.

Alle Druckfarben, gleichgültig, ob im Hand- oder Maschinendruck, Garn- oder Zeugdruck verwendet, werden erst in geeigneter Weise verdickt bzw. in einer Verdickung gleichmäßig verteilt, bevor sie aufgedruckt werden. Nur dann vermögen die Druckorgane die Farben gleichmäßig aufzunehmen und abzugeben, und nur dann kann ein Fließen oder Auslaufen bzw. ein Durchschlagen der Farben vermieden bzw. nach Wunsch reguliert werden.

Außer diesen eigentlichen Verdickungsmitteln werden dem Farbstoff noch andere Hilfsmittel zugesetzt, die z. B. den Farbstoff in Lösung halten, das spätere Herauswaschen der Verdickungssubstanzen erleichtern, die Fixierung des Farbstoffes auf der Faser vermitteln, unlösliche Farbstofflacke bilden sollen usw. Alle diese Substanzen sollen in der nassen Druckfarbe ohne Einwirkung aufeinander sein. Erst nach dem Drucken, beim Trocknen oder besonders beim Dämpfen soll die beabsichtigte Wirkung einsetzen. Die bedruckte und getrocknete Ware wird deshalb mit wenigen Ausnahmen der Einwirkung gespannter oder ungespannter Wasserdämpfe ausgesetzt. Diese vermitteln die Reaktion der in der Druckfarbe enthaltenen Stoffe und vertreten gleichsam die Stelle der Farbflotte in der Färberei.

Nach dem Dämpfen folgt dann noch je nach der chemischen Natur des Farbstoffes und je nach der verlangten Echtheit eine weitere Behandlung der Ware mit fixierenden Mitteln, worauf durch Waschen, Malzen, Seifen usw. die Verdickung entfernt und nötigenfalls durch Chloren das Weiß des Stoffes gereinigt wird.

Für mehrfarbigen Druck sind (wenn man nicht dasselbe Muster in verschiedenen Farben nebeneinander druckt) so viel Druckformen oder Walzen erforderlich, als man Farben drucken will. Beim Handdruck wird das Stück oder die Kette auf einen Drucktisch aufgespannt, worauf nacheinander die Farben aufgedruckt werden. Auf den Druckmaschinen läuft der Stoff an den Druckformen oder an den Walzen vorbei. Stifte zeigen den Rapport an, so daß es mit ihrer Hilfe möglich ist, in die erste Farbe die zweite, dritte, vierte usw. Farbe einzudrucken. Die Walzen sind ferner verstellbar, wodurch die Muster auf dem Stoff genau in Übereinstimmung gebracht werden können. Durch Übereinanderdrucken zweier oder mehrerer Farben kann man auch Kombinationsfarben, also mehr Farben erzeugen, als man Druckformen oder Walzen benutzt. Aus zweierlei Druckfarben können drei Töne, aus dreierlei Druckfarben können sieben Farbtöne kombiniert werden usw. Dieses Übereinanderdrucken geschieht aber in der Praxis kaum.

Je nach der Art der Druckverfahren kann man unterscheiden:

1. den gewöhnlichen Aufdruck von Farbstoffen, Körperfarben oder Beizen.

2. den Ätzdruck (die Enlevage),

3. den Reservedruck (die Reservage),

4. die Erzeugung von Farben auf der Faser (Diazotierungsfarben, Oxydationsfarben, Mineralfarben).

1. Beim gewöhnlichen Aufdruck sind die zur Fixierung der Farbstoffe erforderlichen Mittel entweder bereits in der Druckmasse enthalten, oder die Fixierung findet durch nachherige Behandlung statt. Aufgedruckte Beizen färbt man zur Bildung des Farblackes mit Beizenfarbstoffen wie in der Färberei.

2. Beim Ätzdruck (dem Enlevagedruck) wird eine vorher aufgedruckte oder aufgeklotzte Farbe auf dem Wege des Bedruckens entfernt, weggeätzt. Diese Beseitigung, Enlevage, des Farbstoffes geschieht z. B. durch reduzierend (Reduktionsätzen) oder durch oxydierend wirkende Mittel (Oxydationsätzen), je nach der Zerstörungsfähigkeit der jeweilig fixierten Farbstoffe. Ferner können Farben durch Säuren und andere chemische Agenzien geätzt werden. In gleicher Weise können auch aufgeklotzte Beizen weggeätzt werden. Werden den Ätzmassen Farbstoffe zugesetzt, die durch die Ätzmasse unbeeinflußt bleiben, so werden die geätzten Stellen gleichzeitig angefärbt, und es entsteht die sogenannte Buntätze.

3. Beim Reservedruck werden Verbindungen auf den Stoff aufgedruckt, die das Anfärben des Stoffes an den bedruckten Stellen beim nachfolgenden Überklotzen oder Färben mit einer Grundfarbe verhindern. Die reservierenden Mittel (Reservagen) können mechanisch (z. B. Pfeifenton, Wachs usw.) oder chemisch wirken. Den Reservedruckmassen können auch Farbstoffe zugesetzt werden, durch die gleichzeitig eine Anfärbung an den reservierten Stellen erzielt wird. Hierdurch entsteht die sogenannte Buntreserve oder Buntreservage.

4. **Die Erzeugung von Farben auf der Faser** durch Druck entspricht im Prinzip derjenigen auf dem Wege der Färberei. Diazotierungs- und Oxydationsfarbstoffe spielen hier die wichtigste Rolle; weniger wichtig sind die Mineralfarben.

Unter Schleifdruck versteht man einen solchen Druck von Geweben mit erhaben gewebten Mustern oder von gerauhten Waren, bei dem nur die erhabenen Stellen bedruckt werden.

Vorbereitung der Ware vor dem Druck.

Vor dem eigentlichen Bedrucken der Ware, die vom Webstuhl kommt, findet fast immer eine besondere Vorbereitung derselben statt, eine Entfettung, Bleichung, Entschlichtung u. dgl. Außer dieser chemischen Vorbereitung unterliegen die Stoffe auch weitgehenden mechanischen Bearbeitungen, um der Faser mechanisch anhaftende Fremdkörper, Reste von Kapseln und Schalen, lose Fäden, Knoten usw. zu beseitigen. Ferner wird den Stoffen manchmal ein besonderer Charakter verliehen, indem eine oder auch beide Seiten (die rechte und die linke) besonders bearbeitet, z. B. ein- oder zweiseitig gerauht werden. Die glatten Kattune werden vor der Bleiche auf beiden Seiten gesengt, um den Faserflaum vollständig zu entfernen. Nach dem Bleichen (oft auch vor demselben) werden die Stücke, um alle Unebenheiten zu beseitigen, häufig noch geschoren. Das Sengen geschieht durch Überziehen der Stoffe mittels geeigneter Mechanismen entweder über gebogene, glühende Metallplatten, Metallwalzen oder Gasflammen usw. (Platten-, Walzen-, Gassengemaschinen. Näheres s. unter Appretur).

Apparatur.

Die wichtigsten Apparate der Druckereitechnik sind die Sengmaschinen (s. unter Appretur), die Trockenvorrichtungen (Trokkenkammer, Mansarde, Hotflue oder Lufttrockenmaschine s. S. 451, Zylindertrockenmaschine s. S. 447, die Spann- und Trockenrahmen s. S. 452), die Waschmaschinen, die Dämpfapparate und vor allem die Druckmaschinen selbst. Letztere sind Spezialmaschinen des Zeugdrucks, während die anderen Apparate zum Teil auch in den übrigen Zweigen der Textilveredelung angewandt werden.

Die Druckmaschinen.

1. **Der Handdruck** war früher allgemein gebräuchlich; er hat aber im modernen Großbetrieb dem Walzendruck Platz gemacht. Nur vereinzelt findet man noch für besondere Kleinerzeugnisse den Handdruck vertreten. H. Lange beschreibt die Einrichtung wie folgt. Der Tisch ist 4—6 m lang und 1—1,50 m breit. Die Tischplatte wird mit mehreren Lagen Filz und darüber mit Baumwollgewebe überzogen. Nun wird die Ware über den Drucktisch gelegt, mit einer Holzleiste

Abb. 153. Zweifarben-Doppeldruckperrotine (Haubold).

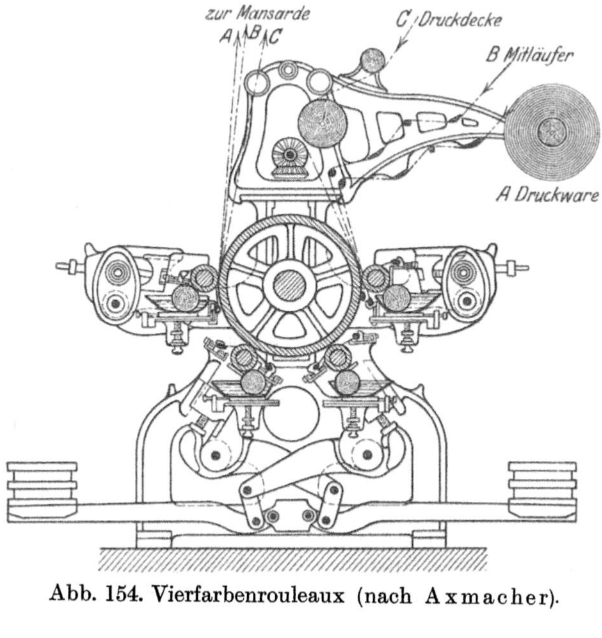

Abb. 154. Vierfarbenrouleaux (nach Axmacher).

(die durch Schrauben an dem Drucktisch festgehalten ist) eingeklemmt und an der hinteren Seite durch eine feststellbare Walze angespannt. Der Drucker druckt z. B. die erste Farbe eines fünffarbigen Blumenmusters. Wenn die ganze Tischfläche des Stoffes mit der ersten Farbe bedruckt ist, wird die zweite, dritte, vierte und fünfte Farbe eingepaßt. An der Längsseite des Tisches befinden sich Schienen, auf welchen ein auf vier Rollen fahrbarer Wagen läuft. Auf diesem Wagen steht der Farbkasten (das Chassis), bestehend aus einem äußeren wasserdichten Kasten, einige Zentimeter hoch mit Wasser oder Tragantschleimlösung gefüllt; hierauf schwimmt ein mit Öltuch überzogener Rahmen. In diesen Rahmen wird ein zweiter mit Öltuch überzogener Rahmen eingesetzt und die Druckmasse auf das Tuch gestrichen. Häufig legt man in den oberen Rahmen einen Flanell- oder Filzlappen, auf welchen die Farbe ebenfalls gleichmäßig mit einer langhaarigen Bürste aufgetragen wird. Das erhabene Muster der Handdruckform netzt man durch Aufsetzen der Form auf das mit Farbe bestrichene Chassis, setzt sie dann auf die Ware, klopft mit der Hand oder mit einem Hammer auf die Form, überträgt dadurch die Farbe auf den Stoff, hebt die Form ab, netzt wieder und druckt die nächste Formfläche. Damit die Farbe sich nicht verwischt, muß die Ware nach dem Drucken gut getrocknet werden. In ähnlicher Weise werden auch Ketten auf dem Drucktisch gedruckt.

2. Auf der Perrotine läuft der Stoff ruckweise jedesmal um eine Formbreite weiter. Die Druckmasse wird durch Gummiwalzen von dem Chassis auf die Form und dann auf das Gewebe übertragen usf. Die Formen (Platten) sind etwa 12 cm breit und etwas länger als die Breite des zu bedruckenden Stoffes. Es gibt Perrotinen, die ein-, und solche, die mehrfarbig drucken, ferner solche, die den Stoff ein- oder auch zweiseitig bedrucken (Doppeldruckperrotinen). Die Perrotinen werden hauptsächlich für Blaudruck mit Schutzpappen benutzt. Die Druckmasse kann man ziemlich dick auftragen, unter Umständen kann man auch die Form zweimal auf dieselbe Stelle aufsetzen.

3. Walzendruckmaschine. In bezug auf die Produktionsmenge und Schönheit der Ware ist die Walzendruckmaschine oder das Rouleaux am leistungsfähigsten. Man unterscheidet die Rouleaux nach Bauart und Anzahl der Farben (vom einfarbigen bis zum 24farbigen Rouleaux). Für jede zu druckende Farbe ist eine besondere Druckwalze erforderlich (abgesehen etwa von den Kombinationsfarbtönen, die sich durch Überdrucken der Grundfarben ergeben).

Bei der einfarbigen Druckmaschine liegt die Druckwalze unter dem Zylinder oder dem Presseur, während bei mehrfarbigen Rouleaux die Druckwalze konzentrisch um den Zylinder angeordnet sind. Die Produktion der vielfarbigen Druckmaschinen ist wegen der zeitraubenden Einstellung der einzelnen Farben erheblich geringer als diejenige der ein- und wenigfarbigen.

Die Hauptbestandteile der Walzendruckmaschine sind: das Gestell, der Presseur oder Zylinder und die Druckwalzen. Die Lager des Zylinders können gehoben und gesenkt werden. Bei einfarbigen Maschinen ist der Zylinder vielfach massiv, bei mehrfarbigen immer hohl. Der Mantel des Presseurs ist so gedreht, daß er in der Mitte etwas dicker ist als an beiden Seiten. Die meist kupfernen, schwach konisch ausgebohrten Druckwalzen werden auf stählerne, schwach konisch gedrehte Spindeln oder Stahlkerne gezogen, in besondere Lager in die Druckmaschine eingelegt und durch Kammräder angetrieben.

Zu jeder Walze gehört ein Farbtrog oder Chassis, in dem sich die Druckfarbe befindet. Die Chassis sind aus Kupfer oder Holz gefertigt und haben an beiden Seitenwänden kleine Lager für die Zapfen der

Speisewalzen oder Bürsten. Die Speisewalzen sind von Holz und mit Gummi, Filz, Bombage od. ä. überzogen. Durch die Drehung der Speisewalzen oder der Bürsten wird die Farbe aus dem Chassis genommen und an die Druckwalzen abgegeben.

Die Farbe soll, wie bereits hervorgehoben, nur in den vertieften Stellen, der Gravur der Walzen, sitzen. Sie muß also von den nicht gravierten, glatten Stellen abgenommen werden. Dies geschieht durch ein an jeder Walze fest anliegendes, scharf geschliffenes, dünnes Stahl-

Abb. 155. Achtfarben-Druckmaschine mit Heißluftmansarde. (Zimmers Erben).

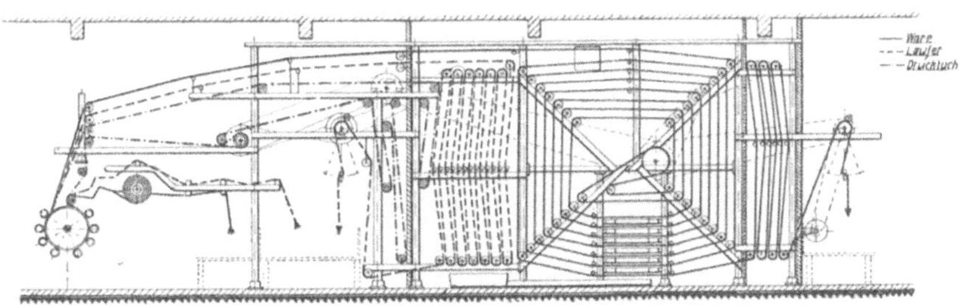

Abb. 156. Schnitt durch Achtfarben-Druckmaschine mit Heißluftmansarde (Zimmers Erben).

lineal, die sogenannte Rakel, die durch einen besonderen Mechanismus, die Rakelführung, hin und her geführt wird. Durch eine an der entgegengesetzten Seite der Walze meist angebrachte, unbewegte Konterrakel werden lose Fasern, Fäden usw. zurückgehalten, wodurch die Druckmasse von groben Verunreinigungen befreit wird. Die eigentliche Rakel wird mit Hebeln oder Gewichten an die Druckwalze angedrückt.

Die Rotation der Druckwalzen wird von einem Zahnrad aus bewirkt; der Zylinder erhält seine Bewegung von den Druckwalzen, wird also nicht besonders angetrieben.

Hinter dem Gestell sind Arme zur Aufnahme von Warenrollen usw. angebracht; meist wird die zu bedruckende Ware, die in Stößen oder

Wickeln aufgestapelt ist, an der Druckseite kurz vor dem Druck nochmals durch eine rotierende Bürste abgebürstet.

Die Druckmaschine steht in enger Verbindung mit einem Trockenstuhl oder einer Mansarde (s. Abb. 155 u. 156), wo die nasse Druckfarbe schnell mit Heizluft oder Heizplatten getrocknet wird, um ein Abflecken, Auslaufen, Durchschlagen usw. zu verhindern. So geht die bedruckte Ware z. B. sofort mit der Rückseite an einer schräg liegenden Trockenplatte vorbei über einen hölzernen Haspel an mehreren wagerecht liegenden Trockenplatten vorüber. Am hinteren Ende des Trockenstuhles

Abb. 157. Sechsfarben-Walzendruckmaschine (Zimmers Erben).

läuft dann die Ware nach unten in ein spiralenartig angeordnetes Walzen- und Haspelsystem bis zu einer Wendewalze, von wo aus die Ware wieder aus der Spirale herauskommt. Hinter der Wendewalze berührt die bedruckte Ware zum ersten Male mit der Druckseite die Walzen; sie muß hier also schon genügend vorgetrocknet sein, um nicht abzuflecken.

Außer der Druckware selbst werden im Trockenstuhl Mitläufer und Druckdecke getrocknet. Um der Druckware eine elastische Unterlage zu geben, ist der Presseur zunächst mit sogenannten Lappings oder der Bombage (Gewebe aus Leinen- oder Ramiekette und Wollschuß, vielfach kautschukiert) umwickelt. Zur Verstärkung der Elastizität und zum gleichmäßigeren Transport der Ware dient die

Druckdecke, ein endloses Tuch aus mehreren Lagen eines kautschukierten Nesselgewebes oder aus Wollfilz. Die Druckdecke läuft um den Presseur, dann mehrere Rollen unter den oberen Trockenplatten her und kehrt wieder zurück zum Presseur. Gleichfalls um den Presseur über der Druckdecke läuft der Mitläufer (Gewebe aus Jute und Baumwolle). Dieser Mitläufer nimmt die an beiden Kanten der Druckware über diese hinaus gedruckte Druckfarbe auf und geht dann durch den vorderen Teil des Trockenstuhles, um getrocknet wieder nach vorn zurückzukehren oder hinten abgelegt und durch neue Mitläufer ersetzt zu werden.

Die Gravur der Druckwalze ist immer breiter als die zu bedruckende Ware, so daß ohne Mitläufer die Druckdecke an den Seiten bedruckt und beschmutzt werden würde. Die Mitläufer werden also meist arg mitgenommen und deshalb von Zeit zu Zeit nach Bedarf gewaschen, getrocknet und von neuem besetzt.

Die Zugwalzen des Trockenstuhles werden durch Riemenübertragung von der Druckmaschine aus angetrieben. Der Antrieb des Zentralrades der Druckmaschine erfolgt mittels Vorgelege von der Transmission aus oder zweckmäßiger durch besondere kleine Zwillingsdampfmaschinen oder Elektromotoren. Dadurch kann der Drucker alle möglichen Geschwindigkeiten erzielen. Transmissionsantrieb ist deshalb nur bei einfarbigen Maschinen vorteilhaft. Sehr wichtig und kompliziert sind die Vorrichtungen, um die Muster der Druckwalzen bei mehrfarbigen Maschinen ineinander zu passen.

Die Ware läuft mit sehr verschiedenen Geschwindigkeiten durch die Druckmaschine, je nach Art des Musters usw. In der Regel beträgt die Geschwindigkeit einige Meter bis zu 20 m in der Minute.

Dämpfapparate.

Das Dämpfen der bedruckten Ware geschieht in dem Dämpfer (s. S. 452). Nachdem der auf Schienen fahrbare Wagen beschickt ist, fährt man ihn in den vorher gut angewärmten Dämpfapparat, schließt den Deckel und dämpft nach Belieben ohne oder mit Druck. Dabei läßt man zuerst das Ventil des Abdampfes etwas offen, damit die beim Dämpfen sich entwickelnden Säuren abziehen können. Während des Dämpfens werden die Walzen, auf die die Ware gehängt ist, durch geeignete Vorrichtungen gedreht, so daß die auf den Walzen aufliegenden Stofflagen wechseln. Nach dem Dämpfen wird der Wagen herausgefahren, die Ware abgenommen, auf den zusammengelegten Haspel geschoben und abgehaspelt. In ähnlicher Weise werden auch bedruckte Garne durch Aufhängen auf Walzen gedämpft.

Außer diesen Druckdämpfapparaten gibt es noch einfache Dämpfkasten zum Dämpfen ohne Druck sowie für Großbetriebe die sogenannten Kontinuedämpfer. Bei letzteren laufen die Waren in den Dämpfer ein, werden mechanisch aufgehangen und durch den Dämpfer weiter befördert. Der Mather-Platt (s. Abb. 453) stellt eine besondere Art von Kontinue- oder Oxydationsdämpfer dar. Er fehlt heute in keiner Zeugdruckerei. Der Apparat nimmt etwa 60—120 m Ware auf, die ihn in 2—5 Minuten passieren, und dient vorzugsweise zur schnellen Oxydation von Anilinschwarz, zum Dämpfen von mit Ätzfarben bedruckter Ware und zum Vordämpfen von Stoffen, welche mit Druckmassen bedruckt sind, die Säuredämpfe entwickeln. Der Kasten besteht z. B. aus gußeisernen Platten und enthält zwei Reihen von Kupferwalzen, eine obere und eine untere Reihe. Eine Walze der oberen Reihe wird von außen durch Transmission oder durch eine Dampfmaschine angetrieben und überträgt ihre Bewegung durch Stirnräder auf die Nachbarwalzen. Die Walzen der unteren Reihe werden von dem Stoff gedreht. Die Ware läuft

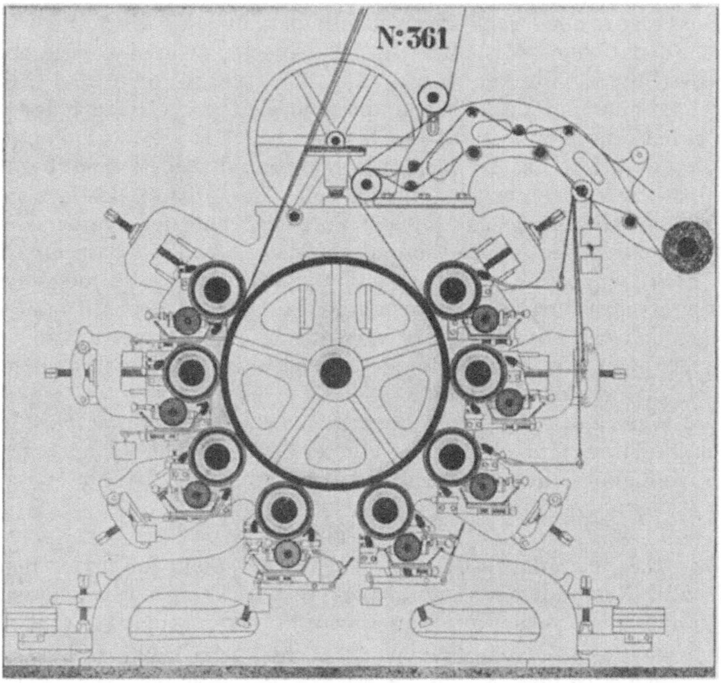

Abb. 158. Schnittzeichnung einer Achtfarben-Druckmaschine für Tücher- und Kattundruck (Zimmers Erben).

durch einen Spalt über geheizte Rollen in den Dämpfer ein und geht in auf- und absteigenden Bahnen über die Kupferwalzen und die Zugwalze bis an das Ende des Apparates, worauf sie zurückkehrt und durch den Eingangsschlitz den Dämpfkasten wieder verläßt, um aufgetafelt zu werden. Die Warenführung kann auch umgekehrt sein, also z. B. derart, daß die Ware zuerst den Apparat bis an das Ende glatt durchläuft und dann erst auf dem Rückwege auf und ab über alle Walzen läuft, bis sie vorne wieder austritt. Von großer Wichtigkeit ist die Beheizung des Kastens und die Vermeidung von Kondenswasserbildung, die zu Tropfflecken Anlaß gibt. Die Temperatur kann leicht auf 105—115° C gebracht werden, was bei schwer ätzbaren Farben (Paranitranilinrot, Alphanaphthylaminbordeaux u. a.) wesentlich ist. Der Mather- Platt ist auch mit der nötigen Ausrüstung zum Ein- und Auslaß des Dampfes, zur Ableitung des Kondenswassers sowie mit Sicherheitsventil usw. versehen.

Dem Mather-Platt sehr ähnlich ist der Indigodämpfer. Für das Dämpfen von Indigodruck ist möglichst feuchter Dampf erforderlich. Um diesen zu erzeugen, wird unter der unteren Rollenreihe ein Wasserkasten eingebaut, dessen Inhalt durch einströmenden direkten Dampf dauernd im Kochen gehalten wird.

Für besondere Fälle (z. B. beim Alphanaphthylaminbordeaux) bedient man sich auch des offenen Schnelldämpfers für hohe Temperaturen. Der ganze Dampfraum wird mit Dampfplatten umgeben, welche unter etwa 6 at Dampfdruck stehen. Erhitzt man sie $^1/_4$ Stunde auf diese Weise und läßt dann unter gleichen Druck stehenden Dampf in den Dämpfer eintreten, so steigt die Temperatur im Innern des Apparates auf 135—140° C.

Das Dämpfen, das nicht in gleichem Maße bei allen Farben angewendet wird, vermittelt vor allem die Verbindung von Beize und Farbstoff, die Bildung des Farblackes. Hierbei wird die flüchtige organische Säure (Essig-, Ameisensäure) vertrieben. Ferner bezweckt das Dämpfen bei den Albuminfarben das Gerinnen oder das Koagulieren des Albumins. Körperfarben und fertige Farblacke werden dadurch mit der Faser verbunden, indem das Eiweiß sie einhüllt und mit der Faser verklebt.

Die Dauer des Dämpfens, die Höhe des Druckes und damit die Temperatur, der Feuchtigkeitsgehalt des Dampfes usw. sind bei den verschiedenen Druckfarben verschieden. Man dämpft im allgemeinen zwischen $^1/_2$ Minute und $1^1/_2$ Stunden, bei $0-1^1/_2$ at Überdruck. In den meisten Fällen genügt ein Überdruck von $^1/_4$ at bei $^3/_4$stündiger Dämpfdauer oder ein Dämpfen ohne Druck während $1-1^1/_4$ Stunde.

Eine handliche Form eines kleineren Schnelldämpfers stellt der von der Wehesche Indanthren-Schnelldämpfer dar. Hier wird die Druckware auf perforiertem Zylinder in aufgewickeltem Zustande unter Vermeidung von Wasserfleckenbildung von Dampf durchströmt. Dieser kann in beliebig gespanntem Zustande (bis zu schwachem Überdruck) die Ware durchströmen, wodurch schnelle und vollkommene Entwicklung der Farben herbeigeführt wird. Der Dämpfer eignet sich für kleinere Betriebe und Handdruckereien, während er für den Großbetrieb zu geringe Leistungsfähigkeit hat. Besonders geeignet ist er für das Dämpfen von Indanthren- und anderen Küpenfarbstoffen. Auch für die Rongalit-, Leukotrop- und Zinkstaubätzen hat er sich als brauchbar erwiesen. Die Dämpfdauer ist je nach dem Druckverfahren verschieden und beträgt z. B. bei Indanthren- und Küpenfarben nur 3 Minuten bei einer Dampftemperatur von 93—95° C, wogegen Alizarinfarben meist im geschlossenen Dämpfer bei $^1/_2$ at Überdruck 1 Stunde gedämpft werden.

Waschmaschinen.

Wie in der Färberei kommen im Zeugdruck Strang- und Breitwaschmaschinen vor. Sehr verbreitet in der Druckerei sind die sogenannten Clapeaux oder Clapots, bei denen an einer Seite der Maschine der Stoff im Strang eingeführt wird, in Spiralen weiter läuft und an der anderen Seite aus der Maschine herausgeführt wird. Der

Warenstrang wird hier zwischen schweren Holzwalzen gequetscht und kommt nach jedem Durchgang durch die Walzen in die Waschflüssigkeit. Die Ware kann dabei in gespanntem und ungespanntem Zustande hindurchlaufen. Beim Ein- und Austritt in bzw. aus der Maschine tritt die Ware durch ein Porzellanauge (s. Abb. 159).

Zum Seifen dient eine kleine Maschine mit zwei Quetschwalzen. Die Enden des Warenstranges werden hier zusammengenäht. Ferner verwendet man auch Haspelkufen zu diesem Zweck (s. S. 422).

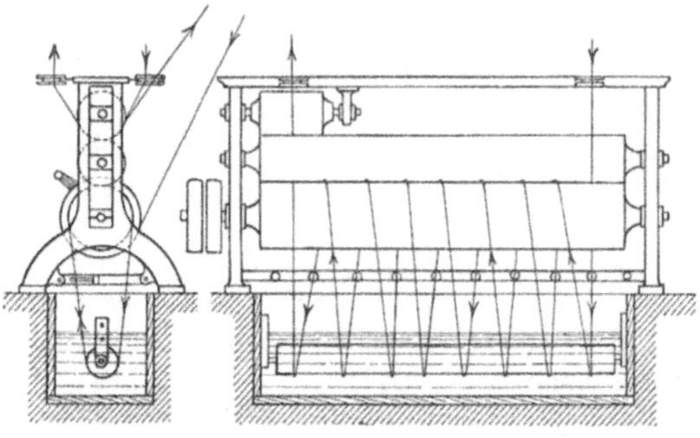

Abb. 159. Clapeaux im Quer- und Längsschnitt (nach Axmacher).

Die Breitwasch- und -seifmaschine besteht aus mehreren hintereinander angeordneten Rollenkufen. Zwischen zwei Rollenkufen befindet sich ein Quetschwalzenpaar. Im allgemeinen gleichen diese Breitwaschmaschinen in ihrer ganzen Anlage und ihrer Leistung den bereits im Kapitel über Färberei beschriebenen Apparaten (s. Abb. 126, S. 440).

Chlormaschinen.

Zuweilen muß das etwas eingefärbte Weiß der bedruckten Ware nachgechlort werden, was durch Trockenchlor oder durch Dampfchlor geschehen kann. Beim Trockenchlor führt man den Stoff durch einen Foulard, dessen Trog eine schwache Chlorkalklösung enthält, und läßt dann den Stoff direkt auf die Trommel einer Trockenmaschine laufen. Das Dampfchlor wirkt stärker und eignet sich daher nur für chlorechte Farben. Die Ware passiert zuerst einen zweiwalzigen Foulard mit Chlorkalk- oder Chlorsodalösung. Aus dem Foulard läuft die imprägnierte und abgequetschte Ware durch einen Schlitz in einen geschlossenen Holzkasten, der mit perforierten Dampfrohren und mit einem Abzug für die entweichenden Chlordämpfe versehen ist. Aus diesem Dämpfkasten läuft der Stoff schließlich in einen Waschkasten mit kräftig wirkenden Spritzrohren.

Trockenapparate.

Das Trocknen der geklotzten Stoffe geschieht in der Regel in der Hotflue (s. Abb. 142 u. 143). Die Ware läuft in derselben senkrecht oder wagerecht über Lattenwalzen und wird dabei getrocknet bzw. auch oxydiert. Die Hotflue steht meist hinter der Klotzmaschine, so daß die Ware direkt aus der Klotzmaschine in die Trockenkammer einläuft. Vom Rouleaux aus geht die Ware in die sogenannte Mansarde (Trockenstuhl). Abb. 155 u. 156 erläutert den Gang der Ware vom Rouleaux zum Trockenstuhl (Mansarde).

Herstellung der Druckfarben und Druckmassen.

In der Technik des Zeugdruckes kommen, wie bereits erwähnt, stets verdickte Farbstofflösungen zur Anwendung, und zwar verwendet man zum Verdicken solche Produkte, welche die Eigenschaft besitzen, mit Wasser eine klebrige Masse zu bilden, die auf dem Gewebe fest anhaftet, sich später aber beim Waschen wieder entfernen läßt. In Frage kommen vor allem: verschiedene Stärkesorten (insbesondere Weizenstärke), Gummitragant oder Tragant, Dextrin, Gummi arabicum, Senegalgummi und Mischungen derselben. Ferner befinden sich auf dem Markt unter den verschiedensten Phantasienamen künstliche Ersatzprodukte und Mischungen solcher mit vorbenannten Verdickungsmitteln.

Die Stärkesorten (s. a. unter Stärke) quellen bei 60—70° C auf und bilden dann den sogenannten Kleister, der beim Erkalten zu einer Art Gallerte

Abb. 160. Farbkochkesselbatterie (Haubold).

erstarrt. Um einen homogenen und vor allem auch einen mit beliebigen Mengen wässeriger Lösungen mischbaren Kleister zu erhalten, wird letzterer von Hand oder mit Hilfe eines in den Kochkessel eingebauten Rührwerks (s. Abb. 160) kalt gerührt.

Außer Weizenstärke verwendet man Kartoffel-, Reis-, Maisstärke usw. Die verschiedenen weißen und gelben Dextrine (Britishgums u. a.) werden aus Stärke durch Rösten oder chemische Behandlung gewonnen. Mit Wasser verkocht, liefern die Dextrine Lösungen von ziemlicher Klebkraft, aber von geringer Verdickungsfähigkeit. Da sie die Klarheit der Farbtöne bei direktem Aufdruck beeinträchtigen, werden sie seltener angewandt. Dagegen eignen sie sich besser für den Ätz- und Reservedruck, wo es sich um weniger klare Farbtöne handelt.

Der Gummitragant (s. diesen) ist ein Pflanzenschleim und hat die Eigenschaft, mit Wasser eine schleimartige Aufquellung zu geben. Dieses Aufquellen geht nur langsam vonstatten. Der Tragant muß deshalb vor dem Verkochen einige Tage bis Wochen mit Wasser aufgeweicht und dann erst 6—8 Stunden in doppelwandigem Kessel gut verkocht werden. Sogenannter Tragantschleim oder das Tragantwasser stellt eine

Verkochung von 60—65 Teilen Tragant in 1000 Teilen Wasser dar. Der Tragantschleim wird nur selten für sich allein verwendet (z. B. bei Klotzfarben, bei Eisfarben und einem feinen Anilinschwarz). Schon seines hohen Preises wegen sucht man bei seiner Verwendung zu sparen und benutzt ihn mit Vorliebe nur als Zusatz bei der Herstellung von neutralen und sauren Stärkeverdickungen, denen er eine gute Geschmeidigkeit verleiht.

Abb. 161. Farbensiebmaschine mit kupfernem Farbtrog, Messingsieb und Bürstenrührer (Zimmers Erben).

Von Gummisorten werden sowohl das arabische Gummi als auch das Senegalgummi angewendet. Das Verhalten derselben ist nahezu das gleiche; es entscheidet in der Regel lediglich der Preis. Das Gummi wird in der Regel im Verhältnis von 1 : 1 mit Wasser zunächst 24 Stunden eingeweicht und dann zur völligen Auflösung auf dem Wasserbade (im doppelwandigen Kessel) erwärmt. Die so erhaltene Lösung wird als Gummiwasser bezeichnet. Des hohen Preises wegen wird es nur bei zarten Nuancen (Alizarinrosa u. ä.) gebraucht.

Einige Beispiele von praktisch angewandten Verdickungen sind nach Axmacher z. B. folgende:

Neutrale Stärketragantverdickung: 110 g Weizenstärke, 700 g Wasser, 150 g Tragantschleim 65 : 1000 und 40 g Tournantöl.

Saure Stärketragantverdickung: 120 g Weizenstärke, 605 g Wasser, 170 g Tragantschleim 65 : 1000, 75 g Essigsäure von 6° Bé und 30 g Olivenöl. Die Essigsäure gibt man am besten kurz vor dem Kochpunkt zu, kocht nur eben auf, bis die Verkleisterung eingetreten ist, und stellt den Dampf ab.

Verdickung für Kupüren: 90 g Weizenstärke, 675 g Wasser, 110 g Tragantschleim 65 : 1000, 50 g Essigsäure von 6° Bé und 75 g Tanninessigsäure. Letztere wird durch Lösen von 1 Teil Tannin in 1 Teil Essigsäure bei 40—50° C erhalten und unter die Verdickung gerührt. Durch Glyzerinzusatz wird die Lösung haltbarer.

Eialbuminverdickung: 2 kg Eialbumin, 2 l kaltes Wasser und 75 g Salmiakgeist werden kaltangerührt, über Nacht stehengelassen und dann durch einen Spitzbeutel von Kaliko gedrückt. Ähnlich wird auch das Blutalbumin angesetzt.

Kaseinverdickung: 6 kg gepulvertes Kasein, 33 l kaltes Wasser und 400 g Salmiakgeist werden kalt angesetzt. Diese Verdickung dient als billiger Ersatz für Albuminverdickungen. Die Drucke sind jedoch nicht so echt wie letztere.

Wenn die Verdickungen fertiggestellt sind, werden sie durch feine Siebe getrieben; vielfach geschieht dieses Sieben erst nach Zusatz der Farblösung, also nach Fertigstellung der Druckfarben. Im Großbetrieb bedient man sich hierzu der Farbensiebmaschinen, welche mittels rotierender oder hin und her gehender Bürsten oder Pinsel die Farbe durch ein Sieb treiben (s. Abb. 161).

Baumwollendruck.

Der Baumwollen- bzw. Kattundruck nimmt die weitaus erste Stelle im Zeugdruck ein. Hier hat die Technik die größten technischen und wissenschaftlichen Triumphe feiern können. In untergeordnetem Maße kommt die Leinen-, Halbleinen-, Wollen-, Seiden-, Halbseidendruckerei usw. zur Anwendung. In Kleinbetrieben wird gerade bei den letzteren vielfach noch der Handdruck ausgeübt. Der Druck der Leinen- und Halbleinenzeuge (sowie der Zeuge aus anderen pflanzlichen Fasern) gleicht druckereichemisch demjenigen des Baumwollendruckes. Das Verhältnis ist hier etwa dasselbe wie in der Färberei. Was also in bezug auf den Baumwollendruck gesagt wird, gilt im allgemeinen und mit geringen Abweichungen auch von Stoffen aus anderen pflanzlichen Fasern.

Der Aufdruck.

Die Technik des Druckens richtet sich nach den Klassen, denen die jeweiligen Farbstoffe angehören. Nachstehend sei in aller Kürze die Methodik des Aufdruckes für die wichtigsten im Zeugdruck verwendeten Farbstoffklassen besprochen. Die angegebenen Druckvorschriften sind hierbei nur als annähernde Beispiele zu betrachten.

1. Substantive Farbstoffe. Wegen ihrer im allgemeinen mäßigen Echtheitseigenschaften werden die substantiven Farbstoffe nur in beschränktem Maße im Zeugdruck angewendet. Man bedient dich dabei etwa folgender schwach alkalischer Druckfarbe: 2 g Farbstoff, 950 g neutrale Verdickung (oder Gummiwasser 1 : 1), 20 g Glyzerin und 30 g Natronphosphat. Nach dem Drucken wird getrocknet, 1 Stunde ohne Druck gedämpft, gewaschen und wieder getrocknet. Um die Echtheitseigenschaften zu verbessern, ist man dazu übergegangen, Zusätze von alkalischen Metallbeizen (Eisen-, Chrom-, Kupferbeizen) zu machen. Zu diesen Metallbeizen gelangt man durch Lösen der Oxyde in überschüssigem Alkali und Zusatz von Glyzerin. Größere Verwendung finden die substantiven Farbstoffe im sogenannten Ätzartikel (s. weiter unten).

Man bereitet sich eine Druckmasse z. B. in folgender Weise:

80—100 g	Stärke	1—$1^1/_2$ Stunde kochen
150 g	Tragantschleim 60 : 1000	
350 g	Wasser	
100 g	Glyzerin	
20 g	phosphorsaures Natron und	
20 g	Farbstoff in	
280 g	heißem Wasser	
1000 g		

2. Basische Farbstoffe. Diese werden mit Hilfe von Gerbstoffen, insbesondere von Tannin fixiert. Einige Farbstoffe (z. B. Brillantgrün, Methylenblaumarken, Wasserblau, Alkaliblau, Viktoriablau) können auch mit basisch-essiggrauem Chrom fixiert werden. Das Tannin wird meist in Essigsäure (im Verhältnis 1 : 1) gelöst und (als sogenannte Tanninessigsäure oder als essigsaures Tannin) der Druckmasse zugesetzt.

Man bereitet z. B. eine Druckmasse in folgender Weise:

90 g	Weizenstärke	1 Stunde kochen
150 g	Tragantschleim 60 : 1000	
150 g	Essigsäure 6° Bé	
380 g	Wasser	
15 g	Farbstoff, gelöst in	
55 g	Essigsäure,	
50 g	Wasser und	
25 g	Azetin, heiß zur Verdickung geben, die Masse kalt rühren und	
90 g	Tanninlösung 1 : 1 zufügen	
1000 g		

Beispiele: a) 7 g Rhodamin 6 G extra, 20 g Azetin, 10 g Essigsäure von 6° Bé, 278 g Wasser, 650 g saure Stärketragantverdickung, 35 g Tanninessigsäure (1:1); b) 20 g Methylviolett R, 40 g Azetin, 30 g Essigsäure von 6° Bé, 650 g saure Stärketragantverdickung, 100 g Tanninessigsäure (1: 1); c) 10 g Brillantgrün, 190 g Wasser, 700 g neutrale Stärketragantverdickung, 100 g essigsaures Chrom von 20° Bé; d) 200 g Azetinblau R Teig, 700 g saure Stärketragantverdickung, 100 g Tanninessigsäure (1:1).

Nach dem Drucken und Trocknen wird 1 Stunde ohne Druck oder bis zu $^1/_2$ at Überdruck gedämpft und bei 60—70° C durch ein Bad genommen, welches im Liter je nach Tiefe des Druckes 10—15 g Brechweinstein oder entsprechende Mengen von Ersatzstoffen enthält, gespült und leicht geseift. Bei schwer auswaschbaren Verdickungen empfiehlt sich ein Zusatz von 2—3 g Weinsäure zu der Verdickung. Die Verdickung kann auch durch ein Bad von 2—3 g Diastafor im Liter entfernt werden (s. d.).

3. Schwefelfarbstoffe. Diese werden nur wenig verwendet. Da das beste Lösungsmittel, das Schwefelnatrium, die Kupferwalzen stark angreift und schwärzt, hat man nach anderen Verfahren gesucht und in einigen leichten Reduktionsmitteln zufriedenstellende Ersatzmittel gefunden. Die verschiedenen Farbenfabriken haben besondere, zum Teil geschützte Verfahren ausgearbeitet. Nach einem Verfahren der Elberfelder Farbenfabriken [By] bringt man die besonders für Druckzwecke hergestellten D-Marken der Schwefelfarbstoffe (bzw. der Katigenfarbstoffe) zunächst durch Erwärmen mit Glykose (Traubenzucker) und Natronlauge in Lösung und verdickt die Farbstofflösung z. B. mit Maisstärke, die vermittels Natronlauge aufgeschlossen ist.

4. Beizenfarbstoffe. Diese werden vorzugsweise mit essigsaurem Chrom (violettem oder grünem Chromazetat) aufgedruckt. Zu solchen Farbstoffen gehören z. B. Alizarinblau, Chromblau, Gallozyanin, Coerulein, Alizarinviridin, Chromgrün, Beizengelb, Alizaringelb und -orange, Chromdruckrot usw. Wasserunlösliche Farbstoffe werden zuerst in die lösliche Bisulfitverbindung übergeführt, was durch mehrstündiges Einwirken von Natriumbisulfit geschieht.

Beispiel. Blauansatz: 500 g Alizarinblau SR, 300 g Natriumbisulfit, 200 g Glyzerin. Nach erfolgter Lösung setzt man für die Druckmasse an: 250 g vom obigen Blauansatz, 525 g neutrale Verdickung, 175 g essigsaures Chrom, 50 g Glyzerin.

Manche Beizenfarbstoffe (z. B. Dinitrosoresorzin) werden vorteilhaft auf holzessigsaurem Eisen fixiert. In beschränktem Maße kommen ferner Tonerde-, Zinn-, Zink- und Nickelsalze als Beizen in Frage. Vielfach werden die Stoffe vorher mit einer Lösung von etwa 75 g Türkischrotöl im Liter Wasser geklotzt und getrocknet. Für Alizarinrot (s. weiter unten), -orange, -marron, Coerulein, Gallein ist die Ölgrundierung wesentlich und liefert volleren und echteren Druck. Um die Ölgrundierung als besondere Operation zu sparen, setzt man auch auf je 1 kg Druckmasse etwa 50 g Rotöl, Chloröl oder Lizarol [M] zu.

Bei allen Druckfarben ist es, wie bereits erwähnt, von Wichtigkeit, dafür zu sorgen, daß die Lackbildung nicht schon in der Druckmasse stattfindet. Die Beizen müssen zu diesem Zweck kalt in die Druckfarbe eingerührt werden. Über Weiterbehandlung des Druckes und Dämpfen s. weiter unten unter Alizarinrot.

Das Drucken mit Blauholzextrakt u. a. Pflanzenextrakten ist immer mehr zurückgedrängt worden. Nachstehend sei aber gleichwohl ein Druckansatz mit Blauholzextrakt angegeben, wie es früher in großen Mengen verwendet wurde. Holzschwarz:

80 g	Weizenstärke
50 g	gebrannte Stärke
170 g	Wasser
250 g	Blauholzextrakt, Kristalle, hochoxydiert
20 g	Querzitronextrakt 20° Bé
40 g	Essigsäure
20 g	Olivenöl, zusammen kochen und dann
10 g	chlorsaures Kalium, in
60 g	Wasser gelöst, einrühren und kalt
200 g	essigsaures Chrom 20° Bé zugeben
1000 g	

5. Alizarinrot. Unter den Beizenfarbstoffen nimmt das Alizarin eine besondere Stellung ein. Zu seiner Fixation bedarf das Alizarin auch beim Drucken eines Tonerdesalzes, mit dem es einen lebhaften und vor allem sehr echten Lack bildet. Beimengungen von Zinn- und Kalziumoxyd erhöhen noch die Schönheit und Echtheit des Lackes. Die wichtigsten Beizen sind: die schwefelessigsaure Tonerde, die Rhodantonerde, das essigsaure Zinnoxyd, der essigsaure Kalk (auch der milch-, ameisen- und oxalsaure Kalk).

Vor dem eigentlichen Druck wird die Ware mit einer Rotöllösung (70 g Türkischrotöl 50proz. im Liter Wasser von 50—60° C und etwas Ammoniak zur Klärung der Lösung) präpariert, mit Quetschwalzen so abgedrückt, daß die Ware etwa 100% ihres Eigengewichtes an Rotöllösung aufnimmt, und dann getrocknet.

Für billigere Gewebe hat man diese Vorbehandlung dadurch zu ersparen gesucht, daß man Rotöl und ähnliche Präparate der Druckmasse selbst zusetzte. Besser als die gewöhnlichen Rotöle wirken hier die sogenannten Chloröle (erhalten z. B. aus 1 Teil Rizinus- oder Olivenöl und 1 Teil Chlorkalklösung von 1° Bé), das Lizarol [M] (bestehend aus einer Mischung von sulfuriertem Rizinusöl und Formaldehyd) und andere Produkte. Eine Vorbehandlung der Ware mit Rotöl können diese Ersatzprodukte aber nicht voll ersetzen.

Beispiele. Alizarinrot auf geölter Ware: 120 g Alizarin V 1 neu, 55 g Alizarin RG, 465 g Verdickung (hergestellt aus 120 g Weizenstärke, 20 g Weizenmehl, 605 g Wasser, 75 g Essigsäure, 130 g Tragantschleim 65 : 1000, 50 g Olivenöl), 180 g Rhodantonerde von 21° Bé, 70 g essigsaurer Kalk von 10° Bé, 60 g essigsaures Zinn von 12° Bé, 50 g Essigsäure von 6° Bé. Alizarinrot auf ungeölter Ware: 200 g Alizarin RX, 175 g Rhodantonerde von 21° Bé, 70 g oxalsaures Zinn von 15° Bé, 40 g milchsaurer Kalk von 9° Bé, 75 g Lizarol D [M], 30 g Weinsäure, 410 g Verdickung (wie vorstehend bei geölter Ware hergestellt). Alizarinrosa auf geöltem Stoff: 15 g Alizarin blaustichig, 20 proz., 15 g essigsaurer Kalk von 10° Bé, 20 g Rhodantonerde von 20° Bé, 10 g milchsaures Zinnoxyd von 25° Bé, 750 g Gummiverdickung 1: 1, 190 g Wasser. Alizarinorange auf geöltem Stoff: 180 g Alizarinorange 15 proz., 60 g essigsaurer Kalk von 10° Bé, 50 g Essigsäure von 6° Bé, 180 g essigsaure Tonerde von 10° Bé, 530 g Stärketragantverdickung.

Die bedruckte und getrocknete Ware wird 1—1$^1/_2$ Stunde im Kessel bei $^1/_2$—1 at Überdruck gedämpft, wobei das Abdampfventil erst nach dem Verdampfen der frei werdenden Säuredämpfe geschlossen wird. Nach dem Dämpfen passiert die Ware zunächst ein Kreidebad, was den Zweck hat, eventuell noch vorhandene organische Säure zu neutralisieren. Bei großen Dessins und schwer auswaschbarer Druckmasse empfiehlt es sich, die Ware zwecks gründlicher Reinigung des Gewebes von der Stärke außerdem noch mit Diastafor (s. dieses) bei 50—60° C zu behandeln, gut zu spülen und nach Bedarf zu seifen.

6. Indigo und Küpenfarbstoffe. Es kommen vor allem drei Verfahren in Betracht: a) Präparation des Gewebes mit Glykose und Aufdruck des Farbstoffes in alkalischer Verdickung; b) direkter Aufdruck mit Glykose und einer alkalischen Farbstoffverdickung; c) das Hydrosulfitverfahren.

a) Nach dem ersten Verfahren wird das Gewebe zunächst mit einer Lösung präpariert, welche im Liter 200—300 g Glykose enthält. Nach dem Trocknen bedruckt man z. B. mit folgender Druckmasse: 150—200 g Indigopaste 20 proz. (oder Algolgelb R od. dgl.), 100—150 g Gummilösung 1 : 1, 750—650 g alkalische Verdickung. Letztere setzt sich beispielsweise wie folgt zusammen: 50 g Weizenstärke, 75 g weißes Dextrin, 250 g Wasser, 625 g Natronlauge von 40° Bé. Nach dem Trocknen wird die Ware im luftfreien Mather-Platt etwa 5—6 Minuten bei 107—109° C gedämpft, hierauf in fließendem Wasser oxydiert, eventuell schwach mit Schwefelsäure gesäuert, gespült und $^1/_4$ Stunde mit 5 g Seife und 5 g Soda im Liter kochend geseift.

b) Für den direkten Aufdruck dient etwa folgende Druckfarbe: 150 bis 200 g Farbstoff in Teig werden mit 75—100 g Glykose und 125—150 g Gummilösung 1 : 1 auf dem Wasserbade vorsichtig erwärmt und in noch warmem Zustande zu 650 g alkalischer Verdickung zugerührt. Wenn die Leukoverbindung des angewandten Farbstoffes leicht löslich ist, so kann man auch mit schwach alkalischen Druckmassen arbeiten, mit denen es sich angenehmer arbeitet, als mit stark alkalischen Massen. Beispiel: 150 g Cibarot G, 125 g Glykose, 25 g Glyzerin, 175 g Pottasche, 525 g Verdickung (bestehend aus 125 g weißem Dextrin, 100 g Gummilösung 1 : 1, 775 g Wasser). Die Nachbehandlung ist dieselbe wie bei a).

c) Das Hydrosulfitverfahren ist heute das wichtigste. Die Reduktion des Farbstoffes geschieht entweder während des Dämpfens auf dem Gewebe selbst, oder es findet eine Vorreduktion des Farbstoffes bei der Herstellung der Farbmasse statt.

Im ersteren Falle werden z. B. 200 g Helindonscharlach G, 50 g Glyzerin, 150 g Gummilösung 1: 1, 600 g Hydrosulfitverdickung (etwa aus 300 g Rongalit C, 200 g Britishgum, 500 g Natronlauge von 40° Bé erhalten) direkt aufgedruckt. Im zweiten Falle werden beispielsweise zunächst einerseits 150 g Cibablau 2 BD in Teig, 10 g Hydrosulfit konz. Pulver, 50 g Natronlauge von 36° Bé auf dem Wasserbade bis zur vollständigen Reduktion bei 60—70° C erwärmt; anderseits erwärmt man 150 g Rongalit C mit 50 g Glyzerin, 150 g Natronlauge von 45° Bé, 140 g Britishgum, 100 g gelbem Dextrin und 200 g Wasser und kocht beide Teile zusammen auf. Nun druckt man die so verdickte Farblösung auf unpräparierten Stoff auf, dämpft 7—8 Minuten in luftfreiem Mather-Platt bei mindestens 105 bis 108° C, oxydiert in fließendem Wasser und entwickelt den Farbstoff vollständig durch kochendes Seifen mit 5 g Seife und 3 g kalzinierter Soda im Liter Wasser.

Beim Handdruck zersetzen sich die Hydrosulfite und Sulfoxylate zu schnell, und es entstehen dadurch leicht ungleichmäßige Drucke. Nach einem Patent von Cassella [C] verwendet man in solchen Fällen träger wirkende Reduktionsmittel, und zwar am besten Zinkstaub und Alkalisulfit. Hierbei ist die Wirkung des reduzierend wirkenden Hydrosulfits viel langsamer und gleichmäßiger, und man erzielt bei dem langsam vor sich gehenden Prozeß des Handdrucks vollkommen gleichmäßige Drucke. Beim Sulfoxylat-Druckverfahren geht die Fixierung des Farbstoffes mittels kurzen Dämpfens bei Abwesenheit von Luft vor sich, während bei Zinkstaub und Bisulfit mindestens ein halbstündiges Dämpfen erforderlich ist, wobei es nebensächlich ist, in welcher Weise das Dämpfen erfolgt.

6a. Indigosol O. Die neue Klasse der Indigosole[1]) (s. u. Baumwollfärberei) eignet sich auch in hervorragendem Masse für den Zeugdruck und dürfte die Indigodrucktechnik in kurzer Zeit umwälzen. Die wichtigsten heutigen Druckverfahren sind etwa folgende.

A. Direkter Druck (Maschinendruck auf Stück).

1. Nitritverfahren (ohne zu dämpfen).

Druckfarbe.		Verdickung für Kupüren.	
90 g	Indigosol O	600 g	Gummiwasser (1: 1) oder Tragantwasser (60: 1000)
375 g	Wasser	390 g	Wasser
500 g	Stärke-Tragant-Verdickung	5 g	Natriumnitrit
15 g	Natriumnitrit	5 g	Naphthollösung
20 g	Naphthollösung		
1 kg		1 kg	

Naphthollösung.

100 g	Betanaphthol
150 g	Natronlauge 22° Bé
750 g	Wasser
1 l	

Nach dem Drucken wird getrocknet, dann etwa 15 Stunden in 30 g Schwefelsäure 66° Bé pro Liter Wasser bei 25—30° C entwickelt und zum Schluß gewaschen und nach Bedarf geseift. Neben Indigosol eignen sich zum Drucken die Eisfarben nach den üblichen Verfahren.

[1]) Andere Vertreter der Indigosole sind: Indigosol O 4 B, das Indigosolgelb HCG u. a. m.

2. Dämpfverfahren.

Druckfarbe.	Verdickung für Kupüren.
90 g Indigosol O	700 g Gummiwasser (1:1) oder Tragantverdickung
295 g Wasser	10 g chlorsaures Natron (1:3)
500 g Stärke-Tragant-Verdickung	10 g neutrales oxalsaures Ammon oder Rhodanammonium
25 g neutrales oxalsaures Ammon oder Rhodanammonium	255 g Wasser
40 g chlorsaures Natron (1:3)	25 g Vanadlösung (1:1000)
50 g Vanadlösung (1:1000)	
1 kg	1 kg

Neutrales oxalsaures Ammon.

126 g Oxalsäure mit etwa
300 g heißem Wasser lösen,
dann zugeben
150 ccm Ammoniak 25 proz.

Die ausgeschiedenen Kristalle auf 150 g abquetschen. Die Mutterlauge kann weiter verwendet werden.

Nach dem Drucken wird getrocknet, 2—5 Minuten im Mather-Platt-Schnelldämpfer bei 95—98° C gedämpft, gewaschen und nach Bedarf geseift. Durch ein schwaches Nitrit-Schwefelsäurebad kann der Ton der gedämpften Drucke wesentlich verbessert werden.

Weiterhin können Vordruckreserven unter Indigosol O, Reservedrucke (Weißreserven, Buntreserven) usw. mit Indigosol O in verschiedener Weise ausgeführt werden. Weißeffekte können z. B. auf drei Arten erzeugt werden: 1. indem man das Blau fertig oxydiert und wie bisher bei Indigo mit Leukotrop weiß ätzt, was ein Dämpfen erfordert, 2. indem man nach dem Nitritverfahren klotzt, nach dem Trocknen auf dem geklotzten, noch nicht oxydierten Gewebe eine Hydrosulfitreserve aufdruckt und ohne zu dämpfen durch eine Säurepassage geht, wodurch sich das Blau entwickelt. Dieses neue Verfahren ermöglicht es, Weißreserven ohne Dämpfen zu erzielen. Ein 3. ebenfalls neues Verfahren besteht darin, daß man dem Klotzbad statt Nitrit ein schärferes Oxydationsmittel zugibt, klotzt, trocknet, eine Reserve mit Thiosulfat aufdruckt und, ohne durch Säure zu gehen, kurz dämpft, wodurch die Säurepassage erspart wird.

Buntreserven können erzielt werden, indem man auf das geklotzte und nichtoxydierte Gewebe eine Buntreserve aufdruckt, sei es mit Küpen-, basischen oder Lackfarben, und dann dämpft. Auf diese Weise ist es möglich, mit Indigosol die gleichen Bunteffekte zu erzielen, die man mit Prud'hommeschwarz herstellt. Nicht alle Küpenfarben eignen sich zum Reservieren. Indigosol, neben Anilinschwarz gedruckt, wird nicht beeinflußt. Es ist auch geeignet, neben oder mit den Rapidechtfarben (s. d.) von den Griesheimer Farbwerken gedruckt zu werden. Mit diesen Farben können mehrfarbige Direktdrucke oder Buntreserven, speziell der bekannte Blau- und Rot-Artikel, erzielt werden ohne zu dämpfen.

7. Aufdruck von Beizen („Färbeartikel"). Anstatt den Beizenfarbstoff mit der erforderlichen Beize auf das Gewebe gemeinsam aufzudrucken (s. 4. Beizenfarbstoffe) und durch Dämpfen die Farblackbildung zu bewirken, kann man auch die Beizen allein aufdrucken und dann die Ware im Bade ausfärben. Es werden dann nur die mit Beize bedruckten Stellen angefärbt, während die übrigen, unbedruckten, musterlosen Stellen ungefärbt bleiben. Solche Artikel nennt man Färbeartikel.

Auf diese Weise kann man Eisen-, Chrom-, Tonerdebeizen usw. in geeigneter Verdickung und mit etwas Farbstoff geblendet, d. h. sichtbar gemacht, aufdrucken. Je nach Art der Beize und des Farbstoffes und je nach Menge der Beize erhält man auf solche Weise die verschiedensten Farbtöne, Farbtiefen und Kombinationen.

Beispiel. Die Verdickung besteht aus 80 g Weizenstärke, 80 g Dextrin, 50 g Essigsäure, 150 g Wasser, 600 g essigsaurer Tonerde von 10° Bé, 30 g Rotholzextrakt (zum Blenden), 30 g essigsaurem Zinnoxydul oder Zinnoxyd von 10° Bé. Nach dem Aufdrucken dieser Beizenverdickung läßt man während 24—36 Stunden bei 30—40° in der Oxydationshänge hängen (oder fixiert durch Dämpfen) und zieht bei 50—60° in einem Bade ab, das im Liter Wasser etwa 10 g Kreide und 2—3 g Natronphosphat enthält. Dann wird gewaschen und mit Alizarin, Alizarinorange u. ä. von kalt bis kochend (unter Zusatz von etwas Sumachextrakt, Leim, Türkischrotöl usw.) angefärbt. Schließlich wird gewaschen und evtl. mit Kleie, Rotöl od. dgl. aviviert und $1^1/_2$ Stunde gedämpft.

8. Albuminfarben. Albuminfarben sind solche Körperfarben, die eines mechanischen Binde- oder Klebemittels für die Fixation auf der Faser bedürfen. Dieses Bindemittel kann Albumin, Kasein od. ä. sein. Die Körperfarben werden in fertig vorgebildetem Zustande verwendet, und zwar in so feiner Verteilung bzw. Mahlung, daß sie keine kratzende oder schleifende Wirkung auf die Druckwalzen und die Rakeln ausüben können. Die bedruckten Stücke werden meist 1 Stunde ohne Druck gedämpft und beim nachfolgenden Waschen, Seifen, Chloren usw. je nach Art der Farbe verschieden behandelt. Nachstehend seien die wichtigsten mit Albumin zu befestigenden Pigmente kurz erwähnt.

Das Ultramarin kommt in verschiedenen Feinheitsgraden und Nuancen (vom grünstichigsten Blau bis zu Violett und Lila) in den Handel. Für den Zeugdruck sollen die feinsten Marken Verwendung finden; die minderen Sorten genügen für das Bläuen der Wäsche. Das Ultramarin, das künstlich erzeugt wird, ist sehr echt gegen Licht, Luft und Wäsche, aber säureempfindlich; selbst durch schwache Essigsäure wird es unter Bildung von Schwefelwasserstoff zerstört. Mit Olivenöl, Glyzerin oder sonstwie zu einer Paste angerieben, wird es als Stammfarbe vorrätig gehalten und dann meist mit Blutalbumin (seltener mit Eialbumin) zu einer Druckmasse verarbeitet.

Das Chromgrün (Guignetgrün) kommt als Paste oder mit Glyzerin angerieben in den Handel. Durch Mischen desselben mit Chromgelb, Ultramarin, Ruß usw. werden Olivtöne verschiedener Nuancen erzeugt.

Chromgelb und Chromorange (s. auch S. 201) sind sehr schwefelwasserstoffempfindlich, wodurch der Gelbton leicht verschmutzt wird. Als Vorsichtsmaßregel hiergegen ist stets frisch bereitetes Albuminwasser (da bei der Zersetzung des Albumins Schwefelwasserstoff gebildet wird) zu verwenden; ferner wird der Druckfarbe häufig ein Zinnzusatz (3 Teile Zinnsalz, 4 Teile essigsaures Blei, 4 Teile kochendes Wasser) gegeben, der die Trübung des Chromgelbs verhindert, indem er den sich etwa bildenden Schwefelwasserstoff bindet, dabei aber keine nennenswerte Farbenveränderung verursacht. Ähnliche Schutzwirkung übt ein Zusatz eines Kadmiumpräparates aus.

Durch Mischung von verschiedenen Mengen Chromgelb und Chromorange können die verschiedensten Zwischenstufen erhalten werden. Chromgelbteig wird beispielsweise aus 100 g Chromkali, 2500 g weißem Bleizucker und 30 000 Teilen Wasser gewonnen (jedes getrennt heiß gelöst und kalt zusammengegossen); die sich absetzende Paste wird mit kaltem, möglichst kalkfreiem Wasser gewaschen und abgepreßt. Chromorangeteig wird gewonnen, indem man zuerst a) 80 l Wasser, 9 kg weißen Bleizucker und 3 kg Chromkali zusammen kocht und dann b) weitere 80 l Wasser mit 1 kg Kristallsoda und 1 kg gebranntem Kalk versetzt, absitzen läßt, die klare Brühe hiervon zu a) gibt und wieder kocht. Nach dem Abkühlen wird noch zweimal gekocht und der Niederschlag von Chromorange mit kochendem Wasser gewaschen, bis das Waschwasser farblos abläuft.

Mit Zinnoberrot erhält man je nach der Nuance Scharlach-, Karmesin- bis Rosatöne.

Als Bronzedruck können Metallpulver aus Aluminium, Zinn, Zink, Kupfer und deren Legierungen ziemlich echt nach Art der Albuminfarben aufgedruckt werden. Meist geschieht dieses auf dunkel gefärbten glatten Waren; eine Nachbehandlung nach dem Trocknen auf heißen Kalandern hebt den Metallglanz. Außer Albumin kommen hier als Bindemittel für echtere Drucke auch noch Firnisse oder Kautschuklösungen in Betracht.

Rußschwarz und Rußgrau kommen meist als mit Öl angeriebene Pasten in den Handel. Ihre Drucke zeichnen sich besonders durch die Widerstandsfähigkeit gegen Licht, Wäsche und Chlor aus.

Zinkweiß wird für einzelne Spezialartikel als weißer Druck auf anilinschwarzem oder andersfarbigem Grund hergestellt. Das Zinkweiß wird in bekannter Weise mit Albumin verdickt und durch Dämpfen fixiert.

Außer den erwähnten Pigmentfarben kommt im Handel noch eine Reihe weiterer Mineralfarben vor. Die braunen Farben sind vielfach Eisenoxyd oder -hydroxyd (Ocker) in Mischung mit Porzellanerde, Chinaclay usw. Durch Mischung mit Ruß, Chromgelb usw. können alle möglichen Modefarben erzielt werden.

Der Ätzdruck.

Unter Ätzdruck oder Enlevage versteht man eine partielle Wiederentfernung, eine Wegätzung von Farbe oder Beize auf dem Wege des Druckens. Während also im Aufdruck (von Farbe oder Beize) das Muster direkt (oder positiv) durch Drucken des Musters erzeugt wird, wird im Ätzdruck das Muster indirekt (gewissermaßen negativ) durch geeignete Fortnahme von Farbe oder Beize erzeugt. Die voraufgehende Applikation der Farbe oder Beize geschieht entweder auf dem Wege des Klotzens, der Flottenfärbung, Flottenbeizung od. ä. Die Mittel und Wege, solche Ätzeffekte hervorzubringen, sind bei dem heutigen, weit vorgeschrittenen Stande der Technik außerordentlich zahlreich.

Man unterscheidet alkalische und saure Ätzen sowie reduzierende und oxydierende Ätzen, bei denen der Ätzeffekt durch Säure-

und Alkaliwirkung bzw. durch reduzierende und oxydierende Wirkung hervorgerufen wird. Ferner spricht man von Weißätzen und Buntätzen, je nachdem ob die geätzten Muster weiß oder (durch gleichzeitige Einführung von durch die betreffende Ätze nicht ätzbaren Farbstoffen) bunt geätzt, d. h. geätzt und gleichzeitig bunt bedruckt werden.

1. Das Ätzen der substantiven Farbstoffe auf glattem oder gerauhtem Artikel geschieht hauptsächlich durch Reduktionsätzen, seltener durch Oxydationsätzen. Zu den ersteren, den reduzierend wirkenden Ätzen, gehört vor allem das Hydrosulfit und verschiedene Hydrosulfitpräparate (s. diese), ferner Zinkstaub und Natriumbisulfit, essigsaures Zinnoxydul bzw. Zinnsalz mit essigsaurem Natron, Rhodanzinn u. a. m. Hauptsächlich verwendet werden zum Ätzen diejenigen Farbstoffe, die sich durch die genannten Ätzmittel zu farblosen Verbindungen reduzieren lassen. Farbstoffe, die sich zwar zu andersfarbigen, aber nicht zu farblosen Verbindungen reduzieren lassen, haben im allgemeinen wegen ihrer beschränkten Anwendungsmöglichkeit keine besondere technische Bedeutung für den Ätzdruck, obwohl sie unter Umständen recht gut für einzelne Buntätzzwecke verwendet werden können.

Zu den Oxydationsätzen bzw. deren wirksamen, oxydierenden Bestandteilen gehören vor allem die Chlorate, das rote Blutlaugensalz u. a. m. Diese spielen aber in der Technik des substantiven Farbstoffdruckes keine Rolle.

Unter den Reduktionsmitteln spielt das Hydrosulfit schon deshalb eine so wichtige Rolle, weil es die Fasern und die Walzen am wenigsten angreift, während z. B. Zinnsalz die Fasern leicht angreift, Zinkstaub sich in die Gravur der Druckwalzen festsetzt usw. Außer den substantiven Farbstoffen haben beim Ätzdruck u. a. auch die Para- [By] und die Paraphorfarbstoffe [M] der Technik des Zeugdruckes wertvolle Dienste geleistet. Mit diesen Produkten lassen sich sehr schöne Weißeffekte auf farbigem Grunde erzeugen. Um diesen Artikel zu illuminieren, kann man den Ätzen Körperfarben, Farblacke, basische Farbstoffe usw. zusetzen und so zu wirksamen Buntätzeffekten gelangen.

Beispiele. Weißätze: 250—300 g Hydrosulfit NF konz. (oder Rongalit C, Hyraldit usw.) und 750—700 g neutrale Verdickung. Buntätze mit basischem Farbstoff: 15 g Rhodamin 6 G extra, 25 g Glyzerin, 100 g Wasser, 250 g Rongalit C, 535 g Gummilösung 1 : 1, 75 g Tanninglyzerin 1 : 1. Buntätze mit Albumin: 200 g Rotlack, 250 g Rongalit, 350 g Gummilösung 1 : 1, 200 g Albuminlösung 1 : 1. Zinkstaubätze: 450 g Gummilösung 1 : 1, 300 g Zinkstaub und 50 g Glyzerin werden gut verrieben oder vermahlen und kurz vor der Verwendung mit 150 g Natriumbisulfit von 38° Bé und 50 g Ammoniak versetzt. Zinnsalzätze: 350 g Britshgum, 405 g Wasser und 15 g Weinsäure werden kurze Zeit gekocht, dann warm mit 180 g Zinnsalz und nach dem Erkalten mit 50 g essigsaurem Natrium versetzt.

Die mit Hydrosulfitätzen bedruckten Stücke werden im Mather-Platt mit trockenem Dampf möglichst heiß (bei 100—102° C) gedämpft, dann breit während $^1/_2$ Minute durch ein lauwarmes Bad von etwa 2—3 g Chromkali im Liter Wasser genommen, abgequetscht und nun bei 30 bis 40° C durch ein Brechweinsteinbad passiert, gespült und eventuell schwach geseift. Nach dem Drucken mit Zinkstaubätze wird $^1/_2$ bis $^3/_4$ Stunde ohne Druck gedämpft, dann in schwach mit Salzsäure angesäuertem Wasser abgesäuert und gut gespült und eventuell durch schwache Sodalösung neutralisiert. Das mit Zinnsalzätzen erhaltene Weiß wird etwas gelblich, weswegen oft etwas Alkaliblau zugegeben wird. Nach dem Drucken wird im Mather-Platt gedämpft und gewaschen. Ist kein oder nur wenig essigsaures Natron zugegen, so muß längeres Dämpfen vermieden werden, da die Salzsäure des Zinnsalzes die Ware leicht angreifen kann.

Die Hydrosulfitreduktionsätzen können nicht nur mit direkt färbenden Farbstoffen, sondern auch mit Beizenfarbstoffen (unter Zusatz von essigsaurem Chrom) oder mit Schwefelfarbstoffen angefärbt werden. Durch eine solche Buntätze kann der Artikel echt illuminiert werden.

2. Das Ätzen der basischen Farbstoffe wird in der Regel durch Oxydationsätzen, z. B. durch Chlorate, bewerkstelligt; oxydationsbeständige Farbstoffe (Safranin, Rheonin u. a.) dienen hier wiederum zur Illuminierung der Ware. Während hellere Färbungen der meisten basischen Farbstoffe ätzbar sind, ist dieses bei dunkleren Färbungen weniger der Fall.

Beispiele. 300 g Britishgum, 170 g Wasser, 150 g Pfeifenton 50 proz., 150 g chlorsaures Natron werden zusammen verkocht; der Mischung werden bei 60° C alsdann zugesetzt: 150 g Zitronensaft und 80 g Ferrizyanammonium von 25° Bé (hergestellt durch heißes Lösen und Zusammengießen von Ferrizyankalium und Ammoniumsulfat sowie Abfiltrieren der Kristalle nach dem Erkalten). Die Druckmasse kann durch frische Verdickung verdünnt oder kupiert werden. Nach dem Drucken dämpft man im Mather-Platt und wäscht.

3. Das Ätzen der Beizenfarbstoffe geschieht zum Teil durch Chlorat. Man färbt den Stoff im ganzen aus und ätzt die gewünschten Muster heraus. Im übrigen lassen sich die Beizenfarbstoffe nur sehr schwer und unvollkommen ätzen. Fertiges Türkischrot läßt sich auch durch eine Zitronensäureätze (100 g Zitronensäure, 100 g Weinsäure, 800 g Stärkeverdickung) entfernen. Nach dem Drucken nimmt man durch eine Chlorkalklösung von 3—5° Bé und spült sofort.

4. Das Ätzen von Indigo kann durch Chromat-, Chlorat-, Hydrosulfitätzen u. a. m. geschehen. Die Oxydationsätzen weisen Mängel auf; vor allem schwächen sie die Faser. Auch sind die entstehenden Verbindungen schwer von der Faser zu entfernen. Als Reduktionsätze hat man die Bisulfitzinkstaubätze, die Zinnoxydulsalzätze, die Hydrosulfitätze, die Glykoseätze, die Eisenvitriolätze versuchsweise ausgeübt. Das aussichtsreichste Verfahren war von Anfang an das Hydrosulfit- bzw. das Rongalitverfahren, dem von der Badischen Anilin- und Sodafabrik [B] durch das Leukotropverfahren eine befriedigende Form gegeben worden ist. Vor allem war die erwähnte Firma [B] bestrebt, einen geeigneten Zusatz zum Rongalit zu finden, der das im Dampf gebildete Indigoweiß in eine gegen Luft und Feuchtigkeit so unempfindliche Verbindung überführt, daß letztere alle erforderlichen Operationen übersteht und schließlich schnell abgezogen wird. Seife, Anilin, Sulfite, Anthrachinon, Zinkweiß, Formaldehyd u. a. wurden zu diesem Zwecke versuchsweise eingeführt. 1909 gelang es der Firma B. A. S. F. [B] in gewissen Ammoniumbasen, die als Leukotrope im Handel sind, das langgesuchte Mittel zu finden, um unter den technischen Arbeitsbedingungen der Druckerei das Indigoweiß in Verbindungen von der erforderlichen Beständigkeit und den sonst gewünschten Eigenschaften überzuführen. Diese Firma [B] brachte alsdann drei Marken in den Handel: das Leukotrop O (zur Herstellung gelber Ätzeffekte), das Leukotrop W konz. (für Weißeffekte) und das Rongalit CL (Mischung von Leukotrop W konz. und Rongalit C, gleichfalls für Weißeffekte bestimmt).

Beispiele. Weißätzfarbe (pigmentfreies Weiß auf gebleichter Ware oder für Überdruck): 80 Teile Zinkweiß werden sorgfältig angeteigt, mit 100 Teilen Wasser und 520 Teilen Gummiwasser 1:1 gemischt. Dann werden darin 160 g Rongalit CL gelöst; nach dem Erkalten werden 40 g Anthrachinonpaste 30 proz. hineingerührt, und das Ganze mit 100 Teilen Wasser oder Verdickung auf 1000 Teile gestellt. Buntätzdruck: Durch Verwendung von Leukotrop O können gelbe und orangefarbige Buntätzungen erzielt werden. Es bildet sich hier ein gelbes Pigment aus dem Indigo selbst und dem Leukotrop. Ersetzt man das Zinkoxyd durch Eisen- oder Manganoxydul, so erhält man ein bräunliches Oliv. Im übrigen stehen der Illumination des Ätzdrucks beim Leukotropverfahren beträchtliche Schwierigkeiten entgegen, weil die meisten Farbstoffe und Pigmente die Herstellungsprozesse nicht vertragen können.

5. Das Ätzen von Beizen. Ähnlich wie man durch direkten Aufdruck von Beizen und nachfolgende Ausfärbung im Bade (s. oben) den sogenannten Färbeartikel erzeugen kann, kann man auch durch Aufklotzen von Beize, Wegätzen eines Teiles der Beize durch Ätzdruck und schließliche Ausfärbung mit beizenfärbenden Farbstoffen im Bade einen besonderen Färbeartikel erzeugen. Im ersteren Falle druckt man die Beize auf, die später als Beize für die Färbung dient, im letzteren ätzt man die Beize fort, so daß die nicht weggeätzte Grundbeizung des ganzen Stoffes als Beize dient.

Beispiele. a) Die Ware wird mit 300 g alkalischer Chrombeize (oder Chrombisulfit), 200 g Tragantschleim 60:1000 und 500 g Wasser geklotzt, getrocknet, mit 100 g Zitronensäure, 100 g Weinsäure und 800 g Stärkeverdickung bedruckt, gedämpft, gut gewaschen und schließlich mit Beizenfarbstoff ausgefärbt und geseift. Die Säure löst die Beize an den bedruckten Stellen auf und läßt die Stellen weiß und beizenlos zurück.

b) Ähnlich kann die Ware mit essigsaurem Eisen, essigsaurer Tonerde (oder einem Gemisch dieser Beizen) geklotzt, getrocknet, mit Zitronensäure oder Zitronenweinsäure (wie oben) bedruckt, dann 48 Stunden in der Oxydationshänge verhängt, durch 10 g Kreide und 2—3 g Natronphosphat im Liter Wasser bei 60—70° C passiert, gewaschen und schließlich mit Beizenfarbstoffen ausgefärbt werden.

c) Bei der Erzeugung des sogenannten Natronlaugeätzartikels wird die Ware zunächst mit einer Lösung von 20—30 g Tannin und 50 g Glyzerin im Liter Wasser geklotzt, getrocknet und ohne zu waschen mit einer Brechweinsteinlösung (10—15 g : 1000) im Bade fixiert. Nach dem Trocknen wird das gerbsaure Antimon durch eine alkalische Ätze fortgeätzt. Die Zusammensetzung der letzteren ist folgende: 100 g hellgebrannte Stärke, 120 g gelbes Dextrin, 80 g Chinaclay, 700 g Natronlauge von 36° Bé. Nach dem Drucken und Trocknen gibt man eine kurze Passage durch den Mather-Platt, worauf gründlich gewaschen und geseift wird. Die so gereinigte Ware wird schließlich in schwach saurem Bade mit basischen Farbstoffen von kalt bis kochend ausgefärbt und zwecks Reinigung der Weißätze nochmals gut gewaschen und geseift. Der Artikel kann auch illuminiert werden, indem man auf die Tanninbrechweinsteinbeize stark alkalische Schwefel- oder Küpenfarbstoffe aufdruckt.

Mit dem Ätzen von Beizen kann gleichzeitig eine Illuminierung der Ware verbunden werden. Man verwendet entweder Teerfarbstoffe, die der Ätze widerstehen, oder auch anorganische Pigmente. So kann man beispielsweise beim Arbeiten nach der Säuremethode a) der Ätzmasse essigsaures oder salpetersaures Blei zusetzen und nachträglich mit Chromkali Chromgelb erzeugen (Gelbätze); man kann der Ätzmasse ferner Berlinerblau (Blauätze) zusetzen oder durch Mischung der Gelb- und Blauätze eine Grünätze erzeugen usw.

Der Reserve- oder Reservagedruck.

Während beim Ätzdruck eine Farbgebung oder Beizung voraufgeht, die durch den Druck teilweise fortgeätzt, also wieder entfernt wird, wird beim Reservedruck umgekehrt dem Stoff zuerst eine Reserve einverleibt, die die Farbgebung oder Tingierung an den reservierten Stellen verhindert. Die Wege und Mittel hierzu sind sehr verschiedenartig und können chemischer, mechanischer oder chemisch- mechanischer Natur sein. Nachstehend seien einige Typen solcher Reservagen kurz beschrieben.

1. Reserve unter basischen Farbstoffen. Um weiße oder farbige Reserven unter basischen Farbstoffen zu erhalten, verwendet man vorzugsweise Druckpasten, welche Antimonoxyd in größeren Mengen enthalten. Man druckt die Reserven auf gebleichten Stoff auf und überwalzt dann mit einer basischen Druckfarbe, dämpft eine Stunde ohne Druck, passiert durch ein Brechweinsteinbad, wäscht und seift. An den mit Reserve bedruckten Stellen wird dann die überdruckte basische Farbe abgeworfen, und das Weiß tritt hervor.

Beispiel einer Weißreserve. In einer Lösung von 70 g Brechweinstein in 485 g Wasser, werden 350 g Britishgum verkocht und dann darin 80 g Zinksulfat und 15 g Antimonoxyd gut verrieben.

Der Weißreserve gegenüber steht die Buntreserve (wie dem Weißätzdruck der Buntätzdruck), die darin besteht, daß man der Reserve einen Farbstoff zusetzt, der die reservierten Stellen in besonderer Weise anfärben soll. Reserven unter basischen Farbstoffen würde man also z. B. am einfachsten einen substantiven Farbstoff zusetzen.

2. Reserve unter Schwefelfarben. Als geeignetste Reserve hat sich in der Praxis das Zinksulfat bewährt. Man druckt z. B. nachstehende Weißreserve auf gebleichte Ware: 450 g Gummilösung 1 : 1, 250 g Chinaclayteig 1 : 1, 300 g Zinksulfat (ohne Wasserzusatz) darin gelöst. Hinterher wird getrocknet und ausgefärbt.

Das Färben wird auf einem Foulard (oder Rollenständer) ausgeführt, der mit Quetschwalzen versehen ist. Die Ware wird mit der bedruckten Seite nach unten zwischen die mit Bombage umwickelten Quetschwalzen geführt, von denen die untere in die Klotzbrühe taucht. Der Stoff läuft langsam durch die Maschine. Dann wird gründlich gewaschen und in einem kalten Bade mit 5 ccm Schwefelsäure im Liter Wasser abgesäuert, gespült, geseift usw. Die Klotzbäder werden (bei hellen Tönen) entweder kalt oder (bei dunklen Tönen) bei 70—80° C angewandt und enthalten neben dem Farbstoff wie üblich Schwefelnatrium, Soda, etwas Türkischrotöl und als Verdickung etwa 100 g Tragantschleim 60 : 1000.

Ein anderes Reservemittel ist Zinkchlorid [C], das entsprechend verdickt aufgedruckt wird. Nach dem Trocknen wird im Foulard ausgefärbt.

Beispiel einer Weißreserve. 500 g Gummilösung 1:1, 500 g Zinkchlorid, 150 g Wasser. Als Rotreserve benutzt man gern einen Zusatz von Diazolösung von Paranitranilin und druckt auf naphtholierte Ware.

3. Reservedruck unter Alizarindampffarben. Man druckt beispielsweise auf die gebleichte und wenn nötig geölte Ware einen Schutzpapp oder einen Ätzpapp und überdruckt dann mit einer Alizarindampffarbe. Nach dem Drucken wird $1-1^1/_2$ Stunde ohne Druck gedämpft, abgekreidet, gewaschen und geseift.

Der Schutzpapp verhindert auf rein mechanische Weise die Verbindung der Druckfarbe mit der Baumwolle, während der Ätzpapp chemisch wirkt. Im ersteren Falle druckt man z. B. als Schutzpapp Pfeifenton, Chinaclay oder Kaolin, mit Stärkeverdickung gemischt, auf; im letzteren Falle benutzt man als Ätzpapp eine nicht flüchtige organische Säure oder deren Salze (z. B. oxalsaures Antimonoxyd). Die organischen Säuren, wie Zitronensäure, Weinsäure, Oxalsäure u. a. m., bilden mit den Oxyden der Beize lösliche, salzartige Verbindungen, die mit den Beizenfarbstoffen keine Lacke eingehen, sondern beim Färben und Waschen aus dem Stoff entfernt werden. Vielfach verbindet man Schutz- und Ätzpapp in der Reserve.

Beispiele. Weißreserve für Färbungen auf Eisen- und Tonerdebeize: 300 g Britishgum, 600 g Wasser, 30 g Zitronensäure, 50 g Chinaclay, 20 g zitronensaures Natron von 28° Bé [A]. Oxydationsreserve für Chrombeizenfarbstoffe: 650 g Britishgum 1:1, 200 g Kaolinteig 1:1, 50 g zitronensaures Natron von 30° Bé, 50 g chlorsaures Natron, 10 g rotes Blutlaugensalz, 40 g Wasser [M].

4. Reserven unter Eisfarben. Bei Eisfarben muß an den zu reservierenden Stellen entweder die Diazolösung zersetzt oder das Naphthol zerstört oder an seiner Kuppelungsfähigkeit behindert werden.

a) Die Zersetzung der Diazolösung übt beispielsweise das Zinnsalz aus, das in seiner Wirkung durch gewisse organische Säuren (Oxalsäure, Weinsäure, Zitronensäure) noch verstärkt wird. Auch mechanisch wirkende Stoffe (Chinaclay, Wachs, Leim) werden den Reservepapps vielfach zugesetzt. Durch Beigabe von zinnsalzbeständigen Farbstoffen zu den Weißreserven erhält man Buntreserven, denen durch Tanninzusatz wiederum eine größere Echtheit verliehen werden kann.

Beispiel einer Zinnsalzweißreserve. 450 g Tragantschleim 60:1000, 350 g Zinnsalz, 70 g Weinsäure, 120 g Zinnoxydulteig 50 proz., 50 g Olivenöl. Man bedruckt den naphtholierten Stoff mit der Reserve, trocknet bei 45° C, verkühlt die Ware und klotzt oder pflatscht im Diazobade.

b) Da Zinnsalzreserven Schwierigkeiten bereiten können (Angreifen der Baumwollware), werden vielfach Sulfitreserven verwendet, am liebsten das Kaliumbisulfit oder mit Ammoniak neutralisiertes Natriumbisulfit. Für Buntreserven versetzt man die Weißreserven entweder mit Pigmentfarben oder mit sulfitbeständigen Beizenfarbstoffen. Die Zinnsalzbuntreserven sind im allgemeinen lebhafter, die Sulfitreserven dagegen echter.

Beispiel einer Sulfitweißreserve. 300 g Kaliumsulfit kristallisiert, 700 g Gummilösung 1:1 werden auf dem Wasserbade gelöst.

c) Die echtesten und schönsten Reserven unter Eisfarben erhält man mit stark tanninhaltigen Druckpasten. Da das Tannin mit der Diazolösung des Paranitranilins einen unlöslichen Niederschlag bildet, wird die Kuppelung des Betanaphthols mit der Diazolösung verhindert. Nach dem Bedrucken des naphtholierten Stoffes mit der Reserve wird kurz durch den Mather-Platt genommen, dann im Diazobade entwickelt, gewaschen und geseift.

Man kann auch umgekehrt den Stoff zuerst mit Tanninreserve bedrucken, dann $^1/_2$—1 Stunde dämpfen, ohne zu waschen im Betanaphtholbade pflatschen oder klotzen und schließlich im Diazobade entwickeln.

d) Eine Substanz, die das Naphthol an den getroffenen Stellen oxydiert, und also eine Kuppelung verhindert, ist das Kaliumpersulfat. Man klotzt den Stoff erst mit Naphtholgrundierung, trocknet, bedruckt mit Persulfatreserve und entwickelt im Paranitranilinentwicklungsbade (hauptsächlich für den Blaurotartikel gebraucht, Dianisidinblau und Pararot).

Beispiel einer Persulfatreserve. 500 g Mehlverdickung, 400 g Dianisidinlösung (s. weiter unten), 50 g Persulfat kristallisiert, 40 g Kupferchlorid von 40° Bé, 10 g Wasser. Die Dianisidinlösung wird folgendermaßen hergestellt: 16,5 g Dianisidinsalz trocken werden in 100 g Wasser und 10 g Salzsäure von 22° Bé gelöst und der Lösung 250 g Eis zugegeben; nach dem Abkühlen werden 28 g Nitritlösung 29 proz zugefügt; das Ganze wird auf 400 g gestellt.

5. Reserven unter Indigo (und Küpenfarbstoffen). Mit Blaudruck bezeichnet man Ware mit Indigogrund, die weiß oder farbig bedruckt ist. Man erhält diese Druckwaren durch Aufdruck von Reserven mit nachfolgendem Färben in der Indigoküpe. Die Reservepapps wirken mechanisch und chemisch. Sie enthalten außer der eigentlichen Verdickung (am besten aus reinem Senegalgummi) unlösliche, stark deckende, mineralische Bestandteile (Pfeifenton, Chinaclay, Blei-, Bariumsulfat usw.). Letztere verhindern rein mechanisch die Berührung des Stoffes mit der Küpe. Weitere Schutzmittel sind oxydierende Kupfer- und Bleisalze, welche in der Küpe eine feine Indigohaut, die bei der späteren Behandlung entfernt wird, auf den mit den Papps bedruckten Stellen erzeugen. Die reservierende Kraft wird noch durch verschiedene anorganische und organische Salze und Säuren verstärkt; die Druckfähigkeit wird durch Zusätze von Ölen, Fetten usw. erhöht. Die Zubereitung der Reserven erfordert große Sorgfalt. Im Großbetrieb ist das Ätzverfahren dem Reserveverfahren überlegen, da die mit Reservepapp bedruckten Stücke auf dem Sternrahmen in der Senkküpe geblaut werden müssen und feine Figuren damit nicht erreicht werden können.

Um ein Weiß zu erhalten, druckt man eine Weißreserve auf, trocknet und verhängt eventuell bei 30° C. Dann hakt man die Ware auf Sternreifen und senkt diese zuerst in eine Lauge (Soda, Kalk, od. ä.), die zum Netzen des Stoffes und zum Härten des Papps dient. Schließlich wird in kurzen Zügen von 5—15 Minuten auf der Zinkkalkküpe oder der Eisenvitriolküpe (s. diese) bis zur gewünschten Tiefe ausgefärbt, ohne zu waschen getrocknet und der Schutzpapp durch zwei aufeinanderfolgende Bäder von verdünnter Schwefelsäure von 2—3° Bé bei 30—40° C entfernt. Zuletzt wird durch Spülen mit kaltem Wasser entsäuert.

Buntreservagen werden in entsprechender Weise durch Aufdruck von Buntreserven erzeugt, so daß vielfache Kombinationen im Blaudruck möglich sind. Die Arbeitsbedingungen für die verschiedenen Küpenfarbstoffe richten sich nach ihrem färberischen Verhalten.

Beispiel eines Weißpapps. 300 g Chinaclay, 300 g Wasser, 100 g Kupfervitriol pulverisiert, 50 g salpetersaures Kupfer pulverisiert, 300 g Gummilösung 1:1 werden zusammen erwärmt und auf 1 kg gestellt.

6. Reserve unter Anilinschwarz. Die mit Anilinschwarzmasse geklotzte Ware wird sofort in der Hotflue (oder auf dem Spannrahmen) bei 40—50° C getrocknet (die Stücke dürfen dabei nicht grün werden) und sofort mit der Weiß- oder Buntreserve bedruckt. Als reservierende Mittel werden Alkalien und alkalisch wirkende Salze, wie Natronlauge, Soda, essigsaures Natron, Rhodankalium, essigsaurer Kalk u. a. m. verwendet.

Beispiel einer Weißreserve. 350 g Britishgum, 270 g Wasser, 150 g essigsaures Natron, 200 g Bisulfit von 36° Bé, 30 g Natronlauge von 38° Bé (und eventuell eine 30 g Zinkoxyd entsprechende Menge von frisch gefälltem Zinkoxydhydrat). Buntreserve: 180 g Albuminlösung 1:1, 200 g Tragantschleim 60:1000, 180 g essigsaures Natron, 40 g Wasser, 400 g Lackfarbe (Chromgelb, Zinnober usw. in Teig). Nach dem Drucken wird 3 Minuten im Mather-Platt gedämpft und evtl. chromiert, gewaschen, schwach geseift usw. (nach H. Lange). In geeigneter Form können auch substantive und basische Farbstoffe für Buntreserven benutzt werden.

Die Erzeugung von Farbstoffen auf der Faser.

Man kann folgende Untergruppen als die wichtigsten bezeichnen: 1. die Diazotierungs- oder die Eisfarben, 2. die Rapidechtfarben, 3. die Oxydationsfarben und 4. die Mineralfarben.

1. Die wichtigsten Eisfarben sind das Paranitranilinrot (oder das Pararot), das Naphthylaminbordeaux (Eisbordeaux) und die Naphthol-AS-Farben. Die Fabrikation der Eisfarbenartikel geht in der Praxis nach folgender Methode vor sich: Klotzen des Gewebes mit alkalischer Betanaphthollösung, Trocknen bei etwa 55° C und Aufdruck der verdickten Diazolösung. In einigen Fällen wird auch umgekehrt gearbeitet, indem man in der Diazolösung klotzt und trocknet und dann die verdickte Naphthollösung aufdruckt. Eisfarben werden auch weiß und bunt geätzt sowie weiß und bunt reserviert.

Für Paradruckrot kommen z. B. folgende Präparationen zur Verwendung. Naphtholklotzlösung: 25 g Betanaphthol werden mit 25 g Natronlauge von 40° Bé angerührt, mit 650 g heißem Wasser übergossen und dann mit 50 g Türkischrotöl (in 250 g heißem Wasser gelöst) versetzt. Mit dieser Lösung wird die Ware geklotzt, bei 50—55° C getrocknet und schnell mit der Diazolösung bedruckt. Diazodruckfarbe: 22 g Paranitranilin werden in 120 g Wasser und 45 g Salzsäure von 22° Bé gelöst und mit 198 g Eiswasser auf 10° C abgekühlt; alsdann werden 120 g Nitritlösung 1 : 10 unter Rühren schnell zugesetzt, etwa 10 Minuten stehengelassen und nach Klarwerden der Lösung durch ein Tuch filtriert, mit 420 g Tragantschleim 60 : 1000 verrührt und vor dem Gebrauch mit 25 g essigsaurem Natron (in 50 g Wasser gelöst) versetzt.

Die Druckmasse darf Methylorange nicht röten; andernfalls ist mehr essigsaures Natron zuzusetzen. Nach dem Drucken und Trocknen wird breit gewaschen (unter Zusatz von wenig Salzsäure im ersten Waschbad), mit Seifenlösung (6—8 g im Liter) bei 50° C geseift, wieder gewaschen, getrocknet und, wenn erforderlich, schwach gechlort.

Als Verdickungen haben sich bei Diazodruckfarben nicht bewährt: Gummi, Dextrin, Britishgum u. ä.; dagegen haben sich am besten Tragant, Mehltragant und Weizenstärketragant bewährt.

Bei Naphthylaminbordeaux oder Eisbordeaux kann dieselbe Naphtholgrundierung benutzt werden; als Druckfarbe verwendet man ein verdicktes, diazotiertes Alphanaphthylamin. Dieses Bordeaux ist schwer ätzbar; durch gewisse katalytisch wirkende Zusätze (z. B. von 0,65 g Indulinscharlach und 0,1 g Methylenblau) wurde das Weißätzen wesentlich gefördert. Jetzt verwendet man an deren Stelle besonders wirksame Hydrosulfite (s. d.).

Besondere Mühe ist u. a. seit jeher darauf verwandt worden, haltbare Diazokörper aus p-Nitranilin u. a. Basen herzustellen und in den Handel zu bringen. Große Hoffnungen wurden beispielsweise ursprünglich an das Nitrosaminrot [B] geknüpft, das etwa 1894 auf den Markt kam. Das Natronsalz des Nitrosamins wurde einfach mit Betanaphthol, Natronlauge, Tragantlösung und Türkischrotöl zusammen aufgedruckt. Bei dem hervorragenden theoretischen Interesse, das dieses Verfahren bot, stellten sich doch unüberwindliche technische Schwierigkeiten entgegen. Vor allem war der Farbstoff immer noch zu zersetzlich, so daß die Erwartungen, die an das Nitrosaminrot ursprünglich geknüpft waren, nicht erfüllt wurden. Erst viel später wurden durch die Naphthole AS und BS [Gr-E] Produkte von vorzüglicher Haltbarkeit und leichter Entwicklung herausgebracht (s. S. 403).

Beispiel. 30 g Naphthol AS, 40 g Natronlauge von 35° Bé, 30—50 g Rotöl werden in 200 ccm Wasser gelöst und kalt eingerührt in die Mischung von: 500 g Tragantlösung, 125 g Nitrosamin RG und 30 ccm Wasser. Nach dem Druck wird scharf getrocknet und mehrere Stunden warm verhängt.

2. Rapidechtfarben. In gewissem Zusammenhange mit den Diazotierungsfarben stehen die von den Griesheimer Werken und Elberfelder Farbenfabriken seit mehreren Jahren auf den Markt gebrachten Rapidechtfarben. Auf Basis der Naphthol-AS-Gruppe hergestellt, werden sie auf unpräparierte Ware gedruckt und zeichnen sich ebenso wie die Naphthol-AS-Färbungen (s. d.) durch besonders schöne, lebhafte Nuancen und große Leuchtkraft aus; insbesondere sind sie in mittleren und satten Tönen vorzüglich licht-, reib-, seif- und chlorecht und übertreffen in ihren Echtheitseigenschaften erheblich das bekannte Betanaphthol-Paranitranilinrot, wodurch sie von der größten technischen Bedeutung sind.

Die Fixation der Rapidechtfarben erfolgt durch Dämpfen oder durch mehrstündiges Verhängen in mäßig geheizten Räumen. Die gedämpften oder verhängten Drucke werden breit durch heiße essig- oder ameisensaure Abzugsbäder genommen, gespült und gut kochend geseift. Ausgiebiges Seifen im Strang erhöht die Frische und Lebhaftigkeit der Farbtöne.

Die wichtigsten Vertreter dieser Farbstoffklasse sind etwa folgende: Rapidechtorange GZ i. Tg. (orange); Rapidechtrot GZ i. Tg., 3 GL i. Tg., GL i. Tg. (rot); Rapidechtrosa LB i. Tg., LG i. Tg. (rot und rosa); Rapidechtrot B i. Tg., Rapidechtbordo B i. Tg. (bordeauxrot).

Druckansatz für die Rot-, Orange- und Bordo-RG-Marken:

100—150 g	Farbstoff i. T. mit
30—40 g	Monopolbrillantöl und
150—200 g	neutraler Chromatlösung oder neutralem Kalium- oder Natriumchromat 1:4 gut anteigen, in
500 g	neutrale Stärke-Tragant-Verdickung eintragen und
220—110 g	kaltes Wasser zusetzen.
1000 g	

Für die Rotmarke GZ und die Bordomarke B empfiehlt sich ein Zusatz von Natronlauge. Rapidechtrot B und Rapidechtbordo B werden durch Zusatz von etwas Lauge blaustichiger.

Druckansatz für Rapidechtrosa LB und LG i. T. für Rosatöne:

50 g	Farbstoff i. T. mit
10—30 g	Monopolbrillantöl,
6 g	Natronlauge 34° Bé,
100 g	neutraler Chromatlösung oder neutralem Kalium- oder Natriumchromat 1:4 gut anteigen, in
500 g	neutrale Stärke-Tragant-Verdickung eintragen und
314 g	kaltes Wasser zusetzen.
1000 g	

Herstellung der neutralen Chromatlösung:

150 g	Natriumbichromat krist. werden in
700 g	Wasser gelöst und
150 g	Natronlauge 34° Bé zugesetzt.
1000 g	

Die Chromatlösung darf nur gut abgekühlt Verwendung finden. Zur Vermeidung des Schäumens kann den Druckfarben Terpentin und Petroleum (je 5 g für 1 kg Druckfarbe) zugesetzt werden. Die Druckfarben haben nur beschränkte Haltbarkeit und sollen deshalb nicht als Vorrat bereitet werden. Beim Trocknen der bedruckten Ware ist ein Stehenbleiben auf den Trockenplatten der Mansarde zu vermeiden, da sonst Trübung des Druckes eintreten kann. Heißluftmansarden sind den Trockenplatten vorzuziehen.

Die getrocknete Wa e wird im Schnelldämpfer bei etwa 100° C 3 bis 4 Minuten gedämpft. Die gedämpften Drucke nimmt man bei 70—80° C breit durch ein Abzugsbad, welches

25—50 ccm	Essigsäure 6° Bé und
50 g	Glaubersalz krist.
im Liter	

enthält, spült, seift, spült wieder und trocknet.

Soll das Entwickeln der Drucke ohne Dämpfen vorgenommen werden, so hat der Chromatzusatz in der Druckfarbe zu unterbleiben Die gedruckte Ware wird in diesem Falle 6—12 Stunden in mäßig warmer Luft verhängt und erhält hierauf eine Passage durch das Abzugsbad. Abzugs- und Entwicklungsbäder sind bei 70—80° C zu halten.

Werden säurehaltige Begleitfarbstoffe neben den Rapidechtfarben gedruckt (basische und Chrombeizenfarbstoffe), so empfiehlt es sich, zur

Vermeidung von Hofbildung den Rapidechtfarben etwas Natronlauge zuzusetzen. Die beim Dämpfen derartiger Drucke frei werdenden flüchtigen Säuren genügen in den meisten Fällen zur Fixation der Rapidechtfarben. Da sich die Einwirkung dieser Säuredämpfe beim Trocknen der bedruckten Ware bereits bemerkbar machen kann und hierdurch eine vorzeitige Entwicklung der Rapidechtfarben unter Trübung der Drucke erfolgt, so empfiehlt es sich, für die verwendeten sauren Begleitfarbstoffe nach Möglichkeit Milchsäure statt Essigsäure zu verwenden.

Werden basische Farbstoffe mitgedruckt, so setzt man dem Abzugsbade Antimonsalz oder Brechweinstein zu. Für mitgedruckte Küpenfarbstoffe oder Anilinschwarz werden Chromierungsbäder eingeschaltet oder dem Abzugsbade Bichromat zugesetzt. Mit Ausnahme von Ferrozyanschwarz können alle sonst im Direktdruck gebräuchlichen Anilinschwarz-Modifikationen neben Rapidechtfarben benutzt werden. Ferrozyanschwarz zerstört beim Dämpfen mehr oder weniger den unentwickelten Rapidechtdruck.

3. **Die wichtigsten Oxydationsfarben** sind das Anilinschwarz und das Diphenylschwarz.

a) Das Druckanilinschwarz wird nach sehr verschiedenen Verfahren erzeugt. Es ist das schönste, echteste und billigste Schwarz und in diesen Gesamtpunkten bisher von keinem anderen Schwarz erreicht worden. Die Bildung des Schwarzpigmentes auf dem Wege des Druckes entspricht derjenigen auf dem Wege des Färbens (s. dieses S. 395) und geht durch Oxydation von Anilin in Gegenwart einer Säure von statten. Auch das fertig vorgebildete Schwarzpigment kann als Körperfarbe mit Hilfe von Albumin (s. S. 199 und 223) fixiert werden. Es hat aber als solches keine Bedeutung für die Technik des Zeugdruckes.

Das wichtigste Ausgangsmaterial für die Erzeugung des Anilinschwarz auf der Faser ist das salzsaure Anilin oder schlechtweg das Anilinsalz. Es wird entweder fertig bezogen oder in den Betrieben selbst durch Lösen von Anilinöl in Salzsäure hergestellt. Als Oxydationsmittel kommen die Chlorate (chlorsaures Natron und Kali), als Sauerstoffüberträger Schwefelkupfer, vanadinsaures Ammoniak, Ferrozyankalium und seltener Bleichromat zur Anwendung.

Man unterscheidet Dampf- und Oxydationsanilinschwarz.

Bei der Herstellung des Dampfschwarz wird erst die Druckmasse aufgedruckt, dann im Mather-Platt 2—5 Minuten gedämpft, gespült, mit Chromkalilösung 5:1000 bei 50—60° C nachoxydiert, gewaschen und geseift. Die Ansatzverhältnisse können innerhalb weiter Grenzen schwanken. H. Lange gibt folgendes Beispiel der Zusammensetzung einer guten Druckmasse: 100 g Weizenstärke, 467 g Wasser, 50 g Ferrozyankalium, 30 g chlorsaures Natron werden 1 Stunde gekocht und kalt gerührt; alsdann werden 90 g Anilinsalz und 8 g Anilinöl, in 150 g Wasser heiß gelöst und wieder abgekühlt, zugesetzt.

Für die Erzeugung des Oxydationsschwarz dürfte folgende Vorschrift von Lange ein Beispiel geben: 100 g Weizenstärke, 540 g Wasser, 35 g chlorsaures Natron, 20 g Chlorammonium werden 1 Stunde gekocht und kalt gerührt; dann werden 100 g Anilinsalz, 5 g Anilinöl in 150 g

Wasser heiß gelöst, abgekühlt und der vorgenannten Verdickung zugemischt. Vor dem Druck werden schließlich noch 50 g Schwefelkupfer in Teig 50proz. (oder statt dessen 50 g einer Lösung von vanadinsaurem Ammoniak 1 : 1000) zugerührt. Die mit dieser Masse bedruckten Stoffe werden meistens in der Hänge bei 32—40° C oxydiert. Dabei soll die Luft mit Feuchtigkeit möglichst gesättigt sein. Nachdem die Stücke in der Hänge dunkelgrün geworden sind, werden sie gewaschen und mit Chromkalilösung (5 : 1000) unter eventuellem Zusatz von etwas Soda (3—5 g) bei 50—70° C nachchromiert, gewaschen und geseift. Die Oxydation kann auch im Mather-Platt bei höchstens 90° C vorgenommen werden. Das Ferrozyanschwarz eignet sich besonders für unifarbiges Klotzschwarz (Prud'homme-Schwarz).

b) Das Diphenylschwarz ist ein dem Anilinschwarz ganz ähnliches Schwarz und wird vermittels der Diphenylschwarzbase I [M], einem p-Amidodiphenylamin, und des Diphenylschwarzöles DO [M], einem Gemisch von $^1/_4$ Diphenylschwarzbase und $^3/_4$ Anilinöl, erzeugt. Diesem Schwarz haften die Nachteile des Anilinschwarz, das Vergrünen und die gelegentliche Faserschwächung, nicht oder in nur geringerem Maße an. Das Arbeiten mit den Diphenylschwarzprodukten ist einfach und sicher; die Oxydation vollzieht sich bereits durch eine kurze Passage von wenigen Minuten im Mather-Platt bei etwa 90° C. Hinterher passiert man durch ein heißes Sodabad, wäscht, seift usw. Man erhält so ein schönes und tiefes Schwarz. Das Diphenylschwarz stellt sich in der Produktion teurer als das Anilinschwarz. Die Echtheitseigenschaften desselben sind mit Ausnahme der Chlorechtheit sehr gute. Die Höchster Farbwerke [M] haben zahlreiche Arbeitsverfahren herausgegeben, von denen sich diejenigen mit Schwefelkupfer in der Praxis besonders bewährt haben und auf die hier nur verwiesen werden kann.

c) Paraphenylendiaminbraun. Unter verschiedenen Namen wie Ursol, Paramin, Fuskamin usw. (s. S. 222) kommen Paraphenylendiamin, Para- und Metaamidophenol, Diamidodiphenylamin und ähnliche Verbindungen und Mischungen derselben in den Handel, die in der Kattundruckerei durch Oxydation zur Erzeugung brauner bis olivefarbener Töne eine nur beschränkte Verwendung finden (Parabraun).

4. Mineralfarben. Die Mineralfarben können auf dem Druckwege entweder als vorgebildete, fertige Körperfarben mit Hilfe von Albumin od. ä. fixiert werden (s. Albuminfarben S. 223) oder auch auf der Faser selbst erzeugt oder entwickelt werden. Die Bedeutung der Mineralfarben ist heute nur noch eine geringe. Nachstehend seien die wichtigsten Entwicklungsmineralfarben kurz erwähnt.

Chromgelb. Die Ware wird entweder a) mit einer verdickten Druckmasse von salpetersaurem oder essigsaurem Blei bedruckt, getrocknet, gedämpft und mit einer Chromkalilösung (30 : 1000) chromiert, oder b) die Ware wird mit einer fertigen, verdickten Druckmasse von salpeter- oder essigsaurem Blei und chromsaurem Baryt bedruckt, getrocknet und gedämpft. Beim Dämpfen geht die Bildung des Bleichromates vor sich.

Chromorange. Das basische Bleichromat, das sogenannte Chromorange, bildet sich, wenn die mit Chromgelb tingierten Stücke in der

Breitwaschmaschine ein kochendes Bad von 5 kg gelöschtem Kalk und 1 kg Chromkali in 1000 l Wasser passieren. Zuletzt wird gespült und scharf geseift.

Berlinerblau. Es entsteht durch Zersetzung von Ferro- und Ferrizyanwasserstoff zu Ferrozyaneisen und Zyanwasserstoffsäure durch Dämpfen und nachträgliche Oxydation des gebildeten fast farblosen Ferrozyaneisens mit Chromkali oder Wasserstoffsuperoxyd. Die Ferro- und Ferrizyanwasserstoffsäuren werden ihrerseits durch organische Säuren aus Ferro- und Ferrizyankalium freigemacht, oder es wird durch Zusatz von Salmiak Ferro- und Ferrizyanammonium gebildet, welches sich dann beim Dämpfen zu Ferrozyaneisen und Zyanwasserstoff umsetzt. Auch aus Ferrozyankalium allein entsteht Berlinerblau.

Nach dem Drucken wird bei geöffnetem Ablaßventil gedämpft (um die Zyanwasserstoffsäure gut entweichen zu lassen), in Chromkalilösung 5 : 1000 bei 40° C oxydiert und gewaschen.

Eisenchamois. Nach dem Bedrucken des Stoffes mit einer Eisenvitrioldruckmasse wird getrocknet, 24 Stunden kalt verhängt und durch kalte Natronlauge von 12—14° Bé gezogen, gewaschen und 10 Minuten in einem schwachen Chlorkalkbade ($8^1/_2$ l Chlorkalklösung von 8° Bé auf 1000 l Wasser) behandelt. Schließlich wird gut gewaschen und getrocknet. Oder man druckt essigsaures Eisenoxydul auf und behandelt im Natronlauge- oder im Kreidebade nach. Um orangestichige Chamoistöne zu erzielen, kann das Eisenchamois mit Chromorange kombiniert werden, indem man dem essigsauren Eisenoxydul entsprechende Mengen Bleizucker zusetzt und später chromiert.

Manganbister. In der Regel wird das Manganbister oder das Bisterbraun auf den Stoff aufgeklotzt und dann weiß oder bunt geätzt. Man klotzt z. B. zweimal nacheinander mit einer neutralen Lösung von Manganchlorür (125 : 1000), trocknet sofort in der Hotflue oder am Trockenzylinder, nimmt die Stücke durch eine fast kochende Natronlauge von 20° Bé, wäscht gut, preßt ab, oxydiert 8—12 Stunden in der Hänge unter öfterem Umziehen vor und oxydiert in der Kufe durch $^1/_2$ stündige Behandlung mit kochender Chromkalilösung (1,5 : 1000) fertig. An Stelle des Chromkalis kann auch mit einer Chlorkalklösung vom spezifischen Gewicht 1,010 oxydiert werden.

Zum Weißätzen der so erhaltenen braunen Grundfläche verwendet man Ätzpasten mit Zinnsalz und Salzsäure, Zitronen- oder Weinsäure (6—12stündiges Verhängen oder mehrere Passagen im Mather-Platt geben). Für Buntätzen werden zinnsalzbeständige Farbstoffe (z. B. Chromgelb) den Weißätzen zugesetzt.

Wolldruck.

Ein großer Teil der wollenen Druckware wird vor dem Bedrucken gechlort, um die Aufnahmefähigkeit der Wolle für die Farbstoffe zu erhöhen (s. auch S. 476). Das Chloren wird mit Chlorkalklösungen und Salzsäure oder mit unterchlorigsaurem Natron und Schwefelsäure ausgeführt und muß kurz sein; hinterher wird gut gewaschen und eventuell geschwefelt. Eine andere Operation, die vor dem Bedrucken mit den Wollwaren bisweilen ausgeführt wird, ist die Zinnpräparation. Für besonders lebhafte Töne klotzt man das Gewebe mit einer Lösung von zinnsaurem Natron von 3° Bé, läßt 1 Stunde liegen und fixiert mit Schwefelsäure von 2° Bé. Bisweilen wird das Chloren und die Zinnpräparation an ein und derselben Ware nacheinander ausgeführt.

Für den Aufdruck von basischen, sauren und substantiven Farbstoffen seien folgende allgemeine Typen von Druckmassen angegeben.

Basische Farbstoffe: 620 g Britishgumverdickung 1 : 1, 20 g Farbstoff, 50 g Glyzerin, 220 g Wasser, 50 g Essigsäure, 40 g Tanninessigsäure 1 : 1.

Säurefarbstoffe: 630 g Britishgumlösung 1 : 1, 40 g Farbstoff, 230 g Wasser, 50 g Glyzerin, 50 g Weinsäure oder 100 g Essigsäure.

Substantive Farbstoffe: 650 g Britishgumlösung 1 : 1, 20 g Farbstoff (gelöst in 50 g Glyzerin und 200 g Wasser), 20 g Natronphosphat (in 60 g Wasser gelöst).

Die Säurefarbstoffe sind für den Wolldruck von großer Bedeutung; die substantiven und mit Tannin fixierten basischen Farbstoffe sind aber wasser- und seifenechter als die Säurefarbstoffe.

Beizenfarbstoffe werden für licht-, wasch- und walkechte Drucke, hauptsächlich für Kammzug (Vigoureuxdruck) zur Herstellung von Melangen benutzt. Mit den Farbstoffen werden zugleich die erforderlichen Beizen (Tonerde-, Chrombeizen usw.) in die Druckfarbe hineingegeben. Nach dem Drucken und Trocknen wird feucht gedämpft, gewaschen, meist geseift und wieder gewaschen. Beispiel: 600 g Britishgum 1 : 1, 200 g Anthrazenbraun W in Teig, 150 g essigsaures Chrom von 20° Bé, 10 g Oxalsäure, 40 g Wasser.

Indigo und Küpenfarbstoffe können auch auf Wolle gedruckt werden, doch finden sie hierzu geringe Anwendung.

Ätzdruck. Auf Wolle läßt sich besonders gut Reduktionsätzdruck herstellen, indem die Wolle zuerst mit ätzbaren Säure- oder substantiven Farbstoffen gefärbt und dann entsprechend geätzt wird. Es kommen in Betracht: Zinnoxydul-, Zinkstaubbisulfit- und Hydrosulfitätzen. Durch Zinnsalzätze wird das Weiß etwas gelblich. Durch Zusatz von nicht ätzbaren Farbstoffen zu der Ätze wird die Buntätze erhalten.

Seidendruck.

Seide wird als Stückware und als Garn (Kette oder Strang) bedruckt. Mineralisch erschwerte Seide, besonders bei gleichzeitiger Anwesenheit von freier Schwefelsäure, eignet sich nicht für das Bedrucken, da die Seide hierbei stark leiden kann und oft mürbe wird. Rohseidengewebe werden vor dem Bedrucken erst in bekannter Weise entbastet, Tussahwaren außerdem meist gebleicht.

Für den Aufdruck werden die basischen, substantiven, sauren und Beizenfarbstoffe (weniger die Küpenfarbstoffe) benutzt, die auch in der Färberei der Seide Verwendung finden. Als Verdickung kommen Dextrin, Britishgum, Gummi, Tragant, seltener Stärkeverdickungen zur

Verwendung. Basische, saure und Säurealizarinfarbstoffe druckt man in der Regel unter Säurezusatz auf.

Beispiel für basische und saure Farbstoffe: 1. 700 g Britisghum 1:1, 20 bis 30 g Farbstoff (gelöst in 220 g Wasser), 50 g Essigsäure, warm miteinander verrührt. 2. 700 g Gummiwasser 1:1, 20 g Weinsäurelösung 1:1, 20—30 g Farbstoff (gelöst in 200 g Wasser), 50 g Essigsäure, warm miteinander verrührt.

Nach dem Drucken dämpft man eine Stunde ohne Überdruck, wäscht die Verdickung in lauwarmem, angesäuertem Wasser aus und aviviert.

Waschechtere Farben erhält man durch Zusatz von Tannin und Essigsäure wie in der Baumwolldruckerei.

Beispiel für Tannindruck: 20 g basischer Farbstoff (gelöst in 100 g Wasser), 120 g Essigsäure und 30 g Azetin werden zu 650 g Dextrinverdickung 1:1 zugerührt und nach dem Erkalten mit 80 g Tanninessigsäure versetzt. Nach dem Drucken wird 1 Stunde ohne Überdruck oder bei $^1/_2$ Atm. gedämpft, durch eine Lösung von Brechweinstein von 2—5 g im Liter durchgezogen, gespült, schwach geseift und mit organischer Säure aviviert.

Substantive Farbstoffe geben auf Seide ziemlich wasch- und wasserechte Drucke.

Beispiel. 670 g Gummiwasser 1:1, 30 g Glyzerin, 20 g Farbstoff (in 200 g Wasser gelöst), 20 g Natronphosphat (in 60 g Wasser gelöst), warm verrühren.

Beizenfarbstoffe können wie auf Baumwolle gedruckt werden. Man verwendet als Beizen essig- und schwefelsaure Tonerde, essigsaures Chrom, Rhodanchrom.

Beispiel. 650 g Gummiwasser 1:1, 30 g Beizengelb für Druck, Pulver (in 150 g Wasser gelöst), 50 g Essigsäure von 6° Bé, 120 g essigsaures Chrom von 20° Bé. Nach dem Trocknen der Druckfarbe wird 1 Stunde bei gewöhnlichem Druck oder bei $^1/_2$ Atm. Überdruck gedämpft, gespült, geseift, gespült und mit organischer Säure aviviert.

Küpenfarbstoffe liefern sehr echten Druck auf Seide und kommen immer mehr auf.

Ätzdruck. Die Seide kann wie Wolle mit Zinnsalz-, Zinkstaub- und Hydrosulfitätzen geätzt werden. Zum Färben werden ätzbare substantive, saure od. a. Farbstoffe benutzt. Für Buntätzen können geeignete, nicht ätzbare Farbstoffe zugesetzt werden.

Hydrosulfitweißätze: 700 g Gummiverdickung 1:1, 200 g Rongalit C (gelöst in 100 g Wasser). Die Hydrosulfitätzen werden 3—5 Minuten im Mather-Platt oder 15 Minuten in einem anderen Dämpfer gedämpft, gespült und abgesäuert.

Man druckt auf Seide auch warme Wachs- und Harzreserven und färbt die Stücke bei möglichst niedriger Temperatur aus. Hinterher wird das Wachs in angesäuertem, heißem Wasser oder mit Benzin entfernt (s. a. unter Batikfärberei).

Im Strang verschieden hoch erschwerte Kette und Schuß können beim Bedrucken verschiedenfarbig ausfallen, weil die Seide mit der schwankenden Charge verschiedene Farbstoffaffinität zeigt. Eine weitere mißliche Erscheinung beim Bedrucken erschwerter Seide ist das Gelb- oder Braunwerden derselben beim Ätzdruck: durch den Reduktionsvorgang mit Hydrosulfit wird Zinnoxyd zum Teil reduziert und mit dem Schwefel des Hydrosulfits in Zinnsulfür verwandelt. Durch Zusatz geeigneter Zinkverbindungen zur Druckmasse (Zinkazetat, -hydroxyd und am besten von basischem Zinkkarbonat) kann die Bildung des Zinnsulfürs verhindert werden, indem sich statt dessen das farblose Zinksulfid bildet. Man setzt 50—75 g Zinkazetat oder besser 160 g 25proz. Zinkkarbonatpaste auf 1 kg Druckmasse zu und arbeitet wie sonst üblich (Oppé).

Halbseide und andere Gewebe. Halbseide druckt man im allgemeinen nach den Baumwolldruckmethoden, Wollseide meist nach dem Seiden- bzw. Wolldruckverfahren und Halbwollwaren nach dem Verfahren der Faser, die jeweils vorherrscht (also bei vorherrschender Baumwolle nach den Baumwollvorschriften usw.). Hauptsächlich kommt Aufdruck von basischen, sauren und Alizarinfarbstoffen in Betracht. Der Ätzdruck entspricht dem Baumwollätzdruck. Jute wird nach den Baumwolldruckvorschriften oder mit sauren Farbstoffen bedruckt.

Die Appretur.

Brenger: Die Ausrüstung der Stoffe aus Pflanzenfasern. — Depierre, J.: Die Appretur der Baumwollgewebe. — Ganswindt, A.: Technologie der Appretur. — Gardner, P.: Merzerisation der Baumwolle und die Appretur merzerisierter Gewebe. — Grothe, H.: Die Appretur der Gewebe. — Herzinger: Appreturmittelkunde. — Kleinewefers, W.: Die Gaufrage. — Kozlik, B.: Technologie der Gewebeappretur. — Massot, W.: Anleitung zur qualitativen und quantitativen Appretur- und Schlichteanalyse. — Polleyn, Fr.: Die Appreturmittel und ihre Verwendung. — Reiser, N.: Die Appretur der wollenen und halbwollenen Waren. — Reiser, N.: Spinnerei, Weberei und Appretur. — Rohn, G.: Die Ausrüstung der textilen Waren. — Schams, J.: Handbuch der Schlichterei. — Ferner allgemeine Lehrbücher über Textilveredelung, z. B Knecht-Rawson - Löwenthal, Witt -Lehmann usw.

Allgemeines.

Unter Appretur schlechtweg versteht man eine ganze Reihe von Zurichtungs-, Ausrüstungs- und Nacharbeiten an Textilwaren. Während die alte Schule zu der Appretur im weiteren Sinne auch die Merzerisation, die Bleicherei, Färberei und Druckerei, also die gesamte Textilveredelung rechnete, ist diese Verallgemeinerung des Begriffes „Appretur" heute nicht mehr üblich und aus mehrfachen Gründen zu verwerfen.

Der Zweck der Appretur besteht darin, 1. die mechanisch in den Hauptzügen fertiggestellte Ware zu reinigen und in bezug auf Aussehen und Griff zu vervollkommnen und in ihrem Charakter zu verändern, 2. der mechanisch und koloristisch (durch Merzerisation, Bleichung, Färbung und Druck) fertiggestellten Ware ein besonderes, gefälliges, verkaufsfähiges oder sonst beabsichtigtes Aussehen bzw. einen bestimmten Griff und Charakter, besondere Schwere od. ä. zu verleihen. Auf solche Weise kann das Gesamtgebiet der Appretur zweckmäßig in zwei große Hauptabteilungen gegliedert werden: Die eine schließt sich gewissermaßen eng an die Weberei an und kann als Webereiappretur, die andere schließt sich an die Färberei und ihre konnexen Betriebe an und kann als Färbereiappretur bezeichnet werden. In beiden Fällen werden der Ware durch die Appretur gewisse äußere Eigenschaften und vielfach ein besonderer Charakter verliehen, die weder durch die Weberei noch durch die Färberei unmittelbar miterreicht werden können, wozu vielmehr besondere Behandlungsvorgänge erforderlich sind. Solche Charaktereigenschaften und Effekte sind u. a.: Reinheit, Rauheit, Glätte, Steifheit, Geschmeidigkeit, Glanz, Dicke, Schwere, Musterung usw. Die Verleihung besonderer innerer Eigenschaften (wie Wasserdichtigkeit, Feuersicherheit usw.) gehört in gewissem Sinne auch hierher.

Da das verbrauchende Publikum die Ware vielfach nach dem äußeren Aussehen und dem Griff beurteilt und bewertet, so ist man in letzter Zeit immer mehr dazu übergegangen, durch die Appretur nicht nur die wirkliche Qualität einer Ware zur Geltung zu bringen, sondern der Warenqualität durch Verleihung vorteilhafter (oder vorteilhaft erscheinender) oder begehrter Eigenschaften (Fülle des Materials, Seidenglanz usw.) auch noch weiter nachzuhelfen. So erklärt es sich auch, daß eine geschickte Appretur den Laien über den eigentlichen Wert und die inneren Eigenschaften der Ware vielfach zu täuschen vermag. Bei diesem Punkt beginnt die Appretur ihre Berechtigung zu verlieren, zumal die der Ware verliehenen Eigenschaften nur vorübergehender Natur sind. Man spricht in solchen Fällen mit Recht von einer unerlaubten Täuschung des Publikums (Krais).

In dem nachfolgenden Kapitel kommt vorzugsweise die Färbereiappretur, als direkt zur Veredelung gehörig, zur Besprechung. Aber auch hier war eine große Beschränkung notwendig. Insbesondere konnte nicht im einzelnen auf den maschinentechnischen Teil eingegangen werden. Auf diesem Gebiete gibt es aber bereits eine ganze Reihe ausgezeichneter Spezialwerke. Auch geben die in Frage kommenden Maschinenfabriken durch ihre Prospekte, Anweisungen und Ausstellungen genügende Auskunft und Belehrung über den Gebrauch der Maschinen und die allgemeinen Arbeitsverfahren.

Bei der Vielseitigkeit des in der Textilindustrie gebrauchten Rohmaterials und seiner Zusammensetzung sowie bei der Verschiedenartigkeit der Verwendungszwecke und demnach der Anforderungen an die Textilwaren ist das Gebiet der Appretur außerordentlich vielseitig und weitgehend spezialisiert. Ferner sind die Fortschritte auf jedem Sondergebiet der Appretur während der letzten Jahrzehnte sehr groß gewesen: das Arbeitsgebiet hat sich also auch erheblich vertieft. Mit dieser Vertiefung haben sich zahllose Spezialitäten entwickelt, die unter den verschiedensten Phantasie- und Modenamen in den Handel kommen; Namen, die meist weder auf die Art des Gewebes noch die Art der Zurichtung schließen lassen.

Die Hauptrolle in dem Appreturgewerbe spielen die Gewebe; Garne werden nur in geringerem Maße appretiert. Das in diesem Kapitel Gesagte bezieht sich demgemäß größtenteils auf die Gewebeappretur, während die Garnappretur am Schluß des Kapitels kurz umrissen wird.

Die Einteilung des Appreturgebietes kann nach verschiedenen Gesichtspunkten erfolgen.

1. Wie bereits erwähnt, kann man zunächst die **Weberei-** von der **Färbereiappretur** unterscheiden, je nachdem ob die Behandlungen eine Ergänzung der Herstellung oder der Ausrüstung der Ware darstellt.

Nachstehend ist vorzugsweise die Färbereiappretur, als unmittelbar zur Veredlungsindustrie gehörend, berücksichtigt worden, während die Webereiappretur stellenweise nur andeutungsweise abgehandelt worden ist.

2. Nach der zu appretierenden Faser der Textilerzeugnisse unterscheidet man die **Appretur tierischer** und die **Appretur pflanzlicher Fasererzeugnisse.** Im einzelnen spricht man weiter von der Appretur der wollenen, baumwollenen, seidenen, leinenen, halbwollenen, halbleinenen, halbseidenen usw. Gewebe. Die Appretur der Wollengewebe kann in diejenige der Streichgarn- und der Kammgarngewebe eingeteilt werden usf.

3. Nach der Art und dem Zweck der einzelnen Appreturarbeiten können nach Kozlik weiterhin unterschieden werden: a) Arbeiten, die eine **Reinigung der Ware** oder Warenoberfläche bezwecken (z. B. das Kreppen, Noppen, Sengen, Scheren, Klopfen, Bürsten); b) Arbeiten, die zur **Veränderung der Oberfläche** dienen (z. B. das Walken, Rauhen, Scheren, Moirieren, Gaufrieren, Mangeln, Kalandern, Pressen usw.); c) Arbeiten, die zur **Veränderung des Gefüges** einer Ware führen, mit oder ohne Zuhilfenahme von Appreturmitteln (z. B. das Dämpfen, Kochen, Stärken, Pressen, Kalandern usw.); d) Arbeiten, die nur als **Vorbereitungen oder Hilfsarbeiten** für andere Operationen anzusehen sind (z. B. das Einsprengen, Aufrollen, Bäumen, Trocknen usw.); e) Arbeiten, die als **Aufmachungsarbeiten** bezeichnet werden und mit den fertig appretierten Geweben ausgeführt werden, um die Ware in die handelsübliche Form zu bringen (z. B. das Wickeln, Binden, Falten, Pressen, Dublieren, Messen, Etikettieren, Verpacken usw.).

In analoger Weise können die Appreturarbeiten nach anderen Autoren eingeteilt werden in: a) Reinigungsarbeiten, b) eigentliche Appreturarbeiten (Stärken, Kalandern, Moirieren, Gaufrieren, Rauhen usw.), c) Hilfsarbeiten und d) Aufmachungsarbeiten.

4. Je nachdem, ob die Prozesse rein mechanischer oder physikalisch-chemischer Natur sind, unterscheidet man nach Grothe die **mechanisch-physikalische** von der **chemisch-physikalischen Appretur**[1]). Die mechanischen Prozesse werden durch Druck, Stoß, Schlag, Reibung, Aufrauhung, Streckung usw. erzeugt; bei der physikalisch-chemischen Appretur wirken Wärme, Dampf, Imprägnierung, Auftragung von Appreturmitteln usw. mit.

Appreturmaterialien.

Während in der mechanisch-physikalischen Appretur die maschinellen Hilfsmittel die Hauptrolle spielen, kommt in der physikalisch-chemischen Appretur auch den Appreturmaterialien oder Appreturmitteln eine wichtige Bedeutung zu.

Die zum Auftragen und Imprägnieren in der Appretur verwendeten Materialien oder Chemikalien, die den sogenannten Appret bilden,

[1]) Die Bezeichnung „chemische Appretur" ist nicht ganz einwandfrei, da es sich in den allerwenigsten Fällen um wirklich chemische Vorgänge handelt; die Bezeichnung hat sich indessen für die Fälle eingebürgert, wo mit chemischen Hilfsmitteln gearbeitet wird.

kann man nach ihrem Verwendungszweck in etwa folgende Hauptgruppen teilen:

1. Verdickungs-, Klebe-, Füll- und Steifungsmittel. Hierher gehören die verschiedensten Stärkesorten, Mehle, Dextrine, Leim, Gelatine, Pflanzenschleime usw.

2. Mittel zum Weich- und Geschmeidigmachen: Fette und fettartige Substanzen, Rotöle, Seifen, Glyzerin usw.

3. Mittel zum Beschweren, die in Verbindung mit Klebemitteln angewandt werden und meist mineralische Stoffe darstellen.

4. Konservierungsmittel, die zur Verhütung von Schimmelbildung und Fäulnisprozessen auf dem Gewebe beim Lagern und in den Appreturmassen dienen.

5. Mittel, die Waren wasserdicht zu machen.

6. Mittel, die Waren unverbrennlich zu machen.

7. Mittel zum gleichzeitigen Anfärben der Appreturmassen (Farbstoffe wie Ultramarin, Anilinfarbstoffe). Dieser Färbeprozeß gehört nur sekundär zur Appretur, er stellt vielmehr eine Färbung in der Appretur dar.

8. Mittel, die das Seidenknirschen, den Seidengriff hervorrufen (z. B. Weinsäure, Zitronensäure u. ä. Säuren). Auch dieser Prozeß ist eigentlich eine Ergänzung oder Nachhilfe der meist voraufgegangenen Färbung.

Abb. 162. Appretkocher mit Planetenrührwerk, Kippvorrichtung und Doppelmantel für Heizung und Kühlung (Weisbach).

1. Über die verschiedenen Stärkesorten und ihre Eigenschaften sowie über die Herstellung der Stärkekleister ist bereits (s. S. 189) das Wesentlichste gesagt worden.

Die einzelnen Stärkesorten und die Zubereitung der Stärkemassen aus ihnen bedingen in der Appretur wesentliche Effektunterschiede. Je länger man z. B. einen Kleister kocht, desto dünnflüssiger wird er und desto leichter dringt er in das Gewebe ein. Kartoffelmehl gibt im allgemeinen einen vollen, rauhen und harten Griff; Weizenstärke einen weniger rauhen und geschmeidigeren Griff; Reis- und Maisstärke einen dünnen, harten, „papierigen", weniger vollen Griff. Die Dicke des Kleisters hängt bei sonst gleichen Bedingungen von dem Stärkegehalt ab, welcher bis zu 100 g Stärke pro Kilogramm Appreturmasse beträgt und sich im allgemeinen nach der Art der zu appretierenden Ware richtet. Die Ozonstärke (s. diese) ist eine lösliche Stärke von sehr geringem Verdickungs- und Klebevermögen, dafür von um so größerem Eindringungsvermögen in die Ware. Die Dextrine (gebrannte Stärken, Britishgum usw.) stehen in bezug auf Verdickungs- und Eindringungsvermögen in die Ware zwischen gewöhnlicher, nicht aufgeschlossener Stärke und Ozonstärke; sie verdicken im allgemeinen 3—4 mal weniger als die entsprechenden, nicht aufgeschlossenen Stärkesorten. Aufgeschlossene, lösliche Stärkepräparate kommen unter den verschiedensten Phantasienamen und Zusammensetzungen in den Handel. Ihre Verwendung hat während der letzten Jahrzehnte ständig zugenommen. Der Wert dieser Präparate ist sehr verschieden und wird am zweckmäßigsten durch praktische Vorversuche ermittelt, da der für sie geforderte Preis vielfach nicht im Einklange mit ihrem Material- und Wirkungswert steht. Bei diesen Versuchen ist vor allem das Verdickungsvermögen, der bewirkte Griff der Ware und der Einfluß auf die Reinheit der Farben zu berücksichtigen. Abb. 162 zeigt einen Appretkocher.

In folgendem sei die Zusammensetzung einiger Appreturmassen kurz erläutert.

Je nach gewünschtem Griff:

50—250 g Dextrin
3—5 g Appreturöl, Monopolseife in
947—745 g Wasser
1000 g

Für schwerere Appretur:

200 g Dextrin lösen in
400 g Wasser, zusetzen die heiße Lösung von
200 g Bittersalz oder Glaubersalz in
200 g Wasser
1000 g

Nach Bedarf werden 3—7 g Monopolseife oder ca. 10 g Appreturöl, in Wasser gelöst, zugegeben. Der Zusatz von Fettverbindungen ist zweckmäßig, um Stäuben der trockenen Ware zu verhindern. Unlösliche Appreturmittel, wie Pfeifenton, können bei diesen Appreturen nicht verwendet werden. Die Menge des Dextrins und des Salzes ist beschränkt; etwa 250 g Dextrin und 250 g Bittersalz im Kilogramm Appreturmasse dürften genügen, da sich bei größerer Konzentration Dextrin ausscheidet. Für Stärkeappretur wird durch 100 g Stärke im Kilogramm eine steife Appreturmasse erhalten, bei genügender Steifheit (nicht dünnflüssig) kann sie mit unlöslichen Mitteln, Pfeifenton, Talg, Paraffin versetzt werden, z. B.

60 g Stärke mit
630 g Wasser kochen
100 g Bittersalz in
100 g Wasser lösen und
10 g Appreturöl, 50 proz., zusetzen.
1000 g

oder:

80 g Stärke mit
509 g Wasser kochen, dann zusetzen
150 g Chinaclay, vorher mit
150 g Wasser eingeweicht, sowie
100 g Bittersalz,
5 g Paraffin,
3 g Talg,
3 g Olivenöl.
1000 g

Beim Trocknen der Ware verdunstet das Wasser und, wenn 1 kg Ware 1 kg Appreturmasse aufnimmt, erhält man eine Beschwerung von etwa 30%, entsprechend der in der Appreturmasse befindlichen Trockenmasse, die 330 g im Kilogramm beträgt. Diese Appretur kann noch stärker gemacht werden, z. B.:

80 g	Stärke
440 g	Wasser
200 g	Chinaclay
150 g	Bittersalz
100 g	Glykose
20 g	Chlormagnesium
10 g	Fett
1000 g	

Da in dieser Masse etwa 550 g lufttrockene Verbindungen enthalten sind, wird bei Aufnahme von 1 kg derselben durch 1 kg Ware eine Beschwerung von etwa 50% erzielt werden. Wie hoch die Beschwerung auf der Ware tatsächlich ausfällt, richtet sich nach der Art der Ware und dem Ausquetschen. Sie kann annähernd durch einen Vorversuch genügend bestimmt werden, indem ein größeres Muster, dessen Gewicht man festgestellt hat, mit der Masse appretiert und getrocknet wird. Nach dem Trocknen ist die Ware leichter; sie wird aber durch Wasseranziehung etwas schwerer, was zu berücksichtigen ist. Bei Ausarbeitung von neuen Appreturvorschriften muß man die Auswahl der Appreturmittel ihrer Wirkung entsprechend treffen. Man kann sich leicht über die Wirkung der Appreturmittel orientieren, wenn man sie auf dieselbe Ware unter gleichen Bedingungen appretiert und dann die Resultate vergleicht. Soll z. B. die Appretur recht voll werden, so kann man auch der Billigkeit halber mehr Kartoffelmehl nehmen; soll sie etwas leichter und geschmeidiger sein, so nimmt man Weizenstärke; soll sie härter und dünner werden, so leisten Reis- oder Maisstärke gute Dienste. Bei einiger Übung ist es durchaus nicht schwer, eine passende Appreturvorschrift auszuarbeiten, und mehrere Vorversuche führen meist bald zum Ziel.

Daher ist auch davon abgesehen worden, eingehendere Appreturvorschriften, die mehr in ein Spezialwerk gehören, hier anzuführen. Das sicherste Ergebnis erhält man bei persönlich ausgearbeiteten Appreturvorschriften, da die zur Verfügung stehende Einrichtung und die Appreturmittel an sich nicht in allen Fabriken die gleichen sind.

Folgende Beispiele seien für die Bereitung von **löslichen Stärkepräparaten** gegeben (s. a. S. 192):

a) 160 g Kartoffelmehl werden mit 500 g Wasser angerührt und dann mit 40 g Natronlauge von 36° Bé, die mit 200 g Wasser versetzt werden, langsam verrührt. Nachdem die Masse unter öfterem Umrühren mehrere Stunden gestanden hat oder im Appretschlagfaß gerührt worden ist, wird sie mit etwa 11 g Schwefelsäure von 60° Bé, die mit 80 g Wasser verdünnt worden sind, neutralisiert.

b) 100 g Stärke werden mit 875—864 g Wasser verrührt und mit 25—36 g Chlorkalklösung von 5° Bé (bzw. einer entsprechenden Menge Chlorsodalösung) versetzt. Es wird so lange gekocht, bis alles Chlor ausgetrieben ist und bis mit mineralsaurer Jodkalilösung keine Blaufärbung mehr entsteht.

c) 160 g Stärke werden mit 600 g Wasser verrührt, mit 3 g konzentrierter Salpetersäure, die mit 100 g Wasser verdünnt sind, versetzt, 10—20 Minuten gekocht, mit Natronlauge neutralisiert und mit warmem Wasser auf 1000 g gebracht.

d) 160 g Stärke werden mit 800 g Wasser verrührt, mit 6 g Wasserstoffsuperoxyd versetzt, 10—20 Minuten gekocht und mit warmem Wasser auf 1000 g aufgefüllt. Ähnlich kann mit Natriumsuperoxyd, Natriumperborat u. ä. aufgeschlossen werden.

e) 160 g Stärke werden mit 800 g Wasser angerührt, mit 0,5—1% Diastafor (s. S. 165) versetzt, 10—20 Minuten bei 65—70° C behandelt, dann kurz aufgekocht und mit warmem Wasser auf 1000 g gebracht.

Stark alkalische Stärkepräparate werden vor dem Gebrauch mit Schwefelsäure und der letzte Rest des Alkalis zweckmäßig mit Essig- oder Ameisensäure neutralisiert. Sauer reagierende Kleister werden mit Natronlauge oder Ammoniak neutralisiert.

Erwähnt seien hier noch die Stoko - Tabletten zur Bereitung von Appretur- und Schlichtemassen, die den Stärkekleister in bequemer Weise aufschließen (Stockhausen & Co., Krefeld), sowie das auf S. 162 ausführlich besprochene Aktivin.

2. **Durch Zusatz von Ölen, Fetten, Seifen, Glyzerin** und fettartigen bzw. fetthaltigen Stoffen zu den Appreturmassen wird weicher, gleichmäßiger Griff erzielt. Durch geeignete Kombination dieser Mittel mit Stärkemassen kann jeder gewünschte Grad von Härte oder Weichheit erreicht werden. Zur Verwendung gelangen u. a.: Wachse, Paraffin, Stearin, Talgarten, Schweinefett, Palmöl, Palmkernöl, Kokosöl, Olivenöl, Rizinusöl, Sesamöl, Rüböl, Hanföl, Mohnöl, Klauenöl, Vaselinöl, Olein, Glyzerin, Seifen, Türkischrotöl, Monopolseife, andere Sulfoleate usw.

3. **Die Beschwerungsstoffe** werden gleichfalls in Verbindung mit Klebe- oder Verdickungsmitteln angewandt. Zu erwähnen sind als Beschwerungsstoffe vor allem: Chinaclay, Pfeifenton (fest und pastenförmig), Kaolin, Talkum, Speckstein, Kreide, Schlämmkreide, schwefelsaurer Baryt, Gips, schwefelsaures Blei (wird durch Schwefelwasserstoff geschwärzt), Tonerdehydrat, Zinkhydrat. Am häufigsten werden Pfeifenton und Kaolin, und zwar in Mengen bis zu 300 g pro Kilogramm Appreturmasse gebraucht.

Alle diese Stoffe müssen fein gemahlen oder gepulvert sein; bei dunklen Geweben müssen die Appreturmassen ferner angefärbt werden, weil sonst die aufgetragenen Beschwerungen dem Stoff ein graues Aussehen verleihen. Das Anfärben des Apprets geschieht mit basischen, substantiven oder sauren Farbstoffen.

Außer den erwähnten und ähnlichen wasserunlöslichen Substanzen werden auch noch wasserlösliche Verbindungen als Beschwerungsmittel angewandt, so z. B. Glykose, Zucker, Bittersalz, Chlormagnesium, Glaubersalz, Kochsalz, Chlorkalzium, essigsaures Blei usw. Bei Chlormagnesium (s. a. S. 139) ist besondere Vorsicht geboten, da es die pflanzlichen Faserstoffe beim Erhitzen der Ware nachträglich noch zerstören (karbonisieren) kann; infolge der hydroskopischen Eigenschaften des Magnesiumchlorids bleibt die Ware außerdem feucht, wodurch Schimmelpilze entstehen können.

4. **Als Konservierungsmittel** oder **Antiseptika** sind beliebt: Chlorzink, schwefelsaures Zink, Ameisensäure, Borsäure, Borax, Alaun, Kupfersalze, Karbolsäure, Naphtholnatrium, Formalin, Salizylsäure. Der Zusatz zum Appret, d. h. zur Appreturmasse, beträgt in der Regel 50—100 g auf 100 l Appreturmasse, von Formalin nimmt man in der Regel 100—200 g auf 100 l Masse. Die konservierende Wirkung soll sich sowohl auf die Appreturmasse selbst (die in größeren Mengen als Vorrat hergestellt zu werden pflegt) als auch auf das appretierte Gewebe beziehen, auf dem sonst unter Umständen Schimmelpilzwucherungen und Stockflecke entstehen können.

5. **Die Mittel zum Wasserdichtmachen** (s. d.) von Geweben kann man je nach ihrer Wirkung in solche unterscheiden, die a) das Gewebe luftdurchlässig, wasserabstoßend (in geringerem Grade wasserdicht) machen, und in solche, die b) das Gewebe luftundurchlässig (bzw. in geringem

Grade luftdurchlässig) und wasserdicht machen. Nach ersterem Verfahren werden behandelt: Bekleidungsstoffe, Lodenstoffe, Segelschuhstoffe usw.; nach dem zweiten: Gummimäntel, Luftschiff- und Flugzeugstoffe, Zeltstoffe, Wagendecken, Pferdedecken usw. Für das erstere Verfahren verwendet man vorzugsweise essig-, ameisen-, schwefel-, basischschwefelsaure Tonerdesalze, allein oder in Verbindung mit Seifen und Fetten; für das letztere werden mit Vorliebe Kautschuklösungen, Harze, Wachs, Paraffin, Leinöl, unlösliche Gelatineverbindungen (Gelatine durch Einwirkung von Chromkali oder Formaldehyd unlöslich gemacht), Tonerdeseifen usw. gebraucht, mit denen die Stoffe imprägniert oder überzogen werden oder die in den Geweben in geeigneter Weise niedergeschlagen werden (s. a. Gummierung).

6. Völlig unverbrennlich sind eigentlich nur mineralische Fasern und Erzeugnisse aus denselben, z. B. Asbest. Gewöhnlich bezeichnet man aber auch diejenigen Stoffe als unverbrennlich oder feuersicher, die aus brennbarer Faser hergestellt und dann so präpariert sind, daß sie bei Berührung mit einer Flamme kein Feuer fangen und nicht weiterbrennen. Man sollte solche Waren lieber allgemein als unentflammbar bezeichnen, da ein Verbrennen der Faser bei genügender Hitzezufuhr, wenn auch schwer und unter reichlicher Kohlenausscheidung, dennoch stattfindet.

Derartige feuersichere Gewebe werden vielfach zur Verminderung der Feuersgefahr erzeugt, z. B. für Dekorationszwecke, Theatervorhänge, Theatergarderobe, Feuerwehrmannskleidung, Zelte usw. Die Präparation der Gewebe geschieht am einfachsten durch Imprägnierung mit Alaun, Tonerdesalzen, phosphorsauren Salzen, Wasserglas, Magnesiumsalzen, Borsalzen, wolframsauren Salzen, schwefelsaurem Ammoniak, durch Niederschlagung von Zinnsäure, Zinnsalzen, Silikaten usw. Die Gewebe können auch gleichzeitig mit der Appretur feuersicher gemacht werden, indem den Appreturmitteln geeignete Zusätze der erwähnten Art gemacht werden.

Mineralisch hocherschwerte Seide ist wegen ihres hohen Gehaltes an Zinnsalzen, Silikaten usw. gleichfalls im obigen Sinne unverbrennlich. Die Anwesenheit von Gerbstoffen und anderen organischen Stoffen in der Seide (Soupleschwerschwarz), besonders bei Gegenwart von Sauerstoff abgebenden Mitteln wie Eisenoxyd, verleiht der Seide umgekehrt eine leichte Brennbarkeit, die bis zur Selbstentzündlichkeit gehen kann.

Die vielseitige Beherrschung des reichhaltigen Appreturmittelschatzes, insbesondere in bezug auf alle Kombinations- und Ersatzmöglichkeiten der verschiedensten Stoffe, setzt eine große praktische Erfahrung voraus. Bei den fast täglich auf den Markt kommenden Neuheiten (meist Kompositionen und Mischungen bekannter Urstoffe) empfiehlt es sich dringend, den Wert und die Brauchbarkeit dieser Neuheiten durch technische Vorversuche aufzuklären; wenn möglich, ist auch die Zusammensetzung der neuen Präparate durch Analyse zu ermitteln. Bei den technischen Vorversuchen ist sowohl auf den erreichten Griff und das Aussehen der Stoffe als auch auf das Verdickungsvermögen des Apprets, die Beeinflussung der Farben durch denselben, die Lagerbeständigkeit der Waren in trockenen und feuchten Räumen usw. Rücksicht zu nehmen.

Die Appretur der Baumwoll- und Leinengewebe.

Mit der Gewebeart und dem Fabrikationsgang wechselt auch die Appreturbehandlung bei den Geweben aus pflanzlichen Fasern sehr beträchtlich. Je nachdem, ob es sich z. B. um sogenannte Weißware oder um Buntware (im Garn gefärbt und bunt gewebt) handelt, ist die Zurichtung eine verschiedene. Bei Buntware, die appreturecht gefärbt sein soll, unterscheidet man noch zwischen buntgewebten und rohgewebt-bedruckten Waren. Erstere erhalten eine ganz einfache Appretur und keine Bleiche, letztere müssen gebleicht, bedruckt und appretiert werden. Die einfarbigen Gewebe brauchen nicht appreturecht gefärbt zu sein, wenn keine besondere Echtheit von ihnen verlangt wird; wird also durch die Farbe des Stückes die Appreturmasse etwas angefärbt, so ist das weiter nicht schädlich. Häufig überfärbt man Baumwolle und Leinen in der Appreturmasse oder färbt sogar nur in der Appreturmasse (s. o.). Weiße Gewebe werden in der Appreturmasse mit Wäschebläue, mit blauen basischen und substantiven Farbstoffen sowie mit Indigo gebläut.

Im wesentlichen kommen bei Baumwollwaren (und Waren aus anderen pflanzlichen Faserstoffen) nachstehende Prozesse in Betracht: das Noppen, Sengen, Scheren, Rauhen, Bürsten, Stärken, Imprägnieren, Brechen, Anfeuchten, Mangeln, Kalandern, Gaufrieren, Moirieren, Breitspannen und Strecken, Seidenfinishen, Pressen usw. Außerdem kommen noch die Hilfsarbeiten, wie Waschen, Trocknen und die Aufmachungsarbeiten, wie Dublieren, Messen, Wickeln u. ä. hinzu. Die wichtigsten, zur eigentlichen Appretur gehörenden Arbeiten mögen nachstehend kurz charakterisiert werden. Auf die Einzelheiten der Arbeiten und die besonderen Behandlungsarten der verschiedensten Warengattungen kann im Rahmen dieser Arbeit nicht eingegangen werden.

Das Noppen.

Das Noppen bewirkt die Entfernung von Noppen, d. s. Knoten und Fadenenden von der Gewebeoberfläche entweder durch Abscheuern (mit Hilfe von rotierenden Schmirgelwalzen) oder Abkämmen (durch sägeblattähnliche Leisten). Es ist ein rein mechanischer Prozeß der Webereiappretur.

Das Sengen.

Das Sengen bezweckt die Klärung und Reinigung der Gewebeoberfläche von feinen Fäserchen und Härchen durch Wegsengen oder Wegbrennen.

Bei der vom Webstuhl kommenden Ware befinden sich zahlreiche Fäserchen, die durch die Schlichte an den Faden angeklebt waren und die erst nach dem Waschen auf der Warenoberfläche deutlich sichtbar werden und infolgedessen nicht früher entfernt werden können. Der größte Teil der Baumwollzeuge wird vor jeder neuen Appreturbehandlung dem Sengen unterworfen, und dieser Prozeß kommt in immer ausgedehnterem Maße zur Anwendung. Während nämlich nach dem Scheren, selbst beim sogenannten Kahlscheren, die Warenoberfläche stets noch von einer ganz zarten und kurzen Flaumdecke bedeckt ist, wird durch das Sengen jedweder Flaum vollständig beseitigt. Waren, die gebleicht werden sollen, werden besser vor der Bleiche gesengt, da namentlich die Plattensengerei einen schwachen gelblichen Stich auf der Ware hinter-

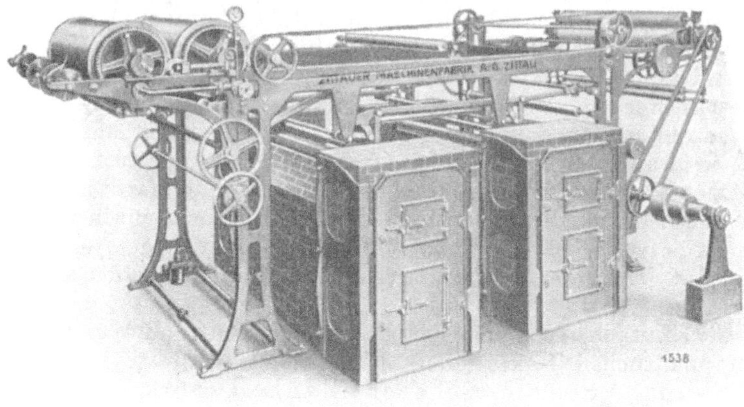

Abb. 163. Plattensenge mit 2 Platten, für Öl- oder Kohlenfeuerung mit 2 Vortrockentrommeln und Pendelableger, insbesondere zum Sengen von Velvet, Samt und Seidengeweben (Zittauer Maschinenfabrik).

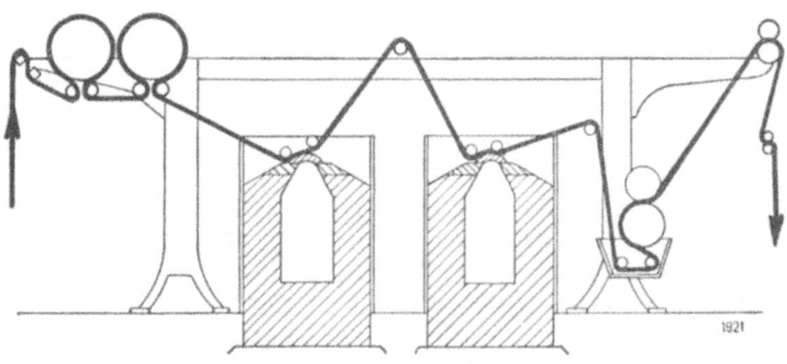

Abb. 164. Schnittzeichnung der Plattensenge mit 2 Platten.

läßt; aber auch gasierte weiße Ware erhält leicht einen gelblichen Stich, der häufig erst durch gründlicheres Spülen in klarem Wasser beseitigt wird.

Die zum Sengen gebrauchten Maschinen heißen Sengmaschinen und werden 1. in Platten- oder Zylindersengmaschinen und 2. in Gassenge- oder Gasiermaschinen unterschieden. Bei den ersteren werden die feinen Fäserchen durch glühende Metallkörper abgesengt (meist bei harten, dicken Stoffen angewendet), bei den letzteren werden die Fäserchen durch eine oder eine Reihe von Flammen abgeflammt (meist bei leichten glatten Stoffen angewendet). Die Ware muß in beiden Fällen rasch über den Heizkörper bzw. an der Flamme vorbeiziehen, damit sie keinen Schaden erleidet.

Abb. 165. Gassengemaschine mit 4 Brennern, Vortrockentrommel, Funkenlöscher und Pendelablegern für ein- und beidseitiges Sengen, mit Leucht-, Saug- oder Ölgas (Zittauer Maschinenfabrik).

1. **In der Platten- oder Zylindersengerei** bildet ein gußeisernes oder kupfernes, festliegendes Zylindersegment oder ein ganzer, hohler und drehbarer Zylinder den Hauptbestandteil der Maschine. Abb. 163 und 164 zeigen eine Plattensenge in Gesamtansicht und im Schnitt.

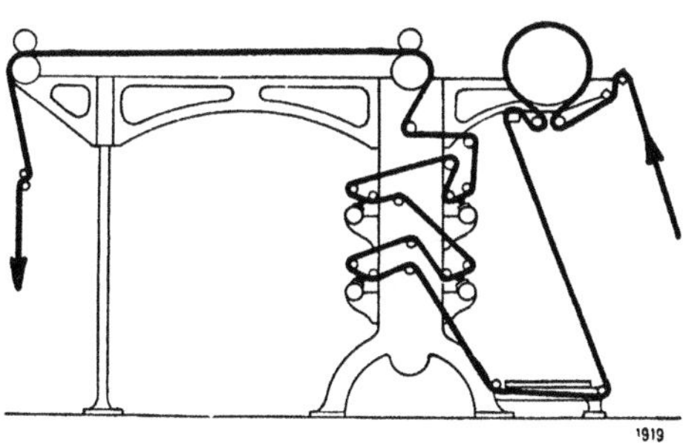

Abb. 166. Schnittzeichnung der Gassengemaschine mit 4 Brennern.

2. Viel häufiger als die Plattensenge wird in der Praxis die Senge mit offener Flamme, die sogenannte **Gassengemaschine** oder **Gasiermaschine**, angetroffen, bei der die Flamme möglichst heiß und völlig rußfrei sein muß. Meist dient zur Erzeugung der Flamme Leuchtgas, das unter reichlicher Luftzufuhr mit blauer Flamme verbrennt (Bunsenflamme). Die Behandlung auf der Gassenge nennt man auch Gasieren und den behandelten Stoff gasiert. Den Brennern selbst sind verschiedene Konstruktionen verliehen worden; ebenso gibt es verschiedene Anordnungen der Warenführung. Abb. 165 und 166 zeigen eine Gasiermaschine in Gesamtansicht und im Schnitt.

Das Rauhen.

Das Rauhen bezweckt das rein mechanische Aufkratzen und Auflockern der auf der Oberfläche sich vorfindenden Fasern und die Schaffung einer geschlossenen, gleichförmigen, mehr oder weniger dichten und tiefen Haar- oder Faserdecke, gewissermaßen eines Faserpelzes. Bei Baumwollgeweben wird das Rauhen nur an vereinzelten Geweben (Barchenten, Molletons, Flanellen, Bettdecken usw.) vorgenommen, und zwar werden diese entweder nur auf einer oder aber auf beiden Seiten mit einer haarigen Decke versehen.

Im allgemeinen spielt die Rauherei in der Industrie der Baumwollzeuge bei weitem keine so wichtige Rolle wie in der Wollindustrie.

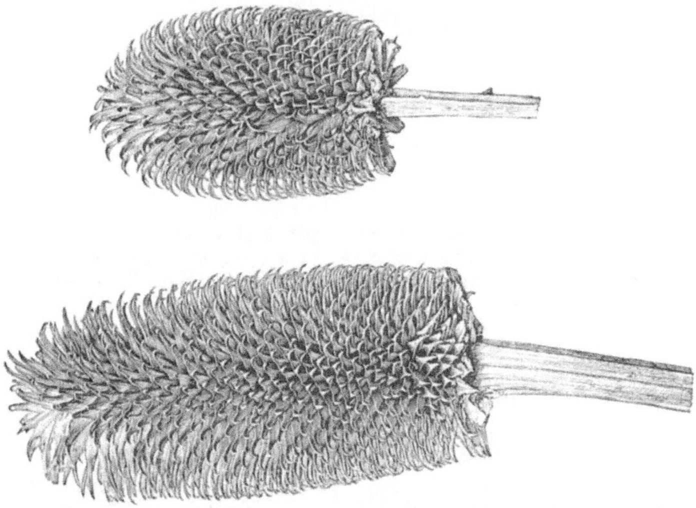

Abb. 167. Naturkarden der Kardendistel (nach Witt-Lehmann).

Das Rauhen der Baumwollwaren geschieht im Gegensatz zu den Wollwaren ohne vorhergehendes Walken und weniger intensiv. Deshalb können beim Rauhen von Baumwolle auch alte, abgenutzte Karden verwendet werden. Außerdem werden die Baumwollwaren in vollständig trockenem Zustande auf Maschinen meist mit Metallkratzen gerauht; seltener finden auch Naturkarden Verwendung. In der Erzeugung von Streichwollwaren (Tuchen usw.) spielt das Rauhen eine außerordentlich wichtige Rolle (s. S. 49). Abb. 167 zeigt zwei Naturkarden der Kardendistel (Dipsacus fullonum).

Das Scheren.

Das Scheren bezweckt, den z. B. durch das Rauhen entstandenen ungleichmäßigen Flaum von den vorstehenden Haaren zu befreien und gleiche Haarlänge herzustellen. Außer gerauhten Waren werden vorzugsweise Samte, Plüsche u. ä. Florgewebe geschoren. Dabei kann beliebig kurz (kahlgeschoren) oder lang geschoren (gespitzt) werden. Man benutzt vorzugsweise die Lang- oder Longitudinalschermaschine, die meist mit vier hintereinander liegenden Schneidzeugen versehen ist.

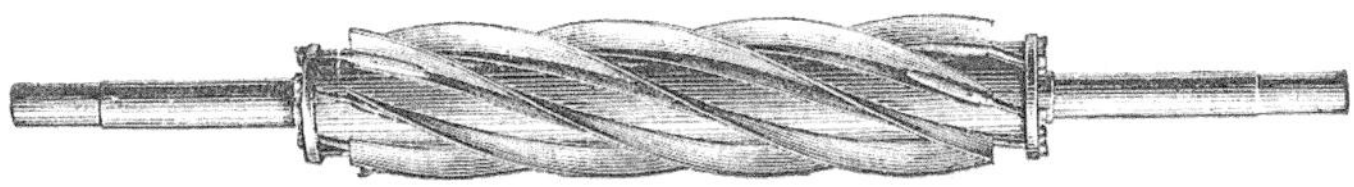

Abb. 168. Scherzylinder oder Obermesser (Winkelspirale) (nach Kozlik).

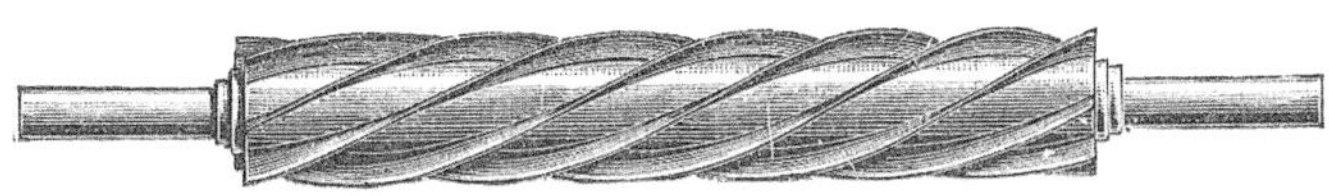

Abb. 169. Scherzylinder oder Obermesser (Einstemmspirale) (nach Kozlik).

Abb. 170. Untermesser (nach Kozlik).

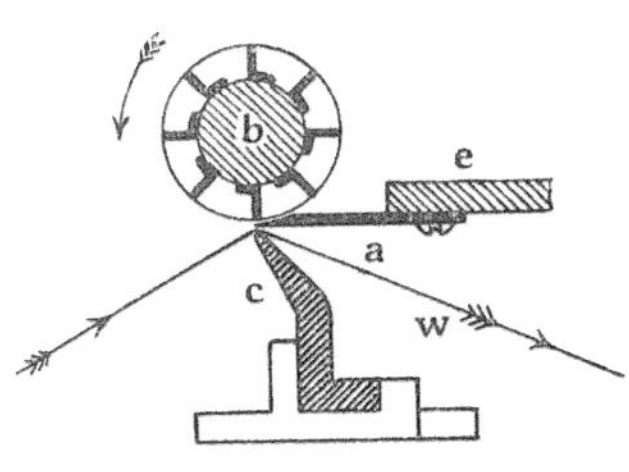

Abb. 171. Schneidzeug mit Tisch (nach Kozlik).

Die wichtigsten Bestandteile einer Schermaschine bilden das sogenannte Schneidzeug und der Tisch. Das Schneidzeug besteht aus dem Obermesser oder Scherzylinder (Abb. 168) und dem Untermesser oder Lieger (Abb. 170). Das Obermesser besteht aus einem Zylinder mit meist 8—16 spiralförmig angebrachten Messern (Spiralfedern). Das Untermesser stellt eine flache Stahlschiene dar, die an einer Seite hohlkehlenartig ausgeschliffen und mit einer Reihe von Löchern zum Anschrauben an den Messerträger versehen ist. Abb. 171 zeigt die gegenseitige Lage der wichtigsten Teile einer Schermaschine: *b* ist der Scherzylinder, *a* das Untermesser, *e* der Messerträger, *c* der Schertisch, *w* die über den Schertisch ziehende Ware.

Abb. 172 zeigt eine Langschermaschine in Gesamtansicht.

Das Bürsten, Dämpfen und Glätten.

Zur Entfernung des vom Rauhen und Scheren auf der Ware entstandenen Staubes und losen Flaumes sowie zum Gleich-, Parallel- und Aufrichten des Flors bei Veloursgeweben nimmt man die Ware auf eine Bürstmaschine oder in eine Dämpf-, Bürst- und Glättmaschine (Abb. 173 und 174).

Das Stärken, Kleistern, Steifen, Imprägnieren oder Appretieren im engeren Sinne.

Um eine Ware griffiger, dichter und schwerer zu machen, wird sie oft entweder einseitig oder auf beiden Seiten (zweiseitig) mit Stärkekleister oder geeigneten Mischungen von Verdickungsmitteln, den sogenannten Appreturmitteln (s. diese), gestärkt, gesteift, imprägniert oder

Abb. 172. Langschermaschine mit 2 schräggestellten Schneidzeugen. Scherhaare fallen nach hinten; Schnittfläche liegt frei vor Augen (Gessner).

Abb. 173. Einfache Dämpf- und Bürstmaschine mit einem oder zwei Warenanstrichen und Dämpfapparat (Gessner).

im engeren Sinne „appretiert". In besonderen Fällen wird die Ware gleichzeitig auch noch wasserdicht, unverbrennlich, seltener seideknirschend gemacht und in der Appretur nachgefärbt.

Die Appreturwirkung besteht darin, daß durch das Auftragen von Appreturmasse oder Appret (bzw. durch das Hindurchführen durch eine Stärkebrühe oder Stärkemasse) und die unmittelbar darauffolgende Trocknung des Kleisters die Fäden mit einer dickeren oder dünneren, mehr oder weniger durchsichtigen Schicht überzogen werden und dadurch das Volumen und Gewicht der Einzelfäden und somit des ganzen

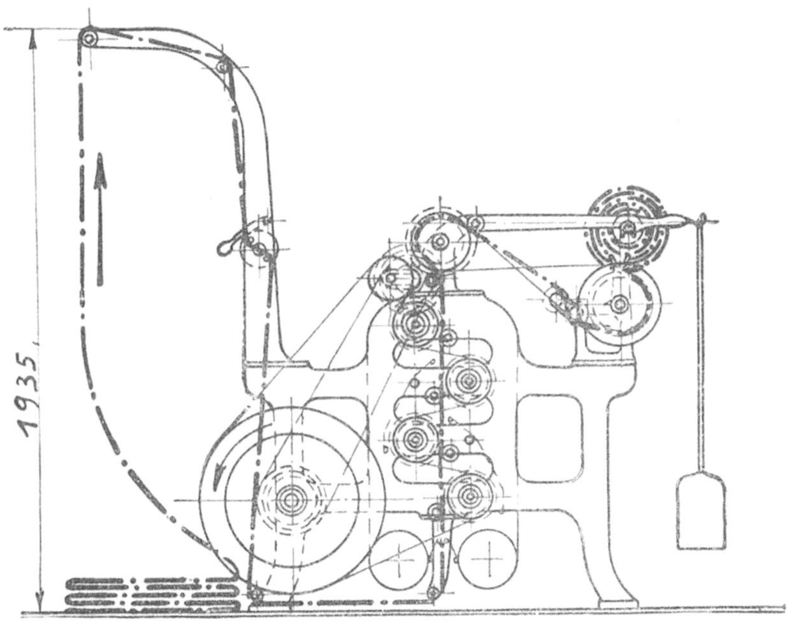

Abb. 174. Schnitt durch eine Bürstmaschine mit 4 Walzenbürsten, Spiralausbreiter und Aufdockvorrichtung (Monforts).

Gewebes entsprechend zunimmt und auch der Griff der Ware dadurch voller (und je nach Art der Behandlung härter oder weicher) wird. Diese künstliche Nachhilfe in bezug auf größere Fülle der Ware hält aber nur so lange vor, bis die Stoffe gewaschen werden. Nach einer gründlichen Wäsche erhalten sie ihr früheres, oft sehr fadenscheiniges Aussehen zurück.

Die Wirkung der Appreturbehandlung hängt ab: 1. von der qualitativen Zusammensetzung der Appreturmasse, d. h. des Apprets, 2. von der Konsistenz oder Konzentration des Apprets (dünnere Masse gibt bei sonst gleichen Bedingungen naturgemäß geringere Füllung als dicke Masse), 3. von der Art des Auftragens oder Imprägnierens des Apprets. Die Art des Auftragens richtet sich wiederum nach dem zu behandelnden Artikel und dem gewünschten Zweck.

Die Appreturmassen werden in besonderen Kochapparaten, denen auch die Schlichtekochkessel gleichen, gekocht (s. Abb. 162, S. 570). Man rührt erst die Stärke mit Wasser an, setzt dann die erforderlichen anderen Ingredienzien zu und kocht die Mischung gut durch. Wesentlich hierbei ist sowohl die gleichmäßige Verteilung des Apprets in sich (Homogenität der Masse) als auch später beim Appretieren die gleichmäßige Verteilung des Apprets auf der Warenoberfläche bzw. in der Ware. Beim einseitigen Appretieren (Auftragen des Apprets) muß ferner die Konsistenz der Masse und der Lauf der Maschine so reguliert werden, daß ein Durchdringen oder Durchschlagen der Masse auf die andere Warenseite nicht stattfindet. Dieses Durchschlagen wird durch das sofortige Trocknen der appretierten Ware verhindert. Zu diesem Zwecke sind die Appreturmaschinen zwckmäßig mit geeigneten Trockenvorrichtungen (meist Trockentrommeln, seltener Spannrahmen) versehen.

Je nach Art der Appreturapplikation unterscheidet man: 1. die Tränkungs- oder Imprägnierungsappretur (Vollappretur), 2. die Walzenübertragung der Appretur (Druckappretur), 3. das Aufstreichen des Apprets (Riegelappretur) und 4. das Auftragen der Appretur durch Spritzen (Spritzappretur). Nach Art des Auftragens und der Maschinen unterscheidet man ferner die zweiseitige und die einseitige Appretur.

Zum Stärken nach dem Tränkungs- und Walzenverfahren dienen die sogenannten Stärkmaschinen, auch Stärkkalander, Klotz- oder Paddingmaschinen genannt. Sie bestehen a) aus Spannvorrichtungen für das einlaufende Gewebe, b) aus einem in der Höhe verstellbaren Trog aus Kupfer oder Holz, in dem sich die Appreturmasse befindet, c) aus einer oder mehreren Holz- oder Eisenwalzen zum Auftragen oder Einreiben der Masse und d) aus Trocknungs-, Ablege- oder Aufwickelvorrichtungen für das appretierte Gewebe. Für das einseitige Auftragen vorzugsweise dicker Appreturmassen bedient man sich mit Vorliebe der sogenannten Riegel- oder Rakelappreturmaschinen.

Der Stärkeappretur werden sowohl ein- als auch mehrfarbige Gewebe unterworfen. Letztere können Buntgewebe sein, die durch Verweben von vorgefärbten Garnen erzeugt sind, oder auch bedruckte Gewebe; nur müssen appreturechte Färbungen bzw. Drucke vorliegen, d. h. die in dem Gewebe befindlichen Färbungen oder Drucke dürfen durch das Appretieren nicht auslaufen und den weißen oder farbigen Grund nicht anfärben oder anschmutzen. An einfarbige Gewebe werden geringere Echtheitsansprüche gestellt als an mehrfarbige (s. o.). Ausnahmsweise werden Gewebe auch in der Appretur gefärbt (Färben in der Appretur) oder überfärbt; in solchen Fällen werden dem Appret geeignete Farbstoffe zugesetzt. Ferner können weiße Gewebe in der Appretur durch Zusatz geeigneter blauer Farbstoffe gebläut oder mit anderen Farbstoffen sonstwie nuanciert (z. B. cremiert) werden. Schließlich können Gewebe auch auf beiden Seiten hintereinander verschiedenartig appretiert werden. Hierbei kann außer der weiter unten erwähnten Riegelappreturmaschine die Druckmaschine mit einer sogenannten Voll- oder Klotzwalze Verwendung finden.

H. Lange gibt die Zusammensetzung einiger Appreturmassen wie folgt an. a) Je nach gewünschtem Griff werden 50—250 g Dextrin und 3—5 g Appreturöl oder Monopolseife in 947—745 g Wasser gelöst. b) Für schwere Appretur werden 200 g Dextrin in 400 g Wasser gelöst und mit einer heißen Lösung von 200 g Bittersalz, in 200 g Wasser gelöst, versetzt (evtl. werden noch 3—7 g Monopolseife oder 10 g Appreturöl zugesetzt). c) Stärkeappretur enthält etwa 100 g Stärke im Kilogramm Masse; bei genügender Steifheit kann sie mit unlöslichen Mitteln (Pfeifenton, Talg, Paraffin usw.) versetzt werden. Beispiel: 80 g Stärke werden mit 509 g Wasser verkocht, dann werden 150 g Chinaclay (vorher in 150 g Wasser eingeweicht), 100 g Bittersalz, 5 g Paraffin, 3 g Talg, 3 g Olivenöl zugesetzt. Diehl empfiehlt für Linksrakelappretur folgenden Laugenappret: 20 kg Weizenstärke und 20 kg Kartoffelstärke werden gleichmäßig mit 150 kg Wasser angeteigt und dieser Mischung ganz allmählich unter beständigem Rühren $11^1/_2$ kg Natronlauge von 36° Bé, mit 55 l Wasser verdünnt, zugegeben. Nach erfolgter Kleisterbildung wird mit 4 kg Schwefelsäure von 66° Bé, die mit 24 l Wasser verdünnt worden sind, neutralisiert. Auf Wunsch werden auf etwa 287 kg dieses Apprets 45 kg Kaolin, in 55 kg Wasser eingeweicht, zugesetzt.

Mit ähnlichen Massen wie in der Appretur arbeitet man in der Schlichterei baumwollener und leinener Ketten oder Kettgarne. Man nennt diese Massen

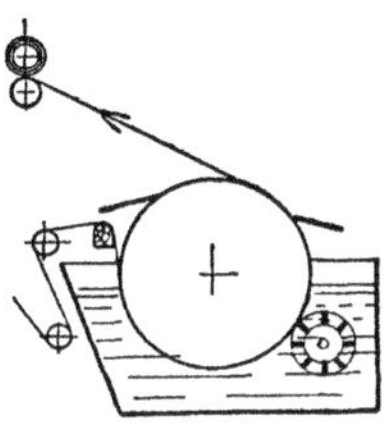

Abb. 175. Einwalzige Vorrichtung (nach Brenger).

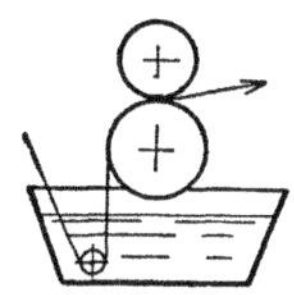

Abb. 176. Zweiwalzige Vorrichtung (nach Brenger).

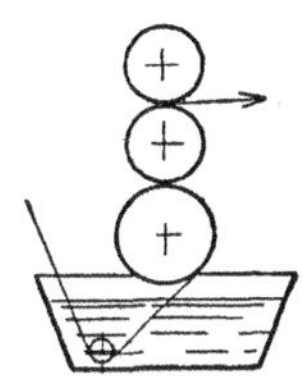

Abb. 177. Dreiwalzige Vorrichtung (nach Brenger).

Schlichten, und sie bezwecken eine glatte Verarbeitung in der Weberei, also lediglich eine vorübergehende Erleichterung der Webereiprozesse (s. unter Schlichterei).

1. Das zweiseitige Stärken oder Imprägnieren der Ware, die Vollappretur, geschieht in der Praxis auf den sogenannten Stärkmaschinen oder Stärkkalandern durch Klotzen oder Pflatschen (s. d. und Abb. 105 und 106). Die Ware wird durch eine Stärkebrühe hindurchgezogen und dann meist durch eine Druckwirkung mittels Quetschwalzen von der überschüssigen Appreturmasse befreit. Die Quetschwalzen sind aus Holz oder Metall und mit Kautschuk oder Bombage überzogen; der Walzendruck ist beliebig einstellbar. Von Einfluß auf die Wirkung des Appretierens ist u. a. vor allem die Härte der Walzen, ihr Durchmesser und ihre etwaige Gravur (tiefere Gravuren ergeben stärkere Appretierung). Soll die Appretur fester in die Ware eingerieben werden, so gibt man der oberen Walze eine größere Umfangsgeschwindigkeit (Friktionierung).

Abb. 175 zeigt die Arbeitsweise einer einwalzigen Maschine, bei der der Appretüberschuß durch eine Rakel abgestrichen wird, Abb. 176 illustriert eine zweiwalzige Maschine, bei der der Überschuß der Masse durch die Quetschwalzen entfernt wird; in der dreiwalzigen Maschine passiert der Stoff zwei Walzenpaare (Abb. 177).

2. Linksappretur. Wenn die Appreturmasse eine gewisse Konzentration übersteigt, so findet bei der Vollappretur eine Trübung der Farben statt. In solchen Fällen nimmt man mit Vorteil die einseitige *Linksappretur* vor (mit oder ohne Rakel), beispielsweise durch *Walzen-* oder *Rollenübertragung*. Man zieht die Ware über eine Walze, die in einer Stärkebrühe oder -masse läuft, und die von letzterer etwas aufnimmt und auf die Ware überträgt. Die Walze kann glatt oder graviert sein, die Drehrichtung der Walze kann dem Warenlauf entsprechen oder entgegengesetzt sein; der Apparat kann mit oder ohne Rakel bzw. Abstreichschiene versehen sein. Die Maschinen können auch hier *ein-, zwei-, dreiwalzig* usw. sein. Abb. 178—180 zeigen die Wirkungsweise und den Warenlauf solcher Maschinen.

Abb. 178.
Einwalzige Vorrichtung (nach *Brenger*).

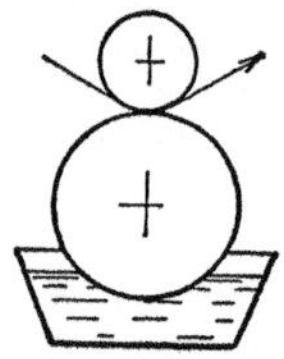

Abb. 179.
Zweiwalzige Vorrichtung (nach *Brenger*).

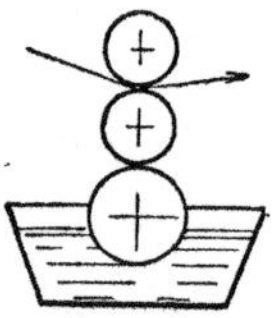

Abb. 180.
Dreiwalzige Vorrichtung (nach *Brenger*).

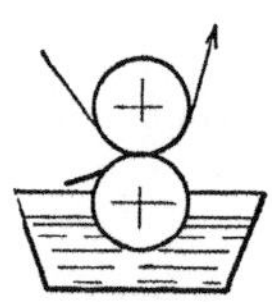

Abb. 181.
Zweiwalzige Vorrichtung mit Abstreichschiene (nach *Brenger*).

Die untere Walze nimmt man hier meist dicker als bei der Vollappretur und läßt sie tiefer in die Appreturmasse eintauchen. Von der Art und Konsistenz der Masse, dem Walzendruck, der Warenumlaufsgeschwindigkeit, der nachfolgenden Trocknung usw. wird der Grad der Steifheit, die Gewichtszunahme usw. abhängen. Bei besonders dicken Massen wendet man noch eine Abstreichschiene oder Rakel an, um mit Hilfe derselben den Appretüberschuß von der Walze abzurakeln und den Rest gleichmäßig glatt zu streichen (Abb. 181). Das Durchschlagen des Apprets ist auch hier zu vermeiden.

Soll die Appreturmasse besser in die Ware eingerieben werden, so wird der unteren Auftragwalze größere Umlaufsgeschwindigkeit gegeben als der oberen (Friktionsstärkmaschine). Eine ähnliche Wirkung wird erzielt, wenn bei gleicher Geschwindigkeit beider Walzen eine auf der oberen Walze ruhende, beschwerte Holzrakel oder Verstreichschiene das Einreiben besorgt. Mitunter genügt eine einmalige Appreturpassage nicht; die Appretur wird dann wiederholt und hinterher jedesmal sofort getrocknet.

3. Riegel- oder Rakelappreturmaschine (s. Abb. 182). An Stelle von Quetschwalzen oder Rollen besorgt bei dieser Maschine die Regulierung der auf die Ware aufzutragenden Appreturmasse der sogenannte Riegel oder die Rakel, ein verstellbares, metallenes, geschliffenes Messer. Die Maschine ist für einseitige Appretur, die Linksappretur, bestimmt und wird besonders häufig bei halbseidenen Waren angewendet. Das Auftragen des Apprets, der meist sehr dick und zäh ist, geschieht mittels eines Löffels; die Masse wird beim Durchlaufen der Ware vom Riegel glatt gestrichen und gleichmäßig verteilt, und zugleich wird der Überschuß des Apprets durch den Riegel abgestrichen.

Abb. 182. Rakelstärkmaschine mit Hartholzwalze und seitlich hin und her bewegter Rakel (Weisbach).

Durch Höher- oder Tieferstellung der Rakel kann mehr oder weniger Appret auf die Ware aufgetragen werden. Die hindurchlaufende Ware darf nicht sofort aufgerollt, sondern muß erst getrocknet werden, was auf den mit Dampf heizbaren Trommeln (oder weniger wirksam auf dem Spannrahmen) geschieht. Die so appretierte Ware ist meist etwas steif und hart und wird dann noch auf der Brechmaschine gebrochen und schließlich kalandert (s. weiter unten).

Das Trocknen in der Hänge gibt zwar die natürlichste Appretur, weil hierbei die Fäden in ihrer natürlichen Lage trocknen und nicht geplättet oder plattgedrückt (Trommeltrocknung) bzw. nicht auseinandergestreckt werden (Spannrahmen); doch ist das Trocknen in der Hänge zeitraubender und beansprucht größere Räumlichkeiten als dasjenige auf der Trockentrommel.

Die dicke Appreturmasse wurde bei halbseidenen Geweben früher fast immer unter Zuhilfenahme von Gummitragant bereitet. Lange gibt z. B. folgende

Zusammensetzung an: 600—700 g Tragantschleim 1:10, 20—30 g Leim, 10 bis 15 g Olivenöl, 370—255 g Wasser. Aus Sparsamkeitsgründen ist heute ein Teil des Tragants oder die gesamte Tragantmenge durch billigere Ersatzstoffe, vor allem durch Stärkekleister oder durch aufgeschlossene Stärke, verdrängt. Eine solche Masse wird nach Lange z. B. aus 350 g Tragantschleim 1:10, 350 g mit Natronlauge aufgeschlossener Kartoffelstärke, 10 g Leim, 10 g Olivenöl, 280 g Wasser erhalten.

Hauptbedingung beim einseitigen Appretieren ist u. a., daß die Appreturmasse nicht durch den Stoff durchschlägt. Man verwendet aus diesem Grunde für dünnere Stoffe dickere und für dickere Stoffe etwas dünnere Massen. Anstatt oder neben Olivenöl werden vielfach Türkischrotöl (und analoge Fabrikate), Rizinusöl, Monopolseife usw. verwendet.

4. **Spritzappretur** kommt vorzugsweise bei ganzseidener (und zwar besonders wieder bei bunter, mehrfarbiger) Ware zur Anwendung, indem die Gewebe linksseitig mit einer dünnen Appreturflüssigkeit (z. B. 50 g Gelatine in 1000 g Wasser) durch eine Art von Zerstäuber besprengt oder bespritzt und sofort über Gasflammen getrocknet werden. Die Einrichtung des Zerstäubers kann etwa diejenige sein wie bei dem sogenannten Einsprengen der Stoffe (s. Abb. 183). Durch das Luftrohr l mit den feinen Düsen *s* strömt von einem Gebläse gelieferte Luft aus und reißt aus dem gegenüberstehenden Röhrchen *r* mit dem Becken *w* feine Teilchen der Appreturlösung mit, die auf die durchgezogene Ware gestäubt werden.

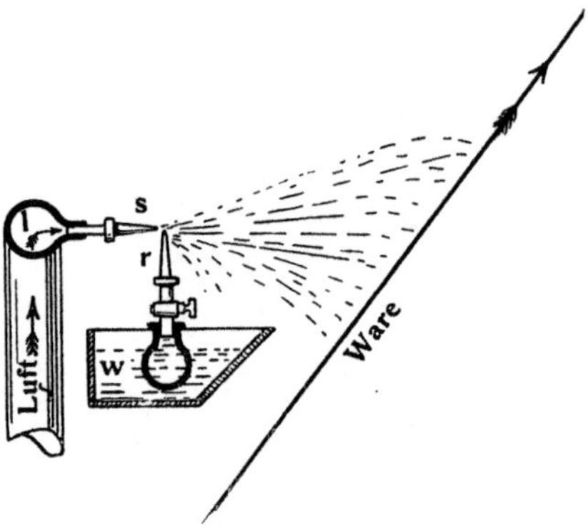

Abb. 183. Zerstäubungs- oder Injektionsapparat (nach Kozlik).

Das Brechen (Appreturbrechen, Ausbrechen, Weichmachen).

Manche Waren sind nach dem Stärken und Trocknen unmittelbar verkaufsfähig, andere sind zu hart und müssen wieder weicher und geschmeidiger gemacht werden, indem die Verklebung der einzelnen Fäden untereinander wieder aufgehoben wird. Diesen Prozeß nennt man das Brechen oder Ausbrechen und die hierfür verwendete Maschine die Brechmaschine. Für leichtere Waren können die besonders in der Seiden- und Halbseidenstoffappretur eingeführten Knopfbrechmaschinen benutzt werden; für schwerere Waren eignen sich die Spiral- und die Riffelwalzenbrechmaschinen.

Die Knopfbrechmaschinen sind mit Knopfwalzen ausgerüstet; bei den Spiralbrechmaschinen bildet das arbeitende Werkzeug ein Zylinder, der mit stumpfen, in Spiralwindungen verlaufenden Messern (Rakeln) besetzt ist; bei den Riffelwalzenmaschinen schließlich besorgen zwei ge-

Abb. 184. Spirale einer Spiralbrechmaschine (nach Kozlik).

Abb. 185. Appreturbrechmaschine mit angetriebenen Spiralwalzen (Weisbach).

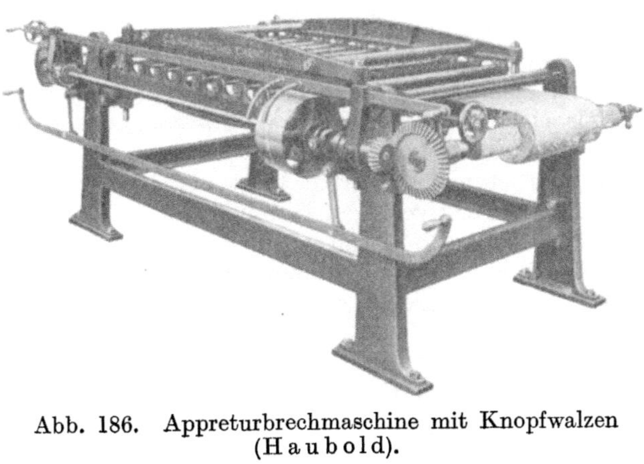

Abb. 186. Appreturbrechmaschine mit Knopfwalzen (Haubold).

riffelte Walzen das Brechen. Außer diesen wichtigsten Typen gibt es noch andere Anordnungen. Abb. 184 zeigt einen Spiralzylinder zum Brechen der Appretur, Abb. 185 eine Spiralbrechmaschine und Abb. 186 das Gesamtbild einer Knopfwalzenbrechmaschine, die vorzugsweise für Seiden- und Halbseidenwaren Verwendung findet.

Das Dämpfen und Einsprengen oder Anfeuchten.

Die Biegsamkeit und Geschmeidigkeit der gestärkten Ware wird bereits durch einfaches Dämpfen gehoben: die Stücke laufen dabei einfach über einen Kasten, welchem Dampf entströmt, und werden dann aufgebäumt. Noch energischer als durch das Dämpfen wird die Sprödigkeit und Steifheit der appretierten Stoffe durch das sogenannte Einsprengen oder Anfeuchten gemildert, wobei zugleich die normale Feuchtigkeit der Ware wieder hergestellt wird. Zu diesem Zwecke wird die Ware mit Wasser bestäubt und dann aufgewickelt, so daß die Feuchtigkeit gleichmäßig in das Stück einzieht. Dieses Einsprengen geschah früher (und geschieht heute noch bei Jutegeweben) durch rasch rotierende Bürstenwalzen, die entweder in ein Wasserbecken eintauchten oder die durch Spritzrohre mit Wasser gespeist wurden. Die neueren Einrichtungen arbeiten mit einem Zerstäuber (Pulverisator, Injektionsapparat), bei dem das Einsprengen der ganzen Ware durch Erzeugung eines viel feineren Sprühregens mit erheblich größerer Gleichmäßigkeit vor sich geht. Die Arbeitsweise des Zerstäubers ist unter Spritzappretur (s. Abb. 183, S. 586) erwähnt worden. Über Dämpfen s. auch S. 452 und 539.

Das Kalandern.

Das Kalandern bezweckt die Glättung der Warenoberfläche, die Erzeugung von Glanz und Griff und das Schließen des Gewebes (Verleihung eines dichteren Aussehens). Zum Teil werden diese Wirkungen auch durch das Mangeln erzielt. Bei der Behandlung auf dem Kalander wird die Ware einem Walzendruck, meist unter gleichzeitiger Wärmezufuhr, ausgesetzt. Der hierbei erzeugte Glanz, Griff, das Schließen und die Glätte können innerhalb weiter Grenzen gehalten werden. Im wesentlichen hängt der Grad der Wirkung von folgenden Umständen ab: 1. von dem Druck der Walzen; 2. von dem Verhältnis der Umlaufsgeschwindigkeiten der Walzen (Rollkalander und Friktionskalander); 3. von der Härte der Walzen; 4. von der Temperatur der Walzen (kalt bis heiß); 5. von der Anzahl der arbeitenden Walzen bzw. der Anzahl der Durchgänge durch ein Walzenpaar; 6. von dem Durchmesser der Walzen; 7. von der Warenlaufgeschwindigkeit; 8. von der Feuchtigkeit der Ware usw. Im allgemeinen üben höhere Drucke, Temperaturen und Feuchtigkeitsgehalte, härteres Material und größere Walzenzahl stärkere Wirkungen aus; ebenso bewirken friktionierende Walzen und geringere Warenlaufgeschwindigkeit höhere Glätte und höheren Glanz als nicht friktionierende Walzen und größere Geschwindigkeit. Die Mannigfaltigkeit der Mittel und der Kombinationen dieser Mittel geben im Verein mit verschiedenen Vor- und Nachbehandlungen und mit verschiedenen Appreturen eine fast unerschöpfliche Fülle von Effektmöglichkeiten. Hinzukommt, daß durch besondere Sondervorrichtungen zugleich eine bestimmte Musterung auf dem Gewebe erzeugt werden kann (Moiré, Gaufrage).

Nach dem Material, aus dem die Walzen hergestellt sind, unterscheidet man vor allem Hartgußwalzen und Papier- bzw. Baumwollwalzen. Erstere erzeugen im allgemeinen Hochglanz, letztere Mattglanz. Holzwalzen sind wegen ihrer Veränderlichkeit in der Form für Kalander nicht brauchbar. Soll die eine Seite des Stoffes stark glänzend, die andere matt sein, so wird eine Seite von einer Metallwalze, die andere von einer Papierwalze bearbeitet. In der Praxis wechseln polierte Hartgußwalzen mit elastischen Walzen aus Papier, Baumwolle usw. fast immer ab, weil die Ware durch beiderseitig hartes Material angegriffen wird.

Der Druck wird durch das Eigengewicht der Walzen, durch Belastungen mit Hebelkombinationen, als hydraulischer Druck usw. erzeugt. Die Erhitzung der Walzen geschieht durch Dampf oder Gas.

Nach der Anzahl der arbeitenden Walzen bezeichnet man die Kalander als zwei-, drei-, fünf-, sieben- usw. wellige Kalander und in bezug auf gegenseitige Geschwindigkeit der Walzen als Roll- oder Friktionskalander. Bei den Rollkalandern haben sämtliche Walzen die gleiche Umfangsgeschwindigkeit, bei den Friktionskalandern erhalten die Metallwalzen eine etwa $1^1/_2$ mal größere Geschwindigkeit als die Papierwalzen. Bei den ersteren findet nur ein Drücken oder Pressen des Gewebes statt, bei den letzteren zugleich ein Reiben (friktionierende Walzen). Zu diesen gehören auch die sogenannten Glätt- oder Glanzkalander.

Bei den Mattkalandern ist eine oder sind beide Walzen (je nachdem, ob nur eine oder beide Warenseiten matt appretiert werden sollen) mit Baumwollstoffbombage versehen. Zur Erzielung eines sehr weichen Warengriffes wird die Heizwelle mit einem endlosen Wolltuch überzogen. Die Naßkalander (Waterkalander) dienen entweder nur zum Ausquetschen (Entwässern, s. Abb. 130) nasser Ware oder auch zum Vorstärken oder Bläuen. Die Metallwalzen sind hier in der Regel aus Kupfer oder Bronze, die anderen Walzen aus Holz- oder Baumwolle. Unter den Walzen befindet sich ferner ein Trog zur Aufnahme der Flüssigkeit.

Abb. 187 zeigt einen Universalkalander mit fünf Walzen, der als Roll-, Matt-, Friktions- und Beetlekalander benutzt werden kann. Die fünf Walzen, von unten nach oben gezählt, liegen in folgender Reihenfolge aufeinander:

1. gepreßte Papierwalze,
2. gepreßte Baumwollwalze,
3. heizbarer, polierter Hartgußzylinder,
4. gepreßte Baumwollwalze,
5. gepreßte Papierwalze.

Dazu doppelte Chasingvorrichtung (Warenführung) (s. a. Schnitt, Abb. 188).

In den meisten Kalandern läuft die Ware in einfacher Stofflage. In neuerer Zeit ist man zum Teil auch zu mehrfacher Stofflage übergegangen (Beetlekalander), bei der besonders völlig faltenloser Gang der Ware unerläßlich ist. Auch diese Kalander können mit oder ohne Friktion arbeiten; hohe Friktion kommt für Glanzappreturen zur Anwendung.

Abb. 187. Roll-, Matt-, Friktions- und Beetlekalander mit 5 Walzen, verbunden mit doppelter Chasingvorrichtung für 1 und 2 Warenbahnen (Weisbach).

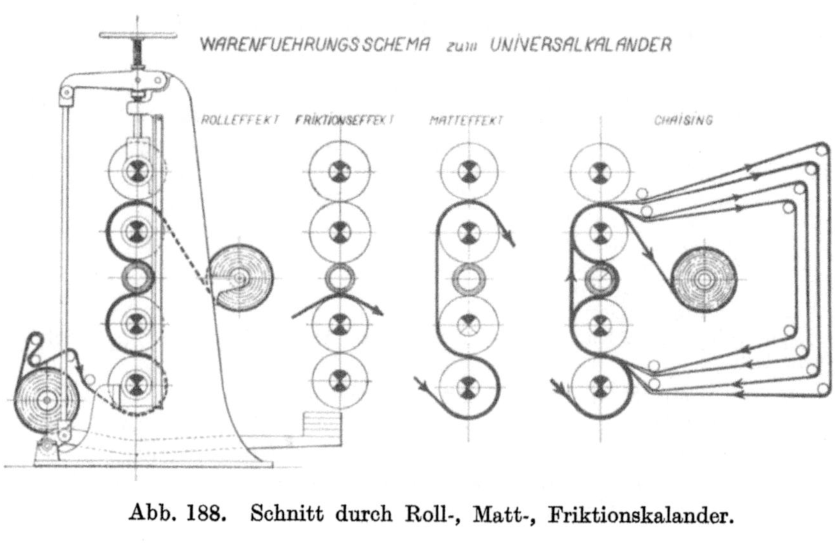

Abb. 188. Schnitt durch Roll-, Matt-, Friktionskalander.

Das Mangeln.

Durch das Mangeln (oder Mangen) wird in ähnlicher Weise wie beim Kalandern eine Glanz- und Glättungswirkung erzeugt. Während aber beim Kalandern die Ware in einfacher oder mehrfacher Stofflage zwischen den Walzen hindurchläuft, ist das Gewebe beim Mangeln auf einer Walze (meist aus Ahornholz), der sogenannten Mangelkaule, aufgewickelt oder aufgebäumt und wird in diesem aufgerollten Zustande, mäßig befeuchtet, zwischen die rotierende obere und untere Walze, bzw. zwischen Kasten und Tisch gebracht und gerollt. Es wird hier also Gewebelage gegen Gewebelage gedrückt, und die Fäden werden nicht so plattgedrückt wie auf dem Kalander. Da die Schußfäden der einzelnen Gewebelagen nie genau parallel aufeinander zu liegen kommen, so erhält die Ware ein eigenartiges welliges Aussehen, den sogenannten Mangelappret oder das Mangelmoiré. Glanz und Glätte können beim Mangeln ferner nicht den hohen Grad erreichen wie beim Kalandern. Außer Baumwollwaren werden vor allem Leinen- und Halbleinenstoffe gemangelt.

Der zum Mangeln dienende Apparat heißt die Mangel oder die Mange. Man unterscheidet die Kastenmangel, die hydraulische Mangel und die Beetlemangel oder Beetlemaschine (Stampfkalander).

Die Kastenmangel gleicht der gewöhnlichen Hausmangel oder Wäscherolle, nur ist sie größer und wird mechanisch angetrieben. Sie besteht aus einem langen Tisch, über den ein mit 10—30 000 kg belasteter Kasten hin und her gefahren wird. Die Geweberolle (bzw. mehrere Mangelkaulen) wird unter dem Kasten mit glatt polierter Unterseite auf den ebenfalls völlig glatten, hölzernen oder eisernen Mangeltisch gelegt, so daß der Kasten auf der Geweberolle hin und her läuft. Der schönste Mangeleffekt wird mit großen Walzen erreicht, während bei kleineren Walzen mehr Glanz, aber weniger Moiré zu erreichen ist. Die schwere Handhabung, der große Raumbedarf, die erforderliche große Betriebskraft, die geringe Leistungsfähigkeit und reichliche Bedienungsmannschaft sind die wichtigsten Nachteile der sonst zufriedenstellend arbeitenden Kastenmangel. In der Regel genügen 4—6 Passagen, d. h. Hin- und Hergänge des Kastens für den gewünschten Mangeleffekt. Die Kaulen müssen bei Wiederholung des Prozesses zwecks größerer Wirkung jedesmal umgebäumt werden (s. Abb. 189).

Die hydraulische Mangel ist handlicher, und es können bei ihr vor allem Geschwindigkeit und Druck leichter reguliert werden; sie liefert ferner mehr Glanz und weniger Moiré. An Stelle von Kasten und Mangeltisch besorgen hier zwei starke Gußwalzen die Mangelarbeit. Die Ware wird auch bei dieser Maschine auf einen Holzbaum aufgebäumt und zwischen die rotierende obere und untere Walze gebracht. Dann werden die Walzen durch hydraulischen Druck gegeneinandergedrückt, und das Gewebe wird gemangelt. Der Druck beträgt in der Regel 25 000, bisweilen 40—80 000 kg und kann durch besondere Vorrichtungen bis auf eine Million Kilogramm erhöht werden (s. Abb. 190).

Die Beetlemaschine (auch Beetlemangel, Beatlemaschine, Stoß- oder Stampfkalander genannt) verleiht der Ware durch Stampfen einen besonderen atlasartigen Glanz mit sanftem Moiré. Sie wird hauptsächlich in der Leinenappretur verwendet.

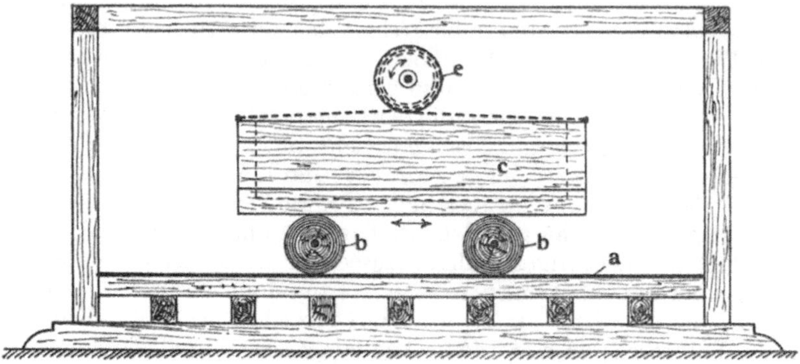

Abb. 189. Kastenmangel (nach Kozlik).
a = Tischplatte, *b* = Mangelkaulen, *c* = der Kasten, *e* = die Kettenscheibe.

Abb. 190. Hydraulische Walzenmangel mit doppelter Revolvereinrichtung. Maximaldruck bis 80 000 kg (Weisbach).

Die Gaufrage[1]).

Die Gaufrage, das Gaufrieren oder das Mustereinpressen wird heute nicht nur in der Textilindustrie, sondern auch in der Papier-, Pappen-, Zelluloid-, Leder-, Kunstleder-, Metall-, Glasindustrie usw. in weitgehendem Maße ausgeführt, wobei jeder Stoff eine besondere Bearbeitung in bezug auf Druck, Geschwindigkeit, Wärme, Feuchtigkeit usw. verlangt. Auch die Maschinen sind deshalb grundverschieden. Gaufrierunfähig sind alle Stoffe, die zu spröde, zu hart oder auch zu elastisch sind, so daß sie entweder während des Gaufrierprozesses zerfallen oder keine Eindrücke aufnehmen bzw. die Eindrücke sofort wieder zurückgehen lassen.

Die Gaufrage ist eine Art von Modellierung der Oberfläche von Stoffen aller Art mit Hilfe eines gravierten Gaufrierkalanders (s. Abb. 191); so wird z. B. ein einfaches glattes Gewebe, sei es nun Baumwolle, Wolle, Seide oder Samt, nach der Gaufrage das Aussehen eines wundervollen

[1]) Vgl. auch Kleinewefers: Die Gaufrage. 1925.

Jacquardgewebes haben, ein mattes Baumwollgewebe erhält das Aussehen eines glänzenden Seidenstoffes. Der Zweck der Gaufrage ist also letzten Endes, minderwertige Ware so zu veredeln, daß ihr ein größeres und verfeinertes Verwendungsgebiet offen steht, so daß z. B. wohlfeile Kleiderstoffe mit gravierten Walzen eine bestechende Ausrüstung erhalten. Baumwollsamte, gerauhte Stoffe, Flanelle u. dgl. unterliegen gleicherweise der Behandlung auf der Gaufriermaschine. Bei diesen Stoffen mit hochfluriger oder pelzartiger Oberfläche wird durch das Gaufrieren vorwiegend der Zweck verfolgt, den Eindruck von Jacquard-

Abb. 191. Gaufrierkalander der Zittauer Maschinenfabrik (nach Kozlik).

stoffen zu erwecken. Buchbinderleinen- oder -kaliko wird gleichfalls in großem Maßstabe nach dem Gaufrageverfahren veredelt.

Auch fast alle Baumwollstoffe können gaufriert werden, gleichgültig, ob sie als einfache Nessel-, Köper-, Kett- oder Schuß-Satingewebe oder Jacquardgewebe hergestellt sind, ob sie grob- oder feinfädig sind. Die Technik der Gaufrage hat heute die Mittel dazu gefunden, allen Aufgaben gerecht zu werden.

In der Textilindustrie arbeitet man in der Regel mit zwei Walzen (auch Drei- und Vierwalzenkalander existieren für bestimmte Zwecke), wobei eine Walze die positive, die andere die negative Gravur trägt. Das gebräuchlichste System ist die Anwendung einer Metallwalze (meist Hohlwalze) und einer elastischen Walze (Stahlwalze mit aufgepreßtem

Papier- oder Baumwollbezug, sogenannte Papier- oder Baumwollwalze). Für sehr tiefe Gravur eignet sich am besten Messing, für flache Gravuren ist Stahl geeigneter. Zur Gaufriermaschine gehören ferner: Seitengestelle mit Antreibemechanismus, Druckeinrichtung, Warenführung und Warenabnahme, Ab- und Aufwickelvorrichtung. Die beiden Walzen werden durch hydraulischen Druck gegeneinandergepreßt. Indem die zu gaufrierende Ware zwischen den beiden Walzen hindurchgeführt wird, preßt sich das Muster der Gravur in der Ware ab. Das Einprägen des Musters in der Gegenwalze wird erreicht, indem man die gravierte Walze eine Zeitlang unter Druck und Feuchtigkeit, kalt oder geheizt, mit der Gegenwalze leer zusammenlaufen läßt. Die Konturen der Gravur pressen sich immer tiefer in die Oberfläche der Gegenwalze ein; was in der Gravur erhaben ist, erscheint in der Gegenwalze vertieft und umgekehrt.

Das Umfangsverhältnis beider Walzen muß übereinstimmen, sei es, daß die Gegenwalze den gleichen, den doppelten oder den dreifachen Umfang der gravierten Walze enthält. Die gravierte Walze ist oft geheizt und ist zu diesem Zweck hohlgebohrt. Die Heizung erfolgt durch Dampf oder auch durch Gas, oft weit über 100° C. Der die Walzen zusammenpressende Druck wird am zweckmäßigsten durch Schraubenspindeln erzeugt. Mitunter ist ein zweimaliges Gaufrieren notwendig. An Stelle von Walzen werden bisweilen auch Gaufrageplatten benutzt.

Samthochrelief. Hochrelief wird in Wellenlinien, Kuppeln, Mosaik, Soutache und anderen Motiven hergestellt, deren Reliefhöhe bis zu 5 mm beträgt, wobei die Flur möglichst geschont werden soll. Die Hochreliefprägung erfolgt zwischen zwei gravierten Metallwalzen, von denen die eine positiv, die andere negativ graviert ist. Beide Walzen werden bis zu 120° C geheizt, das Gewebe wird gedämpft und geht unter leichtem Druck (20—50 kg pro 10 cm Warenbreite) mit einer Geschwindigkeit von 8 bis 10 m in der Minute durch die Walzen.

Der Seidenfinish.

Seit einiger Zeit wird (zuerst nach den Patenten der Firma J. P. Bemberg) ein besonderer Seiden- oder Silberglanz auf Baumwollstoffen erzeugt, der durch sehr heiße und starke Pressung mittels einer fein gerillten Walze erhalten wird. Dadurch, daß der Stoff in der Fuge der gerillten Walze zahlreiche kleine, in verschiedenen Ebenen winklig zueinander liegende Flächen erhält, wird das Licht stark reflektiert und der Glanz erzeugt. Diesen auf Baumwollstoff entstandenen Glanz nennt man Seiden- oder Permanentfinish, auch Schreinerglanz (nach dem Erfinder Dr. Schreiner), die mit den feinen Rillen versehene Metallwalze heißt Seidenfinish-, Riffel- oder Schreinerkalander, und die Behandlung selbst nennt man auch das Seidenfinishen oder Schreinern[1]).

[1]) Als Permanentfinish oder Permanent-Finish wird auch mitunter der Transparent- oder Opal-Finish bezeichnet, wodurch Mißverständnisse entstehen können (s. unter Transparentierung und Opalisierung S. 274).

Der Kalander ist ähnlich gebaut wie der Gaufrierkalander und enthält statt der Musterwalze eine Feinriffelwalze und eine glatte Walze (s. Abb. 192). Das Seidenfinishen ist also eine besondere Abart der

Abb. 192. Seidenglanz-Kalander mit 2 Walzen mit hydraulischem Druck und Gasheizung (Weisbach).

Gaufrage. Die hohle, heizbare Stahlwalze ist mit feinen, eingeschnittenen Rillen (4—20 und mehr pro Millimeter Gewebe) versehen; darunter befindet sich eine Papierwalze. Die Ware läuft unter hohem Druck (bis zu 50000 kg) zwischen der erwähnten Riffelwalze und der Papierwalze durch, mit der rechten Seite an der gravierten oder gerillten Walze, so daß die in die Stahlwalze eingeschnittenen Rillen in das Gewebe eingepreßt werden. Bei 4—5 Rillen pro Millimeter sind die Rillen grob und mit bloßem Auge sichtbar; sie geben noch keinen besonderen Glanz. Bei 10—12 Rillen pro Millimeter sind die Rillen nur noch mit der Lupe zu erkennen und geben den schönsten Seidenglanz. Bei 20—24 Rillen pro Millimeter nähert sich der Glanz bereits dem gewöhnlichen, mit einer glatten Walze erzeugten Kalander- oder Spiegelglanz. Abb. 193 zeigt die Photographie eines Baumwollstoffes mit eingepreßten Rillen mit in $^1/_{10}$ mm geteiltem Maßstab. Die auf dem helleren Teil des Bildes sichtbare Gewebefläche zeigt deutlich die Rillen.

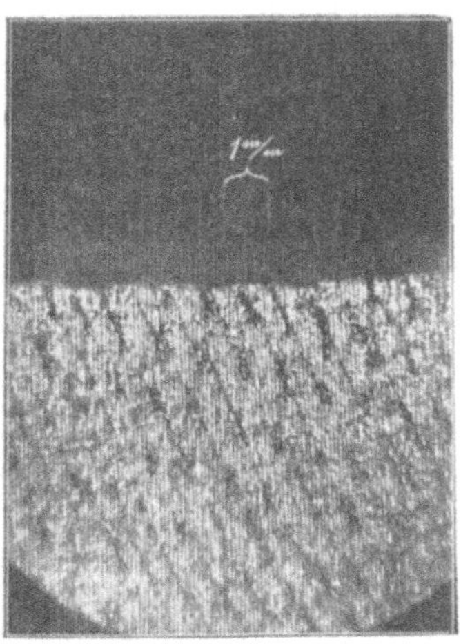

Abb. 193. Baumwollstoff mit eingepreßtem Rillen-Seidenfinish (nach H. Lange).

Werden die eingepreßten Rillen oder Formen zugleich auf 200—250° C erhitzt, so verliert die Zellulose ihre Quellfähigkeit, und die Preßfiguren werden wasserecht. Auf dieser Grundlage beruhen viele der bekannten und noch zum Teil geheimgehaltenen Verfahren zur Herstellung von wasserechtem und bügelechtem Seidenglanz auf Baumwollgeweben, die auch heute noch eine große Rolle spielen und eine wichtige Veredelung bedeuten.

Die bekannten Gaufrierkalander erwiesen sich im Großbetriebe als zu schwach. Die Einpressung der feinen Rillen in die Oberfläche des Gewebes muß gleichmäßig scharf und tief genug sein, wobei der Rücken des Gewebes glatt bleiben soll. Zu diesem Zweck sind neue, stärkere Maschinen gebaut worden, und zwar soll der Druck um so stärker sein, je feiner die Rippen oder Rillen sind. Die moderne Maschine arbeitet mit hydraulischem, schnell auswechselbarem (beim Passieren der Nähte durch die Maschine) Druck von etwa 4000 kg pro 10 cm Warenbreite. Die Heizung erfolgt durch Gas und erhält sich bei der allgemeinen Behandlung der Ware auf 150° C. Die Geschwindigkeit des Warenlaufes beträgt etwa 10 m in der Minute. Die zu finishende Ware soll im allgemeinen möglichst frei von Fremdkörpern, also nicht mit Appreturmasse beladen sein, die die Ware steif und hart machen, während sie weich und schmiegsam bleiben soll. Vorgebleichte Ware soll nicht so heiß behandelt werden wie rohe. Außerdem soll die Ware etwas Feuchtigkeit enthalten; zu diesem Zwecke wird sie leicht gedämpft oder eingesprengt. Jede Warengattung erfordert besonders geriffelte und eingestellte Walzen. Um allen Anforderungen zu genügen, hat man die sogenannten Revolverkalander gebaut, z. B. mit vier Stahlwalzen mit ihren verschiedenen Gravuren. Je nach Anforderung dreht man in einigen Minuten die Scheiben so, daß die der Ware entsprechende Gravurwalze mit der Papierwalze zusammenfällt, um dann später eine andere der vier Walzen an die Stelle der vorigen mit der Papierwalze in Verbindung zu bringen. Alle möglichen Riffelungen, fein, grob, tief und flach, in verschiedenen Richtungen verlaufend, sind auf solche Weise, soweit sie im Revolverkalander liegen, augenblicklich ohne Walzenwechsel arbeitsfähig. Die verschiedenen Spezialabarten, wie das Radium-, Adler-, Aderholtfinish u. a. m., beruhen zum Teil auf Naßbehandlung und auf Auftragung von wasserunlöslichen Überzügen, um den Schreinerglanz widerstandsfähiger zu machen, vor allem bügelecht zu gestalten. Später lernte man auch, an Stelle der geraden und schrägen Rippen die Gewebe mit entsprechenden Mustern zu versehen (Heringsgratmuster, Punkt-, Pyramiden-, Korngravuren usw.). Die Herstellung der Gravuren geschieht auf der Mollettiermaschine, genannt nach dem Gravierwerkzeug, der „Molette“.

Die hydraulische Presse.

Außer den erwähnten Hauptbehandlungen der Appretur ist noch eine Anzahl von Neben-, Nach- und Aufmachungsarbeiten zu erwähnen, so das Breitstrecken (Wiederherstellen der ursprünglichen Warenbreite), das Dublieren (Zusammenlegen auf halbe Breite), das Messen, Wickeln, Legen, Heften, Etikettieren usw. Diese Arbeiten sind nicht zu der eigentlichen Textilveredelung zu rechnen. Von der Besprechung dieser Arbeitsverrichtungen kann hier deshalb abgesehen werden und muß auf Spezialwerke der Appretur verwiesen werden.

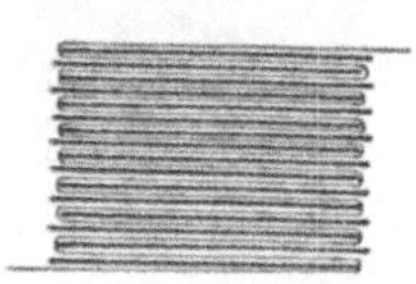

Abb. 194. Stoff in Preßspäne eingelegt (nach Brenger).

Die fertiggestellte, an den Enden bezeichnete, etikettierte usw. Ware wird gewöhnlich nochmals gepreßt, wozu die verschiedenen Warenpressen dienen. Schließlich wird die Ware in Papier verpackt und versandt. Durch das letzte Pressen wird der Ware größere Glätte und erhöhter Glanz gegeben. Es geschieht z. B. unter Zuhilfenahme von Wärme in der sogenannten hydraulischen Presse oder der Spanpresse. Die zu pressenden

Stoffe werden zunächst „eingespänt", d. h. zwischen die einzelnen Stofflagen, die rechte Seite nach innen, werden sehr glatte und harte Pappen, die sogenannten Preßspäne, eingelegt (s. Abb. 194). Die Stoffstapel werden dann zwischen heizbare Platten einer hydraulischen Presse (s. Abb. 195) gebracht, zwischen diesen Platten fest zusammengepreßt und längere Zeit (2—10 Stunden) darin belassen. Folgt dann eine zweite Pressung, so werden die Stoffe vorher eingespänt, so daß nun die Falten zwischen die Preßspäne zu liegen kommen. Die Erwärmung der Platten geschieht gewöhnlich durch Dampf, der einem in den Platten liegenden Röhrensystem zugeführt wird.

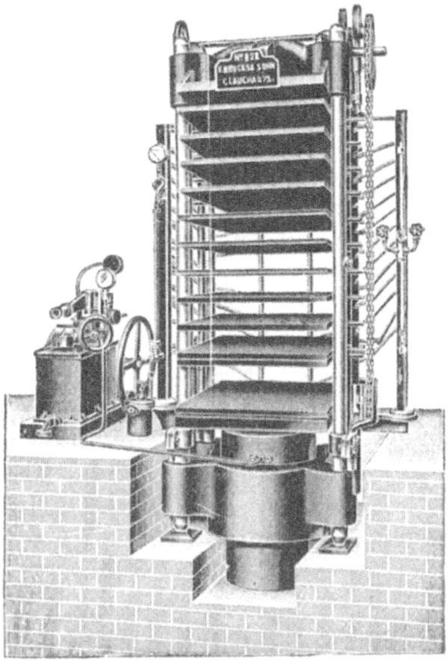

Abb. 195. Hydraulische Warenpresse (Rucks & Sohn).

Die Spanpresse arbeitet langsam; zwei Leute können täglich höchstens 15 Stück pressen. Deshalb ist vielfach die wirtschaftlicher arbeitende Zylinder- oder Muldenpresse (s. Abb. 196) eingeführt worden. Hier läuft das Tuch über eine erwärmte Eisenmulde, gegen welche es mit einer erhitzten Eisenwalze gepreßt wird. Der Druck wird zum Teil hydraulisch erzeugt. Der Nachteil der Muldenpresse gegenüber der Spanpresse besteht darin, daß sie keinen so dauerhaften Glanz erzeugt wie letztere, und daß die Ware vielfach durch den Druck an die warme Eisenmulde in ihrem weichen Griff leidet. Aus der Muldenpresse entwickelte sich die in England eingeführte sogenannte Plattenpresse, bei der das Tuch nicht zwischen Mulde und Walze geht, sondern zwischen zwei erhitzte breitere Platten geführt wird, von denen die obere auf und nieder geht.

Abb. 196. Hydraulische Muldenpresse (Krantz).

Die Appretur der Wollwaren.

Wollwaren werden im allgemeinen nur in geringem Maße mit Appreturmassen und dann meist mit löslichen Stoffen behandelt, weil die Wollfaser weich, elastisch und geschmeidig bleiben soll. Als solche Appreturmittel kommen dünne Lösungen von Dextrin, Leim, Karragheenmoos, löslichen Stärkepräparaten mit oder ohne Zusatz von löslichen Fettverbindungen in Betracht. Die Ware läuft auf der Appreturmaschine durch die Lösungen und wird dann getrocknet.

Um so mannigfaltiger und komplizierter sind die übrigen, fast durchweg mechanischen Appreturbehandlungen der verschiedenartigsten Wollgewebe.

Man teilt die Wollwaren ein in gewalkte und nichtgewalkte Stoffe (Streichgarn- und Kammgarnstoffe), ferner in gerauhte und nichtgerauhte Artikel, in wollgarn- und stückfarbige Waren usw. Von diesen ungemein zahlreichen Wollartikeln und deren Unterarten hat fast jeder seine eigene Appretur, sein eigenes Verfahren und seine eigene Aufeinanderfolge der verschiedenen Behandlungen. Kammgarn- und Halbkammgarngewebe krappt man auf der Krappmaschine oder dem Brennbock (s. d.), sengt auf der Gassengemaschine, appretiert mit löslichen Appreturmitteln, preßt und entfernt den Preßglanz durch Dekatieren. Cheviotwaren walkt man, appretiert oder leimt, schert auf der Schermaschine, preßt und dekatiert. Viele Damenkleiderstoffe werden nur gewaschen, mit Appreturmasse versehen (geleimt), geschoren und gepreßt. Bei stückfarbigen Geweben findet das Färben nach der Vorappretur, also nach dem Waschen oder Krappen oder Walken statt. Hier besteht also eine Vor- und eine Nachappretur.

Streichgarngewebe.

Die Appreturarbeiten für tuchartige Streichgarngewebe bilden folgende Einzelprozesse, die naturgemäß nicht mit allen Geweben vorgenommen werden: 1. das Noppen, 2. das Entgerbern oder Vorwaschen, 3. das Stopfen oder Ausnähen, 4. das Walken, 5. das Karbonisieren, 6. das Rauhen, 7. das Scheren, 8. das Sengen, 9. das Bürsten, 10. das Klopfen, 11. das Pressen, 12. das Dekatieren, 13. das Abziehen und Krumpfen. Zu diesen Hauptprozessen kommen noch viele Nebenarbeiten, wie das Vorwaschen, Fertigwaschen, Trocknen, Spannen usw., und die üblichen Aufmachungsarbeiten, wie das Falten, Legen, Wickeln, Dublieren u. a. m., hinzu.

Von den erwähnten Appreturhauptarbeiten sind die meisten in ihren allgemeinen Grundsätzen und Richtlinien bereits unter den Baumwollgeweben besprochen worden. Es erübrigt deshalb nur, das besonders auf Wolle Bezügliche und Spezifische hervorzuheben; im übrigen wird auf das bereits Gesagte verwiesen. Das für Wolle besonders typische 4. Walken und 5. Karbonisieren ist ferner bereits ausführlich unter Wollbleiche (s. S. 317), und die Nebenarbeiten, wie Waschen, Trocknen usw., sind gleichfalls unter den maschinellen Behelfen der Färberei eingehend abgehandelt worden. Von einer besonderen Besprechung der Aufmachungsarbeiten schließlich muß im Rahmen dieser Arbeit abgesehen werden.

1. Das Noppen wird an dem Rohstreichgarngewebe, dem sogenannten Loden, vorgenommen und geschieht wie bei Baumwollgeweben auf rein mechanischem Wege mit Hilfe von Noppeisen, Noppzange, Noppgabel oder der Noppmaschine. Handelt es sich nicht um die Entfernung, sondern nur um die Verdeckung, Unsichtbarmachung der Verunreinigungen (der Baumwollfäden, Stroh-, Holzteilchen usw.), so können diese Verunreinigungen angefärbt werden (Noppenfärberei). Auf chemischem Wege können die pflanzlichen Verunreinigungen durch Karbonisation (s. diese) sehr vollkommen entfernt werden.

2. Das Entgerbern oder Vorwaschen des genoppten Lodens bezweckt die Entfernung des sogenannten Gerbers, d. i. von Fett, Leim, Schlichte usw., aus dem Gewebe und wird durch Waschen mit Soda, Ammoniak, Seife, mitunter auch Walkerde, bewirkt. Man benutzt hierzu die bekannten Strang- und Breitwaschmaschinen (s. S. 438 u. ff.). Noppen und Vorwaschen geschieht auch bei fast allen Kammgarnstoffen, braucht dort aber wegen des im allgemeinen reineren Materials nicht so gründlich zu geschehen.

3. Das Stopfen oder Ausnähen ist eine Handarbeit, die meist von weiblichen Arbeitskräften ausgeführt wird.

4. Das Rauhen spielt in der Appretur der Wolle eine äußerst wichtige Rolle. Als Aufrauhungsmaterial sind vor allem die Rauhkarden oder kurzweg die Karden zu nennen, welche mit ihren Haken aus der mäßig oder stark befeuchteten Ware das Faserhaar herausheben und der gerauhten Seite ein pelzartiges Aussehen verleihen. Als Karden werden die Fruchtköpfe der Kardendistel (Dipsacus fullonum) verwendet, die mit vielen kleinen Widerhaken besetzt sind. Sie sind 4—10 cm lang, die gekrümmten Häkchen sind elastisch und recht widerstandsfähig (Abb. 167). Früher geschah das Rauhen mit der Hand, heute fast ausschließlich maschinell mit Hilfe der Rauhmaschine. Der Hauptbestandteil der letzteren ist die Kardentrommel, eine horizontal gelagerte Trommel oder ein Tambour aus Eisen, auf deren Mantel die Rauhstäbe, das sind eiserne Rahmen, befestigt sind, in die möglichst gut sortierte (gleich große) Karden sorgfältigst eingesetzt werden (das sogenannte „Setzen der Karden“). 18—24 solcher mit Karden besetzter Rauhstäbe werden auf dem Mantel der Kardentrommel in gleichen Abständen befestigt (s. Abb. 197). Beim Rauhen streicht nun das Gewebe, das sich vom Warenbaum abwickelt, an der Rauhtrommel vorüber, indem es die Karden mehr oder weniger kräftig berührt und entsprechend stärker oder schwächer gerauht wird, und zwar nach Bedarf auf der Rückseite und Vorderseite, um dann wieder auf den zweiten Warenbaum aufgerollt zu werden. Einen solchen Vorbeigang an der Kardentrommel nennt man Anstrich oder Tracht. Maschinen mit einer Rauhtrommel heißen einfach wirkende, mit zwei Trommeln oder einem Trommelpaar zweifach wirkende Rauhmaschinen. Doppelte Rauhmaschinen enthalten mehrere Trommelpaare, so daß die Ware bei einem einmaligen Durchgang mehrere, z. B. 6—8 Anstriche erhält. Im allgemeinen rotiert die Rauhtrommel; es gibt aber auch Maschinen mit feststehender Trommel und vorbeiziehenden Stoffen.

An Stelle der Naturkarden hat man versucht, Metallkratzen (z. B. aus Stahldraht oder Aluminiumdraht) zu verwenden. Solche Kratzenrauhmaschinen (s. Abb. 198) haben sich indes in der Wollwarenrauherei weniger bewährt als in der Rauherei der Baumwollwaren. Auch gibt es Kombinationen von Karden- und Kratzenrauhmaschinen.

Die zu rauhende Ware darf nicht trocken sein, sondern muß einen gewissen, gleichbleibenden Feuchtigkeitsgehalt aufweisen; Glanzware

Abb. 197. Einfache Rollkarden-Rauhmaschine mit 4 Warenanstrichen (Gessner).

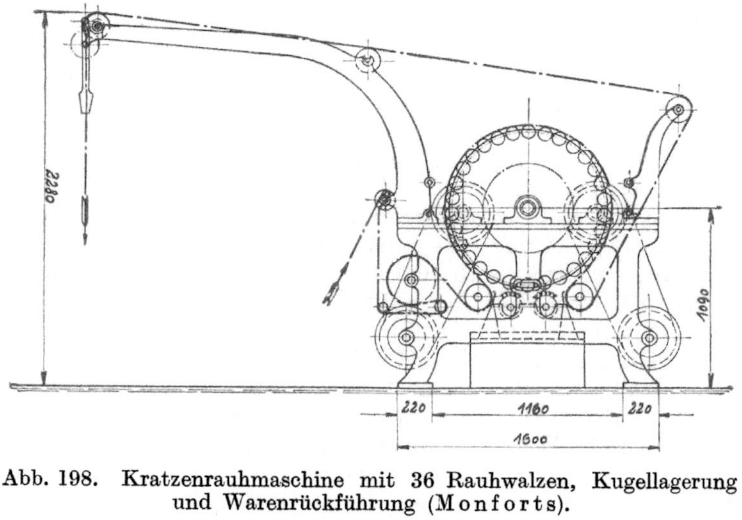

Abb. 198. Kratzenrauhmaschine mit 36 Rauhwalzen, Kugellagerung und Warenrückführung (Monforts).

wird sogar mitunter in vollem Wasser „strichgerauht", d. h. nach dem eigentlichen, ersten Aufrauhen zwecks Legung der Faserdecke in einer Richtung nachgerauht. Die Rauhkarden selbst müssen dagegen völlig trocken sein. Je weicher sie im Laufe der Zeit durch aufgenommene

Feuchtigkeit werden, desto unwirksamer werden sie. Sind die Karden nach längerem Gebrauch mit Wollfasern beladen und dadurch unwirksamer geworden, so werden sie umgesetzt, so daß die unbenutzte Seite zum Rauhen verwendet wird. Nach Abnutzung auch dieser Seite werden sie schließlich durch neue Karden ersetzt. Die mit Wolle (Rauhabfall) beladenen Rauhstäbe werden nach Bedarf durch Bürstenwalzen gereinigt. Die Anzahl der „Trachten", die ein Gewebe bis zum Fertigrauhen erfährt, schwankt innerhalb weiter Grenzen (60—500).

5. **Das Scheren** folgt in der Regel nach dem Trocknen der gerauhten Ware auf der Schermaschine. Man unterscheidet die Längs- oder Longitudinalschermaschine und die Quer- oder Transversalschermaschine. Bei der ersteren steht die Schneide des Untermessers in der Richtung der Schußfäden, und das Stück wird von einem Ende zum anderen ohne Unterbrechung geschoren; bei der letzteren steht die Untermesserschneide in der Richtung der Kettfäden, und das Stück wird bruchstückweise von Leiste zu Leiste geschoren.

Abb. 199. Klopfmaschine mit 10, 12 und 16 Stäben (Gessner).

6. Nach dem Scheren **bürstet** man die Ware auf der Bürstmaschine.

7. **Das Klopfen.** Für die Lockerung und Lösung der Fadenenden der durch Rauhen erzeugten Haardecke ist bei naßgerauhten wollenen Waren und langfaseriger Haardecke ein Klopfen oder Schlagen nötig, das auf der Rückseite des Gewebes stattfindet. Das Klopfen findet auch sonst zur Warenreinigung nach dem Sengen, zum Austreiben von Faserstaub nach dem Rauhen, zur Beseitigung von Walkquetschfalten, zur Aufrechtstellung der Flur bei Plüschen usw. statt. Das Klopfen geschieht vielfach noch von Hand mit Klopfern; Abb. 199 erläutert eine maschinelle Einrichtung.

8. Das Pressen. Zum Schluß preßt man vielfach auf der hydraulischen Presse unter ziemlich hohem Druck oder behandelt auf der Zylinderpresse. Beim Pressen von Wollwaren in der hydraulischen oder Spanpresse müssen die Waren eine gewisse Feuchtigkeit haben, da sonst mangelhafter Preßglanz erhalten wird. Die Hauptbestandteile der hydraulischen Presse sind der Preßzylinder, der Preßtisch und die Preßspäne (s. S. 596). Bei der hydraulischen Dampfpresse kommen schmiedeeiserne, durch Dampf heizbare Preßplatten zur Verwendung; in selteneren Fällen werden die Preßplatten auch elektrisch geheizt. Für geringeren Glanz benutzt man statt der hydraulischen Presse die Zylinder-, Walzen- oder Muldenpresse.

Abb. 200. Dekatierapparat mit Zentral-Schnellverschluß und innerer Einrichtung zur Verhütung von Wasserflecken (Gessner).

9. Manche Waren kommen mit dem Preßglanz in den Handel. Meist wird der Stoff jedoch vorher der **Dekatur** unterworfen. Diese bezweckt die Entfernung des unangenehmen und wasserempfindlichen Preßglanzes und die Ersetzung desselben durch den weit milderen, aber dauernden und tropfechten Dekaturglanz. Das Dekatieren besteht in einer Art Dämpfung oder Dampfbehandlung: Die Ware wird auf eine mit Stoff versehene Dekaturwalze, d.i. einen hohlen kupfernen Zylinder mit perforierten Wandungen aufgewickelt, und durch das Gewebe wird trockener Dampf hindurchgeblasen, der durch die Achse des Zylinders in das Zylinderinnere eingeführt wird und die ganze Geweberolle durchdringt. Derselbe Effekt des Glanzabziehens wird auch durch die nasse Dekatur oder durch Überziehen der Ware über einen einfachen Dämpfer[1]) erreicht. Bei dieser Operation, dem sogenannten **10. Abziehen oder Krumpfen** (oder Krumpen), wird die Ware gleichzeitig nadelfertig gemacht, d. h. sie bleibt bei späterem Bügeln, Tragen und Naßwerden in ihren Maßen unverändert und „geht nicht ein", ist „krimpfrei", „krumpffrei" oder „krumpfrei" (s. S. 319). **11.** Die Aufmachungsarbeiten werden schließlich mit dem **Wickeln,** Verpacken usw. abgeschlossen (s. Abb. 201).

Man unterscheidet a) die Dampf- oder trockene Dekatur, b) die Naßdekatur und c) die Nachdekatur. Bei der trockenen Dekatur wird das Gewebe in faltenlosem, ausgebreitetem Zustande auf den Dekatierzylinder (Dämpfwalze) aufgewickelt. Dies ist eine gelochte kupferne, schmiedeeiserne, stählerne oder

[1]) Für diese Operation sind besondere Maschinen, z. B. die Finishdekatur- und die Plattendekaturmaschine, konstruiert worden.

messingne Hohlwalze. Zuerst kommt ein grobes Wickeltuch aus Jute oder Leinen, dann ein Anliegetuch aus Baumwollware (Barchent), darauf folgt die Ware selbst und zum Schluß das breitere Decktuch, welches oben und unten an der Dämpfwalze fest zugebunden wird. Der Dampf hat einen Druck von 2—6 at (ohne Vakuum) oder von $^1/_4$—2 at. (mit Vakuum); er darf nur wenige Minuten auf die Ware einwirken, da sie sonst hart und brettartig wird. Man hat vertikale und horizontale Zylinderanordnungen (s. Abb. 200). Der Dampf strömt nur von einer Seite ein. Bei der Naßdekatur kommt wieder eine Dekatierwalze zur Anwendung, nur wird statt des gespannten Dampfes heißes Wasser von 60—70° C verwendet, das mit einer Saug- und Druckpumpe durch den Stoff abwechselnd gesaugt und gepreßt wird. Rasches Abkühlen geschieht durch Luftkühlung oder kaltes Wasser. In der Nachdekatur wird die Ware nur der bloßen Dampfwirkung ausgesetzt, indem sie über einen gelochten, gewölbten Hohltisch weggezogen wird, mit dem

Abb. 201. Wickelmaschine mit Spezialeinrichtung zum faltenfreien Aufwickeln ohne stark zu strecken, Mit Wechselgetriebe auch zum Abwickeln und Abfachen der Ware. In Verbindung mit Absaugvorrichtung zum Kühlen der Ware beim Abwickeln (Gessner).

in den Tisch geleiteten Dampf in Berührung kommt und dann gut ausgekühlt wird. Neuere Konstruktionen sind geschlossen und werden als Feuchtdampf-Dekatiermaschinen bezeichnet (Gessner).

Das Ratinieren wird nur bei gewissen Konfektionsstoffen (Astrachans, Krimmer u. ä.) vorgenommen. Die über die Stoffoberfläche hinausragenden langen Haare werden hier mit einer gewissen Gleichmäßigkeit zusammengedreht, indem man sie zu perlartigen Knötchen zusammenknüpft oder -dreht, oder indem man sie in Schlingenform bringt oder zu kleinen Locken wickelt. Diese Arbeit besorgt die Ratiniermaschine.

Halbwollwaren.

Auch die Behandlung der Halbwollwaren kann außerordentlich verschieden sein. Der größte Teil derselben ist stückfarbig, doch werden auch Buntgewebe hergestellt (strangfarbige oder fadengefärbte Ware).

Stückfarbige Ware wird erst der Vorappretur, dann dem Färben und zuletzt der Nachappretur unterworfen. Man krabbt z. B. zuerst auf der Krabbmaschine mit heißem Wasser oder unter Zusatz von 6 bis 10 g Seife im Liter, dämpft auf dem Dekaturzylinder 5—10 Minuten, sengt 2—3 mal oder häufiger auf der Plattensengmaschine und läßt zur Entfernung des Sengstaubs nochmals durch warmes Wasser laufen. Nach dem Färben appretiert man mit Dextrin, Leim, Pflanzenschleimen, aufgeschlossener Stärke usw. Zur Erzielung von weichem Griff setzt man Monopolseife zu und trocknet auf der Trommeltrockenmaschine oder auf dem Spannrahmen. Einige, meist schwere Stoffe, werden noch auf der hydraulischen Presse oder der Muldenpresse gepreßt. Buntgewebe mit echtfarbig vorgefärbter Baumwollkette werden ähnlich, doch beim Krabben und Dämpfen vorsichtiger behandelt, damit die Farben nicht bluten oder trübe werden. Die Wolle wird im Stück nachgefärbt. Buntgewebe mit im Strang (im Faden) vorgefärbter Baumwolle und Wolle erhalten nur die Nachappretur, also Behandlung mit Appreturmitteln, Trocknen, Pressen usw. Bisweilen wird hier auch Moiré erzeugt.

Wollseide (Gloria usw.) krabbt, dekatiert, färbt, appretiert man mit dünnen Lösungen löslicher Appreturmittel, trocknet auf dem Spannrahmen und preßt.

Die Appretur der Seidenwaren.

Ein großer Teil der schweren, ganzseidenen Stoffe ist aus im Strang gefärbter, fast immer erschwerter Seide gewebt und besitzt, vom Stuhle kommend, bereits den gewünschten Glanz, Griff und die Glätte, erfordert demnach keine tiefgreifendere Appreturbehandlung. Waren, die nicht den gewünschten Griff haben, werden appretiert, und zwar teils mechanisch bearbeitet, teils mit solchen Appreturmitteln versehen, die den natürlichen Glanz der Seide nicht beeinträchtigen, so vor allem mit Gelatine oder Leim, Dextrin, Pflanzenschleimen und seltener mit aufgeschlossener Stärke. Füll- und Beschwerungsmittel beeinträchtigen den natürlichen Glanz der Seide; bei bereits erschwerter Seide sind sie außerdem überflüssig.

Die einfachsten mechanischen Behandlungen, die die Seidenwaren durchmachen, wenn sie nicht ganz rein sind und keine genügend glatte Oberfläche und Lage zeigen, sind das Putzen (Noppen), das Scheuern und die Behandlung auf der Presse.

Unter Putzen versteht man entweder die Entfernung der auf der Warenoberfläche noch vorhandenen Fadenenden und Knoten mit Hilfe des Noppeisens und der Schere oder (besonders auch bei stückgefärbten Halbseidenstoffen) das Egalisieren oder Verwaschen bzw. Verputzen etwa vorkommender, fettglänzender oder matter Stellen mit einem benzinhaltigen oder benzinölhaltigen Lappen.

Durch das Scheuern (Verreiben, Polieren, Glätten, Glaçage) der Seidenstoffe erreicht man eine gleichmäßige Verteilung der Ketten- und Schußfäden. Hierdurch bekommt der Stoff höheren Glanz, bessere Glätte und feineren Griff. Zum Scheuern dient die Scheuermaschine

(Polisseuse) mit fein polierten Blättern aus Stahlblech oder Horn (Schaber), die den ausgespannten Stoff von Hand oder maschinell in der Schußrichtung bearbeiten (reiben, polieren).

Als Presse dient gewöhnlich die Baumpresse. Der Stoff wird kalt auf einen Baum mit Papierunterlage fest aufgewickelt, so daß die Stofflagen überall von Papier getrennt sind. Nach etwa 24 Stunden ist die Ware genügend glatt. Ist der Stoff hart und spröde, so wird er vorher über einen mit Dampf oder Gas geheizten Zylinder gezogen. Wird er dann in noch warmem Zustande auf den Baum gewickelt, so muß er gleich wieder abgewickelt werden, darf also nicht warm auf dem Baum aufgewickelt bleiben. Außer der Baumpresse kommt die gewöhnliche Druckpresse unter Anwendung von Preßspänen zur Anwendung (s. d.).

Zu weiche, lappige, lose und wenig dichte Ware wird linksseitig auf einer Appreturmaschine oder Quetsche mit Gelatine (bei weißer oder hellfarbiger Ware) oder mit Dextrin, Pflanzenschleim, Leim od. ä. (bei dunkler oder schwarzer Ware) in dünnen Lösungen appretiert. Man benutzt hierzu z. B. die auf S. 584 beschriebene Vorrichtung (Abb. 179), bei der die Walze im Trog läuft und die Appreturlösung auf den Stoff überträgt. Nach 1—4maligem Durchlaufen des Stoffes trocknet man auf dem Zylinder.

Buntgewebe erhalten vielfach sogenannte Spritzappretur (s. S. 586, Abb. 183), indem sie linksseitig mit einer dünnen Appreturlösung (von z. B. 50 g Gelatine im Liter) bestäubt und dann sofort über Gas getrocknet werden. Die Spritzappretur kann nach Bedarf mehrmals wiederholt, und der getrocknete Stoff kann dann, wenn nötig, auf der Brechmaschine ausgebrochen werden. Bisweilen werden die Gewebe dann noch zwischen Preßspäne eingelegt und in der warmen Presse bei mäßigem Druck gepreßt. Seltener werden Seidenwaren auch beiderseitig appretiert, getrocknet, gebrochen und gepreßt. Zum Weichmachen benutzt man Glyzerin, Paraffin, Wachs und verschiedene Öle.

Halbseidengewebe, welche die Seide auf beiden Seiten zeigen (z. B. Rips), werden ähnlich wie ganzseidene Waren behandelt. Halbseidene (und auch ganzseidene) Waren, die dagegen eine ausgesprochene rechte Seite haben (wie Satin, Serge, Kaschmir), werden mit Vorliebe auf dem Riegel appretiert (s. S. 585). Die Halbseidengewebe sind entweder strang- (faden-) oder stückfarbig; erstere haben Organzinkette, letztere Grègekette. Der Schuß besteht aus Baumwolle.

Das Moirieren (Wässern) und das Moiré.

Das Moirieren verwandelt glatte Gewebeoberflächen in gemusterte, indem die Schußfäden einer Ware teilweise plattgedrückt werden. Hierbei wird ein eigentümlich schillerndes Aussehen erzielt, weil die auf die gequetschten und ungequetschten Fadenstellen auffallenden Lichtstrahlen in verschiedener Weise zur Reflexion gelangen. Zum Moirieren eignen sich besonders Gewebe mit starken Schußfäden und glänzendem Garnmaterial (Seidenstoffe, Seidenripsbänder). Baumwollgewebe werden nur ausnahmsweise gewässert oder moiriert.

Unregelmäßiger Moiréeffekt entsteht bereits, wenn man beispielsweise ein Gewebe in doppelter Lage zwischen zwei glatten Walzen durchgehen läßt. Der Effekt wird kräftiger, wenn man dem Gewebe während des Durchgangs zwischen den zwei Walzen noch eine kleine hin- und hergehende Bewegung in der Schußrichtung erteilt, wodurch das Plattdrücken nicht allein dem Zufall überlassen bleibt, sondern planmäßig herbeigeführt wird. Will man hingegen ein regelmäßiges Moirémuster erzielen, so müssen entsprechend gravierte Walzen zur Anwendung gelangen (Moirékalander), wobei dann der Effekt durch die Gravur der Walzen bedingt wird (s. auch unter Seidenappretur).

In der Appretur stellt man drei Arten von Moiré her, Moiré antique, Moiré français und Preßmoiré. Letzteres wird durch Walzen, in welche ein Moirémuster eingraviert ist, auf der Gaufriermaschine erhalten. Preßmoiré zeigt auf der Rückseite die Rillen des eingravierten Musters und unterscheidet sich dadurch von dem anderen Moiré, bei dem die Ware eine glatte Rückseite hat. Es wird hauptsächlich auf glatte Waren mit Satinbindung erzeugt. Außerdem lassen sich noch moiréartige Figuren in Geweben durch fächerartig gestellte Rieter im Webstuhl erhalten. Moiré antique ist gekennzeichnet durch kreuz und quer laufende lange Linien ohne Augenbildung, während Moiré français sich durch streifig nebeneinanderliegende Augenreihen kennzeichnet. Außerdem kommen noch Abarten vor, die teils durch eigenartige Augenbildung, teils durch vollständig unregelmäßige Kreuzungen der Rippen erzielt werden.

Moiré antique erhält man auf seidenen, halbseidenen, halbwollenen, leinenen Waren besonders dann recht ausdrucksvoll, wenn das Gewebe nicht sehr weich ist, z. B. bei Verwendung von Eisengarn. Faltet man ein zum Moirieren geeignetes Gewebe in der Längsrichtung zusammen und läßt es durch einen Rollkalander gehen, so erhält man auf der inneren Seite, die nicht mit den Kalanderwalzen in Berührung gekommen ist, Moiré. Dasselbe Resultat wird erhalten, wenn zwei Stücke aufeinandergelegt durch den Kalander laufen. Die Kalanderwalzen müssen hierbei recht heiß sein. Die auf diese Weise erhaltenen Abbildungen sind aber unregelmäßig. Regelmäßige Abbildungen kann man erzeugen, wenn die Ware genau Schuß auf Schuß zusammengelegt wird. Um dies zu ermöglichen, werden an den Kanten des Stückes in Abständen von $^1/_2$—1 m weiße Fadenenden eingewebt. Wird nun das Gewebe dubliert, so müssen diese Fadenenden, die denselben Schuß anzeigen, ganz genau aufeinanderliegen. Man webt auch zwei Stücke nebeneinander auf einem Webstuhl, ebenfalls unter Verwendung der Fädchen an den Kanten. Die Stücke heftet man an den Kanten in Abständen von etwa $^1/_2$ m lose mit Fäden, wickelt gut schußgerade auf einen Baum, bäumt öfters um, bis die Schußzeichen gut aufeinanderliegen, und läßt nun die Ware durch einen heißen Rollkalander.

Statt des Kalanders wird zur Erzeugung dieses Moirés häufig die hydraulische Mangel oder Kastenmangel benutzt. Für die Bearbeitung auf der Mangel werden beim Aufbäumen Papierbogen oder Leinenstücke mit der Ware aufgewickelt, so daß die Stofflagen hierdurch getrennt sind. Dann wird die Ware gemangelt. Die innere Seite des dublierten, also in der Längsrichtung zusammengelegten Gewebes, zeigt nun das Moiré.

Zur Herstellung von Moiré français werden zwei Stücke, die zweckmäßig nebeneinander gewebt wurden, zusammen schußgerade in einem Wickelstuhl auf einen Baum aufgebäumt. Durch eine in diesem Wickelstuhl angebrachte Platte aus Eisen oder Birnbaumholz, die in Abständen von mehreren Zentimetern ziemlich tief eingekerbt ist, werden dann die Schußfäden der beiden Stücke dadurch verschoben, daß das untere auf dem Baum befindliche Stück scharf an der unteren Seite der eingekerbten Platte, das obere Stück an der oberen, ebenfalls eingekerbten Platte vorbeistreicht. Die Stücke laufen dann wieder übereinander auf einen Baum und werden nun in einem langsam laufenden Rollkalander mit gut geheizten Walzen und hohem Druck auf den Walzen kalandert. Es entsteht ein Streifen-Moiré. Die Breite der Streifen ist abhängig von der Breite der Einkerbungen.

Das Kreppen bezweckt, die Schußfäden der Ware schlangen- oder wellenartig zu verschieben. Man bedient sich einer Kreppmaschine, auf welcher der Stoff seine Kreppung bei dem Durchgang zwischen geriffelten, geheizten Walzen erhält. Die so gekreppte Ware heißt nach der an ihr vorgenommenen Behandlung Krepp.

Samt und Plüsch.

Den „Stoffen" in engerem Sinne gegenüber stehen die Flur- oder Florgewebe, der Samt und der Plüsch. Dies sind Gewebe, in welchen der eine Teil der Fäden, die Polfäden, aufgeschnitten sind. Ein Grundgewebe bindet die häkchenartigen Fäden (Flur) in folgender Form: 
Sind die Häkchen nur einfach gebunden, wie bei der ersten Abbildung, so nennt man die Webart Pol auf, sind sie wie bei der zweiten Abbildung gebunden, so nennt man sie Pol durch (auch „Listerbindung" genannt). Die Punkte sind Schußfäden. Die Appretur besteht zur Hauptsache in dem Scheren der Gewebe auf der rechten Seite, um der Flur gleiche Höhe und Reinheit zu verleihen — d. h. nicht scharf und gleichmäßig abgeschnittene Flur wird gleichmäßig geschoren —, sowie in dem Auftragen der Appreturmittel auf der linken Seite des Gewebes.

Zum größten Teil wird Samt und Plüsch aus im Strang gefärbtem Garn gewebt, doch kommen auch im Stück gefärbte Waren in den Handel. Die Rückseite der Ware sengt man, meist auf der Gassengmaschine, bis sie genügend von den vorstehenden Fasern befreit (rein) ist. Dann wird die Flur häufig auf der Rauhmaschine etwas aufgerauht und auf der Schermaschine geschoren. Dabei stellt man den Scherzylinder mit dem Untermesser anfangs recht hoch und geht allmählich durch Drehen der Stellschrauben mit dem Zylinder fester auf die Ware, so daß schließlich nach öfterem Durchlaufen des Stückes auf der Schermaschine die Flur genügend rein erscheint. Die Flurhöhe des Stückes bleibt dabei bestehen; nur die höher stehenden Fasern werden abgeschnitten und die Flur hierdurch gleichgemacht. Allerdings gibt es auch Waren, bei welchen man durch Scheren die Flurhöhe vermindern kann, z. B. Wollplüsch und Teppiche, indem allmählich immer etwas mehr von der Flurhöhe abgeschnitten wird. Geweben, aus welchen durch sachgemäßes Scheren Flurfäden herausgerissen werden, kann man durch Scheren eine geringere Flurhöhe nicht verleihen.

Der genügend geschorene Samt, den man während des Scherens häufig bürstet, wird, wenn nötig, noch auf einer besonderen Bürstmaschine vom Scherstaub befreit und auf der linken Seite mit steifer Appreturmasse, ähnlich wie sie für Halbseide angegeben ist, appretiert. Man gebraucht Tragantschleim, Leim, aufgeschlossene Stärke, gut gekochte Stärke, Dextrin usw. unter Zusatz von Öl. Das Aufstreichen der Appreturmasse geschieht auf der Appreturbank, auf welche der Samt aufgespannt, mit der Appreturmasse bestrichen und durch einen unter dem Stücke fahrbaren, großen Gasbrenner getrocknet wird; oder man appretiert auf besonders hierfür gebautem Spannrahmen, auf den das Stück aufläuft. Vor den Spannketten befindet sich eine Vorrichtung, um das Stück ein- oder zweimal mit Appreturmasse zu überziehen. Nach dem Trocknen wird die appretierte Rückseite durch große, schwachgewölbte, heiße Bügeleisen auf der Bank mit der Hand, auf der Appreturmaschine mechanisch gebügelt, und schließlich läßt man den Samt über einen heißen Zylinder gehen. Dabei verschwinden die letzten Teile der Feuchtigkeit aus dem Gewebe, und die Flur stellt sich gerade. Ist der Samt durch die Appretur zu hart geworden, so wird er durch Behandeln auf der Brechmaschine weicher gemacht. Samtwaren werden in den Fabriken meist unappretiert auf dem Lager aufbewahrt und erst vor dem Versand appretiert.

Plüsch behandelt man in ähnlicher Weise wie Samt; er unterscheidet sich von Samt durch die größere Flurhöhe. Ferner kommen Gewebe in den Handel, welche eine samtartige Flur haben, die geplättet (panniert) ist. Die Ware wird Panne genannt und stückfarbig sowie bedruckt hergestellt. Samt wird auch auf Maschinen gepreßt, wie man sie zum Gaufrieren von glatten Waren benutzt. Das Muster, welches in den Samt eingepreßt werden soll, ist stark erhaben auf einer heizbaren Messingwalze angebracht und muß so hoch hervorstehen, daß der nicht zu pressende Teil der Flur unberührt bleibt. Die Flur legt sich platt an den Stellen, die durch das erhabene Muster gedrückt werden, und erscheint dann glänzender als die nichtgepreßten Stellen des Samtes.

Die Appretur der Garne.

Garne werden in viel geringerem Maße einer Appretur unterworfen als Gewebe. Von den Garnen werden wieder vorzugsweise Baumwoll-, Leinen- und Seidengarne appretiert, während Wollgarne kaum appretiert, höchstens nach dem Färben unerheblich geschönt oder aviviert werden.

Die Schlichterei. Man versteht unter Schlichterei die Bearbeitung des Kettgarnes mit einer meist stärkehaltigen Flüssigkeit zwecks Erhöhung der Widerstandsfähigkeit (Glätte, Festigkeit, Elastizität) der Kettfäden, damit sie beim Weben die unvermeidlichen Spannungen und Reibungen durch Geschirr und Blatt und die fortlaufenden Schläge der Lade aushalten und Fadenbrüche möglichst beschränkt bleiben. Das

Schlichten bezweckt also im Gegensatz zur Appretur nicht die Verbesserung des Aussehens, sondern lediglich eine vorübergehende Besserung der Verarbeitungsfähigkeit. In vielen Fällen (z. B. wenn Rohgewebe hergestellt und später gebleicht, gefärbt usw. werden) ist die Schlichte überhaupt nicht mehr in der Ware vorhanden, sobald sie auf den Markt kommt. Die Appretur dagegen stellt immer die letzte Operation der Bearbeitung dar und bezweckt gerade, die Marktfähigkeit der Ware zu heben.

Das gute Laufen der Ketten hängt zu einem großen Teil von einer guten und sorgsamen Schlichtung ab. Mit dem Verschwinden des Handwebstuhls hat sich auch die Schlichterei zu einem fabrikatorischen Betriebe entwickelt.

Zur Schlichtebereitung dienen etwa die gleichen Vorrichtungen und Materialien wie zur Appreturbereitung (s. d.). Zum Kochen der Schlichte verwendet man z. B. große hölzerne oder eiserne Kufen mit Dampfschlange und Rührwerk (Rohweberei-Schlichte) oder aber große runde und ovale kupferne oder schmiedeeiserne Kessel (bunte Baumwolle, Wollweberei), die meist mit direktem Dampf von 1—$1^1/_2$ at Druck geheizt werden. Als Grundsubstanz dient auch hier — wie in der Appretur — die Stärke, vor allem die billige Kartoffelstärke, sowie zahlreiche Stärkepräparate, lösliche Stärkesorten (s. u. Diastafor) u. ä. Als Zusatzmittel dienen Seifen, Fette, Öle, Sulfoleate; ferner Glyzerin und Glykose zur Erhaltung einer gewissen Feuchtigkeit in der Faser. Beschwerungsmittel wie Chinaclay, Schwerspat u. a., Konservierungsmittel wie Phenol, Formalin usw. passen sich den Werkstoffen der Appretur an. Unverseifbare Fette sollen nach Möglichkeit vermieden werden, weil sie sich schlecht auswaschen lassen.

Die Schlichtemasse soll dünnflüssig sein, damit sie gut in die Garne eindringt; sie muß aber auch genügend Klebkraft besitzen, damit die Einzelfasern der Garne gut verkittet werden. Die Ware darf nach dem Schlichten nicht zu sehr gedörrt werden, weil sie sonst spröde und unelastisch wird; andererseits muß sie auch ganz trocken sein, damit die Fäden nicht zusammenpappen oder kleben. Es gehört eine gewisse Praxis dazu, hier die richtige Mitte zu wählen. Im übrigen wird die Zusammensetzung und Konzentration der Schlichte von der Dichte des Gewebes und der Art des Garnes (weich, hart, gedreht, locker, feinere und gröbere Nummern usw.) in weitem Spielraum abhängen. Rohgewebe werden heiß, 90—92° C, geschlichtet; bei gefärbten, aber nicht kochechten Garnen geht man oft auf 50—55°C, bei stark blutenden Farben sogar auf 35—40° C herunter. Die Konzentration beträgt etwa 5—6 kg Stärke (bei aufgeschlossener Stärke bis 10 kg) auf 100 l Wasser sowie 1 kg Seife und sonstige Fettstoffe, je nach Charakter der Ware (Schmierseife, Sulfoleate u. ä.). Bei feinen Garnen wird auch ein Talgzusatz od. ä. gemacht, weil feine Garne leichter zusammenpappen als gröbere. Schwere Waren erhalten stärkere, leichte Waren dünnere Massen. Die Verwendung von Chlormagnesium ist nicht ohne Bedenken, da es sich bei höherer Temperatur (z. B. beim Sengen) zersetzen, freie Salzsäure abspalten und die Ware stark schädigen kann. Mit dem Schlichten kann zugleich auch das

Färben der Ketten vereinigt werden, indem der Schlichte geeignete, direkt färbende Farbstoffe zugesetzt werden.

Gegenüber diesen grundsätzlichen Punkten ist es nicht so wichtig, ob die Garne von Hand, mittels Passiermaschine, Lufttrocken- oder Zylinder-Schlichtmaschine geschlichtet werden. Es muß nach dem Schlichten nur immer sofort auf einer Bürstmaschine so lange gebürstet werden, bis die Garne halb getrocknet sind. Dann wird rasch in der Lufttrockenkammer oder auf dem Zylinder zu Ende getrocknet. So ist ein Zusammenpappen zweier oder mehrerer Fäden (dem Hauptarbeitsfehler in der Schlichterei) nicht zu befürchten. Bei Auseinanderreißen von zusammengepappten Fäden entstehen an den Reißstellen Aufrauhungen, die zu Fadenbrüchen in der Spulerei und Weberei führen.

In kleinen Betrieben geschieht das Imprägnieren der Garne mit der Schlichtemasse mit Hilfe von Garnimprägniermaschinen (s. d.). Große Betriebe verwenden Kettenschlichtmaschinen, auf denen die Garne in Form von Ketten mit der Schlichte imprägniert, getrocknet und im webefertigen Zustande auf Kettbäume gebracht werden. Man unterscheidet hierbei zweierlei Trocknungsarten: 1. das Trocknen auf dem Zylinder (Tambour, Trommel), 2. das Trocknen in der Lufttrockenkammer. 1. Bei der Zylindertrocknung laufen die Ketten von den Scherbäumen durch den Imprägniertrog und zwei Quetschwalzenpaare (von denen die eine mit einem stets sauber zu haltenden Schlichttuch umwickelt ist) ab, werden (zur Verhütung der Verklebung der Fäden) mit rotierenden Bürsten gebürstet, auf zwei Trockenzylindern beiderseitig zu Ende getrocknet und vermittels der Teilungsstäbe und eines Rietkammes auseinandergebreitet, so daß die Fäden nebeneinander zu liegen kommen. Zuletzt werden sie auf dem Kettbaum aufgebäumt. Während der Imprägnierung wird die Schlichtemasse durch direkte oder indirekte Anwärmung auf einer jeweils erforderlichen Temperatur konstant erhalten. Die Trocknung darf nicht bis zum Ausdörren des Garnes gehen, der Dampfdruck soll nicht höher als $1—1^1/_2$ at betragen. 2. Bei der Lufttrockenschlichtmaschine (besonders für bunte Ketten geeignet) kommt das Garn aus dem Schlichttrog in den mit Exhaustor versehenen Trockenraum, wo die Ware bei 48—60° C auf in Kugellagern gelagerten Skeletttrommeln getrocknet wird. Das trockene, aber nicht ausgedörrte Garn verläßt den Trockenraum und läuft, wie bei der Trommelmaschine, zur Teilung der Kette über das Verteilungsfeld. Bei allen Maschinensystemen ist noch auf gleichmäßige Spannung der Kette zu achten; denn ungleichmäßige Spannungen verursachen weichgebäumte Kettbäume, wodurch großer Schaden entstehen kann.

Das Appretieren der Baumwoll- und Leinengarne.

Zwirne, Eisengarn, Nähgarn, Nähmaschinengarn u. ä. Erzeugnisse werden vielfach mechanisch und chemisch appretiert oder imprägniert, um sie für einen bestimmten Zweck geeigneter zu machen. Zu den mechanischen Behandlungen gehört das Strecken, das Schlagen, das Glänzen oder Lüstrieren, das Bürsten und das Mangeln. Die chemische Bearbeitung besteht in der Hauptsache in der Füllung mit einem gewissen Appret, deren Bestandteile u. a. Stärke, Pflanzenschleime, Seife, Wachs, Stearin usw. sind.

Zum Imprägnieren der Garne bedient man sich mit Vorliebe der Garnimprägnier- oder -stärkmaschinen (s. Abb. 102). Diese bestehen im wesentlichen aus einem durch Heizschlange heizbaren Holzkasten zur Aufnahme der Appreturmasse. Oberhalb des Kastens befindet sich eine drehbare Kupferspule. Nachdem das auf der Spule befindliche Garn genügend gestärkt ist, wird es auf zwei Windehaken gebracht, von denen der eine drehbar ist, und wird mehr oder weniger stark ausgewunden. An Stelle des Auswindens kann das Garn durch geeignete Vorrichtungen auch ausgequetscht werden.

Für das Strecken und Lüstrieren der Garne dient die bei Seide angewandte oder eine ähnlich gebaute Streck- und Lüstriermaschine (s. Abb. 203). Zum Bürsten und Glänzendmachen gestärkter Garne vor dem Trocknen bedient man sich der Garnbürst- und Glanzmaschine. Die Garnmangel dient zum Weich- und Glänzendmachen einiger Garne (s. Abb. 202). Diese Wirkung wird z. B. dadurch erzielt, daß die Garnstränge zwischen zwei Paar Papierwalzen hindurchlaufen. Garne, die versandt werden, werden häufig zum Schluß noch in der Garnbündelpresse in Bündel gepreßt.

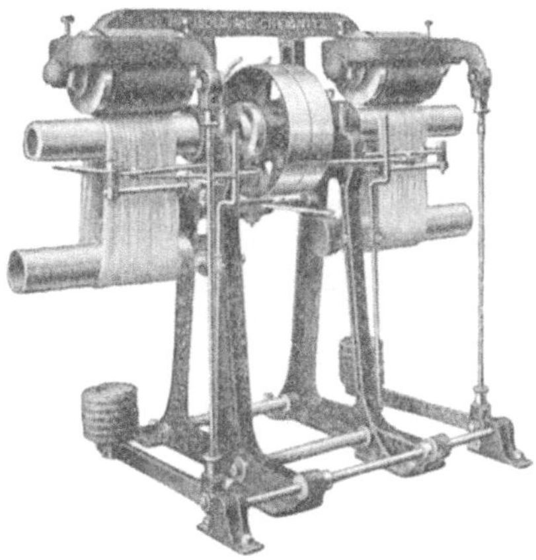

Abb. 202. Garnmangel (Haubold).

Eisengarn. Eine besondere Spezialität bildet die Eisengarnappretur und -glänzerei. Sie erfordert für gute Fabrikate vor allem auch gute Garne, gut geschulte Arbeiter und eine ständige Aufsicht.

Die Färbung der Eisengarne geschieht wie üblich; nur vermeidet man bei basischen Farbstoffen Alaun, da dieses den Garnen einen rauhen Griff verleiht und derartige Garne später beim Glänzen leicht an den Bürsten hängen bleiben und zerreißen. Ferner eignet sich im allgemeinen für das Färben der Eisengarne das Einbad- und Oxydations-Anilinschwarz weniger als andere Schwarzfärbungen. Im übrigen ist bei dem Färben auf völlige Gleichmäßigkeit der Färbung zu achten, da die fertigen Garne zu Geweben, Litzen und Bändern verarbeitet werden, bei denen die geringste Unegalität leicht in die Augen fällt.

Die Appreturmassen werden verschieden dick hergestellt. Um ein Zusammenkleben und Verpappen der Fäden zu vermeiden und eine Verschleierung der Farben zu verhindern, empfiehlt es sich, Kartoffelstärke mit Diastafor od. dgl. aufzuschließen. Die aufgeschlossenen Stärken glätten den Faden sehr gut und geben ihm nach dem Recken einen schönen Glanz, der durch Zugabe von Wachs, Borax, Stearin, Paraffin usw. noch verbessert werden kann. Appreturen, die für weiße Garne bestimmt sind, werden zweckmäßig angebläut, z. B. mit Ultramarin (das mit 5 Teilen Glyzerin angeteigt ist), mit Methylviolett (in Alkohol gelöst und durch ein feines Haarsieb filtriert) u. ä. Appreturen für gefärbte, vor allem schwarze Eisengarne färbt man entsprechend an.

Stranggarne werden meist pfundweise durch die Appreturflotte gezogen, indem man sie entweder 2—3 mal mit der Hand oder auf einem Haspel in der Masse behandelt, wobei das Garn möglichst breit liegen soll, damit die Fäden die Appretur gleichmäßig aufnehmen. In dem Trog soll nicht mehr Appreturmasse vorhanden sein, als zur leichten Handhabung der Garne erforderlich ist. Das so behandelte Garn ist zum Glänzendmachen fertig. Hierfür kommen verschiedene Arbeitsweisen in Betracht.

1. Die Stranggländerei. Die Garne müssen zweigebündig gehaspelt sein (2-leas-Aufmachung); die Endfäden werden zusammengeknüpft und die Gebinde

mit einem zwischen den Gebinden sich kreuzenden, genügend haltbaren Faden unterbunden. Die Glänztrommel ist mit Bürsten und evtl. mit eng gezahnten Glättstäben ausgerüstet. Hier werden alle Fäserchen glattgelegt, und es wird diese Behandlung so lange fortgesetzt, bis das Garn nahezu trocken ist. Dann wird es abgenommen und in einem lufttrockenen Raum getrocknet.

2. Die Spulenglänzerei. Die Fäden der auf einem Spulengestell aufgesteckten Spulen werden durch einen Kettenrechen und von diesem durch einen mit der Appreturflotte gefüllten Trog gezogen. Hierauf gehen sie durch Quetschwalzen, um von der überschüssigen Masse befreit zu werden, gelangen auf die Glänztrommel und werden nach dem Glänzen wieder auf Spulen geführt.

3. Die Kettenglänzerei. Diese eignet sich besonders für Massenlieferung. Man wendet sie hauptsächlich für weiße und schwarze Glanzzwirne in der Nähfadenherstellung an. Die von den Zwirnmaschinen kommenden Rohzwirne werden auf 3—400 g fassende Rollen gespult und mit Hilfe einer Kettenschermaschine auf Kettenbäume, ungefähr 360 Fäden nebeneinander, aufgewickelt. Nach dem etwaigen Bleichen bzw. Färben gelangt die Ware auf die Glänzmaschine, welche, ähnlich der Sizing-Schlichtmaschine gebaut, mit einem Trog zur Aufnahme der Appreturmasse und mit einer oder mehreren Bürstentrommeln versehen ist. Die fertig geglänzten Fäden leitet man auf 6 Rollen, so daß jede Rolle 60 Fäden aufnimmt. Die 60fädigen Rollen werden einer 60spindligen Spulmaschine vorgelegt, welche jeden der 60 Einzelfäden auf eine besondere Spule wickelt, von wo der Glanzzwirn zur Weiterverarbeitung gelangt.

Die Appretur des Nähgarnes ist derjenigen der Eisengarne sehr ähnlich. Man hat es in der Hand, die Appretur durch Erhöhung von Öl-, Sulfoleat- und Glyzerinzusatz weicher oder durch Erhöhung von Stärkekleister od. ä. härter zu halten. Watergarne verlangen größeren Stärkezusatz als Zwirne. Durch Chevillieren werden die Garne weicher.

Seidengarne.

Abb. 203. Streck- und Lüstriermaschine (Haubold).

Nicht nur zum direkten Verkauf als Handelsware bestimmte Strangseide (Nähgarn, Knopflochseide, Stickgarn, Posamentengarne usw.) wird appretiert; auch im Strang gefärbte und meist erschwerte Webgarne, die als Halbfabrikate betrachtet werden können, machen Prozesse durch (z. B. das Weichmachen der Schappeseide für den Pol der Samte, die Avigage und oft mechanische Bearbeitung), die die spätere Gewebeappretur überflüssig machen sollen und die nach ihrer ganzen Natur und ihrem Zweck als Appreturbehandlungen anzusehen sind.

Die chemischen Behandlungen sind im wesentlichen bereits unter Seidenfärberei besprochen worden. Die mechanische Behandlung besteht vor allem in dem Strecken und Lüstrieren. Hierdurch wird die Seide auf die ursprüngliche Länge oder über diese hinaus (um etwa 2—5% der Gesamtlänge) gestreckt oder ausgedehnt und dabei mit einem erhöhten Glanz oder Lüster versehen (Lüstrieren, Brillantieren der Seide, Brillantseide). Man unterscheidet ein Strecken der Rohseide, der entschälten Seide (auch als Zwischenoperation) und der fertig gefärbten und avivierten Seide im trockenen und im nassen Zustande, mit oder ohne Wärmezufuhr. Abb. 203 zeigt eine Streck- und Lüstriermaschine von Haubold, die in verschiedenen Ausführungsformen gebaut wird. Zu erwähnen sind hier noch die Streckböcke der Firma Gerber & Wansleben in Krefeld.

Eine dem Strecken nahe verwandte, nur weniger wirksame Behandlung ist das Schlagen und das Chevillieren (Schwillieren) der fertig gefärbten, avivierten und getrockneten Seidengarne. Das häufig zwischen den verschiedenen Einzeloperationen der Färberei vorgenommene Schlagen der nassen Strangseide bezweckt hauptsächlich ein Entwirren und Inordnungbringen, die Wiederherstellung der parallelen Fadenlage; als Appretur kann diese Bearbeitung nicht gerechnet werden. Das Schlagen und Chevillieren der fertiggestellten Seide kann dagegen in gewissem Sinne als ein Appreturprozeß aufgefaßt werden. Das Schlagen geschieht von Hand am Wringpfahl mit Hilfe eines polierten Stabes, des Wringstockes oder Chevillierstockes und besteht im richtigen Anschlagen, Anziehen, Zusammendrehen nach rechts und links (wie beim Auswinden nasser Garne) usw. Hierbei wird unter geringer Streckung der Glanz erhöht, die Fadenoberfläche geglättet und die Parallellagerung der Einzelfäden befördert. Auch gibt es besondere Schlag- und Chevilliermaschinen. Letztere werden für den einzelnen Garnstrang oder für mehrere Stränge gleichzeitig gebaut. Der Hauptteil dieser Maschinen besteht in einem Paar Windehaken, von denen der untere Haken zum Zusammenwinden des Stranges dient. Die Maschinen finden vorzugsweise in der Ausrüstung der Näh- und Kordonettseiden Anwendung. Eine andere Art von Garnschlagmaschinen wird durch Abb. 204 erläutert.

Abb. 204. Garnschlagmaschine zum Geradelegen der Fäden der gefärbten und getrockneten Garnsträhne (Zittauer Maschinenfabrik).

Kunstseidengarne.

Die Appretur der Kunstseidengarne spielt keine wichtige Rolle. Abgesehen von spezialtechnischen Behandlungen, wie das Sthenosieren, Wasserfestmachen und Entglanzen, die mehr in das Gebiet der Kunstseidenfabrikation als in dasjenige der Appretur fallen, kommen nur noch gewöhnliche Appreturverfahren in Frage, die den Glanz und den Griff der Kunstseide beeinflussen sollen, die die Kunstseide elastischer und webfähiger machen und die sich auf die Beschwerung oder Füllung des Materials beziehen. Mechanisch darf das Kunstseidengarn nur wenig bearbeitet werden, weil das Material sehr empfindlich ist und leicht leidet; vor allem vertragen die Kunstseiden keine mechanische Beanspruchung im nassen oder feuchten Zustande.

Die chemische Behandlung oder die Avivage der Kunstseide ist derjenigen der Naturseiden sehr ähnlich. Angewandt werden z. B. Emulsionen von Öl-Soda, Leim, Essigsäure, Glyzerin, Monopolseife, aufgeschlossener Stärke. Zum Beschweren auf etwa 5% wird Bittersalz mit Sulfoleaten verwendet. Das Entwässern und Trocknen hat sehr vorsichtig zu geschehen, wie bereits unter Färberei der Kunstseide hervorgehoben worden ist.

Das Wasserdichtmachen von Garnen und Geweben.

Mierzinski, S.: Wasserdichte Stoffe und Gewebe.

Die Verfahren für die Herstellung von wasserdichten Imprägnierungen sind sehr zahlreich und die Einzelheiten der Verfahren fast in jedem Betriebe andere, weil sich auf dem gesamten Imprägnierungswesen das alte Rezeptenwesen mehr als in anderen Zweigen der Veredlungsindustrie erhalten hat. Es ist zu berücksichtigen, daß der Grad der Wasserdichtigkeit nicht allein von dem Verfahren selbst abhängt, sondern in hohem Grade auch von der Dichte des Stoffes. Die beste Ausrüstung kann bei undichten Geweben versagen. Jede Ausrüstung ist ferner so zu leiten, daß der Charakter der Ware, Glanz, Klarheit der Farben usw. nicht leidet. Die wichtigsten Arbeitsverfahren sind etwa folgende.

Baumwoll- und Leinenstoffe.

1. Imprägnierung mit Tonlösungen (für Bekleidungsstoffe, poröse Imprägnierung). Der Grad der Wasserdichtigkeit hängt von der Art und dem Grad der Behandlung ab. Das einfachste Verfahren ist, die Ware 6 Stunden bis über Nacht in essigsaure oder ameisensaure Tonerde von 3—$4^1/_2$° Bé (auch 6—7°) einzulegen, dann herauszunehmen, durch Schleudern oder Abquetschen zu entwässern und dann möglichst kalt zu trocknen. Die Wiederholung der Imprägnation ist von Vorteil. (Ein Ersatz des essigsauren Salzes durch das schwefelsaure ist ungünstig.) Die erreichte Wasserdichtigkeit ist nicht sehr erheblich und die Wirkung nicht anhaltend.

2. Tonerde-Seife. Die Wasserundurchlässigkeit wird erhöht, wenn die nach 1 behandelte Ware in einer 60° C heißen Lösung von 10 g Marseiller Seife im Liter $^1/_4$ Stunde behandelt, dann gespült und getrocknet wird.

3. Tonerde-Fettemulsion. An Stelle der reinen Seifenlösung kann auch eine Mischung von Seife, Wachs, Paraffin, Leinöl (mit Soda emulgiert) benutzt werden.

4. Tonerde-Paraffin. Die nach 1 behandelte und getrocknete Ware kann auch mit einer Paraffinlösung in Benzin (30—40 g : 1000) nachbehandelt werden.

5. Seife-Tonerde. Das Garn wird auf der Kufe erst in einer 40—50° C warmen Lösung von 8—10 g Marseiller Seife im Liter 20—30 Minuten behandelt, darauf ausgeschleudert oder abgequetscht und dann ohne zu spülen auf eine verdünnte Lösung von essigsaurer Tonerde (von 0,25 bis 0,5° Bé) gestellt. Auf diesem Bad wird wieder etwa $^1/_2$ Stunde kalt bis höchstens 30° C warm hantiert, dann ohne zu spülen geschleudert und bei etwa 50° C getrocknet. Auf der Passiermaschine kommen stärkere Seifenlösungen (etwa 10—15 g Seife im Liter) und Tonerdelösungen (von 1—2° Bé) zur Anwendung. An Stelle von Tonerdesalzen werden zwecks Verbilligung, aber weniger gut, auch Kalksalze verwendet. Im übrigen weichen die Ausführungsformen der Verfahren in ihren Einzelheiten erheblich voneinander ab.

6. Fettemulsion-Tonerde. Stückware wird auf der Paddingmaschine oder einem Quetschwalzenjigger durch eine 40—50° C warme Seifenlösung von 15—20 g Marseiller Seife im Liter (unter eventuellem Zusatz von 2—4% Paraffin flüssig vom Gewicht der Ware) passiert und gut abgepreßt. Nach etwa vier Passagen wird gut abgequetscht und ohne zu trocknen in einer 2,5—5—6° Bé starken essigsauren oder ameisensauren Tonerde, 25—30° C warm, ebenfalls auf dem Padding oder dem Walzenjigger behandelt, nach vier Passagen abgepreßt und möglichst heiß, etwa auf dem Trockenzylinder, getrocknet. Die Wasserdichtigkeit wird erhöht, wenn man dem Seifenbade etwas Paraffin oder Stearin (mit der Seife vorher gut verkocht) zugibt. Durch Wiederholen der beiden Passagen kann die Wasserdichtigkeit weiter gesteigert werden.

7. Mehrfach-Tonerde-Seifenemulsion. Das preußische Kriegsministerium hatte für das Wasserdichtmachen von baumwollenem Rock- und Hosenstoff folgendes Verfahren vorgeschrieben. Die gefärbte und getrocknete Ware wird auf der Klotzmaschine mit basisch-essigsaurer oder basisch-ameisensaurer Tonerde von 6° Bé zweimal kalt behandelt, scharf getrocknet und dann wieder auf der Klotzmaschine durch ein Seifenbad mit 40 g Seife, 10 g Paraffin und 2 g Soda im Liter bei 40—45° C passiert. Die Ware bleibt nun $^1/_2$ Stunde liegen und geht dann auf der Klotzmaschine einmal durch ein drittes Bad von essig- oder ameisensaurer Tonerde von 6° Bé. Schließlich wird abgequetscht oder getrocknet. Sorgfältig nach diesem Verfahren imprägnierte Ware muß überall wasserdicht sein und bei dem Muldenversuch an keiner Stelle und keinen einzigen Tropfen Wasser durchtropfen lassen. Nach milderen Imprägnierungsverfahren ist der Stoff nicht in dem hohen Grade wasserdicht.

Die basisch-essigsaure Tonerde wird entweder durch Umsetzung von schwefelsaurer Tonerde mit essigsaurem Blei oder billiger mit Hilfe von essigsaurem Kalk wie folgt hergestellt. 1000 Teile Tonerdesulfat werden in 2000 Teilen lauwarmem Wasser gelöst und mit einer Sodalösung von 150 Teilen kalzinierter Soda in 500 Teilen Wasser versetzt. Schließlich setzt man eine Lösung von 590 Teilen rohem, essigsaurem Kalk, in 1000 Teilen Wasser gelöst, zu, rührt gut durch und läßt das Ganze über Nacht stehen. Dann wird das Klare vom Niederschlag abgezogen und vor dem Gebrauch mit Wasser auf die erforderliche Dichte eingestellt.

Statt basisch-essigsaurer Tonerde kann auch mit gleichem Erfolg basisch-ameisensaure Tonerde verwendet werden. Auch abgestumpfter Alaun kann mit geringerem Erfolg Verwendung finden, und zwar verwendet man dann eine Lösung von 10—15 g der Stammlösung auf 1 l Wasser. Die Stammlösung wird aus 100 Teilen Alaun (in 200 Teilen lauwarmem Wasser gelöst) und 12 Teilen kalzinierter Soda (in 50 Teilen Wasser gelöst) durch vorsichtiges Versetzen unter Rühren hergestellt. Die Tonerdelösungen werden wiederholt gebraucht. Vorher werden sie nach Bedarf auf ursprüngliche Stärke gebracht, nötigenfalls auch gereinigt.

8. Fettsäure-Tonerde. Das Material wird in einem 40° C warmen Bade von Marseiller Seife (2—3 g : 1000), dem eventuell etwas Wasserglas zugesetzt wird, 10—15 Minuten behandelt. Hierauf wird dem Bade Essigsäure bis zur schwach sauren Reaktion zugesetzt und noch weitere 10 Minuten behandelt; schließlich setzt man noch 1—2% (vom Gewicht der Ware) basisch-schwefelsaure Tonerde zu und bearbeitet noch 20 bis 30 Minuten, schleudert und trocknet. In neuerer Zeit hat man auch versucht, das Wasserdichtmachen mittels fettsaurer Tonerde durch Elektro-Osmose dahin zu verbessern, daß das Schutzmittel aufs feinste in die Poren der Ware eindringt (Tate-Verfahren).

Die Behandlungsweisen 1—8 werden in den Färbereien und allgemeinen Ausrüstungsanstalten ausgeführt. In besonderen Imprägnierungsanstalten kommen noch mancherlei andere Verfahren mit Kautschuk-, Kautschuk-Harz-, Kautschuk-Harz-Leinöl-, Firnis-, Kasein-, Formaldehyd-Gelatine-, Kupferoxydammoniak-, Nitrozellulosepräparaten usw. zur Anwendung. Diese Spezialitäten machen die imprägnierten Gewebe größtenteils völlig luftundurchlässig und dienen nicht für Bekleidungsgegenstände, sondern mehr für Wagenplanen, Zeltstoffe, Schiffsdecken, Schifferkleidungen, Dachbedeckungen usw. Auf die Technik der Ausführung kann hier nur andeutungsweise eingegangen werden.

9. Es werden in dem Stoff **unlösliche Niederschläge von Gelatine,** Leim, Kasein u. dgl. mit Hilfe von Chromsäure, Formaldehyd, Tonerdesalzen, oft in Gemeinschaft mit Paraffin niedergeschlagen.

10. Kaseinkalklösung wird, wie folgt, in dem Stoff niedergeschlagen: 100 Teile aufgeschlämmtes Kasein werden mit 25 Teilen gelöschtem Kalk und 50 Teilen Seife vermischt, und hiermit wird das Gewebe imprägniert und schließlich mit essigsaurer oder ameisensaurer Tonerde von 4—5° Bé behandelt, geseift, gewaschen und getrocknet.

11. Cuoxambehandlung. Man läßt das vorher mit Natronlauge abgekochte Gewebe langsam durch eine Cuoxamlösung (Kupferoxydammoniaklösung) gehen, so daß geringe Mengen der Gewebeoberfläche in Lösung gehen (Lösen der Zellulose in Cuoxam), worauf die gelöste Zellulose in die Poren hineingepreßt wird und so eine völlig wasserundurchlässige Oberschicht auf dem Gewebe entsteht. Zuletzt wird unter Umständen noch mit essigsaurer Tonerde und Bichromat behandelt, gespült und bei 40° C getrocknet. Diese Behandlung findet mitunter auch nur einseitig statt, in welchem Falle geeignete Appreturmaschinen für einseitige Behandlung angewendet werden.

Das Verfahren 1 wird hauptsächlich für mäßig wasserdichte Bekleidungsstoffe angewandt. Soll höhere Wasserdichtigkeit erzielt werden, so arbeitet man nach 2 oder sonst einem kombinierten Tonerde-Seifenverfahren. Die Methoden 2—8 werden für Decken, Planen, Zelte, Markisen u. ä. Gebrauchsgegenstände angewendet; die Verfahren 9—11 kommen als gänzlich luftundurchlässige und meist auch steife Imprägnierungen vor allem für Eisenbahnwagendecken, Schiffsdecken, Schifferkleidungen, Wettertuche in Bergwerken, Dachbedeckungen usw. in Frage.

Nachstehend seien noch ein paar Vorschriften für helle und dunkle Imprägnierungen von Baumwoll- und Leinengeweben angeführt.

1. Tonerde - Seifenemulsion für helle Imprägnierung. Der Stoff wird mit essig- oder ameisensaurer Tonerde von 6—7° Bé geklotzt, dann 48 Stunden bei 40° C in der Trockenhänge getrocknet (ohne zu überhitzen) und nach dem Trocknen durch eine kochend heiße Seifen-Fettemulsion passiert. Die Emulsion ist bereitet aus:

15 kg	Seife 60—65 proz.
8 „	Stearin
8 „	Paraffin
8 „	Bienenwachs
10 „	Tischlerleim
5 „	Leinöl
1 „	Ammoniak

mit 700 l Wasser gut verkocht.

2. Tonerde - Erdwachs für dunkle Imprägnierung. Die Ware wird mit 3° Bé starker ameisensaurer Tonerde behandelt, 48 Stunden bei 40° C getrocknet und dann mit einer Erdwachsschmelze imprägniert, die bereitet ist aus:

200 kg	Erdwachs
200 „	Paraffin
150 „	Kolophonium
400 „	Naphtharückstände.

Diese Stoffe werden in einem eisernen Kessel durch indirekten Dampf auf 110—120° C erwärmt. Die Stücke passieren diese Schmelze bei 100—110° C, werden dann ausgequetscht, durch Luft abgekühlt und mit geheizten, mit Stoffunterlage versehenen Walzen von der überschüssigen Schmelze befreit und in der Trockenmaschine getrocknet. Die Gewichtszunahme beträgt bei dieser dunklen Imprägnierung im Mittel etwa 25%, bei der hellen (s. o. 1.) nur 3%. Die dunkle Imprägnierung ist wegen des Geruches, der Farbe usw. nur für bestimmte gröbere Zwecke (Planen usw.) brauchbar.

Seidene und **halbseidene** Regenschirmstoffe werden ähnlich behandelt wie Baumwollengewebe, z. B. mit essigsaurer Tonerde und Seife. Nur in selteneren Fällen kommt bei Seidenstoffen die sogenannte Wasserperlausrüstung (s. weiter unten unter Wolle) zur Ausführung. Für gänzlich luftundurchlässige Gewebe (Ballonstoffe u. ä.) kommt auch das Gummierungsverfahren (Kautschuk) in Frage (s. w. u.).

Man arbeitet beispielsweise wie folgt: a) Der echt gefärbte Stoff passiert auf einer Paddingmaschine mehrfach (2—3 mal) eine warme oder heiße Seifenlösung (12—20 g Kern- oder Marseiller Seife im Liter); dann wird er abgequetscht und am besten in der Hänge getrocknet. Nun imprägniert man (wieder auf der Padding) mit 4—6gradiger ameisensaurer Tonerde bei gewöhnlicher Temperatur, indem durch die Quetschwalzen gut abgepreßt wird, und trocknet sofort bei mäßiger Temperatur unter Längsspannung auf der Zylindertrockenmaschine. Die Operationen können auf dem Kontinueapparat mit Klappenstreck- und Trockenrahmen ausgeführt werden. b) Auch durch Aufspritzen von nicht zu starker Paraffin-Benzinlösung durch eine Düsenspritzmaschine werden sehr gute Resultate erhalten. Das Verfahren liefert bei hervorragender Wasserechtheit auch glanzreiche, seidige Ware vor allem auch bei rein seidenen Schirmstoffen. Ein Nachteil des Verfahrens ist seine Feuergefährlichkeit. Die Feuergefährlichkeit wird durch Anwendung chlorierter Kohlenwasserstoffe (z. B. Tetrachlorkohlenstoff) an Stelle von Benzin vermieden werden. Selbstverständlich können an Stelle von Paraffin auch Gemische von Paraffin und Stearinsäure oder andere Stoffe benutzt werden.

Wollengewebe müssen in der Regel neben der Wasserdichtigkeit eine möglichst große Luftdurchlässigkeit (Porosität) aufweisen. Während die Behandlungen mit Kautschuk usw. die Ware völlig luftundurchlässig, die Behandlungen mit essigsaurer Tonerde und Seife teilweise luftundurchlässig machen, zeichnet sich u. a. die sogenannte Wasserperlausrüstung und das Millerainieren (Verfahren nach Millerain) dadurch aus, daß die Stoffe vorzüglich luftdurchlässig (porös) erhalten bleiben. Letzteres ist für die Bekleidungsstoffe (Uniform-, Anzugstoffe usw.) in gesundheitlicher Beziehung von größter Wichtigkeit. Die Wasserperl- und Millerainausrüstung besteht in der Einverleibung von wasserabstoßenden Stoffen, die das Eindringen von Wasser in das Gewebe verhindern. Bei diesen Verfahren spielt, soweit die Verfahren nicht Fabrikgeheimnis sind, eine Tränkung der Gewebe mit verdünnten Lösungen von Paraffin u. ä. Fettkörpern, z. B. in Benzin, eine wichtige Rolle. Sind die Lösungen zu konzentriert, so kann auch hier die Luftdurchlässigkeit gefährdet werden, indem die Gewebeporen dann verklebt oder verstopft werden. Der Behandlung mit Paraffin kann eine solche mit essigsaurer Tonerde voraufgehen (s. unter Baumwolle 1 d).

Der Grad der Wasserdichtigkeit von imprägnierten Geweben nimmt im Laufe der Zeit, je nach dem Verfahren und der Beanspruchung der Stoffe, mehr oder weniger ab. Solche Stoffe können dann von neuem wasserdicht gemacht werden.

Die Prüfung auf Wasserdichtigkeit geschieht gewöhnlich nach dem amtlichen Muldenverfahren; die hierbei wirkenden Wassersäulen sind, je nach Art des Stoffes, verschieden hoch, z. B. $7^1/_2$, 10, 12 cm an der tiefsten Stelle[1]). In der Regel darf während 24 Stunden kein Durchtropfen stattfinden. Geschieht dieses bei Stoffstücken, die keine sichtlichen Webefehler oder keine mechanischen Verletzungen aufweisen, dennoch, so kann auf mangelhafte, wenigstens unzureichende Imprägnierung geschlossen werden.

Die Gummierung (Kautschukierung) und Vulkanisation von Textilerzeugnissen.

Gottlob, K.: Technologie der Kautschukwaren.

Das Gummieren oder Kautschukieren von Textilerzeugnissen nimmt mit der Entwicklung der Kautschukindustrie an Bedeutung dauernd zu und wird fast ausschließlich in der Gummiindustrie selbst ausgeführt, weil die hier in Frage stehenden Arbeitsverfahren in Verbindung mit dem Vulkanisieren besondere Methoden darstellen, die der Textilveredelungsindustrie im allgemeinen fremd sind.

Man gummiert Baumwolle, Wolle, Seide, Kunstseide, Flachs, Hanf, Jute und in besonderen Fällen auch Gewebe aus Asbest, mit oder ohne Metallgewebeeinlagen, und zwar 1. für die Bekleidungsindustrie, 2. gas- und luftdichte Stoffe, 3. technische Artikel, 4. Reifen aller Art.

[1]) Näheres s. Heermann: Mechanisch- und physikalisch-technische Textiluntersuchungen.

Art und Umfang der Warengattungen. Für Bekleidungszwecke benutzt man Gewebe vor allem zur Herstellung von Mänteln, Sportbekleidung, Handschuhen, Bergmanns- und Taucheranzügen. Hierzu finden leichte baumwollene, halbwollene und wollene Köper sowie glatte baumwollene Nessel und Battiste Verwendung. Taucheranzüge werden insbesondere aus schweren baumwollenen Zwirnköpern hergestellt. Für die Herstellung von Gummimänteln werden auch Phantasie- und Seidenstoffe verwendet. Für gasdichte Stoffe (Ballonstoffe, Gasmasken, Sauerstoffbeutel) verwendet man vorzugsweise besonders reißfeste Stoffe bei möglichst enger Einstellung und möglichst geringem Quadratmetergewicht aus Seide oder besten gekämmten Baumwollgarnen (Makoperkal). Dasselbe gilt auch für die Herstellung von lichtdichten Stoffen für photographische Zwecke, die oft noch besonders dünn gehalten werden müssen. Für die technischen Artikel werden fast ausschließlich solche Baumwollgewebe verwendet, die sich gut mit Gummi verbinden und eine gleichmäßige Festigkeit und Dehnung in Kette und Schuß haben. Matten bekommen als Unterlage Jutegewebe. Dichtungsklappen, die sich nicht viel dehnen dürfen, erhalten als Einlage loses Rohleinengewebe. Leichte Schläuche haben eine Einlage aus Baumwollkretonne; bei größeren Schläuchen nimmt man leichte oder schwere baumwollene Zwirngewebe; auch werden Schläuche mit starken Baumwollzwirnen umklöppelt. Mitunter werden auch Gewebe aus Eisen- und Messingdraht hineingearbeitet. Die Gewebe für Riemen und Transportbänder sind aus besonders dicken baumwollenen Zwirnen hergestellt, bei denen die Kettrichtung besonders schwer gearbeitet ist. Zur Fahrradbereifung benutzt man im allgemeinen gezwirnte baumwollene Gewebe. Bei den Autoreifen verwendet man heute fast ausschließlich Baumwollkord aus bester ägyptischer Sakellaridis und amerikanischer Baumwolle, kardiert oder gekämmt.

Gummierung. Die Gummierung wird auf verschiedene Weise vorgenommen. Der nach irgendeinem Verfahren getrocknete Stoff wird z. B. mit einer Streichmaschine (Spreadingmaschine) behandelt. Hierbei werden die Stoffe unter einem Messer (Rakel), das sich auf einer Walze befindet, hindurchgeführt und dann über heiße Platten geleitet. Vor das Messer legt man in Benzol oder Benzin, gelegentlich auch in Tetrachlorkohlenstoff oder Trichloräthylen gelösten Kautschuk. Die Lösung ist je nach Verwendungszweck bald „dünn", etwa wie eine Leimlösung, bald „dick", etwa wie ein Kuchenteig. Der Stoff geht zu wiederholten Malen durch diese Apparatur, das Lösungsmittel verdunstet, und es bleiben übereinandergelagerte feine Häutchen zurück. Auf diese Weise werden feine Gewebe, vor allen Dingen Bekleidungsstoffe hergestellt. Das Lösungsmittel wird nach neuesten Verfahren zu einem großen Teil wiedergewonnen.

Eine ähnliche Gummierungsart, die mehr für technische Zwecke oder für Halbfabrikate, z. B. für die Fahrrad-, Automobil- oder Schlauchindustrie, Verwendung findet, besteht darin, daß man den Stoff durch eine Gummilösung hindurchzieht und die anhaftende überschüssige Lösung in geeigneter Weise abquetscht. Auch hier wird dann der Stoff über heiße Platten geführt und dann getrocknet.

Am meisten bedient man sich in der Gummiindustrie des Kalanders, um Stoffe mit Gummi zu überziehen, besonders für Zwischenfabrikate. Die auf dem Mischwerk mastizierte Gummimischung wird zusammen mit dem Stoff in den Kalander eingebracht, der aus 3 oder 4 Walzen besteht, und deren Geschwindigkeit und Entfernung zueinander verstellbar sind. Läuft die Walze, die den Stoff aufnimmt, in Friktion, dann wird das Gummi in den Stoff eingedrückt, ohne daß sich eine geschlossene Haut bildet. Laufen aber die beiden Walzenpaare gleichmäßig, dann wird beim Durchgehen des Stoffes das Gummi als ganze Platte von der Walze heruntergeholt und auf den Stoff aufgelegt. Das erstere Verfahren ist die sogenannte „Friktionierung", das zweite die „Plattierung". Diese am Kalander ausgeführten Verfahren werden mit der trockenen mastizierten Gummimischung, ohne Anwendung eines Lösungsmittels, ausgeführt. Bei geschickter Handhabung und Anwendung entsprechender Mischungen gelingt es, nach diesem Kalanderverfahren auch empfindliche Stoffe mit Gummi zu überziehen. Auch können alle genannten Verfahren nacheinander angewandt werden, so daß man z. B. einen auf der Streichmaschine behandelten Stoff „frikttioniert" und „plattiert".

Vulkanisation. Die Stoffe für die Bekleidungsindustrie vulkanisiert man meistens kalt. Unter Kaltvulkanisation versteht man ein Verfahren, das darin besteht, daß man den zu vulkanisierenden Stoff mit einer ganz dünnen Lösung von Chlorschwefel in Schwefelkohlenstoff in geeigneter Weise für kurze Zeit in Berührung bringt. Dabei tritt eine vorübergehende Quellung des Gummis durch den Schwefelkohlenstoff ein, und der Chlorschwefel bewirkt dann die Vulkanisation. Bei diesem Verfahren ist, im Gegensatz zur Warmvulkanisation, nicht nötig, daß man von vornherein der Mischung Schwefel zusetzt. Bei der Warmvulkanisation setzt man den zu vulkanisierenden Gegenstand einer erhöhten Temperatur aus, die abhängig ist von der Auswahl des Gummis, von der Art der Zusammensetzung und von der Dauer der Erwärmung. Als eine mittlere Erwärmung kann man eine solche von 60 Minuten auf 3 at Überdruck (144 ° C) bezeichnen. Was bei der Kaltvulkanisation der Chlorschwefel verrichtet, übernimmt bei der Warmvulkanisation der Schwefel, den man überall bei der Herstellung der Gummimischung schon zusetzt.

Chemismus und Wirkung der Vulkanisation. Über den Chemismus besteht noch keine Klarheit. Die Vulkanisation macht das Gummi gegen äußere Einflüsse wie Luft, Licht, Wärme beständiger. Auch verliert das vulkanisierte Gummi, im Gegensatz zum unvulkanisierten, seine Lösungsfähigkeit in den Kautschuklösungsmitteln wie Benzin, Benzol usw. Ferner zeigt das vulkanisierte Gummi noch die Eigenschaft, daß er auf der Walze, im Gegensatz zum unvulkanisierten, nicht mehr plastiziert werden kann, er „zerkrümelt". Die Wahl der Kalt- oder Warmvulkanisation hängt von dem zu vulkanisierenden Gegenstand und der Färbung desselben ab.

Das Unverbrennlichmachen von Garnen und Geweben.

Wie bereits auf S. 574 erwähnt worden ist, können Textilerzeugnisse nicht völlig unverbrennlich gemacht werden. Die Stoffe — hauptsächlich kommen Erzeugnisse aus Pflanzenfasern in Betracht — können lediglich so präpariert werden, daß sie dem Feuer recht lange standhalten und dann nur langsam verkohlen, ohne mit einer Flamme zu brennen und ohne weiterzuglimmen. Man würde also richtiger von einer Unentflammbarkeit als von einer Unverbrennlichkeit sprechen.

Die Eigenschaft des Nichtentflammens oder Nichtbrennens mit einer Flamme wird durch Einverleibung von bestimmten anorganischen, feuerwidrigen Stoffen erreicht, wie von: Ammoniumsulfat, Glaubersalz, Alaun und anderen Tonerdesalzen, Tonerdesilikaten, Wasserglas, Phosphaten, Magnesiumsalzen, Zinnsalzen, Stannaten, Borsalzen, Wolframaten, Antimon-, Wismutsalzen u. ä.

Die Ingredienzien werden entweder in wasserlöslicher Form angewandt und sind dann in der Regel auch nicht widerstandsfähig gegen die Einflüsse des Wassers, sind also auswaschbar (Ammoniumsulfat u. a.); oder sie werden durch doppelte Umsetzung auf der Faser als wasserunlösliche Verbindungen niedergeschlagen (Tonerdesilikat, Stannate u. a.). Als Beigabe werden diese Stoffe mitunter auch beim Appretieren zu Dextrin, Leim u. a. m. verwendet (unverbrennliche Appretur). In neuerer Zeit werden hydrolysierbare Salze auch in organischen Lösungsmitteln (z. B. Antimontrichlorid in Amylazetat) angewandt. Als Zusätze dienen eventuell noch Firnisbase, Gummi, Harz, Leinöl, Kreosotöl, Teer u. dgl. in einem derartigen Verhältnis, daß die Entflammbarkeit der genannten Mittel durch das hydrolysierbare Metallsalz aufgehoben ist, um zugleich gegen Einflüsse des Wetters, der Feuchtigkeit usw. widerstandsfähig zu machen.

Beispiele. 1. 150—200 g Dextrin und 150—200 g Ammoniumsulfat löst man in Wasser zu 1 kg. Mit dieser Appreturmasse wird Nesseldekorationsstoff appretiert und getrocknet (H. Lange).

2. 8 kg Ammoniumsulfat, $2^1/_2$ kg Ammoniumkarbonat, 2 kg Borax, 3 kg Borsäure, 2 kg Stärke (bzw. Dextrin, Gelatine usw.) und 100 l Wasser werden auf 30° C erwärmt. Mit dieser Masse werden leichte Gewebe wie Gardinen, Vorhangstoffe usw. imprägniert, geschleudert, getrocknet und gebügelt (Martin).

3. 15 kg Kochsalz, 5 kg Borsäure, 5 kg Leim, $1^1/_2$ kg Gelatine (eventuell noch etwas Schlämmkreide) werden mit 100 l Wasser verarbeitet. Die Masse wird auf 50 bis 60° C erhitzt, und hiermit werden eine oder zwei Lagen mit dem Pinsel auf Theaterdekorationsstoff u. ä. aufgetragen (Martin).

4. Die Stoffe werden mit einer Lösung von zinnsaurem Natron von 17° Bé (eventuell mit etwas Türkischrotöl, Monopolseifenöl, Glyzerin od. ä. versetzt) behandelt, getrocknet und in einem zweiten Bade behandelt, das gleiche Teile essigsaures Zink von 17° Bé und Essigsäure von 2° Bé enthält. Schließlich wird wieder getrocknet und gedämpft. Durch Niederschlagung wasserunlöslicher Verbindungen werden so Imprägnierungen erhalten, die auch mehrfachem Waschen widerstehen (Perkin).

Nach Durst werden in Amerika zum Flammensichermachen von Geweben noch folgende Kompositionen verwendet, denen man nach Wunsch auch Verdickungsmittel wie Stärke, Dextrin, Leim, Gelatine u. ä. zusetzen kann.

Gleichmars Mischung: 300 Teile Wasser, 40 Teile Salmiak, 10 Teile Borax, 5 Teile Kochsalz

J. A. Martins Rezept: 300 Teile Wasser, 15 Teile Salmiak, 3 Teile Borax, 6 Teile Borsäure.

Lochtins Lösung: 100 Teile Wasser, 15 Teile wolframsaures Natron.

Sulliot und Davids Rezept: 425 Teile Wasser, 50 Teile Borax, 25 Teile Glykose.

Pateras Imprägnierung: 400 Teile Wasser, 60 Teile Borax, 30 Teile Magnesiumsulfat. Saure Bestandteile in der Faser vermürben die Pflanzenfasern auf dem Lager; es empfiehlt sich deshalb, solche Imprägnierungsmaterialien (zu denen auch schwefelsaure Tonerde gehört) mit größter Vorsicht zu verwenden (nachträgliche Neutralisation mit Soda od. ä.). Auch Ammoniaksalze, die ihre Ammoniumbase abspalten können, hinterlassen unter Umständen saure Rückstände. Im übrigen ist zwischen solchen Imprägnationen, die waschecht, und solchen, die nicht waschecht sind, streng zu unterscheiden. Ein Stoff, der seiner Natur nach häufigerem Waschen unterworfen wird, sollte deshalb mit einer wasserunlöslichen Imprägnation versehen sein, da eine leicht wasserlösliche Imprägnierung unter Umständen noch verderblicher wirken kann als gar keine, wenn sich der Verbraucher auf die Flammensicherheit verläßt.

Die Reinigerei.

Andresen, E.: Vorschriften für die Entfernung von Flecken. — Joclét, V.: Die Kunst der Feinwäscherei. — Roggenhofer, G.: Die Wäscherei in ihrem ganzen Umfange. — Wulff, E.: Chemische Reinigung (in Herzogs: Chemische Technologie der organischen Verbindungen). — Veröffentlichungen der Farbenfabriken [B], [C].

Mit „Reinigerei" wird seit 1907 in dem amtlichen Gewerbeverzeichnis des Deutschen Reiches der Gewerbezweig bezeichnet, der die gesamte Kleiderfärberei und die chemische Reinigung umfaßt. Hierher gehören also im weiteren Sinne: die chemische Reinigung, die Fleckenputzerei, die Naßwäscherei, die Weißwäscherei, die Kleiderfärberei. Da diese Gewerbe nur gewisse textile Reparatur-, Renovierungs-, Auf- oder Ausbesserungsarbeiten in sich fassen, also Arbeiten an bereits getragenen oder sonstwie im Gebrauch beanspruchten Gegenständen ausführen und nicht Prozesse betreffen, die für die Erzeugung, die Neuherstellung der Textilstoffe erforderlich sind, können sie nicht zu den eigentlichen Vorgängen der Textilindustrie bzw. der Textilveredelungsindustrie gerechnet werden. Sie stellen ein eigenes Gebiet dar, das recht treffend durch das zusammenfassende Wort „Reinigerei" gekennzeichnet wird und zum Ausdruck bringt, daß es sich bei ihm lediglich um Neuinstandsetzungen alter bzw. gebrauchter Sachen handelt.

Eine ausgiebige Behandlung dieses Gebietes in der vorliegenden Arbeit ist infolgedessen nicht angebracht. Mit Rücksicht auf mancherlei Berührungspunkte mit der Veredelungsindustrie erscheint es jedoch zweckmäßig, diese Arbeiten im Anschluß an die eigentliche Textilveredelungsindustrie in ihren Grundsätzen mit kurzen Strichen zu umreißen.

Die **chemische Reinigung** (Chemischwäscherei, chemische Wäscherei, Trockenreinigung, Trockenwäscherei, Benzinwäscherei) besteht nach der Begriffsbestimmung des Verbandes Deutscher Färbereien und Chemischer Waschanstalten in „dem Eintauchen des zu reinigenden Gegenstandes in eine Flüssigkeit, die Fette löst, ohne sie zu verseifen oder zu emulgieren". Sie ist 1854 von W. Spindler-Berlin aus Frankreich nach Deutschland eingeführt worden und hat seitdem immer größeren Umfang angenommen. Die Bezeichnung als „chemische" Reinigung oder Wäscherei ist nicht ganz zutreffend, weil es sich dabei nicht um chemische Vorgänge, sondern um den rein physikalischen Vorgang des Fettlösens handelt. Die Bezeichnung „Trockenreinigung" oder „Trockenwäscherei" ist dagegen durchaus zutreffend, da es sich bei den in Frage kommenden Vergängen um „trockene" (im Gegensatz zu „nassen" oder „wässerigen") Reinigungsmitteln und -verfahren handelt. Denn „trokken" — wenngleich „flüssig", was die Trockenheit nicht ausschließt — sind im chemischen Sinne auch Benzin, Äther, Tetrachlorkohlenstoff, Alkohol usw., sofern sie wasserfrei sind.

Die Wirkung der chemischen Reinigung beruht auf der Lösung von Fett, das ein Bindemittel für Staub, Ruß, Fasern usw. ist und das einen günstigen Boden für zahlreiche Bakterien bildet. Mit der Entfernung des Fettes werden zugleich die dadurch gebundenen Verunreinigungen entfernt oder gelockert. Dank der Abwesenheit von Wasser, d. h. dank der Trockenheit der Waschmittel, und der Abwesenheit von chemisch aktiven Stoffen werden hierbei Faser, Farbe, Appretur und vielfach Aufmachung in der Regel nicht beeinflußt[1]).

Bei der praktischen Ausführung werden die zu reinigenden Gegenstände (Kleider, Polstermöbel, Teppiche, Portieren, Handschuhe usw.), nötigenfalls nach voraufgegangener Trocknung und mechanischer Entstaubung, auf großen, mit Gefälle und Ablauf versehenen Tischen mit Benzin („Waschbenzin" vom spezifischen Gewicht 0,740—0,750 und vom Siedepunkt 90—140° C) und einer in Benzin gelösten Seife („Benzinseife") angebürstet, dann in Behältern mit reinem Benzin gespült, in Waschmaschinen mit Benzin und Benzinseife und dann mit reinem Benzin einige Zeit hin und her bewegt, gut ausgeschleudert und zum Verdunsten des Benzinrestes aufgehängt od. ä. gelagert.

Das gebrauchte, in flüssiger Form zurückgebliebene oder -gewonnene Benzin wird immer wieder, am besten nach der Destillation (weniger gut nach Klärung und Filtration), von neuem verwendet. Der Benzinverlust beträgt günstigenfalls 3—5% und wird zeitweise durch frisches Benzin ersetzt.

Die große Feuergefährlichkeit des Benzins ist nicht nur auf seine große Entflammbarkeit, sondern auch auf entstehende Reibungselektrizität (beim Reiben von Wolle oder Seide in Benzin) und geringe Elektrizitätsleitung des Benzins zurückzuführen. Durch gewisse Zusätze (in der Praxis z. B. von $^1/_{10}$% ölsaurer Magnesia, dem sogenannten „Antibenzinpyrin" oder „Richterol") wird die Leitfähigkeit des Benzins und damit seine große Feuergefährlichkeit vermindert. Nach Just wird die Leitfähigkeit des Benzins bei Zusatz von 1% Richterol auf das 1900-fache erhöht. Benzindämpfe in gewissen Grenzen gelten für normal gesunde Menschen als nicht gesundheitsschädlich. Die Explosionsgrenze der mit Benzindämpfen erfüllten Atmosphäre beträgt 1,1—4,8%, d. h. bei einem Gehalt von 1,1—4,8% Benzin in der Luft liegt Explosionsgefahr vor. Die Lagerung von Benzin findet häufig unter Kohlensäure statt, um die Feuersgefahr zu vermindern.

An Stelle des feuergefährlichen Benzins haben sich in den letzten Jahren immer mehr die nichtbrennbaren und deshalb nicht feuergefährlichen chlorierten Kohlenwasserstoffe, der Tetrachlorkohlenstoff, die chlorierten Äthylene, Acetylene usw. (s. u. Fettlösungsmittel S. 185) eingebürgert, die dem Benzin gegenüber bestimmte Vorzüge, aber auch Nachteile aufweisen. Besonders in Verbindung mit Seifen und Sulfoleaten haben sie in der Naßwäscherei eine sehr große Verbreitung gefunden.

Das Fleckenputzen, Entflecken oder Detachieren steht meist in engem Zusammenhang mit der Benzinwäsche. In der Regel werden die

[1]) Mineralisch erschwerte Seide wird in der Benzinwäscherei unter bestimmten, noch nicht aufgeklärten Bedingungen stark mitgenommen. Es kommt sogar vor, daß manche Flecke in erschwerter Seide durch Benzinbehandlung unmittelbar Löcher ergeben, „ausfallen". Worauf das letzten Endes zurückzuführen ist, hat bisher nicht aufgeklärt werden können.

Gegenstände zuerst der Benzinwäsche unterworfen und dann auf besondere Flecke hin, die etwa zurückgeblieben sein sollten, durchgesehen. In selteneren Fällen werden Stoffe u. ä. auch ohne voraufgegangene chemische Wäsche entfleckt, z. B. wenn die Stoffe noch neu oder so gut wie neu sind und durch besondere Zufälle fleckig geworden sind.

Die Flecke werden einzeln bearbeitet. Je nach der Natur derselben werden die verschiedenartigsten Hilfsmittel gebraucht, die man im wesentlichen in Lösungsmittel, oxydierende und reduzierende Mittel einteilen kann. Die Lösungsmittel können ihrerseits nach dem Flüssigkeitsmedium unterschieden werden. Ist der Fleck durch eine wässerige Lösung entstanden, so kann er in der Regel nur durch Wasser mit oder ohne Zusätze entfernt werden. Ist er dagegen durch Harz, Ölfarbe od. ä. Stoffe entstanden, die weder in Wasser noch in Benzin löslich sind, so verwendet man entsprechende Chemikalien, z. B. Chloroform, Tetrachlorkohlenstoff, ein Gemisch von Benzol und Alkohol, Pyridinbasen usw. Oxydationsmittel zur Entfleckung sind beispielsweise Superoxyde und Kaliumpermanganat; Reduktionsmittel sind z. B. Schwefligsäure, Hydrosulfite, Oxalate usw. Bisweilen werden Oxydations- und Reduktionsmittel nacheinander benutzt.

Die am häufigsten vorkommenden Flecke sind solche von Wein, Bier, Kaffee, Tee, Kakao, Obst, Tinte, Blut, Rost, Gras, Harz, Pech, Ölfarbe usw. Alle diese Flecke verlangen eine mehr oder weniger individuelle Behandlung und eine gewisse Geschicklichkeit und Übung des Detacheurs. Vor allem ist es oft schwer oder unmöglich, die Herkunft der Flecke zu erkennen. Von der Geschicklichkeit des Detacheurs hängt es auch wesentlich ab, daß beim Fleckenreinigen Stoffe und Farbe nicht leiden, daß keine Verfilzung usw. stattfindet. Bei weißen Textilwaren und Weißwäsche bleicht man zur Entfernung einzelner Flecke vielfach die ganze Ware, man unterwirft sie einer Sonderbleiche oder der sogenannten Bleichwäscherei.

Die Naßwäscherei wird angewandt, wenn man durch die chemische Reinigung nicht zum Ziele zu kommen glaubt; man bedient sich hierbei im Gegensatz zu der Trockenwäscherei nasser oder wässeriger Reinigungsmittel bzw. -lösungen. Hierbei spielen Seifen, Soda, Salmiakgeist und sonstige Alkalien in wässeriger Lösung bzw. Suspension die Hauptrolle. In jüngerer Zeit haben sich die mit Fettlösern kombinierten Seifen und Sulfoleate eine führende Stellung in der Naßwäscherei errungen. Als erster Vertreter dieser Klasse eroberte sich das Tetrapol sein Gebiet, dann kamen zahllose ähnliche Erzeugnisse auf den Markt, die teilweise auf der Basis der Sulfoleate (wie Tetrapol), teilweise auf der Basis der gewöhnlichen Seifen (wie Verapol) zusammengesetzt sind (s. a. Seifen mit Fettlösern S. 185). Der Handelsmarkt ist außerdem mit einer Flut von Geheimmitteln überfüllt. Sehr häufig werden die zu waschenden Gegenstände vor der Naßwäscherei der Trockenwäsche mit Benzin unterworfen, dann an den schmutzigsten Stellen mit Alkalien oder Seifen vorsichtig abgebürstet und schließlich naß gewaschen. Je nach der Art des Fasermaterials, der Färbung, der Form der Gegenstände usw. hat man bestimmte Lösungen, Konzentrationen und Temperaturen einzuhalten sowie besondere Vorsichts- und Vorbereitungsmaßregeln zu ergreifen, um eine Beschädigung von Stoff und Farbe sowie ein Einlaufen, Filzen usw. zu vermeiden. So werden z. B. Gardinen und sonstige erheblich stärkehaltige Gebrauchsgegenstände vor dem Waschen zweckmäßig erst mit Diastafor behandelt, dann erforderlichenfalls gebleicht (Chlorsoda, Perborat) und schließlich gewaschen. In ähnlicher Weise erfordern Damen- und Herrengarderoben, Spitzen, Stickereien, wollene und seidene Sachen, Handschuhe, Felle, Pelzsachen, Teppiche, Läufer, Federn, Stroh, Strohgeflechte und Strohhüte ihre eigenen Behandlungsarten.

Nach dem Chemischwaschen, Detachieren, Naßwaschen usw. wird die Ware in die gebrauchsfertige Form gebracht, z. B. durch Bügeln, Dämpfen, Spannen, Pressen usw. Die Bügeleisen werden auf Öfen erhitzt oder andauernd durch Kohlen, Spiritus, Leuchtgas, Elektrizität heiß erhalten. Zum Spannen benutzt man geheizte Zylinder oder Spannrahmen, zum Pressen Dampfmangeln. Weitere wichtige Hilfsmittel der Naßwäscherei sind: ein Tisch zum Bürsten möglichst mit einer Platte aus hartem Holz (oder Marmor, Zink od. ä.), Waschmaschinen, Trocken- und Appreturapparate, Trockenkammer, Seifenbehälter, Bleichkufen, Mangel. Das Bleichen soll am besten in Tonkufen ausgeführt werden, der Seifentank sollte aus verzinktem Eisen bestehen und mit Dampfrohr versehen sein.

Die Weißwäscherei befaßt sich mit dem Waschen der Leib-, Tisch-, Bettwäsche u. ä. Weißwäsche. Früher behandelte man die Weißwäsche nur mit Seife und Soda oder ähnlichen Präparaten (weichte ein, kochte und bearbeitete mechanisch) und ließ nötigenfalls eine Bleiche (Rasen- oder Chlorbleiche) nachfolgen.

Im Laufe des letzten Vierteljahrhunderts entwickelte sich die Wäschereitechnik nach dreierlei Richtungen, indem jedesmal die Reinigungswirkung der Seife, des Prototyps der Waschmittel, unterstützt werden sollte: 1. durch Bleichmittel, 2. durch Fettlöser, 3. durch Enzyme.

1. Von den Methoden, an Stelle oder zur Unterstützung von Seifen Bleichmittel zu verwenden, entweder im Kombinationsverfahren (wie bei Persil) oder in der Nachbleiche (wie beim Elektrolytchlor), hat sich erstere besonders im Haushalt immer mehr eingebürgert[1]).

2. Die Unterstützung der Seife durch Fettlöser ist eine ältere Idee, die sich aus kleinen Anfängen aus der Benzin- und Terpentinseife heraus allmählich über das Tetrapol, Verapol usw. zu den hydrierten Naphthalinen (Tetralin, Dekalin), den hydrierten Phenolen und Kresolen (Hexalin, Methylhexalin) usw. entwickelt hat und heute eine achtenswerte Industrie darstellt. Diese Produkte sind ganz besonders wertvoll für die tierische Faser, Wolle und Seide, Halbwolle, dann auch für die Buntgewebe usw. Aber auch in der Weißwäscherei leisten sie Hervorragendes.

---

[1]) Die Behandlung dieses Arbeitsverfahrens als Hausarbeitsverfahren gehört demnach nicht zur industriellen Textilveredelung.

3. Eine ganz neuartige Idee von erfinderischem Charakter war schließlich diejenige O. Röhms, zur Unterstützung der Seife gewisse fett- und eiweißspaltende Enzyme oder Fermente zu verwenden, denen also die Aufgabe zufiel, bestimmte schwer lösliche und sonst schwer entfernbare Schmutzstoffe von der Wäsche in einem Vorwaschprozeß zu entfernen, bevor also die Wäsche der eigentlichen Seifenkochung unterworfen wird. Fabrik und Haushalt kennen diesen Prozeß unter dem Namen des „Einweichens". Dieses Einweichen bezweckt, alles Grobschmutzige, oberflächlich Auflagernde in der schmutzigen Wäsche aufzuweichen und abzuspülen. Fette und Eiweiß, Blut usw. widerstehen aber der gewöhnlichen Einweichung durch Bleichsoda, während die tryptischen Enzyme diese Schmutzsubstrate verdauen, abbauen und von der Faser entfernen. Außerdem lockern diese Enzyme eigenartigerweise auch den indifferenten Schmutz der Wäsche. Diese Enzyme, hergestellt aus der Bauchspeicheldrüse des Schlachtviehs, kommen als Burnus in den Handel (s. d.) und werden nach einem Patent des Erfinders Röhm in der Fabrik von Röhm & Haas in Darmstadt hergestellt.

Während der Kriegszeit und in der unmittelbaren Kriegsfolgezeit befand sich die Weißwäscherei wegen der allgemeinen Seifen- und selbst Sodanot in großer Bedrängnis. Trotz großer Anstrengungen seitens aller beteiligten Kreise ist ein voller Ersatz für Seife nicht gefunden worden. Am nächsten der Wirkung von Seifen aus fetten Ölen kommen noch Erzeugnisse 1. aus Naphtha und Paraffin (Naphthasulfosäuren, Nphthensäuren, Paraffinseifen), 2. aus Abbauprodukten des Eiweißes, wie lysalbin- und protalbinsauren Alkalisalzen (Percosal, Cardosal). Schaummittel wie Saponin haben die an sie gestellten Erwartungen nicht erfüllt, noch weniger Sulfitzelluloseablauge und andere organische Abfallstoffe der Industrie. Von anorganischen Hilfsmitteln haben gewisse Fettadsorbentien wie fein verteilte Ton- und Magnesiapräparate zeitweise eine gewisse Bedeutung in der Reinigungstechnik (besonders als Handwaschmittel) erlangt. Von Alkalien kommen neben Soda noch Pottasche, Natron- und Kalilauge in mäßigen Konzentrationen, Ammoniak, Wasserglas als Reinigungs- und Waschmittel in Frage. Um diesem empfindlichen Mangel an Waschmitteln abzuhelfen, wurde das Bleichen der Gewebe immer mehr eingeführt.

Über die Theorie der Waschwirkung ist viel geschrieben worden. Man nimmt heute an, daß die hervorragende Waschwirkung der Seife vor allem dadurch zustande kommt, daß die Seife die Oberflächenspannung zwischen Fett und Wasser stark erniedrigt und daß dadurch eine Benetzung des fettigen Substrates und eine Emulgierung des Fettes ermöglicht wird. Die Seife dringt dabei in die Kapillarräume des Substrates ein. Nach Spring kommt der Seife außer der Erniedrigung der Oberflächenspannung noch die Wirkung zu, sich an der Oberfläche der Faser anzureichern. Dadurch verdrängt die Seife anhaftende Stoffe von der Faser, wie Eisenoxyd, Kohle, mechanischen Schmutz. Die Seife reichert sich außerdem an der Oberfläche fein verteilter Stoffe an und verhindert dieselben unter Bildung von Adsorptionsverbindungen, sich an den zu waschenden Stoffen wieder festzusetzen. Hinzu kommt fraglos auch noch als waschfördernde Eigenschaft aller wässerigen und besonders aller alkalischen Lösungen, die Fasern zum Quellen zu bringen, wobei die Schmutzteile, insbesondere durch mechanische Bearbeitung der Faser unterstützt, leichter aus dem Stoff herausgetrieben werden als im ungequollenen, trockenen Zustande. Diese Eigenschaft des Quellens der Fasern muß vor allem für die Erklärung der Waschwirkung des reinen Wassers, die recht erheblich ist, herangezogen werden, und letzten Endes muß man bei der Deutung der Waschwirkung von der Waschwirkung des Wassers selbst ausgehen. Zusammenfassend kann gesagt werden, daß sich die hervorragende Wirkung der Seife aus drei Komponenten zusammensetzt: 1. der netzenden Wirkung, 2. der emulgierenden Wirkung und 3. der adsorbierenden Wirkung.

Die Kleiderfärberei oder **Schönfärberei** (Färberei à ressort, früher auch Klein-, Lumpen- oder Lappenfärberei genannt) befaßt sich mit dem Auffärben gebrauchter Sachen. Die hier zur Behandlung kommenden Waren tragen also das Merkmal an sich, daß sie bereits praktisch beansprucht, meist schon längere Zeit gebraucht sind. Teils durch den mechanischen Verschleiß, teils durch Einflüsse des Lichtes, der Atmosphäre und durch aufgenommene Fremdstoffe haben diese gebrauchten Sachen gewisse, mehr oder weniger tiefgehende, durchgehende oder örtliche Veränderungen in ihrer Beschaffenheit erfahren. Diese Ungleichmäßigkeiten und Unreinheiten der Waren sind es hauptsächlich, die für die Kleiderfärberei spezifisch sind und die der Kleiderfärber in Rechnung zu ziehen hat. Hinzu kommt, daß es sich in der Regel um bereits einmal gefärbte Waren handelt.

Die Arbeitsweise in der Kleiderfärberei beginnt meist mit der Reinigung des Gegenstandes, meist nach dem Naßverfahren. Sollen die Stoffe in einer Farbe gefärbt werden, die aus der vorhandenen durch direkte Überfärbung nicht erreicht werden kann, so müssen die alten Farben nach der Reinigung abgezogen werden, was teilweise schon bei der Reinigung geschieht. Die wichtigsten Abziehmittel sind bei Wolle: Hydrosulfit, Salpetersäure, Salpetrigsäure, Chromkalisäure; bei Baumwolle und Leinen: Natronlauge, Hydrosulfit, Chlorkalk, Bisulfit; bei Seide und Halbseide: warme bis kochende Seifenlauge; bei Wollseide und Kunstseide: 44—50°C warme Seifenlösung, mit oder ohne Zusatz von Ammoniak oder erforderlichenfalls Hydrosulfit usw. Die einzelnen Verfahren des Abziehens der Grundfärbung spielen jedoch im allgemeinen eine verhältnismäßig geringe Rolle bei der Erreichung einer gleichmäßigen Färbung (s. a. u. Abziehen der Farben, S. 152 und 339).

Zum Färben sind vor allem solche Produkte zu wählen, die die Eigenschaft besitzen, Ungleichheiten des Materials (Lichtflecke u. ä.), die durch den früheren Gebrauch entstanden sind, gut zu decken; ferner solche, die gut egalisieren und dabei möglichst licht- und reibechte Färbungen liefern. Im übrigen hat sich die Auswahl der Farbstoffe nach Art des zu färbenden Fasermaterials zu richten, da in der Regel gleichzeitig verschiedene Textilfasern in einem einzigen Gewebe oder Stück vorliegen, z. B. Wolle, Seide, Baumwolle oder auch Kunstseide. Das Färben geschieht nach den in der Textilfärberei üblichen ein- oder mehrbadigen Verfahren. In halbwollenen Kleidern wird z. B. 1. die Wolle sauer vor- und die Baumwolle substantiv oder basisch nachgefärbt, oder 2. die Baumwolle substantiv vorgefärbt, diazotiert, entwickelt und die Wolle sauer nachgefärbt, oder 3. einbadig mit Halbwollfarben in neutralen Bädern, oder 4. einbadig in schwach sauren Bädern, oder 5. einbadig mit besonders für die Kleiderfärberei eingestellten oder hergerichteten Farbstoffen gefärbt (z. B. mit Duatolfarben [C]) usw. Gute Eignung für Halbwollenwaren haben auch die diversen Halbwollfarbstoffe, die Universalfarben [C] u. a. m. Das Färben von ganzseidenen Stoffen erfordert besondere Vorsicht wegen des wertvollen Materials, der in der Seidenindustrie üblichen vielfach hohen Erschwerung stranggefärbter Waren, der vielfach vorkommenden, durch Schweiß und Licht angegriffenen

Stellen usw. Man vergewissert sich am besten vorher durch Vorversuche über den Einlieferungszustand. Gefärbt wird gewöhnlich mit sauren oder basischen Farbstoffen. Halbseide wird (gewöhnlich nach dem Abziehen mit kochender Seifenlösung) mit substantiven Farbstoffen einbadig gefärbt. Wollseide ist mit möglichster Schonung zu behandeln und wird vorzugsweise mit sauren Farbstoffen gefärbt. Die Verwendung von Beizen- und Küpenfarbstoffen findet in der Kleiderfärberei nur seltener statt. Ausnahmsweise wird auch „trocken" gefärbt mit in Alkohol, Benzin, Tetrachlorkohlenstoff od. ä. löslichen oder löslich gemachten Farbstoffen (mit oder ohne Zusatz von Benzinseife).

Praktische Atomgewichte (1926).

Ag	Silber	107,88	Mn	Mangan	54,93
Al	Aluminium	26,97	Mo	Molybdän	96,0
Ar	Argon	39,88	N	Stickstoff	14,008
As	Arsen	74,96	Na	Natrium	23,00
Au	Gold	197,2	Nb	Niobium	93,5
B	Bor	10,82	Nd	Neodym	144,3
Ba	Barium	137,4	Ne	Neon	20,2
Be	Beryllium	9,02	Ni	Nickel	58,68
Bi	Wismut	209,0	**O**	**Sauerstoff**	**16,000**
Br	Brom	79,92	Os	Osmium	190,9
C	Kohlenstoff	12,00	P	Phosphor	31,04
Ca	Kalzium	40,07	Pb	Blei	207,2
Cd	Kadmium	112,4	Pd	Palladium	106,7
Ce	Zerium	140,2	Pr	Praseodym	140,9
Cl	Chlor	35,46	Pt	Platin	195,2
Co	Kobalt	58,97	Ra	Radium	226,0
Cp	Kassiopeium	175,0	Rb	Rubidium	85,5
Cr	Chrom	52,01	Rh	Rhodium	102,9
Cs	Zäsium	132,8	Ru	Ruthenium	101,7
Cu	Kupfer	63,57	S	Schwefel	32,07
Dy	Dysprosium	162,5	Sb	Antimon	121,8
Em	Emanation	222	Sc	Skandium	45,10
Er	Erbium	167,7	Se	Selen	79,2
Eu	Europium	152,0	Si	Silizium	28,06
F	Fluor	19,00	Sm	Samarium	150,4
Fe	Eisen	55,84	Sn	Zinn	118,7
Ga	Gallium	69,72	Sr	Strontium	87,6
Gd	Gadolinium	157,3	Ta	Tantal	181,5
Ge	Germanium	72,60	Tb	Terbium	159,2
H	Wasserstoff	1,008	Te	Tellur	127,5
He	Helium	4,00	Th	Thorium	232,1
Hf	Hafnium	178,6	Ti	Titan	48,1
Hg	Quecksilber	200,6	Tl	Thallium	204,4
Ho	Holmium	163,5	Tu	Thulium	169,4
In	Indium	114,8	U	Uran	238,2
Ir	Iridium	193,1	V	Vanadium	51,0
J	Jod	126,92	W	Wolfram	184,0
K	Kalium	39,10	X	Xenon	130,2
Kr	Krypton	82,9	Y	Yttrium	89,0
La	Lanthan	138,9	Yb	Ytterbium	173,5
Li	Lithium	6,94	Zn	Zink	65,37
Mg	Magnesium	24,32	Zr	Zirkonium	91,2

Mischungsberechnungen[1]).

I. Es soll ein bestimmtes Quantum einer Flüssigkeit von bestimmtem Gehalt aus einer stärkeren Lösung und einer gleichartigen schwächeren Lösung (bzw. Wasser) hergestellt werden.

Benötigte Menge der Mischung $= M$ (kg oder l).
Benötigter Prozentgehalt der Mischug $= c$.
Gegebener Prozentgehalt der stärkeren Flüssigkeit $= a$.
Gegebener Prozentgehalt der schwächeren Flüssigkeit $= b$.
Gesuchte Menge der stärkeren Flüssigkeit $= x$.
Gesuchte Menge der schwächeren Flüssigkeit $= M - x$.

$$x = \frac{M(c-b)}{a-b}.$$

Beispiel. Es sollen 650 kg Schwefelsäure von 75% hergestellt werden aus solchen vom spez. Gew. 1,825 (= 91%) und 1,380 (= 48%). Von der stärkeren Säure sind dann zu nehmen: $x = \frac{650\,(75-48)}{91-48} = 408$ kg. Von der Verdünnungssäure sind zu nehmen: $M - x = 242$ kg.

II. Es soll eine schwächere Flüssigkeit durch eine stärkere, gleichartige auf einen bestimmten Gehalt gebracht werden.

Benötigter Prozentgehalt der Mischung $= c$.
Gegebener Prozentgehalt der stärkeren Flüssigkeit $= a$.
Gegebener Prozentgehalt der schwächeren Flüssigkeit $= b$.
Gegebene Menge der schwächeren Flüssigkeit $= M$.
Gesuchte Menge der stärkeren Flüssigkeit $= x$.
Resultierende Menge der Mischung $= M + x$.

$$x = \frac{M(c-b)}{a-c}.$$

Beispiel. Es sollen gegebene 180 kg 10,5proz. Ammoniak durch 25proz. Ammoniak auf einen Gehalt von 15% Ammoniak verstärkt werden:

$$x = \frac{180\,(15-10{,}5)}{25-15} = 81.$$

Es resultieren aus 180 + 81 kg = 261 kg Mischflüssigkeit von dem verlangten Gehalt.

III. Es sollen zwei verschiedenartige Flüssigkeiten so miteinander gemischt werden, daß die benötigte Menge der Mischung die Komponenten in bestimmtem Verhältnis enthält.

Flüssigkeit A hat einen Gehalt von a %.
Flüssigkeit B hat einen Gehalt von b %.
Benötigte Menge der Mischung $= M$.
Verlangtes Verhältnis der Bestandteile in der Mischung $= a' : b'$.
Gesuchte Menge von A zur Herstellung der Mischung $= x$.
Gesuchte Menge von B zur Herstellung der Mischung $= M - x$.

$$x = \frac{Ma'b}{a'b + b'a}.$$

Beispiel. Es sollen 20 kg Königswasser hergestellt werden, dessen Gehalt an Salpetersäure und Salzsäure im Verhältnis von $HNO_3 : 3\,HCl = 63 : 109{,}5$ stehen soll. Die zu mischenden Säuren enthalten 65,3% HNO_3 bzw. 37,2% HCl. Nimmt man die Salpetersäure als A an, so erhält man:

$$x = \frac{20 \cdot 63 \cdot 37{,}2}{63 \cdot 37{,}2 + 109{,}5 \cdot 65{,}3} = 4{,}94.$$

---

[1]) Nach Mager: Chem.-Zg. 1910, S. 865. Die bei Mischungen von Lösungen häufig eintretenden Kontraktionen sind hier nicht berücksichtigt.

Es sind also 4,94 kg Salpetersäure und 20 — 4,94 = 15,06 kg Salzsäure für die benötigte Mischung erforderlich.

IV. Es sollen drei verschiedenartige Flüssigkeiten unter bestimmtem Mischungsverhältnis gemischt werden.

$$x_{(A)} = \frac{M\,a'\,b\,c}{a'\,b\,c + b'\,a\,c + c'\,a\,b}\,; \quad x_{(B)} = \frac{M\,b'\,a\,c}{a'\,b\,c + b'\,a\,c + c'\,a\,b}\,.$$

V. Es sollen vier verschiedenartige Flüssigkeiten unter bestimmtem Mischungsverhältnis gemischt werden.

$$x_{(A)} = \frac{M\,a'\,b\,c\,d}{a'\,b\,c\,d + b'\,a\,c\,d + c'\,a\,b\,d + d'\,a\,b\,c} \quad \text{usw.}$$

(wobei die Zeichen c und d bzw. c' und d' analog dem unter III. gegebenen Beispiel Prozentgehalte bzw. das Verhältnis der Komponenten bedeuten).

Thermometerskalen.

Zur Umrechnung von (C = Celsius, R = Réaumur, F = Fahrenheit).
° C in ° R multipliziert man mit 4 und dividiert durch 5;
° C in ° F multipliziert man mit 9, dividiert durch 5 und addiert 32;
° R in ° C multipliziert man mit 5 und dividiert durch 4;
° R in ° F multipliziert man mit 9, dividiert durch 4 und addiert 32;
° F in ° C subtrahiert man 32, multipliziert mit 5 und dividiert durch 9;
° F in ° R subtrahiert man 32, multipliziert mit 4 und dividiert durch 9.

Maße und Gewichte.

Metrisches System.

1 Meter (m) = 100 Zentimeter (cm) = 1000 Millimeter (mm);
1 Kubikmeter (cbm) = 1000 Liter (l) à 1000 Kubikzentimeter (ccm);
1 Tonne (t) = 1000 Kilogramm (kg oder ko) à 1000 Gramm (g oder gr);
1 Zentner = 100 Pfund (℔) à 500 Gramm.

Englische Maße und Gewichte.

1 yard = 3 feet (Fuß) = 36 inches (Zoll) = 0,9144 m; 1 inch = 2,54 cm;
1 square yard = 9 square feet = 0,836 qm;
1 cub. yard = 27 cub. feet = 0,7645 cbm;
1 gallon = 2 pottles = 4 quarts = 8 pints = 32 gills = 4,5436 l;
1 pound (lb.) = 16 ounces (oz.) = 453,59 g;
1 ton (t) = 20 hundredweight (cwt.) = 2240 pounds (lbs.) = 1016 kg; 1 hundredweight = 112 pounds (lbs.) = 50,8 kg.

Russische Maße und Gewichte.

1 Arschin = 16 Werschok = 0,7112 m;
1 Pud = 40 Pfund = 16,3805 kg;
1 Pfund = 96 Solotnik à 96 Doli = 409,5 g.

Zusammenstellung der bekanntesten deutschen Maschinenfabriken für die Textilveredelungsindustrie[1]).

Firma und Sitz:	Erzeugt u. a. vorzugsweise:
Bemberg, J. P., A.-G., Barmen-Rittershausen.	Maschinen für Merzerisation, Bleicherei, Färberei, Appretur.
Bernhardt, F., Leisnig.	Maschinen für Wollwäscherei, -karbonisation, -appretur.
Beyer & Zetsche, F., Plauen i. Vgtld.	Appreturmaschinen.
Blass, Th., A.-G., Seifhennersdorf.	Maschinen zur Ausrüstung von Kord, Velvet, Samt usw.
Briem, Gebr., Crefeld.	Maschinen für Seiden-, Halbseiden-, Sammet-, Plüsch-, Bandausrüstung.
Cohnen, B., G. m. b. H., Grevenbroich bei Köln.	Schlicht-, Färbe-, Trockenmaschinen.
Eck, Josef, & Söhne, Düsseldorf.	Friktions-, Gaufrier-, Riffelkalander, Walzen.
Erckens & Brix, Rheydt, Rhld.	Bleicherei- und Färbereiapparate.
Esser, Eduard, & Co., G. m. b. H., Görlitz.	Färbemaschinen.
Gemeinschaft Deutscher Textilmaschinenfabriken, Berlin.	Spinnerei-, Weberei-, Veredelungs-, Ausrüstungsmaschinen.
Gerber, Tillmann Söhne und Gebr. Wansleben, Crefeld.	Merzerisier-, Färbe-, Wasch-, Appreturmaschinen, Pumpen.
Gessner, Ernst, Aue i. Erzgeb.	Rauh-, Scher-, Schleudermaschinen, Muldenpressen.
Gruschwitz, C. A., A.-G., Olbersdorf i. Sa.	Trockenapparate, Kessel.
Haas, Friedr., G. m. b. H., Lennep, Rhld.	Trockenapparate.
Hamburger, Ernst, Görlitz.	Mechanische Färbeapparate.
Haubold, C. G., Chemnitz i. Sa.	Maschinen für die gesamte Textilveredelung und -ausrüstung.
Heine, Gebr., Viersen, Rhld.	Zentrifugen.
Hemmer, L. Ph., Aachen.	Wasch-, Walk-, Krabbmaschinen.
Heusch, Severin, Aachen.	Schermesser.
Jahr, M. Rudolf, A.-G., Gera (Reuß).	Maschinen für Trocknerei, Appretur, Ausrüstung; Kessel.
Jahr, Moritz, A.-G., Gera (Reuß).	Trocknerei-, Appreturmaschinen.
Kettling & Braun, Crimmitschau i. Sa.	Wollausrüstungsmaschinen.
Kleinewefers, Joh. Söhne, Crefeld.	Friktions-, Gaufrier-, Riffelkalander, Walzen.
Klug, Paul, Crimmitschau i. Sa.	Maschinen für Appretur, Ausrüstung, Trocknerei.
Krantz, H., Aachen.	Bleich- und Färbereiapparate.
Krupp, Fr., A.-G., Essen a. Rh.	Walzen, Kalander.
Lentz, J., Viersen (Rhld.).	Zentrifugen.
Lindner, J. G., Crimmitschau i. Sa.	Bleich-, Färbe-, Spül-, Schleuder-, Trockenapparate, Kochkessel, Bottiche.
Mattick, F., Pulsnitz i. Sa.	Garnglänzmaschinen.
Monforts, A., M.-Gladbach.	Rauh-, Scher-, Meß-, Dubliermaschinen.
Müller, Fr., M.-Gladbach.	Rauh-, Scher-, Putz-, Meß-, Dublier-, Wickelmaschinen.

[1]) Maschinenfabriken für die Wasserreinigung, Filterpressen u. ä. s. Fußnote auf S. 95.

Firma und Sitz:	Erzeugt u. a. vorzugsweise:
Obermaier & Co., Lambrecht (Pfalz).	Mechanische Bleich- und Färbeapparate, Trockner, Färbekessel, Schleudern, Pumpen.
Otto, Gebrüder, Leisnig i. Sa.	Kratzen.
Papst, Ernst, Aue i. Sa.	Spindeln, Hülsen.
Pornitz, U. & Co., Chemnitz.	Koch-, Bleich-, Färbe-, Trockenapparate.
Quade, Wilhelm, G. m. b. H., Guben.	Walken, Waschmaschinen.
Roßweiner Maschinenbau-Anstalt, Roßwein i. Sa.	Doublier-, Meß-, Legemaschinen.
Rucks, F. B., & Sohn, Glauchau.	Hydraulische Pressen.
Rudolph & Kühne, Bocholt i. W.	Appreturmaschinen.
Sächsische Maschinenfabrik Richard Hartmann, A.-G., Chemnitz i. Sa.	Trockenmaschinen u. a.
Schiffers, Wilh., Aachen.	Färbeapparate.
Schilde, Benno, Hersfeld.	Trockenapparate.
Schirp, H., Vohwinkel-Elberfeld.	Färbe-, Karbonisier-, Trockenapparate.
Schulze & Schulz, Dresden.	Entnebelungsanlagen.
Siemens & Halske, A.-G., Wernerwerk, Berlin.	Elektrolytische Bleichanlagen.
Siepers, P. D. G., Söhne, Krähwinklerbrücke 6, Barmen.	Wollwaschmaschinen.
Sistig, Leo, Crefeld.	Färbe- und Ausrüstungsapparate für Seide, Samt, Band.
Sondermann & Stier, A.-G., Abteilung Gebr. Franke, Chemnitz i. Sa.	Gasier-, Lüstrier-, Glanzmaschinen, Garnpressen u. a.
Stahl, Arthur, Aue i. Sa.	Elektrolytische Bleichanlagen.
Taschner, Wilh., Crefeld.	Maschinen für Färberei, Merzerisation und Ausrüstung.
Thies, B., Coesfeld i. W.	Färberei- und Bleichereiapparate und -anlagen.
Urban, Adolf, Sagan i. Schles.	Mechanische Bleich- und Färbeapparate.
Waggon- und Maschinenbau-A.-G., Görlitz.	Bleicherei-, Merzerisations-, Färberei-, Druckerei- und Appreturmaschinen.
Wanke, Konrad, Zwickau i. B.	Schaumfärbeapparate.
Wegel & Abbt, Mühlhausen i. Th.	Mechanische Färbeapparate.
Weisbach, C. H., Chemnitz.	Appretur- und Ausrüstungsmaschinen, Kalander.
Zimmers Erben, Franz, Warnsdorf i. B. und Großschönau i. Sa.	Zeugdruck- und Färbereimaschinen.
Zittauer Maschinenfabrik, A.-G., Zittau i. Sa.	Maschinen für die gesamte Textilveredelung und -ausrüstung.

Autorenverzeichnis[1]).

[1]) Die Namen der Fabriken sind in diesem Verzeichnis nicht aufgenommen worden. Die Farbenfabriken sind auf S. 226, die wichtigsten Maschinenfabriken auf S. 95 und 631 verzeichnet.

Sachverzeichnis[1]).

[1]) Die Salze sind unter dem entsprechenden Metall aufgeführt, z. B. Natriumchlorid; außerdem sind Salze unter allgemein eingeführten Vulgärnamen zu finden, z. B. Ferrozyankalium, Blaukali, Nitrit usw. Von den Farbstoffen sind im wesentlichen nur die in der systematischen Zusammenstellung der wichtigsten Teerfarbstoffe (S. 227—256) genannten im Verzeichnis enthalten. Namen mit C suche man auch unter K und Z (Kolumbia, Zellulose) und umgekehrt. Die Abkürzung . . . „frb." bedeutet: . . . „farben" oder „farbstoffe". Bei zusammengesetzten Namen sind die Präfixe als selbständige Namen eingeordnet, so daß stellenweise eine streng alphabetische Reihenfolge der Gesamtnamen durchbrochen wird. Beispiele: Azo-korinth steht vor Azoalizarin-, Benzo-violett steht vor Benzoecht-, Wasch-wirkung steht vor Waschen usw.

GPSR Compliance

The European Union's (EU) General Product Safety Regulation (GPSR) is a set of rules that requires consumer products to be safe and our obligations to ensure this.

If you have any concerns about our products, you can contact us on ProductSafety@springernature.com

In case Publisher is established outside the EU, the EU authorized representative is:

Springer Nature Customer Service Center GmbH
Europaplatz 3
69115 Heidelberg, Germany

Batch number: 10682269

Printed by Printforce, the Netherlands